"十二五""十三五"国家重点图书出版规划项目

China South-to-North Water Diversion Project

中国南水北调工程

● 经济财务卷

《中国南水北调工程》编纂委员会　编著

中国水利水电出版社
www.waterpub.com.cn
·北京·

内 容 提 要

本书为《中国南水北调工程》丛书的第二卷，由国务院南水北调办负责经济财务工作人员撰写。本书主要介绍南水北调工程建设和运行各阶段、各环节经济财务工作的基本做法及主要经验，包括资金筹集、投资计划管理、投资控制管理、资金使用和管理、会计核算、资金监管、工程水价和财务管理等内容。

本书可为工程建设管理者从事经济财务管理提供参考，为其他领域从事经济财务工作的同仁提供参考，并为从事经济财务领域理论或政策研究的人士提供比较充分的素材。

图书在版编目（CIP）数据

中国南水北调工程. 经济财务卷 / 《中国南水北调
工程》编纂委员会编著. -- 北京：中国水利水电出版社，
2018.9
ISBN 978-7-5170-6975-1

Ⅰ. ①中… Ⅱ. ①中… Ⅲ. ①南水北调—水利工程—
经济管理②南水北调—水利工程—财务管理 Ⅳ.
①TV68②F426.9

中国版本图书馆CIP数据核字(2018)第232360号

书　　名	中国南水北调工程　经济财务卷 ZHONGGUO NANSHUIBEIDIAO GONGCHENG JINGJI CAIWU JUAN
作　　者	《中国南水北调工程》编纂委员会　编著
出版发行	中国水利水电出版社 (北京市海淀区玉渊潭南路1号D座　100038) 网址: www.waterpub.com.cn E-mail: sales@waterpub.com.cn 电话: (010) 68367658 (营销中心)
经　　售	北京科水图书销售中心 (零售) 电话: (010) 88383994、63202643、68545874 全国各地新华书店和相关出版物销售网点
排　　版	中国水利水电出版社装帧出版部
印　　刷	北京中科印刷有限公司
规　　格	210mm×285mm　16开本　55.5印张　1399千字　10插页
版　　次	2018年9月第1版　2018年9月第1次印刷
印　　数	0001—3000册
定　　价	280.00元

2017 年 12 月 15 日，国务院南水北调办主任鄂竟平主持召开主任办公会，听取 2017 年度资金监管工作总结报告，安排部署审计工作

2017 年 11 月 8 日，国务院南水北调办副主任陈刚会见天津市副市长李树起，双方对确保供水收益、加快东线应急工程建设等进行了沟通

2016 年 3 月 23 日，召开南水北调工程投资管理工作座谈会

2005 年 3 月 29 日，南水北调东、中线一期主体工程银团贷款合同签字仪式在北京举行

2010 年 4 月 7 — 8 日，国务院南水北调办在江苏扬州召开南水北调系统第二次经济财务工作会

2012 年 9 月 4 日，国务院南水北调办在山东济南召开南水北调系统落实审计整改意见会议

2011 年 11 月 11 — 13 日，国务院南水北调办经济与财务司党支部赴天津开展爱国主义教育主题活动。全国政协委员、南水北调办原副主任宁远同志以普通党员的身份参加了支部活动

2011 年 7 月 11 — 13 日，南水北调工程供水价格座谈会在南京召开

2005 年 11 月 9 日，召开南水北调工程投资统计工作会议

2005 年 12 月 9 — 11 日，国务院南水北调办在湖北丹江口市组织召开 2005 年度会计决算会议

2006 年 3 月 2 — 6 日，国务院南水北调办在北京举办南水北调系统会计基础工作培训班

2010 年 7 月 26 — 28 日，召开南水北调工程投资计划建设方案审核会议

2015 年 2 月，国务院南水北调办经济与财务司财务处被全国妇联授予"全国三八红旗集体"荣誉称号

2015 年 5 月 21 — 24 日，财政部农业司司长王建国一行调研南水北调中线工程

2016 年 6 月 24 — 25 日，国务院南水北调办经济与财务司党支部与中线建管局财务资产部、邯郸管理处联学联做

◆《经济财务卷》编纂工作人员

主　　编：熊中才

副 主 编：王　平　谢义彬

撰 稿 人：（按姓氏笔画排序）

丁　宁　万德学　马振国　王　周　王　熙　王馨悦　邓　杰

邓文峰　厉　萍　卢生焱　卢新广　田龙霞　史晓立　兰　松

兰银松　邢世林　吉丽喆　刘　军　刘传霞　刘建树　刘贵增

许光禄　孙　卫　苏明中　杜　雯　李子叶　李全宏　李　益

李隆芳　杨　亮　宋广泽　宋　涛　张卫红　张玉群　张盛强

张　微　张　霞　陈伟畅　陈　蒙　周曰农　周　波　胡　华

郜茏郁　侯　勇　秦应宇　秦　颖　班静东　聂　思　黄礼林

章亚骐　程一平　谢民英　熊中才　戴　颖

提供照片的个人及单位：（个人按姓氏笔画排序，单位按照片首次出现的顺序排序）

邓文峰　方启军　刘　军　许国锋　孙　卫　陈伟畅　陈　蒙

周曰农

国务院南水北调办宣传中心　国务院南水北调办经济与财务司

国务院南水北调办投资计划司

　　水是生命之源、生产之要、生态之基。中国水资源时空分布不均，南多北少，与社会生产力布局不相匹配，已成为中国经济社会可持续发展的突出瓶颈。1952年10月，毛泽东同志提出"南方水多，北方水少，如有可能，借点水来也是可以的"伟大设想。自此以后，在党中央、国务院领导的关怀下，广大科技工作者经过长达半个世纪的反复比选和科学论证，形成了南水北调工程总体规划，并经国务院正式批复同意。

　　南水北调工程通过东线、中线、西线三条调水线路，与长江、黄河、淮河和海河四大江河，构成水资源"四横三纵、南北调配、东西互济"的总体布局。南水北调工程总体规划调水总规模为448亿 m^3，其中东线148亿 m^3、中线130亿 m^3、西线170亿 m^3。工程将根据实际情况分期实施，供水面积145万 km^2，受益人口4.38亿人。

　　南水北调工程是当今世界上最宏伟的跨流域调水工程，是解决中国北方地区水资源短缺，优化水资源配置，改善生态环境的重大战略举措，是保障中国经济社会和生态协调可持续发展的特大型基础设施。它的实施，对缓解中国北方水资源短缺局面，推动经济结构战略性调整，改善生态环境，提高人民生产生活水平，促进地区经济社会协调和可持续发展，不断增强综合国力，具有极为重要的作用。

　　2002年12月27日，南水北调工程开工建设，中华民族的跨世纪梦想终于付诸实施。来自全国各地1000多家参建单位铺展在长近3000km的工地现场，艰苦奋战，用智慧和汗水攻克一个又一个世界级难关。有关部门和沿线七省市干部群众全力保障工程推进，四十余万移民征迁群众舍家为国，为调水梦的实现，作出了卓越的贡献。

　　经过十几年的奋战，东、中线一期工程分别于2013年11月、2014年12月如期实现通水目标，造福于沿线人民，社会反响良好。为此，中共中央总书记、国家主席、中央军委主席习近平作出重要指示，强调南水北调工程是实现我国水资源优化配置、促进经济社会可持续发展、保障和改善民生的重大战略性基础设施。经过几十万建设大军的艰苦奋斗，南水北调工程实现了中线一期工程正式通水，标志着东、中线一期工程建设目标全面实现。这是我国改革开放和社会主义现代化建设的一件大事，成果来之不易。习近平对工程建设取得的成就表示祝贺，向全体建设者和为工程建设作出贡献的广大干部群众表示慰问。习近平指出，南水北调工程功在当代，利在千秋。希望继续坚持先节水后调水、先治污后通水、先环保后用水的原则，加强运行管理，深化水质保护，强抓节约用水，保障移民发展，做好后续工程筹划，使之不断造福民族、造福人民。

中共中央政治局常委、国务院总理李克强作出重要批示，指出南水北调是造福当代、泽被后人的民生民心工程。中线工程正式通水，是有关部门和沿线省市全力推进、二十余万建设大军艰苦奋战、四十余万移民舍家为国的成果。李克强向广大工程建设者、广大移民和沿线干部群众表示感谢，希望继续精心组织、科学管理，确保工程安全平稳运行，移民安稳致富。充分发挥工程综合效益，惠及亿万群众，为经济社会发展提供有力支撑。

中共中央政治局常委、国务院副总理、国务院南水北调工程建设委员会主任张高丽就贯彻落实习近平重要指示和李克强批示作出部署，要求有关部门和地方按照中央部署，扎实做好工程建设、管理、环保、节水、移民等各项工作，确保工程运行安全高效、水质稳定达标。

南水北调工程从提出设想到如期通水，凝聚了几代中央领导集体的心血，集中了几代科学家和工程技术人员的智慧，得益于中央各部门、沿线各级党委、政府和广大人民群众的理解和支持。

南水北调东、中线一期工程建成通水，取得了良好的社会效益、经济效益和生态效益，在规划设计、建设管理、征地移民、环保治污、文物保护等方面积累了很多成功经验，在工程管理体制、关键技术研究等方面取得了重要突破。这些成果不仅在国内被采用，对国外工程建设同样具有重要的借鉴作用。

为全面、系统、准确地反映南水北调工程建设全貌，国务院南水北调工程建设委员会办公室自 2012 年启动《中国南水北调工程》丛书的编纂工作。丛书以南水北调工程建设、技术、管理资料为依据，由相关司分工负责，组织项目法人、科研院校、参建单位的专家、学者、技术人员对资料进行收集、整理、加工和提炼，并补充完善相关的理论依据和实践成果，分门别类进行编纂，形成南水北调工程总结性全书，为中国工程建设乃至国际跨流域调水留下宝贵的参考资料和可借鉴的成果。

国务院南水北调工程建设委员会办公室高度重视《中国南水北调工程》丛书的编纂工作。自 2012 年正式启动以来，组成了以机关各司、相关部委司局、系统内各单位为成员单位的编纂委员会，确定了全书的编纂方案、实施方案，成立了专家组和分卷编纂机构，明确了相关工作要求。各卷参编单位攻坚克难，在完成日常业务工作的同时，克服重重困难，对丛书编纂工作给予支持。各卷编写人员和有关专家兢兢业业、无私奉献、埋头著述，保证了丛书的编纂质量和出版进度，并力求全面展现南水北调工程的成果和特点。编委会办公室和各卷编纂工作人员上下沟通，多方协调，充分发挥了桥梁和纽带作用。经中国水利水电出版社申请，丛书被列为国家"十二五""十三五"重点图书。

在全体编纂人员及审稿专家的共同努力下，经过多年的不懈努力，《中国南水北调工程》丛书终于得以面世。《中国南水北调工程》丛书是全面总结南水北调工程建设经验和成果的重要文献，其编纂是南水北调事业的一件大事，不仅对南水北调工程技术人员有阅读参考价值，而且有助于社会各界对南水北调工程的了解和研究。

希望《中国南水北调工程》丛书的编纂出版，为南水北调工程建设者和关心南水北调工程的读者提供全面、准确、权威的信息媒介，相信会对南水北调的建设、运行、生产、管理、科研等工作有所帮助。

《经济财务卷》是《中国南水北调工程》丛书的重要组成部分。经济财务工作是南水北调工程建设和运行管理的有机组成部分，涉及南水北调工程科学决策、建设管理和运行管理等各阶段，也涉及工程建设和运行管理的各个具体环节。经济财务工作取得的成果也是南水北调工程建设和运行管理成果不可或缺的重要方面。本卷主要介绍南水北调工程建设和运行管理各阶段、各环节经济财务工作的基本做法，阐述经济财务工作探索的有益成果，着力总结经济财务工作取得的成效和积累的主要经验。

《经济财务卷》共分 9 章，主要包括资金筹集、投资计划管理、投资控制管理、资金使用和管理、会计核算、资金监管、工程水价和财务管理等内容，涉及南水北调工程资金运行的各个环节、各个领域，系统而全面地反映了工程经济财务管理的全貌。本卷主要具有以下 4 个特点：①强调系统性。按照全过程管理资金的基本思路，构建了全书各章节的架构，反映了工程资金运行系统的全过程。同时，在系统各单位经济财务个性的基础上，着力反映了经济财务管理的共性。②注重法制化。本卷介绍了大量的与经济财务业务相关法律法规和规章制度的内容，重点介绍了依据法律法规和规章制度所开展经济财务的业务，充分反映了南水北调系统贯彻落实全面依法治国的精神，将依法理财原则贯穿始终，注重规章制度建设、完善和创新，更加注重规章制度的落实和执行，将经济财务业务纳入法制化轨道，确保工程资金在制度的"笼子"内有效运行。③坚持实用性。本卷中既有理论思考，也有政策制度的研究和制定，但更主要的是政策和制度落实，着力描述工程经济财务的实践行为，介绍经济财务管理的具体操作方式或方法，总结经济财务管理取得的重要成效和积累的经验。④数据较丰富。经济财务工作者基本上与数据打交道，经济财务业务也基本上以处理数据为主，为全面、准确地反映工程经济财务管理，编者收集、整理了大量的经济财务数据。经济财务数据，既反映了经济财务工作取得的成效，也反映了经济财务工作的过程，为研究和分析南水北调工程经济问题提供比较充足的基础性信息。

《经济财务卷》是由南水北调系统从事经济财务工作人员撰写的，各位编者都是工程经济财务管理活动的参加者和亲历者。在南水北调工程建设和运行过程中，业务工作任务始终繁重，编者们在确保完成本职工作任务的前提下完成撰稿任务，利用了大量的节假日和休息日时间，加班加点无数，付出了艰辛劳动。本卷的内容均是利用第一手资料，真实、可靠；也是第一线工作者的亲身经历，生动、感动；还是第一次全面而系统的总结，比较有深度、广度。各章节的内容既全面、系统地反映南水北调工程经济财务各领域的行为，也反映了各位作者的具体实践行为和情感。本卷成书，是全体参与编撰者共同努力和辛勤劳动的结果，在此一并表示谢意。

第一章经济财务综述由熊中才撰写。

第二章南水北调工程资金筹集中的第一节南水北调主体工程投资规模和第二节南水北调主体工程资金筹集由谢民英撰写；第三节南水北调主体工程资金筹集的经验由熊中才撰写；第四节南水北调配套工程资金筹集的北京市配套工程资金筹集由厉萍、李子叶撰写，天津市配套工程资金筹集由许光禄撰写，河北省配套工程资金筹集由胡华、刘贵增、兰松撰写，河南省配套工程资金筹集由卢新广撰写，山东省配套工程资金筹集由刘传霞撰写。

第三章南水北调工程投资计划管理中的第一节投资计划管理体制由周曰农撰写；第二节年度投资计划管理由王熙撰写；第三节投资统计由李益撰写。

第四章南水北调工程投资控制管理中的第一节投资控制基本思路和第二节中的投资静态控制和动态管理体系的构建由周曰农撰写；第二节中的静态投资控制之项目管理预算和动态投资管理由刘军撰写，第二节中的设计变更管理和基本预备费管理由王熙撰写，第二节中的投资静态控制和动态管理的效果及经验由周曰农撰写；第三节建设期利息控制由周波撰写；第四节待运行期管理维护费管理由李益撰写；第五节项目法人投资控制中的中线建管局投资控制由宋广泽、张盛强撰写，中线水源公司的投资控制由李全宏撰写，江苏水源公司的投资控制由戴颖撰写，东线干线公司的投资控制由刘传霞撰写，湖北建管局的投资控制由秦应宇、程一平、兰银松等撰写，安徽南水北调项目办的投资控制由邢世林撰写，淮委建管局的投资控制由杨亮撰写。

第五章南水北调工程资金使用和管理中的第一节资金使用和管理制度由熊中才、陈伟畅撰写；第二节财政资金预算编制及执行由陈伟畅、邓文峰撰写；第三节资金拨付管理由周波撰写；第四节价款支付管理由侯勇撰写；第五节征地移民资金拨付及兑付由张玉群、张霞撰写；第六节资金使用和管理的主要经验由熊中才撰写。

第六章南水北调工程会计核算中的第一节会计核算的基本要求由孙卫撰写；第二节建设资金会计核算由苏明中、秦颖、张卫红等撰写；第三节征地移民资金会计核算由卢生焱撰写；第四节完工财务决算由吉丽喆撰写。

第七章南水北调工程资金监管中的第一节构建资金监管体系由陈蒙撰写；第二节项目法人的内部监督中的中线建管局的内部监督由黄礼林、丁宁撰写，中线水源公司的内部监督由班静东撰写，江苏水源公司的内部监督由侯勇撰写，东线干线公司的内部监督由刘传霞撰写，湖北省南水北调建管局的内部监督由秦应宇、程一平、兰银松等撰写，安徽省南水北调项目办的内部监督由邢世林撰写，淮委建管局的内部监督由刘建树撰写，河南省南水北调建管局的内部监督由卢新广撰写；第三节征地移民的内部监督中的北京市南水北调征迁的内部监督由杜雯撰写，天津市南水北调征迁的内部监督由宋涛撰写，河北省南水北调征迁的内部监督由胡华、郜茏郁、王周等撰写，河南省南水北调征地移民的内部监督由卢生焱撰写，湖北省南水北调移民的内部监督由秦应宇、程一平、兰银松等撰写，湖北省南水北调征迁的内部监督由万德学、田龙霞撰写，山东省南水北调征迁的内部监督由刘传霞撰写；第四节系统内部审计和第七节资金监管取得的成效和经验由陈蒙撰写；第五节审计机关审计和第六节其他国家机关监督由史晓立撰写。

第八章南水北调工程水价中的第一节南水北调工程前期的水价政策研究、第二节南水北调工程成本、第三节南水北调工程水价制定、第四节南水北调工程两部制水价和第五节南水北调工程水价定价机制由邓文峰撰写；第六节南水北调工程配套工程水价中的河北省南水北调配套工程水价由胡华、马振国撰写，河南省南水北调配套工程水价由卢新广撰写，山东省实行区域综合水价改革由刘传霞撰写。

第九章部门财务管理中的第一节财务管理制度由孙卫撰写；第二节部门预算编制、第三节部门预算执行由邓杰撰写；第四节会计核算由聂思撰写；第五节部门财务决算由孙卫撰写；第六节固定资产管理由王馨悦撰写；第七节会计档案管理由章亚骐撰写；第八节内部经济责任审计由史晓立撰写。

经济财务大事记由熊中才、李隆芳、张微编撰。南水北调经济财务重要文件目录由李隆芳编撰。

《经济财务卷》自 2012 年组织相关人员着手编撰，几经修改完善，2017 年 11 月完成终稿。

编撰过程中，在《中国南水北调工程》编纂委员会的领导下组织编撰，编纂工作得到了上级领导和相关单位的指导、帮助，为本卷的出版，中国水利水电出版社编辑人员同样付出辛勤劳动，谨致谢意。

限于我们的编审水平，本卷中的缺点或错误一定不少。恳切希望各位专家和广大读者批评指正。

目录

第一章　经济财务综述

本章重点论述南水北调工程经济财务业务在南水北调工程建设管理中的地位和作用，介绍以资金和投资为中心的经济财务业务架构、经济财务制度体系和经济财务业务机构及队伍系统，阐述南水北调工程资金管理的基本思路，归纳经济财务制度机制创新成果，总结南水北调工程经济财务工作积累的主要经验。

第一节　经济财务的地位和作用

南水北调工程经济财务业务贯穿于南水北调工程科学论证、建设管理和运行管理的全过程。经济财务业务既服务于工程建设和运行管理，又融合在工程建设和运行管理过程之中；既客观记载工程建设和运行管理的全过程，又监督工程建设和运行管理全过程中的具体行为。经济财务业务在南水北调工程建设和运行管理中处于十分重要的地位，发挥了不可或缺的作用，不但为确保工程顺利建设和有效运行提供了坚实的经济基础，而且为工程顺利建设和有效运行保驾护航。经济财务工作对工程建设和运行管理的作用是多方面的，归纳起来主要有 5 个方面。

一、筹集和保障工程建设资金

筹集和保障工程建设资金是夯实工程建设经济基础的措施，是经济财务业务在工程建设管理中首要任务。从经济角度来看，工程建设过程实质上是资金消耗过程，没有资金保障，工程建设就不能实施；资金供应不及时、不充分，工程建设就不可能持续进行。只有充足的资金保障，才能保证工程建设持续并顺利实施。因此，在南水北调工程建设期间，始终把确保资金供应作为经济财务工作的首要任务，既要保障工程建设实际需要的资金量，又要保障资金供应的适时性，才能确保工程建设一线不会缺钱，实现工程建设的持续性，为南水北调工程按期建成通水做出重要贡献。

确定筹集资金渠道，通过制定筹集资金的制度，明确南水北调工程资金的来源，为筹集和保障资金供应奠定基础；确定筹集资金方式，依据法律法规和规章制度，筹集南水北调工程建设所需资金；确定资金供应的方式和制度，基于保障资金供应的及时性和连续性的要求，依据不同性质的资金管理方式的不同，根据南水北调工程建设管理的特殊性，建立与南水北调工程建设实际相适应的资金供应方式和制度；确定合理配置资金的机制，基于不同渠道来源资金的使用成本、资金供应的稳定性、可供资金的时间要求等方面存在差距，按照既要保障资金供应的及时性，又要有效降低资金使用成本的原则，建立科学合理的资金配置机制；确定资金供应的重点，按照满足南水北调工程建设一线资金需求的要求，及时掌握工程建设过程中的资金需求，实行按工程建设进度定期供应资金的制度，确保资金供应的进度与工程建设的进度相衔接。

二、记载工程建设管理

记载工程建设管理是客观反映工程建设过程所有行为的手段，是为工程建设管理科学决策提供基础信息的工具。依据相关法律法规和规章制度的规定，通过会计和统计方法，经济财务工作必须真实、全面、完整、准确地记载南水北调工程管理过程中的所有活动或行为，通过分析汇总反映工程建设管理的动态信息，为工程建设管理决策提供基础性数据，反映工程建设阶段性成果并为核定资产价值奠定基础。投资统计数据反映工程建设进度，为分析工程建设进度是否能如期实现工程建设目标提供信息，从而为工程建设管理决策者解决建设管理中的问题提供基础数据，同时也为考核工程建设管理情况提供依据。会计资料和报表反映资金使用的实际情况，同时也反映工程建设管理的最终的进度，还能反映建设管理中存在的问题，为规范工程建设管理和提高资金使用效率提供依据。

三、监管工程建设管理

监管工程建设管理是工程建设管理活动的有机组成部分，是维护工程建设管理秩序的重要手段。监管既是经济财务工作职责所在，也是工程建设管理不可或缺的手段。经济财务工作通过会计监督、内部审计监督、南水北调系统内部审计和国家机关审计、稽查、检查等一系列监督机制，对工程建设管理的全过程实施监督，及时发现或揭示工程建设管理过程中存在的问题，并着力纠正或整改违反法律法规和规章制度的行为，消除工程建设管理、资金使用和管理中的安全隐患，确保工程建设管理、资金使用和管理行为在制度的"笼子"内运行，保障工程安全、资金安全和干部安全，实现工程建设管理行为规范和资金运行有序的目标。在工程建设管理及其资金安全方面出了问题，不但造成经济损失，而且直接影响南水北调工程的社会形象，甚至对党和国家造成极大的负面影响。所以，充分发挥经济财务工作在监管工程建设管理中的作用尤其重要，应当始终将保障工程建设管理及其资金安全作为工程建设管理的重要目标。

四、控制工程建设成本

控制工程建设成本是工程建设管理活动的有机组成部分，是降低工程建设成本的有效措施。任何经济行为都要讲究成本控制，通过有效控制成本，增加收益，实现资源有效利用。控制工程建设成本，为工程建成后的有效运行奠定较好的基础。经济财务工作，要充分考虑各渠道资金使用成本差异的实际，在保证资金供应的前提下，优先使用成本较低的资金，统筹配置资金，优化使用资金的结构，减少利息支出；适时了解并掌握工程建设的进展，控制资金供应节奏，着力实现资金供应与工程建设现场结算资金相配备，减少资金滞留，提高资金使用效率；任何工程建设都无法避免设计变更和索赔，加之南水北调工程前期工作时间紧且短，变更事项相对多，通过优化设计和精细化管理等，有效控制变更事项、变更规模，减少或避免索赔事项发生，从而减少工程建设的直接支出。

五、核定工程建设成果

核定工程建设成果是反映工程建设成果的手段，也是确保工程建设价值实现的措施。工程建设形成的成果或产品，都是实物形态，虽然可以通过实物的指标来反映，但因不同实物的计量单位或标准不统一，无法汇总工程建设的总成果。工程建设的最终目的是形成资产，所以唯有以货币为统一单位，通过货币计量，才能实现并反映工程建设形成的总资产。经济财务工作就是在会计资料的基础上，依据相关制度规定，通过财务决算核定工程建设成果的价值，为核定工程建设形成的资产价值提供基础，反映工程建设管理的效果和最终结果。

第二节　南水北调工程经济财务管理体系

经济财务管理具有普遍性，南水北调工程经济财务管理与其他工程的经济财务管理一样，都需要遵循经济财务管理的总体要求、基本原则和相关的规章制度。但是，南水北调工程及其建设管理与其他工程相比，具有以下 4 个方面的明显特点。

（1）工程建设战线长。南水北调工程是典型的线型工程，南水北调东、中线一期工程跨越 7 个省（直辖市），工程总长度超过 3000km，建设现场众多且分散。与一个相对集中的地域开展建设的其他工程相比，其建设管理的方式、方法完全不同。

（2）工程投资规模大。南水北调东、中线一期工程投资 3000 多亿元，是历史和当前世界上投资规模最大的调水工程，目前及以后的单一工程投资超过此规模的也不多，投资规模大也必然会增加建设管理的难度。

（3）工程建设管理的主体多。南水北调工程不是由一个主体独立负责建设管理，既有多个南水北调工程项目法人，又有多个南水北调工程建设管理单位及其现场建设管理机构，还有工程所在地各级征地移民机构或组织。参与南水北调工程建设的设计、监理、施工等市场主体更多。

（4）工程建设周期长。自 2002 年南水北调工程开工建设以来，已经历时 15 年，预计到最终的竣工验收，工程建设周期将超过 20 年。在当前技术条件下，很少有工程建设周期超过 20 年。

上述工程及其建设管理的特点，直接影响经济财务管理。所以，南水北调工程经济财务管理在遵循经济财务管理普遍性原则和要求的基础上，应结合上述南水北调工程及其建设管理的特点，构建符合南水北调工程建设管理实际需要的经济财务管理体系。为此，南水北调系统以资金和投资为中心，着力构建了经济财务业务架构、经济财务制度体系、经济财务机构和财会人员系统。

一、经济财务业务架构

经济财务业务贯穿于南水北调工程建设和运行管理的全过程，涉及工程建设和运行管理的各个领域、各个环节。南水北调系统以资金和投资为中心构建了经济财务业务架构，经济财务业务主要由以下 12 个方面构成。

（一）论证工程的经济可行性

经济可行性论证是工程经济的重要任务，也是工程经济财务业务的开端。南水北调工程是特大型的基础设施工程，不仅对工程受益地区有直接影响，而且对全国其他地区也有不同程度的影响；不仅有经济、社会方面的影响，也有生态、环境方面的影响；既有正面效益的影响，也有负面效益的影响。因此，进行科学论证是十分必要的。除对南水北调工程的建设技术、调水来源、用水需求及其作用等方面进行科学论证外，还必须对兴建南水北调工程的经济可行性进行科学论证，既要论证南水北调工程建设规模即投资规模，又要论证有效控制工程建设规模的机制；既要论证南水北调工程投资的来源和结构，又要论证工程建成运行及其经费来源；既要论证南水北调工程的建设成本，又要论证经济效益和社会效益；既要论证工程的正面效益，又要论证工程的负面效益；既要论证南水北调工程建设及其运行的机制和制度，又要论证经济政策的可行性及其实施效果。通过从经济角度的充分论证，确定兴建南水北调工程在经济上是否可行，为党中央、国务院决策兴建南水北调工程提供经济方面的技术支撑。

（二）筹集工程资金

兴建工程必须要资金，资金就是冷兵器时代的粮草，应做到"兵车未动、粮草先行"，否则无法保证工程顺利建设。基于南水北调工程的特殊地位和作用，确立了多渠道筹集南水北调主体工程资金的政策和措施。

（1）通过投资计划和基本建设支出预算，筹集中央基本建设投资，落实部分中央资本金，投入南水北调工程建设。

（2）通过建立南水北调工程基金，筹集应由受益区地方政府承担的投资，落实地方资本金，投入南水北调工程建设。

（3）通过设立国家重大水利工程建设基金，筹集南水北调工程总体可行性研究报告较南水北调工程总体规划增加的投资，增加中央资本金，投入南水北调工程建设。

（4）通过金融市场筹集过渡性资金。这部分资金是因在南水北调工程建设期内征收的重大水利工程建设基金不能满足南水北调工程建设需要，采取先通过金融市场筹集资金，然后用工程建设期满后征收的重大水利工程建设基金偿还其本息，妥善解决南水北调工程建设期间所需资金。过渡性资金是提前使用的重大水利工程建设基金，也是中央资本金的组成部分。

（5）通过金融市场筹集银团贷款。这是由南水北调工程项目法人应承担的部分工程建设资金，投入南水北调工程建设。这部分资金是项目法人承担的市场风险，将通过工程建成通水后水费收入偿还本息。

此外，南水北调配套工程的投资由配套工程所在地的地方人民政府负责筹集，中央政府对部分筹集资金有困难的地方给予适当的补助。

（三）安排年度投资计划

根据当时的投资管理体制和制度的规定，南水北调工程投资通过年度投资计划逐步注入南水北调工程建设。年度投资计划既是注入工程建设资金的依据，也是南水北调工程的年度建设任务。依据投资计划管理规定，南水北调工程项目法人提出的年度投资计划，经国务院南水北调办审核后报国家发展改革委，在国家发展改革委履行了投资计划审批程序后再下发国务院南水北调办，国务院南水北调办再将年度投资计划分别下达给南水北调项目法人执行。年度投资计划编制及安排的主要依据：①经批准的设计单元工程的投资规模；②南水北调工程建设的目标；③预计年度需完成建设任务及其工程量；④已确定的资金来源及其规模等因素。

年度投资计划既要反映如期完成工程建设目标的需要，又要反映工程建设进度推进的可能性，还要反映资金来源的保障程度。

（四）控制投资

投资控制是防止投资规模增加、提高投资效率和减少投资浪费的重要手段或措施。其目的是将南水北调工程实际总投资控制在国务院批准的总投资规模之内，设计单元工程的实际投资额控制在批准的投资概算范围之内。经国务院批准，南水北调工程实行"静态控制、动态管理"的制度，投资控制的主要措施包括优化工程建设方案、通过市场竞争降低工程中标价格、严格设计变更、合理控制价差、有效控制变更索赔等。

（五）配置及拨付资金

鉴于南水北调工程资金来源渠道多且不同来源的资金成本存在差距，所以要先进行资金配置，然后按资金配置方案拨付资金。资金配置及拨付是工程资金实质性注入南水北调工程建设的首要环节，也就是通过将工程资金直接注入南水北调工程项目法人用于工程建设和征地移民。依据年度投资计划和基本建设支出预算，以及工程建设和征地移民工作进度的实际需要，按照"先使用低成本资金，后使用高成本资金"的原则，确定供应资金的规模和结构。财政资金由中央国库直接拨付给南水北调工程项目法人，过渡性资金由国务院南水北调办向金融机构提取并通过金融机构直接拨付给南水北调工程项目法人，银团贷款则由南水北调工程项目法人按批准的规模直接向贷款银行提取。

（六）支付或兑付资金

资金支付或兑付是南水北调工程资金运行在南水北调系统内部的最后环节。在一般情况下，已支付和兑付的资金就成了已发生的实际支出，所以该环节尤其重要。在工程价款或其他合同款支付时，必须严格按照合同或协议约定的条件和要求进行结算，完整履行制度规定的审核、审批程序，确保资金支付的真实性、准确性，严禁用现金支付合同价款。兑付征地补偿款，要遵循公正、公开、透明的原则，严格履行"三公开"程序，接受村民或居民的监督。其他资金的支付，同样应遵循相关的程序和制度规定，确保资金支付的真实性、准确性。

（七）监管资金运行

资金监管始终贯穿于南水北调工程建设管理的全过程，是维护南水北调工程资金运行秩序、保障资金安全和提高资金使用效率的重要措施。针对南水北调工程建设管理的实际，构建了由内部监管、南水北调系统内部审计、国家机关审计和其他国家机关监督相结合的资金监管的体系。特别是建立了比较有特色的南水北调系统内部审计，及时发现并揭示南水北调系统各单位或组织在资金运行过程中存在的问题，组织并督促南水北调系统各单位或组织纠正和整改已揭示出来的问题，维护资金运行秩序，消除资金安全隐患。

（八）核算工程资金

会计核算是南水北调工程资金使用和管理比较重要的环节，通过会计核算适时记载并反映工程资金支出行为，也反映工程建设管理的具体行为。会计机构或财务部门和会计人员严格履行会计监督职能是会计核算环节的关键，也是保障资金安全的重要措施。会计核算必须依据会计制度和相关法律法规、规章制度及内部相关制度规定开展，做到程序规范、资料完备、手续齐全、账目清晰、数据准确。会计核算是日常性的基础工作，业务量大且要保持持续性。

（九）开展完工和竣工财务决算

财务决算是工程建设管理期间经济财务业务的最后一个环节，反映工程建设的成果，为核定投资形成资产提供基础数据。鉴于南水北调工程按设计单元工程批准初步设计报告，各设计单元工程开工时间不一、建设期有长有短的实际，为及时收集和整理竣工财务决算所需资料，防止前期完工的设计单元工程丢失或遗失有关资料，南水北调系统实行完工财务决算制度，对已基本完工的设计单元工程进行完工财务决算，为南水北调工程竣工后的财务决算奠定基础。在设计单元工程完工后，依据规定，南水北调工程项目法人和征地移民机构均编制完工财务决算，并报经国务院南水北调办核准，再在设计单元工程完工财务决算的基础上，编制竣工财务决算并报财政部审批，为最终确定南水北调工程的资产价值提供基础数据。

（十）核算工程运行成本

鉴于南水北调工程的特殊性，在南水北调工程正式竣工验收前，工程建成通水后就进入建设运行期，南水北调工程项目法人继续负责工程运行管理。南水北调工程项目法人是南水北调工程的运行管理单位，要按照财务制度规定，准确核算工程运行成本，既要有效控制和管理成本费用支出，又要据实客观反映工程运行的实际耗费，为运行管理单位经营管理活动提供基础数据，也为监督部门和其他国家机关提供基础数据，还要为国务院价格主管部门核定或校核南水北调工程水价提供基础数据。

（十一）参与制定工程水价政策

根据《中华人民共和国价格法》及相关规定，南水北调工程水价实施政府定价，由国务院价格主管部门会同国务院有关部门制定并报经国务院批准后实施。国务院南水北调办负责组织南水北调工程运行管理单位开展成本核算，在此基础上，汇总、审核、提供南水北调工程运行管理成本的基础数据，提出制定或调整南水北调工程水价的方案或意见，并报送国务院价格主管部门。同时，国务院南水北调办要直接参与南水北调工程水价政策的研究和制定过程，南水北调工程运行管理单位要配合国务院价格主管部门开展工程定价成本的监审和审核。

（十二）研究相关经济政策

基于南水北调工程上述特点，在南水北调工程建设管理和运行管理过程中涉及多方面的经济问题，需要及时研究解决。根据南水北调工程建设和运行管理的实际需要，除研究筹集南水北调工程资金、投资控制和南水北调工程水价等政策外，还需要研究资金使用和管理、中央财政贴息、耕地占用税返还、税收等相关政策，同时还需关注对南水北调工程建设和运行管理有影响的其他相关经济政策。

二、经济财务制度体系

根据与工程建设和运行管理相关的法律法规、规章制度，紧紧围绕着规范南水北调工程资金和投资的管理，南水北调系统各单位结合南水北调工程建设管理的实际，研究制定了一系列的资金和投资管理的相关规定，构建了满足南水北调工程资金和投资管理实际需要的制度体系。

（一）南水北调工程资金管理综合性规定

为规范南水北调工程的建设管理，确保工程质量、安全、进度和投资效益，国务院南水北调工程建设委员会研究制定了《南水北调工程建设管理的若干意见》，这是南水北调工程建设管理专项制度的总纲。该意见中对投资计划和资金管理作了专门规定，明确了投资计划和资金管理的总体原则和基本要求，为南水北调系统各单位制定南水北调工程投资计划和资金管理制度提供依据。

为规范南水北调工程资金管理，切实管好、用好工程资金，提高投资效益，依据相关法律法规和规章制度，结合南水北调工程建设管理的实际，国务院南水北调办研究制定了《南水北调工程建设资金管理办法》。该办法贯穿全过程监管南水北调工程资金的总体思路，明确资金管理的目标、基本原则和基本要求，规范了资金筹集、投资控制、财政资金预算、经济合同、资金支付或兑付、财务会计、财务决算等方面的行为。该办法既为南水北调工程资金管理提供了总的制度遵循，也为南水北调系统各单位制定和完善资金管理的具体制度提供了依据。

根据南水北调工程征地移民管理体制，结合征地移民资金管理实际情况，国务院南水北调办研究制定了《南水北调工程建设征地补偿和移民安置资金管理办法（试行）》，明确了南水北调工程征地移民投资实行包干使用制度，对征地移民投资或资金的计划、财务、监督等行为进行了规范，为征地移民资金使用和管理提供制度保障，也为各级征地移民机构制定征地移民资金使用和管理规范提供制度基础或依据。

（二）筹集南水北调工程资金的制度

筹集南水北调工程资金制度有两部，即南水北调工程基金、重大水利工程建设基金的筹集制度。

为筹集南水北调工程建设资金，规范南水北调工程基金筹集和使用管理，确保南水北调工程建设顺利实施，经国务院同意，国务院办公厅印发了《南水北调工程基金筹集和使用管理办法》，明确了南水北调工程直接受益区的北京、天津、河北、河南、江苏、山东等6省（直辖市）筹集南水北调工程基金的具体任务、筹集资金的来源、筹集方式、基金的使用管理等的内容。

为筹集国家重大水利工程建设资金，确保国家重大水利工程建设的顺利实施，经国务院同意，财政部、国家发展改革委、水利部印发了《国家重大水利工程建设基金征收使用管理暂行办法》。该办法明确了重大水利工程建设基金征收标准、征收方式、使用管理，同时明确在南水北调和三峡工程直接受益的北京、天津、河北、河南、山东、江苏、上海、浙江、安徽、江西、湖北、湖南、广东、重庆等 14 个省（直辖市）征收重大水利工程建设基金，由财政部驻当地财政监察专员办事处负责征收并全额上缴中央国库，这部分基金收入用于南水北调工程建设和三峡工程后续工作。重大水利工程建设基金是南水北调工程资金的最主要来源。

（三）南水北调工程投资计划管理规定

为严格基本建设程序，控制工程投资总量，充分发挥投资效益，规范南水北调工程建设计划管理，根据基本建设管理法律法规、规章制度和国务院南水北调工程建设委员会发布的《南水北调工程建设管理的若干意见》的相关规定，国务院南水北调办制定了《南水北调工程建设2005 年度投资计划管理暂行办法》。后来，国务院南水北调办又根据国务院南水北调工程建设委员会发布的《南水北调工程投资静态控制和动态管理规定》的相关规定，对原办法重新进行修订完善，发布了《南水北调工程建设投资计划管理办法》，该办法的主要内容包括：①南水北调工程建设投资管理总的要求、投资计划管理的内容和南水北调工程建设项目的划分；②明确年度投资计划编报的主体、依据、要求和审核审批的程序；③开展设计变更的程序和要求；④预备费使用和管理的要求及其审批的程序；⑤南水北调工程项目建设评价的要求。

（四）南水北调工程投资规模控制的规定

为加强南水北调工程投资管理，严格控制工程建设成本，建立工程投资约束激励机制，经国务院同意，2008 年 6 月，国务院南水北调工程建设委员会印发了《南水北调工程投资静态控制和动态管理规定》。该规定的主要内容包括：①明确南水北调工程项目法人是南水北调工程实行投资静态控制、动态管理的责任主体，对其管理的南水北调工程建设全过程投资控制负责；②要求南水北调工程项目法人以静态投资为依据，通过采取设计优化、完善概算结构、组织编报项目管理预算、科学组织施工、加强建设管理等措施，将投资控制在其管理的各设计单元工程静态投资总和的范围内；③对工程建设实施过程中发生的动态投资，通过逐年编报年度价差报告、据实计列建设期贷款利息投资、严格设计变更管理等措施，对动态投资进行有效管理；④明确建立健全投资控制管理的激励和约束机制，对南水北调工程项目法人投资控制进行考评，建立投资控制奖惩制度。

为贯彻落实《南水北调工程投资静态控制和动态管理规定》，国务院南水北调办研究制定了《南水北调工程项目管理预算编制办法（暂行）》和《南水北调工程价差报告编制办法（暂行）》。项目管理预算编制办法明确了"总量控制、合理调整"的原则，要求在满足工程功能、安全标准、质量标准等的前提下，实行设计优化，鼓励采用新技术、新工艺、新材料；同时明确了项目管理预算的编制依据、项目划分标准、编制方法和组成内容。价差报告编制办法明确了"依法计价、公平公正、合理求实"的编制价差原则，同时明确了编制价差报告的编制依据、计算范围、工程分类、计算公式、价格因子及价格指数的选取、价格因子权数划分、编制步骤和价差报告组成内容等。

为严格控制工程投资，降低工程成本，提高投资效益，充分调动参建各方控制投资的积极性，财政部会同国务院南水北调办制定了《南水北调工程投资控制奖惩办法》，该办法明确对初步设计阶段和建设实施阶段形成的投资节约或节余进行奖励，对超过估算或超支进行惩罚。此后，根据国务院的相关规定，停止了基本建设项目投资控制奖惩政策的执行。

（五）南水北调工程财政资金的预算制度

根据《中华人民共和国预算法》及其实施条例的规定，南水北调工程资金中的中央基本建设投资、重大水利工程建设基金、南水北调工程基金等财政资金实行预算管理，纳入国务院南水北调办的部门预算。财政资金预算管理制度的内容有：①确定了南水北调工程财政资金预算编制审批程序；②明确了南水北调工程财政资金预算编制的依据；③明确了南水北调工程财政资金预算编制方法；④规定了南水北调工程财政资金预算执行及调整的程序和要求。

（六）南水北调工程财政资金的国库集中支付制度

为促进南水北调工程建设，根据深化财政资金支付制度改革和国库集中支付制度的总体要求，探索建立了既符合国库集中支付制度的总体要求，又符合南水北调工程资金运行特点的财政资金国库集中支付方式是十分必要的。依据南水北调工程建设管理体制，在充分分析南水北调工程资金运行特点的基础上，经财政部批准，探索建立南水北调工程财政资金由中央国库直接支付给南水北调工程项目法人的国库集中支付制度。该制度的程序是：①由南水北调工程项目法人依据投资计划和基本建设支出预算，按照工程建设进度及实际用款需求，分期分批向国务院南水北调办报告用款申请及其理由；②经国务院南水北调办审核并同意后向财政部报送拨款申请；③经财政部相关司审查核准后，直接由中央国库将财政资金拨付给南水北调工程项目法人的账户。

（七）南水北调工程资金拨付和支付的管理制度

为规范南水北调工程资金拨付和支付行为，针对南水北调工程建设关键期和高峰期资金拨付和支付中存在的问题，2010年9月至2011年8月，国务院南水北调办先后制定了规范南水北调工程资金拨付和支付的制度性规定，主要包括以下6方面内容：①增强资金预算执行力，着力推进工程建设进度；②提高资金使用效率，着力控制账面资金余额；③依据工程建设进度，分次申请拨付资金；④规范编制资金支付申请书；⑤提高拨付和支付效率，保障工程建设现场的资金需求；⑥强化结算审核，确保工程价款结算准确。

（八）南水北调工程资金的专户储存、专户管理制度

为减少南水北调工程资金的分散和积压，提高资金使用效率，防止利益输送和腐败行为，确保南水北调工程资金的安全，根据国务院南水北调工程建设委员会规定，建立了南水北调工程资金"专户储存、专户管理"的制度。该制度的主要内容有：①南水北调工程项目法人和建设管理单位对建设资金实行专户存储、专户管理，在一家商业银行开设一个基本建设资金账

户，用于建设资金的结算，不得多头开户；②各级征地移民机构、承担征地移民任务的项目法人应在一家国有或国有控股商业银行开设南水北调工程征地移民资金专用账户，专门用于征地移民资金的管理，任何部门、单位和个人不得截留、挤占、挪用征地移民资金；③落实该制度保障措施有：实施银行账户备案管理；实行定期检查纠正；强化责任追究。

（九）南水北调工程资金的流向监管制度

为保障南水北调工程建设一线的资金需求，防止施工、监理等参与工程建设的单位抽调资金，影响工程建设进度，根据国务院南水北调办的统一要求，各南水北调工程项目法人建立了监控各参建单位资金流向的制度。该制度通过南水北调工程项目法人或建设管理单位、参建单位和参建单位开户银行，共同签订资金流向监管协议，分别明确三方在资金流向监管方面的责任和义务。参建单位开户银行有义务向南水北调工程项目法人或建设管理单位报告参建方的资金流向，保障南水北调工程项目法人或建设管理单位支付的价款用于与南水北调工程建设直接相关支出事项。该制度的内容有：①签订三方资金流向监管协议；②明确资金流向监管的内容；③确定资金流向监管方式；④规范资金支付流程；⑤建立激励约束措施。

南水北调工程征地移民机构也建立了资金监控制度。结合征地移民资金使用和管理的实际，省级征地移民机构与同级监察、审计、银行等部门共同建立了征地移民资金监管平台，适时监督各基层征地移民机构的资金流向，防止地方政府及其相关部门抽调或挪用资金，从而保障资金仅用于南水北调工程征地移民工作，及时查处并纠正抽调或挪用征地移民资金的行为，确保征地移民资金专款专用。

（十）南水北调工程资金使用和管理行为规范

针对南水北调工程资金使用和管理中的不规范行为，为防止资金使用和管理问题的重复发生，有效控制投资，确保资金安全，国务院南水北调办制定了"切实防止资金运行过程中不规范行为"的8项措施，具体规定主要包括：①严格执行招投标法律法规，防止不规范的招投标行为；②严格依据合同法和相关规范签订合同，防止不规范的合同签订行为；③严格执行合同约定支付价款，防止与合同约定不一致的支付行为；④合法合理处理合同变更索赔，防止依据有误和不符合实际的变更索赔行为；⑤充分发挥内部制衡机制作用，防止无审核审批程序的支出；⑥严格遵循专款专用制度，严禁截留挤占挪用征地移民资金；⑦严格遵循专账专户管理制度，严禁多头开户和设立"小金库"行为；⑧把好资金运行的最后关口，防止不合法、不合规的经济业务入账。

（十一）南水北调工程系统内部审计约束机制

为了强化南水北调系统内部审计，充分发挥中介机构的作用，提高审计质量，保障南水北调工程资金安全，2016年5月，国务院南水北调办制定了"南水北调系统内部审计约束机制"，分别对涉及南水北调系统内部审计的中介机构、审计对象和国务院南水北调办的责任和义务进行了规范，明确南水北调系统内部审计责任追究制度。

（十二）规范和指导南水北调工程资金会计核算的制度

为规范南水北调工程资金的会计核算，根据财政部《国有建设单位会计制度》和《基本建设财务管理规定》等规章制度，在南水北调工程建设伊始，各南水北调工程项目法人结合南水北调工程和本单位的实际，研究制定了南水北调工程资金会计核算的办法或规定。

为规范征地移民资金的会计核算，国务院南水北调办组织系统内省级征地移民机构研究制定并向财政部报送了《南水北调工程征地移民资金会计核算办法》，经财政部审定后发布实施。该办法包括以下6个方面内容：①明确征地移民资金的拨付和使用遵循专款专用原则；②明确了会计核算一般原则；③明确了会计机构和会计人员的规范；④明确了内部控制制度规范；⑤制定了统一的会计科目及科目使用规范；⑥制定了统一的会计报表格式。

为规范会计核算行为，2007年9月，国务院南水北调办组织研究并制定了《南水北调工程会计基础工作指南》。该指南从总体要求、会计机构和会计人员、会计核算、会计核算电算化、会计档案和工作交接、会计监督、内部会计控制管理制度、与会计基础工作相关的管理业务等8个方面进行具体而详细地规范。

为开展好南水北调工程的会计核算，做好会计核算科目与概算科目衔接，2009年11月，国务院南水北调办组织研究并制定了《南水北调工程会计核算科目与工程概算项目衔接的指导意见》。该意见从会计核算与工程概算项目衔接的依据、《国有建设单位会计制度》中直接核算工程投资的会计科目、南水北调工程概算项目的划分、会计核算科目与工程概算项目的衔接方法、财务与计划执行概算情况的衔接等方面提出了指导性要求，并制定了会计科目与工程概算项目衔接表。

各南水北调工程项目法人和省级征地移民机构，根据本单位和本地区所管辖工程的实际，研究制定了一系列的会计核算的办法、规定、规范等。南水北调系统其他单位或机构也结合本单位管辖业务和工作实际，研究制定了一些更加详细且具体的会计核算规定。

（十三）南水北调工程竣工完工财务决算制度

为规范南水北调工程竣工、完工财务决算编制行为，反映工程建设成果，核定资金价值，根据相关规章制度，在总结2008年10月制定并执行《南水北调工程竣工（完工）财务决算规定》的经验和教训基础上，为实现南水北调系统各单位编制竣工完工财务决算口径和要求的统一。2015年12月，国务院南水北调办制定了《南水北调工程工程竣工完工财务决算编制规定》。该规定的主要内容包括：①明确南水北调工程竣工完工财务决算编制的责任主体和编报程序；②规范了财务决算报告的编制依据和内容、编制方法和要求；③确定了竣工财务决算审批和完工财务决算核准程序；④制定了南水北调工程竣工完工财务决算的报表的规范格式。

为统一南水北调工程固定资产的分类和名称，规范南水北调工程竣工完工财务决算的资产核定，依据中华人民共和国国家标准《固定资产分类与代码》和相关规章制度，国务院南水北调办制定了《南水北调工程固定资产分类与代码》，统一了南水北调工程建设形成固定资产的分类，统一了各不同项目法人建设形成同类、同一种固定资产的代码。

（十四）南水北调工程资金违规违法行为处罚制度

为制止和纠正南水北调工程建设资金使用和管理中的违规违法行为，维护南水北调工程建设资金程序，依据相关法律法规和规章制度的规定，国务院南水北调办研究制定了《南水北调工程建设资金违规违法行为处罚规定》，明确了南水北调系统各单位和个人违反国家账户管理规定、国家有关价款支付规定、超标准超范围支出有关规定、乱摊派、国家有关投资建设项目规定、国家有关治理"小金库"规定等各类违规违法行为的处理措施或方式、方法，违规违法行为的责任追究。

三、经济财务部门和财会人员系统

根据国务院南水北调工程建设委员会确定的南水北调工程建设及运行管理体制和征地移民管理体制，以南水北调工程资金和投资为纽带，构建了南水北调工程经济财务部门和财会人员系统。在国务院南水北调办是南水北调工程建设管理具体活动的顶层机构，以下建立了两个经济财务部门和财会人员的子系统。一个是以使用和管理工程建设资金为主的南水北调工程项目法人和建设管理单位的经济财务部门和财会人员系统；另一个是以使用和管理征地移民资金为主的征地移民机构的经济财务部门和财会人员系统。在南水北调系统各单位中，凡具备条件的单位都设立了专门的经济财务部门，不具体条件的单位则确定内部相关部门承担经济财务业务；南水北调系统各单位都配备了与其经济财务业务相适应的经济财务人员。据不完全统计，南水北调系统共 1000 多名经济财务人员。

（一）顶层机构

国务院南水北调办是国务院南水北调工程建设委员会的办事机构，是为南水北调工程行政管理专门设立的机关。其经济财务方面的主要职责包括：筹集南水北调工程资金、申请及下达年度投资计划、控制投资规模、编制和执行年度财政资金的基本建设支出预算、申请及拨付年度预算资金、拨付过渡性资金、监督检查资金使用和管理等。为履行上述职能，国务院南水北调办设立了投资计划司、经济与财务司，因中央编制部门从严控制人员编制，两个司分别配备9人。国务院南水北调办是南水北调经济财务系统的顶层机关，负责指导、管理、监督、协调南水北调系统各单位的经济财务业务，可以通过采购社会服务方式开展相关工作，以解决人员不足问题。

（二）工程建设管理子系统

南水北调工程建设实行项目法人负责制。南水北调工程项目法人是工程建设和运营的责任主体，同时南水北调工程建设采用项目法人直接管理、委托制和代建制相结合的管理模式。根据南水北调工程的特殊性，组建或设置了 7 个南水北调工程项目法人或运行管理单位；根据南水北调工程建设管理模式，相关省（直辖市）人民政府组建了委托管理类的建设管理单位，南水北调工程项目法人组建了直接管理类的建设管理单位并通过公开招投标选择代建制的建设管理单位；南水北调工程项目法人和建设管理单位还根据工程建设管理的实际，设立了现场管理机构。南水北调工程项目法人在内部均设立了投资计划、财务、审计部门和配备相适应的财会人员，建设管理单位在内部设立了财务部门并配备相适应的财会人员，现场管理机构有的也设立了内部的财务部门或只配备财会人员。南水北调工程项目法人和建设管理单位的主要经济财务职责是使用和管理资金、控制投资规模、核算资金使用和管理活动等。

（三）征地移民子系统

南水北调工程征地移民工作实行国务院南水北调工程建设委员会领导、省级人民政府负责、县为基础、项目法人参与的管理体制。根据这一管理体制，南水北调工程沿线省（直辖市）、市（区）、县（市、区）三级地方人民政府专门成立了负责南水北调工程征地移民工作的机构，或者指定当地移民机构负责南水北调工程征地移民工作，河南、湖北两省接受丹江口水库移民的地方指定当地移民机构承担南水北调工程移民任务。县级以上征地移民机构均设立内部的财务部门，配备了与经济财务业务相适应的财会人员。各级征地移民机构主要的经济财务职责是使用和管理征地移民资金、控制征地移民投资、核算资金使用和管理活动等。

此外，南水北调工程沿线承担征地移民任务的乡（镇）、行政村，虽然没有单独设立负责征地移民资金使用管理的专门机构，但均指定了专门机构负责征地移民资金使用和管理及其会计核算，行政村使用征地移民资金一般由乡（镇）负责会计核算。

第三节 资金管理的基本思路

南水北调主体工程总投资 3000 多亿元，管理好如此巨大的南水北调工程资金不是一件容易的事，特别是南水北调工程资金运行又有其特殊性、管理复杂，为此，探索建立清晰的资金管理的思路是十分必要的。根据工程资金管理的相关法律法规和规章制度，遵循工程资金管理的普遍规律，在充分考虑南水北调工程资金运行特点的基础上，国务院南水北调办研究并确定了对南水北调工程资金运行过程实行全程管理的基本思路，明确了工程资金管理的主要目标、基本原则和基本要求。南水北调工程资金管理的基本思路，既是指导南水北调系统各单位研究制定资金使用和管理制度的指针，也是指导南水北调系统各单位组织开展资金管理的原则和要求，还是使用和管理资金活动必须遵循的制度规范。

一、资金运行的特点

鉴于南水北调工程及其建设管理的特殊性，南水北调工程资金运行有以下显著的特点。

（一）使用和管理资金的主体多

在南水北调工程资金管理方面，国务院南水北调办主要负责筹集南水北调工程的资本金并投入（拨付）工程建设、对南水北调系统各单位资金使用和管理情况实施监管等。此外，根据南水北调工程建设实行项目法人负责制和多种建设管理模式，以及南水北调工程征地移民管理体制的要求，南水北调工程资金使用和管理的主体还包括以下几方面。

1. 承担南水北调工程建设任务的项目法人

项目法人有南水北调中线干线工程建设管理局、南水北调中线水源有限责任公司、南水北调东线江苏水源有限责任公司、南水北调东线山东干线有限责任公司、湖北省南水北调管理局、安徽省南水北调东线一期洪泽湖抬高蓄水位影响处理工程建设管理办公室、淮河水利委员会治淮工程建设管理局等。

2. 承担工程建设任务的建设管理单位

建设管理单位有实行委托制建设管理的北京市南水北调工程建设管理中心、天津市水利工程建设管理中心、河北省南水北调工程建设管理局、河北省南水北调工程建设管理中心、河南省南水北调中线工程建设管理局等建设管理单位，项目法人通过招标选择的代建制的建设管理单位和直接管理方式的建设管理单位。

3. 承担现场建设管理任务的机构

鉴于南水北调工程现场建设点多且分散，南水北调工程项目法人或建设管理单位依据建设管理的需要设立了众多的工程建设现场管理机构。

4. 承担南水北调工程征地移民任务的机构

征地移民机构包括省（直辖市）、市（区）、县（市、区）等三级征地移民机构。省级征地移民机构有北京市南水北调办、天津市南水北调办、河北省南水北调办、河南省移民办、湖北省移民局、湖北省南水北调办、江苏省南水北调办、山东省南水北调建设管理局等。南水北调工程沿线的市（区）、县（市、区）人民政府也设立了征地拆迁机构。承担丹江口水库移民任务的市（区）、县（市、区）人民政府均设立了移民机构。据统计，县级以上征地移民机构共 600 个。

5. 承担南水北调工程征地移民任务的基层组织

征地移民基层组织既有南水北调工程沿线承担征地移民资金使用和管理的乡（镇）人民政府、行政村，又有承担丹江口库区移民任务的乡（镇）人民政府和行政村。据统计，涉及南水北调工程征地移民的乡镇和行政村，共有 3000 多个。

（二）资金来源多元化

南水北调工程资金的来源渠道多，既有政府筹集的资金，又有金融市场筹集资金，具体包括中央预算内基本建设投资、重大水利工程建设基金、南水北调工程基金、过渡性资金和银行贷款等。不同来源的资金有以下特征。

1. 资金的性质不同

中央预算内基本建设投资、重大水利工程建设基金、南水北调工程基金、过渡性资金，属于南水北调工程的项目资本金，其中南水北调工程基金属于地方政府资本金，其他属于中央政府资本金。项目资本金应先到位，才能保障从金融市场筹集的资金到位。银行贷款属于工程建设资金的组成部分，但不属于南水北调工程资本金。

2. 资金来源可靠性和稳定性存在差异

中央预算内基本建设投资、重大水利工程建设基金由中央政府筹集或安排资金，资金来源比较可靠且稳定；南水北调工程基金由地方政府筹集资金，存在征收不及时、未按征收基金计划足额缴纳等问题，普遍滞后于南水北调工程进度，资金来源的可靠性和稳定性相对低一些，甚至因个别地方迟迟未能足额缴纳基金，直接影响工程建设所需资金；过渡性资金的供应受金融市场变化的影响，本身存在波动性，但国务院南水北调办提前谋划了过渡性资金筹集的措施，从而大大提高了过渡性资金来源的可靠性和稳定性，并且增添了资金使用的灵活性；银行贷款受金融市场变化影响，虽然有贷款合同保障其资金来源的可靠性，但稳定性不够。

3. 资金供应方式存在差异

中央预算内基本建设投资、重大水利工程建设基金、南水北调工程基金等纳入财政预算管理，列入国务院南水北调办部门预算，其资金拨付实行集中支付制度，按规定程序通过中央国库直接拨付给南水北调工程项目法人；过渡性资金的供应方式，按规定程序批准后，由国务院南水北调办从金融机构提取并直接通过金融机构将资金拨付给南水北调工程项目法人；银行贷款的供应，经批准后，由南水北调工程项目法人直接从银行提取。

4. 资金成本存在差距

中央预算内基本建设投资、重大水利工程建设基金和南水北调工程资金等项目资本金，对南水北调工程来讲是无资金成本的资金；过渡性资金由国务院南水北调办通过金融市场筹集的资金，通过重大水利工程建设基金偿还本息，虽然过渡性资金利息不由南水北调工程直接承担，但直接影响南水北调工程投资总规模，为有效控制投资规模，降低筹集资金的成本，国务院南水北调办分别从多家金融机构筹集过渡性资金，不同金融机构给予的优惠利率有高有低；银行贷款是由南水北调工程项目法人向银行筹集的资金，通过南水北调工程供水的水费收入偿还银行贷款本息，但在工程建设期的银行贷款利息则直接计入工程建设成本，银行贷款的利率高于过渡性资金的利率，也是资金使用成本最高的。

鉴于不同来源的资金存在上述差异，要保障资金供应与工程建设实际需要相一致，就必须对不同来源的资金进行科学合理的配置，这就必然增加资金管理的难度和工作量。

（三）资金运行环节多

总的来讲，南水北调工程资金运行要经历筹集、拨付、使用和管理等 3 个环节，但每个环节又有众多的具体环节。

1. 资金筹集环节

资金筹集环节包括通过部门预算安排财政资金、从金融机构筹集过渡性资金和从银行筹集银行贷款，资金筹集均要履行相关的审查、审核、审批等各环节。

2. 资金拨付环节

资金拨付环节包括：通过国库集中支付方式，将财政资金直接拨付给南水北调工程项目法人；过渡性资金由国务院南水北调办向金融机构提取，并通过金融机构直接将提取的资金拨付给南水北调工程项目法人。同时，每一次或每一笔资金拨付，都必须履行提请拨款申请、审查并报送审批、审核并拨付等众多环节。

3. 工程建设资金使用环节

工程建设资金使用环节包括工程建设管理过程中的招投标、合同签订、价款结算、价款支出、财务核算等各个环节。每个环节都涉及资金使用和管理，并且每个环节之间还相互关联。一般来讲，前一个环节是后一个环节的前提或基础，任何一环节出了问题必然影响到下一个环节。

4. 征地移民资金使用和管理环节

征地移民资金使用和管理环节包括省级征地移民机构将资金拨付给市、县级征地移民机构或逐级拨付，县级征地移民机构、乡（镇）、行政村对征地移民资金实施支付或兑付。同时，每一次或每笔征地移民资金支付或兑付，同样需要经过审核、审批等环节。

（四）资金使用流量不均衡且规律性不强

南水北调工程采取分期分批开工建设的方式，随着东、中线工程总体可行性研究报告批复后，在建工程迅猛增多，特别是工程建设目标事先确定且不变的情况下，采取倒排工期的方式，使工程建设高峰期相对短。

在南水北调工程开工初期，因开工项目相对少，资金需求量相对较少；在工程建设高峰期，在建工程多且每项工程建设强度大，资金需求量大；在工程建成通水后，仍有不少的扫尾工程建设任务，加之以前留下来的变更索赔事项协调处理困难，总体资金需求量较少，但时少时多。

在15年的工程建设过程中，资金需求或供应基本没有规律性，建设高峰期的资金供应量与建设低峰期的资金供应量之间差距大，在用款最高峰期达到日均用款3亿元以上，而用款低峰期的月均资金供应仅有几百万元，甚至更少。

南水北调工程资金的上述特点，必然增加资金管理的难度。为了实现资金管理的目标，必须针对上述特点，研究并确定资金管理思路、原则和要求，提升资金管理的水平。

二、资金管理的目标

南水北调工程资金管理，既要紧紧围绕实现南水北调工程建设的目标，在国务院确定的建成通水时间内完成具备通水条件的工程建设任务，服从并服务于南水北调工程建设目标的需要；又要遵循工程资金运行的普遍规律，维护工程资金有效运行的秩序，提高工程资金的使用效率，控制工程投资规模，降低工程建设成本；还要遵守并执行工程资金使用和管理的相关法律法规、规章制度，保障工程资金使用和管理的合规性、合法性。具体来讲，南水北调工程资金管理的主要目标包括以下5个方面。

（一）满足工程建设的资金需求

满足工程建设的资金需求是工程建设的先决条件，是工程建设持续展开的基础，也是确保工程建设目标如期实现的客观需要。满足工程建设的资金需求，必须确保工程建设过程始终有钱可花，还要确保工程建设一线有钱可花。

1. 资金供应是工程开工建设的先决条件之一

在工程建设开工前，必须保证首批工程资金到位，只有工程资金到位后才能宣布工程开工建设，工程资金到位是工程开工建设的不可或缺的先决条件。工程施工单位只有得到合同约定的预付款后，才会进入工程现场实施建设，在未获得合同约定的预付款前，施工单位原则上不会进入工程现场，也就无法宣布开工建设。如果工程资金未到位前就宣布开工建设，那么只能挪用其他资金或由施工单位先行垫付资金，这样就违反相关法律法规和规章制度的规定，甚至可能定性为非法开工建设。

2. 资金供应是保障工程建设持续不断开展的基础

工程建设过程是人力、物力消耗的过程，人力、物力消耗必须得到及时补偿，才能保障工程建设持续开展。所以，在市场经济体制下，工程建设过程实质上是资金消耗过程，只有不断地供应资金，才能保障工程建设持续进行。如果资金供应不及时，建筑用材料和施工机械设备耗用材料、燃料等得不到保障，工程建设只能停工，或边干边停。虽然我国的建设市场存在由施工单位垫付资金进行建设的现象，但南水北调工程是国家特大型项目，不管从维护国家形象的角度，还是确保工程建设质量的角度，都应该足额、及时保障资金供应，有效避免出现由施工单位垫付资金的问题。

3. 资金供应是确保如期实现工程建设目标的客观需要

国务院确定南水北调工程建成通水目标后，工程建设时间紧、任务重，为如期实现工程建成通水目标，采取倒排工程建设工期的方式，一旦工程建设现场出现资金断裂，必然发生停工或等钱购买建筑材料的现象，实现工程建设目标就没有保障，或者无法如期实现建设通水目标。所以，必须充分保障工程资金供应，资金供应要与工程建设进度保持一致和协调，防止发生工程建设一线出现缺钱少粮的问题。要实现工程建成通水目标，既要提供充足的资金，又要保障资金供应的及时性。

（二）有效控制投资规模

控制投资是工程建设管理的重要任务，也是工程建设管理的重要目标。约束南水北调工程投资支出，将投资规模控制在国务院批准的总投资规模之内，是南水北调工程投资控制的目标。

当前，我国工程建设领域普遍存在超投资规模问题，大型工程建设超投资规模现象尤其突出。既有工程概算定额偏低、建设期间建筑材料价格上涨等客观原因。也有投资控制不严等管理方面的原因。在工程建设过程中基本上采取调整概算的方式来处理，而调整概算的时间漫长、效率低下，不仅影响工程建设进程，甚至还影响工程建设质量。南水北调工程能否走出这一困境？鉴于南水北调工程是在社会主义市场经济体制已基本建立的大环境下兴建的特大型工程，承担着积极探索控制投资规模新路的使命。因此，在南水北调工程开工建设伊始，国务院南水北调办就把控制投资规模列为重点监管任务，将南水北调工程投资规模控制在国务院批准的总投资范围之内作为投资控制目标。

（三）提高工程资金使用效率

任何工程建设都必须注重资金使用效率，控制和削减工程资金费用支出，节约工程投资，避免或尽可能减少资金浪费和投资损失，这是工程建设管理者的职责所在。在工程建设领域，不同程度存在资金使用效率不高的现象，大型工程项目尤为突出。南水北调工程建设战线长、建设管理主体多，更容易产生资金滞留、资金运行效率低下等问题，甚至容易引发资金浪费、投资损失，加之还要从金融市场筹集部分信贷资金，为避免工程建设现场资金短缺，提早或过多提取信贷资金，也容易产生资金成本增加的问题。不管是从工程建设者职责角度，还是为工程良性运行的角度，都应该提高资金使用效率，降低工程建设成本。为此，必须将提高工程资金使用效率作为资金管理的主要目标之一。

（四）保障工程资金有序运行

工程资金运行秩序直接影响工程建设进度，也影响资金使用效率和资金安全。所谓工程资金有序运行，就是指工程资金运行秩序既符合工程建设和工程资金运行的规律，又要符合工程资金使用和管理制度的规范。工程资金运行与工程建设的资金需求方向和资金需求量不一致的，必然造成资金短缺，就违背工程建设的规律，就谈不上资金运行是有序的。工程资金在资金使用和管理制度的范围之外运行的，就是违反制度规定，也同样谈不上资金运行是有序的。只有保障工程资金运行与工程建设的资金需求方向和资金需求量相一致，才能保证工程建设进度，才能如期实现工程建设目标。同时，只有工程资金在资金使用和管理制度规定的范围之内运行，才能保障资金使用和管理行为合法合规，才能保障资金的安全。为此，把保障工程资金有序运行作为资金管理的重要目标之一。

（五）确保工程资金安全

工程资金安全问题十分敏感，影响面大、影响程度深，甚至会产生极大的负面效果。一旦工程资金安全方面出了问题，不但会造成直接的经济损失，加大工程建设成本，而且会损害南水北调系统干部队伍，甚至对南水北调工程顺利建设也会产生一定程度的影响，最终直接损害南水北调工程在全社会的形象。所以，从促进南水北调工程顺利建设、维护南水北调工程形象、保护南水北调系统干部队伍的角度，必须保障工程资金安全。据此，将确保工程资金安全列为资金管理的重要目标之一。

三、资金管理的基本原则

南水北调工程资金管理的基本原则，是南水北调系统在工程资金管理中应遵循的基本准则，是指导工程资金使用和管理制度建设、行为规范的普遍要求。结合南水北调工程资金的特点，为实现工程资金管理的目标，国务院南水北调办研究制定了工程资金管理应遵循的 4 条基本原则。

（一）统筹安排、分级管理

针对南水北调工程资金使用和管理主体多，南水北调系统主要的资金使用和管理主体之间又没有直接隶属关系的现状，实行统一集中管理方式是不可行的，但南水北调系统各单位又都围绕南水北调工程建设这一中心，所以，既要统筹管理，又要分清各自责任。

1. 统筹安排

从南水北调工程投资总规模来看，财政性资金所占比例超过 70％，不管是纳入预算安排的财政资金，还是未纳入预算安排的过渡性资金，均由国务院南水北调办集中筹集、拨付。按照国务院确定的职责，国务院南水北调办要统一筹划工程建设管理过程中经济财务工作，负责指挥、协调、监督南水北调系统工程资金使用和管理。根据其职责，在南水北调工程建设管理过程中，统一调度资金、科学配置资金结构、合理安排资金量，确保资金与工程建设进度相衔接，从宏观角度保障资金管理各项目标的实现。

2. 分级管理

南水北调工程建设管理实行南水北调工程项目法人负责制，并在项目法人负责制的前提下实行多种建设管理模式。南水北调工程征地移民实行"国务院南水北调工程建设委员会领导、省级人民政府负责、县为基础、项目法人参与"的管理体制。南水北调工程资金管理是工程建设管理的重要组成部分，所以，依据工程建设和征地移民管理体制，南水北调工程资金应实行分级管理，保证工程资金管理与工程建设和征地移民管理相衔接、相协调，明确南水北调工程项目法人、建设管理单位、征地移民机构等各单位资金使用和管理的责任，各单位应分别负责其业务范围内的资金使用和管理职责，承担资金使用和管理的主体责任。

（二）制度健全、程序规范

财经制度是开展经济财务业务的依据和标准，程序是制度执行的过程，也是确保制度执行到位不可或缺的手续。

1. 制度健全

制度健全有两个方面的要求：一方面是制度是否已经涵盖了资金使用和管理的各个领域、各个环节，不应有遗漏、缺失，不应留死角；另一方面是每项制度本身是否完整、严密和规范，不能有漏洞，不能有缺陷。总之，制度"笼子"必须要织密、扎紧。虽然工程资金使用和管理方面的法律法规、规章制度，总的来讲是比较完备的，但是，南水北调工程资金运行的特点明显，南水北调系统各单位还应根据相关法律法规和规章制度研究制定实际所需要的资金管理制度，健全南水北调工程资金使用和管理各环节的管理制度，形成完整的制度体系。同时，随着新情况的变化和新问题的产生，南水北调系统各单位还应不断修改和完善已有的制度，确保制度更符合实际，解决或规范工程资金使用和管理中的实际问题或具体行为。

2. 程序规范

程序既是制度本身不可或缺的重要内容，也是确保制度执行到位的手段或措施，是依法管理的必然要求。好的制度程序既要明确、具体、清晰，又要顺畅、简洁、便利。南水北调系统各单位制定的每一项资金使用和管理制度，都应该明确规范资金使用和管理的程序，程序要符合相关法律法规和规章制度的要求，要着力确保南水北调工程资金使用和管理的程序明确且流程顺畅、程序具体且流程简洁、程序清晰且手续便利，但要防止随意简化或遗漏核心或关键的程序环节。制定的制度应在实施前公布，告之执行制度的单位，提高其透明度，为制度执行到位创造条件和环境，这也是程序规范的重要内容。

（三）专款专用、讲求效益

南水北调系统各单位有的专门从事南水北调工程建设任务，有的除承担南水北调工程建设任务外还承担其他职能或事项。为防止南水北调工程资金转移，建立专款专用制度是十分必要的，这有利于提高资金使用效益。

1. 专款专用

南水北调工程资金只能用于南水北调工程建设，不得用于与工程建设没有直接关联的任何方面，更不得挪作他用，确保资金在南水北调工程建设管理过程中闭合运行。南水北调系统各单位只能在一家商业银行设立南水北调工程资金专户，在银行专户开展资金往来业务，在银行专户进行核算。严禁各单位多头开户，一经发现必须及时纠正，清户注销，确保专款专用。

2. 讲求效益

任何经济活动都要讲求效益，南水北调工程也不例外。在南水北调工程资金使用和管理中必须讲求经济效益，要保障工程资金运行顺畅，提高资金使用效率，降低工程资金使用成本和费用。既要避免工程资金滞留和积压，又要防止工程资金浪费和损失，提高工程资金使用效益。讲求效益是以专款专用制度为前提，不是任何有效益的行为都可以开展的。所以，严禁以提高资金效益为名，将工程资金投入南水北调工程以外的任何领域或行业。

（四）职责清晰、各负其责

根据管理学的基本要求，有权应有责，职权应与责任对称，所以，只有职责清晰，才能保证责任落地。根据国务院南水北调工程建设委员会确定的南水北调工程管理体制和征地移民管理体制，明确划分南水北调系统各单位在工程资金使用和管理的职责，各单位都应履行其职能并承担相应的责任。

1. 国务院南水北调办的主要职责

其职责主要包括研究制定南水北调工程资金使用和管理的规章制度、通过中央部门预算筹集南水北调工程资本金、依据投资计划和部门预算按工程建设进度的需要统筹拨付资金、指导协调并解决工程建设中资金使用和管理方面的问题、监督检查南水北调系统各单位的资金使用和管理行为等。

2. 南水北调工程项目法人的主要职责

其职责主要包括研究制定内部资金使用和管理制度、筹集应由其承担筹集的部分工程建设资金、按设计单元工程控制投资、按照征地移民投资协议和工程建设管理合同拨付或支付资金、研究解决工程建设一线的资金供应和使用中的实际问题、指导并监督南水北调工程建设管理单位的工程建设资金使用和管理、核算工程建设资金使用和管理活动或行为等。

3. 省级征地移民机构主要职责

其主要职责包括研究制定本辖区征地移民资金使用和管理的制度、拨付和控制本辖区内的征地移民资金、研究解决本辖区内征地移民使用和管理中的实际问题、指导和监督本辖区各级征地移民机构的征地移民资金支付和兑付、监督检查本辖区各级征地移民机构的资金使用和管理行为等。

4. 南水北调工程项目建设管理单位的主要职责

其主要职责使用和管理工程建设资金、依合同约定支付工程价款、依合同约定监管资金流向、核算工程建设资金使用和管理活动等。

5. 省级以下地方征地移民机构的主要职责

其主要职责包括使用和管理征地移民资金、依合同或协议约定支付或兑付征地移民资金、核算征地移民资金使用和管理活动等。

南水北调工程项目法人、建设管理单位和征地移民机构是南水北调工程资金使用和管理的直接责任主体，各自承担本单位管辖范围内的工程资金使用和管理的责任，应采取有效的管理措施，实现南水北调工程资金使用和管理的目标。

四、资金管理基本要求

南水北调工程资金使用和管理的基本要求，是约束工程资金使用和管理行为的总体规范，是指导南水北调系统开展工程资金使用和管理制度建设、行为规范的总体要求，也是确保实现工程资金使用和管理目标的举措。结合南水北调工程资金的特点，为确保工程资金使用和管理目标的实现，确定了 6 个方面工程资金使用和管理的基本要求。

（一）依法筹集和管理资金

南水北调工程资金的筹集、使用和管理都必须依法开展，此处的法不仅仅指国家法律，还包括行政法规、地方性法规、规章制度和依法签订的合同等。依法筹集、使用和管理资金，既包括制定法规、规章制度和依法签订合同，又包括执行已经颁布实施的法律法规、规章制度和依法签订的合同；既要依据法定的程序和规范制定相关的规章制度，又要严格执行已颁布实施法律法规、规章制度规定的程序和规范。只有依法筹集、使用和管理资金，才能确保资金筹集、使用和管理的合法性，从而保障资金筹集、使用和管理的规范性、稳定性、可靠性。

1. 依法筹集工程资金

南水北调工程资金是通过中央预算内基本建设投资、南水北调工程基金、重大水利工程建设基金、金融市场筹资等多渠道筹集的。为筹集工程资金，分别制定了工程资金筹集的法规和规章或依法签订筹集资金合同，并严格按照法规、规章和依法签订的合同筹集工程资金。①中央预算内基本建设投资是严格依据预算法及相关规章制定的规定，通过年度投资计划和部门预算筹集的；②南水北调工程基金筹集，国务院专门制定了南水北调工程基金征收和使用管理办法，南水北调工程受水区的省级人民政府也制定了专门的基金征收和使用规章，南水北调工程基金征收和使用的行为应严格执行法规和规章的规范；③重大水利工程建设基金筹集，经国务院同意，由国务院相关部门制定并印发了重大水利工程建设基金征收和使用的管理规章，重大水利工程建设基金征收和使用的行为应严格执行该基金管理规章的规范；④通过金融市场筹集的过渡性资金，是经国务院同意并由财政部明确授权国务院南水北调办负责筹集，在与金融机构谈判的基础上，依据《合同法》与金融机构签订的借款合同，并按照合同约定筹集工程建设所需资金；⑤南水北调工程项目法人筹集的部分工程建设资金，也同样是在与银行谈判的基础上，依据《合同法》与银行签订的贷款合同，并按照合同约定筹集所需资金。

2. 依法管理工程资金

针对上述南水北调工程资金的特点，依据相关的法律法规和规章制度，南水北调系统各单位结合南水北调工程建设管理的实际，制定了一系列工程资金使用和管理方面的内部规章制度。南水北调系统各单位使用和管理工程资金，既要严格执行相关法律法规和规章制度的规定，也要严格执行自己制定的内部规章制度，还要执行与其他参加南水北调工程建设单位签订的合同或协议，严格履行工程资金使用和管理的审批程序、规范和要求，保障工程资金使用和管理行为符合法律法规、规章制度和内部规章制度。

（二）按概算控制投资

控制投资规模是工程建设管理的重要组成部分，也是工程建设管理者的重要责任和义务。国务院批准了南水北调东、中线一期工程的总体可行性研究报告和投资总规模，但南水北调工程没有统一的初步设计报告和工程概算，而是按设计单元工程分别审批初步设计报告和工程概算。大部分设计单元工程还在工程概算批准后编制并审批了设计单元工程项目管理预算，设计单元工程的项目管理预算不得超过其工程概算。在具体实施过程中，南水北调工程项目法人有的执行工程概算，有的则执行项目管理预算，两者总额是一致的，但其内部结构不同。由于南水北调工程投资是以设计单元工程概算或项目管理预算为基础，所以设计单元工程概算或项目管理预算就成为南水北调工程控制投资的基础。

南水北调工程投资实行"静态控制、动态管理"的机制，南水北调工程项目法人是控制工程投资的责任主体，原则上应在批准的工程概算投资之内，完成初步设计报告中确定的所有建设内容，也就是要将设计单元工程的静态投资控制在工程概算之内，原则上不得突破。设计单元工程概算是南水北调工程项目法人控制投资的依据。

虽然将每个设计单元工程的投资都控制在其本身工程概算之内是最好的，但不强制要求南水北调工程项目法人将每个设计单元工程的投资都控制在各自设计单元工程概算范围之内，而是要求南水北调工程项目法人将其管辖的所有设计单元工程投资都控制在各设计单元工程概算总额范围之内，也就是允许南水北调工程项目法人在其管辖范围内设计单元工程之间适当调剂投资。

此外，控制南水北调工程投资总规模由国务院南水北调办负责，除发生特殊情况外，南水北调工程建设实际发生的总投资不得超过国务院批准的南水北调工程总投资规模。

（三）执行计划和预算

工程投资计划是经全国人民代表审议通过并按法律规定的程序审批的年度投资规模，也是工程建设年度任务。基本建设支出预算是经全国人民代表大会审议通过并按法律规定的程序审批的年度财政资金使用量，年度投资计划中非财政资金不纳基本建设支出预算。

1. 严格执行投资计划

投资计划既是投入工程建设资金的法律依据，也是应该完成的工程建设任务。南水北调工程的投资计划是按照倒排工期编制的，虽然投资计划可以延续到下一年度继续执行，但从南水北调工程建设目标来看，若每年的工程建设任务没有完成，则无法如期实现工程建设目标，所以必须严格执行投资计划，完成或超额完成年度建设任务。从维护全国人民代表大会审议通过的投资计划草案严肃性的角度，应增强依法开展工程建设的意识，严格执行经批准的年度投资计划。

2. 严格执行基本建设预算

从如期实现南水北调工程建设目标和维护全国人民代表大会审议通过的预算草案严肃性的角度，同样应严格执行基本建设支出预算，每年都应完成支出预算。基本建设支出预算不可以跨年度执行或使用，当年未执行完毕的可以按规定程序调整到下一年度使用，但从提高财政资金使用效率的角度，基本建设支出预算未执行完毕就是没有发挥财政资金的效益，甚至会造成财政资金沉淀或积压，财政资金对经济社会发展中的作用得不到有效发挥，所以应着手将当年的基本建设支出预算执行完毕，但同时也要防止突击花钱、浪费财政资金的现象和行为。

（四）依据合同结算价款

合同是工程建设管理行为的法律规范，在南水北调工程建设过程中签订的合同是支付价款不可或缺的依据。

1. 支付价款的合同必须是合法的合同

除非招投标项目外，签订合同的依据是符合法定程序的中标文件，经合同双方谈判确定合同内容，但合同内容不能与中标文件相抵触，不得超越中标文件的范围；合同的要件必须完备，特别是不应缺少任何一件核心要件，凡缺少任何一个核心要件的都应补齐；合同的格式必须规范，原则上使用统一规范的合同范本，如采取非统一合同范本，合同内容也必须完整，表述必须严谨、清晰、准确，最大程度减少歧义；合同签订的程序必须合法、规范、完备，原则上由单位法定代表人签署，非法定代表人签署的必须有书面授权或委托书。任何与法律法规相抵触的合同，都不受法律保护，不具备法律效力。

2. 支付价款应依据合同约定的价格计算

合同约定价格是合同中最核心的条款之一，是合同最关键要件，涉及合同双方的切身利益。支付价款应严格按合同约定的价格计算，不得擅自提高价格，也不得擅自降低价格。凡在合同中未约定的价格，应遵循合同约定的组价原则进行组价，不得随意组价，更不得违背合同约定的组价原则进行组价。切实防止应支付价款的计算错误和失误计算，确保应支付价款计算准确无误。

3. 支付价款应依据合同约定的支付程序实施

履行支付程序是严格执行合同的重要方面，是支付价款不可缺少环节，是确保价款支付准确、合法的手续。支付价款应严格履行合同约定的审查、审核、审批程序。未履行合同约定支付程序的，一律不得支付价款；合同约定程序未履行完毕或有缺失的，同样不得支付价款。严禁任何违反合同约定支付价款的任何行为。

（五）依据会计制度核算工程成本

财务会计制度是会计核算行为的规范，是实现会计信息真实、完整、可比性的制度保障。南水北调系统各单位必须依据基本建设财务会计制度，核算工程建设管理的经济活动，及时核算建设成本。

1. 按实际发生原则进行会计核算

为保障会计信息的真实性，会计核算的经济活动必须是实际已发生的经济活动。要如实记载并核算经济活动，未发生的经济活动均不得进行会计核算，未来将发生的经济活动也不得提前进行会计核算。同时，经济活动的费用支出也必须是真实发生的数据，不得擅自改变或修改原始票证，不得弄虚作假，依据假凭证进行会计核算。

2. 将所有经济活动纳入会计核算范围

为确保工程建设成本的完整性，应将南水北调工程建设管理过程中的所有经济活动全部纳入会计核算的范围，凡是与南水北调工程有直接关系的经济活动都要进行会计处理，计入工程建设成本。凡是与南水北调工程建设管理无关的经济活动，都不应纳入工程建设成本核算。既要防止遗漏应计入工程成本的费用，又严禁将无关的费用列入工程建设成本。

3. 按照确定的会计要素和会计科目规定的内容进行核算

为确保会计数据的可比性和分析会计数据的需要，要严格按照统一规定的会计要素和会计科目进行会计核算。正确分析判断工程建设管理的经济活动与会计要素和会计科目之间的关系，准确使用会计科目，保持会计核算口径的统一性、连续性。要切实防止使用会计科目的错误，更要严禁随意使用会计科目的行为。

（六）加强监督检查

监督检查是保障工程资金使用和管理行为规范的重要手段或措施，也是消除工程资金使用和管理过程中的安全隐患的手段或措施。只有强化监督检查，才能确保工程资金使用和管理有序、安全。

1. 发现资金使用和管理中的不规范行为

受主观或客观因素的影响，特别是南水北调系统使用和管理资金的单位多，工程建设管理又复杂，新的情况和新的问题经常发生，资金使用和管理的制度众多，加之因管理人员素质参差不齐，对制度规定的理解发生偏差也不可避免。所以，任何单位基本上做不到所有的资金使用和管理行为都符合规范，或多或少存在这样那样的问题，只有通过监督检查才能及时发现存在的问题，查找出不规范的资金使用和管理行为，这是监督检查的首要功能。因此，依据相关法律法规、规章制度和各单位内部管理制度，对南水北调系统各单位的资金使用和管理行为开展经常性监督检查，及时发现并揭示在资金使用和管理中的问题。监督检查还应该全面而彻底，防止遗留或遗漏存在的问题，为及时纠正和整改存在的问题打下扎实的基础。

2. 纠正资金使用和管理中的不规范行为

纠正不规范行为是监督检查的重要内容，是消除资金使用和管理中安全隐患的手段。南水北调系统各单位的内部监督检查和南水北调系统内部监督检查的主要目的就是要纠正不规范行为，通过监督检查发现的资金使用和管理中的不规范行为或问题，凡是能够纠正的，必须依据相关规定及时纠正，不得以任何理由或困难为由，推迟或拖着不纠正，更不得采取变相方式拒绝纠正。凡是事过境迁，已经无法纠正的资金使用和管理不规范行为，要查明原因、分清责任，采取针对性的整改措施，并要追究相关责任人及其负责人的责任。

3. 查处资金使用和管理过程中的违法违纪行为

查处违法违纪行为是监督检查的重要手段或措施，能够取得有效威慑效果，也是依法、依纪办事的必然要求。对资金使用和管理中的违法违纪行为，要严格按照违反财经纪律的规定进行处理，追究相关责任人及负责人的责任，严肃财经纪律；对资金使用和管理中的严重违法违纪行为，凡构成犯罪的，应按相关规定移送司法机构处理。

第四节　经济财务管理的制度机制创新

虽然南水北调工程经济财务管理应严格执行工程建设管理的相关法律法规和规章制度，但仅仅依靠已有规章制度，无法解决南水北调工程建设管理中特殊的经济财务问题，只能从南水北调工程建设管理中出现的新情况和产生的新问题入手，着力研究解决问题的新措施、新方法，探索建立了一些新的经济财务管理制度和机制。同时，南水北调工程属于特大型项目，也为创新经济财务制度提供了条件，在国家创新发展的大环境下，国家经济财务政策的主管部门也极力支持和鼓励创新经济财务制度。据此，南水北调系统从实际出发，在遵循相关法律法规规定的普遍性原则的基础上，依据社会主义市场经济体制的总体要求，着力创新经济财务制度和机制。经过多年努力，在创新经济财务管理制度和机制方面取得了显著的成效，提升了南水北调工程经济财务管理水平，为工程建设管理和其他领域的管理提供了可借鉴做法。创新的经济财务制度和机制主要包括6个方面。

一、静态控制、动态管理制度

长期以来，我国的工程建设特别是经国家批准的工程建设，其投资管理和控制的模式，基本上采取在批准投资概算基础上通过调整概算的方式。在实践中，普遍是逐步且多次调高投资概算，调整概算甚至贯穿于工程建设全过程，调整概算成为管理和控制投资的唯一手段。这种投资管理和控制方式，就是典型性行政审批制度，将投资管理和控制转化为一种变相的实报实销制，没有约束投资者控制投资规模的机制，当然无法调动投资管理者控制投资规模的主动性和积极性，不利于投资规模的控制，甚至容易导致投资浪费或损失。

在充分调查研究的基础上，借鉴国内外重大工程投资管理和控制的经验，依据南水北调工程建设管理体制和工程建设管理的特点，从明确投资管理和控制责任入手，着力以制度和机制为手段控制投资规模，经过多次研究和论证，国务院南水北调办制定了《南水北调工程投资静态控制和动态管理规定》，经报国务院同意，2008 年 6 月由国务院南水北调工程建设委员会发布实施，从而建立了南水北调工程投资"静态控制、动态管理"制度。研究制定该制度，着力解决以下 5 个方面问题。

1. 明确投资管理和控制的责任主体

各南水北调工程项目法人是南水北调工程实行投资静态控制、动态管理的责任主体，对其管理的南水北调工程建设全过程投资控制负责；各建设管理单位对其负责建设工程的投资承担相应责任。

2. 明确投资管理和控制的目标

投资控制的总目标，是将南水北调工程投资总规模控制在国务院批准的南水北调工程总投资规模的范围之内，无特殊意外因素发生，不得突破批准的总投资规模。

投资控制的分目标，是南水北调工程项目法人应依据批准的各设计单元工程静态投资（即设计单元工程概算），将投资控制在其管辖所有各设计单元工程静态投资总和的范围之内。

3. 明确投资管理和控制的制度

南水北调工程投资实行"静态控制、动态管理"制度，不再实行调整工程概算投资的制度。静态投资是指国家批准的南水北调工程初步设计概算投资，动态投资是指在在南水北调工程实施过程中建设期贷款利息以及因价格、国家政策调整（含税费、贷款利率、汇率等）和设计变更等因素变化发生超出原批准投资的投资。

4. 建立投资管理和控制的机制

建立了 3 项投资管理和控制机制：①编制项目管理预算机制；②编制年度价差报告机制；③投资控制管理激励和约束机制。

5. 明确投资管理和控制的措施

投资管理和控制的主要措施有：优化设计、科学组织施工、严控设计变更、加强建设管理、严格预备费管理和使用等一系列的控制投资的措施和方法。

"静态控制、动态管理"制度的实施，在南水北调工程投资控制方面发挥了不可替代的作用，既及时解决了工程建设期间发生的投资缺口和内部结构不合理等方面的问题；又避免了频繁调整工程概算工作量大、耗时长、效率低下等问题的发生。充分调动投资控制者的积极性和主动性，极大地推动了南水北调工程建设，为南水北调工程建设进度和质量提供了制度保障。到 2017 年底，投资控制目标已经实现，南水北调工程总投资已经控制在国务院批准的总投资规模之内。

二、国库集中支付制度

根据财政部统一的国库集中支付制度要求，工程建设资金中的财政资金应直接支付到商品和劳务供应者。南水北调工程资金中财政资金如何落实国库集中支付制度，是摆在我们面前需要解决的问题。

经过调查研究，从南水北调工程资金的特点及管理制度的角度，着力分析南水北调工程资金与国库集中支付方式的关系，探索建立与南水北调工程建设管理实际相适应的国库集中支付方式。

1. 与资本金管理制度不一致

中央预算内基本建设投资、重大水利工程建设基金、过渡性资金和南水北调工程基金等财政性资金，均属于南水北调工程的资本金。按照资本金管理的相关规定，特别是当时制度的要求，资本金应一次性注入到位，并且不能抽调资本金。虽然南水北调工程资本金无法达到一步到位的要求，但上述财政性资金到位时应及时注入，不宜采取支付到商品或服务供应商的方式。

2. 侵蚀资金管理责任

南水北调工程项目法人是工程建设的承担者和责任者，也是使用和管理资金的责任主体。从国家建设南水北调工程的角度来看，南水北调工程项目法人实质上是南水北调工程建设的承包商，必须完成南水北调工程建设的各项任务，如期实现国务院南水北调工程建设委员会确定的南水北调工程建成通水目标。据此，将工程投资中的财政性资金直接支付南水北调工程项目法人，也是符合国库集中制度要求的。这样就不会削弱或侵蚀南水北调工程项目法人的资金管理责任，并保持其资金管理责任的完整性，进一步增强其责任，有利于提高资金管理的效率。

3. 操作成本过大

南水北调工程资金的使用对象分别驻在工程现场，并且分散在工程沿线，与财政部驻地方特派员办的距离较远，办理申请资金支付的成本必然较高。同时，因不同设计单元工程开工建设时间不同，工程合同进度款支付的频次高，要保证按合同约定及时付款，基本上建设管理单位每天都需要往返财政部驻地方特派员办。此外，南水北调工程签订合同多，南水北调工程项目法人签订合同数量估计超过 1 万份，绝大多数合同都是按月支付进度款，国务院南水北调办需要大量人员才可能履行审查职责，增加大量的审查人员必然增加较高的成本，实际上增加行政或事业编制也不可能。

基于上述原因和实际情况，经研究并经财政部批准，南水北调工程资金中的预算资金实行直接支付给南水北调项目法人的国库集中支付方式。该国库直接支付方式的程序是：由南水北调工程项目法人依据投资计划和基建支出预算，按照工程建设进度及实际用款需求，分期分批向国务院南水北调办报告用款申请及其理由，经国务院南水北调办审核后再向财政部报送拨款申请，经财政部相关司审查核准后直接由中央国库将资金拨付给南水北调工程项目法人的账户。

该国库集中支付方式，既符合国库集中支付制度的基本原则，又符合南水北调工程建设管理的实际；既有利于落实资金使用和管理的法律责任，又有利于提高资金运行效率，维护了资金运行的秩序和安全，推进并促进了南水北调工程建设进度。

三、资金流向监管制度

鉴于当时国家实行适度从紧的金融政策，金融市场资金比较短缺，各方面的资金都比较紧张，参与南水北调工程建设单位同样如此。而南水北调系统仍然保持充足的资金供应，工程进度款能够及时且足额到位，有的施工企业总部就从其南水北调工程现场项目部抽调资金，以缓解其总部资金紧缺的问题或矛盾，从而使现场项目部无钱采购建设所需的材料，一定程度影响南水北调工程的建设进度。针对这一新情况和新问题，为保障南水北调工程建设一线资金的实际需求，阻止或防止参与南水北调工程建设的单位从其工程现场项目部抽调资金、影响工程建设进度，保障资金安全，根据国务院南水北调办要求监管资金流向的统一规定，各南水北调工程项目法人建立了监控参建单位资金流向的制度。在构建监控资金流向制度过程中，着力解决以下3个方面的问题。

1. 监控资金流向的法律依据

南水北调项目法人与中标方仅合同关系，没有隶属关系，不能通过国务院南水北调办或南水北调工程项目法人制定相关制度规定方式，只能通过双方签订的合同约定监控资金流向。

2. 研究可操作性的监控方式

根据工程合同价款均需通过银行办理结算的制度要求，只有参建单位的开户银行可以及时掌握其资金流向，据此，研究提出了由南水北调工程项目法人或建设管理单位、参建单位和参建单位的开户银行等3方，共同签订约定监控资金流动方向的合同或协议，明确资金流向报告的程序和要求。

3. 研究资金使用的政策界限

南水北调工程项目法人与参建单位共同研究，工程价款的使用范围，明确哪些开支可以支付、哪些开支经批准后可以支付和哪些支出不应该支付，以确保正常经济活动的开展。不能为满足监督需要，而影响正常的经济活动，切实保障了工程建设一线的资金需求。

此外，南水北调工程征地移民机构的资金流向监控制度，与工程资金监控不同，主要上级征地移民机构监控下级征地移民机构，只要通过政府部门明确的制度规定就可以实施。征地移民资金流向监控采取建立资金监管平台的方式。

四、征地移民资金会计制度

全国工程建设中的征地移民资金核算，虽然有一些基本的原则和基本的要求，但没有统一的会计核算规范和制度。为了反映和监督南水北调工程征地补偿和移民安置资金的使用情况，规范南水北调工程征地移民资金的会计核算，国务院南水北调办遵循会计核算的普遍原则、借鉴其他大型水利工程征地移民资金会计核算的经验、结合南水北调工程征地移民管理体制和征地移民资金管理的实际，组织南水北调系统相关专业人员，研究并编制南水北调工程征地移民资金会计核算规范，经多次研究修改完善后提请财政部发布。2004年12月，经财政部审定并印发《南水北调工程征地移民资金会计核算办法》。制定该办法主要考虑以下3个方面的原则。

1. 遵循会计核算的基本原则

南水北调工程征地移民资金会计核算的一般原则、会计机构和会计人员、建立内部控制制度的要求等，与《会计法》及其他相关会计核算制度的要求基本一致。

2. 遵循统一规范原则

统一规范是会计核算最基本的原则，制定了统一的会计科目，绘制了统一的会计报表。统一了总账科目和明细科目名称、统一各科目核算的具体内容及其范围，从而确保会计核算的口径一致性。统一的会计报告，为逐级汇总奠定了基础。

3. 遵循简便易行原则

根据南水北调工程征地移民管理体制，虽然征地移民资金使用和管理的层级多，具体的征地移民任务情况又十分复杂，为便于会计核算，也便于分析征地移民投资完成情况及其效果，以征地移民投资概算名称为基础，确定了投资支出的科目。征地移民资金占用类和来源类都比较少，但又全面精确反映征地移民资金消耗的实际，能够全面反映征地移民工作开展的实际情况并取得了成效。

实践证明，南水北调工程征地移民资金会计核算制度简便易行、操作性强，是一个比较好的制度。该会计核算制度是财政部第一次制定并发布的专门用于核算征地移民资金的会计制度，属于首创，为其他工程建设中征地移民资金会计核算提供借鉴，也为国家制定统一的征地移民资金会计核算制度奠定了基础。

五、完工财务决算制度

财政部制定的工程竣工财务决算制度，要求在工程竣工后编制竣工财务决算，对于独立的单体性工程来说是没有任何问题，按此制度操作就可以。但是南水北调工程是由众多设计单元工程构成的有机整体，具有典型线型工程的特点，在国务院批复《南水北调工程总体规划》后，采取分期分批建设的方式，先批复了部分工程的可行研究报告和初步设计报告并实施建设，在东、中一期工程总体可行性研究报告批复后不再批复总体初步设计报告，而是将南水北调工程划分成 155 个设计单元工程，按设计单元工程分别批复初步设计报告，各设计单元工程开工有先有后、工程建设期有长有短，时间跨度太大，一次性直接编制南水北调工程竣工财务决算存在诸多困难，甚至不可能。基于南水北调工程这一实际情况，根据财政部《基本建设财务管理规定》及相关法规制度的规定，国务院南水北调办研究并提出了按设计单元工程编制完工财务决算的思路，组织相关专业人员研究并编制了《南水北调工程竣工（完工）财务决算编制规定》，经审定并印发给南水北调系统各单位执行。制定该规定主要考虑以下 3 个方面原则。

1. 遵循创新原则

在现有工程竣工决算制度无法实施的情况，着力创新财务决算编制方式，从南水北调工程建设管理的实际出发，创新建立了按设计单元工程编制完工财务决算的制度。

2. 遵循工程财务决算的基本原则

完工财务决算编制遵循竣工财务决算编制的基本原则，完工财务决算报表及其内容要与财政部统一规范尽可能保持一致，满足竣工财务决算编制的基本要求。

3. 保持完工财务决算特殊性的原则

充分体现完工财务决算是竣工财务决算的基础，主要反映工程建设的阶段性成果，不以反映工程建设的最终成果为目标。简化了完工阶段无法完成且没有必要编制的报表和决算说明内容。为推进完工财务决算编制的进度和效率，基于承担工程建设与征地移民任务的主体不同，将工程财务决算和征地移民财务决算采取分别编制的方式。

编制完工财务决算制度的创立，有利于及时清理和收集财务决算资料，为编制竣工财务决算奠定了基础。编制完工财务决算是促进竣工财务决算的重要措施，是提高竣工财务决算编制效率和质量的重要保障，也为其他大型工程编制财务决算提供有益的借鉴。

六、南水北调系统内部审计约束机制

国务院南水北调办是机构改革后新设立的机构，内设职能部门和人员编制均从严控制，未设立负责内部审计的职能部门，鼓励政府通过采购社会服务的方式，履行政府职能。据此，国务院南水北调办采取购买社会服务方式组织开展南水北调系统内部审计。如何提升内部审计质量和内部审计效果，是各个方面普遍关心的问题，需要采取有效措施加以解决。国务院南水北调办在总结前些年组织开展南水北调系统内部审计经验的基础上，创建了南水北调系统内部审计约束机制，制定了《关于建立南水北调系统内部审计约束机制的通知》。在创建该机制过程中，着力从 5 个方面入手研究制定相关制度和机制。

1. 明确建立约束机制的目的

通过建立约束机制，强化南水北调系统内部审计，充分发挥中介机构的作用，提高南水北调系统内部审计质量和水平，防止南水北调系统内部审计不规范行为，保障南水北调工程资金安全。

2. 明确内部审计相关方的主要职责

在南水北调系统内部审计中，国务院南水北调办主要责任委托中介机构开展审计，监督内部审计过程；中介机构的主要责任接受委托并组织实施审计，提交审计报告；审计对象即南水北调系统各单位，主要责任接受并配合内部审计，纠正或整改审计揭示的问题。

3. 查准审计过程中可能发生问题

根据问题导向原则，在总结过去审计工作的基础上，查找审计过程中的问题，特别是现场审计、审计报告验收、审计揭示问题纠正或整改等重点环节可能存在的问题，为研究有针对性约束机制和措施奠定基础。

4. 制定有针对性约束措施

为约束南水北调系统内部审计行为，针对可能出现的问题，分别制定相关机制、措施，凡违反相关责任和义务的行为追究相关责任。建立了扣减审计费用、审计过失的法律责任、清退中介机构、审计揭示问题责任、审计揭示问题纠正或整改责任、审计质量复审责任、系统内部审计管理责任等 7 类追究制度。

5. 建立责任追究的法律依据

鉴于国务院南水北调办与中介机构之间是委托和被委托关系，没有隶属关系，仅通过国务院南水北调办的规章制度约束中介机构行为是没有法律依据的。据此，有关中介机构承担的责任、义务和责任追究制度的内容，只有通过国务院南水北调办与中介机构签订的委托审计业务约定书确定。

该机制是在内部审计实践的基础上探索建立的，既是国内首创，也具有南水北调工程的特色。该机制的实施，强化了南水北调系统内部审计，充分发挥了中介机构的作用，提高了内部审计的质量和水平，保障了南水北调工程资金安全。

第五节 经济财务管理的主要经验

在南水北调工程建设管理过程中，经济财务管理始终坚持依法管理理念，严守财经纪律，依法处理经济财务业务和具体事项。同时，围绕南水北调工程建设管理的实际，创新经济财务管理制度（前一部分已重点介绍），并着力将工程建设管理中的经济活动全部纳入制度范围，既及时解决工程建设过程中的实际问题，又有效防止或减少违法违规行为的发生，促进了工程建设，为南水北调工程如期建成通水做出了较大的贡献，同时也积累了比较丰富的经验，最突出的经验是以下 5 个方面。

一、筹集资金经验

筹集工程资金的目标，保持筹集的南水北调工程资金与其总投资规模相闭合，也就是不能留有资金缺口；保障资金供应来源满足工程建设过程中的适时需求，不但要保证资金总量的需要，还保障结构和不同时段的资金需要；切实降低筹集资金的成本，从而节约工程投资，降低工程建设成本。

筹集资金要确保筹集工程资金的目标的实现。据此，应紧紧围绕实现筹集工程资金的目标，来研究并确定筹集资金的基本思路和基本原则。筹集资金的基本思路是：遵循社会主义市场经济的规律，符合投资管理体制改革的方向和要求，坚持"谁收益，谁承担风险"原则；筹集资金的基本原则是：政府公共投资占主导，"谁受益，谁投资"，市场化运作，创新投资模式，优化投资结构，提高投资效益。在筹集南水北调主体工程资金过程中积累了一些经验，归纳起来主要有以下 6 个方面。

（一）多渠道筹集资金

为实现南水北调主体工程筹集资金的目标，根据南水北调工程筹集资金的基本思路和基本原则，按照有利于筹集满足工程投资所需要的资金、有利于分解筹集资金的风险、有利于提升资金供应的可靠性和稳定性的要求，建立了由中央基本建设投资、南水北调工程基金、重大水利工程建设基金、过渡性资金和南水北调工程项目法人承担风险的银团贷款等组成的多渠道筹集资金的来源。只有建立多渠道筹集资金来源，才能从根本上解决筹集资金存在的问题。所以，建立多渠道筹集资金来源是实现筹集资金目标的根本保障。

（二）组建特大型银团

组建南水北调工程贷款银团，既有利于保障从银行筹集到足够的南水北调工程建设资金，又有利于满足南水北调工程建设使用资金的需要。南水北调工程贷款银团是在南水北调工程存在未确定因素、南水北调工程的银行贷款规模巨大、南水北调工程地位重要和影响大等情况下组建的，是当时国内最大银团。经南水北调工程项目法人与南水北调工程贷款银团多次协商谈判，双方签订南水北调工程银团贷款合同，从而落实了银行贷款资金的来源。银团贷款是确保南水北调工程从银行融资来源的重要组织方式和途径，也是金融机构筹集资金的一种有效机制。所以，组建特大型贷款银团是确保筹集银行贷款的有效组织形式。

（三）拓展新的筹资渠道

南水北调东、中线一期工程总体可行性研究报告确定的建设任务和工作量，较总体规划有一定程度的增加，同时从总体规划到总体可行性研究报告期间的政策变化和市场价格上涨。据此，估算的南水北调工程总投资规模比南水北调工程总规划阶段匡算的投资规模翻一番多，拓展新的筹集资金渠道很有必要。在中央基本建设投资中无空间安排、提高地方政府投资比例不可能、增加银行贷款规模不可行、设立南水北调工程专项国债方式又错过机时和发行企业债券的筹集资金渠道也行不通的情况下，研究提出了以建立重大水利工程建设基金的方式筹集南水北调工程增加投资的资金来源。同时，因南水北调工程的建设期与重大水利工程基金的征收期不完全一致，与南水北调工程建设资金的时序需求量存在较大差距，又采取过渡性资金的方式通过金融市场筹集南水北调工程建设所需资金。据此，开拓了两个新的筹集南水北调工程资金渠道，即重大水利工程建设基金和过渡性资金，从而解决了南水北调工程建设所需资金时序需求，也解决了南水北调工程可行性研究报告确定总投资规模与资金来源规模之间的闭合问题。

解决大型工程特别是特大型工程的筹集资金问题，必须以拓展筹集资金渠道为主，要勇于探索，开拓思路和视野，不能过度局限于现状，才有可能找到解决筹集资金问题困境的良方。

（四）谋划筹集过渡性资金

鉴于过渡性资金是中央政府的借款行为，经国务院同意，财政部明确由国务院南水北调办负责过渡性资金的筹集和本息偿还。在充分考虑到偿还过渡性借款本息有充足的保障、谈判过渡性资金借款的核心是利率优惠和对金融市场发展形势预判的情况下，国务院南水北调办确定采取分别与金融机构谈判过渡性资金借款方式。在过渡性资金借款合同谈判中，将力争最大幅度的优惠利率、更加体现公平和合理的利息计算方式、每家金融机构的借款额度适度等列为谈判的重点和难点内容，采取先易后难、各个突破的谈判策略，基本上形成了符合过渡性资金借款的合同范本，获得了较高的利率优惠，并且突出了金融机构的利息计算方式，降低了过渡性资金借款的成本，达到或超过了预期。国务院南水北调办与10家金融机构签订了12份过渡性资金借款合同，合同约定最大提款规模达到1060亿元，国务院南水北调办的实际借款以从金融机构实际提取的借款金额为准。所以，提前谋划筹集过渡性资金是确保金融市场波动环境下资金供应的关键性措施。

（五）依法管理筹集资金

在依法治国的大环境下，依据社会主义市场经济体制的总体要求，将筹集南水北调工程资金的行为纳入依法管理范围，依法筹集中央基本建设投资、重大水利工程建设基金、南水北调工程基金和依法签订过渡性资金借款、银团借款合同，筹集工程资金，以保证资金筹集行为合法性，更有利于保障筹集资金的可行性和稳定性。所以，依法管理筹集资金是实现筹集资金规范化管理的必然选择。

（六）着力降低筹集资金成本

虽然保障稳定资金来源是筹集资金的重要目标，但降低筹集资金成本也是筹集资金必须要实现的目标。在筹集资金过程中，应采取有效措施降低筹集资金的成本，尽最大可能减少融资费用支出，从而控制南水北调工程总投资规模。通过与金融机构的谈判，获得了尽可能大的优惠利率和改变利息计算方式，达到降低筹集资金成本的目标。所以，着力降低筹集资金成本是筹集资金的重要目标。

二、南水北调工程资金管理经验

南水北调工程资金使用和管理取得显著效果，保障了资金供应及时，满足了南水北调工程建设的需要；维持了良好的资金运行秩序，提高了资金运行的效率；保持了资金使用和管理行为的合法合规，确保资金处于安全状态。南水北调系统在使用和管理工程资金过程中积累一些经验，归纳起来主要有以下 5 个方面。

（一）明确的资金管理思路

在南水北调工程建设初期，国务院南水北调办就确立了实行全过程管理资金的思路，明确南水北调工程资金使用和管理的主要目标、基本原则和基本要求，为南水北调系统各单位制定和完善相关制度及内部控制机制指明了方向和目标，也为南水北调系统各单位明确了资金使用和管理的工作方法方式，还为南水北调系统各单位描绘了使用和管理资金的路线图。所以，明确的资金管理思路十分重要，是实施资金使用和管理的前提。

（二）完善的资金管理制度体系

根据相关法律、法规和规章制度，结合南水北调工程建设管理的实际，南水北调系统研究制定了一系列的规章制度，并针对工程建设期间发生的新情况、新问题制定和完善相关制度，把资金使用和管理制度的"笼子"越扎越紧，确保资金运行的各个环节都有制度可遵循，将资金使用和管理行为纳入制度"笼子"里，从而奠定了资金使用和管理的制度基础。所以，完善的资金管理制度体系是资金使用和管理的基础。

（三）强调控制资金运行过程

南水北调工程建设资金运行环节多，每个环节的管理重点不同且特点明显。要确保资金管理目标的实现，忽视资金运行各环节的控制，则无法保障资金管理目标的实现。南水北调系统始终强调控制好资金运行的每个环节，有效维护资金运行的秩序，确保资金运行的链条不中断，从而保障了资金供应或支付满足工程建设的实际需要。强调监控资金运行每个环节的行为，防止违反相关制度规定的行为发生，最终才能保障整个资金运行的合法性和资金安全。所以，始终强调资金运行过程的控制是实现资金有效运行和安全的重点环节。

（四）严格资金使用和管理程序

资金使用和管理程序是资金管理行为的内容之一，也是资金使用和管理行为过程中的关键环节，任何单位的内部控制制度都会对使用和管理资金的行为进行规范，防止随意使用和管理资金行为的发生。在使用和管理资金过程中，应严格执行制度规定的审核、审批程序，办理相应的手续。未履行程序或履行程序不到位、不完整的，要及时纠正、整改，否则不得使用资金；未办理完相关手续的，应及时补齐，否则不得使用资金。切实防止无程序或履行程序不到位的资金使用和管理行为发生。所以，严格资金使用和管理程序是确保资金安全有效不可或缺的环节。

（五）强化制度执行到位

制度再好、再多，不执行就是一张废纸。在研究制定规章制度时，南水北调系统就着力使规章制度符合实际，为制度执行创造有利条件，同时始终强调制度执行，将制度执行到位作为资金管理的关键领域，南水北调系统各单位严格执行资金使用和管理的各项制度，持续并及时纠正制度执行不到位的行为。所以，确保制度执行到位是保障资金安全最有效的措施。

三、南水北调工程资金监管经验

资金监管既是南水北调系统各单位承担的职责，也是确保资金有效、有序和安全运行的手段或措施。南水北调系统资金监管取得了实质性成效，各单位的账面资金控制在适度范围之内，资金使用效率高；没有出现内部制度性缺陷而引发的资金运行风险，有效防止资金运行潜在的风险；资金使用和管理的违法违规行为得到及时纠正和处理，有效遏制了违法、违规行为的苗头。在南水北调系统资金监管的过程中积累了比较丰富的经验，主要包括以下 5 个方面。

（一）建立资金监管体系

在南水北调工程开工建设时，南水北调系统各单位就着手建立了资金监管体系，通过不断完善，最终建立了由内部会计监督、各单位内部审计、南水北调系统内部审计、国家机关审计、稽查和监督检查等构成的监管体系。各类监管措施充分发挥各自优势和特点，并且相互协调、配合，共同发挥监管效率，监管体系得到有效运转。所以，建立有效而健全的资金监管体系，是实现资金监管的前置条件或基础。

（二）确保资金监管有效实施

通过建立相互制衡且相互监督的方式和监管缺失责任追究的制度，后一种监管方式对前一种监管实施监督，后一次监管行为对前一次实施监督，从而使每项资金监管行为或每一次资金监管行为必须实施到位，有效防止监管行为不作为或走过场现象，确保各项资金监管手段或措施都充分发挥作用。所以，确保监管手段和措施得到有效实施，才能保障监管取得实效。

（三）资金监管要有始有终

资金监管不仅仅是发现并揭示存在的所有问题，还要客观公正地分析产生问题的原因，并研究提出纠正或整改已发生问题的具体措施或方法。更为重要是通过监管发现并揭示问题是否得到纠正或整改，要对纠正或整改行为进行监管，确保已揭示的问题全部得到纠正或整改到位。如果只发现问题而不研究解决问题的措施或解决问题的措施未得到落实，问题仍然存在。不着力抓好纠正或整改问题的结果，资金监管的效果得不到保障，必然会削弱资金监管的权威性。所以，资金监管活动必须有始有终，才能保障资金监管有生命力。

（四）资金监管要持续实施

三天打鱼两天晒网，是无法保障资金监管成效的，只有持续、不间断地开展监管或审计，并且做到无缝衔接和不放过任何时间发生的问题，才能保持资金监管的压力，监管成效就有保障。所以，保持资金监管的持续实施，才能巩固资金监管的成效。

（五）增强法纪的严肃性

严格坚持以法律法规、规章制度作为判定资金使用和管理行为的唯一标准。南水北调系统资金监管始终坚持依法办事，极力防止以人情、关系或主观意志为标准判别资金使用或管理行为，资金监管就不可能取得实效。所以，增强法纪的严肃性，才能保障资金监管的力度。

四、南水北调系统内部审计经验

通过南水北调系统内部审计，促进了南水北调系统的制度建设和完善，规范了南水北调工程资金使用和管理行为，消除了南水北调工程资金运行安全隐患，提升了南水北调系统管理人员素质和业务水平。在开展南水北调系统内部审计过程中，不断总结经验和教训，并在实践过程中不断完善，主要经验包括以下 6 个方面。

（一）建设高素质系统内部审计队伍

鉴于国务院南水北调办成立时，从严控制行政编制，没有单独批准审计部门，而是要求通过市场购买服务方式开展南水北调工程资金审计。开展对南水北调系统各单位审计，必须要有相应的人员资源和审计队伍。据此，按照公开、公正、公平原则，通过招投标方式选择素质高、审计能力强、社会信誉好的社会中介机构，组建了南水北调工程内部审计中介机构备选库，从而为组织开展南水北调系统内部审计提供了组织和人力资源保障。所以，建设高素质的内部审计队伍，是组织开展南水北调系统内部审计工作的前提。

（二）明确具体的审计任务和要求

在利用社会中介机构开展内部审计的前提下，只能签订合同方式明确审计任务和要求。南水北调系统内部审计，是通过与社会中介机构签订审计业务约定书的方式，明确双方权力、义务和责任。实践证明，审计业务约定书中的审计任务越具体、审计要求越清晰、审计责任越明确，越有利于完成约定的审计任务。所以，明确且具体的审计任务和要求，是确保系统内部审计工作顺利开展的基础。

（三）持续而全面实施审计

针对南水北调工程建设期长、资金运行环节多等特点，采取一次性内部审计或不定期开展内部审计，或者仅对某些重要环节或领域实施重点审计，也能取得效果。不持续开展全面的审计，就不可能消除所有资金安全隐患，很难实现确保资金安全的目标。据此，南水北调系统各单位每年实际使用和管理的资金实施内部审计，并且对资金运行的各个环节和各领域全面实施审计，在时间上保持不间断且连续实施审计，对使用和管理的每笔资金实施审计，才能消除资金安全隐患。所以，持续而全面实施审计，是保持资金安全的重要举措。

（四）控制审计报告质量

审计报告是反映社会中介机构审计成果的书面文件，也是考评审计质量的载体。建立审计报告质量控制制度或措施，才能保证社会中介机构提供的审计报告符合委托审计约定书的要求，保障审计揭示问题的准确性和整改措施的可行性。应该组织力量，依据委托审计约定书和相关的法律法规、规章制度、质量标准等，对审计报告进行验收。凡不符合质量标准，一律退回修改完善，甚至回到现场重新核定。所以，控制审计报告质量是确保审计揭示问题准确的重要措施。

（五）建立审计责任追究制度

通过与社会中介机构签订的审计委托业务约定书，明确社会中介机构承担遗漏或隐瞒存在问题的法律责任，凡经认定社会中介机构存在遗漏或隐瞒存在问题过错的，不但要承担相应的法律责任，还要及时清退并公开曝光，从而能有效防止社会中介机构遗漏甚至隐瞒存在的问题，提升审计质量及其效果。所以，建立审计责任追究制度，是防止遗漏甚至隐瞒存在问题的机制。

（六）建立整改和复核制度

南水北调系统内部审计最主要目的是消除资金安全隐患，实现确保资金安全的目标。为此，要将消除资金安全隐患贯穿于南水北调系统内部审计全过程，建立审计期间边审边改、审计揭示问题整改复核等制度。将纠正和整改审计揭示问题作为重要的环节，并在此环节下足工夫，南水北调系统各单位对审计发现的问题，要及时纠正或整改到位，力争在审计期间将所有发现问题都纠正或整改到位。审计期间未纠正或整改到位的问题，也必须在规定的时间之内纠正或整改到位，防止已纠正或整改问题再次反弹。通过审计纠正或整改情况的复核，督促相关单位进行整改并追究其责任，从而确保审计揭示的所有问题全部整改到位，达到消除资金安全隐患的目的。所以，建立审计揭示问题整改和复核制度，是消除资金安全隐患的重要手段。

五、会计核算经验

会计核算是经济财务业务中最基础性的工作，既具体又复杂，特别是南水北调工程及其资金的特殊性，从而进一步加大会计核算难度，要确保会计核算工作有效开展不是一件易事。在十多年的南水北调工程建设过程中，在会计核算方面积累了比较丰富的经验，主要包括以下 4 个方面。

（一）建立会计核算规范

因南水北调系统各单位既有新设立的，也有新确定承担南水北调工程建设任务的，对南水北调工程资金会计核算来讲，全部都是新的机构。据此，南水北调系统各单位首先建立并逐步完善会计核算制度，依据国家统一的会计核算制度，结合资金管理的特点及财务业务的实际，研究制定了规范会计核算行为的具体规定，为开展会计核算业务提供了制度依据，保障会计核算行为有据可依、有规可循，维护了会计核算的秩序。所以，建立符合南水北调工程资金管理实际的会计核算制度是保障会计核算规范的前提。

（二）创新会计核算制度

在征地移民资金会计核算方面，只有原则性规定和要求，财政部从来没有制定统一的征地移民资金会计核算制度，不同工程项目有不同的会计核算方法，且有繁有简，无法满足南水北调工程征地移民资金会计核算的需要。根据南水北调工程征地移民管理体制，在分析南水北调工程特殊性的基础上，国务院南水北调办创新制定了《南水北调工程征地移民资金会计核算办法》，由财政部审定并发布实施。该办法满足了南水北调征地移民资金会计核算的需要，规范了征地移民资金会计核算的秩序。

现行国家统一的工程财务决算制度，只适用统一批复初步设计报告的单一工程，无法满足由众多设计单元工程构成一个整体的南水北调工程。据此，根据国家统一的工程财务决算规定，结合南水北调工程的实际，国务院南水北调办创新制定了《南水北调工程竣工完工财务决算编制规定》。该规定既遵循了国家统一制度的原则，又有效解决了南水北调工程财务决算中的实际问题，统一了编制财务决算的口径，规范了财务决算行为，推进了南水北调工程财务决算编制。

从南水北调工程会计核算的情况来看，若不适时创新会计核算制度，必然造成会计核算秩序的混乱。所以，创新会计核算制度是满足南水北调工程资金会计核算的客观需要。

（三）建立符合实际的会计核算科目体系

依据会计核算制度的要求，南水北调系统各单位结合其所管辖业务的实际，在统一的会计核算科目之下设置了明细科目，形成了符合南水北调工程会计核算需要的科目体系，为开展南水北调工程会计核算奠定了基础，也规范了会计核算行为。南水北调工程会计科目体系，既落实了会计核算统一规范的要求，又满足了核算南水北调工程所有经济活动的需要，还保证了与工程概算项目的有机衔接，从而保证会计核算的统一性、真实性、合理性。所以，建立符合南水北调工程的会计核算科目体系，是会计核算的基础。

（四）强化财会人员的专业培训

南水北调系统的财会人员来源各个方面，业务素质参差不齐，加之南水北调工程建设管理具有与其他行业不同的特点，若不对财会人员进行业务培训，很难在短时期适应南水北调工程资金的会计核算，更难保障会计核算的质量。据此，在南水北调工程开工建设初期，国务院南水北调办多次组织开展南水北调系统财会人员的专项业务培训，各南水北调项目法人和省级征地移民机构也组织开展了财会人员专题培训。通过财会业务专项培训，提高了南水北调系统全体财务人员的业务水平和素质，从而保障了南水北调工程会计核算业务的开展。所以，强化财会人员的专业培训是开展提升会计核算质量的保障。

第二章　南水北调工程资金筹集

本章重点介绍南水北调工程总体规划阶段匡算投资、总体可行研究阶段估算投资和工程建设阶段的总投资规模，分析了影响南水北调主体工程投资规模的主要因素和南水北调工程不同阶段投资规模变化的成因，揭示了随着工程建设内容逐步细化和深化必然引起投资规模增大的规律；阐述了南水北调主体工程建设资金多渠道筹集思路和基本原则的形成过程，介绍各项筹集资金措施的政策形成过程及其主要内容和政策规定；全面总结了筹集南水北调主体工程资金积累的主要经验；简述了北京、天津、河北、河南、山东等5省（直辖市）筹集南水北调配套工程资金的思路、基本原则、操作方式和主要经验等。

第一节　南水北调主体工程投资规模

本节主要介绍南水北调主体工程在前期工作各阶段的投资规模。南水北调工程严格按照基本建设程序，经过总体规划、项目建议书、可行性研究、初步设计等审批环节，前一个环节是后一环节的基础，对项目建设内容的认知程度逐步加深和细化，最终接近工程建设的实际内容，工程量呈不断增加的趋势。同时，工程前期工作各阶段的市场价格和政策等因素都在发生变化，从而使测算的投资规模不断增加。在研究筹资渠道或政策过程中，全面掌握规划阶段、可行性研究阶段和初步设计阶段投资规模，以及引起投资变化的主要因素十分必要。

2002年，国务院批复《南水北调工程总体规划》，按照2000年下半年价格水平，初步匡算南水北调东、中线一期主体工程静态投资为1240亿元。2008年，国务院第32次常务会议，批准了南水北调东、中线一期工程可行性研究总报告，按照2004年第三季度价格水平，估算南水北调东、中线一期工程总投资2546亿元，其中静态投资1818亿元，动态投资502亿元（建设期价差和贷款利息），增加耕地占用税226亿元，与规划阶段1240亿元相比增加了1306亿元。2014年，国务院批复南水北调东、中线一期工程增加投资测算及筹资方案，核定南水北调东、中线一期工程总投资3082亿元，其中静态投资2242亿元，动态投资534亿元，新增项目投资18亿元，特殊预备费20亿元，以及地方负责组织实施的治污工程等项目投资268亿元，与可行性研究阶段2546亿元相比增加了536亿元。

南水北调工程投资，依据《水利水电工程设计概（估）算费用构成及计算标准》（水建〔1998〕15号，工程规划阶段依据）、《水利工程设计概（估）算编制规定》（水利部水总〔2002〕116号，工程可行性研究和初步设计阶段依据）、《工程勘察设计收费标准》（2002年后使用修订本）和国家有关规定，按照南水北调工程方案计算的土石方、混凝土及钢筋混凝土等工程量和工程单价测算。南水北调工程建设征地补偿及移民投资，依据《中华人民共和国土地管理法》《大中型水利水电工程建设征地补偿和移民安置条例》和国家有关规定，按照征地范围内移民人口或影响人口、实物量和征地数量，以及补偿标准和价格测算。

一、南水北调工程总体规划阶段匡算投资

在2002年国务院批复的《南水北调工程总体规划》中，南水北调工程分东、中、西三条线路，分期建设，每年总调水规模448亿m³，静态总投资4860亿元。其中，南水北调东线工程包括一期、二期和三期工程，每年调水规模148亿m³，静态投资650亿元；南水北调中线工程包括一期和二期工程，每年调水规模130亿m³，静态投资1170亿元；南水北调西线工程包括一期、二期和三期工程，每年调水规模170亿m³，静态投资3040亿元。根据我国北方地区缺水的紧迫形势，国务院批准先期实施南水北调东、中线一期工程，每年调水规模184亿m³，静态投资1240亿元。

（一）南水北调东线一期工程规划投资

南水北调工程规划阶段，南水北调东线一期工程多年平均抽江水量89亿m³，静态投资320亿元。南水北调东线一期工程投资由调水工程投资和治污工程投资两部分组成，按照地域又可划分为江苏境内工程投资和山东境内工程投资两部分。

1. 南水北调东线一期调水工程规划投资

南水北调东线一期工程是在现有江水北调工程基础上，扩大调水规模并延长输水线路逐级提水北送。南水北调东线一期工程由输水河道、泵站、调蓄湖泊、水库、穿黄工程，以及里下河水源调整、截污导流、供电、调度运行管理等一系列专项工程组成，共需完成土石方21961万m³，混凝土及钢筋混凝土192万m³，砌石262万m³，工程永久占地16万亩。增扩建泵站22座，增加装机容量20.7万kW。

按照2000年下半年价格水平，匡算的南水北调东线一期工程规划阶段静态投资为180亿元（含截污导流工程投资17.25亿元），其中江苏境内工程投资72亿元（含截污导流工程投资6.43亿元），山东境内工程投资108亿元（含截污导流工程投资10.82亿元）。

2. 南水北调东线一期治污工程规划投资

为保障南水北调东线工程调水水质，按照"先节水后调水、先治污后通水、先环保后用水"的原则，制定了南水北调东线工程治污规划，并将污染治理按工程实施进度要求划分，南水北调东线一期工程的重点是黄河以南和鲁北地区污染治理。按照治污工程项目性质不同，南水北调东线治污工程划分为城市污水处理厂建设工程、截污导流工程、工业结构调整工程、工业综合治理工程和流域综合整治工程等5类项目。南水北调东线一期截污导流工程22项，投资21.18亿元（纳入调水工程17.25亿元）；新建、扩建城市污水处理厂78座，投资96.68亿元；关停并转污染工业企业38家，投资5.46亿元；实施清洁生产工程、达标再提高工程、企业污

水回用工程规划 115 家，投资 6.7 亿元；流域综合治理类项目 11 个，投资 9.9 亿元。因此，南水北调东线一期治污工程静态投资约为 140 亿元，其中江苏境内项目 50 亿元，山东境内项目 90 亿元。

综上，南水北调东线一期主体工程规划阶段静态投资为 320 亿元，其中调水工程 180 亿元，治污工程 140 亿元。

（二）南水北调中线一期工程规划投资

南水北调工程规划阶段，南水北调中线一期工程多年平均调水量 95 亿 m³，静态投资 920 亿元。南水北调中线一期工程投资由水源工程规划投资、干线工程规划投资和汉江中下游治理工程规划投资三部分组成。

1. 南水北调中线一期水源工程规划投资

南水北调中线一期水源工程是加高完建丹江口水利枢纽，主要包括丹江口大坝加高工程和丹江口水库淹没及移民安置项目。

（1）丹江口大坝加高工程。加高完建丹江口水利枢纽，正常蓄水位由 157m 提升到 170m，相应库容由 174.5 亿 m³ 增加到 290.5 亿 m³。混凝土坝坝顶高程由 162m 加高到 176.6m，两岸土石坝坝顶高程加高到 177.6m，并向两岸延伸至相应高程。垂直升船机由 150t 提高至 300t。主要工程量为：土石方 640 万 m³，混凝土 128 万 m³，钢筋钢材 1.3 万 t，接缝灌浆 9438m²，坝区工程永久占地和临时占地 3000 多亩。按照 2000 年下半年价格水平，匡算的丹江口大坝加高工程规划阶段静态投资约为 22 亿元。

（2）丹江口水库淹没及移民安置。因丹江口水库大坝加高，2000 年水库主要淹没实物量，移民迁移线下人口 24.95 万人（推算至 2010 年的人口约为 30 万人），房屋 708.57 万 m²，耕园地 23.5 万亩，5 个城镇及工业企业 106 家，等级公路 308km，高压输电线路 288km，通讯线 585km，广播线 915km，淹没影响小水电站 6 座等。按照 2000 年下半年价格水平，匡算的丹江口水库淹没及移民安置规划静态投资约为 129 亿元。

综上，南水北调中线一期水源工程规划阶段静态投资为 151 亿元，其中丹江口大坝加高工程为 22 亿元，丹江口水库淹没及移民安置规划为 129 亿元。

2. 南水北调中线一期干线工程规划投资

南水北调中线一期干线工程从丹江口水库陶岔渠首引水，沿线开挖渠道，经唐白河流域西部过长江流域和淮河流域的分水岭方城垭口，沿黄淮海平原西部边缘，在郑州以西李村穿过黄河，沿京广铁路西侧北上，可基本自流到北京、天津。南水北调中线一期干线工程采用明渠自流为主和局部管道（或箱涵）的输水方案，总干渠输水流量规模：陶岔渠首的设计流量 350m³/s、加大流量 420m³/s，过黄河的设计流量 265m³/s、加大流量 320m³/s，进河北的设计流量 235m³/s、加大流量 280m³/s，进北京的设计流量 50m³/s、加大流量 60m³/s，天津干渠渠首的设计流量 50m³/s、加大流量 60m³/s。规划阶段总干渠陶岔至北京团城湖全长 1267km，天津干渠段长 154km，总干渠工程各类交叉建筑物（河渠交叉、道路交叉、节制闸、分水闸、退水闸、隧洞等）1773 座，北京段设 1 座泵站。规划阶段主要工程量为：土石方 83194 万 m³，混凝土 1601 万 m³，钢筋钢材 66.7 万 t，PCCP 长度 27.79 万 m，永久占地 18.5 万亩。

按照 2000 年下半年价格水平，匡算的南水北调中线一期干线工程规划阶段静态投资约为

700亿元。按照"谁受益，谁分摊"的原则，只为某一地区服务的工程投资由该地区承担，同时为两个或两个以上地区服务的共用工程投资由各有关地区按规划分配新增加的设计毛水量的比例分摊，有关省（直辖市）分摊南水北调中线一期干线工程投资分别为河南省91亿元、河北省266亿元、北京市190亿元、天津市153亿元。

3. 南水北调中线一期汉江中下游治理工程规划投资

南水北调中线一期汉江中下游治理工程包括兴隆枢纽、部分闸站改扩建、局部航道整治和引江济汉等4项工程。兴隆枢纽是汉江中下游规划的梯级渠化中最下游一级，为低水头拦河闸坝，主要任务是改善回水河段内两岸涵闸引水及干流航运条件，正常蓄水位36.5m，上游回水段长约71km，可与上一梯级华家湾衔接。汉江中下游干流两岸有部分闸站原设计水位偏高，汉江中低水位饮水困难，需要对14座水闸和20座泵站进行改扩建，对较大的谢湾和泽口闸在闸前增设泵站。局部航道整治是为改善航道条件，加大航道整治维护力度。引江济汉工程是从长江干流沙市上游大布街处引水，经长湖北在潜江市高石碑入汉江，为汉江中下游生态、环境以及灌溉航运增加新水源，设计流量500m³/s，长约83km，进口设闸控制，沿线与河渠、道路等交叉建筑物128座。规划阶段主要工程量为：土石方11345万m³，混凝土77万m³，钢筋钢材4.9万t，淹没及永久占耕园地3.8万亩。按照2000年下半年价格水平，匡算的汉江中下游治理工程规划阶段静态投资约为69亿元。

综上，南水北调中线一期工程规划阶段主要工程量共计土石方95179万m³，混凝土及钢筋混凝土1805万m³，钢筋钢材73万t，淹没及永久占耕园地46万亩。按照2000年下半年价格水平，匡算的南水北调中线一期工程规划阶段静态投资为920亿元，其中水源工程151亿元、干线工程700亿元、汉江中下游治理工程69亿元。

（三）南水北调东、中线一期工程规划投资

按照2000年下半年价格水平，匡算的南水北调东、中线一期工程规划阶段静态投资1240亿元，其中，南水北调东线一期主体工程静态投资为320亿元（包括治污工程投资140亿元）、南水北调中线一期主体工程静态投资为920亿元。

二、南水北调东、中线一期工程可行性研究阶段估算投资

南水北调东、中线一期工程可行性研究阶段，估算的工程总投资包括静态投资和动态投资两部分。静态投资是指按照工程可行性研究阶段价格水平年价格估算的工程投资，动态投资是指工程建设期间因物价变化引起的价差和融资利息等。

（一）南水北调东、中线一期工程可行性研究阶段静态投资

1. 南水北调东线一期工程可行性研究阶段静态投资

南水北调东线一期工程可行性研究阶段静态投资，由调水工程静态投资和治污工程段静态投资两部分组成。

（1）南水北调东线一期调水工程可行性研究阶段静态投资。南水北调东线一期工程主要建设内容包括：疏浚开挖整治河道14条，新建21座泵站，更新改造4座泵站，新建东湖、双王城、大屯3座调蓄水库，实施洪泽湖和南四湖下级湖抬高蓄水位影响处理工程，实施东平湖需

水影响处理工程，建设穿黄工程，建设南四湖水资源控制和水质监测工程、骆马湖水资源控制工程，建设沿线截污导流工程，实施里下河水源调整补偿工程和血吸虫病防治工程，建设调度运行管理系统等。其中，南四湖至东平湖段输水河道与航运相结合，由此增加的工程投资和调水费用以山东省为主负责筹集，不纳入南水北调东线一期工程。南水北调东线一期工程共计需完成土石方 31500 万 m³，混凝土及钢筋混凝土 430.52 万 m³，砌石 431.58 万 m³，工程永久占地 14.06 万亩，临时占地 9.05 万亩，拆迁房屋 166.98 万 m²，增加装机容量 23.52 万 kW。

南水北调东线一期工程划分为 18 个单项工程、93 个设计单元工程，其中截污导流工程 2 个单项、25 个设计单元工程。由于前期工作的设计、审查进度不一致，可行性研究阶段设计单元工程投资按已审批、未审批两种情况考虑。已审批工程包括 7 个单项工程、22 个设计单元工程，其初步设计均已经国家发展改革委批复，投资按国家发展改革委批复投资计列，但蔺家坝、韩庄、二级坝泵站贯流泵价格按进口设备价格进行调整，参照蔺家坝招标价格增加设备调差。未审批工程按照 2004 年第三季度价格水平估算投资。南水北调东线一期工程可行性研究阶段静态投资约为 260 亿元（含截污导流工程投资 22.28 亿元），其中江苏境内工程投资 95.52 亿元（含截污导流工程投资 7.52 亿元），山东境内工程投资 164.76 亿元（含截污导流工程投资 14.76 亿元）。

（2）南水北调东线一期治污工程可行性研究阶段静态投资。南水北调东线治污工程体系是东线工程的重要组成部分，由地方政府负责。根据《南水北调东线工程治污规划》和江苏、山东两省编制的治污控制单元实施方案，南水北调东线治污项目划分为污水处理及相关设施、工业治理、截污导流、综合治理和垃圾处理 5 类，共 426 个项目，其中山东省 324 个，江苏省 102 个，静态投资约 123 亿元（治污工程投资 140 亿元，核减了规划阶段纳入调水工程的截污导流工程投资 17.25 亿元）。

综上，南水北调东线一期主体工程可行性研究阶段静态投资为 383 亿元，其中调水工程 260 亿元，治污工程 123 亿元。

2. 南水北调中线一期工程可行性研究阶段静态投资

南水北调中线一期工程可行性研究阶段静态投资，由水源工程静态投资、干线工程静态投资、汉江中下游治理工程静态投资、丹江口库区及上游水污染防治和水土保持工程静态投资和其他项目投资等 5 部分组成。

（1）南水北调中线一期水源工程可行性研究阶段静态投资。由丹江口大坝加高工程静态投资和丹江口水库淹没及移民安置段静态投资组成。

1）丹江口大坝加高工程可行性研究阶段静态投资。丹江口水库大坝按照最终规模加高，坝顶高程由现状的 162m 加高到 176.6m，正常蓄水位由 157m 提高到 170m，相应库容达到 290.5 亿 m³，增加库容 116 亿 m³，由年调节水库变为不完全多年调节水库。主要工程量为：土石方开挖 77.31 万 m³，土石方回填 537.15 万 m³，混凝土 130.39 万 m³，钢筋钢材 1.23 万 t，帷幕灌浆 3.92 万 m，固结灌浆 1.67 万 m，接缝灌浆 3.89 万 m²，坝区工程永久占地和临时占地 0.65 万亩。丹江口水库大坝加高工程投资估算按《国家发展与改革委关于核定丹江口水利枢纽大坝加高工程初步设计概算的通知》（发改投资〔2005〕687 号）核定投资计列，考虑水源管理工程、施工期电量损失补偿，以及库区生态修复与保护、环境监测网站建设和环保科研费等，按照 2004 年第三季度价格水平，估算的丹江口大坝加高工程可行性研究阶段总静态投资约为 25

亿元。

2）丹江口水库淹没及移民安置可行性研究阶段静态投资。丹江口水利枢纽大坝加高工程水库淹没规划搬迁人口 32.83 万人，房屋 621.21 万 m²，土地面积 46.2 万亩，淹没涉及居民、单位的乡镇 37 个，工业企业 160 家，等级公路及机耕道路 1243km，桥梁 35 座，码头 85 处，输电线路 580km，电信线 955km，广播电视线 821km，水电站 8 座，抽水泵站 207 座等，按照 2004 年第三季度价格水平，估算的丹江口水库淹没及移民安置静态投资约为 245 亿元。

综上，南水北调中线一期水源工程可行性研究阶段静态投资为 270 亿元，其中大坝加高工程 25 亿元，水库淹没及移民安置项目 245 亿元。

（2）南水北调中线一期干线工程可行性研究阶段静态投资。南水北调中线一期干线工程主要包括陶岔渠首、陶岔渠首至沙河南段、沙河南至黄河南段、穿黄工程段、黄河北至漳河南段、穿漳工程段、漳河北至古运河段、古运河至北拒马河段、北京输水段、天津输水段、干线工程全线供电系统、干线工程全线通信系统、干线工程全线自动化监控系统、干线管理工程等。陶岔渠首至北拒马河段采用明渠输水方案，全断面衬砌，干线工程与交叉河流全部立交，采用隧洞、倒虹吸、渡槽等建筑物，北京段采用 PCCP 管和暗涵相结合的输水型式，天津干线采用暗涵输水型式，主要建筑物共计 2237 座，干线工程全长 1432km，其中天津干线长 156km。陶岔渠首设计流量为 350m³/s，加大流量为 420m³/s，至冀京交接断面处和天津干渠渠首设计流量为 50m³/s，加大流量为 60m³/s。主要工程量为：土石方开挖 81522.61 万 m³，土石方回填 28907.59 万 m³，建筑物混凝土 2033.71 万 m³，渠道衬砌混凝土 780 万 m³，钢筋钢材 167.9 万 t，永久占地和临时占地 67.57 万亩。

已审批的穿黄工程、古运河至北拒马河段工程和北京输水段工程，按照发展改革委核定的概算计列；黄河北至漳河南段、漳河北至古运河段、天津输水段工程投资估算，按照发展改革委审批的单项可研投资计列；穿漳工程按照水规总院审定的初步设计概算；陶岔渠首至沙河南段、沙河南至黄河南段、干线工程全线供电系统、干线工程全线通信系统、干线工程全线自动化监控系统及水质监测系统、干线工程全线冰期输水措施费、环境监测网站和环保科研费、总干渠压煤补偿费、总干渠文物保护费用估算，按照 2005 年水利部水利水电规划设计总院可研报告预审意见和复核意见计列；其余未审批工程按照 2004 年第三季度价格水平估算投资，南水北调中线一期干线工程可行性研究阶段静态投资约为 1005 亿元。

（3）汉江中下游治理工程可行性研究阶段静态投资。南水北调中线一期汉江中下游治理工程包括引江济汉工程、兴隆水利枢纽工程、沿岸部分闸站改建、局部航道整治工程、汉江中下游水质保护、生态修复与保护、环境监测网站和环保科研等项目。主要工程量为：土石方开挖 6650 万 m³，土石方填筑 1645 万 m³，建筑物混凝土 127 万 m³，渠道衬砌混凝土 79 万 m³，钢筋钢材 8.4 万 t，淹没及永久占耕园地 3.8 万亩。按照 2005 年水利部水利水电规划设计总院可研报告预审意见和复核意见计列（2004 年第三季度价格水平估算），南水北调中线一期汉江中下游治理工程可行性研究阶段静态投资约为 87 亿元，其中水质保护、生态修复与保护、环境监测网站和环保科研等 4 项费用为 4 亿元。

（4）丹江口库区及上游水污染防治和水土保持工程静态投资。根据国务院批准的《丹江口库区及上游水污染防治和水土保持规划》，为防止社会经济发展产生新的水土流失和新的污染源，实现丹江口库区水质长期稳定达到国家地表水环境质量Ⅱ类标准要求，汉江干流省界断面水质达到Ⅱ类要求，直接汇入丹江口水库的各主要支流达到不低于Ⅲ类标准的目标。按照预防为主、保护优先，水质水量并重、点源面源同控、统筹协调、突出重点，立足近期、着眼长远，政府引导，社会参与的原则，规划进行污水处理厂、工业点源治理、小流域综合治理、垃圾清理及处理、生态农业示范工程、科学技术研究与推广、监测能力建设。南水北调中线一期工程可行性研究阶段，计入丹江口库区及上游水污染防治和水土保持工程投资70亿元。

（5）其他项目投资。南水北调中线一期工程可行性研究阶段，计列了水资源统一管理工程以及洪水影响评价、工程地质灾害评估、矿产资源占压调查、总干渠调度及控制运行研究、干线工程自动化与运行决策系统研究规划、总干渠膨胀土渠坡处理现场试验、总干渠建筑与环境规划、总干渠三维仿真信息系统、总干渠冰期输水研究、丹江口大坝加高工程金属结构检测及试验、中线工程移民管理决策支持系统、兴隆水利枢纽基础加固（搅拌桩）室内及现场试验研究、中线工程初步设计审查和整体可研报告编制等专题专项费用，计列投资3亿元。

综上，南水北调中线一期工程可行性研究阶段主要工程量共计土石方开挖88250万m³，土石方回填31090万m³，建筑物混凝土2291万m³，渠道衬砌混凝土859万m³，钢筋钢材178万t，永久占地80万亩。南水北调中线一期工程可行性研究阶段估算静态投资为1435亿元，其中水源工程270亿元，干线工程1005亿元，汉江中下游治理工程87亿元，丹江口库区及上游水污染防治和水土保持工程70亿元，其他项目3亿元。

3. 南水北调东、中线一期工程可行性研究阶段静态投资

按照2004年第三季度价格水平，估算的南水北调东、中线一期工程可行性研究阶段静态投资为1818亿元，其中，南水北调东线一期主体工程静态投资383亿元（包括治污工程投资123亿元），南水北调中线一期主体工程静态投资1435亿元。

（二）南水北调东、中线一期工程可行性研究阶段动态投资

南水北调东、中线一期工程可行性研究阶段，动态投资包括工程建设期价差和银行贷款利息等。依据《水利工程设计概（估）算编制规定》，以可行性研究阶段静态投资为基础，2008年对南水北调东、中线一期工程可行性研究阶段动态投资进行了测算。

1. 南水北调东、中线一期工程动态投资测算的边界条件

（1）物价指数：按工程建设期物价上涨指数2.5%测算。

（2）贷款利率：按现行长期贷款基准利率6.84%测算。

（3）静态投资流程：根据2002—2008年工程实际投入，以及各设计单元工程审批计划，经综合平衡分析提出了南水北调东、中线一期工程分年度投资流程。

（4）工程静态投资估算价格水平年为2004年三季度。

（5）除规划阶段确定的中央投资372亿元和南水北调工程基金290亿元外，其他投资按使用银行贷款考虑。

2. 南水北调东、中线一期工程动态投资测算结果

经测算，南水北调东、中线一期工程可行性研究阶段动态投资为502亿元，其中建设期价差为210亿元，建设期贷款利息为292亿元。

南水北调东线一期工程可行性研究阶段动态投资为114亿元，其中价差39亿元，贷款利息75亿元。东线一期调水工程可行性研究阶段动态投资为82亿元（截污导流工程6亿元），其中

建设期价差 28 亿元（截污导流工程 2 亿元），贷款利息 54 亿元（截污导流工程 4 亿元）；东线一期治污工程可行性研究阶段动态投资为 32 亿元，其中建设期价差 11 亿元，贷款利息 21 亿元。

南水北调中线一期主体工程可行性研究阶段动态投资为 388 亿元，其中建设期价差 171 亿元，贷款利息 217 亿元。丹江口库区及上游水污染防治和水土保持工程不计列动态投资。

（三）南水北调东、中线一期工程可行性研究阶段增加的耕地占用税

2008 年 1 月 1 日，《中华人民共和国耕地占用税暂行条例》（以下简称新《条例》）开始实施。按照国务院第 204 次常务会议精神，将南水北调工程涉及的耕地占用税列入工程概算。依据新《条例》及有关规定，按照南水北调东、中线一期工程用地数量、用地手续办理情况，以及各省市平均税额等，2008 年测算了南水北调东、中线一期工程增加的耕地占用税。

1. 南水北调东、中线一期工程用地情况

（1）南水北调东、中线一期工程永久占地情况。根据南水北调东、中线一期工程总体可行性研究报告，工程永久占地 93.91 万亩，其中东线工程 13.61 万亩，中线工程 80.3 万亩。2008 年，已办用地手续永久占地 8.76 万亩，其中东线工程 1.6 万亩，中线工程 7.17 万亩。

（2）南水北调东、中线一期工程临时用地情况。根据南水北调东、中线一期工程总体可行性研究报告，工程临时用地 50.98 万亩，其中东线工程 8.8 万亩，中线工程 42.18 万亩。2008 年，已办用地手续临时用地 10.13 万亩，其中东线工程 0.23 万亩，中线工程 9.9 万亩。

2. 南水北调东、中线一期工程耕地占用税测算

根据南水北调东、中线一期工程用地的实际情况，分已办理用地手续土地和尚未办理用地手续土地两种情况进行测算。

（1）已办理用地手续土地。

1）永久占地。南水北调东、中线一期工程已办用地手续的永久占地均已根据国务院 1987 年公布的《中华人民共和国耕地占用税暂行条例》及有关规定，按占用耕园地面积和各省（直辖市）平均税额（湖北 5.0 元/m²、河南 4.5 元/m²、河北 4.5 元/m²、北京 8.0 元/m²、天津 7.0 元/m²、江苏 6.0 元/m²、山东 4.5 元/m²）缴纳了耕地占用税，已纳税额为 2.19 亿元，其中东线工程 0.36 亿元，中线工程 1.83 亿元。

2）临时用地。南水北调东、中线一期工程临时用地未缴纳耕地占用税。

（2）尚未办理用地手续土地。

1）永久占地。南水北调东、中线一期工程尚未办理用地手续永久用地应缴纳的耕地占用税额按农用地地类、面积，以及相应税额标准进行测算。主要测算条件如下：①根据财政部、国家税务总局于 2008 年 2 月 26 日公布的《中华人民共和国耕地占用税暂行条例实施细则》（简称《实施细则》）规定，各省市平均税额分别为湖北 25.0 元/m²、河南 22.5 元/m²、河北 22.5 元/m²、北京 40.0 元/m²、天津 35.0 元/m²、江苏 30.0 元/m²、山东 22.5 元/m²。②根据新《条例》规定，占用基本农田的适用税额在各省市平均税额的基础上提高 50%，南水北调东、中线一期工程占用基本农田面积分别按占用耕园地面积之和的 75%、80% 测算。③根据《实施细则》规定，占用林地、牧草地、养殖水面及其他农用地从事非农业建设的，适用税额可适当低于当地占用耕地的适用税额，按各省（直辖市）平均税额计算。

经测算，南水北调东、中线一期工程尚未办理用地手续的永久占地应缴纳耕地占用税 163 亿元，其中东线工程 23 亿元、中线工程 140 亿元。

2）临时用地。根据新《条例》第十三条规定，"纳税人临时占用耕地，应当依照本条例的规定缴纳耕地占用税。纳税人在批准临时占用耕地的期限内恢复所占用耕地原状的，全额退还已经缴纳的占用税"。按临时用地缴纳耕地占用税考虑，测算方法与尚未办理用地手续的永久占地耕地占用税相同。

经测算，南水北调东、中线一期工程尚未办理用地手续的临时用地应缴纳耕地占用税 79 亿元，其中东线工程 15 亿元、中线工程 64 亿元。

（3）增加耕地占用税分析。按照上述测算结果，以及南水北调东、中线一期工程总体可研报告中已计列耕地占用税 18.4 亿元（均为永久占地），分析需增加耕地占用税约 226 亿元，其中永久占地 147 亿元，临时用地 79 亿元，临时用地耕地占用税按规定先征后返。

南水北调东线一期工程增加耕地占用税约 36 亿元，其中永久占地 21 亿元，临时用地 15 亿元；南水北调中线一期工程增加耕地占用税约 190 亿元，其中永久占地 126 亿元，临时用地 64 亿元。

（四）南水北调东、中线一期工程可行性研究阶段总投资

2008 年，国务院批准《南水北调东线一期工程可行性研究总报告》和《南水北调中线一期工程可行性研究总报告》，按照 2004 年第三季度价格水平，估算的南水北调东、中线一期工程可行性研究阶段总投资为 2546 亿元，其中静态投资 1818 亿元，动态投资 502 亿元（其中建设期价差 210 亿元，贷款利息 292 亿元），增加耕地占用税 226 亿元。

国务院南水北调办负责组织实施的工程可行性研究阶段总投资为 2289 亿元，其中静态投资 1599 亿元，动态投资 464 亿元（其中建设期价差 197 亿元，贷款利息 267 亿元），增加耕地占用税 226 亿元。

地方负责实施的南水北调东线治污、截污导流工程，南水北调中线丹江口水库及上游水污染防治和水土保持工程，汉江中下游治理中水质保护、生态修复与保护、环境监测网站及环保科研项目，投资共计 257 亿元，其中静态投资 219 亿元，动态投资 38 亿元（其中建设期价差 13 亿元，贷款利息 25 亿元）。

（五）南水北调东、中线一期工程可行性研究阶段投资增加原因分析

南水北调东、中线一期工程可行性研究阶段总投资 2546 亿元，与规划阶段 1240 亿元相比，增加了 1306 亿元。其中，静态投资增加 578 亿元（包括增列的丹江口水污染防治和水土保持工程投资 70 亿元），增加按年均物价上涨幅度 2.5% 计算的建设期价差 210 亿元和按银行贷款年利率 6.84% 计算的建设期贷款利息 292 亿元，以及按新《条例》执行增加的耕地占用税 226 亿元。

1. 南水北调东线一期工程可研阶段静态投资增加的原因

南水北调东线一期调水工程可研阶段静态投资 260 亿元，与规划阶段静态投资 180 亿元相比，投资增加 80 亿元；治污工程可研阶段静态投资 123 亿元，与规划阶段静态投资 140 亿元相比，核减了计入调水工程的截污导流工程投资 17 亿元。南水北调东线一期调水工程投资增加

的主要原因如下。

(1) 物价和政策性因素共增加投资约 51 亿元。①征地补偿倍数由原来的 10 倍调整为 16 倍及耕地亩产值提高、房屋补偿单价提高，增加计列耕地开垦费、耕地占用税、森林植被恢复费等，以及实物量增加，增加投资 43 亿元；②规划采用 2000 年下半年的价格水平，总体可行性研究阶段采用 2004 年第三季度价格水平，增加投资 3 亿元；③规划阶段贯流泵机组考虑国内生产，但从已开工的项目情况看，国内生产不能满足质量要求，因此，在总体可行性研究阶段由国产全部改为进口，增加投资 4 亿元；④已开工项目材料设备调差增加投资 1 亿元。

(2) 工程方案调整、工程量增加及具体工程项目变化或处理措施调整等增加投资 27 亿元。①胶东输水干线过济南城区段由利用小清河方案改为埋涵方案，增加投资 10 亿元；②鲁北段工程聊城市区段由穿城区方案调整为绕城方案，调整小运河两岸灌区影响处理工程，增加投资 5 亿元；③规划阶段考虑里下河水源调整工程分期建设，总体可行性研究阶段，经反复协调和分析比较后，认为规划阶段确定的工程内容不能满足向北调水的需要，需要调整工程方案，增加投资 5 亿元；④规划阶段截污导流工程投资是以东线工程治污规划为基础确定的，总体可行性研究阶段随着前期工作深度的变化，相应增加投资 5 亿元；⑤其他工程由于工程量变化增加投资 2 亿元。

(3) 工程项目变化增加投资约 2 亿元。为加强省级水资源的管理，总体可行性研究阶段增加了骆马湖水资源控制工程、南四湖水资源监测工程。以及总体可行性研究阶段适当增加了血吸虫防治、文物保护等工程的投资。

2. 南水北调中线一期工程可研阶段静态投资增加的原因

南水北调中线一期工程可研阶段静态投资 1435 亿元，与规划阶段静态投资 920 亿元相比，中线一期工程可研阶段静态投资增加 515 亿元，投资变化的主要原因如下。

(1) 政策及价格性因素共增加投资约 230 亿元。①征地补偿倍数由原来的 10 倍调整为 16 倍及耕地亩产值提高，增加投资 49 亿元；②移民房屋与附属物补偿单价提高及增加移民困难户建房补助等，增加投资 10 亿元；③可行性研究阶段增加计列耕地开垦费、耕地占用税、森林植被恢复费等，增加投资 20 亿元；④规划阶段投资匡算的依据是水利部水建〔1998〕15 号文而可行性研究阶段投资估算的依据是水利部水总〔2002〕116 号文与计价格〔2002〕10 号文。因投资估算依据的费用标准和定额变化，增加投资 24 亿元；⑤规划阶段汉江中下游治理工程的运行管理费用按由湖北省负责考虑。可行性研究阶段，湖北省提出其难以承担全部的运行管理费用。经协调，建议利用兴隆枢纽形成的水位差，增加电站建设内容，以利用发电效益部分解决汉江中下游治理工程的运行管理费用，增加投资 4 亿元；⑥规划阶段尚未要求进行工程的洪水评价。可行性研究阶段，根据修改后的《水法》要求，进行了工程的洪水影响评价，并相应采取工程措施，增加投资 15 亿元；⑦规划阶段没有考虑南水北调中线总干渠与河北四大水库的连接。可行性研究阶段，根据京石段应急供水工程的需要，增加总干渠与河北四大水库的连接工程，增加投资 1 亿元；⑧规划阶段依据国家环保局 1996 年批复的中线环境影响评价计列环境保护、水土保持投资。可行性研究阶段，以新的环境影响评价为依据，确定环境影响和水土保持处理措施，并按 2004 年物价水平估算投资，相应增加投资 7 亿元；⑨规划阶段初步估算了文物保护投资 3 亿元。可行性研究阶段，由于前期工作深度增加等原因，增加投资 6 亿元；⑩规划采用 2000 年下半年的价格水平，可行性研究阶段采用 2004 年第三季度价格水平，增加投资 94 亿元。

（2）工程量变化增加投资约 150 亿元。①随着设计阶段的深入，建筑物数量、型式发生了一些变化。总干渠交叉建筑物从规划阶段的 1774 座增加到 2237 座增加 463 座，而且增加了 25 座渠道倒虹吸，需要多占用水头。总干渠的总水头是一定的，其后果是明渠的可利用水头减少，因而需使明渠纵坡变缓，断面加大，增加工程量。为了渠道倒虹吸的安全，可行性研究阶段加大了建筑物的埋深，并结合洪水影响评价，适当延长了建筑物的长度，这些引起了工程量的增加；②由于线路方案比选的深入，总干渠全长从规划阶段的 1421km 增加到 1432km，长度增加 11km，渠道工程量相应增加。焦作煤矿、邢台煤矿段总干渠线路由穿过采空区改为绕开采空区方案，完善了特殊地质段的处理措施，增加膨胀土的换土厚度，天津段工程方案由规划阶段的明渠结合局部管涵方案改为全部管涵方案，相应增加了工程量。增加了冰期输水措施等内容。

（3）征地实物指标及补偿项目变化、计入丹江口水污染防治和水土保持工程投资等增加投资约 135 亿元。①规划阶段征地实物指标是以 2001 年的典型调查及 1990—2001 年初所做的实物调查为基础。2001 年以来，随着经济社会的发展，征地实物指标有了增加，体现在总量增加和质量提高两方面。如农民住房面积和质量提高，水源工程征地有 25.67 万亩增加到 25.75 万亩，但菜地增加 2 万亩。由于实物指标变化增加投资约 52 亿元；②由于种种原因在规划阶段未考虑或漏项的项目，如总干渠压矿影响问题、陶岔渠首引水渠补偿问题、兴隆枢纽浸没影响问题等，增加投资 13 亿元；③按国阅〔2006〕13 号文件精神，计入丹江口水污染防治和水土保持工程投资，增加投资 70 亿元。

三、南水北调东、中线一期工程投资总规模

截至 2012 年 3 月底，南水北调东、中线一期工程初步设计批复基本完成，其中国务院南水北调办负责组织实施的 155 项设计单元工程已批 154 项。由于国家 2008 年批复可行性研究总报告后，物价上涨幅度较大、征地移民政策调整，以及近些年国家宏观经济政策调整等因素，南水北调东、中线一期工程投资规模与国家批复的可研总投资相比有一定幅度增加。为保障南水北调工程建设资金需要，按照 2012 年 3 月国务院南水北调工程建委会第六次会议要求，有关部门全力配合，对初步设计阶段概算投资进行了汇总分析，测算了工程建设期动态投资，提出了南水北调东、中线一期工程投资总规模测算报告，经中国国际工程咨询公司评估，并征求有关方面意见后上报国务院。2014 年，国务院批复同意南水北调东、中线一期工程增加投资测算及筹资方案，核定南水北调东、中线一期工程总投资为 3082 亿元。

（一）南水北调东、中线一期工程静态投资规模

南水北调东、中线一期工程静态投资，包括初步设计概算、重大设计变更、增加投资和征地移民增加投资。

1. 南水北调东、中线一期工程初步设计概算

2012 年，对南水北调东、中线一期工程初步设计概算投资按照已批和待批两种情况进行汇总统计，预计初步设计概算的静态投资。需要特别说明，依据《水利工程设计概（估）算编制规定》（水利部水总〔2002〕116 号），工程初步设计概算价格水平年按照编制年份确定，因由

南水北调东、中线一期工程特点决定没有总体初步设计，而各设计单元工程初步设计概算编制、审查和批复分别在不同年份，所以工程初步设计概算没有统一的价格水平年。

（1）已批初步设计情况。依据国家现行政策和有关规程规范，在南水北调工程初步设计审查、概算评审和审批过程中，严格控制工程投资。截至 2012 年 3 月底，已批复 154 个设计单元工程及相关专题专项初步设计报告，批复静态投资 2133 亿元。

（2）待批初步设计情况。截至 2012 年 3 月底，尚未批复初步设计的是中线水源调度运行管理系统工程和东、中线一期部分专项工程，预计待批复工程初步设计静态投资约 15 亿元。

（3）预计初步设计概算。国务院南水北调办负责组织实施的东、中线一期工程，预计初设概算静态投资 2148 亿元，其中东线工程 296 亿元（江苏水源工程 107 亿元、山东干线工程 189 亿元），中线工程 1852 亿元（中线水源工程 476 亿元，中线干线工程 1266 亿元，汉江中下游治理工程 109 亿元，初步设计、审查和概算评审工作经费约 1 亿元）。

2. 南水北调东、中线一期工程重大设计变更

南水北调东、中线一期工程规模巨大，建设周期长。在工程建设期间，由于工程沿线社会、经济发展，地质条件变化，膨胀土等世界性技术难题的处理，以及工程与公路、铁路、航运等行业建设的交叉等建设条件和环境变化等原因，南水北调工程建设过程中，不可避免发生一些重大设计变更，投资增加较多，在批复的初步设计概算中难以解决。为保障南水北调工程建设投资需求，保障工程建设质量和进度，加强投资控制管理，2012 年 3 月对已批复的重大设计变更、正在处理的重大设计变更和预计发生的重大设计变更进行统计分析，预计由国务院南水北调办批复的南水北调工程重大设计变更概算外增加投资共 72 亿元（包括已批复 32 亿元，正在处理 30 亿元，预计还要发生 10 亿元），其中东线工程 8.3 亿元（江苏水源工程 2.8 亿元、山东干线工程 5.5 亿元），中线工程 63.7 亿元（中线水源工程 3.4 亿元、中线干线工程 60.3 亿元）。

3. 丹江口库区移民、中线干线征迁增加投资

南水北调工程征地移民补偿安置在实施过程中，由于移民安置方案和工程施工方案的变化或调整、实施周期过长、有关规程规范存在缺陷等原因，在大规模搬迁移民任务完成后，发生了一些新问题，超出了征地移民包干任务，无法在包干投资范围内加以解决，需要增加部分投资。主要有丹江口水库（湖北）移民在内安过程中，部分移民安置点的高切坡、高边坡等地质隐患处理工程措施费；丹江口水库移民实物指标和安置人口较初步设计阶段有所增加，需要追加相应的投资；南水北调中线干线工程取土和弃渣方案变化增加部分投资；工程施工周期客观上超出《土地法》对临时占地期限的规定，需对被占地农民增加补偿等。以上共需新增投资约 22 亿元，其中丹江口水库移民补偿及安置增加投资 11 亿元，中线干线工程征迁增加投资 11 亿元。

综上，核定国务院南水北调办负责组织实施的东、中线一期工程静态总投资为 2242 亿元，其中东线一期工程 304.3 亿元（江苏水源工程 109.8 亿元、山东干线工程 194.5 亿元），中线一期工程 1937.7 亿元（中线水源工程 490.4 亿元、中线干线工程 1337.3 亿元、汉江中下游治理工程 109 亿元、初步设计、审查和概算评审工作经费 1 亿元）。

（二）南水北调东、中线一期工程动态投资规模

南水北调东、中线一期工程动态投资包括建设期价差、建设期项目法人银行贷款利息和过

渡性资金借款利息等。

1. 建设期价差

南水北调东、中线一期工程建设区域分布广、建设期跨度长，各施工年度完成投资的价格水平年与批复初步设计概算时的价格水平年不同，有的相差较大，特别是工程建设后半期，物价水平尤其是建筑材料、油料、人工等价格变化幅度较大，原批复概算不能准确反映工程造价情况。为保证工程顺利建设，保障工程建设单位和施工单位的合法权益，总体把握工程投资额度，对工程建设期价差进行了测算。

（1）价差测算的基本原则。①按照各设计单元工程年度实际完成静态投资流程、国家统计局统计年鉴所发布的固定资产投资价格指数及预测指数，以初步设计批复概算价格水平年为基期进行测算；②考虑东线、中线各设计单元工程征地拆迁投资先期投入并包干使用，除特殊情况外，原则上不再计算征地拆迁投资建设期价差。

（2）价差测算结果。经测算，国务院南水北调办负责组织实施的东、中线一期工程建设期总价差为221亿元，其中，东线一期工程为21亿元（江苏水源工程8.5亿元、山东干线工程12.5亿元），中线一期工程200亿元（中线水源工程41亿元、中线干线工程145亿元、汉江中下游治理工程14亿元）。

2. 建设期项目法人银行贷款利息

（1）银行贷款利息测算的基本原则。①东线工程测算至2014年6月，中线工程测算至2015年4月；②2011年年底以前采用南水北调工程各项目法人实际累计贷款和付息金额，2012年以后按预测借款流程测算；③贷款利率按当时的长期贷款基准利率7.05%测算。

（2）银行贷款利息测算结果。经测算，国务院南水北调办负责组织实施的东、中线一期工程建设期银行贷款利息支出为137亿元，其中东线一期工程为16.6亿元（江苏水源工程6.8亿元、山东干线工程9.8亿元），中线一期工程为120.4亿元（中线水源工程23.9亿元、中线干线工程96.5亿元）。

3. 过渡性资金借款利息

重大水利工程建设基金是通过利用三峡基金2009年停收后的电价空间征收，国务院第204次常务会议审议同意，建设期征收资金不能满足建设需要时，先利用银行贷款（过渡性资金），之后使用2010—2019年征收的重大水利工程建设基金偿还贷款本息。

（1）过渡性资金借款利息测算的基本原则。①2012年以后重大水利工程建设基金以2011年实际征收入库量作为基数，年均增长率按4.4%测算；②过渡性资金借款利息计算至2015年4月；③2011年年底以前按实际贷款和付息额计算，2012年及以后按当年所需重大水利工程建设基金扣除当年该基金预算后测算；④贷款利率按当时的长期贷款基准利率7.05%测算；⑤过渡性借款资金利息全部通过重大水利工程建设基金支出预算安排，当年结清，不计复利。

（2）过渡性资金借款利息测算结果。经测算，南水北调东、中一期工程建设期过渡性资金借款本金900多亿元，支付利息176亿元。

综上，核定国务院南水北调办负责组织实施的东、中线一期工程动态投资534亿元，其中建设期价差221亿元、南水北调工程项目法人银行贷款利息137亿元、过渡性资金借款利息176亿元。南水北调东、中线一期工程建设期价差和南水北调工程项目法人银行贷款利息358亿元计入南水北调工程固定资产投资。其中，东线一期工程37.6亿元（江苏水源工程15.3亿元、山东干线工程 22.3 亿元),中线一期工程 320.4 亿元(中线水源工程 64.9 亿元、中线干线工程 241.5 亿元、汉江中下游治理工程 14 亿元)。

(三)南水北调东、中线一期工程待运行期管理维护费

南水北调东、中线一期共有 155 个设计单元工程,由于各设计单元工程开工建设时间有先后,建设工期有长短,必然有一批设计单元工程在全线工程建成前先期完工。为确保先期完工项目与全线工程同步正常投入运行,在待运行期内,须投入一定的人力、财力和物力,对其进行必要的管理和维修养护。

1. 待运行期管理维护方案

该方案由待运行期限和待运行期项目组成。

(1)南水北调东、中线一期工程待运行期限。南水北调设计单元工程施工合同验收后,至东、中线一期主体工程通水前,为设计单元工程的待运行期。南水北调东、中线一期工程待运行期发生的费用计入主体工程建设成本。

(2)南水北调东、中线一期工程待运行期项目。根据南水北调东、中线一期工程建设进度计划,经统计东、中线一期主体工程共有 123 个设计单元工程需要进行待运行期管理维护。汉江中下游治理工程,以及东线影响处理和补偿性的工程等,不再考虑待运行期管理维护问题。

2. 待运行期管理维护费测算

(1)待运行期管理维护费用的构成。由于对水利工程供水待运行期间的成本费用构成没有专门规定,在对有关办法规定的供水成本梳理后,结合南水北调工程实际情况,参考调研的京石段、宝应站、济平干渠等工程待运行期实际发生的费用资料,工程待运行期间管理维护费用按管理人员工资、管理费、维修养护费及其他等 4 项费用考虑。

(2)待运行期管理维护费用的标准。

1)管理人员数量和工资的标准。人员数量按照《水利工程管理单位定岗标准(试点)》(水办〔2004〕307 号),对建筑物、河道工程做了典型分析,结合京石段、宝应站、济平干渠工程待运行期管理人员实际情况,待运行期管理人员数量按正常运行管理人员的 30% 考虑。

工资标准按照《南水北调东、中线一期工程运行初期供水价格政策初步安排意见》和《中国统计年鉴》发布的各省(直辖市)国有单位平均工资数据。2004—2010 年采用南水北调工程沿线省(直辖市)工资标准的平均值,2011—2014 年以各省(直辖市)发布的《2012 年统计公报》中 2011 年居民消费价格指数平均值作为工资环比价格指数推算。

2)管理费用的标准。参考国家批复的南水北调东、中线一期工程可研报告,并考虑工程待运行期加强安全监测、安全保卫等项工作,确定管理费按管理人员工资的两倍计算。

3)维修养护费用的标准。按照《水利工程维修养护定额标准》,选择洪泽站为典型,计算其维修养护费用为 158 万元/年,占固定资产额的 0.52%。根据调研的京石段、宝应站和济平干渠资料分析,待运行期年维修养护费为相应固定资产额的 0.3%~0.7%。可研报告中测算工程供水成本费用时,工程正常运行的日常维护费用按固定资产额的 1% 计列。综上分析,按固定资产额的 0.5% 测算工程待运行期年度维修养护费。

4)其他费用的标准。参考国家批复的南水北调东、中线一期工程可研报告,并考虑部分直接材料费,其他费用标准按上述 3 项费用之和的 10% 计算。

（3）测算结果。按照上述确定的待运行期项目、待运行期限、管理人员数量、工资标准、管理费标准和维修养护费标准等，测算南水北调东、中线一期工程待运行期管理和维修养护费用为 19 亿元。

鉴于南水北调东、中线一期工程初步设计概算中计列了生产准备费 4.8 亿元，为了提高投资使用效益，考虑将生产准备费中的生产及管理单位提前进场费、管理用具购置费等（约 3 亿元），与待运行期管理维护费中的人员工资和管理费统筹使用，核定东、中线一期工程待运行期管理维护费为 16 亿元，其中东线 5 亿元（江苏水源工程 3 亿元、山东干线工程 2 亿元），中线工程 11 亿元（中线水源工程 0.2 亿元、中线干线工程 10.8 亿元）。

（四）南水北调中线干线工程防洪影响处理等项目投资

南水北调中线干线工程有 469 座左岸排水建筑物，为确保工程建设和运行期沿线城乡人民群众生命财产安全，增加中线干线防洪影响处理工程投资 11.31 亿元，以及中线一期工程安全风险评估费 0.8 亿元，并入中线一期工程总投资。同时，根据南水北调东、中线一期工程建设实际需要，增加工程政府验收费用 0.49 亿元。

（五）特殊预备费

南水北调工程规模大、战线长，预计全部工程建成竣工验收尚需较长的时间，工程建设过程中难免还会出现一些新情况、新问题。为解决南水北调东、中线一期工程建设期间的一些特殊不可预见事项，计列特殊预备费 20 亿元。

（六）核定南水北调东、中线一期工程投资总规模

2014 年，国务院批复同意南水北调东、中线一期工程增加投资测算及筹资方案，核定南水北调东、中线一期工程投资总规模为 3082 亿元（含东线工程 554 亿元、中线工程 2528 亿元），其中国务院南水北调办负责组织实施的总投资为 2814 亿元，地方负责实施的南水北调东、中线一期工程投资 268 亿元。

国务院南水北调办负责组织实施总投资 2814 亿元，其中静态投资 2242 亿元、动态投资 534 亿元（包括建设期价差 221 亿元、建设期贷款利息 313 亿元）、新增项目投资 18 亿元（包括待运行期管理维护费 16 亿元、工程风险评估和政府验收等项目 2 亿元）、特殊预备费 20 亿元。

（七）南水北调东、中线一期工程总投资增加原因分析

南水北调东、中线一期工程总投资 3082 亿元，与可行性研究阶段 2546 亿元相比，增加了 536 亿元。其中，静态投资增加 417 亿元、动态投资增加 70 亿元、新增项目投资 29 亿元、特殊预备费 20 亿元。南水北调东、中线一期工程投资增加的主要原因如下。

1. 南水北调东、中线一期工程静态投资增加 417 亿元

静态投资增加主要有 6 个方面因素。

（1）因技术方案变化增加投资 39 亿元。增资的主要原因：①南水北调东线引黄济青明渠段、泗洪站等工程，因线路调整、建筑物结构型式和渠道或建筑物地基处理方式改变引起投资

增加；②南水北调中线干线 34 个设计单元工程，渠道渗控、排水方案调整及坡面防护方案变化等增加投资；③初步设计阶段公路桥梁工程采用了新标准、新规范，对公路桥结构设计要求提高，部分由等跨简支梁板桥变为不等跨连续箱梁桥及新增渗控工程等增加投资；④石太等铁路交叉工程由可研的三孔一联改为初设的三孔单独布置引起投资增加；⑤供电工程按照初设阶段复审意见，110kV 以上线路设计概算需补列防舞动措施费用，召马站、董村站及内丘等 35kV 等线路改建方案变化引起投资增加；⑥工程设计方案调整，引起征地、搬迁人口以及水保、环保方案调整等增加投资；⑦丹江口水库（湖北）移民在内安过程中，部分移民安置点按照群众意愿依山就势建设，产生了高切坡、高边坡等地质隐患，需采取相应的工程措施以保障人民群众生命财产安全；⑧中线干线工程线路长、工程论证和实施周期长，原规划的就近取土和弃渣的方案发生了一些变化等增加了部分投资，以及工程临时占地超期需增加的补偿等。

（2）工程量变化增加投资 10 亿元。主要原因：①建筑物结构设计工作深化，增加河道、左排行洪断面、部分左排布置由正交改为斜交、增加进出口整流设施、渠道断面变化导致左岸排水建筑物加长等，使建筑工程量增加；②跨渠公路桥数量调整，路线及桥墩位置调整等引起的工程量增加；③初步设计阶段深化，征地面积、人口数量、占压房屋面积、专项设施迁建数量等变化引起投资增加；④丹江口水库移民实施搬迁与国务院办公厅 2003 年发布停建令相距近 8 年，实施阶段实物指标和安置人口较初步设计阶段有所增加。

（3）相关政策调整及取费标准变化增加投资 116 亿元。主要原因：①按照南水北调中线干线工程相关技术规定和相关文件，渠道和建筑物增加渗控、防冻胀措施，倒虹吸管身两侧用低压缩性土回填，倒虹吸进口满足淹没深度要求，部分渡槽增加排冰闸，以及渠道分缝及其材料调整，膨胀土的膨胀性判别标准改变，膨胀土程度及其换填土厚度调整等；②公路、铁路、供电工程等因行业标准变化增加投资；③征地拆迁勘测设计费由可行性研究阶段的 2.5% 调整为初设阶段的 3%，增加部分投资；④监理费取费执行新标准引起投资增加；⑤征地拆迁基本预备费率由可行性研究阶段的 12.5%～15% 调整为初设阶段的 10%，工程基本预备费率由可研的 10%（11%）调整为初设的 6%，减少了投资。

（4）价格水平年调整增加投资 237 亿元。主要原因：①初步设计概算价格水平年调整（与可行性研究阶段 2004 年第三季度价格水平相比）；②初步设计阶段，水泥、钢材、油料、砂石料等建筑材料价格上涨引起投资增加。如：中线沙河南至黄河南鲁山北段工程，初步设计概算 2008 年四季度价格水平，水泥 324.60 元/t，钢筋 4166.50 元/t，汽油 5765.01 元/t，柴油 5136.71 元/t；可研投资估算 2004 年三季度价格水平，水泥 252.87 元/t，钢筋 3749.72 元/t，汽油 4594.32 元/t，柴油 4336.82 元/t；③初步设计阶段，亩产值、临时占地复垦费、房屋机井坟墓补偿单价、专项复建单价、基础设施及场地平整单价等提高增加投资。

（5）重大设计变更增加投资 72 亿元。南水北调工程规模大、建设周期长，同时由于南水北调工程线路长，地形、地质条件复杂，存在很多技术难题，工程建设期间，工程沿线经济、社会发展变化较大，建设条件和环境不断发生变化，不可避免地发生一些重大设计变更，增加投资较多，在批复的初步设计概算中难以解决。根据重大设计变更处理情况，主要有丹江口大坝加高初期大坝混凝土缺陷检查与处理，中线膨胀土（岩）处理方案变化，中线焦作城区段提高安全度，中线干线高填方渠段加固措施，中线干线沿线跨渠桥梁工程数量、设计方案调整，东线苏鲁省际工程杨官屯河闸、大沙河闸设计方案调整，以及东线苏鲁两省和省际工程管理设施专项、调度运行管理专项等重大设计变更引起的概算外投资增加。

（6）耕地占用税据实计列比可行性研究阶段估算投资减少 57 亿元。初步设计阶段执行 2008 年 1 月 1 日施行的《中华人民共和国耕地占用税暂行条例》及相应的配套规定，本着从紧从严的原则计列永久和临时占地耕地占用税。按照各设计单元工程投资变化分析，初步设计阶段增加耕地占用税约 169 亿元，比国家批复可研总报告中暂列的增加耕地占用税 226 亿元减少 57 亿元。

2. 南水北调东、中线一期工程动态投资增加 70 亿元

动态投资包括价差和建设期贷款利息。

（1）工程建设期价差增加 24 亿元。价差增加的主要原因：①南水北调工程建设目标调整，可行性研究阶段以东、中线一期工程 2010 年建成测算价差，建委会第三次会议将工程建设目标调整为东线 2013 年建成通水、中线 2014 年建成汛后通水；②2004 年之后，工程建设期年均价格增长幅度大于可行性研究阶段测算价差采用的 2.5％；③工程建设沿线人工价格和砂石料价格实际涨幅远远超出国家公布的固定资产价格指数。

（2）工程建设期贷款利息增加 46 亿元。贷款利息增加的主要原因：①可行性研究阶段以东、中线一期工程 2010 年建成测算利息，工程建设目标调整，使工程建设期延长，贷款利息相应增加；②工程总投资增加，相应增加了过渡性资金额度，引起融资利息增加；③银行贷款利率调整引起贷款利息增加。

3. 新增项目投资 29 亿元

根据南水北调东、中线一期工程建设实际情况，经国务院南水北调工程建设委员会第六次会议审议同意，增加工程待运行其管理维护、中线干线防洪影响处理工程和其他项目等投资 29 亿元。

（1）先期完工项目待运行期管理维护费 16 亿元。南水北调东、中线一期共有 155 个设计单元工程，由于各设计单元工程开工建设时间有先后，建设工期有长有短，必然有一批设计单元工程在全线工程建成前先期完工。为确保先期完工项目与全线工程同步正常投入运行，在待运行期内，须投入一定的人力、财力和物力，对其进行必要的管理维护和养护。参考水利工程相应维修养护定额标准，结合南水北调东、中线一期工程实际情况测算，新增先期完工项目待运行管理维护费 16 亿元。

（2）中线干线防洪影响处理等项目投资 13 亿元。南水北调中线一期干线工程有 469 座左岸排水建筑物，需同步实施防洪处理影响工程，确保工程建设和运行期沿线城乡人民群众生命财产安全。中线一期工程可行性研究阶段未考虑该项工程投资。按照国家发展改革委建议意见，由水利部单独编制中线干线防洪影响处理工程可研报告，增加中线干线防洪影响处理工程投资 11.31 亿元。

（3）其他项目增加投资 1.29 亿元。其他项目包括中线工程安全风险评估费 0.8 亿元，并入中线一期工程总投资中；南水北调东、中线一期工程验收费 0.49 亿元。

4. 特殊预备费 20 亿元

鉴于南水北调工程规模巨大，地质条件十分复杂，2012 年正处于工程建设的关键时期，工程建设过程中难免还会出现一些新情况、新问题或突发事件，需要及时有效应对，同时还存在一些难以准确预测的因素。为避免再次调整南水北调工程总投资规模，经各方协商一致，计列

特殊预备费 20 亿元。

第二节　南水北调主体工程资金筹集

本节主要介绍南水北调主体工程建设资金的来源及其筹集资金的规模。南水北调东、中线一期工程 3000 多亿元资金在工程建设期如何筹集，特别是工程建设的高峰期，如何保障资金及时供应，通过何种渠道筹集大规模的资金，不是一件简单的事情，需要经过精心的筹划和具体安排，才有可能保证工程建设一线不缺钱，促进工程按期建设，如期实现工程建成通水目标。

鉴于南水北调工程是跨省（直辖市）、跨流域的特大型水利基础设施，具有公益性和经营性双重功能，为适应社会主义市场经济的发展，需要建立中央、地方政府与市场机制相结合的资金筹集机制，通过多种渠道筹集工程建设资金。按照公共投资占主导，"谁受益，谁负担"和发挥市场融资机制的原则，经国务院相关部门科学论证并经国务院批准，南水北调工程建设资金通过中央预算内投资、南水北调工程基金、国家重大水利工程建设基金（简称"重大水利基金"）、过渡性资金、银团贷款等多渠道筹集。中央预算内投资、重大水利基金和过渡性资金属于中央资本金，南水北调工程基金属于地方政府资本金。

经国务院批准，南水北调东、中线一期主体工程规划阶段投资 1240 亿元的资金筹集方案为：中央预算资金 372 亿元，占 30％；南水北调工程基金 310 亿元，占 25％；银行贷款 558 亿元，占 45％。东、中线一期工程可行性研究阶段总投资 2546 亿元，考虑河北省南水北调工程基金征收困难，核减河北省 20 亿元的基金征收额度，可行性研究阶段总资金缺口为 1326 亿元，资金缺口主要通过利用三峡基金 2009 年停收后的电价空间征收重大水利基金解决。可行性研究阶段资金筹集方案为：中央预算内资金 414 亿元，占 16.26％；南水北调工程基金 290 亿元，占 11.39％；银行贷款 558 亿元，占 21.92％；地方和企业自筹 43 亿元（丹江口水污染防治和水土保持地方和企业自筹 28 亿元，东线治污工程地方和企业自筹 15 亿元），占 1.69％；重大水利基金 1241 亿元（建设期征收资金不能满足建设需要时，采取先通过过渡性资金的方式向金融市场筹集，之后使用 2010—2019 年征收的重大水利基金偿还贷款本息），占 48.74％。2014 年，国务院批复南水北调东、中线一期工程增加投资测算及筹资方案，核定南水北调东、中线一期工程总投资 3082 亿元，资金筹集方案为：中央预算内资金 414 亿元，占 13.43％；南水北调工程基金 290 亿元，占 9.41％；银行贷款 558 亿元，占 18.11％；地方和企业自筹 43 亿元，占 1.39％；重大水利基金 1777 亿元，占 57.66％。

一、南水北调主体工程资金筹集的基本思路及原则

我国改革开放以来，国家对投资管理体制进行了一系列改革，打破了传统计划经济体制下高度集中的投资管理模式，初步形成了投资主体多元化、资金来源多渠道、投资方式多样化、项目建设市场化的新格局。决策建设南水北调工程正是处在推进和深化市场配置资源的基础性作用的宏观经济背景下，按照国务院批准的南水北调工程实行"政府宏观调控、准市场运作、现代企业管理、用水户参与"的建设与管理体制，为适应社会主义市场经济发展的需要，南水

北调工程建设资金筹措方式要突破传统意义上的水利工程投资模式，应积极探索尝试我国重大基础设施建设投资管理体制的新模式。

（一）基本思路

鉴于南水北调工程是解决我国北方水资源严重短缺，跨省（直辖市）、跨流域的特大型水利基础设施，具有公益性和经营性双重功能，为适应社会主义市场经济发展的需要，按照完善社会主义市场经济体制的要求，在国家宏观调控下充分发挥市场配置资源的基础性作用，确立企业在投资活动中的主体地位，规范政府投资行为，保护投资者的合法权益，优化投资结构，提高投资效益。通过政府投资引导社会资本参与国家重大基础设施建设，拓宽传统的水利工程完全依赖政府投资的模式，建立中央、地方政府与市场机制相结合的资金筹集机制，多种渠道筹集南水北调工程建设资金，保证工程建设资金需要。

（二）基本原则

1. 公共投资占主导的原则

按照国务院批准的《南水北调工程总体规划》，通过南水北调东、中、西三条调水线路与长江、黄河、淮河和海河四大江河的联系，逐步构成以"四横三纵"为主体的中国大水网，这总体布局将实现我国水资源南北调配、东西互济的合理配置格局，对缓解北方地区水资源短缺问题，协调北方地区东部、中部和西部可持续发展对水资源的需求，具有重大战略意义。北方地区中的黄淮海流域土地资源丰富，光热条件好，有丰富的能源和矿产资源，是我国重要的粮食生产和工业基地，粮食产量、人口、国内生产总值均超过全国的1/3；区域内有首都北京，还有天津、石家庄、郑州、济南、太原、西安、兰州、西宁等大城市，在我国经济社会发展中具有重要的战略地位。因此，南水北调工程是优化我国水资源配置，保持我国经济社会可持续发展的特大战略性基础设施，中央公共投资应占主导地位。

2. "谁受益，谁负担"原则

为促进南水北调工程受水区节约用水和发挥水价在水资源配置的基础性作用，通过提高受水区现行水资源费标准或提高水价筹集资金，建立南水北调工程基金，基金收入上缴中央国库，再以地方资本金注入工程建设。

3. 发挥市场融资机制原则

在社会主义市场经济体制下，完全通过政府投资兴建工程，不够有效发挥市场在工程建设中作用，在建立项目法人负责工程建设制度下，通过金融市场筹集资金，增强项目法人建设好南水北调工程并确保有效运行的经济责任和义务。按照南水北调工程通水后受水区水价用户可承受的原则，确定通过水费收入偿还的融资规模；按照保障融资稳定供应的原则，选择融资方式；按照尽量降低融资成本的原则，选择融资机构。

二、筹资渠道及规模

（一）南水北调工程总体规划阶段

南水北调工程总体规划阶段，按照 2000 年下半年价格水平，匡算南水北调东、中线一期主体工程静态投资为 1240 亿元。经过多种方案分析，综合考虑工程兼有防洪和生态环境等效益，主体工程建设资金通过中央预算内拨款（国债）、南水北调工程基金和银行贷款三个渠道筹集。

1. 中央预算内（国债）资金和南水北调工程基金

2002 年，国务院批复的《南水北调工程总体规划》中，对南水北调东、中线一期主体工程投资 1240 亿元，中央预算内拨款（或中央国债）安排 248 亿元，占工程投资的 20％，作为中央资本金注入；通过提高现行城市水价建立南水北调工程基金，筹集资金 434 亿元，占工程投资的 35％。考虑南水北调工程建设管理体制要求，南水北调工程基金由中央和地方共享，分配比例按中央资本金 130 亿元，占基金的 30％；地方资本金 304 亿元，占基金的 70％。工程建成后，继续征收南水北调工程基金，用于偿还部分银行贷款本息。

国务院批复《南水北调工程总体规划》中，明确要求南水北调工程基金方案既要考虑工程建设对投资的需求，还要考虑各类用水户的承受能力。考虑到南水北调工程基金筹集难度比较大，在南水北调工程建设委员会第一次全体会议上决定："根据南水北调工程的性质和对项目经营还贷的测算情况，可以适当提高南水北调工程中央投资的比例"。经国家发展改革委会同有关部委研究上报，在南水北调工程建设委员会第二次全体会议上明确"将南水北调工程中央投资比例由 20％提高到 30％，基金比例相应由 35％降低到 25％。基金可由地方通过安排财政投入、提高水资源费标准等多渠道筹集"。因此，南水北调东、中线一期主体工程规划阶段投资 1240 亿元，中央预算内拨款（或中央国债）安排资金调整为 372 亿元，占工程投资的 30％，南水北调工程基金筹资调整为 310 亿元，占工程投资的 25％。

2. 银行贷款

南水北调东、中线一期工程使用银行贷款的额度，应根据工程通水后受水区用户水价承受能力测算。南水北调东、中线一期工程调水，从主体工程各分水口门分水后，尚需经过配套工程及自来水厂的处理和管网配水，才能到达用户。用户支付的水价应在主体工程口门水价的基础上，加上这两个工程环节的各项成本费用。同时，按照国家城市供水价格改革意见，用户支付的水价还应包括污水处理费等。

南水北调工程总体规划阶段，依据"还贷、保本、微利"的原则，根据供水水量和输水距离，逐段分摊工程投资，进行成本分析，按照初拟的多种贷款额度方案，重点测算了南水北调东、中线一期工程各分水口门水价，同时对各分水口门到各地自来水厂的水价也进行了估算。受水区各省市对城市自来水厂及其供水管网组成的制水和配水工程的成本和水价进行了分析测算，对污水处理费也进行了初步估算。据初步估算，南水北调东、中线一期工程贷款额度 45％（558 亿元）方案，受水区用户水价为 $3.2 \sim 6.6$ 元/m³。

南水北调工程总体规划阶段，根据世界银行和我国建设部及一些研究机构的研究成果，结合南水北调东、中线一期工程受水区经济社会发展状况及有关统计资料，居民可承受水价按水费支出占家庭可支配收入的 2％测算，至 2010 年，初步分析受水区居民可承受水价在 $3 \sim 6$ 元/m³；根据受水区工业用水量和工业产值，按工业用水成本占工业产值的比重为 1.5％测算，至 2010 年，初步分析受水区工业可承受水价在 $2.6 \sim 6.6$ 元/m³。因此，确定南水北调东、中线一期工程规划阶段投资 1240 亿元，通过银行贷款筹集资金 558 亿元，占工程投资的 45％。

综上，南水北调东、中线一期主体工程规划阶段投资 1240 亿元的资金筹集方案为：中央预算内（或国债）资金 372 亿元，占 30％；南水北调工程基金 310 亿元，占 25％；银行贷款 558 亿元，占 45％。

3. 规划阶段投资分摊

（1）投资分摊原则。

1）按照"谁受益，谁分摊"的原则，从水源到供水末端逐段对投资在有关省（直辖市）之间进行分配。只为某一地区服务的工程投资由该地区承担；同时为两个或两个以上地区服务的共用工程投资由各受益地区按其受益的大小分摊。各省（直辖市）在各段分摊的投资之和，即为该省（直辖市）应分摊的投资。

2）南水北调中线一期水源工程投资不考虑向各省分配，使用中央拨款和银行贷款解决，主要考虑对干线工程投资进行分摊。干线工程的共用工程投资，逐段按各省（直辖市）分配的毛水量比例在各省（直辖市）之间进行分摊；各省（直辖市）的专用工程投资由各省（直辖市）自行承担。

3）南水北调东线一期工程，江苏段工程不仅为江苏省增供水服务，同时承担向北供水任务。根据受益情况，向北供水应分摊的江苏境内工程投资，与中线水源工程投资同样方法处理，使用中央拨款和银行贷款解决。

（2）投资分摊结果。

1）南水北调东线一期工程规划投资 320 亿元。南水北调东线一期主体工程江苏境内工程投资 72 亿元，其中江苏省为本省供水应分摊投资为 42 亿元，作为向北供水的水源工程投资为 30 亿元。南水北调东线一期江苏省内治污工程投资为 50 亿元。

南水北调东线一期主体工程山东境内工程投资 108 亿元，其中考虑与第二期工程衔接和便于向河北、天津应急供水，应分摊投资约 11 亿元，其余 97 亿元是为山东省供水应投入的资金。南水北调东线一期山东省内治污工程投资为 90 亿元。

2）南水北调中线一期工程规划投资 920 亿元。南水北调中线一期丹江口大坝加高及库区移民和陶岔渠首作为中线水源工程，投资 151 亿元，该投资不考虑向受益省（直辖市）分配。

南水北调中线一期干线工程投资 700 亿元，按照水量逐段分摊的原则进行分摊。各省（直辖市）应承担的投资为：河南省 91 亿元、河北省 266 亿元、北京市 190 亿元、天津市 153 亿元。

汉江中下游工程 69 亿元投资包干，交湖北省建设管理。

4. 规划阶段资金结构

（1）资金配置原则。

1）南水北调东线一期与二期工程衔接应分摊投资 11 亿元和汉江中下游治理工程投资 69 亿元，完全使用中央资金。

2）南水北调中线水源工程投资、东线江苏省境内工程向北供水应分摊的投资 30 亿元，使用中央资金和银行贷款解决。

3）南水北调东线治污工程银行贷款 50％，南水北调工程基金 50％。

4）除上述外，南水北调东、中线一期其他工程使用同比例中央资金、同比例银行贷款和同比例南水北调工程基金。

（2）资金配置结果。

1）南水北调东线一期工程规划阶段资金结构。南水北调东线一期工程投资 320 亿元，资金构成为：中央资金 59.4 亿元，南水北调工程基金 39.8 亿元，银行贷款 80.8 亿元。其中：

江苏省境内主体工程投资 72 亿元。资金构成为：中央资金 25.5 亿元，南水北调工程基金 12.0 亿元，银行贷款 34.5 亿元。江苏省内治污工程投资 50 亿元，资金构成为南水北调工程基金 25 亿元，银行贷款 25 亿元。

山东省境内主体工程投资 108 亿元。资金构成为：中央资金 33.9 亿元，南水北调工程基金 27.8 亿元，银行贷款 46.3 亿元。山东省内治污工程投资 90 亿元，资金构成为南水北调工程基金 45 亿元，银行贷款 45 亿元。

2）南水北调中线一期工程规划阶段资金结构。南水北调中线一期工程投资 920 亿元。资金构成为：中央资金 312.6 亿元，南水北调工程基金 200.2 亿元，银行贷款 407.2 亿元。其中：

汉江中下游工程投资 69 亿元，全部为中央资金。

中线水源丹江口大坝加高及库区移民投资 151 亿元，资金构成为：中央资金 78.7 亿元，银行贷款 72.3 亿元。

中线干线工程投资 700 亿元，资金构成为：中央资金 164.9 亿元，南水北调工程基金 200.2 亿元，银行贷款 334.9 亿元。

（二）南水北调东、中线一期工程可行性研究阶段

1. 可行性研究阶段资金缺口

2008 年，国务院批准《南水北调东线一期工程可行性研究总报告》和《南水北调中线一期工程可行性研究总报告》，按照 2004 年第三季度价格水平，估算南水北调东、中线一期主体工程总投资 2546 亿元，与规划阶段 1240 亿元相比，增加了 1306 亿元。另外，在落实南水北调工程基金过程中，河北省提出基金足额征收困难问题，要求中央帮助解决。经测算并征得河北省同意，国家发展改革委建议将河北省南水北调工程基金征收额由 76 亿元核减为 56 亿元，并将核减的 20 亿元纳入可行性研究阶段资金缺口统筹解决。因此，南水北调东、中线一期工程可行性研究阶段总的资金缺口为 1326 亿元。

2. 可行性研究阶段筹资渠道分析

为解决可行性研究阶段资金缺口，国家发展改革委会同有关部门，研究分析了按规划阶段资金构成分摊落实，以及通过其他渠道筹资解决资金缺口的可能性。

（1）按规划阶段资金构成分摊。

1）增加中央投资。规划阶段安排中央投资 372 亿元，截至 2006 年年底已下达中央投资 135 亿元，到 2010 年每年还需安排资金 59 亿元。若增加投资再按比例分摊，需增加中央投资 398 亿元，年增加约 100 亿元，则后续 4 年每年共需安排资金 159 亿元，实难落实。

2）增加建设期南水北调工程基金。规划阶段确定的南水北调工程基金征收额为 310 亿元，由于河北省有 20 亿元征收缺口，实际只落实 290 亿元。经反复测算分析，这 290 亿元已是最大征收额，据此测算的水价已接近 6 省（直辖市）建设期满时的可承受水价。若增加投资再按原比例分摊，进一步增加基金征收额 331 亿元，则工程建设期内必须大幅度提高水价（北京市 9.39 m³/s，天津市 7.87 m³/s，河北省 6.61 m³/s，河南省 4.86 m³/s，山东省 4.22 m³/s，江苏省 3.92 m³/s），这不仅将远超过 6 省（直辖市）可承受水价（北京市 8.26 m³/s，天津市 7.25 m³/s，河北省 4.10 m³/s，河南省 3.81 m³/s，山东省 4.00 m³/s，江苏省 3.67 m³/s），甚至对南水北调工程本

身的可行性和必要性都将构成威胁。

3）增加银行贷款。规划阶段确定的银行贷款额度为 558 亿元，如按原比例分摊，需进一步增加银行贷款 597 亿元，增加的贷款只能通过进一步提高工程供水水价偿还，经测算提高后的水价，除北京市接近可承受水价外，其余 5 省（直辖市）全部高于可承受水价（北京市 $8.08m^3/s$，天津市 $7.78m^3/s$，河北省 $5.28m^3/s$，河南省 $4.18m^3/s$，山东省 $5.87m^3/s$，江苏省 $4.01m^3/s$）。进一步来看，由于资本金没有增加，取得银行贷款也是困难的。

（2）其他资金渠道。

1）增加发行中央国债。若资金缺口由发行中央国债来解决，则今后 4 年需增发中央国债 1326 亿元左右，年均约 332 亿元。从国债规模逐年减少的政策取向看，恐难实现。

2）地方财政资金投入。南水北调受水区 6 省（直辖市）均有配套工程、水厂工程和管网工程需要建设，且投资额较大，难以再安排地方财政资金用于南水北调主体工程建设。

3）发行企业债券。按照《企业债券管理条例》的有关规定，南水北调工程项目法人在工程建设期不具备发行企业债券的条件。

4）使用三峡基金。2009 年年底前，三峡工程建设基金没有调剂用于南水北调工程建设的余地。

3. 可行性研究阶段资金缺口筹集方案

鉴于上述情况，考虑到三峡工程建设基金自 1992 年开始征收以来，已有稳定的征收渠道，且基本为社会所接受，有关省市和多数部门赞同通过延长三峡基金征收年限的方式，统筹解决南水北调工程资金缺口问题。根据国务院协调意见，按照"利用三峡基金 2009 年年底停收后的电价空间，征收国家重大水利工程建设基金，统筹解决南水北调工程资金缺口"的总体要求，在认真研究和测算的基础上，提出解决南水北调工程总体可行性研究阶段 1326 亿元资金缺口的方案如下。

（1）丹江口水污染防治和水土保持 70 亿元，通过中央增加投资和地方自筹等渠道解决。考虑到项目实施区经济实力相对较弱的实际困难，国家发展改革委在中央和地方投资比例安排上，尽量向地方倾斜，水污染防治项目比照三峡库区、水土保持项目比照长江中下游相应项目的中央补助标准，由国家发展改革委从中央投资规模中安排 42 亿元（占 60%），有关地方财政性资金及企业自筹安排其余 28 亿元。这样，南水北调东、中线一期工程中央共安排资金 414 亿元，扣除 2006 年年底前已下达的 135 亿元，2007—2010 年每年还需安排资金 70 亿元。

（2）东线治污工程 15 亿元动态投资缺口，通过地方和企业自筹解决。依据国务院批准的《南水北调东线一期工程可行性研究总报告》，东线治污工程 15 亿元动态投资缺口，通过地方和企业自筹解决。

（3）其余 1241 亿元资金缺口，通过利用三峡基金 2009 年年底停收后的电价空间、征收国家重大水利工程建设基金，统筹解决。重大水利基金的主要用途是解决三峡库区遗留问题、弥补南水北调资金缺口，以及加强中西部重大水利工程建设。在重大水利基金征收之前，先期利用银行贷款解决南水北调工程建设投资缺口，2010 年重大水利基金开征后，再用征收的重大水利基金偿还贷款本息，约需筹集资金 1500 亿元（不包括增加耕地占用税 226 亿元）；解决三峡库区遗留问题所需资金按 500 亿元考虑，这样，解决南水北调工程建设资金缺口和三峡库区遗留问题所需资金约 2000 亿元，初步考虑从 2010—2019 年征收 10 年计算。

据此，国家发展改革委会同财政部、水利部、南水北调办进行了方案测算。

1）测算原则：①维持各省三峡基金现状征收标准不变；②解决南水北调资金缺口和三峡库区遗留问题所需资金仅在两大工程受益省份征收。

2）测算依据的主要参数：①以 2005 年各省三峡基金征收标准及征收电量为基础；②电量年平均增长率 2006—2010 年为 8.5%、2011 年以后为 4.4%计；③征收率按 100%计。

3）测算结果。从 2010—2019 年继续征收 10 年，南水北调工程受益的北京、天津、河北、江苏、山东、河南等 6 省（直辖市）（其中江苏、河南为两工程均受益省）和三峡工程受益的上海、浙江、安徽、江西、湖北、湖南、广东、重庆等 8 省（直辖市）约可筹集 2023 亿元，可基本满足解决南水北调资金缺口和解决三峡库区遗留问题的需要；其他非受益的 16 个省份，包括 12 个中西部地区省份、东北三省及福建省，约可征收 536 亿元，留给各省用于本省重大水利工程建设。

上述方案，各省（直辖市）原征收标准不变，保证了基金的平滑过渡，可基本筹得所需资金，同时又照顾了两大工程非受益省份的利益。不足之处是，两大工程受益省份之间相对于受益程度的负担不平衡，其中江苏、浙江、安徽 3 省负担较重，北京市、天津市负担较轻。为此，在制定重大水利基金具体方案时，可对负担畸轻畸重的省份征收标准进行适当微调，以平衡省（直辖市）级的利益。

综上，南水北调东、中线一期工程可行性研究阶段总投资 2546 亿元的资金筹集方案为：中央预算内资金 414 亿元，占 16.26%；南水北调工程基金 290 亿元，占 11.39%；银行贷款 558 亿元，占 21.92%；地方和企业自筹 43 亿元（丹江口水污染防治和水土保持 28 亿元、东线治污 15 亿元），占 1.69%；重大水利基金 1241 亿元〔建设期征收资金不能满足建设需要时，先利用银行贷款（过渡性资金），之后使用 2010—2019 年征收的重大水利基金偿还贷款本息〕，占 48.74%。

4. 可行性研究阶段资金结构

（1）南水北调东线一期工程。依据国务院批准的南水北调东线一期工程可行性研究总报告，东线一期调水工程可行性研究阶段投资 378 亿元（包括增加的耕地占用税），资金构成为：中央资金 59.4 亿元，南水北调工程基金 39.8 亿元，银行贷款 80.8 亿元，重大水利基金 198 亿元（包括增加的耕地占用税）。治污工程 155 亿元，资金构成为：南水北调工程基金 70 亿元，银行贷款 70 亿元，地方自筹 15 亿元。

江苏省境内调水工程投资 130 亿元（不包括截污导流工程 7.52 亿元），资金构成为：中央资金 23.0（25.5）亿元，南水北调工程基金 10.5（12.0）亿元，银行贷款 31.6（34.5）亿元，重大水利基金 64.9 亿元。

山东省境内调水工程投资 220 亿元（不包括截污导流工程 14.76 亿元），资金构成为：中央资金 29.5（33.8）亿元，南水北调工程基金 24.7（27.8）亿元，银行贷款 41.6（46.4）亿元，重大水利基金 124.2 亿元。

2007 年 9 月，国家发展改革委、水利部、国务院南水北调办联合印发了《关于调整南水北调东线一期截污导流工程审批方式的通知》（发改农经〔2007〕2288 号），明确截污导流工程（可研总投资 28 亿元，与规划相比增加 11 亿元）由地方负责审批建设，国家从安排的南水北调东、中线一期工程中央投资中给定额补助，其中对江苏省项目补助 2.57 亿元，对山东省项目补助 4.33 亿元，其余投资由地方自筹、南水北调工程基金和银行贷款解决，其中纳入主体工程偿还的银行贷款江苏省不超过 2.89 亿元（其中骆马湖以南的 1.99 亿元贷款本息在计算水价时不向北分摊）、山东省不超过 4.87 亿元。工程投资如有增加，由地方负责自行解决。

（2）南水北调中线一期工程。依据国务院批准的南水北调中线一期工程可行性研究总报告，中线一期主体工程可行性研究阶段投资 2013 亿元（包括增加的耕地占用税），资金构成为：中央资金 354.6 亿元（含丹江口水库及上游水污染防治和水土保持工程中央补助投资 42 亿元），南水北调工程基金 180.2 亿元，银行贷款 407.2 亿元，地方和企业自筹 28 亿元（丹江口水库及上游水污染防治和水土保持工程），重大水利基金 1043 亿元（包括增加的耕地占用税）。

汉江中下游工程投资 122 亿元，资金构成为：中央资金 69 亿元，重大水利基金 53 亿元。其中汉江中下游治理中水质保护等四项投资 4 亿元，由地方负责组织实施。

中线水源丹江口大坝加高及库区移民投资 441 亿元，资金构成为：中央资金 78.7 亿元，银行贷款 72.3 亿元，重大水利基金 290 亿元。

中线干线工程投资 1380 亿元，资金构成为：中央资金 164.9 亿元，南水北调工程基金 180.2 亿元，银行贷款 334.9 亿元，重大水利基金 700 亿元。

丹江口水库及上游水污染防治和水土保持工程投资 70 亿元，中央补助资金 42 亿元，地方和企业自筹 28 亿元。

（三）南水北调东、中线一期工程投资总规模核定阶段

1. 投资总规模核定阶段资金缺口

2014 年，国务院批复南水北调东、中线一期工程增加投资测算及筹资方案。核定南水北调东、中线一期工程总投资 3082 亿元（南水北调办负责组织实施的工程投资 2814 亿元，地方负责组织实施的治污等工程投资 268 亿元），与可行性研究阶段 2546 亿元相比投资增加 536 亿元，形成资金缺口。

2. 投资总规模核定阶段筹资渠道分析

根据南水北调东、中线一期工程增加投资情况和相关政策，国家发展改革委会同有关部门对利用有关筹资渠道解决资金缺口的可行性进行了深入分析研究。

（1）难以进一步扩大银行贷款和南水北调工程基金规模。增加这两项资金的前提是提高供水价格。按照可行性研究阶段工程增加投资筹资方案分析，进一步提高水价将超过地方承受水价。因此，南水北调东、中线一期工程已不具备进一步增加银行贷款和提高南水北调工程基金征收额度的能力。

（2）受中央预算内投资规模限制，再增加安排投资确有困难。南水北调工程开工以来，中央已安排预算内投资 414 亿元用于主体工程、丹江口库区及上游水污染防治和水土保持等项目建设；另外安排 30 亿元投资补助有关地方的配套工程建设。由于近年来中央预算内投资供需矛盾十分突出，若再追加安排南水北调工程建设增加的投资，按当时情况来看，年度中确实难以落实。

（3）利用增收的国家重大水利基金解决增加的投资具备条件和可能。

1）南水北调东、中线一期工程可行性研究阶段确定筹资方案是按照 2011 年及以后用电量增长 4.4% 测算。从近十几年来征收重大水利基金相关省份的用电量来看，2001—2012 年用电

量年均增长 11.3％，大幅高于年均增长 4.4％的测算条件；另外，根据国务院以国发〔2013〕2号文件印发的《能源发展"十二五"规划》，"十二五"期间全社会用电量预期年均增长 8％。从重大水利基金实际征收情况来看，2010—2012 年南水北调工程使用的重大水利基金为 460.36亿元，年均增长 18.7％。

2）考虑到未来一段时期用电量的增长情况可能继续高于预期，按电量征收的重大水利基金规模也会继续增加，因此，使用增收的重大水利基金来解决南水北调工程增加的投资需求。南水北调工程建设期内，仍先使用过渡性融资；南水北调工程建成后，利用征收的重大水利基金偿还融资本息。

3. 投资总规模核定阶段资金筹集方案

根据南水北调东、中线一期工程增加投资 536 亿元情况，按照现行中长期贷款利率 6.55％初步测算，如果 2012—2019 年重大水利基金年增收幅度为 5％，则存在资金缺口约 92 亿元；如果增收幅度继续保持在 6.1％以上，现行重大水利基金征收期内增收的基金即可满足南水北调工程增加的投资要求。如果增收幅度低于 6.1％或期间因重大水利基金征收情况、贷款利率等条件发生变化出现资金缺口，通过适当延长重大水利基金征收年限的办法解决。需要说明的是，银行贷款利率波动 1 个百分点，将影响重大水利基金支出需求相应变化 50 亿元左右。

综上，核定南水北调东、中线一期工程总投资 3082 亿元的资金筹集方案为：中央预算内资金 414 亿元，占 13.43％；南水北调工程基金 290 亿元，占 9.41％；银行贷款 558 亿元，占 18.11％；地方和企业自筹 43 亿元，占 1.39％；重大水利基金 1777 亿元，占 57.66％。

4. 投资总规模核定阶段资金结构

南水北调东、中线一期工程核定总投资 3082 亿元，其中南水北调办负责实施的工程投资 2814 亿元，地方负责组织实施的工程投资 268 亿元。

地方负责组织实施的工程投资，资金构成为：中央预算内资金 48.9 亿元，南水北调工程基金 74.6 亿元，银行贷款 77.6 亿元，重大水利基金 24.2 亿元（其中截污导流工程 8.9 亿元，调整审批方式后由地方负责解决），地方和企业自筹 43 亿元，合计 268 亿元。

南水北调办负责实施的工程投资 2814 亿元，按照增加投资通过重大水利基金解决的原则进行资金配置。资金配置结果如下：

（1）南水北调东线一期工程。核定南水北调东线一期主体工程总投资为 347 亿元（不包括过渡性资金融资利息和特殊预备费），资金构成为：中央资金 52.5 亿元，南水北调工程基金 35.2 亿元，银行贷款 73.2 亿元，重大水利基金 186.1 亿元。其中：

江苏省境内主体工程投资 128 亿元，资金构成为：中央资金 23.0 亿元，南水北调工程基金 10.5 亿元，银行贷款 31.6 亿元，重大水利基金 62.9 亿元。

山东省境内主体工程投资 219 亿元，资金构成为：中央资金 29.5 亿元，南水北调工程基金 24.7 亿元，银行贷款 41.6 亿元，重大水利基金 123.2 亿元。

（2）南水北调中线一期工程。核定南水北调中线一期主体工程总投资为 2271 亿元（不包括过渡性资金融资利息和特殊预备费），资金构成为：中央资金 312.6 亿元，南水北调工程基金 180.2 亿元，银行贷款 407.2 亿元，重大水利基金 1371 亿元。

南水北调中线水源丹江口大坝加高及库区移民投资 556 亿元，资金构成为：中央资金 78.7亿元，银行贷款 72.3 亿元，重大水利基金 405 亿元。

南水北调中线干线工程投资 1603 亿元，资金构成为：中央资金 164.9 亿元，南水北调工程基金 180.2 亿元，银行贷款 334.9 亿元，重大水利基金 923 亿元。

汉江中下游工程投资 123 亿元，资金构成为：中央资金 69 亿元，重大水利基金 54 亿元。

此外，过渡资金融资利息 176 亿元、特殊预备费 20 亿元，共计 196 亿元，通过重大水利基金解决。

三、南水北调主体工程资金筹集操作

南水北调东、中线一期工程建设资金，通过中央预算内（或国债）资金、南水北调工程基金、重大水利工程建设基金、银团贷款、过渡性资金和地方自筹等渠道筹集。按照国务院的要求，国务院有关部门对各筹资渠道的资金方案、管理办法、资金供应保障等方面进行逐一研究落实。

（一）中央预算内（或国债）资金

南水北调东、中线一期工程安排中央资金 414 亿元，国家发展改革委会同财政部、国务院南水北调办，根据工程建设年度计划和工程建设实际需要，安排中央预算内（或国债）资金。

具体操作方式：自 2002 年南水北调工程开工后，南水北调办按照国家有关规定，每年 6 月制定并向国家发展改革委报送下一年度工程建设投资建议计划，同时制定并向财政部报送下一年度工程建设资金预算。南水北调工程年度投资计划和预算经国家批准后，国务院南水北调办将按照年度工程建设进展情况，分批向国家发展改革委申请下达投资计划，并按照批准的投资计划向财政部申请拨付财政预算资金。

到 2011 年，国家安排用于南水北调东、中线一期工程的中央资金 414 亿元全部到位。

（二）南水北调工程基金

2002 年，国务院关于南水北调工程总体规划的批复（国函〔2002〕117 号）中明确，请国家发展改革委、财政部、水利部研究提出南水北调工程基金具体方案，报国务院审批。2003 年，国务院南水北调工程建设委员会第一次全体会议议定，"南水北调工程基金方案"的制定由国家发展改革委负责，基金筹措与管理由财政部商国务院南水北调办负责。基金方案要报国务院批准，争取尽早开始实施。

1. 建立南水北调工程基金的必要性

（1）筹集南水北调工程建设资金的需要。南水北调工程规模大、投资多。建设资金的筹集是建设南水北调工程的难点之一，也是工程成败的关键因素。南水北调东、中线一期工程投资规模巨大，仅靠中央财政预算安排是非常困难的，必须多渠道筹集资金。

确定南水北调工程筹资方案，要从南水北调工程经济特征出发，充分调动中央和地方（主要是受益地区）的积极性，同时要尽可能运用市场融资机制。南水北调工程具有很大的社会效益和经济效益，具有公益性和经营性双重特征，这就决定了南水北调工程建设资金既要有政府财政性资金投入，用于公益性、社会效益开发目标，同时对于经营性功能可以利用一定规模的信贷资金，用市场手段融资筹集部分建设资金。政府财政性资金的投入，按照"谁受益，谁负担"的原则，要由中央财政和地方财政共同筹集。根据目前中央财政和地方财政的状况，在短期内筹集巨额资金，也还需要动员社会力量，即通过提高水价建立政府性专门基金来筹资。而另一方面，当时受水地区城市水价普遍偏低，还有较大的调价空间，利用部分调价空间建立南水北调工程基金是完全可能的。根据以上情况，南水北调工程总体规划阶段最终确定南水北调工程由中央预算内资金、南水北调工程基金和银行贷款三部分组成的筹资方案，南水北调工程基金占工程投资的 25% 左右。因此，南水北调工程基金是工程建设资金的重要组成部分。

（2）完善节水机制，促进节水、治污的需要。20 世纪 80 年代以来，随着经济社会的发展，黄淮海流域水资源供需矛盾日趋尖锐。北方许多河流断流、湖泊干枯，地下水过量开采，地面沉降塌陷，生态环境恶化，水体污染严重，直接危及人民群众的身体健康，城市供水大量挤占农业用水，农业生产用水无法保障。北方缺水地区水资源如此紧张，但仍存在产业结构不合理和用水浪费现象。工业行业万元产值耗水远高于发达国家用水水平；居民家庭没有普及使用节水器具；城市管网漏失率很高；部分高耗水企业仍在发展；中水回用率低等。造成这种浪费水现象的重要原因之一就是水价太低，节水、治污机制不健全。

通过提高现行城市水价建立南水北调工程基金和有计划的调整水价，可以利用水价这个经济杠杆，来提高人们的节水意识，促进节约用水和经济结构的调整，缓解缺水矛盾，适当减少调水规模。在工业方面，通过合理提高水价，可以促进企业推行节水工艺和技术，提高水的重复利用率和污水处理再利用；同时，合理的水价也会促进产业结构的调整，限制高耗水企业发展。在城市生活用水方面，通过合理提高水价，逐渐普及家庭节水器具，减少城市管网漏失率，加强中水利用，减少浪费。用水量的减少，还可以相应减少污水排放和环境污染。因此，把建立南水北调工程基金与建立和完善节水、治污机制结合起来，对促进节约用水，建立节水型城市和节水型社会，减轻供水压力，减少污水排放和环境污染具有很重要的意义。

（3）有利于受水区水价平稳过渡和水资源的保护。南水北调工程输水距离长，投资大，与当地水源相比供水成本高，水价也相对较高，与现行城市水价相比必然形成较大价格差异。如果等到南水北调通水后再突然大幅度提高水价，难免会影响用水户的心理承受能力。为了保证水价平稳过渡，需要在南水北调工程建设期间就有计划地逐步提高受水区现行用水价格。

南水北调工程受益地区的水资源是一种典型的稀缺资源，水价要体现资源的稀缺价值，但现行水价严重背离价值。缺水地区的水资源价值应该是替代这种资源所需要的成本。当地水资源价格应该提高到外调水价格才能反映其价值。这种价格与价值的严重背离，使人们很难意识到资源的稀缺性。之所以要花巨资远距离从长江调水，就是因为水资源严重短缺。这些年北方地区的经济发展是靠超采地下水来支撑的，而超采地下水是以恶化生态环境为代价，必须坚决制止。制止或限制超采地下水，除了政府运用行政手段外，还必须运用经济手段。运用价格这个经济杠杆，把水价提高到或超过外调水的水平。南水北调通水后，若当地水源价格仍低于调江水价，用户将会继续超采地下水，少用或不用外调水。必然造成生态环境继续恶化，同时，使国家花巨资建设的南水北调工程效益得不到充分发挥。

因此，结合南水北调工程筹资，建立南水北调工程基金，逐步有计划地提高当地水现行水价，把建立南水北调工程基金与调整水价结合起来，对保护当地水资源，恢复生态环境是至关重要的。

2. 建立南水北调工程基金难点问题研究

建立南水北调工程基金，既关系到工程建设资金的筹措，而且涉及水价调整，水资源保护、节水、治污机制的建立，受水区用水户的承受能力和社会的稳定诸多方面，非常复杂。建立南水北调工程基金过程中存在若干难点问题，需要逐一研究解决。

（1）征收基金水量的核定与分析。受水区城市供水量是征集南水北调工程基金的基础。在制定南水北调工程基金方案时，首先要对南水北调工程基金征收范围内城市现状供水量进行核定。由于历史的原因，许多城市的水源和供水管理体制状况，给水量核定工作带来相当大的困难。

南水北调工程受水区城市供水按水源划分，分为地表水和地下水两部分；按供水方式划分，分为公共供水（包括水利工程供地表水、自来水公司直取地表水、自来水公司直取地下水）和企业、行政事业单位、居民生活区自备水源（包括自取地表水和地下水）两部分；按行政主管部门分，地表水源基本上是由水行政主管部门管理的，地下水资源有水行政主管部门管理的，有城市建设主管部门管理的，有两个部门交叉管理的。由于供水方式和管理体制的原因，使得南水北调供水区各城市现状供水量统计不很准确，有不少供、用水量统计盲区，特别是企事业单位和居民区自取地下水的管理远没有到位。近几年部分城市实行水务管理体制改革，实行水资源和供水统一管理及取水许可制度情况有所好转。但工作力度很不平衡，有的城市对自取地下水仍处于失控状态。为科学合理制定南水北调工程基金征收管理办法，合理确定南水北调工程基金征收标准，避免南水北调工程基金漏征或重复征收，确保南水北调工程基金足额征收，各级水行政主管部门要结合贯彻新修订的《水法》，对城市水资源和用水量进行全面核查，特别是要对原来没有纳入管理范围的自取地下水井和取水量进行一次普查，从水源和用水两个环节核实水量。同时结合取水许可制度，对没有核发取水许可证的重新核发。这项工作尽管比较困难，但它既可以为南水北调基金征收提供依据，又可为进一步加强水资源管理奠定更好的基础。

（2）关于基金征收主体、征收环节和征收方式。合理确定南水北调工程基金征收主体、征收环节和征收方式，是保证南水北调工程基金征收管理办法具有可操作性和确保基金顺利征收的关键。南水北调工程基金的征收载体是受水区现状用水量，由于各城市供水水源、取水方式、供水管理体制存在很大差别，难以像电力建设基金、三峡工程建设基金那样，统一在用电环节按用户用电量随电费征收。而需要按不同的水源、取水方式和管理体制分别确定征收主体、征收环节和征收方式。特别是当时一些省（直辖市）已根据《中华人民共和国水法》制定了水资源费征收办法，有的省（直辖市）的南水北调工程基金还可能考虑以水资源费形式征收，更应注意南水北调工程基金征收管理办法与水资源费征收管理办法的衔接问题。

关于南水北调工程征收主体。由于南水北调工程基金是一项政府基金，其征收和使用必须纳入财政预算，应由财政部门作为南水北调工程基金总的征收主体。在此前提下，根据不同水源、不同供水方式和管理体制确定具体的征收主体。公共供水可以考虑委托自来水公司作为征收主体，企业、行政事业单位及居民区自备水源委托水行政主管部门作为征收主体。

关于南水北调工程征收环节和征收方式。公共供水可以在水源环节以水资源费形式征收，也可以在用户环节以水价附加形式征收，但要注意避免重复征收。对自备水源可以在水源环节以水资源费形式征收，更具有可操作性，也可避免漏征和重复征收。

（3）关于基金征收标准。南水北调工程基金标准取决于四方面因素：①南水北调工程筹资任务；②可征收南水北调工程基金的水量；③用水户承受能力；④各种水源价格的比价关系。

在筹资任务和现状用水量一定的情况下，除充分考虑用水户承受能力外，还要考虑地表水与地下水、公共供水与自备水源之间的比价关系。特别是要结合控制地下水超采，对原开采地下水成本较低的地区，在建立南水北调基金时要通过较大幅度地提高水资源费标准征集南水北调工程基金，以达到控制地下水超采，恢复生态环境的目的。各有关省（直辖市）可以根据上述因素确定相应的征收标准。

（4）用水户承受能力分析及相关区别政策。建立南水北调工程基金，不论是在水源环节以水资源费形式征收，还是在用户环节以水费附加形式征收，最终都将增加用水户负担。因此必须要充分考虑用水户的承受能力，特别是低收入群体的承受能力。在确定南水北调工程基金征收标准时，应对用水户的承受能力，进行全面、科学的分析，并对低收入群体采取一定的照顾政策。

用水户承受能力包括经济承受能力和心理承受能力两个方面，经济承受能力是主要的。对用水户经济承受能力评价方法，世界银行和我国建设部门通常采取支出比重法，即居民可承受能力按居民水费支出占可支配收入的比重进行分析；企业可承受能力按企业用水成本占总成本的比重进行分析。当然在用户水价承受能力分析时，还要考虑各地产业结构、经济发展状况和缺水程度等实际情况。心理承受能力主要是我国长期实行无偿供水和低水价政策造成的。长期以来，水价严重背离价值，现在要提高到合理反映价值的水平，心理上需要有一个逐步适应的过程。

经济承受能力分析要建立在详实的调查资料基础上。企业经济承受能力分析，要选择不同类型企业分析用水量、成本支出比重、亏损面、影响程度等。不仅要考虑整体承受能力，还要考虑绝大部分企业能够承受，并且要促进高耗水、低效益、不符合缺水地区产业政策的企业调整产业结构。居民经济承受能力分析除整体平均承受能力外，重点是分析低收入人群的承受能力。对于城市"低保"人群要采取适当的补贴或减免办法，以保障基本生活的用水。为解决心理承受能力问题，水价提高可采取"小步快走"、逐步到位的办法。

（5）关于基金征收机制问题。南水北调工程基金能否足额征收，是南水北调工程基金征收办法出台后征收管理工作中的又一难点问题。为了确保南水北调工程基金足额征收，应该建立相应的征收激励和约束机制。南水北调工程基金是政府基金，是准税收行为，各级受委托的征收单位有义务承担征收任务。对征收单位为完成征收任务所发生的成本费用应当在南水北调工程基金收入中给予补偿。同时，要根据征收率实行一定的奖惩措施。为确保南水北调工程基金征收率，除对低收入人群规定一定的减免征政策外，不能随意开减免征的口子，并要建立相应的监督机制，在南水北调工程基金征收管理办法中就监督和违规处罚做出明确的规定。

3. 基金方案研究制定

为贯彻落实《国务院关于南水北调工程总体规划的批复》要求，做好南水北调工程基金方案研究制定工作，2003年1月21日国家发展改革委（原国家计委）在南京组织召开了南水北调工程基金工作会议，水利部、财政部、建设部等有关部门和北京、天津、河北、河南、山东、江苏和湖北等有关省（直辖市）参加了会议，会议就南水北调工程基金的征收范围、筹集方式等有关问题进行了讨论，重点部署了南水北调工程基金方案研究制定工作。成立南水北调工程基金工作小组，制定了工作计划；确定有关省（直辖市）南水北调工程基金筹资任务，提出基金筹资基本原则；开展有关省（直辖市）基金筹资能力测算工作，提出南水北调工程基金总方案，制定南水北调工程基金管理办法，研究解决建立南水北调工程基金中的重要政策问题。

（1）成立基金工作小组。考虑南水北调工程基金方案研究制定，涉及面广、政策性强、工作难度较大的实际情况，成立了由国家发展改革委、财政部、水利部、建设部和南水北调办筹备组有关部门人员参加的"南水北调工程基金工作小组"，并于2003年4月11日召开了南水北调工程基金工作小组第一次会议，明确了工作小组职责，制定了工作计划，建立了南水北调工程基金工作小组工作制度。

（2）基金筹资任务和原则。

1）各省南水北调工程基金筹资规模。

南水北调东线一期工程：按照资金结构，东线一期工程基金筹资规模109.8亿元。其中，江苏省基金额度37亿元，用于主体工程10.5亿元，用于截污导流工程1.5亿元，用于治污工程25亿元。山东省基金额度72.8亿元，用于主体工程24.7亿元，用于截污导流工程3.1亿元，用于治污工程45亿元。

南水北调中线一期工程：按照资金结构，中线一期工程基金筹资规模180.2亿元，用于中线干线工程建设。按照规划阶段资金配置原则和北京、天津、河北、河南等省（直辖市）分摊干线投资700亿元比例，并考虑国家批准核减河北省20亿元的南水北调工程基金征收额度，确定北京、天津、河北、河南等省（直辖市）基金征收额度分别为54.3亿元、43.8亿元、56.1亿元和26.0亿元。

2）基金筹资基本原则。为了使南水北调工程基金方案早日出台，避免地方在基金方案制定中走弯路，研究提出基金筹资的基本原则，指导地方开展工作。

南水北调工程基金政策主要是针对南水北调主体工程建设。对有能力的省市，可适当考虑筹措部分南水北调干线口门至自来水厂之前的配套工程资金。

基金征集范围。南水北调工程基金征收范围是东、中线一期工程受益的北京、天津、河北、河南、江苏、山东6省（直辖市）。根据用水户水价承受情况，各省（直辖市）可考虑在全省（直辖市）范围内征收。

基金征收对象。主要包括城市自来水、自备水源和直取地表水的取水单位和用户，农村用水（农民生产和生活用水）不在征收范围之内。

基金征收标准。根据用水量、建设期筹资规模和工程建设进度安排等确定南水北调工程基金征收标准，并分析对水价的影响。征收标准要在用户水价可承受范围以内。自备水源南水北调工程基金标准要高于其他水源，以保护地下水减少超采。

基金征收方式。①城市自来水，建议按自来水公司实际取用水量，直接对自来水公司收取。自来水公司按提高原水费，计入制水成本考虑。或由自来水公司代收，并按要求交有关财政部门。②自备地下水源，核查自备水源用户取水量。建议自备水源基金收取，作为自备水源管理单位的一项职能。由自备水源管理单位，按要求直接上交有关财政部门。③直取地表水，地表水源一般由水利部门管理，核查直取地表水用户取水量。建议由水利部门收取直取地表水基金，并按要求直接上交有关财政部门。

基金征收期限。以满足工程建设资金需要确定南水北调工程基金征收期限。

南水北调工程基金纳入中央预算，实行"收支两条线"管理。

（3）基金筹资能力测算。为抓紧做好南水北调工程基金总体方案的制定工作，2003年5月30日，国家发展改革委、财政部、水利部、建设部联合印发了《关于开展南水北调工程基金方案测算等工作的通知》（发改办价格〔2003〕274号），要求有关省（直辖市）抓紧开展南水北调工程基金方案研究和实际测算工作。河南、天津、河北、山东、江苏、北京6省（直辖市）分别于2003年7月21日、8月6日、8月25日、9月2日、9月7日和10月31日，正式上报了经省（直辖市）政府同意的基金筹集测算方案。南水北调工程基金工作小组对6省（直辖市）测算的基金筹集方案进行了汇总分析，会同各省（直辖市）有关部门研究提出有关省（直辖市）基金筹资测算方案。

1）北京市：征收基金额度54.3亿元，全市范围内征收，测算征收基金水量12.4亿 m^3，征收期限8年，征收率80％，征收标准0.68元/m^3，南水北调工程建设期满当年基金综合水价8.08元/m^3，低于工程建设期满当年可承受综合水价8.26元/m^3。

2）天津市：征收基金额度43.8亿元，全市范围内征收，测算征收基金水量5.7亿 m^3，征收期限7年，征收率100％，平均征收标准0.68元/m^3，南水北调工程建设期满当年基金综合水价6元/m^3，低于工程建设期满当年可承受综合水价7.25元/m^3。

3）河北省：按征收基金额度76.1亿元，受水区范围内征收测算，征收基金水量5.72亿～14.33亿 m^3，征收期限7年，征收率70％，平均征收标准1.28元/m^3，南水北调工程建设期满当年基金综合水价4.84元/m^3，高于工程建设期满当年可承受综合水价4.1元/m^3。因此，实施过程中进一步核减了河北省南水北调工程基金征收额度20亿元，河北省最终基金征收指标为56.1亿元。

4）河南省：征收基金额度26亿元，受水区11个地市征收，测算征收基金水量11.39亿 m^3，征收期限7年，征收率60％，征收标准0.55元/m^3，南水北调工程建设期满当年基金综合水价4.05元/m^3，略高于工程建设期满当年可承受综合水价3.72元/m^3。

5）山东省：征收基金额度72.8亿元，全省范围内征收，测算征收基金水量31.2亿 m^3，征收期限5年，征收标准1.10元/m^3，南水北调工程建设期满当年基金综合水价3.85元/m^3，低于工程建设期满当年可承受综合水价4.0元/m^3。

6）江苏省：征收基金额度37亿元，受水区5地市征收，测算征收基金水量10.78亿 m^3，征收期限5年，征收率80％，征收标准0.86元/m^3，南水北调工程建设期满当年基金综合水价3.45元/m^3，低于工程建设期满当年可承受综合水价3.67元/m^3。

（4）基金筹集方案。国家发展改革委会同财政部、水利部、建设部、国务院南水北调办，在测算的基础上，对南水北调工程基金征收范围、对象、方式、标准及使用管理等问题进行了认真研究，提出了南水北调工程基金筹集方案如下。

1）关于基金的筹集渠道。研究有两种基金筹集渠道，一是通过提高现行水资源费标准增加的收入筹集；二是通过在城市供水价格外加价筹集。建议采取第一种筹集渠道，通过提高水资源费标准增加的收入筹集基金，还可将现行水资源费部分收入划入基金。

采取第一种筹集渠道的主要理由：一是水资源费是《中华人民共和国水法》规定收取的，6省（直辖市）均已开征水资源费。通过提高水资源费标准筹集基金具有明确的法律依据，而且可以不增加新的收费项目。二是水资源费是对直接从江河、湖泊或者地下取用水资源的单位和个人在取水环节征收的，可以确保应收尽收，还有利于防止重征或漏征等问题。三是提高水资源费标准符合社会各界要求。近年来，包括人大代表和政协委员在内的社会各界均呼吁提高水资源费征收标准，保护和合理利用水资源。四是水资源费属于政府收入，主要用于水资源开发、保护和利用，由政府将提高水资源费征收标准增加的收入用于南水北调工程建设，也符合其规定的用途。五是与水价外加价筹集方式相比，提高水资源费标准筹集基金，不涉及缴纳增值税问题，可以确保筹集的基金足额用于南水北调工程建设。

2）关于基金的征收范围。北京、天津和山东3省（直辖市）提出在全省（直辖市）范围内征收；河北、河南和江苏3省提出在省内直接受水地区征收。此外，河北、山东两省还建议，参照三峡工程筹资模式，在全国范围内通过电力加价或加征水资源费方式筹集基金，以减轻受水区筹资压力。天津市提出，国家应考虑通过其他途径再筹集一部分资本金和地方配套工程所需资金。

南水北调工程是跨流域配置水资源的基础设施，又是造福人民的生态工程，投资规模大，有的省提出在全国范围内筹措基金的意见有一定道理。但考虑到6省（直辖市）是南水北调工程的直接受益地区，按照"谁受益，谁投资"的原则，总体规划已明确要求在受益地区筹集南水北调基金，因此建议仍将基金征收范围确定为工程直接受水的北京、天津、河北、江苏、山东和河南6省（直辖市）。考虑到各地承担主体工程所需基金规模差距较大、可提高的水价空间不同，6省（直辖市）具体是在本省（直辖市）范围内直接受水地区征收基金，或是在全省（直辖市）范围内征收；还是在本省（直辖市）范围内直接受水地区多征、其他地区少征，可由6省（直辖市）人民政府根据既能保证南水北调工程建设所需资金，又兼顾企业和群众的承受能力的原则确定。

3）关于基金的征收标准和征收期限。由于6省（直辖市）现行水价水平和水量基数、基金征收范围、承担主体工程建设所需基金额度、企业和居民承受能力等均有一定差距，不宜制定统一的基金标准。为此，建议基金标准由6省（直辖市）政府根据本地区承担南水北调主体工程投资中需要通过南水北调工程基金筹集的份额、工程项目计划进度、水价调整空间以及社会承受能力等因素确定。

天津、河北和河南3省（直辖市）提出，不要采取延长南水北调工程基金征收年限偿还部分银行贷款本息的办法，解决口门水价过高问题。由于总体规划已经明确南水北调工程基金可用于偿还工程部分银行贷款本息，因此在确定基金的征收期限应充分考虑以下因素：①工程的建设期限；②筹措资金的规模；③偿还部分银行贷款本息的期限。建议南水北调工程基金征收期限由6省（直辖市）政府根据主体工程建设和偿还部分银行贷款本息所需资金情况确定。主体工程建设所需基金在工程建设期内筹集，偿还部分银行贷款本息所需基金通过延长征收期限筹集。南水北调工程延长基金征收期限，由6省（直辖市）政府在主体工程建成时提出意见，报国务院确定。

4）关于基金的减免范围。有的省建议停止执行对中央直属电厂免征水资源费的优惠政策。但中央直属电厂用水量大，继续免征水资源费将影响基金筹集数额，不利于促进中央直属电厂节约用水，还将造成中央直属电厂和地方电厂负担不公平，形成企业间的不平等竞争，因此，建议在工程受水区先期停止执行中央直属电厂免征水资源费的优惠政策。

根据《中华人民共和国水法》规定和《南水北调工程总体规划》要求，为减轻农民负担，对农村中农民生活用水和农业生产用水免征南水北调工程基金。

5）关于基金的管理。考虑到南水北调工程是跨省际建设项目，且基金将与中央预算投资和银行贷款统筹安排使用，如将基金上缴省级国库并由6省（直辖市）自行安排使用，将难以保证主体工程建设所需资金。据此，建议将南水北调工程基金上缴中央国库，由中央统筹安排使用。同时，为调动地方筹集资金的积极性，建议南水北调工程基金全部作为地方资本金，按照6省（直辖市）上缴中央国库的基金数额划分其在项目法人中所占股份。同时，要加强南水北调工程基金收支管理，6省（直辖市）要按照批准的基金年度收入预算组织征收基金，保证基金及时足额缴入中央国库。南水北调工程基金实行专款专用，严禁挪作他用，财政部应按年度投资计划和基金收入预算情况及时拨付资金，确保南水北调工程建设需要。

此外，由于水资源费是公共供水价格的重要组成部分，通过提高水资源费标准筹集基金，将直接推动公共供水价格上涨。为此，6省（直辖市）在研究制定南水北调工程基金标准的同时，应及时研究提高公共供水价格的方案，妥善处理好提高水资源费标准与提高公共供水价格的关系，做好水价调整相关工作。地方政府在提高水资源费标准和提高水价的同时，要充分考虑下岗失业人员和享受低保人员等弱势群体、低收入阶层的承受能力，采取提高城镇最低生活保障标准或减收部分水费等措施，保障其生活的稳定。

（5）基金管理办法制定。根据南水北调工程基金筹集方案，研究制定了《南水北调工程基金筹集和使用管理办法》。2004年12月2日，经国务院同意，国务院办公厅印发了《南水北调工程基金筹集和使用管理办法》的通知（国办发〔2004〕86号），该办法自2015年1月1日执行。受水区6省（直辖市）按照办法要求，分别制定了具体实施办法。

1）北京市：2005年4月12日，经北京市政府同意，北京市政府办公厅印发了《北京市南水北调工程基金筹集管理实施办法》（京政办发〔2005〕21号），并自发布之日施行。北京市实施办法规定，筹集基金方式为从现行征收的水资源费中，按照50％的比例上缴中央财政，不足部分从本市南水北调专户资金划入国家南水北调工程基金。上缴年限和每年上缴的额度按照国家下达的年度上缴计划任务执行。

2）天津市：2006年1月25日，经天津市政府同意，天津市政府办公厅转发了市物价局、市财政局、市水利局拟定的《天津市南水北调工程基金筹集和使用管理实施办法》（津政办发〔2006〕4号），该办法自2006年3月1日起执行。天津市实施办法规定，筹集基金主要通过提高水资源费征收标准的方式完成，还可将现行水资源费部分收入等划入基金。通过地表水资源费筹集的基金，按现行渠道征收，由市水行政部门汇集并上缴市财政主管部门；通过地下水资源费筹集的基金，由市和区县水行政部门负责征收，交同级财政主管部门上缴市财政主管部门。市财政主管部门按照国家下达的年度任务上缴中央财政。

3）河北省：2005年5月16日，河北省人民政府印发了《河北省南水北调干渠工程基金筹集和使用管理实施办法》（冀政〔2005〕41号），该办法自2005年7月1日起执行。河北省实施办法规定，基金通过提高水资源费标准增加的收入筹集，也可将现行水资源费部分收入划入基金。基金在受水区范围内由水行政部门负责征收，直接缴入中央国库，纳入中央财政预算管理。

4）河南省：2005年4月8日，经河南省政府同意，河南省政府办公厅印发了《河南省南水北调工程基金（资金）筹集和使用管理实施办法》（豫政办〔2005〕29号），该办法自2005年5月1日施行。河南省实施办法明确，河南省在全省范围内筹集南水北调工程基金，水资源费征收标准在现行标准基础上平均提高0.2元/m³；基金（资金）征收、上缴实行计划管理，凡足额完成上缴任务的，水资源费超收部分留当地使用，完不成上缴任务的，差额部分由当地财力抵顶；并实行财政集中汇缴方式，即各县（市）财政主管部门按月将南水北调工程基金（资金）按照征收计划足额上缴上一级财政主管部门，由省辖市财政主管部门汇总并按照省定征收任务全额上缴省财政主管部门。河南省除征收中央下达的主体工程基金任务26亿元之外，还征收了 20.47 亿元配套工程建设资金，并在河南省实施办法中将任务分别下达给各省辖市。

5）江苏省：2006 年 2 月 6 日，经江苏省人民政府批准，江苏省政府办公厅印发了《江苏省南水北调工程基金筹集和使用管理实施办法》（苏政办发〔2006〕6 号），该办法自 2006 年 1 月 1 日起执行。江苏省实施办法规定，南水北调工程基金通过适当提高水资源费标准（0.07 元/m³）增加的收入筹集；省财政在征收期内每年安排 1 亿元。南水北调工程基金在全省范围内按下达的任务，由各市、县人民政府负责筹集和上缴，纳入省级财政预算管理。南水北调工程基金调水工程部分，按照国家有关规定编报年度计划，按规定用途使用，治污工程部分专款用于南水北调治污工程建设。

6）山东省：2009 年 3 月 17 日，经山东省政府同意，山东省政府办公厅印发了《山东省南水北调工程基金筹集和使用管理办法》（鲁政办发〔2009〕18 号），该办法自 2008 年 1 月 1 日起执行。山东省实施办法规定，在全省范围内从三个渠道筹集，一是从水资源费中每年筹集 3 亿元，并将任务落实到全省 17 个市；二是省财政安排的治污专项资金和省征收的排污费每年安排 3 亿元；三是省财政 2008—2012 年每年安排 2 亿元。省财政厅设立南水北调工程基金专户，每年水资源费筹集的 3 亿元和省财政每年安排 2 亿元缴（划）入基金专户，省财政厅按照国家下达的年度任务上缴中央财政。

为贯彻落实办法有关规定，国家发展改革委、财政部印发了《关于南水北调工程受水区对中央直属电厂用水征收水资源费有关问题的通知》（发改价格〔2005〕787 号），对有关问题进行了明确：①6 省（直辖市）恢复对辖区内中央直属电厂征收水资源费，并按办法有关规定，筹集南水北调工程基金；②对中央直属电厂与地方所属电厂用水执行统一的水资源费征收政策；③对中央直属电厂征收水资源费的标准，由 6 省（直辖市）价格主管部门会同财政部门统一制定，报省级人民政府批准后执行，并报国家发展改革委、财政部备案。

4. 南水北调工程基金征缴与管理

（1）下达分年度任务。按照建委会第一次全体会议要求，南水北调工程基金筹措与管理由财政部商南水北调办负责。为贯彻落实《国务院办公厅印发〈南水北调工程基金筹集和使用管理办法〉的通知》规定，确保完成南水北调工程基金筹集任务，满足南水北调工程建设所需资金，财政部会同南水北调办研究各省市分年度基金任务，上报国务院批准后下达。

1）年度基金任务分配的原则。

第一，按照《国务院办公厅印发〈南水北调工程基金筹集和使用管理办法〉的通知》要求，在南水北调工程建设期内完成国务院下达给各省市的基金任务。即东线山东、江苏两省 2007 年年底之前，中线北京、天津、河北、河南 4 省（直辖市）2010 年之前完成国务院下达给各省（直辖市）的基金任务。

第二，满足南水北调工程建设所需基金。

第三，2002—2004 年国家发展改革委下达的投资计划已安排地方出资但未到位的资金，在 2005 年度基金安排中补齐。

第四，适当考虑基金方案出台初期征收相对困难和基金征收逐步稳定的实际情况。

第五，适当考虑相关省（直辖市）境内工程开工情况，以及河北省足额完成中央下达存在的实际困难。

2）各省（直辖市）年度基金任务。按照年度基金任务分配的原则，考虑各省（直辖市）

实际情况，研究提出各省（直辖市）年度基金任务。

北京市：2005—2010 年，分别为 11.35 亿元、12.95 亿元、13 亿元、9 亿元、5 亿元、3 亿元，合计 54.3 亿元。

天津市：2005—2010 年，分别为 5 亿元、6 亿元、6.8 亿元、7.5 亿元、8.5 亿元、10 亿元，合计 43.8 亿元。

河北省：2005 年 6.1 亿元。

河南省：2005—2010 年，分别为 3 亿元、4.4 亿元、4.5 亿元、4.6 亿元、4.7 亿元、4.8 亿元，合计 26 亿元。

江苏省：2005—2007 年，分别为 8.67 亿元、13.3 亿元、15 亿元，其中治污 2.5 亿元、10 亿元、12.5 亿元，合计 37 亿元。

山东省：2005—2007 年，分别为 9.22 亿元、30.52 亿元、32 亿元，其中治污 4.5 亿元、18 亿元、22.5 亿元，合计 72.8 亿元。

需要特别说明：在国家发展改革委关于调整南水北调工程资金结构和制定南水北调工程基金筹集方案有关问题的请示中明确，由于河北省南水北调主体工程和配套工程的投资规模较大，河北省的经济状况又相对较差，社会可承受水价的能力比较弱，对河北省南水北调工程基金征收困难以及配套工程建设资金筹集困难问题，国家发展改革委将商有关部门和河北省在下一步的工作中另行研究报批。因此，河北省 2006 年以后分年度上缴基金额度将另行确定下达。

3）年度基金任务下达。经报国务院批准，财政部、国家发展改革委、国务院南水北调办印发《关于分年度下达南水北调工程基金上缴额度的通知》（财综〔2006〕1 号），将上述分年度基金任务下达各省市，并要求 6 省（直辖市）加大南水北调工程基金的筹集力度，及时足额将基金缴入中央国库，确保完成分年度基金上缴额度。财政部、国家发展改革委、国务院南水北调办于每年第一季度结束前，考核 6 省（直辖市）上一年度南水北调工程基金上缴额度完成情况。

（2）调整治污工程基金收缴方式。为加快南水北调东线治污工程建设，进一步调动地方治污的积极性，根据国务院研究南水北调工程建设有关问题的要求，对南水北调工程基金用于治污部分收缴方式进行调整。财政部、国家发展改革委、国务院南水北调办研究后，联合印发了《关于分年度下达南水北调工程基金上缴额度的通知》（财综函〔2006〕6 号），明确《财政部 国家发展改革委 国务院南水北调办关于分年度下达南水北调工程基金上缴额度的通知》（财综〔2006〕1 号）中，用于治污工程的部分（截污导流工程除外），即江苏省 25 亿元、山东省 45 亿元，不再上缴中央国库，由两省包干使用，对扣除治污基金后的其余南水北调工程基金部分，要按照分年度基金上缴任务，及时足额缴入中央国库。

（3）调整基金分年度上缴额度。2008 年 11 月，建委会第三次全体会议调整了南水北调工程建设目标，确定南水北调东线一期工程 2013 年通水，南水北调中线一期工程 2013 年主体工程完工，2014 年汛后通水，要求财政部会同有关部门据此调整南水北调工程基金征收计划。为落实建委会第三次会议精神，按照南水北调工程调整后的建设目标，根据各省（直辖市）南水北调工程基金征缴情况，考虑国务院批准的可行性研究阶段筹资方案将河北省基金任务核减为 56.1 亿元，财政部商有关部门对 6 省（直辖市）基金年度任务进行调整，并提出了加强南水北调工程基金征缴工作的措施。

1）基金上缴情况。截至 2008 年 9 月底，南水北调工程基金缴入中央金库总量为 53.06 亿元。其中，北京市缴入 37.3 亿元，天津市缴入 2.0 亿元，河北省缴入 3.38 亿元，河南省缴入 4.38 亿元，江苏省缴入 4.0 亿元，山东省缴入 2.0 亿元。

地方直接投入工程建设资金 3.91 亿元。国家发展改革委在核定先期开工的江苏省境内三阳河潼河宝应站工程、山东省境内济平干渠工程初步设计概算时，由于当时基金政策尚未出台，两个项目资金结构中的基金以地方配套资金进行明确，国办发〔2004〕86 号文件中两省基金规模包含了这部分地方配套资金。2002 年年底，三阳河潼河宝应站工程和济平干渠工程开工建设时，又由于国务院南水北调办尚未成立，国家发展改革委将第一批投资计划直接批复给两省，两省将部分配套资金（基金）直接投入了工程建设。截至目前，江苏省为三阳河潼河宝应站工程投入基金 0.03 亿元，山东省为济平干渠工程投入基金 3.88 亿元。

截至 2008 年 9 月底，南水北调工程基金总上缴量为 56.97 亿元。其中，北京市 37.3 亿元，天津市 2.0 亿元，河北省 3.38 亿元，河南省 4.38 亿元，江苏省 4.03 亿元，山东省 5.88 亿元。因此，各省（直辖市）还应上缴的基金额度分别为北京市 17 亿元，天津市 41.8 亿元，河北省 52.72 亿元，河南省 21.62 亿元，江苏省 7.97 亿元，山东省 21.92 亿元，合计 166.03 亿元。

2）基金年度任务调整。

a. 基金年度任务调整原则。

第一，基金年度任务调整起始年为 2008 年。根据调整时北京也只完成了 2007 年之前基金任务，其他省（直辖市）均未完成的情况，以及 2008 年基金任务在 2009 年一季度结束前完成的要求（财综〔2006〕1 号），确定各省（直辖市）尚未开始缴纳 2008 年度基金，因此，南水北调工程基金年度任务调整起始年定为 2008 年。

第二，建设期基金征收期限东、中线均为 2012 年。依据确定的东线一期工程 2013 年通水、中线一期工程 2013 年主体工程完工，2014 年汛后通水的建设目标，为满足南水北调工程建设资金需要，确定建设期基金征收期限东、中线均为 2012 年。

第三，2008 年度基金额度不仅要弥补目前已下达基金缺口，而且要满足 2009 年基金投资计划需要。

第四，在各省市要完成南水北调工程基金任务的条件下，适当考虑基金征收前低后高和年度间相对均衡的基本规律，以及各省（直辖市）基金征收的基本情况。

第五，年度基金任务调整后，各省（直辖市）应按年度计划将基金缴入中央金库，不再考虑直接投入工程建设后抵顶上缴的基金额度问题。

b. 基金年度任务调整结果。根据各省市还应上缴的南水北调工程基金额度和基金年度任务调整的原则，经征求有关部门和省（直辖市）意见后，提出如下调整方案。

北京市：2007 年之前已缴 37.3 亿元，2008—2012 年每年上缴额度为 3.4 亿元，合计 54.3 亿元。

天津市：2007 年之前已缴 2 亿元，2008 年应缴 8.2 亿元，2009—2012 年每年应缴 8.4 亿元，合计 43.8 亿元。

河北省：2007 年之前已缴 3.38 亿元，2008 年应缴 10.32 亿元，2009—2012 年每年应缴 10.6 亿元，合计 56.1 亿元。

河南省：2007 年之前已缴 4.38 亿元，2008 年应缴 4.02 亿元，2009—2012 年每年应缴 4.4 亿元，合计 26 亿元。

江苏省：2007 年之前已缴 4.03 亿元，2008 年应缴 1.57 亿元，2009—2012 年每年应缴 1.6 亿元，合计 12 亿元。

山东省：2007 年之前已缴 5.88 亿元，2008 年应缴 3.92 亿元，2009—2012 年每年应缴 4.5 亿元，合计 27.8 亿元。

3）调整基金年度任务下达。经国务院批准，财政部、国家发展改革委、国务院南水北调办、审计署联合印发了《关于调整南水北调工程基金分年度上缴额度及有关问题的通知》（财综〔2009〕21 号），将上述分年度基金任务下达各省市，并提出了加强基金征缴工作的措施，要求 6 省（直辖市）于每年第一个月底前，完成上一年度基金上缴任务。2008 年基金上缴任务应于 2009 年 4 月底完成。审计署将对 6 省（直辖市）基金征缴情况进行专项审计，严格监督 6 省（直辖市）基金上缴任务完成。6 省（直辖市）人民政府主要负责同志对本地区基金筹集工作负总责，地方人民政府要层层建立责任制，落实基金筹集任务，完善征缴措施，强化监督管理，确保基金按时足额征收。

5. 基金征缴监督检查

（1）2004 年 12 月 27 日，国家发展改革委价格司与南水北调办经济与财务司联合召开了贯彻《南水北调工程基金筹集和使用管理办法》工作会议，受水区 6 省（直辖市）发展改革（物价局）、调水办等部门有关人员参加了会议。通过这次会议，深入领会国务院办公厅关于印发《南水北调工程基金筹集和使用管理办法》的通知精神，深刻认识到各地基金办法实施细则尽快出台的重要性，地方同志交流了基金工作进展情况，对贯彻基金办法遇到的问题进行具体分析并研究了解决问题的相关措施，对地方提出了做好贯彻基金办法工作的具体要求。

（2）2005 年 6 月 17 日，财政部综合司与南水北调办经济与财务司联合召开了南水北调工程基金工作座谈会，会上介绍了南水北调工程进展、资金需求情况，各省市汇报制定基金具体实施方案情况，重点研究讨论了 6 省（直辖市）2005 年度和分年度基金任务。通过这次会议，一方面明确了对各省（直辖市）下达分年度基金任务，另一方面使各省市深刻认识到基金工作的重要性和紧迫性，进一步提高了各地基金实施办法早出台、基金早征收，基金工作认识更主动，有力地促进了 6 省（直辖市）的南水北调工程基金工作。

（3）按照《关于分年度下达南水北调工程基金上缴额度的通知》（财综〔2006〕1 号）要求，针对 2005 年基金任务完成不理想的情况，2006 年 5 月 11—14 日，由南水北调办李铁军副主任带队，国家发展改革委、财政部、南水北调办相关司负责人参加的基金征缴情况调研组，先后赴河南、河北、山东、天津等 4 省（直辖市）了解基金征缴情况，督促各地采取有力的措施，尽快完成 2005 年度基金上缴任务。

（4）2006 年 12 月 26 日，为落实《南水北调工程基金筹集和使用管理办法》和《关于分年度下达南水北调工程基金上缴额度的通知》的规定，做好向国务院南水北调工程建设委员会第三次会议汇报工作，请各省市将基金任务完成情况，未完成上缴任务的原因，以及下一步加强基金征缴、完成基金上缴任务的措施等，于 2006 年 12 月 29 日前以书面报告报送财政部、国家发展改革委和国务院南水北调办。根据各地报送的情况，财政部向建委会汇报了南水北调工程基金征缴情况，并提出了落实地方政府责任、严格考核基金上缴任务完成情况、适当延长基金筹集期限等建议。

（5）针对南水北调工程基金缴库不理想的情况，2007 年 10 月，财政部、国务院南水北调办组成联合调研组对江苏、山东、河南、河北、天津等 5 省（直辖市）基金征缴情况和存在的问题进行了专题调研，并将调研情况上报国务院。

（6）2007 年 11 月 20 日，财政部、国家发展改革委、国务院南水北调办、水利部、审计署联合印发了《关于上缴南水北调工程基金的通知》（财综明电〔2007〕2 号），要求未完成 2005 年、2006 年南水北调工程基金任务的省（直辖市），于 11 月 30 日前足额上缴中央国库。

（7）2009 年 3 月 20 日，财政部、国家发展改革委、国务院南水北调办、审计署联合印发了《关于调整南水北调工程基金分年度上缴额度及有关问题的通知》（财综〔2009〕21 号），调整了各省市分年度基金任务，并提出了进一步加强基金征缴工作的措施。

（8）2009 年 10 月，中央扩大内需促进经济增长政策落实检查工作小组对南水北调工程基金征缴情况进行了检查，有力地促进了有关省市南水北调工程基金征缴工作。

（9）2010 年上半年，国务院有关部门对未完成基金上缴的省市开展了专项审计，中央扩大内需促进经济增长政策落实检查工作小组对未完成基金上缴任务的省市下达了整改通知书，督促有关省市政府部门进一步加大南水北调工程基金征缴力度。

（10）为贯彻落实建委会第四次全体会议精神，加强南水北调工程基金征缴工作，确保按时完成南水北调工程基金筹集任务，2010 年 4 月 27 日，财政部、国家发展改革委、审计署、国务院南水北调办联合印发了《关于加强南水北调工程基金征缴工作的通知》（财综〔2010〕21 号），要求各省市务必高度重视南水北调工程基金征缴工作，切实落实基金征缴责任，进一步完善基金征缴措施，加强基金征缴监督检查。

（11）2011—2013 年，国务院有关部门进一步加强了对各省市南水北调工程基金的督缴工作力度，采取了督察组现场督缴、电话督缴等多种方式进行催缴。

（12）2013 年，国家发展改革委会同有关部门研究南水北调东、中线一期主体工程运行初期供水价格政策时，考虑到南水北调工程基金在一些地方征缴困难，用其偿还贷款本息缺乏保障，建议工程建设期满后南水北调基金不再上缴中央财政用于偿还贷款本息，留给地方用于南水北调配套工程建设，地方也可将南水北调工程基金腾出来的水价空间理顺上下游环节水价。

（13）2014 年年初，北京、天津、河南、江苏和山东等 5 省（直辖市）完成了南水北调工程基金上缴任务，河北省欠缴 46.1 亿元。2014 年 9 月 6 日，经国务院同意，财政部、国家发展改革委、水利部、国务院南水北调办联合印发了《关于南水北调工程基金有关问题的通知》（财综〔2014〕68 号）明确：一是对已完成基金上缴任务的北京市、天津市、河南省、江苏省和山东省取消基金；二是取消基金后，完成基金上缴任务的 5 省（直辖市）可根据本地区南水北调配套工程建设的实际需要，自行决定是否通过征收水资源费的方式筹集资金支持本地区配套工程建设，或利用腾出来的空间理顺上下游环节水价；三是河北省基金筹集期延长 5 年，从 2014 年起河北省要将欠缴的基金 46.1 亿元分 5 年（每年 9.22 亿元）均衡上缴中央国库，每年上缴任务于当年 12 月 31 日前完成，若不能按时完成上缴任务将采取财政扣款措施，以维护财经纪律的严肃性。

6. 基金入库情况

到 2015 年年底，南水北调东、中线一期工程受水区 6 省（直辖市）累计上缴中央国库的基金为 184.1 亿元，占应筹集基金总额的 83.68%。其中：

北京市：2008 年年底前已缴 37.3 亿元，2009—2013 年每年缴库 3.40 亿元，合计 54.3 亿元，按期完成基金任务。

天津市：2008 年年底前已缴 2 亿元，2009 年 6.865 亿元，2010 年 4.50 亿元，2011 年 13.68 亿元，2012 年 5.63 亿元，2013 年 11.3 亿元，合计 43.8 亿元，完成基金任务。

河北省：2008 年年底前已缴 3.38 亿元，2009 年 1.661 亿元，2010 年 1.359 亿元，2011 年 0.42 亿元，2012 年 2.06 亿元，2013 年 1.2 亿元，2014 年和 2015 年为 10.18 亿元，合计 20.20 亿元，仍没有完成基金任务。从 2014 年起，财政部将河北省欠缴的基金 46.1 亿元分 5 年（每年 9.22 亿元）从中央财政转移支付均衡扣除，用于南水北调工程建设。

河南省：2009 年年底前已缴 4.38 亿元，2009 年 1.045 亿元，2010 年 3.805 亿元，2011 年 3.52 亿元，2012 年 5.68 亿元，2013 年 7.46 亿元，合计 26 亿元，完成基金任务。

江苏省：2008 年年底前已缴 4.03 亿元，2009 年缴 1.57 亿元，2010—2013 年每年缴 1.6 亿元，合计 12 亿元，按期完成基金任务。

山东省：2008 年年底前已缴 5.88 亿元，2009 年 5.67 亿元，2010 年 3.09 亿元，2011 年 1.60 亿元，2012 年 4.50 亿元，2013 年 4.5 亿元，合计 27.8 亿元，完成基金任务。

（三）重大水利工程建设基金

2008 年，国务院第 204 次常务会议原则同意国家发展改革委上报国务院的南水北调东、中线一期工程可行性研究阶段比规划阶段增加投资的筹资方案，通过设立重大水利基金解决南水北调工程建设资金缺口问题，并请财政部会同国家发展改革委等有关部门细化筹资方案，报国务院审批。据此，财政部会同国家发展改革委、水利部、国务院南水北调办、国务院三峡办、电监会等部门组成细化筹资方案工作小组，认真调查核实建立重大水利基金是细化筹资方案的主要工作，包括重大水利基金方案研究、重大水利基金测算和重大水利基金使用管理办法制定等。

1. 重大水利基金方案

根据南水北调东、中线一期工程可行性研究阶段筹资方案确定的基本原则，研究确定重大水利基金方案如下：

（1）征收范围。重大水利基金基本延续三峡工程建设基金现行征收范围，对除西藏自治区、国家扶贫开发重点县农业排灌用电以外的全国销售电量计征，包括省级电网企业销售电量、企业自备电厂自发自用电量和地方独立电网销售电量。

（2）征收标准。为保持政策水平平稳过渡，尽量减少各方面矛盾，采取相对稳妥的办法，重大水利基金维持现行三峡工程建设基金征收标准不变。

（3）征收期限。从 2010 年 1 月 1 日起至 2019 年 12 月 31 日止，征收 10 年。执行中若出现新的重大增支因素，可根据情况发展变化，再研究是否延长重大水利基金征收期限。

（4）征收主体。重大水利基金由省级电网代征，并由财政部驻当地财政监察专员办事处（以下简称"专员办"）和省级财政部门收缴入库。对企业自备电厂自发自用电量和地方独立电网销售电量应缴纳的基金，由驻当地专员办和省级财政部门直接征收。

（5）增值税返还。为保持重大水利基金收入规模，仍延续现行三峡工程建设基金增值税返还政策，对重大水利基金征收增值税而减少的基金收入，由财政预算安排资金予以弥补。

（6）资金分配。北京、上海、天津、河北、江苏、山东、浙江、安徽、江西、河南、湖北、湖南、广东、重庆等 14 个三峡和南水北调工程受益省（直辖市）筹集的重大水利基金全额上缴中央国库，由中央财政安排用于南水北调工程建设、三峡工程后续工作和支付三峡工程公益性资产运行维护费用、支付重大水利基金代征手续费。其中：南水北调工程建设与三峡工程后续工作之间暂按 75：25 比例分配。16 个非受益省份筹集的重大水利基金全额上缴省级国库，由相关省份安排用于本地重大水利工程建设。

（7）使用管理。用于南水北调工程建设的重大水利基金，纳入固定资产投资计划，并编制基金年度收支预算，暂作为中央资本金管理；用于三峡工程后续工作的重大水利基金，根据三峡工程后续工作规划制定具体使用管理办法，明确使用方向、范围和分配方式等；缴入省级国库的重大水利基金用于地方重大水利工程建设，纳入地方固定资产投资计划，并编制基金年度收支预算。

2. 重大水利基金测算

（1）重大水利基金筹资规模需求。14 个受益省市筹集的重大水利基金支出包括三项：①南水北调东、中线一期工程投资缺口 1647 亿元。根据国家发展改革委上报国务院的筹资方案，南水北调东、中线一期工程可行性研究阶段资金缺口 1030 亿元，在 2010 年重大水利基金征收之前，先期利用银行贷款满足南水北调工程建设资金需要，重大水利基金开征后，用该基金偿还银行贷款本息约需 1500 亿元。此外，2008 年 1 月 1 日起实施的耕地占用税暂行条例，使南水北调工程新增缴纳永久占地耕地占用税 147 亿元（从耕地占用税 226 亿元中扣除了先征后返的临时占地耕地占用税 79 亿元），国务院明确用重大水利基金解决。②用于三峡工程后续工作和支付三峡工程公益性资产运行维护费用 565 亿元。根据国家发展改革委上报国务院的筹资方案，解决三峡后续问题按 500 亿元考虑。同时，根据国务院批准的中国长江三峡工程开发总公司主营业务整体上市方案，在三峡电站电价改革到位前，每年从重大水利基金中安排 13 亿元，暂按 5 年计算共计 65 亿元，用于三峡工程公益性资产运行维护。③重大水利基金代征手续费支出 4.5 亿元。以上三项合计支出 2216.5 亿元。

（2）征收基金基础电量资料。2008 年，全国销售电量为 2.72 万亿 kW·h（不含西藏自治区），其中：14 个受益省市销售电量为 1.77 万亿 kW·h，16 个非受益省份销售电量为 0.95 万亿 kW·h。以此为基数，综合考虑未来电力行业发展及宏观经济因素，按 2009—2010 年销售电量年均增长 5%、2011—2019 年销售电量年均增长 4.4%，测算基金征收期内各年度可征收基金的销售电量。

（3）基金征收标准。按照三峡工程基金现状标准，三峡工程受电区 10 省市为：上海 13.92 厘/（kW·h）、江苏 14.91 厘/（kW·h）、浙江 14.36 厘/（kW·h）、安徽 12.92 厘/（kW·h）、江西 5.52 厘/（kW·h）、河南 11.34 厘/（kW·h）、湖北 0.0 厘/（kW·h）、湖南 3.75 厘/（kW·h）、广东和重庆 7.0 厘/（kW·h）。南水北调工程受水区 6 省（直辖市）为：北京、天津、河北、山东 4 省（直辖市）为 7 厘/（kW·h），江苏、河南两省也为南水北调工程受水区。其中湖北省没有征收三峡基金。重大水利基金征收率按照 100% 测算。

按照 2010—2019 年 10 年征收期限，以及上述重大水利基金征收电量、征收标准和征收率测算，全国重大水利基金预计征收量为 2868 亿元，其中受水区和受电区 14 各省（直辖市）预计征收量为 2248 亿元，满足了重大水利基金 2216.5 亿元的规模需求；16 个非受益省份预计征收量为 620 亿元，按照"以收定支"的原则安排，全部用于本地重大水利工程建设。

3. 重大水利基金管理办法及有关政策

2009 年 12 月 31 日，经国务院同意，财政部、国家发展改革委和水利部联合印发了《国家重大水利工程建设基金征收使用管理暂行办法》（财综〔2009〕90号），明确了重大水利基金的性质、来源、筹集和分配的原则、征收范围、征收期限、征收标准、征收部门和单位，以及分配和使用管理的有关规定等，于2010年1月1日起执行。北京、天津、河北、河南、山东、江苏、上海、浙江、安徽、江西、湖北、湖南、广东、重庆等14个南水北调工程直接受益省份筹集的重大水利基金，纳入中央财政预算管理，专项用于南水北调工程建设、三峡工程后续工作和支付三峡工程公益性资产运行维护费用、支付重大水利基金代征手续费。对重大水利基金征收增值税而减少的收入，由中央财政预算安排相应资金予以弥补，并计入"国家重大水利工程建设基金收入"科目核算。对南水北调工程建设和三峡工程后续工作的分配比例，财政部暂按75：25的比例掌握。

2010年5月25日，为支持国家重大水利工程建设，经国务院批准，财政部、国家税务总局联合印发了《关于免征国家重大水利工程建设基金的城市维护建设税和教育费附加的通知》（财税〔2010〕44号）。

4. 调整重大水利基金筹资规模

2014年，国务院批复同意南水北调东、中线一期工程增加投资测算及筹资方案。核定南水北调东、中线一期工程总投资3082亿元，与可行性研究阶段2546亿元相比投资增加536亿元。考虑南水北调东、中线一期工程可行性研究阶段确定筹资方案是按照2011年及以后用电量增长4.4%测算，但从近十几年来征收重大水利基金相关省份的用电量来看，2001—2012年用电量年均增长11.3%，大幅高于年均增长4.4%的测算条件；从重大水利基金实际征收情况来看，2010—2012年南水北调工程使用的重大水利基金为460.36亿元，年均增长18.7%；另外，根据国务院以国发〔2013〕2号文件印发的《能源发展"十二五"规划》，"十二五"期间全社会用电量预期年均增长8%，以及未来一段时期用电量的增长情况可能继续高于预期，按电量加价征收的重大水利基金规模也会继续增加。据测算，如果2012—2019年重大水利基金年增收幅度继续保持在6.1%以上，现行重大水利基金征收期内增收的基金即可满足南水北调工程增加的投资要求。因此，确定使用增收的重大水利基金来解决南水北调东、中线一期工程增加的投资需求，南水北调东、中线一期工程重大水利基金筹资规模从1241亿元调整为1777亿元。同时，明确如果增收幅度低于6.1%或期间因重大水利基金征收情况、贷款利率等条件发生变化出现资金缺口，通过适当延长重大水利基金征收年限的办法解决。

5. 重大水利基金征收和使用情况

截至2015年年底，14个受益省份累计上缴中央国库可用于南水北调工程的重大水利基金约1074.03亿元（含增值税返还资金220.78亿元），其中2010年137.32亿元，2011年165.69亿元，2012年176.16亿元，2013年196.67亿元，2014年196.99亿元，2015年201.20亿元。

根据南水北调东、中线一期工程建设资金需要和财政部批准的年度基金预算，截至2015年年底，南水北调工程已使用重大水利基金1033.83亿元，其中2010年127.28亿元，2011年135.70亿元，2012年173.65亿元，2013年197.32亿元，2014年222.47亿元，2015年177.42亿元。2015年年底，中央国库内可用于南水北调工程建设的重大水利基金余额为40.20亿元。

（四）过渡性资金

1. 过渡性资金安排缘由

根据南水北调东、中线一期工程建设实际情况，国务院南水北调工程建设委员会第三次全体会议同意将工程建设目标调整为：南水北调东线一期工程 2013 年建成通水，南水北调中线一期工程 2013 年完成主体工程，2014 年汛后通水。由于重大水利基金在 2010—2019 年 10 年筹集，与南水北调工程建设期及分年度投资需求不一致，由此产生的南水北调工程建设期资金缺口，需先利用银行贷款等市场融资筹集（过渡性资金），并用以后年度征收的重大水利基金偿还融资本息。经测算，南水北调东、中线一期工程建设期总的过渡性资金规模 900 多亿元。

2. 过渡性资金融资主体确定

从南水北调工程建设管理体制来看，在中央政府层面设立了国务院南水北调工程建设管理委员会，下设南水北调办作为建委会的办事机构。南水北调东、中线一期工程建设使用的银团贷款，由于采用水费收入偿还贷款本息，采取了"谁用款，谁贷款"原则，由南水北调工程各项目法人作为借款主体承贷。

南水北调工程建设过渡性资金与银团贷款在资金性质上存在很大差异。从本质上讲，过渡性资金是提前使用的重大水利基金，应由中央统借统还。因此，对于这样的政府行为，政府应当是合理的融资主体。而在中央财政直接出资较难、又难以通过国债或特种国债为南水北调工程募集建设资金、筹款与还款存在较大时间差的情况下，解决这样的难题只能依靠中央政府从金融市场先募集、再偿还。

如果中央政府委托项目法人进行融资，则是将政府的责任交于企业履行。即使能够以其中某个法人进行融资，由于资金使用涉及五个跨地域的项目法人，包括南水北调东线江苏水源有限责任公司、南水北调东线山东干线有限责任公司、南水北调中线水源有限责任公司以及南水北调中线干线工程建设管理局、湖北省南水北调管理局等，无论是贷款、还款的操作，还是利息计算都将十分复杂，操作程序非常不顺。同时，资金在不同法人之间进行运作将加大财务运行成本，与南水北调工程建设需要尽量降低资金成本的初衷背道而驰。

政府充当融资主体可以有不同选择。比较理想的方式是由财政部统借统还。但基于财政部目前实施积极财政政策、致力于扩大内需和保障国家财政事业顺利运行业务繁重，难以承担此项重大工程融资业务。同时，财政部也没有管理类似工程融资的先例和实际操作经验。考虑到过渡性资金的筹措与偿还本身是一项复杂繁重的工作，建议由国务院授权南水北调办代表政府，负责过渡性资金的统借统还，将有利于南水北调工程顺利建设。南水北调办作为融资主体的主要优点，一是融资成本低；二是操作程序简单高效；三是有利于理顺南水北调工程建设和运行管理体制等。

针对融资主体问题，南水北调工程过渡性资金融资可参考铁道部的债权融资案例，两者有很大相似之处。

第一，铁道部是主管全国铁路工作的国务院组成部门，1994 年国务院明确指出铁道部兼负政府和企业双重职能，铁道部担负国家铁路建设和经营职能，同时承担国家铁路资本保值增值责任。南水北调办是国务院南水北调工程建设委员会的办事机构，承担南水北调工程建设期的工程建设行政管理职能，职责之一就是负责协调、落实和监督南水北调工程建设资金的筹措、管理和使用等。因此，南水北调办无论从性质还是职能上都与铁道部很相似。

第二，为了筹措铁路建设资金，国家批准征收铁路建设基金，并规定铁路建设基金可用于与建设有关的还本付息，成为铁道部债权融资担保的重要手段。同样，南水北调工程利用三峡工程建设基金 2009 年停收后的电价空间，征收国家重大水利工程建设基金，同样可以作为债权融资的有力保障。

第三，考虑到南水北调工程建设与铁路建设均属大型基础设施建设，南水北调工程可借鉴铁路建设中期票据融资的成功经验。作为政府代理机构和授权机构，南水北调办作为发行主体发行中期票据融资，可使债券发行主体多元化，灵活地解决相关法律限制及基础设施建设资金缺口矛盾。因此，南水北调办有能力担任资本市场债权融资主体。

鉴于过渡性资金属于提前使用重大水利基金的临时融资，并作为中央资本金管理，财政部关于南水北调工程过渡性融资有关问题的复函（财综函〔2010〕1号）明确，经国务院同意，在南水北调工程建设期间，当重大水利基金不能满足南水北调工程投资需要时，先利用银行贷款等市场融资解决，再用以后年度征收的重大水利基金偿还贷款本息。南水北调办作为过渡性融资主体，负责过渡性融资安排和偿还贷款本息等资金统贷统还工作。财政部将偿还过渡性融资贷款本息纳入重大水利基金支出预算管理。

3. 过渡性资金融资方式研究

（1）指导思想。以国家实施积极财政政策和宽松货币政策为契机，以法律法规为保障，以体制机制和科技创新为动力，从维护国家利益着眼，积极创新融资手段，尽量低成本为南水北调工程建设筹集资金，保障东、中线一期工程顺利实施，实现南水北调工程建设与社会经济持续发展的良性互动。

（2）基本原则。

1）确保工程建设资金供应稳定。保障工程建设资金适时供应是按期完成建设目标和任务的前置条件，2010年及以后两年是工程建设投资高峰期，年度最高投资额达650多亿元，中央预算内（包括国债）资金、南水北调基金，以及每年可用的重大水利基金有限，过渡性资金将成为工程建设期主要资金来源。为此，过渡性资金融资首先要考虑有稳定的资金渠道。

2）尽可能降低融资成本。过渡性资金的本息均由重大水利基金偿还，实质上是重大水利基金，以中央资本金形式注入工程建设，尽管过渡性资金的融资成本不计入工程建设成本，但从国家利益考虑，还是应尽可能降低融资成本，既可减轻重大水利基金偿还过渡性资金的压力，还可将降低融资成本后重大水利基金空间用于弥补工程建设增加的投资，有利于保障南水北调工程建设资金的供应。

3）创新水利融资模式。目前我国基础设施建设投资主体与融资渠道都已经逐步实现了多元化。要充分发挥市场对资源配置的基础性作用，吸引社会资金参与国家大型水利基础设施建设。特别是针对南水北调工程巨额投资，创新融资模式不仅有利于及时高效筹集建设资金，而且将极大缓解中央和地方政府财政压力，对保障南水北调工程建设具有重大意义。

（3）过渡性资金融资方案。过渡性资金融资属于国家重大基础设施建设融资，为有效降低融资成本和减轻国家与地方财政压力，南水北调工程建设需要进行除了传统银行贷款融资方式之外的融资方法创新，同时在实践上具有可操作。在分析国内外经济形势及南水北调工程融资面临的机遇，借鉴国内外大型基础设施建设融资的经验，对信贷融资、债权融资和股权融资等可能途径及利弊研究分析的基础上，将直接融资和间接融资两种重要手段结合起来应用于南水北调工程，提出过渡性资金采取商业银行贷款、中国邮政储蓄银行专项融资和保险资金债权计划相结合的融资方案，以充分发挥不同融资方式的优点，扬长避短，既保障南水北调工程建设资金需要，又有效降低融资成本。

1）商业银行贷款。银行贷款利率按照人民银行有关规定，经谈判在国家基准利率基础上下浮 10％，按季付息。银行贷款优点是资金供应稳定，操作相对方便灵活，与工程建设资金需要的匹配好；弊端主要是利率相对较高。南水北调工程过渡性资金商业银行贷款程序主要包括：与建立信贷关系、受理贷款申请、贷前调查、贷款审查、贷款签批、贷款发放、贷款检查、贷款偿还等步骤。

国务院南水北调办与中国工商银行、中国建设银行、中国农业银行、中国银行、国家开发银行、中国平安银行（原深圳发展银行）、中国民生银行、中信银行等签订意向借款合同 8 份，融资规模共计 360 亿元。

2）中国邮政储蓄银行贷款——专项融资业务。在《中国银监会关于同意中国邮政储蓄银行开展新农村建设基础设施专项融资业务的批复》（银监复〔2007〕449 号）中，明确南水北调工程在邮储银行专项融资业务范围之内。中国邮政储蓄专项融资实行优惠的利率政策，在国家基准利率基础上下浮 20％，融资期限（含展期）为 10 年，对单一客户的授信额度不得超过邮储银行注册资本金 50％。中国邮政储蓄银行专项贷款程序与商业银行贷款相同。国务院南水北调办与中国邮政储蓄银行签订贷款合同 1 份，贷款规模 150 亿元。

3）保险资金债权计划融资。2004 年 7 月，国务院在关于投资体制改革决定中明确，鼓励和促进保险资金间接投资基础设施和重点工程建设项目。2006 年 3 月保监会颁布了《保险资金间接投资基础设施项目试点管理办法》，对债权计划的设立、运作、投资规模和期限等提出了明确要求，已成功地投资于京沪高铁、北京城市建设等基础设施建设。保险资金的优点是资金供应相对稳定，融资期限较长，对单一项目可供资金量较大，可根据项目需要按季划款，与南水北调工程建设资金需要匹配度较好，融资利率低于银行贷款。

保险资产管理公司作为受托人发起设立债权计划，向保险机构等委托人发行基础设施债权收益凭证，募集资金，投资于基础设施项目，并按约定支付本金和预期收益。债权计划程序主要包括：项目调研、信用评级、项目审核，选定托管人、独立监督人并商谈托管合同、监督合同文本，正式签约，项目报批，资金募集，正式设立，运作管理和清算终止等。

2009 年 9 月，南水北调债权投资计划在太平资产管理公司得以立项，南水北调办作为过渡性资金融资主体；还款来源为纳入中央财政预算的国家重大水利工程建设基金等财政收入；融资资金分年分笔提取，每笔资金融资期限为自提款之日起截至 2020 年 6 月 30 日；融资利率按季度浮动，一、二、三期债权计划分别为央行长期贷款基准利率下浮 15％、15％和 10％，二、三期设置 5％的利率下限；还本付息方式为季度付息。

2010 年 6 月，国务院南水北调办与太平资产管理公司签署《南水北调工程过渡性资金融资合同》，融资金额 50 亿元；2011 年 3 月，双方签署了《南水北调工程过渡性资金第二期融资合同》，融资金额 100 亿元，第二期债权计划发行，正逢国家执行紧缩的宏观调控政策，国际金融危机爆发，国内金融产品的利率同比大幅上升，国务院南水北调办面临大型银行提款困难、中小银行无法继续执行贷款合同的严峻时期，第二期债权计划发行亦困难重重。在此背景下，中国太平保险集团公司出资认购 51 亿元，为南水北调工程提供融资服务；经财政部同意，南水北调办将保险债权投资计划作为南水北调工程过渡性融资的主要资金来源，三期融资金额由之前预期的 150 亿元提高到 400 亿元，并将融资资金利率由一、二期的贷款利率与银行同等条件（央行长期贷款基准利率下浮 10％），并设定有利于保险资金管理的保底利率。2011 年 12 月，太平资产管理公司与国务院南水北调办签署了《南水北调工程过渡性资金第三期融资合同》。南水北调工程债权投资计划一、二、三期合计金额 550 亿元。

综上，国务院南水北调办经过与金融机构开展降低融资利率竞争谈判，先后与中国邮政储蓄银行、太平资产管理公司、国家开发银行、中国工商银行、中国建设银行、中国农业银行、中国银行、中国民生银行、中国平安银行（原深圳发展银行）、中信银行等 10 家金融机构，签订意向借款合同 12 份，融资规模 1060 亿元，为南水北调工程建设资金供应奠定了坚实的基础。

截至 2015 年年底，国务院南水北调办根据工程建设资金需要，从各家金融机构累计提取并向项目法人拨付过渡性资金 620.07 亿元，其中中国邮政储蓄银行 150 亿元、太平资产管理公司 278.1 亿元、国家开发银行 67.8 亿元、中国工商银行 46.43 亿元、中国建设银行 4 亿元、中国农业银行 31 亿元、中国银行 33.24 亿元、中国民生银行 5 亿元、中国平安银行 4 亿元、中信银行 0.5 亿元。

（五）银团贷款

南水北调东、中线一期工程利用银行贷款近 500 亿元，资金的足额筹集和及时到位关系到工程的成败。为此，项目主管部门和国内金融机构经过反复商讨，提出了按国际惯例组建南水北调工程贷款银团，筹集建设资金的构想，并进行了成功实践。2005 年 3 月 29 日，南水北调东、中线一期工程银团贷款合同签字仪式在北京人民大会堂举行，由此，南水北调工程银团贷款融资进入了实质性操作阶段。南水北调工程银团贷款由国家开发银行作为牵头行，国内 7 家银行作为成员行组成融资银团，贷款总额为 488 亿元。如此众多银行为一个水利建设项目提供大规模融资，这在水利工程建设资金融资中还是第一次。特别是采用银团融资模式，以国际惯例运作，这在水利建设资金筹措中是一次尝试。

1. 银团贷款模式的提出

水利工程作为基础设施项目，带有明显的公益性特点，特别是大中型骨干水利工程，往往是多目标开发，即使是经营性为主的水利工程，也大都兼有防洪、生态等公益性任务。水利工程特性，决定了水利工程投入的财务直接收益率低，建设资金主要靠政府财政筹集。

自 20 世纪 80 年代以来，随着国家经济体制改革的逐步深化，特别是随着社会主义市场经济体制的逐步建立，水利投融资模式发生了相应的变化，越来越多的水利工程，特别是一些有一定经营效益的项目开始探索利用市场机制筹集建设资金，如利用国际、国内银行贷款，采用股份制直接融资等。但总的来说，融资方式筹资规模不大，方式也比较单一，贷款融资基本上采取单一银行贷款，即使一些融资规模大的水利水电工程也只是联合贷款方式。

南水北调工程，作为我国最大的跨流域配置水资源的特大型基础设施项目，投资规模大、建设周期长，如何筹集足额资金？在政府财政投入的同时，能否利用市场机制筹集一部分建设资金？大规模融资能否保证稳定以及能否降低融资成本？这些问题一直都是工程规划和建设管理者重点关心的问题之一。在国家现行体制下，单个工程贷款 500 亿元，任何单家银行承贷均有困难。一方面，工程建设要求有稳定的建设资金作为保证，尽可能地降低融资成本；另一方面，金融机构必须考虑分散风险，贯彻国家的贷款政策。在这种情况下，南水北调工程规划阶段，项目主管部门经过与国内金融机构反复商讨，提出了参照国际惯例，争取银团贷款模式，得到了国内各大金融机构的积极响应。

2. 银团贷款模式的基本做法

作为水利建设资金融资中的一次新尝试，项目主管部门和国内金融机构比照当前国际银团贷款的运作惯例，同时结合南水北调工程的实际情况，开创性地将银团融资模式成功应用于南水北调工程银行贷款实践中，设计了南水北调工程银团贷款一揽子计划，其基本做法为：

（1）组建由国家开发银行牵头，多家银行参加的南水北调工程贷款银团。国家开发银行作为政策性银行参与基础设施建设，体现了国家对基础设施建设的政策支持，多年以来，一直在我国大型基础设施建设中发挥着举足轻重的作用，并积累了丰富的经验。而南水北调工程作为一项政策性较强的特大型基础设施项目，正需要国家开发银行这种在政策、资金、经验等方面都有明显优势的银行参与，并在银团中发挥主导作用，由此确定了以国家开发银行作为牵头行组建南水北调工程贷款银团。

（2）根据南水北调工程特点确定贷款条件。南水北调工程投资和贷款规模大，建设周期长，同时工程又具有经营性和公益性并存的经济特征，贷款条件上应当给予一些特殊的政策性支持。一是一次确定贷款规模，按建设进度对资金需求分期提用；二是贷款期限为 25 年（含宽限期），以利于平抑水价；三是采取水费收费质押的特殊担保方式；四是贷款利率在国家规定的基准利率基础上给予优惠；五是工程需要的临时贷款（协议签订之前的临时用款）银团随时提供，以保证工程建设顺利进行。

（3）建立联合工作机制。南水北调工程有四个项目法人，分别负责东线水源、东线干线，中线水源、中线干线工程的建设、运行管理和承担还贷责任，贷款银团也由多家银行组成。为了便于协调，降低融资成本，由国家开发银行牵头成立南水北调工程贷款银团工作小组，工作小组由国家开发银行及成员银行派员组成，负责协议谈判和银团的日常工作。项目法人方面，建立了由南水北调工程中线干线建设管理局牵头，其他三个项目法人参加的南水北调工程项目法人融资工作小组，负责贷款协议的谈判。同时，为了南水北调工程银团贷款的规范运作，按照国际银团贷款运作的惯例，双方均聘请了律师团作为双方谈判及处理有关日常事务的法律顾问。

（4）确定代理行，负责处理贷款资金的日常运作。南水北调工程贷款银团，面对四个项目法人，实际上相当于组建四个分银团。每个分银团分别确定一家银行作为代理行，统一处理贷款业务。代理行由项目法人和牵头银行协商确定。代理行对分银团成员行负责。即银团贷款协议签订后，由代理行负责贷款的具体发放和管理，如开立专门账户管理贷款资金；根据约定的提款日期或借款人的提款申请，按照协议规定的贷款份额比例，通知银团各成员行将款项划到指定账户等。

（5）实行利率优惠政策。南水北调工程作为国家基础设施项目，政府是投资主体，工程本身具有良好的预期收益和较强的偿还贷款能力，融资风险相对较低。银团贷款利率在国家规定的基准利率基础上适当优惠，体现了金融机构对国家基础设施项目的支持。

（6）采取水费收费权质押的担保措施。按照银行贷款的要求，贷款必须要有担保或资产抵押。但像南水北调工程这样的基础设施项目，由哪个企业担保都不现实，而工程刚刚开工，也没有相应资产可作抵押。鉴于南水北调工程是通过收取水费来还贷的，经反复协商，采取了水费收费权质押的特殊担保措施，妥善解决了银团贷款中的担保问题。

（7）签订银团贷款合同。

1）第一次融资工作会议。2003年3月22日，在北京召开了南水北调工程融资会议。国家发展改革委、南水北调办筹备组、水利部、国家开发银行、中国建设银行、中国农业银行、中国银行、中国工商银行、交通银行、上海浦东发展银行、中国光大银行、深圳发展银行等有关部门和金融机构代表参加会议。会议商定，组建由国家开发银行牵头，10家银行参加的南水北调工程融资银团，并对银行系统如何实施贷款服务进行了充分的讨论和协商，基本形成了共识。

2）签订《南水北调主体工程银团贷款银行间框架合作协议》。2004年6月15日，在北京签订《南水北调主体工程银团贷款银行间框架合作协议》。鉴于南水北调工程特殊的金融需求，协议明确由国家开发银行牵头，中国建设银行、中国农业银行、中国银行、中国工商银行4家国有独资商业银行和中国民生银行、交通银行、上海浦东发展银行、中信银行4家股份制商业银行共同组建了南水北调主体工程银团。银团囊括了我国基础设施信贷领域的主力银行，具有资金实力强、金融手段全、服务网点多等特点，具备为南水北调这类特大型工程提供充足资金和全面服务的能力。国内9家金融机构组成的银团将为南水北调主体工程提供总额达488亿元（不含东线治污贷款70亿元）的银团贷款，其中国家开发银行将提供200亿元信贷支持。

3）第二次融资工作会议。为积极推进南水北调工程银团贷款工作进程，2004年11月12—13日，国务院南水北调办与国家开发银行在北京联合召开了南水北调主体工程第二次融资工作会议。国家发展改革委、国务院南水北调办、国家开发银行、南水北调中线干线工程建设管理局、南水北调中线水源有限责任公司、山东省南水北调工程建设管理局、南水北调江苏前期办、中国建设银行、中国农业银行、中国银行、中国工商银行、交通银行、上海浦东发展银行、中信银行等相关单位参加了会议。会上，进一步阐述了南水北调工程对我国北方经济和社会发展的重要意义及银团贷款在项目建设和项目融资中的重要作用，要求各项目法人和银团成员行应提高对南水北调工程重要性的认识，把思想认识统一到南水北调工程建设委员会第二次会议的精神上来，充分发挥银团贷款的优势和作用，确保银团工作的顺利进展，加快银团贷款合同的谈判进程。会议期间，各项目法人和银团成员行就银团贷款模式、成立融资工作小组、贷款额度、代理行的选择、项目法人的投融资限制、临时贷款、代理行的垫付、提前还款和贷款取消的通知时间、担保方式、贷款利率、账户的开立、银团律师费等银团贷款的相关问题进行了充分的沟通，并对下一步工作进行了讨论，达成一致意见，确定了各方的关系和贷款要求，为落实南水北调主体工程建设资金奠定坚实基础。

4）项目法人融资工作组成立。为形成科学、高效的融资工作机制，统一项目法人融资政策，更好地与银团协商并签订贷款合同，协调解决贷款合同执行过程中具有共性的重大问题，在国务院南水北调办领导下项目法人组织成立了融资工作组。2005年1月14日，南水北调中线建管局组织东、中线四个项目法人的代表召开工作组第一次会议，讨论确定南水北调主体工程项目法人银团融资工作机制、融资工作组主要职责、聘请融资法律顾问以及有关费用分担问题等，为项目法人融资工作做好了组织和机制保障。

5）签订《南水北调东、中线一期工程银团贷款合同》。经过南水北调主体工程四个项目法人（江苏水源公司、山东干线公司、中线水源公司和中线建管局）与银团（国家开发银行牵头，中国建设银行、中国农业银行、中国银行、中国工商银行、上海浦东发展银行、中信实业银行等 6 家金融机构参加）的充分协商，双方就贷款额度、期限、利率、担保等有关问题达成一致意见。2005 年 3 月 29 日，南水北调主体工程银团贷款合同签字仪式在人民大会堂举行，南水北调主体工程银团分别与南水北调工程四大项目法人签订了银团贷款合同，这标志着南水北调主体工程融资工作进入实质性操作阶段。银行贷款是南水北调工程建设资金十分重要的来源，对于工程建设具有重大影响。结合南水北调工程建设特点，经过充分酝酿和协商，确定南水北调主体工程建设贷款采取众多银行组建融资银团运作模式，这在南水北调工程建设资金筹集上是个创举，在国内水利工程建设领域也是第一次。在南水北调工程建设全面扎实推进，工程建设投资高峰即将来临之际，南水北调主体工程银团贷款合同的签订，为南水北调主体工程建设资金的落实做好了融资准备，为工程的顺利实施、如期实现中央确定的工程建设目标奠定了贷款资金基础。

6）签订《南水北调东、中线一期工程银团贷款补充协议》。根据南水北调工程建设实际情况，国务院南水北调工程建设委员会第三次全体会议同意将工程建设目标调整为：东线一期工程 2013 年建成通水，中线一期工程 2013 年完成主体工程，2014 年汛后通水。南水北调主体工程四个项目法人（江苏水源公司、山东干线公司、中线水源公司和中线建管局）与银团进行充分协商后，双方就贷款宽限期随工程建设目标进行调整等有关问题达成一致意见，并分别签订了银团贷款补充协议。

3. 银团贷款实践的几点启示

南水北调工程银团贷款，在水利行业首次采用国际上通用的银团融资模式融资，不仅为南水北调工程建设提供了长期稳定的信贷资金，为工程建设的顺利实施奠定了资金基础，而且为水利建设项目的融资方式做了有益的探索。银团贷款的实践，给了我们几点重要启示。

（1）大型水利建设项目，可以将银团融资作为一种重要的融资方式。大型水利建设项目投资规模大，资金需求量大，在有一定经营效益和还款资金保证的前提下，是可以通过利用一部分信贷资金筹集建设资金的。而银团模式，更有利于项目法人拓宽融资渠道，分散金融风险，提高稳定的资金供应保障。

（2）银团融资有利于降低融资成本。银团贷款较之于分散贷款，特别是南水北调工程这样多个项目法人，需要通过多家银行融资的工程项目，通过银团机制，可以集多家不同性质银行的优势于一体。同时，项目法人也成立联合融资工作组，统一对银团谈判，有利于节省项目法人贷款合同的谈判时间，形成统一的贷款政策和条件，大大降低了融资成本。

（3）充分发挥牵头银行作用，是银团运作顺利的关键。南水北调工程贷款银团选择国家开发银行作为牵头银行。国家开发银行是国家政策性银行，在银团中贷款份额占 40% 以上，并承诺一旦银团内部资金有缺口，由国家开发银行负责筹集。在银团组建和合同谈判过程中，国家开发银行发挥了政策性银行的优势，既体现了融资政策上对国家重点基础设施项目的支持，更重要的是在银团内部充分发挥了协调作用。

（4）银企双方互信互利、精诚合作是银团运作成功的前提。南水北调工程这样的大型基础设施项目，短期内还很难顺利完全市场化。一方面，工程建设有明显的政府背景；另一方面，在社会主义市场经济大环境下，又要充分利用市场机制。这就决定了项目贷款既不可能按一般商业贷款运作，也不可能再沿用计划经济体制下的贷款使用方式。这就需要银企双方本着对国家负责的精神，共同探讨合作方式。在南水北调工程银团贷款中，项目法人充分理解金融机构对贷款风险的关注，融资收益的追求，同业间的运行，对国家信贷政策的遵循等要求。银团成员行也充分理解工程特点，本着支持国家重点工程建设项目，提供优质金融服务的精神，在国家政策框架内尽可能给予优惠的贷款条件，根据工程建设需要设计贷款提付和监管方式。银企双方在互利互惠的原则下，充分沟通和协商，使得银团贷款整个操作过程顺利，实现双赢。

（六）其他资金来源

1. 南水北调工程地方和企业自筹资金

南水北调东、中线一期地方负责组织实施的工程投资 257 亿元中，由地方和企业自筹资金 43 亿元，其中东线治污工程 15 亿元，丹江口水库及上游水污染防治和水土保持工程 28 亿元。据了解，东线治污工程自筹资金主要通过地方征收的污水处理费解决，丹江口水库及上游水污染防治和水土保持工程自筹资金主要通过中央财政转移支付解决。

2. 南水北调工程财政贴息

（1）政策依据。2001 年，财政部发布了《基本建设贷款财政贴息资金管理办法》（财建〔2001〕593 号），明确了财政贴息的对象、贴息标准、申请财政贴息的程序等内容。具体包括：

1）财政贴息对象包括农业、林业、水利等 8 大类项目，其中水利项目是财政贴息对象中的第一类，享有优先安排财政贴息。

2）贴息标准。贴息率不得超过当期的银行贷款利率，贴息率由财政部根据年度贴息资金预算控制指标、项目当期的银行贷款利率和项目对贴息资金的需求一年一定（国务院特定的项目除外），原则上不高于 3％。

3）贴息资金的确定。贴息资金根据项目单位符合贴息条件的银行贷款余额、当年贴补率和当年实际支付的利息计算确定；贴息资金实行先付后贴的原则，贴息时间为上年 9 月 21 日至本年 9 月 20 日。

4）财政贴息申报和使用程序。财政贴息由项目单位申报，经贷款经办行签署意见后，报送主管部门，于当年 10 月底前上报财政部审批；财政部根据年度预算安排的贴息资金规模，逐个项目核定贴息资金数，并下达预算；贴息资金拨付给主管部门或项目单位（主管部门应及时将贴息资金拨付到项目单位）。在建项目的财政贴息资金应作冲减工程成本。

2010 年 5 月 20 日，财政部印发了《关于调整基本建设贷款中央财政贴息时间的通知》（财办建〔2010〕43 号），通知要求从 2010 年开始，每年办理中央财政贴息的时间改为当年 7 月，贴息周期修改为上年 6 月 21 日至本年 6 月 20 日，其中 2010 年贴息周期为 2009 年 9 月 21 日至 2010 年 6 月 20 日。

（2）南水北调工程财政贴息的主要理由。南水北调工程建设贷款符合现行财政贴息政策的各项要求，完全具备申请财政贴息的条件，中央财政应对南水北调工程建设贷款贴息，其主要理由：①南水北调工程投资规模大，且建设周期长，完全符合《贴息资金办法》中关于"财政贴息项目原则上是基本建设贷款安排的中央级大中型在建项目"的规定。②南水北调工程是跨流域配置水资源的特大型水利工程项目。根据《贴息资金办法》规定，"农业、林业、水利项目"是财政贴息八类对象中的第一类，作为优先安排财政贴息资金的依据。所以，南水北调工程应具有优先享有财政贴息政策的条件。③南水北调工程是促进人与自然协调发展的基础性设施。根据国务院批准的《南水北调工程总体规划》，南水北调工程供水的直接对象是城市居民和企业，但要逐步置换部分长期以来被挤占的农业和生态用水，解决北方地区农业和生态缺水而引发的生态环境恶化，促进人与自然协调发展，南水北调工程具有显著的社会效益，财政贴息是保证工程发挥社会效益的经费来源之一。④财政贴息有利于降低工程建设成本。南水北调东、中线一期工程银行贷款558亿元，使用工程供水水费收入偿还全部贷款本息，将使工程供水成本和价格都太高，过高的工程供水价格不但影响工程的有效运行，而且将会给受水地区的经济和社会发展带来一些负面影响。因此，将南水北调工程供水成本和价格控制在受水地区可承受的范围内，是确保南水北调工程良好运行的前提条件，也是降低因水价过高对受水地区负面影响的措施。据此，财政贴息也是十分必要的，有利于降低南水北调工程建设成本和工程供水价格。

（3）南水北调工程财政贴息情况。由南水北调工程项目法人按照财政部规定的具体要求提出申报财政贴息的书面报告，报国务院南水北调办审核；国务院南水北调办负责对各项目法人的书面报告及相关材料进行审核并汇总，按财政部的规定提出申请财政贴息的书面报告，报财政部审批；经审批后，财政部贴息资金由财政部直接拨付到南水北调办，再由南水北调办及时拨付到项目法人。截至2015年年底，南水北调工程累计获得中央财政贴息资金15698万元。

关于南水北调工程贴息资金的财务处理，工程建设期内，贴息资金全部用于冲减工程建设成本；工程运行期内，贴息资金用于冲减财务费用。在组建南水北调工程供水股份制企业时，财政贴息资金将转为中央股本。国务院南水北调办和各项目法人要严格按照国家规定规范管理和使用贴息资金，并自觉接受财政、审计部门的检查监督。

第三节　南水北调主体工程资金筹集的经验

在相关方面的共同努力下，筹集的南水北调主体工程资金满足了工程建设的需要，取得了十分显著的成效。其成效主要包括：①筹集的南水北调工程资金保持与其总投资规模相闭合，没有留资金缺口，甚至可供使用的资金还超过总投资规模，留有一定的余地，保证在意外事件发生的情况下也有资金保障。②保障了资金供应来源的结构满足工程建设过程中适时需求，使从不同筹集资金渠道获得资金时间差异与工程建设不同时期所需资金量相一致。③尽可能地降低筹集资金成本，节约投资，降低南水北调工程建设成本。在筹集南水北调工程资金过程中积累了丰富的经验，归纳起来主要有以下6个方面。

一、建立多渠道筹集资金来源

大型工程特别是特大型工程的投资规模巨大，其投资风险也会相应增大，筹集资金的困难更多、压力更大。虽然南水北调工程是战略性基础设施，但仍然未采取由政府单独出资建设的方式，而是采取多渠道筹集资金的方式。经国务院同意，在南水北调工程总体规划阶段就确定了3个筹资渠道，即中央政府直接投资、地方政府通过建立南水北调工程基金筹集地方资本金、由南水北调工程建设主体（项目法人当时还未设立）通过银行贷款筹集部分建设资金。在南水北调工程可行性研究报告阶段，根据新形势和实际情况的变化，增加重大水利工程建设基金和南水北调工程过渡性资金等两个筹资渠道。建立多渠道筹资来源，既符合投资管理体制改革的方向，又符合南水北调工程的实际，有利于筹集满足工程投资所需要的资金，又有利于分解筹集资金的风险，还有利于提升资金供应的可靠性和稳定性。

（一）多渠道筹集资金增加了筹集资金能力

南水北调工程投资规模巨大，总投资超过3000亿元，且工程建设大量使用资金的时期相对较短，在相对短的时期单一渠道筹集资金的压力是非常大的，甚至承担不起筹集如此巨大的资金。走多渠道筹集资金之路，既是客观的需要，也是被迫的选择。在一般情况下，筹集资金渠道越多，越容易完成筹集资金的任务，实现筹集资金的目标，只有增加筹集资金的渠道，才能相应分解各筹集资金渠道的筹资压力，从而有利于各筹集资金渠道所承担筹集资金任务的完成。对南水北调工程来讲，不断拓展筹集资金渠道，多渠道合起来的筹集资金能力越大，才能保障筹集南水北调工程所需的足够资金，才能保障南水北调工程顺利建设，为如期实现工程建设目标提供坚实的经济基础。

（二）多渠道筹集资金分散了投资风险

在社会主义市场经济体制下，投资建设大型工程应充分利用市场机制尽力化解投资风险，按照"谁受益，谁承担风险"的市场经济原则，由工程所涉及利益的相关方共同分担风险，共同努力应对风险，才有利于化解风险。实行单一渠道筹集资金的方式，投资风险过度集中且相对增大，不利于风险的化解。南水北调工程涉及面广，工程直接受益地区就包括北京、天津、河北、河南、江苏、山东等6个省（直辖市），工程受益的6省（直辖市）承担一定比例的投资是必要的，也是其应承担的责任和义务。南水北调工程项目法人既是工程的建设者，也是工程运行管理的主体，同样应承担投资风险，承担筹集部分工程建设资金。筹集资金渠道多，既有利于分散南水北调工程的投资风险，也有利于通过经济手段抑制南水北调工程规模的扩大，还有利于在工程建设期间控制投资，从而进一步降低南水北调工程的投资风险。因此，建立多渠道筹集资金的方式，既是分散投资风险的有效措施，又是有效防止和化解投资风险的机制。

（三）多渠道筹集资金提升了资金供应的可靠性和稳定性

每个渠道筹集资金的能力存在差异，有大有小；同一渠道的筹集资金的能力，在不同时间同样存在较大的差别。因此，通过单一渠道筹集资金，资金供应肯定是不可靠，也是不稳定的。通过金融机构筹集资金，在金融市场发生变化或波动时，必然影响筹集资金的稳定性，金融政策宽松时，筹集资金就会比较容易；但金融政策收紧时，筹集资金就会比较困难，影响资金供应的及时性，甚至得不到资金供应。在南水北调工程建设期间就发生过此类现象，金融政策趋紧时，有的银行就以各种原因为由拒绝或推迟发放贷款。在单一筹集资金渠道的情况下，一旦发生意外事件，就会造成资金供应不上，影响工程建设进度和质量，甚至造成工程建设暂停或缓建。在多渠道筹集资金情况下，在某时段一个筹集资金渠道出现了问题，可以通过其他筹集资金渠道补上，增强筹集资金的可靠性和稳定性。如期实现国务院确定的南水北调工程建设目标是不可动摇的，也是不能改变或调整的，所以，必须保证南水北调工程建设持续进行，那么就必须要有可靠、稳定且持续的资金供应保障，否则，无法如期建成南水北调工程。为实现建设目标，若采取拖欠南水北调工程参建单位资金的方式，既违背了合同约定和南水北调工程的信用，又会影响工程质量，还会伤害南水北调工程的社会形象，是绝对不可取的。为此，建立多渠道筹集资金方式是如期建成南水北调工程的必然要求。

二、组建特大型贷款银团

组建南水北调工程贷款银团，既有利于保障从银行筹集足够的南水北调工程建设资金，又有利于保障南水北调工程建设使用资金的需要，是确保从银行融资来源的重要组织方式和途径。

（一）组建南水北调工程贷款银团背景

银行贷款是筹集南水北调主体工程资金的原有三大筹集资金渠道之一，采取什么样的操作方式，是直接由南水北调工程项目法人分别向银行贷款，还是通过组建银团方式筹集资金。当时，国务院仅批复了南水北调工程总体规划，按照规范程序批复的南水北调工程部分项目已开工建设，但承担南水北调工程建设任务的项目法人还未组建，而是暂时委托开工项目所在当地政府负责建设管理。在国务院南水北调办成立后，南水北调工程前期仍在进行中，国务院南水北调办将如何筹集南水北调工程资金列入重要议事日程，同时着手研究采取何种方式向银行筹集资金。

（二）选择组建南水北调贷款银团的理由

采取组建银团方式筹集资金的主要理由：①南水北调工程存在未确定因素。当时，确定的银行贷款规模是以南水北调工程总体规划匡算投资为基础计算的，南水北调东、中线一期工程可行性研究总报告还在编制过程中，到底南水北调工程投资多少还是未知数，同时从事南水北调工程建设的主体也没有确定。按照银行贷款规则，在存在未确定因素的情况下，各家银行均无从开展贷款的风险评估，南水北调工程实际上无法达到银行贷款的基本条件，只由一家银行或多家银行分别单独发放南水北调工程贷款，均无法解决银行贷款的风险评估问题。②南水北调工程的银行贷款规模大。虽然南水北调工程从金融市场筹集资金的比例不高，但因投资总规模巨大，通过银行筹集资金的总量也不小，达到了558亿元。在当时，任何银行独家承担筹集南水北调工程所需资金的任务都有困难，特别是在准确判断未来金融市场变化还比较困难的情况下，独家银行基本上都不敢承担筹集南水北调工程资金的业务，只有选择多家银行共同承担筹集资金的任务。③南水北调工程地位重要且影响大。南水北调工程是党中央、国务院决策兴建的大型基础设施，也是当时最大的工程项目，在经济社会发展中地位十分重要，社会各界普遍关注，影响面广且影响程度深。参与南水北调工程融资，既能体现国有银行应尽的责任，也有利于提升银行在金融市场的地位和形象。所以，国有大型银行均有参加南水北调工程融资的意向和积极性。

（三）组建南水北调工程贷款银团

基于上述背景和原因，在南水北调工程项目法人设立前，为确保南水北调工程全面建设时有可靠的资金来源，国务院南水北调办与国有大型银行开始协商，拟组建南水北调工程贷款银团，最后确定由国家开发银行牵头组建南水北调工程贷款银团。在国务院南水北调办大力配合下，国家开发银行经与其他大型商业银行多次协商、谈判，最后组建了由国家开发银行牵头，中国工商银行、中国建设银行、中国银行、中国农业银行、上海浦东发展银行、中信实业银行等 7 家银行参加的南水北调工程贷款银团。

南水北调工程贷款银团是当时中国境内最大融资规模的银团。在南水北调工程项目法人组建后，南水北调工程贷款银团与南水北调工程项目法人开展了贷款合同谈判，经双方多次协商谈判后签订南水北调工程银团贷款合同，从而落实了银行贷款资金的来源，为南水北调工程项目法人使用银行贷款提供法律依据。

三、积极拓展新的筹资渠道

南水北调东、中线一期工程可行性研究总报告是在南水北调工程总体规划基础上编制的，可行性研究总报告中确定的南水北调工程建设任务和工作量，已经进一步接近实际需要完成的建设任务和工程量，但较总体规划有一定程度的增加，再加上 2002—2008 年之间与工程建设相关的政策变化和市场价格上涨等，投资规模增加是必然的。据此，估算的南水北调工程总投资规模已比较接近实际需要的总投资规模，但已经比南水北调工程总规划阶段匡算的投资规模翻一番多。如何筹集增加投资规模所需资金，成为当时最突出的问题之一。

（一）分析原有筹集资金来源的可能性

从大型工程的筹集资金的惯例来讲，增加的投资应通过已确定的原有资金来源渠道解决，一般采用相应增加原有资金来源渠道规模的方式。南水北调工程是否能沿用此习惯作法，对此，国务院南水北调办组织力量进行了研究分析，其研究结论是继续按原有筹集资金渠道筹措新增加的南水北调工程资金基本不可行，必须拓展新的筹集资金渠道。主要理由有以下 3 个方面。

1. 中央基本建设投资中无空间安排

当时，中央基本建设总投资规模在继续压缩，而中央基本建设投资的领域又多、项目也不少，基本上再也无财力增加南水北调工程投资的规模。通过增加中央基本建设总投资规模的方式，又受中央预算总收入和支出的制约，而中央预算支出的压力大，也无财力增加中央基本建设总规模。所以，采取继续增加中央基本建设投资规模的方式是不行的。

2. 提高地方政府投资比例有困难

南水北调工程受益区的地方政府是通过收缴南水北调工程基金投资于南水北调工程建设。当时地方政府征缴南水北调工程基金已经不理想，普遍存在基金征收率低，基金收入缴入国库率更低，部分地方已经不能按期缴纳南水北调工程基金，有的地方甚至已经拖欠了应缴纳的南水北调工程基金。据此，通过提高南水北调工程基金征收标准的方式，筹集资金是不现实的，也无法保障南水北调工程建设所需资金。当时，部分地方政府财政也相当困难，地方财政同样无力安排用于南水北调工程建设的资金。所以，采取提高南水北调工程受水区地方政府投资比例的方式基本上不可行，即使强行提高地方政府投资比例，资金也不能及时到位，同样影响南水北调工程建设进度。此外，考虑地方政府征缴南水北调工程基金不到位，已经将南水北调工程基金占南水北调工程总体规划匡算投资的比例由 35％降低到 25％。

3. 增加银行贷款规模不可取

在中央基本建设投资和南水北调工程基金不能增加的情况下，当然增加银行贷款规模也是一种选择，但增加银行贷款必然会提高银行贷款在南水北调工程投资结构中的比例，而原有投资结构中的银行贷款比例已经达到 45％，继续提高银行贷款比例，那么项目资本金比例必然会低于国家规定的下限要求，银行也无法继续增加贷款规模。同时，增加贷款规模必然会相应增加南水北调工程的运行成本，使南水北调工程水价也随之上升，在测算的南水北调工程水价与受水区当地水价衔接已有困难的情况下，更高的南水北调工程水价将无法与受益区当地水价相衔接，将会产生一系列的社会问题。因此，增加银行贷款规模的方式也是不可取的。

（二）相关筹集资金渠道的研究

在原有筹集资金渠道无法解决增加的南水北调工程投资规模的情况下，开辟新的筹集资金渠道已经十分必要。据此，为解决增加的南水北调工程投资问题，国务院南水北调办组织力量继续研究与工程建设投资相关的政策措施的应用。

1. 设立南水北调工程专项国债

南水北调工程是特大型基础设备，具有重大的战略意义和影响，通过设立南水北调工程专项国债是可选的政策。但生不逢时，当时累计的国债规模相对较大，全国人大要求平衡预算，减少财政赤字，明确要求国务院逐步减少并压缩国债规模，发行南水北调工程专项国债的方式又错过了时机。

2. 发行企业债券筹集资金

根据《企业债券管理条例》的规定，大型企业可通过发行企业债券筹集项目建设资金，不但能够解决项目建设资金的来源问题，还可以降低筹集资金的成本。但该条例规定发行企业债券最基本的条件之一，是企业发债前 3 年均要有利润，而这一条件是硬性规定，是不可或缺的先决条件。虽然南水北调工程项目法人属于大型企业的条件是符合的，但南水北调工程项目法人是属工程建设管理企业，在工程建设期间基本上没有任何收入，更不可能有利润。所以，南水北调工程项目法人不具备发行企业债券的条件，通过发行企业债券筹集南水北调工程资金的方式也行不通。

（三）建立重大水利工程建设基金

正值此时，三峡工程建设即将完工，其资本金筹集渠道三峡工程建设基金将在 2009 年年底到期，该基金是通过电价附加方式筹集的，当时年征收金额 100 多亿元，且逐年增长，为解决增加的南水北调工程投资问题，提供历史性机遇。

1. 研究提出了利用三峡工程建设基金建议

虽然在三峡工程建设期（2009 年年底前），三峡工程建设基金只能满足三峡工程的需要，没有多余的资金用于其他领域。2010 年及以后，三峡工程建设基金是否继续征收，各方面都十分关注，特别是三峡工程建设的后期影响问题已初步暴露出来，相关部门正在研究编制三峡工程的后期规划，虽然后期规划的投资规模不大，但也需要有投资来源。此时，南水北调工程可行性研究总报告中确定的投资总规模与投资来源不闭合的问题仍未得到妥善解决。

在比选研究多种筹集南水北调工程资金未果的情况下，考虑到南水北调工程受益区也交纳三峡工程建设基金，国务院南水北调办研究提出了利用三峡工程建设基金停收后留的电价空间，筹集南水北调工程建设所需资金的建议。经国务院有关部门研究、论证，报经国务院审批同意，三峡工程建设基金停止征收后，利用三峡工程建设基金停收后的电价空间建立重大水利工程建设基金，通过该基金收入解决南水北调工程投资规模与投资来源不闭合问题和三峡工程后续遗留问题。

2. 研究制定重大水利工程建设基金征收和使用办法

根据国务院批准建立重大水利工程建设基金的意见，财政部、国家发展改革委会同有关部门，研究制定了重大水利工程建设基金征收和使用管理办法，明确将南水北调工程和三峡工程受益区征收的基金直接上缴中央国库，用于南水北调工程建设和解决三峡工程后期遗留问题；其他地区征收的基金收入不上缴中央国库，用于当地重大水利工程建设。经多方协调和测算，为满足南水北调工程建设所需资金，确定重大水利工程建设基金的征收标准维持原三峡工程建设基金征收标准不变，基金征收期暂定为 2010—2019 年年底，由财政部驻地方专员办负责征收。中央直接征收的重大水利工程建设基金收入，暂按 75％比例用于南水北调工程建设，列入中央部门预算管理。

3. 提出过渡性资金解决途径

因南水北调工程的建设期与重大水利工程基金的征收期不完全一致，特别是南水北调工程投资高峰期在 2008—2011 年，每年资金需求量高达 500 亿元以上，而重大水利工程建设基金自2010 年才开始征收，且当年的基金收入（南水北调工程使用部分，下同）仅 100 多亿元，与南水北调工程建设资金的时序需求量有较大差距，存在着无法满足南水北调工程建设现实资金需求的问题。在研究决策建立重大水利工程建设基金时，就确定采取其他途径解决这一问题。据此，在国务院有关部门共同研究的基础上，经国务院同意，在南水北调工程建设期间，先采取过渡性资金的方式，通过金融市场筹集资金，然后用南水北调工程建设后期征收的重大水利工程建设基金收入偿还从金融市场筹集资金的本息。

综上所述，在深入研究分析和论证的基础上，开拓了两个新的筹集南水北调工程资金的渠道，即重大水利工程建设基金和南水北调工程过渡性资金，从而解决了南水北调工程可行性研究总报告确定总投资规模的不闭合和无法满足南水北调工程建设的时序资金需求问题。从中得到的收获是，解决大型工程特别是特大型工程的筹集资金问题，必须以拓展筹集资金渠道为主，要勇于探索，开拓思路和视野，不局限于现状，才有可能找到摆脱筹集资金问题困境的良方。

四、谋划筹集过渡性资金

通过过渡性资金方式筹集南水北调工程建设所需资金的政策明确后，并不是就有了可使用的资金，由谁负责筹集过渡性资金，如何实施过渡性资金筹集就成为关键问题。鉴于过渡性资金是中央政府的借款的行为，经国务院同意，财政部明确由国务院南水北调办负责过渡性资金的筹集和本息偿还。

（一）确定筹集过渡性资金的方式

从金融机构筹集大规模的过渡性资金，一家金融机构基本上无法单独承担筹资任务，只有由多家金融机构共同来承担筹资任务。当时，从金融机构筹集资金的方式主要有两种：①由多家金融机构组建专项贷款银团；②由多家金融机构分别承担部分资金。鉴于过渡性资金的本息是通过南水北调工程建成后征收的重大水利工程建设基金收入偿还，与金融机构谈判筹集资金的核心就集中在借款利率上，哪种筹集资金的方式更加符合南水北调工程的实际，就此国务院南水北调办组织力量进行了专门研究。基于下述 3 个方面分析和判断，国务院南水北调办最后决定采取分别与金融机构开展过渡性资金借款谈判的方式。

1. 偿还过渡性借款本息有充足的保障

重大水利工程建设基金是由原三峡工程建设基金转换过来的，该基金的收入是逐年稳定增长。据当时预测，南水北调工程建成通水后，重大水利工程建设基金的预期总收入能够满足甚至超过过渡性资金借款本息的规模，偿还过渡性资金借款本息有充足的资金来源。同时，重大水利工程建设基金是纳入中央预算管理，通过中央部门预算方式偿还过渡性资金借款的本息，过渡性资金借款的信用等级不低于国债的信用等级，特别是重大水利工程建设基金收入增长比税收增长更稳固，且专项用于过渡性资金借款还本付息，过渡性资金借款的信用等级甚至还高于国债的信用等级，所以过渡性资金借款的信用等级是最高的。对金融机构来讲，过渡性资金借款的风险成本低，甚至没有任何风险。

2. 谈判过渡性资金借款的核心是利率

在偿还过渡性资金借款本息有充足来源的情况下，从金融市场筹集资金谈判的核心就集中到借款利率。两种谈判方式直接影响融资成本，组建银团方式必然增强金融机构的优势，提升其谈判地位，特别是在当时货币政策趋紧的环境下，金融机构会要求较高的回报率即利率相对较高，必然增加过渡性资金的融资成本。采取与金融机构分别谈判的方式，有利于增加国务院南水北调办在谈判中主动性，提升其谈判中的地位，可充分利用不同金融机构之间的相互竞争，争取到尽可能低的利率优惠，从而降低过渡性资金的融资成本。同时，对金融机构来讲，办理过渡性资金借款业务过程中各环节的成本费用相对低，也有条件提供更高幅度的借款利率优惠。

3. 金融市场形势的预判

在启动筹集过渡性资金工作时，虽然货币政策趋紧，但会不会一直如此，基本上不太可能。在充分分析我国宏观经济发展趋势和金融市场形势发展趋势的基础上，我们认为我国的金融市场总体上是稳健的，但时紧时松基本上属于一种常态，也是金融市场发展的一般规律，关键是要始终把握住最有利的时机。

（二）组织开展与金融机构的谈判

根据分别与金融机构谈判筹集资金的方式，研究提出了谈判的重点内容和谈判的策略。

1. 过渡性资金借款合同谈判的主要内容

金融机构有其相对规范的合同文本，基本上适用于一般性的商业借贷行为，虽然国务院南水北调办是国家行政机关，同样应遵循合同规范的普遍原则和要求，但不宜照搬硬套。据此，针对南水北调工程过渡性资金借款的特点，应尽可能使过渡性资金借款合同文本更简化，便于操作和执行。所以，除合同文本外，将过渡性资金借款合同谈判的重点集中在以下 3 个方面，也是谈判的难点问题。①利率，力争最大幅度的优惠利率；②利息计算方法，更加体现公平和合理的原则；③借款额度，每家金融机构的借款额度适度，以防止因金融市场突变引发实际提款时的困难或风险。

2. 过渡性资金借款合同谈判的策略

过渡性资金借款合同谈判总的策略是先易后难、各个突破。首先是分别与有意向开展过渡性资金借款业务的金融机构接触或初步谈判，掌握其意向、意图及利率优惠幅度的可能性，摸清与各金融机构开展谈判的难易程度。其次，重点突破较易谈判的金融机构，经与金融机构多次谈判，确定了适合过渡性资金融资特点的较为简洁的合同文本，协商并确定了优惠利率和借款额度，商定了按一年以 365 天计算日利率的计算方式。这一方式的改变是突破性的，金融机构通用利息计算方式是先将年利率按一年以 360 天计算日利率，再按日利率和使用资金的实际天数（一年为 365 天）计算其利息，此改变达到了每年少支付 5 天利息的效果。再次，在取得突破之后，分别再与其他金融机构开展谈判，以适合过渡性资金融资特点的合同本文为基础开展谈判，不再与不同金融机构各有特色的合同文本为基础，提高了谈判效率和针对性。同时，以已经获得的优惠利率为基础，与其他金融机构开展利率优惠的谈判。

3. 坚守商业秘密

国务院南水北调办与金融机构的过渡性资金借款合同谈判也属于商业秘密，按照相关法律法规和双方合同约定，必须保守商业秘密，不得擅自向第三方泄漏商业秘密。这既是遵纪守法，也是职业道德。一旦将一家金融机构的商业秘密泄漏给另一家金融机构，必然导致整个谈判的失败甚至违法。坚守商业秘密，是确保过渡性资金借款合同谈判顺利展开的重要原则。

综上所述，虽然分别与金融机构谈判过渡性资金借款合同，增加谈判的次数和相关成本，但确实保障国务院南水北调办在谈判中的地位，基本上形成了符合过渡性资金借款特点的合同范本，获得了较高的利率优惠，并且突破了金融机构的利率计算方式，降低了过渡性资金借款的成本，达到甚至超过了预期目标。

（三）签订过渡性资金借款合同

过渡性资金借款合同，经与各金融机构谈判确定后，双方分别履行了各自的内部审核、审批程序。据此，国务院南水北调办分别与中国邮政储蓄银行、中国民生银行、中国平安银行（原深圳发展银行）、太平资产管理公司、国家开发银行、中国农业银行、中国工商银行、中信银行、中国建设银行、中国银行等 10 家金融机构，签订了 12 份过渡性资金借款合同，合同约定最大提款规模达到 1060 亿元。国务院南水北调办的实际借款规模以从金融机构实际提取的借款金额为准。

（四）提前谋划稳定供应资金的来源

2010 年后，中国金融市场资金供求关系趋紧，融资成本上升，金融机构降低利率优惠幅度或取消优惠利率，甚至在基准利率基础上上浮利率。因过渡性资金借款利率优惠幅度较大，利率相对较低，有的金融机构以各种客观原因为由减少或推迟放贷，对南水北调工程资金供应产生潜在的风险和影响。为了防止南水北调工程资金供应不及时问题的发生，国务院南水北调办提前谋划，考虑到保险市场资金相对充裕，经与太平资产管理公司协商谈判后，双方签订 400 亿元融资合同，为保障南水北调工程建设资金的稳定供应奠定了坚实的基础。

五、依法管理资金筹集

在依法治国的大环境下，依据社会主义市场经济体制的总体要求，应将南水北调工程资金的筹集行为纳入依法管理范围，以保证资金筹集行为的合法性，更有利于保障筹集资金的可行性和稳定性。

（一）依法筹集中央基本建设投资

按照相关规律法规的规定，通过投资计划和基本建设支出预算，在履行法定的审核、审批程序后，将中央基本建设投资注入南水北调工程建设。

（二）依法筹集重大水利工程建设基金

为了筹集南水北调工程建设所需中央资本金，规范重大水利工程建设基金征收和使用行为，经国务院同意，国务院相关部门制定并发布了《国家重大水利工程建设基金征收使用管理暂行办法》。按照该办法筹集重大水利工程建设基金，并将该基金收入纳入中央部门预算管理。

（三）依法筹集南水北调工程基金

为了筹集南水北调工程建设所需地方资本金，规范南水北调工程基金征收和使用行为，国务院办公厅发布了由国务院相关部门研究制定的《南水北调工程基金筹集和使用管理办法》。严格按照该办法筹集南水北调工程基金，并将该基金收入纳入中央部门预算管理。

（四）依法签订过渡性资金借款和银团贷款合同筹集资金

依据《合同法》的规定，国务院南水北调办与相关金融机构分别签订了过渡性资金借款合同，按照合同约定提取和使用资金。南水北调工程项目法人分别与南水北调工程贷款银团签订了银团贷款合同，并按照合同约定提供和使用资金。

六、着力降低筹集资金的成本

虽然保障稳定资金来源是筹集资金的重要目标，但降低筹集资金的成本也是筹集资金必须要实现的目标，要尽最大可能减少融资费用支出，控制南水北调工程总投资规模。对南水北调工程来讲，财政资金不需要支付成本，降低筹集资金的成本就是降低从金融市场筹集资金的成本。

（一）获得尽可能大的优惠利率

在从金融市场筹集资金规模和提取银行借款时间已确定的条件下，降低筹集资金成本的措施就是获得最低的借款利率。根据中国金融政策规定，金融机构可在中国人民银行规定基准利率的基础上上下浮动，因此要获得较低的利率就是要获得最大幅度的优惠利率。

南水北调工程项目法人的银团贷款，经与南水北调工程贷款银团各成员进行多次谈判，最终确定南水北调工程贷款利息为基准利率基础上优惠8％。国务院南水北调办的过渡性资金借款，经与各金融机构分别谈判，均享有在基准利率基础上的优惠，有的借款优惠幅度为20％，有的借款优惠幅度为 15％，有的借款优惠幅度为 10％。以借款 1 亿元为基数和长期贷款基准利率 6.55％计算，利率优惠 8％，1 年节约利息支出 52.4 万元；利率优惠 10％，1 年节约利息支出 65.5 万元；利率优惠 15％，1 年节约利息支出 98.25 万元；利率优惠 20％，1 年节约利息支出 131 万元。

（二）改变利息计算方式

国务院南水北调办的过渡性资金借款合同，改变了通用的利息计算方式，将日利率按年利率除 360 天计算，改为日利率按年利率除 365 天计算，从而减少了 5 天的利率支出。以借款 1 亿元为基数和长期贷款基准利率 6.55％计算，改变利息计算方式，1 年可节约支出 9.1 万元。

第四节　南水北调配套工程资金筹集

南水北调配套工程是指南水北调主体工程与用户之间的连接工程，需要建设南水北调配套工程的地方涉及北京、天津、河北、河南、山东等 5 省（直辖市），下面分别介绍各省（直辖市）南水北调配套工程建设资金筹集思路、基本原则、操作方式和经验等。

一、北京市南水北调配套工程筹资

（一）总体思路

贯彻落实国家和北京市一系列会议及文件精神，紧紧围绕南水北调中线工程通水目标，确保 2014 年南水北调工程供水"进得来、配得出、用得上"；坚持解放思想、实事求是，与时俱进、开拓创新；按照"政府主导、社会参与、市场运作"的方针，加强政府引导，充分发挥市场在资源配置中的基础性作用，积极鼓励社会投资，完善北京市南水北调配套工程投融资机制，满足南水北调配套工程建设高峰期投资需求，保障南水北调配套工程如期发挥效益。

（二）基本原则

北京市南水北调配套工程筹资遵循下列四方面原则。

1. 遵循国家和北京市相关政策，符合监管要求

北京市南水北调配套工程资金筹集的首要原则是满足国家和北京市各类政策和监管要求，保证资金筹集机制规范有效，筹资渠道方式可行多元，资金使用足额高效，切实保障工程建设资金需求。

2. 抓住通水目标和工程特点，体现政府主导

北京市南水北调配套工程资金筹集的客观要求是抓住通水目标和考虑工程特点，体现政府主导。北京市南水北调配套工程具有显著的公益性、正外部性特点，项目投资金额大、期限长，且通水目标明确，本着对国家、对全市人民负责的态度，北京市必须在南水北调配套工程的规划、投资、建设及运营等各个环节予以控制、约束和监管，体现政府主导地位。

3. 创新融资机制，采取差异化融资策略

北京市南水北调配套工程资金筹集的必由途径是创新融资机制，采取差异化融资策略。随着北京市南水北调配套工程建设高峰期的到来，政府投资压力显著增加，必须解放思想、勇于创新，吸引社会资本，利用市场化运作，开辟新的融资渠道，针对不同配套工程实施主体特点，采用差异化融资策略，形成一套适合北京市南水北调配套工程的融资机制。

4. 充分考虑现状，避免机构重叠职能交叉

北京市南水北调配套工程资金筹集的现实基础是充分考虑现状，避免南水北调配套工程建设管理的机构重叠、职能交叉。北京市南水北调办与下属的北京市南水北调工程建管中心、北京市南水北调工程拆迁办、北京市南水北调工程信息中心已经形成了一套完整有效的工作机制和流程，特别是在南水北调工程前期工作、征地拆迁、工程建设管理等方面形成了核心能力和实际工作经验，在保障北京市南水北调配套工程建设方面发挥了重要作用。融资机制的创新，是解决现有的机构面向资本市场进行融资缺乏专业知识和经验的问题，应考虑现有机构职能和机制，与现有队伍形成能力差异和互补，尽量避免机构重叠与职能交叉。

（三）操作方式

北京市南水北调配套工程由北京市南水北调市内输水、调蓄工程及智能调度管理系统和北京市南水北调水厂工程两部分组成，其筹集工程建设资金操作方式存在区别。

1. 北京市南水北调市内输水、调蓄工程及智能调度管理系统

北京市南水北调市内输水、调蓄及智能调度管理系统建设资金筹集，经历了全额政府投资方式转到以北京南水北调工程投资中心这一投融资平台为依托的"政府主导、社会参与、市场运作"方式两个阶段。

第一阶段是政府全额投资解决资金需求。2008—2010年，北京市南水北调配套工程采用政府全额投资建设的方式。在项目立项后，北京市南水北调办向北京市发展改革委和北京市财政局申请政府固定资产投资，待资金到位后，按照明确的项目和使用单位拨付至工程建设单位（建管中心、信息中心）和拆迁单位（拆迁办），并履行资金统筹管理和监督的职责。建设单位和拆迁单位负责资金的具体拨付使用和管理。

第二阶段是引入市场机制，利用项目资本金和融资解决资金需求。2011年，北京市政府明确了北京市南水北调市内输水、调蓄及智能调度系统资金解决方案，即采用设立北京南水北调工程投资中心（现为北京水务投资中心，以下简称"投资中心"）作为政府融资平台，利用政府出资40％为项目资本金，投资中心向市场融资解决剩余60％资金的方式，来缓解建设期政府投资压力，弥补资金不足，待项目投入运营后，投资中心在政府支持下，以工程水费收入和政府补贴为依托，进行还本付息。投资中心为北京市国资委下属一级企业，性质为全民所有制企业，具体负责北京市南水北调配套工程的投融资工作，并对银行贷款及债券等金融产品进行统贷统还。同时，成立投资中心管理委员会作为投资中心决策机构，建设期内由北京市南水北调办代行管理委员会职责，配套工程全部建成投入运行后，交由市国资委监管。

筹资具体操作方式是，项目立项后，北京市南水北调办向北京市发展改革委、北京市财政局申请项目资本金，待项目资本金到位后，拨付给投资中心，作为企业注册资本金，同时下达融资任务；投资中心利用项目资本金和未来水费收费权进行抵押，实现融资放大；北京市南水

北调办每月召开投融资调度会，调度投资进展和资金需求，商投资中心落实资金配置来源后，下达建设资金拨付函；投资中心根据下达的建设资金拨付函，落实金融部门融资放款手续后，向建管中心、信息中心、拆迁办等建设单位拨付资金。

北京市南水北调办负责对投资项目资金拨付和使用情况的监督检查，提高资金使用效益和透明度。要求各建设单位积极配合稽查、审计等工作，自觉接受监察、审计、金融机构等对资金使用情况的检查。对未经批准或不按规定进行资金审批和资金拨付等行为，造成资金损失的，严肃追究相关责任人的责任。

2. 北京市南水北调水厂工程

北京市南水北调水厂工程采用差异化的投资政策，并在特许经营方面进行了探索。北京市南水北调配套工程中的水厂工程，主要分为由北京市自来水集团负责投资建设的水厂工程和由北京市区县政府负责投资建设的水厂工程。

北京市自来水集团负责投资建设的水厂工程，北京市政府出资部分视为增加北京市自来水集团的国有出资部分，占工程建设总投资的 50%，北京市自来水集团出资建设部分可采用一定比例的自有资金，其他资金由北京市自来水集团通过贷款等融资方式筹措。

北京市区县政府负责的项目，北京市发展改革委主要按照《关于进一步促进和完善市政府投资区属项目管理的意见》进行投资，见表 2-4-1。此外，在项目融资方面，北京市第十水厂探索采用了 BOT 的特许经营模式。

表 2-4-1　　　　　　　　　　北京市政府投资区属项目的投资机制

行业领域	支持标准（除有明确说明外，均不含征地拆迁投资）		
	城市功能拓展区	城市发展新区	生态涵养发展区
集中供水厂及管网	丰台、石景山直投 50%；朝阳、海淀补助 30%	直接投资 70%	直接投资 90%

（四）融资渠道

北京市南水北调配套工程所采用的资金筹集渠道包括政府固定资产投资和银行贷款、专项建设基金、项目融资、融资租赁、中期票据等。截至 2015 年年底，共筹集资金 248.2 亿元，其中市政府固定资产投资 114.15 亿元。

1. 北京市南水北调市内输水、调蓄工程及智能调度系统的融资渠道

截至 2015 年年底，北京市南水北调市内输水、调蓄及智能调度系统共筹集资金 197.7 亿元，筹资渠道为政府固定资产投资和银行贷款、专项建设基金、项目融资、融资租赁、中期票据等。

（1）北京市政府固定资产投入。北京市政府固定资产投资以项目资本金投入。截至 2015 年年底，市内输水、调蓄及智能调度系统共收到北京市政府固定资产投入 95.02 亿元。

1）按照项目划分。南干渠工程 20.38 亿元；大宁调蓄水库工程 7.00 亿元；东干渠工程 37.01 亿元；团城湖调节池工程 12.16 亿元；东水西调工程 1.34 亿元；南水北调来水调入密云水库调蓄工程 13.7 亿元；通州支线工程 2.93 亿元；智能调度系统 0.50 亿元。

2）按照资金来源划分。公共财政预算 8.14 万元；土地批租预算 29.90 亿元；水利基金预算 28.08 亿元；基础设施费预算 2.40 亿元；政府债券预算 26.50 亿元。

（2）金融市场融资。

1）银行贷款。银行贷款因其准入门槛相对较低、手续便利，资金到位较快，已经成为北京市南水北调配套工程融资主要渠道，包括向商业银行贷款、国家开发银行等政策性银行贷款和银团贷款等多种具体方式。截至2015年年底，贷款合同总额143亿元，实际筹集贷款93.87亿元。按照贷款期限划分：1～5年中期贷款8.28亿元；5年以上长期贷款78.53亿元。

2）专项建设基金。2015年，按照国务院的部署，国家发展改革委和财政部、人民银行、银监会会同国家开发银行、农业发展银行和邮政储蓄银行发行专项债券，设立和投放专项建设基金，去支持那些看得准、有回报、不新增过剩产能的重点领域的项目建设，特别是补短板的一些项目。

专项建设基金具有资金成本低、期限长的特点，利用好专项建设基金将有利于降低融资成本，缓解重点项目的资金压力，促进重点项目的建设。北京市南水北调办按照文件要求，筛选合适项目，在极短的时间内完成资料准备和资金申请工作。截至2015年年底，北京市南水北调配套工程共利用国家开发银行发行的专项建设基金2亿元，融资成本1.2%，融资期限17年。

3）BT融资。BT（build－transfer）即"建设-移交"。北京市南水北调配套工程中的东水西调改造工程采用BT方式，将项目初步设计概算中相关费用划分为BT与非BT两部分。BT部分主要涉及土建、电气、水机、自动化、房屋改造等工程建设及其他相关内容，总投资1.82亿元，由投资中心通过公开招标方式选择投资人。

4）融资租赁。2011年，考虑到南干渠工程部分工程已建成，对于在建部分的资金缺口采用已建成部分实施项目融资来填补的可能性，利用当年中央1号文件支持企业探索发展大型水利设备设施的融资租赁业务的契机，投资中心与昆仑金融租赁有限责任公司以南干渠工程为标的开展融资租赁业务进行沟通和探索，并于2012年正式签订融资租赁合同，合同总额18亿元，租赁利率按中国人民银行人民币5年期以上贷款基准利率计算，租赁服务费按照实际提取金额的0.3%计算，租赁期限是3年租前期＋15年租赁期，担保方式是承租人与用水户签订供水协议后，追加水费收费权质押。该项融资租赁业务已向配套工程提供资金5.06亿元。南干渠工程融资租赁业务的成功开展，成为北京市南水北调配套工程融资创新的一大有力举措。

5）中期票据。中期票据是指具有法人资格的非金融企业在银行间债券市场按照计划分期发行的，约定在一定期限还本付息的债务融资工具，具有融资成本比较低、发行方式比较灵活、资金用途比较自主化的特点。

为创新融资方式、降低融资成本，结合南水北调配套工程实际情况，从2014年开始，北京市南水北调配套工程就积极探索直接利用资本市场的筹资渠道。2016年，投资中心成功发行中期票据6亿元，发行期限为5年，发行利率3.3%。本次发行的中期票据利率，较中国人民银行公布的同期贷款基准利率下浮30%以上，每年可节省融资成本近千万元，创下市属国企（AA＋评级）同期中期票据发行价格历史新低，在探索拓宽融资渠道、优化债务结构、降低融资成本方面迈出了坚实的一步。

2. 北京市南水北调配套水厂工程融资渠道

截至2015年年底，北京市南水北调配套水厂工程，共筹集资金50.5亿元，其中安排市政府固定资产投入19.13亿元，区县投入0.25亿元，企业投入5.52亿元，外部融资25.6亿元，外部融资包括银行贷款、项目融资等多种融资渠道。

（五）资金筹集的主要经验

北京市南水北调配套工程资金筹集的主要经验有以下几个方面。

1. 领导重视，创新融资机制

北京市委、市政府始终把南水北调工程作为落实首都功能定位的重要载体，缓解人口资源环境压力的重点工程，充分认识到南水北调配套工程投融资机制创新对于北京市按期接水、促进水务基础设施投融资体制创新的重大意义。所建立的北京市南水北调配套工程的投融资机制，是在当时建设时间紧迫、建设任务重、政府规范投融资平台的情况下，充分利用现有机构和工程建设机制的基础上进行改革创新的产物。该投融资方式最直接成效就是拓宽了融资渠道，缓解了政府投资压力，满足了工程资金需求，进而保障了工程建设目标的顺利实现，对北京市按期接纳南水北调来水起了非常重要的积极作用。目前，北京市是南水北调中线工程沿线省市中，配套工程建设最为迅速、利用南水北调工程最充分、消纳南水北调来水最多、与规划分配水量最接近的省市。

2. 多元筹资，积极引入社会资金

（1）资本金及时足额到位，率先保障工程建设资金需求，并为融资工作开展奠定良好基础，发挥政府投资引导放大作用。

（2）采用多元化融资方式，包括政策性银行贷款、商业银行贷款、银团贷款、专项建设基金、融资租赁、BT、BOT 等，避免单一融资方式带来的风险集中，并巧妙利用长、短期融资方式的优势，降低融资成本。

（3）积极吸引社会资金参与水务项目建设。成功利用在建的南干渠工程与中石油集团所属的昆仑金融租赁公司合作开展融资租赁业务，为今后盘活水务资产开展融资进行了成功探索；率先在北京市水务行业开展 BT 方式融资，支持东水西调改造工程建设，同时为保障全过程的资金需求，与建设银行北京石景山支行合作，为建设期及回购期用款提供了支持。

3. 建章立制，提高资金筹集和使用效率

2011 年投资中心成立后，由北京市南水北调办代行投资中心南水北调管理委员会职责。为进一步提高资金筹集、使用效率，合理确定配套工程资金投融资额度，出台《配套工程投融资调度会暂行办法》《配套工程资金拨付暂行办法》《投资中心管委会议事规则》《北京市南水北调配套工程资金管理办法》等。通过制度约束，控制了配套工程资本金和贷款的到位时间，规范了资金运转流程，同时，按照北京市南水北调办内部控制规范，定期评估制度，结合实际情况及时修订制度，保持制度内容与时俱进，发挥实效。

二、天津市南水北调配套工程筹资

天津市共需筹集南水北调中线一期主体工程及天津市内配套工程资金 173.83 亿元，其中天津市政府承担 134.06 亿元，企业（自来水集团）筹集 39.77 亿元。政府承担的资金包括：①上缴国家南水北调工程基金 43.8 亿元；②南水北调中线一期工程天津干线工程（以下简称"天津干线工程"）征迁地方政府补贴资金 4.76 亿元；③南水北调中线一期工程天津市内配套工程（以下简称"市内配套工程"）中的城市输配水和自来水供水配套工程静态投资 85.5 亿元。

（一）市内配套工程资金筹集

1. 南水北调工程基金筹集

从 2009 年 1 月开始，连续 3 年调整供水价格：每年调高地上水价 0.5 元/m³（其中基金标准调高 0.38 元/m³）；调高地下水价 0.8 元/m³，全部用于南水北调工程基金。

2. 天津干线工程征迁地方政府补贴资金筹集

天津干线工程在天津市境内 24km，国家核定的天津市境内工程征地拆迁投资概算为 1.83 亿元，按天津市当时（2008 年年初）征迁实际测算，实际需要约 6.59 亿元，差额 4.76 亿元由天津市财政局在 2008 年列专项资金解决。

3. 市内配套工程资金筹集

天津市内配套工程匡算静态总投资为 125.27 亿元（2006 年价格水平）。市内配套工程中的部分水厂和供水管网工程投资 39.77 亿元，由自来水企业自筹解决；剩余资金 85.5 亿元由天津市统筹解决。85.5 亿元主要来源为 3 个方面：

（1）天津市财政 4 年列专项资金 20.24 亿元（加上 2008 年出资 4.76 亿元，总计为 25 亿元）。其中，2009 年 2.24 亿元，2010 年 5 亿元，2011 年 6 亿元，2012 年 7 亿元。

（2）天津市滨海新区 5 年出资 15 亿元。其中，2008 年 1 亿元，2009 年 2 亿元，2010 年 3 亿元，2011 年 4 亿元，2012 年 5 亿元。

（3）银行贷款 62.17 亿元。银行贷款本息由 2015 年以后延长的南水北调工程基金征收年限所得基金逐年偿还。

（二）市内配套工程资金银团贷款的操作方式

1. 银团贷款在市内配套工程建设中的重要性

银团贷款作为成熟的融资手段，已经被众多大型建设项目所普遍采用，为保证大型建设项目的顺利进行发挥了重要作用。随着全国甚至于世界瞩目的南水北调工程开工建设的逐步深入及天津南水北调工程对于建设资金的需求日趋迫切，银团贷款也就自然被各方所重视。根据天津市政府办公厅《关于印发南水北调中线一期工程天津投资筹措方案的通知》的规定，市内配套工程的资金来源包括地方财政资金、银行贷款两部分，其中地方财政资金占南水北调配套工程建设资金的 36%，银行贷款占南水北调配套工程建设资金的 64%。由此可见，银行贷款在天津南水北调市内配套工程建设资金中占有相当大的比例，银行贷款的方案设计与资金落实等将对南水北调配套工程的顺利实施产生十分重大的影响。

随着市内配套工程建设的全面展开，仅凭单家银行的实力难以满足南水北调配套工程的资金需求。在此情况下，银团贷款作为一种大型工程建设项目理想的融资模式，得到了银行方和南水北调配套工程项目方的一致认可与高度重视。经过充足的准备和谈判，天津南水北调市内配套工程银团贷款合同于 2009 年 6 月 18 日签署。

2. 市内配套工程银团贷款的若干特点

与一般的银团贷款相比，市内配套工程银团贷款具有鲜明的特点，体现了南水北调工程公益性与商业性相结合的特点。

（1）充分体现了项目公益性的特点，主要表现为：

1）市内配套工程银团贷款的贷款利率较为优惠。根据人民银行的规定，银行有权在人民银行规定的范围内对不同的借款人适用不同的贷款利率。由于南水北调配套工程具有显著的公益性，因此银团在人民银行规定的范围内给予了各项目法人较为优惠的贷款利率，以减轻借款人的负担，从而实现双赢的目的。

2）市内配套工程银团贷款的贷款期限长达20年。南水北调配套工程的工程量大、建设周期长、建设过程具有一定的不可预测因素。因此，为了确保南水北调配套工程建设的顺利进行，天津南水北调市内配套工程银团贷款的贷款期限最终确定为20年。

3）市内配套工程银团贷款在担保方式的确定及还款保障等方面均充分体现出了其公益性的特点。

（2）仍然保留了银团贷款固有的商业性特点。具体表现为：

1）天津南水北调市内配套工程银团贷款的准备工作完全采用商业化的模式进行。参加本次银团贷款的银团成员行，其参加本次银团贷款及确定贷款额度等，均由各成员行按照主管部门及各自的内部规定，在全面收集、整理并认真分析项目法人的有关资料，向市内办了解项目的设计和施工建设情况，走访项目法人，对项目法人以及有关项目的建设情况进行实地考察等的基础上，再分别按照各自的程序和标准进行综合评审后作出的决策。

2）天津南水北调市内配套工程银团贷款的谈判工作同样采用了商业化的模式。银团与项目法人（筹备组）就银团贷款合同和抵押合同进行了多轮艰苦的谈判，银团贷款合同和抵押合同也数易其稿，在此基础上才最终达成协议。

3）天津南水北调市内配套工程银团贷款合同和抵押合同的内容同样采用或保留国际银团贷款的主要条款或内容。天津南水北调市内配套工程银团贷款合同和抵押合同完全参照国际银团贷款的相应合同文本进行起草，在谈判过程中虽然数易其稿，但国际银团贷款中的通用条款和核心条款在银团贷款合同和抵押合同中均得到了相应的保留。

3．市内配套工程银团贷款采用了第三方土地抵押方式

传统的银团贷款担保方式主要包括保证、抵押和权利质押、动产质押等，由于市内配套工程银团贷款的贷款规模大、期限长，选定合适的第三方作为抵押人较为合适，以天津市政府办公厅文件《关于印发南水北调中线一期工程投资筹措方案的通知》（津政办发〔2008〕150号）为依据，市内配套工程贷款采用传统的抵押方式以塘沽区7000亩国有土地无偿交予市土地整理中心为银团贷款的抵押物。

4．南水北调工程基金作为市内配套工程银团贷款的偿还保障

依据国务院办公厅《南水北调工程基金筹集和使用管理办法》规定："南水北调工程基金的征收期限根据主体工程建设和偿还部分银行贷款本息所需资金情况确定。主体工程建设所需基金在工程建设期内筹集，偿还部分银行贷款本息所需基金在工程建设期满后筹集，工程建设期满后的基金征收期限和偿还部分贷款本息所需基金规模，由国务院南水北调办会同6省（直辖市）人民政府在主体工程建成时提出意见，经发展改革委、财政部、水利部审核后报国务院确定。"依此规定，在南水北调工程建设期满后还将继续征收南水北调工程基金以用于偿还贷款，这相当于财政为南水北调工程的贷款提供软抵押，这为银团贷款的还款来源提供了一定的保障。2014年9月，南水北调工程基金由天津市人民政府发布通知取消征收后，同时将原由南水北调工程基金为软抵押变更为以提高征收水资源费标准来解决南水北调配套工程后续偿债资金问题。为

此，本次银团贷款的合同文本也充分体现了上述规定的精神，以确保银团贷款的还款来源。

（三）配套工程资金筹集的主要经验

1. 多渠道筹资，银团贷款为主

现在的重大工程资金筹措和计划经济时代有很大区别。计划经济时代，水利工程建设资金都是政府出，改革开放特别是实行社会主义市场经济体制以后，这种情况发生了巨大变化，多种渠道筹资成为趋势。在多种可选择融资渠道下，市内配套工程选取了银团贷款作为其筹资方式，其意义主要体现在以下几个方面：

（1）市内配套工程所需资金大，仅凭地方财政或征收南水北调工程基金都难以支持，且不利于项目的科学建设与管理，而银团贷款不但可以扩大市内配套工程的筹资途径，而且增强了市内配套工程的透明度，有利于南水北调配套工程的科学建设与管理。

（2）市内配套工程所需贷款资金量大，仅凭传统的双边贷款难以达到，采用银团贷款模式可以确保为市内配套工程建设提供充足的资金支持。

（3）对借款人来说，传统的双边贷款不仅不容易及时、足额筹措建设资金，而且还将面临着在工程建设的同时需与各家金融机构不断谈判等过程，必然耗时耗力，甚至可能因此而影响工程进度；银团贷款则是与银团进行统一谈判，银团贷款合同签订后还可以通过调整提款计划等随时满足工程建设的资金需求。

（4）对贷款人来说，双边贷款不仅资金风险大、耗时耗力，而且可能面临同业之间的恶性竞争；而银团贷款有多家银行共同参与，各银行只承担一定的贷款额度，但贷款总金额大，能够基本满足借款人的用款要求，因此各银行的风险相对较低，同时能有效避免恶性竞争，有利于各银行的同业合作。

市内配套工程建设的资金缺口最终依据相关决议采取了银团贷款模式。2009 年 6 月 18 日，由中国银行天津分行牵头，7 家银行组成天津南水北调工程银团。最终，银团和天津市水务投资集团签订协议，贷款 62.17 亿元，贷款年限定为 20 年。为体现对市内配套工程的支持，贷款利率在基准利率的基础上下浮 10％。由此可见，银团贷款是市内配套工程建设资金来源的重要组成部分，对保证天津南水北调市内配套工程的顺利进行具有不可或缺的作用。

2. 工程后续资金的追加同样需要筹措较大数额的资金

原因为：①国家政策的变化，尤其是征地移民政策和税收政策的变化。按照国务院颁发的《大中型水利水电工程移民安置及征地补偿条例》，征地补偿的标准是农业前三年亩产平均收入的 7～8 倍。后来，由于经济社会发生了很大变化，如此低的补偿标准农民难以承受。经多方测算、协商并报请南水北调工程建委会同意，按照 16 倍的标准给予补偿。②工程的增加，主要是增加了跨渠桥梁以及相应的设计上的变更等。③物价上涨。南水北调工程从规划到建设期间，物价年年在涨，2002 年以后增长尤其快，各种建筑材料、人工费用齐步往上走。④工期推迟，利息增加。原来计划 2010 年开始供水，后来由于种种原因推迟到 2014 年供水，4 年的贷款利息不是个小数目。因此在如上所述种种原因下，银团贷款由原先的资本金与贷款配比 4∶6 调整到 2∶8，有效地提高了项目法人单位资本金的利用率。然而天津市南水北调市内配套工程后续追加资金的筹措问题同样需要解决，解决方案主要采取延长提款期同时增加贷款额度两种方法。

提款期限的延长能够有效缓解工程工期延长所造成的提款期不足的问题。为解决工程投资增加，项目法人单位预先对工程开展调增概算、获取相关批复等各类前期审批工作。天津市南水北调银团将在原银团贷款的基础上增加贷款额度以满足后续增加的工程建设资金需求。

三、河北省南水北调配套工程筹资

（一）河北省南水北调配套工程的基本情况

河北省南水北调供水范围包括京津以南的石家庄、廊坊、保定、沧州、衡水、邢台、邯郸7个设区市、92个县（市、区）、26个工业园区、140个供水目标。受水区总面积6.21万km^2，占全省的33%；人口5400万，占全省的75%；国民生产总值17400亿元，占全省的66%（2013年数据）。南水北调配套工程分为水厂以上输水工程和水厂及配水管网工程两部分。按照河北省政府确定的"政府主导、准市场运作、分级负责、责权统一"的建设管理体制，水厂以上输水工程由省主导筹资、建设和管理，水厂及配水管网工程由市、县负责筹资、建设和管理。

（二）河北省南水北调配套工程规划投资

1. 规划工程概况

河北省南水北调配套工程规划于2008年由河北省政府批复，共需新建赞善干渠、石津干渠、沙河干渠、廊坊干渠4条干渠，累计全长460.31km；分干渠及管道（支渠）共计101条，累计长度1544.7km；另包括中东线连通工程、补偿调节及调蓄工程、水厂及城市供水管网、不安全饮水村供水工程及其他工程措施等。

2. 投资测算依据

投资测算依据包括：①水利部的《水利工程设计概（估）算编制规定》（水总〔2002〕116号）、《水利建筑工程概算定额》《水利水电施工机械台时费定额》；②水利部的《水利水电设备安装工作概算定额》（水建管〔1999〕523号）；③《中华人民共和国土地管理法》《大中型水利水电设备安装工程概算定额》；④交通、市政、电力、通信等专业现行的定额及相应概算编制办法；⑤河北省水利厅的《河北省水利水电工程设计概（估）算编制补充规定》（冀水规计〔2004〕71号）。

3. 主要工程量

河北省南水北调水厂以上配套工程的主要工程量为：土方23122万m^3，砌石59.6万m^3，混凝土及钢筋混凝土440.1万m^3。工程永久占地9.5万亩，临时占地18.2万亩。

4. 匡算投资

河北省南水北调配套工程规划匡算总投资323.27亿元，其中水厂以上投资158.88亿元，水厂以下（含农村不安全饮水村供水）投资164.39亿元。远期增加配套投资147.66亿元。

（三）河北省南水北调配套工程建设总投资

1. 河北省南水北调配套工程的概况

河北省南水北调水厂以上输水工程线路总长2055.8km，批复初设概算投资283.49亿元，分为 4 条大型输水干渠、7 市输水管道工程和河北省南水北调运行调度中心共 12 个单项工程。分为 26 个设计单元、61 个监理标段、180 个施工标段。主要建设内容包括：新建廊涿、邢清、保沧、石津（部分渠段为改建）4 条大型输水干渠，总长 745.4km，除石津干渠利用现有明渠 159km 外，其余均采用管道、暗涵输水；新建石家庄、廊坊、保定、沧州、衡水、邢台、邯郸 7 个设区市境内从干渠到各供水目标的输水管道，总长 1310.4km，均采用管道输水。水厂及配水管网工程由市、县政府负责筹资建设，估算总投资约 300 亿元。河北省规划南水北调配套水厂共 138 座，承担着向 140 个供水目标的供水任务，年分水量 303963 万 m^3。其中利用现有地表水厂 18 座、年分水量 42672 万 m^3，新建地表水厂 120 座、年分水量 261291 万 m^3，改（扩）建城镇供水管网约 3319km。

2. 河北省南水北调配套工程投资的编制依据

主要包括以下方面：①水利部的《水利工程设计概（估）算编制规定》（水总〔2002〕116 号）、《水利建筑工程概算定额》《水利水电施工机械台时费定额》；②水利部的《水利水电设备安装工程概算定额》（水建管〔1999〕523 号）、水利部的《水利工程概预算补充定额》（水总〔2005〕389 号）；③国家计委、建设部的《工程勘察设计收费管理规定》（计价格〔2002〕10 号）；④国家发展改革委的《建设工程监理与相关服务收费标准》（发改价格〔2007〕670 号）；⑤《国家计委收费管理司、财政部综合与改革司关于水利工程建设工程质量监督收费标准及有关问题的复函》（计司收费函〔1996〕2 号）；⑥国家计委、财政部的《关于第一批降低 22 项收费标准的通知》（〔1997〕计价费 2500 号）；⑦设计有关资料和图纸。

3. 河北省南水北调配套工程的主要工程量

河北省水厂以上工程主要配套工程量为：铺设管道 2056km，土方 18440 万 m^3，混凝土及钢筋混凝土 333 万 m^3。工程永久占地 3.4 万亩，临时占地 17.6 万亩。

4. 河北省南水北调配套工程的投资概（估）算

河北省南水北调配套工程水厂以上工程可研批复估算投资 310.91 亿元，初设批复概算投资 283.49 亿元。水厂及配水管网工程投资估算约 300 亿元。

5. 可研与规划相比投资变化情况及影响因素

（1）物价上涨因素，规划中的投资按照 2004 年第三季度价格水平估算的，可行性研究阶段是按照当前的价格水平估算投资的，近年来原材料价格上涨较大。

（2）大型干渠方案的变化，在规划编制阶段，大型输水干渠利用现有灌溉渠道为主进行投资匡算的，并且未计列相关的截污治污等水质保护工程投资。随着前期工作的深入，为确保水质安全，对大型干渠进行了明渠和暗渠输水方案的比选，明渠方案考虑截污治污等水质保护工程投资后，与暗渠输水方案大体相当；综合考虑减少与现有灌溉工程相互影响、利于工程管理等因素后，除石津干渠上段外其他大型干渠全部采用暗渠输水，工程方案发生重大变化。

（3）供水目标的增加，规划阶段为 112 个供水目标，可行性研究阶段由于受水区产业布局调整、工业园区增加，供水目标增加到 132 个。

（4）由于地面附着物、穿越的专项设施、占地单价的增加。

（5）规划阶段为静态投资，可行性研究阶段为动态投资，建设期贷款利息增加。

（6）工程的局部线路调整、穿越工程的增加以及管材变化等因素增加投资。

（四）河北省南水北调配套工程资金筹资

1. 成立河北水务集团，搭建工程建设融资平台

2008 年河北省政府批复《河北省南水北调配套工程规划》。河北省南水北调中线配套工程分为水厂以上配套工程和水厂及管网配套工程两部分。水厂以上配套工程由省负责筹资建设；水厂及管网配套工程由各受水区市县筹资建设。

为切实做好河北省南水北调水厂以上配套工程的筹融资建设管理工作，减轻财政筹资压力，保障水厂以上配套工程的顺利建成通水，2010 年 4 月河北省编委批复成立河北水务集团，作为河北省南水北调水厂以上配套工程的项目法人和投资建设主体，负责水厂以上配套工程的建设管理和筹融资工作，负责银行贷款的统贷统还。

2. 确定筹资建设方案，多方筹集工程建设资金

河北省政府批复规划后，河北省南水北调水厂以上配套工程按照"细化规划、分项设计、分项审批"的工作要求，抓紧开展项目前期工作。2012 年根据项目前期初步成果，河北省第 74 号省长办公会议纪要议定：河北省南水北调水厂以上配套工程投资按照 300 亿元投资规模筹资建设，筹资建设方案为：资本金 40％，共 120 亿元；银行贷款 60％，共 180 亿元。资本金部分，省级负责筹集 70％，各受水区市县负责筹集 30％。

3. 切实做好筹融资工作，不断拓宽融资渠道

资本金通过争取中央支持补助一部分，省级财政预算安排一部分，受水区市县分担一部分，吸引国有企业、社会资金投资入股一部分来筹集落实。最终，争取中央支持补助落实 21 亿元，省本级财政预算安排落实 59.14 亿元，各受水区市县筹集落实 21 亿元，通过与三峡集团、中建集团、河北建设和河北省建投等多家企业的投资合作洽谈，最终与河北省建投达成以参股方式投资 18.86 亿元协议，全部落实 120 亿元项目资本金。

贷款方面，通过与多家金融机构的合作洽谈，最终与国家开发银行签订金融合作协议。国家开发银行给予了项目投资 60％贷款的全额授信，按照工程建设贷款资金需要，累计签订贷款合同 174.78 亿元，贷款期限 20 年，贷款利率执行基准利率，并组建了以国家开发银行为牵头行，中国农业发展银行、中国银行、中国农业银行、中国工商银行、中国建设银行、河北银行等金融机构为成员行的贷款银团发放贷款资金，保障了工程建设贷款资金的需要。

工程建设期间，为降低融资成本，以河北省财政分年度安排的预算资金过桥形式，使用农业发展银行过桥贷款资金 25.14 亿元，贷款期限 3 年，利率在基准利率基础上下浮 15％，减少贷款利息支出 6000 多万元。

河北水务集团按照河北省政府确定的筹融资方案，积极开展筹融资工作，保障了河北省南水北调水厂以上配套建设资金需要，为工程顺利建成通水，充分发挥了省配套工程融资平台作用。

四、河南省南水北调配套工程筹资

（一）资金筹集的思路和基本原则

河南省南水北调配套工程上接总干渠，下连城市水厂，担负着承上启下的输水任务，是南水北调工程在河南发挥效益的关键工程。配套工程从南水北调中线总干渠39个分水口门引水，分别向河南省南阳、平顶山、漯河、周口、许昌、郑州、焦作、新乡、鹤壁、濮阳和安阳等11个省辖市市区、36个县（市）城的85座水厂供水。输水线路总长约1000km，建设提水泵站21座，年引水量37.69亿 m³。工程永久占地1366.65亩，临时占地78549.28亩。供水配套工程建成后，将有效改善河南省受水城市水资源紧缺状况，为城市经济社会可持续发展提供支撑，也将为河南经济社会又好又快发展提供重要载体。供水配套工程总投资150.2亿元。其中：南阳供水配套工程21.54亿元，平顶山供水配套工程6.67亿元，漯河供水配套工程21.22亿元，周口供水配套工程11.29亿元，许昌供水配套工程13.42亿元，郑州供水配套工程19.01亿元，新乡供水配套工程12.93亿元，焦作供水配套工程5.74亿元，鹤壁供水配套工程10.37亿元，安阳供水配套工程12.74亿元，濮阳供水配套工程9.78亿元，调度中心1.18亿元，自动化系统2.32亿元，文物保护0.51亿元，维护、仓储中心1.48亿元。

河南省基于南水北调供水配套工程是优化受水区水资源配置的重大战略性基础设施，工程公益性突出、投资规模大、影响地区多，工程建设与运行均需要政府支持考虑。①把省市财政投资作为配套工程建设资金筹集的主要资金来源。②在筹集干线工程南水北调基金时，河南省考虑到配套工程建设资金需要，在分配下达各省辖市2005—2010年基金（资金）筹集任务时共筹集资金46.53亿元，其中26.06亿元用于上交中央南水北调基金，其余20.47亿元留作配套工程建设资金［《河南省南水北调工程基金资金筹集和使用管理办法》（豫政办〔2005〕29号）］。2007年10月，河南省人民政府在《关于批转河南省南水北调受水区供水配套工程规划的通知》（豫政文〔2007〕195号）中明确：受水区省辖市南水北调基金（资金）征收期限至2015年。这样配套工程初步设计阶段较可研、规划阶段增加的投资可在受水区延长的基金（资金）征收期限内解决。因此，南水北调工程基金（资金）也是配套工程建设资金筹集的主要组成部分。③由于工程建设贷款比例直接影响用水户水价，采用还贷期15年测算，拟定贷款比例分别为0、10%、20%、30%、45%五个方案进行还贷期用水户水价测算，当贷款比例低于20%时对水价影响较小，贷款比例超过20%时，用水户水价随贷款比例升高明显，因此规划阶段确定贷款比例为20%。

综上所述，河南省南水北调供水配套工程确定筹资结构比例为：省市财政资金40%，南水北调工程基金（资金）40%，银行贷款20%。

（二）资金筹集渠道及操作方式

根据河南省南水北调供水配套工程可研报告的批复，工程建设所需资金除积极争取国家支持外，剩余资金由省市财政、南水北调工程基金（资金）及银行贷款按4：4：2的比例筹措，其中省市财政资金按照1：1比例分担。即省市财政资金60.08亿元，南水北调基金60.08亿元，银行贷款30.04亿元。河南省南水北调办（省南水北调中线工程建设管理局）作为工程建设法人，河南省水利投资有限公司负责银行贷款及还本付息。

省市财政资金由省市两级财政筹集，各有关省辖市、直管县（市）筹集的财政资金统一汇缴省财政专户，再由省财政厅根据工程建设需要拨付河南省水利投资有限公司作为资本金注入，以使银行贷款同比例到位。

南水北调工程基金（资金）通过提高水资源费征收标准、扩大水资源费征收范围增加的收入筹集。水资源费征收标准在原标准上平均每立方米提高 0.2 元。其中 2005—2010 年南水北调工程基金（资金）在全省范围内筹集，11 个受水区省辖市新增加的水资源费全额计入南水北调工程基金（资金）；7 个非受水区省辖市新增加的水资源费按 30％计入南水北调工程基金（资金），其余 70％的资金作为水利建设资金由当地安排使用。2011—2015 年南水北调工程基金（资金）仅对受水区省辖市征收，非受水区省辖市不再征收。

银行贷款通过省政府协调，由河南省水利投资公司作为贷款主体，以水费收费权质押的方式向省农业发展银行贷款。河南省水利投资公司根据授信额度和工程建设需要适时贷款，并将银行贷款及时拨付河南省南水北调建管局。

考虑到南水北调基金（资金）征收期滞后于供水配套工程建设期，省市财政资金和南水北调基金不能及时到位，或工程建设高峰期可能出现较大资金缺口的情况，河南省南水北调办于 2011 年 3 月 25 日向省政府报送了《关于南水北调配套工程筹融资方案的请示》（豫调办〔2011〕14 号），建议因财政性资金不能及时到位，采用过渡性融资扩大贷款规模，增加的贷款利息由财政性资金解决。2011 年 6 月 2 日，省政府及财政厅回复《关于对南水北调配套工程筹融资方案的反馈意见》，同意利用银行贷款等过渡性融资办法弥补建设资金缺口的方案。贷款主体为河南省水利投资公司，南水北调基金收入和省市财政筹措资金作为资本金注入省水利投资公司。项目贷款本息由以后年度征收的南水北调基金和配套工程水费收入偿还。过渡性融资贷款规模 40 亿元。河南省农业发展银行于 2011 年 12 月 31 日与河南省水利投资公司签订银行贷款授信协议，贷款规模 64.378 亿元。其中规模贷款 24.378 亿元、过渡性融资贷款 40 亿元。

（三）资金筹集的做法与经验

河南省是农业大省、人口大省，人均财政收支水平处于全国落后位置，财政保障能力低。南水北调工程建设投资强度大，河南省除上缴国家南水北调基金 26 亿元外，省内配套工程建设投资 150.2 亿元，受水区省辖市还要承担城市水厂和管网工程建设的筹资任务（约 131 亿元）。南水北调工程基金（资金）及市级财政资金筹集难度较大。

为落实南水北调工程基金（资金）筹集任务，河南省多策并举，狠抓落实。①制定办法，规范征缴。制定印发了《河南省南水北调工程基金（资金）筹集和使用管理实施办法》，明确征收范围、期限、方式、任务以及使用、监管等问题。②调整水资源费征收标准。2005 年 4 月，省发展改革委、财政厅联合下发《关于调整全省水资源费征收标准的通知》（豫发改价管〔2005〕543 号），各省辖市政府根据省政府要求，也都下发了提高水资源费标准的文件，为南水北调工程基金（资金）征收奠定了基础。③加强稽查和监督检查。采取包括下发文件催交，组织稽查，到市县督导等多种措施，加强对南水北调工程基金（资金）征收工作的监督检查。尤其是发挥河南省南水北调办与省纪检委、检察院、审计厅联合效能监督机制的作用，组成联合督查组，对南水北调工程基金（资金）及地市财政资金的征缴情况进行监督检查，收到了较为满意的效果。④对完不成征收上交任务的有关省辖市、直管县市通过代地方发债、财力抵扣等方式完成征收任务。在保证上缴中央南水北调工程基金的前提下，基本满足了本省配套工程建设的资金需要。

五、山东省南水北调配套工程资金筹集

（一）山东省南水北调配套工程基本概况

2011 年 7 月 10 日，山东省政府批复的《南水北调东线一期工程山东省续建配套工程规划》（以下简称《规划》），山东省南水北调配套工程（自干线分水口门至水厂）将供水区分为鲁北片、胶东片、鲁南片 3 大片，涉及济南、青岛、淄博、枣庄、东营、烟台、潍坊、济宁、威海、德州、聊城、滨州、菏泽等 13 个市、68 个县（市、区），占全省总面积的 40.85％。共 14 个单项、41 个供水单元，即 13 个受水市调水工程加引黄济青改扩建工程，并根据供水对象和工程独立性分为 41 个供水单元。

山东省南水北调配套工程规划总投资 253.2 亿元，永久占地 13.67 万亩，主要内容包括输水工程、调蓄工程、泵站工程和供水工程等，其中输水工程为从干线分水口至调蓄水库之间的输水渠道、管道，规划输水渠道 747km，包括利用现有河道 693km（含改建引黄济青 252km、扩挖疏浚河道 305km、利用现有河道 136km）、新辟渠道 54km，规划输水管道 477km；调蓄工程共需调蓄水库 62 座，包括利用现有水库 35 座（含加固 6 座、扩建 14 座），新建 27 座；泵站工程分取水泵站、加压泵站、入库泵站、出库泵站等，需新（改）建泵站 88 座，总装机 12.89万 kW；供水工程为从调蓄水库出库泵站至净水厂之间的供水管道，单管线路总长 806km。山东省政府在批复《规划》中，还强调在建设配套工程的同时，市、县级政府要同步统筹考虑南水北调配套工程末端（水厂）以下的输配水管网建设。

（二）山东省南水北调配套工程管理体制

山东省南水北调配套工程建设资金筹措与建设、运营、管理体制密切相关。山东省南水北调配套工程是南水北调东线工程的重要组成部分，工程的管理体制与整个南水北调东线工程的总体管理体制相衔接和协调。山东省南水北调配套工程建设管理组织框架如下。

1. 山东省南水北调工程建设指挥部及职责

2002 年 9 月，中共山东省委、山东省人民政府成立了山东省南水北调工程建设指挥部（以下简称"山东省指挥部"），具体组织实施山东省南水北调工程建设管理工作。山东省指挥部为山东省南水北调工程建设的决策、指挥机构，指挥由省长兼任、副指挥由分管副省长兼任，山东省指挥部成员由 26 个山东省有关部门负责人和南水北调配套工程覆盖范围内的 16 个市政府主要负责人组成。2005 年 4 月 30 日，为确保南水北调工程建设目标的实现，经山东省人民政府同意，山东省人民政府办公厅印发了《山东省南水北调工程建设指挥部成员单位职责》，指出省指挥部是山东省境内南水北调工程建设有关方针、政策、措施和其他重大问题的指挥机构，负责对山东省境内南水北调工程建设的统一指挥、组织协调，督导沿线各级政府及有关部门积极做好辖区内南水北调相关工作，特别是做好南水北调工程建设、征地、拆迁、施工环境保障、文物保护等方针政策宣传等工作。

2. 山东省南水北调工程建设管理局及职责

2003 年 8 月 11 日，山东省机构编制委员会批准设立了山东省南水北调工程建设管理局（简称"山东省南水北调建管局"），为山东省指挥部的办事机构，承担山东省指挥部的日常工

作。2004 年 8 月 18 日，山东省机构编制委员会根据《国务院办公厅转发国务院体改办关于水利工程管理体制改革实施意见的通知》（国办发〔2002〕45 号）和鲁编〔2003〕8 号文件精神，印发了《关于省南水北调工程建设管理局职能等事项的通知》（鲁编〔2004〕17 号），确定山东省南水北调建管局为山东省指挥部的办事机构，负责组织境内南水北调配套工程规划编制工作，并负责南水北调配套工程建设管理；审查并提出山东省境内南水北调工程配套投资总量意见。山东省南水北调建管局作为山东省指挥部的办事机构，负责山东省指挥部决定事项的落实和督办。

3. 山东省各市南水北调工程建设管理局（办事机构）及职责

山东省受水区各市政府是兴建南水北调配套工程的责任主体，对建设范围内的各供水单元工程进行组织协调、统筹安排。各受水区市政府成立南水北调办事机构，直接监督、管理所辖区内的供水单元工程建设。引黄济青改建工程管理机构为山东省胶东调水管理局。济南、淄博、枣庄、东营、潍坊、济宁、泰安、德州、聊城、临沂、滨州、菏泽市人民政府及工程沿线县（市、区）政府负责组织实施地方配套工程的建设和运行管理；负责筹集省南水北调配套工程资金；做好南水北调配套工程的土地征用、地面附着物和专项设施迁移等工作，组织好南水北调配套工程建设范围内城乡居民迁移等工作，确保在本行政区域内的南水北调配套工程按时开工、不停工，提供良好的施工环境。

4. 山东省南水北调配套工程项目法人及职责

以南水北调配套工程供水单元为单位成立项目法人，明确输水沿线各供水单元工程的建管职责。项目法人负责配套工程的筹资、建设、运行、还贷、资产保值增值的责任，要充分考虑建管、运营等方面的因素，并要求与南水北调主体工程项目法人及时签订供水合同，协调好水厂以下工程。

5. 山东省指挥部主要组成部门及职责

山东省发展改革委负责审查山东省内配套工程规划等前期工作和工程建设的计划管理；会同山东省有关部门确定南水北调工程建设基金方案、协调地方配套资金。山东省财政厅负责按照山东省人民政府确定的筹资方案，配合有关部门负责南水北调工程中应由财政承担的山东省省级配套资金的落实和管理工作，负责山东省省级水资源费（工程基金）收入和支出的监督管理。山东省水利厅、山东省南水北调建管局负责组织山东省境内南水北调配套工程规划编制工作，并负责南水北调配套工程建设的管理；审查并提出山东省境内南水北调工程配套投资总量的意见。为加强对配套工程建设工作的领导，山东省水利厅成立了南水北调续建配套工程领导小组，领导小组由厅领导、各相关处室和厅直属有关单位组成，领导小组下设办公室，办公室设在山东省水利厅发展规划处。同时要求各市也要成立相应的领导班子。山东省水利厅续建配套工程领导小组负责组织、协调并指导配套工程设计工作，山东省南水北调建管局、山东省胶东调水局具体负责相关工作。山东省水利院负责编制配套工程规划报告，可行性研究工作大纲、技术大纲，协调解决各市提出的技术问题。山东省各市配套工程领导小组负责辖区内各设计单元配套工程可行性研究报告、初步设计报告的编制、报批和组织建设工作。

（三）山东省南水北调配套工程资金规模及筹集方案

山东省南水北调配套工程规划总投资 253.22 亿元（含青岛市配套工程 8.45 亿元和引黄济青改建工程 8.95 亿元），考虑到青岛市计划单列，其投资全部由青岛市自筹，引黄济青改建工程单报单审单批，故筹资方案中仅考虑剩余 35 个供水单元工程，总投资 235.82 亿元，其中工程部分投资 127.22 亿元，移民环境部分投资 108.13 亿元，供电线路投资 0.47 亿元。

工程建设资金筹措与建设、运营、管理体制密切相关。按照南水北调东线干线工程的管理体制方案和续建配套工程的管理体制，考虑地方的实际情况，提出续建配套工程规划资金筹措方案资本金 40%，融资 60%。工程总投资 235.82 亿元，其中资本金 94.33 亿元，融资 141.49 亿元。资本金筹措山东省省级财政按东、中、西三个标准分别出资，其中东部地区 20%、中部地区 30%、西部地区 40%，省财政直管县另增加 10%，剩余资本金由市级财政筹资 40%、县级财政筹资 60%。经计算，按规划筹资方案优化调整后需省级资本金 24.86 亿元、市级资本金 18.56 亿元、县级资本金 27.84 亿元，融资 131.12 亿元。

（四）山东省南水北调配套工程资金筹集渠道及操作方式

1. 山东省南水北调配套工程批复投资

（1）山东省南水北调配套工程规划投资。2011 年 7 月 10 日，山东省人民政府批复了由山东省发展改革委、山东省水利厅、山东省南水北调建管局联合上报的《南水北调东线一期工程山东省续建配套工程规划》，配套工程规划总投资 253.2 亿元。

（2）山东省南水北调配套工程可研投资。2012 年 10 月，为加快山东省南水北调配套工程前期工作进度，山东省发展改革委印发《关于南水北调续建配套工程项目立项的批复》（鲁发改农经〔2012〕1288 号），将供水单元工程（淄博已批复，引黄济青改扩建、青岛市区、青岛平度供水单元单列）中，不涉及中型水库的供水单元工程的可研审批权委托所在市级发展改革委审批，凡涉及中型水库建设的供水单元工程的可研由山东省发展改革委审批。2012 年 11 月，山东省水利厅、山东省南水北调建管局联合下发文件《关于进一步明确南水北调续建配套工程前期工作有关事项的通知》（鲁水发规字〔2012〕209 号），将规划建设的 37 个供水单元工程中（范围与发改委文件相对应），不涉及中型水库的供水单元工程，由市级水利局会同级南水北调工程建设管理机构联合审查，由市级水利局以项目评审出具的审查意见为主要依据批复，批复文件报山东省水利厅、山东省南水北调建管局核备。经工程方案优化，38 个供水单元工程于 2011—2015 年完成可研批复工作，按照各供水单元工程可研报告编制时间相应选取价格水平年，批复可研总投资 223.56 亿元。

（3）山东省南水北调配套工程初设投资。山东省南水北调配套工程 38 个供水单元工程，2015 年 6 月底全部完成初设批复工作，初设批复总投资 220 亿元。其中，济南市区供水单元工程概算投资 66551 万元、济南市章丘供水单元工程概算投资 3470 万元、青岛市区供水单元工程概算投资 43000 万元、青岛市平度供水单元工程概算投资 51166 万元、淄博市供水单元工程概算投资 76180 万元、枣庄市区供水单元工程概算投资 56236 万元、枣庄市滕州供水单元工程概算投资 151281 万元、东营市广饶供水单元工程概算投资 5800 万元、东营市中心城区供水单元工程概算投资 5.47 亿元、烟台市区供水单元工程概算投资 23853 万元、烟台市龙口供水单元工程概算投资 16663 万元、烟台市招远供水单元工程概算投资 48106 万元、烟台市莱州供水单元工程概算投资 22489 万元、烟台市蓬莱供水单元工程概算投资 12678 万元、烟台市栖霞供水单元工程概算投资 12862 万元、潍坊市寿光供水单元工程概算总投资 44979.75 万元、潍坊市滨海开发区供水单元工程概算投资 49136 万元。由于潍坊市取消峡山供水单元工程，将其 2000 万

m³ 水量调整至滨海开发区二期工程，新建总库容 1841 万 m³ 的平原水库一座，批复概算投资 49828 万元，潍坊市昌邑供水单元工程概算投资 6228 万元，济宁市（3 个供水单元）配套工程概算投资 47422 万元，威海市区供水单元工程概算投资 65675 万元，德州市区供水单元工程概算投资 40607 万元，德州市武城供水单元工程概算投资 13511 万元，德州市夏津供水单元工程概算投资 38256 万元，德州市旧城河供水单元工程包括平原、陵县、宁津、乐陵、庆云 5 个县，共用六五河分水口，宁津县概算投资 29042 万元、平原县概算投资 35206 万元、陵县概算投资 30735 万元、乐陵县工程概算投资 23080 万元、庆云概算投资 31070 万元，聊城市莘县供水单元工程概算投资 68352 万元，聊城市高唐供水单元工程概算投资 83208 万元，聊城市临清供水单元工程概算投资 84931 万元，聊城市冠县供水单元工程概算投资 70719 万元，聊城市东昌府区供水单元工程概算总投资 104799 万元，聊城市阳谷供水单元工程概算总投资 71413 万元，聊城市茌平供水单元工程概算总投资 59406 万元，聊城市东阿供水单元工程概算投资 62402 万元，滨州市邹平供水单元工程概算投资 161746 万元，滨州市博兴供水单元工程概算投资 156941 万元，菏泽市巨野供水单元工程概算投资 8678 万元，引黄济青改建供水单元工程概算投资 117612 万元。

2. 山东省南水北调配套工程资金筹集渠道

鉴于南水北调工程是以公益性、战略性为主的大型基础设施项目，考虑到地方财力有限，筹资困难的实际情况，为保证山东省南水北调配套工程顺利实施，充分发挥南水北调主体工程效益，山东省各市充分利用现有的各种融资渠道，多方筹集建设资金。目前主要资金筹措渠道有：①争取中央投资和政策支持；②充分利用市场机制，通过许可经营、股份制等方式吸引社会资金，以及用水大户直接投资等；③利用银行贷款；④水资源费、土地出让收益、财政专项资金等政府性投资支持等。

3. 配套工程资金筹集操作方式

山东省人民政府在《规划》批复中，强调受水区各市、县（市、区）要加快本行政区域内工程的前期工作，细化供水范围和目标，落实用水户，明确供水方案和水量配置原则，确保当地水和外调水合理利用；按照政企分开、政事分开、明晰产权、保护投资者利益，有利于水资源的统一配置与管理、有利于配套工程顺利建设和良性运行、有利于引入市场竞争机制、有利于降低工程建设成本，确保工程经济效益和社会效益充分发挥等原则，确定项目法人，明确建管职责，建立健全建设管理体制。同时，要同步统筹考虑配套工程末端（水厂）以下的输配水管网建设。山东省南水北调工程建设指挥部印发的《山东省南水北调续建配套工程建设管理若干意见》（鲁调水指字〔2012〕39 号）指出：项目法人是配套工程建设管理的工作主体、责任主体，对工程建设质量、安全、进度、资金管理负总责。具体负责组织配套工程前期工作、资金筹措、工程建设管理等工作；作为承贷主体的，履行还本付息义务。

（五）山东省南水北调配套工程资金筹集的主要经验

山东省南水北调配套工程总体规模庞大，投资额大，地方财力有限，筹资较为困难。考虑工程建设工期紧迫，为充分调动地方积极性，促进工程建设早日实施，山东省、市、县级政府加大投入力度，加快构建融资平台、明确融资主体和融资模式，研究多渠道融资方案，拓宽银行贷款渠道。2015 年 8 月 21 日，山东省人民政府办公厅转发《省财政厅省发展改革委人民银行济南分行关于在公共服务领域推广政府和社会资本合作模式的指导意见的通知》，为山东省配套工程建设提供一种新的政府和社会资本合作服务供给机制。山东省财政厅已明确，以山东省财金投资有限公司联合地方政府所属项目公司为运作主体，承接山东省农业发展银行农业农村基础设施建设贷款，支持全省重大水利工程建设专项过桥贷款。已争取 7 亿元中央补助资金专项用于山东省南水北调配套工程建设，山东省省级资本金 24.86 亿元已全部拨付各项目法人，市、县级资本金到位 50.94 亿元，实现融资 75.24 亿元。

第三章 南水北调工程投资计划管理

本章重点介绍符合南水北调工程建设管理体制的投资计划管理的制度、投资计划管理的程序和投资计划管理的具体内容；全面介绍南水北调工程的年度投资计划管理体系，从年度投资计划的编制、申请、下达和执行等环节，描述年度投资计划管理活动的全过程；阐述南水北调工程投资统计的特点，介绍南水北调工程统计制度的各项规范和要求，以及组织实施南水北调工程统计工作，取得的统计成果和积累的统计数据资料。

第一节 投资计划管理体制

一、投资计划管理制度

南水北调工程投资计划管理涵盖了初步设计工作、年度投资计划、投资控制、设计变更和基本预备费使用、投资统计、建设评价等诸多内容，涉及众多管理部门。按照国务院南水北调工程建设委员会确定的南水北调工程建设管理体制，国务院南水北调办加强了投资计划管理制度建设，陆续制定了初步设计、年度投资计划、投资控制、设计变更与基本预备费、投资统计、建设评价等管理制度，有效保障了投资计划管理工作有序开展。

（一）初步设计工作制度

南水北调工程前期工作周期长，2005 年以前，南水北调工程总体规划、可行性研究报告、初步设计报告由水利部组织开展。2005 年 1 月，为贯彻落实国务院南水北调工程建设委员会第二次全体会议关于调整工程项目初步设计组织管理工作的精神，初步设计报告组织编制工作移交至项目法人；2008 年 12 月，按照国务院关于南水北调工程建设的有关意见，水利部将南水北调工程初步设计报告审批和重大设计变更审批职责移交至国务院南水北调办。同时，国家发展改革委也将初步设计概算核定职责移交国务院南水北调办。

按照国务院确定的工作职责，国务院南水北调办为规范初步设计管理，不断加强制度建设。为提高南水北调工程的设计质量，根据《中华人民共和国招标投标法》《工程建设项目勘察设计招标投标办法》等相关规定，2006年1月，国务院南水北调办印发了《关于加强南水北调工程勘测设计招投标工作的通知》，要求各项目法人原则上采取招投标形式选择具有资质的专业机构开展勘测设计工作。考虑到南水北调工程前期工作历史情况的特殊性和复杂性，部分项目已由水行政主管部门组织开展了初步设计报告编制，采取分类处理原则。具备条件的项目采取招标方式选择勘察设计单位，不具备条件的项目创造条件逐步开展招标方式选择勘察设计单位，确实不能采取招标方式选择勘察设计单位的项目，要有充分的依据并阐明理由。

初步设计报告审批移交国务院南水北调办以后，为规范初步设计报告的组织编制和审批程序，确保初步设计成果的质量和工作进度，2006年7月，国务院南水北调办印发了《南水北调工程初步设计管理办法》，从初步设计报告的组织编制和申报、初步设计报告审批、设计变更管理、初步设计工作投资计划管理等方面进行规范。随着项目建设逐步推进，逐渐暴露出一些项目前期工作深度不够、设计方案论证不足、施工组织设计不够完善、专项设施迁建方案缺乏确认、科研试验较少、概算编制标准不统一等问题。针对上述问题，为切实提高初步设计报告质量，2007年6月，国务院南水北调办及时印发了《加强南水北调工程初步设计管理 提高设计质量的若干意见》。

（二）年度投资计划管理制度

南水北调工程投资计划管理实行政府宏观管理和项目法人具体管理的双层管理体制。2003年12月，依据国务院批复的国务院南水北调办"三定"规定，国家发展改革委办公厅以《关于南水北调工程建设投资计划管理有关问题的复函》（发改办投资〔2003〕1446号）明确，南水北调工程建设投资计划按项目进行管理。南水北调主体工程由南水北调工程项目法人编制年度建设项目投资计划草案，报国务院南水北调办审查。国务院南水北调办审查后报送国家发展改革委，经国家发展改革委审核后纳入国家固定资产投资计划。年度投资计划由国家发展改革委下达国务院南水北调办，再由国务院南水北调办分解下达到南水北调工程项目法人，南水北调工程项目法人负责投资计划具体执行。2009年之前，国务院南水北调办制定了年度投资计划管理暂行规定，落实国家发展改革委工作要求。根据投资计划管理实际情况和经验，2009年印发了《南水北调工程建设投资计划管理办法》（国调办设计〔2009〕31号），明确了年度投资计划建议、年度投资建设项目计划草案、项目年度建设方案、年度投资计划下达调整及监督检查等工作程序和要求。

（三）投资控制制度

2004年9月，国务院南水北调工程建设委员会印发了《南水北调工程建设管理的若干意见》（国调委发〔2004〕5号），明确南水北调主体工程投资计划管理，实行"静态控制、动态管理"。按照"统筹安排、静态控制、动态管理、各负其责"的投资控制管理体制，为降低南水北调工程成本，提高投资效益，2008年6月，国务院南水北调工程建设委员会颁布《南水北调工程投资静态控制和动态管理规定》。与此规定相配套，2008年10月，国务院南水北调办印发了《南水北调工程项目管理预算编制办法》《南水北调工程价差报告编制办法》2个配套办法；此前的2006年12月，为充分调动参建各方控制投资积极性，财政部和国务院南水北调办联合印发了《南水北调工程投资控制奖惩办法》。详见本书第四章南水北调工程投资控制管理。

（四）设计变更与基本预备费管理制度

为保障南水北调工程建设顺利实施，控制工程投资，降低工程造价，加快工程建设进度，加强和规范南水北调东、中线一期设计变更管理工作至关重要。多年来，国务院南水北调办十分重视设计变更管理工作，严格控制设计变更投资增加。2006 年 7 月，国务院南水北调办印发了《关于加强南水北调工程设计变更管理工作的通知》，实行分级管理。重大设计变更由国务院南水北调办负责审批，一般设计变更由南水北调工程项目法人负责审批。重大设计变更从四个方面进行界定：工程任务和规模，工程等别及建筑物级别、设计标准，工程布置及建筑物，工程概算投资。《南水北调工程建设投资计划管理办法》中，对基本预备费的使用范围、程序也进行了规定。

（五）投资统计制度

工程投资统计数据反映了工程投资使用情况和工程建设进展情况。通过统计数据的信息反馈，可以优化调整投资计划和建设方案的制定，以便更好地适应工程建设的实际情况。统计数据还是工程建设评价的基础，通过反映工程实际完成情况，与工程预期目标对照，对工程建设进行评价。2004 年，国务院南水北调办印发了《南水北调工程建设投资统计报表制度（2005—2006 年度）》，并经国家统计局批准实行。南水北调工程项目法人和建设管理单位均配备了专职统计人员，严格按照南水北调工程投资统计报表制度建立了统计台账，进行统计资料分析，按时上报统计报表。此后，国务院南水北调办按照国家统计局有关规定，每两年对该制度进行修订完善。投资统计报表制度包括南水北调工程建设投资统计年报标准表和南水北调工程建设投资统计月报标准表，均由南水北调工程项目法人填写。报送南水北调工程投资统计月报表和年报表时，分别随表一同报送月度形象进度报告和年度形象进度报告及年度统计分析报告。报送南水北调工程征迁安置季报表和年报表时，分别随表报送季度和年度统计报表说明，主要内容包括征地移民实施方案的执行情况、调整情况、主要进度、存在的主要问题。

（六）建设评价制度

南水北调工程采取"政府宏观调控，准市场机制运作，现代企业管理，用水户参与"方式运作，是兼有公益性和经营性的超大型项目集群。其建设管理的复杂性、挑战性都是以往工程建设中不曾遇到的。建设过程中适时评价，总结经验教训，对指导下一步工程建设具有重要价值。《南水北调工程建设投资计划管理办法》要求适时组织南水北调工程项目法人对不同层次、不同类型的项目开展评价。为规范南水北调工程建设评价工作，2010 年，国务院南水北调办制定并颁发了《南水北调工程建设评价（中期）规程（试行）》。

二、投资计划管理程序

（一）组织管理框架

南水北调工程的投资管理模式为多级管理模式。国务院和国务院南水北调工程建设委员会是南水北调工程建设的高层次决策机构，决定南水北调工程建设的重大方针、政策、措施和其他重大问题。南水北调工程总体规划、项目建议书、总体可行性研究报告均由国家发展改革委报国务院批准。国家发展改革委、水利部等部门按照职责，作为行业主管部门对南水北调工程投资计划、前期工作等进行行业管理。国务院南水北调办承担南水北调工程建设期的工程建设行政管理职能。南水北调工程项目法人是工程建设和运营的责任主体。在建设期间，南水北调工程项目法人对南水北调主体工程的质量、安全、进度、筹资和资金使用负总责。由于南水北调工程区域跨度很大，工程需要跨省市的配合，因此在南水北调工程沿线有关省、直辖市设置南水北调工程建设领导机构及其办事机构，负责组织或协调工程建设征地拆迁、移民安置以及负责配套工程建设的组织协调，见图 3-1-1。

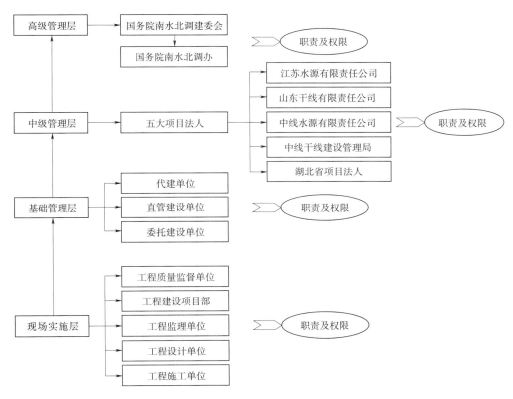

图 3-1-1　南水北调工程建设投资计划组织管理框架图

（二）管理工作流程

1. 立项决策阶段投资计划管理工作流程

立项决策阶段投资计划管理工作主要由水利部组织、国务院南水北调办参与开展，该阶段具体流程包括项目建议书和可行性研究招投标、编制、审查、修改完善和审批。

各级水行政主管部门商同级南水北调工程建设主管部门提出南水北调工程拟立项的项目，通过基本建设程序申请立项。

根据国务院批复的《南水北调工程总体规划》的分期建设目标，编制项目建议书。南水北调工程的项目建议书由水利部组织编制，南水北调办参与。项目建议书首先要按照国家有关规定通过招投标的方式向社会公开，综合考虑投标单位资质水平、技术实力等因素，并结合南水北调工程特点和实际情况，择优确定中标单位具体承担项目建议书的编制。受托单位编制完成项目建议书之后提交水利部组织审查，国务院南水北调办参与审查。水利部组织专家和人员，依据相关标准和南水北调工程实际情况对受托单位编制的项目建议书进行审查，而后将审查意见反馈到受托单位。受托编制单位根据项目建议书审查建议和意见，对项目建议书进行修改完善，之后提交项目建议书，上报国家发展改革委和国务院审批。

南水北调工程项目建议书审批之后，进入可行性研究阶段，该阶段工作流程和项目建议书阶段基本一致。具体流程见图3-1-2和图3-1-3。

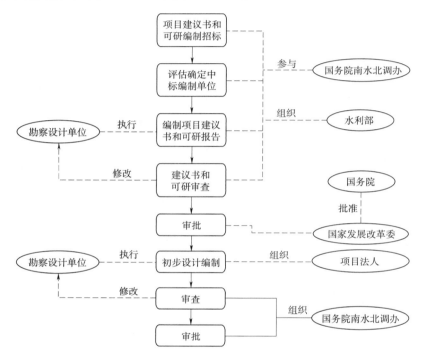

图3-1-2 项目前期投资计划管理工作流程图

2.初步设计阶段投资计划管理工作流程

初步设计阶段投资计划管理工作主要分为国务院南水北调办和南水北调工程项目法人两个层次。其中国务院南水北调办负责初步设计审查审批等管理工作，南水北调工程项目法人具体组织初步设计编制，通过招投标选择最优勘察设计单位具体承担初步设计编制工作。

项目法人根据南水北调工程规划、建设计划及工程建设进展的实际情况，制定初步设计工作计划。根据初步设计工作计划编制初步设计经费计划，为初步设计计划实施及时、足额提供资金保障。该部分资金投入是工程项目开工建设前预先安排的工程勘测设计费中初步设计阶段的部分投资，用于开展初步设计阶段的勘测设计、必要的科学研究试验以及涉及全线的专项设计工作。

项目法人在编制完成初步设计工作计划和初步设计经费计划之后，按照国家有关招投标法律法规及国务院南水北调办制定的招投标相关管理规定，通过向社会公开招投标的方式，综合考虑投标设计单位资质、技术实力、工程设计经验等因素，并结合南水北调工程的实际情况，

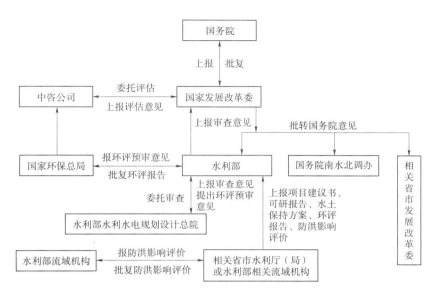

图 3-1-3　项目建议书、可行性研究报告审查审批组织框架图

择优确定中标的勘察设计单位承担初步设计编制工作。

在勘察设计单位进行初步设计编制工作期间，项目法人通过设计监理和合同管理等管理措施对初步设计单位的设计工作进行监督、控制、咨询，并及时解决影响初步设计的其他问题，为勘察设计单位的设计编制工作提供支撑，确保初步设计工作顺利进行。在初步设计编制期间，国务院南水北调办也通过设计督查对勘察设计的设计编制工作进行监督，并提供技术等其他支持。

勘察设计单位完成初步设计编制工作之后，项目法人首先对初步设计报告进行初审，并将相关建议和意见反馈到勘察设计单位进行补充、修改和完善，最后将初步设计报告提交国务院南水北调办进行审查、审批。

国务院南水北调办组织相关专家等技术力量对提交的初步设计报告进行审查，并将审查意见和建议反馈到勘察设计单位进行补充、修改和完善；之后，勘察设计单位将修改后的初步设计报告提交国务院南水北调办审批，审批通过的初步设计报告最终成果，作为南水北调工程建设实施的依据。南水北调工程初步设计阶段投资计划管理工作流程如图 3-1-4 所示。

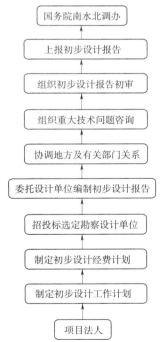

图 3-1-4　初步设计阶段投资计划管理工作流程图

3. 建设实施阶段投资计划管理工作流程

在建设实施阶段，南水北调工程实行"静态控制、动态管理"投资计划管理模式，项目法人是"静态控制、动态管理"的责任主体，对南水北调工程建设全过程投资控制负责，各级项目建设管理单位对所负责建设工程的投资控制承担相应责任。

南水北调工程项目法人依据批复的项目初步设计报告（可

　　　　　　　第一节　投资计划管理体制

行性研究报告）确定的建设内容和概（估）算，结合工程建设进度及拟新开工项目前期工作进展情况，在对上一年度计划执行情况进行全面总结、提出建议和要求的基础上，以单位工程为基础编制，以设计单元工程、单项工程为基础进行汇总年度投资建议计划，于每年6月将其上报国务院南水北调办，并同时抄送有关省（直辖市）南水北调办事机构。

之后，国务院南水北调办根据项目法人报送的年度投资建议计划，经审核、综合平衡、统筹研究南水北调工程使用中央预算基本建设投资、南水北调工程基金、重大水利工程建设基金、过渡性资金和银团贷款的基础上，以单项工程汇总编制南水北调主体工程建设年度投资建议计划，报国家发展改革委。

国家发展改革委确定南水北调工程年度建设投资规模后，南水北调办结合工程建设目标、项目法人编报的年度投资建议计划、工程建设实际和总体建设进度，研究确定各项目法人的年度建设投资规模。

项目法人根据确定的年度建设投资规模，结合工程建设实际情况，制定年度投资建设项目计划草案并报国务院南水北调办核定。国务院南水北调办根据工程建设实际和工程前期工作进展情况，及时向国家发展改革委申请年度投资计划，之后将投资计划按设计单元工程分批下达至项目法人，报国家发展改革委备案，同时抄送有关省（直辖市）南水北调办事机构。项目法人据此按单位工程将年度投资计划分解安排，并将安排情况报国务院南水北调办备案。

南水北调工程建设年度投资计划需要变更的，单项工程之间的变更，由项目法人提出变更意见，经国务院南水北调办审核后报国家发展改革委审批；设计单元工程的变更，项目法人提出变更意见，由国务院南水北调办审批，报国家发展改革委备案；单位工程的变更，由项目法人审批，报国务院南水北调办备案。

南水北调工程年度投资计划管理是投资计划管理的主要形式和载体，承担着具体实施和实现南水北调工程投资计划管理目的和功效的重任，其他各种形式的投资计划管理措施和手段都通过这个载体发挥作用。因而，从某种意义上来说，做不好年度投资计划管理工作就肯定没有做好南水北调工程投资计划管理的其他工作，做好了南水北调工程投资计划管理的其他工作还有待于年度投资计划管理来实现。

建设过程中"动态管理"：对工程建设实施过程中因设计变更超出国家核定的初步设计概算静态投资和因价格、国家政策调整、税费、建设期贷款利率及汇率等因素变化发生的动态投资，通过逐年编报年度价差报告、严格设计变更管理等措施，进行有效管理。

重大设计变更管理：项目法人对发生的重大设计变更进行初审，核实之后，提出报审意见，编制重大设计变更报告报送国务院南水北调办。国务院南水北调办对重大设计变更报告进行审批。

价差管理：项目法人组织委托具有相应资质的单位编制年度价差报告，并在每年6月底以前将上年度价差报告报送国务院南水北调办。项目法人将编制完成的价差报告报送国务院南水北调办后，国务院南水北调办组织对各项目法人报送的年度价差报告进行审查，综合汇总后形成南水北调工程综合价格指数和年度价差，报国家发展改革委批准。国务院南水北调办根据批准的综合价格指数和年度价差，将年度价差报告批复至各项目法人，将认定的年度价差投资从国家核定的价差预备费投资中列支，并纳入年度投资计划管理。

管理考评：国务院南水北调办对项目法人所辖各设计单元工程建设项目进行投资控制考

评，奖励节约南水北调工程投资的行为，惩罚浪费南水北调工程投资的行为，提高南水北调工程投资计划管理的水平和效果。项目法人对完工的设计单元工程，组织编制初步设计概算和项目管理预算执行情况分析报告，评价投资控制情况，报国务院南水北调办。形成投资节余的项目，项目法人申请投资控制将报国务院南水北调办批准。项目法人要根据直接管理、委托制、代建制的管理模式，对项目管理单位分别进行投资控制考评。具体考评办法由项目法人制定，报国务院南水北调办核准。

三、投资计划管理内容

根据国务院南水北调办印发的南水北调工程建设投资计划管理办法，南水北调工程投资计划管理主要包括九个方面内容。①建设项目的划分；②项目管理预算的组织编报、审查和审批；③价差报告的组织编制、审查、汇总报批和批复；④项目总体建设方案的编报和核备；⑤年度投资计划的申报、下达、调整和检查监督；⑥投资计划统计的组织编制、汇总和报送；⑦设计变更报告的组织编报、审查和审批；⑧工程部分预备费的使用申请与批复；⑨项目建设评价。

（一）建设项目划分

南水北调东、中线一期工程项目划分随着前期工作组织和工程建设开展的实际情况不断发展变化，经历了几个阶段。

鉴于北方地区缺水的严峻形势，国务院决定尽快开工建设南水北调部分单项工程，在项目法人未组建前，水利部负责组织开展了部分单项工程初步设计。2008年南水北调东线一期可研总报告和中线一期可研总报告（以下简称"总体可研"）批复之前，由国务院或委托国家发展改革委审批单项可研，水利部根据批复的单项可研审批单项初步设计。总体可研批复后，单项工程初步设计审批工作由国务院南水北调办承办。据此，水利部《关于进一步做好南水北调东、中线一期工程前期工作的通知》（水调水〔2004〕278号）将东、中线一期工程划分为32个单项工程及50个设计单元工程。截至2005年年初，已批复16个设计单元工程初步设计。

初步设计是项目法人实施工程建设的重要依据，根据原国家计委《关于实行建设项目法人责任制的暂行规定》，初步设计应由项目法人负责组织编制。2005年1月，根据国务院南水北调工程建设委员会第二次全体会议精神，剩余初步设计组织编制移交项目法人。2006年3月，除11个单项工程外（中线石家庄至北京团城湖段、漳河至石家庄段、黄河北至漳河南段、丹江口水利枢纽大坝加高、穿黄河工程；东线骆马湖至南四湖段、韩庄运河段、南四湖水资源控制与监测、骆马湖以南段、南四湖至东平湖段、穿黄工程），其他单项工程涉及的初步设计由国务院南水北调办审批。据此，为有效组织工程建设，促进前期工作，结合东、中线一期工程总体可研编报情况和项目法人组织初步设计情况，国务院南水北调办以《关于进一步加强南水北调东、中线一期工程初步设计工作的通知》（国调办设计〔2006〕100号）对工程项目划分进行调整。共划分为34个单项工程、173个设计单元工程。其中东线一期17个单项工程，88个设计单元工程；中线一期17个单项工程，85个设计单元工程。

2008年，国务院批复了总体可研。2009年11月，根据批复的总体可研和初步设计审查审批进展以及工程建设实际需要，国务院南水北调办对建设项目划分进行了修订。共划分为 35 个单项工程、179 个设计单元工程。其中东线一期 18 个单项工程，92 个设计单元工程；中线一期 17 个单项工程，87 个设计单元工程。南水北调东、中线一期工程项目划分见表 3-1-1。

表 3-1-1　　　　　　　　　南水北调东、中线一期工程项目划分表

序号	单项工程	序号	设计单元工程
		东线一期工程	
		南水北调东线江苏水源有限责任公司	
一	三阳河潼河宝应站工程	1	三阳河、潼河河道工程
		2	宝应站工程
二	江苏长江至骆马湖段（2003）年度工程	3	江都站改造工程
		4	淮阴三站工程
		5	淮安四站工程
		6	淮安四站输水河道工程
三	骆马湖段至南四湖段江苏境内工程	7	刘山站工程
		8	解台站工程
		9	蔺家坝站工程
四	江苏长江至骆马湖段其他工程	10	高水河整治工程
		11	淮安二站改造工程
		12	泗阳站工程
		13	刘老涧二站工程
		14	皂河二站工程
		15	皂河一站改造工程
		16	泗洪站工程
		17	金湖站工程
		18	洪泽站工程
		19	邳州站工程
		20	睢宁二站工程
		21	金宝航道工程
		22	里下河水源补偿工程
		23	骆马湖以南中运河影响处理工程
		24	沿运闸洞漏水处理工程
		25	徐洪河影响处理工程
		26	洪泽湖抬高蓄水影响处理工程江苏省境内工程
		27	洪泽湖抬高蓄水影响处理工程安徽省境内工程

序号	单项工程	序号	设计单元工程
五	东线江苏段专项工程	28	江苏省文物保护工程
		29	血吸虫病北移扩散防护工程
		30	东线江苏段调度运行管理系统工程
		31	东线江苏段管理设施专项工程

江苏、山东两省边界工程及涉及全线工程

序号	单项工程	序号	设计单元工程
六	南四湖水资源控制、水质监测工程和骆马湖水资源控制工程	32	二级坝泵站工程
		33	姚楼河闸工程
		34	杨官屯河闸工程
		35	大沙河闸工程
		36	潘庄引河闸工程
		37	南四湖水质监测工程
		38	骆马湖水资源控制工程
七	南四湖下级湖抬高蓄水位影响处理工程	39	南四湖下级湖抬高蓄水位影响处理工程
八	其他专项	40	东线一期管理设施专项总体初步设计方案
		41	东线一期调度运行管理系统工程总体初步设计方案
		42	其他

南水北调东线山东干线有限责任公司

序号	单项工程	序号	设计单元工程
九	东平湖输蓄水影响处理工程	43	东平湖输蓄水影响处理工程
十	胶东干线东平湖至济南段工程	44	胶东干线东平湖至济南段工程
十一	山东韩庄运河段工程	45	台儿庄泵站工程
		46	韩庄运河水资源控制工程
		47	万年闸泵站工程
		48	韩庄泵站工程
十二	南四湖至东平湖段工程	49	长沟泵站工程
		50	邓楼泵站工程
		51	八里湾泵站工程
		52	梁济运河段工程
		53	柳长河段工程
		54	南四湖湖内疏浚工程
		55	灌区影响处理工程

序号	单项工程	序号	设计单元工程
十三	胶东干线济南至引黄济青段工程	56	济南市区段工程
		57	明渠段工程
		58	东湖水库工程
		59	双王城水库
十四	穿黄河工程	60	穿黄河工程
十五	鲁北段工程	61	小运河段工程
		62	七一、六五河段工程
		63	灌区影响处理工程
		64	大屯水库工程
十六	东线山东段专项工程	65	东线山东段调度运行管理系统工程
		66	东线山东省文物专项工程
		67	东线山东段管理设施专项工程
东线截污导流工程（江苏、山东两省负责组织建设）			
十七	山东段截污导流工程	68	邳苍分洪道截污回用工程
		69	小季河截污回用工程
		70	峄城大沙河截污导流工程
		71	薛城小沙河截污回用工程
		72	新薛河截污回用工程
		73	薛城大沙河截污导流工程
		74	城郭河截污回用工程
		75	北沙河截污回用工程
		76	曲阜市截污导流工程
		77	鱼台县截污及污水资源化工程
		78	梁山县截污及污水资源化工程
		79	济宁市区截污导流工程
		80	微山县截污回用工程
		81	金乡县中水截蓄资源化工程
		82	嘉祥县中水截蓄工程
		83	东鱼河北支截污回用工程
		84	洸府河宁阳县截污工程
		85	古运河截污导流工程
		86	临清市汇通河排水工程
		87	武城县截污导流工程
		88	夏津县截污导流工程

序号	单项工程	序号	设计单元工程
十八	江苏省截污导流工程	89	淮安市截污导流工程
		90	宿迁市截污导流工程
		91	扬州市截污导流工程
		92	徐州市截污导流工程
中线一期工程			
南水北调中线干线工程建设管理局			
一	京石段应急供水工程	1	永定河倒虹吸工程
		2	惠南庄泵站工程
		3	北拒马河暗渠工程
		4	西四环暗涵工程
		5	北京市穿五棵松地铁工程
		6	北京段铁路交叉工程
		7	惠南庄至大宁段工程、卢沟桥暗涵工程、团城湖明渠工程
		8	滹沱河倒虹吸工程
		9	釜山隧洞工程
		10	唐河倒虹吸工程
		11	漕河渡槽段工程
		12	古运河枢纽工程
		13	河北境内总干渠及连接段工程
		14	北京段永久供电工程
		15	北京段工程管理专项
		16	河北段工程管理专项
		17	河北段生产桥建设
		18	专项设施迁建
		19	中线干线自动化调度与运行管理决策支持系统工程（京石应急段）
二	漳河北至古运河南段工程	20	磁县段工程
		21	邯郸市至邯郸县段工程
		22	永年县段工程
		23	洺河渡槽工程
		24	沙河市段工程
		25	南沙河倒虹吸工程
		26	邢台市段工程

续表

序号	单项工程	序号	设计单元工程
二	漳河北至古运河南段工程	27	邢台县和内丘县段工程
		28	临城县段工程
		29	高邑县至元氏县段工程
		30	鹿泉市段工程
		31	石家庄市区段工程
三	穿漳河工程	32	穿漳河工程
四	黄河北至漳河南段工程	33	温博段工程
		34	沁河渠道倒虹工程
		35	焦作1段工程
		36	焦作2段工程
		37	辉县段工程
		38	石门河倒虹吸工程
		39	新乡和卫辉段工程
		40	鹤壁段工程
		41	汤阴段工程
		42	膨胀岩（潞王坟）试验段工程
		43	安阳段工程
五	穿黄工程	44	穿黄工程
		45	工程管理专项
六	沙河南至黄河南段工程	46	沙河渡槽工程
		47	鲁山北段工程
		48	宝丰至郏县段工程
		49	北汝河渠倒虹吸工程
		50	禹州和长葛段工程
		51	潮河段工程
		52	新郑和中牟段工程（除潮河段）
		53	双泊河渡槽工程
		54	郑州2段工程
		55	郑州1段工程
		56	荥阳段工程
七	陶岔渠首至沙河南段工程	57	淅川县段工程
		58	湍河渡槽工程
		59	镇平县段工程

序号	单项工程	序号	设计单元工程
七	陶岔渠首至沙河南段工程	60	南阳市段工程
		61	膨胀土（南阳）试验段工程
		62	白河倒虹吸工程
		63	方城段工程
		64	叶县段工程
		65	澧河渡槽
		66	鲁山南1段工程
		67	鲁山南2段工程
八	天津干渠工程	68	西黑山进口闸至有压箱涵段工程
		69	保定市境内1段工程
		70	保定市境内2段工程
		71	廊坊市境内段工程
		72	天津市境内1段工程
		73	天津市境内2段工程
九	中线干线专项工程	74	中线干线自动化调度与运行管理决策支持系统工程
		75	南水北调中线干线工程调度中心土建项目
		76	其他专题
淮河水利委员会治淮工程建设管理局			
十	陶岔渠首枢纽工程	77	陶岔渠首枢纽工程
南水北调中线水源有限责任公司			
十一	丹江口大坝加高工程	78	丹江口大坝加高工程
十二	丹江口大坝加高库区移民安置工程	79	库区移民安置工程
		80	库区移民安置试点工程
十三	中线水源专项工程	81	中线水源调度运行管理系统工程
湖北南水北调工程建设管理局			
十四	汉江兴隆水利枢纽工程	82	兴隆水利枢纽工程
十五	引江济汉工程	83	引江济汉主体工程
		84	引江济汉调度运行管理系统工程
十六	汉江中下游部分闸站改造工程	85	泽口闸改造工程
		86	其他闸站改造工程
十七	汉江中下游局部航道整治工程	87	航道整治工程

（二）项目管理预算编制、审查、审批

项目管理预算是南水北调工程投资静态控制的内容之一，是在批复的初步设计基础上，结合建设管理体制、工程招投标实际情况和工程特点，合理优化方案和概算结构，作为工程建设和投资控制的依据。项目管理预算不得突破国家批复的初步设计概算静态投资，原则上以设计单元工程为编制单元，一般在主体建筑工程项目招标完成后90个工作日内由项目法人负责组织一次编制完成，报国务院南水北调办批准。具体编制、审查、审批程序、内容等参见本书第四章南水北调工程投资控制管理。

（三）价差报告的组织编制、审查、审批

1999年，国家计委针对物价平稳，实际投资价格指数逐年下降的实际情况，印发通知，要求编制和核定基本建设大中型项目初步设计概算时，投资价格指数按零计算。总体可研批复前，南水北调工程初步设计概算中未计列价差预备费。总体可研批复后，价差实施动态管理。总体可研投资中按照建设期年物价指数2.5％计列了价差投资。由于南水北调工程建设周期长，建设期间物价指数变化大，2008年6月，南水北调工程投资静态控制和动态管理规定要求，对工程建设实施过程中因价格变动发生的年度价差，由项目法人按国务院南水北调办要求编制价差报告，报送国务院南水北调办。国务院南水北调办负责组织对各项目法人报送的价差报告进行审查，综合汇总后形成南水北调工程综合价格指数和年度价差，报国家发展改革委批准。根据批准的综合价格指数和年度价差，国务院南水北调办将价差报告批复至各项目法人。2008年12月，国家发展改革委对初步设计概算核定工作职责分工进行调整，南水北调工程初步设计概算核定由国务院南水北调办负责，相应价差报告也由国务院南水北调办直接批复项目法人。价差报告具体编制、审查、审批程序、内容等，参见本书第四章南水北调工程投资控制管理。

（四）项目总体建设方案的编报和核备

为有效控制工程投资和建设进程，新开工设计单元工程在项目管理预算批复后30个工作日内，要由项目法人按设计单元工程分直接管理、代建管理、委托管理制定项目总体建设方案报国务院南水北调办核备。项目总体建设方案主要包括以下内容：

（1）工程总体安排：①项目名称、工程位置、工程规模、工程等级、建设工期；②施工准备情况；③项目建设阶段性目标及控制工期的分部或分项工程，工程建设期间施工组织开展的次序；④工程分年度投资安排预案及其对应完成的主要工程量和形象进度；⑤工程征地补偿和移民安置方案，实施计划及落实措施；⑥工程度汛计划及措施；⑦项目初步设计批复中遗留问题及其解决方案。

（2）分年建设实施方案：①各年度计划完成的工程总投资、分年资金流计划；②各年度计划完成的主要建筑工程量、机电设备及安装工程量、金属结构设备及安装工程量等；③各年度预计达到的形象进度和分年达到的形象进度；④工程建设质量及安全生产目标。

（五）年度投资计划的申报、下达、调整和检查监督

（1）申报：各项目法人根据有关要求组织编制年度投资建议计划，每年6月向国务院南水

北调办上报下一年度投资建议计划，同时抄送有关省（直辖市）南水北调办事机构和移民机构。各项目法人编制年度投资建议计划应依据批复初步设计报告确定的建设内容和概算，结合工程建设进度及拟新开工项目前期工作进展情况；同时对上一年度计划执行情况进行全面总结，提出建议和要求。国务院南水北调办根据工程建设实际和工程前期工作进展情况，对项目法人报送的年度投资建议计划进行审核、综合平衡，以单项工程汇总编制南水北调工程建设年度投资建议计划，及时报送国家发展改革委。

（2）下达：国务院南水北调办依据国家发展改革委下达的单项工程投资计划，按设计单元工程下达项目法人，报国家发展改革委备案，同时抄送有关省（直辖市）南水北调办事机构和移民机构。单项工程、设计单元工程同一的项目，其年度投资计划均按单项工程进行管理。安排年度投资计划的项目原则上须具备以下条件：①项目初步设计已批复；②项目法人已报送年度投资计划申请文件；③年度投资使用银行贷款的项目，项目法人基本落实贷款相关事宜。

（3）调整：项目法人要依据国家批复的初步设计概算严格控制工程建设投资，按照批准的工程项目管理预算和年度价差执行，严禁建设计划外项目和越权调整工程建设投资计划。同一项目法人管理的工程建设项目投资计划需要调整的，由项目法人提出调整意见，报送国务院南水北调办核批。

（4）检查监督：国务院南水北调办对照批复的初步设计、项目管理预算和年度价差报告，编报的总体建设方案以及安排落实的年度投资计划，对工程建设年度投资计划实施情况逐年进行检查和监督。

年度投资计划检查监督的主要内容包括：投资计划执行进度与工程量完成情况；是否越权调整投资计划；是否擅自更改工程任务和规模，工程等别及建筑物级别、设计标准、工程布置及建筑物结构、用途等设计内容；设计变更是否履行审批程序；投资是否得到有效控制等。项目年度投资计划执行情况实行年度报告制度。

（六）投资计划统计的组织编制、汇总和报送

南水北调统计体系组织机构根据工程建设特点分成三个层次：①由国务院南水北调办、各省（直辖市）南水北调办事机构组成的组织管理层，主要负责统计工作的指导，统计信息的汇总、分析、发布与应用，这是统计体系得以全面实施的宏观控制层；②由项目法人、建设管理单位以及移民办事机构组成的实施管理层，负责统计工作的基础建设、信息收集、汇总、分析、应用等，这是统计体系的工作主体；③由工程施工、设计、监理以及质量监督单位组成的基础管理层，负责工程原始记录、基础信息收集、建立统计原始台账。基础管理层是统计体系得以有效实施的根本保证。

南水北调工程统计体系从工程项目前期工作阶段基础数据资料的收集，到实施阶段的投资计划下达，资金使用情况反馈，以及通过工程实际完成情况资料与工程预期目标的对比，来进行工程建设总体评价。其中各结点通过统计基础工作、统计报表、统计分析以及工程建设记录来实现连接，通过组织管理层、实施管理层以及基础管理层实现组织机构对统计体系的多层管理，最终通过简报、报表、报告、大事记、图片集等图、文、表的形式展现统计体系工作成果。

项目法人汇总所负责工程统计信息，按照统计报表制度要求报送国务院南水北调办，国务

院南水北调办将主要统计信息报送国家统计局，并在南水北调相关网站公布。

（七）设计变更报告的组织编报、审查和审批

项目法人不得擅自更改国家已批复的工程建设规模、功能、建设标准、总体布置、主要设备等设计内容，严格履行设计变更审批程序，重大设计变更由项目法人组织编制重大设计变更报告，报国务院南水北调办审批后方可实施。对于制约工程建设、现场情况急迫的特殊重大设计变更可由项目法人组织编制重大设计变更方案，报国务院南水北调办审批后实施。项目法人按照《南水北调工程投资静态控制和动态管理规定》《关于加强南水北调工程设计变更管理工作的通知》等有关规定进行设计变更管理，并制定相应的实施细则。

（八）工程部分预备费的使用申请与批复

项目法人将预备费的使用额度控制在国家批复的初步设计概算计列的工程部分基本预备费与项目管理预算中的可调剂预留费用之和的范围内。南水北调工程项目管理预算中预备费（包括工程部分基本预备费和可调剂预留费用）的使用范围包括设计变更（含设计漏项）、因国家政策调整增加的投资、解决意外事故而采取的措施所增加的工程项目及费用，项目法人需先使用可调剂预留费用，不足再按程序申请使用基本预备费。

可调剂预留费用由项目法人负责管理和使用，用于工程建设。各设计单元工程可调剂预留费用使用情况，项目法人在报送国务院南水北调办的项目年度投资计划执行报告中要重点予以说明。

基本预备费由南水北调办负责管理，主要用于重大设计变更（含设计漏项）和因国家政策调整增加的建设内容及投资，以及可调剂预留费用不足而工程建设确需解决的其他重大问题。项目法人需使用基本预备费的，需向国务院南水北调办报送基本预备费使用方案，提出使用申请，经国务院南水北调办批准后方可使用。项目法人向国务院南水北调办报送的基本预备费使用方案，应包括基本预备费使用的必要性、使用方向、建设内容及相应概算明细、所履行的程序等相关资料等。

（九）项目建设评价

国务院南水北调办根据工程建设情况，适时组织项目法人对不同层次、不同类型的项目开展建设评价工作。项目建设评价的主要内容包括：勘测设计评价、投资计划管理评价、投资控制评价、指标评价等。

第二节　年度投资计划管理

南水北调工程年度投资计划管理是其他所有投资管理工作的主要形式和载体，承担着具体实施和实现南水北调工程投资管理目的和功效的重任。南水北调工程多种不同渠道的投资（中央拨款、南水北调工程基金、银行贷款和国家重大水利工程建设基金）需要通过年度投资计划的管理综合平衡、统筹安排至每个项目；项目初步设计概算投资、年度价差投资、建设期贷款

利息、待运行期管理维护费用、重大设计变更增加投资等，均需通过年度投资计划管理工作下达至相应项目法人，由项目法人负责组织实施。除了项目建设期间所需投资以外，各项目前期工作投资、过渡性资金融资费用、验收工作费用等相关投资也需通过年度投资计划下达至相关单位。年度投资计划还是工程建设过程中一项重要的指标性数据，通过基建统计工作随时掌握工程投资计划完成进度，是指导和促进工程建设的基础。本节介绍南水北调工程年度投资计划管理体系的形成以及年度投资计划管理各个环节的具体做法。

一、南水北调工程年度投资计划管理体系

南水北调工程年度投资计划管理实行政府宏观管理和项目法人具体管理的双层管理体系。国务院南水北调办代表政府进行宏观管理。国务院南水北调办年度投资计划管理方面的职责是汇总南水北调工程年度开工项目及投资规模并提出建议；负责组织并指导南水北调工程项目建设年度投资计划的实施和监督管理；负责计划、资金和工程建设进度的相互协调、综合平衡。南水北调工程的年度投资计划管理体系在实践中逐渐摸索，积累经验，最后臻于成熟。

（一）年度投资计划管理体系的形成

南水北调工程年度投资计划管理体系的形成可分为交接、探索和成熟三个阶段，是南水北调工程年度投资计划管理逐渐制度化的过程，也是市场经济条件下年度投资计划管理由项目主导的有益探索。

1. 交接阶段（2002—2003 年）

2003 年 12 月 28 日，国务院南水北调办正式挂牌履行职能，晚于南水北调工程开工建设 1 年时间，此时国务院南水北调办处于草创阶段，各项制度尚不完备，但是工程建设已经在进行中，必须保证及时充足的资金供应，否则将造成巨大的时间损失和投资浪费。交接阶段是国务院南水北调办成立后，依据"三定"相关条款，通过与原投资计划管理部门交接，逐步承担起年度投资计划管理工作的阶段。在国务院南水北调办成立之前，南水北调工程的投资计划由国家发展改革委或者水利部直接下达地方。其中，国家发展改革委于 2002 年和 2003 年间共分四批下达南水北调工程投资计划 16.2 亿元给江苏省、山东省、河北省和北京市的发展改革委和水利厅，用于三阳河潼河宝应站工程、济平干渠工程和京石段应急供水工程三个率先开工的单项工程的建设。另外，在 2001—2006 年 6 年间，水利部陆续下达流域机构（长江委、淮委、海委、黄委）、省和直辖市（江苏、山东、北京、天津、河北、河南、湖北）、相关事业单位（调水局、水规总院、天津院、水文局）以及具有相关资质的企业（中水淮河公司、中水北方公司、江苏省水利水电勘测设计院、山东省水利水电勘测设计院）前期工作经费 7 亿元，用于南水北调工程的可行性研究、项目建议书编制、部分工程初步设计、相关专题研究等前期工作。在这一阶段中，南水北调主体工程（不含截污导流等由地方负责组织建设的工程）的年度投资计划管理呈现出规模小、下达渠道不一、下达程序多样、接受计划的单位多、接受计划的单位和实施相应建设任务的单位不完全一致等特征，出现了投资计划下达层级多、到位滞后、执行效率低、难以监管等问题。

2. 探索阶段（2004—2008 年）

探索阶段是年度投资计划管理体系从草创逐步走向成熟的阶段。国务院南水北调办成立

后，根据南水北调工程建设委员会的决议，2003 年 12 月，国家发展改革委批准了国务院南水北调办参与管理年度投资计划的程序，框定了国务院南水北调办负责管理的年度投资计划范围，明确了年度投资计划管理的原则。南水北调工程建设投资计划按项目进行管理。南水北调主体工程由南水北调工程项目法人编制年度建设项目投资计划草案，报国务院南水北调办审查。国务院南水北调办审查后报送国家发展改革委，经审核后纳入国家固定资产投资计划。年度投资计划由国家发展改革委下达国务院南水北调办，再由国务院南水北调办分解下达到各个南水北调工程项目法人。项目法人负责投资计划具体执行。

从 2004 年起，国务院南水北调办开始履行年度投资计划管理的职责，于 2004 年颁发了《南水北调工程建设投资计划管理暂行办法》，并于 2005 年进行了修改完善，细化了国家发展改革委《关于南水北调工程建设投资计划管理有关问题的复函》中规定的原则，对整个年度投资计划管理体系做了具体规定，包括：南水北调主体工程建设投资的构成，年度投资建议计划管理工作的内容和程序，投资建议计划的编报汇总，年度建设项目投资规模的确定，年度投资计划实施方案的编报，年度投资计划的分解下达，年度投资计划的执行，年度投资计划的调整，年度投资计划的检查监督，年度投资计划的统计等等内容。

3. 成熟阶段（2009 年至今）

成熟阶段是国务院南水北调办总结了探索阶段投资计划管理中遇到的实际问题和经验，颁布了正式的管理办法，建立了成熟的年度投资计划管理体系的阶段。2009 年 3 月，国务院南水北调办配合南水北调工程投资静态投资和动态管理办法，制定并颁布了《南水北调工程建设投资计划管理办法》（国调办投计〔2009〕31 号），标志着南水北调年度投资计划管理体系发展成熟。该办法是南水北调工程年度投资计划管理的主要依据。投资计划管理办法共分为 7 个章节41 个条目，明确了年度投资计划建议、年度投资建设项目计划草案、项目年度建设方案、年度投资计划下达调整及监督检查等工作的程序和要求。

（二）年度投资计划管理的流程

（1）项目法人编报建议计划。各项目法人根据有关要求组织编制年度投资建议计划，每年 6 月向国务院南水北调办上报下一年度投资建议计划，同时抄送有关省、直辖市南水北调办事机构和移民机构。

（2）国务院南水北调办汇总审核。国务院南水北调办根据工程建设实际和工程前期工作进展情况，对项目法人报送的下一年度投资建议计划进行审核、综合平衡，以单项工程汇总编制下一年度南水北调工程建设年度投资建议计划，及时报送国家发展改革委。

（3）国家发展改革委确定南水北调工程年度建设投资规模。国家发展改革委审核国务院南水北调办报送的年度投资建议计划后，确定南水北调工程下一年度建设投资规模。

（4）国务院南水北调办根据国家发展改革委确定的下一年度建设投资规模，结合工程建设目标、项目法人编报的年度投资建议计划、工程建设实际和总体建设进度，研究确定各项目法人的下一年度建设投资规模。

（5）项目法人在每年初，根据国务院南水北调办确定的本年度建设投资规模，结合工程建设实际情况，制定本年度投资计划分月执行进度计划并报国务院南水北调办核定。

（6）国务院南水北调办审核汇总项目法人上报的本年度投资计划分月执行进度计划，形成南水北调工程本年度总体的投资计划执行方案，并于每年初下发给各项目法人遵照实施。

（7）国家发展改革委每年上半年下达本年度南水北调工程建设投资计划，年度投资计划以单项工程为单位下达。

（8）国务院南水北调办在前面工作的基础上，将投资计划按设计单元工程分批下达至各项目法人，并且报发展改革委备案，同时抄送有关省、直辖市南水北调办事机构。

（9）项目法人作为责任主体，组织落实年度投资计划中的各项内容。各项目法人根据国务院南水北调办确定的年度投资规模和工程建设实际、前期工作进展情况、投资计划下达情况，按照年初确定的本年度投资计划执行方案开展工程建设。与此同时，对工程建设投资计划实施动态统计管理和执行情况年度报告制度。各项目法人每年1月15日前将上一年度的项目年度投资计划执行报告报国务院南水北调办。报告的主要内容有年度投资计划的安排和执行情况、资金到位情况、可调剂预留费用使用情况、工程建设进展、形象进度、工程量、建设质量以及工程建设中存在的问题和建议等。

（10）南水北调工程建设年度投资计划需要变更的，单项工程之间的变更，由项目法人提出变更意见，经国务院南水北调办审核后报国家发展改革委审批；设计单元工程之间的变更，项目法人提出变更意见，由国务院南水北调办审批，报国家发展改革委备案；单位工程之间的变更，由项目法人审批，报国务院南水北调办备案。

南水北调工程年度投资计划管理流程见图3-2-1。

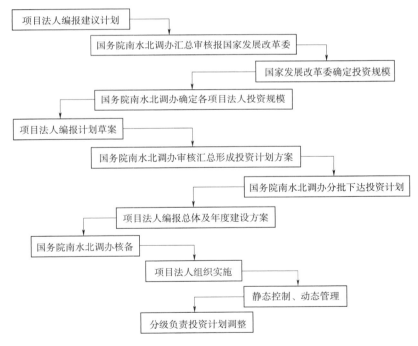

图3-2-1 南水北调工程年度投资计划管理流程图

（三）年度投资计划管理的特点

（1）年度投资计划实行分层和分级管理。南水北调工程年度投资计划的管理包括单项工程投资计划管理和设计单元工程投资计划管理两个层次，国家发展改革委、国务院南水北调办和项目法人三个级别。每个层级各司其职,各尽其责。国家发展改革委的管理对象是国务院南水北调办,管理层次是单项工程投资计划管理;国务院南水北调办的管理对象是项目法人,管理层次是设计单元工程投资计划管理;项目法人负责提出每个设计单元工程的年度投资建议计划,并执行国家下达的年度投资计划。

(2)项目法人是年度投资计划管理的核心。年度投资计划管理的起点和终点都是项目法人。项目法人根据国家批复的项目建设内容和概算,结合工程建设进度及拟新开工项目前期工作进展情况,编制下一年度工程建设投资建议计划,这是年度计划管理的起点。国务院南水北调办在项目法人报送的建议计划的基础上汇总审核,将年度投资计划分解下达至各项目法人。项目法人根据已下达的年度计划组织本年度的工程建设,直到完成下达的年度投资计划;同时对投资计划执行情况进行全面总结,这是投资计划管理的终点。

(3)年度投资计划的构成复杂。南水北调工程投资计划的来源有中央预算内投资、中央预算内专项资金、南水北调工程基金、银行贷款和国家重大水利工程建设基金5种。合理配置各种资金来源,降低工程成本,提高投资使用效率是年度投资计划管理的重要目标。

(4)年度投资计划具有一定灵活性。因为市场和政策环境、建设管理水平、设计变更等因素均会影响工程建设的实际资金需求,使之难以与年度投资建议计划的预期完全一致,因此南水北调年度投资计划管理的各个环节也并非不可变动,而是可以根据实际情况进行调整。项目法人和国务院南水北调办均有权向上一个管理层级提出调整年度计划。

二、年度投资计划的编制

年度投资计划的编制分两个层面,分别是项目法人层面和国务院南水北调办层面。前者是后者编制的基础,后者对前者的成果进行汇总和调整,两个层次的编制思路、建议计划内容、编制方法均有所区别,下面分别以案例的形式介绍两个层次年度投资建议计划如何编制。

(一)项目法人层面年度投资建议计划编制

各项目法人编制本单位负责建设管理的续建和新开工项目的年度投资建议计划,依据批复的初步设计概算或者项目管理预算确定的建设内容和概(预)算,结合工程建设进度及拟新开工项目前期工作进展情况,在对上一年度计划执行情况进行全面总结、提出建议和要求的基础上,以设计单元工程为单位编制、以单项工程为基础进行汇总形成最终成果。项目法人年度投资建议计划的主要内容有:本年度工程建设总结、已完成投资和实物工程量、形象进度;下年度主要建设内容、实物工程量、工程预期形象进度和年度投资计划;拟新开工项目的初步设计、开工准备等前期工作进展情况及预计完成时间等。

南水北调中线干线工程建设管理局(简称"中线建管局")是承担建设任务最重,投资计划规模最大的项目法人,其负责执行的投资规模约占南水北调东、中线一期工程总投资规模的57%。因此以中线建管局的年度投资建议计划编制为案例。

1. 工作组织及编制方法

中线建管局在接到国务院南水北调办投资建议计划编制的通知后,将任务分解至各项目建管单位。编制年度投资建议计划的基础主要是预测当年能完成多少投资。对于已经开工的项目,项目建管单位根据批复的初步设计概算、项目管理预算和项目总体建设方案,结合已签订的合同、工程建设内容和进度计划等编制下一年度投资建议计划。对于拟新开工的项目，项目建管单位根据初步设计概算、工程建设内容和进度计划等编制下一年度投资建议计划。项目建管单位编制完成的投资建议计划上报中线建管局，同时抄送有关省（直辖市）南水北调办。

若一个设计单元工程由不同的项目建管单位管理，项目建管单位负责编制所辖工程内容的年度投资建议计划，由中线建管局负责该设计单元工程年度建议计划汇总；若一个单项工程中若干个设计单元工程分别由不同的项目建管单位管理，项目建管单位负责编制所辖设计单元工程的年度投资建议计划，由中线建管局负责单项工程投资建议计划汇总。

中线建管局根据各项目建管单位上报的年度投资建议计划，按照综合平衡、统筹安排的原则，编制南水北调中线干线工程年度投资建议计划，经局长办公会研究后在当年6月中旬上报国务院南水北调办。

中线建管局根据南水北调办确定的投资规模和工程建设实际、前期工作进展情况，在已报建议计划的基础上，按单位工程编报年度投资计划实施方案，拟新开工项目先编制投资计划预案，待项目初步设计批复后，由中线建管局及时组织建设管理单位编制总体和年度投资计划实施方案，报南水北调办申请安排投资。

2. 编制实例

2011年6月，中线建管局编制完成2011年度投资建议计划，报送国务院南水北调办。建议计划共分为两部分：投资计划下达及执行情况、2011年投资建议计划。另外还根据实际情况填写了2011年投资建议计划表格，表格内容同文字部分一致。

（1）投资计划下达及执行情况。

1）投资计划下达情况。截至2010年6月底，中线干线工程累计下达投资计划5398629万元。其中按项目划分：工程建设投资5220879万元，初步设计工作投资计划70600万元，文物保护工作投资计划38567万元，专项投资计划68583万元；按资金来源划分：中央预算内投资1111184万元，中央预算内专项资金808500万元，南水北调基金800000万元，银行贷款2086880万元，重大水利基金592065万元。具体情况见表3-2-1。

表3-2-1　　　　　　　　南水北调中线干线工程投资计划下达情况表　　　　　　　单位：万元

项目划分	小计	中央预算内投资	中央预算内专项投资	南水北调基金	银行贷款	重大水利基金
合计	5398629	1111184	808500	800000	2086880	592065
工程建设	5220879	983621	802750	798000	2066880	569628
初步设计	70600	70600	——	——	——	——
专项投资	68583	41746	2400	2000	20000	2437
文物保护	38567	15217	3350	——	——	20000

2）投资计划执行情况。截至2010年6月底，中线干线工程累计完成投资3804403万元，占下达计划5398629万元的70.47%。

a. 工程建设。截至2010年6月底，工程建设累计完成投资3712292万元，占下达计划5220879万元的71.11%。其中，京石段应急供水工程完成投资1689395万元，占下达计划1988963万元的84.94%；漳河北至古运河南段工程完成投资544026万元，占下达计划740000万元的73.52%；穿漳河工程完成投资10912万元，占下达计划17000万元的64.19%；黄河北至漳河南段工程完成投资 906745 万元，占下达计划 1130228 万元的 80.23%；中线穿黄工程完成投资 166099 万元，占下达计划 308688 万元的 53.81%；沙河南至黄河南段工程完成投资 171772 万元，占下达计划 576000 万元的 29.82%；陶岔渠首至沙河南段工程完成投资 7496 万元，占下达计划 11000 万元的 68.15%；天津干线工程完成投资 215847 万元，占下达计划 449000 万元的 48.07%。

b. 初步设计工作。截至 2010 年 6 月底，中线建管局对已下达投资计划的初步设计支付资金共 49828 万元，占下达计划 70600 万元的 70.58%。

c. 中线干线专项工程。截至 2010 年 6 月底，中线建管局完成专项工程投资 23716 万元，占下达计划 68583 万元的 34.58%。其中，调度中心土建项目完成投资 20192 万元，占下达计划 22684 万元的 89.01%；其他专题完成投资 3524 万元，占下达计划 11462 万元的 30.75%。

d. 文物保护项目。截至 2010 年 6 月底，中线建管局对已下达投资计划的文物保护项目共支付资金 18567 万元，占下达计划 38567 万元的 48.14%。

3）工程进展情况。

a. 工程建设进展。截至 2010 年 6 月底，南水北调中线干线工程有京石段应急供水工程、漳河北至古运河南段工程、穿漳河工程、黄河北至漳河南段工程、穿黄工程、沙河南至黄河南段工程、陶岔渠首至沙河南段工程（南阳膨胀土试验段）、天津干线工程、中线干线专项工程等 9 个单项工程中的 56 个设计单元工程开工。累计完成投资 3736899 万元，累计完成工程量：土方 31029 万 m³，石方 5057 万 m³，混凝土 681 万 m³，金属结构 7975t。

京石段应急供水工程分 19 个设计单元，已全部批复。批复概算总投资 1994799 万元（含价差）。京石段工程于 2003 年 12 月开工建设，截至 2010 年 6 月底，累计完成投资 1689395 万元，占总投资的 84.69%；累计完成工程量：土方 16966 万 m³，石方 2532 万 m³，混凝土 499 万 m³，金属结构 7046t；除永久供电工程外，其他 18 个设计单元主体工程已经完工，目前正在验收阶段。

漳河北至古运河南段工程分 12 个设计单元，初步设计已全部批复并开工建设。工程概算总投资 2114059 万元。漳河北至古运河南段工程于 2010 年 1 月开工建设，截至 2010 年 6 月底，累计完成投资 544026 万元，占总投资的 25.73%，累计完成工程量：土方 507 万 m³。

穿漳河工程概算总投资 38256 万元，初步设计已批复并开工建设。工程于 2009 年 6 月底开工，目前正在进行倒虹吸等工程建设，截至 2010 年 6 月底，累计完成投资 10912 万元，占概算总投资的 28.52%。累计完成工程量：土方 43 万 m³，混凝土 2.95 万 m³。

黄河北至漳河南工程分 11 个设计单元，初步设计已全部批复并开工建设。工程概算总投资 1949452 万元（含价差）。黄河北至漳河南工程于 2006 年 10 月开工建设，截至 2010 年 6 月底，累计完成投资 906745 万元，占总投资的 46.51%，累计完成工程量：土方 10286 万 m³，石方 2700 万 m³，混凝土 96 万 m³，金属结构 929t。其中，安阳段于 2006 年 10 月开工建设，计划 2010 年 12 月主体工程全部建设完成；膨胀岩试验段工程（潞王坟段）于 2007 年 7 月开工，计划 2011 年 9 月 30 日完工；其他设计单元工程于 2009 年上半年开工建设，征地临建等前期工作已经完成，正在进行土石方开挖工程和渠道衬砌工作。

穿黄工程分 2 个设计单元，工程管理专题初步设计已上报等待审批。穿黄工程概算总投资 319394 万元（含价差），工程于 2005 年 9 月开工建设，截至 2010 年 6 月底，累计完成投资 166099 万元，占总投资的 52%；完成工程量：土方 1858 万 m³，石方 19 万 m³，混凝土 25 万 m³。

沙河南至黄河南段工程共 11 个设计单元，沙河渡槽工程、北汝河渠道倒虹吸工程、禹州和长葛段工程、潮河段工程、郑州 2 段工程等 5 个设计单元的初步设计已批复。除禹州和长葛段工程外其他工程已开工建设，正在进行渠道土石方开挖工程、基础处理等工作。截至 2010 年 6 月底，已开工项目累计完成投资 171772 万元，占批复概算总投资的 28％；完成工程量：土方 800 万 m³，石方 36 万 m³，混凝土 3 万 m³。

陶岔渠首至沙河南工程分共 11 个设计单元，目前仅南阳膨胀土试验段工程的初步设计报告已批复，批复概算总投资 18506 万元。截至 2010 年 6 月底，累计完成投资 7496 万元，占总投资的 40.50％；累计完成工程量：土方 83 万 m³，石方 1 万 m³，混凝土 0.71 万 m³。

天津干线工程分 6 个设计单元，初步设计已全部批复并开工建设。工程概算总投资 893635 万元。天津干线工程于 2008 年 11 月开工建设，截至 2010 年 6 月底，累计完成投资 215847 万元，占总投资的 24.15％；累计完成工程量：土方 1982 万 m³，石方 1 万 m³，混凝土 83 万 m³。其中，天津市 1 段工程于 2008 年 11 月开工。截至 2010 年 6 月底，天津市 1 段工程已成型箱涵共计 18km；天津市 2 段工程于 2009 年 3 月开工，预计到 2010 年年底完成 2.8km 箱涵施工；廊坊市段工程、保定市 1 段工程、保定市 2 段工程、西黑山进口闸至有压箱涵段工程于 2009 年年底陆续开工建设，征地、临建等前期工作已经完成，目前正进行基坑开挖和箱涵浇筑等工作。

b. 初步设计工作进展。截至 2010 年 6 月，中线干线工程 76 个设计单元已批复 58 个单元的初步设计报告，尚有 18 个未批复（其中 1 个为研究专题）。

京石应急供水段工程共 19 个设计单元，已全部批复；漳河北至古运河段共 12 个设计单元，已经全部批复；穿漳河工程 1 个设计单元，已经批复；黄河北至漳河南段工程共 11 个设计单元，已全部批复；穿黄工程 2 个设计单元，已批复 1 个；沙河南至黄河南工程共 11 个设计单元工程，已批复沙河渡槽、北汝河渠道倒虹吸、禹州和长葛段、潮河段、郑州 2 段等 5 个设计单元工程；陶岔渠首至沙河南工程共 11 个设计单元工程，仅批复南阳膨胀土试验段工程；天津干线工程共 6 个设计单元工程，初步设计报告已全部批复；其他工程中的自动化调度与运行管理系统（除京石段工程）和调度中心土建项目 2 个设计单元已经批复。在已批复的设计单元工程中，漳河北至古运河段工程的永久供电、移民环境部分的电力迁建以及压矿影响补偿未批复；天津干线工程中的河北境内电力迁建未批复；沙河南至黄河南工程、陶岔渠首至沙河南工程的公路、铁路交叉工程，生产桥和输变电工程等皆未批复。

共有 18 个设计单元尚未批复（其中 1 个为研究专题）。其中沙河南至黄河南工程的 6 个设计单元初步设计 2010 年 6 月中旬已经过水规总院复审，陶岔渠首至沙河南工程的 10 个设计单元已经过设管中心组织的审查，按照审查意见正在进行修改。在上述 16 个设计单元工程中，有 4 个单元的修改报告已上报国务院南水北调办，12 个单元的修改报告计划 7 月中旬上报国务院南水北调办；穿黄工程管理专题按照要求计划 7 月上旬上报国务院南水北调办；其他专题研究项目正在进行。

（2）2011 年投资建议计划。

1）编制原则。①确保续建项目工程建设投资，安排黄河北至漳河南段、天津干线工程、穿漳工程、漳河北至古运河段工程及黄河以南工程投资，保证在建及下半年开工的工程顺利实施；②优先安排新开工项目征地移民投资，保证工期较长的控制性建筑物工程投资，保证总体目标的实现。

2）主要依据。①国务院南水北调办《南水北调工程建设投资计划管理办法》（国调办投计〔2009〕31号）等有关管理规定；②国家已批复的设计单元工程初步设计；③已编制但未批复的初步设计报告；④南水北调中线一期工程总体可行性研究报告；⑤南水北调中线干线工程投资计划下达情况；⑥南水北调中线干线一期工程前期工作及工程建设进展情况；⑦南水北调中线干线工程总体进度控制计划（中线局编制）。

3）计划内容。2011年中线干线工程建议计划共安排7个单项工程，计划投资2320000万元，按建设内容划分：工程建设投资1788800万元，征地移民投资531200万元（含文物保护3000万元）。按项目性质划分：续建工程2313100万元，占99.70%；专项工作6900万元，占0.30%。按投资来源划分：中央预算内投资100000万元，占4.31%；南水北调基金400000万元，占17.24%；贷款500000万元，占21.55%；国家重大水利基金1320000万元，占56.90%。

a. 漳河北至古运河段工程。该单项工程总投资规模2114059万元，2012年12月底主体工程全部完工。到2010年年底累计下达投资746900万元，完成投资约739000万元。2011年投资建议计划550000万元。

b. 穿漳工程。工程总投资38256万元，计划2011年12月完工。到2010年年底累计下达投资17300万元，完成投资15000万元。2011年投资建议计划12000万元。

c. 黄河北至漳河南工程。工程总投资1949452万元，2011年12月主体工程全部完工。到2010年年底累计下达投资1131128万元，完成投资1121078万元。2011年投资建议计划500000万元。

d. 沙河南至黄河南工程。工程静态总投资约2526441万元，计划2011年12月主体工程全部完工。按未批复设计单元的初设近期批复，到2010年年底累计下达投资934099万元，完成投资931000万元。2011年投资建议计划600000万元。

e. 陶岔至沙河南工程。该工程计划2013年2月完工。该单项工程静态总投资约2740793万元。按10个单元的初设近期批复，年底前累计下达投资约559400万元，完成投资559400万元。投资建议计划600000万元。

f. 天津干线工程。工程总投资893635万元。天津市1段和天津市2段工程计划年底完工，其他4段工程计划2013年12月完工。到2010年年底累计下达投资459800万元，完成投资295000万元。2011年投资建议计划51100万元。

g. 施工控制网复测工程。依据《南水北调中线一期工程施工控制网测量技术设计报告》以及与有关单位签订的合同，施工控制网复测工程专项投资约3900万元。2010年建议计划已申请，尚未下达投资，为保证该项目的顺利实施，2011年建议计划3900万元。

h. 文物保护专项。根据国务院南水北调办对文物保护工作投资的批复，中线干线工程总投资约41645万元。目前已累计下达文物保护投资38567万元。2011年建议计划3000万元。

4）其他说明。

a. 黄河北至漳河南工程的潞王坟膨胀岩试验段工程总投资26758万元，投资计划已全部下达，2011年不再申请投资。安阳段工程静态总投资196508万元，已累计下达投资188670万元，累计完成投资143970万元，剩余投资结转到2011年使用，2011年不再申请投资。

b. 穿黄工程静态总投资295755万元，已累计下达投资计划308688万元，剩余投资结转到2011年使用，2011年不再申请投资。

c. 陶岔至沙河南工程中的南阳膨胀土试验段工程静态总投资 17799 万元，已累计下达投资 15000 万元，2010 年年底前完成投资 10400 万元，2011 年不再计列建议计划。

d. 天津市 2 段工程总投资 19437 万元，累计下达投资 19000 万元，2011 年不再申请建议计划。

e. 自动化调度与运行管理决策支持系统工程总投资 149832 万元，已累计下达投资 37737 万元。根据工程进度计划安排，该项目部分内容随土建施工进行，部分内容要在后期施工，该项目 2011 年不再申请建议计划。

（二）国务院南水北调办层面年度投资建议计划编制

国务院南水北调办的投资计划管理部门根据项目法人报送的年度投资建议计划，经审核、综合平衡、统筹研究南水北调工程中央预算内投资、中央预算内专项资金、南水北调基金、银行贷款、国家重大水利工程建设基金等投资来源的基础上，以单项工程汇总编制南水北调主体工程建设年度投资建议计划，国务院南水北调办内各部门达成一致并经主要领导同意后报送国家发展改革委。

1. 工作组织及编制方法

国家发展改革委一般情况下要求每年 7 月底上报年度建议计划（计划草案）。因此，国务院南水北调办每年 5—6 月期间下达编报下一年度投资建议计划的通知，布置各项目法人开展年度投资建议计划编报工作，明确年度投资建议计划编报的要求和时限，附录年度投资建议计划编报模板和样表，以规范各项目法人建议计划的编制。

投资计划司是国务院南水北调办内部负责年度投资计划管理的业务部门。各项目法人年度投资建议计划全部报齐之后，为提高建议计划编制的质量，投资计划司组织召开年度投资计划方案审核会，结合前期工作、工程建设实际情况对每个项目法人报送的投资建议计划分别进行面对面的沟通和审核。审核建议计划的思路是：重点安排影响工程建设目标的关键项目的投资需求，保证工程建设目标的顺利实现；加快续建项目建设，优先安排续建项目的投资需求；加大力度促进新项目开工，保证前期工作条件成熟或已列入年审批计划的项目的投资需求；同时统筹考虑各项投资来源，根据南水北调基金的征收情况安排部分基金。经过充分沟通，审核会后分析汇总各项目法人建议计划，形成南水北调工程年度投资建议计划方案。

2. 编制实例

依旧以 2011 年度投资建议计划的编制为例。

（1）编制依据。①建委会确定的总体建设目标；②国家批复的总体可行性研究报告；③项目法人编报的 2011 年投资建议计划；④国务院南水北调办确定的前期工作审查审批工作计划。

（2）编制原则。①重点保障影响工程建设目标的关键工程和直接关系通水的干渠工程的投资需求；②在保障续建项目加快建设基础上，促进工程全面开工建设；③根据国家批复的南水北调工程筹资方案，统筹安排中央投资、南水北调工程基金、贷款和国家重大水利工程建设基金。

（3）编制方法。

1）建议计划投资规模确定。①关键项目按项目法人建议计划要求计列。主要包括：东线泵站工程、水库工程，中线一期的丹江口库区移民安置工程、穿漳河工程以及其他单项工程所属的渡槽、倒虹吸等关键性设计单元工程等（另外三个关键性设计单元工程：东线穿黄河工程投资按批复初设概算已全部下达；中线穿黄工程投资已下达初设概算的 97％，项目法人未申请 2011 年投资；丹江口大坝加高工程投资已下达初设概算的 94％）。②直接关系通水的干渠工程按项目法人建议计划要求计列。主要包括：东线南四湖至东平湖段工程，中线黄河北至漳河南段工程、漳河北至古运河段工程天津干线工程、陶岔至沙河南段工程等。③其他续建项目在综合考虑项目法人建议计划的基础上，结合已下达投资完成情况安排建议计划。④新开工项目按照合理工期安排建议计划。

2）建议计划投资结构确定。①中央投资。根据南水北调工程筹资方案确定的中央投资控制额度，2011 年建议计划安排中央投资 15 亿元。中央投资主要用于中线丹江口移民安置工程（9.5 亿元）、引江济汉工程（2.5 亿元）和东线长江至骆马湖其他段工程（2 亿元）。②南水北调工程基金。根据《财政部 国家发展改革委 国务院南水北调办 审计署关于调整南水北调工程基金分年度上缴额度及有关问题的通知》（财综〔2009〕21 号）确定的分年征缴额度，2011 年建议计划安排南水北调工程基金 32 亿元。③贷款。统筹考虑项目法人与银团签订的贷款协议和项目法人 2011 年建议贷款规模，2011 年建议计划安排贷款规模 90 亿元。④重大水利建设基金。除中央投资、南水北调工程基金和贷款，南水北调工程 2011 年所需其他投资全部使用重大水利建设基金，2011 年安排重大水利建设基金 368 亿元。⑤有关说明。鉴于中线干线工程和东线山东段工程中央投资额度已安排下达完毕，本次建议计划不再安排中线干线工程和东线山东境内工程中央投资。

（4）投资建议计划安排情况。2011 年投资建议计划方案安排投资 505 亿元，其中中央投资 15 亿元，南水北调工程基金 32 亿元，银行贷款 90 亿元，重大水利建设基金 368 亿元，共安排 24 项单项工程建设，其中东线 9 项，中线 14 项，专项 1 项。

1）按线路划分。东线一期工程安排投资 65 亿元，其中中央投资 2 亿元，南水北调工程基金 5.5 亿元，银行贷款 11.5 亿元，重大水利建设基金 46 亿元，共安排 9 项单项工程建设，其中续建项目 5 项，新开工项目 4 项。

中线一期工程安排投资 439 亿元，其中中央投资 13 亿元，南水北调工程基金 26.8 亿元，银行贷款 77.5 亿元，重大水利建设基金 322 亿元，共安排 14 项单项工程建设，其中续建项目 13 项，新开工项目 1 项。

专项工程为南水北调工程价差投资，建议计划为 1 亿元。

2）按建设阶段划分。续建项目安排投资 501 亿元，其中中央投资 14.5 亿元，南水北调工程基金 30.3 亿元，银行贷款 88.1 亿元，重大水利建设基金 368 亿元，共安排 19 项单项工程建设，其中东线 5 项，中线 13 项，专项 1 项。

新开工项目安排投资 4.4 亿元，其中中央投资 0.5 亿元，南水北调工程基金 2 亿元，银行贷款 1.9 亿元，共安排 5 项单项工程建设，其中东线 4 项，中线 1 项。

（5）其他有关事宜。建议计划中安排使用的重大水利建设基金额度较大，需商国家有关部门进一步落实资金。

丹江口库区移民安置工程投资计划安排已超出总体可研批复的该工程总投资约 41 亿元，2011 年暂使用中线其他工程投资额度解决，需进一步研究解决超出总体可研投资规模的资金来源。

关于汉江中下游治理工程中环境保护专项工程投资计划，按照国家发展改革委确定的投资管理模式，需由湖北省向国家发展改革委申请投资计划，国务院南水北调办在年度投资计划管理过程中不再考虑。

三、年度投资计划的申请

年度投资计划的申请也分项目法人层面和国务院南水北调办层面。

（一）项目法人层面申请年度投资计划

项目法人根据国务院南水北调办确定的投资规模和工程建设实际、前期工作进展情况，在已报建议计划的基础上，按单位工程编报年度投资计划实施方案。年度投资计划实施方案分续建和拟新开工项目两类。拟新开工项目先编制投资计划预案，待项目初步设计批复后，由项目法人及时组织建设管理单位编制总体和年度投资计划实施方案，报国务院南水北调办申请安排投资。同时抄送有关省（直辖市）南水北调办。

（二）国务院南水北调办层面申请年度投资计划

国务院南水北调办将编制完成的年度建议计划与国家发展改革委初步沟通，并按照对方意见修改调整后，以公函的形式将编制完成的南水北调工程建设年度投资建议计划报送国家发展改革委，同时申请下一年的投资计划。以2011年度建议计划的申请为例：2010年8月，国务院南水北调办以《关于报送南水北调工程2011年投资建议计划的函》（国调办投计函〔2010〕53号）向国家发展改革委报送并申请2011年度投资计划。申请年度计划的文件主要内容包括投资建议计划总体安排情况和具体安排情况。

1. 总体安排情况

南水北调工程建设共安排投资计划510亿元，其中中央预算内投资15亿元，南水北调工程基金32亿元，银行贷款90亿元，国家重大水利工程建设基金（含过渡性资金，下同）373亿元。共安排25项单项工程建设，其中东线9项，中线15项，专项1项。其中：安排东线一期工程建设投资计划73.7亿元，中线一期工程435.3亿元；安排专项工程投资1亿元；安排续建项目投资502.6亿元，新开工项目7.4亿元。对比可看出，较原编制建议计划，沟通协调后总额度增加5亿元，全部是国家重大水利工程建设基金。新增额度用于东线。其中东线一期投资计划调增8.7亿元，中线一期投资计划调减3.7亿元。

2. 具体安排情况

续建项目中：东线一期工程安排鲁北段工程25.1亿元、胶东干线济南至引黄济青段工程14.5亿元、南四湖至东平湖段工程6.3亿元、长江至骆马湖段其他工程22.8亿元；中线一期安排丹江口库区移民安置工程183.3亿元、漳河北至古运河南段工程55亿元、黄河北至漳河南段工程50亿元、沙河南至黄河南段工程53亿元、陶岔渠首至沙河南段工程60亿元、天津干线工程5.1亿元、陶岔渠首枢纽工程1.8亿元、兴隆水利枢纽工程4.5亿元，引江济汉工程18亿元。

新开工项目中：安排东线一期南四湖下级湖抬高蓄水位影响处理工程1.1亿元、东平湖输蓄水影响处理工程2亿元；安排中线一期汉江中下游治理工程中部分闸站改造工程和局部航道整治工程2.5亿元。

（三）两个层面申请年度投资计划对比

根据上文的实例，对比了中线建管局和国务院南水北调办申请的2011年度投资计划之间的区别，见表 3 - 2 - 2。

表 3 - 2 - 2　　中线建管局和国务院南水北调办申请 2011 年年度投资计划对比表　　单位：万元

序号	项目名称	投资来源	中线建管局申请投资计划	国务院南水北调办申请投资计划	对比说明
	合计	合计	2320000	2245458	国务院南水北调办与国家有关部门沟通协调后，根据国家固定资产投资安排实际情况，申请的较项目法人申请的规模核减 74542 万元。未申请中央拨款，少申请了基金，多申请了贷款
		中央预算内投资	100000		
		南水北调工程基金	400000	268000	
		银行贷款	500000	754500	
		重大基金	1320000	1222958	
1	中线一期漳河北至古运河南段工程	小计	550000	550000	总额相等，结构不同
		中央预算内投资	24000		
		南水北调工程基金	98000	85000	
		银行贷款	116000	150000	
		重大基金	312000	315000	
2	中线一期穿漳河工程	小计	12000	12000	总额相等，结构不同
		中央预算内投资			
		南水北调工程基金	2000	2000	
		银行贷款	4000	4500	
		重大基金	6000	5500	
3	中线一期黄河北至漳河南段工程	小计	500000	500000	总额相等，结构不同
		中央预算内投资	20000		
		南水北调工程基金	90000		
		银行贷款	110000	120000	
		重大基金	280000	380000	
4	中线一期沙河南至黄河南段工程	小计	600000	530000	总额减小，结构不同
		中央预算内投资	24000		
		南水北调工程基金	100000	110000	
		银行贷款	130000	150000	
		重大基金	346000	270000	
5	中线一期陶岔渠首至沙河南段工程	小计	600000	600000	总额相等，结构不同
		中央预算内投资	25100		
		南水北调工程基金	100000	50000	
		银行贷款	130000	330000	
		重大基金	344900	220000	

序号	项目名称	投资来源	中线建管局申请投资计划	国务院南水北调办申请投资计划	对比说明
6	中线一期天津干线工程	小计	51100	51000	总额减小，结构不同
		中央预算内投资			
		南水北调工程基金	10000	21000	
		银行贷款	10000		
		重大基金	31100	30000	
7	南水北调中线干线文物保护项目	小计	3000	2458	总额相等，结构不同
		中央预算内投资	3000		
		南水北调工程基金			
		银行贷款			
		重大基金		2458	
8	施工测量控制网复测	合计	3900		项目法人申请，国务院南水北调办未申请。原因是总体可研中不包含此项建设内容
		中央预算内投资	3900		
		南水北调工程基金			
		银行贷款			
		重大基金			

（四）申请调整年度投资计划

由于年度投资计划编制的时间往往提前投资计划实际执行的时间一年，对未来工程建设所需资金的预估难以做到完全符合工程建设需要。因此，年度投资计划允许根据实际情况进行调整。例如，原定于某年开工建设的新建项目 A，申请了当年的投资计划，但是由于征地拆迁的进度慢于预期，导致当年无法开工。同时有一续建项目 B，通过引入新型施工机械，进度远远超过预期，本来预计明年完成的工程量在当年即可完成，但是苦于未申请当年的投资计划，导致资金供应困难。这种情况下将原定给项目 A 的投资计划调整给项目 B 是合理的解决方案。又例如，申请投资计划时预计项目 C 的初步设计可以按时批复，约批复投资 1 亿元，并且可以当年完成建设，于是申请投资 1 亿元。但是项目 C 实际仅批复初步设计概算 0.8 亿元。这时就需要申请调减项目 C 的投资计划，将投资用到更需要的项目上去。

南水北调工程建设年度投资计划需要调整的，单项工程之间的调整，由项目法人提出调整申请，经南水北调办审核后报国家发展改革委审批；同一个项目法人管理的同属一个单项工程的不同设计单元工程间投资计划的调整，由项目法人审批，审批之前需报国务院南水北调办备案。另外，国务院南水北调办也可以根据实际情况，直接向国家发展改革委提出单项工程间投资计划的调整申请。投资计划调整流程具体如图 3-2-2 和图 3-2-3 所示。

调整投资计划按内容不同可分为调整投资计划执行单位、调增投资计划和调减投资计划三

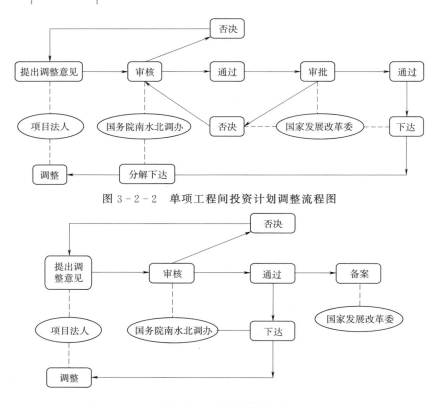

图 3-2-2　单项工程间投资计划调整流程图

图 3-2-3　设计单元工程间投资计划调整流程图

种类型，按调整的时机不同可以分为下达前调整和下达后调整两种情况。因为南水北调工程建设年度投资建议计划的编制是在 6 月，而下达最早在后一年度的 4 月，中间有很长时间可以对已经上报的建议计划进行调整。为了更好地服务于南水北调工程建设，国务院南水北调办曾多次向国家发展改革委报送调整年度投资建议计划，这属于下达前的调整。同时，年度投资计划下达后，若确实存在调整年度投资计划的需要，也存在相应程序进行调整。在年度投资计划调整的过程中，必须要把握好调整的程序和程度，既能维护国家基本建设投资计划的严肃性，又能适应工程建设的实际需要，发挥出年度投资计划对工程建设的指导和促进作用。

四、年度投资计划的下达

国务院南水北调办依据国家发展改革委下达的单项工程投资计划，按设计单元工程分解下达至各项目法人，同时报国家发展改革委备案，抄送有关省、直辖市南水北调办事机构和移民机构。安排年度投资计划的项目原则上须具备以下条件：①项目初步设计已批复；②项目法人已报送年度投资计划申请文件；③年度投资使用银行贷款的项目，项目法人基本落实贷款相关事宜。

（一）投资计划下达程序

投资计划的下达由三个级别构成：第一级为国家发展改革委下达投资计划给国务院南水北调办；第二级为国务院南水北调办视国家发展改革委下达计划情况以及工程建设进展情况，向项目法人分批次下达相应项目的投资计划；第三级是项目法人将年度投资计划分解下达用于工程建设。项目法人层面的投资计划管理和使用，直接涉及工程的申请款和拨款，较为复杂。以中线建管局的做法为例简要介绍项目法人层面的投资计划下达程序。

中线建管局进行年度投资计划管理的依据是《南水北调中线干线工程建设管理局投资统计管理暂行办法》。按规定，中线建管局年度投资计划实行建设投资指标下达制。中线建管局投资计划主管部门根据国务院南水北调办下达的年度投资计划和中线建管局审定的项目总体建设方案，按照单位工程进行投资分解。经分管投资计划工作的局领导批准后下达工程预拨款计划给各项目建管单位和中线建管局有关部门，用于建设及施工场地征用和工程招标。

建设投资指标是编制项目年度建设方案和资金拨付的依据。建设投资指标下达后，各项目建管单位根据中线建管局审定的项目总体建设方案和下达的建设投资指标按单位工程编制续建项目年度建设方案，在5个工作日内报中线建管局。项目年度建设方案批复后，各项目建管单位可依据建设投资指标和工程进度办理资金拨付。

（二）年度投资计划下达情况

1. 投资计划总体概况

截至2015年年底，国家累计安排国务院南水北调办负责投资计划管理的南水北调主体工程建设项目投资计划2617.8亿元。按投资来源分：中央预算内投资254.2亿元，中央预算内专项资金（国债）106.5亿元，南水北调工程基金196.5亿元，国家重大水利工程建设基金1584.8亿元，贷款475.9亿元。

国务院南水北调办累计下达投资计划2611亿元。其中：工程建设投资计划2439.6亿元，初步设计工作投资14.2亿元，文物保护工作投资10.9亿元，待运行期管理维护费10.2亿元，项目验收专项费用0.1亿元，过渡性资金融资费用136亿元。水利部累计下达6.8亿元，全部为前期工作投资。

2. 分年度投资计划下达情况

2002—2015年，国务院南水北调办安排年度投资计划情况见表3-2-3。

2002—2015年，国务院南水北调办各年度下达的投资计划总量见图3-2-4，可以明显看出2010—2012年三年间是下达投资的高峰。

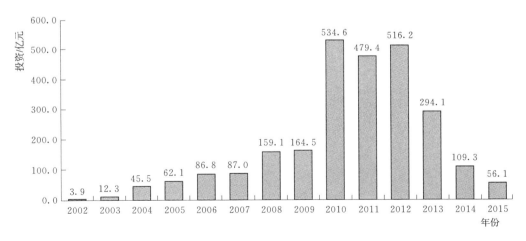

图3-2-4　各年度下达投资计划情况图

2002—2015年，国务院南水北调办下达东、中线工程的投资计划，具体情况见表3-2-4和图3-2-5。其中，其他投资计划主要指过渡性资金融资费用。

表3-2-3

南水北调工程投资计划总体安排情况表

（2002—2015年）

序号	项目名称	投资来源	合计	2002年	2003年	2004年	2005年	2006年	2007年	2008年	2009年	2010年	2011年	2012年	2013年	2014年	2015年
	合计	合计	26109565	39000	123000	454983	621462	867913	870357	1590662	1644802	5345836	4794357	5162000	2941144	1092637	561412
		中央预算内投资	2473415				20000	265000	390000	552400	450000	650000	146015				
		中央预算内专项资金	1065050	29000	73000	402000	426050	135000									
		南水北调基金	1964685	10000	50000	20751		190000	170000	303709	125000	250000	322825	150200	372200		
		贷款	4758899			32232	175412	277913	310357	734553	1069802	797836	891842	342000	122513	4439	
		国家重大水利基金	15847516									3648000	3433675	4669800	2446431	1088198	561412
一	东、中线一期工程建设投资	合计	24395779	39000	123000	454983	596462	837913	813828	1550662	1615831	5241836	4591356	4854967	2800304	666048	209589
		中央预算内投资	2273915					235000	333471	512400	421029	631000	141015				
		中央预算内专项资金	1060050	29000	73000	402000	421050	135000									
		南水北调基金	1964685	10000	50000	20751		190000	170000	303709	125000	250000	322825	150200	372200		
		贷款	4744790			32232	175412	277913	310357	734553	1069802	797836	891842	342000	108404	4439	
		国家重大水利基金	14352339									3563000	3235674	4362767	2319700	661609	209589
（一）	东线一期工程建设投资	合计	3223425	39000	100000	98051	65063	91000	64735	279498	165676	580000	760660	736197	157815	56304	29426
		中央预算内投资	274058						35000	85000	100374	51000	2684				
		中央预算内专项资金	199900	29000	50000	55500	47400	18000									
		南水北调基金	352200	10000	50000	20751		27000	20000	46709		15000	54825	46200	61715		
		贷款	726931			21800	17663	46000	9735	147789	65302	105000	125687	135000	48516	4439	
		国家重大水利基金	1670336									409000	577464	554997	47584	51865	29426

序号	项目名称	投资来源	合计	2002年	2003年	2004年	2005年	2006年	2007年	2008年	2009年	2010年	2011年	2012年	2013年	2014年	2015年
(二)	中线一期工程建设投资	合计	21172354		23000	356932	531399	746913	749093	1271164	1450155	4661836	3830696	4118770	2642489	609744	180163
		中央预算内投资	1999857					235000	298471	427400	320655	580000	138331				
		中央预算内专项资金	860150		23000	346500	373650	117000									
		南水北调基金	1612485					163000	150000	257000	125000	235000	268000	104000	310485		
		贷款	4017859			10432	157749	231913	300622	586764	1004500	692836	766155	207000	59888		
		国家重大水利基金	12682003									3154000	2658210	3807770	2272116	609744	180163
二	东、中线一期工程初步设计工作投资	小计	142000				20000	27000	30000	40000	20000	5000					
		中央预算内投资	142000				20000	27000	30000	40000	20000	5000					
		中央预算内专项资金															
		南水北调基金															
		贷款															
		国家重大水利基金															
三	东、中线一期文物保护工作投资	小计	108821				5000	3000	26529		8971	39000	8501	11133	6687		
		中央预算内投资	57500					3000	26529		8971	14000	5000				
		中央预算内专项资金	5000				5000										
		南水北调基金															
		贷款	6687												6687		
		国家重大水利基金	39634									25000	3501	11133			

续表

序号	项目名称	投资来源	合计	2002年	2003年	2004年	2005年	2006年	2007年	2008年	2009年	2010年	2011年	2012年	2013年	2014年	2015年
四	东、中线一期工程待运行期管理维护费	小计	102265												44353	56089	1823
		中央预算内投资															
		中央预算内专项资金															
		南水北调基金															
		贷款	7422												7422		
		国家重大水利基金	94843												36931	56089	1823
五	东、中线一期项目验收专项费用	小计	500													500	
		中央预算内投资															
		中央预算内专项资金															
		南水北调基金															
		贷款															
		国家重大水利基金	500													500	
六	东、中线一期工程过渡性资金融资费用	小计	1360200									60000	194500	295900	89800	370000	350000
		中央预算内投资															
		中央预算内专项资金															
		南水北调基金															
		贷款															
		国家重大水利基金	1360200									60000	194500	295900	89800	370000	350000

表 3 - 2 - 4		东、中线工程各年度投资计划下达情况表		单位：亿元
年度	合计	东线	中线	其他
2002	3.9	3.9	0.0	0.0
2003	12.3	10.0	2.3	
2004	45.5	9.8	35.7	
2005	62.1	7.3	54.8	0.1
2006	86.8	9.8	76.8	0.2
2007	87.0	7.4	79.4	0.2
2008	159.1	28.5	130.3	0.3
2009	164.5	17.0	147.4	0.2
2010	534.6	58.4	470.2	6.0
2011	479.4	76.2	383.8	19.5
2012	516.2	73.6	413.0	29.6
2013	294.1	18.6	266.6	9.0
2014	109.3	6.8	65.4	37.1
2015	56.1	2.9	18.2	35.0

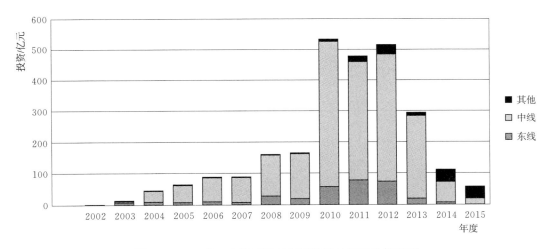

图 3 - 2 - 5　东、中线工程各年度投资计划下达情况图

2002—2015 年，国务院南水北调办下达各项目法人的投资计划，具体情况见表 3 - 2 - 5。

2002—2015 年，国务院南水北调办下达各省份的投资计划，具体情况见表 3 - 2 - 6。

五、年度投资计划的执行

（一）投资计划执行的组织管理

南水北调工程年度投资计划下达后，即进入年度投资计划的执行和监督检查阶段。各项目

表 3 - 2 - 5　各项目法人各年度投资计划下达情况表

单位：万元

项目法人	合计	2002年	2003年	2004年	2005年	2006年	2007年	2008年	2009年	2010年	2011年	2012年	2013年	2014年	2015年
江苏水源公司	1124793	19000	46000	38975	52060	64800	27226	19067	37243	170000	239973	326998	68692	14759	
山东干线公司	2117578	20000	54000	59076	20636	33100	46989	266431	132533	396300	502237	400000	109690	47160	29426
安徽洪泽湖建管办	37493									18000	19493				
东线公司	22579											9199	7407	5973	
中线干线建管局	14916471		23000	356932	485449	714913	721010	1007517	1140243	1813401	2272092	3341178	2348010	426543	166183
中线水源公司	5324870				60817	50600	70832	291147	270783	2594935	1352000	431725	134797	54150	13084
湖北省南水北调管理局	1138248				2000	2000	1800	4000	52400	253200	210000	257000	181980	172003	1865
淮委建设局	57233								10000	40000	4062		768	1549	854

表 3－2－6

各省各年度投资计划下达情况表

单位：万元

项目名称	投资来源	合计	2002年	2003年	2004年	2005年	2006年	2007年	2008年	2009年	2010年	2011年	2012年	2013年	2014年	2015年
江苏省境内工程	小计	1114243	19000	46000	38975	48760	61000	25526	18267	36293	170000	239973	326998	68692	14759	
	中央预算内投资	86038						8791	5270	18293	51000	2684				
	中央预算内专项资金	108312	14000	23000	25000	35312	11000									
	南水北调基金	105200	5000	23000	13975		21000	10000	5200			9825	1200	16000		
	贷款	312413				13448	29000	6735	7797	18000	13000	113462	90000	16532	4439	
	国家重大水利基金	502280									106000	114002	235798	36160	10320	
山东省境内工程	小计	2098028	20000	54000	59076	17336	30000	43989	261231	129383	394500	502237	400000	109690	47160	29426
	中央预算内投资	192800						30989	79730	82081						
	中央预算内专项资金	92621	15000	27000	30500	13121	7000									
	南水北调基金	247000	5000	27000	6776	4215	6000	3000	42716	47302	15000	12225	45000	32766		
	贷款	415300			21800		17000	10000	138785		92000	45000	45000	45715		
	国家重大水利基金	1150307									287500	445012	310000	31209	47160	29426
湖北省境内工程	小计	1456576				55520					263500	283905	288905	205849	188071	8793
	中央预算内投资	388248														
	中央预算内专项资金	55520				55520										
	南水北调基金	116969														
	贷款	895839													188071	8793
河南省境内工程	小计	8904106				71440	80000	207885	771491	557550	1288628	1640062	1906137	1966121	302162	112630
	中央预算内投资	490600					50000	106885	210491	115224	8000					
	中央预算内专项资金	61440				61440										
	南水北调基金	984311					20000	30000	210000	53326	180500	161000	44000	285485		
	贷款	1863048				10000	10000	71000	351000	389000	286000	606312	110000	29736		
	国家重大水利基金	5504707									814128	872750	1752137	1650900	302162	112630

项目名称	投资来源	合计	2002年	2003年	2004年	2005年	2006年	2007年	2008年	2009年	2010年	2011年	2012年	2013年	2014年	2015年
河北省境内工程	小计	4815894		15000	221220	397918	355913	245186	63729	498811	534000	604944	1505835	213428	109891	50019
	中央预算内投资	332579					100000	94850	23729	114000						
	中央预算内专项资金	567138		15000	220100	260038	72000									
	南水北调基金	417311					35000	61000	15000	63811	52500	105000	60000	25000		
	贷款	1145571			1120	137880	148913	89336	25000	321000	170000	157343	92000	2979		
	国家重大水利基金	2353295									311500	342601	1353835	185449	109891	50019
北京市境内工程	小计	762221		8000	133312	5488	266000	244670	13994	16206	5836			50855	13942	3918
	中央预算内投资	151021					55000	73684	13994	8343						
	中央预算内专项资金	177619		8000	124000	619	45000									
	南水北调基金	174863					108000	59000		7863						
	贷款	197425			9312	4869	58000	111986			5836			7422		
	国家重大水利基金	61293												43433	13942	3918
天津市境内工程	小计	198681							80000	45000	6000	28690	29206	6279	2097	1409
	中央预算内投资	36000							30000	6000						
	中央预算内专项资金															
	南水北调基金	22000							20000			2000				
	贷款	69000							30000	39000						
	国家重大水利基金	71681									6000	26690	29206	6279	2097	1409
安徽省境内工程	小计	37493									18000	19493				
	中央预算内投资															
	中央预算内专项资金															
	南水北调基金															
	贷款															
	国家重大水利基金	37493									18000	19493				

法人严格执行批复的年度投资计划，确需调整的严格按照相关程序进行，调整后的年度投资计划即成为最终执行的依据。国务院南水北调办每年末组织项目法人编制下一年度投资计划分月执行进度计划。国务院南水北调办根据南水北调东、中线一期工程建设目标和投资计划执行进度，确定南水北调工程总体年度计划完成投资目标和争取完成投资目标。年度投资完成目标同当年的年度投资计划并不是一个概念，往往也不相等。年度投资完成目标是工程进度的概念，更强调工程建设形象进度和工程量的完成而非资金的支付。例如 2012 年年度投资计划是 516 亿元，年度投资完成目标是 640 亿元，争取完成 680 亿元。国务院南水北调办提出年度投资完成目标后，还要将目标分配至每个项目法人和每个单项工程中。项目法人获得年度目标任务后，将目标进一步细化至每个月份，填报分月执行进度计划表。国务院南水北调办汇总各个项目法人的分月执行进度计划表后，制定南水北调工程的分月执行进度计划印发给各法人遵照执行。国务院南水北调办通过基建统计数据和月度执行计划的对比，每月追踪评价各项目法人年度投资计划执行力度。分月执行进度计划是项目法人年终考核的一项重要指标。2012 年年度投资完成目标是 640 亿元，除过渡性资金融资费用外，用于工程建设的投资是 610 亿元。南水北调工程 2012 年投资分月执行方案见表 3-2-7。

项目年度投资计划的执行实行年报制度。项目法人每年 1 月 15 日前将上一年度的项目年度投资计划执行报告报国务院南水北调办。报告的主要内容为：年度投资计划的安排和执行情况、资金到位情况、可调剂预留费用使用情况、工程建设进展、形象进度、工程量、建设质量以及工程建设中存在的问题和建议等。国务院南水北调办将视必要性在年末或年初召开投资计划执行情况座谈会，总结分析年度投资计划执行的经验和教训，布置下一年度的工作。

国务院南水北调办对年度投资计划实施情况逐年进行检查和监督。检查监督的内容包括：投资计划执行进度与工程量完成情况；是否越权调整投资计划；是否擅自更改工程任务和规模，工程等别及建筑物级别、设计标准、工程布置及建筑物结构、用途等设计内容；设计变更是否履行审批程序；投资是否得到有效控制等。一旦发现问题，各项目法人要及时纠正和处理，并将整改情况报国务院南水北调办。

（二）投资计划执行情况

截至 2015 年年底，南水北调工程建设项目累计完成投资（含丹江口库区移民安置工程；不含里下河水源补偿工程地方分摊投资、陶岔渠首枢纽工程电站投资）2579 亿元，占在建设计单元工程总投资 2619.6 亿元的 98%，其中东、中线一期工程分别累计完成投资 323.9 亿元和 2136.4 亿元，分别占东、中线在建设计单元工程总投资的 97% 和 99%；过渡性资金融资费用完成 117.8 亿元，其他完成 0.9 亿元。

各年完成情况是：2003 年完成投资 7.7 亿元，2004 年完成投资 12.6 亿元，2005 年完成投资 18.3 亿元，2006 年完成投资 80.5 亿元，2007 年完成投资 71.3 亿元，2008 年完成投资 51.1 亿元，2009 年完成投资 147.9 亿元，2010 年完成投资 408.3 亿元，2011 年完成投资 578 亿元，2012 年完成投资 652.9 亿元，2013 年完成 404.9 亿元，2014 年完成 109.2 亿元，2015 年完成 43.5 亿元。2003—2015 年，各年度投资完成情况见图 3-2-6。可见，2010—2013 年是工程建设的高峰期。

南水北调工程2012年投资分月执行方案

表3-2-7　　　　　2012年投资计划执行方案（月完成投资）　　　　　单位：万元

序号	项目法人	合计	1月	2月	3月	4月	5月	6月	7月	8月	9月	10月	11月	12月	备注
	合计	6104100	213670	308738	381040	601760	532695	1085603	420420	251640	343498	243562	217141	1504333	不含过渡性资金融资费用
一	东线一期	749853	36733	44179	79920	115636	102575	74870	55312	50637	55329	54807	40484	39371	
（一）	江苏水源公司	204830	16057	18585	19792	23843	19184	14827	13720	14373	13714	13589	14898	22248	
（二）	山东干线公司	535023	19596	24374	58658	90473	82276	59144	41102	35824	41100	40703	25116	16657	
（三）	安徽省南水北调项目办	10000	1080	1220	1470	1320	1115	899	490	440	515	515	470	466	
二	中线一期	5354247	176937	264559	301120	486124	430120	1010733	365108	201003	288169	188755	176657	1464962	
（一）	中线建管局	3653241	65989	183884	159634	183818	179517	868093	123062	116286	136811	155156	142372	1343619	
（二）	中线水源公司	1348620	82220	51710	112620	273345	221390	113620	213370	56200	122627	4560	5230	91728	
	其中：丹江口库区移民安置工程	1309820	80000	50000	110000	271755	220000	111500	210000	52500	117397			86668	
（三）	湖北省南水北调管理局	325000	27083	27083	27083	27083	27083	27083	27083	27083	27083	27083	27083	27087	
（四）	淮委建设局	22386	1645	1882	1783	1878	2130	1937	1593	1434	1648	1956	1972	2528	

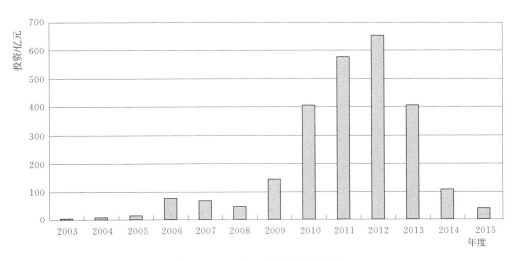

图 3-2-6　分年度投资完成情况

第三节　投　资　统　计

　　初步设计、投资计划、投资统计、工程建设评价是南水北调工程投资计划管理工作四个相辅相成的部分。初步设计是工程技术设计的实施依据，初步设计概算控制投资计划，投资计划的下达为工程提供资金保障，工程统计数据则反映了投资使用情况和工程建设进展情况。通过工程投资统计，及时提供工程建设投资统计信息、数据，全面、客观地描述南水北调工程建设水平和工程建设服务状况，准确真实地记录南水北调工程建设发展过程和建设成就，为南水北调工程投资计划安排、建设方案的制定和宏观政策研究提供重要决策依据。统计数据还是工程建设评价的基础，通过反映工程实际完成情况，与工程预期目标对照，对工程建设进行评价。

一、投资统计工作特点

（一）社会关注度高

　　南水北调工程是缓解我国北方水资源短缺和生态环境恶化状况、促进全国水资源整体优化配置的重要战略举措，是党中央、国务院根据我国经济社会发展需要作出的重大决策。随着西电东送、西气东输、青藏铁路等一批国家级具有战略性大型特大型工程逐步竣工，南水北调工程已成为唯一在建的特大型工程，受社会各界关注程度不断增加，各方面对南水北调工程统计信息量的需求不断增长，对信息的质量和时效要求也会不断提高。做好南水北调统计工作，不光是工程建设的需要，更是方便公众访问了解，体现政府政务工作公开、透明的需要。

（二）统计工作量大

　　南水北调工程由众多单项工程和设计单元工程组成，工程建设涉及计划、水利、建设、农业、环保、林业、国土资源、财政、审计等多个部门以及北京、天津、河北、山东、河南、江苏、湖北等多个省、直辖市，涉及多个项目法人或建设管理单位，工程建设管理采取多种管理模式，统计工作复杂、工作量大。同时，对统计工作在指标的多样性与概括性，信息的延续性与时效性、质量的准确性与权威性上均提出了更高的要求。

二、投资统计制度

（一）投资统计制度颁布情况

为加强南水北调工程项目管理，全面反映工程建设和投资计划完成情况，为制定政策和进行宏观调控提供依据，依照《中华人民共和国统计法》《中华人民共和国水法》的有关规定和统计工作相关要求，经国家统计局批准，2004 年国务院南水北调办研究制定了《南水北调工程建设投资统计报表制度（2005—2006 年度）》。随后，根据国家统计局要求及工程建设需要，国务院南水北调办对报表制度进行了修改完善，陆续出台了《南水北调工程建设统计报表制度（2007—2008 年度）》《南水北调工程建设统计报表制度（2009—2010 年度）》《南水北调工程建设统计报表制度（2011—2012 年度）》《南水北调工程建设统计报表制度（2013—2014 年度）》《南水北调工程建设统计报表制度（2015—2016 年度）》《南水北调工程建设统计报表制度（2017—2018 年度）》。南水北调工程建设统计报表制度两年一修订，新制度颁布的同时，旧制度废止。

统计报表制度适用于经国务院南水北调办下达投资计划的南水北调东线一期和中线一期主体工程建设，主体工程指《南水北调工程总体规划》确定的南水北调水源工程、输水干线工程、汉江中下游治理工程、移民安置工程等。

（二）南水北调工程投资统计制度管理

南水北调实体工程统计报表的报送单位为南水北调工程各项目法人和建设管理单位，主要是：南水北调东线江苏水源有限责任公司、南水北调东线山东干线有限责任公司、南水北调中线水源有限责任公司、南水北调中线干线工程建设管理局、湖北省南水北调管理局等。

南水北调工程征地及移民安置工程统计报表的填报单位为南水北调工程所在地的各省级征地移民主管部门，主要是：北京市南水北调办、天津市南水北调办、河北省南水北调办、江苏省南水北调办、山东省南水北调建管局、湖北省移民局、河南省人民政府移民办等。

根据统计报表制度要求，各项目法人和建设管理单位均配备了专职统计人员，严格按照南水北调工程投资统计报表制度建立了统计台账，进行统计资料分析，按时上报统计报表，为工程建设管理和评价提供基础数据。各项目法人和建设管理单位对南水北调工程建设年度投资计划实施动态统计管理，做好年度投资计划统计台账和统计分析，按有关要求，按时完成各项统计工作。

统计报表以已批准初步设计报告或下达前期工作经费的设计单元工程为单位填报，在初步设计审批或下达前期工作经费之后开始编报，到全部竣工验收后该设计单元的统计工作结束。对于下达前期工作经费的设计单元工程，投资建设统计报表所列计划投资（计划总投资除外）和完成投资指前期经费的安排和完成投资。前期工作经费在初步设计审批之后作为项目完成投资额计入相应的完成投资额项中。

（三）南水北调工程投资统计报表主要内容

根据历年的投资统计报表制度，投资统计报表包括项目基本情况表、年报表、季报表和月报表 4 类。各类报表的表名、表号、报告期别、报送单位和报送时间及方式见表 3-3-1。

表 3-3-1 南水北调工程统计报表目录

表　名	报告期别	填报范围	报送单位	报送日期及方式
南水北调工程项目基本情况表	不定期	辖区内负责建设管理的南水北调工程	项目法人	项目开工及竣工时电子邮件及报表
南水北调工程投资统计月报标准表	月报	辖区内负责建设管理的南水北调工程	项目法人	次月 3 日前电子邮件及报表
南水北调工程建设管理统计月报标准表	月报	辖区内负责建设管理的南水北调工程	项目法人	次月 3 日前电子邮件及报表
南水北调工程干线工程征迁安置统计季报标准表	季报	行政区域内的南水北调工程	省级征地移民主管部门	次月 3 日前电子邮件及报表
南水北调工程库区移民安置统计季报标准表	季报	行政区域内的南水北调工程	省级征地移民主管部门	次月 3 日前电子邮件及报表
南水北调工程投资统计年报标准表	年报	辖区内负责建设管理的南水北调工程	项目法人	次年 2 月底前电子邮件及报表
南水北调工程建设管理统计年报标准表	年报	辖区内负责建设管理的南水北调工程	项目法人	次年 2 月底前电子邮件及报表
南水北调工程干线工程征迁安置统计年报标准表	年报	行政区域内的南水北调工程	省级征地移民主管部门	次年 2 月底前电子邮件及报表
南水北调工程库区移民安置统计年报标准表	年报	行政区域内的南水北调工程	省级征地移民主管部门	次年 2 月底前电子邮件及报表

报送南水北调工程投资和建设管理统计月报表和年报表时，分别随表报送月度形象进度报告和年度形象进度报告及年度统计分析报告。

报送南水北调工程征迁安置季报表和年报表时，分别随表报送季度和年度统计报表说明，主要内容包括征地移民实施方案的执行情况、调整情况、主要进度、存在的主要问题。年度统计报表说明要求详细，有情况、有分析、有建议。

报送南水北调工程库区移民安置季报表和年报表时，分别随表报送季度和年度形象进度报告。

报表制度各类报表报告期内所指的统计时段分别为：月报表：1 月为 1 月 1—25 日，其余各月为上月 26 日至当月 25 日；季报表：第一季度为 1 月 1 日至 3 月 25 日，第二季度为 3 月 26 日至 6 月 25 日，第三季度为 6 月 26 日至 9 月 25 日，第四季度为 9 月 26 日至 12 月 25 日；年报表：1 月 1 日至 12 月 31 日。

项目基本情况表、年报表、季报表和月报表 4 类表样式见表 3-3-2～表 3-3-10。

表 3-3-2 南水北调工程投资统计项目基本情况表

项目编码：   表　　号：基本 01

项目名称：   制定机关：国务院南水北调办

报送单位（盖章）：   批准机关：国家统计局

通信地址：   批准文号：国统制〔2015〕20 号

邮政编码：

联系电话：   有效期至：2016 年 12 月

项　　目	内　　容
一、项目法人及参建单位	
项目法人	
项目管理单位	
设计单位	
施工单位	
监理单位	
二、建设地址	
三、所属流域	
四、所属线路	
五、建设阶段	前期开工_____筹建_____在建_____完建_____
六、建设管理模式	直管_____委托_____代建_____
七、工程等级	_____型工程，_____等工程，主要建筑物为_____级
八、设计能力	
输水干线工程	设计流量_____ m³/s，加大流量_____ m³/s
蓄水工程	设计水位_____ m，库容_____万 m³
九、建设时间	
开工时间	
全部建成时间	
全部竣工验收时间	
十、审批文号	
项目建议书	
可行性研究报告	
初步设计报告	
开工报告	
本年度实施方案	
十一、项目划分	
单位工程	_____个，主要建筑物_____个
分部工程	_____个，主要建筑物_____个
单元工程	_____个，主要建筑物_____个

单位负责人：　　　　　统计负责人：　　　　　填表人：　　　　　填表日期：

填报说明：

1. 本表由各项目法人按照设计单元工程填报。

2. 本表为不定期报表，分别在工程开工及全部竣工时报送一次，在填报内容有增加、修改时随时报送。

表 3－3－3　　　　　　　　　　南水北调工程投资统计月报标准表

201　年　月

项目编码：　　　　　　　　　　　　　　　　　　　　　　表　　号：月基 01
项目名称：　　　　　　　　　　　　　　　　　　　　　　制定机关：国务院南水北调办
报送单位（盖章）：　　　　　　　　　　　　　　　　　　批准机关：国家统计局
通信地址：　　　　　　　　　　　　　　　　　　　　　　批准文号：国统制〔2015〕20 号
邮政编码：　　　　　　　　　　　　　　　　　　　　　　有效期至：2016 年 12 月
联系电话：

指标名称	计量单位	代码	数量	指标名称	计量单位	代码	数量
甲	乙	丙	1	甲	乙	丙	1
工程投资				资金到位			
计划总投资	万元	101		本年实际到位资金合计	万元	141	
本年计划投资	万元	102		上年末结余资金	万元	143	
中央预算内拨款（含国债）	万元	103		本年实际到位资金小计	万元	144	
南水北调工程基金	万元	104		中央预算内拨款（含国债）	万元	145	
国内贷款	万元	105		国内贷款	万元	146	
其他资金	万元	106		南水北调工程基金	万元	147	
投资完成				其他资金	万元	148	
自开始建设累计完成投资	万元	111		新增固定资产			
本年完成投资	万元	112		本年新增固定资产	万元	171	
建筑工程	万元	114		设计变更专项			
安装工程	万元	115		本月重大设计变更次数	次	181	
设备工器具购置	万元	116		本月设计变更引起投资变化	—	—	—
其他费用	万元	117		增加投资	万元	182	
其中：建设用地费	万元	118		减少投资	万元	183	
本月完成投资	万元	113					

工程计划完成情况						工程实际完成情况				
计划完成工程量	土方	全部	万 m³	191		实际完成工程量	土方	全部	万 m³	201
		本年	万 m³	192				本年	万 m³	202
	石方	全部	万 m³	193			石方	全部	万 m³	203
		本年	万 m³	194				本年	万 m³	204
	混凝土	全部	m³	195			混凝土	全部	m³	205
		本年	m³	196				本年	m³	206
	金属结构	全部	t	197			金属结构	全部	t	207
		本年	t	198				本年	t	208
	机电设备	全部	台（套）	199			机电设备	全部	台（套）	209
		本年	台（套）	200				本年	台（套）	210

房屋建筑面积及价值				工程效益			
房屋施工面积	m²	221		效益/能力名称			
本年房屋竣工面积	m²	222		建设规模			
自年初累计房屋竣工价值	万元	223		本年施工规模			
				自年初累计新增效益			

单位负责人：　　　　　　统计负责人：　　　　　　填表人：　　　　　　填表日期：

填报说明：

1. 本表由各项目法人按照设计单元工程填报。

2. 本表为定期月报表，报送时间为月后 3 日 17 时前。方式为纸质文件与电子邮件同时报送。

表 3-3-4 南水北调工程建设管理统计月报标准表

201 年 月

项目编码：

项目名称：

报送单位（盖章）：

通信地址：

邮政编码：

联系电话：

表　　号：月基 02

制定机关：国务院南水北调办

批准机关：国家统计局

批准文号：国统制〔2015〕20 号

有效期至：2016 年 12 月

指　标　名　称		计量单位	代码	数量
甲		乙	丙	1
施工完成情况				
施工合同总金额		万元	231	
自开始建设累计完成施工合同总金额		万元	232	
自年初累计完成施工合同总金额		万元	233	
本月完成施工合同金额		万元	234	
自开始建设累计结算金额		万元	235	
自年初累计结算金额		万元	236	
本月结算金额		万元	237	
招标累计完成情况				
计划招标总数	监理标段	个	251	
	施工标段	个	252	
	机电和设备采购标	个	253	
完成招标总数	监理标段	个	254	
	施工标段	个	255	
	机电和设备采购标	个	256	
质量评定累计完成情况				
单位工程	评定总数	个	271	
	合格个数	个	272	
	优良个数	个	273	
分部工程	评定总数	个	274	
	合格个数	个	275	
	优良个数	个	276	
单元工程	评定总数	个	277	
	合格个数	个	278	
	优良个数	个	279	

单位负责人：　　　　统计负责人：　　　　填表人：　　　　填表日期：

填报说明：

1. 本表由各项目法人按照设计单元工程填报。

2. 本表为定期月报表，报送时间为月后 3 日 17 时前。方式为纸质文件与电子邮件同时报送。

表 3－3－5　　　　　　　南水北调工程干线工程征迁安置统计季报标准表

201　年第　季度

项目编码：　　　　　　　　　　　　　　　表　　　号：季基 01

项目名称：　　　　　　　　　　　　　　　制定机关：国务院南水北调办

报送单位（盖章）：　　　　　　　　　　　批准机关：国家统计局

通信地址：　　　　　　　　　　　　　　　批准文号：国统制〔2015〕20 号

邮政编码：

联系电话：　　　　　　　　　　　　　　　有效期至：2016 年 12 月

指标名称		计量单位	代码	数量	指标名称		计量单位	代码	数量
甲		乙	丙	1	甲		乙	丙	1
征迁安置投资					企业和专项拆迁				
初步设计批准征迁安置投资		万元	301		初步设计批准	工业企业	处	331	
本季完成征迁安置投资		万元	302			专项设施	处	332	
累计完成征迁安置投资		万元	303		本季完成	工业企业	处	333	
征用土地						专项设施	处	334	
初步设计批准	永久征地	亩	311		累计完成	工业企业	处	335	
	临时用地	亩	312			专项设施	处	336	
本季完成	永久征地	亩	313		文物保护				
	临时用地	亩	314		初步设计批准	勘探面积	m²	341	
累计完成	永久征地	亩	315			发掘面积	m²	342	
	临时用地	亩	316			迁建面积	m²	343	
房屋拆迁和人口安置						文物保护投资	万元	344	
初步设计批准	拆迁房屋总面积	m²	321		本季完成	勘探面积	m²	345	
	搬迁人口	人	322			发掘面积	m²	346	
	生产安置人口	人	323			迁建面积	m²	347	
本季完成	拆迁房屋总面积	m²	324			文物保护投资	万元	348	
	搬迁人口	人	325		累计完成	勘探面积	m²	349	
	生产安置人口	人	326			发掘面积	m²	350	
累计完成	拆迁房屋总面积	m²	327			迁建面积	m²	351	
	搬迁人口	人	328			文物保护投资	万元	352	
	生产安置人口	人	329						

单位负责人：　　　　　统计负责人：　　　　　填表人：　　　　　填表日期：

填报说明：

1. 本表由各省级征地移民主管部门填报。

2. 本表为定期季报表，报送时间为月后 3 日 17 时前，同时抄报项目法人。方式为纸质文件与电子邮件同时报送。

表 3-3-6　　　　　　　　　　　**南水北调工程库区移民安置统计季报标准表**

201　年第　季度

项目编码：　　　　　　　　　　　　　　　　表　　号：季基 02
项目名称：　　　　　　　　　　　　　　　　制定机关：国务院南水北调办
报送单位（盖章）：　　　　　　　　　　　　批准机关：国家统计局
通信地址：　　　　　　　　　　　　　　　　批准文号：国统制〔2015〕20 号
邮政编码：
联系电话：　　　　　　　　　　　　　　　　有效期至：2016 年 12 月

1 库区移民投资　　　　　　　　　　　　　　　　　　　　　　　　单位：万元

省市县名称	规　划									本期完成					
	合计	农村	集镇	企业	专项	文物	其他			合计	农村	集镇	企业	专项	文物
								税费	预备费						
甲	501	502	503	504	505	506	507	508	509	510	511	512	513	514	515
合计															

省市县名称	本期完成			累　计　完　成								
	其他			合计	农村	集镇	企业	专项	文物	其他		
		税费	预备费								税费	预备费
甲	516	517	518	519	520	521	522	523	524	525	526	527
合计												

2 安置人口　　　　　　　　　　　　　　　　　　　　　　　　　　单位：万元

省市县名称	规　划									本期完成					
	城镇移民	农村移民								城镇移民	农村移民				
		本县安置					出县外迁安置				本县安置				
		小计	后靠		近迁		小计	农业	其他		小计	后靠		近迁	
			农业	其他	农业	其他						农业	其他	农业	其他
甲	531	532	533	534	535	536	537	538	539	540	541	542	543	544	545
合计															

省市县名称	本期完成				累计完成							
	农村移民			城镇移民	农村移民							
	安置外县移民				本县安置					安置外县移民		
	小计	农业	其他		小计	后靠		近迁		小计	农业	其他
						农业	其他	农业	其他			
甲	546	547	548	549	550	551	552	553	554	555	556	557
合计												

3 农村移民安置

省市县名称	规划											本期完成				
	居民点	分散安置	集中安置用地	生产	分散安置用地	建房	道路	机井	供水管网	输电线	水利设施配套	居民点	分散安置	集中安置用地	生产	分散安置用地
	个	人	亩	亩	亩	户	km	眼	km	km	亩	个	人	亩	亩	亩
甲	561	562	563	564	565	566	567	568	569	570	571	572	573	574	575	576
合计																

省市县名称	本期完成						累计完成										
	建房	道路	机井	供水管网	输电线	水利设施配套	居民点	分散安置	集中安置用地	生产	分散安置用地	建房	道路	机井	供水管网	输电线	水利设施配套
	户	km	眼	km	km	亩	个	人	亩	亩	亩	户	km	眼	km	km	亩
甲	577	578	579	580	581	582	583	584	585	586	587	588	589	590	591	592	593
合计																	

4 城集镇迁建

省市县名称	规划						本期完成		
	新址征地	道路	供水管网	输电线	迁建单位	拆迁面积	新址征地	道路	供水管网
	亩	km	km	km	个	万 m²	亩	km	km
甲	601	602	603	604	605	606	607	608	609
合计									

第三节 投资统计

省市县名称	本期完成			累 计 完 成					
	输电线	迁建单位	建房面积	新址征地	道路	供水管网	输电线	迁建单位	建房面积
	km	个	万 m²	亩	km	km	km	个	万 m²
甲	610	611	612	613	614	615	616	617	618
合计									

5 企业和专项迁建

省市县名称	规 划								本期完成			
	工业企业迁建	专项设施建设							工业企业迁建	专项设施建设		
		公路	桥梁	码头	输变电线路	水利设施	通信线路	广播电视线路		公路	桥梁	码头
	个	km	座	处	km	处	km	km	个	km	座	处
甲	621	622	623	624	625	626	627	628	629	630	631	632
合计												

省市县名称	本期完成				累 计 完 成								
	专项设施建设				工业企业迁建	专项设施建设							
	输变电线路	水利设施	通信线路	广播电视线路		公路	桥梁	码头	输变电线路	水利设施	通信线路	广播电视线路	
	km	处	km	km	个	km	座	处	km	处	km	km	
甲	633	634	635	636	637	638	639	640	641	642	643	644	
合计													

6 文物保护

省市县名称	文物点名称	规划面积/m²			本期完成面积/m²			累计完成面积/m²			投资/万元		
		勘探	发掘	迁建	勘探	发掘	迁建	勘探	发掘	迁建	投资概算	本期拨出	累计拨出
甲	乙	651	652	653	654	655	656	657	658	659	660	661	662
合计													

单位负责人：　　　　　统计负责人：　　　　　填表人：　　　　　填表日期：

填报说明：

1. 本表由各省级征地移民主管部门填报。

2. 本表为定期季报表，报送时间为月后 3 日 17 时前，同时抄报项目法人。方式为纸质文件与电子邮件同时报送。

表 3 - 3 - 7 　　　　　　　　　南水北调工程投资统计年报标准表

201 　年

项目编码：　　　　　　　　　　　　　　　表　　　号：年基 01
项目名称：　　　　　　　　　　　　　　　制定机关：国务院南水北调办
报送单位（盖章）：　　　　　　　　　　　批准机关：国家统计局
通信地址：　　　　　　　　　　　　　　　批准文号：国统制〔2015〕20 号
邮政编码：　　　　　　　　　　　　　　　有效期至：2016 年 12 月
联系电话：

指标名称	计量单位	代码	数量
甲	乙	丙	1
工程投资			
计划总投资	万元	101	
本年计划投资	万元	102	
中央预算内拨款（含国债）	万元	103	
南水北调工程基金	万元	104	
国内贷款	万元	105	
其他资金	万元	106	
投资完成			
自开始建设至本年底累计完成投资	万元	121	
本年完成投资	万元	122	
建筑工程	万元	123	
安装工程	万元	124	
设备工器具购置	万元	125	
其中：购置旧设备	万元	127	
其他费用	万元	126	
其中：旧建筑物购置费	万元	128	
建设用地费	万元	129	
勘测设计费	万元	130	
资金到位			
本年实际到位资金合计	万元	142	
上年末结余资金	万元	143	
本年实际到位资金小计	万元	149	
中央预算内拨款（含国债）	万元	150	
国内贷款	万元	151	
南水北调工程基金	万元	152	
其他资金	万元	153	
各项应付未付款合计	万元	154	
新增固定资产			
自开始建设至本年底累计新增固定资产	万元	172	
本年新增固定资产	万元	173	
设计变更专项			
本年重大设计变更次数	次	184	

续表

指标名称			计量单位	代码	数量
本年设计变更引起投资变化			—	—	—
增加投资			万元	185	
减少投资			万元	186	
工程计划完成情况					
计划完成工程量	土方	全部	万 m³	191	
		本年	万 m³	192	
	石方	全部	万 m³	193	
		本年	万 m³	194	
	混凝土	全部	m³	195	
		本年	m³	196	
	金属结构	全部	t	197	
		本年	t	198	
	机电设备	全部	台（套）	199	
		本年	台（套）	200	
房屋建筑面积及价值					
房屋施工面积			m²	224	
本年房屋竣工面积			m²	225	
本年房屋竣工价值			万元	226	
工程实际完成情况					
实际完成工程量	土方	全部	万 m³	211	
		本年	万 m³	212	
	石方	全部	万 m³	213	
		本年	万 m³	214	
	混凝土	全部	m³	215	
		本年	m³	216	
	金属结构	全部	t	217	
		本年	t	218	
	机电设备	全部	台（套）	219	
		本年	台（套）	220	
工程效益					
效益/能力名称					
建设规模					
本年施工规模					
本年新开工					
自开始建设累计新增效益					
本年新增效益					

单位负责人： 　　　统计负责人： 　　　填表人： 　　　填表日期：

填报说明：

1. 本表由各项目法人按照设计单元工程填报。

2. 本表为定期年报表，报送时间为次年2月底前。方式为纸质文件与电子邮件同时报送。

表 3 - 3 - 8　　　　　　　　南水北调工程建设管理统计年报标准表

201　年

<table>
<tr><td colspan="2">项目编码：</td><td colspan="2">表　　号：年基 02</td></tr>
<tr><td colspan="2">项目名称：</td><td colspan="2">制定机关：国务院南水北调办</td></tr>
<tr><td colspan="2">报送单位（盖章）：</td><td colspan="2">批准机关：国家统计局</td></tr>
<tr><td colspan="2">通信地址：</td><td colspan="2">批准文号：国统制〔2015〕20 号</td></tr>
<tr><td colspan="2">邮政编码：</td><td colspan="2">有效期至：2016 年 12 月</td></tr>
<tr><td colspan="2">联系电话：</td><td colspan="2"></td></tr>
</table>

指标名称		计量单位	代码	数量
甲		乙	丙	1
施工完成情况				
施工合同总金额		万元	231	
自开始建设至本年底累计完成施工合同金额		万元	238	
本年完成施工合同金额		万元	239	
自开始建设至本年底累计结算金额		万元	240	
本年结算金额		万元	241	
招标累计完成情况				
计划招标总数	监理标段	个	257	
	施工标段	个	258	
	机电和设备采购标	个	259	
完成招标总数	监理标段	个	260	
	施工标段	个	261	
	机电和设备采购标	个	262	
质量评定累计完成情况				
单位工程	评定总数	个	280	
	合格个数	个	281	
	优良个数	个	282	
分部工程	评定总数	个	283	
	合格个数	个	284	
	优良个数	个	285	
单元工程	评定总数	个	286	
	合格个数	个	287	
	优良个数	个	288	

单位负责人：　　　　　统计负责人：　　　　填表人：　　　　　填表日期：

填报说明：

1. 本表由各项目法人按照设计单元工程填报。

2. 本表为定期年报表，报送时间为次年 2 月底前。方式为纸质文件与电子邮件同时报送。

　　　　　　　　　　　　　　　　　　　　　　　第三节　投资统计

表 3-3-9 　　　　　南水北调工程干线工程征迁安置统计年报标准表

201　年第　季度

项目编码：　　　　　　　　　　　　　　　　　表　　　号：年基 01

项目名称：

报送单位（盖章）：　　　　　　　　　　　　制定机关：国务院南水北调办

通信地址：

邮政编码：　　　　　　　　　　　　　　　　批准机关：国家统计局

联系电话：　　　　　　　　　　　　　　　　批准文号：国统制〔2015〕20 号

指标名称		计量单位	代码	数量	指标名称		计量单位	代码	数量
甲		乙	丙	1	甲		乙	丙	1
征迁安置投资					企业和专项拆迁				
初步设计批准征迁安置		万元	301		初步设计批准	工业企业	处	33	
本年完成征迁安置投资		万元	302			专项设施	处	33	
累计完成征迁安置投资		万元	303		本年完成	工业企业	处	33	
征用土地						专项设施	处	33	
初步设计批准	永久征地	亩	311		累计完成	工业企业	处	33	
	临时用地	亩	312			专项设施	处	33	
本季完成	永久征地	亩	313		文物保护				
	临时用地	亩	314		初步设计批准	勘探面积	m²	341	
累计完成	永久征地	亩	315			发掘面积	m²	342	
	临时用地	亩	316			迁建面积	m²	343	
房屋拆迁和人口安置						文物保护投资	万元	344	
初步设计批准	拆迁房屋总面积	m²	321		本季完成	勘探面积	m²	34	
	搬迁人口	人	322			发掘面积	m²	34	
	生产安置人	人	323			迁建面积	m²	34	
本年完成	拆迁房屋总面积	m²	324			文物保护	万元	34	
	搬迁人口	人	325		累计完成	勘探面积	m²	34	
	生产安置人	人	326			发掘面积	m²	35	
累计完成	拆迁房屋总面积	m²	327			迁建面积	m²	35	
	搬迁人口	人	328			文物保护	万元	35	
	生产安置人	人	329						

单位负责人：　　　　　统计负责人：　　　　　填表人：　　　　　填表日期：

填报说明：

1. 本表由各省级征地移民主管部门填报。

2. 本表为定期年报表，报送时间为次年 2 月底，同时抄报项目法人。方式为纸质文件与电子邮件同时报送。

表 3－3－10　　　　　　　南水北调工程库区移民安置统计年报标准表

201　年

项目编码：　　　　　　　　　　　　　　　　　　　　　表　　号：年基 04

项目名称：

报送单位（盖章）：　　　　　　　　　　　　　　　　制定机关：国务院南水北调办

通信地址：　　　　　　　　　　　　　　　　　　　　批准机关：国家统计局

邮政编码：

联系电话：　　　　　　　　　　　　　　　　　　　　批准文号：国统制〔2015〕20 号

1 库区移民投资　　　　　　　　　　　　　　　　　　　　　　　单位：万元

省市县名称	规　　划									本期完成					
	合计	农村	集镇	企业	专项	文物	其他			合计	农村	集镇	企业	专项	文物
								税费	预备费						
甲	501	502	503	504	505	506	507	508	509	510	511	512	513	514	515
合计															

省市县名称	本期完成			累　计　完　成								
	其他			合计	农村	集镇	企业	专项	文物	其他		
		税费	预备费								税费	预备费
甲	516	517	518	519	520	521	522	523	524	525	526	527
合计												

2 安置人口　　　　　　　　　　　　　　　　　　　　　　　单位：万元

省市县名称	规　　划								本期完成					
	城镇移民	农村移民							城镇移民	农村移民				
		本县安置					出县外迁安置			本县安置				
		小计	后靠		近迁		小计	农业	其他	小计	后靠		近迁	
			农业	其他	农业	其他					农业	其他	农业	其他
甲	531	532	533	534	535	536	537	538	539	540	541	542	543	544	545
合计															

续表

省市县名称	本期完成			累计完成								
	农村移民			城镇移民	农村移民							
	安置外县移民				本县安置				安置外县移民			
						后靠		近迁				
	小计	农业	其他		小计	农业	其他	农业	其他	小计	农业	其他
甲	546	547	548	549	550	551	552	553	554	555	556	557
合计												

3 农村移民安置

省市县名称	规划											本期完成				
	居民点	分散安置	集中安置用地	生产	分散安置用地	建房	道路	机井	供水管网	输电线	水利设施配套	居民点	分散安置	集中安置用地	生产	分散安置用地
	个	人	亩	亩	亩	户	km	眼	km	km	亩	个	人	亩	亩	亩
甲	561	562	563	564	565	566	567	568	569	570	571	572	573	574	575	576
合计																

省市县名称	本期完成					累计完成										
	建房	道路	机井	供水管网	输电线	水利设施配套	居民点	分散安置	集中安置用地	生产	分散安置用地	建房	道路	机井	供水管网	输电线	水利设施配套
	户	km	眼	km	km	亩	个	人	亩	亩	亩	户	km	眼	km	km	亩
甲	577	578	579	580	581	582	583	584	585	586	587	588	589	590	591	592	593
合计																

4 城集镇迁建

省市县名称	规划						本期完成		
	新址征地	道路	供水管网	输电线	迁建单位	拆迁面积	新址征地	道路	供水管网
	亩	km	km	km	个	万 m²	亩	km	km
甲	601	602	603	604	605	606	607	608	609
合计									

省市县名称	本期完成			累 计 完 成					
	输电线	迁建单位	建房面积	新址征地	道路	供水管网	输电线	迁建单位	建房面积
	km	个	万 m²	亩	km	km	km	个	万 m²
甲	610	611	612	613	614	615	616	617	618
合计									

5 企业和专项迁建

省市县名称	规 划								本期完成			
	工业企业迁建	专项设施建设							工业企业迁建	专项设施建设		
		公路	桥梁	码头	输变电线路	水利设施	通信线路	广播电视线路		公路	桥梁	码头
	个	km	座	处	km	处	km	km	个	km	座	处
甲	621	622	623	624	625	626	627	628	629	630	631	632
合计												

省市县名称	本期完成				累 计 完 成							
	专项设施建设				工业企业迁建	专项设施建设						
	输变电线路	水利设施	通信线路	广播电视线路		公路	桥梁	码头	输变电线路	水利设施	通信线路	广播电视线路
	km	处	km	km	个	km	座	处	km	处	km	km
甲	633	634	635	636	637	638	639	640	641	642	643	644
合计												

6 文物保护

省市县名称	文物点名称	规划面积/m²			本期完成面积/m²			累计完成面积/m²			投资/万元		
		勘探	发掘	迁建	勘探	发掘	迁建	勘探	发掘	迁建	投资概算	本期拨出	累计拨出
甲	乙	651	652	653	654	655	656	657	658	659	660	661	662
合计													

单位负责人：　　　　统计负责人：　　　　填表人：　　　　填表日期：

填报说明：

1. 本表由各省级征地移民主管部门填报。

2. 本表为定期年报表，报送时间为次年 2 月底，同时抄报项目法人。方式为纸质文件与电子邮件同时报送。

（四）统计提交成果

截至 2015 年年底，形成了投资统计简报（130 期）、年度投资统计报告（11 期）、统计信息网站发布等系列统计成果体系，充分展示了国务院南水北调办统计工作的成效。同时，每月按时向国家统计局报送固定资产投资统计报告。在 2004—2013 年全国固定资产投资统计数据质量评比中，连续 10 年荣获特等奖。

三、工程投资统计情况

截至 2015 年年底，南水北调工程共完成投资 2579 亿元。各设计单元工程投资统计情况如下。

（一）东线一期工程

（1）三阳河潼河宝应站工程。三阳河潼河宝应站工程于 2002 年 12 月开工建设，是南水北调首个开工工程，2005 年 9 月基本建成。共下达计划 97922 万元，目前已完成全部投资。完成土方挖填 2713 万 m^3，石方 5.95 万 m^3，混凝土浇筑 13.4 万 m^3，金属结构 237t。目前三阳河潼河宝应站工程已通过完工验收并移交运管单位。

（2）刘山泵站工程。工程总投资为 29576 万元，已完成全部投资。共完成土方 196 万 m^3，石方 3.65 万 m^3，混凝土 4.69 万 m^3，金属结构 660t，机电设备 5 台（套）。目前刘山站工程已通过完工验收并移交运管单位。

（3）解台泵站工程。工程总投资为 23242 万元，已完成全部投资。共完成土方 110.9 万 m^3，石方 6.17 万 m^3，混凝土 3.88 万 m^3，金属结构 460t，机电设备 5 台（套）。目前解台站工程已通过完工验收并移交运管单位。

（4）蔺家坝泵站工程。工程总投资为 25700 万元，已完成全部投资。共完成土方 121.99 万 m^3，石方 0.4 万 m^3，混凝土 3.49 万 m^3，金属结构 457.04t，机电设备 4 台（套）。目前蔺家坝泵站已移交运管单位。

（5）淮阴三站工程。工程总投资 29145 万元，已完成全部投资。共完成土方 247 万 m^3，石方 4.51 万 m^3，混凝土 2.53 万 m^3，金属结构 307t，机电设备 17 台（套）。目前淮阴三站已通过完工验收并移交运管单位。

（6）淮安四站工程。工程总投资 18476 万元，已完成全部投资。共完成土方 153.8 万 m^3，石方 2.35 万 m^3，混凝土 2.53m^3，金属结构 460t，机电设备 4 台（套）。淮安四站于 2008 年年底建成，目前已通过完工验收并移交运管单位。

（7）淮安四站输水河道工程。工程总投资 31898 万元，目前已完成全部投资并通过完工验收。共完成土方 412.51 万 m^3，石方 1.31 万 m^3，混凝土 2.42 万 m^3，金属结构 339.2t，机电设备 21 台（套）。

（8）江都站改造工程。工程总投资 30302 万元，目前已完成全部投资。完成土方 64.46 万 m^3，石方 1.76 万 m^3，混凝土 2.56 万 m^3，金属结构 1000t，机电设备 17 台（套）。江都站改造工程于 2013 年 6 月全部建成，目前已通过完工验收并移交运管单位。

（9）泗阳站工程。工程总投资 33447 万元，目前已完成全部投资并移交运管单位，累计完成土方 128.51 万 m^3，石方 3.88 万 m^3，混凝土浇筑 3.89 万 m^3，金属结构 292t，机电设备 6 台（套）。

（10）泗洪站工程。工程总投资 59784 万元，目前已完成全部投资并移交运管单位。累计完成土方 558.8 万 m^3，石方 7.31 万 m^3，混凝土浇筑 14.07 万 m^3，金属结构 1560t，机电设备 5 台（套）。

（11）刘老涧二站工程。工程总投资 22923 万元，目前已通过完工验收并移交运管单位。累计完成土方 80.27 万 m^3，石方 2.8 万 m^3，混凝土浇筑 3.04 万 m^3，金属结构 285t，机电设备 4 台（套）。

（12）皂河二站工程。工程总投资 29268 万元，目前已完成全部投资并移交运管单位。累计完成投资 24052 万元，土方 172.71 万 m^3，石方 1.22 万 m^3，混凝土 4.38 万 m^3，金属结构 359.8t，机电设备 3 台（套）。

（13）皂河一站工程。工程总投资 13248 万元，目前已通过完工验收并移交运管单位。共完成土方 30.33 万 m^3，石方 0.46 万 m^3，混凝土 3.23 万 m^3，金属结构 130t，机电设备 2 台（套）。

（14）金湖站工程。工程总投资 39954 万元，目前已完成全部投资并移交运管单位。共完成土方 176 万 m^3，石方 5.31 万 m^3，混凝土 4.5 万 m^3，金属结构 885t，机电设备 5 台（套）。

（15）金宝航道工程。工程总投资 102722 万元，目前已完成全部投资并移交运管单位。完成土方 859.4 万 m^3，石方 0.53 万 m^3，混凝土 12.35 万 m^3，金属结构 378.4t，机电设备 30 台（套）。

（16）淮安二站改造工程。工程总投资 5464 万元，目前已通过完工验收并移交运管单位。累计完成土方 3.52 万 m^3，石方 0.52 万 m^3，混凝土 0.11 万 m^3，金属结构 67t，机电设备 2 台（套）。

（17）骆马湖以南中运河影响处理工程。工程总投资 12527 万元，目前已完成全部投资，陆续移交管理单位。累计完成土方 38.75 万 m^3，石方 0.55 万 m^3，混凝土 1.45 万 m^3，金属结构 655.7t。

（18）里下河水源调整工程。工程总投资 236341 万元，目前已完成全部投资。累计完成土方 2958.98 万 m^3，石方 11.63 万 m^3，混凝土 17.34 万 m^3，金属结构 5421t，机电设备 123 台（套）。

（19）高水河整治工程。工程总投资 15996 万元，目前已完成全部投资。工程累计完成土方 135 万 m^3，石方 40 万 m^3，混凝土 0.86 万 m^3。

（20）睢宁二站工程。工程总投资 25518 万元，目前已完成全部投资并移交运管单位。累计完成土方 115.5 万 m^3，石方 1.51 万 m^3，混凝土 5.18 万 m^3，金属结构 118.9t，机电设备 4 台（套）。

（21）邳州站工程。工程总投资 33138 万元，目前已完成全部投资并移交运管单位。累计完成土方 103.72 万 m^3，石方 2.18 万 m^3，混凝土 5.15 万 m^3，金属结构 489.7t，机电设备 4 台（套）。

（22）洪泽站工程。工程总投资 51817 万元，目前已完成全部投资并移交运管单位。累计完成土方 540.22 万 m^3，石方 0.64 万 m^3，混凝土 11 万 m^3，机电设备 5 台（套）。

（23）洪泽湖抬高蓄水位影响处理工程江苏省境内工程。工程总投资 26003 万元，目前已完成全部投资。累计完成土方 163.44 万 m^3，石方 1.42 万 m^3，混凝土 12.87 万 m^3，金属结构 333.34t，机电设备 65 台（套）。

（24）徐洪河影响处理工程。工程总投资27609万元，目前已完成全部投资。累计完成土方150.4万 m^3，石方4.88万 m^3，混凝土11.72万 m^3，金属结构20t，机电设备5台（套）。

（25）沿运闸洞漏水处理工程。工程总投资12252万元，目前已完成全部投资。累计完成土方79.5万 m^3，石方4万 m^3，混凝土1.7万 m^3，金属结构433.67t，机电设备225台（套）。

（26）骆马湖水资源控制工程。工程批复总投资3081万元，工程已建成并移交管理单位。累计完成土方15.53万 m^3，石方0.88万 m^3，金属结构82.5t，机电设备4台（套）。

（27）姚楼河闸工程。工程批复总投资2412万元，已全部完工并移交管理单位。累计完成土方8.5万 m^3，石方0.1万 m^3，混凝土0.33万 m^3，金属结构34t，机电设备6台（套）。

（28）杨官屯河闸工程。工程批复总投资5996万元，已全部完工并移交管理单位。累计完成土方5.3万 m^3，石方0.2万 m^3，混凝土1.24万 m^3，金属结构111t，机电设备4台（套）。

（29）大沙河闸工程。工程批复总投资11776万元，工程已全部完工并移交管理单位。累计完成土方46万 m^3，石方1万 m^3，混凝土2.4万 m^3，金属结构396t，机电设备11台（套）。

（30）江苏段专项工程。血吸虫病北移防护扩散、文物保护专项工程已经完工，分别完成投资4428万元、3362万元；调度运行管理系统完成光缆线路工程210km，基本完成水质自动站工程，完成部分通信设备系统集成总承包工程量，累计完成投资26893万元，占概算投资58221万元的46.19％。管理设施专项南京一级机构管理设施正式合作协议已签订；淮安二级机构管理设施购买合同已签订，正在进行内部规划设计；徐州二级机构管理设施购买合同已签订，正在进行内部规划设计；扬州二级机构管理设施框架协议已签订；宿迁二级机构管理设施正在进行实施方案比选。累计完成投资36681万元，占概算投资44505万元的82.4％。

（31）南四湖下级湖抬高蓄水位影响处理工程。工程批复总投资22765万元，工程已全部完成。共完成泵站205座、涵洞686座、闸26座、桥86座、渡槽15座、道路172km，完成土方挖填105万 m^3、混凝土6.1万 m^3、钢筋1456t、石方1.8万 m^3。

（32）济平干渠工程。工程批复总投资150241万元。累计完成土石方开挖1221.83万 m^3，土方填筑725.46万 m^3，钢筋制安19094t，混凝土浇筑53.32万 m^3，机电设备安装581台（套），完成金属结构安装605.43t，渠道衬砌完成约86km，完成桥梁130座、倒虹39座、水闸33座、渡槽7座、排涝站2座、跌水1座，完成植树33.2万株。济平干渠工程已通过国家完工验收。

（33）万年闸泵站工程。工程批复总投资26259万元，累计完成投资27190万元。累计完成土方168.5万 m^3，石方5.1万 m^3，混凝土浇筑完成37.9万 m^3，金属结构制作安装1228.14t。

（34）韩庄泵站工程。工程批复总投资30357万元，累计完成投资30905万元。累计完成土方152万 m^3，石方4.66万 m^3，混凝土3.79万 m^3。

（35）台儿庄泵站工程。台儿庄泵站工程总投资26611万元，累计完成投资26874万元。累计完成土方128.6万 m^3，石方1052m^3，混凝土5.37万 m^3，金属结构804t。

（36）韩庄运河段水资源控制工程。工程批复总投资2268万元，累计完成投资2268万元。累计完成土方4.28万 m^3，混凝土2120m^3。

（37）二级坝泵站工程。工程批复总投资31962万元，累计完成投资32846万元。累计完成土石方234万 m^3，混凝土浇筑4.97万 m^3。

（38）潘庄引河闸工程。工程批复总投资1497万元，已全部下达并完成。潘庄引河闸工程已建设完成。

（39）东线穿黄河工程。工程批复总投资 70245 万元，累计完成投资 70245 万元。累计完成土石方 709 万 m^3，混凝土浇筑 22.1 万 m^3。

（40）济南市区段工程。工程批复总投资 305319 万元，累计完成投资 312192 万元。累计完成土石方 700.59 万 m^3，混凝土浇筑 89.49 万 m^3。

（41）东湖水库工程。工程批复总投资 102099 万元，累计完成投资 102099 万元。累计完成土石方 1574.11 万 m^3，混凝土浇筑 15.16 万 m^3。

（42）双王城水库工程。工程批复总投资 86804 万元，累计完成投资 86804 万元。累计完成土石方 989.8 万 m^3，混凝土浇筑 19.43 万 m^3。

（43）明渠段工程。工程批复总投资 271463 万元，累计完成投资 271463 万元。工程总长 111.26km，开挖长度 111.26km，衬砌长度 150.512km（双坡合计），建筑物工程 407 座。累计完成土石方 1872.5 万 m^3，混凝土浇筑 56.56 万 m^3。

（44）陈庄输水线路工程。工程批复总投资 33011 万元，累计完成投资 33011 万元。渠道总长 13.225km，累计开挖长度 13.225km，混凝土衬砌长度 26.18km，建筑物工程已完工。累计完成土方 241.71 万 m^3，混凝土 8.01 万 m^3。

（45）长沟泵站工程。工程批复总投资 30091 万元，累计完成投资 30238 万元。累计完成土石方 156.68 万 m^3，混凝土 7.54 万 m^3。

（46）邓楼泵站工程。工程批复总投资 27730 万元，累计完成投资 28685 万元。累计完成土石方 131.31 万 m^3，混凝土 5.74 万 m^3。

（47）八里湾泵站工程。工程批复总投资 28683 万元，累计完成投资 28683 万元。累计完成土石方开挖 35.73 万 m^3，土石方回填 50.47 万 m^3，混凝土浇筑 4.937 万 m^3；钢筋制安 3523.7t；主泵房浆砌石 226m^3；站区平台边坡深层搅拌桩 14856m^3；新堤防、清污机桥水泥土搅拌桩 7150m^3；主泵房水泥粉煤灰碎石桩 8423.65m；公路桥混凝土灌注桩 456m；副厂房混凝土灌注桩 4171.8m；安装间混凝土灌注桩 1017m；永久交通道路碎石填垫 3.0 万 m^3。

（48）两湖段灌溉影响处理工程。工程批复总投资 18696 万元，累计完成投资 19974 万元。累计完成土石方 215.39 万 m^3，混凝土浇筑 5.37 万 m^3。

（49）梁济运河段工程。工程批复总投资 79445 万元，累计完成投资 79445 万元。累计完成土方 767.3 万 m^3，混凝土浇筑 25.45 万 m^3。

（50）柳长河段工程。工程批复总投资 52499 万元，累计完成投资 52499 万元。累计完成土方 690.43 万 m^3，混凝土浇筑 10.29 万 m^3。

（51）南四湖湖内疏浚工程。工程批复总投资 23348 万元，累计完成投资 24132 万元。累计完成土方 281 万 m^3。

（52）大屯水库工程。工程批复总投资 130829 万元，累计完成投资 130829 万元。累计完成土方 2436.03 万 m^3，混凝土浇筑 8.72 万 m^3。累计完成库底防渗铺膜 501.3 万 m^2，水泥土搅拌桩 25363m，钢筋混凝土灌注桩 5478m。

（53）小运河段工程。工程批复总投资 262601 万元，累计完成投资 245416 万元。累计完成土方开挖 1366.62 万 m^3，土方回填 536.18 万 m^3，混凝土 52.30 万 m^3。

（54）七一·六五河工程。工程批复总投资 66672 万元，累计完成投资 66672 万元。累计完成土方 582.82 万 m³，混凝土浇筑 7.18 万 m³。

（55）鲁北灌区影响处理工程。工程批复总投资 35008 万元，累计完成投资 35008 万元。累计完成土石方开挖 573 万 m³，混凝土浇筑 2.89 万 m³。

（56）东平湖蓄水影响处理工程。工程批复总投资 49488 万元，累计完成投资 49488 万元。累计完成土方 101.49 万 m³，混凝土 0.23 万 m³。围堤防渗加固工程完成全部 2670m 的湖堤截渗墙施工工作；济平干渠湖内引渠清淤工程完成清淤 76 万 m³。

（57）南四湖下级湖抬高蓄水影响处理工程。工程批复总投资 40984 万元，累计完成投资 40984 万元。

（58）山东段专项工程。包括文物专项、调度运行管理系统、管理设施专项 3 个设计单元工程。

南水北调东线山东段工程需保护地下文物 62 处，地面文物 5 处，建设资料整理基础 8 处。共计批复投资 6776 万元，已全部并完成。山东段调度运行管理系统工程批复总投资 68299 万元，累计完成投资 54976 万元。山东段管理设施专项批复投资为 57521 万元，已下达投资计划 57521 万元，累计完成投资 24653 万元。

（59）洪泽湖抬高蓄水位影响处理工程安徽省境内工程。工程批复总投资 37493 万元，累计完成投资 37230 万元。累计完成土石方 542.6 万 m³，混凝土 6.37 万 m³。

（二）中线一期工程

（1）丹江口大坝加高工程。工程批复总投资 292118 万元，累计完成投资 288243 万元，占工程概算总投资的 99%。累计完成土石方量 609.92 万 m³，混凝土浇筑 117.11 万 m³。裂缝处理 30157.19m，帷幕灌浆 32457.69m。

（2）丹江口库区征地移民安置工程。丹江口库区征地移民安置工程（含库区移民试点、库区文物保护、前期初设编制）批复总投资 503.79 亿元。截至 2015 年年底，累计完成投资 504.37 亿元，其中文物保护投资 5.40 亿元。

（3）京石段应急供水工程。京石段应急供水工程共 21 个设计单元工程，批复概算总投资 2248728 万元（其中包含新增中线京石段应急供水工程北拒马河暗渠穿河段防护加固工程及 PCCP 管道大石河段防护加固工程静态总投资 18687 万元），已完成了主体工程建设。累计完成投资 215.76 亿元，占批复投资的 96.60%。累计完成土方 17000 万 m³，石方 2535 万 m³，混凝土 504.61 万 m³，金属结构 7046t，钢筋制安 30.30 万 t。

（4）磁县段工程。工程批复总投资 382011 万元，累计完成投资 381106 万元。累计完成土方 2822 万 m³，石方 104 万 m³，混凝土浇筑 59.40 万 m³，金属结构 387t，机电设备 152 台（套）。

渠道全长 38986m，全部衬砌完成。本设计单元共有各类建筑物 78 座。其中，大型河渠交叉建筑物 4 座，左岸排水建筑物 18 座，渠渠交叉建筑物 4 座，铁路交叉建筑物 2 座，节制闸和退水闸共 3 座，排冰闸 2 座，分水口门 3 座，公路交叉桥梁 42 座，已全部完工。

（5）邯郸市至邯郸县段工程。工程批复概算总投资 226644 万元，累计完成投资 231076 万元。累计完成土方 1733 万 m³，石方 15 万 m³，混凝土浇筑 35.37 万 m³，金属结构 260t，钢筋制安 15644t、机电设备 152 台（套）。

本设计单元全长20.997km，共有各类建筑物43座。其中，大型河渠交叉建筑物1座，左岸排水建筑物10座，分水口门工程3座，控制性工程3座，铁路交叉工程1座，跨渠桥梁25座，已全部完工。

（6）永年县段工程。工程批复概算总投资148654万元，累计完成投资149127万元。累计完成土方1039万m³，石方325万m³，混凝土浇筑18.49万m³，钢筋制安4490t。

本设计单元全长17.262km，共有各类建筑物11座。其中，大型河渠交叉建筑物1座，左岸排水建筑物9座，分水闸1座，跨渠桥梁19座，已全部完工。

（7）洺河渡槽工程。工程批复概算总投资37481万元，累计完成投资36038万元。累计完成土方98万m³，石方8万m³，混凝土浇筑9.80万m³，金属结构182t，钢筋制安8283t，机电设备30台（套）。

（8）沙河市段工程。批复概算总投资191905万元，累计完成投资191590万元。累计完成土方1863万m³，石方101万m³，混凝土浇筑30.74万m³，钢筋制安3769t。

本设计单元全长14.031km，共有各类建筑物10座。其中，大型河渠交叉建筑物1座，左岸排水建筑物7座，渠渠交叉建筑物1座，跨渠桥梁9座，分水口1座，已全部完工。

（9）南沙河倒虹吸工程。工程批复概算总投资102088万元，累计完成投资101995万元。累计完成土方763万m³，石方17万m³，混凝土浇筑31.67万m³，金属结构362t，钢筋制安11985t。

本设计单元全长2080m，南沙河倒虹吸管身共129节，已全部完工。

（10）邢台市段工程。工程批复概算总投资193611万元，累计完成投资193328万元。累计完成土方1607万m³，石方128万m³，混凝土浇筑31.95万m³，金属结构273t，钢筋制安9768t，机电设备100台（套）。

渠道全长15033m，共有各类建筑物9座。其中，大型交叉建筑物2座，左岸排水建筑物2座，节制闸、退水闸和排冰闸3座，分水口门2座，公路交叉桥梁18座，已全部完工。

（11）邢台县和内丘县段工程。工程批复概算总投资286461万元，累计完成投资283804万元。累计完成土方1873万m³，石方280万m³，混凝土浇筑56.65万m³，金属结构614t，钢筋制安22300t，机电设备89台（套）。

本设计单元全长31.666km，共有各类建筑物25座。其中，大型河渠交叉建筑物5座，左岸排水建筑物11座，控制性建筑物工程8座，铁路交叉建筑物1座，已全部完工。

（12）临城县段工程。工程批复概算总投资237614万元，累计完成投资239429万元。累计完成土方1646万m³，石方475万m³，混凝土浇筑43.22万m³，金属结构169t，钢筋制安12768t，机电设备97台（套）。

本设计单元渠道长度26.379km，共有各类建筑物45座。其中，大型河渠交叉建筑物3座，左岸排水建筑物17座，渠渠交叉建筑物3座，分水口门工程2座（分水闸），临城县管理处房建1座，已全部完工。

（13）高邑县至元氏县段工程。工程批复概算总投资313877万元，累计完成投资312948万元。累计完成土方2115万m³，石方158万m³，混凝土浇筑67.76万m³，金属结构1231t，钢筋制安27493t，机电设备135台（套）。

本设计单元各类交叉建筑物33座。其中，大型河渠交叉建筑物6座，左岸排水建筑物13

座，渠渠交叉建筑物 7 座，控制工程 6 座（分水口门 4 座、节制闸和退水闸各 1 座），排冰工程 1 座，公路交叉桥梁 40 座，已全部完工。

（14）鹿泉市段工程。工程批复概算总投资 127242 万元，累计完成投资 126825 万元。累计完成土方 783 万 m³，混凝土浇筑 28.56 万 m³，金属结构 903t，钢筋制安 11399t，机电设备 35 台（套）。

本设计单元全长 12.786km，共有各类建筑物 16 座。其中，大型河渠交叉建筑物 3 座，左岸排水建筑物 4 座，渠渠交叉建筑物 4 座，控制工程 5 座，已全部完工。

（15）石家庄市区段工程。工程批复概算总投资 192501 万元，累计完成投资 207367 万元。累计完成土方 1503 万 m³，混凝土浇筑 33.30 万 m³，金属结构 319t，钢筋制安 15237t。

渠道总长度 10.439km，共有各类建筑物 21 座。其中，大型河渠交叉建筑物 3 座，左岸排水建筑物 1 座，控制性分水口门 1 座，跨渠桥梁 16 座，已全部完工。

（16）穿漳工程。工程批复概算总投资 43744 万元，累计完成投资 42477 万元。累计完成土方 180 万 m³，混凝土 10.56 万 m³，金属结构 602t，钢筋制安 9628 万 t，机电设备 32 台（套）。

（17）温博段工程。工程批复概算总投资 185434 万元，累计完成投资 184667 万元。累计完成土方 1482 万 m³，石方 8 万 m³，混凝土浇筑 47.14 万 m³，金属结构 699t，钢筋制安 21156t，机电设备 90 台（套）。

本设计单元全长 27.1km，共有大型河渠交叉建筑物 6 座，左岸排水建筑物 4 座，渠渠交叉建筑物 2 座，均已全部完成。

（18）沁河渠道倒虹吸工程。工程批复概算总投资 41206 万元，累计完成投资 40612 万元。累计完成土方 561 万 m³，石方 3 万 m³，混凝土浇筑 11.90 万 m³，金属结构 289t，钢筋制安 9014t，机电设备 17 台（套）。

（19）焦作 1 段工程。工程批复概算总投资 264535 万元，累计完成投资 312794 万元。累计完成土方 1147 万 m³，混凝土浇筑 75.7 万 m³，金属结构 1376t，钢筋制安 52499t，机电设备 132 台（套）。

本设计单元全长 12.9km，渠渠道衬砌 33234m，已全部完成。河渠交叉建筑物 5 座，全部完成主体工程施工；跨渠桥梁 11 座均已通车。

（20）焦作 2 段工程。工程批复概算总投资 426905 万元，累计完成投资 423463 万元。累计完成土方 3594 万 m³，石方 1172 万 m³，混凝土浇筑 67.66 万 m³，钢筋制安 36293t。

本设计单元总长 23.8km，其中挖方渠段 20.8km，填方渠段 2.98km，已全部完成。

（21）辉县段工程。批复概算总投资 486243 万元，累计完成投资 477778 万元。累计完成土方 4531 万 m³，石方 237 万 m³，混凝土浇筑 108.44 万 m³，金属结构 3166t，钢筋制安 52848t，机电设备 141 台（套）。

渠道总长度 43.4km，河渠交叉建筑物 7 座，左岸排水建筑物 18 座，渠渠交叉建筑物 2 座，跨渠桥梁 42 座，已全部完工。

（22）石门河倒虹吸工程。工程批复概算总投资 30985 万元，累计完成投资 29900 万元。累计完成土方 239 万 m³，混凝土浇筑 12.48 万 m³，金属结构 271t，钢筋制安 9392t，机电设备 18 台（套）。

（23）膨胀岩（潞王坟）试验段工程。工程批复概算总投资 30834 万元，累计完成投资 29977

万元。累计完成土方 152 万 m³，石方 332 万 m³，混凝土浇筑 3.08 万 m³，钢筋制安 644t。

（24）新乡和卫辉段。工程批复概算总投资 211008 万元，累计完成投资 207574 万元。累计完成土方 1818 万 m³，石方 259 万 m³，混凝土浇筑 53.93 万 m³，金属结构 1209t，钢筋制安 24302t，机电设备 61 台（套）。

（25）鹤壁段工程。工程批复概算总投资 268529 万元，累计完成投资 283033 万元。累计完成土方 2198 万 m³，石方 721 万 m³，混凝土浇筑 59.8 万 m³，钢筋制安 25296t，机电设备 91 台（套）。

（26）汤阴段工程。工程批复概算总投资 205402 万元，累计完成投资 203917 万元。累计完成土方 819 万 m³，石方 866 万 m³，混凝土浇筑 40.6 万 m³，金属结构 432t，钢筋制安 16827t，机电设备 73 台（套）。

（27）安阳段工程。工程批复概算总投资 247215 万元，累计完成投资 280223 万元。累计完成土方 2288 万 m³，石方 865 万 m³，混凝土浇筑 62.28 万 m³，金属结构 929t，钢筋制安 23157t。

（28）中线穿黄工程。工程批复概算总投资 343366 万元（含工程管理专题 1545 万元），累计完成投资 365568 万元。累计完成土方 2156 万 m³，石方 22 万 m³，混凝土 57.54 万 m³，金属结构 466t，钢筋制安 50254t，机电设备 36 台（套）。

（29）沙河渡槽工程。工程批复概算总投资 303657 万元，累计完成投资 299321 万元。累计完成土方 461 万 m³，石方 144 万 m³，混凝土浇筑 126.49 万 m³，金属结构 68t，钢筋制安 116840t，机电设备 29 台（套）。工程已全部完工。

（30）鲁山北段工程。工程批复概算总投资 71171 万元，累计完成投资 70577 万元。累计完成土方 320 万 m³，石方 286 万 m³，混凝土浇筑 14.3 万 m³，钢筋制安 7949t，机电设备 9 台（套）。

（31）宝丰至郏县段工程。工程批复概算总投资 467731 万元，累计完成投资 454736 万元。累计完成土方 2297 万 m³，石方 1061 万 m³，混凝土浇筑 96.59 万 m³，金属结构 2500t，钢筋制安 49211t，机电设备 102 台（套）。

（32）北汝河倒虹吸工程。工程批复概算总投资 67246 万元，累计完成投资 66896 万元。累计完成土方 196 万 m³，石方 86 万 m³，混凝土浇筑 21.4 万 m³，金属结构 373t，钢筋制安 18661t，机电设备 27 台（套）。

（33）禹州和长葛段工程。工程批复概算总投资 561645 万元，累计完成投资 547886 万元。累计完成土方 4119 万 m³，石方 804 万 m³，混凝土浇筑 104.92 万 m³，金属结构 1420t，钢筋制安 40916t，机电设备 241 台（套）。目前工程已全部完工。

（34）新郑南段工程。工程批复概算总投资 163994 万元，累计完成投资 163665 万元。累计完成土方 1184 万 m³，混凝土浇筑 43.96 万 m³，金属结构 663t，钢筋制安 22517t，机电设备 26 台（套）。

（35）双洎河渡槽工程。工程批复概算总投资 79196 万元，累计完成投资 77331 万元。累计完成土方 350 万 m³，石方 5 万 m³，混凝土浇筑 30.74 万 m³，钢筋制安 26048t，金属结构 689t，机电设备 40 台（套）。目前工程已全部完工。

（36）郑州 2 段工程。工程批复概算总投资 380219 万元，累计完成投资 367887 万元。累计完成土方 3846 万 m³，混凝土浇筑 63.38 万 m³，金属结构 1479t，钢筋制安 32702t，机电设备 30 台（套）。

（37）郑州 1 段工程。工程批复概算总投资 162760 万元，累计完成投资 159602 万元。累计完成土方 1171 万 m³，混凝土浇筑 29.82 万 m³，金属结构 373t，钢筋制安 17667t，机电设备 12 台（套）。工程已全部完工。

（38）荥阳段工程。工程批复概算总投资 244874 万元，累计完成投资 243695 万元。累计完成土方 2199 万 m³，混凝土浇筑 50.6 万 m³，金属结构 308t，钢筋制安 34907t，机电设备 88 台（套）。

（39）潮河段工程。工程批复概算总投资 537152 万元，累计完成投资 512887 万元。累计完成土方 3970 万 m³，混凝土浇筑 77.19 万 m³，金属结构 639t，钢筋制安 29809t，机电设备 19 台（套）。

（40）淅川段工程。工程批复概算总投资 848744 万元，累计完成投资 825805 万元。累计完成土方 8704 万 m³，混凝土浇筑 137.3 万 m³，金属结构 700t，钢筋制安 111724t，机电设备 67 台（套）。

本设计单元全长 50.8km，渠道衬砌长度 148710m，淅川段工程共有河渠交叉建筑物 6 座，左岸排水建筑物 16 座，渠渠交叉建筑物 3 座，跨渠桥梁 59 座，工程已全部完工。

（41）湍河渡槽工程。工程批复概算总投资 48317 万元，累计完成投资 48221 万元。累计完成土方 48 万 m³，混凝土浇筑 13.42 万 m³，钢筋制安 13229t，机电设备 18 台（套）。

（42）镇平段工程。工程批复概算总投资 379939 万元，累计完成投资 378816 万元。累计完成土方 2691 万 m³，混凝土浇筑 68.09 万 m³，金属结构 1128t，钢筋制安 38329t。

本设计单元全长 35.825km，共有各类建筑物 63 座。其中，大型河渠交叉建筑物 2 座，左岸排水建筑物 21 座，渠渠交叉建筑物 1 座，分水口 1 座，跨渠桥梁 38 座，工程已全部完工。

（43）南阳市段工程。工程批复概算总投资 496947 万元，累计完成投资 496212 万元。累计完成土方 3249 万 m³，混凝土浇筑 103.8 万 m³，钢筋制安 69994t。

南阳市段沿线共布置各类建筑物 70 座。其中，左排建筑物 19 座，河渠交叉建筑物 4 座，分水口 2 座，渠渠交叉建筑物 4 座，桥梁工程共 34 座，工程已全部完工。

（44）南阳膨胀土试验段工程。工程批复概算总投资 18856 万元，累计完成投资 18818 万元。累计完成土方 228 万 m³，石方 1 万 m³，混凝土浇筑 5.56 万 m³，钢筋制安 2075t。

（45）白河倒虹吸工程。工程批复概算总投资 54925 万元，累计完成投资 54561 万元。累计完成土方 247 万 m³，石方 4 万 m³，混凝土浇筑 26.63 万 m³，钢筋制安 19858t。

（46）方城段工程。工程批复概算总投资 599736 万元，累计完成投资 595102 万元。累计完成土方 4855 万 m³，混凝土浇筑 140.72 万 m³，钢筋制安 75052t。

方城段工程 60.794km，各类建筑物 107 座。其中，河渠交叉建筑物 8 座，左排建筑物 22 座，3 座分水口门，渠渠交叉建筑物 11 座，桥梁工程 58 座。工程已全部完工。

（47）叶县段工程。工程批复概算总投资 354857 万元，累计完成投资 352832 万元。累计完成土方 3120 万 m³，石方 3 万 m³，混凝土浇筑 59.99 万 m³，金属结构 481t，钢筋制安 34307t。

本设计单元全长 29.406km，共有各类建筑物 59 座。其中，大型河渠交叉建筑物 1 座，左岸排水建筑物 17 座，渠渠交叉建筑物 8 座，跨渠桥梁 32 座，工程已全部完工。

（48）澧河渡槽工程。工程批复概算总投资 44394 万元，累计完成投资 43189 万元。累计完成土方 94 万 m³，混凝土浇筑 12.22 万 m³，金属结构 434t，钢筋制安 10336t，机电设备 17 台（套）。

澧河渡槽槽体工程轴线总长 540m，共计 14 跨槽身，工程桩 156 根，15 个槽墩，工程已全部完工。

（49）鲁山南 1 段工程。工程批复概算总投资 132752 万元，累计完成投资 130867 万元。累计完成土方 824 万 m³，石方 160 万 m³，混凝土浇筑 24.7 万 m³，金属结构 173t，钢筋制安 12256t，机电设备 17 台（套）。

本设计单元全长 13.5km，共有 10 座渠渠交叉建筑物，6 座左岸排水建筑物，14 座跨渠桥梁，1 座大型河渠交叉建筑物，工程已全部完工。

（50）鲁山南 2 段工程。工程批复概算总投资 94560 万元，累计完成投资 93449 万元。累计完成土方 553 万 m³，石方 90 万 m³，混凝土浇筑 21.42 万 m³，钢筋制安 12424t，机电设备 30 台（套）。

本设计单元全长 9.8km，共有 7 座渠渠交叉建筑物，3 座左排建筑物，9 座跨渠桥梁，2 座大型河渠交叉建筑物，工程已全部完工。

（51）西黑山进口闸至有压箱涵段工程。工程批复概算总投资 86184 万元，累计完成投资 83042 万元。累计完成土方 757 万 m³，石方 3 万 m³，混凝土浇筑 38.06 万 m³，金属结构 295t，钢筋制安 30346t，机电设备 93 台（套）。

（52）保定市 1 段工程。工程批复概算总投资 288331 万元，累计完成投资 269612 万元。累计完成土方 1998 万 m³，混凝土浇筑 142.1 万 m³，金属结构 335t，钢筋制安 126426t，机电设备 66 台（套）。

（53）保定市 2 段工程。工程批复概算总投资 95914 万元，累计完成投资 91409 万元。累计完成土方 721 万 m³，混凝土浇筑 45.78 万 m³，钢筋制安 39970t，机电设备 9 台（套）。

（54）廊坊市段工程。工程批复概算总投资 376965 万元，累计完成投资 376044 万元。累计完成土方 2878 万 m³，混凝土浇筑 173.40 万 m³，金属结构 210t，钢筋制安 148163t，机电设备 72 台（套）。

（55）天津市 1 段工程。工程批复概算总投资 174255 万元，累计完成投资 171319 万元。累计完成土方 1196 万 m³，混凝土浇筑 62.21 万 m³，金属结构 319t，钢筋制安 54532t，机电设备 333 台（套）。

（56）天津市 2 段工程。批复概算总投资 26426 万元，累计完成投资 26306 万元。累计完成土方 131 万 m³，石方 1 万 m³，混凝土浇筑 7.93 万 m³，钢筋制安 5907t，金属结构 23t，机电设备 5 台（套）。

（57）中线干线专项工程。批复概算总投资 222751 万元（不包含待运行期管理维护费），目前已完成投资 192939 万元。工程主要包括自动化调度与运行管理决策支持系统（京石段除外），调度中心土建项目，其他专题，京石段临时通水运行实施。

中线干线自动化调度与运行管理决策支持系统工程批复概算总投资 149980 万元，累计完成投资 117849 万元。南水北调中线干线工程调度中心土建项目批复概算总投资 22684 万元，累计完成投资 22684 万元。其他专题批复概算总投资 41025 万元，下达投资计划 43425 万元，累计完成投资 42091 万元。其中，中线干线施工测量控制网下达投资计划 2400 万元，累计完成 3524 万元；文物保护专项批复概算 41025 万元，下达投资计划 41025 万元，累计完成投资 38567 万元。京石段临时通水运行实施批复概算总投资 9062 万元，下达投资计划 9062 万元，累计完成投资 10315 万元。

（58）陶岔渠首枢纽工程。工程批复总投资 88234 万元（不包含电站部分的价差和待运行费），累计完成投资 88153 万元。累计完成土方 63.79 万 m³，石方 45.18 万 m³，混凝土 26.37 万 m³，金属结构 2069t。

（59）兴隆水利枢纽工程。工程批复总投资 342789 万元，累计完成投资 343481 万元。累计完成土石方 2736.89 万 m³，混凝土 70.5 万 m³。

（60）引江济汉工程。工程批复总投资 691636 万元，累计完成投资 696089 万元。累计完成土石方 8030.91 万 m³，混凝土 149.4 万 m³。

（61）部分闸站改造工程。工程批复总投资 56423 万元，累计完成投资 56423 万元。累计完成土石方 378.39 万 m³，混凝土 14.5 万 m³。

（62）局部航道整治工程。工程批复总投资 46142 万元，累计完成投资 46142 万元。累计完成土石方 378.80 万 m³，混凝土 2.9 万 m³。

第四章　南水北调工程投资控制管理

本章主要阐述南水北调工程投资控制的基本思路，重点介绍南水北调工程投资控制的主要特点、基本原则和主要方法；全面介绍南水北调工程静态控制和动态管理体系，分别描述静态控制和动态管理实施的具体内容，总结静态控制和动态管理取得的效果及其经验；分析影响建设期利息因素和采取的控制利息支出的措施，总结控制建设期利息的成效和经验；介绍南水北调工程待运行期管理维护费的管理制度和编制待运行期管理维护费的导则、待运行期管理维护投资的测算和控制待运行维护费的具体措施，以及待运行期管理维护费使用的管理；简要介绍中线建管局、中线水源公司、江苏水源公司、山东干线公司、湖北省南水北调管理局、安徽项目办和淮委建管局等7个南水北调工程项目法人投资控制的具体措施、取得的成果及其投资控制的经验等。

第一节　投资控制基本思路

一、南水北调工程投资控制的特点

（一）一般水利工程投资控制

中华人民共和国成立以来，特别是改革开放以来，我国水利工程建设投资管理取得了较大的成就，工程投资管理体系得到了不断完善，主要表现为：设计概算均要求按行业部门统一发布的定额、标准、费率和方法进行编制；采用某一价格水平年（一般为编制设计概算的年份）计算的工程投资，均不计算建设期物价变动所增加投资；以国家批准的设计概算作为工程投资的最高限额和对项目法人进行投资对口管理的依据；投资人和项目法人在建设实施阶段的投资控制和管理，已初步符合市场经济规律和现代企业制度的要求。

但我国现行水利工程投资管理中仍存在一些问题，其中"概算超估算，预算超概算，结算超预算"的"三超"现象时有发生。首先，从概算方面来看，概算设计时不分工程所在地域、不分工程规模、不分资金来源，指令性执行全国统一的定额、标准、费率，客观上很难符合各基本建设项目的实际。工程概预算标准是由国家或部门统一制定的，不能适时地反映工程项目的生产劳动消耗和物资市场供求关系的变化。颁发的定额中统一规定的人工、机械生产效率，落后于目前施工企业的实际生产力水平。部分费用项目的设置与开支标准与建设体制脱节，与建设管理者实际开支水平脱节。工程项目划分与招投标项目脱节，不利于投资的控制和管理。由于一个基建项目是由多个单项工程组成，单项工程又由多个单位工程组成，单位工程又是由多个专业工程组成。有些建设单位在工程招投标时只取其中部分内容进行招投标，其他部分仍采用议标形式为之留下讨价还价的余地，形成造价不确定因素。其次，由于承包商采用一些投标策略，如不平衡报价，承包商在不影响总价的情况下提高工程预计会增加的项目单价，以求在工程结算时得到更理想的造价，成为承包商获得超出工程合理利润的突破口。

长期以来，传统水利工程投资按照项目建议书投资匡算、可研报告投资估算、初步设计概算三个层次来控制，政府层面对建设实施的投资主要是通过初步设计概算控制，由于物价和汇率等大幅度的上涨，引起项目动态投资的大幅度增加，在执行过程中，计划投资与实际相差很大，仅按设计概算控制投资难度大。若建设实施过程中投资发生大的变化，一般通过调概方式解决。管理体制不区分静态和动态因素，一律纳入概算调整，对于中小型水利工程尚能满足投资管理要求。而在建设工期较长的大型水利工程建设中，如果按照现有的工程投资概算进行工程管理，工程投资概算调整问题将会频繁发生，导致对整个工程投资难以控制，也容易形成超概—调概—再超概—再调概情况。而调概若不及时，则容易造成投资不能及时满足工程建设实际需求，影响工程建设进度和质量。

（二）三峡工程投资控制的创新实践

三峡工程在投资管理方面进行了积极的探索，针对传统工程投资管理体制存在的弊端，改变了过去的管理模式，三峡工程建设实践中首先提出并建立了"静态控制、动态管理"管理体系，按照"总量控制、合理调整"的原则编制执行概算。通过动态管理，合理确定动态投资，控制投资的总规模。"静态控制、动态管理"模式，通过建立投资激励和约束机制，意在达到有效控制投资，提高投资效益的目的，这一应用体系对三峡枢纽工程投资控制产生了良好的效果和深远的影响。

三峡工程投资静态控制、动态管理，经过几年实践，已逐步形成机制，建立了从国家批准初设概算—业主执行概算—分项目实施控制价的项目法人投资控制的三道基准线。静态控制以经国家批准的以 1993 年 5 月末价格水平为基准的静态总投资，严格控制，不得突破，中国三峡总公司对枢纽工程静态总投资负责。具体实施中，编制业主执行概算，采用总量控制、合理调整的原则，以现量概算价、现量现价等几种表现形式进行业主单项工程执行概算和总执行概算编制，根据工程招标情况，对所有工程项目，按项目管理分块、标段和实际需要进行项目划分与调整，编制的总执行概算，不超过国家批准的初步设计概算。动态管理包括建设期投资价差和融资费用，主要受国家宏观经济调控作用波动，需要通过规范化科学管理，合理确定动态投资，控制投资的总规模。三峡工程投资价差管理按国务院三峡建委制定的办法，每年依据工程实际完成静态投资价计算价差，中国三峡总公司根据国务院三峡建委批准的价差结算投资价差。融资费用按每年实际支付的利息及其费用计列。

（三）南水北调工程投资控制要求

影响南水北调工程投资变化的原因可归为两类：①工程投资建设所需投入的实物量资源发

生了变化；②工程建设所需投入资源的价格发生了变化。从经济学理论来看，实物量资源就是工程的价值因素，属于静态因素；价格是价值的货币表现，围绕着价值发生上下波动变化实现价值规律，属于动态因素。

南水北调工程规划设计周期长，2002年部分项目先期开工，2008年批复总体可研，总体可研批复后，初步设计报告编制时间紧、任务重，很多设计资料更新不及时，在招标阶段、建设期间设计变更多，投资结构变化大，给概算投资控制带来巨大压力。需要建立一种具有较强灵活性，既能将投资控制在概算内，又能根据实际情况优化概算结构，使之更适应招标后各标段投资变化的投资控制框架。通过优化工程设计和建设方案、加强设计变更管理等措施，控制工程所需的实物量资源，也就是控制工程的价值因素。

南水北调工程是项目群，层次多。各项目根据前期工作情况和工程准备情况陆续开工建设，进度不一，对投资的需求在时间上也不同。而南水北调工程作为一个整体，需要在各项目之间统筹使用批复的各概算投资，调剂补缺，以达到最大的资金使用效益。

另外，南水北调工程建设周期长，期间价格因素、利率变化大，对工程投资产生显著影响，需要及时核定投资，对变化的动态投资进行动态最优控制，支持工程建设顺利进行。

为此，根据南水北调工程特点，借鉴三峡工程已有的投资控制经验，南水北调工程投资控制也实行静态控制和动态管理的模式。①有利于确定工程投资总量，为工程投资控制确立合理的目标。能够滚动预测在物价、融资成本等因素合理变动的情况下，工程各个时期的投资总量，使管理者明确工程投资总量控制目标。②有利于通过建立科学的管理控制方法，确保在物价等外界因素合理变化的前提下，工程投资总量不突破。"静态控制、动态管理"投资体系不仅可以明确在物价等外界因素合理变化前提下工程的投资总量控制目标，还能通过对各建设项目开工进程进行合理排序、合理设计各建设项目投资结构等科学规范的控制管理办法，充分调动各方面投资控制的积极性，确保工程投资总量不突破。

因此，为管好、用好建设资金，最大限度地发挥投资效益，按照国务院南水北调工程建设委员会要求，南水北调工程投资控制实行静态控制和动态管理的原则。在审查和确定投资规模的基础上，做好从设计到建设全过程的投资控制，充分发挥项目法人的作用，严格管理，强化监督，千方百计降低建设成本。同时强化预算管理，根据工程建设进度，要把资金预算管理落实到工程建设的每个环节，切实提高资金使用效益。

（四）南水北调工程投资控制思路

为加强南水北调工程投资管理，严格控制工程成本，建立工程投资约束激励机制，根据国家基本建设和资金财务管理的相关法律法规及国务院南水北调工程建设委员会第二次全体会议精神，南水北调工程投资实行"静态控制、动态管理"，严格控制工程成本，建立工程投资约束激励机制。

南水北调工程投资静态控制和动态管理，从管理目标、原则到工作的具体实施和考评与约束机制是一个完整的体系，重点解决了如何控制南水北调工程投资总量及充分发挥投资效益的问题，通过对批复的各设计单元工程概算静态总投资和动态投资各个环节的管理设定详细的资金使用方式和条件，通过编制南水北调工程项目管理预算、价差报告等使各项目法人成为南水北调工程投资静态控制、动态管理的责任主体，同时对南水北调工程建设全过程投资控制管理实施奖罚机制以充分调动其积极性。

二、南水北调工程投资控制的基本原则

（一）总量控制、分级负责

以国务院批复的南水北调工程静态投资为静态控制目标，在同一价格水平年下，国务院南水北调办批复的各设计单元工程初步设计概算静态总投资之和控制在总体可研静态投资之内；项目法人组织编制的各设计单元工程项目管理预算总投资控制在批复的初步设计概算静态总投资之内；实施过程中，建设管理单位要将工程建设投资控制在批复的项目管理预算总投资之内。

（二）静态投资、预算管理

原则上以单项工程为基础，一次组织所属各设计单元工程初步设计审查审批（影响工期的关键设计单元工程除外），与总体可研确定的 2004 年价格水平年进行同口径比较，每个项目法人报审的所有初步设计概算静态总投资要控制在总体可研静态投资规模内。项目法人以核定的设计单元工程概算中静态投资为依据，在主体工程招标后，通过优化工程建设方案和概算结构，编制和执行项目管理预算，加强设计变更管理，将工程建设投资控制在批复的设计单元工程静态投资之内。

（三）动态调整、规范有序

建立动态价差调整机制，根据政策和物价变化等因素，逐年编制报批年度价差报告，据实计列建设期贷款利息，严格预备费管理，对动态投资进行有效管理，利用结余投资调剂补缺，努力实现投资控制目标。

（四）约束激励、奖惩分明

充分调动项目法人、勘测设计单位和项目建设管理单位的积极性，在确保工程质量、安全和工期前提下，建立投资控制考评和激励约束机制。

三、南水北调工程投资控制的主要方法

（一）投资静态控制的主要环节

（1）在初步设计阶段要严格按照勘测设计规程、规范和技术规定等要求，保质保量开展各项外业勘测、征地拆迁实物量调查及移民安置规划等工作，重大设计方案、技术问题要多方案比选，确保达到初步设计工作深度，避免遗留重大设计变更隐患。严格控制公路桥、生产桥数量，落实专项设施改建方案、弃土弃渣场地和取土料场，初步设计概算的编制要严格按照国家有关规定，不得随意提高相关定额及计费标准，要优化设计，严格控制投资规模。

（2）在招标设计阶段要加强设计优化工作，加强工程招标的组织，合理编制招标文件，规范程序，加强控制，通过招标设计优化和工程招标的优化竞争机制形成合理的招标节余，为下一阶段投资控制打下基础。

（3）在施工图设计阶段，要根据现场条件和工程建设实际情况，强化设计深化和细化的关键环节，开展施工图优化设计工作，及早处理现场施工条件、环境变化，使设计反映现场现实情况，核减不合理的工程量，减少工程建设过程中的设计变更。

（4）在工程施工阶段，要均衡生产，科学组织施工，增强合同意识，加强合同管理，及时妥善处理设计变更、索赔等问题。

（二）投资静态控制的主要要求

（1）控制方法要求。在满足工程功能、安全标准、质量要求的前提下，项目法人通过开展设计优化、调整概算结构、组织编报和执行项目管理预算、科学组织施工、加强项目建设管理等措施，对国家批准的初步设计概算中的静态投资负责。

（2）预算编制要求。项目法人组织编制的项目管理预算不得突破国家核定的设计单元工程初步设计概算静态投资。

（3）设计变更要求。工程建设发生设计变更引起的投资变动，要严格履行程序，在该设计单元工程内解决，不得突破该工程静态投资，确属重大设计变更且所增加的投资超出该设计单元工程静态投资部分，经批准纳入动态投资管理，从其他设计单元工程结余投资中调剂解决。

（4）管理程序要求。项目管理预算由国务院南水北调办负责审批并抄送国家发展改革委、财政部、审计署等部门。经批准后的项目管理预算，是项目法人组织制定总体建设方案、编报年度投资计划、编报年度投资完成报表、编报年度价差计算报告、进行投资跟踪风险分析的依据。

（三）投资动态管理的主要做法

（1）在工程建设实施过程中，项目法人逐年组织编制年度价差报告，将上年度因价格、国家政策调整、贷款利率和汇率及其他因素发生的动态投资及时合理调差。

（2）年度价差报告经国务院南水北调办审查后报国家发展改革委批准，国务院南水北调办据此与项目法人逐年核定价差。

（3）因重大设计变更等因素变化引起投资增加且超出国家批准的静态投资额度时，超出部分由国务院南水北调办报国家发展改革委核定，利用其他设计单元工程结余投资调剂解决。

第二节　投资静态控制和动态管理

一、南水北调工程投资静态控制和动态管理体系的构建

南水北调工程投资静态控制和动态管理体系由国务院南水北调工程建设委员会颁布的《南水北调工程投资静态控制和动态管理规定》（国调委发〔2008〕1号）、国务院南水北调办印发的《南水北调工程项目管理预算编制办法》（国调办投计〔2008〕154号）《南水北调工程价差报告编制办法》（国调办投计〔2008〕155号）及财政部、国务院南水北调办印发的《南水北调工程投资控制奖惩办法》（财建〔2006〕1113号）三个配套办法组成。

根据国务院南水北调工程建设委员会第二次全体会议提出的南水北调工程投资要实行"静态控制、动态管理",严格控制工程成本,建立工程投资约束激励机制的要求,2006年12月,财政部和国务院南水北调办联合印发了《南水北调工程投资控制奖惩办法》(财建〔2006〕1113号)。之后,按照国家的有关法律法规,在深入调查研究、广泛征求有关专家、相关部委、省(直辖市)南水北调办和项目法人意见的基础上,经反复修改完善,国务院南水北调办编制了《南水北调工程投资静态控制和动态管理规定》及其配套办法。2008年6月,国务院南水北调工程建设委员会以国调委〔2008〕1号文印发了《南水北调工程投资静态控制和动态管理规定》。2008年10月,国务院南水北调办印发了《南水北调工程项目管理预算编制办法》《南水北调工程价差报告编制办法》。

(一)投资静态控制和动态管理规定

《南水北调工程投资静态控制和动态管理规定》明确了静态投资和动态投资的含义,对静态投资控制、动态投资管理和投资控制考评的程序、内容、要求分别作了规定。

静态投资是指国家批准的南水北调工程初步设计概算静态投资。动态投资是指在南水北调工程建设实施过程中建设期贷款利息以及因价格、国家政策调整(含税费、建设期贷款利率、汇率等)和设计变更等因素变化发生超出原批准静态投资的投资。明确了责任:项目法人是南水北调工程实行投资静态控制、动态管理的责任主体,对其管理的南水北调工程建设全过程投资控制负责,各级项目建设管理单位对所负责建设工程的投资控制承担相应责任。规定了适用范围:"静态控制、动态管理"的投资管理办法适用于由南水北调东线江苏水源有限责任公司、南水北调东线山东干线有限责任公司、南水北调中线水源有限责任公司、南水北调中线干线工程建设管理局负责建设管理的南水北调主体工程以及湖北省南水北调管理局负责建设管理的汉江中下游治理工程,南水北调东线治污工程和截污导流工程、中线丹江口库区及上游水污染防治和水土保持工程、中线防洪影响处理工程除外。

静态投资控制部分规定了静态投资控制的内容、方法、程序、目标。项目法人以静态投资为依据,通过采取设计优化、完善概算结构、组织编报项目管理预算、科学组织施工、加强建设管理等措施,将投资控制在其管理的各设计单元工程静态投资总和的范围内。项目法人负责组织编制其管理的设计单元工程项目管理预算,项目管理预算不得突破该设计单元工程静态投资,并作为工程项目建设和投资静态控制的依据。项目管理预算按照"总量控制、合理调整"的原则,结合南水北调工程建设管理体制和工程招标实际情况编制。项目管理预算由项目法人报国务院南水北调办批准。项目法人根据工程建设目标和批准的项目管理预算,及时组织制定总体建设方案,合理安排各年度建设投资,报国务院南水北调办核备。项目法人应在满足工程功能、安全标准、质量要求等前提下,实行设计优化,鼓励采用新技术、新工艺、新材料,控制工程量增加,降低工程建设投资。项目法人要加强设计变更管理,认真履行设计变更审批程序,严格执行关于设计变更管理的有关规定,并制定相应的管理办法和措施,切实控制工程建设投资。工程建设发生设计变更所增加的投资,应在该设计单元工程内解决,不得突破该工程静态投资。确属重大设计变更且所增加的投资超出该设计单元工程静态投资部分,经批准纳入动态投资管理。

动态投资管理规定了动态投资管理的内容、方法、程序、目标。项目法人对工程建设实施过程中发生的动态投资，通过逐年编报年度价差报告、据实计列建设期贷款利息投资、严格设计变更管理等措施，对动态投资进行有效管理。动态投资利用国务院批准的南水北调工程动态投资和工程建设结余投资调剂解决。设计单元工程发生的动态投资应在本设计单元工程动态投资和结余投资内解决；不足部分经国务院南水北调办批准利用其他设计单元工程结余投资调剂解决。国务院南水北调办以国家逐年批准的综合价格指数和年度价差作为核定工程建设年度价差的依据。对工程建设实施过程中因价格变动发生的年度价差，项目法人组织逐年编制年度价差报告。建设期贷款利息按实际发生数额据实计列，并纳入年度动态投资管理。国务院南水北调办将年度价差报告批复至各项目法人，将认定的年度价差投资从国务院批准的南水北调工程动态投资中列支，并纳入年度投资计划管理。经批准的各年度价差之和超出国家批准的价差预备费额度时，超出部分利用工程结余投资解决。据实计列的建设期贷款利息之和超出国家批准的建设期贷款利息额度时，超出部分利用工程结余投资解决。因重大设计变更等因素变化引起投资增加且超出国家批准的静态投资额度时，超出部分由国务院南水北调办报国家发展改革委核定，利用其他设计单元工程结余投资调剂解决。按批准的建设工期完工的工程，合理计列待运行期发生的贷款利息及管理维护费用，相关投资利用工程结余投资解决。南水北调工程的动态投资原则上按国务院批准的南水北调工程动态投资执行，如确因价格变动、国家政策调整等因素导致动态投资无法满足工程需要，报国务院统筹研究解决。

投资控制考评旨在建立健全投资控制管理的激励和约束机制，奖优罚劣。投资控制考评是以静态投资加上经批准的年度价差之和，与工程实际完成投资（不含据实计列的建设期贷款利息投资等）进行比较，若有剩余称为结余投资，并对结余投资情况进行分析，属优化设计、技术创新、科学组织施工等管理措施形成的结余投资按规定比例用于奖励、弥补工程投资缺口等。由于管理不善等主观因素造成超支的按规定给予处罚，超支情节严重的依据相关规定对有关责任人和责任单位给予行政处罚。项目法人对完工的设计单元工程，根据国务院南水北调办颁布的工程初步设计概算和项目管理预算执行情况分析报告编制办法，组织编制初步设计概算和项目管理预算执行情况分析报告，评价投资控制情况，报国务院南水北调办。形成结余投资的设计单元工程，项目法人在报初步设计概算和项目管理预算执行情况分析报告的基础上，分析说明结余投资情况和具体数额，报国务院南水北调办批准。

（二）南水北调工程项目管理预算编制

项目管理预算是实现南水北调工程投资"静态控制"的重要手段，并为"动态管理"的实施提供基础。南水北调工程项目管理预算按照"总量控制、合理调整"的原则，结合南水北调工程建设管理体制、工程招标实际情况和工程特点编制。项目管理预算由项目法人负责组织编制。以国务院南水北调办确定的设计单元工程为编制单元，一般在主体建筑工程项目招标完成后45个工作日内编制完成。价格水平原则上采用批复的初步设计概算的价格水平。项目管理预算只编制静态投资，且不得突破国家批复的相应设计单元工程概算静态总投资。

1. 项目划分

设计单元工程项目管理预算包括建筑安装工程采购、设备采购、专项采购、项目管理费、技术服务采购、生产准备费、其他费用、建设及施工场地征用费、可调剂预留费用和基本预备费十大部分。每个部分之下的项目，原则上根据招标项目和建设管理体制，以及工程的具体情况和工程投资管理的要求设置。

其中，建筑安装工程采购按标段列示工程项目，单独列示尚未招标的概算项目，并单独列示合同外实际完成工程项目。专项采购包括永久和临时房屋建筑工程、水情自动测报系统、安全监测系统、管理信息系统（永久）、交通工具购置费、项目区整理美化设施工程、水土保持工程、环境保护工程等。项目管理费包括项目法人项目管理费、建设单位项目管理费及联合试运转费。技术服务采购包括工程勘测设计费、工程建设监理费、招标业务费、工程科学研究试验费、技术经济咨询费等。生产准备费包括生产及管理单位提前进厂费、生产职工培训费、管理用具购置费、备品备件购置费、器具及生产家具购置费等。其他费用包括工程保险费、工程质量监督费、定额编制管理费、其他税费。

2. 主要编制方法

（1）建筑安装工程采购。基础单价采用初步设计概算相应价格，主要材料价格以限价方式计入工程单价；工程单价原则采用行业预算定额进行编制，在此基础上可考虑超挖、超填、施工附加量等工程实际情况适当调整；工程量已完成的，采用合同量和已履行相关手续的变更量；已完成招标的，采用合同量；未完成招标的，采用初步设计概算量。

（2）设备采购。价格采用初步设计概算值；数量计算原则同建筑安装工程采购工程量计算原则。

（3）专项采购。采用初步设计概算值或与专业部门签订的协议价格。

（4）项目管理费。项目管理费以批复的设计单元工程初步设计概算中的项目管理费额度为基础，超出部分在招标节余中分摊。分摊方法：以项目法人管理的每个设计单元工程项目管理预算一至三部分（建筑安装工程采购、设备采购、专项采购）投资之和为计算基数，乘以分摊费率。

代建制项目的项目代建单位管理费，采用招标合同价；项目法人直接管理和委托制项目的建设单位管理费均由建设单位开办费、建设单位人员经常费和工程管理经常费三部分组成。建设单位开办费，按初步设计概算计列。建设单位人员经常费包括建设单位人员工资和日常办公费用。根据建设单位定员、费用指标和人员费计算期，计算建设单位人员费。工程管理经常费按初步设计概算计算方法计算。联合试运转费采用初步设计概算值。

3. 建筑及安装工程价格因子权数测算

建筑及安装工程价格因子权数，是计算该工程项目建设期价差的基础依据。权数测算内容包括工程分类、价格因子权数项目选择和价格因子权数测算三个部分。

工程分类原则按建筑工程、安装工程两部分分别划分；按工程性质进行分类，可明确项目名称的建筑或安装分类工程应占全部建筑或安装工程投资额度的 70%～80%，其余部分可统一归并称为"其他建筑工程"或"其他设备安装工程"，其投资额度不得高于建筑或安装工程投资额度的 20%～30%。

价格因子权数项目选择人工、材料、机械、其他直接费、现场经费、间接费、企业利润、税金等。

根据各价格因子权数项目，首先测算项目管理预算基础单价中的价格因子权数，再分别测算分部分项工程所对应的单价分析表中的各价格因子权数，然后以建筑或安装分类工程中各分部分项工程投资额为权重，计算各分类工程价格因子权数。

（三）南水北调工程价差报告编制

建立科学合理的工程价差计算机制，规范南水北调工程价差编制工作，合理确定南水北调工程价差，是实现南水北调工程投资"动态管理"的重要手段。

南水北调工程价差报告编制办法按照"依法计价、公平公正、合理求实"的原则进行编制。价差报告由项目法人负责组织编制。以国务院南水北调办确定的设计单元工程为编制单元，一般在每年6月底以前编制完成上年度价差报告。价格基期采用批复的初步设计概算的价格水平。工期不超过30个月的，原则上在主体工程完工后编制价差报告；工期超过30个月的，在工期过半和主体工程完工后分两次编制价差报告（根据工程建设投资需求，2009年之后，实际操作中每年均编报价差报告）。

1. 价差计算范围

（1）由人工费、材料费和机械使用费组成的建筑及安装工程直接费，以及其他直接费、现场经费、间接费、企业利润、营业税、城市建设维护税、教育费附加等税费发生的价税差。

（2）构成固定资产的机电设备、金属结构设备以及其他生产设备，其设备原价、运杂费用发生的价税差。

（3）各项费用发生的价税差。

（4）由可调剂预留费用和基本预备费中支付的工程和费用所发生的价税差。

2. 价差计算的工程分类

价差计算按工程和费用性质划分为建筑工程、安装工程、设备工程、专项采购、项目管理费、技术服务采购、生产准备费和其他费用八个部分。

3. 编制方法

（1）计算方法。根据项目管理预算分析确定的分类工程项目和价格因子权数，采用公式法作为南水北调工程价差计算的主要方法。以项目法人为单位按年度实际完成工程量和项目管理预算单价计算的工程投资完成额为基价，逐年计算建设期内各年度价差。在提出各年度价差额度的同时，分别提出各工程项目价格指数。

（2）价格因子价格及价格指数的主要选取原则。以工程所在省、市颁布的有关标准、指数为依据；以国家颁布的价格为依据；以中国价格信息中心发布的工程所在地就近大城市主要材料市场价格为依据；以国家统计局发布的价格指数为依据；以工程所在地的地、市定额站发布的安装材料价格为依据；以项目法人或项目管理单位通过招标签订的没有形成市场价格的特殊材料的合同价格为依据。

二、静态投资控制

（一）项目管理预算管理

1. 管理程序

根据《南水北调工程投资静态控制和动态管理规定》（国调委发〔2008〕1号），项目管理预算原则上以设计单元工程为编制单元，由项目法人负责委托具有相应资质的单位，在主体建筑工程招标完成后45个工作日内编制完成，并报国务院南水北调办批准。

项目法人按照"总量控制、合理调整"的原则，根据设计单元工程初步设计概算编制项目管理预算。总量控制是指编制的项目管理预算不得突破批准的初步设计概算，合理调整包括调整项目和项目工程量及其投资额度，调整工程单价。这些调整是结合南水北调工程建设管理体制和工程招标实际对初步设计概算的完善。

经国务院南水北调办批准的项目管理预算，是项目法人组织制定总体建设方案、编报年度投资计划、编报年度完成投资报表、编报年度价差计算报告、进行投资跟踪风险分析的依据，是考核项目法人静态投资控制绩效的依据。

2. 项目管理预算编制

（1）项目划分。

1）初步设计概算的项目划分。初步设计概算的项目划分是依据工程项目情况进行划分的。按照水利部颁布的《水利工程设计概（估）算编制规定》（水总〔2002〕116 号），水利工程的初步设计概算静态由工程部分、移民和环境部分两部分构成，其中：工程部分包括建筑工程、机电设备及安装工程、金属结构设备及安装工程、施工临时工程、独立费用、基本预备费；移民和环境部分包括建设及施工场地征用费、水土保持工程、环境保护工程。

2）项目管理预算的项目划分。项目管理预算的项目划分是依据工程投资使用和投资控制及管理需要进行划分的。按照《南水北调工程项目管理预算编制办法（暂行）》（国调办投计〔2008〕154 号），项目管理预算分为 10 部分，即建筑安装工程采购、设备采购、专项采购、项目管理费、技术服务采购、生产准备费、其他费用、建设及施工场地征用费、可调剂预留费用和基本预备费。详情如下。

建筑安装工程采购：指永久工程和临时工程建筑安装的采购，用于建筑施工合同的投资控制。建筑安装工程采购按项目规模和性质分为四种类型：首先是主要建筑安装工程项目，按照独立招标列项，如闸坝工程、渠（管）道工程、泵站工程、隧洞工程、河渠交叉建筑物工程等；其次是一般建筑安装工程项目，由于工程规模较小，一般情况下，按工程性质列项，如动力线路工程、照明通信线路工程等；再次是临时工程项目，规模较大的工程项目独立列项，零星的临时工程统一归并为其他临时工程；最后是永久与临时结合的工程项目，均视为永久建筑安装工程项目，适当归类。另外，设备安装工程与设备采购一起招标时，原则上将安装工程列入建筑安装工程采购；未招标的建筑安装工程项目应单独列项。

设备采购：指设备的采购，用于设备采购合同的投资控制。原则上按标段列示设备采购项目，由于项目划分较细不易确定设备价格时，可以结合概算对项目进行合并调整。未招标的设备采购项目应单独列项。

专项采购：指专项的采购，用于专项项目及合同的投资控制。一般由以下项目构成：永久和临时房屋建筑工程；水情自动测报系统；安全监测系统（内部观测和外部观测系统）；管理信息系统（永久）；交通工具购置费；项目区整理美化设施工程；水土保持工程；环境保护工程。项目可根据初步设计概算对项目进行调整，未列入初步设计概算的项目不得随意增加。

项目管理费：指在工程项目筹建和建设期间，项目法人自身管理开支的费用，用于项目法人自身开支费用的投资控制。项目管理费由以下项目构成：项目法人项目管理费、建设单位项目管理费和联合试运转费。对于建设单位项目管理费，按照南水北调建设管理体制分为三类：项目法人直接管理项目称为现场项目部项目管理费，代建制项目称为代建单位管理费，委托制项目称为委托建管单位管理费。

技术服务采购：指在工程项目筹建和建设期间，项目法人根据管理需要开展技术服务的费用，用于技术服务合同的投资控制。技术服务采购由以下项目构成：工程勘测设计费、工程建设监理费、招标业务费、工程科学研究试验费、技术经济咨询费。

生产准备费：指生产、管理单位为准备正常的生产运行或管理发生的费用，用于生产管理单位的投资控制。生产准备费由以下项目构成：生产及管理单位提前进厂费、生产职工培训费、管理用具购置费、备品备件购置费、工器具及生产家具购置费。

其他费用：指根据国家有关规定需要缴纳的相关费用，用于费用缴纳的投资控制。其他费用由以下项目构成：工程保险费、工程质量监督费、定额编制管理费、其他税费。

建设及施工场地征用费：指根据设计确定的永久、临时工程征地和管理单位用地所发生的征地补偿费用及应缴纳的耕地占用税等，用于征地移民的投资控制。项目按初步设计概算项目列示。

可调剂预留费用：由项目法人负责管理，主要用于设计变更（含设计漏项）、因国家政策调整增加的投资、解决意外事故而增加的工程项目及费用。

基本预备费：由国务院南水北调办负责管理，主要用于重大设计变更（含设计漏项）、因国家政策调整增加的建设内容及投资，以及可调剂预留费用不足而工程建设确需解决的其他重大问题。

3）项目划分的比较。通过初步设计概算和项目管理预算项目划分的对比，初步设计概算的项目划分侧重于工程项目，而项目管理预算的项目划分侧重于投资管理，既对初步设计概算的项目划分进行了合理调整，又进行相关完善。主要为：①依据投资控制和合同管理要求，将初步设计概算工程部分中的建筑工程、机电设备及安装工程、金属结构设备及安装工程、施工临时工程，分解成项目管理预算的建筑安装工程采购、设备采购、专项采购三个部分；独立费用分解成项目管理费、技术服务采购、生产准备费、其他费用四个部分；将初步设计概算移民和环境部分中的建设及施工场地征用费单独作为一个部分，水土保持工程、环境保护工程，纳入专项采购部分。②结合南水北调工程特点和工程建设管理的发展要求，项目管理预算对初步设计概算进行了补充完善，增加了新的项目和子项，包括：项目管理费部分的项目法人项目管理费，技术服务采购部分的招标业务费、技术经济咨询费，可调剂预留费用（由招标结余产生）。

（2）编制方法。项目管理预算编制的方法分为四种：对于建筑安装项目，参照行业定额，根据工程特点，结合工程实际，考虑现阶段水利施工企业可达到的平均水平进行编制，主要用于建筑安装工程采购和专项采购中的建筑安装项目；对于设备项目，根据招标设计和初步设计概算进行编制，主要用于设备采购和专项采购中的设备采购项目；对于费用项目，根据工程建设管理体制、国家有关规定和工程建设实际进行编制，主要用于专项采购中的费用项目、项目管理费、技术服务采购、生产准备费、其他费用；对于其他项目，按照初步设计概算值计列进行编制，主要用于建设及施工场地征用费、基本预备费。

1）建筑安装工程采购。对于工程量，已完成的工程项目，采用合同工程量和已履行相关手续的变更工程量；已完成招标的项目，采用合同工程量；未完成招标的项目，采用初步设计概算工程量。

对于价格，主要建筑安装项目，按单价法编制工程单价；次要项目尽可能采用单价法，个别项目也可采用指标法或比例法进行编制。其中：基础单价（包括人工、电、风、水、砂石料、材料等价格），采用初步设计概算相应价格，若主要材料价格应限价计入工程单价，限价额度和方法同批复初步设计概算，材料价差列在工程单价中税金之前。工程单价，施工方法采用招标设计的施工组织设计方案，已完成招标的项目可结合中标单位的施工组织设计方案确定施工方法；计算方法，原则采用行业预算定额进行编制，在此基础上可考虑超挖、超填、施工附加量等工程实际情况适当调整。其他直接费、现场经费、间接费，一般采用行业规定的费率进行计算，可以根据工程情况进行适度调整；企业利润，采用行业规定费率；税金，采用初步设计概算费率。

2）设备采购。对于设备数量，已完成安装的设备，采用合同数量和已履行相关手续的变更数量；已招标采购的，采用合同数量；未招标采购的，采用初步设计概算数量。

对于设备价格，采用初步设计概算值。

3）专项采购。根据专项工程的具体情况，分别采用以下方法编制：采用初步设计概算值；采用与专业部门签订的协议价；按不同项目特点分别计算，即与建筑安装工程采购相近的项目参照建筑安装工程的编制方法计算；与设备采购相近的项目参照设备采购的编制方法计算；与费用相近的项目参照费用项目的编制方法计算。

4）项目管理费。按照项目法人直接管理、委托制和代建制三种工程建设管理模式，采用相应方法计算设计单元工程项目管理费，以批复的设计单元工程初步设计概算中的项目管理费额度为基础，超出部分在招标节余中分摊，仍有不足，按照《南水北调工程投资控制奖惩办法》（财建〔2006〕1113号）的有关规定利用工程结余投资弥补。

对于项目法人项目管理费，以项目法人管理的每个设计单元工程项目管理预算一至三部分（建筑安装工程采购、设备采购、专项采购）投资之和为计算基数，乘以分摊费率（江苏水源公司取1.5%～2%；山东干线公司取0.9%～1.2%；中线水源公司取1.5%～1.6%；中线建管局取0.5%～0.7%；湖北省南水北调管理局取0.9%～1.2%）。以上为项目法人项目管理费控制数，因地方相关规定和地区差异形成的项目法人项目管理费不足部分按照《南水北调工程投资控制奖惩办法》（财建〔2006〕1113号）有关规定办理。

对于建设单位项目管理费，代建制项目的项目代建单位管理费，采用招标合同价。项目法人直接管理和委托制项目的建设单位管理费均由建设单位开办费、建设单位人员经常费和工程管理经常费三部分组成，其中：建设单位开办费，按初步设计概算建设单位开办费计列；建设单位人员经常费，包括建设单位人员工资和日常办公费用，根据建设单位定员、费用指标和人员费计算期计算，建设单位定员原则上采用初步设计概算批复的定员，建设单位人员经常费用指标按项目管理预算相应价格水平年确定，人员经常费计算期按初步设计批复施工总工期另加1.5～2.5年确定；对于工程管理经常费，指直管或委托制项目建设单位从筹建到竣工期间所发生的管理性质费用，按初步设计概算工程管理经常费计算方法计算。

对于联合试运转费，采用初步设计概算值。

5）技术服务采购。对于工程勘测设计费，已招标或已签订勘测设计合同的，采用合同价；未招标的采用初步设计概算值。

对于工程建设监理费，已招标项目采用合同价，未招标的采用初步设计概算值，部分招标项目在已签订合同额基础上计入未招标部分的监理费。

对于招标业务费，包括招标代理服务费和其他招标工作经费，如项目法人对招标文件的咨询、审查等工作所需的经费。已招标项目按实际发生额计列招标代理服务费，未招标项目根据原国家发展计划委员会以计价格〔2002〕1980号文发布的招标代理服务收费标准进行计算。在招标代理服务费标准的基础上增列30%作为招标业务费。

对于工程科学研究试验费，采用初步设计概算值。

对于技术经济咨询费，内容包括：项目建设进行技术、经济和法律咨询发生的相关费用及国家有关部门规定的与项目评审、项目后评价等有关的项目费用；编制审查项目管理预算报告和价差报告发生的费用。计算原则：按项目管理预算一至三部分（建筑安装工程采购、设备采购、专项采购）投资之和的0.5%~1%（投资基数大的取下限，投资基数小的取上限，其他取中限）计列。

6）生产准备费。采用初步设计概算值。

7）建设及施工场地征用费。采用初步设计概算值。

8）其他费用。工程保险费、定额编制管理费、其他税费，采用初步设计概算值；工程质量监督费，按国务院有关部门批准的南水北调工程质量监督费用标准执行。

9）可调剂预留费用。可调剂预留费用为项目管理预算与初步设计概算投资对比减少的建筑安装工程、设备工程和费用投资之和。可调剂预留费用不为负数。

10）基本预备费。按初步设计概算工程部分基本预备费计列，不包括建设及施工场地征用费、水土保持工程和环境保护工程所含基本预备费。

11）价格因子权数。建筑安装工程价格因子权数，是计算该工程项目建设期价差的基础依据。权数测算内容包括工程分类、价格因子权数项目选择和价格因子权数测算三个部分。

a. 工程分类。

分类原则：按建筑工程、安装工程两部分分别划分；按工程性质进行分类，可明确项目名称的建筑或安装分类工程应占全部建筑或安装工程投资额度的70%~80%，其余部分可统一归并称为"其他建筑工程"或"其他设备安装工程"，其投资额度不得高于建筑或安装工程投资额度的20%~30%。

分类工程划分：建筑工程分为土方开挖工程、石方明挖工程、石方洞挖工程、土方填筑工程、砂卵石填筑工程、石方填筑工程、浆（干）砌石工程、模板工程、混凝土工程、钢筋加工及安装工程、锚杆工程、锚索工程、钢绞线加工及安装工程、灌浆工程、钻孔工程、其他建筑工程等；安装工程分为水泵（水轮机）设备安装工程、水泵配套电动机（发电机）设备安装工程、变压器设备安装工程、主阀设备安装工程、闸门设备安装工程、启闭机设备安装工程、其他设备安装工程等。

b. 价格因子权数项目选择。项目选择原则和要求：同性质建筑或安装工程的各价格因子权数名称应统一；各建筑或安装分类工程项目权数值之和均为100%；建筑或安装分类工程中的人工、机械一类费用、其他直接费、现场经费、间接费、企业利润和税金为必选项目；建筑分类工程中的电力、钢筋、水泥、粉煤灰、柴油、炸药、砂石料作为主要材料的必选项目，但不受此限制，主要材料项目选择应满足主要材料费之和大于全部材料费的85%~90%，其余归并为其他材料，其他材料费应小于全部材料费的10%~15%；砂石料在建筑分类工程项目中一般选为独立的价格因子，若砂石料为现场生产，在计算其价格指数时，应按人工、加工消耗的材料、费用等选择价格因子权数项目；安装分类工程中的电力、钢材、电焊条、汽油、氧气作为主要材料的必选项目，但不受此限制，主要材料项目选择应满足主要材料费之和大于全部材料费的 85%～90%，其余归并为其他材料，其他材料费应小于全部材料费的 10%～15%。

c. 价格因子权数测算。根据各价格因子权数项目，首先测算项目管理预算基础单价（如电、风、水、混凝土材料等）中的价格因子权数；再分别测算分部分项工程（如石方明挖工程中的基础石方明挖、进水口石方明挖等，闸门设备安装工程中的进水口平板工作闸门安装、进水口平板检修闸门安装等）所对应的单价分析表中的各价格因子权数，然后以建筑或安装分类工程（建筑工程如土方开挖工程、石方明挖工程、混凝土工程等，安装工程如水泵设备安装工程、主阀设备安装工程、闸门设备安装工程等）中各分部分项工程投资额为权重，计算各分类工程价格因子权数。

（3）编制组成内容。项目管理预算的内容包括正文和附件两部分。

1）正文的主要内容是编制说明和项目预算表。

a. 编制说明：应包括工程概况、标段说明、主要技术经济指标、编制依据、编制原则及方法、投资变化分析说明、其他说明等。①工程概况：应包括工程兴建地点、对外交通条件、工程规模、工程布置型式、建设工期等。②标段说明：应包括主要标段划分、各主要标段主要建设内容和规模等。③主要技术经济指标：应包括项目管理预算静态总投资，单位供水量投资等。④编制依据：应包括项目管理预算采用的主要文件、规定和定额。⑤编制原则及方法：应包括价格水平、项目划分、工程量、基础价格、项目管理预算各部分内容和费用标准、建筑及安装工程价格因子权数测算方法。⑥投资变化分析说明：应包括项目管理预算与初步设计概算对比情况和原因分析。⑦其他说明：应包括项目管理预算文件存在的主要问题、与编制价差报告有关的需要注意的问题等。

b. 项目预算表：主要包括 23 个表，并可在总预算表基础上，结合建设管理模式，按项目所属管理单位对总预算表项目进行归类。表格主要为：总预算表、分项综合总预算表、建筑安装工程预算表、设备采购预算表、专项采购预算表、项目管理费预算表、技术服务采购预算表、生产准备费预算表、其他费用预算表、建设及施工场地征用费预算表、分年度投资计算表、分年度现金流量计算表、建筑工程单价汇总表、安装工程单价汇总表、基础单价汇总表、材料预算价格汇总表、施工机械台时费汇总表、主体工程主要工程量汇总表、主体工程主要工时与材料量汇总表、项目管理预算与初步设计概算投资对照表、初步设计概算与项目管理预算投资对照表、建筑分类工程权数汇总表、安装分类工程权数汇总表。

2）附件的主要内容是基础单价计算书表和有关文件资料。①基础单价计算书表：人工费计算表、主要材料运杂费计算表、主要材料预算价格计算表、电价计算书表、风价计算书表、水价计算书表、砂石料单价计算书表、混凝土材料价格计算表、单价分析表、费用计算书。②根据需要，将有关工程的重要文件和中间讨论或审查会议纪要列为项目管理预算的附件。

3. 项目管理预算审查

（1）审查要求资料。提供审查的项目管理预算应提供下列报告与资料：①项目管理预算报告；②项目初步设计资料，包括初步设计报告和初步设计概算等；③项目招标设计阶段资料，包括标段划分、施工合同、工程量清单等；④项目施工阶段已完成的工程项目资料，包括工程量或设备结算清单；⑤其他项目资料。

（2）审查程序。项目管理预算审查工作一般应包括两个步骤：即程序性审查和技术性审查。

1）程序性审查。主要对项目管理预算编制单位资质是否符合要求，提交审查的资料是否完备，项目管理预算总投资是否超过批复的初步设计概算额度，价格水平年是否与初步设计概算相一致，主要工程内容是否与初步设计范围相一致等进行审查。

2）技术性审查。审查项目管理预算是否符合《南水北调工程项目管理预算编制办法》的要求，主要审查内容为：①编制原则是否符合项目管理预算编制办法的要求，项目内容、有关表格是否与项目管理预算编制办法一致。②基础单价，审查人工工资、电、风、水、砂石料等基础单价是否与初步设计概算相同。③主要材料和设备价格，审查主要材料价格是否与初步设计概算相同，设备价格是否采用初步设计概算价格。④工程单价，审查确定主要工程单价的施工组织设计方案是否符合工程招标设计情况；如果调整定额人工、机械、材料等消耗量，调整是否合理；土石方平衡是否合理，土石级别是否与地质勘察成果相符，混凝土运输方式是否合理，混凝土模板数量与单价是否正确等。⑤工程量，根据各标段工程量清单，逐项审核项目管理预算招标采购工程量是否正确，有无漏项、重项或多项。⑥专项采购项目，其内容是否与批复初步设计概算相一致；与施工期相关内容是否划分清楚。⑦技术服务采购项目，其内容是否符合项目管理预算办法。⑧项目管理费项目，根据批复的初步设计概算，审查项目法人管理的费用是否完整，投资计算是否合理正确；是否针对本工程的管理模式特点。⑨地方包干项目，主要是建设及施工场地费、水库移民补偿等内容是否与批复初步设计概算相一致。⑩可调剂预留费用，审核项目管理预算与初步设计概算对比投资之差，其额度是否合理、正确。⑪权数计算，重点审核工程分类、价格因子项目选择是否符合工程实际，是否反映工程特点；价格因子权数测算是否正确，是否符合项目管理预算编制办法的要求；是否满足编制年度价差报告的要求。

（3）审查案例。以南水北调中线一期穿漳河工程为例说明。

1）工程概况。穿漳河工程是南水北调中线工程总干渠穿越漳河的大型交叉建筑物，位于河南省安阳市安丰乡施家河村与河北邯郸市讲武城之间，东距京广线漳河铁路桥约 2km，距 107 国道约 2.5km，南距安阳市 17km，北距邯郸市 36km。交叉断面处漳河 50 年一遇洪水位 83.87m（1985 国家基准高程，以下同），100 年一遇洪水位 85.76m，300 年一遇洪水位 87.07m，河底平均高程 76.00m，其上游 12.1km 处建有岳城水库。漳河南岸总干渠设计水位 92.19m，加大水位 92.56m，北岸总干渠设计水位 91.87m，加大水位 92.25m，工程建筑物包括渠道和跨河建筑物共计总长 1081.81m，干渠总桩号为 730＋640～731＋722，工程轴线起止点坐标分别为 $X=4012543.63$，$Y=38528329.45$；$X=4013560.00$，$Y=38528700.00$（1954 北京坐标系）。总干渠穿漳河的交叉建筑物工程由进口渠道连接段、进口渐变段、进口闸室段、管身段、出口闸室段、出口渐变段、出口渠道连接段、退水闸、排冰闸、防护堤、下游防护段等部分组成。设计施工总工期 30 个月。

主体工程主要工程量包括：土石方开挖 77.92 万 m^3、土石方回填 71.48 万 m^3、砌石工程 8.57 万 m^3、混凝土工程 9.87 万 m^3、钢筋 9646t、振冲碎石桩 10.52 万 m^3、钢筋石笼 1.25 万 m^3、复合土工膜 1.84 万 m^2、草皮护坡 3.52 万 m^2。

标段说明：①土建施工及机电金属结构设备安装标准，主要包括渠道倒虹吸、两岸连接渠道、进口检修闸、出口节制闸、退水闸、排冰闸、护岸工程等项目的土建及设备安装工程；

②施工监理标，主要包括土建标施工和施工期环境保护和水土保持工程措施、设备监造等项目的监理；③机电设备采购标，主要包括电气设备、水利机械设备、暖通设备、消防设备的采购等；④闸门及卷扬式启闭机设备采购标，主要包括闸门及其埋件、卷扬式启闭机及现地控制设备等；⑤工程安全监测项目、液压启闭机设备采购项目纳入统一招标，不再单独进行分标。

经核定，南水北调中线一期穿漳河工程静态总投资为 36856 万元。核定的穿漳河工程初步设计概算见表 4-2-1。

表 4-2-1　　　　　　　　　穿漳河工程初步设计概算表　　　　　　　　单位：万元

序号	工程或费用名称	建安工程费	设备购置费	独立费用	合计
I	工程部分投资				
	第一部分　建筑工程	17364			17364
	第二部分　机电设备安装工程	187	699		886
	第三部分　金属结构设备安装工程	247	1544		1790
	第四部分　临时工程	7769			7769
	第五部分　独立费用			3862	3862
	一至五部分合计	25567	2242	3862	31671
	基本预备费（6%）				1900
	工程静态总投资				33571
II	移民环境投资				
	建设及施工场地征用费				2947
	水土保持工程				185
	环境保护工程				153
	静态总投资				3285
III	工程投资总计				
	静态总投资				36856

2）审查情况。经审查，编制单位资质及上报程序符合要求；项目管理预算在编制原则、价格水平年、项目划分、工程量计算等方面基本符合有关编制办法的要求和各设计单元的实际情况，但需进行修改和补充。基本情况见表 4-2-2。

存在问题及修改建议如下：

a. 部分项目内容需重新归纳列项。如：相关生产用房（闸室、控制室等）应列入建筑工程采购中，不应计列在房屋建筑工程中；进退场费、生产生活区及施工道路水保措施、施工环境保护、质量、进度、安全、文明施工强化措施费，不应单独列入建筑工程采购中。

b. 部分工程单价和取费费率需调整。调整依据：按项目管理预算编制办法要求，工程单价原则按行业预算定额编制，并对各项取费根据工程实际情况适当调整。在编制项目管理预算中可具体解释为：

表 4 - 2 - 2　　　　　　　　　　　　　项目管理预算审查基本情况表

序号	名称	与《编制办法》的要求相比较	备　注
1	编制原则	符合	按设计单元编制、静态总投资均为批复值
2	价格水平年	符合	均为批复的初步设计概算价格水平年
3	项目划分	基本符合	部分项目划分需要调整
4	工程量	基本符合	已招标项目采用合同工程量，未招标采用初步设计工程量。存在漏项
5	基础单价	符合	采用初步设计概算的基础单价
6	工程单价	基本符合	按行业预算定额和招标施工方案编制，并对效率和取费进行调整
7	设备价格	基本符合	按初步设计批复价格
8	可调剂预留费用	基本符合	可调剂预留费用预留量偏少

工程单价和各项取费存在规模效应，工程规模、投资或工程量越大，其单位工程的价格和相应取费费率就越低，反之，单位工程的价格和相应取费费率就较高。

定额效率，水利工程现行系列定额于 2002 年颁布，经过近 8 年的实践检验和意见反馈，部分定额子目的效率随着机械效率和管理水平提高可适当调整。

调整范围：土方工程、钢筋制安工程。

调整内容：初步设计概算投资 3.69 亿元，工程量较小。

调整情况：土方工程现场经费、间接费均降低 1%；钢筋制安工程现场经费降低 2%、间接费降低 1%。

c. 永久房屋建筑面积需调整。永久房屋面积应按照批复的初步设计计列，不得超出。

d. 项目法人项目管理费和技术经济咨询费需调整。

调整依据：《编制办法》中规定"南水北调中线干线工程建设管理局的项目法人管理费按设计单元项目管理预算一至三部分之和的 0.5%~0.7% 计算""技术经济咨询费按设计单元项目管理预算一至三部分之和的 0.5%~1% 计算"。

调整内容：项目法人管理费的计算费率按 0.5% 计取、技术经济咨询费的计算费率按 0.5% 计取。

e. 调整价格因子计算权重。在测算主要工程的价格因子权数后，其他工程的价格因子权数可参照执行。

f. 凡是在招标阶段或实施阶段，与初步设计相比发生设计漏项、工程量和投资较大的变更，按设计变更程序处理。

3）投资分析。项目管理预算中静态总投资 36856 万元，其中可调剂预留费用 2088 万元。项目管理预算投资与初步设计概算投资对照见表 4 - 2 - 3。

项目管理预算与初步设计概算静态总投资保持一致，但各分项投资与初步设计概算相比存在一定的变化，具体变化情况及原因分析如下。

表 4 - 2 - 3　　　　　　　项目管理预算投资与初步设计概算投资对比表　　　　　　单位：万元

序号	工程或费用名称	合　计		
		预算	概算	增减
一	建筑安装工程采购	21980	25055	−3075
（一）	主要建筑安装工程项目	21512	24798	−3286
（二）	一般建筑安装工程项目	468	257	211
二	设备采购	2088	2075	13
（一）	机电设备采购	581	531	50
（二）	金属结构设备采购	1507	1544	−37
三	专项采购	1011	1017	−6
四	项目管理费	1545	666	879
五	技术服务采购	2971	2870	101
六	生产准备费	201	201	
七	其他费用	125	125	
八	建设及施工场地征用费	2947	2947	
九	可调剂预留费用	2088		2088
十	基本预备费	1900	1900	
	静态总投资	36856	36856	

a. 建筑安装工程采购。项目管理预算与初步设计概算相比投资减少 3075 万元，减少比例为 12.27%。主要原因为：①相对初步设计概算，项目管理预算中土方开挖工程量增加 7.78 万 m^3、土方填筑工程量增加 5.55 万 m^3、砌石工程量增加 2.08 万 m^3、钢筋制安工程量增加 629t、振冲碎石桩工程量增加 6853m；混凝土工程量减少 2894m^3、复合土工膜减少 885m^2；项目管理预算工程单价采用预算定额并结合中标单位的施工组织设计方案确定施工方法进行编制，相对于初步设计概算单价略有降低，由于工程量增减及工程单价变化共计减少投资约 239 万元；②项目管理预算中施工导流采用总价承包，投资比初步设计概算减少约 2086 万元；③机电安装、金属结构安装、其他措施项目减少投资约 750 万元。

b. 设备采购。项目管理预算与初步设计概算相比投资增加 13 万元，增加比例为 0.63%。主要原因为招标工程量比概算工程量略有增加。

c. 专项采购。项目管理预算与初步设计概算相比投资减少 6 万元，减少比例为 0.58%。主要原因为其中的安全监测工程采用的合同价格比初步设计概算价格略低。

d. 项目管理费。按建筑安装采购、设备采购、专项采购之和百分比计算，与初步设计概算相比投资增加 879 万元，增加比例为 132.17%。主要原因为：①增列了项目法人项目管理费 125 万元；②建设单位人员经常费费用指标调整为 2007 年的价格水平；③工程管理经常费取费基数变化，相应增加投资 215 万元。

e. 技术服务采购。项目管理预算与初步设计概算相比投资增加 101 万元，增加比例为 3.52%。主要原因为监理费招标后减少 35 万元，招标业务费增加 11 万元，增列了技术经济咨询费 125 万元。

f. 可调剂预留费用。本项为新增加项目，为项目管理预算与初步设计概算投资对比减少的建筑安装工程、设备工程和费用投资之和。可调剂预留费用为 2088 万元。

（二）设计变更管理

设计变更是水利工程项目建设中的普遍现象。由于地质条件难以准确勘测、初步设计深度不够以及其他难以预见的情况等原因，工程施工时的实际情况较初步设计时预估的情况难免有所变化，形成各种类型的设计变更。南水北调工程线路长，途径地质条件复杂；建设周期长，沿线社会经济环境变化大；作为主要由国家财政投资的大型战略性基础设施工程，受政策制约和影响大等因素，导致设计变更内容多样、数目庞大、增加投资多。因此设计变更管理是南水北调工程静态投资控制的主要内容，是关系到静态投资乃至总投资能否控制在国家批复初步设计概算内的关键。

1. 南水北调工程设计变更管理的特点

（1）设计变更实行分级审批管理。为了适应南水北调工程设计变更数量庞大，内容多样，时间紧迫，涉及的投资规模大小不一等特点，设计变更采用分级管理。重大设计变更由国务院南水北调办负责审批，一般设计变更由项目法人负责审批。

国务院南水北调办十分重视设计变更管理工作，针对重大设计变更的界定和处理出台了一系列措施，确保工程建设的进度、质量和安全的同时严格控制设计变更投资增加。项目法人不得擅自更改国家已批复的工程建设规模、功能、建设标准、总体布置、主要设备等设计内容，若确需更改，需要严格履行重大设计变更审批程序，组织编制重大设计变更报告，报国务院南水北调办审批后方可实施。

对于一般设计变更，项目法人按照《南水北调工程初步设计管理办法》《关于加强南水北调工程设计变更管理工作的通知》等有关规定，制定适用于自身工程建设管理实际情况的设计变更管理办法进行管理。在实践过程中，为提高设计变更处理效率，各项目法人对于一般设计变更也进行分级管理，分级的依据一般是设计变更增加投资的额度，每一个级别的工程管理部门对应于某个额度范围内的管理权限。例如中线建管局规定 500 万元以下的设计变更由现场建设管理部门直接处理，500 万元以上的需要报送中线建管局审批。额度的选择同项目法人各级建设管理组织机构设置以及负责设计变更管理工作的人员配备有关。

（2）设计变更管理严格、审批程序严谨。在南水北调工程实施之前，水行政主管部门没有出台设计变更管理的相关规定，对于初步设计执行情况的监督管理仅体现在工程竣工验收时。因此，一般的水利工程对设计变更的管理较为粗放，致使工程竣工验收时木已成舟，许多设计变更已经无法整改，只能默认变更后的既成事实。工程建设过程中对设计变更监管的缺乏，导致工程建设管理单位对待初步设计不严肃，工程建设随意性太大，增加超概风险，同时也增加工程建设管理人员的职业道德风险。主要表现有：①项目法人对设计变更管理程序缺乏足够的重视，经常先实施后报批。如某工程在施工中发现道路的路面结构需变更，在未履行报批手续的情况下完成了施工，待第二年检查时发现未办理相关手续，才向主管部门申请设计变更，主管部门面对既成事实，默认实施后的方案，造成审查审批流于形式，起不到规范设计的作用。②项目法人对于由变更引起的资金变化缺乏足够的重视，往往更加重视工程结构、形式、方案的变更。有的项目法人未核实资金变化即批复设计变更方案，多个设计变更累计导致超概；有的项目法人对因设计变更增加的投资，动辄使用预备费、招标节余或其他资金予以解决，但是对因设计变更减少的投资，则不够敏感，很多没有扣回。③通过设计变更掩盖问题。在实践中，个别工程为节省投资或出于其他目的，不按照设计图纸实施，擅自减少工程量或改变工程结构形式，也不履行任何程序。若在检查中未被发现，就不进行设计变更；若在检查中被发现，项目法人便以设计变更的名义报批，使设计变更成为掩盖问题的手段。④以设计变更的名义建设搭车项目或者转嫁应该由其他途径解决资金的问题。

国务院南水北调办吸取水利工程建设管理的经验，率先对设计变更的定义、分类、处理权限和程序都进行了专门规定，尤其是严格要求各项目法人完善审批程序，杜绝先实施后申报的现象。对于项目法人上报的设计变更，首先判定设计变更的性质。确实属于重大设计变更的，请原初步设计审查部门进行审查，有的还请南水北调工程专家委员会进行咨询，最后综合审查意见进行批复。在建设过程中还开展了重大设计变更专项监督检查工作，组织专家组对各项目法人的设计变更进行梳理，对于发现的各项重大设计变更管理问题要求项目法人及时整改。尤其是对监督检查发现的未报批先实施的重大设计变更项目，要求严格按照规定编制重大设计变更报告，请原初步设计审查单位进行审查，对变更方案进行充分论证。同时对于这种违规现象进行了通报批评，以惩前毖后，规范各项目法人的设计变更管理。

（3）设计变更处理时限要求高。南水北调工程属于线性工程，只要任何一段未能按时完工就无法按时通水。为了确保南水北调工程 2014 年年底前按时通水，工期紧、任务重，而许多设计变更的发生难以预料，却对工程的进度有决定性影响。因此，南水北调工程对于设计变更处理的时限要求非常高。国务院南水北调办为了提高重大设计变更处理效率，建立了重大设计变更快速处置和现场处理机制，力争在保证重大设计变更方案设计合理、审批程序合规、投资增加可控的前提下加快重大设计变更的处理。

（4）从总量和过程两个方面控制设计变更投资。设计变更投资总量控制主要是指国务院南水北调办层面对重大设计变更增加投资的控制，目标是确保南水北调工程建设总投资控制在国家批复国务院南水北调办负责实施的投资 2814 亿元以内，焦点集中在增加投资解决的渠道上，即重大设计变更新增投资是否在原批复初步设计概算外增列。在概算外新增投资的实质是增加了工程静态投资的总量，因此重大设计变更的投资控制属于静态投资的总量控制。

设计变更投资的过程控制主要是指项目法人层面对合同变更增加投资的控制，目标是确保工程建设实际完成的静态投资控制在国务院南水北调办批复给本单位的静态投资总额度以内。项目法人实际结算的依据是合同，每一个合同金额的变动都意味着实际投资的变动。

国务院南水北调办既重视南水北调工程设计变更投资的总量控制，也重视设计变更投资的过程控制，在出台了一系列措施规范重大设计变更管理的同时，还组织力量，建立机构，对各项目法人合同变更以及索赔的处理进行监督、检查和指导，力求全面、及时、准确地掌握静态投资的变化情况，确保南水北调工程投资安全、风险受控。

2. 南水北调工程设计变更管理的主要做法

（1）设计变更管理办法。国务院南水北调办先后研究印发了多个有关南水北调工程设计变更管理的文件，成为南水北调工程设计变更管理工作的主要依据。见表 4－2－4。

表 4 - 2 - 4   南水北调工程设计变更管理办法

办 法 名 称	发布文号	发布时间	主要内容
南水北调工程初步设计管理办法	国调办投计〔2006〕60 号	2006 年 7 月	设计变更分级审批管理的内容、权限、程序等
加强南水北调工程设计变更管理工作的通知	国调办投计〔2006〕67 号	2006 年 7 月	详细规定重大设计变更定义、审批程序、报告编制要求
南水北调工程投资静态控制和动态管理规定	国调委发〔2008〕1 号	2008 年 6 月	设计变更投资解决渠道
南水北调工程建设投资计划管理办法	国调办投计〔2009〕31 号	2009 年 3 月	对于制约工程建设、现场情况急迫的特殊重大设计变更处理程序的调整
进一步加强南水北调东、中线一期工程设计变更管理工作的通知	综投计〔2010〕118 号	2010 年 11 月	招标阶段设计变更管理，进一步明确重大设计变更审批程序和要求，进一步明确设计变更增加投资解决渠道
建立南水北调工程设计变更快速处置机制和控制性工程设计变更现场处理机制的通知	国调办投计〔2011〕215 号	2011 年 8 月	建立重大设计变更快速处置和现场处理机制
切实加强南水北调工程重大设计变更管理工作的通知	国调办投计〔2012〕59 号	2012 年 3 月	更加严格控制重大设计变更数量和投资，更加快速处理重大设计变更
加强南水北调工程投资控制管理工作的通知	国调办投计〔2013〕80 号	2013 年 4 月	严格控制设计变更增加投资，以及责任追究等
进一步加强南水北调工程投资控制管理的通知	国调办投计〔2013〕255 号	2013 年 10 月	原则上不再审批新增项目

（2）重大设计变更管理。

1）重大设计变更界定。长期以来，水利工程建设行业没有对设计变更的权威定义，不同的人对设计变更的理解也不一致。有的建管单位认为对初步设计报告的变更属于设计变更；有的建管单位认为对招标文件的变更是设计变更；还有的建管单位将合同变更等同于设计变更。在工程管理过程中习惯将设计变更分为"重大设计变更"和"一般设计变更"两类，但究竟什么是重大设计变更、什么是一般设计变更也没有统一的规定。这些情况导致很多水利工程建设项目的重大设计变更管理随意性很强，基本凭借管理人员的主观判断界定重大变更。出现了将一般设计变更当作重大设计变更处理，增加了管理成本，降低了设计变更处理效率；或者将重大设计变更当作一般设计变更处理，不履行审批手续，导致工程变化过大，影响工程投资控制和工程功能的实现。2012 年 3 月水利部出台了设计变更管理暂行办法，对设计变更的认识逐步得到统一，管理逐步规范。南水北调工程的参建单位众多，对设计变更的理解都从各自的经验和习惯出发，各不相同，存在不少误解。国务院南水北调办在行业主管部门出台管理办法之前制定了多个专门针对设计变更的管理办法，明确了设计变更的含义、重大设计变更和一般设计变更的区分，对于规范南水北调工程设计变更管理有着重要的意义。

根据《关于加强南水北调工程设计变更管理工作的通知》（国调办投计〔2006〕67 号），初步设计批复后，涉及南水北调工程的工程任务和规模，工程等别及建筑物级别、设计标准，工程布置及建筑物结构、用途等方面发生以下四方面十五种情形的为重大设计变更。工程任务和规模方面：输水工程任务、供水量、供水范围、保证率、调度运行原则发生变化；水库工程（包括调蓄湖泊）任务、库容、调度运行方式、特征水位（正常蓄水位、死水位等）发生变化；输水工程省际间、重要建筑物衔接点等关键节点控制水位发生变化；输水工程分水口门和退水闸数量、分水和退水流量发生变化；输水明渠（河道）、管涵、各类建筑物输水流量发生变化；泵站或电站工程功能、机组型式、装机容量、装机台数发生变化。共七种情形。工程等别及建筑物级别、设计标准方面：工程等别、建筑物级别发生变化；工程防洪或排涝标准发生变化；工程抗震设防烈度发生变化。共三种情形。工程布置及建筑物方面：输水工程各类河渠及渠渠交叉建筑物、控制建筑物、输水隧（涵）洞的数量、断面或水位、水位差发生变化；跨渠公路桥、铁路桥、生产桥数量发生变化，或对渠道水面线产生不利影响；水库、泵站（或电站）和输水枢纽总体布置格局或主要建筑物轴线发生重大变化；水库、泵站、电站，以及输水明渠（河道）、管涵、各类建筑物的类型、控制高程发生变化。共四种情形。工程概算投资方面：设计单元工程中发生设计变更引起投资增加超出国家批准的该设计单元工程初步设计概算总投资。共一种情形。除这十五种情形以外的设计变更是一般设计变更。

界定重大设计变更还要注意设计变更与合同变更的区别。设计变更是指水利工程初步设计批准之日起至工程竣工验收交付使用之日止，对已批准的初步设计所进行的修改活动。概念的要件有两点：①时间节点，在初步设计批复至竣工验收这一段时间内；②变更基础，变更的基础是已批准的初步设计，凡是对初步设计的改变均属于设计变更。设计变更既可以发生在招标设计阶段，也可以发生在工程实施阶段。发生在招标设计阶段的设计变更不会体现在合同管理中。合同的变更是指合同成立后、尚未履行或尚未完全履行之前，合同的内容发生改变。广义的合同变更，除合同内容的变更外，还包括合同主体的变更。合同主体的变更实际上是合同权利义务的转移，在南水北调工程建设承包合同中，禁止合同转让。因此，南水北调工程的合同变更都是狭义的合同变更。合同变更的基础是已签订的合同。合同变更又分为设计变更和施工变更。设计变更类型的合同变更是指设计方签发新的施工图纸、设计通知单、补充通知（含技术要求等）对已签发施工图做出修改或说明，施工单位按照新的施工图纸或设计变更通知单等实施作业，满足合同约定的变更条件情况下，均可视为设计变更。施工变更类型的合同变更是指在合同实施过程中，根据现场工程施工的需要，合同参建各方在现场对需解决的问题以会议纪要或者现场会签单等形式确定现场某项工作的实施，满足合同变更相关约定的可构成变更，此类变更为施工变更。不是所有的设计变更都会引起合同变更，也不是所有的合同变更都是设计原因导致的。合同签订后发生的对初步设计有变动的合同变更都是设计变更。项目法人对于变更的管理是基于合同的管理，同国务院南水北调办对重大设计变更的管理不仅是两个层面的管理，也是完全不同概念的管理。若发生合同变更，项目法人要先判断是否是设计变更，再判断是哪个层面有权限处理的设计变更，有些是现场建管单位就有权限处理的变更，有些是一般设计变更但是需要项目法人处理，若是重大设计变更，则须报送国务院南水北调办处理。

2）重大设计变更审批程序。项目法人判断一个设计变更有必要实施且属于重大设计变更时，需要组织设计单位按照设计变更管理规定的要求，编制重大设计变更报告，进行方案比选和概算编制，推荐一个最优方案报送国务院南水北调办。

国务院南水北调办委托原初步设计审查单位对项目法人申报的重大设计变更项目进行审

查。各专业专家通过查看资料、现场勘查、集中讨论等方式开展审查工作，一般还要召开审查会。会上参建各方同审查单位做深刻的交流和讨论，最终汇总各个专业的专家意见，提出审查意见初稿。设计单位根据审查意见修改重大设计变更报告后再次提交审查单位。有时需要数易其稿才能通过审查。若是特别重大或分歧较大的设计变更，还将召开不止一次的审查会。直到项目审查单位确定设计单位提交的重大设计变更报告理由充分、方案合理、设计深度达到要求、概算编制符合规范之后出具正式的审查意见。对于特别重大的技术难题，往往还要提交南水北调工程专家委员会咨询。

国务院南水北调办综合审查和咨询意见，参考工程建设实际情况对重大设计变更方案进行批复，并核定相应方案的概算。对于增加投资较多的重大设计变更，需要项目法人提出增加投资解决建议渠道。国务院南水北调办根据静态投资控制情况，批复重大设计变更增加投资解决渠道。

3）重大设计变更快速处理机制和现场处理机制。由于南水北调工程重大设计变更审批工作时间紧、任务重、责任大、情况复杂等特点，为了平衡重大设计变更管理的效率和质量，国务院南水北调办出台了一系列加快和加强重大设计变更处理的措施。其中最重要的是快速处理机制和现场处置机制。

a. 南水北调工程设计变更快速处理机制。由国务院南水北调办投资计划司牵头，南水北调工程设计管理中心参加，成立设计变更快速处置工作组，对项目法人提出的重大设计变更进行快速处置。项目法人明确设计变更责任人，负责各项目法人设计变更的快速处置工作，并参与、配合工作组的快速处置工作。

工作组的工作流程是：在南水北调工程建设过程中，发生重大设计变更后，责任人应在3个工作日内向工作组提出重大设计变更申请，工作组邀请南水北调工程初步设计审查单位（以下简称"审查单位"）和有关专家参加，在5个工作日内赶赴现场，组织提出设计变更处置意见。对于涉及南水北调工程全线调水规模、分水口门、水量调配、设计水面线、重大技术问题，或增加投资突破已批复设计单元初步设计概算的重大设计变更，由工作组组织开展审查审批；对于其余的重大设计变更，根据工作组的处置意见，由责任人组织开展审查审批。由工作组组织开展审查审批的重大设计变更，责任人要按照工作组的处置意见，组织设计单位在规定时间内完成重大设计变更报告编制工作。工作组在收到责任人组织上报的重大设计变更报告后，在3个工作日内委托审查单位开展审查。审查单位在20个工作日内完成审查并提出审查意见。责任人根据审查意见，在20个工作日内组织完成重大设计变更报告修改。工作组根据审查意见和修改后的重大设计变更报告，在3个工作日内组织批复。对于重大设计变更审查审批中的重大事项，工作组要及时向国务院南水北调办报告。

b. 控制性工程设计变更现场处理机制。对于控制性工程重大设计变更，责任人要在1个工作日内报告，工作组在3个工作日内组织审查单位和有关专家进行现场快速处置，提出解决问题的具体措施和方案。责任人根据工作组提出的措施和方案，组织做好施工和各项工作，保证工程建设进度和质量。需工作组组织开展审查审批的重大设计变更，工作组同步组织开展审查审批。对于控制性工程重大设计变更，工作组要建立跟踪制度，每周赴施工现场调研一次，工作组要及时向国务院南水北调办报告有关重大事项。

c. 其他加快重大设计变更处理的措施。国务院南水北调办还建立了重大设计变更联络员责任制度和重大设计变更通气会制度。国务院南水北调办、南水北调工程设计管理中心、水利部水利水电规划设计总院及各项目法人和设计单位专人负责重大设计变更联络协调。项目法人在报送重大设计变更的同时，明确重大设计变更项目法人联络员和设计单位联络员。国务院南水北调办不定期召开通气会和协调会，加强交流沟通、分析研究，及时协调解决问题。

d. 重大设计变更投资控制。

审查审批过程中严格控制投资。按照"必要性不够的不能变，能小变的不大变"的原则审查设计变更，全面杜绝借重大设计变更名义的搭车项目。在符合进度和质量要求的前提下，按照最为经济合理的原则比选方案，将变更方案与原初步设计方案的投资进行严格比对，杜绝重复建设和投资重复计列的现象。通过激励机制遏制重大设计变更不断增加的趋势，督促参建单位更好地履行职责。国务院南水北调办出台措施，根据变更内容和工程建设实际情况，部分概算外新增投资的重大设计变更项目核减了建管费、设计费和基本预备费等费用，共核减各项费用约 4 亿元，最大限度地减少因重大设计变更引起的工程静态投资总量的增加。

分清责任，通过批复不同的投资解决渠道严控投资。南水北调工程发生的重大设计变更，按责任承担主体分为三种情况。①数量最多的是水利工程常规设计变更。是指由设计单位根据工程实施需要或依据项目法人建议对原批复的初步设计进行修改、完善、优化的行为，一般以图纸或设计变更通知单形式确认。常规的设计变更通常包括设计优化和深化、地形地质变化引起变更、施工方案调整、与地方或其他行业的方案协调引起变更。例如京石段漕河渡槽三向预应力结构优化，鲁北段小运河边坡护砌，沙河渡槽预应力钢束调整、分水口门和桥梁变更等均属于此类变更。水利工程常规设计变更，反映了项目法人组织协调前期工作和精细化设计的能力，体现了项目法人的建设管理水平，并且在工程概算中对此类变更对投资的影响已有考虑（如计列了基本预备费）。因此，此类设计变更增加投资的责任主体是项目法人，投资从原批复初步设计概算内统筹解决。此类变更共 47 项，占重大设计变更总数量的 80%，增加投资 14 亿元，占重大设计变更总增加投资的 20%。②增加投资最多的是南水北调工程新增项目，是指在工程实施过程中，由于对南水北调特点认识不足和原来未预计到的客观情况造成新增项目或技术处理方案，主要有：较大范围的强、中、弱膨胀土渠坡技术处理方案，高填方渠段提高安全度技术处理方案，丹江口大坝裂缝缺陷技术处理方案等。该类新增项目基本属于重大技术难题，相关水利设计标准涉及不深，在前期工作阶段对此技术问题认识不足，且投资大，在工程概算内未充分考虑，项目法人也难以预料和承担投资。因此该类变更增加的投资由国家在概算外增列，共 9 项，占重大设计变更总数量的 15%，增加投资 53 亿元，占重大设计变更总增加投资的 78%。重大设计变更在概算外新增的投资占南水北调工程静态投资总量的 2%。③还有一类是工程后处理方案，是指在工程实施过程中，由于管理不善、施工质量缺陷或极端天气等原因导致工程损毁或不能达到设计功能，不得不采取的后处理方案。

（3）合同变更及索赔监督检查。静态投资控制的过程控制主要内容是合同变更及索赔投资的控制。合同变更及索赔的投资控制主体是各项目法人。南水北调工程自身的特点、不同的建设管理模式、施工单位合同管理力量的强弱、监理单位合同管理水平的高低、合同变更及索赔当事人的利益分歧等因素均影响南水北调工程变更索赔处理的效果。例如，南水北调中线干线工程在不同的地区采用了直接管理、委托管理和代建三种建设管理模式，工程实施的组织结构、招标组织、合同管理方法等均存在差异，各级建管单位的责任、权利和义务也不同，造成合同变更及索赔的处理程序和标准不统一；合同管理力量差异大，影响变更及索赔处理的准确性；管理层次多，影响变更及索赔处理的及时性；以及信息不对称影响变更及索赔的处理等问题。

国务院南水北调办对项目法人处理合同变更及索赔负有监督、检查和指导的职责。鉴于合同变更处理中凸显的种种问题，为了规范南水北调工程合同变更与索赔的处理，全面、及时、准确地掌握变更与索赔处理工作的进展，国务院南水北调办组织力量通过监督检查各项目法人合同变更索赔处理程序的合规性、处理依据的充分性及处理结果的合理性，提高南水北调工程合同变更管理水平；通过专题研究、全线调研、典型案例分析、专项培训等手段对项目法人合同变更索赔处理进行指导；每月追踪监控各设计单元工程合同变更索赔处理的进度，对有静态超概风险的项目发出预警。

3. 南水北调工程设计变更管理的成效

（1）重大设计变更原因分析。南水北调工程发生重大设计变更的原因共有六大类：

1）解决重大关键技术问题。此类变更是设计过程中对南水北调特点和社会经济发展认识不足，未预计到的客观情况造成的，基本都是其他水利工程之前从未遇到过的重大关键技术处理方案，共有 11 项，共增加投资 53 亿元。主要有：中线干线膨胀土渠坡处理设计变更、中线干线高填方渠段提高安全度设计变更、丹江口大坝裂缝缺陷检查与处理、焦作城区段提高安全度设计变更等，增加投资基本都在初步设计概算外增列。

2）建设管理问题。此类变更主要是工程实施过程中建设管理不相协调或者沟通不畅乃至考虑不周导致的，共有 6 项，增加投资 4 亿元。主要有：安阳段弱膨胀岩渠坡处理变更、中线总干渠与青兰高速连接线交叉工程设计变更、漳河北至古运河南段过水断面边坡调整、东线穿黄工程穿引黄渠埋涵出口闸方案变更等。其中因南水北调工程总体建设安排引起的丹江口大坝加高工程溢流坝堰面延期加高变更，其增加的投资在初步设计概算外增列；其余建设管理问题导致的重大设计变更增加投资均在初步设计概算内统筹解决。

3）设计优化和深化。此类变更主要是对初步设计的优化或者弥补设计漏项，共有 9 项，投资变化不大或略有节约。主要有：京石段漕河渡槽三向预应力结构优化、邳州站水泵装置型式变更、中线干线自动化调度与运行管理决策支持系统优化、东平湖至济南段安全防护设计、焦作 2 段新增建设路排水管道穿越工程等。

4）地形地质等设计边界条件变化。此类变更主要是由于前期的地质勘探不可能完全掌握地质岩层、地下土体、地下水、地下埋藏物等情况，工程施工时地形或地质条件较初步设计采用的勘测结果有所出入导致的，共有 7 项，增加投资 1 亿元，主要有：鲁北段小运河边坡护砌、辉县段小官庄北沟局部线路调整等。此类变更在批复初步设计概算时均已有所考虑，因此增加投资在初步设计概算内统筹解决。

5）兼顾外行业要求。南水北调工程属于线性工程项目，河渠、铁路、公路、油气管道、军事光缆、电力通信设施等交叉穿跨越众多，需要同各种行业协调，必须兼顾其他行业的要求。此类变更共 7 项，投资由南水北调工程工程和其他行业部门分摊，南水北调工程共分摊投资约 4 亿元，主要有：宁西铁路交叉工程设计变更、引江济汉工程结合通航设计变更、京石段应急供水工程界河倒虹吸延长工程设计专题等。此类变更在批复初步设计概算时均已有所考虑，因此投资在初步设计概算内统筹解决。

6）地方诉求。南水北调工程属于跨区域建设项目，涉及数个省和直辖市，沿线土地征迁，工程施工安排均需要同地方的经济社会发展和利益诉求相协调。此类变更共19项，部分投资由地方政府承担，南水北调工程承担增加投资8亿元，均在初步设计概算内统筹解决。主要有：京石段石家庄至北拒马河弃土弃渣占地设计变更，焦作1段城区段桥梁设计变更等。

（2）重大设计变更处理情况。

1）重大设计变更引起的静态投资总量变化。截至2015年年底，国务院南水北调办负责建设管理的南水北调东、中线一期155个设计单元工程共批复初步设计总投资规模2215亿元。因重大设计变更引起的投资增加约为70亿元，设计变更增加投资约占批复投资的3%，其中约53亿元需在已批复静态投资基础上追加，增列概算投资约占批复投资的2%。

2）重大设计变更的分布情况。截至2011年年底，国务院南水北调办共处理重大设计变更49项，其中2006年6项、2007年6项、2008年7项、2009年4项、2010年9项、2011年17项。截至2011年年底，共按重大设计变更处理49项。逐年处理的重大设计变更数量见图4-2-1，投资增加见图4-2-2。

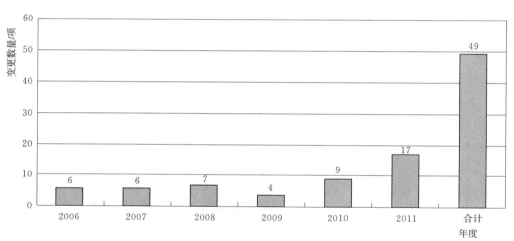

图 4-2-1　不同年份处理的重大设计变更数量

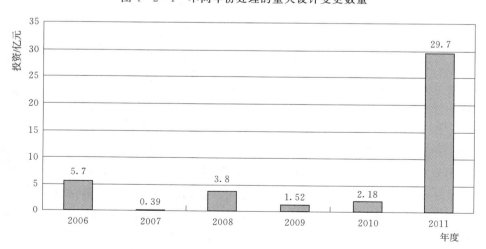

图 4-2-2　不同年份处理的重大设计变更增加投资

2006—2011 年的 49 项重大设计变更中，东线一期工程 17 个，中线一期工程 32 个。投资增加东线一期工程 2 亿元，中线一期工程 42 亿元，见图 4-2-3。各项目法人负责建设管理的工程中，重大设计变更数量和投资分布见表 4-2-5。

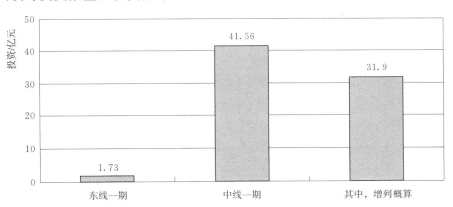

图 4-2-3 不同线路重大设计变更增加投资

表 4-2-5 各项目法人发生的重大设计变更数量和增加投资

序号	项目法人（建管单位）	数量/个	增加投资/万元	投资比例/%
1	江苏水源公司	1	0	0
2	山东干线公司	8	0.4	1
3	淮委建管局（省际工程）	7	1.4	3
4	安徽省建管办	0	0	0
5	中线建管局	29	37.3	86
6	中线水源公司	3	3.4	8
7	湖北省南水北调管理局	1	0.8	2
8	淮委建管局（陶岔渠首）	0	0	0
合　计		49	43	100

（3）静态投资控制情况。截至 2015 年年底，国家批准南水北调工程总投资 3082 亿元（总体可研 2546 亿元，新增投资 536 亿元），其中国务院南水北调办负责实施 2814 亿元。按照现行政策和标准，预计国务院南水北调办在可研范围内批复给项目法人的总投资规模约 2637 亿元，其中静态投资 2238 亿元。

截至 2015 年年底，项目法人共收到 2.5 万件合同变更索赔申请，其中 2 万件已经处理完毕，占总数量的 80%，共增加投资 187 亿元，占静态投资额度的 8%。尚余 0.5 万件未处理完毕。据项目法人初步匡算，预计合同结算投资加上已经处理完毕的合同变更索赔增加的投资，已使用静态投资 2224 亿元。静态投资能否控制住，关键在于变更索赔还需要增加投资数额的控制。

4. 南水北调工程设计变更管理的经验

（1）设计变更管理机制的核心是权责明确。对类似于南水北调工程这样规模庞大的线性工程来说，设计变更实行分级管理是提高效率、节约成本的必然选择。组织一个高水平的工作团队集中处理所有设计变更看似可以提高专业性和规范性，然而在现有技术条件下难以实现，也难以应对整个线路层出不穷的复杂问题。然而无论选择何种设计变更管理机制，核心都是权限明确，权责对应。权限不明确会导致互相推诿，无所适从，效率低下，没有可操作性；权责不对应会导致责小权大的环节肆意妄为，责大权小的环节有心无力。因此，设计变更分级管理的关键在于每个级别有什么样的权限，需承担什么样的责任，如果管理不好承担什么样的后果，这三个要点必须明确规定，既要涵盖所有情况，又不能存在重叠或者模糊的区域。与每个级别权限相对应的设计变更的定义也必须明确，这样每遇到一个变更即可按图索骥地判断其级别，应由哪个级别的管理机构负责，应该通过什么程序处理。

在南水北调工程设计变更管理机制中，对重大设计变更和一般设计变更进行了明确的区分，有利于参建单位分清责任。重大设计变更的定义中除了关于投资的条目，其余均是"某某发生变化"这种表述，是将设计变更的区分量化为"0"和"1"的指标，没变化就是"0"，发生变化就是"1"，易于判别。但是在投资的条目中，重大设计变更和一般设计变更的范围有可能重叠。该条目如此表述："设计单元工程中发生设计变更引起投资增加超出国家批准的该设计单元工程初步设计概算总投资"的是重大设计变更，该描述导致同一个设计变更有可能是重大设计变更，也有可能是一般设计变更，取决于它是不是造成设计单元工程投资超概的"最后一根稻草"。项目法人多次反映在实践过程中，投资条目难以落实。因为假如建设过程中发生了一项设计变更，按照除了投资条目以外的其他条目定义，该设计变更属于一般设计变更，但是项目法人难以立刻判断该变更增加的投资是否会导致设计单元工程投资超出初步设计概算，因此难以判断该变更是否为重大设计变更。项目法人同施工单位签订的合同最终结算额度同实际完成的工程量相关，而且不能排除施工单位援引合同中的某些条款发起索赔的可能，索赔一般需要通过谈判解决，甚至有些分歧还会诉诸法院。因此，不到合同结算时，项目法人难以准确预估工程实际所需投资较初步设计概算投资的差距，给设计变更定性带来了困难。通过南水北调工程的实践，建议按照设计变更增加投资的额度或者百分比（例如 100 万，或建安投资的 5%）对设计变更进行分级。另外，在国务院南水北调办层面，仅明确区分了重大设计变更和一般设计变更。对于项目法人以下的各层级设计变更管理权责的区分依赖于项目法人自行制定管理办法。这是南水北调工程建管模式复杂的现实情况决定的。这种机制安排导致不同项目法人对设计变更的管理大不相同。有的项目法人管理比较粗放，投资在 500 万元以下的设计变更下放给下级单位处理，有的项目法人管理比较精细，仅仅将投资在 50 万元以下的设计变更下放给下级单位处理。

设计变更管理机制中，权责对应的原则主要体现在对未能尽责的处罚措施上。例如设计质量不高导致设计变更数量多，增加了工程建设成本，设计单位应受什么处罚；建设管理组织不力导致设计变更，增加了工程建设成本，建设管理单位应收什么处罚；质量监督不到位，导致工程质量不达标，施工单位和监理单位应受什么处罚等等。如果一个管理机制中仅规定权利和责任，没有处罚措施，则会使违规成本过低而导致违规行为频发。南水北调工程设计变更管理机制中违规处罚措施方面比较薄弱，工程建设中存在设计变更先实施后报批，重大设计变更按照一般设计变更处理等问题。通过南水北调工程的实践，建议将设计变更管理行为列入相关单位的诚信评价指标，将设计变更违规行为记入诚信档案，并进行公示，且与招标投标、资质管理等挂钩，以此来保证设计变更管理机制的效力。

（2）设计变更效率直接关系到工程建设成本。工程建设所需的人员、机械设备、场地占用、办公条件维持以及建设资金全部都有时间成本，加快工程建设进度，既可以降低工程成本，也可以使工程提前投产，尽快产生效益。同时，工程建设效率的提升还可提高社会生产效率，节约社会成本。如果设计变更处理缓慢导致窝工，除了会造成大量合同索赔以外，还造成隐形成本增加。设计变更处理缓慢还可能使原先可行的方案因周边社会经济环境的变化、国家政策的调整、以及合作方的态度改变等种种原因导致不再可行，必须重新设计方案并且增加大量投资。因此，设计变更管理必须注重效率。南水北调工程重大设计变更快速处理和现场处置机制的经验表明，给每一个环节指定明确的责任人，将责任落实到个人，进行人对人而非单位对单位的联系；同时给每一个工作环节设置明确且合理的时限可以有效地提高设计变更处理效率。

（3）提高设计质量，减少设计变更。大量设计变更的发生是设计深度不够，设计质量不高导致的。提高初步设计、招标设计和施工图设计等各个设计环节的质量，减少对设计方案的行政干预，增加对设计单位的激励措施，均可有效减少设计变更，降低工程成本。对南水北调工程来说，招标设计由项目法人组织进行。通过项目法人间设计变更管理的对比可以明显发现，招标设计的质量与后期工程建设过程中设计变更的数量成负相关的关系。招标设计的质量越高，设计变更的数量越少，因设计变更增加的投资也就越少，投资静态控制的压力就越小。在招标设计阶段对工程现场进行认真查勘，深化初步设计，对不符合实际情况的设计及时更改，成本远较工程实施过程中再进行合同变更小。在招标阶段进行的设计变更，也应当按照规定履行程序，待设计变更手续完备后，再编制招标文件。否则，由于招标文件审查不严格导致的设计变更问题将给工程建设乃至验收都带来不利影响。

（4）提高设计变更管理的规范性。南水北调工程建设中也存在对设计变更不够重视，设计变更管理不规范的现象，尤其是对于一般设计变更，数量多、时间紧、不规范现象时有发生。包括随意变更，先实施后报批，或者未批准就实施，程序不规范；变更理由不充分，缺乏方案比选，设计变更报告编制不规范；审查过程随意，审批文件不规范；设计变更定价和定量随意，缺乏支撑材料等等情况。对于这些不规范的现象，主管部门必须负起责任，加强监督检查。

（三）基本预备费管理

预备费是建设项目静态投资的组成部分，用以解决初步设计概算内难以预料的工程费用。南水北调工程基本预备费的管理是静态投资控制的重要组成部分，具有自身特点并积累了很多宝贵经验。

1. 我国大型水利工程预备费管理的一般方法

根据现行水利工程概预算项目划分和费用构成规定，预备费包括基本预备费和价差预备费。基本预备费主要为解决在工程施工过程中，经上级批准的设计变更和国家政策性变动增加的投资及为解决意外事故而采取的措施所增加的工程项目和费用，具体包括：在批准的初步设计范围内，技术设计、施工图设计及施工过程中所增加的工程费用；设计变更、局部地基处理等增加的费用；一般自然灾害造成的损失和预防自然灾害所采取的措施费用；竣工验收时为鉴定工程质量对隐蔽工程进行必要的挖掘和修复费用等。根据工程规模、施工年限和地质条件等不同情况，基本预备费按工程投资的一定比例计列。价差预备费主要为解决在工程项目建设过程中，因人工工资、材料和设备价格上涨以及费用标准调整而增加的投资，具体包括：人工、设备、材料、施工机械的价差费，建筑安装工程费及工程建设其他费用调整，利率、汇率调整等增加的费用。价差预备费根据施工年限，以资金流量表的静态投资为计算基数，按照国家有关部门发布的年物价指数计算。

根据基本建设投资的性质不同，我国大型水利工程预备费管理方式也随之变化，大致可分为三类：市场化管理、计划管理、市场与计划相结合的管理方式。三类管理方式的共性有五点：①根据工程和建设管理特点，结合工程建设中出现的问题，详尽地列出了基本预备费的使用范围；②划清了通过价差预备费解决和通过基本预备费解决项目的界限，界定了基本预备费和招标结余的使用范围和使用次序；③对项目法人以下层面的各类单位的预备费使用权限和程序提出了严格的要求；④对预备费使用情况定期分析总结，建立台账制度；⑤明确了相关单位在预备费管理和使用中的责任，提出违规使用预备费的处理措施。

2. 南水北调工程基本预备费管理的特点

（1）南水北调工程预备费的构成不同。从广义的预备费概念来说，南水北调工程的预备费包括基本预备费和可调剂预留费用。基本预备费是初步设计概算中计列的为解决项目实施中可能发生的难以预料的支出需要预留的费用，额度是五部分投资（五部分投资包括：建筑工程、机电设备及安装工程、金属结构设备及安装工程、施工临时工程、独立费用）合计的一定比例，内涵与其他水利工程的基本预备费没有区别。可调剂预留费用是项目管理预算中计列的一项投资，用途与基本预备费一致，额度为项目管理预算与初步设计概算投资对比减少的建筑安装工程、设备工程和费用投资之和，实质是招标结余的一部分。因为设计单元工程的中标总价原则上不会超过概算批复额度，可调剂预留费用不会小于0。南水北调工程的基本预备费和可调剂预留费用均属于静态投资的一部分。

"静态控制、动态管理"投资控制体系中，"静态控制"要求满足工程功能、安全和质量的前提下，项目法人通过开展设计优化、调整概算结构、组织编报和执行项目管理预算、科学组织施工、加强项目建设管理等措施，对国家批准的初步设计概算中的静态投资负责。"动态管理"是指在工程建设实施过程中，项目法人逐年组织编制年度价差报告，将上年度因价格、国家政策调整、贷款利率和汇率及其他因素发生的投资变化及时合理调差，分清责任，避免"随船搭车"行为。因此，南水北调各设计单元工程初步设计概算和项目管理预算中不计列价差预备费，价差相关问题通过动态投资管理解决。

初步设计阶段，南水北调各设计单元工程概算中的基本预备费包括工程和移民环境两部分。由于南水北调工程征迁投资采用"征地移民资金包干制度"，"静态控制"中主要可控内容是工程部分基本预备费。因此，本节下文中提到的基本预备费均特指工程部分基本预备费。

（2）基本预备费是静态控制的最后一道闸门。从南水北调工程投资的使用顺序上，工程建设过程中在项目管理预算合同清单外新增投资首先使用可调剂预留费用解决。若不足，要充分利用清单内其他项目的结余资金和价差投资节余解决；若还不足，则可使用工程基本预备费。基本预备费需经国务院南水北调办批准后才可使用。因此，基本预备费是南水北调各设计单元工程静态投资控制的最后一道闸门，是设计单元工程静态投资超概算的预警机制。控制住基本预备费就可以将每个设计单元工程总投资控制在国家批复的初步设计概算投资以内，若基本预备费也不够用了，也就预示着该单元存在超概的风险，需要进行全面审查。

（3）南水北调工程预备费进行分级管理。为了严控静态投资，避免工程超概，由国务院南水北调办负责管理基本预备费，由项目法人负责管理可调剂预留费用。由于工程类型多、线路长、工期长、沿线环境复杂、建设管理模式多样等南水北调工程自身特点，国务院南水北调办制定的基本预备费管理办法相对宽泛，主要内容包括基本预备费的使用范围，使用程序和资金使用次序等。同时，国务院南水北调办充分信任和依托作为静态投资控制责任主体的项目法人，由项目法人先对使用基本预备费的项目进行初步审核。项目法人根据所负责工程的实际情况，制定相应的可调剂预留费用和预备费管理办法，对项目法人及其内部各级建设管理单位的投资使用进行规范。项目法人如若申请使用工程基本预备费，需编制基本预备费使用方案，报国务院南水北调办审批或备案。

（4）基本预备费管理办法不断探索改进。南水北调工程基本预备费的管理方法不是一成不变，而是不断探索改进。总的过程可以分为三个阶段，不同阶段有不同的侧重点。2009 年以前属于第一阶段，基本特征是分级管理和限额管理；2009—2015 年属于第二阶段，基本特征是国务院南水北调办审批；2016 年以后属于第三阶段，基本特征是备案制。

3. 南水北调工程基本预备费管理的主要做法

（1）管理办法。

1）预备费定义：南水北调工程中所指的预备费包含项目管理预算中的工程部分基本预备费和可调剂预留费用。

2）预备费管理主体：可调剂预留费用由项目法人负责管理和使用；基本预备费由国务院南水北调办负责管理。

3）预备费使用方向：设计变更（含设计漏项）、因国家政策调整增加的投资、解决意外事故而采取的措施所增加的工程项目及费用。其中，基本预备费主要用于重大设计变更（含设计漏项）和因国家政策调整增加的建设内容及投资，以及可调剂预留费用不足而工程建设确需解决的其他重大问题。

4）预备费的使用次序：项目法人需先使用可调剂预留费用，若不足，再按程序申请使用基本预备费。

5）预备费的使用程序：项目法人需向国务院南水北调办报送基本预备费使用方案，提出使用申请，经国务院南水北调办批准后方可使用。

（2）基本预备费的计列。南水北调各设计单元工程项目管理预算中计列的基本预备费按初步设计概算工程部分基本预备费计列，不包括建设及施工场地征用费、水土保持工程和环境保护工程所含基本预备费。考虑到南水北调工程的实际情况，初步设计概算中计列的工程基本预备费，按工程一至五部分（第一部分建筑工程费用、第二部分机电设备及安装费用、第三部分金属结构设备及安装费用、第四部分临时工程费用、第五部分其他费用）投资合计的 6% 计列，少数工程例如工程管理专项等，比例进行了适当下调，但一般不低于 5%。对比水利部颁布的《水利工程设计概（估）算编制规定》中规定的"5.0%～8.0%"，南水北调工程基本预备费数额的取值属于水利工程中的较低水平。另外，项目法人对部分工程方案、施工措施等进行优化后节省的投资也纳入基本预备费管理。国务院南水北调办批复的部分重大设计变更和专题专项在设计单元工程原批复的初步设计概算外新增了投资，相应也按比例新增了工程基本预备费。

在实践过程中，南水北调东、中线一期设计单元工程基本预备费的来源有四种：①已编制项目管理预算的设计单元工程项目管理预算中计列的基本预备费，共约 47.4 亿元；②未编制项目管理预算的设计单元工程初步设计概算中计列的工程部分基本预备费，共约 11.2 亿元；③设计单元工程方案优化节省的投资，大部分已计入项目管理预算；④部分重大设计变更和专题专项初步设计概算外新增投资中计列的基本预备费，约 1.4 亿元。四个来源共计 60 亿元。另外，国务院南水北调办批复的项目管理预算中共计列可调剂预留费用 40.6 亿元。因此，项目法人可以用于解决设计变更（含设计漏项）、国家政策调整、意外事故的投资共计约 100 亿元，约占建安设备投资的 9%，占总投资的 4%。

（3）基本预备费使用方案的编制。项目法人向国务院南水北调办报送的基本预备费使用方案，应包括基本预备费使用的必要性、使用方向、建设内容及相应概算明细、所履行的程序等相关资料等。以项目法人之一中线建管局向国务院南水北调办申请使用中线穿黄工程基本预备费为例说明基本预备费使用方案的编制。

中线建管局的计划合同部门编制基本预备费使用方案，并以中线建管局正式文件《关于申请使用穿黄工程基本预备费的请示》（中线局计〔2014〕107 号）报送国务院南水北调办。使用方案包括五部分内容：①工程概况，包括工程的规模参数，批复投资情况，开完工和验收情况等；②合同签订与结算情况；③变更与索赔情况；④基本预备费使用必要性及申请额度；⑤申请使用基本预备费项目情况，包括每个项目的内容、增加投资、申请使用预备费额度，辅以审批文件和手续、工程量清单、单价计算表、监理单位的变更指示等材料作为支撑。

穿黄工程建安工程批复总投资 268090 万元，保险理赔新增投资 4874 万元，建安工程已结算投资 254029 万元，到申请基本预备费时尚剩余 18935 万元，预计合同内项目还需结算 1464 万元。扣除合同内待结算项目，可调剂预留费用已全部使用完毕。中线建管局申请使用预备费 17471 万元。申请使用基本预备费项目见表 4-2-6。

表 4-2-6　　　　　　　　中线穿黄工程申请使用基本预备费项目表　　　　　　　单位：万元

序号	项目名称	主要建设内容	增加投资	申请使用预备费
1	Ⅰ标、Ⅲ标新增 6 座生产桥设计变更	新增 6 座生产桥	1708.51	1708.51
2	Ⅰ标隧洞进口夹心搅拌桩变更	施工图纸较招标图纸地下水位高，新增穿黄隧洞进口段地基处理项目	366.73	366.73
3	Ⅲ标土料场位置变更	非承包人原因变更土料场位置	869.51	869.51
4	Ⅱ-A、Ⅱ-B标剩余工程关键项目变更	Ⅱ-A、Ⅱ-B标穿黄隧洞关键部位技术标准超出合同约定或规范规定，造成施工效率降低	5252.92	5252.92
5	Ⅲ标新蟒河倒虹吸土方施工变更	Ⅲ标施工图纸较招标合同增加回填砂砾石项目	637.28	637.28
6	新增南岸排水专题设计	施工时穿黄工程南岸排水条件发生较大变化，新增排水专题设计	3079.73	3079.73

序号	项目名称	主要建设内容	增加投资	申请使用预备费
7	Ⅳ标透水桩施工平台变更	Ⅳ标河床高程发生较大变化，施工平台工程量增加较多，构成工程变更	1480.27	1480.27
8	Ⅱ-A、Ⅱ-B标北岸竖井铣接头和高喷地基加固设计变更	招标设计采用的钢板接头和二重管施工无法实施或不满足设计要求，进行设计变更	1552.57	1552.57
9	Ⅳ标新增李村引水涵闸设计变更	Ⅳ标对第三人合法水事权益影响补偿建设李村引水涵闸工程	682.53	682.53
10	Ⅳ标孤柏嘴控导工程送流段增加施工措施	Ⅳ标孤柏嘴控导工程非承包人原因先行施工送流段增加施工措施	615.62	615.62
11	Ⅱ-A标管片纵、环缝嵌缝变更	Ⅱ-A标根据施工图纸，在内衬施工前新增管片纵缝和环缝的聚硫密封胶嵌缝	405.45	405.45
12	Ⅱ-B标管片嵌缝变更	Ⅱ-B标根据施工图纸，在内衬施工前新增管片纵缝和环缝的聚硫密封胶嵌缝	398.99	398.99
13	Ⅲ标渠道防渗复合土工膜变更	Ⅲ标渠道防渗复合土工膜技术要求较招标文件提高，构成工程变更	344.40	344.40
14	Ⅱ-A标隧洞内衬预留槽新增水条变更	Ⅱ-A标施工图纸较招标文件新增腻子型水膨胀橡胶止水条	154.97	76.49
合　　计			17549.48	17471.00

（4）基本预备费使用方案的审批。国务院南水北调办审批基本预备费使用方案时主要审查三个方面。

1）基本预备费使用的必要性。审查设计单元工程批复投资是否准确；项目法人报送的资金使用顺序是否符合规定，按照先使用可调剂预留费用（或招标结余），再使用基本预备费的顺序使用。审查重点是该设计单元工程计列的可调剂预留费用是否已经使用完毕。

2）基本预备费使用方向。审查项目法人申请使用基本预备费解决的项目是否符合规定使用的方向，特别需要注意基本预备费不用于因为价格变化、工程索赔、建管费用而增加的投资。

3）使用额度的合理性。审查申请使用基本预备费的项目审批程序是否规范，相关支撑材料是否齐全完善。

经过仔细审查上述三个方面，国务院南水北调办批复同意使用中线穿黄工程基本预备费，要求中线建管局按照项目管理预算中计列的额度严格控制投资。

4. 南水北调工程基本预备费管理三个阶段的探索

（1）分级定额管理阶段（2009年以前）。这一时期南水北调工程有少量项目陆续开工，大部分项目处于前期工作阶段，批复的基本预备费总量较少。南水北调工程"静态投资和动态管理"的投资控制体系尚未建立，基本预备费管理思路和方法属于借鉴和酝酿阶段，不断从实践中吸取经验进行调整。2004 年国务院南水北调办颁布了南水北调工程投资计划管理暂行办法，是这一阶段基本预备费管理的主要依据。该阶段基本预备费管理的特点是分级管理和限额管理。经过 1 年的实践，2005 年颁布的暂行办法对 2004 年版本进行了补充，大的原则没有变化，对工程基本预备费的控制额度、使用范围、审批程序、申请材料内容等方面做了更具体明确的规定。原则有两个：①以批准的初步设计概算计列的基本预备费为控制额度；②须按规定用于批准的相应建设项目。使用范围是设计变更（含设计漏项）、因国家政策性变动增加的投资、解决意外事故而采取的措施所增加的工程项目及费用。对项目法人实行限额管理，即一次使用基本预备费超过 200 万元（含 200 万元）的，由项目法人提出基本预备费使用申请报国务院南水北调办，国务院南水北调办根据项目建设实际情况审批；一次使用基本预备费在 200 万元以下的，由项目法人负责管理，报国务院南水北调办备案。同时对项目法人实行分级管理，即项目法人累计使用工程基本预备费不超过该工程初步设计概算批准计列的工程基本预备费总额的 50％，使用总额度 50％以内的工程基本预备费时，项目法人履行相关手续自行审批；超过 50％则由项目法人向国务院南水北调办提出申请，经国务院南水北调办审批或授权项目法人审批后，方可使用。基本预备费使用程序是项目法人向国务院南水北调办提出申请，附基本预备费使用说明、相关有效文件、资料和方案等，按有关规定办理。工程基本预备费不足时，按有关规定及程序另行解决。

截至 2007 年年底，国家共批复南水北调东、中线一期 39 个设计单元工程初步设计概算 315.7 亿元，共计列工程部分基本预备费 13.7 亿元，约占总投资的 4％。各设计单元工程共使用工程部分基本预备费约 1.2 亿元，使用批复工程部分基本预备费的 9％。这一时期基本预备费的使用解决了部分初步设计漏项和设计变更问题。例如解决了京石段应急供水工程建设中发生的河北段弃土弃渣占地、漕河渡槽槽身结构变化、北京段西四环暗涵间距调整、分水口门调整、厂城交通桥变更为渠道倒虹吸等多项重大设计变更增加的投资；解决了丹江口水利枢纽大坝加高工程建设中出现的坝顶门机设计变更、丹江口王家营砂石料场租赁项目所需投资等设计漏项。

（2）严控阶段（2009—2015 年）。这一时期是南水北调工程建设的主要时期，70％以上的设计单元工程初步设计报告在这一时期批复，80％以上的投资在这一时期完成，东中线一期工程在这一时期完工。依据 2008 年出台的《静态控制和动态管理规定》和《项目管理预算编制办法》，国务院南水北调办 2009 年制定了《南水北调工程建设投资计划管理办法》，取代了 2005 年颁布的暂行办法，成为适用至今的管理办法。基本预备费管理也相应以项目管理预算为基础，进入了严控阶段。正式管理办法取消了暂行办法中规定的分级管理和限额管理方式，全部基本预备费均由国务院南水北调办负责管理，同时也给项目法人预留了部分可控额度（招标结余或可调剂预留费用）。严控阶段的 7 年间，国务院南水北调办共批准项目法人使用基本预备费 8.5 亿元，约占国务院南水北调办负责管理的基本预备费总额度的 14％。

基本预备费的控制目标是将预备费的使用额度控制在国家批复的初步设计概算计列的工程部分基本预备费与项目管理预算中的可调剂预留费用之和的范围内。可调剂预留费用由项目法人负责管理和使用，用于工程建设。基本预备费由国务院南水北调办负责管理，主要用于重大设计变更（含设计漏项）和因国家政策调整增加的建设内容及投资，以及可调剂预留费用不足而工程建设确需解决的其他重大问题。项目管理预算中工程部分基本预备费和可调剂预留费用的使用范围包括设计变更（含设计漏项）、因国家政策调整增加的投资、解决意外事故而采取的措施所增加的工程项目及费用，项目法人需先使用可调剂预留费用，若不足，再按程序申请使用基本预备费。基本预备费的使用程序是项目法人向国务院南水北调办报送基本预备费使用方案，提出使用申请，经国务院南水北调办批准后方可使用。项目法人向国务院南水北调办报送的基本预备费使用方案，包括基本预备费使用的必要性、使用方向、建设内容及相应概算明细、所履行的程序等相关资料。

（3）备案阶段（2016年以后）。2015年，国务院南水北调办响应国家大政方针，将基本预备费使用方案的审批权下放给各项目法人。项目法人批复基本预备费使用方案前向国务院南水北调办备案。备案的申报单位对备案事项有关情况的真实性、准确性负责。

国务院南水北调办主要审核三个方面：①使用范围是否符合规定；②项目的基建程序是否合理；③申报单位是否存在超越权限的情况。国务院南水北调办计划管理部门对备案事项在受理后的7个工作日内出具备案意见，经审核符合要求的，予以备案登记；不符合要求的，不予备案登记；需进一步补充和说明的，暂缓办理备案登记，待材料完备后再行备案登记。

5. 南水北调工程基本预备费管理的经验

（1）基本预备费管理办法的制定需要兼顾规范和效率。南水北调工程建设模式复杂，层级多。使用分级限额管理的模式可以有效提高项目处理的效率，但是由于不同层级、不同人员对于政策理解和标准把握各不相同，分级管理易牺牲项目处理的规范性。使用总部直管的模式有效率低下的缺陷，而且总部人员对现场建设情况缺乏足够了解，处理项目有脱离实际的风险。例如，中线干线工程每个标段发生的设计变更需要数个层级和繁复的程序才能反映至总部；而中线建管局总部需要汇总后向国务院南水北调办申请使用基本预备费，获得批准后再逐层将指令下达至每个标段。这种模式的时间成本和管理成本较高。

（2）基本预备费管理办法的制定必须重视可行性。基本预备费的使用范围、使用权限和使用程序规定越具体，自由裁量权就越小，管理办法的可行性就越大。相反，办法制定的越宽泛模糊，就越难以落实到实践过程中。例如南水北调基本预备费的管理办法对使用范围的规定非常宽泛，没有严格界定可调剂预留费用和基本预备费分别可用于何种项目，同时还规定基本预备费可以用于"可调剂预留费用不足而工程建设确需解决的其他重大问题"，造成的结果是两者的使用范围基本重叠。只要可调剂预留费用已经用完，任何一个项目都可以援引"工程建设确需解决的其他重大问题"这一条款使用基本预备费。又例如管理办法规定项目法人应按照先可调剂预留费用后基本预备费的顺序使用投资。但是在工程建设过程中，不到大部分投资已经结算完毕，项目法人很难确定可调剂预留费用是否已经用完。因此项目法人在实践过程中趋向于先斩后奏，不管投资从哪里解决，先实施变更项目，待投资控制形式明朗后，再申请使用基本预备费。这种做法将大幅度降低基本预备费在建设过程中的投资控制作用。

（3）基本预备费管理的关键在于程序规范。必须获得批准后才可以使用，对于违规使用基本预备费的情况应当有明确的处理措施。

（4）基本预备费管理是动态的。工程建设过程中发生的投资变化应及时反映到基本预备费台账中来，便于管理者随时掌握基本预备费的动态变化，充分发挥基本预备费管理的投资控制作用。

三、动态投资管理

（一）价差调整政策

南水北调工程价差调整分为三个层次。

1. 第一层次是国务院批准南水北调工程价差投资

主要依据：国务院南水北调工程建设委员会印发的《南水北调工程投资静态控制和动态管理规定》。

主要思路：综合统筹考虑建设期间物价变动、政策变化，通过预测一个暂定的年度综合价格指数，计算建设期各年价差。

计算方法：以批复的初步设计概算价格水平为基期，以批准暂定的相应省（市）年度固定资产价格指数为综合价格指数，按照各设计单元工程预计的分年度完成静态投资，计算各设计单元工程建设期价差。

计算范围：国务院南水北调办负责实施的东、中线一期主体工程的工程部分、丹江口库区移民安置工程。主体工程的征地拆迁投资由于在初步设计概算批复后工程开工的先期已投入并包干使用，原则上不再计算征地拆迁投资的建设期价差。

2. 第二层次是国务院南水北调办对项目法人调整价差

本节仅针对工程部分的价差调整，丹江口库区移民安置工程的价差调整请参阅相关章节。

主要依据：国务院南水北调办印发的《南水北调工程价差报告编制办法（暂行）》。

主要思路：依据国家颁布的价格或价格指数，计算工程各部分所包括价格因子的相应年度价格指数。以此为基础分门别类计算工程各部分的年度价差，汇总形成建设期各年价差。

计算方法：根据项目管理预算分析确定的分类工程项目和价格因子权数，按年度实际完成工程量和项目管理预算单价计算的工程投资完成额为基价，采用公式法逐年计算建设期内各年度价差。

计算范围：国务院南水北调办负责实施的东、中线一期主体工程的工程部分。主要包括：由人工费、材料费和机械使用费组成的建筑安装工程直接费，以及其他直接费、现场经费、间接费、企业利润、营业税、城市建设维护税、教育费附加等税费发生的价税差；构成固定资产的机电设备、金属结构设备以及其他生产设备，其设备原价、运杂费用发生的价税差；各项费用发生的价税差。

3. 第三层次是项目法人对施工单位调整价差

主要依据是国家政策和施工合同，计算方法、计算范围均在施工合同中约定。

（二）管理程序

根据《南水北调工程投资静态控制和动态管理规定》（国调委发〔2008〕1号），年度价差报告由项目法人负责委托具有相应资质的单位，根据国务院南水北调办制订的工程价差报告编制办法，对工程建设实施过程中因价格变动发生的年度价差进行逐年编制；项目法人在每年6月底以前将上年度价差报告报送国务院南水北调办；国务院南水北调办负责组织对项目法人报送的年度价差报告进行审查批复。

（三）价差报告编制

1. 工程分类

项目法人编报的年度价差报告中，工程分类应依据批复的项目管理预算（具体参照《南水北调工程项目管理预算编制办法》）。

2. 计算公式

根据南水北调工程的建设体制和管理模式，南水北调工程价差按建筑安装工程采购、设备采购、专项采购、项目管理费、技术服务采购、生产准备费和其他费用分别列示，汇总形成价差计算年度的总价差。

（1）建筑安装工程采购。构成建筑工程的价差，以施工当年完成的建筑工程项目管理预算投资额为基价，按分类工程采用公式法计算。算法见式（4-2-1）。

$$P_n = P_0 \left(a + \sum_{i=1}^{m} b_i K_i - 1 \right) \tag{4-2-1}$$

式中：P_n 为分类工程项目第 n 年建筑工程价差；P_0 为分类工程项目第 n 年以项目管理预算价格计算的投资完成额；a 为定值权数；b_i 为变值权数；K_i 为人工、电力、钢筋、水泥、粉煤灰、柴油、炸药、砂石料、其他材料、机械一类费用及其他直接费、现场经费、间接费、企业利润、税金等第 n 年价格指数；m 为上述价格因子总个数。

当主要材料（水泥、钢筋、油料）有限价或砂石料价格超过 70 元/m³ 时，其他直接费价格指数不宜采用直接费价格指数，可采用与现场经费、间接费相同的价格指数。对于砂石料，如由项目法人招标生产，则砂石料价格指数可根据砂石料生产中的相关因子价格指数与其相应权数进行计算。人工、电力、钢筋、水泥、粉煤灰、柴油、炸药、砂石料、其他材料、机械一类费用及其他直接费、现场经费、间接费、企业利润、税金等（公式中价格因子可根据工程项目具体情况进行调整）权数，是以项目管理预算中确定的权数为基础，考虑定值因素后的权数。

构成安装工程的价差，以施工当年完成的安装工程项目管理预算投资额为基价，按分类工程采用公式法计算。算法见式（4-2-2）。

$$P_n = P_0 \left(a + \sum_{i=1}^{m} b_i K_i - 1 \right) \tag{4-2-2}$$

式中：P_n 为分类工程项目第 n 年安装工程价差；P_0 为分类工程项目第 n 年以项目管理预算价格计算的投资完成额；a 为定值权数；b_i 为变值权数；K_i 为人工、电力、钢材、电焊条、汽油、氧气、其他材料、机械一类费用及其他直接费、现场经费、间接费、企业利润、税金等第 n 年价格指数；m 为上述价格因子总个数。

按式（4-2-2）分别计算出各工程项目分类工程的价差，汇总计算建筑安装工程采购的价差。

（2）设备采购。构成南水北调工程设备的价差，由设备原价价差和运杂费价差组成。以当年完成的设备项目管理预算投资额为基价，按主要设备和其他设备两部分，区别不同情况，采用不同方法计算。

1）主要设备。指构成南水北调工程项目的主体设备，如水泵（水轮机）、电动机（发电机）、变压器、主阀、启闭机、闸门、电气设备等。

国产设备原价指出厂价；进口设备原价指到岸价。设备运杂费指国产设备由厂家、进口设备由到岸港口运至安装现场所发生的运杂费用（包括运费、杂费、保险费和采保费，下同）。主要设备（包括设备原价和设备运杂费）价差计算方法，视设备招标采购合同的约定条件，按合同价和合同约定的价差计算方法，计入由于设计变更等原因造成的合同价格变动，计算与项目管理预算相应设备价格的价差。算法见式（4-2-3）。

$$P_n = P_c - P_0 \qquad (4-2-3)$$

式中：P_n 为主要设备第 n 年价差；P_c 为主要设备第 n 年合同结算价；P_0 为主要设备项目管理预算价格。

2）其他设备。指除主要设备以外的其他设备，如机修设备、通风空调设备等。算法见式（4-2-4）。

$$P_n = P_0(K_n - 1) \qquad (4-2-4)$$

式中：P_n 为其他设备第 n 年价差；P_0 为其他设备第 n 年以项目管理预算价格计算的投资完成额；K_n 为其他设备第 n 年价格指数。

按上述方法分别计算出各工程项目主要设备和其他设备的价差，汇总计算设备采购的价差。

（3）专项采购。根据不同项目的特点区别对待，与建筑安装工程采购相近的项目，参照建筑安装工程采购的价差计算公式；与设备采购相近的项目，参照设备采购的价差计算公式；与费用项目接近的项目，参照费用的价差计算公式。

（4）项目管理费。构成工程项目管理费的价差，包括项目法人项目管理费、建设单位项目管理费（项目法人直接管理项目称现场项目部管理费，代建制项目称项目代建单位管理费，委托制项目称委托建设管理单位管理费，下同）、联合试运转费等项费用的价差。原则上根据不同费用项目性质，以当年该费用项目管理预算静态投资完成额为基数计算。

1）工程管理费用价差，如工程项目部人员经常费价差。算法见式（4-2-5）。

$$P_n = P_0(b_r k_r + b_g k_g - 1) \qquad (4-2-5)$$

式中：P_n 为费用项目第 n 年价差；b_r 为人员费用占人员经常费权数；b_g 为日常办公费用占人员经常费权数；k_r、k_g 为人员费用和日常办公费用价格指数；P_0 为费用项目管理预算静态投资完成额。

2）其他费用项目价差。算法见式（4-2-6）。

$$P_n = P_0(K_n - 1) \qquad (4-2-6)$$

式中：P_n 为费用项目第 n 年价差；P_0 为费用项目第 n 年以项目管理预算价格计算的静态投资完成额；K_n 为费用项目第 n 年价格指数。

按上述方法分别计算出项目管理费各费用项目的价差，汇总计算项目管理费的价差。

（5）技术服务采购。构成南水北调工程技术服务采购的价差，包括工程勘测设计费、工程建设监理费、招标业务费、工程科学研究试验费和技术经济咨询费等，原则上根据不同费用项目性质，按当年该费用项目项目管理预算投资完成额计算。算法见式（4-2-7）。

$$P_n = P_0(K_n - 1) \qquad (4-2-7)$$

式中：P_n 为费用项目第 n 年价差；P_0 为费用项目第 n 年以项目管理预算价格计算的投资完成额；K_n 为费用项目第 n 年价格指数。

按上述方法分别计算出各工程项目技术服务采购各费用项目的价差，汇总计算技术服务采购的价差。

（6）生产准备费。构成生产准备费的价差，包括生产及管理单位提前进厂费、生产职工培训费、管理用具购置费、备品备件购置费和工器具及生产家具购置费。原则上根据不同费用项目性质，以项目管理预算上述各项费用的相应值为限额，按当年该费用项目项目管理预算投资完成额计算。

计算公式参照技术服务采购项目。

按上述方法分别计算出各工程项目生产准备费各费用项目价差，汇总计算生产准备费的价差。

（7）其他费用。构成其他费用的价差，其中工程保险费、工程质量监督费和定额编制管理费，计算公式参照技术服务采购项目。其他税费，按当年该费用项目价差实际发生额计算。

按上述方法分别计算出各工程项目其他费用各费用项目价差，汇总计算其他费用的价差。

3. 价格因子价格及价格指数的选取

（1）选取原则。根据价格因子、价格的不同特点，以客观、公正、公平反映当年价格水平为原则选取。

1）以工程所在省、市颁布的有关标准、指数为依据，选取价格或价格指数。如人工费中的工资价格指数（城市居民消费价格指数）、工资附加费率和标准。

2）以国家颁布的价格为依据，选取价格或价格指数。如电力、火工材料价格。

3）以中国价格信息中心发布的工程所在地就近大城市主要材料市场价格为依据，选取价格或价格指数。如钢材、油料。

4）以国家统计局发布的价格指数为依据，选取价格指数。如设备、工器具价格指数，其他费用价格指数。

5）以工程所在地的地、市定额站发布的安装材料价格为依据，选取价格或价格指数。如氧气、电焊条等。

6）以项目法人或项目管理单位通过招标签订的没有形成市场价格的特殊材料的合同价格为依据，选取价格或价格指数。如粉煤灰。

7）不分工程地域或规模，按本办法规定的价格指数和计算公式为依据，选取价格或价格指数。如其他直接费、现场经费、间接费、企业利润等。

8）个别价格因子，按实际发生数或由承担价差报告编制单位测算。

9）采用其他行业标准、办法编制的个别工业与民用建筑及安装工程，凡工程所在地的地、市定额站发布价格指数的，作为特例也可直接采用。

（2）价格因子价格及价格指数。

1）建筑安装工程采购。

a. 人工。人工费指直接从事建筑及安装工程施工的生产工人的工资及工资附加费，其中生产工人工资（基本工资和辅助工资之和）以项目管理预算采用的生产工人工资为基期价格，按工程所在省、市居民消费价格指数计算，如价格指数小于 1.00，仍采用 1.00 计算工资价差。工资附加费包括职工福利基金、工会经费、基本养老保险、工伤保险、失业保险、女职工生育保险和住房公积金，以及按规定可以从成本中开支的补充养老保险、基本及补充医疗保险等福利保险费用。以项目管理预算计算的人工工资附加费的费率为基数，以价差计算年度国家或地方颁布的费率进行调整。

b. 电力。基本电价，以项目管理预算采用的外购电网非普工业电价为基本电价的基期价格，执行国家发展改革委颁布的价差计算年度的当地非普工业电价，计算价差计算年度价格指数；维护费，按维护费用组成内容分析测算或采用近似替代指数。

c. 水泥、钢材、油料。以项目管理预算价格作为基期价格；根据项目特点，选择其中有代表性的品种，作为计算水泥、钢材、油料价格指数的依据；采用中国价格信息中心发布的价差计算年度和上一年度工程所在地就近大城市市场价格，分析计算水泥、钢材和油料价差计算年度价格指数。

d. 炸药。以项目管理预算确定的品种比例及采用的预算价格作为基期价格；执行国家发展改革委颁发的价差计算年度民用爆破器材产品出厂价，计入17％增值税计算相应原价，并根据当地有关规定计算预算价格，分析计算价差计算年度价格指数。

e. 粉煤灰。以项目管理预算确定的品种比例及采用的预算价格为基期价格；根据价差计算年度各厂家供应量和合同结算价格加权平均计算预算价格，分析计算价差计算年度价格指数。

f. 砂石料。以项目管理预算确定的预算价格为基期价格；以价差计算年度当地市场实际采购价或工程所在地的地、市定额站发布的价格为价差计算年度价格；现场生产的砂石料，以项目管理预算中砂石料单价的组成内容确定价格因子、权数和价差计算年度的价格因子价格，分析计算价差计算年度砂石料价格指数。

g. 其他材料。采用主要材料综合价格指数或由中介机构分析测定。

h. 机械一类费用。采用国家统计局发布的价差计算年度固定资产投资价格指数中的设备、工器具价格指数。由项目法人或项目建设管理单位采购交由承包商使用的施工设备，不计算价差。

i. 其他直接费。工期为2年及以内的建设项目每年环比价格指数均取1.00；工期超过2年的建设项目，2年及以内各年环比价格指数均取1.00，2年以上各年环比价格指数在主要材料价格不超过限价时，按相应年份的直接费环比价格指数计算，主要材料价格超过限价时，其价格指数按固定资产投资价格指数中的其他费用环比价格指数计算。

j. 现场经费、间接费、企业利润。工期为2年及以内的建设项目每年环比价格指数均取1.00；工期超过2年的建设项目，2年及以内各年环比价格指数均取1.00，2年以上各年环比价格指数按相应年份国家统计局发布的固定资产投资价格指数中的其他费用环比价格指数计算。

k. 税金。采用基本直接费、其他直接费、现场经费、间接费和企业利润加权的综合价格指数，以及按国家现行税费率，计算税金价格指数。

2）设备采购。

a. 主要设备。根据设备和设备运输合同及合同约定的价差计算原则和方法计算。

b. 其他设备。其他设备（包括设备原价和设备运杂费）价格指数采用国家统计局发布的价差计算年度全国固定资产投资价格指数中的设备、工器具价格指数。

3）专项采购。根据专项采购项目的组成内容，分别采用建筑工程、安装工程、设备工程、费用项目相应价格指数。如与地方或单位签订了协议的专项采购项目，可按签订协议的价差计算原则和方法计算。

4）项目管理费。

a. 项目法人项目管理费、现场项目部管理费、代建单位管理费和委托建设管理单位管理费，均由人员费和管理费两部分组成。

人员费：包括人员工资和工资附加费。人工费中的工资部分，采用国家统计局发布的价差计算年度国有在岗职工货币工资价格指数；工资附加费的组成内容应包括职工福利基金、工会经费、基本养老保险、补充养老保险、基本医疗保险、补充医疗保险、工伤保险、失业保险、教育经费、女职工生育保险和住房公积金等福利保险费用。采用工程所在省市颁布的价差计算年度工资附加费中各项内容的费率和标准计算。

管理费：采用国家统计局发布的价差计算年度固定资产投资价格指数中的其他费用价格指数。

b. 联合试运转费。不分项目法人直接管理模式、代建制模式或委托制模式，采用国家统计局发布的价差计算年度工程所在省、市固定资产投资价格指数中的其他费用价格指数。

5）技术服务采购。根据各项费用的性质和内容区别对待。

a. 工程勘测设计费、工程科学研究试验费，根据设计、科研合同约定的价差计算方法计算。

b. 工程建设监理费，按人员工资及工资附加费用部分所占比例，其他管理费部分所占比例计算。其中人工费中的工资部分采用国家统计局发布的价差计算年度工程所在省、市城市居民消费价格指数；工资附加费中的组成内容和费率标准同建筑及安装工程人工费的各项内容和费率标准。其他管理费部分，采用国家统计局发布的价差计算年度工程所在省、市固定资产投资价格指数中其他费用价格指数。

c. 除上述项目以外的招标业务费、技术经济咨询费等其他技术服务费用，采用国家统计局发布的价差计算年度工程所在省、市固定资产投资价格指数中的其他费用价格指数。

6）生产准备费。

a. 生产及管理单位提前进厂费。按人员费和其他费用各占比例计算。人员费和其他费用价格指数的计算和选取方法同项目管理费中的项目管理单位管理费选取方法。

b. 生产职工培训费，采用国家统计局发布的价差计算年度工程所在省、市固定资产投资价格指数中的其他费用价格指数。

c. 管理用具购置费、备品备件购置费和工器具及生产家具购置费，采用国家统计局发布的价差计算年度全国固定资产投资价格指数中的设备、工器具价格指数。

7）其他费用。

a. 工程保险费、工程质量监督费和定额编制管理费价格指数取 1.00。

b. 其他税费按实际增加额度计列。

4. 编制步骤

以设计单元工程为价差报告编制单位，分别编制各价差计算年度的价差报告，于每年 6 月底以前将上年度价差报告报送国务院南水北调办。其编制步骤为：

（1）项目法人对各设计单元工程项目管理预算投资完成表，进行分析、归纳、整理，确定计算价差的投资基数。

（2）项目法人根据确定的各设计单元工程可计算价差的分类工程投资基数为权，按照相应项目管理预算附录中列出的各分类工程权数，加权平均计算出项目法人当年价差计算的分类工程权数。

（3）依据工程价差编制办法的相关规定，分析、计算、确定各价格因子价格指数。

（4）采用工程价差编制办法和上述步骤分析计算的投资基数、分类工程权数、价格因子价格指数，计算年度价差，完成年度价差报告。

5. 编制组成内容

价差报告包括正文和附件两部分内容。

（1）正文。包括编制说明和价差表格。

价差表格主要包括 13 个表，分别为：分项分类工程年度价差汇总表、分类分项工程年度价差汇总表、建筑分类工程价格因子年度价格指数汇总表、安装分类工程价格因子年度价格指数汇总表、分项工程年度基础价格指数汇总表、分项工程主要材料预算价格汇总表、建筑分类工程年度价差计算综合权数汇总表、安装分类工程年度价差计算综合权数汇总表、设计单元分项分类工程年度价差汇总表、设计单元建筑分类工程年度价差计算权数汇总表、设计单元安装分类工程年度价差计算权数汇总表、设计单元年度基础价格指数汇总表、设计单元分项工程主要材料预算价格汇总表。

价差报告的主要表格，在编制价差报告时可视具体情况进行适当调整。

（2）附件。附件包括三部分，分别为：①各单元工程价格、价格因子、价格指数计算表；②各单元分类工程权数表；③有关文件和资料。

（四）价差报告审查审批

1. 审查要求资料

提供审查的价差报告应提供六部分报告与资料，分别为：①价差报告；②批复的项目管理预算报告；③项目招标设计阶段资料，包括标段划分、施工合同、工程量清单等；④项目施工阶段已完成的工程项目资料，包括工程量或设备结算清单；⑤价格指数计算的相关资料，包括国家发布的价格信息、价格指数等；⑥其他项目资料。

2. 审查程序

价差报告审查工作一般应包括两个步骤：即程序性审查和技术性审查。

（1）程序性审查。主要对价差报告编制单位资质是否符合要求，提交审查的资料是否完备，价差报告的组成是否齐全、依据是否充分、价格基期是否与项目管理预算的基期相一致、主要内容是否与项目管理预算范围相一致、计算方法是否与价差报告编制办法一致等进行审查。

（2）技术性审查。技术性审查主要是审查价差报告是否符合《南水北调工程价差报告编制办法》的要求，主要审查内容为：①编制原则是否符合价差报告编制办法的要求，项目内容、有关表格是否与价差报告编制办法一致。②调差时段是否按照国家规定的要求。③调差范围是否符合价差报告编制办法和国家相关要求。④价格因子权数是否与项目管理预算批复的价格因子权数一致。⑤定值权数是否为各年度合同总价承包项目投资与建筑工程投资之比。各年度合同中总价承包项目包括临时道路、导流、施工供电、供水、供风等，其费用作为建筑工程定值投资及定值计算的基础。⑥材料的基期价格是否与项目管理预算采用的基期价格一致，价差计算年度的市场价格是否符合规定要求，是否合理。⑦价格指数的计算是否存在错误，主要是：其他材料的价格指数是否采用主要材料综合价格指数；税金是否按分类工程中采用的基本直接费、其他直接费、现场经费、间接费和企业利润加权的综合价格指数，以及工程所在省权威部门发布的现行税率与初步设计批复税率之比值，相乘获得。⑧价格指数的选取是否以国家、工程所在省（市）颁布的有关标准、指数为依据。⑨工程量，根据各标段结算工程量清单，逐项审核年度工程量是否正确，有无漏项、重项或多项。同时与各年度统计完成工程量进行复核、校核，如存在偏差需分析产生的原因。⑩超出项目管理预算相应工程量的价差是否单独计列。⑪一般变更部分价差和重大设计变更价差是否单独计列。⑫设备调差，是否既考虑招标投标因素，又考虑市场价格影响。

3. 审查案例

以南水北调中线一期沙河南至黄河南段沙河渡槽等 10 个设计单元工程为例说明。

（1）工程概况。南水北调中线一期工程总干渠沙河南至黄河南段沙河渡槽等 10 个设计单元工程，位于河南省平顶山市、许昌市、郑州市境内，沿线经过平顶山市的鲁山、宝丰和郏县，许昌市的禹州、长葛 2 市，以及郑州市的新郑市、中牟县、管城区、二七区、中原区、高新技术开发区，共 11 个县（市、区）。

（2）审查情况。经审查，价差报告编制单位资质及上报程序符合要求，各设计单元价差报告在编制原则、调差时段、调差范围、价格因子权数、价格指数等方面基本符合有关编制办法的要求和各设计单元的实际情况，但部分设计单元年度工程量和部分项目价格指数需要进行调整修改。基本情况见表 4 - 2 - 7。

表 4 - 2 - 7　　　　　　　　　　　价差报告审查基本情况表

序号	内　容	与《价差编制办法》相比较	备　　注
1	编制原则	基本符合	按设计单元为单位编制，依据《价差编制办法》和国家要求
2	调差时段	符合	按国家调差时段要求，每个设计单元分别编制相应年度价差
3	调差范围	基本符合	符合《价差编制办法》和国家要求
4	价格因子权数	基本符合	个别项目应按管理预算批复的各价格因子权数调整
5	价格指数	基本符合	部分价格指数需要调整
6	价格指数计算	部分不符合	其他材料和税金价格指数计算错误
7	工程量	部分不符合	需调整

（3）存在问题及修改意见。

1）部分项目内容需要归类。①生产桥在初步设计概算中属移民部分，其价差不随建筑工程计算。②超出项目管理预算相应工程量及变更工程量应单独列项并计算相应价差。

2）工程量。各年度各设计单元工程，土石方开挖回填、混凝土工程量与南水北调中线该段各年度统计完成工程量存在偏差。

3）价格指数。①人工工资按照《关于南水北调工程价差调整有关意见的通知》（国调办投计〔2012〕207号）的规定计算，即人工价差计算中的生产工人工资价格指数，采用以2004年为基期，全国居民消费价格指数（权重为90%）与全国城镇单位就业人员平均工资指数（权重为10%）加权的综合价格指数。②其他材料应采用主要材料综合价格指数。③税金按分类工程中采用的基本直接费、其他直接费、现场经费、间接费和企业利润加权的综合价格指数，以及工程所在省权威部门发布的现行税率与初步设计批复税率之比值，相乘获得税金价格指数。

4）定值权数。各年度合同中总价承包项目，如临时道路、导流、施工供电、供水、供风等项费用作为建筑工程定值投资计算基础。

（五）价差投资控制分析

近年来，我国劳动力价格持续上涨，劳务用工荒的现象愈加突出，同时南水北调工程附近的高速及高铁项目动工导致人工、砂石料需求量增大，以及柴油价格上涨、工业电价上调、火工产品管控、最低工资标准等新政策的出台与落实，由此引起人工费、砂石料的价格上涨幅度较大。同时，工程量的变化以及变更的发生，在工程建设过程中不可避免。因此，人工费和砂石料价差的预测分析，工程量变化以及合同变更引起的价差处理，对于南水北调工程的价差投资控制是十分重要的。

1. 人工费价差

为了解和掌握南水北调工程人工价格情况，于2012年上半年组成东线和中线两个调研组进行专题调研。调研组针对性地了解南水北调工程沿线其他行业定额人工单价，并深入现场，选取了泵站、水闸、渡槽、隧洞等水工建筑物工程以及渠道土石方开挖、边坡混凝土衬砌等19个典型标段工程进行了调查，与40余家施工、监理等单位进行了座谈，并现场随机问询了多名施工作业工人。

（1）南水北调工程批复情况。初步设计概算（项目管理预算）批复的人工费均是按照2002年水利部《水利工程设计概（估）算编制规定》（水总〔2002〕116号）计算，人工费由两个因素决定，人工单价和人工用量，量价相乘，得出人工费额度。定额人工费同时体现了2002年人工单价和平均施工效率（单位工程量需要的人工数）。引水工程人工单价为19～43元/工日，其中工长为43元/工日，高级工为40元/工日，中级工为35元/工日，初级工为19元/工日。

（2）其他行业定额情况。由于南水北调工程与沿线公路、铁路、电力工程在施工环境、施工条件等方面情况类似，具有一定的可比性，调研期间，除了解水利行业定额人工单价外，针对性地了解南水北调工程沿线其他行业定额人工单价，具体情况见表4-2-8。

由表4-2-8可知，水利定额的人工单价与其他行业相比仍处于中等水平。

（3）调研情况。

1）人工单价。经调研，2009年、2010年、2011年普工价格（相当于定额中的初级工）分别为50～60元/d、70～80元/d、100元/d，技工价格（相当于中、高级工）分别为80～100元/d、120～150元/d、150～180元/d。

表 4 - 2 - 8　　　　　　　　　　　　行业定额人工单价情况表

行　　业	地区	定额人工单价/(元/工日)		
		次新标准	最新标准	涨幅比例
水利行业（引水工程）		2002 年：19～43		
建筑行业	河南	2008 年：43	2011 年：53	23％
	河北	2008 年：30～45	2011 年：39～58	30％
建筑行业	江苏	2008 年：41～47	2010 年：50～56	20％
	山东	2008 年：44	2010 年：53	20％
铁路行业		2006 年：20～26	2010 年：43～50	92％～115％
公路行业		2007 年：43～49		
电力行业		2006 年：33	2011 年：47～48	42％

注　电力行业 2011 年定额人工单价在北京市、上海市、广东省、青海省和新疆维吾尔自治区为 50～57 元/工日。

2）人工费。根据 8 个设计单元工程中 8 个标段人工费调研情况，已发生人工费占相应施工合同完成额的比例约为 19.7％，其中现场管理人员费占相应施工合同完成额的比例为 2.5％～4.8％，则实际建安人工费占相应施工合同完成额的比例为 14.9％～17.2％。

（4）有关分析。

1）人工单价。从表面上看，近几年来的市场劳务单价远高于人工预算单价，造成施工企业人工费缺口，导致本来就微利的施工企业入不敷出，出现亏损。然而，经调研了解，施工单位在 2009 年、2010 年投标时若按水利行业定额编制工程投标报价（不考虑下浮）仍然有赢利空间。因此，有必要对人工预算单价与市场劳务单价进行全方位对比。通过对比分析，两个单价主要存在以下三个方面差异。

a. 劳动时间不同。定额约定的每工日为 8 小时，且每工日包含必要的劳动休息时间，实际劳动时间为 6 小时；经调研了解，劳务工每天的劳动时间均在 10 小时以上，有的达到 12 小时，远大于定额劳动时间。

b. 劳动效率不同。经过 10 年的工程建设经验积累，机械化施工水平和管理水平得到较大提高，目前的劳动效率已超过定额效率，特别是土方工程、钢筋制安工程、模板工程。

c. 单价的组成内容不同。人工预算单价是针对施工企业直接从事建筑安装工程施工的生产工人，其人工预算单价组成内容仅包括：基本工资（岗位工资等）、辅助工资（各种工资性津贴）和工资附加费（按国家规定提取的职工福利基金、工会经费和"四险一金"）；尚未包括：计入工程成本、列在管理费用的企业福利（探亲路费、离退休退职一次性路费、职工教育经费、劳动保护费等），以及绩效工资（即企业利润分摊，包含奖金、分红）等。

而市场劳务单价除上述人工预算单价组成内容外，还包括企业福利以及绩效工资等。

由于劳动时间、劳动效率、组成内容三方面存在较大差异，定额的人工预算单价与市场劳务单价不具有直接可比性。目前南水北调工程价差调整的基准是定额，因此，人工费价差的调整不能简单地以市场劳务单价和定额人工单价差值计算。

2）人工费。根据人工单价分析，为与调研中人工费同口径对比，定额人工费除考虑人工预算单价计算的建安人工费（以下简称"定额建安人工费"）外，还应包括生产工人的企业福利和绩效工资。

因此，对于调研的 8 个设计单元工程，项目管理预算批复的人工费占建安工程投资的比例约为 12%，其中：定额建安人工费占建安工程投资的比例约为 9.6%；生产工人的企业福利占建安工程投资的比例约为 0.6%（按管理费用占建安工程投资比例 6.7% 的 10% 考虑）；生产工人的绩效工资占建安工程投资的比例约为 1.8%（按企业利润占建安工程投资比例 5.3% 的 33% 考虑）。

据此，对于调研的 8 个设计单元工程中 8 个标段，已发生建安人工费比例为 14.9%～17.2%，与项目管理预算批复的人工费比例 12% 相比，差额比例为 2.9%～5.2%，表明调研与定额的人工费差额（相当于人工费价差）占建安工程投资比例为 2.9%～5.2%。

按照南水北调工程人工费价差计算方法，人工费调整的基数为定额建安人工费。按此调整方法，人工费价差比例 2.9%～5.2% 是定额建安人工费比例 9.6% 的 30%～54%，表明已发生人工费价差为定额建安人工费的 30%～54%，即已发生人工费较定额建安人工费增加 30%～54%。

（5）人工费价差测算。

1）调研测算方案。按照调研情况，人工费价差约占建安工程合同额的 2.9%～5.2%，测算人工费价差为 19 亿～34 亿元。

2）价差编制办法［居民消费价格指数（即 CPI）法］测算方案。以批复的南水北调工程可行性研究报告价格水平 2004 年为基期，以人工费分年投资完成数为基础，按照当年 CPI 测算当年人工费价差及相应的人工单价，累计得到人工费总价差约为 14 亿元。

3）平均工资指数测算方案。以批复的南水北调工程可行性研究报告价格水平 2004 年为基期，以人工费分年投资完成数为基础，按照当年平均工资指数测算当年人工费价差及相应的人工单价，累计得到人工费总价差约为 104 亿元。

根据统计年鉴主要统计指标解释可知，平均工资＝报告期实际支付的全部就业人员工资总额/报告期全部就业人员平均数。我国的工资总额是指各单位在一定时期内直接支付给本单位全部就业人员的劳动报酬总额。工资总额的计算原则以直接支付给就业人员的全部劳动报酬为根据。各单位支付给就业人员的劳动报酬以及其他根据有关规定支付的工资，不论是否计入成本、是否按国家规定列入计征奖金税项目的，也不论是以货币还是实物形式支付，均包括在工资总额内。即统计年鉴中的工资实际是职工年收入的总和，它包括了物价上涨、技术革新、劳动时间变化、工种结构变化等因素。

由于我国的统计指标中缺少反映职工在单位时间内工资（工日或工时单价）变化情况的指标和反映企业在雇佣员工方面的成本指数，因此无法分离出职工平均工资指标中各个因素的单独影响。

（6）人工价格指数的确定。考虑到国务院南水北调办价差调整的对象是项目法人，调整的主要依据是国家发布的定额和颁布的价格及价格指数，因此，国务院南水北调办价差调整主要体现总体性、普遍性和一般性。对于项目法人对施工单位的调差，项目法人依据政策和合同，充分研究具体市场因素，考虑特殊性和个性。

由于南水北调工程具有社会关注高、质量要求严、建设工期紧等特点，为有利于吸引高素质的劳务队伍和管理人才，在确定人工费调差指数时，以定额人工单价略高于建筑行业预算单价，略低于市场人工单价（综合考虑劳动时间、劳动效率、组成内容与定额的差别）为宜。

鉴于此，南水北调工程人工费价差调整以调研确定的人工费总价差为基础，参考其他行业2011年定额人工单价水平以及定额人工单价增涨幅度，本着实事求是、风险共担的原则，按CPI（90%）＋平均工资指数（10%）加权的综合价格指数调整。

2. 砂石料价差

为了解和掌握南水北调工程砂石料价格情况，于2012年上半年组成调研组进行专题调研。

（1）初步设计概算（项目管理预算）批复情况。砂、石等地材的批复价格由于批复年份、生产采购方式、建设地点、料场的不同而变化，因此，各设计单元工程的砂石料批复价格差异性很大。

（2）调研情况。经调研，因受人工费上涨、需求增加、地方政策（防洪度汛、节能减排、环境保护、炸药管控）等影响，各设计单元工程的砂石料价格出现不同程度上涨，但上涨幅度在不同地域、不同时段波动性很大。

对于料场不变的情况，砂石料价格2011年度涨幅最大，但年度涨幅均在20%以内。若料场发生变化，则砂石料价格变化很大，如河北某工程的某标，2010年石子的料场运距30km，石子合同价格（到工地价，下同）为38元/t，2012年料场调整运距90km，相应石子合同价格为120元/t；河南某工程的某标，2011年砂、石的料场运距34km，砂、石的合同价格分别为67元/t、55元/t，2012年料场调整为郏县运距70km，相应砂、石合同价格分别为93元/t、78元/t。

（3）有关分析。

1）砂石料价格。①对于料场不变的情况，由于最大年度涨幅均在20%以内，因此砂石料合同价格上涨仍处于较为合理的幅度范围内。②对于砂石料合同价格变化很大的情况，基本上是料场发生改变，而价格增加较多的主要原因是砂石料的运距有大幅度的增加，即价格增加的主要部分是运费。③砂石料最高合同价格与批复价格相比，差值基本在15元/t以内，同时也出现不少负差值情况（即批复价格高于砂石料最高合同价格）。

2）砂石料价差。①调研测算方案。根据调研情况，砂石料价格平均差价按15元/t计，初步统计南水北调工程砂石料总用量约1.3亿t，测算砂石料价差约为19亿元。②价差编制办法（指数法）测算方案。以批复的南水北调工程初步设计主要价格水平2008年为基期，以砂石料分年投资完成数为基础，按照当年价格指数测算当年砂石料价差，累计得到砂石料价差约为19亿元。

（4）砂石料价差调整。

1）对于砂石料价格因料场改变而异常变化的情况，因其属于变更范畴，由项目法人依据政策和合同，按变更程序处理。

2）虽然砂石料合同价格涨幅略高于工程造价信息（由地市建委定额站颁布）发布的砂石料价格涨幅，但不少地方砂石料最高合同价格低于批复价格。因此，从总体上，按调研方法与按编制办法（指数法）测算的砂石料总价差相当。鉴于此，考虑到国务院南水北调办价差调整的对象是项目法人，主要体现总体性，因此按编制办法（指数法）调整砂石料价差。

3）由于砂石料价格波动频繁、周期短，受地域（当地是否有砂石资源）和政策影响大（防洪度汛、节能减排、环境保护、炸药管控），因此，对于砂石料的价差调整除要体现总体性还要体现区域性，对此不宜按照统一幅度调整，原则按工程所在地级市相应价格指数调整。

4）项目法人对施工单位的砂石料等地材调差，由项目法人依据政策和合同，结合工程所在地的实际情况，有针对性地进行调差处理。

3. 合同变更价差

南水北调工程合同变更的起因主要有两种：一种是国务院南水北调办批复的新增项目（技术处理方案）引起的。另一种是项目法人在合同管理过程中引起的。

（1）对于国务院南水北调办批复的新增项目（技术处理方案）引起的合同变更，按照价差编制办法的计算方法进行了价差调整。主要原因有以下几个方面。

1）国务院南水北调办批复的新增项目（技术处理方案），主要是在工程实施中，由于对南水北调特点认识不足和原来未预计到的客观情况造成的。

2）该类新增项目（技术处理方案）基本属于重大技术难题，相关水利设计标准涉及不深，技术专家对此认识也不足，且投资大，在工程概算内未充分考虑，项目法人也难以预料和承担投资，由国家按原初步设计概算价格水平计算相应概算静态投资，并纳入初步设计概算。

3）价差审查批复操作难度小。主要体现在三个方面：①认。引起合同变更的新增项目（技术处理方案），均经过国务院南水北调办批复认可。②量。合同变更涉及的工程量，均是按批复的新增项目（技术处理方案）工程量进行控制和审核。③价。价差的计算涉及基价，基价的确定涉及两个方面，即：基价的价格水平年和组价。

国务院南水北调办批复价差的基价，价格水平年是项目管理预算批复的价格水平，组价是按照预算定额进行计算的预算价。

该类合同变更的基价，可采用批复的新增项目（技术处理方案）确定的概算价，价格水平年是原初步设计概算批复的价格水平，组价是按照概算定额进行计算的概算价。

（2）对于项目法人在合同管理过程中引起的合同变更，不予调差。主要原因有以下几个方面。

1）项目法人在合同管理过程中引起的合同变更，反映了项目法人组织协调和精细化工作的能力，体现了项目法人的建设管理水平，并且在工程概算中考虑此类合同变更对投资的影响已有考虑（如计列了基本预备费）。因此，该类合同变更投资应由项目法人承担（包括静态投资和相应的价差投资）。

2）有利于投资控制。从国内工程建设实践看，合同变更越多，受外界影响的因素就越多，对投资管理的要求就越高，投资控制的难度和风险就越大。由于价差投资是逐年批复的，核减该类变更价差，可引导和促进项目法人在今后工程建设中尽量减少变更。若出现合同变更增加投资越多、价差批复越多的情况，将会产生静态严格控制、动态变相鼓励这一自相矛盾的投资控制政策。从南水北调工程投资控制实际效果看，核减的该类合同变更价差占批复价差的比例越小，投资控制情况越好。

3）调差幅度已较大。从批复价差占建安投资的比例看，调差幅度基本较大，基本均超过 20%。

4）价差审查批复操作难度大。主要体现在三个方面：①认。由于价差投资是逐年批复的，很多该类合同变更在年度审查时还没有处理完结，倘若变更不成立或变更投资由甲乙双方各自承担一部分，则施工单位应承担的投资，项目法人不可能再给施工单位计算价差，当然国家也不应给项目法人计算价差。考虑到该类合同变更数量多、情况复杂，逐个核实确定的操作难度很大，如年度批复中包括该类合同变更价差，极有可能出现合同变更不成立、但国家却批复价差的情形。②量。目前批复的价差所涉及的工程量，均是按国家批复的项目管理预算（即工程量清单）的工程量或新增项目（技术处理方案）的工程量进行控制和审核。但该类合同变更的工程量，在审查时进行总量控制和审核的操作难度很大。③价。项目法人批复该类合同变更的价格，价格水平年有合同招标时价格水平、有变更时现行价格水平，组价有按参考合同投标进行计算的、有参考概预算定额进行计算的、有按实际协商确定的、有补偿性质的，情况较复杂。若调差，需将合同变更的价格全部回归到项目管理预算批复的价格水平，并按预算定额计算预算价，编制和审查工作量均很大。

　　4. 超清单工程量价差

　　由于南水北调工程规模大、线路长、涉及面广、建设周期长、地质条件复杂、不确定因素多，受自然条件和客观因素的影响较大，导致项目的实际施工情况与项目招标投标时的情况会发生一些变化，包括工程量的变化。

　　按照水利部、国家电网公司和国家工商行政管理局印发的《水利水电工程施工合同和招标文件示范文本》（GF—2000—0208）和水利部印发的《水利水电工程标准施工招标文件》（2009版），增加或减少合同中关键项目的工程超过专用合同条款规定的百分比，属于变更的范围和内容。其所指的"专用合同条款规定的百分比"可在15％～25％范围内，视具体工程酌定，其意为合同中任何项目的工程量增减在规定的百分比以下时不属于变更项目，不作变更处理，超过规定的百分比时，一般应视为变更项目。

　　以此为基础，参考 FIDIC 合同条件调整合同工作单价的原则"工作实际测量的工程量比工程量表或其他报表中规定的工程量的变动大于10％，允许对某一项工作规定的单价或价格加以调整"，按照严格控制投资的要求，对于实际工程量超出项目管理预算工程量的变化不超过10％的，认为属于建设过程中工程量正常变化，可作为计算基数在价差计算中给予考虑。

　　国务院南水北调办在价差投资政策执行过程中，始终遵循"不突不破、合理合规、从严从紧"的原则，既充分调研、研究施工现场实际情况，又严抓投资控制，牢牢把住投资控制的各个关口，通过相关价差投资的合理分析和有效处理，在价差投资控制方面取得显著效果。

四、静态控制和动态管理的效果及经验

（一）投资控制的效果

　　1. 总体控制效果

　　国务院批复的南水北调东、中线一期工程总投资规模为3082亿元，其中由国务院南水北调办负责建设管理的南水北调东、中线一期主体工程，总投资2814亿元（东线一期主体工程371亿元，中线一期主体工程2443亿元）。

　　对于国务院南水北调办负责建设管理的主体工程，截至2015年6月，批复南水北调东、中线一期主体工程初步设计阶段投资2613亿元，项目法人完成2566亿元，除少数尾工外，南水

北调东、中线一期工程基本建成。东、中线一期主体工程大部分设计单元工程尚未完工决算，预计至工程竣工，工程实施投资能控制在国务院批复的总投资规模内，投资控制效果良好。

2. 典型项目控制效果

（1）三阳河、潼河、宝应站工程。三阳河、潼河、宝应站工程位于江苏省扬州市高邮市和宝应县境内，为南水北调东线一期首批开工的项目，与江都水利枢纽共同组成东线第一梯级抽江泵站，实现一期工程抽江 500m³/s 规模的输水目标。工程建设主要含：新建宝应站、开挖 45.45km 河道、新建跨河桥梁 24 座、沿途影响工程、水土保持工程等。

国家共批复三阳河、潼河、宝应站工程初步设计概算总投资为 96198 万元，其中静态投资 94843 万元，价差 1355 万元。与批复概算同口径决算投资 90766 万元，节余 4077 万元。其中：河道工程批复投资 22393 万元，与批复概算同口径决算投资 17963.69 万元，节省 4429.31 万元（建筑工程节省投资 2972.37 万元，机电设备及安装工程节省投资 23.73 万元，临时工程节省投资 1426.46 万元，独立费用增加投资 1261.24 万元，基本预备费节省投资 1267.52 万元）；宝应站枢纽工程批复投资 14050 万元，与批复概算同口径决算投资 12776.60 万元，节省 1273.40 万元；跨河桥梁工程批复投资 8526 万元，与批复概算同口径决算投资 8567.68 万元，增加投资 41.68 万元；沿线影响工程批复投资 5455 万元，与批复概算同口径决算投资 5794.85 万元，增加投资 339.85 万元；水土保持工程批复投资 1567 万元，决算投资 2725.39 万元，增加 1157.93 万元；环保工程批复投资 230 万元，决算投资 211.33 万元，节余 18.67 万元；移民安置补偿工程批复投资 39602 万元，决算投资 39706.22 万元，增加 104.22 万元；待运行工程管理维护费批复投资 3020 万元，决算投资 3020 万元。价差投资全部支付，没有结余。

从概算执行情况分析，建安工程有结余，独立费用、移民、影响处理等投资较概算增加，反映出概算投资结构与实际执行确实有不同之处，通过概算内调剂使用投资，既能满足工程建设投资需要，也有利于将投资控制在概算内。

（2）万年闸工程。万年闸泵站枢纽工程位于山东省枣庄市峄城区境内，是南水北调东线工程的第八级抽水梯级泵站，泵站共设 5 台（套）水泵机组，总装机容量 14000kW，设计输水流量 125m³/s，设计扬程 5.49m。主要建设内容有泵站主厂房、副厂房、前池、出水池、清污闸（桥）、引水渠、引水闸、出水渠、出水闸及新老 206 国道公路桥等工程。

万年闸泵站枢纽工程概算批复总投资 26259 万元，其中：工程部分 20014 万元、移民环境 3247 万元、供变电工程 860 万元、价差 205 万元、待运行期管理维护费 888 万元、建设期融资利息 1045 万元。实际完成总投资 24202.65 万元，实际完成总投资较批复总投资减少 2056.35 万元，减少投资占总投资 7.38%。其中：工程部分投资概算批复投资 20014 万元，实际投资 18214.26 万元，实际较概算减少 1799.74 万元（建筑工程概算批复投资 8488.28 万元，实际投资 8000.46 万元，实际较概算减少 487.82 万元；机电设备及安装工程概算批复投资 4977 万元，实际投资 4089.42 万元，实际较概算减少 887.58 万元；金属结构设备及安装工程概算批复投资 2362 万元，实际投资 1472.91 万元，实际较概算减少 889.09 万元；施工临时工程概算批复投资 747 万元，实际投资 1048.32 万元，实际较概算增加 301.32 万元；独立费用概算批复投资 2306.72 万元，实际投资支出 3603.14 万元，实际较概算增加 1296.41 万元）；移民环境投资概算批复投资 3247.00 万元，实际完成投资 3485.28 万元，实际较概算增加 238.28 万元；供变电工程投资概算批复投资 860 万元，实际投资 365.11 万元，实际较概算减少 494.89 万元；批复概算基本预备费 1133 万元；工程实施阶段，基本预备费未动用；批复工程价差 205 万元，实际完成工程价差补偿 205 万元。

从概算执行情况分析，投资控制总体情况良好。结余投资主要发生在建安部分，投资增加主要发生在独立费用，体现出通过招投标等市场竞争行为，建设成本可在一定程度上下降。要降低建安成本，势必管理行为要加强，建管费、设计费、监理费普遍存在投资增加情况。因此，在概算投资内，结构调整是必要的。

（二）投资控制的经验

投资控制是贯穿前期工作、建设实施的系统性工作，需建设各阶段措施协调配合，才能达到最佳效果。各阶段投资控制侧重点不同，控制方法也要有针对性。

1. 初步设计阶段确保设计深度

初步设计是静态控制的重要一环，初步设计概算科学合理，才能为下阶段投资控制打下良好基础。初步设计组织的主体是项目法人，项目法人应该加强组织，严格勘测设计与设计审查的合同管理，在合同条款中明确各方职责、工作进度和质量标准等要求。要保证初步设计概算的合理性，关键是设计深度一定要达到规程规范要求。根据南水北调工程初步设计审查经验，在以下几方面应该特别注意，尽量减少建设阶段因设计不完善发生变更的隐患：①严格按照规程规范，保质保量开展各项外业勘测、设计方案论证比选、征地拆迁实物量调查、专项设施改建方案的落实、取土料场、弃渣场地的土石方平衡等，实践证明，上述方面最容易在建设阶段发生变化，造成大量投资增加，却没与之对应的合理概算投资。尤其要注意的是，对于前期工作和建设周期长的项目，一定要及时补充更新设计资料，防止出现批复的初步设计和建设现场的发展情况严重脱节。②对可研报告中遗留的有关问题，要及时梳理研究，在初步设计中提出解决措施和办法，对遗留或尚未得出论证结论的重要方案比选，必须在初步设计阶段做出专题论证，不得继续遗留到工程建设阶段。③对局部线路、不良地质条件段处理措施、重要建筑物布置及结构型式必须进行同等深度的方案比较，做到技术上可行、经济上合理。④要会同地方深入细致开展征地拆迁及移民安置规划工作，做好实物指标和矿产资源压覆调查，涉及部队、电力、水利、交通、铁路、通信、自来水、煤气等部门的专项设施迁建、迁移保护等，其设计方案应通过产权单位或专项设施主管部门的认可。⑤合理布置、严格控制跨渠桥梁的数量、规模和标准，并与地方加强沟通，与地方交通发展规划尽量衔接。⑥对于线性工程，要做好不同地域施工组织分段安排和土石方平衡，优化落实弃土弃渣场地和取土料场。

可采取以下行之有效的措施，保障初步设计质量：①项目法人开展设计监理（或设计咨询），委托有关单位和专家对初步设计进度、质量、关键设计方案等进行全过程监理（或咨询），及时提出解决措施。②可在勘测设计合同中约定奖惩条款，将初步设计阶段优化设计和投资控制与经济利益挂钩，鼓励勘测设计单位创优、创新，优化设计方案，严格控制投资。对设计质量差、投资控制不力的勘测设计单位，通过扣减设计费等方式制约，防止出现编制的投资规模越大，勘测设计单位利益越大的倾向。③项目法人组织对初步设计概算与可研投资估算的变化进行比较分析，重点从工程技术方案变化、价格水平年变化、取费标准调整、政策调整等方面分类分析变化情况及原因，做到心中有数。对不合理的变化查明原因、及时调整。

2. 招标设计阶段避免歧义

南水北调工程建设过程中，因招标文件不清晰造成合同纠纷，进而变更索赔增加投资的情况时有发生。特别是招标文件中应该由发包人准确界定的工程地质条件、水文地质条件、料场位置及储量、弃渣场地布置、征地等施工环境交付，以及主要施工工艺、施工方法、关键设备选用等一些必要的边界条件界定不清，或对投标人提出的需要进一步澄清和答疑的问题未能给予实质性答复，造成承包商进场后发现很多条件与招标文件描述不一致，使得承包商提出的工程变更或索赔项目成立，致使多数应由承包商承担的风险全部或部分转嫁到项目法人承担。这种情况在南水北调工程中集中体现在土石分界、降排水、料场位置、土石方平衡等方面。

3. 建设阶段严格控制设计变更

设计变更是造成南水北调工程建设阶段投资增加的重要因素，为切实控制设计变更增加投资，南水北调工程采取了以下几方面措施：①明确分工，落实责任。重大设计变更由国务院南水北调办审批，一般设计变更由项目法人审批，各负其责。在工程建设过程中，项目法人不得擅自更改国家已批复的工程建设规模、建设标准、总体布置、工程功能、主要设备等主要设计内容。②对于能满足工程功能要求、技术经济合理的初步设计方案不允许进行重大设计变更；对于因地方要求、征迁困难等社会原因提出的重大设计变更，严格控制"随船搭车"，原则上不允许变更。③因设计变更增加的投资，原则上由项目法人在批复的相应设计单元工程初步设计概算内统筹解决，并且原则上不计列建设单位管理费、设计费和预备费，切断项目法人、设计单位与设计变更的利益联系。④提高重大设计变更报告的质量，要重点说明设计变更发生的缘由、必要性，与初步设计批复变化情况，主要技术方案，主要工程量变化，投资变化情况等。⑤加快重大设计变更的处理速度。避免因变更批复程序周期长，工程建设现场等待造成投资浪费。对于制约工程建设、现场情况急迫的特殊重大设计变更可由项目法人先行组织编制变更主要设计方案，报国务院南水北调办确认后，组织实施。同时编制设计变更报告，履行审批程序。

4. 加强合同管理，控制好合同变更索赔

南水北调工程实施周期长，建设环境和条件变化大，合同变更索赔成为投资控制的关键环节之一，截至2014年年底，各项目法人处理的变更索赔近2万余项，增加投资达百亿元以上。项目法人是合同主体，也是合同变更索赔处理的责任主体，应合法合规、合情合理处理变更索赔。在处理过程中，要坚持以合同为基准，以事实为依据，严格按合同约定条件分析变更索赔性质和责任归属，确定费用计算原则和方法，公平合理维护合同各方利益。

合同变更索赔原因主要包括：①前期设计尤其是地勘工作深度不够，水文地质和工程地质的改变产生变更（索赔）问题。如地下水位变化较大，导致地下水位降排水变更、工期延长；工程地质发生变化，导致开挖方法发生变化，产生变更；土料性质发生变化，导致渠道开挖土料由可用变为不可用，土料场土料不可用等。②招标文件不完善，招标文件提供的信息欠缺、不完整。如施工条件信息不准确，土料场土料开采运距招标文件不能提供准确信息，产生变更；发包人提供的施工设备不能与招标文件要求一致，延误工期，产生索赔事件。③施工过程中项目法人管理欠缺，未能对施工过程中发现的问题及时处理，如由于项目法人的原因图纸不能及时供应时，未及时沟通采取措施，使得供图时间发生延后几年的情况，造成降排水索赔、工期索赔；渣场、料场征地拖后，造成土方开挖产生二次倒运，使得取土场回填困难或二次倒运回填，产生变更索赔；有些工程在施工初期已发现承包商采用投标方案施工困难，未能积极采取措施，使工期一拖再拖，最后被迫采用新的施工方法才完成工程，既造成工期延迟，又发生变更费用。④招标工作完成后，随着施工图设计工作的进一步深入，从设计的角度会有设计优化、建筑物结构型式的调整、为工程安全增加安全措施等。

合同变更索赔体现的问题主要包括：①变更索赔处理程序及变更定性存在的问题。如先实施后批复，变更批复时间晚于施工单位实施变更时间；变更索赔处理程序未按合同变更处理原则进行处理，监理单位未按照合同约定及时签发变更指示、未签认三方（建管、监理、施工）价格确认单等；索赔申报时间未完全满足合同索赔条款要求。②定量方面存在问题。按照设计图纸计量的，计量一般是准确的。对于采用签证形式计量的，存在问题较多。如结算工程量大于现场工程量签证工程量；土石分界线地勘、建管单位、监理单位和施工单位未完全达成一致意见；缺少地勘单位地质编录；如抗滑桩变更工程量按土层和岩层分别计量缺少地勘单位地质编录，也无"岩土分界线签订确认单"；土方平衡工程量未做整体平衡，仅依据监理工程师的签证计量；拆除已完成工程的工程量缺少已完成工程的施工或评定记录，造成无法确认拆除工程量等。③定价方面存在问题。如不对照施工方案和施工工艺分析，套用行业定额，或者错用定额子目；计价不考虑投标报价水平、基础价格、取费标准，而是重新确定基础价格、取费标准等；单价费用计算和费用摊销缺乏依据或不合理等。④未进行变更方案的论证或论证不充分。工程变更的方案直接关系到工程变更的成本，因此，变更方案，特别是对于成本较高的变更方案，进行技术经济论证与比较必须得到高度重视。

根据南水北调工程变更索赔处理经验，可采取以下方法：①依据法规（包括政策性文件）文件的相关规定所引起的变更，必须有合法有效的法规文件所支撑，且变更的处理必须符合法规文件的规定，按法规文件的规定承担相应的责任（包括价格的调整）。②依据合同约定的变更定性依据支撑性材料要完整和真实。对于处理过程中的问题可以用现在的时间补做说明，不允许出现按过去时间补充的弄虚作假现象。③对于钢筋、水泥、料场骨料、土方调运应按照图纸进行抽料分析，分析设计量、消耗量和报验量是否一致。若不一致，则相关参建单位应提供说明。④采用签证方法计量的，应有地勘、建管、监理、施工单位四方联合签证。若四方联合签证和地勘单位的地质编录和柱状图不一致的，应以地勘单位的地质编录和柱状图为依据进行计量。⑤各标段有关土方调配方案的变更分标段上报，建管单位承担统计、分析工作，整体掌握设计单元工程内各标段土石方平衡情况，便于投资控制。涉及设计单元工程之间的土方调配及土方平衡的，也应进行重新平衡分析。⑥原则上按合同约定的变更计价原则定价，是否可脱离原合同采用补充协议的方式确定变更单价的关键在于是否属于变更。若不属于变更性质，按照《中华人民共和国合同法》规定：对合同约定或约定不明确的，双方可以协商确定。若属于变更，则应按原合同中约定的变更处理程序和方法进行。⑦要重视发包人和承包人不能协商一致的变更，为避免产生承包人对不接受的批复意见进行申诉、仲裁情况的发生，可引入争议评审机制。

第三节　建设期利息控制

控制建设期利息支出是控制南水北调工程投资规模的重要工作内容之一，在工程建设过程中，既要合理使用信贷资金，保障资金供应，又要加强利息控制，降低资金使用成本。

南水北调工程建设资金的构成中，项目法人承贷的银团贷款和国务院南水北调办承贷的过渡性资金借款均产生利息支出。下面就银团贷款和过渡性资金借款进行简要介绍：

（1）银团贷款。根据 2004 年签署的《南水北调主体工程银团贷款银行间框架合作协议》，成立了由国家开发银行牵头，中国建设银行、中国农业银行、中国银行、中国工商银行、交通银行、上海浦东发展银行、中信银行等 7 家银行共同参加的南水北调主体工程融资银团。在国务院南水北调办协调和指导下，2005 年 3 月 29 日，南水北调主体工程银团成员银行与南水北调东、中线一期主体工程 4 家项目法人分别签署了《南水北调东中线一期工程贷款合同》，根据合同约定，融资银团为南水北调主体工程提供总额达 488 亿元（不含东线治污贷款 70 亿元）的银团贷款，这是当时中国银行界对单个建设项目提供的金额最大的银团贷款。

（2）过渡性资金借款。鉴于可研阶段较总体规划阶段工程投资有较大幅度的上涨，经国务院研究同意，增加投资通过国家重大水利工程建设基金（以下简称"重大水利基金"）解决（重大水利基金的有关情况详见本卷第一章）。而国务院南水北调工程建设委员会第三次全体会议确定的工程建设目标与重大水利基金征收期限不同步，经国务院同意，财政部于 2010 年年初以《关于南水北调工程过渡性融资有关问题的复函》（财综函〔2010〕1 号）函复国务院南水北调办，在工程建设期间，当重大水利基金不能满足南水北调工程投资需要时，先利用银行贷款等过渡性融资解决，再用以后年度征收的重大水利基金偿还贷款本息；国务院南水北调办作为过渡性资金融资主体，负责融资和偿还贷款本息等资金统贷统还工作。据此，在工程建设期内，国务院南水北调办先后与中国邮政储蓄银行、中国民生银行、中国平安银行（原深圳发展银行）、太平资产管理公司、中国农业银行、中信银行、国家开发银行、中国工商银行、中国建设银行、中国银行等 10 家金融机构累计签订过渡性资金借款合同 1060 亿元。

建设期利息控制目标，是将建设期利息支出控制在国务院批准的南水北调工程投资总规模中的建设期贷款利息额度之内。在国家发展改革委 2014 年年初批复的南水北调东、中线一期工程初步设计阶段投资总规模中，建设期利息总规模为 313.37 亿元（东、中线一期工程建设期利息分别测算至 2014 年 6 月和 2015 年 4 月）。其中银团贷款利息 136.99 亿元、过渡性资金借款利息 176.38 亿元。

在工程建设期间，本着加强投资管理、严控工程成本的原则，国务院南水北调办和各项目法人在保障建设资金需求的前提下，着力强化资金统筹使用管理，多措并举，规范建设期利息支出程序，控制资金使用成本，大大降低了利息支出规模，为做好南水北调工程投资控制工作赢得了主动，创造了空间。

一、影响建设期利息的因素

从经济学的意义讲，利息就是资金的使用成本，利息控制从某种意义上讲也是成本控制。而做好成本控制，首先是要搞清楚影响成本的因素。同理，建设期利息控制就是要在明确计息方式的基础上，研究分析影响建设期利息支出的关键因素有哪些，并围绕这些因素，分析作用方向，研究影响程度，并采取积极措施，做到趋利避害。

（一）计息方式

分析影响建设期利息的因素，首先要了解建设期利息的计息方式。银团贷款和过渡性资金借款的计息方式略有不同。

1. 银团贷款

根据合同，银团贷款的实际执行利率在五年期以上贷款基准利率基础上下浮 8%。贷款利息以一年 360 天、一月 30 天为计算基数，月利率为年利率的 1/12，日利率为年利率的 1/360，贷款使用期限足月的，先按整月计算贷款利息，不足月的部分按日计算贷款利息。贷款利息实行按季支付方式，结息日为每年的 3 月 20 日、6 月 20 日、9 月 20 日、12 月 20 日。在提款期内，各项目法人提取的每一笔贷款的初始年利率按照提款时五年期以上贷款基准利率基础上下浮 8% 执行。当中国人民银行规定的基准利率发生变化时，合同的实际执行利率随基准利率上下浮动，但已提贷款部分的利率调整日仅为每年的 6 月 21 日和 12 月 21 日。

2. 过渡性资金借款

国务院南水北调办与 10 家金融机构签订的过渡性资金借款合同，合同约定的借款利率为同期人民币贷款基准利率下浮 10%～20% 不等。贷款利息以 1 年 365 天为计算基数，按贷款使用天数计算贷款利息（仅有中国工商银行的合同是以一年 365 天、一月 30 天为计算基数，月利率为年利率的 1/12，日利率为年利率的 1/365，贷款使用时间足月的，先按整月计算贷款利息，不足月的部分按日计算贷款利息）。实际执行利率随基准利率上下浮动，其中已提借款部分的利率调整日为下一计息期首日。借款利息实行按季支付方式，付息日为每年的 3 月 21 日、6 月 21 日、9 月 21 日、12 月 21 日。

银团贷款和过渡性资金借款计息方式的差异见表 4-3-1。

表 4-3-1　　　　　　　　　　银团贷款和过渡性资金借款计息方式的比较

比较项目	银团贷款	过渡性资金借款
实际执行利率	五年期以上贷款基准利率基础上下浮 8%	五年期以上贷款基准利率基础上下浮 10%～20%
使用时间计算方式	贷款利息以一年 360 天、一月 30 天为计算基数，月利率为年利率的 1/12，日利率为年利率的 1/360，贷款使用期限足月的，先按整月计算贷款利息，不足月的部分按日计算贷款利息	贷款利息以 1 年 365 天为计算基数，按贷款使用天数计算贷款利息（工行除外）
付息日	每年的 3 月 20 日、6 月 20 日、9 月 20 日、12 月 20 日	每年的 3 月 21 日、6 月 21 日、9 月 21 日、12 月 21 日
已提借款部分的利率调整日	每年的 6 月 21 日和 12 月 21 日（半年调整一次）	下一计息期首日（每季度调整一次）

由此，可以得出建设期利息的计算公式：

$$I = \sum_{k=1}^{m} \sum_{i=1}^{n} I_{ki} \qquad\qquad (4-3-1)$$

$$I_{ki} = L_k \times r_{ki} \times P_{ki} \qquad\qquad (4-3-2)$$

其中

$$r_{ki} = (1-\alpha)\bar{r}_{ki} \qquad\qquad (4-3-3)$$

$$P_{ki} = \frac{M_{ki}}{12} + \frac{d_{ki}}{Y} \qquad\qquad (4-3-4)$$

或

$$P_{ki} = \frac{D_{ki}}{Y} \qquad\qquad (4-3-5)$$

式中：I 为建设期利息总支出；I_{ki} 为第 k 笔借款在第 i 个计息期间产生的建设期利息支出；L_k 为第 k 笔借款的规模；r_{ki} 为第 k 笔借款第 i 个计息期间应执行利率；P_{ki} 为第 k 笔借款第 i 个计息期的使用时间；$\bar{r}_{ki}$ 为第 k 笔借款第 i 个计息期间人民银行规定的金融机构五年期以上贷款基准利率（如为当期提款，则 $\bar{r}_{ki}$ 为提款日的基准利率；如为往期提款，$\bar{r}_{ki}$ 为合同规定的上一个利率调整日的基准利率）；α 为利率优惠幅度；M_{ki} 为第 k 笔借款第 i 个计息期的使用时间中包含的整月数；d_{ki} 为第 k 笔借款第 i 个计息期的使用时间中剔除整月天数之外的不足月天数；D_{ki} 为第 k 笔借款第 i 个计息期的实际使用天数，例如某笔借款在一个计息期的贷款使用时间为 7 月 5 日至 9 月 21 日，则该笔借款的 $M=2$（7 月 5 日至 8 月 4 日、8 月 5 日至 9 月 4 日），$d=16$（9 月 5 日至 9 月 21 日），$D_{ki}=78$；Y 为计息基数，即银行在将年利率换算成日利率时所采用的基础天数，也就是每个借款年度的日利率计息天数，银团贷款合同约定为 360 天，过渡性资金借款合同约定为 365 天。

需要说明的是式（4-3-4）适用于银团贷款和工商银行过渡性资金借款利息的计算，式（4-3-5）适用于除工商银行以外的其他金融机构过渡性资金借款利息的计算。

（二）建设期利息影响因素

通过上述对银团贷款和过渡性资金借款计息方式的论述可见，影响建设期利息支出的主要因素包括借款规模、借款利率和借款期限。

1. 借款规模

不言而喻，借款规模的多少是产生利息支出的基础性因素，在同等条件下，借款本金多，滋生的利息就多。这一要素相当于式（4-3-1）中 L_k 的总和 $\sum\limits_{k=1}^{m} L_k$。这里所说的借款规模指的是实际使用的，而不是合同中约定的借款规模。根据两种不同借款的合同约定，银团贷款原则上要求各项目法人在提款期内将合同约定的规模全部提用完毕，而过渡性资金可以由国务院南水北调办按照工程建设资金需要适时提取，不必将合同内的借款规模全部用完。换言之，相比于银团贷款，通过合理控制过渡性资金实际借款规模来减少利息支出是有很大操作空间的。

2. 借款利率

利率是影响利息支出的直接因素，利率越高，相应产生的利息支出就越多。南水北调银团贷款和过渡性资金借款的实际执行利率都是在人民银行规定的五年期以上贷款基准利率基础上下浮一定比例，因此，基准利率的高低和利率优惠幅度的大小，即式（4-3-3）中的 $\bar{r}_{ki}$ 和 α 都将直接影响实际执行利率。需要说明的是，人民银行确定的基准利率对于银团贷款和过渡性资金借款可以被视为不可控的政策性因素，但合同中约定的利率调整方式还是会对利息支出产生一定的影响。银团贷款和过渡性资金借款合同均约定当基准利率调整后，实际执行利率随基准利率上下浮动，但两者在已提贷款部分的利率调整频次有所不同，银团贷款规定已提贷款的利率调整日仅为每年的 6 月 21 日和 12 月 21 日，而过渡性资金借款已提部分的利率调整日为下一计息期首日，即 3 月 21 日、6 月 21 日、9 月 21 日、12 月 21 日。为说明两者的不同，我们试举一例。例如，2014 年 11 月 21 日至 2015 年 2 月 28 日，人民银行规定的金融机构五年期以上贷款基准利率为 6.15％，2015 年 3 月 1 日该基准利率调整为 5.9％。如果该利率不再调整，在 2015 年 6 月支付二季度利息时，上一个结息日（银团贷款为 3 月 20 日，过渡性资金借款为 3 月 21 日）前已经提取的银团贷款和过渡性资金借款适用的基准利率就有所不同。2015 年 6 月 21 日付息时，3 月 21 日前提取的过渡性资金借款，在 5.9％的基准利率基础上下浮相应比例计算当季应付利息（3 月 21 日是第二季度计息期首日，已提借款的利率于当日调整）；2015 年 6 月 20 日付息时，3 月 20 日前提取的银团贷款，在 6.15％的基准利率基础上下浮 8％计算二季度利息（因未到利率调整日 6 月 21 日，已提贷款的利率应按上一个利率调整日，即 2014 年 12 月 21 日基准利率下浮 8％执行）。由此可见，银团贷款已提借款的利率调整相对具有滞后性。当基准利率步入下行通道且调整较为频繁时，实际执行利率调整越及时，就越能节省利息支出，反之亦然。

3. 借款期限

借款期限是影响利息支出的另一个核心要素，借款期限越长，需要支付的利息越多。这一要素相当于式（4-3-2）中 P_{ki} 的总和 $\sum_{k=1}^{m}\sum_{i=1}^{n}P_{ki}$。同样的，此处的借款期限也不是合同期限，而是信贷资金的实际使用时间。由于银团贷款和过渡性资金借款在建设期内均不偿还本金，借款期限的长短就取决于提款时间的早晚。南水北调工程建设资金既有财政资金，也有信贷资金，通过合理的资金配置，在财政资金可用的情况下优先使用财政资金，适当延后借款提用时间，缩短信贷资金的实际使用时间，能够有效降低产生利息的规模。

二、控制建设期利息的措施

南水北调工程借贷资金（含银团贷款和过渡性资金借款）总量较大，由此而产生的建设期利息规模也不容小视。正因如此，做好建设期利息控制工作、降低资金使用成本对于投资控制全局而言就显得尤为重要。自工程建设伊始，国务院南水北调办就根据借贷资金的实际使用和利率变化情况，全过程跟踪分析建设期利息支出，加强对建设期利息有关问题的研究，同时组织并要求各项目法人做好控制建设期利息支出的有关工作，做到"心中有数，手中有术"。鉴于建设期利息规模与贷款实际提用规模、提款时间、利率政策和计息方式等密切相关，南水北调系统有关单位在合同谈判环节努力争取利率优惠政策、优化计息方式，在资金使用环节注重统筹配置和使用资金、控制信贷资金提款进度和规模等措施，有效控制了建设期利息支出，具体如下。

（一）降低借款利率

南水北调工程是具有显著公益性、重大战略性特征的"国字号"基础设施项目，根据中国人民银行的政策规定，可在信贷方面享受利率优惠政策。为了降低融资成本，在借款合同谈判过程中，国务院南水北调办和各项目法人与有关金融机构进行了反复磋商，在谈判中要求获得利率优化，即实际执行利率在基准利率的基础上有所下浮。各金融机构从支持重大基础设施建设的角度出发也予以积极响应。在最终签订的银团贷款和过渡性资金借款合同中，实际执行利率均有一定程度的优惠。

1. 银团贷款

自银团贷款合同谈判之初，利率优惠问题就是甲乙双方谈判的重点之一。双方一致同意南水北调银团贷款利率应当享受优惠，但在优惠幅度上双方起初存在一定分歧：银团主张实际利率在人民币长期贷款基准利率的基础上下浮5％；借款方认为，鉴于南水北调工程的特殊地位和公益效应，应享受当时中国人民银行规定的最大利率优惠幅度，即10％的利率优惠。在国务院南水北调办的组织协调下，经与各银团成员行反复谈判磋商，2005年3月各项目法人与银团最终签订的贷款合同中明确，贷款利率在人民币长期贷款基准利率基础上下浮8％。

2. 过渡性资金借款

从2010年初起，国务院南水北调办与各金融机构开展过渡性资金借款合同谈判，要求各金融机构考虑过渡性资金借款的性质，按照当时中国人民银行规定的最大利率优惠幅度，给予过渡性资金借款最优惠的借款利率。在谈判中，各金融机构对于过渡性资金借款项目表现出很高的积极性，双方在合同中就给予最大幅度利率优惠事宜达成一致。

（1）银行借款。国务院南水北调办与各银行签订的借款合同约定贷款利率在人民币长期贷款基准利率基础上给予下浮10％～20％的优惠，其中中国邮政储蓄银行下浮20％、其他各银行下浮10％。需要说明的是，在2013年7月20日之前，中国人民银行对银行等金融机构贷款利率实行浮动管制。2010年初开展借款合同谈判时，按照人民银行的规定，金融机构贷款利率上限不做设定，但下限为基准利率的0.9倍，换言之，最大利率优惠幅度为10％（为推进利率市场化改革进程，人民银行分别于2012年6月8日和7月6日将贷款利率浮动区间下限调整为基准利率的0.8倍和0.7倍，并于2013年7月20日起全面放开金融机构贷款利率管制，取消利率下限，由金融机构根据商业原则自主确定贷款利率水平），而中国邮政储蓄银行由于其特殊性，其专项融资的最大利率优惠幅度为20％（2010年6月人民银行转存款全部转出完毕之日起，该项利率优惠政策已停止）。

（2）保险资金。国务院南水北调办先后与太平资产管理公司签订了三期过渡性资金借款合同，合同总额达550亿元，占全部过渡性资金借款合同金额的一半以上，实际执行利率在人民币长期贷款基准利率基础上下浮10％～15％，其中第一、二期借款合同下浮15％，第三期借款合同下浮10％，第二、三期考虑到当时的金融市场形势设定了5％的保底利率。由于太平资产管理公司过渡性资金借款合同的资金来源是保险资金债权投资计划，利率不受人民银行利率管制规定的影响，各期合同的利率优惠政策是甲乙双方在当时的金融形势下，按照行业最大利率优惠幅度确定的。第一、二期借款合同均在基准利率基础上下浮了15％，优惠力度比商业银行过渡性资金借款合同更大；第三期的利率优惠幅度虽然调整为下浮10％，但这是2011年金融市场形势趋紧，市场流动性不足，金融机构贷款利率普遍上浮，取得利率优惠难度极大的情况下，参照与各家银行签订的过渡性资金借款合同争取到的，在当时的环境下已属难能可贵。

3. 银团贷款和过渡性资金借款利息优惠政策差异原因分析

根据上文，银团贷款和过渡性资金借款在利率优惠幅度方面存在差异，银团贷款是在人民币长期贷款基准利率基础上下浮8％，过渡性资金借款是在基准利率基础上给予下浮10％～20％，后者优惠幅度更大，主要原因：①承贷主体不同。银团贷款属于企业借款行为，承贷主体是南水北调工程项目法人；过渡性资金借款的承贷主体是作为政府部门的国务院南水北调办，实质是代财政部借款，两者资信等级不同。②还款来源不同。银团贷款本质上是水费收费权质押贷款，还款来源主要是工程运行后收取的水费；过渡性资金借款通过建设期以后征收的重大水利基金还款，还本付息均纳入重大水利基金支出预算，重大水利基金是通过电价附加方式筹集的，由省级电网企业在向电力用户收取电费时一并代征，能够保证及时足额征收，且收入增长稳定，还款保障率高。③谈判方式不同。银团贷款的贷款方是由 8 家银行组成的融资银团，这主要是考虑到贷款总额大，加之无法准确判断未来金融市场变化，独家金融机构无法承担筹集贷款的业务，而组建银团必然增强金融机构的谈判地位，金融机构会要求较高的回报；过渡性资金借款合同谈判则未采取银团的方式，考虑到当时的金融市场形势和过渡性资金借款的性质，由国务院南水北调办分别与 10 家金融机构开展谈判，分别签订 12 份独立的合同，借款方的地位相对强势，有利于获取更优惠的利率政策。

（二）优化合同条款，改变日利率计算方式

从式（4-3-4）和式（4-3-5）中可见，参数 Y 也是影响利息支出规模的一个重要因素，其含义是银行将年利率换算成日利率采用的除数，业内通常称之为计息基数。金融机构通过计息基数将年利率换算成日利率，再按照资金的实际使用天数作为计息天数算出应付利息。根据公式可以看出，计息基数越小，实际支付利息越高。根据人民银行的规定，我国银行业长期以来习惯于把计息基数设定为 360 天，也就是说年利率除以 360 来换算成日利率，而不是除以实际天数 365 天或 366 天，按此得出的日利率再乘以实际存款天数计算出的应付利息数显然偏大。

这一现象的原因主要是为了当年计算利息方便，金融业在过去数百年的人工计算时代普遍采用每年 360 天计息，因为 365 很难被除尽，计算复杂，远不如 360 天计算简便。在进入计算机时代后，按实际天数计息才变得可行。早在 1965 年，人民银行《关于储蓄存款利率调整后有关业务处理手续问题的通知》就规定，各类储蓄存款全年均按 360 天计息，即无论大月、小月和闰月，每月均按 30 天计算。在人民银行 2005 年《关于人民币存贷款计结息问题的通知》和 2007 年《关于储蓄存款利息计算若干问题的解答》仍然坚持了这一规定。但随着客观条件的变化，特别是计算机的逐步推广，计算的便捷性已不构成据实计算的障碍。一直以来均不乏专家呼吁，为了防止金融机构多收贷款利息对贷款户不利，应将计息基数明确为 365 天才公平。近年来，央行关于金融机构计息方法的规定也逐步放松，允许金融机构根据实际情况对计息方法进行调整。

在借款规模较小的情况下，取 360 天或 365 天作为计息基数，对利息总额的影响不大，但南水北调过渡性资金借款本金数额巨大，计息基数的选择将对最终的利息支出产生显著影响。如果按照 360 天作为计息基数，势必造成利息多算超付。例如，一笔总额为 1 亿元的借款，实际执行利率在基准利率 5.15% 基础上下浮 10%，仅在实际天数为 91 天的一个季度中，将 360 天作为计息基数计算得出的利息，就比按 365 天计算的利息多 1.6 万元，以此推算，数百亿本金，若干年的资金使用期，由此多付的利息不可小觑。

鉴此，国务院南水北调办在与各金融机构开展过渡性资金借款合同谈判时就明确主张，尽管行业内的通常做法是将 360 天作为计息基数，但南水北调过渡性资金借款合同必须以 365 天作为计息基数，主要理由：①南水北调工程是我国重大战略性基础设施工程，具有显著的工程效益，不能拘泥于一般贷款项目的标准；②过渡性资金借款的性质是"政府借钱，财政担保"，风险极低，收益稳定，还款安全，理应获得最大程度的信贷政策优惠；③每个自然年度的实际

天数是 365 天或 366 天，遵从实事求是的原则，以 365 天作为计息基数显然更为合理；④以 360 天为计息基数的行业传统是人工计算时代出于计算简便而形成的，在当前的技术条件下完全可以利用计算机以 365 天为基数计算利息；⑤当时的金融行业法律法规和政策规定并未要求计息基数必须按照 360 天执行，以 365 天为计息基数不违反政策。

经过反复沟通，各金融机构综合考虑南水北调工程的特殊地位以及过渡性资金借款的资信等级，同意国务院南水北调办的意见。最终，在国务院南水北调办与 10 家金融机构签订的过渡性资金借款合同中，均以 365 天为计息基数，为建设期利息控制赢得了主动。在当时国内普遍以 360 天作为计息基数的情况下，南水北调过渡性资金借款是国内借款计息方式的重大突破。

（三）合理配置和使用资金

建设期利息支出控制，说到底是资金使用成本控制。在外部环境相对稳定的情况下，成本控制效果的好坏就主要取决于效率。通过精细化管理提高效率，是降低成本的最主要方式。银团贷款和过渡性资金借款合同签订后，控制利息支出的工作主要是在资金配置和使用环节上下工夫，一方面要缩短利息计算期限，另一方面要减少实际借款总规模。换言之，是要在保障资金充足供应的基础上，做到晚提款、少提款。主要的做法有以下几个方面。

1. 按照工程建设及征地移民工作进度拨付资金、提取贷款

南水北调系统改变了过去单纯以投资计划作为资金拨付依据、把资金随年度计划打捆一并拨付的方式，强调按需拨付，对各项目法人和征地移民机构采取"用多少钱，给多少钱"的办法，各项目法人和征地移民机构在科学预测资金实际支付需要的基础上，按月申请拨付资金，保持申请拨付资金规模与实际支付资金规模相衔接。国务院南水北调办统筹考虑各单位的用款进度、资金使用计划和账面资金积存情况，将其作为配置资金的重要依据，合理调度，按月拨付资金。这样一来，从建设期利息控制的角度，可以有效避免年度投资计划下达伊始，就按照计划将所有信贷资金一并提取出来囤积在账上，由此大幅增加利息支出的问题。

2. 按照资金成本高低顺序有效配置使用资金

南水北调工程资金筹集具有显著的多元化特点，从成本的角度来看，既有无需付息的财政资金（含中央预算内投资、南水北调基金、重大水利基金），也有利率较低的过渡性资金，还有融资成本相对高一些的银团贷款。在具体配置和使用资金时，国务院南水北调办坚持在保障资金足额供应的前提下统筹使用各类资金，优先使用低成本资金，延后使用高成本资金。在财政资金可用的情况下，由国务院南水北调办向财政部申请财政资金，并拨付给各项目法人使用；如财政资金暂时无法满足工程建设资金需求（如预算未下达或国库内基金余额不足时），优先由国务院南水北调办向有关金融机构提取过渡性资金拨付项目法人，且在同等条件下尽量先从利率优惠幅度较大的金融机构提取；银团贷款则要根据工程建设资金需要，经国务院南水北调办批准后，由项目法人适时提取，尽量延后银团贷款提款时间。

3. 控制过渡性资金实际提款规模

在工程建设期内，国务院南水北调办先后与 10 家金融机构累计签订过渡性资金借款合同 1060 亿元，为工程建设储足了"弹药"、备足了"粮草"。而在借款合同中约定，过渡性资金采取"用多少，提多少"的方式，不强制要求在约定期限内将合同约定的借款额度全部提完。在工程建设后期重大水利基金等财政资金供应较为充足的情况下，国务院南水北调办适时调整过

渡性资金借款的使用原则和提款节奏，如无特殊情况，尽量不再大规模提取过渡性资金借款，主要通过财政资金解决建设资金需要，将过渡性资金提取规模控制在 650 亿元以内，从而大大减少了利息支出。

4. 加强银团贷款提取的精细化管理

南水北调主体工程建设资金中，与各类财政资金和过渡性资金相比，银团贷款具有较强的特殊性，不经由财政部或国务院南水北调办拨付，而由项目法人经国务院南水北调办同意后直接从银团有关成员行提取。为提高信贷资金使用效率，降低资金使用成本，国务院南水北调办在合理配置资金、做好资金请拨工作的同时，组织项目法人做好银团贷款提用的精细化管理，优化银团贷款提取流程：①根据年度工程建设资金需要，组织项目法人对当年拟使用的银团贷款额度进行预测，并协调各项目法人提前与银团做好沟通；②在月度资金配置环节，项目法人须按照月度建设资金需求情况与银团牵头行和经办行进行沟通，确认贷款指标是否能够满足用款需要；③项目法人向国务院南水北调办报送月度资金申请时，如需提用银团贷款，须说明提款的理由、用途、数额等，经国务院南水北调办同意后方可提款；④项目法人提款后还要就具体提款日期、进度、放款银行及资金使用情况及时向国务院南水北调办反馈。在编制资金使用计划和配置资金过程中，国务院南水北调办根据工程建设进度和资金使用的实际需要来配置贷款提取额度，有效地控制了项目法人提取银团贷款的节奏，从而降低了建设期利息的支出。

三、控制建设期利息的成效

经过国务院南水北调办和各项目法人的共同努力，在保障工程建设期资金供应充足的前提下，在有效利用信贷资金的同时，注重开源节流，控制建设期利息支出，降低资金使用成本，取得了显著的成效。

（一）建设期利息支出情况

截至 2015 年 6 月底，南水北调东、中线一期工程累计支付建设期利息 241.14 亿元，其中银团贷款利息 130.93 亿元、过渡性资金融资费用 110.21 亿元（其中支付借款利息 110.18 亿元，印花税及其他相关费用 0.03 亿元）。具体如下。

1. 银团贷款利息

从 2005 年签订银团贷款合同起，各项目法人开始陆续提款用于工程建设，并根据合同约定按季支付利息。截至 2015 年 6 月底，各项目法人累计支付银团贷款利息 130.93 亿元，其中江苏水源公司 6.85 亿元、山东干线公司 11.16 亿元、中线水源公司 23.04 亿元、中线建管局 89.88 亿元。各项目法人分年度利息支付情况见表 4-3-2。

表 4-3-2　　　　　　　各项目法人分年度利息支付情况表　　　　　　　单位：亿元

项目法人 年份	江苏水源公司	山东干线公司	中线水源公司	中线建管局（含陶岔）	合　计
2005	0	0.01	0.03	0.05	0.08
2006	0.19	0.06	0.04	0.19	0.47
2007	0.43	0.09	0.04	0.25	0.81

续表

项目法人 年份	江苏水源公司	山东干线公司	中线水源公司	中线建管局（含陶岔）	合　计
2008	0.57	0.24	0.09	0.71	1.61
2009	0.49	0.41	0.91	2.9	4.7
2010	0.55	0.95	3.44	9.86	14.8
2011	0.6	1.74	3.88	14.63	20.85
2012	0.65	1.95	4.29	17.24	24.13
2013	0.82	1.84	4.14	16.95	23.75
2014	1.56	2.57	4.21	17.75	26.09
2015	0.98	1.3	1.98	9.36	13.62
合计	6.85	11.16	23.04	89.88	130.93

注　2015年为上半年支付数据。

2. 过渡性资金借款利息

2010年起，国务院南水北调办根据工程建设用款需要，开始陆续提用过渡性资金拨付有关项目法人用于工程建设，并根据合同约定按季支付利息。截至2015年6月底，国务院南水北调办累计向各金融机构支付过渡性资金借款利息110.18亿元。分年度支付利息情况见表4-3-3。

表4-3-3　　　　　　　　　过渡性资金借款利息支付情况表　　　　　　　单位：亿元

序号	金融机构 年份	2010	2011	2012	2013	2014	2015	合计	备注
1	中国邮政储蓄银行	1.99	6.96	8.26	7.86	7.86	3.60	36.53	
2	中国民生银行	0.16	0.30	0.31	0.29	0.29	0.14	1.49	
3	深圳发展银行	0.13	0.24	0.25	0.24	0.24	0.11	1.20	
4	太平资产管理公司	0.00	1.83	2.92	2.78	2.78	1.28	11.59	第一期
		0.00	0.04	3.36	4.57	4.57	2.10	14.64	第二期
		0.00	0.00	0.14	2.95	2.95	1.35	7.39	第三期 第一批
		0.00	0.00	0.00	2.80	5.26	2.50	10.56	第三期 第二批
5	中国农业银行	0.00	0.40	0.73	1.53	1.69	0.80	5.16	
6	中信银行	0.00	0.03	0.03	0.03	0.03	0.01	0.13	
7	国家开发银行	0.00	0.47	1.59	2.80	3.64	1.75	10.24	
8	中国工商银行	0.00	0.08	1.02	2.38	2.63	1.24	7.34	
9	中国建设银行	0.00	0.00	0.00	0.21	0.24	0.11	0.59	
10	中国银行	0.00	0.00	0.00	0.88	1.62	0.82	3.32	
	合　计	2.28	10.34	18.65	29.32	33.78	15.81	110.18	

注　2015年为上半年支付数据。

（二）利息支出控制成效

如上文所述，报经国务院批准的南水北调初步设计阶段总投资中计列的建设期利息总额为313.37亿元，建设期利息计算期限按通水后延长半年计算，东、中线一期工程分别测算至2014年6月和2015年4月。如果按照这一口径计算，实际支付利息229.03亿元（其中银团贷款利息123.21亿元、过渡性资金借款利息105.82亿元），较初设阶段总投资中计列的利息规模节约84.34亿元（其中银团贷款利息13.78亿元、过渡性资金借款利息70.56亿元）。具体来说：

（1）控制提款进度共减少利息支出61.81亿元，利息控制贡献率为71.97％。按照总投资测算中采用的贷款流程，2012—2014年共计划提用银团贷款和过渡性资金810.67亿元，其中95％提款是在2012—2013年。由于国务院南水北调办坚持按需拨付资金，且重大水利基金征收情况较好，相比于测算采用的贷款流程，实际的贷款进度相对延后，过渡性资金借款规模也大幅减少，其中建设资金使用高峰期的2012年和2013年即分别少提贷款（含银团贷款和过渡性资金借款）263.83亿元和148.70亿元。根据测算，因延后和减少提款减少利息支出约61.81亿元，其中银团贷款利息6.84亿元、过渡性资金借款利息54.97亿元。需要说明的是，过渡性资金的实际提用规模大幅减少（仅为总投资测算时预测的借款规模的2/3）是利息支出大幅节约的最主要原因。

（2）执行优惠利率减少利息支出21.10亿元，利息控制贡献率为24.57％。根据合同约定，银团贷款和过渡性资金借款实际执行利率在基准利率基础上有所下浮，自2012年1月以来，因执行利率优惠政策相应减少利息支出21.10亿元，其中银团贷款利息6.41亿元、过渡性资金借款利息14.69亿元。

（3）降息减少利息支出1.43亿元，利息控制贡献率为1.67％。根据合同约定，银团贷款每半年调息一次，过渡性资金借款是每季度调息一次。2012—2014年11月期间，五年期以上贷款基准利率一直保持在6.55％的水平。受国内外金融形势变化影响，自2014年下半年开始，利率步入下行通道，2014年11月至2015年6月，人民银行先后4次降息，贷款基准利率从6.55％下调至5.4％。经测算，2012年1月以来，因降息相应减少利息支出约1.43亿元，其中银团贷款利息0.53亿元。过渡性资金借款利息0.90亿元。

需要说明的是，上述比较是以初步设计阶段建设期利息规模为参照标准的。而在测算初步设计阶段建设期利息时，按照当时的测算边界条件，2011年度前的利息支出据实计列，2012年1月以后的利息支出根据预计的用款流程进行测算。因此，上述文中提到的节约利息支出84.34亿元，只是2012年1月之后的节约成效。如果考虑到初步设计阶段投资总规模测算前累计节约的利息支出44.1亿元，利息节约总计128.44亿元。

四、控制建设期利息的经验

综上所述，经过南水北调系统各单位的共同努力，多管齐下，一方面通过与金融机构谈判获取优惠的利率和计息政策；另一方面通过资金的科学配置、高效使用，南水北调工程建设期利息支出控制取得了显著成效，为节省国家投资做出了重大贡献。

在全面回顾和系统梳理南水北调工程建设期利息控制工作的基础上，可以总结出以下几条主要经验。

（一）保障资金供应是建设期利息控制的前提

在工程建设期，南水北调经济财务工作的首要任务是保障工程建设资金充足供应，绝不能使资金供应出现短缺、断顿的现象，建设期利息控制工程也必须要服从这个大局，以保障资金供应为首要前提。换言之，资金配置和利息控制工作要"精打细算"，但不能一味抱着省利息的目的而"斤斤计较"，该省的要省，该花的要花，不能为了节省利息支出，在应当提取信贷资金拨付工程建设一线的时候却不提取。

（二）签订有利的借款合同是建设期利息控制的基础

借款合同中的利率、计息方式、借款期限等关键性条款，是决定建设期利息的前提。在借款合同谈判环节，制定合理的谈判策略，获取优惠的信贷条款，是做好建设期利息控制工作的基础。在银团贷款和过渡性资金借款合同谈判环节，国务院南水北调办和有关项目法人事先对合同谈判形势进行了客观分析，力求做到知己知彼、审时度势，既全面分析了自身的优势条件、可以着力争取的条款和可能争取到的优惠幅度，又对金融机构的行业制度、惯例和具体金融机构的情况进行了研究，同时重点研判合同签订时的金融市场形势，合理制定和调整谈判策略，最大程度争取优惠条款。

在过渡性资金借款合同谈判过程中，这一特点表现得尤为突出。从国务院南水北调办与各家金融机构签订的过渡性资金借款合同可以看出，在利率优惠幅度、计息方式等条款方面，过渡性资金借款和银团贷款合同有所不同，过渡性资金借款中的银行资金和保险资金有所不同，与各家银行签订的过渡性资金借款合同之间有所不同，与太平资产管理公司签订的一、二、三期过渡性资金借款合同之间也不尽相同，这正是因为国务院南水北调办在每个合同签订时都坚持具体问题具体分析，逐一研究合同条款，争取最大的条款优惠，力争从合同签订环节就为建设期利息控制工作打下良好的基础。

（三）科学配置资金是建设期利息控制的关键

有了优惠的合同条款，并不意味着建设期利息控制工作就可以高枕无忧。合同执行过程，即信贷资金的提取和使用才是建设期利息控制的关键。对于工程建设资金中既有财政资金又有信贷资金的，合理调节两种资金的使用比例和配置节奏，力争在保障资金充足供应的基础上，多用、早用财政资金，少提、晚提信贷资金，强化精细管理，才能最大限度地节省建设期利息。

从南水北调建设期利息控制的成效可以看出，较初设阶段利息规模口径节约的84.34亿元中，通过科学配置资金、控制提款进度减少利息支出61.81亿元，占全部利息支出节约额度的71.97%，是建设期利息控制的"首功之臣"。而科学配置资金的最关键做法：①按月、按需拨付资金，用多少拨多少，避免资金积压，提高资金使用效益，尤其是信贷资金，不能按照"计划甫一下达，资金随之到账"的做法，人为地将信贷资金的使用期限加长，造成利息超付；②按资金使用成本高低安排资金配置和使用顺序，优先使用无成本或低成本资金，延后提取高成本的信贷资金，从而缩短占款时间，从每一笔资金着手，将利息控制工作做到微观、做到日常，日积月累，有效减少建设期利息支出规模。

第四节　待运行期管理维护费管理

一般来说，通过合同验收的水利工程，原则上应移交项目法人（或项目管理单位）管理，并进入工程质量保修期（施工合同另有约定的除外），具备独立功能的工程可以正式投入运行，一般不存在待运行问题或即使存在也时间短暂，涉及运行管理费用较少。此外，在我国水利工程建设与管理中，长期以来存在着"重建轻管"思想。随着我国社会主义市场经济体制的逐步完善和经济社会的快速发展，水管单位的状况与经济社会发展对水利工程要求之间矛盾显得愈加突出，水利工程运行管理和维修养护经费不足，导致大量水利工程得不到正常的维修养护，老化失修、积病成险，效益严重衰减，对国民经济和人民生命财产安全带来极大隐患。

南水北调东、中线一期工程是两条总计全长近 3000km 的线性工程，涉及诸多设计单元工程，每个设计单元工程的开工时间、完工时间不同，整体通水效益的发挥需待全部设计单元工程完成后方能实现。在此期间南水北调工程总体尚未验收，提前建成的设计单元工程即处于待运行状态，如不能及时落实工程待运行期管理和维修养护，工程必将产生不同程度的损坏，全线通水时，将会影响工程的正常运行，造成不良影响。

同时，南水北调东、中线一期工程任务与传统意义上水利工程的任务有所不同，主要体现在对水质的要求上，南水北调东、中线一期工程对水质要求更高。因此，南水北调工程设施和设备有不同，工程管理要求更高。加之随着新技术、新材料、新设备和自动化的大量应用，南水北调工程管理复杂、技术要求高、成本大，对管理从业人员的素质要求将更高，待运行期间也更要加强工程运行管理与维修养护。

经有关部门同意，在南水北调东中线一期工程投资总规模中，专项计列了待运行期管理维护经费，待运行期是南水北调工程特有的建设阶段。

一、待运行期管理维护费的管理制度

为规范南水北调待运行期工程管理维护工作，建立职能清晰、权责明确的工程管理维护体制，确保待运行期工程完好，根据国家有关规定，国务院南水北调办于 2012 年制定了《南水北调待运行期工程管理维护办法》，从工程管理维护任务及标准、管理维护方式、管理维护责任、管理维护费用以及考核与监督管理等几个方面进行了规范，以便于指导南水北调东、中线一期工程开展待运行期的管理维护工作。

（一）工程管理维护任务及标准

待运行期工程的管理维护任务主要包括以下几个方面。

（1）工程安全监测。按照工程的监测频次要求，对渠道、管道以及各类建筑物进行内观、外观观测，及时根据观测数据分析工程的安全状况。

（2）工程安全保护。负责工程管理范围内的各类设备设施安全保护，防止工程设施、机电、金属结构设备、物资、供电线路的盗窃、破坏。

（3）工程安全度汛及冬季管理。负责汛期抢险，防汛物资储备，确保工程安全度汛；工程设备设施的冬季保暖等工作。

（4）工程维修养护。按照"管养分离"的原则，选择维修养护队伍，组织实施工程的维修养护工作，确保工程安全可靠。

待运行期的工程管理维护标准，与行业有关管理维护标准及国务院南水北调办颁发的《南水北调工程渠道运行管理规程》和《南水北调泵站工程管理规程》中规定的标准相适应。

（二）工程管理维护方式

待运行期工程的管理维护可采用项目法人直接管理或由项目法人委托有关单位管理等方式进行。具体管理维护方式由项目法人根据工程实际需要和工程特点等情况确定。采用直接管理的，项目法人应本着精简、高效的原则，建立健全工程管理机构，严格控制人员编制；采用委托管理的，项目法人可以采用直接谈判或招标方式选择管理维护单位。

（三）工程管理维护责任

项目法人落实管理维护费用，对待运行期工程管理维护单位的机构设置、人员配备以及管理维护费用使用情况进行监督检查，对待运行期工程管理维护日常工作进行考核。

管理维护单位具体承担待运行期工程的管理维护工作，对待运行期工程的管理效果、工程安全负直接责任。具体包括：按照国家有关规定以及维修养护委托合同，对待运行期工程的维修养护工作进行监督检查，对维修养护单位完成的维修养护项目进行验收，接受项目法人进行的评估与考核。负责管理维护资料的整编归档工作，按照国家有关规定和委托合同的要求，编报有关待运行期工程管理维护的信息表、统计表等资料，定期报项目法人等。

维修养护单位依据国家有关规定以及签订的委托合同，接受依法进行的监督检查和考核，保证维修养护项目满足合同要求。

（四）工程管理维护费用

待运行期工程管理维护费用计入工程建设成本，专项安排投资解决。对在待运行期投入运行且有收益的工程，其管理维护费用先由工程收益解决，不足部分由专项投资解决。

待运行期工程管理维护费用由待运行期管理费用、工程维修养护费用等构成。其中：待运行期管理费用主要包括管理单位人员经常费和安全监测费；工程维修养护费用包括渠道、堤防、水闸、泵站、水库、渡槽、倒虹吸、涵洞（隧洞）、船闸等工程的维修养护费用。

项目法人需按照国务院南水北调办制定的《南水北调待运行期工程管理维护方案编制导则（试行）》，组织编制待运行期工程管理维护方案，计算工程管理维护费用。

项目法人需建立健全待运行期工程管理维护资金使用管理制度，管好用好资金，提高资金使用效益。项目法人应按照合同约定，及时、足额向受委托的管理维护单位支付工程管理维护费用。管理维护单位应按照合同约定及时验收维修养护项目并向维修养护单位支付维修养护费用。

（五）考核与监督管理

按照分级考核的原则，建立待运行期工程管理维护考核制度。由国务院南水北调办负责对项目法人的考核，项目法人负责对工程管理维护单位的考核。项目法人应结合实际，制定待运行期工程管理维护工作考核目标与指标体系，合理确定考核的内容和要求，认真进行效果评估和考核，依据评估与考核结果对管理维护单位及有关人员进行奖罚。

项目法人、管理维护单位须遵照国家和国务院南水北调办的有关规定做好待运行期工程的管理维护工作，并自觉接受上级组织和有关部门的监督管理。项目法人、管理维护单位以及有关人员因人为失误给待运行期工程的管理维护工作造成损失时，按照国家有关法律、行政法规和规章，依法给予处罚；构成犯罪的，依法追究刑事责任。

二、待运行期管理维护方案编制导则

为规范南水北调待运行期工程管理维护方案的编制工作，结合国务院南水北调办《南水北调待运行期工程管理维护办法》及有关规定，国务院南水北调办组织研究制定了《南水北调待运行期工程管理维护方案编制导则（试行）》。

（一）研究制定过程

2011年12月初，国务院南水北调办委托淮委治淮工程建设管理局编制《南水北调待运行期管理维护方案编制导则》和《南水北调待运行期管理维修养护定额（费用）标准》工作任务，要求在2012年春节前完成编制导则和标准初稿。

2012年2月，淮委治淮工程建设管理局工作组向国务院南水北调办汇报了导则和标准的相关初稿，国务院南水北调办提出了修改意见。

2012年3月，淮委治淮工程建设管理局工作组再次修订完成了相关导则和标准以及相关的研究报告。

2012年4月，国务院南水北调办邀请了国家发展改革委、财政部有关领导专家，审查了相关导则和标准以及相关的研究报告。根据专家要求，修改完善最终成果为《南水北调待运行期管理维护方案编制导则》和《南水北调待运行期管理维修养护费用标准化研究报告》。

2012年7月，国务院南水北调办将《南水北调待运行期管理维护方案编制导则》征求意见稿分送各有关项目法人征求意见。同时，会同有关单位赴现场对待运行期管理维护现状进行调研。

2012年8月，在根据调研情况及项目法人意见修改完善的基础上，国务院南水北调办委托建委会专家委对《南水北调待运行期管理维护方案编制导则》征求意见稿进行了技术咨询，最终形成《南水北调待运行期管理维护方案编制导则》终稿。

2012年9月，国务院南水北调办以国调办设计函〔2012〕226号文印发试行。

（二）编制内容

《南水北调待运行期管理维护方案编制导则》规定的待运行期工程管理维护方案编制内容主要包括：综合说明、待运行期工程情况及现状、待运行期工程管理维护项目及内容、待运行期工程管理维护机构设置及人员配备、待运行期工程管理维护费用、存在问题及建议、附录等7个方面内容，具体内容见表4-4-1。

表 4-4-1   待运行期工程管理维护方案的编制内容

序号	章标题	编码	节标题	内 容
1	综合说明	1.1	编制背景	简述设计单元工程概况、建设实施及有关验收情况、管理维护现状、管理维护方案编制缘由等
		1.2	编制依据	列出方案编制的主要依据,一般应包括以下内容:①国家有关法律、法规;②国务院南水北调办等部门相关规定和管理办法;③有关技术规范和技术标准;④有关设计文件及审查或批复文件;⑤工程实施过程中的有关文件资料;⑥其他
		1.3	管理维护项目及内容	简述待运行期工程管理维护项目分类及主要内容
		1.4	管理机构设置及人员配备	简述待运行期工程管理机构设置及人员配备情况
		1.5	管理维护费用	待运行期工程管理维护费用包括:①待运行期工程管理费用;②待运行期工程维修养护费用
2	待运行期工程情况及现状	2.1	工程基本情况	2.1.1 工程概况:说明工程名称、位置、任务、规模、主要工程量及工程投资等。 2.1.2 工程建设情况:说明工程建设管理模式,施工标段划分及相应主要工程量及投资,重大设计变更情况,施工合同项目开工时间、完工时间,施工合同验收情况、专项验收及设计单元工程完工验收情况,历次验收遗留问题处理情况等
		2.2	工程管理维护现状	对于已经进入待运行期的设计单元工程,说明工程管理维护现状。 2.2.1 管理现状:说明工程现状的管理机构设置、人员配备和管理维护工作开展情况等。 2.2.2 维修养护现状:说明工程现状的维修养护基本内容、方式、工作开展情况以及工程维修养护效果与存在的问题等。 2.2.3 管理维护经费:说明工程现状的管理维护经费使用情况及资金来源
3	待运行期工程管理维护项目及内容	3.1	管理维护项目分类	按渠道、堤防、水闸、泵站、水库、渡槽、倒虹吸、涵洞(隧洞)、船闸工程等进行分类,说明各类管理维护项目的主要设计指标,并填写待运行期工程管理维护项目统计表
		3.2	管理维护的主要内容	3.2.1 综合管理:针对不同的管理维护项目,说明安全监测、安全保护、安全度汛、冬季管理、运行准备等综合管理工作。 3.2.2 维修养护:针对不同的管理维护项目,说明维修养护的主要内容(如渠道维修养护包括渠道土方、衬砌混凝土、护渠林、附属设施等)、维修养护的方式(如通过招标、竞争性谈判择优选择维修养护单位)等
4	待运行期工程管理维护机构设置及人员配备	4.1	管理机构设置	4.1.1 管理方式依据批复的设计情况,结合工程实际情况,说明待运行期工程管理方式,包括管理模式、管理体系分级情况、缘由等。 4.1.2 管理机构依据批复的设计情况,结合待运行期工程管理方式及工程管理实际需要,说明待运行期工程各级管理机构设置及职责分工情况、管理机构的组织结构等

序号	章标题	编码	节标题	内　　容
4	待运行期工程管理维护机构设置及人员配备	4.2	管理机构人员配备	4.2.1 岗位设置：依据管理机构设置及职责分工情况，说明各级管理机构岗位设置情况。 4.2.2 管理机构人员：依据各级管理岗位设置情况和待运行期工程管理实际需要，说明各岗位人员配备情况，并填报岗位设置及人员配备表
5	待运行期工程管理维护费用	5.1	管理维护费用构成	待运行期工程管理维护费用由待运行期工程管理费用与待运行期工程维修养护费用等构成。 待运行期工程管理费用主要包括管理单位人员经常费和安全监测费等。其中管理单位人员经常费主要包括管理单位工作人员基本工资、辅助工资、工资附加费、办公费、差旅交通费、交通车辆使用费等。 待运行期工程维修养护费用主要包括渠道、堤防、水闸、泵站、水库、渡槽、倒虹吸、涵洞（隧洞）、船闸工程等在待运行期应进行的维修养护费用
		5.2	管理维护费用计算	5.2.1 待运行期工程管理费用：待运行期工程管理费用为待运行期工程管理机构人员数量与管理机构人员人均费用之积。待运行期工程管理机构人员数量在本导则4.2.2款确定的人员数量基础上，按不超过初步设计批复的设计单元工程现场管理机构人员数量的40％计列。 5.2.2 待运行期工程维修养护费用：待运行期工程维修养护费用按照《南水北调待运行期工程维修养护费用标准》，对设计单元工程中各类别工程分别计算，并进行汇总。 5.2.3 待运行期超过6个月的设计单元工程，管理维护费用按照待运行期实际月数及年费用标准折算。 5.2.4 设计单元工程中部分工程完成施工合同验收，其待运行期工程管理维护费应按已结算投资占设计单元工程相应投资比例进行折算
		5.3	管理维护费用汇总	按照上述计算方法，分别计算待运行期工程管理费用和待运行期工程维修养护费用，汇总编制设计单元工程待运行期工程管理维护费用，并填写管理维护费用汇总表
6	存在问题及建议	6.1	存在问题	根据设计单元工程实际情况，说明待运行期工程管理维护工作中存在的主要问题
		6.2	建议	针对待运行期工程管理维护工作中存在的主要问题，提出解决问题的建议
7	附录			南水北调线设计单元工程待运行期工程管理维护项目统计表。 南水北调线设计单元工程待运行期工程管理机构岗位设置及人员配备表。 南水北调待运行期工程维修养护费用标准。 南水北调线设计单元工程待运行期工程管理维护费用汇总表

三、待运行期管理维护投资的测算

由于待运行期是南水北调工程建设期提出的一个特定的建设阶段，待运行期内的管理维护费构成和标准等在水利行业尚无专门规定。为规范南水北调待运行期工程运行管理与维修养护工作，国务院南水北调办组织对待运行期管理维护费问题进行了专题研究。结合南水北调工程实际，参考水利工程相应维修养护定额标准，对南水北调东、中线一期工程待运行期管理维护费进行了总体测算。

（一）主要依据

待运行期管理维护费测算的主要依据包括：《水利工程设计概（估）算编制规定》（水总〔2002〕116 号）；《水利工程供水价格管理办法》（发展改革委、水利部令第 4 号）；《水利工程供水定价成本监审办法（试行）》（发改价格〔2006〕310 号）；《水利工程管理单位定岗标准（试点）》（水办〔2004〕307 号）；《水利工程维修养护定额标准（试点）》（水办〔2004〕307 号）和《水利工程维修养护定额标准（试点）实用指南》；《南水北调东线一期工程可行性研究报告》；《南水北调中线一期工程可行性研究报告》；南水北调东、中线一期工程初步设计有关工程管理方案；国务院南水北调办颁布的相关办法。

（二）工程待运行期项目界定

南水北调东、中线一期共划分为 155 个设计单元工程，按照工程正式通水前是否需要待运行期管理维护分为以下两类：

正式通水前不需要待运行期管理维护的项目，该类项目共有 27 项。主要包括：①丹江口库区移民安置水保和环保工程；②文物保护项目；③补偿性质工程（如汉江中下游整治、里下河水资源补偿工程）；④影响处理工程（如洪泽湖抬高蓄水位影响处理工程）；⑤河湖疏浚工程（如南四湖湖内疏浚工程）；⑥专项设施迁建项目（如漳河北至古运河南段电力设施专项迁建项目）；⑦其他专项中不形成实物的项目（如压矿影响补偿、发电损失补偿、冰期输水研究、水资源统一管理等）。

除此之外，为正式通水前可能需要待运行期管理维护的项目，共有 128 项。

（三）工程待运行期起止时间的确定

根据《南水北调待运行期工程管理维护办法》，南水北调各设计单元工程待运行期从施工合同验收后开始，至东、中线一期工程通水止。在南水北调工程建设实施过程中，根据工程建设实际及验收情况，进一步明确了设计单元工程通过通水验收或第一个施工合同完成验收均可作为设计单元工程待运行期计算起点。

（四）工程待运行期管理维护费用构成与标准

1. 费用构成

参考《南水北调东、中线一期工程可行性研究报告》相关成果，以及《水利工程供水价格管理办法》和《水利工程供水定价成本监审办法（试行）》的有关规定，结合南水北调工程实际情况，待运行期间管理维护费用暂按管理人员工资、管理费、维修养护费及其他等四项费用考虑。

2. 费用标准

南水北调工程待运行期管理维修养护费用标准编制的原则是：认真贯彻国家有关财政预算改革的精神，严格财政预算支出范围，充分体现南水北调工程管理单位职能、任务和支出特点，坚持勤俭办事，厉行节约，正确处理需求与可能的关系，体现现代化管理手段的发展趋势，以现行开支标准和实际开支情况为基础，兼顾长远发展要求，力求做到实事求是、科学有据、讲求效益。

南水北调工程待运行期管理维修养护费用标准项目的选取与南水北调工程运行维修养护经费的开支范围和国家财政预算相统一，待运行期管理维修养护费用标准充分反映南水北调工程单位的行业和工作特点，具有科学性、合理性和可操作性。

（1）管理人员工资。

1）人员数量。按照《水利工程管理单位定岗标准（试点）》（水办〔2004〕307号），对建筑物、河道工程做了典型分析，结合京石段、宝应站、济平干渠工程待运行期管理人员实际情况，东、中线一期工程待运行期管理人员按正常运行管理人员的30％考虑。

2）工资标准。工资标准由工资及工资附加费组成。由于南水北调工程受水区各省（直辖市）工资差异较大，在测算人工工资标准过程中，以《中国统计年鉴》发布的"城镇单位就业人员平均工资和指数表中的国有单位平均工资"为基础，分别选取北京市、河北省、江苏省、山东省和湖北省等5省（直辖市）2004—2010年工资标准，进行平均后作为当年的工资标准。从北京市、河北省、江苏省、山东省和湖北省等5省（直辖市）发布的《2012年统计公报》，选取南水北调工程受水区有关省市2011年居民消费价格指数（CPI）平均值作为工资环比指数，推算2011—2014年各年工资标准。

（2）管理费用。待运行期管理费用主要包括管理工作人员的办公费、差旅交通费、会议费、交通车辆使用费、技术图书资料费、零星固定资产管理费、低值易耗品摊销费、工器具使用费、修理费、水电费、采暖费、安全监测费、安全保卫费、水质监测费、水量监测费等。参照发改委批复《南水北调水价可行性研究报告》中人均其他费用取费标准以及《水利工程设计概（估）算编制规定》（水总〔2002〕116号）中人均其他费用取费标准，考虑到待运行期间的管理比一般水利工程管理增加了安全监测、安全保卫、水质监测、水量监测等管理内容，这部分费用不再另行单独计列，待运行期管理人员人均其他费用按人均工资及附加的2倍计算。

（3）维修养护费用。维修养护费用指为维持水利工程正常运行需要发生的大修理费和日常维护费，待运行期间只考虑日常维护费用。按照《水利工程维修养护定额标准》，选择典型工程计算、已建工程调研资料及可研报告关于工程供水成本费用构成等不同方式综合分析，东、中线一期工程待运行期维修养护费用取固定资产额的一定百分比测算。

（4）其他费用。其他费用主要包括南水北调工程待运行期间专用供电线路的管理与日常维修养护，一、二、三级管理机构办公和生活用房维修养护及一、二、三级管理机构调度运行管理系统的维修养护等所发生的费用。参考可研报告，并考虑部分直接材料费，测算暂取上述管理人员工资、管理费用和维修养护费用三项费用之和的一定百分比计算。

（五）待运行期管理与维修养护费用测算

按照上述确定的待运行期项目、待运行时间、管理人员数量、工资标准、管理费标准和维修养护费标准等，对南水北调东、中线一期工程待运行期管理与维修养护费用进行测算，总计约 19 亿元。

鉴于东线一期工程初步设计概算中计列了生产准备费约 5 亿元，为了提高投资使用效益，考虑将生产准备费中的生产及管理单位提前进场费、管理用具购置费等（约 3 亿元），与待运行期管理维护费中的人员工资和管理费统筹使用，最终确定南水北调东中线一期工程待运行期管理维护费为 16 亿元。

四、待运行期管理维护费的控制

依据国务院南水北调办制定的《南水北调待运行期工程管理维护办法》和《南水北调待运行期工程管理维护方案编制导则》，各项目法人委托相关单位编制了相关工程待运行期管理维护方案报告，并报国务院南水北调办审批。国务院南水北调办组织相关咨询机构，对上述方案报告进行审批，并根据批复的待运行期管理维护方案，向项目法人下达待运行期管理维护投资计划，由项目法人单位具体组织实施。

据统计，共批复东线一期工程 45 个设计单元工程待运行期管理维护费用 2.8 亿元，中线一期工程 68 个设计单元工程待运行期管理维护费用 4.5 亿元。上述批复费用严格控制在南水北调东、中线一期工程待运行期管理维护总体测算费之内，各设计单元工程的费用也基本控制在测算费用之内。

五、待运行期管理维护费使用

国务院南水北调办批复、下达的南水北调工程待运行期管理维护投资，保证了工程待运行期日常管理和维修养护工作的正常有序进行，为全线试通水、试运行及正式通水提供了有力的资金支持，为南水北调工程整体效益的发挥提供了保障。

（一）中线一期工程

中线各项目法人或管理单位初步构建了"总公司—分公司—现场管理单位"的三级管理体系。如淅川县段工程的管理单位分别为"中线局—河南分局—邓州管理处"、镇平县段工程的管理单位分别为"中线局—河南分局—镇平管理处"。

根据各设计单元工程的特点，项目法人分别采取直接管理或委托管理模式展开待运行期的工程管理维护工作。部分设计单元工程采取直接管理的模式，如磁县段、穿漳河工程、鲁山南1段工程等；部分设计单元工程则采取委托管理的模式，积极推动管养分离改革，通过招标或直接委托的方式，与管理单位签订委托管理合同落实管理任务，积极推动高效化、集约化、精细化管理，同时注重强化工程运行管理信息化建设，如南阳市段工程、保定市境内 1 段工程、陶岔渠首枢纽工程、方城段工程等。

从待运行期管理维护费实际使用情况看，管理总费用略有超支，部分设计单元工程超支较严重，管理费用的超支主要是由于实际投入运管人员数量差异以及相关安保、监测任务较重造成的；维护养护费总体略有盈余，主要是由于部分工程尚有施工单位负责质保工作以及部分维修养护费用计入工程建设费用中等。

（二）东线一期工程

江苏水源公司初步构建了"总公司—分公司—现场管理单位"的三级管理体系，先后成立宿迁、扬州两个分公司和泵站维修检测中心等二级机构，成立 25 个现场管理单位（三级机构）。项目法人积极推动管养分离改革，负责管理的 14 座泵站中有 12 座泵站通过招标或直接委托的方式，与管理单位签订委托管理合同落实管理任务。

山东干线公司初步构建了"总公司—分公司—现场管理单位"的三级管理体系，济南设总部，并在枣庄、济宁、泰安、济南、聊城、德州、潍坊七市设管理局，在工程沿线部分县（市、区）设管理处。委托山东润鲁水利工程养护有限公司主要负责山东南水北调工程维修养护工作。

省际工程姚楼闸、杨官屯闸、大沙河闸、骆马湖水资源控制工程等 4 个水闸由淮委建管局负责待运行期管理。

从待运行期管理维护费实际使用情况看，管理总费用略有超支，部分设计单元工程超支较严重，但总的说来较中线一期工程超支较少，管理费用的超支主要是由于实际投入运管人员数量差异以及相关安保、监测任务较重造成的；维护养护费总体略有盈余，主要是由于部分工程尚有施工单位负责质保工作以及部分维修养护费用计入工程建设费用中等。

此外，根据工程实际情况，考虑待运行期管理维护费用的使用范围，南水北调东线一期工程试通水及试运行费用、东线公司开办费、中线一期工程京石段水毁项目防护加固工程投资等均从待运行期管理维护费用中列支。

（三）待运行期管理维护费管理经验

待运行期工程管理维护是南水北调工程独有的工程建设概念，待运行期管理维护投资的使用及管理对于南水北调工程投资计划管理工作也是全新的探索。相关管理工作经验总结如下。

1. 加强管理，建立健全管理机制

《南水北调待运行期工程管理维护办法》明确规定要对项目法人待运行期管理维护工作进行考核。因此，要求项目法人进一步完善分级管理体制，制定相应的管理维护制度、考核机制。各项目法人需充分认识加强待运行期工程管理的重要性和紧迫性，不断完善自身管理体系，落实管理责任；实行目标管理责任制，实行竞争上岗和各种行之有效的目标管理责任制，形成竞争激励机制；加强科学管理，提高管理者的素质和水平。

2. 建立资金使用数据系统，便于掌握一手资料

部分项目法人对待运行期管理维护费用使用情况有关数据掌握不详，对待运行管理维护费计入工程建设财务科目情况管理较乱，给资金的使用监督造成困难。为今后对待运行期管理维护费使用进行稽查和评价，以及对工程下一步正常运营和成本控制做准备，各项目法人应建立待运行期管理维护资金数据使用相应的数据系统。

3. 专款专用，严格控制管理维护费的使用

管理维护费用应严格按照国务院南水北调办的批复执行，若确实存在特殊情况需调增

（减）投资，应履行相关审批手续。项目法人应将待运行期管理资金的使用情况纳入专项管理，严格监督工程管理维护费用的支出。

第五节　项目法人投资控制

一、中线建管局

（一）内部投资控制目标和思路

中线建管局是中线干线工程的项目法人，是中线干线工程建设和运营的责任主体，对工程建设的质量、安全、进度、筹资和资金使用负总责，全面负责中线干线工程的投资控制工作。中线建管局根据《南水北调工程投资静态控制和动态管理规定》（国调委发〔2008〕1号），按照设计单元进行投资控制，通过投资目标分解、签订投资控制目标责任书、制定奖惩考核办法等措施，以国家批复投资为投资控制目标，按设计单元对投资进行静态控制、动态管理。

投资管理过程中，中线建管局通过健全投资管理制度体系、健全投资管理组织体系、健全投资管理工作机制、全面践行投资静态控制动态管理模式、全面推进投资管理各项工作、全面加强投资管理能力和廉政建设等一系列举措，开展投资控制工作，确保投资控制在国家批复规模范围内。

（二）投资控制的具体措施

1. 加强设计组织和管理，提高初步设计质量

设计阶段是影响工程投资控制最重要的阶段，中线建管局针对各阶段设计工作的特点，加强设计组织与管理，努力提高各阶段设计工作质量。①组织初步设计文件初审及上报，认真落实初步设计审查意见，尽量不将初步设计审查阶段提出的问题留到招标设计阶段解决，同时合理编制概算；②认真组织招标设计，建立以总工程师为责任人的招标设计审查制度；③强化设计单位的投资控制意识，鼓励设计单位在招标和施工图设计阶段，结合现场实际情况，进行有利于投资控制的优化设计；④督促设计单位按照供图计划提供满足质量要求的施工图纸，避免因供图不及时造成承包商窝工或停工引起的索赔。

2. 明确投资控制目标，强化投资控制责任与考核

南水北调工程建设投资控制责任考核的做法分三个方面。①以项目管理预算为主线，以初步设计单元工程为单位，以项目建设管理单位和相关部门为考核对象，将批复的项目管理预算进行分解，形成投资控制指标下达各相关单位，并签订投资控制目标责任书，明确投资控制责任；②根据职责分工和管理内容，在保证投资控制总目标的前提下，建立建安工程等分项投资控制目标，以分项目标实现确保总目标实现；③完善考核制度体系，建立分阶段奖惩激励机制，把投资控制与奖惩考核真正挂钩。

3. 规范合同行为，严格合同管理

合同管理需要注意六个方面。①严格把好合同签订关，做到合同签订审核规范化，同时结合中线干线工程的具体情况，认真选用或制定合同示范文本，以满足中线干线工程建设和合同

管理的需要；②严格合同审查，充分发挥包括法律顾问在内的技术、经济等各方面专家在合同审核中的作用，同时建立各相关部门或单位按专业分工分别负责的内部评审制度，对合同内容和条款进行审查把关；③认真做好合同实施交底，加强合同动态管理工作，确保工程建设项目中的合同执行处于受控状态，保证合同目标的实现；④加强对项目建设管理单位、监理单位以及承包方在合同执行过程中的诚信考核，提高合同履约率；⑤加强对项目建设管理单位的合同监督管理，及时掌握合同执行情况，如加强合同的信息化管理，建立合同管理巡查机制等，同时利用上级单位对中线干线工程开展审计、稽查的契机，认真总结存在的问题，并举一反三，开展整改落实工作；⑥重视合同后评估，加强已完工合同执行情况的分析与总结，为后续合同管理提供借鉴。

4. 严格变更与索赔管理，强化变更与索赔论证工作

中线干线工程点多、线长、面广、跨多个区域，沿线地形、地质条件复杂，技术含量高，建设过程中发生了大量的变更索赔，变更与索赔管理是控制投资的关键环节。为此，①严格变更与索赔程序，除现场紧急情况外，变更项目必须履行相关程序后方能实施；②严格按合同条件，对变更索赔进行定性分析，确保论证充分、证据翔实、依据合理；③对投资影响较大的工程变更，进行多方案的技术经济比较，从中选出最优的方案，降低工程变更成本；④借用外部力量，充分发挥设计、监理，以及技术及经济专家在变更索赔论证中的作用，加强变更索赔论证工作。

5. 加大外部协调力度，创造良好的建设环境

南水北调工程从以下四个方面加大协调力度，促进工程建设。①加大征地移民协调力度，努力做到按计划交地，尽可能避免或减少因征迁因素造成的工期延误、窝工或赶工等索赔事件发生；②进一步加强与各级地方政府的沟通与协调，积极营造良好的施工环境，尽量避免或减少因扰民问题导致变更和索赔；③在严格执行国务院南水北调办与有关行业主管部门联合印发文件的基础上，加强与铁路、交通、市政和电力等行业有关主管部门的沟通与协作，最大限度地控制专项工程建设投资增加；④在加大外部协调力度、创造良好建设环境的同时，合理编制和安排工程建设进度计划，严格进度计划组织实施，避免或减少各种索赔事件的发生。

6. 加强投资使用过程监督，及时掌握投资控制情况

南水北调工程通过以下五种做法加强投资使用过程监督。①加强投资控制的信息化管理，要求现场项目建管单位建立投资控制台账，以及基本预备费使用情况台账等报表制度，定期提供投资分析专题报告，通过信息化管理，动态掌握各单位投资控制基本情况；②定期召开投资控制专题分析会，认真总结投资控制现状，分析存在的问题，提出加强投资控制的对策与措施；③对投资控制影响较大的工程变更与索赔，实现提前报告制，除紧急情况外，对限额以上的变更和索赔事件，各建设管理单位在审查之前，要提前报告中线建管局参加审查；④建立合同管理巡查机制，组织有关专家小组，不定期地对各项目建管单位的合同管理情况进行检查，及时发现问题，提出整改意见或建议；⑤充分利用上级主管部门对中线干线工程进行审计稽查的机会，认真整改落实。

7. 持续开展投资控制专项活动，加强投资控制管理工作

通过持续开展投资控制主题年等专项活动，加快变更索赔处理，严格投资控制、规范变更索赔处理行为。2012年，为规范、促进变更索赔处理工作，中线建管局组织开展了合同专项治

理主题年活动，审慎快速地处理了部分久拖未决的合同问题；2013年，为集中破解重大变更及合同共性问题，确保"高峰期、关键期"建设目标的实现，中线建管局开展了"严格投资控制、防范投资风险"主题年活动，重大合同及共性问题的破解，极大地推进了变更处理进程；2014年，为进一步加快变更索赔处理、保障尾工建设资金需求、顺利实现投资控制与通水转型目标，中线建管局又组织开展了"深化投资控制管理、实现投资控制目标"主题年活动；2015年为摸底变更索赔情况和复核结算工程量真实、准确性，分别组织开展了"投资控制情况全面摸底专项活动"和"结算工程量专项检查活动"。

8. 建立重大共性问题处理原则，及时解决疑难合同问题

通过建立重大合同共性问题处理原则，及时推动疑难共性问题处理，确保同类问题处理一致。①土石方平衡类变更，明确了处理方法和处理原则；②委托专业机构对改性土、坡面梁排水板进行了施工效率研究和定额测算，并制定了膨胀土处理施工预算定额；③集中解决施工降排水问题，针对措施项目报价中费用偏低等问题，根据合同约定进行了补偿；④机械破碎开挖问题，组织地质、爆破、合同等方面专家进行咨询、研讨，制定并印发了胶结体和软岩工程变更处理原则；⑤渠道衬砌成本分析，对渠道混凝土衬砌成本费用进行了测算分析，提出了渠道混凝土衬砌费用专题分析报告，制定了渠道边坡混凝土衬砌单价变更及设备价差补偿指导意见；⑥对设计变更导致的新增项目变更单价按照市场价进行重新定价，解决投标基期价格与实施期价格水平偏差较大问题。

（三）投资控制程序和特点

中线干线工程的投资控制，是在初步设计批复后，按初步设计单元工程为单位进行的。其流程和特点如下。

1. 组织主体工程招标

初步设计批复后，组织主体工程招标。主要工作是招标设计、标段划分、编制招标文件、发布招标公告，组织招标评标等。投资控制的关键点是在同口径概算对比、市场价格调查等工作基础上，合理编制业主标底，将中标价控制在同口径概算价以内，为项目建设实施阶段投资控制打好基础。

2. 编制项目管理预算

主体工程招标结束以后，编制项目管理预算报国务院南水北调办审批。项目管理预算的核心是对初步设计概算静态投资内容和有关费用进行合理调整，同时为价差报告编制和投资控制目标的制定提供依据。

3. 明确投资控制责任主体，分解投资控制目标

在国务院南水北调办审批项目管理预算的基础上，按照委托（代建）管理协议或工程建设目标责任书，对项目管理预算进行分解，形成各投资控制责任主体的投资控制指标，即投资控制总目标及分项投资控制目标。

4. 执行投资控制措施

各投资控制责任主体根据投资控制总目标及分项目标，细化投资控制目标，提出控制措施。通过严格合同立项、以竞争方式确定合同价格、严格控制合同变更、加强变更索赔管理、合理组织项目实施等手段，对投资使用情况进行过程控制。

5. 检查投资控制执行情况

投资管理过程中，通过编制变更索赔月报、投资控制专题分析季报，对投资控制执行情况进行跟踪，实时收集和掌握有关信息，并与变更与索赔控制额度对比，检查是否发生偏差，并定期召开投资控制分析专题会，发现投资控制偏差的，及时纠偏，并提出下一步工作措施。

6. 投资控制管理行为和投资控制指标的调整

当实际执行情况超过或可能超过投资控制指标时，首先从技术、管理和组织等方面，调整资源配置与业务流程，避免超过投资控制指标。采取相应措施仍达不到要求的，按有关程序对投资控制指标进行调整。若需动用基本预备费用或跨设计单元工程调剂使用资金的，报国务院南水北调办申请跨设计单元使用投资。

7. 编报年度价差等报告申请动态投资

按照国务院南水北调办有关价差编制办法等文件，编制年度价差报告、重大设计变更专题报告、待运行期维修养护费用等报告，并上报国务院南水北调办，积极申请动态投资。

8. 开展投资控制考核

一是建设过程中开展投资控制考核工作，如开展投资控制主题年考核工作；二是项目完工后，依据审计结果，按照有关规定，由国务院南水北调办对中线建管局进行投资控制考核；同时中线建管局依据国务院南水北调办对中线建管局的考核结果，以及中线建管局对项目建设管理单位的考核情况，对项目建设管理单位及相关部门进行考核。

（四）投资控制的主要成效

由于南水北调点多、线长、建设时间跨度大，物价上涨严重，设计周期短（特别是黄河以南项目），通水时间紧等原因，投资控制难度大、任务重。面对严峻的投资控制形势，中线建管局通过加大变更索赔审核、严格控制投资使用等措施，中线干线工程投资可控制在总投资额度内，投资控制取得了较好效果。根据统计，截至 2016 年 5 月底，中线建管局所管理范围内累计处理变更索赔 12296 项，承包人申报投资 228.36 亿元，批复增加投资 146.89 亿元，审减 81.47 亿元，审减率 35.68%。

其中，累计处理变更 11324 项，承包人申报 219.18 亿元，批复增加投资 142.06 亿元，审减 77.12 亿元，审减率 35.19%。重大变更项目 436 项，承包人申报 136.95 亿元，批复增加投资 88.03 亿元，审减率 35.72%；一般变更项目 10888 项，承包人申报 82.23 亿元，批复增加投资 54.03 亿元（含单独委托公路铁路项目已处理变更增加投资 1.06 亿元），审减率 34.29%。

累计处理索赔 972 项，承包人申报 9.18 亿元，批复增加投资 4.83 亿元，审减 4.35 亿元，审减率 47.37%。其中重大索赔项目 18 项，承包人申报 2.91 亿元，批复增加投资 1.23 亿元，审减率 57.69%；一般索赔项目 954 项，承包人申报 6.27 亿元，批复增加投资 3.60 亿元，审减率 42.57%。

（五）投资控制的主要经验

南水北调中线干线工程存在膨胀土处理及穿黄、大型输水渡槽等技术难题，同时面临复杂的移民征迁环境及各类地方利益诉求，形成复杂的投资管理形势，中线建管局通过健全投资管理制度体系、健全投资管理组织体系、健全投资管理工作机制等一系列举措，确保将投资控制在国家批复规模范围内。

1. 健全投资管理制度体系

南水北调工程建设以来，中线建管局把建章立制工作作为首要工作来抓，形成了项目法人、建管单位及派驻现场项目部（处）三级管理制度体系，并根据职责分工，制定了相关管理办法、实施细则，同时规范监理、设计、施工等相关参建单位建设管理行为。中线建管局先后出台了静态控制和动态管理细则、初步设计、投资计划、招投标、招标设计及施工图设计阶段勘测设计管理、变更和索赔管理、投资控制与合同管理巡查、重大工程变更与重大索赔项目审查审批管理办法及内部审计工作规定等一系列投资管理办法或实施细则；建管单位及现场派驻项目部（处）根据职责分工建立了配套的投资控制管理制度体系，确保各项工作有章可循。

2. 健全投资管理组织体系

为加强投资管理领导工作，中线建管局成立了以主要负责人为组长、各建管单位主要负责人参与的投资控制领导小组，明确了相关管理职责；根据建设阶段和投资管理需要，成立了变更与索赔处理、结算工程量专项检查等专业领导小组，开展专业工作的领导工作。领导小组下设办公室，全面负责组织如重大合同共性问题研究、变更索赔项目巡查等各项投资管理工作；各建管单位及现场派驻项目部（处）分别负责职责范围内投资管理工作。

3. 健全投资管理工作机制

通过建立健全决策、协调、预警、指导、服务、咨询、监督、奖惩等各类机制，加强投资管理工作的协调、管理工作。主要包括：①成立各类投资控制工作领导小组，对重大问题进行研究、建立集体决策机制；②通过建立投资控制月例会制度等工作机制，建立投资控制问题研究、协调工作机制，推动疑难问题处理；③通过编制变更索赔月报、投资控制分析季报，建立动态投资控制风险预警机制，实时掌握投资控制情况；④通过开展共性问题研究，下发共性问题处理指导意见，及时解决了重大变更及合同共性问题，加快了审批效率，遏制了承包商的不合理诉求，有效控制了投资；⑤建立服务保障机制，为及时处理各类工程变更索赔，强化投资控制工作，实施"一部三组"管理模式，加强派驻现场的工作力量，实现变更索赔管理关口前移，加强变更索赔审查、审批工作，进一步规范限额以下工程变更索赔的处理工作；⑥建立了专家咨询机制，根据需要邀请技术、合同、造价、法律等方面的专家，对疑难合同问题进行咨询或审核，确保变更索赔项目定性准确、定价合理、支付依据充分；⑦审计监督机制，在加强内部审计工作和变更索赔项目巡查工作的同时，密切配合外部审计工作，对审计稽查中发现的问题进行认真整改落实，并举一反三，开展自查自纠活动，同时总结经验、教训，避免后续类似问题再度出现；⑧建立奖惩机制，建立奖惩实施细则，并通过组织开展主题年活动，落实投资控制奖惩激励机制，调动参建各方投资控制的积极性。

4. 全面践行投资静态控制动态管理模式

中线建管局全面践行国务院南水北调办《南水北调工程投资静态控制和动态管理规定》，认真落静态控制、动态管理主体责任，全面开展中线干线工程建设全过程投资控制工作。①根据国家现行法律法规和南水北调有关规定，按照"总量控制、合理调整"的原则，结合建设管理体制、工程招标实际情况和工程特点编制项目管理预算，并将国务院南水北调办批复的项目管理预算进行分解，下达至各建管单位执行，作为投资控制依据；②建设过程中，中线建管局通过逐年编报年度价差报告、据实计列建设期贷款利息投资、严格设计变更管理等措施，对动态投资进行有效管理，并积极向国务院南水北调办申请动态投资，为工程建设提供资金保障；③严格基本预备费管理工作，对需动用基本预备费的设计单元工程，严格按照基本预备费使用管理规定，动用基本预备费，确保投资使用依法合规；④严格执行跨设计单元使用投资规定，对于需跨设计单元使用投资的部分超概设计单元，严格按照静控动管规定，明确设计单元投资使用后，编报跨设计单元使用投资申请报告，向国务院南水北调办申请跨设计单元使用投资。

5. 全面推进投资管理各项工作

投资管理涉及前期工作、计划工作、采购招标、合同管理、结算审计等一系列工作，要全面抓、整体抓、系统抓。①抓好前期工作，设计阶段对工程投资的影响占到70%以上，勘察设计阶段是做好工程投资控制的核心关键阶段，中线建管局严格落实各项设计管理办法，加强设计管理工作，提高设计工作质量；②严抓招标采购工作，对招标文件的编制质量等工作严格把关，提高招标文件质量，同时根据公开、公平、公正和诚实信用的原则，认真组织招投标活动，严格把关，确保以相对低价选择合格的承包商；③加强计划管理工作，通过编制年度建议计划、月度投资执行进度计划，开展投资计划管理工作；④使用投资控制目标责任制，对项目管理预算进行分解、将投资控制指标下达各建管单位，并通过签订投资控制目标责任书，将投资控制责任分解到各建管单位，建立投资控制目标责任制；⑤开展合同管理工作，坚持以合同为基准、以事实为依据，严格按照合同约定处理变更索赔，同时加强对项目建设管理单位的合同监督管理，及时掌握合同执行情况；⑥持续开展投资控制主题年活动，严格投资控制、规范变更索赔处理行为，强力推进各项投资管理工作的开展；⑦加强审计监督工作，对变更索赔等关键合同问题，开展内部审计监督工作，不定期对各建管单位变更与索赔管理等工作进行检查，及时发现问题，并督促整改。

6. 全面加强投资管理能力和廉政建设

中线建管局历来高度重视各级投资管理队伍建设，通过请进来、走出去、座谈会、培训会、警示录像等多种方式，不断加强计划合同、招投标、审计等各类投资管理人员培训和廉政教育工作。主要包括：①加强对《中华人民共和国合同法》《中华人民共和国招投标法》等国家有关法律法规和南水北调工程建设有关政策、法规的学习，不断提升合同管理人员政策理论水平；②通过调研、座谈等"请进来、走出去"的方式，学习兄弟单位的投资管理经验，提高投资管理人员的业务水平；③开展典型案例分析工作，总结合同管理、工程造价管理方面的经验与教训，以典型案例分析会的形式，对合同管理人员进行培训交流，提高合同管理人员变更索赔处理能力；④开展廉政教育，针对重大领域、关键岗位问题高发的情况，中线建管局通过召开廉政工作会、观看警示录像，签订廉政责任书等多种形式开展廉政教育工作，确保资金和干部安全。

二、中线水源公司

（一）内部投资控制目标和思路

中线水源公司承担丹江口大坝加高、丹江口库区移民安置和中线水源调度运行管理专项三个设计单元工程的建设管理任务。三个项目类型不同，建设内容不同，国务院南水北调办对不同类型项目投资控制的方式也不相同。因此，中线水源公司对不同项目的投资控制目标和思路有所差别。

中线水源公司对丹江口库区移民安置工程主要实行投资和任务包干的投资控制模式，通过与相关省市签订投资和任务包干协议，将投资控制在国家批复的初步设计概算投资（包括批复变更增加、增补投资）范围内。对中线水源调度运行管理专项工程主要实行初步设计概算投资限额控制，通过限额设计、内部调节、限价招标等方式，力争将实施投资控制在批复概算投资范围内。丹江口大坝加高工程按规定实行投资静态控制和动态管理，是中线水源公司投资控制的重点、难点和关键设计单元。

丹江口大坝加高工程是在保证原枢纽正常运行的情况下进行加高改造，且在城市内施工，施工度汛标准高，技术要求高，施工难度大，安全形势严峻，施工与运行之间协调工作量大，影响工程质量、进度的因素较多，工程投资控制面临较大的挑战。俗话说："新衣好做，旧衣难改。"丹江口大坝加高工程如同旧衣翻新一样，从工程设计到工程施工、从概算编制到合同管理、从现场施工组织到实际施工进度等，都与新建水利工程存在较大差异。倘若完全按照新建水利工程的建管模式解决改扩建工程中遇到的问题，将出现定额规范与实际不符、处理结果与情理不符等情况，从而影响工程建设的顺利实施。因此，中线水源公司本着深入分析工程特点，切实抓好过程管理，重点管控关键环节，合法争取增补投资，解放思想、实事求是地看待和解决合同变更索赔的思想，合理控制工程投资，力求使完成投资控制在批复的概算投资范围内。

（二）投资控制的具体措施

1. 分析工程特点，找准投资控制的难点

丹江口大坝加高工程是对已建成运行 40 多年的丹江口水利枢纽进行培厚加高，是南水北调中线的关键性控制工程，也是目前国内最大的水利枢纽改扩建工程。由于是在保证原枢纽正常运行的情况下进行加高改造，且在城市内施工，使之具有不同于新建水利工程的特点。①施工度汛标准高。工程施工期度汛标准与原枢纽运行期标准一样，即确保丹江口水利枢纽安全度汛是大坝加高工程施工中的首要任务。因此，每个施工年度的工程形象进度必须以满足当年的度汛标准为前提，这就给施工的现场组织和施工管理提出了更高的要求。②技术要求高，施工难度大。贴坡混凝土浇筑温控要求非常严格，且只能在低温季节施工，汛期枢纽度汛要求暂停施工，加之技术要求高，需要妥善处理新老混凝土结合、大体积混凝土锯缝、闸墩钻孔植筋、高水头下帷幕灌浆等一系列技术难题。③安全形势严峻。工程以其特定的施工环境，形成了施工上下多层立体交叉、施工设备和运行设备交叉、施工人员与运行人员交叉、施工道路和城市道路交叉等复杂局面，安全生产组织中的非控因素较多，增加了安全生产管理和施工组织的难度。④不可控不可预见因素很多。比如初步设计阶段由于原枢纽要正常运行，原坝体具体缺陷情况难以全面摸清，进入施工期，当坝面全面揭开后，发现缺陷比合同预估量要高出数十倍。

丹江口大坝加高工程存在的上述特点，增加了工程投资控制难度，面临较大的挑战。投资控制的难点主要有：①应用新技术解决施工难题，增加了投资成本；②设计变更项目多、投资大，远远超过概算批复的基本预备费额度；③主体工程实施过程中发生合同变更项目特别多；④概算批复的建设管理费严重不足，无法按概算标准控制；⑤概算中未计列的一些税费如资源税、河道采砂管理费和水路交通规费等仍须交纳等。

2. 重视前期工作，做好优化设计

由于大坝加高这一特殊工程施工在国内可借鉴的经验较少，从编制初步设计报告开始，中线水源公司就主动作为，充分利用熟悉丹江口初期大坝现状的优势，对初步设计报告的内容查漏补缺，最大程度的减少概算中少计漏计的投资。尽管如此，进入实施阶段，初步设计与现场施工实际情况仍有较多出入。在工程处理上中线水源公司与设计单位保持密切联系，随时沟通情况，根据工程现场条件、施工难度等因素，进行设计调整与优化。如升船机闸墩加固优化设计、大坝体形优化设计等，减少了不少费用。

3. 强化招标工作，从源头控制工程投资

在招标定标过程中，为合理控制投资，①公司在招标文件编制环节严格把关招标范围和内容，保证招标范围和招标内容与批复的初步设计一致。对与初步设计技术条件不一致之处，请设计单位予以说明和确认。②根据工程建设进度，按照批复的分标方案，合理策划招标组织工作，实时开展各项目的招标，既保证工程建设进展需要，又不至于因提前招标而产生不必要的费用。③在投标人资格条件设定时，必要时先对潜在投标人情况进行初步收集了解，以达到既保证满足资格条件的投标人具有较高的资质条件和能力，又要保证有足够多的投标人参加投标，充分体现竞争性，防止串通投标哄抬标价。④在招标文件中凡是能够国产配套的设备或部件均取消了"进口"的条件要求。⑤对建设施工含试运行的综合性项目，如水库诱发地震监测系统、变形监测项目等，因部分运行服务内容没有统一的价格参考标准，这些项目采用限制投标控制价方式，报价超过投资控制价为废标。⑥定标后慎重组织合同谈判，根据标段的重要性和复杂程度，采取定谈判提纲，组织对中标单位投标文件专家咨询，之后开展合同谈判等手段，进一步规范合同内容，避免不确定因素对投资及合同履行造成不良影响。

4. 实时掌握和动态分析投资执行情况

中线水源丹江口大坝加高工程项目管理预算批复后，中线水源公司深入研究"静态控制、动态管理"等相关规定，统筹分析概算投资运用，落实项目管理预算各项投资，定期组织分解、归类、梳理合同及价款结算、相关费用使用等情况，与概算和项目管理预算对比分析，掌握概算和项目管理预算投资的执行。做到及时、动态掌握工程各部分投资执行情况，及时发现和预测投资上的问题，提前研究解决渠道。丹江口大坝加高工程建设过程中发生了一些重大设计变更项目如初期大坝混凝土缺陷检查与处理、溢流面延期加高等，这些变更增加的投资不在批复的项目管理预算和初步设计概算范围内，投资较大，也远高于批复的基本预备费，中线水源公司根据静控动管的相关规则，及时上报情况，妥善解决了增加投资的来源。

5. 做好合同变更索赔处理

合同管理是投资控制的核心环节之一。丹江口大坝加高工程影响工程质量、进度、投资的因素较多，如施工与枢纽运行需同时兼顾，料场规划调整变化，老坝体缺陷检查与处理范围及工作量远远超过初步设计，溢流堰面加高延长工期等，导致合同变更及索赔项目较多、争议较大，增加了投资控制难度。丹江口大坝加高典型变更索赔项目主要包括以下几大方面。

（1）料源规划调整。大坝加高工程施工开始开采砂砾料时，发现初步设计规划的料场因城市发展及无序开采等因素导致砂砾石料级配恶化，储量减少，与初步设计报告规划指标有较大差距，直接开采的料源不能满足工程需要，引起左、右岸土石坝填筑方式发生变化及人工制砂、骨料弃料等相关项目变更。

（2）老坝体缺陷检查与处理相关项目变更及索赔。随着原坝体老混凝土面的凿除，发现老坝体缺陷检查与处理范围及工作量远远超过初步设计，处理过程中遇到了大部分变更项目没有相关定额可以参考、老坝体钻孔难度大、按照设计要求反复进行裂缝检查、施工计划调整等问题。另外，上游面厂房坝段水下裂缝的检查与处理，必须协调初期工程运行管理单位对相关坝段机组停机等。

（3）溢流堰面延后加高相关项目变更及索赔。受内外多种因素影响，原计划2008年汛后开始2010年汛前全部完成的溢流坝段堰面加高工程，被迫延后到2011年开工至2013年完成。溢流堰面延后加高后，因施工现场条件发生重大变化，面临着原合同中的施工组织方案已难以实施，施工工艺变得复杂，入仓方式改变，引起临建设施增加，整个项目发生了变化，大量的变更索赔难以避免。

（4）物价波动引起合同争议。大坝加高工程自2005年开工至2013年主体工程建成，施工跨越周期长。多年来，工程主要材料（钢材、水泥、油料）价格和人工费大幅上涨，大大超过合同约定的价格标准，承包商面临较大压力，强烈要求结合市场实际调整价差并办理结算。如人工价格指数合同约定参照居民消费价格指数计算，但承包人认为居民消费价格指数远远低于工程施工人员工资的实际增长幅度，两种指数计算的价差相差近10倍，强烈要求按照在岗职工平均工资指数进行人工价差调整。

面对如此数量、类型和复杂的变更索赔情况，中线水源公司加大变更索赔处理力度，既要保证不因变更索赔争议影响工程质量和进度，又要准确、合理解决变更项目控制工程投资，采取多种措施处理变更索赔。①梳理变更处理流程，明确各环节责任，提高工作效率。采取量价一次性报审，按照合同对可判定的部分及时认定批复并办理结算，可以及时提供变更项目部分资金，解决施工单位流动资金的困难，而对于分歧的部分（通常是小部分）留下一点"尾巴"，适时再做处理，不影响施工单位资金流动的大局。②按照公平、公正、合理、求实的原则适时修订合同中影响工程建设和变更处理的条款。对于情况复杂、金额较大的变更索赔项目，采取中线水源公司审核与咨询复审相结合的方式，重点做好溢流堰面延后加高相关的工程变更、索赔处理工作。由于动态投资中上级批复的人工价差明显偏低，不能反映施工单位实际情况，对大坝加高工程投资控制工作带来了很大的难度。中线水源公司本着实事求是、依法办事的原则，以合同约定为基础，以事实为准绳，加强沟通协调，加大力量投入，创新思路、加强管理、通力协作，力争按期完成各项变更索赔处理工作。③对跨度长、投资大、争议明显的变更索赔项目，中线水源公司为顾全大局，每当承包人提出可结算资金不足以维持当月生产时，采取对争议变更项目按一定比例进行暂结，这样可以保证工程不因资金紧张而影响正常施工，也为稳妥处理变更索赔赢得一定的时间，尽可能将变更索赔增加的投资额控制在批复的总投资范围之内。

（三）投资控制的程序和特点

为适应工程建设管理和投资控制的需要，加强和规范中线水源工程建设投资管理，严格基本建设程序，控制工程投资，充分发挥投资效益，根据国家现行有关的法律、法规和政策，中线水源公司制定实施了有关工程建设、计划合同、财务资金、环境与移民以及综合管理等方面的规章制度50多项。按照南水北调工程投资计划管理的相关规定，结合中线水源工程建设实际情况，中线水源公司制定了南水北调中线水源工程建设投资计划管理办法、招标管理办法、合同管理办法、合同结算管理、合同变更索赔管理办法等十余项与投资控制管理直接相关的规章制度。2007年以来，结合工程建设实际，对已下发执行的部分规章制度进行了修订完善，并汇编成册，规范业主、监理、施工、设计等单位的相关工作程序。

中线水源公司依据投资管理相关办法对工程建设投资行使组织、指导、控制、检查职能，使工程规模、工程投资得到有效的控制，从而提高工程建设管理的社会效益和经济效益。为进一步加强投资计划管理，中线水源公司注重加强各环节的管理工作，实行"统一领导，归口管理，部门实施"的原则。根据工作业务流程和管理单位职责划分，形成两条程序线路（图4-5-1）。

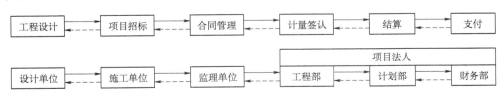

图4-5-1 中线水源公司投资控制业务和管理流程图

每个业务流程均有多个单位参与，每个管理单位履行自身职责的同时还负有核验权利。流程各环节各负其责，前后相连、分段管理，同时互为监控。前序是后续工作的基础，后序是对前序的执行、反馈甚至监督。各段相互联系，相互监督，相互促进，使投资控制管理的过程不断良性改进循环。相互之间协调沟通量增加，但责权明确，统分结合，管控精准。

合同变更和价差处理工作千头万绪，不是每一个环节每一个问题都能找到直接适用的规章制度和条款规范。对于工作中难以准确判断、阻碍变更和价差处理工作的重大问题，经协商协调，相关部门和人员可以提请召开专题会议，共同讨论，民主集中，形成相对一致的办理意见，各方统一按照会议纪要议定的内容贯彻执行。对于变更投资额较大、审核过程中分歧明显、规程规范难以直接涵盖的项目，中线水源公司通过委托独立专业中介机构审核出具咨询意见的方式，妥善解决变更索赔争议。

（四）投资控制的主要成效

（1）优化设计节省了投资。为使左联坝段下游坝坡尽可能平顺，减少施工难度，对34～44坝段下游坝面体型作局部优化，优化后实际贴坡混凝土工程量较合同工程量减少了1.54万 m^3，节省了工程投资。初步设计要求新购一台门机、改造原有两台旧门机，但因两台旧门机已远远超出规范要求的30年使用年限，各制造厂在投标时对旧门机现状进行认真考察后，提出的报价远远超出了初设概算价，甚至比购买一台新门机的费用还高出400多万元，为此中线水源公司与设计单位研究后进行了优化。右岸转弯坝143m高程水平裂缝，初设要求将两个坝段拆除，重新浇筑。在认真检查后，现该条水平裂缝延续八个坝段，这些坝段上游水平裂缝不只一条。设计单位根据现场情况采取了下游坝体锯缝，上游面全面防渗措施等。

（2）通过有效竞争、合理限价、深化设计等措施，公司招标活动投资控制效果显著。中线水源工程招标项目中，建安项目一般都能控制在批复的对应概算投资范围内，中标金额有一定额度的结余，仅个别设备制造采购如升船机、发电机设备两个项目和工程监理招标超概算投资较多。分析超概算的原因，主要是大坝加高工程概算价格水平为 2004 年，设备制造采购 2008 年招标时适逢钢材、铜材、人工等价格涨幅高峰，有效投标报价全部超过概算价格。工程监理项目超概算的主要原因是概算沿用 1992 年标准编制，概算投资过低。

（3）合同变更索赔增加了大量投资。由于砂石料源规划调整、缺陷处理、溢流面延期、现场施工条件及合同约定变更等，截至 2014 年 3 月，丹江口大坝加高工程已处理合同变更索赔 26052 万元。

通过多措并举，从不同环节综合来看，若上级单位按照南水北调工程投资静态控制和动态管理的相关规定能将尚未批复的设备和费用等价差投资全额批复下达，丹江口大坝加高工程总体投资基本可控。

（五）投资控制的主要经验

按照南水北调工程投资控制管理体系，批复的初步设计概算投资是项目法人投资控制的顶线。深入细致做好初步设计，打足列够概算投资，是项目法人履行投资控制责任的基础和前提。因此，项目法人工程技术、计划管理等部门应全面参与初步设计报告编审过程，认真组织做好内部审查，关注工程特点和设计深度，注意勘测设计资料的时效性，防止少计漏计项目。这样实施阶段设计变更可以有效减少，施工图优化设计有更大的空间，也为施工中不可避免地发生合同变更索赔留有余地。

合理分标，做好招标组织。标段划分要适中，既要利于开展竞争和减少协调难度，还要综合考虑资源利用。标段过小、过多，有较强实力的大型施工企业来参加投标的可能性就小，招投标成本会增加，施工企业投入的成本也会增加，管理协调工作量增加；标段过大，只有少数企业的竞争，容易引起高价竞标。施工现场有多个施工承包单位进行施工，建设单位对各标段的工程质量、施工进度、安全文明施工及组织管理水平、协调组织能力等有一个较直观的比较，适当划分标段可以为各施工单位创造一个相互促进、公平竞争和自律的舞台，减少发包人协调工作的难度。同时，提高招标文件编制质量是招标的重点工作，要防止招标文件技术条款有约定，商务部分不明确，前后条款不呼应，会导致实施过程中产生纠纷；招标工程量应尽可能的准确，项目边界条件要尽可能的清晰，防止投标人采用较多不平衡报价，在后续执行中给项目法人造成不必要的损失。

充分发挥监理单位对工程投资控制作用。监理单位身份特殊在于既是独立公正的第三方，又受项目法人委托承担监管职责。要充分发挥监理单位深入工程一线的优势，做好工程施工组织计划管理，加强工程质量检查，防止质量问题造成投资增加，防止工期延误导致工程索赔增加。监理单位对施工合同实施进行经常性的监督检查，可及时发现和预测可能引起变更、索赔的条件，采取措施尽力避免变更、索赔事件的发生。在工程施工后期，监理过程记录是判断和处理变更索赔重要的支撑依据。

合同执行过程中，在保证履行合同约定的情况下，应尽可能地做到先紧后松，否则后期难以管控。比如合同实施过程中难以避免的会发生变更索赔，在处理变更索赔的过程中难以避免的会发生争议，有的条款约定在长期不能达成一致时暂由监理单位确定暂结价。暂结价的高低将直接影响后期项目法人的主动性。项目法人对施工过程中发现的问题应及时明确责任，及早处理，否则会造成尾工项目数量杂、投资少、施工难。尾工项目一般又必须由原施工单位承担，价格谈判和审核困难重重。

总体来讲，工程投资与质量、安全、进度之间相互关联密切，相互影响，因此，投资控制不宜一味追求节省投资，重点应在合理控制。从工程建设和长远发展看，对在设计范围内有利于工程质量和进度、有利于工程安全可靠运行、有利于工程形象和后期持续发展的投资，应给予合理投入，这样更有利于提高投资效益。

三、江苏水源公司

控制工程建设投资是项目法人的重要职责，也是工程运营阶段控制水价、实现工程良性运行的重要因素。针对南水北调工程建设管理新体制、新机制要求，积极探索投资控制管理新思路，按照工程"运行可靠、质量优良、投资节省、资源节约、技术创新"的建设目标，以及"静态控制、动态管理"的投资管理要求，构建了江苏省内工程投资控制管理体系，加强规章制度建设，完善工作机制，重点抓好设计、招投标、合同管理、财务支付和征迁移民等关键环节，强化目标管理，狠抓过程控制。

（一）内部投资控制目标和思路

1. 确立江苏省内工程投资控制总目标

围绕南水北调江苏境内工程总体建设目标，根据国家南水北调工程"静态控制、动态管理"投资控制新要求，江苏水源公司提出了江苏境内设计单元工程建设投资管理总体目标，即以控制工程成本、提高建设投资效益为原则，统筹协调工程建设质量、安全、进度目标，以及工程运行管理、发展要求，采取优化设计、技术创新、科学组织施工、强化建设管理等措施，严格控制单个设计单元工程实际静态投资在批准的初步设计概算静态投资范围内；严格控制工程实施过程中发生的动态投资；最终控制江苏省内所有工程建设总投资在国家批准的总体可研投资规模范围内。

2. 建立分级分项目标管理系统

认真研究南水北调工程建设各阶段投资规律，提出了江苏省内设计单元工程建设投资全过程、分阶段系统管理思路。一方面将工程投资控制总目标按建设程序纵向分解为初步设计、招标设计、工程招标、工程施工四个阶段的控制目标；另一方面将各级目标分解为设计管理、科研管理、投资计划管理、合同管理、财务管理、征地拆迁与移民安置管理6个部分12个专项控制目标，以落实具体管理方法和措施。初步设计阶段，以总体可研确定的工程总投资规模为目标，优化设计方案，确保初步设计静态投资不突破可研投资；招标设计阶段，以国家批准的设计单元工程初步设计概算静态投资为目标，进一步深化、优化、细化设计，并合理分解为各专项控制目标；工程招标及施工阶段，依据各静态投资专项控制目标，强化过程管理，严格绩效考评，确保工程投资控制总目标实现。

（二）投资控制的具体措施

1. 加强初步设计管理，确保设计质量

初步设计阶段是控制工程建设投资的关键阶段，在本阶段的投资控制重点主要是两方面的工作。

（1）加强初步设计过程控制，工程初步设计质量是工程建设能否顺利实施的前提和基础，在初步设计组织过程中，建立了设计院、技术咨询机构、项目法人专家审查三级质量控制措施，对各层次均明确项目负责人，对设计进度和质量进行跟踪管理，对重大技术问题进行把关。对部分涉及外行业对工程投资有较大影响的项目，如供电线路工程，采取设计、施工总承包的方式，在初步设计阶段即委托地方供电部门提前介入，由其编制工程方案及投资，有效降低实施阶段投资控制风险。对水泵、电机、清污机等影响工程造价的关键设备，进行专题研究，提供了相关调研分析报告，得到审查部门采纳，在最终实施过程中，设备投资未突破批复概算。对于房建等部分费率项目，委托专业设计单位开展专项设计，并编制独立概算，但未能得到审查部门认可。

（2）大力开展科技创新。根据江苏省内工程特点，本着节约、高效的原则，围绕工程初步设计工作中存在的技术难点共性问题，积极组织开展了一系列科研和技术创新工作。如针对金湖站特低扬程贯流泵站存在的水力模型少、装置特性复杂等问题，开展了贯流泵装置开发研究等，一系列科研成果在初步设计中的应用，提升了设计质量和水平，有效解决了工程设计和建设中的难点问题。

2. 深入细致开展招标设计工作

根据南水北调前期工作和建设特点，强化了招标设计阶段的管理，在工程初步设计批复后，即时组织开展工程招标设计，并实行审批制度，由工程现场管理单位负责组织，报江苏水源公司审批，经批准的招标设计是下阶段工程招标和施工图设计的依据。招标设计主要是在国家批复的初步设计基础上重点开展设计深化、细化和优化，有效解决初步设计阶段的遗留问题，控制实施阶段的工程变更，降低实施风险，为工程投资控制奠定良好的基础。

（1）分析确定本阶段设计关键内容，重点是优化、完善工程关键技术方案、施工组织安排、标段划分、管理区建筑与环境设计、临时结合永久及小型附属设施设计等内容，为工程招标及施工图设计提供可靠依据，降低实施风险，减少变更；并积极开展技术创新，降低工程运营成本，实现管理资源综合利用。

（2）严格按标段分别编制招标设计概算，在批准的初步设计概算基础上按实调整、完善工程各标段项目内容及费用，严格控制不突破初步设计概算静态总投资；并根据招标设计概算分解、确定工程招标、施工阶段投资控制各专项管理具体目标值。

（3）做好工程合同规划工作，工程招标设计阶段属于实施准备阶段，在本阶段开展合同规划是开展工程投资事前控制的有效措施，根据工程建设内容以及国家批准的分标方案，梳理、拟定工程建设涉及各类合同内容、承包方式、金额，重点控制非招标合同数量、金额，设计单元工程合同规划由相应现场建设单位负责编制，报江苏水源公司批准。

3. 强化施工阶段投资过程控制

建立施工图审批制度，由江苏水源公司负责审批，涉及工程强制性规定的设计内容报相关行业主管部门审批，经批准的施工图设计是工程施工的依据，未经批准的施工图设计不得用于施工，通过该项制度，强化了施工阶段设计质量和技术把关，并有效控制了设计变更。

（三）投资控制程序和特点

紧紧围绕工程建设质量、投资、进度、安全四大目标，着力构建项目管理体系，在投资管理方面逐步形成工程设计管理、投资计划管理、合同管理、财务管理和征迁管理五大子系统，为投资管理规范和有效控制打好基础。

1. 健全规章制度

江苏水源公司成立以来，根据南水北调相关建设管理规定，结合江苏省工程投资控制专项管理要求，逐步编制完善了投资计划、设计、科研、招投标、合同、财务管理等涵盖 12 个专项管理的规章制度和实施细则，严格规范投资管理行为，有效保证投资控制目标实现。

2. 建立工作机制

为确保工程投资控制成效，建立了长效工作机制，制定了系列工作制度。建立了江苏水源公司例会制，定期督查投资控制工作成效；建立江苏水源公司会审制，对影响投资控制的重大事项集体研究、会商，确保投资控制方案合理；建立了目标考核制，以设计单元工程为单位，将投资控制总目标逐项、逐级分解下达落实至相关专项管理部门、工程现场建设管理单位，并纳入江苏水源公司年度目标考核管理系统严格进行考评。

3. 加强过程控制

对工程建设管理加强监督检查，经常性地开展投资执行情况分析，建立概算执行、合同管理和财务支付台账，及时分析实施过程中存在的问题，落实改进措施，加大投资管理的力度。

（四）投资控制的主要成效

1. 工程概算批复情况

根据建设管理分工，江苏水源公司负责建设管理的江苏南水北调调水工程共计 28 个设计单元工程，已批复概算总投资为 109.53 亿元。28 个设计单元工程中，三阳河潼河宝应站等 8 个设计单元工程为已完工项目，已完成完工财务决算编制，并通过完工验收；泗阳站等 18 个设计单元工程为在建项目，尚余部分尾工实施，已通过通水验收；剩余调度运行管理系统及管理设施专项工程正在推进过程中。

2. 投资控制情况

已完工项目共有 8 个设计单元工程，最早于 2002 年开工建设，初步设计批复相应设计单元工程建安投资 13.5 亿元、基本预备费 0.8 亿元，共计 14.3 亿元，重大设计变更批复未增加投资。根据已完工项目完工财务决算，建安工程部分完成投资共计 12.23 亿元，已处理变更共计 140 项，索赔 3 项。已完工项目均已完成完工验收，无预计处理的变更及索赔项目，较初步设计批复投资结余约 2.07 亿元。根据已批复项目管理预算，在建的泗阳站等 18 个设计单元工程批复建安投资 34.5 亿元、可调剂预留费用 0.83 亿元、基本预备费 2.67 亿元，共计 38 亿元，重大设计变更未增加投资。根据梳理统计，目前在建工程建安工程部分已签订合同共计 33.3 亿元，已处理变更共计 1133 项，新增金额 1.18 亿元，其中征迁投资 0.1 亿元；处理索赔 34 项，涉及金额 0.09 亿元。根据目前统计情况，在建工程预计还要处理变更共计 654 项，预计增加金额 2.08 亿元；预计处理索赔 171 项，预计增加金额 1.13 亿元。因此，相对国家批复额度，预计结余 0.25 亿元。新开工调度运行系统及管理设施专项工程正在加快推进中，项目管理预算尚在编制过程中，根据初步设计批复建安投资 8.19 亿元、基本预备费 0.2 亿元，共计 8.39 亿元。目前两项新开工项目建安工程部分已签订合同共计 1.7 亿元。预计签订合同共计 6.63 亿元。

（五）投资控制的主要经验

1. 加强设计管理

工程设计是控制工程投资的首要环节。江苏水源公司构建了包括工程初步设计、招标设计、施工图设计、设计变更各个阶段的设计管理控制体系，做到以初步设计控制招标设计，以招标设计控制招标合同价，以施工过程中的合同管理控制合同结算价，最终实现工程投资控制总目标。具体在初步设计阶段，解决重点、难点问题，深化设计方案，力求避免发生重大设计变更，做到概算控制；初步设计批复后，组织编制招标设计，进一步深化、优化设计，合理编制招标设计概算，为工程施工招标提供可靠依据，做到招标合同价控制；招标后，强化施工图设计以及施工过程中设计变更的审查审批，做到合同结算价控制；对工程设计变更，实行分类审批、分级管理制度，建立设计变更动态管理台账，强化设计变更事前控制，严格控制变更实施。江苏水源公司还建立项目法人、设计单位、技术咨询机构三级质量控制体系，成立专家组全过程跟踪，对工程设计质量层层把关。由于加强各阶段设计控制，有效减少了设计变更，节省了工程投资，降低了工程实施风险。

2. 加强合同管理

合同管理是工程投资控制的重要手段。通过合理划分标段，不断完善招投标工作，鼓励合理竞争。同时，加强非招标项目合同管理，规范合同文本和条款，促进投资节约。修订完善江苏省境内工程合同管理办法，建立领导负责制、归口管理制和分级管理制等合同管理体系，做到公司、现场建设管理机构以及计划、工程、财务等部门协同把关，规范各类合同立项、签订、履行、验收、归档等各个环节。建立合同变更程序，严格控制合同支付，坚持用合同管理规范工程建设。加强协调，落实合同条件，切实加强合同执行力度，减少合同索赔。

3. 加强财务管理

财务管理是工程投资控制的最后关口。在资金使用上，坚持统一管理、统筹安排，实行资金统一管理，控制工程资金结存规模，降低工程资金成本。工程建设资金由江苏水源公司统一管理和调度使用，工程价款在施工单位申请、监理复核、现场建设单位审核的基础上，增加江苏水源公司审批程序后再予以支付，加强资金运行管理的风险控制，消除资金安全隐患。资金的统一管理，杜绝工程建设资金在各现场建设管理单位的滞留，降低工程建设成本，保证工程建设资金安全规范使用。

4. 加强管理费用管理

江苏水源公司根据工程建设管理职责对管理费实行统筹使用和预算管理。其中本级自2006年始实行预算管理。对于现场建设管理机构，自2007年起对各现场建设管理机构管理费实行预算管理。预算执行标准主要参照江苏省级机关事业单位部门预算指标并结合江苏水源公司实际情况进行适度调整，做到既有效控制费用支出，又保证工程建设需要。在实行预算管理的基础上，对于江苏水源公司本级发生的管理费，一是根据南水北调工程项目管理预算办法核定的项目法人管理费额度，在各项目之间分摊；二是根据与派驻现场管理单位职责分工，在项目管理预算核定的项目建设管理费额度内按照年度基本建设支出进行分摊。至2013年年底，江苏水源公司及所属建设处累计支出管理费基本控制在可用项目建设管理费范围内。

5. 积极开展技术创新

积极通过技术创新，保证工程进度，提高工程质量和水平，节省工程投资。针对每一个设计单元工程情况，分析工程特点和难点，提出技术创新和研究课题，解决工程问题。如针对刘老涧二站、泗洪站膨胀土地基问题，开展了膨胀土改良技术研究与工程应用研究；针对睢宁站、邳州站工程处于8度地震区的情况，开展了高地震烈度区结构抗震动力分析研究；针对金湖站、泗洪站、邳州站等特低扬程贯流泵站存在的水力模型少、装置特性复杂等问题，开展了贯流泵装置关键技术研究等，一系列科研成果在初步设计中的应用，有效解决了工程设计和建设中的难点问题，提升了设计质量和水平，节省了工程投资。多项研究成果并获得省部级科技进步奖。

四、山东干线公司

（一）内部投资控制的目标和思路

1. 投资控制目标

山东干线公司主体工程建筑安装投资控制主要包括两部分：①工程静态投资控制；②工程动态投资控制。工程静态投资是指国家批准的南水北调工程初步设计概算静态投资，山东省南水北调工程在各设计单元初步设计报告批复后工程静态投资控制工作的重点放在设计阶段，同时兼顾施工阶段及竣工结算阶段。工程动态投资是指在南水北调工程建设实施中建设期贷款利息以及因价格、国家政策调整（含税费、建设期贷款、汇率等）和设计变更等因素变化发生超出原批准静态投资的部分。

2. 投资控制思路

山东干线公司成立了投资控制的各级机构或部门，明确职责与分工，并建立健全相应的投资控制管理制度，形成项目法人完整的投资控制体系，严格控制工程投资。山东干线公司以合同管理为中心，在投资控制上设置相关职能部门包括工程部、总工办、计划合同部、财务部、现场建管机构等，各部门、现场建管机构按照相应职能实行分级控制、相互协作、互相校核的工作机制。总工办负责技术审查，对所有的施工图纸及设计变更进行技术把关；计划合同部负责组织工程招投标、施工图纸审查，工程变更费用审查，并且负责工程变更后单价最后审定等；财务部从财务角度对计量支付资料进行审核；现场建管机构参与招标设计、招标文件编制、施工图设计等审查，并对监理机构审批的承包人的计量工程量进行审核。

山东干线公司同时建立健全各项投资控制规章制度，共印发各项规定及办法8项，如《工程建设承包合同计量支付管理规定（试行）》（鲁调水企字〔2007〕103号）、《施工图审查管理规定（试行）》（鲁调水企字〔2007〕104号）、《合同文件管理规定（试行）》（鲁调水企字〔2007〕105号）、《工程变更管理规定（试行）》（鲁调水企字〔2007〕106号）、《限额包干费用财务报销管理暂行办法》、《自建项目现场建设管理现场机构的若干规定》等，这些规章制度对工程投资控制、促进工程建设起着重要作用。

（二）投资控制的具体措施、程序和特点

1. 工程投资的静态控制

（1）设计阶段采取的控制措施、程序和特点。各设计单元工程初步设计报告批复后，投资控制的关键在于招标设计和施工图设计。在实施过程中，着力扭转设计单位长期以来重技术轻

经济的倾向，严格控制任意提高设计标准和扩大设计规模，鼓励设计人员采用新技术、新工艺、新材料，在工程设计标准不降低的前提下，在降低工程造价上，深挖潜力。

要求设计单位严格按照批复的初步设计方案进行招标设计、施工图设计，设计成果的深度要满足各阶段工程要求，并与初设批复进行工程量、投资对比分析，禁止设计单位随意变更。对部分工程内容采用限额设计的方式来控制投资。

山东干线公司组织相关职能处室、现场建管机构并邀请专家召开设计审查会，对设计单位提交的招标设计、施工图设计成果进行审查，在工程技术与经济方面严格把关，从而进行投资控制。

（2）工程招投标阶段采取的控制措施、程序和特点。

1）对工程进行合理划分标段，有利于工程建设管理，减少协调工作量，有效降低工程建设管理费。

2）采用招投标制，可以有效降低工程成本，并吸引国内施工经验丰富、技术力量强、信用度高的企业来参与工程建设，保证工程质量。

3）委托具有甲级资质的招标代理单位编制招标文件。编制科学合理的招标文件是本阶段投资控制最为直接的措施，在招标文件编制过程中尽量将风险量化、责任明确、科学合理控制投资。山东干线公司通过组织各职能部门的招标文件审查会，明确招标文件中的核心条款包括评标办法、合同类型选择、风险承包范围的确定、工程量计量、设计变更现场签证的计算方法、违约责任等，以上均与投资控制息息相关。

4）在招标过程中实行工程量清单招标，并采取限价措施，防止施工企业围标、串标，确保各标段中标价不超批复概算。

5）南水北调山东干线公司直接建设管理的设计单元工程项目主要有16个：韩庄运河段工程中的万年闸泵站、韩庄泵站、穿黄河工程中的南区工程；济南至引黄济青段工程中的济南市区段工程、东湖水库、双王城水库、明渠段、陈庄输水段工程；南四湖至东平湖段工程中的长沟泵站工程、邓楼泵站工程、梁济运河、柳长河；鲁北段工程的大屯水库、小运河、七一•六五河等工程；调度运行管理系统。

这16个设计单元工程国家批复建安部分相应清单部分投资总计81亿余元，招标合同额总计69亿余元，没有超出国家概算批复，处于总体可控状态。

（3）工程施工阶段采取的控制措施、程序和特点。施工阶段的投资控制，通过采用科学、合理的施工组织、加强投资管理、采用新工艺、新技术，严格控制设计变更、施工索赔等一系列措施。

1）在建设管理方面，严格按合同规定，及时提供设计图纸等技术资料，及时答复承包人提出的问题；按照工程进度计量工程款，并及时向承包方支付进度款；严格控制工程变更，按照规定程序确定变更工程价款；以合同为依据，处理各种可能的索赔。优化设计方案，慎重处理设计变更、设计修改，事前对技术、经济合理性进行分析，有效地控制工程投资；严格控制工程质量、进度，从而控制工程投资。

2）实行工程监理制，通过公开招标选择优秀的监理队伍开展工程监理工作，在工程建设中充分发挥监理单位在工程建设中投资控制的作用，尤其是在计量、计价、施工组织、施工方案、工程变更方案审查及变价审核等方面。

3）加强山东干线公司内部计量支付管理，由现场建管机构、计划合同部、财务部分级复核监理出具的计量支付资料，确保工程资金安全。

4）为确保工程计量支付准确、合规、公正、高效，加强投资控制能力，南水北调山东干线公司采用邀标的方式选定了四家专业造价咨询机构，其中三家专业造价咨询机构分设计单元对施工全过程跟踪审计，一家专业造价咨询机构对前三家机构的审计成果进行复审。

5）加强工程保险工作，控制工程投资风险。成立了山东省南水北调工程保险工作办公室，从穿黄河工程开始，通过公开招投标，选择专业的保险经纪公司和有实力的保险公司为工程保驾护航，转移工程风险，节省投资。

6）加强完工结算工作，把好投资控制最后一关。规范了编制完工结算的表格及要求，在完工结算审核过程中，对所有工程项目进行复核，修正进度付款中未发现的错误，确保工程资金安全。

2．工程投资的动态管理

（1）项目管理预算及价差报告的编制。项目管理预算及价差报告的编制原则上委托原工程设计的单位编制，也可以委托具备相应资质的设计、咨询单位编制。

项目管理预算在设计单元工程主体建筑工程招标完成 45 个工作日内编制完成。价差报告的编制时间为：工期不超过 30 个月的设计单元工程，原则上在主体工程完成后编制价差报告；工期超过 30 个月的，在工期过半和主体工程完工后分两次编制价差报告。

项目管理预算、价差报告编制完成后，经南水北调山东干线公司组织初审后报国务院南水北调办审批。

（2）对施工单位的价差调整管理。为切实维护建设工程发包、承包双方的合法权益，合理分担主要材料价格变动风险，促进工程建设，根据《南水北调工程投资静态控制和动态管理规定》（国调委发〔2008〕1 号）、《南水北调工程项目管理预算编制办法（暂行）》（国调办投计〔2008〕154 号）、《南水北调工程价差报告编制办法（暂行）》（国调办投计〔2008〕155 号），山东干线公司制定了山东省南水北调干线工程价差调整实施办法。价差调整实施范围包括由南水北调山东干线公司直管的各设计单元工程。

价差调整的内容包括人工费和钢筋、水泥、柴油、木材、砂、碎石、块石。人工费价差按照工程所在省（直辖市）居民价格消费价格指数计算，如价格指数小于 1.00 不进行调整；材料价差调整以投标时工程所在地级市建筑行业建设管理部门或其授权的工程造价管理机构发布的工程造价信息材料价格与工程投标时采用的材料价格之高值为基准价，实际施工期工程所在地级市建筑行业建设管理部门或其授权的工程造价管理机构发布的工程造价信息价格高于基准价调正差，反之调负差，按照施工单位完成工程量逐月计算价差。

价差调整原则上每半年调整一次，价差支付按照南水北调山东干线公司核准价差金额的80％支付，剩余价差资金待工程完工后统一结算。对 2011 年 6 月底以前所发生的价差单独予以调整。

施工期内，钢筋、水泥、柴油、木材、砂、碎石、块石按照工程所在地级市建筑行业建设管理部门或其授权的工程造价管理机构发布的工程造价信息价格进行调整，如所在地级市工程造价管理机构当期未发布材料价格信息的，或材料价格信息中未包括的材料，以发包、承包及监理三方参照当期市场价格协商确认的价格为准。

进行价差调整的月工程量必须是验收合格的单元工程量，以计量确认的工程量为准。

人工费、材料消耗量计取范围为投标文件中已编制单价分析表的清单项目和变更工程中已确定单价组成的项目，投标文件中未编制单价分析表的清单项目、施工措施项目及发包方集中采购的项目不参与调整。若投标文件的清单项目对应的单价分析表中消耗量异常时，参照相关定额消耗量进行调整。

钢筋、水泥、柴油、木材、砂、碎石、块石单位消耗量的计算原则：

1）钢筋、木材、块石单位消耗量为清单项目及变更项目对应的单价分析表中的单位工程量消耗量。

2）水泥、砂、碎石单位消耗量。①混凝土（砌石）清单项目：水泥、砂、碎石单位消耗量为混凝土（砌石）清单项目及变更项目对应的单价分析表中的混凝土（砂浆）单位工程量消耗量×经监理批准的实际混凝土配合比单位水泥（砂、碎石）用量。②水泥土、砂石垫层等项目：水泥、砂、碎石单位消耗量为清单项目及变更项目对应的单价分析表中的单位工程量消耗量。

3）柴油单位消耗量为单位工程量台时（台班）消耗量×每台时（台班）定额柴油用量。单位台时（台班）消耗量为土方工程项目对应的单价分析表中的单位工程量消耗量。每台时（台班）定额柴油用量为水利部水利工程施工机械台时费定额（山东省水利水电工程施工机械台班费定额）中土方施工机械对应的柴油用量。

价差调整报告由施工单位组织编制，监理单位、现场建管局审查，由南水北调山东干线公司组织造价咨询机构审核后批准执行。

（三）投资控制的主要经验

1. 实施建设项目全过程控制

全过程控制就是从工程准备阶段开始就进行投资控制，并将投资控制工作贯穿于山东南水北调工程建设项目实施的全过程。工程建设过程中，山东干线公司严格执行基本建设程序。及时完成了工程的项目建议书、可行性研究报告、工程初步设计、防洪评价报告、环境影响报告书、水土保持方案报告书等文件的编制和报批工作，配合国家发展改革委和水利部有关部门的审查、评估和评审；完成了工程质量监督申请；完成了工程项目的开工报告及施工许可等相关手续。并科学组织施工。结合工程建设管理实际，注重周密部署，科学组织，及时调整施工进度，确保年度各项施工计划按时落实完成。重视协调，及时召开施工生产调度会、协调会和专题会议，解决好参建各方的关系和工程施工中遇到的问题，为工程施工创造良好的工作氛围。加强现场管理，各级领导多次深入工地现场及时解决影响工程施工的问题。经过参建各方的共同努力，实现了又好又快地推进工程建设。

2. 严格落实招投标制，精心选择参建单位

山东干线公司严格按照《中华人民共和国招标投标法》及国务院南水北调办等有关规定开展招投标工作，所有工程项目均通过公开招标，打破地区行业界限，择优选择参建单位。招标过程实现全过程"阳光操作"，真正体现了"招标公开、竞标有序、评标科学、决标公正"。为确保招投标工作公开、公正的进行，山东干线公司严格执行国家和行业有关法律法规，采取委托招标代理的方式，让具有甲级工程招标代理资格和丰富水利水电工程招标代理经历的单位承

担代理事宜。招标工作中，①坚持招标程序的公开性，采购程序、招标投标信息、资格条件和审查标准及中标结果全部公开，南水北调东线山东段工程的招标信息则在要求的时间段全部在"中国采购与招标网""中国政府采购网"和"中国南水北调网站"上发布。②坚持过程公平。在招标中打破了行业垄断和地域封锁，所有有意投标的投标人都可以进行投标，并且地位一律平等，不允许对任何投标商进行歧视；有关工程招标信息对任何投标人都是公开的；投标人资格条件和审查标准以及投标书的评定办法和标准对任何投标人都是平等的，且评选中标商按事先公布的标准进行，任何潜在投标人都必须依靠自身实力公平参与竞争；实行封闭评标，专家按照有关规定从专家库中随机抽取并以个人身份参与评标，消除了外界因素对评标过程和评标结果的影响。③积极接受监督。邀请山东省公证处的公证人员对整个开标过程进行现场公证；邀请山东省纪委驻水利厅纪检组、山东省人民检察院、山东省水利厅、山东省南水北调建设管理局（简称"山东省南水北调建管局"）等有关纪检、行政监督部门现场监督进行开标、评标和定标，确保了招投标过程的公开、公平、公正。④就投标人虚假投标、串通投标等情况，采取了提高投标保证金的措施并严格资质审查和投标文件审查。⑤招标时设置最高限价，优化设计方案，严格控制设计变更，即使个别标段投资超概，但各设计单元工程投资总体严格控制在批复概算内。

3. 认真落实建设监理制，积极发挥监理单位的现场作用

工程实行建设监理制，经招标选定监理单位，依据监理合同按照"公正、独立、科学"的原则进行监理工作，是实现工程建设"工期、质量、安全、投资"控制的有力保障。通过选择资质高、信誉好的监理单位，充分调动其参与南水北调工程建设的积极性。工程建设过程中，监理单位按照"公正、独立、自主"的原则，开展工程建设监理工作，公平地维护项目法人和被监理单位的合法权益。在工程的投资控制、进度控制、质量控制方面，监理单位通过建立规章制度，落实法律法规和行业制度要求，针对工程建设过程中的人为因素、设备、材料及构配件因素、机具因素、资金因素、水文地质因素等，积极组织人力资源配备、技术咨询和现场服务，加强合同管理、技术管理和现场管理工作，确保工程建设的顺利进行。实践证明，严格落实建设监理制，发挥好监理单位的积极作用，对于投资控制有着不可替代的作用。

4. 严格落实合同管理制，积极维护参建各方的利益

严格实行合同管理制，在合同条款中明确各方的责权利，并认真履行合同。通过严格的合同管理达到了维护权益、预防风险、化解纠纷、提高效益的目的，并最终保证了工程各项建设目标的实现。同时，山东省南水北调工程在建设管理中，创造性地引入工程保险机制。保险险种主要有建筑安装工程一切险、第三者责任险、雇主责任险、施工单位人员团体意外伤害险、施工单位机械设备险，做到了全方位、全过程覆盖。通过公开招投标，选择专业的保险经济公司和有实力的保险公司为工程保驾护航，转移工程风险，节省投资，为工程建设解除了后顾之忧。山东省南水北调主体工程项目皆已完成了投保工作，累计投保额约70亿元，保费2200多万元，索赔出险款项730余万元，这些赔款已经全部及时拨付给受损单位，保护了施工单位的利益，提高了他们工作的积极性、能动性，受到各方面一致好评。

五、湖北建管局

汉江中下游四项治理工程是南水北调中线一期三大主体工程之一，包括兴隆水利枢纽、引

江济汉工程、部分闸站改造和局部航道整治四个单项工程（含五个设计单元工程），静态总投资1066664万元。工程具有投资规模大、路线长、涉及面广、金属结构、机电设备和建筑物多，以及建设管理模式多样化等特点。湖北省南水北调管理局（原为湖北省南水北调工程建设管理局）是南水北调中线一期汉江中下游四项治理工程的项目法人，是汉江中下游四项治理工程实行静态控制、动态管理的责任主体，完成好投资控制的工作任务十分艰巨。

（一）内部投资控制目标和思路

1．内部投资控制的目标

通过投资控制，确保每个设计单元工程按照批复的初步设计完成建设任务，实现投资省、效益大、最大程度发挥投资建设效益。

2．内部投资控制的思路

按照国务院南水北调办关于投资控制的要求，加强合同管理，按照合同约定进行计量支付和价格调整，严格控制变更；加强建设管理费的使用管理；加强招标结余资金和预备费的使用管理。

（二）投资控制的具体措施

1．加强设计管理

（1）实行限额设计。出台了《湖北省南水北调工程招标设计及施工图设计管理实施细则》，在满足国家批准的初步设计阶段确定的工程规模、功能、标准、工期的前提下，以初步设计概算静态投资为限额进行招标设计；以招标设计工程量为限量进行施工图设计。

（2）鼓励和提倡优化设计，优化设计应尽可能在招标设计阶段进行，如施工图设计阶段发生优化设计应考虑施工合同变更等因素并进行综合经济技术分析。

2．加强招投标管理

在审查招标设计文件、确定分标方案、选择招标代理机构、审查招标文件、组织开标评标活动、确定中标人、提交招投标总结报告等重要环节上，按照进度服从质量的原则严格把关。①认真抓好招标设计阶段的审查工作，将初步设计阶段遗留的问题在招标工作实施前基本解决；②按照有利于工程建设的原则，对分标方案进行比选，并组织对分标方案进行审查，科学确定分标方案，同时严格履行分标方案核准制度，积极与国务院南水北调办沟通和衔接分标方案，严格按核准的分标方案开展招标工作；③规范了各招标代理机构的工作，形成了招标文件、评标办法审查机制，初步建立起科学、高效的评标体系。有效整合南水北调招标工作和省公共资源交易中心工作资源，充分利用省公共资源交易市场，所有招标项目进入省公共资源交易中心交易平台。

3．优化施工组织

在建设过程中积极通过技术创新解决关键技术难题，提高施工效率和工程质量，节省了工程建设成本。兴隆水利枢纽建设过程中，将汉江断航从3.5个月优化至20天，大大节约了工期和投资。引江济汉工程膨胀土处理时，通过生产性试验，采用集中路拌法，弥补了厂拌法前期投入大、单价高、不能全面施工的缺点，节省了工期和投资。

4．严格控制合同变更

承包人提出的变更申请，由监理单位进行审核后，交现场建设管理单位合同管理部门初步审核，最终提交湖北省南水北调管理局进行审查。湖北省南水北调管理局及项目建设管理单位分别建立变更管理台账，实时掌握合同投资变化情况。

（三）投资控制程序和特点

1. 工程价款结算支付工作

工程价款结算单经监理单位审查、现场建管单位初审及湖北省南水北调管理局审批后，方可支付工程款。按工程进程结算合同内部分的工程款，合同外部分按变更批复的单价进行结算。为使工程顺利进行，变更金额较大且未完善变更手续的依实际情况暂支付部分工程价款，待变更手续完善后支付余款。

2. 变更控制工作

（1）设计变更方面。一般设计变更由建管单位组织设计单位编制设计变更报告，进行初审后报湖北省南水北调管理局审批；闸站改造工程由建管单位组织设计单位编制设计变更报告并负责审批，并向湖北省南水北调管理局进行事前备案。重大设计变更由建管单位组织设计单位编制设计变更报告并提出意见报湖北省南水北调管理局，湖北省南水北调管理局组织初审后报国务院南水北调办审批。非设计单位提出的变更由建管、设计、监理、施工四方组织联席会议，确定变更方案和意见，明确变更建议；由设计单位根据会议精神编制设计变更报告进入变更程序。对于涉及施工安全、度汛安全等特殊情况，经建管、设计、监理、施工会商后即时组织实施，事后完善相关手续。新增、取消或增减工程量项目投资变化超过10万元的必须编制设计变更报告，根据实际情况可分批打包编制设计变更报告进行集中处理；投资变化10万元以内的变更由建管、设计、监理、施工四方确认，代替设计变更报告，进入合同变更程序。

（2）合同变更方面。合同变更是在设计变更程序到位的基础上进行，原则上设计变更程序未到位的项目施工单位可以拒绝实施，已经实施的变更项目也必须完善设计变更手续。施工单位按照合同约定编制合同变更申请，包括变更由来、工程量及投资变化等主要内容，报监理审批。监理单位必须对施工单位的合同变更申请提出具体审查意见和处理意见后报建管单位审查。或建管、监理会同对施工单位的合同变更申请进行审查并提出具体审查意见和处理意见。合同变更可以根据实际情况分批进行打包集中处理，湖北省南水北调管理局对建管单位报送的合同变更请示组织审查审批。闸站改造工程由建管单位负责对合同变更进行审查审批，并报湖北省南水北调管理局事前备案。

3. 价格调整工作

工程标段价差调整的范围（各种材料及人工）按照国家有关规定和工程标段合同约定等执行。进行工程标段价差调整的工程量必须是验收合格的单元工程量，以计量确认的工程量为准。工程标段需要调整价差的，由施工单位定期编制工程标段价差调整报告，经监理单位审查、各项目建设单位核查，报湖北省南水北调管理局核准。湖北省南水北调管理局按照核准价差分批按一定比例支付给施工单位，剩余部分待工程标段完工后统一结算。双方签订补充协议。

4. 完工结算工作

要求施工单位在大部分变更项目已处理的前提下按照完工结算报告书要求，梳理合同履行情况，将完工结算初稿报监理单位审查，现场建设管理单位对监理单位审查情况进行复核后提交湖北省南水北调管理局进行完工结算审查。

同时，引进第三方造价咨询。在具体造价咨询服务工作过程中，第三方造价咨询单位对合同实施项目的工程量及相应单价进行核查，对变更项目的立项依据进行审核，结合工程实际公平公正依法依规纠正工程管理方面、工程变更结算方面存在的漏洞，确保提交完工结算报告的合法、合规性。

（四）投资控制的主要成效

1. 建立并完善了投资控制体系

（1）加强了制度建设。为规范工程合同管理，按照国家有关法律、法规以及国务院南水北调办、湖北省人民政府关于南水北调工程建设管理有关规定，湖北省南水北调管理局从 2008 年以来，先后制定下达《湖北省南水北调工程合同管理实施细则》《湖北省南水北调工程设计管理细则》《湖北省南水北调工程建设监理管理实施细则》等规章制度。在工程实施过程中，结合工程实际情况，湖北省南水北调管理局陆续印发了《湖北省南水北调工程建设管理局工程价款结算支付办法》《湖北省南水北调工程合同管理办法（试行）》《关于进一步做好设计变更管理工作的通知》《兴隆水利枢纽和引江济汉工程强化措施费使用办法》和《关于进一步明确工程变更处理程序的通知》，以明确的制度规范合同管理行为，严格按制度、按流程办事。

（2）完善了机构建设。湖北省南水北调管理局聘请了技术顾问、法律顾问，为工程建设中有关的技术和法律问题提供专业咨询。湖北省南水北调管理局成立了完工结算领导小组及办事机构，督促、指导结算工作进行；建立了完工结算审查及造价咨询机构备选库，委托造价咨询单位进行标段工程完工结算的编制与审核。

2. 投资控制现状

（1）五个设计单元工程，包括：兴隆水利枢纽工程、引江济汉主体工程、引江济汉自动化调度运行管理系统、部分闸站改造工程和局部航道整治工程，批复概算总投资为 1066664 万元（静态投资），五个设计单元工程均已完工，每个设计单元工程都按照批复的初步设计完成了建设任务。

（2）兴隆水利枢纽工程、引江济汉主体工程、部分闸站改造工程批复的价差共计 70326 万元（动态投资），目前支付施工方的价差控制在此范围内。

（五）投资控制的主要经验

1. 高质量的项目管理预算是控制好投资的前提

项目管理预算是"静态控制、动态管理"体系的核心，编制项目管理预算是工程建设实施阶段造价管理工作的重要组成部分。国务院南水北调工程建设委员会办公室先后出台了《南水北调工程投资静态控制和动态管理规定》和《南水北调工程项目管理预算编制办法》。湖北省南水北调管理局委托具有相应资质的单位，在国家批准的初步设计概算基础上，按照"总量控制、合理调整"的原则，根据工程分标方案、招标文件，结合工程建设管理体制和实际情况编制项目管理预算，将项目划分为业主管理项目、建设单位管理项目、招标工程项目、其他项目4 部分，尽可能与招标内容和工程实际情况相一致，使得项目管理预算比概算更接近实际，更具有可操作性，将各分项投资控制在批准的项目管理预算范围内，从而为最终有效控制工程总投资奠定了基础。

2. 以设计阶段为重点进行全过程造价控制

建设工程全过程控制，是工程造价管理的主要形式，贯穿于决策、设计、施工和竣工验收及后评价阶段，要科学周密而有计划地分阶段设置投资限额控制目标。工程设计是影响和控制造价的关键环节和重要阶段，拟建工程在建设过程中能否节约投资，工程建成后能否获得较好的经济效果，很大程度上取决于设计质量的优劣。湖北省南水北调管理局将造价控制的工作重点放在设计阶段，特别是施工图设计阶段，严格控制设计变更，通过技术经济比较进行设计优化；实施过程中严禁随意变更设计。对部分工程内容采用了限额设计的方式来控制投资。制定了逐级审查制度，通过聘请顾问专家，并组织相关职能处室、项目建设管理单位召开设计审查会，控制工程预算。如兴隆水利枢纽围堰防渗墙，组织召开了围堰防渗墙嵌岩深度咨询会，修改了防渗墙进入岩石的嵌岩深度，节省了工程投资。

3. 加强招投标管理是控制投资的有效保证

（1）合理划分标段，有利于工程建设管理、减少协调工作量，有效降低工程建设管理费。

（2）实行工程量清单招标，通过合理低价中标方式，有效降低工程成本。

（3）委托具有甲级资质的招标代理单位编制招标文件。招标文件作为招投标过程乃至工程项目实施全过程的纲领性文件，是整个工程项目造价控制的关键，招标文件的主要条款，例如材料供应的方式、计价原则、付款方式等都是造价控制的直接因素，因此招标文件的编制直接影响项目投资的控制。

（4）严格审查招标文件。湖北省南水北调管理局成立了招标委员会，并按照制定的工作规则和程序，组织进行招标设计、招标文件、标段施工范围划分、工程内容和投资等的审查，制定合理的评标方法和标准。

（5）采用无标底和最高限价方式，有效防范围标、串标行为。在部分设备招标中采用无标底、无限价方式，在工程项目等招标中采用最高限价方式，既能有效控制投资，又能有效防范围标、串标行为。同时报价得分引入了随机抽取的下降比例，评标标底与各投标人有效报价相关联，有效防止招标人标底泄露的风险。

4. 严格合同管理是控制投资的主要手段

（1）提高合同文件的编制质量，使其规范化、法律化，加强专用条款的细节描述和制定，特别对于合同价格调整方法、风险的分摊方式、索赔处理及变更范围要合理并详细说明，做到费用增减可控制、动态管理有依据。

（2）制定变更逐级审查制度，通过聘请顾问、专家，并组织相关职能处室、项目建设管理单位召开变更审查会，依法依规审查变更，有效控制工程预算投资。

5. 灵活的建管体制是控制投资的重要支撑

（1）发挥地方政府的主导作用。湖北省南水北调管理局与地方政府签订包干协议，由地方政府组织完成征地移民任务，征地移民资金包干使用。

（2）因地制宜采用建管模式。湖北省南水北调管理局根据工程规模和建筑物重要性，结合地方水利工程管理，分为直管和委托管理两种建设管理模式；同时考虑到各设计单位的工程特点，确定现场建设管理机构。兴隆水利枢纽由湖北省南水北调管理直管；引江济汉工程跨越荆州、沙洋和潜江三个县（市、区），为保证工程进度和质量，考虑到枢纽建筑物比渠道技术复杂、施工难度大，设立了引江济汉工程管理局、荆州段建设管理办公室、沙洋段建设管理办公室和潜江段建设管理办公室四个现场建设管理机构。引江济汉工程管理局负责沿线枢纽建筑物工程建设管理，以及工程全线所有机电设备及金属结构设备采购项目的质量控制、进度管理和合同价款结算等管理工作；荆州段、沙洋段和潜江段三个建设管理办公室则负责相应行政辖区内的渠道和倒虹吸工程建设管理。部分闸站改造工程由地方政府组建现场建设管理机构。局部航道整治工程委托省交通厅港航局进行建设，实行概算包干。

六、安徽项目办

南水北调安徽省境内工程是为了解决南水北调东线一期工程抬高洪泽湖蓄水位后，加重安徽省蚌埠以下淮河沿岸及濠潼河水系 975.4km² 低洼地的洪涝灾害，而安排的影响处理工程，涉及安徽省蚌埠市五河县、宿州市泗县、滁州市凤阳县和明光市（县级）3 市 4 县。建设内容主要包括：新建、拆除重建及技改 52 座排涝（灌）站，总装机容量 29963.00kW；疏浚开挖排涝河沟 16 条，总长 80.95km。批复工程为一个设计单元，概算总投资 37493 万元，资金来源为国家重大水利工程建设基金，全部为中央投资，实行包干管理。截至 2015 年 7 月，投资已经全部到位。项目于 2010 年 11 月开工建设。2015 年 10 月，主体工程全部完工。

经过安徽省水利厅报安徽省政府同意和国务院南水北调办批准，安徽省境内工程的建设管理模式是，安徽省南水北调东线一期洪泽湖抬高蓄水位影响处理工程建设管理办公室（简称"安徽省南水北调项目办"）为项目总法人，负责南水北调影响处理工程建设管理的组织、协调、指导、监督。安徽省水利水电基本建设管理局、滁州市治淮重点工程建设管理局、蚌埠市治淮重点工程建设管理局、宿州市南水北调工程东线洪泽湖抬高蓄水位影响处理工程建设管理处等四家单位为具体项目法人，负责所辖项目的建设管理。

（一）内部投资控制目标和思路

安徽省南水北调东线一期洪泽湖抬高蓄水位影响处理工程为一个设计单元，国务院南水北调办对安徽省工程实行投资包干管理。2010 年 8 月，国务院南水北调工程建设委员会下发《南水北调东线一期长江至骆马湖段其他工程洪泽湖抬高蓄水位影响处理工程（安徽省境内）初步设计的批复》（国调办设计〔2010〕155 号）对项目予以批复，核定概算总投资 37493 万元。

安徽省南水北调东线一期洪泽湖抬高蓄水位影响处理工程投资控制的目标是，在国务院南水北调办批复的在概算总投资额内完成全部概算内容的建设，实际投资额不得突破概算总投资。

安徽省项目内部投资控制的思路：通过严格执行项目法人责任制、工程招投标制、工程监理制和合同管理制、征地移民投资包干管理制，确保工程投资和各类支出严格控制在概算投资额度内。

（二）投资控制的具体措施

1. 严格执行招投标制

对涉及工程建设的施工、监理、货物、咨询服务项目采购严格按照公开招投标的方式确定中标单位和中标价格。由于公开招标采购，投标者竞争报价，招标价格平均比概算价节约了

10％以上投资。

2. 合同控制

严格执行合同，对工程建设中所有经济事项严格实行招投标制并全部纳入合同管理。严格控制合同变更和价格变动，所以变更事项必须履行审批程序。一般变更经过项目法人集体审批，较大变更和重要变更需报经国务院南水北调办审批。严格执行合同价格，禁止随意调整中标价格和合同价格。工程实施以来，安徽省项目未发生一起随意变更合同价格的行为。

3. 概算控制

对已经批复的工程，资金拨付严格按照概算分解下达的明细计划执行，资金使用以概算投资为上限，不得突破。使用预备费的项目，需履行报批程序。

4. 包干控制

对征地拆迁补偿实施及资金使用实行政府包干制。按照批复的投资额与当地县区人民政府签订投资包干协议，项目法人按照包干协议拨付资金，地方政府负责实施。对于征地拆迁超过概算批准的项目所需资金由当地政府负责解决。

5. 账户余额控制

按照国务院南水北调办要求，规范资金的申请与使用，最大限度地降低账户余额，减少货币资金占用，提高资金使用效率，降低融资成本。安徽省要求各市项目法人合理申请、拨付、使用资金，打破常规善于利用一切可使用的资金和合理负债（包括使用收取承包商的履约保证金、扣留的质量保证金等），降低存款余额，减少资金占用。

6. 资金使用控制

建章立制，严格控制建管费支出。各项目法人与省项目办严格按照批复的比例使用建管费，不得超支；严格按照使用范围使用建管费，严格区分行政事业与项目费用界限，不得相互挤占；降低人员费用，在安徽省水利厅系统内正式借用人员工资仍由原单位列支，临时借用的驾驶员等勤杂人员外，不得支出其他人员工资；严格控制车辆、办公用品的购置，自用的固定资产购置后要按照制度要求计提折旧，不得一次性计入成本；现场管理机构施工津贴、加班费、伙食费实行严格的考勤制度，不得超范围、超标准发放补助津贴；省项目办已经使用的建管费按照完成的投资额进行合理分摊。

通过对投资控制的管理，最大限度地把各单项工程、征地拆迁补偿、建管费等独立费用投资严格控制在概算以内，最大程度的发挥资金使用效率，取得明显成效。初设概算批复的建设内容支出总额控制在总概算之内，且存在 10％左右的结余。

（三）投资控制程序和特点

安徽省南水北调工程加强投资控制程序。①严格执行概算管理依据，及时编制项目初步设计概算并报国务院南水北调办审批。省项目办在下达年度投资计划时，严格执行设计概算。②严格执行招标采购程序。公开发布公告，公开市场准入，公开招标采购结果，接受社会监督。通过公开招标采购程序，工程投资节约了大量资金。③严格执行内部控制程序。在价款结算、独立费用使用过程中，严格执行内部审批程序，严格执行合同价格和费用标准，每件经济业务都实行至少两个部门审核，项目办负责人再审批。少于 2 万元的支出有省项目办分管副主任审批，超过 2 万元的资金支出，需要集体审议，主任审批。这些内部控制程序强化了内部投资控制，也有效预防腐败行为。

（四）投资控制的主要成效

初设概算批复的建设内容投资总额被严格控制在总概算之内，并形成 10% 左右的结余。对于剩余资金，安徽省将按照国务院南水北调办关于包干使用的规定，在报经国务院南水北调办同意的基础上，增加实施一些完善工程。

（五）投资控制的主要经验

通过总结安徽省项目投资控制管理所取得的成绩和存在的不足，安徽省投资控制的主要经验：①严格执行项目初设概算和管理预算是进行投资有效控制的基础。随意变更和突破概算是无法进行有效投资控制的主要原因，具体表现在实施过程中的擅自扩大建设规模、变更设计内容，增加工程量等。②严格控制设计变更。设计变更的随意变化，往往是投资难以控制的主要原因。所以安徽省项目建设管理过程中，设计变更的控制十分严格，尤其是对增加工程量和投资的变更一律需经过三级审核。一级是现场管理机构、监理单位和设计单位的初步审核。对变更的原因、必要性、投资的影响等方面需进行详细的说明和论证。二级是项目法人和省项目办的复核。复核的重点是变更的内容和原初步设计的一致性、投资来源的可靠性、与本项目的相关性等。三级是报送国务院南水北调办建管部门审批。③加强价款结算审核是关键。主要包括所有的价款结算必须尊重既定的审核、审批程序，不得突破公开招标确定的合同价格，不得擅自突破召开招标的工程量清单总量，完工价款结算必行经过造价审核等。④严格控制独立费用。严格控制建设管理费各项支出，特别是业务招待费、人员工资福利费和会议费支出。⑤加强资金绩效管理。发挥存量资金的效益，降低银行账户余额。经过与开户行的协商，在不影响资金使用的情况下，对银行账户的活期存款利率，采用较高的商业银行对公存款利率。⑥对征地移民资金严格执行包干使用协议。对征地移民支出，以协议确定的投资为上限，执行概算确定的标准和范围，对超标准和超范围发生的征地移民费用一律由包干单位自行解决，严格控制征地移民支出在概算范围以内。

七、淮委建管局

（一）内部投资控制目标和思路

1. 投资控制目标

工程实施前，依据《南水北调工程投资静态控制和动态管理规定》，在充分分析初步设计概算、调剂空间及工程变更可能性的基础上，确定中线陶岔渠首枢纽工程投资控制目标为：在保证工程建设质量、进度、安全的前提下，静态投资不突破批复的初步设计概算投资；最终静态投资和动态投资合计不突破批复的工程总投资。

2. 投资控制思路

按照事前控制、事中控制、事后控制三阶段控制原理，拟定的投资控制思路如图 4-5-2 所示。

实施准备阶段，根据工程项目划分、标段划分、合同界定成果及独立工作（如设计、监理等）界定成果对概算进行分解，得到各合同、各标段、各独立工作的分解概算，并在充分分析工程复杂程度、工期、施工条件、环境、设计深度等影响因素与投资控制水平的基础上，预测各合同、各标段、各独立工作的初期预期投资，从而将投资控制总目标分解，得到投资控制分目标，形成概算执行情况动态分析表，初步掌握工程可能的投资调剂空间，作为开展投资控制工作的基础。

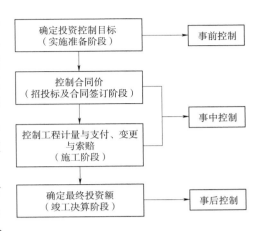

图 4-5-2 陶岔渠首枢纽工程
投资控制思路图

招投标及合同签订阶段，通过公开招标选择报价合理、资信良好、业绩丰富的承包人，合利分摊风险，并利用评标标底控制中标价水平。合同签订后，将分目标的合同价列入概算执行情况动态分析表，与对应分解概算比较分析分目标投资的可调余量，并根据当时条件和合同期内变更索赔的可能，对合同进行预测性的履约分析，预测合同最终投资额，替换概算执行情况动态分析表中对应的初期预期投资。招投标及主要合同签订完成后，分析工程总体投资可调剂空间，为施工阶段主动控制投资做好准备。

施工阶段，严格控制工程预付款支付、工程量计量与工程进度款中间支付，把好工程变更、索赔及价差调整审核关。及时收集分析施工过程中影响投资控制的风险因素，并预测可能引起的投资增减情况，更新概算执行情况动态分析表中分目标预计最终投资额，主动采取有效预防措施控制投资增加额，挖掘节约投资的可能性。当预测最终投资额将超总体目标时，积极寻求解决投资缺口的途径。

竣工决算阶段，依据竣工图、设计变更资料和现场签证等对竣工工程量进行核算，核定各分目标最终投资额，合理预留未完工程及费用，编制竣工决算，完成最终投资控制分析报告。

（二）投资控制的具体措施

1. 组织措施

淮河水利委员会治淮工程建设管理局（简称"淮委建设局"）对承建的南水北调工程建设项目投资控制负领导责任，对投资进行宏观管理，处理投资控制重大事项。按照《淮河水利委员会治淮工程建设管理局建设管理手册》，组建并授权现场建设管理机构具体负责投资控制工作。

淮委建设局投资控制主要职责包括：①组织编报项目年度投资计划，落实年度建设资金；②负责工程招标工作；③根据建设局工程价款结算办法，复核工程价款结算，办理资金支付手续；④根据建设局合同变更、索赔管理规定，审核、确定变更及索赔；⑤审核上报重大设计变更及动用预备费报告；⑥组织编制竣工决算；⑦督促检查现场建设管理机构的投资控制情况。业务由建设局项目管理处、计划财务处设有专人办理。

现场建设管理机构是投资控制的责任主体，主要职责包括：①组织编报项目管理预算；②组织编制招标文件和评标标底，详细审核工程量清单及与工程价款结算有关的商务条款和技术条款；③编报年度建设计划和合同项目付款计划；④组织已完工程计量签证，审核、办理工程价款结算；⑤根据授权，审核、上报设计变更、合同变更及索赔项目费用；⑥编报动用预备费报告；⑦协助建设局申请、落实建设资金，编制竣工决算；⑧督促检查移民拆迁资金的使用。业务由现场建设管理机构下设的合同管理部牵头办理，工程技术部、综合部配合。设有投资控制岗位人员 1 名，具备水利工程造价工程师资格。

另外，监理单位是施工阶段投资控制的主体，在监理合同中要求监理单位必须配备具备水利工程或相近专业造价工程师资格的专职工程造价管理人员，根据授权控制工程投资。

2. 制度措施

为做好投资控制工作，在淮委建设局、现场建设管理机构两个层面上制定了一系列管理办法、规章制度。淮委建设局根据南水北调工程投资控制需要，对《淮河水利委员会治淮工程建设管理局建设管理手册》中工程价款结算管理、合同变更与索赔管理、投资控制管理等进行了修订，并补充了南水北调工程设计变更管理及施工图审查管理。现场建设管理机构层面制订了投资控制岗位职责、合同管理办法、工程价款结算管理办法、设计变更管理办法、施工图审查办法等。

3. 合同措施

保证合同签订质量是施工阶段能否有效控制投资的关键。在招投标及合同签订阶段严格执行现行的标准招标文件、合同范本编制招标文件和合同书，合理约定专用合同条款中的计量与支付、价格调整、变更、违约与索赔等条款。工程量清单、技术条款、招标图纸的编制质量问题是合同履行过程中变更及索赔易多发的主要根源，必须从严把关，力求描述清楚、减少漏洞，做到相互之间衔接与对应。组织有经验的技术、经济方面专家审查招标文件，严格履行合同会签制度，尽量降低合同签订带来的投资控制风险。

合同签订后，现场管理机构合同管理部组织工程技术部、监理单位及有关其他单位进行合同交底。以便管理人员对合同进行全面的了解，领会和掌握合同文件细节，把握合同条款的不利因素和有利因素，尤其是合同中的潜在风险，做好预测分析，对合同中工期、质量、造价三要素的控制要求及相应违约责任做到心中有数。合同管理部建立合同台账、并根据分析预测情况建立变更与索赔台账。

合同履行过程中，严格按合同约定的计量、计价规则、程序、结算办法进行工程量计量及进度款结算，重点控制工程量增加项目。时时掌握合同执行动向，认真分析投资控制风险因素，及时采取防范措施和对策，减少因管理不善违约造成的损失，做好合同修改补充工作。发生合同变更、索赔、纠纷等合同执行问题，以保证工程顺利实施为出发点，做好记录，调查取证，查清原因，严格立项，按照合同约定的处理程序、计价方法，客观、公正地处理。在处理索赔谈判过程中，恰当利用反索赔反击承包方不合理索赔要求，降低损失。

4. 技术措施

（1）重视施工图纸交底工作。找出施工图设计较招标设计变化较大之处，分析对投资的影响，重点审查复核设计方案、工程数量变化以及对施工方案的影响，挖掘节约投资的可能性，力争使施工图设计更加优化、合理，以达到节省投资的目的。尽量避免不必要的设计变更、设计失误造成的投资浪费。加强设计变更管理，严格履行设计变更报批程序。严控设计变更增加投资。

（2）重视审查施工组织设计、施工方案的经济性。施工组织设计、施工方案直接影响工程造价，承包人为了保证进度和质量往往不计成本放大拟投入资源或采用不经济的施工方法，甚至为了事后索赔埋下伏笔。对于原合同项目，与投标方案比较分析施工阶段上报的方案经济是否合理，除非承包人原因造成的施工方法改变外，承包人强化保证措施投入应由其自行承担；对于新增项目，审定合理的施工方法后，根据合同的约定计价方法确定费用。及时回复审批意见，防止造成停工、窝工损失。

（3）采取优化设计，降低造价，节约投资。

5. 经济措施

严格已完工程验收和计量签证，避免不合格工程计量、重复计量、超前支付、超量支付。及时支付工程预付款、已完工程价款，防止因拖欠工程进度款引起索赔。对承包人资金使用进行审查和监控，防止工程款挪作他用，并主动帮助承包人解决资金周转困难，保证承包人在保证施工进度和质量上资源投入充足，尽量避免因工期拖延、质量问题引起经济纠纷。

实施奖惩制度，激励参建单位人员参与投资控制的积极性。对参与或提出节约投资 50 万元以上的优化设计或合理化建议的参建单位有关人员进行奖励。勘测设计达不到规定深度或质量原因造成投资增加的，按照勘测设计合同约定对勘测设计单位进行处罚；监理单位监管不力造成投资增加的，按监理合同约定处罚。稽查、审计等检查中对投资控制评价较好的，或顺利通过竣工决算审计的，给予相关人员适当奖励；评价不好的，或竣工决算审计发现重大问题的，根据情况对相关责任人予以处罚。并就最终投资节余或超支情况，研究制定现场建设管理机构人员奖罚办法。

（三）投资控制程序和特点

1. 投资控制程序

淮委建设局受国务院南水北调办、水利部委托承担陶岔渠首枢纽工程建设管理工作，成立了淮委南水北调中线一期陶岔渠首枢纽工程建设管理局（简称"陶岔建管局"）作为现场建设管理机构具体负责现场建设管理工作。按照内部管理制度结合拟定的投资控制思路，按图 4-5-3 所示投资控制程序开展陶岔渠首枢纽工程投资控制工作。

2. 投资控制特点

（1）建设管理模式特殊。淮委建设局是国务院南水北调办、水利部直接委托的陶岔渠首枢纽工程建设管理单位，不是项目法人，但做着项目法人的事。建设管理工作由受国务院南水北调办直接领导，与南水北调工程委托项目、代建项目比较，投资控制层次少，易沟通、效率高。

（2）实施过程中工程变更多。陶岔渠首枢纽工程概算投资本就偏紧，受初步设计深度不足、引水灌溉、丹江口水库持续高水位、陶岔电灌站复建同步施工等影响发生了很多工程变更，增加投资较大，投资控制难度大。

（四）投资控制的主要成效

陶岔渠首枢纽工程批复概算总投资 85717 万元，静态总投资 81590 万元（包括建安投资 43849 万元、独立费用 10732 万元、基本预备费 3275 万元、征地环境投资 23165 万元），建设期贷款利息 4127 万元。通过招标，建安投资节余 5808 万元，占建安概算投资 13.25%，占静

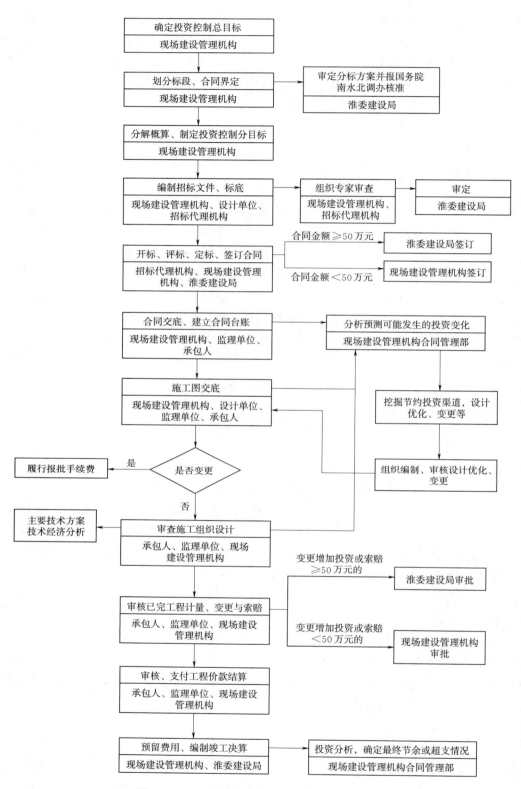

图4-5-3 陶岔渠首枢纽工程投资控制流程图

态总投资 6.78%。招标后可调剂投资空间共 9083 万元，占静态总投资 10.6%。

陶岔渠首枢纽工程批复项目管理预算总投资 81590 万元，其中：建安投资 48990 万元（含预留费用 1740 万元、基本预备费 3275 万元）、独立费用 9435 万元、征地环境投资 23165 万元。

截至 2017 年 9 月底，除电站试运行工作未完成外，陶岔渠首枢纽工程已按批复的初步设计内容全部建成。工程变更与索赔已处理完毕，共处理变更 135 项，增加投资 5757 万元，处理索赔（反索赔）13 项，节省投资 361 万元，正在准备编制完工决算。实际支出与项目管理预算比较，预计建安投资节余约 500 万元，静态总投资不突破，实现了既定的投资控制目标。

（五）投资控制的主要经验

1. 围绕工程建设质量、进度、安全开展投资控制工作

南水北调工程建设进度、质量、安全要求之高前所未有，不能为节省投资而影响了这三个方面目标的实现。要秉承"好钢一定要用在刀刃上"和"花最少的钱，办最多的事"的投资控制理念，始终围绕工程建设质量、进度、安全开展投资控制工作。陶岔渠首枢纽工程建设高峰期，淮委建设局在不违法违约的情况下，主动帮助施工单位解决资金周转困难，有力地促进了工程施工进度，保证了工程施工质量，同时也避免了可能的工期拖延等索赔。

2. 树立超前意识，动态把握投资控制形势

根据招投标情况、合同签订情况、已发生工程变更与索赔情况以及预计可能增加投资情况，合同管理部门逐步对陶岔渠首枢纽工程概算执行情况进行分析，时刻把握投资控制形势和投资控制重点、难点。在日常投资管理工作中，及时将工程实施变化情况和风险因素对投资控制的影响反映在概算执行情况分析中，使投资始终处于可控状态。

3. 加强合同管理与工程技术管理相结合控制投资

合理的施工组织设计是控制工程造价的前提，要重视组织施工组织设计审查，综合考虑技术上先进、工艺上合理、组织上精干的施工方案，力求降低工程造价。合同管理与工程技术管理部门要相互配合，做好工程施工记录，保存各种文件图纸，特别是注有实际施工变更情况的图纸。注意积累原始资料，为正确处理可能发生的变更索赔提供依据，共同完成变更索赔处理事宜。

4. 找准投资控制重点，争取优化设计方案

帷幕灌浆是陶岔渠首枢纽工程投资控制的关键点。由于地质条件复杂，实际帷幕灌浆单耗量远大于初设标准，根据试验结果，可能增加投资约 2400 万元，根本无法在原批复概算内解决。为有效控制帷幕灌浆投资，积极采取事前控制，把帷幕灌浆作为重大技术问题，组织召开专家咨询会，专家组认为可以对帷幕灌浆长度和参数进行优化。根据优化设计和设计变更实施，实际完成的帷幕灌浆投资不仅未增加，反而节省投资 1334 万元，大大减轻了投资控制压力。

5. 严格控制工程变更和索赔

建立变更和索赔管理台账，针对施工条件和环境的变化，及时收集可能引起工程变更和索赔的因素，并罗列可能发生的工程变更项目，与设计、监理、施工单位充分沟通协商，充分分

析可能增加的投资，做到心中有数。严格履行变更和索赔报批程序，谨慎审核变更价款，包括工程计量及变更单价，避免施工方采取多报、虚报来增加工程投资。

6. 做好银行贷款资金管理

尽量减少贷款利息，根据工程建设实际情况，按季分月编制用款计划，申请贷款，降低资金存量；及时办理结算，加快支付效率，既满足了工程建设用款的需要，又提高了资金使用效益。

第五章　南水北调工程资金使用和管理

本章主要介绍南水北调工程资金使用和管理的基础性制度、财政资金预算制度、财政资金国库集中支付制度、合同价款银行结算制度、专户储存和专户管理制度、资金流向监管制度等；系统介绍财政性资金预算编制报送审批程序、预算收入和支出编制的过程及结果、预算的执行；全面介绍包括财政性资金拨付管理的程序和财政性资金拨付的申请、审核、拨付等环节的规范；系统介绍工程价款支付的程序及其要求、工程价款的申请、工程价款的审核、工程价款的支付等；重点介绍征地移民机构的资金拨付、补偿资金的兑付、集体资金的使用、征地移民项目资金的支付等；总结了南水北调工程资金使用和管理的主要经验。

第一节　资金使用和管理制度

为了规范南水北调工程资金的使用和管理行为，依据相关法律法规、规章制度的规定，根据南水北调工程建设管理体制的要求，在充分考虑南水北调工程资金运行特点的基础上，南水北调系统各单位建立和完善了一系列的规范南水北调工程资金使用和管理的制度。

一、南水北调工程资金使用和管理的基础性制度

南水北调工程资金使用和管理的基础性制度，主要包括国务院南水北调工程建设委员会印发的《南水北调工程建设管理的若干意见》和国务院南水北调办研究制定的《南水北调工程建设资金管理办法》和《南水北调工程建设征地补偿和移民安置资金管理办法（试行）》。这三项规章制度，对南水北调工程资金使用和管理作了原则性规定和要求，为南水北调系统各单位研究制定资金使用和管理各环节的具体制度提供了依据。

（一）南水北调工程使用和管理的总体规范

为规范南水北调工程的建设管理，确保工程质量、安全、进度和投资效益，2004 年 9 月，经国务院领导同意，国务院南水北调工程建设委员会发布了《南水北调工程建设管理的若干意见》，这是南水北调工程建设管理制度的总纲，该意见明确了资金使用和管理的总体性要求，

具体内容包括四个方面：

（1）严格执行基本建设支出预算。项目法人应根据年度建设计划编报建设项目预算，并按照财政部批准的年度基本建设支出预算，管理和使用南水北调工程资金。预算经过批准后应严格执行，严禁擅自调整预算。需要调整预算的，必须按规定的程序进行调整。

（2）专账核算，专款专用。南水北调工程资金应在国家统一规定的银行账户专账核算，专款专用，严禁挤占和挪用南水北调工程资金。

（3）财政资金国库集中支付。南水北调工程建设资金中财政拨款部分，应按照财政国库管理制度改革方案的总体要求逐步实现规范化管理，原则上应直接支付到商品和劳务的供应者。具体实施操作程序，由财政部会同国务院南水北调办按国库集中支付相关管理办法另行制定。

（4）授权制定资金管理制度。南水北调主体工程的资金管理的具体办法由国务院南水北调办会同有关部门制定。

（二）南水北调工程建设资金管理的综合性制度

为规范南水北调工程资金管理，切实管好、用好工程资金，提高投资效益，依据相关法律法规和规章制度，结合南水北调工程建设管理的实际，2008 年 9 月，国务院南水北调办研究制定了《南水北调工程建设资金管理办法》，该办法贯穿了南水北调工程资金实行全过程管理的思路，明确资金管理的目标、基本原则和基本要求，规范了资金筹集、投资控制、财政资金预算、经济合同、资金支付或兑付、财务会计、财务决算等方面的行为。该办法是南水北调工程资金管理综合性制度，涉及南水北调工程资金运行的各个领域和环节。该办法涉及资金使用和管理的内容包括以下三个方面。

（1）南水北调工程建设资金使用和管理实行项目法人负责制。南水北调工程项目法人是南水北调工程资金的实际使用和管理者，按照权力与责任相对称原则，南水北调工程项目法人必然也是资金使用和管理的责任主体，使用和管理好资金是南水北调项目法人应尽的义务，对资金使用和管理中出现的问题要承担应有的责任。

（2）严格合同管理。工程合同是支付价款的法定依据，所以南水北调工程项目法人和建设管理单位必须严格合同管理。①依法制定合同管理规定。南水北调工程项目法人和建设管理单位应依据相关法律法规等规定，制定合同管理办法，规范合同的立项、谈判、签订、备案、履行、变更、争议调解、验收、存档及印章管理等行为。②依法定依据签署合同。凡属于招投标项目，必须依据经公开、公正、公平原则竞标后的中标文件签署合同，合同内容和条款应与中标文件一致，且不得随意改变中标文件确定的原则性约定。③依法定程序签署合同。合同立项和签订应实行单位内部相关部门会签的制度；合同原则上由法定代表人签署，确需委托他人签署合同的，应由法定代表人签署的书面授权书，由书面授权书确定的人员签署；合同专用章应由专人保管，并建立严格的用印制度。南水北调工程项目法人签订特别重要和金额巨大项目的合同时，应接受国务院南水北调办派专员监督。④合同文本要规范。南水北调工程项目法人和建设管理单位应采用规范性合同范本；确无可适用的规范性合同范本，可以制定专门的合同文本，但合同的核心要件不得有遗漏或缺失。金额较大的合同应组织有关法律、合同、经济、技术等方面专家严格审查合同条款。⑤严格合同执行。南水北调工程项目法人和建设管理单位应严格履行合同约定的责任和义务，不得随意改变、修改、调整；因合同内容发生实质性变化的，确需变更合同内容的，也应遵循合同中确定的原则按规定程序变更合同或签订补充合同。南水北调工程项目法人和建设管理单位应加强合同履行的过程控制和管理，建立合同管理台账和合同档案，做到合同管理台账明晰准确、合同档案完整。

（3）执行南水北调工程建设资金支付规范。资金支付是资金使用和管理的最重要环节，必须依据制度和合同约定等支付资金。①项目法人应依据工程建设进度及资金支付需要，分次申请中央预算内资金和南水北调工程基金拨款。资金拨付申请应说明申请资金规模的理由，报告上次已拨付到位资金的使用、结余情况和本次申请资金的使用计划。②项目法人按建设管理委托合同约定和工程建设进度向实行代建制和委托制的建设管理单位支付建设资金。③项目法人和建设管理单位应依据相关法规和制度，制定工程建设资金支付管理办法，明确支付审核责任和程序等，规范工程建设资金支付行为。④项目法人和建设管理单位应依据合同约定支付合同价款。合同价款一律通过银行结算，不得使用现金支付。⑤合同价款必须支付到合同约定的户名及账号。收款方变更户名、开户银行及账号，应出具盖有其法人公章、法定代表人签字的书面证明。⑥支付合同尾款前，应全面清理合同执行和验收情况，妥善处理遗留问题。

（三）南水北调工程征地移民资金管理办法

为规范南水北调工程征地移民资金的管理，提高征地移民资金使用效率，保障被征地居民和移民的合法权益，确保南水北调工程建设顺利实施，依据南水北调工程征地移民管理体制和征地移民资金的特殊性，2005 年 6 月，国务院南水北调办研究制定了《南水北调工程建设征地补偿和移民安置资金管理办法（试行）》。该办法确定征地移民资金管理应遵循"责权统一、计划管理、专款专用、包干使用"的原则，明确了南水北调工程征地移民投资实行包干使用，并对计划、财务、监督等方面的管理进行了规定。该办法涉及征地移民资金使用和管理的内容包括以下四个方面。

1. 征地移民投资实行包干使用制度

征地移民投资（资金）实行与征地移民任务相对应的包干使用制度。征地移民资金包干数额按国家核定的初步设计概算确定。除国家已批准的因政策调整、不可抗力等因素引起的投资增加外，不得突破包干数额。南水北调工程项目法人应与省级征地移民主管部门签订征地移民投资包干总协议，或按单项工程、设计单元工程签订征地移民投资包干协议。

征地移民中的中央和军队所属的工业企业或专项设施（以下简称"非地方项目"）的迁建，由南水北调工程项目法人与非地方项目迁建单位签订迁建投资包干协议。南水北调工程项目法人委托给省级主管部门实施的非地方项目，则由省级征地移民主管部门与非地方项目迁建单位签订迁建投资包干协议。

征地移民中的文物保护项目由省级征地移民主管部门与省（直辖市）文物主管部门签订文物保护投资包干协议。

2. 规范了征地移民投资包干协议

征地移民投资包干协议应明确规定下列内容：征地移民任务的具体内容，征地移民工作的进度要求，征地移民资金包干额度和费用组成，征地移民资金拨（支）付方式，双方的责任、权利和义务。

3. 明确了征地移民资金使用的具体政策

按照征地移民资金的类别分别明确使用的政策规定。①征地移民资金中的直接费用，由省级征地移民机构和项目迁建单位包干使用。②征地移民资金中的其他费用，按照"谁组织，谁负责"的原则，由省级征地移民机构、南水北调工程项目法人按各自职责和承担的工作量分块包干使用，具体划分比例在签订投资包干协议时确定。③征地移民资金中预备费，按照征地移民任务（包括非地方项目迁建）分配额度，并考虑特殊因素作适当调整。④征地移民资金中的有关税费，由项目法人按已批准的征地移民投资概算中核定的金额支付给省级主管部门和非地方项目迁建单位，省级主管部门和非地方项目迁建单位按规定缴纳给有关部门或单位。⑤各级征地移民机构、南水北调工程项目法人和其他使用征地移民资金的单位，应确保征地移民资金专项用于南水北调工程征地移民工作，任何部门、单位和个人不得截留、挤占、挪用征地移民资金。⑥各级征地移民机构、南水北调工程项目法人和其他使用征地移民资金的单位，应严格执行经批准的征地移民规划及移民安置实施方案，不得超标准、超规模使用征地移民资金。⑦各级征地移民机构、南水北调工程项目法人和其他使用征地移民资金的单位的征地移民资金形成的银行存款利息收入，应用于征地移民工作，不得挪作他用。

4. 建立了征地移民资金专户管理制度

各级征地移民机构和承担征地移民任务的南水北调工程项目法人，应在一家国有或国家控股商业银行开设征地移民资金专用账户，专门用于征地移民资金的管理。省级征地移民机构和南水北调工程项目法人开设、变更、撤销银行账户应报国务院南水北调办备案，省级以下征地移民机构开设、变更、撤销银行账户应报省级征地移民主管部门备案。各级征地移民机构、南水北调工程项目法人应设置专门的会计账簿核算征地移民资金，执行统一的会计制度。

二、南水北调工程财政资金的预算制度

根据《预算法》及其实施条例的规定，南水北调工程资金中的中央基本建设投资、重大水利工程建设基金、南水北调工程基金等财政资金实行预算管理，纳入国务院南水北调办的部门预算。在《南水北调工程建设管理的若干意见》《南水北调工程基金筹集和使用管理办法》和《国家重大水利工程建设基金征收使用管理暂行办法》中，分别对财政资金预算管理进行了规定，主要内容归纳以下四个方面。

（一）南水北调工程财政资金预算编制审批程序

根据上述意见和办法的相关规定以及财政部的要求，国务院南水北调办组织编制南水北调工程财政资金预算，将编制的南水北调工程财政资金预算草案报送财政部；财政部在履行相关预算审批程序后，将南水北调工程财政资金预算并入国务院南水北调办的部门预算一并批复给国务院南水北调办；国务院南水北调办再将财政部批复的预算分别下达给南水北调工程项目法人执行。

（二）南水北调工程财政资金预算编制的依据

预算编制依据主要包括：①年度投资计划。编制预算所依据的年度投资计划也是南水北调工程年度工程建设任务，是由南水北调工程项目法人编制，国务院南水北调办审核后报送国家发展改革委，经国家发展改革委初步确定的南水北调工程年度投资计划。②年度财政资金规模。中央基本建设投资中安排用于南水北调工程建设的资金规模、南水北调工程基金和重大水

利工程建设基金下一年度的收入。

（三）南水北调工程财政资金预算编制

将年度财政资金配置到年度投资计划列入的南水北调工程中的具体单项或设计单元工程，确定每个单项工程或设计单元工程的年度财政资金额度。同时，汇总各南水北调工程项目法人的年度财政资金数额。

（四）南水北调工程财政资金预算的执行和调整

南水北调工程的基本建设支出预算经过批准后应严格执行，严禁擅自调整预算。确需调整的，按规定的程序报批。财政部根据批准的年度投资计划、基本建设支出预算、南水北调工程基金和重大水利工程建设基金的实际征收入库情况安排资金，没有基本建设支出预算的不安排财政资金。

调整南水北调工程财政资金预算，由南水北调工程项目法人提出意见报国务院南水北调办，经国务院南水北调办审核后报财政部审批，财政部审核批复给国务院南水北调办，国务院南水北调办再转批复给南水北调工程项目法人。

三、南水北调工程财政资金的国库集中支付制度

为提高财政资金的运行效率、使用效益和透明度，有效防止财政资金支付中的腐败行为，深化财政资金支付制度改革，规范财政资金支付行为，建立了国库集中支付制度。为促进南水北调工程建设，探索建立既符合国库集中支付制度的总体要求，又符合南水北调工程资金运行特点的财政资金国库集中支付方式是十分必要的。

（一）建立财政资金国库集中支付制度必要性

长期以来，我国实行的是国库分散支付制度，国库将预算确定的各部门年度支出总额定期（月度或季度）拨付到各部门在商业银行开立的账户内，再由部门使用和支付。这种分散支付制度存在如下几大弊端。

1. 各部门多头开列账户

各商业银行为了承揽储蓄往往置有关规定于不顾，推动多头重复开列账户，致使政府财政资金分散，脱离了预算统一管理，从而使预算执行中的监督得不到落实，资金使用效率低下，并滋生腐败。

2. 获得财政资金使用信息困难

由于大量财政资金分散于各商业银行，政府的预算管理部门无法及时了解财政资金使用效率和运转等信息，不利于政府对财政形势做出正确判断。

3. 大量财政资金沉淀

因为各单位资金使用时间规模不一，有一个逐渐使用的过程，而政府预算部门又是按期拨付的，势必造成一方面政府财政为如期拨付资金而不得不发行公债或向银行借款，另一方面又有大量政府财政资金沉淀于各商业银行的局面。

基于上述原因，自 2001 年以来，在一些地区进行了国库集中支付制度改革试点。建立国

库集中支付制度，由国库对所有政府财政收入，包括预算内资金和预算外资金，进行集中管理、统一收支。由预算部门每年给预算单位下达预算指标，并审批预算单位提出的用款申请，委托支付中心办理具体的支付手续。

（二）财政资金国库集中支付的一般方式

根据财政资金国库集中支付制度的要求，政府财政资金支付都在国库单一账户体系下统一进行，财政预算部门在商业银行开设零余额账户，并为预算单位开设零余额账户，通过零余额账户，采取财政直接支付和财政授权支付两种方式，将政府财政资金支付到商品和劳务供应商。

财政直接支付是按照部门预算和用款计划确定的资金用途和用款进度，根据用款单位申请，由财政部门将资金直接支付到商品、劳务供应者或用款单位。

财政授权支付是根据部门预算和用款计划确定的资金用途和用款进度，由预算单位自行开出支付令将资金支付到商品、劳务供应者或用款单位。商业银行代理支付的财政资金，每日与财政部门开设在中国人民银行的国库单一账户进行清算。

为深化国库集中支付制度改革，加强中央政府性基金管理监督，提高资金运行效率、使用效益和透明度，2007 年 12 月，财政部印发《中央政府性基金国库集中支付管理暂行办法》。中央政府性基金国库集中支付，是指将中央政府性基金纳入国库单一账户体系存储和管理，并按照规定程序，通过财政直接支付和财政授权支付方式，将资金支付到收款人（商品或劳务提供者）或用款单位账户。政府性基金国库集中支付的具体规定有：①中央政府性基金国库集中支付管理的原则。中央政府性基金国库集中支付坚持"专款专用、以收定支和先收后支"的原则。预算单位应当根据部门预算（或预算控制数）、基金可用余额、项目实施进度和规定用途编制用款计划，并根据批复的用款计划使用政府性基金。②中央政府性基金用款计划编报程序。政府性基金用款计划包括财政直接支付用款计划和财政授权支付用款计划两类，均按月编报。各中央部门应当及时组织所属基层预算单位编报用款计划，基层预算单位应当根据部门预算（或预算控制数）、基金可用余额和项目实施进度等，编制《中央基层预算单位分月用款计划表》，经逐级审核上报，由一级预算单位审核汇总后编制《中央预算单位分月用款计划汇总表》。③中央政府性基金用款计划审批和调整。财政部按月批复政府性基金用款计划。一级预算单位根据财政部批复的汇总用款计划，及时下达二级及二级以下预算单位用款计划。政府性基金用款计划因特殊情况确需调整的，基层预算单位应提前提出申请，经一级预算单位审核同意后报财政部审核。政府性基金预算在执行中发生追加、追减预算等调整事项的，一级预算单位在收到财政部预算调整文件后，应及时分解下达调整后的基金预算。基层预算单位根据调整后的基金预算、项目实施进度和基金可用余额等及时调整本单位用款计划，经逐级审核汇总后，由一级预算单位按规定程序报财政部。财政部按照规定程序及时审核批复用款计划。④政府性基金用款支付。属于财政直接支付的用款，预算单位依据批复的用款计划，按规定的程序和要求向财政部提出支付申请，财政部审核同意后向代理银行签发支付指令，将资金直接支付到收款人账户；属于财政授权支付的用款，预算单位依据批复的用款计划，按规定的程序和要求向代理银行签发支付指令，代理银行根据支付指令，在财政部批准的用款额度内将资金支付到收款人账户。

（三）南水北调工程的财政资金国库集中支付方式

依据南水北调工程建设管理体制，南水北调工程建设管理实行项目法人责任制，南水北调工程项目法人是工程建设的承担者和责任者。为落实财政资金国库集中支付制度，在充分分析南水北调工程资金运行特点的基础上，探索建立了南水北调工程资金中财政资金的国库集中支付方式，即建立了财政资金由中央国库直接支付给南水北调工程项目法人的国库集中支付制度。

1. 南水北调工程资金的特点

南水北调工程是典型的线型工程，与古代万里长城修建的特点是一致的，这一特点就决定了南水北调工程必须采取分期分段建设的方式，由此使南水北调工程资金使用和管理具有显著的特点，除本章第一节中阐述的资金使用和管理主体多、资金来源渠道多、资金运行环节多和资金使用量规律性不强等特点外，还有与支付方式有关的以下三个特点：①支付款项的合同多。因参与南水北调工程建设的主体多，申请支付资金依据的合同或协议成千上万，集中到一个单位或机构进行审查审核，其工作量多，需要增加大量专业人员。②支付工程价款的主体分散且距离相对偏远。承担支付工程价款的南水北调项目法人和建设管理单位分散在南水北调工程3000km的沿线的工程建设现场，与财政部驻地方特派员办的距离较远，办理申请资金支付审核手续的交通成本就不低，时间成本就更不好计算了。③财政资金实行资本金管理。南水北调工程投资中的预算资金是以项目资本金的形式注入工程建设，中央基本建设投资、重大水利工程建设基金是中央资本金，南水北调工程基金是受水地区的地方资本金，通过投资计划和基本建设支出预算直接投入南水北调工程建设。根据当时的资本金管理要求，资本金应全额一步到位，国务院批准总投资规模中的预算资金应全额注入南水北调工程项目法人。此外，因过渡性资金是提前使用的重大水利工程建设基金，也是中央资金本的重要组成部分。

特别重要的是南水北调工程建设管理实行项目法人责任制，南水北调工程项目法人是工程建设的承担者和责任者，也是使用和管理资金的责任主体。从国家建设南水北调工程的角度来看，南水北调工程项目法人实质上是南水北调工程建设的承包商，必须完成南水北调工程建设的各项任务，如期实现国务院南水北调工程建设委员会确定的南水北调工程建成通水目标。

2. 南水北调工程的财政资金国库集中支付方式

基于上述原因和实际情况，经研究并经财政部批准，南水北调工程投资中的预算资金实行直接支付给南水北调工程项目法人的国库集中支付方式的制度。该制度的程序是：由南水北调工程项目法人依据投资计划和基本建设支出预算，按照工程建设进度及实际用款需求，分期分批向国务院南水北调办报告用款申请及其理由，经国务院南水北调办审核后再向财政部报送拨款申请，经财政部相关司审查核准后直接由中央国库将财政资金拨付给南水北调工程项目法人的账户。

3. 南水北调工程的财政资金国库集中支付方式的意义

南水北调工程的财政资金国库集中支付方式，既符合国库集中支付制度的基本原则，又符合南水北调工程建设管理的实际；既有利于落实资金使用和管理的法律责任，维护了资金运行的秩序和安全，又有利于提高资金运行效率，推进并促进了南水北调工程建设进度。其主要作用和意义：①满足了南水北调工程建设的资金需求。将财政资金直接拨付给使用资金的南水北调工程项目法人，从而使财政资金供应方与资金需求方紧密结合在一起，有效保障了南水北调工程建设所需资金，促进了南水北调工程的建设，为如期实现南水北调工程建设目标提供了及时而充足的资金保障。②提高了财政资金运行效率。国库集中支付方式，不需要通过国务院南水北调办拨付财政资金这一环节，减少了财政资金拨付环节，缩短了财政资金拨付时间，提高了财政资金运行的效率。③从源头上预防和遏制了腐败。将财政资金直接拨付给使用资金的南水北调工程项目法人，从制度安排就解决了中央部门挤占、挪用和截留财政资金的现象，防止了利用财政资金拨付权的腐败行为。

四、南水北调工程资金拨付和支付的管理制度

为规范南水北调工程资金拨付和支付行为，针对南水北调工程建设关键期和高峰期资金拨付和支付中存在的问题，2010 年 9 月至 2011 年 8 月，国务院南水北调办先后制定了规范南水北调工程资金拨付和支付的制度性规定，主要包括以下具体规定。

（一）增强资金预算执行力，着力推进工程建设进度

南水北调工程项目法人要从按期实现南水北调工程建设的高度，充分认识执行基本建设支出预算的重要性，通过加快工程建设进度，增强预算执行力度，确保如期完成当年的基本建设支出预算。既要严格执行拨付或支付资金的相关程序，又要简化办事环节，提高拨付或支付资金的效率，及时拨付或支付资金。

（二）提高资金使用效率，着力控制账面资金余额

中央基本建设投资、南水北调工程基金、重大水利工程建设基金等财政资金，是南水北调工程建设资金的重要来源，必须严格执行财政资金国库集中支付制度。为确保财政资金国库集中支付制度的有效运行，南水北调工程项目法人、建设管理单位和各级征地移民机构要严格执行国库集中支付管理制度的各项规定，提高资金管理水平和资金使用效率，有效避免资金滞留、积压。在满足工程建设和征地移民工作所需资金的前提下，各南水北调工程项目法人、建设管理机构和各级征地移民机构要着力控制账面资金余额，将其压缩到最低限度。每月 5 日前，南水北调工程项目法人和省级征地移民机构应汇总各南水北调工程项目法人、建设管理机构和各级征地移民机构的银行存款账面余额，并用电传方式报国务院南水北调办经济与财务司。

（三）依据工程建设进度，分次申请拨付资金

为避免工程资金积压，各南水北调工程项目法人应依据工程建设进度，在准确预测工程建设资金需要的基础上，分次申请拨付资金，保证申请拨付资金规模与实际支付资金规模相衔接。每次申请拨付资金，都要如实阐明所需资金规模的理由，报送所管辖项目本月及下个月的资金需求情况及有关材料，主要内容是：①本单位所管辖各项目的投资完成及预付款情况；②上次申请拨付到位资金的使用和结余情况，包括支付工程进度款、材料设备款、前期工作经费及主要合同支付进度等；③申请拨付资金时本单位和相关省（直辖市）南水北调工程征地移民机构的账面资金结余情况，并附加盖单位公章的银行存款总账页和银行对账单；④本次申请

资金的支付范围及各项目资金需求情况，并附各项目资金需求情况表。

（四）规范资金支付申请书编制和流程，节约拨付资金审批时间

南水北调工程项目法人申请拨付中央预算内资金（含国债专项资金）、南水北调工程基金和重大水利工程建设基金，应依据国务院南水北调办下达的基本建设（基金）支出预算，以及国务院南水北调办核定的南水北调工程项目法人的资金需求结构和资金结构，规范编制"项目法人财政直接支付申请书"一式两份；申请拨付过渡性资金，应依据国务院南水北调办下达的重大水利工程建设基金投资计划，以及国务院南水北调办核定的项目法人使用过渡性资金项目和金额，规范编制"项目法人重大水利工程建设基金（预支）支付申请书"一式两份。编制支付申请书要做到内容完整、准确无误。

（五）提高拨付和支付效率，保障工程建设现场的资金需求

为确保南水北调工程建设高峰期和关键期的资金供应，满足工程建设一线的资金需求，制定了提高拨付和支付效率的机制。南水北调工程项目法人应在每月 20 日前将申请拨付下月所需资金的材料报国务院南水北调办；国务院南水北调办经济与财务司在 3 个工作日内分析项目法人报送的请款材料并提出资金配置方案报办领导审批；经济与财务司在办领导批准资金配置方案后 1 个工作日内，通知项目法人按核准的下个月资金需求和资金结构分别填报财政预算资金和过渡性资金支付申请书；国务院南水北调办在 3 个工作内办理报送财政部的申请拨付财政预算资金文件及财政直接支付申请书，积极配合财政部做好资金拨付审核，协调财政部在 8 个工作日内将资金拨付到项目法人账户；在 2 个工作日内办理提交金融机构（已签署过渡性资金借款合同）的提取过渡性资金手续，并力争在 5 个工作日内将资金拨付到项目法人账户。

南水北调工程项目法人应加快资金拨付和支付进度，按照建设管理委托合同约定和工程建设进度，分批向委托建设管理单位拨付工程款；项目法人和建设管理单位依据工程建设合同，向施工企业等现场参建单位支付工程价款和其他款项。

（六）强化结算审核，确保工程价款结算准确

南水北调工程现场监理单位对承包商提出的支付申请，特别是工程计量和单价要严格审核；南水北调工程建设管理单位或其现场管理机构不仅要严格复核价款支付申请，还要对监理单位的履职情况进行监督检查；南水北调工程项目法人也要随时开展工程价款结算情况检查，对多结算工程价款和弄虚作假的行为要立即纠正，并且要按规定严肃处理。南水北调工程建设管理单位或其现场管理机构、监理单位和南水北调工程项目法人内部的工程技术、计划合同、财务部门，要密切配合，严格按合同约定的结算周期办理结算，提高工程价款结算的及时性和准确性，确保工程价款结算准确无误。

五、南水北调工程资金的专户储存、专户管理制度

为减少南水北调工程资金的分散和积压，提高资金使用效率，防止利益输送和腐败行为，确保南水北调工程资金的安全，根据国务院南水北调工程建设委员会规定，建立了南水北调工程资金"专户储存、专户管理"的制度。

（一）南水北调工程资金专户储存、专户管理的规定

国务院南水北调办印发的《南水北调工程建设资金管理办法》规定，南水北调工程项目法人和建设管理单位对建设资金实行专户存储、专户管理，在一家商业银行开设一个基本建设资金账户，用于建设资金的结算，不得多头开户。国务院南水北调办印发的《南水北调工程建设征地移民补偿和移民安置资金管理办法》规定，各级征地移民机构、承担征地移民任务的项目法人应在一家国有或国有控股商业银行开设南水北调工程征地移民资金专用账户，专门用于征地移民资金的管理；各级征地移民机构、承担征地移民任务的项目法人应确保征地移民资金专项用于南水北调工程征地移民工作，任何部门、单位和个人不得截留、挤占、挪用征地移民资金。

从统一、便于监管的角度，南水北调系统各单位在同一家商业银行开设银行账户比较好，但因南水北调系统部分单位在国务院南水北调办成立前已经成立，还有部分单位是被指定承担南水北调工程建设管理任务，均已开立了银行账户。鉴此，南水北调系统未统一开户银行，开立银行由南水北调系统各单位自己选择。

（二）专户储存、专户管理的要求

2010年下半年，国务院南水北调办组织开展了资金使用和管理情况的自查，检查发现存在征地移民资金管理中没有开设征地移民专户、多头开户、将资金存放个人账户或企业账户、从事定期存款或协议存款、其他违规拆借等行为。据此，2011年4月，国务院南水北调办制定了《关于加强南水北调工程征地移民资金银行账户管理有关事项的通知》，明确征地移民资金账户管理的具体要求。

（1）开设专用账户。各级征地移民机构必须开设南水北调工程征地移民资金专用账户，专门用于征地移民资金存储和核算。专用账户不得存储和核算征地移民资金以外的资金，也不得将征地移民资金储存到专用账户以外的其他账户。

（2）专用账户只能开设一个。各级征地移民机构只能在一家商业银行开设一个征地移民资金专用银行账户，严禁多头开设银行账户。既不能在一家商业银行开设两个及两个以上的银行账户，也不能在两家及两家以上商业银行开设多个账户。

（3）征地移民资金只能存放在专用账户。各级征地移民机构只能将征地移民资金存放在自己开设的专用银行账户。①严禁将征地移民资金存放在个人银行账户；②严禁借用企业银行账户存放南水北调工程征地移民资金；③不得通过其他个人银行账户兑付征迁群众的个人补偿款。

（4）乡村集中开设专用账户。积极推行村财乡（镇）管的办法，由乡（镇）财政开设征地移民资金专用银行账户储存和核算征地移民资金。兑付给征迁群众个人的补偿款，村委会应履行公开、公平、公正的公告程序，经乡（镇）财政审核后兑付；村集体的补偿资金使用，村委会履行村民全体会议或村民代表会议的审议程序，经乡（镇）财政审核后支付。

（5）强化专用管理。征地移民资金只能用于南水北调工程征地移民活动或事项，严禁利用南水北调工程征地移民资金开展定期存款或协议存款等存储活动，严禁任何形式的拆借征地移民资金的行为。

（三）专户储存、专户管理的措施

为确保专户储存、专户管理制度的落实，除加强政策宣传教育、业务培训、强化制度执行等措施外，采取了以下三个方面的措施，有效地维护了该制度的严肃性。

（1）实施银行账户备案管理。南水北调系统建立了银行账户备案制度，南水北调工程项目法人和省级征地移民机构开设、变更、撤销银行账户必须报国务院南水北调办备案；南水北调工程建设管理单位开设、变更、撤销银行账户必须报南水北调工程项目法人备案；省级以下各级征地移民机构开设、变更、撤销银行账户报省级征地移民机构备案。

（2）实行定期检查纠正。每年的南水北调系统内部审计均将银行账户开设、变更情况列入审计内容，审计发现银行账户变更未上报备案的，要求补办备案手续并进行批评教育；审计发现未开设银行专用账户的，要求按规定开设专用银行账户并上报备案；审计发现一个单位开设两个及两个以上银行账户的，责令进行整改，只保留一个银行账户，其他银行账户一律清算后注销；审计发现违反专户储存、专户管理制度规定的其他任何行为，按照相关规定一律纠正。

南水北调工程项目法人和省级征地移民机构，分别对建设管理单位和省级以下征地移民机构的银行账户进行定期或不定期监督检查，发现问题及时责令纠正。

（3）强化责任追究。通过审计等发现违反专户储存、专户管理制度的任何行为，除及时纠正和整改外，还要查清原因、明确责任，并依据相关规定追究直接责任人和相关负责人的责任。

（四）专户储存、专户管理的效果

专户储存、专户管理制度也是资金监管的措施，南水北调系统实施专户储存、专户管理制度，达到了预期的效果。①便于资金使用和管理行为的监管，减少资金监管的成本，提高了监管的效率。②提高南水北调工程资金使用效率，有效防止资金分散及其带来的资金使用不便，为南水北调工程建设和征地移民工作提供了资金保障。③有效防止腐败现象，在当今银行业竞争十分激烈的市场环境下，争开户、争储蓄现象普遍，容易产生腐败行为，专户储存、专户管理制度的实施，减少腐败行为发生的机率。④避免了一些违法违规使用和管理资金行为的发生。

六、南水北调工程资金的流向监管制度

为保障南水北调工程建设一线的资金需求，防止施工、监理等参与工程建设的单位抽调资金，影响工程建设进度，各南水北调工程项目法人建立了监控各参建单位资金流向的制度，并通过双方签订合同或协议的方式，约定实施与开户银行三方共同监控资金流动方向的制度。

（一）建立资金流向监管制度的背景

在南水北调工程建设期间，金融市场时常发生波动，有时市场资金比较充裕，有时则比较紧张。在金融市场资金比较紧张的形势下，包括南水北调工程参建方在内的各个市场主体的资金都比较紧张，有些南水北调工程参建单位的企业总部或总公司从其南水北调工程现场项目部抽调资金，以缓解其总部的资金紧缺矛盾，从而使南水北调工程现场项目部无钱采购建设所需

材料，直接影响南水北调工程建设进度，甚至使现场项目部无法正常从事南水北调工程建设任务。若不及时解决或纠正这一问题，将直接影响南水北调工程建设目标的如期实现。

南水北调工程征地移民工作方面也存在相类似的问题，有些地方政府或部门也从南水北调工程征地移民机构抽调资金，以缓解地方政府其他方面的资金短缺的矛盾，征地移民资金安全问题突出。

为此，为保障南水北调工程建设一线资金需求，防止南水北调工程各参建单位抽调资金行为，确保工程建设进度和资金安全，国务院南水北调办要求南水北调工程项目法人和省级征地移民机构建立监管资金流向制度。

（二）南水北调工程项目法人的资金流向监管制度

自 2009 年开始，南水北调工程项目法人积极探索监控参建单位资金流向的方式和方法，在总结经验的基础上，逐步形成并建立了监控南水北调工程资金流向的制度，有的南水北调工程项目法人研究制定了资金流向监管的管理办法或规范性文件。资金流向监管制度，是指南水北调项目法人或建设管理单位与参建单位通过双方合同或协议的方式，约定与参建单位开户银行三方共同监控资金流向，参建单位开户银行有义务向南水北调工程项目法人或建设管理单位报告参建方的资金流向，保障南水北调工程项目法人或建设管理单位支付的价款用于与南水北调工程建设直接相关支出事项。对参与南水北调工程施工企业的资金流向监管的具体操作方式及其内容包括下列五个方面。

1. 签订三方资金流向监管协议

为确保三方签订资金监管协议的合法性，南水北调工程项目法人及其建设管理单位在工程招标文件明确了资金监管的内容，据此，在与中标施工企业签订的工程合同中约定了签订三方资金流向监管的条文。根据工程合同的约定，南水北调工程建设管理单位或其现场建设管理机构，与施工企业的现场项目部及其开户商业银行，签订三方资金监管协议，明确三方的责任和义务。未签订三方资金监管协议的，南水北调工程项目法人不办理预付款和支付工程价款手续。

2. 资金流向监管的内容

在三方资金监管协议中，确定了资金流向监管的具体内容，主要包括下列三个方面。

（1）监管施工企业现场项目部的大宗材料采购和日常开支。预先审核施工企业劳务分包、设备租赁、钢材水泥等大宗材料采购、日常管理费等资金支出的合规性。对施工企业现场项目部采购实行限额审批制度，限额以上的资金划转必须经由建设管理单位或其现场建设管理机构审核同意后，商业银行方可办理转账。建设管理单位或其现场建设管理机构主要从合同、发票、验收单、结算单、明细账或流程控制等多角度入手，审查施工企业现场项目部付款事项，以审查资金流向是否明确，支出是否真实、合规。

（2）监管施工单位现场项目部的现金支出。建设管理单位或其现场建设管理机构根据施工合同金额大小及施工单位项目部日常备用金、差旅费、零星采购费等实际需要，核定日现金提取额度，对现金使用进行了总量控制。对超过额度使用现金的事项须经建设管理单位或其现场建设管理机构审批后，商业银行方予以办理。施工企业现场项目部的人员工资及农民工工资的发放，有条件的施工企业一般由商业银行代发。

（3）控制施工企业现场项目部向其总部或公司上缴的费用。南水北调工程现场项目部向其总部或公司上缴的费用主要包括管理费、代垫费用、折旧费、大修费、职工社保费等。上缴的管理费，允许施工企业现场项目部以不超过当期完成产值的一定比例上缴；上缴施工企业为现场项目部的代垫费用和应上缴的设备折旧费、大修理费、职工社保费等款项，需提供相应书面依据如电汇单、上级部门的记账凭证、内部往来账页、收款单位的进账单、银行对账单。

3．资金流向监管方式

为提高监管的效率，防止监管过度影响南水北调工程建设，充分利用现代网络技术，实行网络监管授权、日常资金监管网上审批和网上银行实时查询的监管方式。

4．规范支付流程

为提高资金监管的效率，建立规范的资金监管流程是十分必要的。①设立监管台账。南水北调工程建设管理单位或其现场建设管理机构、施工企业现场项目部及其开户银行应建立联系机制，设立监管台账，并按施工企业的施工设备和材料供应商、劳务合作对象分类设立明细账，共同记录、核对和监督资金使用情况。②建立及时反映的沟通渠道。施工企业现场项目部开户银行接到施工企业的支付票据或网上支付指令时，对达到协议约定额度款项，必须及时通知南水北调工程建设管理单位或其现场建设管理单位指定的财务部门联系人，财务部门原则上应该当即确定是否支付。对个别不能确定的款项，应在规定时间内研究提出意见并通知开户银行，确保开户银行能及时进入下一道流水支付程序。③规范支付审核。对已开通网上银行的乙方，在三方协议约定额度以下的款项，通过网上银行系统支付；在三方协议约定额度以上的款项，通过柜面支付。对未开通网上银行的乙方，应按协议约定金额，经甲方审核同意后银行方可支付。四是定期对账的制度。南水北调工程建设管理单位或其现场建设管理单位和开户银行每月必须至少对账一次，发现问题及时报告南水北调工程项目法人。

5．建立激励约束措施

为确保资金流向监管制度得到落实，建立落实监管制度的激励约束机制是十分必要的。激励约束措施有：①南水北调工程建设管理单位或其现场建设管理单位对未及时签订三方协议、办理确认事项、定期对账、建立完备台账等行为，追究其财务人员和相关负责人责任。②对施工单位不认真执行协议，或化整为零规避执行三方协议，将超过约定额度的款项转移到施工企业总部或其他单位、个人等违反协议的事项，南水北调工程建设管理单位或其现场建设管理单位有权通知开户银行停止支付，冻结账户，并追究违反合同的责任。③对开户银行未及时签订三方协议、定期对账，或超过约定额度款项未经确认进行支付等违反协议的事项，将视情节严重程度，做相应的处罚。④发生违反三方监管协议，未及时发现和制止的，将对相关人员罚款。⑤对监管资料齐全、措施到位、效果良好的单位，将对相关人员进行奖励。

资金流向监管制度的实施，取得了积极而有益的效果，既有效地满足了南水北调工程建设一线资金需求，提高了资金的使用效果，又确保了南水北调工程的资金安全，防止了挪用和挤占南水北调工程资金的行为发生。

（三）征地移民机构的资金流向监管制度

自 2010 年开始，负责南水北调工程征地移民工作的省级征地移民机构积极探索建立了对下级征地移民机构资金流向监管的制度。各省级征地移民机构根据本地区的实际研究制定不同资金流向监管制度，有的地方会同本级相关部门共同建立了征地移民资金监管平台，有的地方采取定期财务报告方式，有的地方采取定期或不定期报告方式，对省级以下征地移民机构的资金流向实施监管。监管的主要内容包括账面资金存量、资金流向、较大额度资金支付等，省级以下征地移民机构账面资金存量超过一定规模的，停止拨付资金；凡属资金疑似流向非征地移民工作范围外的，核实情况并查明原因，确属非征地移民工作支出的，及时收回资金；较大额度资金支出审批审核程序不到位，要重新审核。凡是有挤占、挪用、截留征地移民资金的，一律追回，确保征地移民资金仅用于南水北调工程征地移民工作。

七、南水北调工程资金使用和管理的行为规范

2013 年 10 月，针对南水北调工程资金使用和管理中的不规范行为，为防止资金使用和管理问题的重复发生，有效控制投资，确保资金安全，国务院南水北调办制定了"切实防止资金运行过程中不规范行为"的八项措施。

（1）严格执行招投标法律法规，防止不规范的招投标行为。凡属应公开招投标项目必须依法进行招投标，招投标活动应遵循公平、公正和公开的原则，严格履行招投标程序。防止人为干预招投标活动、不收取投标保证金和履约保证金、承担应由招标代理单位或中标单位承担费用等不规范行为。

（2）严格依据合同法和相关规范签订合同，防止不规范的合同签订行为。凡属应签订合同的经济行为必须严格按规定签订合同，合同内容必须完整，合同金额或单价、质量保证金、违约处理等关键性内容必须在合同中约定，合同内容发生变化应在双方平等协商的基础上及时补充协议，为价款支付奠定基础。防止合同不完整、关键性内容缺失、补充协议签订不及时等现象的出现，严禁与无资质的单位或个人签订合同和违法分包转包等行为。

（3）严格执行合同约定支付价款，防止与合同约定不一致的支付行为。合同是工程建设管理的法律基础和核心环节，南水北调系统各单位应严格履行合同约定，完善合同价款审核、审批程序，依据经审核的工程量支付价款，同时按合同约定扣留质保金、扣回预付款项。防止未履行审核审批程序的价款支付、不按合同约定扣留质保金、不按合同约定扣回预付款或甲供材料款、计量资料不规范和不准确或监理日志资料不全的价款支付等行为，严禁将合同价款支付给合同约定以外的任何单位和个人、多结算工程款等行为。

（4）合法合理处理合同变更索赔，防止依据有误和不符合实际的变更索赔行为。变更索赔处理必须以已签订的合同为基础，以实际变更事实为依据，设计变更要有设计文件支持，并要分清责任。处理合同变更索赔事项，处理程序要规范，审核审批手续要完备。防止与招投标文件、合同约定和实际情况不符合的变更行为。

（5）充分发挥内部制衡机制作用，防止无审核审批程序的支出。南水北调系统各单位内部各部门要按制度规定认真履行审核职能、相互监督，依据相关制度、合同和实际情况等审核每笔支付的合规性、合理性，确保每笔支付准确无误，履行审核手续。南水北调系统各单位负责人应承担审批责任，履行审批手续。防止审核审批不严而造成的错误支出、未履行审核审批程序的支出、审核审批手续不完整的支出等行为。

征地移民实际情况与实施方案发生变化的，应严格履行审批程序；尚未履行审批程序的，应及时完善审批程序。防止实施未经批准的项目和擅自扩大开支范围以及实施方案中明确不实

施的项目等不规范行为。凡使用集体补偿款均应履行村民会议集体审议程序，防止未履行村民会议集体审议程序使用集体补偿款、将集体补偿款存在个人银行账户、通过个人银行账户兑付补偿款等行为。

（6）严格实行专款专用制度，严禁截留挤占挪用征地移民资金。征地移民资金实行专款专用原则，任何部门或单位均不得截留、挤占、挪用征地移民资金。南水北调系统各级征地移民机构应主动抵制其他部门或单位截留挤占征地移民资金，凡已被其他部门或单位截留挤占的，要加强与相关部门或单位的协调，全额追回被截留挤占的资金；乡镇政府和村委会挤占挪用的补偿款，应全额退回。

（7）严格实行专账专户管理制度，严禁多头开户和设立"小金库"行为。南水北调系统各单位应严格执行只能开设一个资金专用银行账户的规定，南水北调工程建设资金或征地移民资金必须在已设的专用银行账户内进行结算核算，不得在专用银行账户内结算核算不属于南水北调工程建设或征地移民工作的经济业务。严禁南水北调系统任何单位开设两个或两个以上南水北调工程资金专用银行账户、设立"小金库"、将单位资金以个人名义储蓄等行为。

（8）把好资金运行的最后关口，防止不合法不合规的经济业务入账。财务审核是资金运行过程的最后关口，也是消除不规范行为的最后环节。南水北调系统各单位财务部门必须依法履行监督职责，从严审核会计原始凭证，要对原始凭证的各个要件和要素逐一进行审核，确保入账的会计原始凭证合法、真实、完整。防止要件不完整和要素有误的凭证入账、会计科目使用不准确、以拨代支、超限额使用现金、账务结算不及时等行为。严禁用白条抵顶库存现金、因私事借用公款、假借用途套取现金等行为。

第二节　财政资金预算编制及执行

根据相关法律法规和规章制度，南水北调工程资金中的财政资金纳入部门预算管理，只有纳入部门预算才能拨付使用财政资金，没有纳入部门预算的不得使用财政资金。南水北调工程资金中的财政资金包括中央预算内投资、南水北调工程基金和国家重大水利工程建设基金，不包括也属于财政性资金的过渡性资金。本节主要介绍财政资金预算的编制程序、预算收入编制、预算支出编制、预算执行等四方面内容。

一、南水北调工程财政资金预算的编制程序

按照国有基本建设项目管理的相关规定，用于基本建设项目的年度财政资金预算应以年度工程建设投资计划为依据，并按财政部门要求实行"二上二下"的预算编制、批复程序。国务院南水北调办是南水北调工程资金中财政资金预算编制的中央部门，每年负责按照财政部要求组织编制南水北调工程资金中财政资金预算。主要程序是：先由南水北调工程项目法人提出年度投资计划报国务院南水北调办，经国务院南水北调办审查后将投资计划中由财政资金安排的部分纳入编制部门预算报财政部，财政部将统一编制的部门预算报全国人大，经全国人大审议通过后再由财政部下达到国务院南水北调办，最后由国务院南水北调办批复给各南水北调工程项目法人执行。

（一）年度投资计划的编制

年度投资计划是编制财政资金预算的重要依据。每年6—7月，国务院南水北调办投资计划司组织各个南水北调工程项目法人研究编制下一年度的南水北调工程建设投资计划。各项目法人结合相关设计单元工程初步设计报告审批情况，在梳理各设计单元工程建设实施计划的基础上，结合主要工作内容、实物量、进度安排等测算下一年度的投资需求，以设计单元、单项工程为基础汇总编制下一年度的投资建议计划，于每年7月底报送国务院南水北调办。

各项目法人报送的年度投资建议计划，包括续建和新开工项目，主要内容有：本年度工程建设总结、已完成投资和实物工程量、形象进度；下年度主要建设内容、实物工程量、工程预期形象进度和年度投资计划；拟新开工项目应说明初步设计、开工准备等前期工作进展情况及预计完成时间等。

国务院南水北调办汇总分析各项目法人报送的年度投资建议计划，研究提出南水北调工程年度投资建议计划，主要包括工程建设项目名称、年度投资规模、建设内容、资金结构安排等内容，于每年8月报送国家发展改革委审批。此后，若南水北调工程项目法人提出调整年度投资建议计划，国务院南水北调办审核后还需向国家发展改革委报送调整后的南水北调工程年度投资建议计划。

国家发展改革委审核后将国务院南水北调办报送的南水北调工程投资建议计划，纳入年度国民经济和社会发展计划草案，于每年3月报经全国人民代表大会审议通过后，再下达给国务院南水北调办组织实施。依据国家发展改革委下达的年度投资建议计划，国务院南水北调办结合各设计单元工程初步设计报告审批情况，逐批向各项目法人分解下达年度投资计划，条件成熟一批下达一批。

（二）"二上二下"预算编制程序

用于南水北调工程建设的财政资金，与国务院南水北调办机关事业单位经费一起，纳入国务院南水北调办部门预算，实行"二上二下"预算编制程序。

1."一上"阶段

每年7月，国务院南水北调办经济与财务司与国务院南水北调办投资计划司就初步拟定的南水北调工程年度投资建议计划进行沟通，依据年度投资建议计划初稿中确定的工程项目和相应资金结构（包括中央预算内投资、南水北调工程基金、国家重大水利工程建设基金、银行贷款），以单项工程为单位，研究起草编制工程建设财政资金支出"一上"预算初稿。待年度投资建议计划报经办领导批准并报送国家发展改革委后，国务院南水北调办经济与财务司再依据最终确定的年度投资建议计划，按照中央预算内资金、南水北调工程基金和国家重大水利工程建设基金等3种资金来源，分别研究拟定工程建设财政资金"一上"预算建议数，包括单项工程名称、预算支出规模等，纳入国务院南水北调办部门预算，经办领导批准后报送财政部。

一般情况下，部门预算应于每年8月中旬前报送财政部。若年度投资建议计划能够在8月中旬前确定，则国务院南水北调办将包括工程建设财政资金的"一上"预算，连同办机关行政事业经费"一上"预算一同报送财政部。若年度投资建议计划确定的时间晚于8月中旬，则国务院南水北调办一般先行报送办机关行政事业经费"一上"预算，待年度投资建议计划确定后，再单独向财政部报送用于工程建设的财政资金"一上"预算。

2. "一下"阶段

财政部相关司在详细测算下一年度可用于南水北调工程建设的财政资金的基础上，对国务院南水北调办报送的中央部门"一上"预算建议数进行审核，按照中央预算内资金、南水北调工程基金和国家重大水利工程建设基金等3种资金来源，于每年10月左右向国务院南水北调办下达下一年度用于南水北调工程建设的财政资金"一下"预算控制数。财政部分别下达的中央预算内资金、南水北调工程基金和国家重大水利工程建设基金"一下"预算控制数，均为相应资金类别的总金额，而不是细分至单个具体工程建设项目。

财政部下达工程建设财政资金"一下"预算控制数时，原则上是与办机关行政事业经费"一下"预算控制数一起下达。但由于工程建设财政资金有别于机关行政事业经费，测算预算控制数的方式存在差异（如政府性基金一般实行"以收定支"原则、而机关行政事业经费一般实行满足工作运转需要为原则），需单独拟定预算控制数，因此，财政部有时会先行下达机关行政事业经费"一下"预算控制数，待工程建设财政资金"一下"预算控制数确定后再行下达。

3. "二上"阶段

依据财政部下达的中央预算内资金、南水北调工程基金和国家重大水利工程建设基金"一下"预算控制数，国务院南水北调办综合考虑年度投资建议计划调整情况和以前年度投资计划的资金到账情况，细化调整用于南水北调各个单项工程建设的财政资金支出"二上"预算，报经办领导批准后，一般于每年12月上旬报送财政部。

编制工程建设财政资金"二上"预算时，与编制办机关行政事业经费预算有所不同，并不需要将财政部下达的"一下"预算控制数分解下达至各个实际使用单位进行编制（如工程项目法人），而是由国务院南水北调办经济与财务司商办投资计划司，依据工程年度投资计划和资金到账情况直接编制财政资金"二上"预算。财政资金"二上"预算编制完成后，纳入国务院南水北调办部门"二上"预算，随办机关行政事业经费"二上"预算一并报送财政部。

4. "二下"阶段

每年1—2月，财政部在汇总各个中央部门和地方省（直辖市）报送的"二上"预算的基础上，编制形成当年的中央和地方预算草案、上一年预算执行情况等文件，提交全国人民代表大会财政经济委员会进行初步审查。每年3月，经全国人民代表大会审议通过后，财政部再向各中央部门和地方省（直辖市）正式批复当年预算。财政部正式批复各中央部门的预算，也称为"二下"预算。

国务院南水北调办作为中央部门之一，在收到财政部正式批复的部门预算后，依据《中华人民共和国预算法》要求，在15日内组织将当年预算分解批复至各相关单位，其中：机关行政事业经费预算，分别批复给国务院南水北调办机关本级和各直属事业单位（包括国务院南水北调工程建设委员会办公室政策与技术研究中心、南水北调工程建设监管中心和南水北调工程设计管理中心）；工程建设财政资金支出预算，分别批复给南水北调工程各个项目法人。

依据各项目法人年度投资计划、建设任务、资金来源结构、资金到账情况等差异，国务院南水北调办每年批复给各项目法人的财政资金预算规模也存在差异。

二、南水北调工程财政资金预算收入编制

南水北调工程建设资金中的财政资金，其收入预算依据国家年度基本建设投资总规模和预测的国家重大水利工程建设基金、南水北调工程基金年度收入，由国家发展改革委、财政部提出用于南水北调工程建设的财政收入，再由国务院南水北调办纳入部门预算中予以安排。

（一）中央预算内投资

根据南水北调东、中线一期主体工程可行性研究报告确定的中央预算内投资总规模，由国家发展改革委结合年度可用的中央预算内投资额度，统筹研究确定各年度用于南水北调工程建设的中央预算内投资规模。国家发展改革委在确定年度中央预算内投资总额后，国务院南水北调办投资计划司再据此编制南水北调工程年度投资建议计划中的中央预算内投资规模，由国务院南水北调办经济与财务司将该中央预算内投资规模作为相应年度部门预算中的中央预算内资金预算收入规模。

国务院南水北调办负责组织实施项目使用的中央预算内投资中，有两部分投资规模，虽然未经由国务院南水北调办编制项目预算，但计入国务院南水北调办负责组织实施工程项目使用的中央预算内投资总规模。其中：

（1）部分直接下达地方组织实施投资。在国务院南水北调办或南水北调工程项目法人成立之前，部分南水北调工程项目已经开工建设，例如江苏省内三阳河潼河宝应站工程和山东省内济平干渠工程。这些项目使用的中央预算内投资部分，由国家发展改革委直接下达地方省（直辖市）（江苏省、山东省）负责组织实施。南水北调工程项目法人成立后，国务院南水北调办负责组织实施项目使用的中央预算内投资，全部纳入国务院南水北调办预算管理，不再下达相关省（直辖市）地方实施。

（2）部分下达水利部组织实施投资。在南水北调工程总体规划阶段和东、中线一期工程可研总报告编制阶段，国家发展改革委向水利部下达了部分中央预算内投资用于南水北调工程前期工作经费，这部分投资由水利部负责组织实施，计入南水北调工程总投资。

此外，对于地方负责组织实施的工程项目（例如东线截污导流工程、汉江中下游治理环境保护专项、丹江口库区及上游水污染防治和水土保持项目等）使用的中央预算内投资，虽然计入南水北调东、中线一期工程总投资，但其年度投资计划和预算都由国家发展改革委或财政部直接下达给相关地方省（直辖市），不纳入国务院南水北调办负责实施的年度工程投资计划和预算管理。

（二）南水北调工程基金

南水北调工程基金是南水北调工程财政性资金的重要组成部分，本小节简要介绍该基金的基本情况以及年度预算收入编制。

1. 基金基本情况

根据 2002 年国务院批准的《南水北调工程总体规划》，明确部分南水北调工程建设资金通过征收南水北调工程基金筹集。2004 年 12 月，国务院办公厅印发了《南水北调工程基金筹集和使用管理办法》（国办发〔2004〕86 号），明确南水北调工程基金通过提高北京、天津、河南、河

北、江苏、山东等6个南水北调工程受水区省（直辖市）的水资源费标准等方式筹集，南水北调工程基金上缴中央国库，专项用于南水北调主体工程建设，并全部作为地方资本金使用。

《南水北调工程基金筹集和使用管理办法》（国办发〔2004〕86号）中明确，用于南水北调主体工程建设的南水北调工程基金总规模310亿元，其中北京市54.3亿元、天津市43.8亿元、河北省76.1亿元、河南省26亿元、山东省72.8亿元、江苏省37亿元。2006年3月，为加快东线治污工程建设，调动地方治污的积极性，经国务院批准，财政部会同国家发展改革委、国务院南水北调办联合印发了《关于调整南水北调工程基金上缴额度有关问题的通知》（财综函〔2006〕6号），明确用于东线治污的南水北调工程基金（其中江苏省25亿元、山东省45亿元）由两省包干使用，不再上缴中央国库。2008年10月，经国务院第204次常务会议审议同意，考虑河北省实际困难，在批复南水北调东、中线一期工程可研阶段筹资方案时核减了河北省基金任务20亿元。江苏省、山东省和河北省调整后的基金任务分别为12亿元、27.8亿元和56.1亿元。6省（直辖市）的南水北调工程基金上缴总任务调整为220亿元。

2006年1月，为贯彻落实国务院公布的《南水北调工程基金筹集和使用管理办法》，确保完成南水北调工程基金筹集任务，经国务院批准，财政部、国家发展改革委、国务院南水北调办联合印发了《关于分年度下达南水北调工程基金上缴额度的通知》（财综〔2006〕1号），明确了北京等6省（直辖市）的分年度基金任务，其中东线江苏、山东两省从2005—2007年，中线北京、天津、河北、河南等四省（直辖市）从2005—2010年。

2009年3月，根据2008年国务院南水北调工程建设委员会第三次全体会议确定的工程建设目标（东线一期工程2013年通水；中线一期工程2013年主体工程完工，2014年汛后通水）和以往南水北调工程基金征缴情况，经国务院同意，财政部、国家发展改革委、国务院南水北调办、审计署联合印发了《关于调整南水北调工程基金分年度上缴额度及有关问题的通知》（财综〔2009〕21号），将6省（直辖市）未完成的南水北调工程基金年度上缴任务确定为2008—2012年。

2014年9月，经国务院同意，财政部、国家发展改革委、水利部、国务院南水北调办联合印发了《关于南水北调工程基金有关问题的通知》（财综〔2014〕68号），明确已完成南水北调工程基金任务的北京、天津、江苏、山东、河南等五省（直辖市）取消基金；河北省欠缴的南水北调工程基金46.1亿元，自2014年起分五年均衡上缴中央国库，每年9.22亿元。若河北省仍不能按时完成上缴任务，由财政部将采取财政扣款措施补齐。

2. 基金年度预算收入编制

《南水北调工程基金筹集和使用管理办法》（国办发〔2004〕86号）中明确：南水北调工程基金的使用，由南水北调工程项目法人根据批准的工程设计文件、投资来源和工程建设进度提出年度投资建议计划，报国务院南水北调办审查，并由国务院南水北调办报国家发展改革委审核后，纳入国家固定资产投资计划。由财政部根据批准的南水北调工程年度投资计划和南水北调工程基金收入预算安排资金，并按有关规定办理拨款和进行监督管理。

按照政府性基金预算管理的惯例，在每年具体安排使用南水北调工程基金时，实行"以收定支"原则，即财政部依据下达相关省（直辖市）的南水北调工程基金分年度上缴任务以及各省（直辖市）实际缴纳基金的情况，统筹研究拟定相应年度的南水北调工程基金预算收入数，再由国务院南水北调办编制具体南水北调工程基金支出预算。

从2005年起，财政部开始安排使用南水北调工程基金用于南水北调工程建设。一般来讲，每年 7 月，国务院南水北调办会与财政部协调沟通初步测算的下一年度南水北调工程基金预算收入数，并据此编制南水北调工程基金"一上"预算建议数。每年 10 月，财政部结合最新的南水北调工程基金征缴入库情况，将正式测算下一年度南水北调工程基金预算收入数，并将该测算数作为"一下"预算控制数下达国务院南水北调办，用于编制南水北调工程基金"二上"预算。

以 2012 年为例，受水区 6 省（直辖市）应上缴的南水北调工程基金年度总任务为 32.9 亿元，原则上当年的南水北调工程基金预算收入数应按 32.9 亿元进行编制。但由于多年来相关省（直辖市）未能及时足额完成南水北调工程基金任务，若以年度基金任务数编制基金收入数，则据此编制的基金支出预算将由于没有足够的基金收入而无法执行，进而影响南水北调工程建设资金供应。因此，综合考虑实际可能入库的南水北调工程基金数，财政部按 15.02 亿元编制了 2012 年的南水北调工程基金预算收入数，并将该数作为南水北调工程基金"一下"预算控制数下达国务院南水北调办用于编制南水北调工程基支出预算。

需说明的是，从 2017 年起财政部将南水北调工程基金转为一般公共预算管理，其预算收入编制主要依据《关于南水北调工程基金有关问题的通知》（财综〔2014〕68 号），即河北省 2014—2018 年每年应补交的南水北调工程基金 9.22 亿元。2016 年 11 月，财政部编制并下达国务院南水北调办用于 2017 年南水北调工程建设的一般公共预算（原南水北调工程基金）收入数为 9.22 亿元。南水北调工程使用的南水北调工程基金和后来转为一般公共预算的资金总和，仍按国务院批准的南水北调东、中线一期工程总投资及筹资方案中确定的南水北调工程基金总额控制。

（三）国家重大水利工程建设基金

国家重大水利工程建设基金是南水北调工程财政性资金的重要组成部分，本小节简要介绍该基金的基本情况以及年度预算收入编制。

1. 基金基本情况

根据 2008 年国务院 204 次常务会议原则同意的南水北调东、中线一期主体工程可研阶段增加投资筹资方案，相比南水北调工程总体规划阶段新增的投资规模，利用 2009 年年底三峡工程建设基金停收后的电价空间设立国家重大水利工程建设基金筹集。2009 年 12 月 31 日，经国务院同意，财政部会同发展改革委、水利部印发了《国家重大水利工程建设基金征收使用管理暂行办法》（财综〔2009〕90 号），明确国家重大水利工程建设基金是国家为支持南水北调工程建设、解决三峡工程后续问题以及加强中西部地区重大水利工程建设而设立的政府性基金。

国家重大水利工程建设基金在除西藏以外的全国范围内筹集，按各省（直辖市）扣除国家扶贫开发工作重点县农业排灌用电后的全部销售电量和规定征收标准计征，除企业自备电厂自发自用电量和地方独立电网销售电量外，由省级电网企业收取电费时一并代征。对征收增值税而减少的国家重大水利工程建设基金收入，由财政安排相应资金予以弥补。国家重大水利工程建设基金征收标准沿用三峡工程建设基金征收标准，各省（自治区、直辖市）的基金征收标准从每千瓦时 3.75～14.91 厘不等，征收期限为 2010 年 1 月 1 日至 2019 年 12 月 31 日。

北京、天津、河北、河南、山东、江苏、上海、浙江、安徽、江西、湖北、湖南、广东、重庆等 14 个南水北调和三峡工程直接受益省（直辖市）（以下简称"14 个省份"，参照财综〔2009〕90 号文中采用的简称）电网企业代征的国家重大水利工程建设基金，由财政部驻当地财政监察专员办负责征收并全额上缴中央国库，纳入中央财政预算管理，安排用于南水北调工程建设、三峡工程后续工作和支付三峡工程公益性资产运行维护费用、支付国家重大水利工程建设基金代征手续费，南水北调工程建设与三峡工程后续工作之间的分配比例，财政部暂按75：25掌握。用于南水北调工程的国家重大水利工程建设基金，暂作为中央资本金管理。

山西、内蒙古、辽宁、吉林、黑龙江、福建、广西、海南、四川、贵州、云南、陕西、甘肃、青海、宁夏、新疆等16个南水北调和三峡工程非直接受益省（自治区）电网企业代征的国家重大水利工程建设基金，由当地省级财政部门负责征收并全额上缴省级国库，留给所在省份用于当地重大水利工程建设。

由于国务院南水北调工程建设委员会第三次全体会议确定的工程建设目标与国家重大水利工程建设基金征收期限不同步，经国务院同意，财政部于2010年年初以《关于南水北调工程过渡性融资有关问题的复函》（财综函〔2010〕1号）函复国务院南水北调办，在南水北调工程建设期间，当国家重大水利工程建设基金不能满足南水北调工程投资需要时，先利用银行贷款等过渡性融资解决，再用以后年度征收的国家重大水利工程建设基金偿还贷款本息；国务院南水北调办作为过渡性资金融资主体，负责融资和偿还贷款本息等资金统贷统还工作。

2017年6月，为进一步减轻企业负担，促进实体经济发展，经国务院同意，财政部印发了《关于降低国家重大水利工程建设基金和大中型水库移民后期扶持基金征收标准的通知》（财税〔2017〕51号），将国家重大水利工程建设基金和大中型水库移民后期扶持基金的征收标准统一降低25％。财税〔2017〕51号文还明确，降低征收标准后，两项政府性基金的征收管理、收入划分、使用范围等仍按现行规定执行；各级财政部门要切实做好经费保障工作，妥善安排相关部门和单位预算，保障其依法履行职责，积极支持相关事业发展。

2018年4月，财政部又印发了《关于降低部分政府性基金征收标准的通知》（财税〔2018〕39号），明确将国家重大水利工程建设基金征收标准再统一降低25％，征收标准降低后南水北调、三峡后续规划等中央支出缺口，在适度压减支出，统筹现有资金渠道予以支持的基础上，由中央财政通过其他方式予以适当弥补。地方支出缺口，由地方财政统筹解决。

2. 基金年度预算收入编制

《国家重大水利工程建设基金征收使用管理暂行办法》（财综〔2009〕90号）中明确，14个省份缴入中央国库的国家重大水利工程建设基金，纳入中央财政预算管理。用于南水北调工程建设的国家重大水利工程建设基金，由南水北调工程项目法人根据工程建设进度提出年度投资建议，报国务院南水北调办审查，并由国务院南水北调办报国家发展改革委审核后，纳入国家固定资产投资计划。同时，国务院南水北调办要编制国家重大水利工程建设基金年度支出预算，报财政部审核。财政部根据批准的南水北调工程年度投资计划、国家重大水利工程建设基金收支预算和国家重大水利工程建设基金实际征收入库情况安排资金。

按照政府性基金预算管理的惯例，财政部每年在安排使用国家重大水利工程建设基金时也实行"以收定支"原则，与南水北调工程基金的使用原则一致。每年具体编制国家重大水利工程建设基金的年度预算收入时，由财政部结合14个省份上一年度上缴的国家重大水利工程建设基金情况和预测的年度用电量增长情况，统筹研究拟定下一年度的国家重大水利工程建设基金预算收入数，再由国务院南水北调办编制具体国家重大水利工程建设基金支出预算。

从2010年起，财政部开始安排使用国家重大水利工程建设基金用于南水北调工程建设。一般来讲，每年7月，国务院南水北调办会与财政部协调沟通初步测算的下一年度国家重大水利工程建设基金预算收入数，并据此编制国家重大水利工程建设基金"一上"预算建议数。每年 10 月，结合最新的国家重大水利工程建设基金入库情况，财政部将正式测算下一年度国家重大水利工程建设基金预算收入数，并将该测算数作为"一下"预算控制数下达国务院南水北调办用于编制国家重大水利工程建设基金"二上"预算。

下面，以 2012 年度为例，简要说明国家重大水利工程建设基金的预算收入数编制概况。

2011 年 7 月，财政部初步测算了 2012 年可用于南水北调工程建设的国家重大水利工程建设基金，总额约 152.4 亿元，国务院南水北调办据此编制了国家重大水利工程建设基金支出预算（"一上"）。2011 年 10 月，综合考虑当年国家重大水利工程建设基金征缴入库、以往年度基金结余以及预测的下一年度用电量增长情况，财政部将 2012 年可用于南水北调工程建设的国家重大水利工程建设基金收入数调整为 184.59 亿元，并向国务院南水北调办下达了"一下"预算控制数，国务院南水北调办据此编制了 2012 年国家重大水利工程建设基金支出预算（"二上"），并报财政部审批。

三、南水北调工程财政资金预算支出编制

用于南水北调工程建设的财政资金支出预算，由国务院南水北调办依据国家发展改革委、财政部确定的年度财政资金（包括中央预算内资金、南水北调工程基金和国家重大水利工程建设基金）预算规模，在南水北调工程各项目法人提出的具体工程项目的年度投资计划的基础上，将年度财政资金分别配置到南水北调工程建设的各个具体项目，确定南水北调工程项目法人在建项目的财政资金额度，统一纳入国务院南水北调办的年度部门预算，作为国务院南水北调办机关本级预算的一部分。

国务院南水北调办投资计划司组织各南水北调工程项目法人编制的南水北调工程年度投资建议计划，以及分解下达南水北调工程各项目法人的年度投资计划，都针对各个具体工程项目分别确定了资金来源结构，包括中央预算内投资（含国债专项资金）、南水北调工程基金、国家重大水利工程建设基金和银行贷款。原则上讲，国务院南水北调办经济与财务司每年编制的用于南水北调工程各个具体项目建设的财政资金支出预算，应与当年确定的南水北调工程年度投资计划中对应的财政资金保持一致。但是，从南水北调工程开工建设以来，除了中央预算内资金支出预算能够每年与年度投资计划保持一致外，南水北调工程基金和国家重大水利工程建设基金支出预算，均无法完全做到与年度投资计划保持一致。

下面按照资金来源，分别介绍编制中央预算内资金、南水北调工程基金和国家重大水利工程建设基金支出预算的有关做法。

（一）中央预算内资金

中央预算内投资是南水北调工程建设资金的重要组成部分，作为中央资本金使用。国务院批准的南水北调东、中线一期工程总投资及筹资方案中，分别确定了各南水北调工程项目法人使用的中央预算内资金总金额。依据国家发展改革委确定的年度中央预算内投资规模，国务院南水北调办投资计划司在汇总编制南水北调工程年度投资建议计划时，将年度中央预算内投资分解至各南水北调工程项目法人负责建设管理的各个具体单项工程。国务院南水北调办经济与财务司依据最终报送国家发展改革委的南水北调工程年度投资建议计划，将各个单项工程使用

的相应中央预算内投资，按照"一一对应"原则，相应确定下一年度用于南水北调工程建设的中央预算内资金支出预算方案，包括单项工程名称及其使用的中央预算内投资金额。

在此基础上，国务院南水北调办经济与财务司按照财政部关于编制项目支出预算所需的科目名称、科目编码、项目名称、项目代码、项目单位、项目密级、项目起止年份、项目支出（包括本年拨款、结转资金和其他资金）等要求，具体编制下一年度用于南水北调工程建设的中央预算内资金支出预算，纳入国务院南水北调办部门预算。编制中央预算内资金支出预算表的格式见表5-2-1。

（二）南水北调工程基金

南水北调工程基金是南水北调工程建设资金的重要组成部分，全部作为地方资本金使用。按此原则，江苏省上缴的南水北调工程基金全部用于东线江苏境内工程建设，山东省上缴的南水北调工程基金全部用于东线山东境内工程建设，北京、天津、河北和河南等4省（直辖市）上缴的南水北调工程基金全部用于中线干线工程建设。换句话说，使用南水北调工程基金的南水北调工程项目法人共3家，分别是南水北调东线江苏水源有限责任公司、南水北调东线山东干线有限责任公司和南水北调中线干线工程建设管理局，其余项目法人不使用南水北调工程基金。此外，江苏、山东两省省内的东线截污导流工程使用的南水北调工程基金，按照国家发展改革委直接下达地方的截污导流工程投资计划，由财政部直接拨付江苏、山东两省使用，不纳入国务院南水北调办部门预算管理。

类似于中央预算内投资支出预算，国务院南水北调办在编制南水北调工程基金支出预算时，也是以南水北调工程年度投资计划为依据。国务院南水北调办投资计划司汇总编制的南水北调工程年度投资建议计划和分解下达的年度投资计划，均将南水北调工程基金分解至相关南水北调工程项目法人负责建设管理的各个具体单项工程。但是由于南水北调工程基金实行"以收定支"原则，且相关省（直辖市）不能及时足额上缴南水北调工程基金，致使一些已分解下达项目法人的南水北调工程基金投资计划，无法在下达投资计划的当年拨付到账南水北调工程基金，需要用以后年度征缴的南水北调工程基金来补足。因此，国务院南水北调办经济与财务司编制南水北调工程基金支出预算时，除了考虑南水北调工程年度投资建议计划，还要考虑以前年度下达相应项目法人的南水北调工程基金投资计划资金到账情况。

从2005年开始安排使用南水北调工程基金以来，相比于南水北调工程年度投资建议计划中的南水北调工程基金，历年编制的南水北调工程基金支出预算主要存在两种情况。

（1）年度基金支出预算等于基金投资计划。在这种情况下，主要是国务院南水北调办编制年度投资建议计划中的南水北调工程基金，是完全按照财政部给定的南水北调工程基金支出预算数进行编制，包括使用南水北调工程基金的具体工程项目及投资金额。例如：2005年编制的2006年南水北调工程基金支出预算和年度投资建议计划均为19亿元；2011年编制的2012年南水北调工程基金支出预算和年度投资建议计划均为15.02亿元。

（2）年度基金支出预算大于基金投资计划。在这种情况下，主要是国务院南水北调办编制南水北调工程基金预算时，是在南水北调工程年度投资建议计划基础上，考虑增加弥补以前年度未到账的南水北调工程基金。一般来讲，南水北调工程年度投资建议计划对应的工程项目和投资规模，全部纳入南水北调工程基金支出预算；以前年度未到账的南水北调工程基金，结合

表 5－2－1

填报单位：

一般公共预算项目支出表

科目编码	科目名称（项目）	项目代码	项目单位	二级项目分类	项目密级	项目起止年份		是否发改委基建项目	是否建议纳入绩效评价范围	是否需执行中细化或审批	本 年 支 出					
						起	止				小计	财政拨款	财政拨款结转资金	教育收费安排支出	其他资金
合计															

下一年度可用的基金预算余额予以适当安排。例如：2013 年编制的 2014 年南水北调工程投资建议计划中未安排使用南水北调工程基金，而 2014 年南水北调工程基金支出预算为 15.96 亿元，均用于弥补以前年度下达投资计划未到账资金。

与中央预算内投资支出预算一样，国务院南水北调办经济与财务司研究拟定下一年度用于南水北调工程建设的南水北调工程基金支出预算方案（包括单项工程名称及其使用的南水北调工程基金额度）后，也要按照财政部关于编制项目支出预算所需的科目名称、科目编码、项目名称、项目代码、项目单位、项目密级、项目起止年份、项目支出（包括本年拨款、结转资金和其他资金）等要求，具体编制下一年度用于南水北调工程建设的南水北调工程基金支出预算，纳入国务院南水北调办部门预算。

由于南水北调工程基金属于政府性基金，按照财政部关于政府性基金预算管理的相关要求，编制南水北调工程基金支出预算，采用的是政府性基金预算项目支出表格式见表 5 - 2 - 2。

此外，从 2017 年起财政部将南水北调工程基金转为一般公共预算执行，国务院南水北调办编制用于南水北调工程建设的一般公共预算支出预算表，应参照中央预算内投资支出预算表格式编制。

表 5 - 2 - 2　　　　　　　　政府性基金预算项目支出表

填报单位：

科目编码	科目名称（项目）	项目代码	项目单位	项目密级	项目起止年份		本年支出		
					起	止	小计	财政拨款	财政拨款结转资金
	合 计								

（三）国家重大水利工程建设基金

国家重大水利工程建设基金是南水北调工程建设资金的重要组成部分，暂作为中央资本金管理。由于国务院南水北调工程建设委员会第三次全体会议确定的工程建设目标与国家重大水利工程建设基金征收期限不同步，经国务院同意并由财政部函复明确，国务院南水北调办作为融资主体，需要利用银行贷款等方式从相关金融机构筹借一定规模的南水北调工程过渡性资金，用于落实国家重大水利工程建设基金年度投资计划。换句话说，南水北调工程年度投资计划中的国家重大水利工程建设基金，包括两种资金来源：①财政部通过预算安排的国家重大水利工程建设基金；②国务院南水北调办筹借的南水北调工程过渡性资金（其还本付息资金来源为国家重大水利工程建设基金，相当于预支的国家重大水利工程建设基金）。

南水北调工程过渡性资金，由国务院南水北调办根据工程建设用款需要从相关金融机构筹借并拨付各南水北调工程项目法人使用。年度使用的南水北调工程过渡性资金，不纳入国务院南水北调办部门预算管理，但仍应以已下达的年度投资计划为依据，即各单项工程使用的南水北调工程过渡性资金与财政部拨付的国家重大水利工程建设基金之和，应控制在已分解下达该单项工程的国家重大水利工程建设基金投资计划规模范围内。用于偿还南水北调工程过渡性资金还本付息的国家重大水利工程建设基金，纳入国务院南水北调办部门预算管理。

因此，国务院南水北调办编制的国家重大水利工程建设基金支出预算由三部分构成：①直接用于南水北调工程建设；②用于支付南水北调工程过渡性资金融资费用，包括借款利息、合同印花税及其他费用等；③用于偿还南水北调工程过渡性资金借款本金。

2010—2014年，南水北调工程建设处于高峰期和关键期，且国务院南水北调办尚未开始偿还南水北调工程过渡性资金借款本金。在此期间，国务院南水北调办经济与财务司编制国家重大水利工程建设基金年度支出预算，主要是依据南水北调工程年度投资建议计划中确定的使用国家重大水利工程建设基金的工程项目和投资金额，在财政部提供的下一年度可使用的国家重大水利工程建设基金预算收入数范围内，除预留一部分国家重大水利工程建设基金预算额度用于偿付南水北调工程过渡性资金融资费用（主要是借款利息）外，其余基金预算额度全部安排直接用于南水北调各个单项工程目建设。例如：2012年南水北调工程投资建议计划中的国家重大水利工程建设基金为466.98亿元，当年通过国家重大水利工程建设基金支出预算安排资金总额为184.59亿元，其中直接用于南水北调工程建设的基金预算为155亿元、用于支付南水北调工程过渡性资金融资费用的基金预算为29.59亿元。

2015年起，南水北调工程过渡性资金借款开始进入还款期，且南水北调东、中线一期主体工程已分别于2013年11月和2014年12月通水，南水北调工程各项目法人对工程建设用款的年度资金需求大幅减少。在这个时期，国务院南水北调办编制国家重大水利工程建设基金支出预算的原则也进行了相应调整。即根据南水北调工程年度投资建议计划和已分解下达各项目法人的国家重大水利工程建设基金投资计划资金到位情况，在财政部提供的国家重大水利工程建设基金预算收入范围内，除预留足够基金预算规模用于南水北调工程建设和偿付南水北调工程过渡性资金融资费用外，其余预算额度全部安排用于偿还南水北调工程过渡性资金借款本金。例如：2015年南水北调工程投资建议计划中的国家重大水利工程建设基金为69.00亿元，此外预计2014年年底已下达投资计划中的国家重大水利工程建设基金约有189.26亿元未到账（主要是由于工程建设实际用款进度滞后于投资计划，相应减少了南水北调工程过渡性资金的使用规模）。因此，依据财政部提供的2015年国家重大水利工程建设基金预算收入数，结合2015年工程建设用款需求情况，国务院南水北调办编制的2015年国家重大水利工程建设基金支出预算总额为234.27亿元，其中直接用于南水北调工程建设的基金预算为149.22亿元（当年投资建议计划19.51亿元、以前年度投资计划未到账资金129.71亿元）、用于支付南水北调工程过渡性资金融资费用的基金预算为35亿元、用于偿还南水北调工程过渡性资金借款本金的基金预算为50亿元。

一般来讲，国务院南水北调办编制用于偿还南水北调工程过渡性资金融资费用的国家重大水利工程建设基金预算，需要预留一定的预算规模，防止当年基金预算无法满足偿付过渡性资金借款利息等费用需要。主要原因包括：①编制基金预算时需按照工程年度建设投资计划预测下一年度的过渡性资金用款需求，以确保工程建设资金供应，但下一年度实际提用的过渡性资金与工程建设实际用款进度直接相关，存在一定的不确定性，一般要滞后于年度工程建设计划；②受国家宏观经济和金融形势影响，人民银行可能随时调整人民币存贷款基准利率，相应将影响过渡性资金借款利息支出。

与中央预算内资金、南水北调工程基金支出预算一样，国务院南水北调办经济与财务司研究拟定下一年度用于南水北调工程建设的国家重大水利工程建设基金支出预算方案（包括单项工程名称及其使用的国家重大水利工程建设基金额度）后，也要按照财政部关于编制项目支出预算所需的科目名称、科目编码、项目名称、项目代码、项目单位、项目密级、项目起止年份、本年支出（包括财政拨款、结转资金）等要求，具体编制下一年度国家重大水利工程建设基金支出预算，纳入国务院南水北调办部门预算。

按照财政部关于政府性基金预算管理的相关要求，国家重大水利工程建设基金属于政府性基金，编制国家重大水利工程建设基金支出预算表格式，与编制南水北调工程基金支出预算表格式相同，见表 5-2-2。

此外，由于 2017 年 7 月起降低国家重大水利工程建设基金征收标准，财政部从 2018 年起通过一般公共预算安排资金弥补基金降标的南水北调工程建设资金缺口。编制这部分资金预算的表格式，应按表 5-2-1。

四、南水北调工程财政资金预算执行

用于南水北调工程建设的财政资金预算，是国务院南水北调办机关本级预算的一部分。根据财政部预算管理的相关规定，当年批复的财政资金支出预算应执行到位或完毕，若当年度未执行完毕的财政资金支出预算应结转下一年度继续使用。根据资金用途，可将财政资金支出预算分为两种：①直接用于南水北调工程建设的财政资金预算；②用于过渡性资金还本付息的财政资金预算。下面分别介绍这两种财政资金支出预算的具体执行有关情况。

（一）直接用于南水北调工程建设的财政资金预算执行

1. 年度预算的执行流程

待财政部批复年度部门预算后，国务院南水北调办将其中用于南水北调工程建设的财政资金预算批复给相关南水北调工程项目法人，包括中央预算内资金、南水北调工程基金和国家重大水利工程建设基金支出预算，并明确使用财政资金的具体项目名称、当年预算数、以前年度结转预算数、科目编码等信息。若根据投资计划下达情况，存在尚无法确定项目法人的财政资金支出预算（例如年度投资价差等），国务院南水北调办经济与财务司需要待投资计划管理部门履行相应投资审批程序并分解下达投资计划后，再依据预算和投资计划向相关项目法人分解下达财政资金支出预算。

南水北调工程项目法人依据批复下达的财政资金预算和工程项目的建设进度用款需要，分批向国务院南水北调办申请拨付财政资金。国务院南水北调办审核后，再分批办理向财政部申请拨付财政资金的相关手续，并协调财政部相关司按照国库集中支付制度的要求，将财政资金直接拨付至相关南水北调工程项目法人。至此，若年度预算中确定的财政资金都已拨付至相关项目法人，则作为国务院南水北调办机关本级预算的财政资金支出预算就已执行完毕。

需说明的是，按照财政部关于财政集中支付制度的相关规定，国务院南水北调办向财政部办理申请拨付财政资金的手续，包括两个主要步骤：①申报直接支付用款计划；②报送直接支付申请书及请款说明文件。一般情况下，国务院南水北调办在审核南水北调工程项目法人请款资料的基础上，在财政部国库集中支付专网上同时填报直接支付用款计划和直接支付申请书，并同时报送请款说明的纸质文件。财政部国库司会同财政部农业司审核通过用款计划后，财政部国库司再办理直接支付书的审核手续，最后再将财政资金集中支付至相关南水北调工程项目法人的银行账户。

2. 年度未执行预算的处理

原则上讲，每年用于工程建设的财政资金预算都应执行完毕，但由于投资计划尚未下达，或者相关省（直辖市）未能及时足额上缴南水北调工程基金等原因，致使年度预算中安排用于工程建设的个别项目预算无法执行。

（1）因投资计划尚未下达而无法执行预算。这种情况主要是由于个别项目前期审批工作尚未完成（如初步设计报告、设计变更、年度价差等），致使相应投资计划无法分解下达，但依据年度投资建议计划已经编制了相应的财政资金支出预算。换句话说，由于年度安排的财政资金预算大于实际已下达的投资计划，则超出累计下达投资计划部分的财政资金支出预算将无法执行。对于这种预算，可以有两种处理方式：①结转下一年度继续使用，待年度投资计划分解下达后再向财政部申请拨付至工程项目法人。这种情况，主要是预计当年底或下一年度可以下达相应项目的年度投资计划，结转下一年度的财政资金预算可以执行。例如：对于2015年安排用于中线一期丹江口库区移民安置工程的部分国家重大水利工程建设基金支出预算，国务院南水北调办向财政部申请结转2016年继续使用。②当年申请调减预算。在与投资计划管理部门沟通的基础上，预计后续分解下达投资计划存在较大的不确定性，即使将已编制的部分财政资金预算结转下一年度使用，也可能继续无法得到执行。在这种情况下，国务院南水北调办一般先征询财政部相关司意见，采取申请调减当年财政资金预算的方式予以处理。例如：2016年底，国务院南水北调办向财政部申请调减用于东中线一期工程特殊预备费等5个项目的国家重大水利工程建设基金支出预算。

（2）因财政资金不足而无法执行预算。主要是指南水北调工程基金。自2005年开征基金以来，由于相关省（直辖市）未能及时足额上缴南水北调工程基金，致使部分年度中央国库内的南水北调工程基金无法满足年度预算执行需要。在这种情况下，国务院南水北调办一般与财政部进行协商，采取不申报当年用款计划的方式，将当年无法执行的南水北调工程基金支出预算申请（不结转下一年度使用）。

按照财政部关于国库集中支付制度的相关规定，若国务院南水北调办要申请将当年预算结转下一年度使用，必须先在财政部国库集中支付专网上申报用款计划，待下一年度根据南水北调工程项目法人的请款需求，再报送财政资金集中支付申请。若国务院南水北调办不申请作废将当年预算结转下一年使用，则只要不申报相应用款计划即可，本年度未执行的财政资金支出预算自然不予结转。

（二）用于过渡性资金还本付息的财政资金预算执行

用于南水北调工程过渡性资金还本付息的财政资金，均为国家重大水利工程建设基金。每年3月，财政部批复国务院南水北调办部门预算后，国务院南水北调办将其中用于南水北调工程过渡性资金还本付息的国家重大水利工程建设基金支出预算，批复给国务院南水北调办机关本级具体实施。该支出预算包括两个项目：①南水北调工程过渡性资金融资贷款利息、印花税及其他相关费用支出；②南水北调工程过渡性资金融资贷款偿还本金（2015年起开始编制预算）。下面简要介绍这两个项目支出预算的执行情况。

1. 财政授权支付方式

2010—2016年，经财政部批准，用于南水北调工程过渡性资金还本付息的国家重大水利工程建设基金支出预算，实行与机关行政事业性经费支付方式一致的财政授权支付方式。根据财政部的相关要求，国务院南水北调办依据批复的国家重大水利工程建设基金支出预算，结合南水北调工程过渡性资金还本付息的资金支出需要，按月向财政部申请相应项目的财政授权支付用款计划。在财政部批复的用款计划指标范围内，国务院南水北调办按照与相关金融机构签订的过渡性资金借款合同约定，于每个付息日或还本日前委托基本户开户行（国务院南水北调办基本户开设在中国建设银行），将当批过渡性资金还本付息资金拨付至我办在相关银行开设的贷转存账户，并委托相关银行于每个付息日或还本日的当天直接扣收，或划转至合同约定的相关银行账户。

2. 财政直接支付方式

从2017年起，根据《财政部关于中央预算单位2017年预算执行管理有关问题的通知》（财库〔2016〕207）和《财政部关于中央预算单位财政直接支付有关事项的通知》（财办库〔2016〕481号）有关要求，用于南水北调工程过渡性资金还本付息的国家重大水利工程建设基金支出预算（含2018年起通过一般公共预算安排的资金预算），不再实行财政授权支付方式，改为实行财政直接支付方式。具体操作上，依据批复的国家重大水利工程建设基金支出预算，由国务院南水北调办结合南水北调工程过渡性资金还本付息的资金支出需要，按月向财政部申请相应项目的财政直接支付用款计划，并于每个付息日或还本日前（至少提前3个工作日）向财政部报送财政直接支付申请书及相关材料，财政部审核后再将每次还本付息所需的国家重大水利工程建设基金，于每个付息日或还本日前直接划转至国务院南水北调办在相关银行开设的贷转存账户，由相关银行于每个付息日或还本日的当天直接扣收，或划转至合同约定的银行账户。

国务院南水北调办每次报送财政部国库司用于过渡性资金借款还本付息的财政直接支付申请材料，包括五部分内容：①国库集中支付专网上填制并打印的财政直接支付申请书；②按财政部相关要求填制的财政直接支付情况表及其扫描件，格式见表5-2-3；③国务院南水北调办经济与财务司关于申请拨付过渡性资金还本付息资金的相关说明及其扫描件，说明内容应包括年度预算安排、当次还本付息的金额、金融机构和直接支付时间要求等；④本次过渡性资金还本付息的相关单据扫描件，包括相关金融机构出具的利息单、还本付息通知单，或国务院南水北调办给相关金融机构出具的还款通知单等；⑤本次过渡性资金还本付息所涉及的借款合同扫描件（含补充协议或备忘录）。

3. 年度预算的结转处理

自2010年以来，用于南水北调工程过渡性资金借款还本付息的国家重大水利工程建设基金支出预算基本上能做到执行完毕，尤其是用于偿还过渡性资金借款本金的预算执行进度可达100%。但是用于偿付过渡性资金借款利息的国家重大水利工程建设基金支出预算，由于各年度实际提用的过渡性资金小于上年度预测提用规模、人民币存贷款利率调整等原因，每年预算均存在不同程度的结余。

按照财政部的相关规定，国务院南水北调办一般将当年未能执行的用于偿付过渡性资金借款利息的国家重大水利工程建设基金支出预算，向财政部申请结转下一年度继续使用。与用于南水北调工程建设的财政资金支出预算一样，国务院南水北调办只要在每年 12 月前申报相应资金支出预算的用款计划，待财政部批复用款计划后即可结转下一年度继续使用。

表 5 - 2 - 3　　　　　　　　　　　　财政直接支付情况表

申请单位（财务公章）		经办人及联系电话	
科目编码和名称		项目编码和名称	
预算管理类型		支出类型	
合同简要内容			
合同收款单位 全称及账号			
本次支付所属 合同付款条款			
合同总金额		累计已支付金额 （含授权支付）		本次申请支付金额	
		累计已支付比例 （含授权支付）		本次申请支付比例	

需要说明的事项：

填表说明：

1. 预算管理类型分为基本支出、项目支出。
2. 支出类型应在工程政府采购支出、工程非政府采购支出、货物政府采购支出、货物非政府采购支出、服务政府采购支出、服务非政府采购支出中选择一种填列。

第三节　资金拨付管理

资金线就是生命线，资金拨付是资金运行的关键环节，做好资金拨付管理工作，既是工程建设资金接受财政管理监督、控制资金使用风险的需要，也是保证资金及时拨付到位、工程建设顺利开展的需要。对南水北调工程而言，广义的资金拨付分为三个层次：①国务院南水北调办的资金拨付，主要是工程建设资金从中央拨付至项目法人的过程；②项目法人的资金拨付，既包括项目法人内部不同层级之间自上而下的资金拨付，如公司本级向分支机构的资金拨付，也包括项目法人向有关征地移民机构的资金拨付；③上级征地移民机构向下级征地移民机构的资金拨付。本节重点讨论工程建设资金从中央拨付至项目法人的过程，不涉及项目法人的资金拨付行为。此外，用款单位将工程建设资金支付给货物或劳务提供者的行为，以及征地移民资金的兑付均不在本节的介绍范围之内。

资金的拨付过程如同是行军作战时的粮草输送，粮草辎重从内地的粮仓转运至前线，既要着力保证高效运输、源源不断，又要全力确保物资安全，避免跑冒滴漏。同理，资金拨付管理作为资金使用管理的重要内容，其总体目标是通过规范资金拨付行为，做到"满足供应、提高效率、保障安全"，具体来说：①保证资金及时足额拨付到位，满足工程建设资金需要。资金拨付工作的首要目标是保障资金供应，在依法合规的前提下，通过优化工作方式，提高办事效率，尽量缩短资金请拨周期，在工程建设期，特别是工程建设高峰期，把资金用最短的时间输送到工程建设一线，确保现场资金供应不断顿。②提高资金运行效率，减少资金滞留和积压。通过控制资金拨付节奏和进度，同时在资金拨付过程中把资金使用效率指标作为拨付资金的重要依据，总体上遵循用多少、拨多少的原则，避免资金长时间、大规模在项目法人账上积压。③规范资金拨付行为，确保资金运行安全。资金安全是资金管理的核心目标，资金拨付过程中更要注重手续的完备性与合规性，让整个资金拨付行为形成一个闭合的过程，确保资金运行安全可控，把风险降到最低程度。

南水北调工程资金来源具有多元化特点，主要包括六个部分（资金筹集的相关内容详见第二章第二节）：中央预算内投资、南水北调工程基金、国家重大水利工程建设基金（以下简称"重大水利基金"）、过渡性资金、银团贷款和其他资金来源（企业自筹和地方配套部分资金）。其中，中央预算内资金、南水北调工程基金、重大水利基金均是财政性资金，实行预算管理并纳入国务院南水北调办的部门预算；过渡性资金虽未纳入部门预算，但也属于财政性资金。

如本章第一节和第二节所述，南水北调工程的建设管理实行项目法人责任制，南水北调工程项目法人是工程建设的承担者和责任者。考虑到南水北调工程实际，经财政部同意，南水北调工程建设财政性资金实行国库集中支付到项目法人的方式，即纳入预算的财政性资金由中央国库直接支付给南水北调项目法人；过渡性资金参照国库集中支付制度，由国务院南水北调办向金融机构提取后拨付给南水北调项目法人。此外，南水北调过渡性资金融资费用（含贷款利息、印花税及其他相关费用）也是工程建设资金的一部分，实行财政授权支付方式，在此不做展开，本节重点介绍中央向南水北调项目法人的资金拨付管理行为。

自工程开工建设以来，国务院南水北调办按照相关法律法规和规章制度，针对南水北调工程资金管理工作实际，在与财政部充分沟通的基础上，建立和完善了财政性资金拨付管理的制度体系，分别从财政性资金拨付的总体制度设计、资金申请的依据、程序等方面做出了规定，明确了资金请拨要求，规范了资金拨付流程。按照这些制度规定，南水北调工程财政性资金拨付工作本着统筹调配、精细管理、安全高效的准则，既充分保障了工程建设所需资金及时足额供应，又切实提高了资金使用效率，避免资金积压、滞留，对确保工程建设资金安全运行，防止挤占、挪用资金起到了积极作用。

本节重点介绍南水北调财政性资金拨付的程序，并着重围绕财政性资金的申请、审核和拨付工作进行阐述。

一、南水北调工程财政性资金拨付的程序

通过国库集中支付改革，目前我国已全面实行以国库集中支付为主要方式的财政性资金缴

拨体系。相比于改革前以层层转拨为主要特点的财政性资金拨付方式，国库集中支付所具有的优点包括：①规范了银行账户管理，实行零余额账户为主的账户管理体系，使各级预算单位的全部收支纳入了财务统一管理，彻底清理多头开户问题，保证资金的安全与完整；②国库集中支付改革将预算执行与资金支付有机地结合起来，增加了预算执行信息的透明度；③减少了财政拨款资金传递环节，保证了财政资金及时到位，避免了以往从上级到下级层层转拨的方式所带来的效率低下的问题和资金被截留挪用的风险，降低了财政资金运行成本；④保障了预算执行的严肃性，在审批过程中，基层预算单位提出支付申请的同时，要提供支付的依据，通过对资金申请的审核，使监督关口提前，由事后监督转为事前、事中监督，及时发现问题，就地整改；⑤财政实时监控，通过集中支付系统，财政部可以即时监控各基层单位的支付信息，了解资金支付的收款方、付款方、支付额度、资金类别、款项的用途等，发现疑点，及时发给基层单位进行核实，保证资金支付的有效性；⑥促使财务管理由利益核算型向利益调节型转变，单一核算向综合管理转变，发挥了资金使用效益；⑦真实反映了财政资金的实际支出数，使财政部门对财经形势做出及时、准确的判断。此外，国库集中支付方式还有利于建立健全监督制约机制。

资金拨付本质上是一项程序性工作。而依据法律法规和财经制度，针对南水北调工程实际，规范财政性资金拨付流程，是资金拨付工作的重中之重。国务院南水北调工程建设委员会印发的《南水北调工程建设管理的若干意见》（国调委发〔2004〕5 号）第五十五条规定："南水北调工程建设资金应在国家统一规定的银行账户专账核算，专款专用，严禁挤占和挪用工程建设资金。建设资金（财政拨款部分）应按照财政国库管理制度改革方案的总体要求逐步实现规范化管理。具体实施操作程序，由财政部会同南水北调办按国库集中支付有关管理办法另行制定。"也就是说，南水北调工程财政性资金拨付执行国库集中支付制度，实行财政直接支付方式，但其操作方式又不同于一般意义上的财政直接支付。为便于比较，我们首先对财政直接支付的一般程序进行叙述，在此基础上，详细阐述南水北调财政性资金拨付的程序。

（一）财政直接支付的一般程序

如本章第二节所述，国库集中支付包括财政直接支付和财政授权支付两种方式，其中：财政直接支付是指由财政部向中国人民银行和代理银行签发支付指令，代理银行根据支付指令通过国库单一账户体系将资金直接支付到收款人（即商品或劳务供应商等）或用款单位（即具体申请和使用财政性资金的预算单位）账户。财政授权支付是指预算单位按照财政部的授权，向代理银行签发支付指令，代理银行根据支付指令，在财政部批准的用款额度内，通过国库单一账户体系将资金支付到收款人账户。顾名思义，两者的根本区别在于"谁来支付"：财政直接支付是财政部直接签发支付指令，而财政受托支付是财政部把签发支付指令的权力委托给某个预算单位。

《财政部中国人民银行印发〈中央单位财政国库管理制度改革试点资金支付管理办法〉的通知》（财库〔2002〕28 号）具体规定了财政直接支付的一般程序。此外，针对中央政府性基金的支付管理，财政部于 2007 年专门制定了《中央政府性基金国库集中支付管理暂行办法》（财库〔2007〕112 号）。具体来说该程序包括如下流程：

（1）分月用款计划编制及批复。由预算单位按照年初部门预算控制数或批准的部门预算

（包括调整预算），按季编制分月用款计划，向财政部门申报，并由财政部门正式批复给预算单位。

（2）基层预算单位填写支付申请书。基层预算单位根据经财政部批复和一级预算单位分解下达的分月用款计划，按照用款需要，填写"中央基层预算单位财政直接支付申请书"。

（3）省级管理单位与财政专员办审核。基层预算单位的财政直接支付申请在报一级预算单位之前，应当由其所在省、自治区、直辖市或计划单列市财政监察专员办事处审核签署意见。基层预算单位所在省、自治区、直辖市或计划单列市有省级主管单位的，其财政直接支付申请由省级主管单位审核后报财政专员办签署意见；无省级主管单位的，由基层预算单位直接报财政专员办签署意见。

（4）一级预算单位汇总审核并报财政部。基层预算单位的支付申请经财政专员办与中央单位的省级管理单位审核后，由一级预算单位审核汇总，填写"财政直接支付汇总申请书"报财政部国库支付执行机构。

（5）财政部审核。财政部国库支付执行机构审核一级预算单位提出的汇总支付申请无误后，开具"财政直接支付汇总清算额度通知单"和"财政直接支付凭证"，经财政部国库管理机构加盖印章后，分别送中国人民银行和代理银行。

（6）代理银行支付资金。代理银行根据收到的"财政直接支付凭证"及时将资金支付到收款人或用款单位，并在支付资金的当日将支付信息反馈给财政部。

（7）后续工作。主要包括资金清算工作和预算单位账目处理。

（二）南水北调财政性资金拨付程序

如前文所述，南水北调工程资金来源中的财政性资金，既包括纳入部门预算的财政性资金，也包括过渡性资金。总体而言，财政性资金拨付的程序都是"申请—审核—拨付"，但上述两类财政性资金在这三个环节的主体和具体操作流程等方面存在一定差异，在此分别介绍。

1. 纳入部门预算的财政性资金

中央预算内投资、南水北调工程基金、重大水利基金均采取中央国库直接支付给南水北调项目法人的方式，属于财政直接支付的一种特殊形式。其程序主要包括以下几个方面。

（1）项目法人申请资金。南水北调各项目法人、建设管理单位依据国务院南水北调办下达的基本建设计划、基金支出预算，根据工程建设资金需要，向国务院南水北调办报送申请资金的文件，并编制"项目法人财政直接支付申请书"（一式两份，一份国务院南水北调办经济与财务司留存，一份经审核签章后返还申请单位），报国务院南水北调办审核。需要注意的是，与一般的财政直接支付不同，南水北调项目法人的财政直接支付申请在报一级预算单位，即国务院南水北调办之前，无需报省级财政监察专员办事处审核，这主要是考虑到：一方面，为及时满足工程建设资金需要，保证现场资金不断顿，总体上要求资金拨付程序在确保安全合规的前提下尽可能简化；另一方面，南水北调工程参建单位众多，用款高峰期工程建设资金和库区移民资金支付量大且笔数多，若由财政专员办逐笔审核，工作量极大。因此，经南水北调办与财政部反复沟通，从南水北调工程建设实际，特别是南水北调工程建设实行项目法人责任制的实际出发，最终确定项目法人申请资金环节采取项目法人向国务院南水北调办直接报送资金申请的方式。

（2）国务院南水北调办审核。国务院南水北调办收到项目法人报送的请款文件及"项目法人财政直接支付申请书"后，由经济与财务司负责审核并向办领导报送资金配置签报，经办领导同意后，正式向财政部报送申请拨付财政性资金的申请文件，连同纸质的"财政直接支付申请书"一并上报财政部相关司局，同时在网上报送用款计划及"财政直接支付申请书"。

（3）财政部审核。财政部在收到国务院南水北调办的申请后，由相关司审核确认，并开具"财政直接支付汇总清算额度通知单"和"财政直接支付凭证"，经财政部国库管理机构加盖印章后，分别送人民银行和代理银行。

（4）代理银行支付资金。代理银行根据财政部出具的"财政直接支付凭证"及时将资金直接支付到申请用款的南水北调项目法人账户，并开具"财政直接支付入账通知书"，反馈给国务院南水北调办经济与财务司。要特别指出的是，作为财政直接支付的一种特殊形式，南水北调工程财政性资金支付采取中央国库直接支付到项目法人的形式，而通常情况下的财政直接支付，是资金由国库直接拨付到施工单位、供货单位等货物或劳务供应方。

（5）会计核算。国务院南水北调办及用款项目法人以"财政直接支付入账通知书"作为收到和付出款项的凭证，进行会计核算。中央预算内资金在"基建拨款—本年基建基金拨款"会计科目进行核算；南水北调工程基金在"基建拨款—本年专项建设基金拨款"科目下设三级明细科目"南水北调工程基金"进行核算；重大水利工程建设基金在"基建拨款—本年专项建设基金拨款"科目下设三级明细科目"重大水利工程建设基金"进行核算。

（6）资金清算。代理银行依据财政部相关部门的支付指令，将当日实际支付的资金，按一级预算单位、预算科目汇总，分资金性质填制划款申请凭证并附实际支付清单，与国库单一账户的零余额账户进行清算。人民银行在"财政直接支付汇总清算额度通知单"确定的数额内，根据代理银行每日按实际发生的财政性资金支付金额填制的划款申请与代理银行进行资金清算。

纳入部门预算的财政性资金拨付主要流程如图 5-3-1 所示。

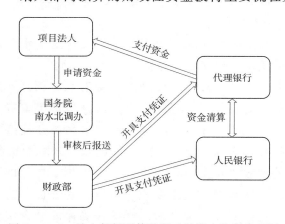

图 5-3-1　纳入部门预算的财政性资金拨付流程图

与一般的财政直接支付方式相比，南水北调财政性资金拨付方式的最大优势，是支付周期和合同结算周期短：一方面，项目法人的资金申请无需省级财政监察专员办审核，简化了中间过程，缩短了资金拨付周期；另一方面，资金支付到项目法人，使得项目法人账上存有一定量的资金用于合同日常结算，可以根据工程现场资金需要，及时与施工单位、供货单位结算，合同结算周期大幅度缩短。一般情况下，国库直接支付到施工单位或供货单位，从施工单位提交合同结算单之日算起，到资金拨付到账，至少需要 3 个月以上；而南水北调财政性资金拨付方式所用的时间要短得多，若项目法人能够在月度资金申请时，准确判断结算进度、准确预计用款情况，在财政性资金能够及时到账的情况下，结算活动相当于只在项目法人与施工单位或供货单位之间开展，可以大大节省时间。尤其是在工程建设高峰期，现场资金结算量大，且对时效要求较高的情况下，南水北调财政性资金所采取的由国库直接支付到项目法人的方式能够较好地满足现场资金供应的需要，取得了很好的效果。总之，财政性资金由财政直接拨付到项目法人的国库集中支付办法，是确保南水北调工程建设资金及时、便捷供应的制度保障，是推进工程建设顺利实施的重要举措。

2. 过渡性资金

本书第二章第二节对过渡性资金已做了详细的介绍，如上文所述，在南水北调工程建设期间，经国务院批准，财政部同意，为解决国家重大水利工程建设基金不能满足南水北调工程投资需要的问题，先利用银行贷款等过渡性融资解决，再用以后年度征收的重大水利基金偿还贷款本息；国务院南水北调办作为过渡性资金融资主体，负责融资和偿还贷款本息等资金统贷统还工作。换言之，过渡性资金虽然是以信贷资金的形式筹集，但其本质上是"提前使用"的重大水利基金，与纳入年度预算的重大水利基金一样按照中央资本金管理，也是财政性资金。过渡性资金由国务院南水北调办承贷，并拨付给项目法人，资金请拨不需财政部审核，也不经由国库支付，其拨付过程如下。

（1）项目法人申请资金。南水北调各项目法人、建设管理单位依据国务院南水北调办下达的重大水利工程建设基金投资计划，以及国务院南水北调办核定的项目法人使用过渡性资金的项目和金额，根据工程建设资金需要，向国务院南水北调办报送申请资金的文件，并编制"项目法人重大水利工程建设基金（预支）支付申请书"（一式两份，一份国务院南水北调办经济与财务司留存，一份经审核签章后返还申请单位）。

（2）国务院南水北调办审核。国务院南水北调办收到项目法人报送的请款文件及"项目法人重大水利工程建设基金（预支）支付申请书"后，由国务院南水北调办经济与财务司负责审核并向国务院南水北调办领导报送请款签报，经国务院南水北调办领导同意后方可拨付资金。

（3）协商提款。基于项目法人的用款需求，根据国务院南水北调办与有关金融机构签订的过渡性资金借款合同，由国务院南水北调办经济与财务司确定提款的金融机构，与其商定提款额度和提款时间，并据此向金融机构出具过渡性资金提款申请书和贷款转存款账户支取申请书。

（4）金融机构放款。有关金融机构在收到提款申请书和贷款转存款账户支取申请书后，据此在指定的时间，将资金直接支付至有关项目法人的账户上，并将回单送国务院南水北调办。

（5）会计核算。南水北调项目法人收到过渡性资金后，先在"上级拨入投资借款"会计科目下设二级明细科目"重大水利工程建设基金（预支）"进行核算。待财政部分批下达偿还过渡性资金的重大水利工程建设基金工程建设支出，将原来在"上级拨入投资借款—重大水利工程建设基金（预支）"会计科目核算的过渡性资金转入"基建拨款—本年专项建设基金拨款—重大水利工程建设基金"会计科目进行核算。

（6）债务证实。国务院南水北调办在收到金融机构送达的回单后，向金融机构出具"南水北调工程资金债务证实书"，证明双方债权债务关系成立。

过渡性资金拨付主要流程如图 5-3-2 所示。

由上文可知，财政性资金的拨付程序涉及项目法人（征地移民资金还涉及征地移民机构）、国务院南水北调办、财政部和金融机构等多个主体，在工程建设期，特别是高峰期，工程现场对资金拨付时效性的要求较高，为充分保障工程建设现场的资金需求，国务院南水北调办出台

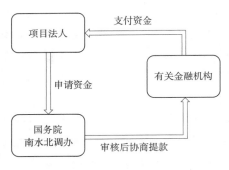

图 5-3-2　过渡性资金拨付主要流程图

规定，要求项目法人依据工程建设进度，准确预测下个月工程建设资金需要，严格控制当月资金余额，依据《关于进一步规范南水北调工程建设资金管理相关事项的通知》（国调办经财〔2010〕180 号）的相关要求，于每月 20 日前将申请拨付下个月资金材料报送国务院南水北调办。国务院南水北调办经济与财务司在 3 个工作日内分析各项目法人报送的请款材料，研究提出下个月资金配置方案并报办领导审批。待办领导批复后，经济与财务司在 1 个工作日内按国务院南水北调办核准的各项目法人下个月资金需求及资金结构，审核项目法人报送的财政预算资金和过渡性资金支付申请书，并通知相关项目法人，如需修改应尽快重新报送支付申请书。对过渡性资金，国务院南水北调办结合各相关金融机构可用信贷资金规模，在 2 个工作日内办理提交各相关金融机构的提取拨付过渡性资金手续，并力争在 5 个工作日内将资金拨付到位。对财政预算资金，国务院南水北调办按财政部国库集中支付和部门预算管理的相关要求，在 3 个工作日内办理报送财政部的申请拨付资金文件及财政直接支付申请书，并积极配合财政部做好资金拨付审核工作，协调财政部在 8 个工作日内将资金拨付到位。上述规定最大限度地加快了资金拨付进度，对保障工程建设资金需要起到了重要作用。

如上文所述，南水北调财政性资金拨付的流程都可以简单归纳为"申请—审核—拨付"三个环节，而资金拨付管理工作，就是在理顺资金拨付程序的基础上，规范各环节行为，确保资金拨付的时效性和安全性。下面针对资金拨付的申请、审核和拨付三个环节分别具体论述。

二、南水北调工程财政性资金拨付申请

从时序上来讲，南水北调工程项目法人向国务院南水北调办报送财政性资金申请，是财政性资金拨付行为的第一环节。自南水北调工程开工建设以来，国务院南水北调办出台了一系列规章制度，以规范项目法人的资金请拨行为。《南水北调工程建设资金管理办法》第三十一条规定："项目法人应依据工程建设进度及资金支付需要，分次申请中央预算内资金和南水北调工程基金拨款。资金拨付申请应说明申请资金规模的理由，报告上次已拨付到位资金的使用、结余情况和本次申请资金的使用计划。"项目法人申请拨付财政性资金，必须有明确的依据、理由充分，且格式规范。具体如下。

（一）财政性资金拨付申请的依据

国务院南水北调办于 2010 年印发了《关于进一步规范南水北调工程建设资金管理有关事项的通知》（国调办经财〔2010〕180 号），在《南水北调工程建设资金管理办法》的基础上，对财政性资金拨付申请的依据予以明确：各项目法人申请拨付中央预算内资金、南水北调工程基金和重大水利基金的依据，是国务院南水北调办下达的基本建设、基金支出预算，以及国务院南水北调办核定的项目法人资金需求和资金结构；申请拨付过渡性资金的依据，是国务院南水北调办下达的重大水利工程建设基金投资计划，以及国务院南水北调办核定的项目法人使用过渡性资金项目和金额。归纳起来，由国务院南水北调办分解下达的基本建设投资计划、部门

预算是财政性资金请拨的首要依据，此外，国务院南水北调办核定的资金结构和额度也是项目法人申请拨付资金时的重要依据。

1. 基本建设投资计划

作为国家大型基础设施建设项目，南水北调工程投资纳入中央财政性建设投资计划，实行年度投资计划管理。每年分解下达的投资计划明确了项目法人可以申请的资金总额以及各类资金来源的结构，项目法人各类资金请拨都必须依据南水北调办分解下达至项目法人的年度投资计划，换言之，有计划才能拨付资金。依据《南水北调工程建设管理的若干意见》（国调委发〔2004〕5号）规定，南水北调主体工程的年度投资计划由项目法人根据工程总体建设进度要求编制，经南水北调办审查、汇总平衡后，报发展改革委并纳入国家固定资产投资计划。南水北调主体工程的年度投资计划由发展改革委下达南水北调办，南水北调办据此组织编制分解细化的投资计划下达到项目法人，同时抄送发展改革委备案；项目法人依据南水北调办下达的投资计划，结合工程建设实际进展和有关合同，组织投资计划的实施。本书第三章第二节对南水北调年度投资计划管理作了详细介绍，本节不再赘述。

需要解释的是，过渡性资金申请的依据是国务院南水北调办分解下达的重大水利工程建设基金投资计划，这是因为过渡性资金是为解决重大水利基金不能满足南水北调工程投资需要的问题，先利用银行贷款等过渡性融资解决，再用以后年度征收的重大水利基金偿还贷款本息，本质是预支形式的重大水利基金。在下达年度计划时，对纳入部门预算的重大水利基金和过渡性资金并不进行区分，年度投资计划安排的重大水利基金中具体使用多少过渡性资金，要取决于部门预算中安排了多少重大水利基金，无法通过部门预算解决的部分通过过渡性资金安排。

2. 部门预算

南水北调工程建设资金中，中央预算内投资、南水北调工程基金、重大水利基金实行财政基本建设支出预算管理，并纳入国务院南水北调办部门预算中。每年基本建设支出预算的编制同样要经过"二上二下"的申报和批复程序，在财政部批复国务院南水北调办"二下"预算后，国务院南水北调办据此将基本支出项目预算分解并批复给项目法人，将财政性资金配置到南水北调工程的具体单项或单元工程，确定各项目法人在建项目的财政性资金额度。项目法人申请使用中央预算内投资、南水北调工程基金或重大水利基金，必须依据预算，没有预算安排不得使用财政性资金。本章第二节对财政性资金预算管理制度做了专门介绍，本节也不再赘述。

3. 国务院南水北调办核定的资金结构和额度

国务院南水北调办分解下达的投资计划和部门预算，决定了各项目法人能够申请的资金结构和额度，包括使用哪一类资金、可用多少、用于哪些项目等。在月度资金申请前，项目法人要提前与国务院南水北调办沟通，在既定的总体资金结构和额度之下，本月申请哪一类资金、申请哪一个具体的单项或单元工程的计划资金、申请多少资金，并依据沟通结果申请资金。资金申请经国务院南水北调办核定后，如核定的结果与申请的结果不一致，则项目法人要按照核定的结果重新报送直接支付申请书。

（二）财政性资金拨付申请的理由

在工程建设期，资金拨付工作需遵循既保障用款需求、又提高资金使用效率的原则，要求各项目法人依据工程建设进度，在准确预测工程建设资金需要的基础上，分次申请拨付资金，保持申请拨付资金规模与实际支付资金规模相衔接。这就对国务院南水北调办资金拨付进度管理和项目法人资金使用管理的能力提出了较高要求，既要保证当月申请的资金能够满足近期资金支付和兑付的需要，又不能造成资金积压，基本实现"当月申请拨付资金＝当月资金支出需要"，或"上月末账面资金余额（少量）＋当月申请拨付资金＝当月资金需要"。也正因如此，国务院南水北调办要求各项目法人在申请财政性资金时，必须按照上述原则充分阐述资金申请的理由。

根据国务院南水北调办《关于进一步规范南水北调工程建设资金管理有关事项的通知》（国调办经财〔2010〕180号）要求，项目法人在申请财政性资金时，应当说明以下四个方面的情况：①本单位所管辖各项目的投资完成及预付款情况；②上次申请拨付到位资金的使用和结余情况，包括支付工程进度款、材料设备款、前期工作经费及主要合同支付进度等；③申请拨付资金时本单位和相关省（直辖市）南水北调征地移民机构的账面资金结余情况，并附加盖单位公章的银行存款总账余额账页和银行对账单；④本次申请资金的支付范围及各项目按月资金需求情况，并附各项目资金需求情况表。简而言之，上述的四个方面可以归纳为"干了多少事""花了多少钱""还剩多少钱""还要多少钱和要钱做什么"。下面对这四方面做进一步分析。

1. 本单位所管辖各项目的投资完成及预付款情况

工程投资完成情况是以货币形式表现的投资实物量，是反映工程建设进度的关键指标，而资金支付量是为工程建设实际支出的货币量，两者之间存在紧密联系，完成投资最终要体现在资金支付上。除了用于投资完成部分的资金支付，工程预付款也是资金使用的重要方面。项目法人在申请资金时说明各项目的投资完成及预付款情况，主要是为了便于分析资金使用和工程建设进度之间的关系，从投资完成角度为资金使用提供依据。

2. 上次申请拨付到位资金的使用和结余情况

这一指标是说明资金使用效率的重要佐证，由于工程建设资金是按月申请，前一个月的资金使用情况是本月资金申请和拨付的重要参考，如果上月申请的资金与实际的资金支付基本契合、结余较少，可以基本反映出项目法人资金需求预测能力和把握资金支付进度的能力。

3. 申请拨付资金时本单位和相关省（直辖市）南水北调征地移民机构的账面资金结余情况

账面资金结余情况是反映资金使用效率的关键指标，账面资金结余过大且长期积存，将造成资金使用效率低下，甚至可能影响资金使用安全。国务院南水北调办对此高度重视，在2011年专门下发《关于控制南水北调系统各单位账面资金余额有关事项的通知》（综经财函〔2011〕170号），明确要求项目法人和省级征地移民机构要高度重视资金精细化管理，着力提高资金使用效率，统筹安排使用资金，控制银行存款账面余额，并将账面资金余额作为申请拨付资金的依据。仅从数量的角度来看，账面资金结余情况也反映了下个月的月初可使用的资金数量，结合下个月的资金使用需求量，就可以判断本月需申请的资金数量。

4. 本次申请资金的支付范围及各项目按月资金需求情况

这是申请财政性资金需要详细阐述的重要指标，也是直接参考，需要说明申请的资金用于哪些项目、用于什么用途，并按照"使用多少申请多少"的原则确定金额，以明确申请资金的正当性。

综上所述，项目法人必须按照依据充分、理由充足的原则申请财政性资金。在实际工作中，在项目法人向国务院南水北调办报送申请财政性资金的文件之前，会与国务院南水北调办经济与财务司沟通，说明资金需求情况，并根据投资计划下达、预算批复和政府性基金入库数额等情况，协商确定申请资金的金额、资金来源和请款项目等事宜，这样主要是便于国务院南水北调办从全局的角度统筹考虑，合理配置各类资金，也避免项目法人报送的资金申请在合规性、合理性和可行性等方面出现问题造成反复，减少无效工作和重复工作。

（三）财政性资金拨付申请的具体格式

项目法人向国务院南水北调办申请财政性资金，需报送正式的资金申请文件，如实阐明所需资金规模的理由，报送所管辖各项目本月及下个月的资金需求情况及有关材料，同时随文报送工程资金需求情况表（表5-3-1）和支付申请书。资金需求表主要是用于统计和汇总项目法人负责项目的投资计划下达情况、资金到位情况、投资完成情况和月底资金需求情况；填写支付申请书，是财政部国库集中支付的要求，依据资金种类的不同分为"项目法人财政直接支付申请书"（表5-3-2）和"项目法人重大水利工程建设基金（预支）支付申请书"（表5-3-3），前者用于项目法人申请中央预算内资金、南水北调工程基金、重大水利基金，后者用于项目法人申请过渡性资金。"项目法人财政直接支付申请书"和"项目法人重大水利工程建设基金（预支）支付申请书"均为两联，第一联退申请单位，第二联国务院南水北调办经济与财务司留存。

三、南水北调工程财政性资金拨付审核

项目法人向国务院南水北调办报送财政性资金拨付申请（含申请拨付财政性资金的文件、"项目法人财政直接支付申请书"或"项目法人重大水利工程建设基金（预支）支付申请书"及相关申请资料）后，资金拨付工作就进入了审核程序。对于纳入部门预算的财政性资金，需先后经过国务院南水北调办和财政部两道审核程序；对于过渡性资金，则只需要南水北调办进行审核即可。国务院南水北调办对财政资金拨付审核的重点是申请依据是否合规、申请理由是否充分、所申请的资金是否可用等，并据此核定用款项目、资金来源和资金量。

由于南水北调工程财政性资金拨付程序的特殊性，国务院南水北调办对项目法人报送资金拨付申请的审核具有关键作用。由于南水北调项目法人的财政直接支付申请在报一级预算单位，即国务院南水北调办之前，无需报省级财政监察专员办事处审核，也就是说，对于中央预算内资金、南水北调工程基金、重大水利基金等纳入部门预算的财政性资金而言，国务院南水北调办的资金审核是在报财政部审核前的唯一一道关口，对资金使用的合规性负有重要的管理责任；而对于过渡性资金的拨付，国务院南水北调办的审核更是唯一的上级部门审核环节。因此，明确财政性资金拨付审核的原则和方法对于保障资金拨付工作高效合规、乃至确保南水北调工程资金使用安全具有重要意义。在此重点介绍国务院南水北调办对项目法人财政性资金申请的审核原则、制度规定和程序，财政部对纳入部门预算的财政性资金申请审核在此不做展开。

（一）财政性资金审核原则

南水北调办对项目法人申请拨付财政性资金申请的核查，重点是所申请资金项目的投资计

表 5-3-1

南水北调东中线一期工程资金需求情况表

编制单位（盖章）：

截至 年 月 日 账面资金余额：

单位：万元

序号	项目名称	投资来源	已批复概算投资	投资计划下达情况			资金到位情况			投资完成情况		预付款余额	月资金需求情况			备注
				累计下达	其中		累计到位	其中		累计完成	其中		合计	其中		
					以前年度下达	当年下达		以前年度投资计划到位资金	当年投资计划到位资金		当年完成			月	月	
	合计	合计														
		中央预算内投资														
		国债专项资金														
		南水北调基金														
		重大水利基金（预支）														
		银行贷款														
1	项目1	合计														
		中央预算内投资														
		国债专项资金														
		南水北调基金														
		重大水利基金（预支）														
		银行贷款														
2	项目2	……														
……	……															

制表人及电话：

审核人： 制表日期： 年 月 日

注：

1. 表中重大水利基金是指财政直接拨付项目法人的国家重大水利工程建设基金。
2. 表中重大水利基金（预支）是指因重大水利基金不能满足需要时，国务院南水北调办通过银行贷款等过渡性融资预先支付使用的重大水利基金。
3. 项目法人统计投资计划下达情况时，重大水利基金与重大水利基金（预支）合并统计，以国务院南水北调办下达的重大水利基金投资计划为准。

表 5 - 3 - 2

项目法人财政直接支付申请书

（单位公章）

年　月　日

单位：元

申请单位		预算科目		项目名称	收款人			申请金额	国务院南水北调办核定金额	备注
机构代码	名称	编码	名称		全称	开户银行	银行账号			
合　计										

国务院南水北调办核定金额合计（大写）：

申请单位（签章）				国务院南水北调办经财司						备　注
单位负责人	财务负责人	经办人		负责人	经济处		财务处			
					负责人	经办人	负责人	经办人		
月　日	月　日	月　日		月　日	月　日	月　日	月　日	月　日		

申请单位联系电话：

表 5-3-3

项目法人重大水利工程建设基金（预支）支付申请书

（单位公章）

年　月　日

单位：元

申请单位		项目名称	收款人			申请金额	国务院南水北调办核定金额	备注
名称	机构代码		全称	开户银行	银行账号			
			合　计					

国务院南水北调办核定金额合计（大写）：

申请单位（签章）				国务院南水北调办经财司				
单位负责人	财务负责人	经办人		负责人	经济处		财务处	备　注
					负责人	经办人	负责人	经办人
月　日	月　日	月　日		月　日	月　日	月　日	月　日	月　日

申请单位联系电话：

划和预算、南水北调工程项目法人及其所属建设管理单位的账面资金量和所预测资金需求的可靠性等，涉及征地移民机构用款的，还要核实征地移民机构账面资金量和所预测资金需求的可靠性等。审核把握的主要方面如下。

1. 申请依据是否充分

重点审核项目法人申请财政性资金的结构和金额是否依据投资计划。具体到指标上，主要是看：①申请资金的具体项目累计下达的投资计划总额和资金结构、累计到账资金总额和结构，由此可以计算得出该项目对应投资计划尚未到账的资金总额和结构，如果项目法人申请的各类资金数额小于或等于相应资金来源对应计划未到账的额度，则满足投资计划管理要求；②如项目法人申请中央预算内资金、南水北调工程基金或重大水利基金，需要审核申请资金的具体项目累计下达的预算总额和资金结构、累计到账资金总额和结构，由此可以计算得出该项目对应部门预算尚未到账的资金总额和结构，如果项目法人申请的纳入部门预算资金数额小于或等于相应资金来源对应预算未到账的额度，则满足预算管理要求。满足上述两项要求，即可认为项目法人申请资金的依据充分。

2. 有利于提高资金使用效率

重点审核项目法人是否能够在保障资金使用安全合规的前提下，提高工程建设资金使用效率，满足工程建设进度要求，减少账面资金积存。具体到指标上，主要是看：①上次申请财政性资金的使用情况和支付进度，这些情况主要在项目法人申请资金的文件中反映，主要包括上次申请资金的数额、到账时间、使用情况（哪些项目、具体用途）；②截至发文时间项目法人或征地移民情况账面资金积存情况。一方面，上次申请的财政性资金应在本次申请资金之前得到有效使用，账面积存的资金须得到有效控制，基本不存在资金闲置；另一方面，上次申请资金应得到高效使用，由此说明上次财政性资金申请是基于对资金使用需求的准确预测而做出的，在一定程度上反映出项目法人或征地移民机构资金需求预测的可靠性。如上次申请资金使用效率不高，账面积存资金过大，原则上不予拨付财政性资金。

3. 应有明确具体的资金用途

重点审核项目法人或省级征地移民机构申请财政性资金的用途，对于较大额度的资金申请，还要审核具体使用资金的项目法人所属建设管理单位或地市级征地移民机构的资金需求情况。

除审核上述方面以外，若项目法人申请的资金是南水北调工程基金或重大水利基金，还要考虑两项基金的实际入库情况。在国库中可用的政府性基金数额能够满足资金需求的情况下，才可以向财政部申请使用；在国库内的基金不能满足需要的情况下，如项目法人申请的是重大水利基金，国务院南水北调办将考虑向金融机构提取过渡性资金拨付给项目法人。基金入库情况由国务院南水北调办经济与财务司每月向财政部农业司致电询问，随时掌握国库内可用的基金数额。

（二）财政性资金审核的要点

为保障资金审核工作的规范性和严肃性，既能给予项目法人资金申请活动以明确的指示，同时也减少审核的随意性和自由裁量性，国务院南水北调办就资金审核工作做出了明确规定，并随着工程建设进度的推进和资金使用管理形势的转变不断完善，力求让资金审核活动成为确保资金安全的重要一环。按照上述原则，国务院南水北调办在审核项目法人的财政性资金申请时，主要的审核要点包括：

（1）南水北调各项目法人、建设管理单位提供的各项资料是否齐全，是否按规定的程序进行申报，签字盖章是否齐全。

（2）南水北调各项目法人、建设管理单位是否按规定填写《项目法人财政直接支付申请书》、《项目法人重大水利工程建设基金（预支）支付申请书》、手续是否完备、有关凭证是否齐全。

（3）南水北调各项目法人、建设管理单位的支付申请所列项目是否符合项目概算、项目预算和用款计划。在国务院南水北调办预算批复下达前，项目资金申请是否按照财政部的结余资金处理办法、财政部下达的用款计划和预算控制数执行。对项目涉及的年度预算和用款计划是否超出预算或无对应的用款计划。

（4）南水北调各项目法人、建设管理单位是否根据合同条款支付资金，结算金额与申报金额是否一致。包括付款时间、付款方式、供货商账号等是否符合合同条款。

（5）南水北调各项目法人、建设管理单位是否按项目进度申请使用资金，是否按照监理认定的工程进度款支付，工程竣工结算是否按照规定程序办理相关手续。

（6）南水北调各项目法人、建设管理单位报送资金支付申请资料时，如果有签章不全、手续不全、报送材料不全等情况，应予以补盖印章、补办手续或补报有关材料等。

（7）南水北调各项目法人、建设管理单位账面资金是否过大或存在不合理积存资金。

按照以上要点，国务院南水北调办在对各项目法人、建设管理单位提出的申请审核中发现有下列情形的，一般不予处理：①未按规定程序申请使用资金；②无预算、超预算使用资金，无用款计划、超用款计划使用资金；③未按照政府采购相关文件规定进行政府采购；④无法提供有效的支付申请资料；⑤自行扩大预算支出范围申请使用资金；⑥资金申请与工程进度不符；⑦资金申请与合同支付条款不符；⑧账面资金过大或存在不合理积存。

当审核结果与各项目法人、建设管理单位申请意见不一致时，双方按规定进行协商确定最终是否支付。

（三）财政性资金审核程序

国务院南水北调办收到项目法人报来的财政性资金申请文件后，由经济与财务司审核其申请依据、理由及相关方面的合规性后，向国务院南水北调办领导报送关于资金配置意见的请示，简要说明项目法人申请资金的金额及用途，项目法人或征地移民机构账面资金积存情况，提出拟拨付项目法人的资金结构和具体金额意见，并说明配置理由。

待办领导批准资金配置意见后，根据安排资金的种类分别办理下一步工作手续：如安排拨付过渡性资金，则由国务院南水北调办与金融机构协商提款，进入资金拨付环节；如安排拨付纳入预算的财政性资金，则由国务院南水北调办再向财政部报送申请拨付财政性资金的函。按照财政部要求，国务院南水北调办应在文件中说明以下情况：①申请资金的项目法人；②该项目法人上次申请财政性资金的到账时间、金额及使用情况，截至本次申请资金时该项目法人账面财政性资金余额；③本次申请资金的项目、申请资金的种类（中央预算内资金、南水北调工程基金或重大水利基金）及金额，申请资金的用途；④本次申请资金的项目，所申请的资金种类累计下达投资计划、批复预算及已到账资金情况。在报送资金申请文稿的同时，国务院南水北调办将在网上报送用款计划，并办理纳入部门预算财政性资金申请程序，一并报财政部。

四、南水北调工程财政性资金的拨付

项目法人报送的财政性资金申请经国务院南水北调办审核同意后，即进入资金拨付环节。如上文所述，纳入部门预算的财政性资金和过渡性资金的拨付存在较大差异：前者需由国务院南水北调办向财政部报送申请拨付财政性资金的文件以及财政性资金国库集中支付申请书，经财政部核查无误后履行国库集中支付手续，将财政性资金直接拨付项目法人；后者则由国务院南水北调办与签订过渡性资金借款合同的金融机构协商提款，要求该金融机构在指定日期将所提取的借款金额直接支付至南水北调工程项目法人账户。

（一）纳入部门预算的财政性资金

如经审核同意拨付纳入部门预算的财政性资金，其拨付程序具体如下。

1. 核对项目法人财政直接支付申请书

如上文所述，在项目法人向国务院南水北调办报送申请财政性资金的文件之前，会与国务院南水北调办经济与财务司沟通，按照沟通结果，如果拟配置中央预算内资金、南水北调工程基金或重大水利基金，项目法人将向国务院南水北调办报送财政直接支付申请书。资金申请经国务院南水北调办经济与财务司审核并报办领导核定后，经济与财务司将对项目法人报来的财政直接支付申请书进行核对。如果经核定的最终配置方案与最初的沟通结果不完全相同，尤其是请款项目和资金来源如果发生变化，则需要项目法人按照最终核定的资金配置方案，重新报送财政直接支付申请书〔如核定的资金配置方案决定配置过渡性资金，则需要项目法人另外报送重大水利工程建设基金（预支）支付申请书〕；如果经核定的配置意见与沟通一致，则由国务院南水北调办再次核对项目法人填写并报送的财政直接支付申请书是否存在填写错误（包括申请单位机构代码、申请单位名称、预算科目编码、预算科目名称、项目名称及收款人信息等，此外还需核对申请单位签章是否规范、准确），如有错误则同样需要项目法人重新报送财政直接支付申请书。

2. 按照审核结果填写财政直接支付申请书

经核对确认财政直接支付申请书中应由项目法人填写的部分正确无误后，由国务院南水北调办经济与财务司按照审核结果填写财政直接支付申请书中的"国务院南水北调办核定金额"，由国务院南水北调办经济与财务司经济处和财务处两个处室的经办人和主要负责人签字，最后由经济与财务司负责人签字。

3. 网上办理财政性资金申请手续

按照经审核的财政直接支付申请书，由国务院南水北调办经济与财务司办理网上资金申请手续，即通过国库集中支付系统录入用款申请，需正确输入预算单位信息、项目法人信息及申请资金的性质、金额等，在网上提交申请。同时系统将生成国库集中支付财政直接支付申请书，由国务院南水北调办打印后盖章。

4. 向财政部报送财政性资金申请

国务院南水北调办向财政部报送申请拨付财政性资金的函以及打印并盖章的财政直接支付申请书一并报送财政部办公厅。

5. 财政部审核

财政部办公厅将国务院南水北调办的资金申请文件批办给主管业务司（农业司），由主管

业务司审核申请用款单位的预算批复和执行情况，以及所申请资金的可用情况，出具审核意见。之后，再由财政部国库支付管理业务司进行核准。

6. 拨付资金

财政国库支付执行机构根据批复的部门预算和资金使用计划及相关要求对支付申请审核无误后，向代理银行发出支付令，并通知中国人民银行国库部门，通过代理银行进入全国银行清算系统实时清算，财政资金从国库单一账户划拨到申请资金的项目法人开设的银行账户。南水北调财政直接支付均通过转账方式进行。放款后，代理银行将向国务院南水北调办发送汇款凭证。

（二）过渡性资金

经审核同意拨付过渡性资金的，其拨付程序具体如下。

1. 核对项目法人重大水利工程建设基金（预支）支付申请书

同样的，项目法人资金申请经国务院南水北调办经济与财务司审核并报办领导核定后，经济与财务司将对项目法人报来的重大水利工程建设基金（预支）支付申请书进行核对。如果经核定的最终配置方案与最初的沟通结果不完全相同，尤其是请款项目和资金来源如果发生变化，则需要项目法人按照最终核定的资金配置方案，重新报送重大水利工程建设基金（预支）支付申请书（如核定的资金配置方案决定配置中央预算内资金、南水北调工程基金或重大水利基金，则需要项目法人另外报送财政直接支付申请书）；如果经核定的配置意见与沟通一致，则由国务院南水北调办再次核对项目法人填写并报送的重大水利工程建设基金（预支）支付申请书是否存在填写错误（包括申请单位机构代码、申请单位名称、项目名称及收款人信息等，此外还需核对申请单位签章是否规范、准确），如有错误则同样需要项目法人重新报送重大水利工程建设基金（预支）支付申请书。

2. 按照审核结果填写重大水利工程建设基金（预支）支付申请书

经核对确认重大水利工程建设基金（预支）支付申请书中应由项目法人填写的部分正确无误后，由国务院南水北调办经济与财务司按照审核结果填写重大水利工程建设基金（预支）支付申请书中的"国务院南水北调办核定金额"，同时由国务院南水北调办经济与财务司经济处和财务处两个处室的经办人和主要负责人签字，最后由经济与财务司负责人签字。

3. 与金融机构协商提款事宜

在资金配置环节，若拟安排过渡性资金拨付给项目法人，则国务院南水北调办会提前与签订了过渡性资金借款合同的金融机构沟通，询问在指定的时间段内是否可以从该金融机构提款。这主要是应对金融市场流动性不足、银行放款较为困难时，避免配置了过渡性资金后面临金融机构没有放款额度、不能及时拨付资金的问题。如一家或几家金融机构承诺能够及时放款，则国务院南水北调办会与相关金融机构达成口头要约，由金融机构安排用款额度。待国务院南水北调办完成对项目法人用款申请的审核后，若确定安排过渡性资金拨付给项目法人，则由经济与财务司与之前达成口头要约的金融机构进行沟通，在前期协商的基础上，商定提款金额和提款时间。

4. 书面通知金融机构

按照资金配置意见以及与金融机构商定的提取过渡性资金的有关事宜，由国务院南水北调办经济与财务司按照过渡性资金借款合同约定，在提款前5个工作日内填写书面的《提款申请书（代借据）》（表5-3-4）和《贷转存账户支取申请书》（表5-3-5），由经济与财务司经办人、复核人和主要负责人签字，加盖国务院南水北调办公章后送达相关金融机构（从太平资产管理公司提取过渡性资金，还需填写单位汇款委托书）。

5. 金融机构放款

金融机构在正式收到国务院南水北调办发出的过渡性资金提款申请书后，于指定的放款日期，将过渡性资金通过国务院南水北调办在该金融机构开立的贷款转存款账户（国务院南水北调办在兴业银行开设过渡性资金贷转存账户，用于太平资产管理公司过渡性资金的拨付，以及向太平资产管理公司偿还本金和利息）拨付至用款项目法人指定的银行账户中。放款后，金融机构向国务院南水北调办出具汇款凭证。

6. 出具债务证实书

国务院南水北调办在收到金融机构送达的银行汇款凭证回单后5个工作日内，向金融机构出具"南水北调工程资金债务证实书"，证明双方债权债务关系成立。

表5-3-4　　　　　　　　　　　提款申请书（代借据）

资金提取行		联系人	
地址		电话	
日期		地点	北京

提款信息			
乙方名称		借款合同编号	
申请提款金额/元		经办人	
累计已提金额/元		合同总额	
提款日		提款利率	
提款用途		到期日	
		首次付息日	

提款方式及要求：

请将上述申请款项划往我公司以下账户：

户名	
开户行	
账号	
现代化支付系统行号	

经办人：　　　　　复核人：　　　　　法定代表人（或授权人）：　　　　　（公章）

批准提款金额		期限				借款账号	

表 5-3-5 贷转存账户支取申请书

_____ 支行：

我办申请_____年_____月_____日从贷转存账户中提取人民币_____元（大写：人民币_____元），账户信息如下：

资金汇出账户信息

开户银行		账户户名	
账号		现代化支付系统行号	

资金汇入账户信息

汇入金额		汇入金额	
开户银行		开户银行	
账户户名		账户户名	
账号		账号	
现代化支付系统行号		现代化支付系统行号	
汇入金额		汇入金额	
开户银行		开户银行	
账户户名		账户户名	
账号		账号	
现代化支付系统行号		现代化支付系统行号	

提款申请单位（公章）　　　　　　　　　　　　有权签字人签字（章）

年　　月　　日

第四节　价款支付管理

工程价款支付应依据相关法律法规、规章制度和合同约定，严格遵循支付审核审批程序，从严审核支付内容，依据工程价款支付规范进行支付。工程价款一律通过银行结算，不得用现金支付。工程价款必须支付到合同约定的户名和账号。收款方变更户名、开户银行和账号，应该出具盖有其法人公章和法定代表人签字的书面证明。工程价款最终结清前，应该全面清理合同执行和验收情况，妥善处理完相关遗留问题，方可最终结清工程价款。

一、南水北调工程价款支付程序及其要求

（一）工程价款支付程序

工程价款支付应严格履行以下程序。①工程承包方提出工程价款支付申请；②工程监理方对工程承包方的支付申请进行审核；③南水北调工程建设现场管理机构的工程部门、合同管理

部门、财务部门进行审核;④南水北调工程建设现场管理机构负责人审批;⑤承包方提供有效票据,其中预付款(退保留金)要提供收据,结算进度款提供合法的正式发票,正式发票要加盖单位发票专用章或财务专用章;⑥南水北调工程项目法人的内部职能部门再分别进行审核,经项目法人负责人审核签字后再由其财务部门支付工程款。

(二)工程价款支付要求

为避免合同纠纷和防范资金风险,工程价款应按照以下要求支付。

(1)工程价款的支付方式。可使用银行汇票、本票、转账支票等进行支付,杜绝现金结算和背书转让。

(2)工程价款必须支付到合同约定的户名及账号。承包方拟变更户名、开户银行及账号,应出具盖有其法人公章、法定代表人签字的书面证明。

(3)南水北调工程建设现场管理机构应依据合同、合同量清单,建立合同支付台账,控制工程价款的支付过程。建设现场管理机构的财务部门应定期与工程部门、监理及承包方对工程价款支付情况进行核对,以保证工程价款支付的连续性、准确性。

(4)按规定比例提留的质量保证金,在工程保修期满后,未出现质量缺陷应按合同规定的条款支付,支付须经监理单位签字认可。

二、南水北调工程价款的申请

根据合同约定,工程价款一般包括预付款、进度款和质量保证金。

(一)工程预付款的申请

工程预付款一般包括土建预付款和设备预付款。

(1)土建预付款申请。土建预付款用于承包人为合同工程施工购置材料、工程设备、施工设备、修建临时设施以及组织施工队伍进场等。预付款的总金额为签约合同价的10%,分两次支付给承包人。第一次预付款金额一般为工程预付款总金额的70%,由承包人向发包人提交发包人认可的银行出具的工程预付款保函(保函金额为签约合同价的10%)和书面支付申请。第二次预付款金额一般为工程预付款总金额的30%。付款时间需待承包人主要设备进入施工工地后,其估算价值已达到本次预付款金额时,由承包人提出书面支付申请。

(2)设备预付款申请。发包人和承包人签订合同协议书后,在设备卖方提交下列单据并经确认无误后,据此设备买方提出书面支付申请,30日内支付给设备卖方合同总价的30%作为预付款。设备卖方需提供下列资料:①由设备卖方到银行开立以买方为受益人的预付款银行保函正本和副本各1份,其保函金额为合同总价的30%,预付款银行保函自预付款支付之日至第二次付款时止;②设备合同总价30%的收据正本1份,复印件4份。

(二)土建进度款申请

土建进度款申请应先对合同工程量清单中的工程量实际完成情况进行计量,并经监理人复核后办理进度款申请手续。

1. 工程量计量

计量采用国家法定的计量单位。合同工程量清单中的工程量计算规则应遵守本行业的工程量计算规范，工程量清单项目的计价规则应与技术条款载明的项目实物标准相对应。合同工程量清单中，各专业工程项目的计量单位、计价规则和实物标准在技术条款各专业工程章中规定。单价子目已完成工程量按月计量，总价子目的计量周期按批准的支付分解报告确定。

（1）单价子目的计量。已标价工程量清单中的单价子目工程量为估算工程量。结算工程量是承包人实际完成的，并按合同约定的计量方法进行计量的工程量。承包人对已完成的工程进行计量，向监理人提交进度付款申请单、已完成工程量报表和有关计量资料。监理人对承包人提交的工程量报表进行复核，以确定实际完成的工程量。对数量有异议的，监理人可要求承包人按合同约定共同进行复核和抽样复测，承包人应协助监理人进行复核并按监理人要求提供补充计量资料。承包人未按监理人要求参加复核，监理人复核或修正的工程量视为承包人实际完成的工程量。监理人认为有必要时，可通知承包人共同进行联合测量、计量，承包人应遵照执行。承包人完成工程量清单中每个子目的工程量后，监理人应要求承包人派员共同对每个子目的历次计量报表进行汇总，以核实最终结算工程量。监理人可要求承包人提供补充计量资料，以确定最后一次进度付款的准确工程量。承包人未按监理人要求派员参加的，监理人最终核实的工程量视为承包人完成该子目的准确工程量。

（2）总价子目的计量。总价子目的计量和支付应以总价为基础，不因物价波动引起的价格调整而进行调整。承包人实际完成的工程量，是进行工程目标管理和控制进度支付的依据。承包人应将工程量清单中的各总价子目进行分解，并在签订协议书后的28日内将各子目的总价支付分解表提交监理人审批。分解表应标明其所属子目和分阶段需支付的金额。承包人应按批准的各总价子目支付周期内，对已完成的总价子目进行计量，确定分项的应付金额列入进度付款申请单中。总价子目的工程量仅供承包人参考，其计量支付在技术条款的各清单子目对应的专业工程章节中规定。承包人在合同约定的每个计量周期内对已完成的工程进行计量，并向监理人提交进度付款申请单、合同总价支付分解表所表示的阶段性或分项计量的支持性资料，以及所达到工程形象目标或分阶段需完成的工程量和有关计量资料。监理人对承包人提交的上述资料进行复核，以确定分阶段实际完成的工程形象目标和工程量。对其有异议的，可要求承包人进行共同复核。除约定的变更外，总价子目的工程量是承包人用于结算的最终工程量。

2. 进度付款申请单

承包人应在每个付款周期末，按监理人批准的格式和专用合同条款约定的份数，向监理人提交进度付款申请单，并附相应的支持性证明文件。工程进度付款申请单应包括下列内容：①已完成的《工程量清单》中的工程项目及其他项目的应付金额；②经监理人签认的当月计日工支付凭证标明的应付金额；③按合同约定的价格调整金额；④按合同约定应由发包人扣还的工程材料款金额；⑤按合同约定应由发包人扣还的工程预付款金额；⑥按合同约定应由发包人扣留的质量保证金金额；⑦按合同约定承包人应有权得到的其他金额，如质量目标措施费和安全目标措施费等；⑧按合同约定应由承包人付给发包人的其他金额。

（三）设备进度款申请

根据合同约定，设备制造完成后运至买方工地即可申请进度款。

1. 设备到工验货付款

设备卖方在全部设备运至设备买方工地，经监理人和买方验收合格，设备买卖双方签署验收单后，由设备卖方提供下列单据申请支付设备到工进度款。①设备的税务发票（金额为该批设备价格的100％）；②收款收据（金额为该批设备价格的45％）；③设备发货清单；④设备质量检验合格证明；⑤设备货运提单；⑥经设备买卖双方签字的验收单。

2. 试运行验收支付

设备试运行验收合格后，设备卖方应提交验收支付设备试运行验收款的书面申请，并提供金额为设备合同总价25％的税务发票（正本1份，复印件4份），设备移交证书复印件一式5份。

（四）质量保证金返回申请

质量保证金（或称保留金），是指按合同约定在工程进度款中扣留用于保证在缺陷责任期内履行缺陷修复义务的金额。监理人应从第一个付款周期开始，在发包人的进度付款中，按月进度款的10％扣留质量保证金，直至扣留的质量保证金总额达到工程合同价的5％为止。质量保证金的计算额度不包括预付款的支付、扣回以及价格调整的金额。

1. 缺陷责任期

工程缺陷责任期从工程通过合同工程完工验收后开始计算，一般为1年。工程完工验收后，承包人应向发包人递交经过承包人法定代表人签字的"工程质量保修书"。在承包人递交了"工程质量保修书"以及完成施工场地清理后，发包人应向承包人颁发经过单位法定代表人签字的"合同项目完成证书"。承包人应在缺陷责任期内对已交付使用的工程承担缺陷责任。缺陷责任期内，发包人对已接收使用的工程负责日常维护工作。发包人在使用过程中，发现已接收的工程存在新的缺陷或已修复的缺陷部位或部件又遭损坏的，承包人应负责修复，直至检验合格为止。监理人和承包人应共同查清缺陷和（或）损坏的原因。经查明属承包人原因造成的，应由承包人承担修复和查验的费用；经查验属发包人原因造成的，发包人应承担修复和查验的费用，并支付承包人合理利润。承包人不能在合理时间内修复缺陷的，发包人可自行修复或委托其他人修复，所需费用和利润由承包人承担。由于承包人原因造成某项缺陷或损坏使某项工程或工程设备不能按原定目标使用而需要再次检查、检验和修复的，发包人有权要求承包人相应延长缺陷责任期，但缺陷责任期最长不超过2年。缺陷责任期满后30个工作日内，发包人应向承包人颁发工程质量保修责任终止证书，但保修责任范围内的质量缺陷未处理完成的应除外。

2. 质量保证金返回申请

缺陷责任期满时，承包人根据发包人颁发的工程质量保修责任终止证书，提出发包人到期应支付给承包人剩余的质量保证金申请报监理人。缺陷责任期满，承包人没有完成缺陷责任的，发包人有权扣留与未履行责任剩余工作所需金额相应的质量保证金余额，并有权要求延长缺陷责任期，直至完成剩余工作为止。

（五）竣工验收与竣工结算申请

通过工程竣工验收，承包人收到发包人颁发的工程接受证书后，应对施工场地进行清理，人员、施工设备和临时工程均应撤离施工场地或拆除，提出竣工结算申请和最终结清申请。

1. 竣工验收

竣工验收指承包人完成了全部合同工作后，发包人按合同要求进行的合同项目完成验收。

国家验收是国家有关部门根据法律、规范、规程和政策要求，针对发包人全面组织实施的整个工程正式交付投运前的验收。需要进行国家验收的，竣工验收是国家验收的一部分。竣工验收所采用的各项验收和评定标准应符合国家验收标准。发包人和承包人为竣工验收提供的各项竣工验收资料应符合国家验收的要求。当工程具备以下条件时，承包人即可向监理人提交竣工验收申请报告：①除监理人同意列入缺陷责任期内完成的尾工（甩项）工程和缺陷修补工作外，合同范围内的全部单位工程以及有关工作，包括合同要求的试验、试运行以及检验和验收均已完成，并符合合同要求；②已按合同约定的内容和份数备齐了符合要求的竣工资料。按照南水北调有关规定提供（一式 8 份）完工资料应包括（但不限于）工程实施概况和大事记、已完工程移交清单（包括工程设备）、永久工程竣工图、列入保修期继续施工的尾工工程项目清单、未完成的缺陷修复清单、施工期的观测资料、监理人指示应列入完工报告的各类施工文件、施工原始记录（含图片和录像资料）以及其他应补充的完工资料；③已按监理人的要求编制了在缺陷责任期内完成的尾工（甩项）工程和缺陷修补工作清单以及相应施工计划；④监理人要求在竣工验收前应完成的其他工作；⑤监理人要求提交的竣工验收资料清单。

2. 验收

监理人收到承包人提交的竣工验收申请报告后，应审查申请报告的各项内容，并区别不同情况进行处理。监理人审查后认为尚不具备竣工验收条件的，应在收到竣工验收申请报告后的 28 日内通知承包人，指出在颁发接收证书前承包人还需进行的工作内容。承包人完成监理人提出的全部工作后，再重新提交竣工验收申请报告；监理人审查后认为已具备竣工验收条件的，应在收到竣工验收申请报告后的 28 日内提请发包人进行工程验收；发包人经过验收后同意接受工程的，应在监理人收到竣工验收申请报告后的 56 日内，由监理人向承包人出具经发包人签认的工程接收证书。发包人验收后提出整修要求的，限期修好。整修工作完成后，经监理人复查合格，发包人同意，再向承包人出具工程接收证书；发包人验收后不同意接收工程的，监理人应按照发包人的验收意见发出指示，要求承包人对不合格工程进行返修处理，并承担由此发生的费用。承包人在完成不合格工程的返修工作后，应重新提交竣工验收申请报告；经验收合格工程的实际竣工日期，以提交竣工验收申请报告的日期为准，并在工程接收证书中写明。若发包人对验收日期另有特殊要求的，可在《专用合同条款》中另行约定；发包人在收到承包人竣工验收申请报告 56 日后未进行验收的，应承担第 56 日后的延误补偿责任，但发包人由于不可抗力不能进行验收的除外。

3. 竣工清场

除合同另有约定外，工程接收证书颁发后，承包人应对施工场地进行清理，确保施工场地内残留的垃圾已全部清除出场；临时工程已拆除，场地已按合同要求进行清理、平整或复原；按合同约定应撤离的承包人设备和剩余的材料，包括废弃的施工设备和材料，已按计划撤离施工场地；工程建筑物周边及其附近道路、河道的施工堆积物，已按监理人指示全部清理；监理人指示的其他场地清理工作已全部完成。直至监理人检验合格为止。竣工清场费用由承包人承担。

承包人未按监理人的要求恢复临时占地，或者场地清理未达到合同约定的，发包人有权委托其他人恢复或清理，所发生的金额从拟支付给承包人的款项中扣除。

4. 施工队伍的撤离

工程接收证书颁发后的 56 日内，除了经监理人同意需在缺陷责任期内继续工作和使用的人员、施工设备和临时工程外，其余的人员、施工设备和临时工程均应撤离施工场地或拆除。除合同另有约定外，缺陷责任期满时，承包人的人员和施工设备应全部撤离施工场地。

5. 竣工付款申请单

工程接收证书颁发后 28 日内，承包人应按监理人批准的格式提交竣工付款申请单一式 4 份，并提供相关证明材料。竣工付款申请单至少应包括下列内容：竣工结算合同总价、发包人已支付承包人的工程价款、应扣留的质量保证金、应支付的竣工付款金额等。监理人对竣工付款申请单有异议的，有权要求承包人进行修正和提供补充资料。经监理人和承包人协商后，由承包人重新向监理人提交修正后的竣工付款申请单。

6. 最终结清申请单

最终结清证书记载的价款是发包人依据合同支付的合同总金额。经竣工审计部门审计后，若最终结清数据有误，发包人保留按照审计部门意见追索的权利。缺陷责任期终止证书签发后，承包人可按监理人批准的格式向监理人提交最终结清申请单一式 4 份，并提供相关证明材料。发包人对最终结清申请单内容有异议的，有权要求承包人进行修正和提供补充资料，由承包人向监理人提交修正后的最终结清申请单。

设备质保期满、最终验收合格，卖方提交设备最终验收合格证书复印件一式 5 份经买方审核无误后 30 日内，支付剩余设备款：

三、南水北调工程价款的审核

工程价款支付应严格审核，审核应依据合同约定，按照工程量清单，区别合同总价项目和单价项目分别审核承包人申报的工程价款。

（一）土建进度款支付审核

1. 施工辅助设施

施工辅助设施工作项目包括：施工测量、现场试验、施工交通、施工供电、施工供水、施工供风、施工照明、施工通信、混凝土系统、施工附属工厂、仓库、存料场、弃料场、临时码头、办公和生活建筑设施等。

现场施工测量的全部费用。现场施工测量包括按合同约定由承包人测设的施工控制网，以及工程施工阶段的全部施工测量放样工作。现场施工测量的全部费用包括其所需的测量设备和设施配置、控制网点及其桩位的测设费用。工程施工期的施工放样以及检查验收测量等的费用均应摊入有关工程项目的价格中，发包人不再另行支付。

现场试验分为现场室内试验、现场工艺试验和现场生产性试验，现场室内试验。承包人进行现场试验室的建设及其试验设备的配置，应按工程量清单所列措施项目的总价支付。施工过程中，承包人在现场进行的材料试验、抽样试验、配合比试验、物理力学试验等的费用，均应包括在工程量清单所列各工程项目的施工费用中，发包人不再另行支付。为各工程项目的质量检查、检验和验收，以及在现场试验中按本技术条款规定进行的试件取样费用均应包括在各工程措施项目的施工费用内，发包人不再另行支付。现场工艺试验。现场工艺试验的场地及其工艺试验所需使用施工设备、材料和辅助设施等的费用，应按本合同工程量清单所列措施项目的总价支付，总价中应包括试验设备的检修和维护等的费用。现场生产性试验。除合同约定的大型现场生产性试验项目可由发包人按工程量清单所列措施项目的总价进行支付外，各项现场生产性试验的费用，均应包括在各工程项目的施工费用内，发包人不再另行支付。

施工交通。除合同另有约定外，承包人修建场内施工道路的费用应按工程量清单所列的措施项目分项列报。总价中应包括场内施工道路的设计、施工、交通管理、道路养护等所需的全部费用。场外公共交通的费用：除合同约定需要由承包人为场外公共交通修建的临近设施外，承包人在施工场地外的一切交通费用，均由承包人自行承担，发包人不再另行支付。承包人承担的超大、超重件运输，均由承包人自行承担其所需的费用，发包人不再另行支付。若实际启运时，超大、超重件的尺寸和（或）重量超出合同约定的限度时，其增加的费用由发包人承担。

施工供电。承包人的施工用电系统建设管理费用应按工程量清单所列的措施项目列报。总价中应包括承包人向供电部门申请施工期间临时用电费用和供电部门提供的施工电源接口输出端至所有施工区和生活区的输电线路、配电所及其全部配电装置和功率补偿装置（包括事故备用电源）的设计和施工；设备和装置的配置、安装、调试、管理和维修等的全部费用。施工和生活用电费用已包含在施工项目的单（总）价中，发包人不再另行支付。施工用电量以工程施工和生活用电的实耗量进行计量，由承包人按与供电部门商订的价格直接向供电部门支付。

施工供水。承包人负责工程的生产和生活供水，承包人的施工用水系统建设管理费用应按工程量清单所列的措施项目列报。费用中包括施工供水系统（包括引水、储水和水处理设施）的设计和施工、供水设备的配置、安装、管理和维修所需的全部费用。施工和生活用水费用已包含在施工项目的单（总）价中，发包人不再另行支付。

施工供风。除合同另有约定外，施工供风系统的建设管理费用，应按工程量清单所列的措施项目总价列报，总价中包括施工供风系统的设计、施工、设备配置和安装、运行管理、维护及拆除等的全部费用。施工用风费用已包含在施工项目的单（总）价中，发包人不再另行支付。

施工照明。除合同另有约定外，施工照明系统的建设管理费用，应按工程量清单所列的措施项目总价列报，总价中包括照明系统的设计和施工、设备配置和安装、管理和维护及拆除等的全部费用。

施工通信和邮政服务。除合同另有约定外，承包人设置现场施工通信和邮政服务设施的建设管理费用，包括其施工通信和邮政服务设施的设计、施工、设备配置和安装，以及运行管理和维修等所需的全部费用，均应摊入有关工程项目的价格中，发包人不再另行支付。

混凝土生产系统。承包人的混凝土生产系统的建设管理费用应按工程量清单所列的措施项目总价列报。总价中应包括混凝土生产系统的设计及其混凝土生产设备（包括混凝土骨料储存设施与混凝土温控设施）的配置、安装材料的采购和运输，以及混凝土生产系统的设计、施工、安装等所需的全部费用。各工程项目混凝土的生产、运输、浇筑所需的费用应摊入混凝土浇筑体的每立方米单价中，发包人不再另行支付。

附属加工厂。承包人修建各附属加工厂的全部费用，应按工程量清单所列措施项目的总价进行支付，总价中包括其所需设备材料的采购、运输、验收和存放，以及各附属加工厂的设计、施工、安装、管理和维修等的全部费用。

仓库和存料场。承包人修建上述仓库或存料场的全部费用，应按工程量清单所列的措施项目总价列报，总价中包括其所需的设备配置和材料的采购、运输、验收，以及各仓库或存料场的设计、施工、安装、管理和维修等的全部费用。

临时生产管理和生活设施。承包人修建临时生产管理和生活设施的全部费用，应按工程量清单所列措施项目的总价列报，总价中包括其所需的设备配置和材料的采购、运输、验收，以及生产和生活建筑设施的管理和维护所需的全部费用。承包人使用或租用发包人提供的临时生产管理和生活设施，其所需的管理费用和租金应分摊在本合同各工程项目的单价或总价内，发包人不再另行支付。除工程量清单措施项目所列的总价项目外，未列入其他临时设施项目的建设费用及其相关费用均已包括在各永久工程项目的单价或总价内，发包人不再另行支付。

临时码头。承包人修建临时码头的全部费用，应按工程量清单所列措施项目的总价列报，总价中包括其所需的材料的采购、码头施工、吊装设备配置、验收以及临时码头管理和维护所需的全部费用。承包人使用或租用他人临时码头，其所需的管理费用和租金应分摊在本合同各工程项目的单价或总价内，发包人不再另行支付。

2. 施工安全措施

施工安全措施包括现场施工劳动保护、工程和人员保险、照明、场内交通、消防、洪水和气象灾害保护和安全监测等。各工程项目专项施工的安全措施费用，均应包括在《工程量清单》各项目的单价中，发包人不再另行支付。

承包人为工程总体保护的安全费用、非直接用于工程项目施工的安全措施费用、不可抗力和自然灾害发生的安全措施费用、承包人按发包人要求对发生事故和突发事件采取的应急处理费用、应急预案的处置费用，以及为实施合同规定的、不属于摊入项目单价的安全措施费用，均应按工程量清单措施项目所上报工程量经监理人审核、发包人批准按实支付。

文明工地创建措施费按工程量清单措施项目进行报价，发包人组织监理人对承包人进行考核，根据考核结果支付。

安全生产及文明工地创建目标措施费的支付：其中的80％作为安全生产目标措施费，20％作为文明工地创建目标措施费。安全生产目标措施费由发包人（或委托监理人）根据工程现场安全生产状况、历次安全生产检查情况并结合安全生产考核情况在合同项目完成验收后酌情支付，如工程范围内发生等级安全事故或造成人员伤亡事故，此项费用将不予支付；承包人应按照国务院南水北调办等有关文明工地规定做好文明工地创建各项工作，文明工地创建措施费由发包人（或委托监理人）根据承包人文明工地创建实际投入情况和创建成果酌情分年度支付。

承包人应积极配合领导视察、安全生产、文明工地创建等活动的各级检查、指导，因此产生的费用含在报价中。

3. 环境保护和水土保持

环境保护和水土保持主要工作范围和内容包括污水和废水处理、工程范围内的大气环境保护、工程范围内的声环境保护、生产区及生活区的固体废弃物处理、本工程涉及的生态环境保护、生产区和生活区的施工期人群健康保护、工程存渣弃渣场的水土保持、工程施工场地与大面积开挖地区的水土保持以及工程完工后的场地清理（包括土地复耕与植被恢复等）。

河床基坑初期排水，以及施工期经常性排水及其废水处理费用，均应包括工程量清单所列措施项目的总价中，发包人不再另行支付。

承包人施工场地和生活区的生产生活用水设施（包括净水设备和装置）应包括在施工辅助设施的相关项目中，并以工程量清单所列施工用水措施项目的总价支付。总价中包括生产生活用水设施施工及水处理设备和装置的采购、安装和运行监测等全部费用。

混凝土生产的废水处理设施应包括在施工辅助设施所列混凝土生产系统的相关项目中，并以工程量清单所列措施项目总价中的进行支付。

机械修理及汽车修理的油废水处理设施（或措施）的费用应列入施工辅助设施所列的附属加工厂项目中，并按工程量清单所列措施项目总价支付。

施工场地和生活区其他零星污水、废弃物和生活垃圾的处理费用均应计入相应的工程项目单价或总价中，发包人不再另行支付。

大气环境保护措施和声环境保护措施的费用，均按工程量清单所列措施项目的总价进行支付。总价中应包括全部工程所需的各项监测设备和设施的采购、施工和安装，以及经常性测试等的费用。

各工程项目或"辅助设施"项目的固体废弃物处理措施费用均包括在各自相应的《工程量清单》项目的单价或总价中，发包人不再另行支付。

列入生态保护、水土保持等的各工程项目，如渣场和场内交通的工程防护与其水土保持设施、施工场地环境恢复工程和辅助设施，以及为环境恢复的林草植被种植措施等，均应以工程量清单相应措施项目的单价（或总价）进行计量支付。措施项目的单价（或总价）中应包括上述生态保护、水土保持等的各工程项目与环境恢复工程和辅助设施等项目的设计、施工、设备安装、运行、监测，以及植被种植和养护（包括林草恢复期的维护管理）等的全部费用。

4. 施工导截流工程

施工导截流工程包括施工期导流工程、泵站上、下游施工围堰；基坑降排水和工程区的安全度汛等项目，包括导流工程、工程区上下游截流围堰填筑、河道及建筑物基坑雨积水排除、建筑物的基坑降排水、截流围堰及海漫抛石的拆除。上述工程项目的工作内容包括施工期导流运行管理、引河防护（汛期应急抛石）、临时机组架设及运行、施工围堰的填筑、维护和拆除；施工期间对上、下游河道的水位观测、导流建筑物的维护；基坑降排水系统的设计、施工、运行、维护以及封堵和拆除；材料、设备的供应和试验检验；以及按合同规定的质量检查和验收等工作。

工程的施工期的施工导流措施、基坑排水、安全度汛等，按《工程量清单》所列措施项目总价进行支付。

围堰的填筑（含冲泥管袋）、维护、运行管理、围堰拆除和清理按《工程量清单》所列土方填筑工程项目总价进行计量和支付。围堰防渗设施施工及拆除按《工程量清单》所列基础工程项目单价进行计量和支付。

工程施工期的导流工程及导流工程措施拆除与恢复等，按《工程量清单》所列措施项目总价进行支付。

5. 土方开挖工程

土方开挖工程包括各项永久工程和临时工程建筑物（如土料场、道路、房屋基础等）的基础与边坡开挖，引河开挖（含围堰外河道局部疏浚），围堰拆除以及其他监理人指示的土方开挖工程。其开挖工作内容包括：场地清理、土方开挖、施工期排水、边坡稳定监测、完工验收前的维护，以及将开挖可利用或废弃的土方运至监理人指定的堆放区、弃土区并按环境保护和水土保持要求加以保护、治理等工作。

除合同另有规定外，土方开挖工程按《工程量清单》中所列项目的总价进行支付。总价支付包括土方开挖项目的土方开挖、装卸、运输及其植被清理、表土开挖、场地内原有构筑物拆除、弃土处理、弃渣处理、边坡整治、基础和边坡面的保护、检查和验收以及地面平整等所需全部人工、机械设备、材料等费用；包括承包人按监理人指示进行工程区复测的费用和对土料场进行复核、复勘的费用以及取样试验的所需费用；还应包括一切为土方明挖所需的临时性排水费用（如排水设备的采购、安装、运行和维修等）；水下开挖土方工程的总价支付还应包括排泥管架设、排泥场围堰、隔埂、泄水口、排水渠和截、导水沟等工程一切费用。

在施工前或在开挖过程中，监理人对施工图纸作出的修改，其相应的工程量应按监理人签发的设计修改图进行计算，属于变更范畴的应按合同规定办理。

除合同另有规定外，土料分区堆放，而使用的全部人工、设备的费用包括取土、含水量调整、土料运输和堆料场的整理与堆放等，均应包含在土方填筑工程所列项目的总价中。凡挖填平衡所需的重复土方，均含于相应报价中，不另行支付。

土方开挖工程项目的计量和支付除遵守上述规定外还应当与遵守《水利工程工程量清单计价规范》（GB 50501—2007）相应项目的规定。

6. 土方填筑工程

土方填筑工程包括引河堤防填筑、站身及翼墙墙后土方回填（含膨胀土改良回填）、进站道路路基铺筑及管理区土方回填等的施工。其工作内容包括土料平衡；现场土料开采膨胀土掺灰改良、加工和运输；堤防墙后土的填筑（含2‰石灰沙化）、碾压、接缝处理、路基铺筑、管理区土方平整；抛石、滤层填筑等各项工作内容的质量检查和验收等。

除合同另有规定外，土方填筑工程按《工程量清单》中所列项目的总价进行支付。总价支付包括填筑所需的料场清理、填料开采、加工、运输、堆存、试验、膨胀土沙化、膨胀土改良掺灰拌和、填筑、碾压、土料填筑过程中的含水量调整以及质量检查和验收等工作所需的全部人工、材料及使用设备和辅助设施等一切费用；包括承包人按监理人指示进行工程区复测的费用和对土料场进行复核、复勘、土方平衡的费用以及现场生产性试验所需的费用。

施工期雨水、渗水排除，排水龙沟、机塘开挖，施工场内道路、临时马道、边坡、河底、堆土区整平等各杂项工程经费均已包含在正项土方单价中。

路基路面铺筑工程应按施工图纸所示各种填筑体的尺寸或经监理人批准的实测工程量，按《工程量清单》中所列项目的每立方米单价进行支付。路基路面铺筑各种填料的每立方米单价中，已包括填筑所需的基面清理、填料加工、运输、堆存、试验、填筑以及质量检查和验收等工作所需的全部人工、材料及使用设备和辅助设施等一切费用。

在施工前或在填筑过程中，监理人对施工图纸作出的修改，其相应的工程量应按监理人签发的设计修改图进行计算，属于变更范畴的应按合同规定办理。

土工合成材料工程量应以铺设后实际测量的挡水面面积，以每平方米为单位计量，其接缝搭接的面积和折皱面积不再另行计算。土工合成材料的铺设以工程量清单所列项目的每平方米单价或经监理人批准变更后的该项目单价支付。土工合成材料拼接所用的黏结剂、焊接剂和缝合细线等材料的提供及抽样检验等所需的全部费用应包括在土工合成材料的每平方米单价中，发包人不再另行支付。

反滤料按施工图纸所示的轮廓尺寸以立方米为单位计量,并按《工程量清单》所列项目的每立方米单价进行支付。因滤层施工需要所进行的基础面清理、土方开挖和施工排水,均应包括在反滤料工程项目每立方米单价中,不单独计量支付。

路基路面铺筑工程应按施工图纸所示各种填筑体的尺寸或经监理人批准的实测工程量,按《工程量清单》中所列项目的单价进行支付。路基路面铺筑各种填料的每平方米单价中,已包括填筑所需的基面清理、填料加工、运输、堆存、试验、填筑以及质量检查和验收等工作所需的全部人工、材料及使用设备和辅助设施等一切费用。

抛石按施工图纸所示的轮廓尺寸以立方米为单位计量,并按《工程量清单》所列项目的每立方米单价进行支付。

7. 砌体工程

砌体工程包括各类砌体工程建筑物和滤(垫)层工程,其工程项目包括泵站墩墙内浆砌石蕊体、浆砌石挡土墙、浆(灌)砌石护坡、护底(含垫层)、下游护坦、消力池及反滤层、混凝土路面下的碎石垫层、上、下游引河预制混凝土生态护坡、抛石等工程。

砌石体以施工图纸所示的建筑物轮廓线或经监理人批准实施的砌体建筑物尺寸量测计算的工程量以立方米(m^3)为单位计量,并按《工程量清单》所列项目的每立方米单价进行支付。施工过程中的超砌量、施工附加量、砌筑操作损耗等所发生的费用,应摊入有效工程量的工程单价中。

预制混凝土生态护坡以施工图纸所示的建筑物轮廓线或经监理人批准实施的砌体建筑物尺寸量测计算的工程量以平方米(m^2)为单位计量,并按《工程量清单》所列项目的每平方米单价进行支付。施工过程中的超砌量、施工附加量、砌筑操作损耗等所发生的费用,应摊入有效工程量的工程单价中。《工程量清单》所列生态护坡每平方米单价中已包含材料的采购、运输、保管、试验、质量的检查和验收、预制混凝土块的铺装、预制混凝土块缝隙和开孔部位摊铺碎石和土料、种植花草等所需的人工、材料以及使用设备和辅助设施等一切费用。

工程砌体所用的材料(包括水泥、砂石骨料、外加剂等胶凝材料)的采购、运输、保管、材料的加工、砌筑、试验、养护、质量检查和验收等所需的人工、材料以及使用设备和辅助设施等一切费用均包括在砌筑体每立方米单价中。

因施工需要所进行砌体基础面的清理、土方开挖和施工排水,均应包括在砌筑体工程项目每立方米单价中,不单独计量支付。

砌体工程的止水设施、伸缩缝缝及埋设件等各种材料的采购、制作和安装,均按施工图纸所示和混凝土工程的计量计价规则计算,以相应《工程量清单》所列各种材料的计量单位进行计量,并按工程量清单所列项目的相应单价进行支付。

砌体中拉结筋及其他钢筋,应按施工图纸钢筋下料表所列钢筋直径和长度换算成重量进行计量,并按钢筋、钢构件加工及安装工程的计量计价规则,分别摊入砌筑体的有效工程单价中。

土工合成材料、反滤料的计量和支付遵守土方填筑工程相关内容。

砌体工程项目的计量和支付除遵守上述规定外还应当与遵守《水利工程工程量清单计价规范》(GB 50501—2007)相应项目的规定。

8. 基础防渗和地基加固工程

为永久和临时工程建筑物的松散透水地基的防渗工程以及软弱地基的加固工程。防渗工程的结构型式为上、下游围堰的预制板桩临时防渗。地基加固工程包括检修间、控制室等灌注桩和局部换填或超挖水泥土回填等地基处理方法。

围堰预制板桩防渗。适用于上、下游围堰预制板桩防渗。混凝土预制板桩的计量和支付，按施工图纸规定的宽度和桩长，并按《工程量清单》所列项目的每立方米（m³）单价支付。混凝土预制板桩每立方米（m³）单价中包括地质复勘、板桩预制及其钢材卸货、转运、保管、制作、安装和验收以及试桩、沉桩、接桩、试验、成桩检验和检测等所需的人工、材料以及使用设备、辅助设施等一切费用。混凝土预制板桩的拆除，按《工程量清单》所列项目的每立方米（m³）单价支付。单价中包括拆除机械选用、拆除工艺、板桩的水上、水下拆除、废渣清理、转运、渣场平整等所需的人工、材料以及使用设备、辅助设施等一切费用。渣场堆放按监理人指示位置。

灌注桩基础。涉及的工程内容有：检修间、控制楼、变压器基础等项目采用的灌注桩基础。钻孔灌注桩工程的计量和支付，按施工图纸和《工程量清单》规定的桩径和桩长计算（超出设计桩顶高程的混凝土不予计量，该部分费用含在混凝土单价中），以立方米（m³）为单位计量，并按《工程量清单》所列项目的每立方米单价支付。每立方米混凝土单价包括地质复勘、材料采购、运输、存放、检验、试桩、钻孔、泥浆置备、混凝土配制和浇筑、造孔、清孔、桩头局部凿除、灌注混凝土质量检查和验收、灌注桩成桩检验和检测等所需的全部人工、材料以及使用设备和辅助设施等一切费用。灌注桩的钢筋应按施工图纸规定的含筋量，经监理人签认的钢筋总用量，以吨（t）为单位计量，并按《工程量清单》所列项目的每吨单价支付。单价中包括钢筋材料的采购、加工、运输、储存、安装、试验以及质量检查和验收等所需全部人工、材料以及使用设备和辅助设施等一切费用。

回填水泥土。包括上、下游护坦下膨胀土换填沙化（2%石灰＋8%水泥）水泥土、闸、站底板超挖回填水泥土、局部翼墙底板下超挖回填以及本工程需水泥土回填（含沙化水泥土）的一切项目。回填水泥土（含沙化水泥土）的计量和支付，按施工图纸所示的垫层尺寸和基础开挖清理完成后的实测地形进行计算（由承包人原因引起的超挖而增加的垫层体积不予计量），经监理人签认的回填体积，以立方米（m³）为单位计量，并按《工程量清单》所列项目的每立方米单价支付。每立方米回填单价中包含填筑所需的料场清理、料物开采、材料采购、加工、运输、堆存、击实试验、现场碾压试验、填筑、碾压、施工过程中的含水量调整以及质量检查和验收等工作所需的全部人工、材料以及使用设备和辅助设施等一切费用。

9. 混凝土工程

为工程所属的泵站、节制闸、上下游护坦、消力池、上下游翼墙、路堤墙、上下游护底护坡、下游清污机桥、厂房及控制楼、管理所房屋、道路、排水沟等永久工程建筑物与临时建筑物围堰预制板桩的常态混凝土（含钢筋混凝土、钢筋纤维混凝土）、预制混凝土、预应力混凝土等混凝土工程的施工和道路沥青混合料面层的铺筑。

模板。包括钢筋混凝土模板、钢模板、镜面竹胶板、悬臂模板和特种模板等模板的设计、制作、运输和安装等。混凝土浇筑、预制件使用的模板计量和支付。所有混凝土模板包括泵站、节制闸、翼墙、路堤墙、护坦、消力池、护底、护坡、道路、管理所房屋、栏杆、踏步、预制件等结构的模板应分摊在每立方米（m³）混凝土单价中，不单独计量和支付。单价中包括模板的设计；模板及其支撑材料的提供；模板的制作、安装、维护、拆除以及质量检查和检验等所需的全部人工、材料及其使用设备和辅助设施等一切费用。泵站进水流道模板面喷塑处理，应以平方米（m²）为单位按监理人签认的模板表面积计量，并按《工程量清单》所列项目的每平方米（m²）单价进行支付。承包人为确保混凝土表面的浇筑质量，采取技术措施提高混凝土外露面处模板表面的光洁和平整度，由此产生的费用应包含在每立方米（m³）混凝土单价中，不单独计量和支付。

普通混凝土。混凝土工程量的支付应按不同类别、不同强度等级的混凝土项目，以承包人按本合同要求实际完成的，或按监理人签认的建筑物轮廓线（或构件边线）内实际浇筑的混凝土工程量，按立方米（m³）为单位进行计量，并按《工程量清单》所列项目的每立方米（m³）单价支付。施工图纸所示实际开挖边线以外超挖部分回填的混凝土，以及其他为临时性施工措施所需增加的附加混凝土，均应分摊在《工程量清单》所列项目的每立方米（m³）混凝土单价中，发包人不再另行支付。凡圆角或斜角、金属件占用的空间，或体积小于 0.1m³，或截面积小于 0.1m² 预埋件占去的空间，在混凝土计量中不予扣除。施工过程中，承包人为完成上述全部混凝土浇筑，以及按本合同技术条款规定和根据监理人的质量控制要求进行的各项试验检验、质量检查和验收等所需的全部人工、材料及使用设备和辅助设施等一切费用均应包括在《工程量清单》所列项目的每立方米（m³）混凝土单价中。混凝土所用的材料（包括水泥、骨料、外加剂等）的采购、运输、保管、贮存，以及混凝土生产、施工期检验性的试验和辅助工作所需的人工、材料及使用设备和辅助设施等一切费用，均包括在每立方米（m³）混凝土单价中，发包人不再另行支付。经监理人批准的混凝土配合比试验计划，其专项试验费用（包括试验中所用的材料、试验样品、人工及设备和辅助设施的提供、与试验有关的养护和测试等所需的一切费用）应分摊在《工程量清单》所列项目的每立方米（m³）混凝土单价中，发包人不再另行支付。止水（包括橡胶止水）、顶块、伸缩缝所用各种材料的采购、制作和安装，应按《工程量清单》所列各种材料的计量单位计量，并按《工程量清单》所列项目的相应单价进行支付。降低混凝土水化热的工程措施费应包含在相应部位的混凝土单价中，不在另行支付。混凝土表面的修整费用不予单独列项，均应包括在每立方米（m³）混凝土单价中。建筑物底板下的测压箱、预埋于混凝土内测压管和沉降观测点等埋件的提供和制作安装，应按《工程量清单》所列项目的计量单位计量，并按《工程量清单》所列项目的相应单价进行支付。混凝土抗裂纤维应按施工图纸所示或监理人批准的每立方米混凝土掺入量和混凝土数量以千克（kg）为单位进行计量，并按《工程量清单》所列项目的相应单价进行支付。由于掺入抗裂纤维所增加的其他一切费用均应包含在每立方米（m³）混凝土单价中，不再另行支付。

预制混凝土。预制混凝土的计量和支付应按施工图纸所示的构件尺寸，以每立方米（m³）为单位进行计量，并按《工程量清单》所列项目的每立方米（m³）单价支付；预制混凝土每立方米（m³）单价中应包括原材料的采购、运输、验收和贮存；模板的制作、运输、架设和拆除；混凝土的拌和、运输、试验检验和浇筑；预制混凝土构件的运输、吊装、焊接与二期混凝土填筑等所需的全部人工、材料和使用设备和辅助设施，以及试验和验收等一切费用。预制混凝土的钢筋应按施工图纸配置的钢筋，其每项钢筋以监理人签认的钢筋下料表所列的钢筋直径和长度换算成重量进行计量，承包人为施工需要设置的架立筋和在切割和弯制加工中损耗的钢筋均不予计量，其费用应已包括在相应的钢筋或混凝土的单价中。各项钢筋分别按《工程量清单》所列项目的每吨（t）单价支付，单价中包括钢筋材料的采购、加工、运输、储存、安装和损耗以及进行试验检验与质量检查和验收等所需的全部人工、材料及使用设备和辅助设施等的一切费用。预制混凝土构件的预埋件应按《工程量清单》所列项目的计量单位计量，并按《工程量清单》所列项目的相应单价进行支付。

热拌沥青混合料面层。热铺沥青混凝土，应按图纸所示或监理人批示的铺筑面积，经监理人验收合格，按粗、中、细粒式沥青混凝土和不同厚度分别以平方米（m²）计量，并按《工程量清单》所列项目的每平方米（m²）单价支付。除监理人另有指示外，超过图纸所规定的面积均不予计量。《工程量清单》所列项目的单价包括一切完成本项工程所必需的全部费用，内容包括承包人提供工程所需的材料、机具、设备和劳力等；原材料的检验、混合料设计与试验，以及经监理人批准的按照规范所要求的试验路段的全部作业；铺筑前对下承层的检查和清扫、材料的拌和、运输、摊铺、压实、整型、养护等；质量检验所要求的检测、取样和试验等工作。

沥青表面处置。沥青表面处治按图纸所示或监理人指示铺筑，经监理人验收合格，按不同厚度分别以平方米（m²）计量，并按《工程量清单》所列项目的每平方米（m²）单价支付，单价中包括一切完成本项工程所必需的全部费用。除监理人另有指示外，超过图纸规定的面积不予计量。表面处治所洒布的透层、粘层或封层，作为表面处治的附属工作，按图纸规定的或监理人批示的喷洒面积，经监理人验收合格，以平方米（m²）计量，并按《工程量清单》所列项目的每平方米（m²）单价支付。除监理人另有指示外，超过图纸规定的面积不予计量。

10. 钢筋工程

为工程所属的各种类型钢筋、预应力钢材的卸货、验收、制作、运输和施工安装等全部作业。

钢筋和锚筋。按工程施工图纸配置的钢筋，以监理人签认的钢筋下料表所列的钢筋直径和长度换算成重量吨（t）进行计量；按《工程量清单》所列项目的每吨（t）单价支付，单价中包括钢筋材料的采购、加工、运输、储存、安装和损耗以及进行试验检验与质量检查和验收等所需的全部人工、材料及使用设备和辅助设施等的一切费用。承包人为施工需要增设的架立筋和在切割和弯制加工中损耗的钢筋重量均不予计量，其费用应已包括在相应的钢筋或混凝土的单价中。锚筋的计量内容包括钻孔、现场灌浆及锚筋的材料供应、制作和安装。锚筋计量以根为单位，并按《工程量清单》所列项目的每根单价支付，单价中包括锚筋材料的采购、运输和保管，锚筋的加工（包括损耗）和安装，锚筋孔的钻孔和灌浆以及施工中进行的试验检测，以及质量检查和验收所需的全部人工、材料及使用设备和辅助设施等一切费用。

预应力钢材。预应力混凝土的预应力钢材应按施工图纸所示的型号、尺寸和实际预应力钢材下料用量，以吨（t）为单位进行计量，并按《工程量清单》所列项目的每吨（t）单价进行支付，单价中包括预应力筋张拉所需的材料、锚固件和固定埋设件等的提供、制作、张拉、安装以及试验检验和质量验收等所需的人工、材料及使用设备和设施等一切费用。后张法预应力钢筋的长度按两端锚具间的理论长度计算；先张法预应力钢筋的长度按构件的长度计算。预应力钢筋的加工、锚具、管道、锚板及联结钢板、焊接、张拉、压浆、封锚等，作为预应力钢筋的附属工作，不另行计量和支付。预应力锚具包括锚圈、夹片、连接器、螺栓、垫板、喇叭管、螺旋钢筋等整套部件。

11. 主机泵安装工程

为工程承包人负责主水泵，及其与之配套的电动机的安装调试、试运行与现场测试。设备及设备预埋件由设备承包人负责供货，并派遣安装技术指导人员指导承包人进行设备安装，承包人有责任协助监理人进行设备的出厂检验和设备的到工验收。

主水泵的安装包括进出水喇叭管、叶轮室、泵主轴、水导轴承、后导叶体、顶盖及顶盖排水、真空破坏阀、操作油管、受油器及测量元器件等相关设备安装与调试。主电机的安装包括电机定子和转子、推力轴承和上、下导轴承、电机机架及测量元器件等相关设备安装与调试。主水泵、主电机预埋件的安装，包括基础板、垫板、调整垫铁、锚固螺栓及基础地脚螺栓等预埋安装。主机泵安装工程还包括单台机组抽水试运行和全站机组的联合试运行、现场测试。

主机泵安装工程中设备基础板、垫板、锚固螺栓和基础螺栓由设备承包人负责提供，由安装工程完成安装；二期混凝土由土建工程完成；设备腔体内填充物，安装完成后最后一道面漆的涂刷工作由设备承包人承担。

主水泵与主电机安装与调试工程费用（不包括励磁装置的安装与调试费用）按《工程量清单》所列项目分台（套）计算单价和复价，单价中包括了承包人参加设备的出厂验收费用、到工验收费用、设备在现场仓库的保管和二次转运费用、安装主设备必需的消耗性材料的摊销费用、调试费用和试运行非电价费用等。主水泵机组安装完成具备试运行条件，在当月申报 50％费用；在通过试运行得到监理人签证后，在当月申报 45％费用。缺陷责任期满，经监理人签证后，支付余款 5％。

试运行电费按供电部门单价，泵站安装规范规定运行时间在清单中按项总价计价，其余费用包含在其他投标报价中。合同执行过程中，按试运行工作全部结束并得到监理人批准合格后一次性支付。

泵站现场测试按《工程量清单》中所列项目单独计量，其中包括测流设施的制作或租用费、参数的测定期间发生的所有费用。合同执行过程中工作结束并得到监理人的批准合格后一次性支付。

12. 泵站辅助设备

泵站辅助设备主要包括泵站辅助设备的采购、安装、调试、试运行；以及为主水泵、主电动机、辅助设备及管道安装等所需进行的设备基础、各类支架、吊架、框架、锚钩等固定件及管道预埋件的采购、制作、安装。其中油压装置和超声波流量计由主设备承包人负责供货、并派遣安装技术指导人员指导本合同承包人进行设备安装，承包人有责任协助监理人进行设备的出厂检验和设备的到工验收。供排水辅助系统的供排水泵、轴瓦冷却机组，气系统的空气压缩机、真空泵，以及物位仪、电机风机等设备由主设备承包人负责供货，承包人有责任协助监理人进行设备的到工验收。

承包人负责完成工作内容包括主水泵、主电动机明敷管道固定件的采购、制作、安装；泵站技术供水系统、排水系统、水力量测系统、润滑油系统、压力油系统、压缩空气系统、消防系统管道预埋件（或套管）的采购、制作、安装；供、排水系统及消防给水系统中必须的设备采购、安装与调试；润滑油系统中必需的设备采购、安装与调试；压力油系统的安装与调试；水力量测系统中必需的设备采购、安装与调试；风机的采购、安装与调试；压缩空气系统必需的设备采购、安装与调试；手动、电动葫芦的采购、安装与调试；系统管路、管件、阀门的采购、安装与调试；泵站辅助设备、系统管路、管件、阀门表面的涂漆防护；监理人指示的其他管道、其他预埋件和设备采购或安装。

固定件及管道、设备预埋件的计量与支付。在工程量清单中每项预埋件加工完毕、运输到工、经过监理人初验合格。可在当月按该项目的50％费用申请报账。在预埋件安装完毕，经浇筑完成并达到强度要求，通过监理人的检查确认，可在当月申请50％尾款。所有埋设项目的支付计算，应按施工详图规定或监理人批准的修正工程量计算，并按工程量清单所列的各项埋设件单价进行支付。各种规格的钢管及硬质塑料管以米（m）为单位计量，其他埋设钢材以千克（kg）或吨（t）为单位计量。各项费用，包括了为完成本节所规定的全部埋设件所需的全部设备、材料和劳动力费用及其有关的辅助生产费用，但不包括由设备承包人提供的安装预埋件的材料费和安装指导人员的服务费用。

辅助设备的计量与支付。由承包人负责采购（制作）、安装的设备、管道管件等，按工程量清单中所列的项目及监理人批准的施工详图分系统支付，单价中包括设备、管道管件等的采购（制作）、运输和保管费用，安装和调试费用，安装所列设备、管道管件等必需的一次性消耗性材料的分摊费用等费用。由承包人负责安装与调试的设备，按工程量清单中所列项目及监理人批准的施工详图进行支付，单价中包括由其他设备承包人负责提供的设备在现场的保管和二次转运费用、安装与调试费用、问题处理的费用，以及必需的一次性消耗性材料的分摊费用，其中还包括承包人派员参加出厂检验的费用。涉及设备基础的二期混凝土已包含在相关的混凝土工程中，不另行支付。涉及设备的电气控制设备在电气工程项目中计量支付。涉及设备表面的涂漆防护及标牌、指示牌制作费用已包含在各设备（或安装）报价中，不再另行支付。

13. 起重机采购、安装与调试

为承包人负责的泵站起重机和轨道及其配件的采购、运输、安装、调试、试运行以及合同条款规定的其他服务。承包人承担发包人和监理人进行设备的厂内检验和设备的到工验收。

承包人负责完成桥式起重机的采购、运输、安装、调试、试运转，试运转应包括试运转前的检查、空负荷试运转、静负荷试验和动负荷试运转，并配合监检机构测量相关数据，试运行检验后2年内起重机安全、正常运行所必需的备品备件；操作控制室消防器材、椅子、检修吊笼等配套设施；起重机轨道、轨道安装所需的轨道夹板、压板、异型垫板、垫板、基础地脚螺栓、车挡等材料的采购、制作、安装；起重机滑触线及其配套件（包括电源指示灯等）；对设备的运行操作人员提供技术培训服务。

设备采购的计量与支付。发包人、监理人在收到承包人提供起重机图纸后的28日内，支付起重机设备采购投标合同额的30％（预付款）。起重机通过发包人、监理人到工检验签证后的28日内支付起重机设备采购投标合同额的45％。在起重机通过试运转检验签证后的28日内支付起重机设备采购投标合同额的20％。在通过竣工验收合格满一年后，28日内支付起重机设备采购投标合同额的5％。备品备件、工厂制造质量和验收等费用已包含在各设备报价中，不再另行支付。

设备安装与调试的计量与支付。由承包人负责安装与调试的设备，按工程量清单中所列项目及监理人批准的施工详图进行支付，单价中包括设备在现场的保管和二次转运费用、安装与调试费用、问题处理的费用，以及必需的一次性消耗性材料的分摊费用，其中还包括发包人、监理人及承包人派员参加出厂检验和在机电设备施工安装期和缺陷责任期内的运转维护、保养和缺陷修复的费用；起重机质量监督检验由发包人委托，其质量监督检验费、起重机试运转费及运输费等由承包人负责；起重机轨道采购、安装以单根轨道长度计算，单价中包括起重机轨道安装所需的轨道夹板、压板、异型垫板、垫板、基础地脚螺栓的采购、制作、安装的费用；车挡（包括基础地脚螺栓）的采购、制作、安装等费用已包含在起重机设备（或安装）报价中，不再另行支付；涉及设备表面的涂漆防护及标牌、指示牌制作费用已包含在各设备（或安装）报价中，不再另行支付；涉及起重机轨道的二期混凝土找平层已包含在相关的混凝土工程中，不另行支付。

14. 电气设备安装工程

为泵站工程所有的电气设备的安装。全部安装项目包括：泵站室内变电所电气一次设备及附属设备，泵站所有电气一次设备、电缆及桥架、管道与基础、行车滑触线的安装、调试、预埋、敷设等内容，泵站所有二次回路设备及装置、通信系统设备，防雷接地系统、照明系统、通风系统、消防火灾报警系统等的安装、调试、预埋、敷设等工作。具体内容有室内变电所电气部分、节制闸、泵站电气设备部分以及变电所扩建间隔电气部分。

总价项目的计量支付。总价项目的支付应按工程量清单所列项目的总价，由承包人按合同约定，向监理人提交详细的总价项目支付分解表，经发包人批准后进行支付。除合同约定的变更引起原合同的安装设备、材料与安装工作量的增减，需要变更项目总价外，其他原因引起的设备、材料与安装工作量的增减均不予变更项目总价。以"台（套）"为计量单位进行报价的总价项目，应由承包人按施工安装图纸与供货商技术文件，列出安装该项目的全部施工设备和材料清单。材料中应包括发包人提供的永久性工程材料与承包人安装设备所需的各种消耗性材料。除发包人提供的永久性和装置性材料外，其他由承包人按合同要求配置的永久性和装置性材料，以及承包人安装设备所需的各种消耗性材料，均应计入各台（套）分项的报价中，发包人不再另行支付。承包人填报的项目总价应包括完成该项目全部安装作业所需的人工费（含社会养老保险）、材料费、施工安装机械使用费、场内运输费，以及与项目相关的其他直接费、间接费、利润、税金等的全部费用。承包人按本技术条款要求，为设备安装所需进行的各项设备和系统的测试率定、检测检验、试验调整、检查验收，以及启动试运行等的全部费用，均应包括在合同总价中，发包人不再另行支付。除合同专项列入工作量清单的临时工程和辅助设施外，承包人为设备安装所需增加设置的临时工程和辅助设施，均应包括在合同总价中，发包人不再另行支付。承包人报送的总价项目支付分解表，应按批准的设备安装网络进度计划规定的控制性节点进行分解；并应由监理人按网络节点计划，检查承包人安装工作的实物面貌和工作量符合项目支付的要求时，才予以支付。消防工程由承包人负责采购、制作、安装的项目，承包人应按监理人批准的施工图纸和《工程量清单》中所列各项目规定的单位计量，并按工程量清单所列的项目单价进行支付。设备单价中包括设备运输、保管、制作、安装、测试（含第三方检测）、一次性消耗材料以及消防工程验收等一切费用。

单价项目的计量和支付。单价支付的项目包括按各单项设备的台数或台（套）为计量单位，或以重量为计量单位的单价支付项目；按不同型式、不同规格、不同材质的各项永久性及装置性材料，以重量、体积、长度或个数为计量单位的单价支付项目。单价项目的支付应根据《工程量清单》所列的各支付项目单价，由承包人按完成的各支付项目向监理人按月提交工程量，经监理人核查，并报发包人批准后支付。承包人应根据招标文件中的设备安装《工程量清单》项目进行报价。承包人为设备安装所需的临时工程和辅助设施均应分摊在各项目的单价中，发包人不再另行支付。承包人应按《工程量清单》所列项目的计量单位进行计价，并填报项目的投标单价。承包人填报的工程量清单的项目报价应包括为完成该项目全部安装作业所需的人工费（含社会养老保险）、材料费、施工安装机械设备使用费、其他施工设备租用费、场内运输费，以及与项目相关的其他直接费、间接费、利润和税金等的全部费用。除发包人已列入《工程量清单》的永久性和装置性材料外，其他由承包人为设备安装需要使用的消耗性材料，均应摊入工程量清单所列项目的报价中，发包人不再另行支付。承包人按本技术条款要求，为设备安装所需进行的各项设备和系统的测试率定、检测检验、试验调整、检查验收，以及启动试运行等的全部费用，均应包括在《工程量清单》各项目的单价中，发包人不再另行支付。

计量和支付规定。《工程量清单》所列各项目的单价内应已计入全部预埋件及其附件材料的采购、运输、保管，预埋件的加工、安装、检验、试验、埋设、清洗、防腐、维护和验收以及接地装置测量等所需的全部人工、材料和使用设备和辅助设施等的一切费用。《工程量清单》所列设备单价中包括设备购置、材料采购、运输、保管、安装、可能发生的设备二次运杂费、调试、设备整形、油漆和一次性消耗材料的分摊费用。设备单价中包括参与设备厂内、外验收等工作在内的一切费用。各种电气预埋管道、埋固定件应按施工图纸计算重量并现场实际量测，按《工程量清单》所列项目的单价，以吨为单位进行计量和支付。防雷接地系统应按施工图纸接地装置材料计算重量并现场实际量测，按《工程量清单》所列项目的单价，以吨（t）为单位进行计量和支付。埋设接地网的土方开挖、回填工作量及报价全部包含在单价中。电气安装接线盒、绝缘胶带等作为消耗性材料，全部摊入安装费中，发包人不再另行支付。所有电缆终端头、接头加工、制作、采购均包含在电缆安装费中，不再另行支付。由承包人配合其他承包人安装调试试验内容以及发生的费用包含在总报价中，现场发生的规定之外的配合工作由监理人和其他承包人协调确认后决定，其支付不包含在所承包项目之中。

15. 消防工程

包括工程所有消防设备以及与之配套的全部电缆、电线的采购、预埋、安装、测试、验收等全部工作。由承包人负责采购、制作、安装的项目，应按《工程量清单》所列的项目和工程师批准的施工详图，根据实际进度按月支付。设备单价中包括设备运输、保管、制作、安装、测试以及一次性消耗材料。消防设备工作量及报价，全部包含在《工程量清单》中。接线盒等作为消耗性材料，全部摊入安装费中。消防部门专业测试验收费包含在安装报价中。

16. 钢闸门及启闭机的制造与安装

包括泵站的下游进水口检修闸门、拦污栅、泵站枢纽所含水闸等建筑物水工钢闸门、检修门、所有门槽预埋件的制造；闸门所配套的卷扬式启闭机、电动葫芦以及配套的自动抓梁的设计、制造；钢闸门及其拦污栅、门（栅）槽（含闸门贮存槽）埋件、各种型式启闭机的机械和电气设备及其有关的拉杆、锁定装置、启闭机承载及基础埋件等附属设施。安装还包括合同规定的各项设备调试和试运转工作，以及试运转所必需的各种临时设施的安装。

钢闸门制造工程的计量和支付，除监理单位另有通知外，应按工程量清单所列各个项目规定的计量单位，以及施工图规定的工程量进行计量支付。工程量清单中各项目的单价应包括完成本节规定的全部工作所需设备、材料和劳力费用及其有关辅助生产费用，以及工厂试验、现场试验和交接验收等人工、材料和试验设备等全部费用。钢闸门及预埋件制造工程量，钢结构、运转件、紧固件、止水橡皮、支承滑块应按实际重量，以吨（t）或千克（kg）为单位进行计量，轴承（套）、滑块等个别外购件也可以个数（只或套）为单位进行计量；涂装工程量应按钢结构实际涂刷面积，以平方米（m²）为单位进行计量，并按《工程量清单》所列项目的每平方米单价支付。其单价应包括涂装材料的采购、运输和存放，涂刷、试验和养护等工作所需的人工、材料、使用设备和辅助设施等的一切费用。

卷扬式启闭机的计量和支付，除另有规定外，应按《工程量清单》所列各个项目规定的计量单位和单价进行计量支付。工程量清单中各项目的单价应包括完成本节规定的全部工作所需设备、材料和劳力费用及其有关辅助生产费用，以及工厂试验、现场试验和交接验收等人工、材料和试验设备等全部费用。卷扬式启闭机、电动葫芦制造或采购工程量应按实际数量，以台为单位进行计量。

闸门与预埋件安装工程项目的支付，将按该项目施工安装图纸所示的重量，以吨（t）为单位进行计量。并按《工程量清单》所列该项目的每吨（t）单价进行支付。单价中包括所有安装设备及附属设备的出厂验收、接货、运输、保管、安装、防腐蚀涂装、现场试验和试运转、质量检查和验收及维护等所需的全部人工、材料、使用设备和辅助设施等一切费用。

启闭机（包括电动葫芦）安装工程项目的支付，将按该项目施工（安装）图纸所示的重量，以台（套）为单位进行计量。并按《工程量清单》所列该项目的每台（套）单价进行支付。单价中已包括所有安装设备（包括附属设备），从出厂验收、接货、运输、保管、安装、涂装、现场试验和试运转、质量检查和验收，以及完工验收前的维护等所需的全部人工、材料、使用设备和辅助设施等一切费用。

17. 厂房及配套工程

主要包括主厂房、检修间、真空破坏阀室、控制楼、变压器室、传达室及库房等房屋工程及站区道路、围墙、建筑小品等配套工程。

砌体工程计量和支付。砌体结构工程的计量应按施工图纸所示部位，承包人实际完成并经监理人批准的量测计算的工程量以立方米（m³）为单位计量，按《工程量清单》所列项目的每立方米综合单价进行支付。各种砌体结构的砌筑砂浆、勾缝、砖基础的碎石垫层或混凝土垫层等的工程量及费用均已包含在砌体结构的综合单价中，发包人不再另行支付。除合同另有规定外，完成砌体结构工程所需的全部建筑材料的采购、运输、贮存、保管、试验检验与验收，以及材料的加工及其损耗等全部费用均已包括在砌体结构工程的每立方米（m³）综合单价中，发包人不再另行支付。完成砌体结构工程的全部施工作业以及质量检查、检验和验收等所需的全部人工、材料、使用设备和辅助设施、管理费、利润等全部费用均已包括在砌体结构工程的每立方米（m³）综合单价中，发包人不再另行支付。

地面（楼面）工程计量和支付。地面（楼面）工程的计量应按施工图纸所示部位，承包人实际完成并经监理人批准的量测计算的工程量以平方米（m²）为单位计量，按《工程量清单》所列项目的每平方米综合单价进行支付。各种地面（楼面）面层下的碎石垫层、混凝土垫层、结合层、支架等的工程量及费用均已包含在地面（楼面）面层的综合单价中，发包人不再另行支付。除合同另有规定外，完成地面（楼面）建筑工程所需的全部建筑材料的采购、运输、贮存、保管、试验检验与验收，以及材料的加工及其损耗等全部费用均已包括在地面工程的每平方米综合单价中，发包人不再另行支付。完成地面建筑工程的全部施工作业以及质量检查、检验和验收等所需的全部人工、材料、使用设备和辅助设施、管理费、利润等全部费用均已包括在地面建筑工程的每平方米（m²）综合单价中，发包人不再另行支付。

抹灰工程计量和支付。抹灰工程的计量应按施工图纸所示部位，承包人实际完成并经监理人批准的量测计算的工程量以平方米（m²）为单位计量，按《工程量清单》所列项目的每平方米综合单价进行支付。各种抹灰面层的结构基层的清理、修补、界面剂涂抹、防裂缝措施、线条、滴水线等的工程量及费用均已包含在抹灰面层的综合单价中，发包人不再另行支付。除合同另有规定外，完成抹灰工程所需的全部建筑材料的采购、运输、贮存、保管、试验检验与验收，以及材料的加工及其损耗等全部费用均已包括在抹灰工程的每平方米综合单价中，发包人不再另行支付。完成抹灰工程的全部施工作业以及质量检查、检验和验收等所需的全部人工、材料、使用设备和辅助设施、管理费、利润等全部费用均已包括在抹灰工程的每平方米（m²）综合单价中，发包人不再另行支付。

门窗工程计量和支付。门窗工程的计量应按施工图纸所示部位，承包人实际完成并经监理人批准的量测计算的工程量以樘或平方米（m²）为单位计量，按《工程量清单》所列项目的每樘或平方米（m²）综合单价进行支付。各种门窗工程的预埋件、固定件、玻璃、防腐措施、胶条、纱窗、锁件、五金件等的工程量及费用均已包含在门窗工程的综合单价中，发包人不再另行支付。除合同另有规定外，完成门窗工程所需的全部建筑材料的采购、运输、贮存、保管、试验检验与验收，以及材料的加工及其损耗等全部费用均已包括在门窗工程的每樘或平方米（m²）综合单价中，发包人不再另行支付。完成门窗工程的全部施工作业以及质量检查、检验和验收等所需的全部人工、材料、设备和辅助设施、管理费、利润等全部费用均已包括在门窗工程的每樘或每平方米（m²）综合单价中，发包人不再另行支付。

吊顶工程计量和支付。吊顶工程的计量应按施工图纸所示部位，承包人实际完成并经监理人批准的量测计算的工程量以平方米（m²）为单位计量，按《工程量清单》所列项目的每平方米综合单价进行支付。各种吊顶工程的预埋件、吊杆、龙骨、防腐、防火措施、面层板、涂料等的工程量及费用均已包含在吊顶面层工程的综合单价中，发包人不再另行支付。除合同另有规定外，完成吊顶工程所需的全部建筑材料的采购、运输、贮存、保管、试验检验与验收，以及材料的加工及其损耗等全部费用均已包括在吊顶工程的每平方米综合单价中，发包人不再另行支付。完成吊顶工程的全部施工作业以及质量检查、检验和验收等所需的全部人工、材料、设备和辅助设施、管理费、利润等全部费用均已包括在吊顶工程的每平方米综合单价中，发包人不再另行支付。

内外墙涂料工程计量和支付。涂料的计量应按施工图纸所示部位，承包人实际完成并经监理人批准的量测计算的工程量以平方米（m²）为单位计量，按《工程量清单》所列项目的每平方米综合单价进行支付。各种涂料工程的底涂料、腻子、涂饰遍数、线条等的工程量及费用均已包含在涂料工程的综合单价中，发包人不再另行支付。除合同另有规定外，完成涂料工程所需的全部建筑材料的采购、运输、贮存、保管、试验检验与验收，以及材料的加工及其损耗等全部费用均已包括在涂料工程的每平方米（m²）综合单价中，发包人不再另行支付。完成涂料工程的全部施工作业以及质量检查、检验和验收等所需的全部人工、材料、设备和辅助设施、管理费、利润等全部费用均已包括在涂料工程的每平方米（m²）综合单价中，发包人不再另行支付。

屋面工程计量和支付。建筑屋面工程的计量应按施工图纸所示部位，承包人实际完成并经监理人批准的量测计算的工程量以平方米（m²）为单位计量，按《工程量清单》所列项目的每平方米（m²）综合单价进行支付。各种建筑屋面工程的基层处理、黏结材料、结合层、防水层数、保护层、面层等的工程量及费用均已包含在建筑屋面工程的综合单价中，发包人不再另行支付。除合同另有规定外，完成建筑屋面工程所需的全部建筑材料的采购、运输、贮存、保管、试验检验与验收，以及材料的加工及其损耗等全部费用均已包括在建筑屋面工程的每平方米（m²）综合单价中，发包人不再另行支付。完成建筑屋面工程的全部施工作业以及质量检查、检验和验收等所需的全部人工、材料、使用设备和辅助设施、管理费、利润等全部费用均已包括在建筑屋面工程的每平方米（m²）综合单价中，发包人不再另行支付。

站区配套工程计量和支付。站区配套工程的计量应按施工图纸所示部位，承包人实际完成并经监理人批准的量测计算的工程量以《工程量清单》所列项目计量单位为单位计量，按《工程量清单》所列项目的综合单价进行支付。各项配套工程的土方开挖及回填、垫层基层、地基基础、主体结构、装饰装修、屋面、成品半成品安装、室外给排水、电气等的工程量及费用均已包含在各项目的综合单价中，发包人不再另行支付。除合同另有规定外，完成各项配套工程所需的全部建筑材料的采购、运输、贮存、保管、试验检验与验收，以及材料的加工及其损耗等全部费用均已包括在各项配套工程的综合单价中，发包人不再另行支付。完成各项配套工程的全部施工作业以及质量检查、检验和验收等所需的全部人工、材料、使用设备和辅助设施、管理费、利润等全部费用均已包括在各项配套工程的综合单价中，发包人不再另行支付。

站区道路工程计量和支付。所完成的各项工作应按实际完成并经监理工程师检验签认的数量，分别进行计量与支付。《工程量清单》中所列项目计量。计价中包括路基填筑、基础垫层、基层、路面面层及碾压、摊铺、养护、砌筑施工和试验检验等一切与之有关作业的所需人工、材料、机械设备、管理费、利润、税金等全部费用价款。按前述计量、计价规定，经监理人验收并列入了《工程量清单》中的项目，均以该项目的对应计量单位和综合单价进行支付。

18. 工程建筑物安全监测

工程建筑物安全监测包括站身、节制闸、清污机桥、翼墙等永久建筑物安全监测仪器设备及其安全监测自动化系统的安装、埋设、调试、验收与维护和施工期的观测。包括施工围堰等临时建筑物的观测。观测内容包括：沉降观测、位移观测、变形观测、扬压力观测、水位观测。观测设施的位置均应按设计要求布置。

各项监测仪器设备费，应按工程量清单所列各项目规定的单位计量。其支付工程量应按施工图纸和监理人签认的安装数量计算，并按工程量清单所列各项目的设备单价支付。单价中应包括整套监测仪器设备（附备品备件）的采购、运输和保管、检验率定、安装埋设、仪表损耗、质量检查和验收等全部费用。施工期安全监测费包括巡视检查和现场监测费、监测工作内业费、办公设备费等均按工程量清单所列全部安全监测项目的监测费总价，并按监理人批准的总价项目支付分解表进行分阶段支付。监测仪器的电缆，应按施工图纸和监理人签认的现场实际敷设工程量，以米为单位计量，并按工程量清单所列项目的每米（m）单价支付。该单价包括电缆连接、检验和现场敷设，以及质量检查和验收等全部费用。承包人在电缆切割、连接等加工中的损耗包括在该项目的单价中，发包人不再另行支付。观测墩、水准点及其他测量标志观测墩，应按施工图纸规定或监理人签认的数量，以立方米（m³）或个（只）为单位计量，并按工程量清单所列项目的单价支付。单价中应包括基墩开挖、混凝土浇筑、钢筋制安等各项工作所需的全部费用。水位观测孔、扬压力测孔、温度测孔等的钻孔，应按施工图纸所示或监理人签认的钻孔数量，以米为单位计量（从钻孔钻具或套管进入覆盖层、混凝土或岩石面的位置开始），并按工程量清单所列项目的单价支付。单价中应包括钻孔所需的人工、材料、使用设备与辅助设施以及质量检查和验收的全部费用。因承包人施工失误报废的钻孔，不予计量和支付。安全监测工程项目的计量和支付除遵守上述规定外还应当与遵守《水利工程工程量清单计价规范》（GB 50501—2007）相应项目的规定。

（二）设备进度款支付审核

1. 设备到工付款审核

设备及材料抵工地后，应由买方和卖方进行工地开箱验货。卖方须在上述到货检验和工地开箱检货前 7 日，通知买方开箱日期。若工地验货发现短缺、破损或与合同规定的数量、型号及外型不符，则买卖双方须作记录并签字，此记录可作为买方向卖方索赔的有效文件。若工地验货发生因卖方过失引起的修理、更换或补充而致使规定的时间表发生延误，则买方有权向卖方索赔由于安装延迟所造成的一切直接损失。经双方签字的验货单为有效支付文件之一。

2. 试运行验收付款审核

设备安装后，卖方应确保已向买方提供试运行试验所有必需的全部技术文件。试运行之前，必须按照《技术标准和要求》的要求，在卖方参与和指导下由买方进行一系列安装测试，包括设备的启动、调试和试验。试运行试验应在试验启动和试运行调试后进行。试运行试验由买方完成，卖方参与和指导，试运行时间单台机组为连续运行 24h 或累计运行 48h，全站机组联合运行不少于 6h。试运行结果应由卖方和买方之见证人记录并形成文件，如有缺陷必须尽快处理，再进行试运行试验，直至成功。卖方参加试运行试验的所有费用已包括在合同价格中。买方应在试运行试验成功且有关手续完成后 7 日内向卖方发出工程移交证书。工程移交证书为有效的支付文件之一。

（三）质量保证金支付审核

监理人应在合同约定的缺陷责任期满时，提出发包人到期应支付给承包人剩余的质量保证金金额，经发包人审查同意后支付给承包人。缺陷责任期满时，承包人没有完成缺陷责任的，发包人有权扣留与未履行责任剩余工作所需金额相应的质量保证金余额。

（四）竣工付款支付审核

监理人在收到承包人提交的竣工付款申请单后的 14 日内完成核查，提出发包人到期应支付给承包人的价款，经发包人审查同意后，由监理人向承包人出具经发包人签认的竣工付款证书。

四、南水北调工程价款的支付

经审核无误的工程价款，发包人应在合同约定的时间内及时支付给承包人。

（一）土建进度款支付

监理人在收到承包人进度付款申请单以及相应的支持性证明文件后的 14 日内完成核查，提出发包人到期应支付给承包人的金额以及相应的支持性材料，经发包人审查同意后，由监理人向承包人出具经发包人签认的进度付款证书。监理人有权扣发承包人未能按照合同要求履行任何工作或义务的相应金额。发包人应在监理人收到进度付款申请单后的 28 日内，将进度应付款支付给承包人。发包人逾期支付进度款时违约金的计算及支付方法：应从逾期第 1 日起按中国人民银行规定的同期贷款利率计算的逾期付款金额支付给承包人。

在对以往历次已签发的进度付款证书进行汇总和复核中发现错、漏或重复的，监理人有权予以修正，承包人也有权提出修正申请。经双方复核同意的修正，应在本次进度付款中支付或扣除。

工程进度款应在取得完成工程质量签证书后才予以支付，承包人应受其约束。实行合格支付制度，只有在设计范围内的工程量，才予以计量并获得支付；推行质量签证制度，在计量支付申请的同时，对完成部分工程的质量进行签证，只有验收合格、核准监理单位批准的工程，才准予支付；对施工过程中存在缺陷的，待缺陷处理完毕，通过验收、获得监理单位质量签证后才能支付。

（二）设备进度款支付

1. 到工验货付款

设备到工后，经监理人和买方验收合格，买卖双方签署验收单后，由监理人出具支付证书 21 日内，买方审核无误后支付设备金额的 45％。

2. 运行验收付款

试运行验收合格后，卖方提供单据，由监理人出具支付证书 21 日内，买方审核无误后支付合同总价的 20％。

（三）质量保证金支付

在缺陷责任期满，发包人颁发工程质量保修责任终止证书后 14 日内，由监理人出具工程质量保证金付款证书，发包人将质量保证金返还给承包人。

（四）竣工付款支付

1. 土建工程竣工付款

监理人在收到承包人提交的竣工付款申请单后的 14 日内完成核查，提出发包人到期应支付给承包人的价款，经发包人审查同意后，由监理人向承包人出具经发包人签认的竣工付款证书。发包人应在监理人出具竣工付款证书后的 14 日内，将应支付款支付给承包人。发包人不按期支付的，将逾期付款违约金加付给承包人。承包人对发包人签认的竣工付款证书有异议的，发包人可出具竣工付款申请单中承包人已同意部分的临时付款证书。存在争议的部分，按合同约定的争议评审条款办理。

2. 土建工程最终结清付款

监理人收到承包人提交的最终结清申请单后的 14 日内，提出发包人应支付给承包人的价款，经发包人审查同意后，由监理人向承包人出具经发包人签认的最终结清证书。发包人应在监理人出具最终结清证书后的 14 日内，将应支付款支付给承包人。发包人不按期支付的，将逾期付款违约金加付给承包人。承包人对发包人签认的最终结清证书有异议的，按合同约定的争议评审条款办理。

3. 设备最终支付

设备质保期满、最终验收合格，卖方提交设备最终验收合格证书经买方审核无误后 30 日内，支付剩余设备款。

第五节　征地移民资金拨付及兑付

一、南水北调系统征地移民机构的资金拨付

（一）征地移民管理体制

国务院南水北调工程建设委员会印发的《南水北调工程建设征地补偿和移民安置暂行办法》明确：南水北调工程建设征地补偿和移民安置工作，实行国务院南水北调工程建设委员会领导、省级人民政府负责、县为基础、项目法人参与的管理体制。有关地方各级人民政府应确定相应的主管部门承担本行政区域内南水北调工程建设征地补偿和移民安置工作。

省级人民政府对本省行政区域内南水北调征地移民工作负有领导、监督责任。省级人民政府明确的省级南水北调征地移民主管部门承担本行政区域内南水北调征地移民工作，主要职能有：全面贯彻落实国家南水北调征地移民政策；在不违背国家、国务院南水北调办征地移民政策的前提下，制定本省南水北调征地移民政策、标准；制订南水北调各单项工程实施方案和实施计划；及时拨付市级南水北调办事机构征地移民资金；配合省级相关部门办理征地、林地使用手续，配合省级文物行政部门做好文物保护工作；研究解决本省行政区域内南水北调征地移民工作重大问题，领导、监督市、县人民政府及南水北调征地移民主管部门做好相关工作。

市级人民政府对本市行政区域内南水北调征地移民工作负有组织协调责任。市级人民政府明确的市级南水北调征地移民主管部门承担本行政区域内南水北调征地移民工作，主要职能有：贯彻落实国家、国务院南水北调办、省南水北调征地移民政策；负责征地移民实施方案的组织审批工作；及时拨付县级南水北调办事机构征地移民资金；协调市级相关部门、县级人民政府做好南水北调征地移民有关工作，组织、督促县级人民政府做好征地移民实施方案的落实工作。

县级人民政府是南水北调征地移民工作的责任主体。县级人民政府明确的县级南水北调征地移民主管部门负责本行政区域内南水北调征地移民工作，主要职能有：贯彻落实国家、各级南水北调主管部门征地移民政策；具体实施南水北调征地移民工作，领导县级相关部门、乡镇人民政府全面落实征地移民实施方案，制定实物核查报告，组织地上附着物清查；按照征地移民实施方案兑付征地移民资金；做好环境协调，维护施工秩序。

项目法人参与南水北调工程征地移民前期工作；参与征地移民实施方案制定、地上附着物

核查、征地手续的办理、征地移民工程招标、验收等工作；按照国家批复概算及包干协议等及时拨付省级南水北调办事机构、有关产权单位征地移民资金；协调征地移民相关工作。

（二）征地移民机构设置

1. 省级南水北调指挥机构

省级人民政府成立省级南水北调工程建设指挥机构，具体组织实施本省内南水北调工程的建设管理工作。省级南水北调指挥机构主要职责是确定本省南水北调工程建设有关方针、政策、措施和解决其他重大问题，负责本省内南水北调工程建设的统一指挥、组织协调，督导沿线各级人民政府及有关部门积极做好辖区内的南水北调相关工作，特别是做好征地、拆迁、施工环境保障、文物保护、南水北调方针政策宣传等工作，确保本省南水北调工程建设顺利进行。各省成立南水北调指挥机构的办事机构，承担省南水北调指挥机构的日常工作，负责省南水北调指挥机构决定事项的执行和督办。

省级南水北调指挥机构主要成员单位一般有省水利厅、省指挥机构的办事机构、省林业厅、省国土资源厅、省公安厅、省监察厅、省审计厅、省文化厅或文物局、省通信局、省电力集团及各市级人民政府和工程沿线县人民政府。

省委、省政府下达文件，对相关部门和地方承担的本省南水北调工程征地移民和施工环境保障工作等职责进行明晰界定。

2. 省级南水北调办事机构

省级人民政府成立省级南水北调办事机构，明确省级南水北调办事机构和省级南水北调指挥机构的关系，明确省级南水北调办事机构与省政府有关职能部门和地方政府协调配合做好工程项目区的节水、治污、征地、移民和生态环境与文物保护等社会层面的管理工作，保证工程建设环境。省级南水北调办事机构为省级南水北调工程征地移民组织实施工作机构，代省政府行使全省征地移民组织实施工作。对市、县两级人民政府的"南水北调征地补偿和移民安置组织实施工作机构"认可，保证在征地移民资金拨付、审计、稽查等工作中责任的落实。

3. 市级南水北调指挥机构和办事机构

市级人民政府按照省级南水北调指挥机构的统一安排部署，根据工程进展需要，结合各自实际，相继成立市级南水北调指挥机构和办事机构。市级南水北调指挥机构一般由市政府主要领导任指挥，分管领导任副指挥，有关职能部门主要领导为成员。各市的南水北调办事机构作为市级南水北调指挥机构的办事机构，一般依托市水利局组建，下设综合、工程、环境、财务等职能科室。

市级南水北调指挥机构和办事机构的成立，为工程沿线的各县级南水北调办事机构贯彻落实国务院南水北调工程建设委员会颁布的《南水北调工程建设征地和移民安置暂行办法》、实行本省相关制度提供组织保证。征地移民管理体制与国家现行行政管理体制高度吻合，在省级和县级南水北调办事机构之间形成桥梁和纽带，起到承上启下的作用。

4. 县级南水北调指挥机构和办事机构

按照省级南水北调指挥机构的统一安排部署，南水北调一期工程有关县级人民政府都相继成立了南水北调工程建设指挥机构和办事机构。县级南水北调工程建设指挥机构一般由县政府主要领导任指挥，分工副职任副指挥，发展改革委、水利、公安、国土、林业、环保等相关部门负责人为成员。县级南水北调办事机构普遍依托水利局筹建，也有的按独立法人设置，列入县级财政预算。

（三）投资包干

征地移民资金实行与征地移民任务相对应的包干使用制度，征地移民资金包干数额按国家核定的初步设计概算确定。除国家已批准的因政策调整、不可抗力等因素引起的投资增加外，不得突破包干数额。

1. 征地移民投资包干形式

（1）项目法人与省级南水北调办事机构签订包干总协议。项目法人委托省级南水北调办事机构实施本省行政区域内南水北调工程征地补偿与移民安置工作并签订委托协议，协议约定本省行政区域内南水北调主体工程的征地补偿、移民安置和文物保护等工作，包括征地移民中中央和军队所属的工业企业或专项设施的迁建工作。征地移民资金实行与征地移民任务相对应的包干使用制度。征地移民资金包干数额按国家核定的初步设计概算确定。征地移民资金由项目法人按照已批复的初步设计单元工程设计概算拨付省级南水北调办事机构实施。

（2）省级南水北调办事机构与市级人民政府（或直接与县级人民政府）签订包干协议。省级南水北调办事机构分别与工程所在市级人民政府（或直接与县级人民政府）签订征地移民投资包干协议。直接费用由市级人民政府（或县级人民政府）和项目迁建单位包干使用。其他费用按照"谁组织，谁负责"的原则，由省级南水北调办事机构、市级人民政府（或县级人民政府）按各自职责和承担的工作量分块包干使用，具体划分比例在签订投资包干协议时确定。

（3）市级人民政府（或南水北调办事机构）与县级人民政府（或南水北调办事机构）、县级人民政府（或南水北调办事机构）与乡级政府签订的分项包干协议。

（4）项目法人、各级南水北调办事机构与有关产权人签订的专项设施迁建或补偿包干协议。

（5）征地移民中的文物保护项目由省级南水北调办事机构与省文物主管部门签订文物保护投资包干协议。

2. 投资包干协议内容

征地移民投资包干协议中明确规定下列内容：征地移民任务的具体内容；征地移民工作的进度要求；移民资金包干额度和费用组成；移民资金拨（支）付方式；双方的责任、权利和义务。

直接费用一般包括农村移民经费、城（集）镇和镇外单位迁建费、工矿企业补偿费、专业项目复建费等，由各级南水北调办事机构和项目迁建单位包干使用；间接费用由省级南水北调办事机构统筹管理分配，按各自职责和承担的工作量分块包干使用，按照工作任务分年度下达；预备费按照国务院南水北调办预备费使用管理办法，由各级南水北调办事机构视权限逐级审批使用。

直接费用中的文物保护资金由省级文物行政部门实行包干使用，省级文物行政部门是文物保护资金管理的责任主体。文物保护项目实施中确因项目变更需调整资金的，在不突破包干资金的前提下，由省级文物行政部门会同省级南水北调办事机构审批后实施，并报项目法人、国务院南水北调办和国家文物局备案。文物保护资金中实施管理费、监理费、技术培训费等间接费，在国家批复概算范围内，由省级文物行政部门根据文物保护投资包干协议确定的工作内容及有关单位参与文物保护工作的职责和工作量合理安排。

3. 计划管理

省级南水北调办事机构商项目法人编制年度征地移民投资计划，并报国务院南水北调办。国务院南水北调办根据国家发展和改革委员会下达的年度投资计划，将年度征地移民投资计划下达项目法人。

项目法人依据已签订的征地移民投资包干协议和征地移民工作进度，将年度征地移民投资计划分解到省级南水北调办事机构等单位。省级南水北调办事机构依据分解的年度征地移民投资计划，结合工程建设进展情况和相关协议，组织计划的实施。

省级以下各级南水北调办事机构及时统计计划执行情况，逐级定期报送给上一级南水北调办事机构。省级南水北调办事机构负责汇总统计资料并报国务院南水北调办。

（四）财务机构

在南水北调工程征地移民办事机构中，省级南水北调办事机构为省级征地移民主管部门，负责本省南水北调工程征地移民资金的管理和监督；沿线各市级南水北调办事机构是省级和县级南水北调办事机构之间的桥梁和纽带，起到承上启下的作用，负责本市南水北调工程征地移民资金的管理和监督；沿线各县级南水北调办事机构，是征地移民资金管理的基础单位，具体负责本县（市、区）征地移民资金的管理与会计核算；各县（市、区）所属乡（镇）、村为报账单位，是征地移民资金使用的基层组织单位。

各级南水北调办事机构都设立专门的财务机构、配备专职会计人员，建立完善内部控制制度，严格执行批复的征地移民实施方案，确保征地移民资金专项用于南水北调征地移民工作，不得截留、挤占、挪用征地移民资金。各级南水北调办事机构都开设了征地移民资金专用账户，专门用于征地移民资金的管理，并按照《南水北调工程征地移民资金会计核算办法》的要求，设置会计科目和会计账簿，进行会计核算，报送会计报表。报账单位都设置了专账管理集体资金。

省级南水北调办事机构指导各级南水北调办事机构财务部门按照国务院南水北调办有关征地移民资金管理办法、会计核算办法、征地移民实施方案等，依法、依规进行资金管理和会计核算，准确、及时地反映征地移民资金收支活动；提高资金使用效益，认真考核资金使用效果，提出合理化建议，为领导进行决策当好参谋；及时组织业务培训，提高财务人员政策水平和业务素质；强化内部监督管理，规范资金拨付程序，保证资金安全。

（五）征地移民机构的资金拨付流程

项目法人依据国家核定的初步设计概算、与省级南水北调办事机构签订的征地移民投资包干协议，按照国家批准下达的年度征地移民投资计划和征地移民工作进度，将征地移民资金拨付省级南水北调办事机构。省级南水北调办事机构根据征地移民实施方案和工作进度，向市级南水北调办事机构拨付征地移民资金，市级南水北调办事机构参照省级南水北调办事机构拨付资金程序向县级南水北调办事机构拨付征地移民资金。

具体拨付程序为：市级南水北调办事机构根据逐级签订的征地移民资金投资包干协议、征地移民工作进度及资金需要，向省级南水北调办事机构提出资金申请，省级南水北调办事机构对资金申请文件进行审核，按程序批准后，省级南水北调办事机构征迁业务部门起草资金拨付文件，经批准后印发资金拨付文件。根据经批准的资金拨付文件，征迁业务部门填写资金拨付报销单据，经本部门负责人、财务负责人审核后，提交省级南水北调办事机构分管领导审签。财务部门依据审签后的拨付单据，统筹安排征地移民资金的拨付。拨付资金后，财务部门在相关报销单据、收据、银行支付凭证上加盖"银行付讫"章，在有关资金拨付文件上加盖"附件"章。

（六）征地移民机构资金拨付的会计核算

省级南水北调办事机构依据征地移民投资包干协议，按照批准下达的征地移民投资计划、征地移民工作进度和市级南水北调办事机构提供的行政事业单位往来收据，将资金通过银行拨付给市级南水北调办事机构时，借记"拨出征地移民资金"，贷记"银行存款"科目，同时对"拨出征地移民资金"会计科目按接收拨款单位和设计单元工程设置明细账或进行辅助核算。

市级南水北调办事机构收到资金后，借记"银行存款"，贷记"拨入征地移民资金"科目，同时对"拨入征地移民资金"科目按拨款单位和设计单元工程设置明细账或进行辅助核算。市级南水北调办事机构拨付资金给县级南水北调办事机构时，借记"拨出征地移民资金"，贷记"银行存款"科目，同时对"拨出征地移民资金"科目按接收拨款单位和设计单元工程设置明细账或进行辅助核算。

县级南水北调办事机构收到资金后，借记"银行存款"，贷记"拨入征地移民资金"科目，同时对"拨入征地移民资金"科目按拨款单位和设计单元工程设置明细账或进行辅助核算。县级南水北调办事机构拨付资金给乡（镇）、村报账单位时，借记"应收款"，贷记"银行存款"科目，同时对"应收款"科目按接收拨款单位和设计单元工程设置明细账或进行辅助核算。

会计期末，省级南水北调办事机构与市级南水北调办事机构、市级南水北调办事机构与县级南水北调办事机构应核对征地移民资金拨入、拨出情况，如果出现资金收支金额、设计单元工程不符的情况，应及时查找原因并调整会计账目。

（七）征地移民投资控制

根据国家规定，南水北调工程征地移民资金实行与征地移民任务相对应的包干使用制度。征地移民资金包干数额按国家核定的初设设计概算确定，在实际操作中由于各县（市、区）实施阶段征地移民投资与初步设计相比变化较大，省级南水北调指挥机构以批复的县级实施方案投资预算为包干基数。除国家已批准的因政策调整、不可抗力等因素引起的投资增加外，不得突破包干数额。为做好征迁投资控制工作，各省积极研究对策，采取事前、事中、事后控制保障措施，以保障在国家批复初设设计概算范围内顺利完成征地移民工作任务。

事前控制包括三个方面：①实施阶段进行外业调查时，县南水北调办事机构组织征地移民设计、监理、勘测定界单位、乡（镇）、村等相关单位、产权人（单位）组成联合调查组进行土地和实物量调查。实物量调查坚持实事求是的原则，严禁弄虚作假，实物量调查成果必须由各方签字认可，在调查现场全程进行录（照）像，调查完成后严禁新增地上附着物。②实施方案编制阶段，坚持以初步设计批复概算为依据，初步设计概算有补偿标准的，严格执行批复标准；有同类补偿标准的，参考确定补偿标准；没有同类补偿标准的，经征地移民设计、监理、县级南水北调办事机构协商合理确定。移民安置项目要有详细的实施方案，并经县级人民政府认可。专项设施迁建项目要由专业部门设计，并经审查通过。③实施方案评审、批复阶段，邀请国家原初步设计技术和概算审查专家对实施方案进行评审，根据专家评审意见对实施方案进行调整，报经省级南水北调指挥机构批复后作为征地移民项目实施和资金兑付的依据。

事中控制包括两个方面：一是对已经批复的实施方案中的项目，实行包干责任制，在实施过程中严格资金控制，不得突破批复数额，同时各项资金支出由移民监理单位认真复核、签字认可。二是对设计变更项目和动用预备费项目严格控制投资。设计变更由设计单位会同变更提出单位进行论证，研究变更必要性并编制设计变更方案，邀请国家原初步设计技术和概算审查专家对变更方案进行评审，根据评审意见修订后批复实施。动用预备费的项目，由移民设计、监理单位会同工程现场建管单位共同复核、签字认可，逐级报至省级南水北调办事机构，研究后批复下达投资。县级南水北调办事机构动用的预备费，原则上不超过省级南水北调指挥机构批复的实施方案投资。

事后控制包括两个方面：一是国务院南水北调办每年对征地移民资金的使用和管理情况的专项审计、审计署对征地移民资金的不定期审计、各级办事北调办事机构组织的内部审计等，沿着征地移民资金流向，层层审计到资金末端，对投资控制、资金使用过程中的不规范现象予以纠正、整改；二是根据国务院南水北调办《南水北调工程竣工完工财务决算编制规定》等规定，在设计单元工程完工时，编制征地移民完工财务决算，全面、正确反映征地移民工作的实际投资情况。通过完工决算与概算或实施方案的对比分析，考核征地移民投资控制、征地移民资金收支等情况，以便于总结经验教训，提高未来征地移民工作的投资效益。

二、南水北调工程补偿资金的兑付

（一）编制实施方案，确定补偿资金标准

1. 实施方案编制单位及职责

征地移民实施方案是在南水北调工程初步设计批复后，依据批准的设计文件，对征地补偿和移民安置作进一步调整、优化，以征地移民初步设计和实施阶段勘测定界、外业调查复核成果为基础，根据国家有关政策，结合本地区征地移民实际，由地方政府和设计单位共同编制的指导征地移民具体实施工作的纲领性文件。

南水北调工程征地移民实行"政府领导、分级负责、县为基础、项目法人参与"的管理体制，与此对应的征地移民实施方案应由县级人民政府负责，项目法人参与，省、市南水北调办事机构指导，编制具体工作由县级南水北调办事机构从事征地移民工作的技术人员会同具备资质的设计单位承担。

县级人民政府负责组织有关部门和乡镇政府等进行征地勘界、实物复核，提出移民安置选址方案、移民安置区水、电、路等基础设施规划，落实国家、省（直辖市）征地移民配套政策要求。

县级南水北调办事机构作为实施方案编制的牵头单位和后勤保障单位，会同县直有关部门、乡镇、村等开展征地移民勘测定界、外业调查等工作。牵头编制土地及附着物、村副业和

企事业单位迁建等补偿方案。根据县级人民政府提出的移民安置规划，组织完成移民安置规划设计，汇总编制专项设施迁建方案，与临时用地复垦设计单位配合，完成临时用地复垦方案和设计报告书的编制工作。

移民设计单位作为技术支撑单位，为征地移民实施方案编制提供强有力的技术支持，协调设计单元工程内部调查标准的统一，确定土地及附着物的补偿标准，负责提出征地移民方案设计变更，并就实施方案编制所依据的政策及规定进行说明，按设计单元工程控制投资。

征地勘测定界单位负责对工程占地范围进行定界、测量，提供工程征（占）地的面积、地类和权属。

移民监理单位对于实物调查成果进行签字确认、提供支撑，监督征地移民工作进度及资金的使用和管理，对于征地移民实施方案变更进行验证。

项目法人提出工程建设进度计划，及时筹措征地移民资金。

2. 实施方案编制程序

从征地移民实施方案编制的全过程看，分为前期工作、组织编制、评审批复三个阶段。

（1）前期工作阶段。前期工作的重点包括现场调查、实物量复核汇总、公示征求意见、复查确认、移民安置规划、专业项目规划等。工作重点是实物调查成果汇总，这是编制征地移民实施方案、计算征地移民投资的基础性资料。

这一阶段的工作在初步设计批复后，征地勘测定界、监理、监测评估单位经招标确定后即可展开。首先省、市、县南水北调办事机构逐级召开动员大会、部署征地移民外业调查任务，再由县级人民政府组织移民设计、监理、勘测定界单位、县、乡镇、村等相关单位、产权人（单位）开展土地勘测定界、附着物及专项设施复核等工作，形成实物汇总成果。这项工作是编制征地移民实施方案的重要前提和必要条件，其工作质量直接影响实施方案的编制质量。为保证调查实物的准确度和可信度，目前征地移民工作实行了综合监理制，现场调查的各类实物必须经移民设计、移民监理签字认可。由于所调查的实物非常琐碎，调查时难免有遗漏、错登现象，所以调查完成后要以村为单位在公示栏进行张榜公示，并征求意见，对于确属错登、遗漏的，要组织移民设计、监理单位重新复查确认后，进行补登，并最终由县人民政府确认。

（2）组织编制阶段。这个阶段的工作重点包括补偿标准确定、补偿方案确定、实施方案征求意见修订等。目的是保证征地移民顺利实施，并对征地移民投资进行有效控制，力求不突破国家初步设计批复概算。对于因政策调整、重大设计变更及其他不可抗力等因素增加的投资除外。

组织编制工作在外业调查、实物汇总完成和移民安置方案确定后即可开展。这一阶段工作由县级南水北调办事机构牵头，与设计单位密切配合完成。编制实施方案时，应根据国家批复的设计单元工程征地移民初步设计专题报告以及国家、省、市相关的法律法规和政策规定，对数量、标准的确定进行严格把关。其中：工程永久及临时占地以勘测定界单位现场确认结果为准；实物量以县、乡镇、村、物权人、移民设计及监理单位六方共同签字确认的结果为准；移民安置选址、水、电、路以县级人民政府确定的方案为准；专项设施迁建方案以产权单位委托符合资质要求的设计单位编制的迁建方案设计为准。

1）补偿标准的确定。由于补偿标准涉及物权人的直接利益，所以这项工作在编制实施方案中十分重要。土地补偿标准原则上执行国家初步设计批复的标准；房屋及附着物补偿标准的确定要考虑初步设计批复标准及省级物价部门的标准，同时要考虑当地实际情况以及同期实施的其他水利工程执行的补偿标准，进行综合权衡确定。

2）补偿方案的确定。补偿方案主要包括土地补偿费和安置补助费分配使用方案、移民安置点基础设施设计、村副业及企事业单位迁建规划设计、专项设施迁建方案、征地移民影响问题处理方案等。除土地补偿费和安置补助费的分配使用方案外，其他工作由于专业性较强，应当以设计单位为主进行专业设计，但对县级人民政府提出的意见应充分予以考虑，并体现在实施方案中。

3）征求意见并修订。征地移民补偿标准和方案初步确定后，由县级人民政府负责组织发布征地移民实施方案公告。公告的内容包括：集体经济组织被征用土地的位置、地类、面积，地上附着物和青苗的种类、数量，需要生产安置的农业人口的数量和搬迁安置人口数量；土地补偿费和安置补助费的标准、数额、支付对象和支付方式；地上附着物和青苗的补偿标准和支付方式；农业人员的具体安置途径；其他有关征地补偿、安置的具体措施。被征地农村集体经济组织、农村村民或者其他物权人对征地移民实施方案有不同意见的，可向所属乡镇人民政府提出。乡镇人民政府应当向县级南水北调办事机构反映相关问题，县级南水北调办事机构对反映的问题进行认真研究，确有不同意见时，应当依照有关法律、法规对征地移民实施方案进行适当修改，最终形成征地移民实施方案报审稿。

（3）评审批复阶段。县（市、区）征地移民实施方案报审稿完成后，由县级人民政府（南水北调指挥机构）行文将实施方案报审稿报至市级人民政府（南水北调指挥机构）。市级人民政府（南水北调指挥机构）组织专家进行评审。专家组可由征地移民专家、省市南水北调办事机构、市国土部门、市林业部门、现场建设管理机构等单位代表和专家组成。专家组评审的程序包括：听取县级人民政府（南水北调指挥机构）和设计单位对征地移民实施方案编制情况的汇报；专家组讨论征地移民实施方案编制中的相关问题；形成专家评审意见。各县（市、区）根据专家评审意见对实施方案报审稿进行修订完善，形成实施方案报批稿，再逐级上报至省级南水北调工程建设指挥部。由省级南水北调工程建设指挥部进行批复，县（市、区）级南水北调办事机构按批复意见进一步修订完善，形成实施方案批复稿，作为征地移民实施工作的合法依据。

3. 征地移民实施方案内容

（1）概述。主要由工程简介、征地移民初步设计批复情况、实施阶段主要调查成果、实施方案编制依据等组成。工程简介应简明扼要，同时概括介绍工程所在地区自然环境和社会经济状况。初步设计批复情况应概括介绍批复的实物量、安置方案、补偿标准及投资情况。实施阶段主要调查成果包括占用土地面积及地类、移民搬迁数量、地面附着物种类及数量、影响村副业及企事业单位、专业项目数量等。编制依据包括征地移民初步设计专题报告（批复稿）、征地移民法律法规、规范规程和管理办法等。

（2）工程占地。一般分为永久征地、临时用地两部分，需做工程占地和实测地类的土地平衡表。

如实施阶段与初步设计相比，项目用地发生较大变化的，应详细说明用地项目和用地范围以及与初步设计发生变化的情况及原因。

（3）工程影响实物调查。包括工程占地范围内的土地、人口以及建筑物、构筑物、树木等地上附着物的类别、数量、质量、权属和其他属性的调查。其调查成果是编制实施方案、计算补偿投资、兑现移民和权属人补偿补助的重要依据，成果的精度直接关系到移民群众的切身利益，对工程所在地的社会稳定至关重要。因此必须做好工程影响实物调查工作，进行详细部署安排，确保调查成果项目类别齐全、数字准确，各方均能认可。

土地按所有权分为国有和集体所有，按用途分农用地、建设用地、未利用地三大类。土地调查以行政村为单位，耕地、园地、林地按规范量图计算水平投影面积。

工程影响实物调查成果汇总表应由县级人民政府、移民设计和监理等单位代表签字并盖章认可。

（4）农村移民安置。农村移民安置规划设计包括生产安置规划和搬迁安置规划。移民生产安置规划设计要有移民生产安置人口计算表。对占用土地较少的村，可采取移民货币安置或调地安置的方式，由村民代表大会或全体村民大会通过。对占用土地数量和比例较大的村，如采取货币安置或调地安置的方式，应详细说明该村的收入构成及工程建设征地对收入的影响分析，并采取相应的措施确保被征地农民的生产生活水平不降低。

（5）城（集）镇迁建。城（集）镇迁建需要合理确定迁建人口规模和建设用地规模，参照国家对城（集）镇规划的规定，编制迁建规划设计文件。迁建所需补偿投资，列入建设征地移民补偿投资预算；因扩大规模和提高标准需要增加的投资，不列入建设征地移民补偿投资预算。迁建方式包括异地建设、后靠建设、工程防护、撤销与合并等。采用哪种方式，应根据当地的具体情况而定。

（6）村副业迁建。村副业设施是指村、组、个人经营的小微型企业，包括小型采集、加工、服务业等，如小型加工厂、榨油坊、石灰窑、小型采石场、砖窑、小煤窑等。应调查统计其设施的规模、生产能力以及投资等。

（7）工业企业、事业单位迁建。包括采矿业、制造业、电力、燃气及水的生产供应业等。纳入企业迁建规划的应为大中型工业企业和具备以下条件的小型工业企业：在当地工商行政管理部门注册登记、有营业执照、税务登记证、特殊行业生产许可证等有关证件；有固定的或相对固定的生产组织、场所、生产设备和从事工业生产人员；具有单独的账目，能够同农业及其他生产行业分开核算；常年从事工业生产活动或季节性生产，全年开工时间在 3 个月以上；固定资产原值在 100 万元以上（含 100 万元）。对于不具备以上条件的小型工业企业列入工商企业调查；对不具备现代工业生产条件的农村石灰窑、砖瓦窑、各种小型企业、小型加工业、手工作坊等村、组、家庭、合作兴办的工业以及经营工业品的商贸企业等，根据其生产性质、生产规模、是否具有注册资金和固定的从业人员，以及是否具有企业法人资格和各种证书、执照等条件，列入农村村组副业调查。企事业单位应按不同属性、类型、行业，逐个进行登记。核定企事业现有生产规模、固定资产和职工、户口在厂人数等实物的数量与规格。

根据工业企业受影响的程度，结合地区经济产业结构调整、技术改造及环境保护要求，在征求地方政府、主管部门意见的基础上进行统筹规划，确定改建、迁建、防护或关、停、并、转的处理方式。需要搬迁的，应优先考虑就近搬迁，确定局部后靠或易地搬迁的处理方式。处理规划应与城（集）镇总体规划、周边交通、电力、电信等规划相协调。

（8）专业项目迁建。包括交通工程、输变电工程、电信工程设施、广播电视工程、水利水电工程、管道工程、风景名胜区、矿产资源、文物古迹、水文站和其他项目及设施等。

专业项目的复建方案应符合国家有关政策规定，遵循技术可行、经济合理的原则。对恢复改建的项目，应按原规模、原标准或者恢复原功能的原则进行规划设计，所需投资列入征地移民补偿投资预算。因扩大规模、提高标准、等级或改变功能需要增加的投资，不应列入征地移民补偿投资预算。

专业项目迁建方案涉及穿铁路、高等级公路等情况时，应有铁路、公路等行业主管部门对迁建方案的认可文件。

（9）水库库底清理。包括建（构）筑物清理、卫生清理、林木清理、特殊清理等。建（构）筑物清理包括房屋、附属建筑物、各种线杆、涵闸、桥梁等。卫生清理对象为一般污染源和传染性污染源。一般污染源包括生活垃圾、化粪池、厕所、养鸡棚、牲畜栏及普通坟墓；传染性污染源包括传染病疫源地、传染病死亡人畜墓地、鼠类。林木清理对象为林木、零星果木及秸秆类。考虑到南水北调工程建设的水库均具有供水任务，应提出特定的清理措施和防止污染方案。

（10）临时用地复垦方案。复垦措施要根据土地占用情况具体规划。临时用地一般分为施工区用地、弃土堆土区用地和取土区用地。施工区用地的恢复措施为：土壤疏松、水利配套、地力恢复等。堆土区和取土区用地的复垦措施为：土地平整、耕作层处理、水利设施配套、地力恢复等。

临时用地复垦方案主要内容包括临时用地数量、复垦原则、复垦的目标和任务、复垦设计及复垦投资预算等。

工程临时用地多为土方工程挖压用地，复垦前必须进行必要的压实平整，根据地形条件和临时用地宽度，确定耕作田块的规格。

弃土区复垦规划包括农田水利工程设计、建筑物工程设计、土壤改良、田间道路规划。施工营地复垦规划包括耕作层恢复、灌溉设施恢复、道路恢复及地力恢复。

（11）投资预算。征地移民补偿投资预算项目分为农村部分、城集镇部分、工业企业、专业项目、防护工程、库底清理、其他费用以及预备费、有关税费。

投资预算编制主要以实物调查指标和移民安置规划为基础，既要遵守国家法规、考虑国家承受能力，又要实事求是、考虑移民安置难度和需要，妥善处理好国家、地方、集体、个人之间以及中央与地方、部门与部门之间的关系。补偿标准应严格执行国家和地方有关政策规定，原则上应执行国家批复的标准，确需调整的应充分论证，并做详细的说明，这历来是国家审计稽查的重点。专业项目复建规划按原规模、原标准和恢复原有功能的原则确定。凡是结合搬迁、改建需扩大规模、提高标准而增加的投资，由地方政府或有关单位自行解决。对不需恢复或难以恢复的项目，给予合理补偿。

（12）机构设置及工作计划。征地移民工作事关人民群众的切身利益，也关乎工程建设能否顺利实施。强有力的领导及执行机构和科学严密的工作计划，是确保移民安置规划顺利实施的关键。其主要内容包括征地移民机构设置、单位职责、人员分工、征地移民实施管理的主要措施及制度建设、工作计划等。

（13）资金管理。主要内容包括资金管理的依据及原则、措施、制度建设、报账单位财务管理、资金兑付方案等。征地移民资金管理遵循"责权统一、计划管理、专款专用、包干使用"的原则。征地移民管理机构应配备专门的财会人员，执行统一的会计制度，对征地移民资金实行独立核算。

（14）存在的问题及建议。主要内容包括征地移民基本结束后仍存在的一些无法彻底解决的问题，提出解决问题的办法及建议等。

（15）其他。包括权属争议的处理、永久征地、临时用地及使用林地手续的办理、档案管理及验收、维护社会稳定及信访处理、政策咨询及解答、施工环境保障、上级稽查及审计的配合等。

（16）附件。包括各种会议文件、部门批文、方案评审意见、地方政府对实物认可文件、移民意愿调查等。主要有：地方政府关于征地移民和施工环境保障的通告；地方政府关于征地移民管理政策；地方政府关于征地移民补偿标准的规定；乡镇、村征地补偿资金分配方案；集体补偿资金使用方案；其他需要列入附件的文件，如图纸、专题报告、证明、合同协议、咨询意见、会议纪要及批复等。

（二）补偿资金的兑付

1. 补偿资金的兑付依据

补偿资金的兑付依据主要包括：经批复的征地移民实施方案、补偿实物量清单（经征地移民管理机构、被补偿村集体、物权人、监理签字确认）、补偿资金发放表（经征地移民管理机构、物权人、监理签字确认）等资料。如果征地移民实施方案进行调整、变更，按照程序履行的审批手续也是兑付补偿资金的重要依据。

2. 启动准备

根据批复的实施方案，以县（市、区）为单位制定征地移民工作实施细则，明确征地移民工作的具体实施步骤、补偿资金兑付方式、工作程序和要求、组织领导和措施等。方案要细致、周密、切实可行，保证征地移民工作按计划、按步骤有序推进。

3. 宣传动员

采取各种有效方式宣传工程建设的重大意义和征地移民补偿政策，补偿范围、补偿标准、补偿兑现程序、安置方式和方法应原原本本地交给移民。组织干部进村入户开展耐心细致的政策解释和思想动员工作。

4. 计算兑付资金数额

县级南水北调办事机构根据批复的实施方案，以乡镇为单位，逐村计算占地补偿资金数额，逐户计算地上附着物补偿资金。

5. 张榜公示

占地补偿及地上附着物资金计算完成后，填写南水北调征迁安置补偿公示表，对征迁范围内的实物数量、补偿标准以及补偿金额在村公开栏进行公示，公示时间为三天，土地补偿公示到村集体，地上附着物公示到权属人。

6. 核实更正错漏项

对公示内容有异议的，按照职责分工分别解决。涉及地类及权属争议的，由县级南水北调办事机构协调国土等相关部门解决；涉及错项、漏项的，由县级南水北调办事机构组织移民设计、监理单位进行核实更正，并完善相关手续。

7. 签订补偿协议

县级南水北调办事机构根据经批复的征地移民实施方案确定的移民安置去向和安置方式，逐户与移民签订安置补偿协议。约定补偿资金兑付时限、搬迁时限、生产资料配置标准、搬迁安置手续办理和法律责任，做到依法移民。

8. 填写补偿手册

县级南水北调办事机构根据南水北调征地移民补偿公示表及国家审定的移民实施指标调查成果，将实物指标分解落实到权属单位和每家每户，并分户建卡登记造册，填发每户移民的《征地移民个人补偿手册》或补偿明白卡。在此基础上，不折不扣地兑付补偿资金给权属人。

9. 补偿资金兑付

县级南水北调办事机构是征地移民资金管理的基础单位，负责本县（市、区）征地移民资金的兑付与会计核算。乡（镇）、村为报账单位，是征地移民资金使用的基层组织单位。补偿资金的兑付主要包括村集体补偿资金（包括村集体土地补偿和村集体财产补偿资金）、个人补偿资金的兑付。

（1）村集体补偿资金的兑付。对村集体补偿资金的兑付，县级南水北调办事机构可以采取直接兑付给有关行政村方式，也可以采取通过乡镇报账单位兑付给有关行政村的方式，具体做法为：

县级南水北调办事机构直接兑付给村集体的土地补偿和集体财产补偿费时，应根据批复的征地移民实施方案、补偿实物量清单（经征地移民管理机构、被补偿村集体、监理签字确认）、行政村出具的收款收据，履行内部审批手续，及时支付补偿资金。

县级南水北调办事机构通过乡镇报账单位兑付给村集体的土地补偿和集体财产补偿费时，应根据批复的征地移民实施方案、补偿实物量清单（经征地移民管理机构、被补偿村集体、监理签字确认）、乡镇报账单位出具的收款收据，及时支付补偿资金。乡镇报账单位收到村集体土地补偿和集体财产补偿费后，根据行政村的拨款申请、出具的收款收据，履行内部审批手续，及时将补偿资金拨付到村集体账户或辅助账。

（2）个人补偿资金的兑付。对个人补偿资金的兑付，县级南水北调办事机构可以采取直接兑付给有关个人的方式，也可以采取通过乡镇报账单位兑付给有关个人的方式，具体做法为：

县级南水北调办事机构直接兑付给个人补偿资金时，应根据手续齐全的补偿实物量清单、补偿资金发放表（经征地移民管理机构、物权人、监理签字确认），履行内部审批手续，及时足额支付个人补偿资金。通过银行发放的安置补偿费，还应取得银行流水单作为入账依据。

县级南水北调办事机构通过乡镇报账单位兑付给个人补偿资金时，根据批复的征地移民实施方案、报账单位的拨款申请、报账单位出具的收款收据，履行内部审批手续，先通过挂账方式，及时将补偿资金支付到乡镇报账单位。乡镇报账单位收到个人补偿资金后，根据手续齐全的补偿实物量清单、补偿资金发放表（经征地移民管理机构、物权人、监理签字确认），履行内部审批手续，及时足额支付个人补偿资金。通过银行发放的安置补偿费，还应取得银行流水单作为入账依据。

10. 补偿资金兑付方式

为保障资金安全，对于补偿给个人的资金，无论是由县级南水北调办事机构直接兑付还是通过报账单位统一兑付，一般以银行转账方式进行兑付：一是由银行直接代发。兑付单位将补偿资金转入代发银行，银行根据兑付清单及权属人身份证为每人开立实名制活期存折，同时银行设置专门兑付窗口，方便权属人及时办理兑付资金的存取工作。二是采取直接将补偿资金通过转账方式转入权属人个人存款账户。银行支付个人补偿资金后，向兑付单位提供银行流水单。

对补偿给村集体的资金，县级南水北调办事机构根据签订的兑付协议，按照村账乡管原则，直接采取银行转账的形式，转到乡镇财政专户或乡镇报账单位专户。乡镇报账单位根据手续齐全的会计原始单据，及时将补偿资金拨付到村集体账户或南水北调辅助账。

11. 补偿资金的会计核算

（1）个人补偿资金的会计核算。县级南水北调办事机构直接兑付给个人补偿资金的会计核算为：

按照批复的征地移民实施方案、补偿方案及补偿协议、手续齐全的补偿实物量清单、补偿资金发放表（经征地移民管理机构、物权人、监理签字确认），履行内部审批手续，填制拨款通知单，直接向个人支付补偿资金时，借记"征地移民资金支出"科目，贷记"银行存款"（或现金）科目。通过银行发放的个人补偿资金，还应取得银行流水单作为入账依据。

县级南水北调办事机构通过乡镇报账单位兑付个人补偿资金的会计核算为：

按照批复的征地移民实施方案、补偿方案及补偿协议、报账单位的拨款申请、报账单位出具的收款收据，填制拨款通知单，向乡镇报账单位预拨资金，资金支付时，借记"应收款"科目，贷记"银行存款"科目。预付资金后，县级南水北调办事机构负责督促和监督报账单位的资金兑付工作。乡镇报账单位收到个人补偿资金后，根据手续齐全的补偿实物量清单、补偿资金发放表（经征地移民管理机构、物权人、监理签字确认），履行内部审批手续，及时足额支付个人补偿资金。足额支付个人补偿资金后，乡镇报账单位将相关补偿实物量清单、补偿资金发放表（经征地移民管理机构、物权人、监理签字确认）、银行流水单等原始资料收集齐全，报县级南水北调办事机构进行核销"应收款"科目。县级南水北调办事机构收到乡镇报账单位报送的相关原始兑付资料后，按照批复的实施方案进行核实，确认相关原始兑付资料齐全、兑付金额准确后，核销"应收款"科目，借记"征地移民资金支出"科目，贷记"应收款"科目。

（2）集体补偿资金的会计核算。县级南水北调办事机构直接兑付给村集体土补偿和集体财产补偿费的会计核算为：

按照批复的征地移民实施方案、补偿实物量清单（经征地移民管理机构、被补偿村集体、监理签字确认）、行政村出具的收款收据，履行内部审批手续，直接支付给相关行政村村集体土地补偿和集体财产补偿资金时，借记"征地移民资金支出"科目，贷记"银行存款"科目。通过银行发放的集体补偿资金，还应取得银行流水单作为入账依据。

县级南水北调办事机构通过乡镇报账单位兑付给村集体土地补偿和集体财产补偿费的会计核算为：

按照批复的征地移民实施方案、补偿实物量清单（经征地移民管理机构、被补偿村集体、监理签字确认）、乡镇报账单位出具的收款收据，支付给乡镇报账单位补偿资金时，借记"应收款"科目，贷记"银行存款"科目。预付资金后，县级南水北调办事机构负责督促和监督乡镇报账单位的资金兑付工作。乡镇报账单位收到村集体土地补偿和集体财产补偿费后，根据行政村的拨款申请、出具的收款收据，履行内部审批手续，及时将村集体补偿资金拨付到村集体账户或辅助账。足额支付个人补偿资金后，乡镇报账单位将相关补偿实物量清单（经征地移民管理机构、物权人、监理签字确认）、村集体出具的收款收据、银行流水单等原始资料收集齐全，报县级南水北调办事机构进行核销"应收款"科目。县级南水北调办事机构收到乡镇报账单位报送的相关原始兑付资料后，按照批复的实施方案进行核实，确认相关原始兑付资料齐全、兑付金额准确后，核销"应收款"科目，借记"征地移民资金支出"科目，贷记"应收款"科目。

12. 补偿资金兑付资料的归档

补偿资金兑付的有关补偿方案、协议、补偿实物量清单等兑付资料等都应及时收集、整理、归档。

属于个人补偿资金的原始兑付资料，包括：补偿方案及补偿协议、手续齐全的补偿实物量清单、补偿资金发放表（经征地移民管理机构、权属人、监理签字确认）、银行流水单等，一般是一式多份，其中一份由县级南水北调办事机构作为有关的会计凭证附件进行保管，其余原始兑付资料由不同单位部门按照各自职责进行保管。

属于集体补偿资金的原始兑付资料，包括：补偿方案、补偿实物量清单（经征地移民管理机构、被补偿村集体、监理签字确认）、村集体出具的收款收据、银行流水单等，一般是一式多份，其中一份由县级南水北调办事机构作为有关的会计凭证附件进行保管，其余原始兑付资料由不同单位部门按照各自职责进行保管。同时，报账单位应向县级南水北调办事机构报送集体补偿资金的收支情况。

13. 县级"应收款"管理

国务院南水北调办为加强南水北调工程征地移民资金管理，确保征地移民资金安全高效使用，针对征地移民资金政策性强、资金量大、管理层次多、涉及面广等特点，开创性地实行征地移民资金"县为基础"会计核算，具体做法是：县级以下征地移民资金严格按照报账制进行会计核算，征地移民资金逐级拨付到乡、镇、村时借记"应收款"科目进行挂账，乡、镇、村征地移民资金兑付到位后，依据兑付的原始凭证核销"应收款"，同时结转"征地移民资金支出"。

南水北调征地移民资金管理、兑付的基础工作主要集中在县级南水北调办事机构，因此加强县级南水北调办事机构会计核算工作，尤其是加强县级"应收款"管理就更为迫切和必要。加强县级"应收款"管理的措施主要有以下几方面：

（1）切实加强县级南水北调办事机构会计核算工作。县级南水北调办事机构严格按照国务院南水北调办、省南水北调局有关要求进行"县为基础"会计核算，拨付征地移民资金到报账单位时借记"应收款"科目，收到报账单位兑付的原始凭证时核销"应收款"科目，同时转"征地移民资金支出"科目。坚决杜绝以拨代支情况发生。

（2）县级南水北调办事机构对"应收款"科目按单位和个人进行明细核算，并确保上下级往来单位间拨付资金金额准确。核销"应收款"科目时，应逐笔严格核实相关原始兑付资料，确保补偿内容、补偿金额与征地移民实施方案一致。

（3）县级南水北调办事机构应对"应收款"科目进行定期清理、及时核销。应收款项原则上要月月清理、核销。超过一年的应收款项必须分析原因，与乡镇资金管理中心核对无误后一月之内进行清理、核销。对短期内确实不能核销的应收款项，要及时收回资金，确保资金安全；待具备兑付条件时要及时予以兑付，确保被补偿单位、个人利益。

（4）对县级"应收款"管理情况进行审计检查。根据南水北调系统十多年征地移民资金管理的经验，经常对资金使用情况进行审计检查是加强资金监管的有效措施，如国务院南水北调办每年组织中介机构对征地移民资金的管理使用情况沿资金流向进行全面审计、各省级南水北调办事机构不定期地组织各种形式的自查、各省级南水北调办事机构组织的完工财务决算审计等等，审计重点主要就是县级"应收款"管理等容易出现问题的关键环节，发现问题及时整改，杜绝违规违纪问题发生。

（三）主要经验

（1）明确兑付范围。在兑付补偿资金前，根据县级南水北调办事机构统一安排，将补偿资金兑付范围和兑付时限通知乡村群众和各权属单位。

（2）统一兑付手续。在县级人民政府领导下，在县级南水北调办事机构、乡镇资金管理单位、各村村民代表的监督下，统一填制补偿资金兑付六联单。

（3）明确兑付方式。各乡镇设立南水北调补偿资金管理专户、专账，对补偿给集体的补偿资金，收到县级南水北调办事机构资金后，按村为单位记入南水北调专账；对收到的个人补偿资金，按要求统一兑付到个人。

（4）严格兑付程序。严格按照实物核查、张榜公布、补偿兑付的程序进行资金兑付。

（5）实施阳光兑付。公布举报电话，接受群众监督，对有异议的公示结果，经核实修改后再进行张榜公示，公示期满确定无误后，才能签订补偿协议进行资金兑付。

三、南水北调工程征地集体资金的使用

1. 集体资金的概念

南水北调工程占地一般分为永久征地、临时用地两部分，土地按所有权分为国有和集体所有，按用途分农用地、建设用地、未利用地三大类。土地调查以行政村为单位，耕地、园地、林地按规范量图计算水平投影面积。南水北调土地补偿款是在南水北调征地过程中，征收了村集体所有的土地后向村集体支付的用于发展再生产的款项。土地补偿费是被征地农村经济组织所获得的补偿，该部分土地补偿费为村集体资金，由集体经济组织分配和管理。

2. 集体资金的使用方式

在南水北调工程征地过程中，集体资金的使用方式主要有两种：一是直接分配，即村集体将集体资金按一定的分配方式直接补偿给有关村民个人，村民个人在集体资金发放表上签字认可。分配方式有平均分配、按照总人口与土地总面积一定比例分配等。二是不进行分配，将集体资金留在村集体账户，用于村集体公益事业或发展生产支出。使用集体资金时，由村民代表大会表决通过资金使用方案并进行公示，接受村民监督。

3. 集体资金的收入管理

目前财政体制明确规定村集体资金由乡镇进行管理，因此，县级南水北调办事机构根据批复的实施方案按工作进度拨付土地补偿款时，由县级南水北调办事机构采取银行转账的方式转入乡镇资金管理部门。乡镇资金管理部门根据行政村的拨款申请、出具的村集体经济组织统一

收据，及时将集体资金拨付到村集体账户或辅助账。严禁将土地补偿款公款私存。

4. 集体资金的使用程序

(1) 选举产生资金分配使用工作小组。召开村集体经济组织村民或村民代表会议，选举产生集体资金分配使用工作小组，在村民委员会指导下开展工作。

(2) 拟订集体资金分配使用方案。集体资金分配使用工作小组依照法律、法规和政策的规定，拟订集体资金分配使用预算方案，并将有关征地补偿费用的文件、标准及拟定的分配使用预案向本集体经济组织成员张榜公布，广泛听取意见并核实相关数据，做到家喻户晓。

(3) 讨论集体资金分配使用方案。通过召开村集体经济组织成员的村民或村民代表会议，讨论决定集体资金分配使用方案。村民代表会议由村民委员会成员和村民代表组成，村民代表应占村民代表会议组成人员的五分之四以上。村民代表会议有三分之二以上的组成人员参加方可召开。村集体资金使用分配方案应当经到会人员的过半数同意，并形成村民代表会议决议，村民代表签署意见、姓名。

(4) 张榜公示集体资金分配使用方案。将集体资金使用分配方案在村公开栏及时张榜，公示内容包括分配方式、分配金额，拟实施项目名称、内容、规模、资金预算等等，并以村民易于理解和接受的方式公布，接受社会和群众监督。

(5) 组织实施。村集体资金使用分配方案张榜公示时间 3 天，村民无异议后，公开组织实施。

采取直接分配方式的，村集体要按照经公示的资金使用分配方案，制作集体资金发放表，将集体资金直接补偿给有关村民个人，村民个人在集体资金发放表上签字认可。

采取不直接分配而用于发展生产项目时，应按照经村民会议或者村民代表会议讨论通过并公示的资金使用分配方案，完善经济合同和有关必要的手续，严格管理。

5. 集体资金的管理

(1) 专款专用管理。村集体经济组织依法取得的被征用土地补偿金，应当实行专款专用，按规定的用途、程序和审批权限管理使用该项资金。

(2) 实行专账管理。土地补偿费和集体财产补偿费应由村集体经济组织设置专门的账本，对集体资金的收入、支出、结余进行会计核算。妥善保管资金收支的原始凭证，作为记账凭证的附件装订成册。

(3) 实行民主管理。村集体经济组织动用集体资金要依法履行村民代表会议程序，必须通过村民会议或村民代表会议表决通过，杜绝随意使用村集体资金。

(4) 规范资金使用。土地补偿费应按照村民代表大会或村民大会形成的决议进行支配，集体财产补偿费原则上必须用于农村公共基础设施建设、发展农村生产，重点安排农村人畜饮水、户用沼气、道路交通、环境卫生以及文化设施等公益项目支出。严禁以各种名目挪用、挤占，不得用于与发展生产、集体公益事业无关的非生产性开支。及时向县级南水北调办事机构报送土地补偿费和集体财产补偿费的收支情况。

(5) 实行村务公开。集体资金的收支和分配情况要定期向村集体经济组织成员公布，做到公开、公平、公正。支出土地补偿费和集体财产补偿费时，应经村民会议或村民代表会议讨论通过，并用村民易于理解和接受的方式，在村公开栏予以公示，接受社会和群众监督，切实维护村民对集体资金的知情权、决策权、参与权、监督权。凡是集体经济组织成员要求了解的集体资金财务运行情况，都要及时逐项逐笔进行公布，对群众提出的问题，集体经济组织负责人有义务及时给予解答和解决，并将结果向群众公布。

6. 集体资金的支出程序

支出集体资金时，经办人应向收款方取得合法合规票据，并在支出票据背面注明用途及签名。村会计受理票据后对票据合规性、要素完整性、内容真实性、数据准确性进行审核，然后交村委主任审核，村委主任审核通过后签字确认。村会计凭有关支出票据及村民代表大会决议，向乡镇资金管理部门申请支付集体资金。乡镇资金管理部门会计核实有关支出票据、村民代表大会决议、村集体资金使用申请单等资料，并经乡镇负责人签批后支付资金。

7. 集体资金的监督管理

乡（镇）人民政府具体负责本辖区内村集体财务管理的指导和监督工作。村集体经济组织应当依法履行财务管理职能，实行村务公开、民主理财的管理制度。必须加强监督管理，严格按规范使用，任何单位、个人不得挤占挪用。

相关责任人应当认真执行村级财务管理制度，规范集体资金的使用范围，接受乡（镇）人民政府的检查、指导。

县级南水北调办事机构每年对集体资金的拨付、管理和使用情况进行审计、检查。对于审计、检查中查出的问题，要提出处理意见，对于情节严重、构成犯罪的，移交司法机关依法追究当事人的法律责任。

建立集体资金使用公示制度。村集体经济组织要将土地补偿费、安置补助费等集体资金的收支情况实行每月公示制度，每月在村委会财务公开栏上公布，公示时间不少于3天，接受村民监督。

四、南水北调工程征地移民项目资金支付

征地移民资金中涉及项目资金支付的有三种情况：专项设施迁建项目、移民安置项目和移民规划项目。

（一）专项设施迁建项目

专项设施迁建是征地移民工作中实施难度和协调工作量最大的内容之一，这项工作也是影响工程建设顺利进行的最为突出的制约因素。有时一项规模较大的专项设施迁建项目，从初步设计阶段编制复建设计方案，到实施阶段复核编制复建实施方案，再到批复后与相关单位签订委托协议，再到具体的迁建实施，最后到完工验收，可以历时1~2年甚至更长时间。专项设施迁建之所以难度如此之大，一方面是因为其涉及的专项设施本身的专业设计和施工难度大；另一方面是因为其涉及很多单位、部门，工作协调难度极大。

南水北调工程专项设施迁建涉及电力、通讯、管道、广电、水利、交通、军用光缆等众多行业部门和产权单位。这些专项设施可以分为不同的类型，一种是初步设计报告中已计列且实施预算等于或者小于初步设计批复概算；另一种是初步设计报告中虽然已经统计，但是所列概算不足以完成实施阶段的迁建任务，需要变更方案增加迁建投资；再一种就是初步设计报告中没有统计，属于掉项、漏项问题，需要编制专门的实施方案，组织专家评审并批复后实施。

1. 专项设施迁建项目的依据及原则

南水北调工程专项迁建主要政策依据及规定。《大中型水利水电工程建设征地补偿和移民

安置条例》（国务院令第 471 号）第三十四条规定："城（集）镇迁建、工矿企业迁建、专项设施迁建或者复建补偿费，由移民区县级以上地方人民政府交给当地人民政府或者有关单位。因扩大规模、提高标准增加的费用，由有关地方人民政府或者有关单位自行解决。"第三十五条规定："农村移民集中安置的农村居民点应当按照经批准移民安置规划确定的规模和标准迁建。农村移民集中安置的村居民点的道路、供水、供电等基础设施，由乡（镇）、村统一组织建设。农村移民住房，应当由移民自主建造。有关地方人民政府或者村民委员会应当统一规划宅基地，但不得强行规定建房标准。"

《南水北调工程建设征地补偿和移民安置暂行办法》（国调委发〔2005〕1 号）第十五条规定："城（集）镇、企事业单位和专项设施的迁建，应按照原规模、原标准或恢复原功能所需投资补偿。城（集）镇迁建补偿费支付给有关地方人民政府。企事业单位和专项设施迁建补偿费，根据签订的迁建协议支付给企业法人或主管单位。因扩大规模、提高标准增加的迁建费用，由有关地方人民政府或有关单位自行解决。"第二十一条规定："农村移民安置点的道路、供水、供电、文教、卫生等基础设施的建设和宅基地布置，应按照批准的村镇规划，由乡（镇）、村组织实施。农村移民住房可根据规划由移民自主建造，不得强行规定建房标准。要按照移民安置规划将被占地农户和农村移民的生产用地落实到位，并签订土地承包合同。"

《关于南水北调工程建设中城市拆迁补偿有关问题的通知》（国调委发〔2005〕2 号）规定："南水北调工程沿线特别是城市征地拆迁补偿经国家批复后与当地征地拆迁标准之间的差额，根据《国务院关于深化改革严格土地管理的决定》（国发〔2004〕28 号）精神，由当地人民政府使用国有土地有偿使用收入予以解决。"

2. 专项设施迁建项目的主要原则

南水北调工程建设征地移民专项设施迁建的原则是在满足规程规范要求的基础上，按照"原规模、原标准和恢复原功能"的原则实施。

专项设施迁建技施阶段严格按照基本建设程序管理，按批准的实施方案和预算组织实施。掉项、漏项项目的处理严格执行征地移民有关程序，批复方案不得随意提高设计标准，确保经济合理、符合工程设计要求及工期最短。

3. 专项设施迁建项目的主要内容

工程建设涉及拆迁的专项设施大部分是国家所有的公共设施，或者权属归企业的交通、通讯、电力、管道等设施。南水北调专项设施迁建主要包括下列内容：水利、交通、电力、电信、通信、有线电视、供排水、供气、供热、电缆、石油管道、水文站、军事、永久测量标志等专业项目的恢复建设。

4. 专项设施迁建的基本程序

（1）技施阶段设计工作。专项设施迁建技施阶段设计工作，由组织实施单位负责委托选择符合资质要求的单位进行限额设计。编制设计预算应当包括建筑工程费、机电设备及安装工程费、金属结构设备及安装工程费、临时工程费、独立费用和预备费，独立费用中应当包括建设单位管理费、设计费、测量费、勘探费及其他费用。

（2）投资包干使用。专项设施迁建项目应当按照批复的初步设计规模、标准和内容实施，按设计单元工程以县为单位（跨县的以市为单位）对批复的概算投资包干使用，允许内部调节。因扩大规模、提高标准（等级）或改变功能需要增加的投资，由有关单位自行解决。

（3）严格履行基本建设程序。水利、交通、基础设施建设等较大型专项设施恢复建设，应严格按国家基本建设程序办理，由县级南水北调办事机构通过招标（或委托招标），选择设计、监理、施工单位，在实施中严格遵守相关行业规程、规范。

（4）电力、通讯等线路专项设施迁移恢复。在初步设计调查时，权属单位或主管部门应按行业标准规范，由相应资质设计单位编制迁移设计方案，经评审后列入征地移民整体初步设计。初步设计批复后，由县级南水北调办事机构与权属单位或主管部门签订投资包干协议，按设计概算投资包干使用。

（5）资产移交。专项设施恢复建设竣工验收后，要及时办理资产移交手续，交由原权属单位进行运行管理或使用。

（6）与主体工程结合。在电力、通信、供水等专项设施恢复时，要考虑与南水北调工程管理所需供电、通信、供水等结合实施。在灌溉排水、交通等专项设施恢复时要充分考虑地方水利规划、交通规划、城镇规划和新农村建设。对于与主体工程交叉的水利、交通等工程，在同等条件下，应当优先考虑由承担主体工程施工的企业一并实施。

（7）直接补偿。不需要恢复建设的专项设施，由实施组织单位与专项设施的权属单位或主管部门协商后签订协议，将补偿资金直接拨付给专项设施的权属单位或主管部门，由接受补偿资金的单位限期拆除。

5. 专项设施迁建的管理体制

南水北调工程专项设施迁建工作实行"政府领导、分级负责、县为基础、投资包干、行业监督指导、项目法人参与"的管理体制。

（1）按照"目标统一、协调管理、各负其责"原则明确职责职能。省级南水北调办事机构负责全省南水北调工程专项设施拆迁恢复实施工作的指导、检查和监督；组织审查并批复需要动用征地移民预备费的专项设施变更设计方案及掉项、漏项专项设施设计方案。

市级南水北调办事机构负责本行政区内南水北调工程专项设施拆迁恢复实施工作的管理、指导、检查和监督；组织审查并批复投资包干范围内专项设施设计方案；组织跨县（市、区）专项设施拆迁恢复的实施工作。

县级人民政府是南水北调工程专项设施拆迁恢复实施管理的责任主体，县级南水北调办事机构负责专项设施的具体组织实施。

水利、交通、电力、通信等市、县级行业主管部门和权属单位负责督促、协调，落实本行业、本部门专项设施迁建工作，包括参与实施阶段迁建方案的编制审查、实施指导检查和初步验收等工作。确保符合基本建设等有关程序，又能满足进度和质量要求。

项目法人及现场建设管理机构参与专项设施拆迁恢复的实施协调及验收工作。对于与主体工程结合实施的专项设施迁移项目，尽早提出实施计划，并与县级南水北调办事机构沟通。

（2）建立联席会议制度。为加强协调配合，共同保障南水北调、铁路、交通和电力工程建设顺利实施与安全可靠运行，确保实现国务院南水北调工程建设委员会确定的主体工程建设的目标，成立联席会议办公室。联席会议由办公室主任或者常务副主任负责召集和主持。联席会议采取集中安排、分头办理、限时办结的方式开展工作。原则上每季度不定期召开一次联席会议，调度上次联席会议确定事项完成情况，安排部署下一步工作任务。遇到紧急事情需要磋商，可临时召集有关成员，召开联席会议。

6. 专项设施迁建项目的验收

（1）验收依据。专项设施迁建项目的验收依据主要有：国家、省有关法律、法规、规程和规范性文件；经批准的征地移民初步设计文件、设计变更文件；已签订的专项迁建任务及投资包干协议；经批准的征地移民技施阶段设计文件、设计变更文件；征地移民实施中有关招投标文件及合同、协议文件；相关行业验收的规范、规定；其他与征地移民验收有关的文件、记录等资料。

（2）验收过程。专项设施迁建项目验收应具备的条件：各专项设施补偿到位，已经全部拆除或迁建完毕，不影响工程建设。专项迁建验收由县级人民政府（南水北调指挥机构）主持，县级南水北调办事机构组织，省、市南水北调办事机构监督。根据验收项目内容不同，可组织政府有关部门、设计、移民监理、实施单位、权属单位、项目法人等相关单位参加。

专项设施迁建项目验收的基本程序为：宣布验收会议程序，成立验收委员会；查勘项目实施现场或观看现场录像；听取验收项目实施管理（根据需要编制概算执行情况内容）工作报告；对工作报告进行质询并查阅项目档案资料；讨论并形成验收鉴定书。

（3）验收结果。专项设施迁建项目验收以不同内容的项目为单位分别进行组织。多个项目同时完成任务，可一并组织验收，并形成验收鉴定书。专项设施迁建实施单位应在专项设施迁建项目竣工一个月内编制竣工财务决算并进行验收，委托方应派人参加竣工验收。竣工验收合格后向委托方提交竣工财务决算、验收报告、验收鉴定书等资料。

7. 专项设施迁建资金的支付

县级南水北调办事机构委托对口行业部门（交通、水利、电力、通信、广播电视等）实施的专项设施迁建项目，应根据专项设施迁建协议、实施进度、项目实施单位资金申请等资料，履行内部审批手续，通过银行支付资金。

各级南水北调办事机构自行组织实施的专项设施迁建项目，应严格按照基本建设管理规定，符合招标条件的要依法招标。根据合同约定和专项设施迁建进度与施工单位办理价款结算、支付合同价款。合同价款一律通过银行结算，不得使用现金支付。合同价款须支付到合同约定的开户银行及账号。收款方变更户名、开户银行及账号，应出具盖有其法人公章、法定代表人签字的书面证明。

不需要恢复建设的专项设施，由实施组织单位根据征地移民实施方案批复的补偿资金、与专项设施的权属单位或主管部门签订的补偿协议、收款收据等资料，履行内部审批手续，通过银行将补偿资金直接拨付给专项设施的权属单位或主管部门，由接受补偿资金的单位限期拆除。

（二）移民安置项目

1. 移民安置项目的基本内容

移民安置项目的基本内容，从处理的项目上讲，包括农村移民安置、城（集）镇迁建、工矿企业迁建、移民安置过渡区的生产生活扶持措施等；从处理的范围上看，不仅包括征地红线内的范围，而且对征地红线外受影响较大造成的居民生产、生活困难问题，也要纳入移民安置规划的范围；从处理的对象上看，主要包括对移民的生产生活安置，如建房、供水供电、耕地配置等；就移民安置的本身而言，包括生活安置和生产安置。

2．移民安置项目的基本程序

（1）启动准备。根据批复的征地移民实施方案，以县（市、区）为单位制定移民搬迁安置工作实施细则，明确移民工作的具体实施步骤、补偿资金兑现方式、工作程序和要求、组织领导和措施等。方案要细致、周密、切实可行，才能保证移民搬迁安置按计划、按步骤有序推进。

（2）宣传动员。采取各种有效方式宣传工程建设的重大意义和移民安置补偿政策，补偿范围、补偿标准、补偿兑现程序、安置方式和方法应原原本本地交给移民。组织干部进村入户开展耐心细致的政策解释和思想动员工作。

（3）填发补偿手册。依据国家审定的移民实施指标调查成果，将实物指标分解落实到权属单位和每家每户移民，并分户建卡登记造册，填发每户移民的《移民个人补偿手册》或补偿明白卡。在此基础上，不折不扣地兑现补偿给移民。

（4）签订安置补偿协议。根据移民安置规划确定的移民安置去向和安置方式，逐户与移民签订安置补偿协议。约定补偿兑现时限、搬迁时限、生产资料配置标准、搬迁安置手续办理和法律责任，做到依法移民。

（5）落实生产资料。在规定的时限内，通过政府统一安排或移民自行安排，落实好生产安置资料和建房用地，组织抓紧建房，做好搬迁的各项准备工作。

（6）实施搬迁。根据签订的安置补偿协议，按已明确和落实的安置去向和安置方式，组织移民积极实施搬迁安置。

3．移民安置项目的基本原则

（1）贯彻"以人为本"的理念，实行开发性移民方针。由于工程影响地区基本为农业区，绝大多数移民为农业户口，因此，移民安置规划以农业安置为主。在尽可能保证移民有一份基本土地为依托的基础上，因地制宜，广开安置门路。

（2）本着不降低原有生活水平的原则。努力实现移民"搬得出、稳得住、逐步能致富"的目标。并结合安置区的资源情况及其生产开发条件和社会经济发展计划，为移民和原居民共同奔小康创造条件。

（3）移民安置区的选择应注重移民环境容量分析。输水河道工程占地由于呈带状分布，占地影响较小，在安置区的选择上首先考虑本村安置，本村安置不了的考虑邻村安置；对于原有人均土地资源较少，土地不再是农民的谋生手段，在征求地方政府和移民意见的基础上，可采取自谋职业安置。

（4）贯彻开发性移民方针，以大农业安置为主，通过改造中低产田，发展种植业、养殖业和加工业，使每个移民都有恢复原有生产生活水平必要的物质基础，有条件的地方积极发展乡镇企业和第三产业来安置移民。

（5）坚持移民安置与区域经济发展规划相结合，以移民为主的原则。合理使用移民补偿资金，合理利用安置区资源，为安置区可持续发展创造有利条件。

4．移民安置项目的标准

移民安置标准指规划移民安置的生产生活资料配置标准和达到的收入水平指标。主要指标有人均占有耕地等生产资料、人均宅基地和人均村庄占地面积、移民安置点基础设施和公共设施的建设标准、规划水平年收入水平等。

农村移民生产生活用地标准指包括该地区人均生产用地与生活用地之和。征地后大部分村庄人均耕地能达到 1 亩以上，考虑到村外调地的难度，原则上在本村内调剂土地安置。

依据《山东省实施〈中华人民共和国土地管理法〉办法》第四十三条规定，平原地区的村庄，每户宅基地不能超过 200m²；人均占有耕地 1.0 亩以下的，每户宅基地面积可低于前款规定限额。规划时结合工程沿线县（市、区）关于村镇建设和管理的规定以及工程的实际情况，确定农村移民分散建房宅基地标准为 0.3 亩/户，集中安置居民点占地标准为 0.45 亩/户（含居民点交通和基础设施用地）。

5. 农村移民安置方式

（1）生产安置方式。生产安置方式主要是采取一次性货币补偿安置方式和村内调剂土地安置方式。对于征地后人均耕地面积影响较小，基本上不影响农民生产和生活的，经当地政府协商同意，采取一次性货币补偿的形式予以补偿。对于征地后人均耕地面积影响较大对农民生产和生活造成影响的，采取村内调剂土地安置方式。

具体采取何种安置方式，须按照国家相关政策，由各村召开村民大会或村民代表大会，制定出符合该村实际情况的生产安置方式与集体资金使用方案，并由参会代表签字按手印。然后，报乡镇政府审核并加盖公章后报县级南水北调办事机构审查。

各县级南水北调办事机构、乡镇政府共同对安置情况和补偿资金使用情况进行监管，并根据各村村民代表大会通过的安置方案，与被征地村签订生产安置协议，限期予以安置。

（2）搬迁安置任务及方式。根据工程沿线影响区的实际情况，搬迁安置采用以下 3 种方式：建设集中居民点、分散安置和货币补偿。

（三）移民规划项目

1. 移民规划项目的管理体制

移民规划项目总体实行"政府领导、分级负责、县为基础、全过程监理监测"的管理体制。移民安置规划项目实行县级项目法人负责制的管理体制，对移民安置规划项目应当严格履行基本建设程序及合同管理规定，并根据相应行业规程、规范组织实施。

（1）省级南水北调办事机构任务及职责：负责移民安置规划项目实施管理工作的指导、检查和监督；负责将移民规划项目具体任务，分解落实到市人民政府，监督、指导移民规划项目实施方案的执行；对征地移民包干资金使用情况进行监督、检查，配合国家对征地移民资金的审计、稽查工作；对按表现突出的移民规划项目先进单位和个人进行表彰奖励，对因移民规划项目工作影响工程建设的单位进行通报批评；负责按规定招标选择移民监理和监测评估单位，并进行技术培训工作；参与移民规划项目各阶段验收和招标工作，负责移民规划项目省级验收工作；及时协调处理移民规划项目工作中出现的重大问题，并将出现的重大问题及时报告省级人民政府。

（2）市级人民政府（南水北调办事机构）任务及职责：负责移民规划项目实施管理工作的组织、指导和监督；负责将省级南水北调办事机构与市人民政府签订的"征地移民任务及投资包干协议"中移民规划具体任务，分解落实到县人民政府，与县人民政府签订征地移民任务及投资包干协议，参与技术培训工作；按照有关规定、政策和批准的移民规划项目实施方案，组织对移民规划项目的实施及资金管理工作进行检查、审计，按时编报移民规划项目资金统计报表和资金会计报表；负责组织评审移民规划项目实施方案；批复评审后的施工图设计；批复移民规划项目工程监理及工程施工招标方案；负责组建质量监督站并负责对移民规划项目工程质量实施监督管理；做好信访工作，协同有关部门及时处理突发事件。

（3）县级人民政府（南水北调办事机构）任务及职责：宣传移民项目工作有关法律、法规，及时妥善处理移民规划工作中出现的问题，维护工程施工环境及社会稳定，参与技术培训工作；负责按有关规定进行项目工程监理及施工招标，组织编制移民规划项目实施方案；按照市人民政府与县人民政府签订的"征地移民任务及投资包干协议"要求，分解、落实、完成本行政区内的移民规划项目实施任务；按照经批准的移民规划项目实施方案，严格资金管理，组织对移民规划项目资金的使用情况进行检查、审计，按要求及时上报移民规划项目资金统计报表和资金会计报表；负责组织评审移民规划项目施工图设计；按有关规定及时收集、整理、归档移民规划项目资料，保证档案资料的完整、准确、系统、安全和有效；负责移民规划各单项工程验收及征地移民县级验收。

（4）项目建设管理单位任务及职责。根据移民规划项目管理体制，组建移民规划项目建设项目法人（即项目建设管理单位），作为移民规划项目工程实施和运营管理的责任主体。在移民规划项目工程实施期间，对移民规划项目的工程质量、安全、进度和资金使用负总责。

项目建设管理单位的主要职责为：按照国家赋予项目法人的权利，履行工程建设管理的责任，严格执行基本建设四项制度，规范项目管理，控制工程投资和工期，提高工程质量，确保预期目标的实现；按照《中华人民共和国招标投标法》，通过招标方式择优选定施工企业和工程监理单位；按照《中华人民共和国合同法》《建设工程质量管理条例》的有关规定，与施工单位、工程监理单位签订合同，明确施工单位、监理单位的质量终身责任人及所应负的责任；负责编制上报规划项目建设情况、计划、财务统计等报表；组织与协助规划项目的验收及移交。

2. 编制移民规划项目实施方案

移民规划项目实施方案编制依据为国务院南水北调办批复初步设计中的项目及工作内容。方案编制在充分考虑项目整体实施计划的原则下，分批次进行编制。移民规划项目实施方案应由县级人民政府（或南水北调办事机构）与初步设计单位共同编制完成。县级人民政府（或南水北调办事机构）与初步设计单位共同编制的移民规划项目实施方案由市级南水北调办事机构组织评审；市级人民政府（或南水北调办事机构）将评审后的实施方案上报省级人民政府（或南水北调办事机构）批复。移民规划项目实施方案评审专家组由国家、省、市南水北调办事机构相关专业人员组成，根据实际情况需要，可聘请其他单位和系统的专家参加。移民规划项目施工图设计由县级南水北调办事机构组织评审，评审后的施工图设计报市级人民政府（或南水北调办事机构）批复，将批复后的施工图设计报省级南水北调办事机构备案。

3. 移民规划项目资金管理

移民规划项目资金管理可分为两部分进行：一是省、市、县级南水北调办事机构移民规划资金的管理、拨付，二是项目建设管理单位对移民规划资金的管理。

（1）省、市、县级南水北调办事机构移民规划项目资金的管理、拨付。移民规划项目资金是征地移民资金的组成部分，省、市、县级南水北调办事机构拨付移民规划资金程序，比照本章第一部分"征地移民机构的资金拨付流程"按以下程序进行：县级南水北调办事机构按照项目实施情况向市级南水北调办事机构报送资金申请文件及相关依据材料（县级南水北调办事机构申请资金需报送的资料文件有：申请资金正式文件；项目实施方案；实施移民规划项目需签订的合同协议；与中标施工单位签订的合同协议；第一次预付款时提供施工单位的履约保函；市级南水北调办事机构的审核意见等），市级南水北调办事机构审核后报省级南水北调办事机构。省级南水北调办事机构征迁业务部门牵头对上报资料进行会审，会审通过后起草拨付资金文件，履行内部审批手续后，拨付资金到市级南水北调办事机构。市级南水北调办事机构参照省级南水北调办事机构拨付资金程序向县级南水北调办事机构拨付资金。

县级南水北调办事机构是移民规划项目资金的组织管理实施机构，实行"县为基础"会计核算，拨付项目建设管理单位移民规划项目资金时，严格按照报账制进行会计核算。项目建设管理单位应依据项目建设进度及资金支付需要，在准确预测资金需要的基础上，分次向县级南水北调办事机构申请拨付资金。每次申请拨付资金时都要如实说明所需资金的理由，报送资金需求情况及有关材料，材料主要包括：项目投资完成情况及预付款情况；上次申请拨付到位资金的使用和结余情况，包括支付工程进度款、材料设备款及主要合同支付进度的相关材料等；申请拨付资金时，建设管理实施单位的银行存款总账余额账页和银行对账单（加盖公章）。县级南水北调办事机构对项目建设管理单位的用款申请进行审核，按程序批准后，统筹安排项目资金，及时向建设管理实施单位拨付资金。

县级南水北调办事机构拨付项目建设管理单位移民规划项目资金时，借记"应收款"科目进行挂账。项目建设管理单位受到资金后，按规定实施移民规划项目。项目实施完成或阶段完成后，项目建设管理单位向县级南水北调办事机构报送有关资料。县级南水北调办事机构依据项目建设管理合同、项目实施进度、工程价款结算资料等凭证核销"应收款"，同时结转"征地移民资金支出"。

（2）项目建设管理单位对移民规划资金的管理。项目建设管理单位对项目资金实行专户存储管理，在一家商业银行开设一个基本建设资金账户，专门用于项目建设资金的核算。项目建设管理单位开设、变更、撤销银行账户，应以正式文件报县级南水北调办事机构备案，严禁多头开户、出借账户。项目建设管理单位对所有项目建设资金收支应纳入财务部门统一核算和管理，严禁设立账外账，严禁设立"小金库"，严禁公款私存。

项目建设管理单位设置专门的财务管理机构，配备专职财务人员，严格执行《基本建设财务管理规定》《国有建设单位会计制度》《南水北调工程会计基础工作指南》的相关规定，正确设置会计科目和会计账簿，按时向县级南水北调办事机构报送月度会计报表、年度财务决算、项目完工决算，报告要内容完整，数字真实准确，严禁弄虚作假。

项目建设管理单位在移民规划项目建设中，通过公开招标，与中标单位签订施工合同，明确资金的拨付对象、拨付时间、拨付金额、质保金扣除数量等，通过合同管理，控制资金运作。项目建设管理单位资金支付流程是：施工企业向工程监理提出支付申请、监理审核、工程建设管理处工程科审核、质量监督科审核、审计代表审核、设计代表审核、分管主任审核签字、财务科对票据合法性审查、法人审核签字、兑付、竣工结算委托中介机构审计、支付证书存档，公开透明、规范合法。县级南水北调办事机构委托有资质的会计中介机构，对竣工项目实施审计结算程序，将审计成果作为竣工决算依据，确保移民规划项目资金安全、移民利益不受损害。

4. 移民规划项目管理

项目建设管理单位严格按照项目实施管理办法的有关规定精神，严格规范实施项目的招投标活动。招标代理公司按照委托合同和基建工程招标程序对工程施工、监理、设备等进行公开招投标。招标程序是：制定、批复招标方案→发布招标公告（中国采购与招标网）→招标公告回执→递交招标文件登记表→专家评委抽签→委员签到及与会人员签到→宣布评审纪律→唱标→评标→评审→评标报告→招标公示→招标公示回执→行贿犯罪查询→发布中标通知书。项目招标后，项目建设管理单位按照规范文本与中标人签订正式合同，明确项目工程量、工期进度、质量要求、投资额、付款方式，同时明确双方的责任、义务等，是双方共同遵守的法律条文。

项目建设管理单位负责项目建设和资金管理，严格按合同条文约束、对照检查，确保项目建设质量、进度和资金安全。监理方按合同条文要求坚守工地，对重点部位、关键工序进行动态控制，适时旁站监理，确保合同任务完成。合同管理执行规范、管理严格，效果较好。工程监理按照合同要求常住工地跟踪检查、监督，动态控制工程进度、质量、和资金运行，管理合同、信息、协调各方关系。

5. 移民规划项目验收管理

一般工程验收分为分部工程验收、单位工程验收和竣工验收三个层次。分部工程验收的主要内容是：全部工程的所有单元工程已经全部完成，质量全部合格，达到设计标准，并对遗留问题提出处理意见。要求验收图纸、资料、分部工程验收鉴定书原件齐全。单位工程验收的主要内容是：检查工程是否按批准的设计完成；工程质量、评定质量等级、对工程缺陷提出处理要求；对验收遗留问题提出处理要求。验收成果是单位工程验收鉴定书。竣工验收的主要条件是：工程已按批复的内容全部建成、遗留问题处理完毕、档案资料完整符合有关规定、竣工决算完成并通过竣工审计等。

6. 会计档案、工程资料的移交

移民规划项目完工后，项目建设管理单位应将全部财务会计核算资料（包括结余资金）移交县级南水北调办事机构。项目建设管理单位应从项目实施之日起指定专人收集、整理项目档案资料、盘点核实财产物资、清偿债权债务，做好日常账务处理，做到账账、账证、账实、账表相符。

项目建设管理单位负责完成委托项目的竣工报告、竣工决算的编制并完成竣工决算审计。工程建设过程中有关文字（图片、录音、录像）等记录，以及有关资料的编写、收集、整理、归档应当符合国家有关规定。需要移交的工程建设档案应当及时移交县级南水北调办事机构归档。

（四）征地移民项目建设资金支付

征地移民资金中的项目建设资金，支付程序和要求与工程建设资金的要求基本一致。项目建设资金支付包括工程预付款和工程价款结算。具体为以下几个方面。

1. 工程预付款审批流程

施工企业根据与项目建设管理单位签订的施工合同，按合同规定的工程预付款条件及监理人规定的预付款支付证书格式，及时向监理人提交工程预付款支付申请书；监理人对施工企业提交的预付款申请书进行审核，并出具付款证书；项目建设管理单位对监理人提交的工程预付款申请书进行审核并签署意见；工程项目分管部门、计划合同部、财务部对工程预付款申请书进行审核，并提交单位负责人进行最终审签。审核的主要内容有：审查预付款支付条件是否符合合同规定，合同规定支付预付款需提交预付款保函的，预付款保函的格式和保函金额应符合合同规定；合同规定以承包单位进场设备估算价值作为预付款支付条件的，经监理人核实的承包人进场设备价值应达到本次预付款金额；审查工程预付款支付金额是否符合合同规定。

2. 工程价款结算审批流程

施工企业根据与项目建设管理单位签订的施工合同，每月按合同规定的工程计量条件、计量办法和监理人规定的计量证书格式向监理人提交工程计量申请书，监理工程师对工程计量申请进行审核签证；监理工程师应在接到施工企业提交的工程价款支付申请书后的10日内完成审核，出具工程价款付款证书，并提前2天告知项目建设管理单位，确定会审时间。对施工企业提交并经监理工程师审核的工程价款支付申请书，由施工、监理、工程现场建管机构、设计代表、工程部门、计划合同部、财务部等单位代表组成计量付款会审小组进行会审，形成会审意见。为确保工程计量支付准确、合规、公正、高效，项目建设管理单位可以选定专业造价咨询机构，分别按设计单元和施工全过程跟踪审计。经中介机构审核后，签字认可；计划合同部门在收到签字后的付款证书提交单位负责人进行最终审签。

工程价款结算审核的主要内容有以下几点。

（1）月计量支付应审查的主要内容：计量支付项目的计量结果已经由监理人复核并签字认可；施工企业按规定的格式提出工程款支付申请，申请付款项目、范围、内容、期限及方式要符合施工合同约定；监理人已审核、签署意见，并出具工程款支付证书；质量检查签证齐备；原始地面地形测绘、计量起始位置地形图的测绘及计量计算书等依据性资料完备；工程变更程序、办法符合规定，手续完备；审查工程计量是否准确、有效；审查付款单价及合价计算是否有误；审查工程预付款、材料预付款、保留金等扣留金额是否符合合同规定，计算有无错误；审查价格调整金额、其他应付或应扣金额是否符合合同规定，计算是否合理、有误。

（2）完工结算的审查。施工企业应按规定的格式和时间提交完工付款申请单。监理人应对完工付款申请及支持性资料进行审核，并签发完工付款证书，报送项目建设管理单位批准。项目建设管理单位收到监理人提交的完工结算书后，工程部门应复核已完工程的工程量及尾工项目的工程量，计划合同部应复核完工结算的单价、结算价、工程变更等完工结算书内容。

（3）最终支付的审核。施工企业应在收到保修责任终止证书后，按规定的格式及时间及时提交最终付款申请单和结算单。监理人对最终付款申请及支持性资料进行审核，并签发最终付款证书，报送项目建设管理单位批准。项目建设管理单位审查施工企业按合同约定和经监理人批准完成的全部金额、承包人应得和应扣其他金额计算的正确性及支持性材料的完备性与正确性。

3. 工程预付款和工程价款结算资金的支付

财务部门根据审核后的工程预付款支付证书、工程价款计量支付证书、合规发票等资料支付资金。工程价款一律通过银行结算，支付到合同约定的开户银行及账号。收款方变更户名、开户银行及账号，应出具盖有其法人公章、法定代表人签字的书面证明。财务部门支付资金后，在有关发票、收据、银行支付凭证上加盖"银行付讫"章，有关工程预付款支付证书和工程价款计量支付证书上加盖"附件"章。

第六节　资金使用和管理的主要经验

南水北调工程资金使用和管理取得的显著效果，主要表现在三个方面：一是满足了南水北调工程建设的需要。按照工程建设进度及时拨付、支付资金，从而保障了南水北调工程建设一线所需资金，没有发生因资金供应不及时而影响工程建设的问题或现象。二是提高了资金运行的效率。虽然南水北调工程资金运行环节不少，但各环节之间紧紧相扣，实行封闭式运行。资金运行既有秩序，又顺畅无阻。三是保障了资金安全。资金使用和管理行为约束在制度框架之内，符合法律法规和规章制度的要求，不合法、不合规的资金使用和管理行为得到纠正，资金始终处于安全状态。南水北调系统在资金使用和管理过程中，逐步积累一些经验。

一、清晰的资金管理思路是用好管好资金的前提

在南水北调工程建设初期，国务院南水北调办就确立了实行全过程管理资金的思路，对资金筹集、投资计划、基本建设支出预算、招投标和合同、价款结算、价款支付、会计核算等资金运行的各个环节实施监管。明确南水北调工程资金使用和管理的主要目标、基本原则、基本要求，为南水北调系统各单位制定和完善相关制度及内部控制机制指明了方向和目标，也为南水北调系统各单位明确了资金使用和管理的工作方法方式，还为南水北调系统各单位描绘了使用和管理资金的路线图。

二、完善的资金管理制度体系是资金使用和管理的基础

根据相关法律、法规和规章制度，结合南水北调工程建设管理的实际，南水北调系统研究制定了一系列的规章制度，并针对工程建设期间发生的新情况、新问题不断制定和完善相关制度，把资金使用和管理制度的"笼子"越扎越紧，确保资金运行的各个环节都有制度可遵循，从而奠定了资金使用和管理的制度基础。

三、强调资金运行过程控制是实现资金有效运行的重点

南水北调工程建设资金运行的每个环节的管理重点不同、特点明显，只有控制好资金运行的每个环节，才能保障资金运行的链条不断，资金拨付或支付才能得到保障；只有控制资金运行的每个环节都符合制度规定，才能保证整个资金运行的合法性和保障资金的安全。

四、严格资金使用和管理程序是资金运行不可或缺的环节

资金使用和管理程序是资金使用和管理行为的内容之一，也是重要环节，任何单位的内部控制制度都会对使用和管理资金的行为进行规范，防止随意使用和管理资金行为的发生。所以，使用和管理资金都应严格执行制度规定的审核、审批程序，办理相应的手续。未履行程序

或履行程序不到位、不完整的，要及时纠正、整改，否则不得使用资金；未办理完毕相关手续的，应及时补齐，否则不得使用资金。切实防止无程序的资金使用和管理行为发生。

五、制度执行到位是保障资金使用和管理取得成果的关键

制度再好、再多，不执行就是一张废纸。在研究制定规章制度时，南水北调系统各单位就着力使规章制度符合实际并具有较强的操作性，为制度执行创造了条件，同时始终强调制度执行并不断增强制度执行力度，将制度执行到位作为资金管理的关键，及时纠正制度执行不到位的行为。

第六章　南水北调工程会计核算

本章描述南水北调工程资金的会计核算体系，介绍设立财务会计部门和配备财务会计人员、制定和完善一系列的会计核算制度、确定会计核算方法、明确会计核算应遵循的一般原则；全面介绍符合南水北调工程建设资金核算实际要求的会计科目体系、南水北调工程建设资金主要会计事项的核算方法和操作方式、南水北调工程建设资金会计报表的种类及其编制的方法，总结了南水北调工程建设资金会计核算的经验；全面介绍符合南水北调工程征地移民特征和实际的征地移民资金会计科目体系、征地移民资金主要会计事项的核算方法和操作方式、征地移民资金会计报表的种类及其编制方法，总结征地移民资金会计核算的经验；全面介绍完工财务决算的基本要求、完工财务决算的内容、完工财务决算的基本程序、完工财务决算的编制要求和方法、完工财务决算的核准和已核准完工财务决算的基本情况。

第一节　资金会计核算的基本要求

一、设立会计机构和配备会计人员

南水北调工程自 2002 年 12 月开工建设以来，参加南水北调工程建设管理的项目法人先后成立，承担南水北调工程征地移民任务的机构逐步设立或得到确定，南水北调工程建设管理机构系统逐步形成，各单位依据《中华人民共和国会计法》的要求，凡有条件的单位设置了内部会计机构，配备了与会计业务相适应的会计人员，没有条件的单位也配备了会计人员，并随着业务的增加相应增加了会计人员。

国务院南水北调办设立了经济与财务司，经济与财务司下设经济处和财务处，财务处的主要职责有：负责拟定南水北调工程建设资金预算管理制度、财务管理制度和会计核算制度；协调和监督南水北调工程建设资金的管理和使用；负责工程建设资金使用情况的财务监督；指导项目法人的财务管理；负责办公室本级和直属事业单位经费预算和日常财务、资产管理，以及办公室对外经济合同的归口管理等。经济与财务司实际承担了南水北调系统的会计主管部门的职能。各项目法人、建设管理单位和各级征地移民管理机构有设立独立财务处的，也有设立财务资产部、财务与审计部的，有的单位因为人员编制的限制，没有单独设立财务处，但也有专职的会计人员负责会计核算工作。

《中华人民共和国会计法》规定会计从业人员必须取得会计从业资格证书，要取得会计从业资格证书，首先具备一定的基本条件，即坚持原则，具备良好的职业道德；遵守国家财经和会计法律、法规、规章制度；具备一定的会计专业知识和技能；身体健康，能够胜任本职工作的需要。其次是具备大学专科以上会计专业学历的，可直接获得会计从业资格。第三是不具备规定学历，要通过考试取得会计从业资格。南水北调系统所有会计人员都具有会计从业资格证书，没有从业资格证书人员得到及时清理。会计从业资格证书实行属地管理，南水北调系统在京单位会计人员的会计从业资格证书都由国家机关事务管理局负责管理，南水北调办经济与财务司作为会计主管部门负责所属会计人员资格证书调入调出等手续的审核工作。

据统计，南水北调系统各单位共成立100多个独立会计经济财务机构，财务人员共计1161人（表6-1-1）。

表6-1-1   南水北调系统经济财务机构统计表

序号	单位名称	经济财务机构名称	财务人员姓名	职称/职务
1	国务院南水北调工程建设委员会办公室	经济与财务司	熊中才	司长
2	国务院南水北调工程建设委员会办公室	经济与财务司	王　平	副司长
3	国务院南水北调工程建设委员会办公室	经济与财务司	谢民英	副司长
4	国务院南水北调工程建设委员会办公室	经济与财务司	史晓立	副巡视员
5	国务院南水北调工程建设委员会办公室	经济与财务司	孙　卫	处长
6	国务院南水北调工程建设委员会办公室	经济与财务司	邓文峰	调研员
7	国务院南水北调工程建设委员会办公室	经济与财务司	周　波	主任科员
8	国务院南水北调工程建设委员会办公室	经济与财务司	陈伟畅	处长
9	国务院南水北调工程建设委员会办公室	经济与财务司	邓　杰	调研员
10	国务院南水北调工程建设委员会办公室	经济与财务司	朱卫东	原司长（离职）

序号	单位名称	经济财务机构名称	财务人员姓名	职称/职务
11	国务院南水北调工程建设委员会办公室	经济与财务司	谢义彬	原副司长（转岗）
12	国务院南水北调工程建设委员会办公室	经济与财务司	张 杰	出纳（离职）
13	国务院南水北调工程建设委员会办公室政策及技术研究中心	综合处	陈 梅	处长（转岗）
14	国务院南水北调工程建设委员会办公室政策及技术研究中心	综合处	安 岩	会计
15	国务院南水北调工程建设委员会办公室政策及技术研究中心	综合处	肖慧莉	出纳
16	南水北调工程建设监管中心	综合处	章 莉	高级会计师/处长
17	南水北调工程建设监管中心	综合处	张明霞	高级会计师/副处长
18	南水北调工程建设监管中心	综合处	孙 宇	
19	南水北调工程建设监管中心	综合处	苏 丹	
20	南水北调工程建设监管中心	综合处	李笑一	原副处长（转岗）
21	南水北调工程设计管理中心	综合处	汪 敏	高级会计师
22	南水北调工程设计管理中心	综合处	赵 源	会计
23	南水北调工程设计管理中心	综合处	张 迪	出纳
24	南水北调工程设计管理中心	综合处	姜 水	出纳（转岗）
25	北京市南水北调工程建设委员会办公室	财务处	张亚男	中级/处长
26	北京市南水北调工程建设委员会办公室	财务处	孙 锋	主任科员
27	北京市南水北调工程建设委员会办公室	财务处	李子叶	会计师/副主任科员
28	北京市南水北调工程建设委员会办公室	财务处	胡潇予	副主任科员
29	北京市南水北调工程建设委员会办公室	财务处	赵卓瑞	科员
30	北京市南水北调干线管理处	行政办公室	郭 悦	会计师/财务负责人
31	北京市南水北调干线管理处	行政办公室	李 萌	科员
32	北京市南水北调信息中心	综合科	邵 娜	科长

序号	单位名称	经济财务机构名称	财务人员姓名	职称/职务
33	北京市南水北调信息中心	综合科	刘少亚	科员
34	北京市南水北调信息中心	综合科	张 悦	科员
35	北京市南水北调南干渠管理处	财务科	何旭峰	副科长
36	北京市南水北调南干渠管理处	财务科	杨 燕	科员
37	北京市南水北调南干渠管理处	财务科	江 山	科员
38	北京市南水北调工程质量监督站	财务室	唐蓉蓉	会计师/财务负责人
39	北京市南水北调工程质量监督站	财务室	崔奕娟	科员
40	北京市南水北调水质监测中心	综合管理部	高凌云	财务负责人
41	北京市南水北调水质监测中心	综合管理部	杜 鹃	科员
42	北京市南水北调团城湖管理处	财务科	范立佳	科长
43	北京市南水北调团城湖管理处	财务科	杨 蕊	高级会计师/科员
44	北京市南水北调团城湖管理处	财务科	孙秀男	科员
45	北京市南水北调团城湖管理处	财务科	郑天翔	科员
46	北京市南水北调团城湖管理处	财务科	易 虹	科员
47	北京市南水北调工程拆迁办公室	财务部	郝秀梅	科长
48	北京市南水北调工程拆迁办公室	财务部	张炎龙	科员
49	北京市南水北调工程拆迁办公室	财务部	张 欣	科员
50	北京市南水北调东干渠管理处	财务科	张 鑫	财务负责人
51	北京市南水北调东干渠管理处	财务科	王 璐	科员
52	北京市南水北调东干渠管理处	财务科	胡 霜	科员
53	北京市南水北调调水运行管理中心	财务科	张丽媛	会计师/财务负责人
54	北京市南水北调调水运行管理中心	财务科	汪 丹	科员
55	北京市南水北调大宁管理处	财务科	李灵芝	高级经济师/科长
56	北京市南水北调大宁管理处	财务科	李林婷	科员
57	北京市南水北调大宁管理处	财务科	任希梅	会计师/科员
58	北京市南水北调工程建设管理中心	财务部	张秀敏	科长
59	北京市南水北调工程建设管理中心	财务部	黄金生	科员
60	北京市南水北调工程建设管理中心	财务部	曹 磊	科员
61	北京市南水北调工程建设管理中心	财务部	高 莹	科员
62	北京市南水北调工程建设管理中心	财务部	赵 坤	科员
63	北京市南水北调工程建设管理中心	财务部	杨 莹	科员
64	北京市南水北调工程建设管理中心	财务部	刘亚楠	科员

序号	单位名称	经济财务机构名称	财务人员姓名	职称/职务
65	北京市南水北调工程建设管理中心	财务部	张 平	科员
66	天津市南水北调工程建设委员会办公室	计财处	陈 菁	处长/高级经济师
67	天津市南水北调工程建设委员会办公室	计财处	张卫华	处长（已调离）
68	天津市南水北调工程建设委员会办公室	计财处	杜铁锁	处长（已调离）
69	天津市南水北调工程建设委员会办公室	计财处	徐宝山	副处长（已调离）
70	天津市南水北调工程建设委员会办公室	计财处	许光禄	副调研员
71	天津市南水北调工程建设委员会办公室	计财处	周维薇	主任科员
72	天津市南水北调工程建设委员会办公室	计财处	宋 涛	高级经济师
73	天津市西青区南水北调工程征地拆迁办公室	财务审计科	宋爱文	科长
74	天津市西青区南水北调工程征地拆迁办公室	财务审计科	李晨曦	经济师
75	天津市西青区中北镇人民政府	财务管理中心	吴士琴	工程师
76	天津市西青区中北镇人民政府	财务管理中心	王志艳	会计
77	天津市西青区杨柳青镇人民政府	农业服务中心	耿玉梅	会计
78	天津市西青区杨柳青镇人民政府	农业服务中心	刘金玲	会计
79	天津市武清区南水北调工程征地拆迁工作领导小组	财务科	张凤山	科长
80	天津市武清区南水北调工程征地拆迁工作领导小组	财务科	魏江萍	会计
81	天津市武清区王庆坨镇人民政府	镇财政所	李 伟	所长
82	天津市武清区王庆坨镇人民政府	镇财政所	王冬梅	会计
83	天津市北辰区南水北调工程征地拆迁指挥部办公室	财审科	郑玉山	科长

第一节 资金会计核算的基本要求

序号	单位名称	经济财务机构名称	财务人员姓名	职称/职务
84	天津市北辰区南水北调工程征地拆迁指挥部办公室	财审科	朱云丽	会计
85	天津市北辰区南水北调工程征地拆迁指挥部办公室	财审科	唐圣尧	会计
86	北辰区青光镇人民政府	村务监管中心	张树山	主任
87	北辰区青光镇人民政府	村务监管中心	史学峰	会计
88	北辰区青光镇人民政府	村务监管中心	武士玲	会计
89	天津市北辰区双口镇人民政府	财税办	刘 红	主任
90	天津市北辰区双口镇人民政府	财税办	张淑亮	科员
91	河北省南水北调工程建设委员会办公室	经济与财务处	胡 华	处长
92	河北省南水北调工程建设委员会办公室	经济与财务处	王 周	处长（退休）
93	河北省南水北调工程建设委员会办公室	经济与财务处	肖静华	调研员
94	河北省南水北调工程建设委员会办公室	经济与财务处	褚献菊	调研员
95	河北省南水北调工程建设委员会办公室	经济与财务处	郜芄郁	副处长
96	河北省南水北调工程建设委员会办公室	经济与财务处	马振国	主任科员
97	河北省南水北调工程建设委员会办公室	经济与财务处	干冀涛	经济师
98	河北省南水北调工程建设委员会办公室	经济与财务处	刘国华	主任科员
99	河北省南水北调工程建设委员会办公室	经济与财务处	刘书昌	会计师
100	河北省南水北调工程建设委员会办公室	经济与财务处	于 肖	
101	河北省南水北调工程建设委员会办公室	经济与财务处	闫晓哲	

序号	单位名称	经济财务机构名称	财务人员姓名	职称/职务
102	河北省南水北调工程建设委员会办公室	经济与财务处	董 冲	
103	石家庄市南水北调工程建设委员会办公室	经济与财务处	何立平	高级会计师/处长
104	石家庄市南水北调工程建设委员会办公室	经济与财务处	葛效宏	处长
105	石家庄市南水北调工程建设委员会办公室	经济与财务处	贾 磊	
106	石家庄市南水北调工程建设委员会办公室	经济与财务处	谢丽娟	会计师
107	元氏县南水北调办公室	财务科	杜学翠	科长
108	元氏县南水北调办公室	财务科	武美肖	
109	元氏县南水北调办公室	财务科	李玲玲	
110	元氏县南水北调办公室	财务科	贾 伟	
111	正定县南水北调工程办公室	财务科	韦桂玲	财务科长
112	正定县南水北调工程办公室	财务科	董彦斌	会计师
113	正定县南水北调工程办公室	财务科	胡培英	助理会计师
114	正定县南水北调工程办公室	财务科	杜小娜	
115	新乐市南水北调工程建设委员会办公室	财务科	陈彦芬	
116	新乐市南水北调工程建设委员会办公室	财务科	梁会杰	
117	新乐市南水北调工程建设委员会办公室	财务科	赵 聪	
118	石家庄市鹿泉区南水北调工程建设委员会办公室	财务科	李印书	会计师/科长
119	石家庄市鹿泉区南水北调工程建设委员会办公室	财务科	高 燕	助理经济师
120	高邑县南水北调工程建设委员会办公室	财务科	王亚茹	
121	高邑县南水北调工程建设委员会办公室	财务科	薄会玲	

序号	单位名称	经济财务机构名称	财务人员姓名	职称/职务
122	石家庄市桥西区南水北调工程建设委员会办公室	财务科	赵文焕	
123	石家庄市桥西区南水北调工程建设委员会办公室	财务科	牛　迪	
124	石家庄市桥西区南水北调工程建设委员会办公室	财务科	张艳霞	
125	石家庄市桥西区南水北调工程建设委员会办公室	财务科	刘新霞	
126	石家庄市桥西区南水北调工程建设委员会办公室	财务科	吴红普	
127	石家庄市新华区南水北调工程建设委员会办公室	财务科	赵文焕	
128	石家庄市新华区南水北调工程建设委员会办公室	财务科	刘春娟	
129	石家庄市新华区南水北调工程建设委员会办公室	财务科	莫颜国	
130	石家庄市新华区南水北调工程建设委员会办公室	财务科	田玉洁	
131	石家庄市新华区南水北调工程建设委员会办公室	财务科	郭志华	
132	石家庄市新华区南水北调工程建设委员会办公室	财务科	武晓卓	
133	赞皇县南水北调工程建设委员会办公室	财务科	赵永丽	
134	赞皇县南水北调工程建设委员会办公室	财务科	曹艳翠	
135	廊坊市南水北调办公室	财务科	王文成	科长
136	廊坊市南水北调办公室	财务科	王　超	会计
137	廊坊市南水北调办公室	财务科	崔　进	出纳
138	廊坊市南水北调办公室	财务科	陈子军	出纳
139	廊坊市安次区南水北调办公室	财务科	田春梅	科长
140	廊坊市安次区南水北调办公室	财务科	周会颖	会计
141	廊坊市安次区南水北调办公室	财务科	倪桂娟	出纳

序号	单位名称	经济财务机构名称	财务人员姓名	职称/职务
142	廊坊市安次区南水北调办公室	财务科	陈超	出纳
143	廊坊市安次区南水北调办公室	财务科	邵荣光	出纳
144	固安县南水北调办公室	财务科	张士军	会计
145	固安县南水北调办公室	财务科	马婷婷	出纳
146	固安县南水北调办公室	财务科	平志华	会计
147	固安县南水北调办公室	财务科	任雪翠	出纳
148	霸州市南水北调办公室	财务科	董刚	科长
149	霸州市南水北调办公室	财务科	王淑霞	会计
150	永清县南水北调办公室	财务科	吕海宽	副局长
151	永清县南水北调办公室	财务科	孙秀娟	科长
152	永清县南水北调办公室	财务科	王瑜	会计
153	永清县南水北调办公室	财务科	伍殿杰	出纳
154	保定市南水北调工程建设委员会办公室	计划财务处	周芳	处长
155	保定市南水北调工程建设委员会办公室	计划财务处	齐伟	副处长
156	保定市南水北调工程建设委员会办公室	计划财务处	石颖	科员
157	保定市南水北调工程建设委员会办公室	计划财务处	蔡庆儒	科员
158	保定市南水北调工程建设委员会办公室	计划财务处	曹云凤	科员
159	保定市南水北调工程建设委员会办公室	计划财务处	韩旭	科员
160	保定市南水北调工程建设委员会办公室	计划财务处	张莹	科员
161	保定市南水北调工程建设委员会办公室	计划财务处	潘建排	科员
162	保定市南水北调工程建设委员会办公室	计划财务处	朱梅	科员
163	曲阳县南水北调工程建设协调领导小组办公室	财务股	高建荣	会计

序号	单位名称	经济财务机构名称	财务人员姓名	职称/职务
164	曲阳县南水北调工程建设协调领导小组办公室	财务股	苑景熙	出纳
165	曲阳县南水北调工程建设协调领导小组办公室	财务股	解惠霞	会计
166	曲阳县南水北调工程建设协调领导小组办公室	财务股	庞跃勋	会计
167	曲阳县南水北调工程建设协调领导小组办公室	财务股	杨少锋	会计
168	定州市南水北调工程建设协调领导小组办公室	财务科	赵英健	科长
169	定州市南水北调工程建设协调领导小组办公室	财务科	赵志肖	会计
170	定州市南水北调工程建设协调领导小组办公室	财务科	任倩	会计
171	定州市南水北调工程建设协调领导小组办公室	财务科	李超	会计
172	唐县南水北调工程建设协调领导小组办公室	财务科	张淑端	科长
173	唐县南水北调工程建设协调领导小组办公室	财务科	高顺庭	科长
174	唐县南水北调工程建设协调领导小组办公室	财务科	赵雷	会计
175	唐县南水北调工程建设协调领导小组办公室	财务科	佘国靖	会计
176	顺平县南水北调工程建设协调领导小组办公室	财务股	吴雪英	会计
177	顺平县南水北调工程建设协调领导小组办公室	财务股	张桂荣	出纳
178	顺平县南水北调工程建设协调领导小组办公室	财务股	韩爱霞	出纳
179	顺平县南水北调工程建设协调领导小组办公室	财务股	刘丽英	会计

序号	单位名称	经济财务机构名称	财务人员姓名	职称/职务
180	顺平县南水北调工程建设协调领导小组办公室	财务股	王晓红	出纳
181	顺平县南水北调工程建设协调领导小组办公室	财务股	姜 楠	会计
182	顺平县南水北调工程建设协调领导小组办公室	财务股	张丽光	出纳
183	顺平县南水北调工程建设协调领导小组办公室	财务股	王鑫鑫	会计
184	满城县南水北调工程建设协调领导小组办公室	财务科	张玉英	会计
185	满城县南水北调工程建设协调领导小组办公室	财务科	吴淑秀	会计
186	满城县南水北调工程建设协调领导小组办公室	财务科	王金艳	会计
187	满城县南水北调工程建设协调领导小组办公室	财务科	张新茂	出纳
188	满城县南水北调工程建设协调领导小组办公室	财务科	李秀岩	出纳
189	徐水县南水北调工程建设协调领导小组办公室	财务科	刘玉珍	会计
190	徐水县南水北调工程建设协调领导小组办公室	财务科	周桂棉	会计
191	徐水县南水北调工程建设协调领导小组办公室	财务科	王海燕	会计
192	徐水县南水北调工程建设协调领导小组办公室	财务科	姜 娜	出纳
193	徐水县南水北调工程建设协调领导小组办公室	财务科	汪 洁	出纳
194	易县南水北调工程建设委员会办公室	财务室	陈顺建	科长
195	易县南水北调工程建设委员会办公室	财务室	于永生	会计
196	易县南水北调工程建设委员会办公室	财务室	梁春燕	会计

序号	单位名称	经济财务机构名称	财务人员姓名	职称/职务
197	涞水县南水北调工程建设协调领导小组办公室	财务科	万玉军	会计
198	涞水县南水北调工程建设协调领导小组办公室	财务科	张丽荣	出纳
199	涞水县南水北调工程建设协调领导小组办公室	财务科	王术军	科长
200	涞水县南水北调工程建设协调领导小组办公室	财务科	郭顺田	科长
201	涞水县南水北调工程建设协调领导小组办公室	财务科	张沛鸿	出纳
202	涞水县南水北调工程建设协调领导小组办公室	财务科	李晓刚	出纳
203	涿州市南水北调工程建设协调领导小组办公室	财务科	高建华	科长
204	涿州市南水北调工程建设协调领导小组办公室	财务科	刘国琴	出纳
205	涿州市南水北调工程建设协调领导小组办公室	财务科	郑淑敏	会计
206	涿州市南水北调工程建设协调领导小组办公室	财务科	司文茹	出纳
207	涿州市南水北调工程建设协调领导小组办公室	财务科	丁泽辉	出纳
208	涿州市南水北调工程建设协调领导小组办公室	财务科	单荣英	出纳
209	涿州市南水北调工程建设协调领导小组办公室	财务科	刘东伟	出纳
210	涿州市南水北调工程建设协调领导小组办公室	财务科	李铁刚	出纳
211	容城县南水北调工程建设协调领导小组办公室	财务室	张桂芝	会计师
212	容城县南水北调工程建设协调领导小组办公室	财务室	胡艳婷	会计员

序号	单位名称	经济财务机构名称	财务人员姓名	职称/职务
213	容城县南水北调工程建设协调领导小组办公室	财务室	尹 力	助理会计师
214	容城县南水北调工程建设协调领导小组办公室	财务室	崔明溪	会计员
215	雄县南水北调工程建设协调领导小组办公室	综合科	刘素英	会计
216	雄县南水北调工程建设协调领导小组办公室	综合科	刘红延	会计
217	雄县南水北调工程建设协调领导小组办公室	综合科	赵海娜	会计
218	白沟镇政府	财务科	申满红	会计
219	白沟镇政府	财务科	王 培	出纳
220	白沟镇政府	财务科	纪燕杰	出纳
221	白沟新城管委会	财务科	李立新	出纳
222	白沟新城管委会	财务科	王春莲	会计
223	白沟新城管委会	财务科	周海光	出纳
224	邢台市南水北调办公室	经济财务科	杨瑞青	科长
225	邢台市南水北调办公室	经济财务科	崔向森	科员
226	邢台市南水北调办公室	经济财务科	乔慧芳	助理会计师
227	邢台市南水北调办公室	经济财务科	崔 冬	科员
228	邢台市南水北调办公室	经济财务科	徐冬冬	科员
229	邢台市南水北调办公室	经济财务科	李玲玉	科员
230	内丘县南水北调办公室	财务科	滑海申	科长
231	内丘县南水北调办公室	财务科	陈小军	副科长
232	沙河市南水北调工程建设委员会办公室	财务股	崔钢波	副主任
233	沙河市南水北调工程建设委员会办公室	财务股	杨彦国	科长
234	沙河市南水北调工程建设委员会办公室	财务股	郝瑞丽	科员
235	沙河市南水北调工程建设委员会办公室	财务股	梅韶雅	科员

序号	单位名称	经济财务机构名称	财务人员姓名	职称/职务
236	临城县南水北调办公室	财务科	王丽霞	副主任
237	临城县南水北调办公室	财务科	张华斌	技师
238	临城县南水北调办公室	财务科	赵志敏	会计师
239	临城县南水北调办公室	财务科	王辉宇	股长
240	临城县南水北调办公室	财务科	由文革	技师
241	邢台县南水北调办公室	财务科	张丽丽	科员
242	邢台县南水北调办公室	财务科	段园园	科员
243	邢台县南水北调办公室	财务科	高丽萍	科员
244	邢台市桥西区南水北调办公室	财务科	宁 涛	科长
245	邢台市桥西区南水北调办公室	财务科	李清月	科员
246	邯郸市南水北调工程建设管理委员会办公室	经济财务处	赵晓彤	（处长）会计师
247	邯郸市南水北调工程建设管理委员会办公室	经济财务处	李晓静	高级
248	邯郸市南水北调工程建设管理委员会办公室	经济财务处	唐 辉	会计
249	邯郸市南水北调工程建设管理委员会办公室	经济财务处	李 亮	会计
250	邯郸市南水北调工程建设管理委员会办公室	经济财务处	王 宁	会计
251	邯郸市南水北调工程建设管理委员会办公室	经济财务处	苏 静	（处长）会计师
252	邯郸市南水北调工程建设管理委员会办公室	经济财务处	曹金铃	出纳
253	邯郸市南水北调工程建设管理委员会办公室	经济财务处	蒋雨彤	出纳
254	磁县南水北调工程建设委员会办公室	财务科	武 坤	科长
255	磁县南水北调工程建设委员会办公室	财务科	周海会	初级
256	磁县南水北调工程建设委员会办公室	财务科	陈倩倩	会计
257	磁县南水北调工程建设委员会办公室	财务科	索 苑	会计
258	磁县南水北调工程建设委员会办公室	财务科	李彩虹	会计
259	磁县南水北调工程建设委员会办公室	财务科	马艳超	会计

续表

序号	单位名称	经济财务机构名称	财务人员姓名	职称/职务
260	复兴区南水北调工程建设指挥部办公室	财务科	李俊苹	会计
261	复兴区南水北调工程建设指挥部办公室	财务科	卢阳光	会计
262	邯郸县南水北调工程建设管理委员会办公室	邯郸县水利局财务科	高　峰	会计
263	邯郸县南水北调工程建设管理委员会办公室	邯郸县水利局财务科	王海峰	出纳
264	邯郸县南水北调工程建设管理委员会办公室	邯郸县水利局财务科	张丽梅	会计
265	邯郸县南水北调工程建设管理委员会办公室	邯郸县水利局财务科	杨树梅	科长
266	邯郸县南水北调工程建设管理委员会办公室	邯郸县水利局财务科	刘金花	会计
267	邯郸县南水北调工程建设管理委员会办公室	邯郸县水利局财务科	陈红培	会计
268	邯山区南水北调办公室	财务科	张美芹	会计
269	邯山区南水北调办公室	财务科	赵海英	出纳
270	邯郸市马头生态工业城南水北调办	财务室	刘娜娜	科长
271	邯郸市马头生态工业城南水北调办	财务室	周晓婷	科员
272	邯郸市马头生态工业城南水北调办	财务室	徐　娟	科员
273	邯郸市马头生态工业城南水北调办	财务室	高丽霞	科员
274	邯郸市马头生态工业城南水北调办	财务室	柳志强	科长
275	邯郸市马头生态工业城南水北调办	财务室	郭建萍	科员
276	永年区南水北调工程建设委员会办公室	财务科	杨太志	科长
277	永年区南水北调工程建设委员会办公室	财务科	戴彦杰	会计
278	永年区南水北调工程建设委员会办公室	财务科	刘　伟	出纳
279	永年区南水北调工程建设委员会办公室	财务科	武　敏	出纳

401

第一节 资金会计核算的基本要求

续表

序号	单位名称	经济财务机构名称	财务人员姓名	职称/职务
280	永年区南水北调工程建设委员会办公室	财务科	闫红书	科长
281	永年区南水北调工程建设委员会办公室	财务科	刘梅	会计
282	永年区南水北调工程建设委员会办公室	财务科	武敏	出纳
283	永年区南水北调工程建设委员会办公室	财务科	杨冠军	科长
284	江苏省南水北调工程建设领导小组办公室	江苏水源公司财务审计部	侯勇	财务负责人
285	江苏省南水北调工程建设领导小组办公室	江苏水源公司财务审计部	王潇驰	会计
286	淮安市南水北调拆迁赔偿安置协调办公室	洪泽湖抬高蓄水位工程拆迁办公室财务科	徐国建	总账
287	江苏省农垦集团	金宝航道工程、淮安四站输水河道征迁办公室	杨炳生	财务负责人
288	江苏省农垦集团	金宝航道工程、淮安四站输水河道征迁办公室	黄世文	会计
289	扬州市南水北调工程建设领导小组办公室	淮安四站输水河道、里下河、高水河水源调整工程征迁办公室	凌冰	财务负责人
290	扬州市南水北调工程建设领导小组办公室	淮安四站输水河道、里下河、高水河水源调整工程征迁办公室	胡之莹	会计
291	江苏省骆运水利工程管理处	管理处拆迁办财务科	胡国宁	科长
292	江苏省骆运水利工程管理处	管理处拆迁办财务科	丁宁	会计
293	江苏省骆运水利工程管理处	管理处拆迁办财务科	郝大伟	会计
294	江苏省骆运水利工程管理处	刘老涧第二抽水站工程建设拆迁办公室财务组	汪绍成	会计
295	江苏省骆运水利工程管理处	刘老涧第二抽水站工程建设拆迁办公室财务组	宋辉	会计

序号	单位名称	经济财务机构名称	财务人员姓名	职称/职务
296	江苏省骆运水利工程管理处	泗阳抽水站工程建设拆迁办公室财务组	黄秀如	会计
297	江苏省骆运水利工程管理处	泗阳抽水站工程建设拆迁办公室财务组	金 凯	会计
298	江苏省骆运水利工程管理处	皂河二站工程建设拆迁办公室财务组	张洪兵	会计
299	江苏省骆运水利工程管理处	皂河二站工程建设拆迁办公室财务组	钱萌萌	会计
300	江苏省骆运水利工程管理处	睢宁二站工程建设拆迁办公室财务组	程丽娟	会计
301	江苏省骆运水利工程管理处	睢宁二站工程建设拆迁办公室财务组	戎智军	会计
302	泗阳县水利局南水北调工程建设征地补偿移民安置办公室	泗阳泵站指挥部财务科	张曼琳	财务负责人
303	泗阳县水利局南水北调工程建设征地补偿移民安置办公室	泗阳泵站指挥部财务科	吴 青	会计
304	泗洪县南水北调工程办公室	泗洪站枢纽工程、徐洪河影响处理工程、洪泽湖抬高蓄水位影响处理工程财务科	刘 丽	会计
305	徐州市国家南水北调工程建设领导小组办公室	刘山、解台、蔺家坝、骆马湖水资源控制工程、大沙河、杨官屯河、姚楼河征地拆迁办公室财务科	王晓红	会计
306	宿迁宿豫区南水北调工程协调服务办公室	皂河二站、骆南中运河影响处理工程建设拆迁办公室财务组	宋成武	财务负责人
307	宿迁宿豫区南水北调工程协调服务办公室	皂河二站、骆南中运河影响处理工程建设拆迁办公室财务组	王志松	会计
308	金湖县南水北调工程拆迁工作小组	金湖县南水北调工程金宝航道、金湖站拆迁小组财务科	卜爱东	财务负责人

序号	单位名称	经济财务机构名称	财务人员姓名	职称/职务
309	金湖县南水北调工程拆迁工作小组	金湖县南水北调工程金宝航道、金湖站拆迁小组财务科	龚冰姿	会计
310	金宝航道整治工程宝应县建设办公室	金宝航道整治工程宝应县建设办公室财务科	骆万里	财务负责人
311	金宝航道整治工程宝应县建设办公室	金宝航道整治工程宝应县建设办公室财务科	金明玉	会计
312	泰州市南水北调卤汀河拓浚工程建设	泰州市南水北调卤汀河拓浚工程建设财务科	崔龙喜	财务负责人
313	泰州市南水北调卤汀河拓浚工程建设	泰州市南水北调卤汀河拓浚工程建设财务科	周 沪	会计
314	邳州市国家南水北调工程建设协调工作领导小组办公室	邳州市南水北调邳州站工程建设协调领导小组办公室财务科、邳州市南水北调徐洪河（邳州段）影响工程建设协调领导小组办公室财务科	曹祥东	财务负责人
315	邳州市国家南水北调工程建设协调工作领导小组办公室	邳州市南水北调邳州站工程建设协调领导小组办公室财务科、邳州市南水北调徐洪河（邳州段）影响工程建设协调领导小组办公室财务科	朱燕飞	会计
316	宿迁宿豫区骆南中运河影响处理工程征迁办公室	宿迁宿豫区骆南中运河影响处理工程征迁办公室财务组	胡永超	财务负责人
317	宿迁宿豫区骆南中运河影响处理工程征迁办公室	宿迁宿豫区骆南中运河影响处理工程征迁办公室财务组	赵 敏	会计
318	洪泽县南水北调洪泽泵站建设指挥部办公室	洪泽县南水北调洪泽泵站建设指挥部办公室财务科	徐擎新	财务负责人
319	洪泽县南水北调洪泽泵站建设指挥部办公室	洪泽县南水北调洪泽泵站建设指挥部办公室财务科	严 海	会计
320	睢宁县南水北调工程建设领导小组办公室	睢宁县南水北调（沙集二站、徐洪河影响处理）工程建设工作小组财务科	杨 洁	财务负责人

序号	单位名称	经济财务机构名称	财务人员姓名	职称/职务
321	睢宁县南水北调工程建设领导小组办公室	睢宁县南水北调（沙集二站、徐洪河影响处理）工程建设工作小组财务科	崔 萍	会计
322	淮安市金宝航道桥梁工程建设处	淮安市金宝航道桥梁工程建设处	徐国建	总账
323	淮安市淮安区水利局里下河水源调整工程征地拆迁安置工作领导小组	淮安市楚州区南水北调里下河水源调整工程征地拆迁安置工作领导小组	刘兆虎	财务负责人
324	淮安市淮安区水利局里下河水源调整工程征地拆迁安置工作领导小组	淮安市楚州区南水北调里下河水源调整工程征地拆迁安置工作领导小组	张大香	会计
325	盐城市南水北调里下河水源调整工程征地拆迁领导小组办公室	盐城市南水北调里下河水源调整工程征地拆迁领导小组办公室财务科	孙 军	总账
326	江苏省江都水利工程管理处	江都水利工程管理处维修养护基地财务科	范 珩	会计
327	金湖县淮河入江水道整治工程征迁工作领导小组办公室	金湖县淮河入江水道整治工程征迁工作领导小组办公室财务科	曹月红	总账
328	金湖县淮河入江水道整治工程征迁工作领导小组办公室	金湖县淮河入江水道整治工程征迁工作领导小组办公室财务科	曾海燕	会计
329	山东省南水北调工程建设管理局	计划财务处	张玉群	高级工程师/处长
330	山东省南水北调工程建设管理局	计划财务处	张 霞	高级会计师/副主任
331	山东省南水北调工程建设管理局	计划财务处	徐妍琳	主任科员
332	山东省南水北调工程建设管理局	计划财务处	朱 峰	主任科员
333	济南市南水北调工程建设管理局	综合处	赵兴范	处长
334	济南市南水北调工程建设管理局	综合处	蔡佳玲	主任科员
335	济南市南水北调工程建设管理局	建设管理处	刘常乐	主任科员
336	济南市历城区南水北调工程指挥部	财务科	任玉青	会计
337	济南市历城区南水北调工程指挥部	财务科	李云健	出纳
338	章丘市水务局	财务审计科	张晓东	科长

续表

序号	单位名称	经济财务机构名称	财务人员姓名	职称/职务
339	章丘市水务局	财务审计科	宋大鹏	副科长
340	章丘市水务局	财务审计科	李宝燕	副科长
341	章丘市水务局	财务审计科	李庶维	会计员
342	章丘市水务局	财务审计科	于 燕	会计师
343	章丘市水务局	财务审计科	张 宁	会计员
344	淄博市南水北调工程建设管理局	财务科	王 红	会计师/科长
345	淄博市南水北调工程建设管理局	财务科	周 文	经济师/出纳
346	桓台县南水北调工程建设管理局	财务科	付 萍	助理会计师/科长
347	桓台县南水北调工程建设管理局	财务科	金 果	出纳
348	高青县南水北调建设工程指挥部	财务科	马建美	会计师/科长
349	高青县南水北调建设工程指挥部	财务科	郑玉玲	助理会计师
350	高青县南水北调建设工程指挥部	财务科	于晓燕	出纳
351	济宁市南水北调工程建设管理局	计划财务科	郭锦华	高级会计师
352	济宁市南水北调工程建设管理局	计划财务科	陆秀娟	高级会计师
353	济宁市南水北调工程建设管理局	计划财务科	董龙欢	助理会计师
354	济宁市任城区水务局	财务科	李立新	高级会计师
355	济宁市任城区水务局	财务科	潘若飞	助理会计师
356	微山县水利局	财务股	李素桥	高级会计师
357	微山县水利局	财务股	陈伯金	高级会计师
358	微山县水利局	财务股	孙 敏	助理会计师
359	嘉祥县水务局	财务股	董明玉	高级会计师
360	嘉祥县水务局	财务股	李现瑞	会计师
361	嘉祥县水务局	财务股	索雪苓	助理会计师
362	梁山县水利局	财务科	李春梅	高级会计师
363	梁山县水利局	财务科	刘军花	高级会计师
364	梁山县水利局	财务科	胡月霞	会计师
365	鱼台县水利局	财务科	朱亚东	高级经济师
366	鱼台县水利局	财务科	徐 娟	高级会计师
367	汶上县水利局	财务科	徐 文	高级会计师
368	汶上县水利局	财务科	周 静	会计师
369	汶上县水利局	财务科	于 丽	会计师
370	济宁太白湖新区南水北调指挥部	财务科	苏 策	助理会计师

序号	单位名称	经济财务机构名称	财务人员姓名	职称/职务
371	济宁太白湖新区南水北调指挥部	财务科	李 纯	助理会计师
372	济宁市梁济运河管理处	财务科	范凌云	会计师
373	济宁市梁济运河管理处	财务科	刘西芹	统计师
374	潍坊市南水北调工程建设管理局（寿光市南水北调工程建设指挥部）	综合科	张 凯	科员
375	潍坊市南水北调工程建设管理局（寿光市南水北调工程建设指挥部）	综合科	王洪霞	出纳
376	枣庄市水利和渔业局	财务科	王 珍	主任科员
377	枣庄市水利和渔业局	财务科	孙馥洋	副科长
378	枣庄市峄城区水利和渔业局	财务科	王文波	财务股股长
379	枣庄市峄城区水利和渔业局	财务科	巴 艳	审计股股长
380	薛城区水利和渔业局	财务科	种秀娟	会计
381	薛城区水利和渔业局	财务科	宋玉梅	出纳
382	台儿庄区南水北调局	财务科	李 涛	会计师/科长
383	台儿庄区南水北调局	财务科	郭玉红	助理会计师/副科长
384	泰安市南水北调工程建设管理局	综合科	刘东辉	会计师/科长
385	泰安市南水北调工程建设管理局	综合科	王学东	经济师/副科长
386	东平县南水北调办公室	财务科	唐守才	副主任
387	东平县南水北调办公室	财务科	罗海龙	科长
388	东平县南水北调办公室	财务科	伊东辉	出纳
389	聊城市南水北调工程建设管理局	财务科	张晓峰	经济师/科长
390	聊城市南水北调工程建设管理局	财务科	葛利品	高级经济师
391	聊城市南水北调工程建设管理局	财务科	蔺兰婷	会计师
392	茌平县南水北调工程施工指挥部办公室	财务科	李 娜	科长
393	茌平县南水北调工程施工指挥部办公室	财务科	刘 良	出纳
394	临清市南水北调工程建设管理局	计财科	盛秀兰	会计师/科长
395	临清市南水北调工程建设管理局	计财科	王 蛟	会计师/副科长
396	临清市南水北调工程建设管理局	计财科	宋 涛	副科长
397	聊城经济开发区南水北调工程建设指挥部	综合科	吴其栋	副主任

第一节 资金会计核算的基本要求

序号	单位名称	经济财务机构名称	财务人员姓名	职称/职务
398	聊城经济开发区南水北调工程建设指挥部	综合科	许小峰	科员
399	东阿县南水北调工程建设管理局	财务科	宋淑华	财务科长
400	东阿县南水北调工程建设管理局	财务科	王宏光	会计
401	阳谷县南水北调管理服务中心	综合科	王学良	会计师
402	东昌府区南水北调工程建设指挥部	财务科	江书华	科长
403	东昌府区南水北调工程建设指挥部	财务科	连浩宇	科员
404	聊城江北水城旅游度假区南北北调工程建设管理局	综合科	郭新	科员
405	德州市南水北调工程建设管理局	综合科	周连生	科长
406	德州市南水北调工程建设管理局	综合科	贾建昆	助理会计师
407	武城县南水北调工程建设管理局	计划财务科	张杰	科长
408	武城县南水北调工程建设管理局	计划财务科	于洪艳	科员
409	夏津县南水北调工程建设管理局	计划财务科	王德英	经济师/科长
410	夏津县南水北调工程建设管理局	计划财务科	黄艳冰	助工
411	夏津县南水北调工程建设管理局	计划财务科	王兰	助工
412	夏津县南水北调工程建设管理局	计划财务科	王晨阳	科员
413	滨州市南水北调工程建设管理局	规划计划科	朱文超	副科长
414	滨州市南水北调工程建设管理局	综合科	刘霞	科员
415	邹平县南水北调工程建设管理局	办公室	李纳	科员
416	博兴县南水北调工程建设管理局	县水利局财务科	王艳霞	科员
417	东营市南水北调工程建设管理局	财务科	田芳	副主任科员
418	广饶县南水北调工程建设管理办公室	计财股	温玉杰	副股长
419	广饶县南水北调工程建设管理办公室	计财股	张鑫	副股长
420	山东黄河河务局东平湖管理局	财务处	乔海明	高级经济师/副处长
421	山东黄河河务局东平湖管理局	财务处	张同乾	财务处副处长
422	济南市小清河开发建设投资有限公司	计划财务部	董艳	会计师/副部长
423	河南省南水北调中线工程建设领导小组办公室	经济与财务处	张兆刚	处长
424	河南省南水北调中线工程建设领导小组办公室	经济与财务处	卢新广	会计师/总会计师

序号	单位名称	经济财务机构名称	财务人员姓名	职称/职务
425	河南省南水北调中线工程建设领导小组办公室	经济与财务处	袁念涵	高级会计师/副处长
426	河南省南水北调中线工程建设领导小组办公室	经济与财务处	王 璞	经济师/副处长
427	河南省南水北调中线工程建设管理局	经济与财务处	葛 爽	经济师/科长
428	河南省南水北调中线工程建设管理局	经济与财务处	李忠芳	科员
429	河南省南水北调中线工程建设管理局	经济与财务处	雷 炫	会计师
430	河南省南水北调中线工程建设管理局	经济与财务处	柴 能	科员
431	河南省南水北调中线工程建设管理局	经济与财务处	高文君	高级会计师/副科长
432	河南省南水北调中线工程建设管理局	经济与财务处	樊 军	会计师
433	河南省南水北调中线工程建设管理局	经济与财务处	李玉琦	科员
434	河南省南水北调中线工程建设管理局	经济与财务处	王 冲	科员
435	河南省南水北调中线工程建设领导小组办公室	机关财务	李 岩	会计师/副处长
436	河南省南水北调中线工程建设管理局	机关财务	韦文聪	科员
437	河南省南水北调中线工程建设领导小组办公室	经济与财务处	聂素芬	处长（退休）
438	河南省南水北调中线工程建设领导小组办公室	经济与财务处	郭昌武	高会/副处长（退休）
439	河南省人民政府移民工作领导小组办公室	移民资金管理处	鲁 慧	副厅级巡视员（退休）
440	河南省人民政府移民工作领导小组办公室	移民资金管理处	朱明献	处长
441	河南省人民政府移民工作领导小组办公室	移民资金管理处	卢生焱	副处长
442	河南省人民政府移民工作领导小组办公室	移民资金管理处	陈 洁	会计
443	河南省人民政府移民工作领导小组办公室	移民资金管理处	张 璨	出纳
444	河南省人民政府移民工作领导小组办公室	移民资金管理处	许 翔	会计（调离）

续表

序号	单位名称	经济财务机构名称	财务人员姓名	职称/职务
445	河南省人民政府移民工作领导小组办公室	移民资金管理处	刘晓星	会计（调离）
446	郑州市南水北调办公室	财务处	王予军	处长
447	郑州市南水北调办公室	财务处	王大庆	会计师
448	郑州市南水北调办公室	财务处	王　姬	会计
449	郑州市南水北调办公室	财务处	王　瑞	会计
450	郑州市南水北调办公室	财务处	刘超峰	会计
451	郑州市南水北调办公室	财务处	王萍莉	会计
452	郑州市南水北调办公室	财务处	宋晨雅	会计
453	郑州市南水北调办公室	财务处	葛雪阳	会计（调离）
454	郑州市南水北调办公室	财务处	卢　鹏	处长（调离）
455	郑州市南水北调办公室	财务处	陈松霞	会计（退休）
456	郑州市南水北调办公室	财务处	王毅峰	会计（退休）
457	郑州市南水北调办公室	财务处	王留伟	会计（调离）
458	郑州市南水北调办公室	财务处	于雅琳	会计（调离）
459	郑州市南水北调办公室	财务处	朱丽颖	会计（调离）
460	新郑市南水北调办公室	综合科	高淑梅	会计主管
461	新郑市南水北调办公室	综合科	武　兵	会计人员
462	新郑市南水北调办公室	综合科	李　方	会计人员
463	新郑市南水北调办公室	综合科	张莉莉	会计人员
464	新郑市南水北调办公室	综合科	赵　倩	会计人员
465	新郑市南水北调移民局	财务科	闵献红	科长
466	新郑市南水北调移民局	财务科	谢志芳	科员
467	荥阳市移民局	财务科	张鹏辉	科长
468	荥阳市移民局	财务科	牛瑞贞	会计
469	荥阳市移民局	财务科	韩乃臻	出纳
470	中牟县移民局	财务室	魏巧云	科长（调离）
471	中牟县移民局	财务室	王彩铃	会计（退休）
472	中牟县移民局	财务室	韩　冰	会计（调离）
473	中牟县移民局	财务室	陶军秀	科长
474	中牟县移民局	财务室	刘　宁	出纳
475	中牟县移民局	财务室	张凤奇	会计

序号	单位名称	经济财务机构名称	财务人员姓名	职称/职务
476	中牟县移民局	财务室	刘 璐	会计
477	郑州市二七区南水北调工程建设管理办公室	财务科	张凤梅	财务科长
478	郑州市二七区南水北调工程建设管理办公室	财务科	郭 猛	会计师
479	郑州市中原区南水北调中线工程建设管理局	财务科	郝继红	会计（调离）
480	郑州市中原区南水北调中线工程建设管理局	财务科	李聪慧	出纳（调离）
481	郑州市中原区南水北调中线工程建设管理局	财务科	周 黎	会计（调离）
482	郑州市中原区南水北调中线工程建设管理局	财务科	王爱玲	会计（调离）
483	郑州市中原区南水北调中线工程建设管理局	财务科	化 苹	会计（调离）
484	郑州市中原区南水北调中线工程建设管理局	财务科	冯 敏	会计（调离）
485	郑州市中原区南水北调中线工程建设管理局	财务科	李 俊	出纳（调离）
486	郑州市中原区南水北调中线工程建设管理局	财务科	李晓康	会计（调离）
487	郑州市中原区南水北调中线工程建设管理局	财务科	李方圆	出纳（调离）
488	郑州市中原区南水北调中线工程建设管理局	财务科	宫晓燕	会计（调离）
489	郑州市中原区南水北调中线工程建设管理局	财务科	周 颖	会计（调离）
490	郑州市中原区南水北调中线工程建设管理局	财务科	刘亚如	出纳
491	郑州市中原区南水北调中线工程建设管理局	财务科	陈亚锋	会计

序号	单位名称	经济财务机构名称	财务人员姓名	职称/职务
492	郑州市中原区南水北调中线工程建设管理局	财务科	李雅梅	出纳
493	郑州高新技术产业开发区管理委员会财政局	财政局	张　迪	会计（调离）
494	郑州高新技术产业开发区管理委员社区管理服务局	财务室	王　伟	会计师
495	郑州高新技术产业开发区管理委员社区管理服务局	农委	徐丹伊	出纳
496	郑州高新技术产业开发区管理委员社区管理服务局	农委	杨乐艺	出纳
497	郑州经济技术开发区农村经济委员会	水利科	郭　莉	会计（调离）
498	郑州经济技术开发区农村经济委员会	综合科	朱志红	会计
499	郑州市管城回族区南水北调办公室	财务室	郎小妮	副主任
500	郑州市管城回族区南水北调办公室	财务室	马笑琳	科长
501	郑州市管城回族区南水北调办公室	财务室	朱军霞	会计
502	郑州市管城回族区南水北调办公室	财务室	李方方	出纳
503	郑东新区社会事业局	财务室	赵小晖	会计
504	郑东新区水务局	财务室	张　敏	会计
505	平顶山市移民局	财务科	连小燕	科长
506	平顶山市移民局	财务科	张桂丽	副科长
507	平顶山市移民局	财务科	夏　静	会计
508	郏县移民局	人事财务股	刘彩云	股长
509	郏县移民局	人事财务股	李秋娜	出纳
510	郏县移民局	人事财务股	吴豪浩	会计
511	舞钢市移民局	财务科	宋　霞	科长
512	舞钢市移民局	财务科	张权威	出纳
513	叶县移民局	财务审计股	樊惠芳	财务股长
514	叶县移民局	财务审计股	赵晓丹	会计
515	叶县移民局	财务审计股	尚晓炜	出纳
516	宝丰县移民局	财务科	张俊英	财务科长
517	宝丰县移民局	财务科	练国丽	副科长
518	鲁山县移民安置局	财务股	李红英	股长

序号	单位名称	经济财务机构名称	财务人员姓名	职称/职务
519	鲁山县移民安置局	财务股	买文沛	副股长
520	鲁山县移民安置局	财务股	冯信基	出纳
521	鲁山县移民安置局	财务股	郑保根	出纳
522	安阳市南水北调工程建设领导小组办公室	经济与财务科	郭永杰	科长（调离）
523	安阳市南水北调工程建设领导小组办公室	经济与财务科	张秀娟	科长
524	安阳市南水北调工程建设领导小组办公室	经济与财务科	闫宪勇	会计
525	安阳市龙安区南水北调工程建设领导小组办公室	财务科	杨凤云	工会主席、会计（退休）
526	安阳市龙安区南水北调工程建设领导小组办公室	财务科	赵红	助理会计师
527	安阳市龙安区南水北调工程建设领导小组办公室	财务科	王建彰	会计
528	安阳市文峰区农村工作委员会更名为文峰区农林水牧局	财务科	徐福贞	会计（退休）
529	安阳市文峰区农村工作委员会更名为文峰区农林水牧局	财务科	师荣芳	出纳（退休）
530	安阳市文峰区农村工作委员会更名为文峰区农林水牧局	财务科	范晓宇	会计（调离）
531	安阳市文峰区农村工作委员会更名为文峰区农林水牧局	财务科	张娜	会计
532	汤阴县南水北调工程建设领导小组办公室	财务科	张吉文	会计
533	汤阴县南水北调工程建设领导小组办公室	财务科	孙浩瑜	会计
534	汤阴县南水北调工程建设领导小组办公室	财务科	董杭静	会计
535	安阳县南水北调办公室	财务科	张长河	会计（退休）
536	安阳县南水北调办公室	财务科	刘磊英	出纳（退休）
537	安阳县南水北调办公室	财务科	杨杰	会计（调离）

序号	单位名称	经济财务机构名称	财务人员姓名	职称/职务
538	安阳县南水北调办公室	财务科	田　娜	出纳
539	安阳县南水北调办公室	财务科	薛中华	会计
540	安阳县南水北调办公室	财务科	李长慧	出纳
541	安阳市殷都区农村工作委员南水北调办公室	财务科	于雪丽	副主任科员（调离）
542	安阳市殷都区农村工作委员南水北调办公室	财务科	王志茹	副局长（调离）
543	安阳市殷都区农村工作委员南水北调办公室	财务科	程艳芬	主任科员
544	安阳市殷都区农村工作委员南水北调办公室	财务科	杨丽英	会计
545	安阳市高新区社会事业局	安阳市高新区会计核算中心	杨　洋	会计（调离）
546	安阳市高新区社会事业局	安阳市高新区会计核算中心	申晓瑞	会计（调离）
547	安阳市高新区社会事业局	安阳市高新区会计核算中心	赵晓霞	会计
548	安阳市高新区社会事业局	安阳市高新区会计核算中心	袁　宁	出纳
549	鹤壁市南水北调中线工程建设领导小组办公室	财审科	姚林海	科长
550	鹤壁市南水北调中线工程建设领导小组办公室	财审科	李　艳	会计
551	鹤壁市南水北调中线工程建设领导小组办公室	财审科	杨海燕	科长（调离）
552	鹤壁市淇滨区南水北调工程移民办公室	淇滨区水利局财务股	许　飞	副股长
553	鹤壁市淇滨区南水北调工程移民办公室	淇滨区水利局财务股	赵玉英	科员
554	鹤壁市淇滨区南水北调工程移民办公室	淇滨区水利局财务股	巩云翠	会计（调离）
555	鹤壁市淇滨区南水北调工程移民办公室	淇滨区水利局财务股	琚小艳	股长（调离）
556	鹤壁市淇滨区南水北调工程移民办公室	淇滨区水利局财务股	全亚玲	会计（退休）
557	河南鹤壁经济开发区南水北调中线工程移民工作领导小组办公室	鹤壁经济技术开发区国库支付中心（代管）	熊利广	科长

序号	单位名称	经济财务机构名称	财务人员姓名	职称/职务
558	河南鹤壁经济开发区南水北调中线工程移民工作领导小组办公室	鹤壁经济技术开发区国库支付中心（代管）	闫超越（代管）	会计
559	淇县南水北调工程移民办公室	淇县水利局财务室	刘云峰	会计
560	淇县南水北调工程移民办公室	淇县水利局财务室	岳志敏	会计
561	淇县南水北调工程移民办公室	淇县水利局财务室	魏贞敏	会计
562	新乡市移民办	资金管理科	吴玉革	出纳
563	新乡市移民办	资金管理科	职金兰	会计
564	新乡市移民办	资金管理科	马丽娜	报账会计
565	新乡市移民办	资金管理科	李　萍	会计
566	原阳县移民安置办公室	原阳县会计核算中心	曹荣欣	股长
567	辉县市移民办	辉县市移民办资金科	孙爱芬	会计
568	辉县市移民办	辉县市移民办资金科	路明琴	出纳
569	平原新区移民办	平原新区移民办财务科	张会君	会计
570	封丘县移民领导小组办公室	财务室	衡秀珂	会计师
571	封丘县移民领导小组办公室	财务室	陈　静	出纳
572	获嘉县移民办	获嘉县移民办财务室	张治勇	会计
573	获嘉县移民办	获嘉县移民办财务室	贾　曼	出纳
574	延津县移民工作领导小组办公室	移民办财务室	王　媛	会计
575	延津县移民工作领导小组办公室	移民办财务室	李　岩	出纳
576	新乡市南水北调办公室	经济与财务科	孙　婧	科长
577	新乡市南水北调办公室	经济与财务科	王　红	主任科员
578	辉县市南水北调办公室	计划财务科	高利琴	副科长
579	辉县市南水北调办公室	计划财务科	赵海莎	科员
580	辉县市南水北调办公室	计划财务科	高　凡	科员
581	辉县市南水北调办公室	计划财务科	屈慧娟	科员
582	卫辉南水北调办公室	经济与财务科	张新玲	科长
583	卫辉南水北调办公室	经济与财务科	彭凤娟	科员
584	凤泉南水北调办公室	财务科	耿桂芳	科长
585	凤泉南水北调办公室	财务科	刘　鹏	科员
586	焦作城区段建设办公室	财务科	史升平	审计师/副主任
587	焦作城区段建设办公室	财务科	张婷婕	财务科长兼出纳
588	焦作城区段建设办公室	财务科	马燕婷	会计

　　　　　第一节　资金会计核算的基本要求

序号	单位名称	经济财务机构名称	财务人员姓名	职称/职务
589	焦作城区段建设办公室	财务科	张富萍	财务科长兼会计（调离）
590	焦作城区段建设办公室	财务科	张 璐	财务科长兼会计（调离）
591	焦作城区段建设办公室	财务科	李凯利	内勤（调离）
592	焦作市山阳城区段建设指挥部办公室	财务科	赵红艳	副主任
593	焦作市山阳城区段建设指挥部办公室	财务科	徐玉岑	科长
594	焦作市山阳城区段建设指挥部办公室	财务科	张 艳	出纳
595	焦作市解放区南水北调办公室	会计站	钟建丽	会计
596	焦作市解放区南水北调办公室	财务科	岳志伟	报账员
597	焦作市解放区南水北调办公室	财务科	张海霞	报账员
598	焦作市解放区南水北调办公室	财务科	叶盼盼	报账员
599	焦作市南水北调中线工程建设领导小组办公室	财务科	赵宏伟	科长
600	焦作市南水北调中线工程建设领导小组办公室	财务科	邵新华	副主任科员
601	焦作市南水北调中线工程建设领导小组办公室	财务科	徐雪筠	经济师
602	焦作市南水北调中线工程建设领导小组办公室	财务科	崔美玲	出纳
603	温县南水北调办公室	财务科	史云锋	会计
604	博爱县南水北调办公室	财务科	付艳丽	科长
605	博爱县南水北调办公室	财务科	张爱丽	会计
606	焦作市城乡一体化示范区管委会农村工作办公室	财务科	冯 娟	会计（调离）
607	焦作市城乡一体化示范区管委会农村工作办公室	财务科	王文君	会计（调离）
608	焦作市城乡一体化示范区管委会农村工作办公室	财务科	杨 娟	会计
609	焦作市中站区南水北调办	财务科	常玉珍	科长
610	焦作市中站区南水北调办	财务科	周杜娟	会计
611	焦作市中站区南水北调办	财务科	水 冰	出纳
612	焦作市山阳区南水北调中线工程建设领导小组办公室	财务科	梁蓉蓉	会计

序号	单位名称	经济财务机构名称	财务人员姓名	职称/职务
613	焦作市山阳区南水北调中线工程建设领导小组办公室	财务科	张 艳	出纳
614	修武县南水北调办公室	财务科	刘玉梅	会计
615	修武县南水北调办公室	财务科	范玉鲲	会计
616	沁阳市水利局丹西分局	财务科	郜发展	会计
617	沁阳市水利局丹西分局	财务科	苏风光	出纳
618	许昌市南水北调办公室	财务科	李国林	副主任
619	许昌市南水北调办公室	财务科	王 磊	科长
620	许昌市南水北调办公室	财务科	常欢子	会计
621	许昌市南水北调办公室	财务科	孔继星	会计
622	禹州市南水北调办公室	财务股	周 涛	股长
623	禹州市南水北调办公室	财务股	王晓燕	副股长
624	禹州市南水北调办公室	财务股	李海阁	副股长
625	襄城县移民办	财务科	巴媛媛	会计（调离）
626	襄城县移民办	财务科	杨丽萍	会计
627	襄城县移民办	财务科	贺晓强	会计
628	许昌县移民办	财务股	梁红伟	股长（退休）
629	许昌县移民办	财务股	康书玲	股长
630	许昌县移民办	财务股	陈 杰	会计
631	长葛市南水北调办公室	财审科	刘孝奇	科长
632	长葛市南水北调办公室	财审科	杜文平	会计师
633	长葛市南水北调办公室	财审科	闫倩如	出纳
634	长葛市南水北调办公室	财审科	刘建伟	科长（调离）
635	长葛市南水北调办公室	财审科	马艳红	出纳（调离）
636	长葛市南水北调办公室	财审科	司英杰	会计（调离）
637	漯河市移民办	财务科	安玉德	会计
638	漯河市移民办	财务科	宋少磊	出纳
639	临颍县移民办	财务股	邢会平	会计
640	临颍县移民办	财务股	于小娟	出纳
641	郾城区移民办	财务股	姚艳玲	会计
642	郾城区移民办	财务股	李景华	出纳
643	召陵区移民办	财务股	李菊平	会计

序号	单位名称	经济财务机构名称	财务人员姓名	职称/职务
644	召陵区移民办	财务股	温良田	出纳
645	南阳市移民局	财务审计科	杜仲芬	副处级调研员（调离）
646	南阳市移民局	财务审计科	何俊林	科长
647	南阳市移民局	财务审计科	刘成春	主任科员
648	南阳市移民局	财务审计科	李娟	副科长
649	南阳市移民局	财务审计科	周岩	工作人员
650	社旗县移民局	财审股	李琦	股长、会计
651	社旗县移民局	财审股	马惠	出纳
652	新野县移民局	财审股	程远立	副局长/主管领导
653	新野县移民局	财审股	李洁	副科级干部
654	新野县移民局	财审股	黄丽轩	财审股长/会计
655	新野县移民局	财审股	司惠晓	出纳
656	新野县移民局	财审股	毕明迪	出纳
657	南阳市宛城区人民政府移民工作领导小组办公室	财务科	雷龚萍	会计（调离）
658	南阳市宛城区移民局	财务科	孙佩	会计（调离）
659	南阳市宛城区移民局	财务科	闫东彩	出纳（调离）
660	南阳市宛城区移民局	财务科	李婉娜	会计（调离）
661	南阳市宛城区移民局	财务科	闫森	会计（调离）
662	南阳市宛城区移民局	财务科	高峰	出纳
663	南阳市宛城区移民局	财务科	刘欣	会计
664	卧龙区移民局	财务审计科	谢东申	科长（会计师）
665	卧龙区移民局	财务审计科	郑艳	副科长
666	唐河县移民局	财审股	王福骞	主管财务副局长
667	唐河县移民局	财审股	胡海燕	会计
668	唐河县移民局	财审股	李静	出纳
669	淅川县移民局	财务股	张寿昌	会计师/副局长
670	淅川县移民局	财务股	李小红	助理会计师/股长
671	淅川县移民局	财务股	唐荣风	助理会计师/会计
672	淅川县移民局	财务股	崔玉改	助理会计师/会计
673	淅川县移民局	财务股	于宗江	出纳
674	南阳市南水北调办公室	财务审计科	戴艳华	总会计师

序号	单位名称	经济财务机构名称	财务人员姓名	职称/职务
675	南阳市南水北调办公室	财务审计科	赵 鑫	科长
676	南阳市南水北调办公室	财务审计科	魏雪源	主任科员
677	南阳市南水北调办公室	财务审计科	李 睿	会计师
678	南阳市南水北调办公室	财务审计科	张少波	会计师
679	南阳市南水北调办公室	财务审计科	郑华俊	原科长（退休）
680	淅川县南水北调办公室	资金管理科	张周莲	科长
681	淅川县南水北调办公室	资金管理科	赵海瑞	出纳
682	镇平县南水北调办公室	财务审计股	闵玉波	科长
683	镇平县南水北调办公室	财务审计股	侯安颖	出纳
684	卧龙区南水北调办公室	财务科	崔德向	科长
685	卧龙区南水北调办公室	财务科	曹 璐	会计
686	宛城区南水北调办公室	财务科	贾瑜辉	科长
687	宛城区南水北调办公室	财务科	徐起昂	出纳
688	高新区社会事业局	财政局代管	张书龙	会计
689	高新区社会事业局	财政局代管	秦阿冰	出纳
690	南阳市城乡一体化示范区	财务科	刘晓君	科长
691	南阳市城乡一体化示范区	财务科	蔡春凯	出纳
692	方城县南水北调办公室	计划投资科	鲁克杰	总会计师
693	方城县南水北调办公室	计划投资科	许朝远	科长
694	方城县南水北调办公室	计划投资科	史梦晓	会计
695	社旗县南水北调办公室	财务科	徐明蕊	科长
696	社旗县南水北调办公室	财务科	李性炎	出纳
697	内乡县南水北调办公室	财务科	王 娟	科长
698	内乡县南水北调办公室	财务科	吴继红	出纳
699	邓州市南水北调办	财审科	刘俊丽	科长（调离）
700	邓州市南水北调办	财审科	丁 磊	科长
701	邓州市南水北调办	财审科	丁新莲	会计
702	邓州市南水北调办	财审科	张小品	会计（调离）
703	邓州市移民局	邓州市移民局财审科	张李娜	财务科长
704	邓州市移民局	邓州市移民局财审科	张 慧	会计
705	邓州市移民局	邓州市移民局财审科	张 娜	出纳
706	邓州市移民局	邓州市移民局财审科	吴 婷	记账员

序号	单位名称	经济财务机构名称	财务人员姓名	职称/职务
707	邓州市移民局	邓州市移民局财审科	赵 娴	记账员
708	邓州市移民局	邓州市移民局财审科	赵剑青	出纳
709	湖北省移民局	资金监管处	万德学	处长
710	湖北省移民局	资金监管处	田龙霞	副处长
711	湖北省移民局	资金监管处	黄宏国	副调研员
712	湖北省移民局	计财处	喻明福	调研员
713	十堰市移民局	综合计划科	冯吉群	党组副书记
714	十堰市移民局	综合计划科	陈 耀	主任科员
715	十堰市移民局	综合计划科	罗桂芬	出纳
716	丹江口市移民局	财务审计科	李伟兵	副局长
717	丹江口市移民局	财务审计科	孙明成	总会计师
718	丹江口市移民局	财务审计科	陈明华	财务科长
719	丹江口市移民局	财务审计科	杨小萍	财务副科长
720	丹江口市移民局	财务审计科	陈启党	财务副科长
721	丹江口市移民局	财务审计科	郭玉华	出纳
722	丹江口市移民局	财务审计科	王治丽	主管会计
723	丹江口市移民局	龙山工作站	潘华贵	出纳
724	丹江口市移民局	龙山工作站	周清华	会计
725	丹江口市移民局	三官殿工作站	柯 臣	出纳
726	丹江口市移民局	龙山工作站	田万成	会计
727	丹江口市移民局	凉水河工作站	罗世忠	会计
728	丹江口市移民局	牛河工作站	谭 辉	会计
729	丹江口市移民局	石鼓工作站	程良贵	会计
730	丹江口市移民局	石鼓工作站	陈学涛	出纳
731	丹江口市移民局	习家店工作站	何 欢	出纳
732	丹江口市移民局	习家店工作站	陈连国	会计
733	丹江口市移民局	均县工作站	李元波	会计
734	丹江口市移民局	均县工作站	习长宏	会计
735	丹江口市移民局	均县工作站	郭 勇	会计
736	丹江口市移民局	均县工作站	陈 韬	出纳
737	丹江口市移民局	均县工作站	王运丹	出纳
738	丹江口市移民局	牛河工作站	李海泉	出纳

序号	单位名称	经济财务机构名称	财务人员姓名	职称/职务
739	丹江口市移民局	牛河工作站	陈 波	会计
740	丹江口市移民局	土关垭工作站	杨永万	出纳
741	丹江口市移民局	土关垭工作站	赵 锐	会计
742	丹江口市移民局	六里坪工作站	梁启田	会计
743	丹江口市移民局	六里坪工作站	叶 华	出纳
744	丹江口市移民局	六里坪工作站	王万华	出纳
745	丹江口市移民局	丁营工作站	吴丰平	出纳
746	丹江口市移民局	丁营工作站	陈 玲	会计
747	丹江口市移民局	浪河工作站	郑自学	会计
748	丹江口市移民局	浪河工作站	袁大斌	出纳
749	丹江口市移民局	三官殿工作站	罗祖华	会计
750	丹江口市移民局	三官殿工作站	罗 飞	会计
751	丹江口市移民局	丹赵路工作站	周 琼	会计
752	丹江口市移民局	丹赵路工作站	曹吉锋	会计
753	丹江口市移民局	丹赵路工作站	孟浩雄	出纳
754	丹江口市移民局	大坝工作站	周大全	出纳
755	丹江口市移民局	大坝工作站	姚文静	出纳
756	丹江口市移民局	大坝工作站	沈 慧	会计
757	丹江口市移民局	大坝工作站	童玉玲	会计
758	郧阳区移民局	财务股	饶红波	总会计师
759	郧阳区移民局	财务股	李珍贵	总会计师
760	郧阳区移民局	财务股	刘 敏	股长
761	郧阳区移民局	财务股	王 玲	会计
762	郧阳区移民局	柳陂移民站	刘 运	站长兼会计
763	郧阳区移民局	城关移民站	王 靖	站长兼会计
764	郧阳区移民局	茶店移民站	杨发胜	站长兼会计
765	郧阳区移民局	青山移民站	王华金	站长兼会计
766	郧阳区移民局	谭家湾移民站	陈必德	站长兼会计
767	郧阳区移民局	青曲移民站	王 磊	站长兼会计
768	郧阳区移民局	五峰移民站	路 平	站长兼会计
769	郧阳区移民局	杨溪移民站	李永清	站长兼会计
770	郧阳区移民局	安阳移民站	赵凤州	站长兼会计

序号	单位名称	经济财务机构名称	财务人员姓名	职称/职务
771	郧西县移民局	财务审计股	樊红艳	股长
772	郧西县移民局	财务审计股	周仁国	会计
773	郧西县移民局	财务审计股	詹 军	会计
774	郧西县移民局	财务审计股	王妍玲	出纳
775	十堰市张湾区移民局	计财科	左红芝	总经济师
776	十堰市张湾区移民局	计财科	余雪斐	助理会计师
777	武当山特区移民局	办公室	肖兴华	会计
778	武当山特区移民局	办公室	任文娟	出纳
779	武当山特区移民局	办公室	钱高云	会计
780	武当山特区移民局	办公室	王齐煜	会计
781	武当山特区移民局	办公室	柯 芳	出纳
782	襄阳市移民局	综合科	朱 燕	助理会计师
783	襄阳市移民局	综合科	贺雪梅	财务工作人员
784	襄州区移民局	财务室	陶兰香	会计
785	襄州区移民局	财务室	杜国兵	会计
786	襄州区移民局	财务室	王慧琪	会计
787	襄州区移民局	财务室	孙 敏	出纳
788	谷城县移民局	办公室	顾艳萍	会计
789	谷城县移民局	办公室	王远菊	出纳
790	老河口市移民局	计划财务科	王克伟	科长
791	枣阳市移民局	财务科	骆 勇	科长
792	枣阳市移民局	财务科	陈 慧	副科长
793	宜城市移民局	南水北调工程科	赵 玲	会计
794	宜城市移民局	南水北调工程科	周 波	出纳
795	南漳县移民局	财务科	聂 露	会计
796	南漳县移民局	财务科	黄 帅	出纳
797	荆门市移民局	计划财务科	杨艳萍	科长
798	荆门市移民局	计划财务科	李淑萍	主任科员
799	荆门市移民局	计划财务科	刘丽桃	副主任科员
800	屈家岭管理区移民局	财务科	李学文	会计
801	屈家岭管理区移民局	财务科	何 娟	出纳
802	沙洋县移民局	计财科	毕华丽	科长

序号	单位名称	经济财务机构名称	财务人员姓名	职称/职务
803	沙洋县移民局	项目科	费立枫	科长、会计
804	沙洋县移民局	计财科	代 勇	出纳
805	京山县移民局	项目股	邹 俊	股长、会计
806	京山县移民局	综合股	李承志	股长、出纳
807	荆州市移民局	财务科	唐贤俊	科长
808	荆州市移民局	财务科	张 蕾	副科长
809	江陵县民政局	财务科	周绍华	会计、科长
810	江陵县移民局	财务科	刘玉珍	会计、科长
811	江陵县移民局	财务科	黄红英	会计、科长
812	江陵县移民局	财务科	黄 静	会计、科长
813	荆州开发区	财务科	高梅子	会计
814	随州市移民局		吴 博	副局长
815	随州市移民局	综合科	周 薇	科员
816	随州市曾都区移民局		彭双庆	副局长
817	随州市曾都区移民局	财务科	李 栋	科员
818	随县移民局	计划财务科	章庆猛	南水北调会计
819	随县移民局	计划财务科	张 琦	南水北调出纳
820	仙桃市移民局	财务科	付翠章	原财务会计（调离）
821	仙桃市移民局	财务科	刘美蓉	会计
822	仙桃市移民局	财务科	代先柱	出纳
823	天门市移民局	财务科	唐 芳	科长
824	天门市移民局	财务科	秦 琴	副科长
825	天门市财政局	财务科	倪进红	出纳
826	潜江市移民局	人事财务科	丁振明	纪检组长
827	潜江市移民局	人事财务科	陈晓芳	工会主席/会计
828	潜江市移民局	人事财务科	周燕子	出纳
829	潜江市移民局	人事财务科	张红平	会计
830	武汉市移民局	财务处	王爱莲	副处长
831	武汉市移民局	财务处	刘智兴	主任科员
832	武汉市江夏区移民局	计财科	张莉莉	会计
833	武汉市江夏区移民局	计财科	周 莲	出纳
834	武汉市东西湖区移民局	财务室	苏玉婷	会计

序号	单位名称	经济财务机构名称	财务人员姓名	职称/职务
835	武汉市东西湖区移民局	财务室	张玉红	会计
836	武汉市蔡甸区移民局	（原发改委）	彭桂莲	出纳
837	武汉市蔡甸区移民局	（原发改委）	钟运铁	会计
838	武汉市蔡甸区移民局	（现农委）	肖莉华	出纳
839	武汉市蔡甸区移民局	（现农委）	赵 霞	会计
840	武汉市汉南区移民局	财务室	李秀勤	会计
841	武汉市汉南区移民局	财务室	汤春莉	出纳
842	黄陂区移民局	项目科	胡 磊	科长
843	黄陂区移民局	项目科	张 勇	副科长
844	湖北省监狱管理局	财务装备处	熊 焰	副处长
845	湖北省监狱管理局	财务装备处	彭向群	主任科员
846	湖北省襄南监狱	财务科	有爱民	科长
847	湖北省襄南监狱	财务科	刘发奎	主任科员
848	湖北省黄州监狱	财务科	李智勇	科长
849	湖北省黄州监狱	财务科	樊桂芳	副科长
850	黄冈市移民局	财务科	余丽华	科长
851	黄冈市移民局	财务科	张亦杨	科员
852	团风县移民局	计财股	周锦华	财务股长、会计
853	团风县移民局	计财股	贾小刚	办公室主任、出纳
854	团风县移民局	计财股	熊 炜	会计（调离）
855	团风县移民局	计财股	盛春林	出纳（转岗）
856	南水北调中线水源有限责任公司	财务部	张建全	高级会计师/主任
857	南水北调中线水源有限责任公司	财务部	李卫民	高级会计师/主任科员
858	南水北调中线水源有限责任公司	财务部	明 珠	高级会计师/主任科员
859	南水北调中线水源有限责任公司	财务部	都瑞丰	会计师/副主任科员
860	南水北调中线水源有限责任公司	财务部	朱晓燕	助理会计师
861	南水北调中线水源有限责任公司	财务部	李建敏	原主任（退休）
862	南水北调中线水源有限责任公司	财务部	印 猛	原主任（调离）
863	南水北调中线建管局	财务资产部	苏明中	高级会计师/部长
864	南水北调中线建管局	财务资产部	秦 颖	高级会计师/副部长
865	南水北调中线建管局	财务资产部	王小娥	高级会计师/副部长
866	南水北调中线建管局	财务资产部	冯月勋	高级会计师/处长

序号	单位名称	经济财务机构名称	财务人员姓名	职称/职务
867	南水北调中线建管局	财务资产部	吴燕燕	高级会计师/处长
868	南水北调中线建管局	财务资产部	夏国华	中级会计师/处长
869	南水北调中线建管局	财务资产部	张卫红	中级会计师/副处长
870	南水北调中线建管局	财务资产部	郇婧	中级经济师
871	南水北调中线建管局	财务资产部	李蕊	初级会计师
872	南水北调中线建管局	财务资产部	葛嘉宾	
873	南水北调中线建管局	财务资产部	邹裴珊	
874	南水北调中线建管局	财务资产部	张子潆	
875	南水北调中线建管局北京分局	财务资产处	徐飞	会计师/副处长
876	南水北调中线建管局北京分局	财务资产处	于娜	初级会计师
877	南水北调中线建管局北京分局	财务资产处	张静	初级会计师
878	南水北调中线建管局北京分局	财务资产处	黄宏艳	中级经济师
879	南水北调中线建管局北京分局	合同财务科（惠南庄管理处）	卢国芳	高级会计师
880	南水北调中线建管局北京分局	合同财务科（惠南庄管理处）	杨清明	初级会计师
881	南水北调中线建管局北京分局	合同财务科（易县管理处）	赵伟明	初级会计师
882	南水北调中线建管局天津分局	财务资产处	方红仁	高级会计师/处长
883	南水北调中线建管局天津分局	财务资产处	郭莉	高级会计师/副处长
884	南水北调中线建管局天津分局	财务资产处	闫芳	中级经济师/主管
885	南水北调中线建管局天津分局	财务资产处	张楠	助理工程师/主办
886	南水北调中线建管局天津分局	财务资产处	李炜	助理会计师/主办
887	南水北调天津分局天津管理处	合同财务科	赵立华	主办
888	南水北调天津分局天津管理处	合同财务科	付爱佳	助理工程师/主办
889	南水北调天津分局霸州管理处	合同财务科	王立朋	工程师
890	南水北调天津分局容雄管理处	综合科	周江萍	主办
891	南水北调天津分局容雄管理处	合同财务科	郭宇	助理会计师/主办
892	南水北调天津分局徐水管理处	合同财务科	薛源	
893	南水北调天津分局徐水管理处	综合科	徐东鑫	主办
894	南水北调天津分局西黑山管理处	合同财务科	董婧怡	主办
895	南水北调中线建管局河北分局	财务资产处	李武根	高级会计师/处长
896	南水北调中线建管局河北分局	财务资产处	崔晔	高级会计师/副处长
897	南水北调中线建管局河北分局	财务资产处	陈蒙	高级会计师/副处长
898	南水北调中线建管局河北分局	财务资产处	孙小玲	

序号	单位名称	经济财务机构名称	财务人员姓名	职称/职务
899	南水北调中线建管局河北分局	财务资产处	刘剑秋	
900	南水北调中线建管局河北分局	财务资产处	赵箐楠	
901	南水北调中线建管局河北分局	财务资产处	郑晓阳	
902	南水北调中线建管局河北分局	财务资产处	任旭东	
903	南水北调河北分局磁县管理处	合同财务科	马艳超	
904	南水北调河北分局磁县管理处	综合科	连丽沙	
905	南水北调河北分局邯郸管理处	合同财务科	吕如兰	
906	南水北调河北分局邯郸管理处	合同财务科	龙雪洁	
907	南水北调河北分局永年管理处	合同财务科	董昆琼	
908	南水北调河北分局永年管理处	合同财务科	刘艳波	
909	南水北调河北分局沙河管理处	合同财务科	秦欣欣	助理经济师
910	南水北调河北分局沙河管理处	合同财务科	王云峰	高级工程师
911	南水北调河北分局邢台管理处	合同财务科	褚雨佳	
912	南水北调河北分局邢台管理处	合同财务科	田丽峰	工程师
913	南水北调河北分局临城管理处	合同财务科	郑美茹	
914	南水北调河北分局临城管理处	综合科	刘 兴	
915	南水北调河北分局高元管理处	合同财务科	王光耀	
916	南水北调河北分局石家庄管理处	合同财务科	罗 震	
917	南水北调河北分局石家庄管理处	合同财务科	黄 镇	
918	南水北调河北分局新乐管理处	合同财务科	高丽娟	
919	南水北调河北分局新乐管理处	合同财务科	和喜凤	
920	南水北调河北分局定州管理处	合同财务科	芮京兰	中级会计师
921	南水北调河北分局定州管理处	合同财务科	谷 苗	
922	南水北调河北分局唐县管理处	综合科	崔 嵩	
923	南水北调河北分局唐县管理处	综合科	张 佳	
924	南水北调河北分局顺平管理处	合同财务科	胡 雯	中级会计师
925	南水北调河北分局顺平管理处	合同财务科	黄仕刚	
926	南水北调河北分局保定管理处	合同财务科	朱 梅	经济师
927	南水北调河北分局保定管理处	合同财务科	戴金梅	工程师
928	南水北调中线建管局河南分局	财务资产处	王 怡	高级会计师/处长（退休）
929	南水北调中线建管局河南分局	财务资产处	薛和平	高级工程师/副处长
930	南水北调中线建管局河南分局	财务资产处	赵华民	高级会计师/副处长

序号	单位名称	经济财务机构名称	财务人员姓名	职称/职务
931	南水北调中线建管局河南分局	财务资产处	高黛雯	
932	南水北调中线建管局河南分局	财务资产处	曹冠冠	
933	南水北调中线建管局河南分局	财务资产处	王伟伶	
934	南水北调中线建管局河南分局	财务资产处	李文潇	
935	南水北调中线建管局河南分局	财务资产处	金钰洁	
936	南水北调中线建管局河南分局	财务资产处	吉丽喆	中级经济师
937	南水北调中线建管局河南分局	叶县管理处	韩　振	中级经济师
938	南水北调中线建管局河南分局	鲁山管理处	马腾飞	中级经济师
939	南水北调中线建管局河南分局	宝丰管理处	王　浩	
940	南水北调中线建管局河南分局	郏县管理处	刘春娇	助理会计师
941	南水北调中线建管局河南分局	禹州管理处	李许燕	中级会计师
942	南水北调中线建管局河南分局	长葛管理处	魏　嫄	助理会计师
943	南水北调中线建管局河南分局	新郑管理处	许　悦	
944	南水北调中线建管局河南分局	航空港区管理处	徐慧蕾	中级审计师
945	南水北调中线建管局河南分局		鲁敬蕊	助理会计师
946	南水北调中线建管局河南分局	荥阳管理处	孔祥熠	
947	南水北调中线建管局河南分局	穿黄管理处	吕沛元	
948	南水北调中线建管局河南分局	温博管理处	李　妍	中级经济师
949	南水北调中线建管局河南分局	焦作管理处	李文静	初级经济师
950	南水北调中线建管局河南分局	鹤壁管理处	孙家祺	
951	南水北调中线建管局河南分局	汤阴管理处	邹业明	初级会计师
952	南水北调中线建管局河南分局	安阳管理处	郝武涛	中级会计师
953	南水北调中线建管局渠首分局	财务资产处	徐苗苗	会计师/高级主管
954	南水北调中线建管局渠首分局	财务资产处	曾宪坤	会计师/高级主管
955	南水北调中线建管局渠首分局	财务资产处	韦　琪	
956	南水北调中线建管局渠首分局	陶岔管理处	张小品	会计师/高级主管
957	南水北调中线建管局渠首分局	陶岔管理处	刘　琳	
958	南水北调中线建管局渠首分局	邓州管理处	何杨军	助理会计师/主办
959	南水北调中线建管局渠首分局	镇平管理处	陈章理	助理会计师/主办
960	南水北调中线建管局渠首分局	南阳管理处	程冬梅	助理会计师/主办
961	南水北调中线建管局渠首分局	方城管理处	杨　豪	助理会计师/主办
962	南水北调中线工程保安服务有限公司	财务合同处	邵克莉	会计师

序号	单位名称	经济财务机构名称	财务人员姓名	职称/职务
963	南水北调中线工程保安服务有限公司	财务合同处	韦 琪	
964	北京市水务工程建设与管理事务中心	财务科	刘小伶	科长（退休）
965	北京市水务工程建设与管理事务中心	财务科	刘占军	副科长
966	北京市南水北调工程建设管理中心	财务部	张秀敏	助理会计师/部长
967	北京市南水北调工程建设管理中心	财务部	黄金生	中级会计师/会计
968	北京市南水北调工程建设管理中心	财务部	曹 磊	中级会计师/会计
969	北京市南水北调工程建设管理中心	财务部	高 莹	会计
970	北京市南水北调工程建设管理中心	财务部	赵 坤	出纳
971	北京市南水北调工程建设管理中心	财务部	杨 莹	预算会计
972	北京市南水北调工程建设管理中心	财务部	刘亚楠	出纳
973	北京市南水北调工程建设管理中心	财务部	郭 跃	中级会计师/会计（调离）
974	北京市南水北调工程建设管理中心	财务部	张 平	辅助会计（调离）
975	北京市南水北调工程建设管理中心	财务部	王 琨	初级会计师/部长
976	天津市水务工程建设管理中心	财务审计科	董新新	科长
977	天津市水务工程建设管理中心	财务审计科	张道静	科员
978	河南省南水北调中线工程建设管理局	经济与财务处	雷 炫	会计师
979	河南省南水北调中线工程建设管理局	经济与财务处	柴 能	科员
980	河南省南水北调中线工程建设管理局	经济与财务处	高文君	高级会计师/副科长
981	河南省南水北调中线工程建设管理局	经济与财务处	樊 军	会计师
982	河南省南水北调中线工程建设管理局	经济与财务处	葛 爽	经济师/科长
983	河南省南水北调中线工程建设管理局	经济与财务处	李忠芳	科员
984	河南省南水北调中线工程建设管理局	经济与财务处	李玉琦	科员
985	河南省南水北调中线工程建设管理局	经济与财务处	王 冲	科员
986	河南省南水北调中线工程建设管理局	机关财务	韦文聪	科员
987	河北省南水北调工程建设管理中心	财务部	崔建民	高级会计师/部长
988	河北省南水北调工程建设管理中心	财务部	何国辉	助理会计师/会计
989	河北省南水北调工程建设管理局	财务部	殷丽芬	财务部主任
990	河北省南水北调工程建设管理局	财务部	乔岁连	财务部副主任
991	河北省南水北调工程建设管理局	财务部	韩丽珊	高级会计师
992	河北省南水北调工程建设管理局	财务部	于 肖	出纳（调离）
993	河北省南水北调工程建设管理局	财务部	赵丽娟	出纳（退休）
994	邢台市城乡规划局	邢台市财政局综合科	刘海强	工程师/科员

序号	单位名称	经济财务机构名称	财务人员姓名	职称/职务
995	邢台市城乡规划局	邢台市财政局综合科	赵海丽	科长
996	邯郸城市发展投资集团有限公司	财务处	申军艳	处长
997	石家庄市公路管理处	财务科	武 力	科员
998	石家庄市公路管理处	财务科（地方道路管理处）	郭素枝	科长
999	石家庄市公路管理处	财务科（石环公路建设指挥部办公室）	许丽华	科长
1000	郑州铁路局工程管理所	财务科	薛 毅	高级会计师/科长
1001	郑州铁路局工程管理所	财务科	潘敏光	助理会计师/副科长
1002	郑州铁路局工程管理所	财务科	范隽梅	助理会计师/出纳
1003	江苏水源公司	财务审计部	侯 勇	高级会计师/主任
1004	江苏水源公司	财务审计部	袁海志	高级会计师/副主任
1005	江苏水源公司	财务审计部	蔡 捷	高级会计师/财务总监
1006	江苏水源公司	财务审计部	戴 颖	高级会计师/财务总监
1007	江苏水源公司	财务审计部	王晓辉	高级会计师/财务总监
1008	江苏水源公司	财务审计部	宁震宇	会计师
1009	江苏水源公司	财务审计部	李筱越	会计
1010	江苏水源公司	财务审计部	王潇驰	会计
1011	江苏水源公司	财务审计部	黄 静	会计
1012	江苏水源公司	财务审计部	陈伊涵	会计
1013	江苏水源公司扬州分公司	综合部	龚 成	高级会计师/总账会计
1014	江苏水源公司扬州分公司	综合部	黄颖琪	助理会计师出纳
1015	江苏水源公司扬州分公司	综合部	于佩鹭	助理会计师出纳
1016	江苏水源公司扬州分公司	综合部	徐 倩	助理会计师出纳
1017	江苏水源公司宿迁分公司	综合部	王利娜	中级会计师/副经理
1018	江苏水源公司宿迁分公司	综合部	陈 肖	管理员
1019	江苏水源公司泗洪所	所办	郭 斌	管理员
1020	江苏水源公司泗洪所	所办	章亚骐	管理员
1021	江苏水源公司淮安分公司	综合部	杜琪君	中级会计师/副经理
1022	江苏水源公司淮安分公司	综合部	周俩俨	出纳
1023	江苏水源有限责任公司徐州分公司	综合部	耿昱琪	会计
1024	省南水北调三潼宝工程建设局	财务科	邵群梅	科长
1025	省南水北调扬州工程建设处	财务科	凌 冰	高级会计师/处长

序号	单位名称	经济财务机构名称	财务人员姓名	职称/职务
1026	省南水北调扬州工程建设处	财务科	胡之莹	中级会计师/总账会计
1027	省南水北调江都站改造工程建设处	财务科	王雪芳	高级会计师/科长
1028	省南水北调江都站改造工程建设处	财务科	范珩	高级会计师/会计
1029	洪泽站工程建设处	财务科	杨月芹	高级会计师/科长
1030	洪泽站工程建设处	财务科	王萍	高级会计师/会计
1031	南水北调淮安工程建设处	财务科	徐国建	正高级经济师/科长
1032	南水北调淮安工程建设处	财务科	马淮梅	高级经济师/出纳
1033	淮安市金宝航道桥梁工程建设处	财务科	曹月红	高级经济师/出纳
1034	淮安二站改造工程建设处	财务科	徐丰芒	高级会计师/科长
1035	淮安二站改造工程建设处	财务科	肖琳琳	高级会计师/会计
1036	淮安市南水北调洪泽湖抬高蓄水位影响处理工程建设处	财务科	周燕娜	财务科长
1037	淮安市南水北调洪泽湖抬高蓄水位影响处理工程建设处	财务科	徐成安	总账
1038	淮安市南水北调洪泽湖抬高蓄水位影响处理工程建设处	财务科	石志江	现金
1039	盱眙县南水北调洪泽湖抬高蓄水位影响处理工程项目部	财务科	程娟	科长
1040	盱眙县南水北调洪泽湖抬高蓄水位影响处理工程项目部	财务科	张冬琴	总账
1041	盱眙县南水北调洪泽湖抬高蓄水位影响处理工程项目部	财务科	张娟	现金
1042	淮阴区南水北调洪泽湖抬高蓄水位影响处理工程项目部	财务科	封其娟	财务科长
1043	淮阴区南水北调洪泽湖抬高蓄水位影响处理工程项目部	财务科	肖士高	总账
1044	淮阴区南水北调洪泽湖抬高蓄水位影响处理工程项目部	财务科	冯媛	现金
1045	淮安区南水北调沿运闸洞漏水处理工程项目部	财务科	张尚湘	总账
1046	淮安区南水北调沿运闸洞漏水处理工程项目部	财务科	张晓明	现金

序号	单位名称	经济财务机构名称	财务人员姓名	职称/职务
1047	洪泽县南水北调洪泽湖抬高蓄水位影响处理工程项目部	财务科	严 海	总账
1048	洪泽县南水北调洪泽湖抬高蓄水位影响处理工程项目部	财务科	钱明珠	现金
1049	江苏省骆南中运河影响处理工程建设处	财务科	时 晓	科长
1050	江苏省骆南中运河影响处理工程建设处	财务科	丁翔云	科员
1051	宿迁沿运闸洞漏水处理工程建设处	财务科	陈金渠	科长
1052	省南水北调皂河站工程建设处	财务科	郑和平	高级会计师/财务科长
1053	省南水北调皂河站工程建设处	财务科	张洪兵	中级会计师/总账会计
1054	省南水北调泗阳站工程建设处	财务科	黄秀如	中级会计师/科长
1055	省南水北调泗阳站工程建设处	财务科	金 凯	中级会计师/总账会计
1056	徐州徐洪河影响处理工程建设处	财务科	张子剑	中级会计师/科长
1057	徐州徐洪河影响处理工程建设处	财务科	张劲松	会计
1058	省南水北调邳州站工程建设处	财务科	种月喜	中级会计师/科长
1059	省南水北调邳州站工程建设处	财务科	朱忠杭	出纳
1060	泰州市南水北调卤汀河拓浚工程建设处	财务科	崔龙喜	高级会计师/财务科长
1061	泰州市南水北调卤汀河拓浚工程建设处	财务科	石磊卉	出纳会计
1062	泰州市海陵区南水北调卤汀河拓浚工程建设处	财务科	赵宝华	经济师/财务科长
1063	泰州市海陵区南水北调卤汀河拓浚工程建设处	财务科	王璧玉	会计师/出纳会计
1064	泰州市南水北调卤汀河拓浚工程建设处兴化项目部	财务科	钱友同	高级会计师/财务科长
1065	泰州市南水北调卤汀河拓浚工程建设处兴化项目部	财务科	王 丽	经济师/出纳会计
1066	泰州市南水北调卤汀河拓浚工程建设处姜堰项目部	财务科	田启龙	财务科长

第一节 资金会计核算的基本要求

序号	单位名称	经济财务机构名称	财务人员姓名	职称/职务
1067	泰州市南水北调卤汀河拓浚工程建设处姜堰项目部	财务科	宋桂明	会计师/总账会计
1068	扬州市水利局南水北调里下河水源调整工程建设处	市本级	孙慧民	会计师
1069	扬州市里下河水源调整工程卤汀河工程部	江都项目部	杨洪峰	科长
1070	扬州市里下河水源调整工程卤汀河工程部	江都项目部	田春红	科员
1071	南水北调里下河水源调整工程高邮工程部	高邮项目部	方晨蕾	科长
1072	南水北调里下河水源调整工程高邮工程部	高邮项目部	周福华	科员
1073	里下河水源调整工程建设处宝应工程部	宝应项目部	金明玉	科长
1074	里下河水源调整工程建设处宝应工程部	宝应项目部	朱惠勇	科员
1075	盐城市南水北调里下河水源调整工程建设处	财务科	孙　军	科长
1076	盐城市南水北调里下河水源调整工程建设处	财务科	杨逸民	会计
1077	盐城市南水北调里下河水源调整工程建设处阜宁项目部	财务科	黄磊明	科长
1078	盐城市南水北调里下河水源调整工程建设处阜宁项目部	财务科	张贵霞	会计
1079	南水北调东线山东干线有限责任公司	财务部	刘传霞	会计师/财务部常务副主任
1080	南水北调东线山东干线有限责任公司	财务部	杨明梅	经济师/财务部副主任
1081	南水北调东线山东干线有限责任公司	财务部	郑　彦	高级经济师/财务部资金管理科科长
1082	南水北调东线山东干线有限责任公司	财务部	刘俊宏	财务部科员
1083	南水北调东线山东干线有限责任公司	财务部	胡恩光	经济师财务部科员

序号	单位名称	经济财务机构名称	财务人员姓名	职称/职务
1084	淮河水利委员会治淮工程建设管理局	计划财务处	许克银	高级会计师 计划财务处处长
1085	枣庄市南水北调水资源控制建设管理处	综合科	孙馥香	综合科副科长
1086	淮河水利委员会治淮工程建设管理局		郭海涛	高级会计师科长
1087	南水北调东线第一期工程穿黄河工程北区建设管理局	财务处	陈俊普	高级会计师 财务处副处长
1088	济南市小清河开发建设投资有限公司	计划财务部	董艳	中级会计师 财务部副部长
1089	山东济铁工程建设监理有限责任公司	财务部	杨慧军	高级会计师 财务部副主任
1090	梁山县南水北调引黄灌区灌溉影响处理工程建设管理处	财务科	刘军花	高级会计师 财务科科长
1091	山东黄河河务局东平湖管理局	财务处	乔海明	高级经济师 财务处副处长
1092	济宁市南水北调工程建设管理局	计划财务科	陆秀娟	高级会计师 财务科科长
1093	嘉祥县南水北调工程建设管理局	财务股	李现瑞	中级会计师 财务股副部长
1094	济宁市任城区南水北调工程建设管理局	财务科	李立新	高级会计师 财务科科长
1095	德州市南水北调鲁北段灌区影响处理工程建设管理处	财务科	周连生	财务科科长
1096	聊城市南水北调鲁北段区影响处理工程建设管理处	财务科	葛利品	高级经济师 财务科科员
1097	南水北调鲁北段七一·六五河夏津城区段工程建设管理处	财务科	王德英	经济师 财务科科长
1098	东平县南水北调办公室	办公室	唐守财	办公室副主任
1099	东营市南水北调工程建设管理局	财务科	田芳	初级会计师 财务科科员
1100	湖北省南水北调管理局	财务处	张志成	副处长
1101	湖北省南水北调管理局	财务处	秦应宇	处长（转岗）

续表

序号	单位名称	经济财务机构名称	财务人员姓名	职称/职务
1102	湖北省南水北调管理局	财务处	程一平	调研员
1103	湖北省南水北调管理局	财务处	兰银松	主任科员
1104	湖北省南水北调管理局	财务处	谢录静	主任科员
1105	湖北省南水北调管理局	财务处	张红珍	高级会计师
1106	湖北省南水北调管理局	财务处	冯伟	主任科员
1107	湖北省引江济汉工程管理局	财务科	吴凤平	科长
1108	湖北省引江济汉工程管理局	财务科	顾芸	科长
1109	湖北省引江济汉工程管理局	财务科	徐曼	副科长
1110	湖北省引江济汉工程管理局	财务科	宋海华	出纳
1111	湖北省引江济汉工程管理局	财务科	杨雪	会计
1112	湖北省汉江兴隆水利枢纽管理局	财务科	侯著岚	科长
1113	湖北省汉江兴隆水利枢纽管理局	财务科	黄栎宇	副科长
1114	湖北省汉江兴隆水利枢纽管理局	财务科	王翩	会计
1115	湖北省汉江兴隆水利枢纽管理局	财务科	李雨欣	会计
1116	钟祥市南水北调工程建设管理局	财务科	熊永翠	会计
1117	钟祥市南水北调工程建设管理局	财务科	蔡彬彬	出纳
1118	沙洋县南水北调中线工程建设领导小组办公室	财务部	郭永伟	会计师
1119	沙洋县南水北调中线工程建设领导小组办公室	财务部	郭亚琼	会计员
1120	沙洋县南水北调中线工程建设领导小组办公室	财务部	刘冬梅	会计师、出纳
1121	湖北省汉江兴隆至汉川段航道整治指挥部	财务部	程中华	会计
1122	襄阳市南水北调闸站改造工程建设管理办公室	财务科	李机收	会计
1123	湖北省南水北调引江济汉工程荆州段建设管理办公室	财务科	王玉梅	副科长
1124	湖北省南水北调引江济汉工程管理局	财务科	叶军	科长
1125	湖北省南水北调引江济汉工程荆州段建设管理办公室	财务科	田甜	出纳

序号	单位名称	经济财务机构名称	财务人员姓名	职称/职务
1126	湖北省南水北调引江济汉工程仙桃段建办	财务科	夏俊芳	会计
1127	湖北省南水北调引江济汉工程仙桃段建办	财务科	许亚先	科长
1128	湖北省南水北调引江济汉工程仙桃段建办	财务科	兰 红	会计
1129	荆州市南水北调引江济汉工程管理局	综合科	林 燕	科长
1130	荆州市南水北调引江济汉工程管理局	财务科	张 蕾	会计
1131	荆门市南水北调中线工程建设管理局	财务科	全红香	会计
1132	荆门市南水北调中线工程建设管理局	财务科	张奇才	科长
1133	湖北省引江济汉通航工程建设指挥部	财务科	董汉成	会计
1134	湖北省汉江河道管理局南水北调管理办公室	财务部	鞠业新	财务部长
1135	湖北省汉江河道管理局南水北调管理办公室	财务部	刘金枝	会计
1136	湖北省汉江河道管理局南水北调管理办公室	财务部	李冰青	出纳
1137	潜江市南水北调闸站改造工程建管办	财务科	徐 洋	会计
1138	汉川市南水北调改造工程建设管理办	财务科	李文华	会计
1139	汉川市南水北调工程领导小组办公室	综合科	周志英	出纳
1140	天门市南水北调闸站改造工程管理办公室	财务科	张 汛	会计
1141	天门市南水北调闸站改造工程管理办公室	财务科	陈 艳	会计
1142	淮委治淮工程建设管理局	计划财务处	许克银	处长
1143	淮委治淮工程建设管理局	计划财务处	刘建树	副处长
1144	淮委治淮工程建设管理局	计划财务处	曹 玮	处长助理
1145	淮委治淮工程建设管理局	计划财务处	杨 莉	科长
1146	安徽省南水北调建设管理办公室	财务部	邢世林	高级经济师/部长
1147	安徽省南水北调建设管理办公室	财务部	王正森	副科长/主办会计
1148	安徽省南水北调建设管理办公室	财务部	樊春梅	会计师/出纳会计
1149	安徽省水利水电基本建设管理局	财务科	田 华	会计师/科长

序号	单位名称	经济财务机构名称	财务人员姓名	职称/职务
1150	安徽省水利水电基本建设管理局	财务科	童 瑜	助理会计师/主办会计
1151	安徽省水利水电基本建设管理局	财务科	李 娜	出纳会计
1152	蚌埠市治淮重点工程建设管理局	财务部	王立志	部长
1153	蚌埠市治淮重点工程建设管理局	财务部	刘欣春	会计师/副科长
1154	蚌埠市治淮重点工程建设管理局	财务部	邓波浪	出纳会计
1155	蚌埠市五河县南水北调办	财务股	张道淮	会计师/股长
1156	滁州市治淮重点工程建设管理局	财务科	陈晓萍	会计师/科长
1157	滁州市治淮重点工程建设管理局	财务科	唐晓梅	主办会计
1158	滁州市治淮重点工程建设管理局	财务科	张 艳	出纳会计
1159	宿州市南水北调工程建设管理处	财务科	赵 乐	会计师/科长
1160	宿州市南水北调工程建设管理处	财务科	谢厚学	主办会计
1161	宿州市南水北调工程建设管理处	财务科	陈立婷	出纳会计

注 1. 数据统计时间截至 2016 年 12 月底。
　　 2. 资料来源：办机关、直属事业单位，各省（直辖市）南水北调办（建管局），河南省移民办、湖北省移民局，各项目法人、建设管理单位，东线公司统计上报。

针对南水北调工程建设管理的特殊性，为提高会计人员的业务素质，国务院南水北调办和各单位组织开展多次财务业务专题培训。截至 2016 年年底，国务院南水北调办组织了 4 期会计基础工作培训班、2 期资金管理培训班、2 期移民会计制度培训班、4 期完工决算培训班、1 期合同管理培训班、2 期运行期企业财务会计培训班，每年还结合年终决算布置开展会计决算业务培训。各项目法人、省（市）征地移民机构也举办了各种形式的会计业务培训班，据统计，南水北调系统共组织了 1243 次培训，累计培训约 15229 人次。日常国务院南水北调办机关和事业单位财务人员还参加财政部、国管局等部门组织的部门预算、部门决算、政府采购、国库集中支付、机关后勤财务管理、会计人员继续教育等各种类型培训。全系统会计人员都参加了南水北调工程建设管理财会业务培训，进一步提高全系统会计人员业务素质和业务处理能力。

二、制定和完善会计核算制度

会计核算制度是开展会计核算的准则，是会计核算过程中处理各项具体会计业务的操作原则和具体方法的规范。既有利于保障会计人员在进行会计核算时有章可循，又有利于提高会计核算的质量和效率。根据《中华人民共和国会计法》及相关法规和规章制度，南水北调系统各单位研究制定一系列的会计核算制度并在实践中不断补充完善，涉及会计核算各环节，具体包括：会计凭证的取得、填制、审核和错误更正的规定；会计科目（账户）的设置和运用的规定；会计记账方法的规定；会计记录文字、会计期间和记账本位币的规定；会计账簿的设置、登记、错误更正、对账和结账的规定；会计处理方法的选择和运用的规定；财务会计报告编制的规定；会计档案管理的规定；其他会计核算工作的规定。

（一）会计凭证的取得、填制、审核和错误更正的规定

会计凭证是记录经济业务、明确经济责任的书面证明，也是登记账簿的依据。填制和审核会计凭证，是会计工作的开始，对会计核算过程和会计资料质量起着至关重要的作用。会计凭证按其填制程序和用途可以分为原始凭证和记账凭证。

1. 原始凭证要求

（1）单位人员办理会计事项时，必须取得或者填制原始凭证，并及时送交财务部门。原始凭证是证明经济业务已经发生，明确经济责任，并用作记账原始依据的一种凭证，是会计核算重要的基础资料。

（2）单位财务部门对原始凭证进行审核，原始凭证应必备的内容为：凭证名称、填制凭证日期、填制凭证单位名称、填制人姓名、经办人员签名或盖章、接受凭证的单位全称、经济业务内容以及数量、单价、金额。从外单位取得的凭证和对外开具的凭证必须盖有发票专用章或财务印章。

（3）凡填有大写和小写金额的原始凭证，大写与小写金额必须相符。购买实物的原始凭证，必须有验收证明，以保证账实相符。实物验收工作由经管实物的人员负责办理，会计人员通过有关的原始凭证进行监督检查。需要入库的实物，必须填写入库验收单，由实物保管人员验收后在入库单上如实填写实收数额，并签名或者盖章。不需要入库的实物，除经办人员在原始凭证上签章外，必须交给实物保管人员或者使用人员进行验收，由实物保管人员或者使用人员在原始凭证上签名或者盖章。支付款项的原始凭证，必须有收款单位和收款人的收款证明，不能仅以支付款项的凭证代替（如银行汇款凭证等）。款项支付后要在原始凭证上加盖现金付讫或银行转讫章。发票必须有税务部门监制印章，收据必须有财政或税务部门监制印章。

（4）一式几联的原始凭证，应当注明各联的用途，只能以一联作为报销凭证。一式几联的发票和收据，必须用双面复写纸（发票和收据本身具备复写纸功能的除外）套写，并连续编号。作废时，应加盖"作废"戳记，连同存根一起保存，不得撕毁。

（5）职工因公借款单据，必须附在记账凭证之后。收回借款时，应当另开收据或者退还借据副本，不得退还原借款收据。经上级有关部门批准的经济业务，应当将批准文件作为原始凭证附件。如果批准文件需要单独归档的，应当在凭证上注明批准机关名称、日期和文件字号或附批准文件复印件。

（6）原始凭证不得涂改、挖补。对于有错误的原始凭证，退回凭证开出单位重开或者更正，更正处应当加盖开出单位的公章。有附件的必须注明附件自然张数，有效金额必须相等。各种附件应附在原始凭证后面。如有破损应粘贴补齐，破损严重无法辨认时，应重新取得；确有困难的，其经济业务内容与金额由经办人员另附说明，经单位负责人批准，代作附件。

（7）其他几项主要业务原始凭证要件：货物采购要有经批准的采购计划、采购合同、货物验收清单；工程价款支付要有合同或协议、合同结算申报审批书；会议费报销要有举办会议的批准文件、会议通知、经审批的会议费预算、会议结算凭证等。

2. 记账凭证制单要求

（1）各单位会计人员根据审核无误的原始凭证填制记账凭证。记账凭证的内容包括填制凭证的日期，凭证编号，经济业务摘要，会计科目，金额，所附原始凭证张数，填制凭证人员、出纳人员、复核人员、记账人员、财务主管人员签名或者盖章。填制记账凭证应当对记账凭证

进行连续编号。一笔经济业务需要填制 2 张以上记账凭证的，可以采用分数编号法编号。记账凭证日期应以财会部门受理会计事项日期为准，年、月、日应写全。记账凭证根据每一张原始凭证填制，记账凭证所填金额要与原始凭证一致。

（2）各单位会计人员除结账和更正错误的记账凭证可以不附原始凭证外，其他记账凭证必须附有原始凭证。如果一张原始凭证涉及记账凭证，可以把原始凭证附在一张主要的记账凭证后面，并在其他记账凭证上注明附有该原始凭证的记账凭证的编号或者附原始凭证复印件。附件张数按原始凭证自然张数计算。

（3）填制记账凭证摘要简明扼要，说明问题。一般应符合的要求为：现金和银行存款的收、付款项写明收付对象、结算种类、支票号码和款项主要内容；财产、物资收付事项写明物资名称、单位、规格、数量、收付单位；往来款项写明对方单位和款项内容；财物损溢事项写明发生的时间、内容；待处理事项写明对象、内容、发生时间；内部转账事项写明事项内容；调整账目事项写明被调整账目的记账凭证日期、编号及原因；提取各项税费的记账凭证附自制原始凭证，列明合法的计算提取依据及正确的计算过程。记账凭证的内容涉及与其他单位之间的债权债务往来业务，没有直接收付款项，但需要通知对方单位入账的，应当向对方单位出具转账通知，说明该往来结算业务的内容，并加盖本单位财务专用章。

（4）记账凭证发生差错时，重新填制记账凭证。已经登记入账的记账凭证，在当年内发现填写错误时，可以用红字填写一张与原内容相同的记账凭证，在摘要栏注明"注销某年某月某日凭证"字样，同时再用蓝字重新填制一张正确的凭证，注明"订正某年某月某日凭证字样"。

（5）制定科学合理的会计凭证传递程序，会计凭证及时传递，不积压；会计凭证登记完毕后，按照分类和编号顺序保管，不散乱丢失；记账凭证连同所附的原始凭证，按照编号顺序，折叠整齐，按期装订成册，并加具封面，注明单位名称、年度、月份和起讫日期、凭证种类、起讫号码，由装订人在装订线封签外签名或者盖章。对于数量过多的原始凭证，可以单独装订保管，在封面上注明记账凭证日期、编号、种类，同时在记账凭证上注明"附件另订"和原始凭证名称及编号。当原始凭证过大时，要折叠成比记账凭证略小的面积，注意装订线处的折留方法，装订后仍能展开查阅；当原始凭证过小时，可在记账凭证面积内分开均匀粘平；要摘掉凭证中的大头针等所有铁器。装订后要将装订线用纸打个三角封包，并将装订者印章盖于骑缝处，在脊背处注明年、月、日和册数的编号。各种经济合同、存出保证金收据以及涉外文件等重要原始凭证，另编目录单独登记保管，并在有关的记账凭证和原始凭证上相互注明日期和编号。原始凭证不得外借，其他单位如因特殊原因需要使用原始凭证时，经财务机构负责人批准，可以复制。向外单位提供的原始凭证复印件，应当在专设的登记簿上登记，并由提供人员和收取人员共同签名或者盖章。

（二）会计科目（账户）的设置和运用的规定

1. 南水北调工程建设资金会计核算设置会计科目

财政部制定的《国有建设单位会计制度》规定了基本建设的总账科目，统一规定了会计科目的编号（表 6-1-2），且明确各单位不得随意改变或打乱重编。在不影响会计核算的要求和会计报表指标汇总的前提下，根据南水北调工程建设资金管理的实际需要，南水北调工程项目法人设置了明细科目。

表 6 - 1 - 2 国有建设单位会计科目及编码

科目编码	科目名称	科目编码	科目名称
	一、占用类		二、来源类
101	建筑安装工程投资	301	基建拨款
102	设备投资	302	联营拨款
103	待摊投资	303	企业债券资金
104	其他投资	304	基建投资借款
111	交付使用资产	305	上级拨入投资借款
11101	固定资产	306	其他借款
11102	流动资产	308	项目资本公积
11103	无形资产	311	待冲基建支出
11104	递延资产	321	上级拨入资金
112	待核销基建支出	331	应付器材款
113	转出投资	332	应付工程款
121	应收生产单位投资借款	341	应付工资
201	固定资产	342	应付福利费
202	累计折旧	351	应付有偿调入器材及工程款
203	固定资产清理	352	其他应付款
211	器材采购	353	应付票据
212	采购保管费	361	应交税金
213	库存设备	362	应交基建包干节余
214	库存材料	363	应交基建收入
218	材料成本差异	364	其他未交款
219	委托加工器材	401	留成收入
231	限额存款		
232	银行存款		
233	现金		
234	零余额账户用款额度		
241	预付备料款		
242	预付工程款		
243	预付账款		
251	应收有偿调出器材及工程款		
252	其他应收款		
253	应收票据		
261	拨付所属投资借款		
271	待处理财产损失		
281	有价证券		
291	长期投资		

2. 南水北调征地移民资金会计核算设置会计科目

结合南水北调工程征地移民任务、征地移民工作的管理体制和征地移民资金包干使用等实际情况，按照既要全面、准确地反映征地移民资金使用的情况，又要有利于及时、高效地核算征地移民资金使用结果，财政部制定了《南水北调工程征地移民资金会计核算办法》，设计了统一而又相对简洁的会计科目（表6-1-3）。该会计科目包括两级科目，即总账科目和明细科目。各级征地移民机构可根据会计核算和管理内容自行设置三级明细科目，但不得与总账科目和明细科目相抵触或相矛盾。

表6-1-3　　　　　　　　　　征地移民资金会计核算科目及编码

序号	编号	资金占用类	
		总账科目	明细科目
1	101	拨出移民资金	
2	111	移民资金支出	
	11101		农村移民安置支出
	11102		城集镇迁建支出
	11103		工业企业迁建支出
	11104		专业项目复建支出
	11105		防护工程支出
	11106		库底清理支出
	11107		地质灾害监测防治支出
	11108		税费支出
	11109		其他费用支出
3	112	待摊支出	
	11201		勘测设计科研费
	11202		实施管理费
	11203		实施机构开办费
	11204		技术培训费
	11205		监理监测评估费
	11206		项目技术经济评估审查费
	11207		咨询服务费
	11208		其他
4	121	已完移民项目	
5	131	现金	
6	132	银行存款	
7	141	应收款	
8	151	固定资产	
		资金来源类	
9	201	拨入移民资金	
10	205	其他收入	
11	241	应付款	
12	251	固定基金	

3. 南水北调系统行政机关行政经费会计核算设置会计科目

南水北调系统行政机关的行政经费按财政部制定的《行政单位会计制度》中的会计科目和编号设置（表6-1-4），以便于填制会计凭证、登记账簿、查阅账目、实行会计信息化管理。各单位不得随意打乱重编规定的会计科目编号。

表6-1-4　　　　　　　　　　行政单位会计科目及编码

序号	科目编号	会计科目名称	序号	科目编号	会计科目名称
一、资产类			20	2201	应付职工薪酬
1	1001	库存现金	21	2301	应付账款
2	1002	银行存款	22	2302	应付政府补贴款
3	1011	零余额账户用款额度	23	2305	其他应付款
4	1021 102101 102102	财政应返还额度 财政直接支付 财政授权支付	24	2401	长期应付款
			25	2901	受托代理负债
5	1212	应收账款	三、净资产类		
6	1213	预付账款	26	3001	财政拨款结转
7	1215	其他应收款	27	3002	财政拨款结余
8	1301	存货	28	3101	其他资金结转结余
9	1501	固定资产	29	3501 350101 350111 350121 350131 350141 350151 350152	资产基金 预付款项 存货 固定资产 在建工程 无形资产 政府储备物资 公共基础设施
10	1502	累计折旧			
11	1511	在建工程			
12	1601	无形资产			
13	1602	累计摊销			
14	1701	待处理财产损溢	30	3502	待偿债净资产
15	1801	政府储备物资	四、收入类		
16	1802	公共基础设施	31	4001	财政拨款收入
17	1901	受托代理资产	32	4011	其他收入
二、负债类			五、支出类		
18	2001	应缴财政款	33	5001	经费支出
19	2101	应缴税费	34	5101	拨出经费

4. 南水北调系统事业单位经费会计核算设置会计科目

南水北调系统事业单位的事业经费按财政部制定的《事业单位会计制度》中的会计科目和编号设置（表6-1-5），以便于填制会计凭证、登记账簿、查阅账目、实行会计信息化管理。各单位不得随意打乱重编规定的会计科目编号。

表 6 - 1 - 5　　　　　　　　　**事业单位会计科目及编码**

序号	科目编号	会计科目名称	序号	科目编号	会计科目名称
一、资产类			26	2305	其他应付款
1	1001	库存现金	27	2401	长期借款
2	1002	银行存款	28	2402	长期应付款
3	1011	零余额账户用款额度	三、净资产类		
4	1101	短期投资	29	3001	事业基金
5	1201 120101 120102	财政应返还额度 财政直接支付 财政授权支付	30	3101 310101 310102 310103 310104	非流动资产基金 长期投资 固定资产 在建工程 无形资产
6	1211	应收票据	31	3201	专用基金
7	1212	应收账款	32	3301 330101 330102	财政补助结转 基本支出结转 项目支出结转
8	1213	预付账款			
9	1215	其他应收款	33	3302	财政补助结余
10	1301	存货	34	3401	非财政补助结转
11	1401	长期投资	35	3402	事业结余
12	1501	固定资产	36	3403	经营结余
13	1502	累计折旧	37	3404	非财政补助结余分配
14	1511	在建工程	四、收入类		
15	1601	无形资产	38	4001	财政补助收入
16	1602	累计摊销	39	4101	事业收入
17	1701	待处置资产损溢	40	4201	上级补助收入
二、负债类			41	4301	附属单位上缴收入
18	2001	短期借款	42	4401	经营收入
19	2101	应缴税费	43	4501	其他收入
20	2102	应缴国库款	五、费用类		
21	2103	应缴财政专户款	44	5001	事业支出
22	2201	应付职工薪酬	45	5101	上缴上级支出
23	2301	应付票据	46	5201	对附属单位补助支出
24	2302	应付账款	47	5301	经营支出
25	2303	预收账款	48	5401	其他支出

（三）会计记账方法的规定

会计记账方法，是根据单位所发生的经济业务（或会计事项），采用特定的记账符号并运用一定的记账原理（程序和方法），在账簿中进行登记的方法。南水北调系统各单位采用复式记账方法中的借贷记账法，借贷记账法以"借、贷"两字作为记账符号，"有借必有贷，借贷必相等"作为记账规则。

（四）会计记录文字、会计期间和记账本位币的规定

《会计法》规定在我国境内所有国家机关、社会团体、公司、企业、事业单位的会计记录文字必须使用中文。南水北调系统的会计记录文字是中文。会计期间分为年度、半年度、季度和月底，均按公历起讫日期确定。半年度、季度和月度均称为会计中期。会计年度自公历1月1日起至12月31日止。南水北调系统各单位会计核算以人民币为记账本位币。

（五）会计账簿的设置、登记、错误更正、对账和结账的规定

（1）各单位按照会计制度的规定和会计业务的需要设置会计账簿。会计账簿包括总账、明细账、日记账和其他辅助性账簿。

（2）南水北调系统各单位均实行会计电算化，根据记账凭证，在账簿上连续、系统、完整的记录经济业务，定期用计算机打印总账和明细账，并连续编号，经审核无误后装订成册，并由单位负责人、财务负责人及经办人签字或者盖章。发生收款和付款业务的，在输入收款凭证和付款凭证的当天必须结出现金日记账和银行存款日记账，并与库存现金核对无误。

记账以后，发现记账凭证中应借应贷符号、科目或金额错误时，可采用红字更正法更正。更正时用红字填写一份与原用科目、借贷方向和金额相同的记账凭证，以冲销原来的记录，然后用蓝字重新填制一份正确的记账凭证，一并登记入账。在记账以后，如发现记账凭证和账簿记录的金额有错误，所记金额大于应记金额，而原始凭证中应借、应贷会计科目并无错误，这时可采用红字更正法，将多记的金额用红字填写一张记账凭证，用以冲销多记金额，并据以记入账户。记账以后，如果发现记账凭证上应借、应贷的会计科目并无错误，但所填金额小于应填金额，可采用补充登记法更正，即再填一张补充少记金额的记账凭证，并将其补记入账。

（3）各单位按年对会计账簿记录的有关数字与库存实物、货币资金、有价证券、往来单位或者个人等进行相互核对，保证账证相符、账账相符、账实相符。

1）账证核对。核对会计账簿记录与原始凭证、记账凭证的时间、凭证字号、内容、金额是否一致，记账方向是否相符。

2）账账核对。核对不同会计账簿之间的账簿记录是否相符，主要包括总账有关账户的余额核对，总账与明细账核对，总账与日记账核对，会计部门的财产物资明细账与财产物资保管和使用部门的有关明细账核对等。

3）账实核对。核对会计账簿记录与财产等实有数额是否相符，主要包括现金日记账账面余额与现金实际库存数相核对；银行存款日记账账面余额定期与银行对账单相核对；各种财务明细账账面余额与财物实存数额相核对；各种应收、应付款明细账账面余额与有关债务、债权单位或者个人相核对等。

4）各项目法人按月结账。结账前，必须将本期内所发生的各项经济业务全部登记入账。

（六）会计处理方法的选择和运用的规定

在某些情况下，针对一项经济业务事项，在会计处理上有许多可供选择的方法。例如，存货发出成本的计价，可以根据实际情况，选择先进先出法、后进先出法、加权平均法等；固定资产的折旧方法，也可根据实际情况选择直线法、年数总和法等。由于所采用的会计处理方法不同，据此计算出来的会计资料也会有所差异，产生不同的经济结果。假如各年度采用的会计处理方法不一致，则有可能造成当年利润高于（或低于）以前年度，但这并不代表当年的经营业绩好于往年，因为当年利润的增加只是由于改变了会计处理方法的结果。据此产生的财务会计报告就不能如实反映各会计年度的实际情况。实际工作中，一些单位正是通过改变会计处理方法来弄虚作假，粉饰财务会计报告，以达到欺骗投资者、债权人和社会公众等目的，严重扰乱了会计秩序和社会经济秩序。因此，《会计法》强调会计核算必须贯彻一贯性原则。当然，一贯性原则并不是说绝对不允许各单位变更会计处理方法。当单位的经营情况、经营方式、经营范围，或者国家有关政策规定发生重大变化时，单位可以根据实际情况，选择使用更能客观真实地反映单位经济情况的会计处理方法进行会计核算。对于南水北调工程建设资金来说，如每年决算时在每个项目之间分摊待摊投资，项目法人可以选择按完成投资额分摊或者其他方法分摊，选择了哪种方法，就要坚持按这个方法分摊，不可今年选择这个办法，第二年又用另一种方法分摊，造成数据的不实。

（七）财务会计报告编制的规定

财务会计报告的编制，是会计核算工作的重要环节。各单位对外报送的财务会计报告应当根据国家统一会计制度规定的格式和要求编制。单位内部使用的财务会计报告，其格式和要求由各单位自行规定。会计报表应当根据登记完整、核对无误的会计账簿记录和其他有关资料编制。会计报表必须做到数字真实、计算准确、内容完整、说明清楚。任何人不得篡改或授意、指使、强令他人篡改会计报表的有关数字。会计报表之间、会计报表各项目之间，凡有对应关系的数字，应当相互一致。本期会计报表与上期会计报表之间有关数字应当相互衔接。如果不同会计年度会计报表中各项目的内容和核算方法有变更的，应当在年度会计报表中加以说明。会计报表附表及其说明的编写应当按照国家统一会计制度的规定进行，做到项目齐全、内容完整。财务会计报告的对外报送应当按照国家规定的期限。对外报送的财务会计报告，应当依次编定页码，加具封面，装订成册，加盖公章。封面上应当注明：单位名称、统一代码、组织形式、地址、报表所属年度或月份、报出日期，并由单位负责人和主管会计工作负责人、会计机构负责人签名并盖章。单位负责人应当保证财务会计报告的真实、完整。

（八）会计档案管理的规定

各单位的会计凭证、会计账簿、会计报表和其他会计资料，应当建立档案，妥善保管。会计档案建档要求、保管期限、销毁办法等依据《会计档案管理办法》的规定进行。会计档案由单位会计机构负责管理归档并保管一年期满后，移交单位的会计档案管理机构或指定专人继续保管；会计档案经本单位负责人批准后可以提供查阅或复制原件。会计档案保管的期限。会计档案保管期限分为永久和定期两类，定期保管期限分为 3 年、5 年、10 年、15 年和 25 年五类，保管期限从会计年度终了后第一天算起。保管期满的会计档案，应由单位档案管理机构提出销毁意见，会同会计机构共同鉴定，报单位负责人批准后，由单位档案管理机构和会计机构共同派员监督销毁；保管期满但未结清的债权债务原始凭证及其未了事项的原始凭证不得销毁，应当单独抽出立卷，保管到未了事项完结时为止；正在项目建设期间的建设单位，其保管期满的会计档案不得销毁。

（九）其他会计核算工作的规定

资产清查也是会计核算工作的一项重要环节，资产清查的要求：

（1）为了正确掌握资产的实际情况，保证会计信息资料的准确可靠，保护资产的安全和完整，提高资产管理水平和使用效益，各项目法人建立健全了资产清查制度。财产清查制度主要内容包括财产清查的范围、财产清查的组织、财产清查的期限和方法、对财产清查中发现问题的处理办法和对财产管理人员的奖惩办法。

（2）日常工作中应根据内部管理和会计核算工作的需要确定清查对象，定期进行重点抽查或互查。年度决算前进行一次全面资产清查，即对本单位全部财产物资、货币资金、债权债务进行全面彻底的盘点和核对。年终盘点由办公室（综合司）指派本单位人员盘点后，将盘点表送财务部门审核。正式盘点之前，先由资产使用人员自行填表，由办公室（综合司）汇总后，于正式盘点时交由盘点人员参照实盘。倘有数字不符或物品漏列表等事情，盘点人员或抽查人员应予以改正或补列。盘点范围为机器设备、办公家具、办公设备等。对资产清查中发现的盘盈、盘亏、毁损、报废等事项按规定及时进行处理。

南水北调工程项目法人及项目建设管理单位在建立会计核算制度后，也制定了相关内部控制制度包括以下几方面：①内部制约制度。各项目法人和建设管理单位建立了内部各部门之间、会计机构各岗位之间相互制约的规范。②岗位责任制。项目法人和建设管理单位建立了会计人员岗位责任制，明确界定了会计人员的分工、职权范围、工作标准和检查考核标准。③内部审计制度。项目法人和建设管理单位建立了内部审计制度，定期或不定期对本单位的会计凭证、会计账簿和会计报表的合法性、真实性、准确性进行审计监督。④内部审批制度。各项目法人和建设管理单位建立了经济业务处理内部审批制度，明确了南水北调工程建设资金拨付或支付、日常财务收支、往来款项等经济业务的审批程序、审批权限。⑤账务处理程序制度。各项目法人和建设管理单位建立了账务处理的流程，保障了本单位账务组织、凭证传递、会计核算形式，既科学合理、运转有序，又相互制约、安全有效。

三、确定了会计核算方法

为了连续、系统、完整地核算和监督南水北调工程资金，南水北调系统各单位自设立或被确定之日，构建了符合《中华人民共和国会计法》要求的会计核算方法，包括以下几个方面。

（一）开设账户

国务院南水北调办对南水北调工程建设资金的管理要求是每个单位只能在一家银行开设一个基本账户进行会计核算。

（二）设置会计科目

依据统一的会计制度要求，结合本单位资金管理的实际需要设置会计科目。国务院南水北调办以及各省（直辖市）南水北调办或征地移民机构（属于行政机关性质）的行政经费按《行政单位会计制度》设置会计科目；国务院南水北调办直属事业单位、各省（直辖市）南水北调建管局（属于事业单位性质）的事业经费按《事业单位会计制度》设置会计科目；南水北调系统各单位的基本建设资金按《国有建设单位会计制度》设置会计科目；各省（直辖市）征地移民资金按《南水北调工程征地移民资金会计核算办法》设置会计科目；南水北调系统各单位的工会经费按《工会会计制度》设置会计科目。

（三）规范会计凭证和会计账簿

除原始凭证外，制定了本单位统一的会计凭证，建立了会计账簿。填制会计凭证是为了保证会计记录完整、真实和可靠，审查经济活动是否合理、合法，会计凭证是经济业务的书面证明，是登记账簿的依据，对每一项经济业务填制会计凭证，并加以审核，可以保证会计核算的质量，并明确经济责任。登记账簿是根据会计凭证，在账簿上连续、系统、完整地记录经济业务的一种专门方法。按照记账的方法和程序登记账簿并定期进行对账、结账，可以提供完整的、系统的会计资料。

（四）确定会计处理方法

南水北调系统各单位如确定了固定资产折旧、摊销、待摊投资摊销等会计处理方法后，要按照一贯性的要求进行核算，以保证会计信息的准确。

四、会计核算应遵循的一般原则

南水北调系统各单位依据《中华人民共和国会计法》及其他相关法规和规章制度开展南水北调工程资金会计核算，会计核算应遵循的普遍性原则。

（一）总体性原则要求

1. 客观性原则

客观性原则也指会计核算应当以实际发生的经济业务为依据，如实地反映经济业务、财务状况和经营成果，做到内容真实、数字准确、资料可靠。客观性原则包括真实性、可靠性和可验证性三个方面，是对会计核算工作和会计信息的基本质量要求。可靠性是高质量会计信息的重要基础和关键所在，如果一个单位以虚假的经济业务进行确认、计量、报告，属于违法行为。真实的会计信息对国家宏观经济管理、投资人决策和单位内部管理都有着重要意义，会计核算的各个阶段都应遵循这个原则。

2. 可比性原则

可比性原则是指会计核算应当按照规定的会计处理方法进行，采用统一规定的会计政策，会计指标应当口径一致，相互可比。只有遵循可比性原则，一个单位才可以同本行业的不同单位进行比较，了解自己在本行业中的地位，存在哪些优势和不足，从而制定出正确的发展战略。另外指明一点，一致性和可比性实际上是同一问题的两个方面。一致性原则解决的是同一单位纵向可比问题，而可比性原则解决的是单位之间横向可比的问题。广义上说，两者均可称为可比性。

3. 一贯性原则

一贯性原则又称一致性原则，是指会计处理方法前后各期应当一致，不得随意变更。这样才便于同一单位的不同会计期间的会计信息进行比较，从而对单位不同期间的经营管理成果有一个直观的了解。一致性原则并不否定单位在必要时对会计处理方法作适当变更，当单位的经营活动或国家的有关政策规定发生重大变化时，可以根据实际情况变更会计处理方法，但要将变更的情况、变更的原因及其对财务状况和经营成果的影响，在财务报表批注中加以说明。

（二）会计信息质量的原则要求

1. 相关性原则

相关性原则是指会计信息应当符合国家宏观管理的要求，满足有关各方了解单位财务状况和经营成果的需要，满足单位加强内部经营管理的需要。

会计信息主要目标就是向有关各方提供对决策有用的信息，如提供的信息与进行决策无关，不仅对决策者毫无价值，而且有时还会影响他们作出正确决策，所以会计核算提供的信息资料必须对决策者有用才行。会计信息质量的相关性要求，是以可靠性为基础的，两者之间是统一的，并不矛盾，会计信息在可靠性前提下，尽可能地做到相关性，以满足决策者等财务报告使用者的决策需要。

2. 及时性原则

及时性原则是指会计核算应当及时进行，保证会计信息与所反映的对象在时间上保持一致，以免使会计信息失去时效。凡会计期内发生的经济事项，应当在该期内及时进行确认、计量和报告，不得拖至后期，并要做到按时结账，按期编报会计报表，以利决策者使用。

特别是当今信息社会，会计资料若不及时记录，会计信息不及时加工、生成和报送，就会失去时效，变成一堆没用的信息，对进行决策也就不会有任何帮助。可见，会计信息的及时性要求，是其有用性的限制因素。在会计确认、计量和报告过程中贯彻及时性：①要求及时收集会计信息，即在经济交易或者事项发生后，及时收集整理各种原始单据或者凭证；②要求及时处理会计信息，即按照会计准则的规定，及时对经济交易或者事项进行确认或者计量，并编制财务报告；③要求及时传递会计信息，即按照国家规定时限，及时地将编制的财务报告传递给财务报告使用者，便于其及时使用和决策。

3. 明晰性原则

明晰性原则是指会计记录和会计报表都应当清晰明了，便于理解和利用，能清楚地反映单位经济活动的来龙去脉及其财务状况和经营成果。根据明晰性原则，会计记录应准确清晰，账户对应关系明确，文字摘要清楚，数字金额准确，手续齐备，程序合理，以便信息使用者准确完整地把握信息的内容，更好地加以利用，只有这样，才能提高会计信息的有用性，满足向投资者等财务报告使用者提供决策有用信息的要求。投资者等财务报告使用者通过阅读、分析、使用财务报告信息，能够了解单位的过去、现状，以预测未来发展趋势，从而作出科学决策。

（三）会计要素确定、计量方面的原则要求

1. 权责发生制原则

权责发生制原则是指会计核算应当以权责发生制作为会计确认的时间基础，即收入或费用是否计入某会计期间，不是以是否在该期间内收到或付出现金为标志，而是依据收入是否归属该期间的成果、费用是否由该期间负担来确定。凡是当期已经实现的收入和已经发生或应当负担的费用，不论款项是否收付，都应当作为当期的收入和费用；凡是不属于当期的收入和费用，即使款项已在当期收付，也不应当作为当期的收入和费用。权责发生制是一种记账基础，建立在该基础之上的会计模式可以正确的将收入与费用相配合，正确的计算损益。采用权责发生制核算比较复杂，但反映本期的收入和费用比较合理、真实，所以适用于企业。

收付实现制，也称现收现付制，是以款项是否实际收到或付出作为确定本期收入和费用的标准。采用收付实现制会计处理基础，凡是本期实际收到的款项，不论其是否属于本期实现的收入，都作为本期的收入处理；凡是本期实际付出的款项，不论其是否属于本期负担的费用，都作为本期的收入处理。主要适用于行政、事业单位。

2. 配比原则

收入与费用配比原则是指收入与其相关的成本费用应当配比。这一原则是以会计分期为前提的。当确定某一会计期间已经实现收入之后，就必须确定与该收入有关的已经发生了的费用，这样才能完整的反映特定时期的经营成果，从而有助于正确评价企业的经营业绩。

配比原则包括两层含义。①因果配比，即将收入与对应的成本相配比；②时间配比，即将一定时期的收入与同时期的费用相配比。

3. 历史成本原则

历史成本原则是指单位的各项财产物资应当按取得时的实际成本计价，物价如有变动，除有特殊规定外，不得调整其账面价值。按照此原则，单位的资产应以取得时所花费的实际成本作为入账和计价的基础。历史成本不仅是一切资产据以入账的基础，而且是其以后分摊转为费用的基础。

4. 划分收益性支出和资本性支出的原则

划分收益性支出和资本性支出的原则是指在会计核算中合理划分收益性支出与资本性支出。如果支出所带来的经济收益只与本会计年度有关，那么该项支出就是收益性支出；如果支出所带来得经济收益不仅与本年度有关，而且同时与几个会计年度有关，那么该项支出就是资本性支出。区分收益性支出与资本性支出，有助于正确的确认当期的损益和资产的价值，保持会计信息的客观性。

（四）会计修订性惯例原则要求

1. 谨慎性原则

谨慎性原则是指在有不确定因素的情况下作出判断时，保持必要的谨慎，不抬高资产或收益，也不压低负债或费用。在市场经济环境下，单位的生产经营活动面临着许多风险和不确定性，如应收款项的可收回性、固定资产的使用寿命、无形资产的使用寿命等，对于可能发生的

损失和费用，应当加以合理估计。实施谨慎性原则能对企业经营存在的风险加以合理估计，在风险实际发生之前将之化解，并对防范风险起到预警作用，有利于单位作出正确的经营决策，有利于保护所有者和债权人利益，有利于提高单位在市场上的竞争力。

2. 重要性原则

重要性原则是指在选择会计方法和程序时，要考虑经济业务本身的性质和规模，根据特定经济业务对经济决策影响的大小，来选择合适的会计方法和程序。重要性原则与会计信息成本效益直接相关。坚持重要性原则就能够保证会计信息的收益大于成本，如对于不重要的项目，也采用严格的会计程序，分别核算，分项反映，就可能会导致会计信息成本高于收益。在评价某些项目的重要性时，一般来说，应从质和量两个方面来分析。从质上来说，当某一事项有可能对决策产生一定影响时，就属于重要项目；从量上来说，当某一项目的数量达到一定规模时，就可能对决策产生影响。

这些会计核算原则是会计工作的规范，是对会计核算的基本要求，指导着会计工作，为南水北调系统会计工作的统一化和规范化提供了保证。

第二节　建设资金会计核算

会计核算是工程建设管理的重要组成部分，是真实、准确、及时反映工程建设经济活动的基础工作，其工作质量直接关系到建设一流工程和"三个安全"管理目标的实现。

一、制定南水北调工程资金会计科目核算体系的必要性

南水北调工程属于线型工程，具有投资规模大、涉及范围广、建设周期长的特点，南水北调东、中线一期工程划分为155个设计单元工程，涵盖了大坝加高、隧洞工程、河道工程、泵站工程等不同类型的工程项目，初步设计概算的内容千差万别，且各设计单元工程开工建设及完工时间不同步，这些特点给南水北调工程会计核算带来较大困难。

为达到一流管理水平，针对南水北调工程特点，国务院南水北调办组织南水北调项目法人制定了南水北调工程资金会计核算的总目标。①按照国家现行基本建设会计核算制度，要对工程建设资金的拨入和使用进行全面、真实地反映；②要提高建设资金使用效率，不能形成浪费；③要能够准确、完整地反映每个设计单元工程的建设成本及债权债务情况；④通过合理组织会计核算工作，保证会计工作质量，提高会计工作效率，正确、及时地编制会计报表，提供可靠经济信息，满足政府有关部门审计、稽查和财务检查的需要，最终为工程竣（完）工财务决算编制和资产的计量及移交提供可靠依据。在会计核算总体思路指导下，南水北调工程项目法人依据财政部《国有建设单位会计制度》，结合各自工程建设管理的实际情况，制定了有关会计核算办法及会计核算科目体系，积极开展南水北调工程建设项目的会计核算工作。

二、南水北调工程资金会计科目体系

会计科目是对会计对象的具体内容进行分类的标志，它是对建设项目各项经济业务进行分

类、汇总的工具，是设置账户、填制凭证、登记账簿、处理会计事项的直接依据。只有科学地设置和使用会计科目，才能把建设项目错综复杂的经济业务分门别类地记录清楚，为加强项目管理提供系统而完整的会计核算资料。

(一) 会计科目设置的依据

为了全面、连续、系统地反映南水北调工程项目的经济活动情况，及时、准确地提供会计信息，满足国家宏观经济管理和项目法人内部经营管理的需要，南水北调工程项目法人会计科目的设置，必须适应本单位经济活动的特点，并能正确地反映基本建设投资计划和基本建设财务计划的完成情况。会计科目的设置主要依据包括：①财政部关于修改重印《国有建设单位会计制度》的通知（财会字〔1995〕45 号）文件及其相关补充规定；②财政部关于印发《基本建设财务管理规定》的通知（财建〔2002〕394 号）；③国家对南水北调各设计单元工程初步设计概算的批准文件；④国务院南水北调办关于印发《南水北调工程建设资金管理办法》的通知（国调办经财〔2008〕135 号）；⑤国务院南水北调办关于印发《南水北调工程竣（完）工财务决算编制规定》的通知（国调办经财〔2008〕159 号）；⑥国务院南水北调办关于印发《南水北调工程会计核算科目与工程概算项目衔接的指导意见》的通知（国调办经财〔2009〕79 号）。

(二) 会计科目设置的要求

南水北调工程项目法人会计科目的设置按照国家相关法律法规的要求，同时考虑本单位内部经营管理的需要，对会计科目设置规定如下。

（1）南水北调工程资金会计核算的总账科目应按照财政部《国有建设单位会计制度》设置，可根据会计核算需要，作必要的增加或减少；明细科目可根据会计核算需要增加或减少。

（2）根据工程建设成本、合同管理及债权债务等会计核算的需要，在会计科目下设置项目、合同、部门等辅助核算。

（3）对取得的建设资金区分不同的来源渠道在总账科目下分别设置明细科目。

（4）工程建设成本以具有独立概算的设计单元工程为核算对象，对工程成本和费用按概算二级明细进行归集核算。其中，对能够分清设计单元工程的直接成本和费用直接归集到所属设计单元工程，对不能分清设计单元工程的成本和费用暂时作为全局性支出，结转时按规定的比例分摊到相关设计单元工程。

（5）建立合同管理辅助台账（或合同结算管理电子信息系统），以满足合同结算支付管理、投资分析及财务竣（完）工决算的需要，其内容包括合同签约工程量及单价、每次及累计价款结算工程量及单价、变更项目工程量及单价、索赔项目、价差、预付款项及抵扣、工程质保金扣留、甲供材及往来结算等信息。

(三) 南水北调工程会计科目表

按照财政部《国有建设单位会计制度》，南水北调工程会计核算科目分为资金来源类科目和资金占用类科目，主要会计科目（一级）见表 6-2-1。

表 6-2-1 南水北调工程主要会计科目表

科目编号	资金占用类	科目编号	资金来源类
101	建筑安装工程投资	301	基建拨款
102	设备投资	304	基建投资借款
103	待摊投资	305	上级拨入投资借款
104	其他投资	311	待冲基建支出
111	交付使用资产	321	上级拨入资金
201	固定资产	331	应付器材款
202	累计折旧	332	应付工程款
203	固定资产清理	341	应付工资
211	器材采购	342	应付福利费
212	采购保管费	352	其他应付款
213	库存设备	361	应交税金
214	库存材料	363	应交基建收入
232	银行存款	364	其他应交款
233	现金	401	留成收入
241	预付备料款		
242	预付工程款		
243	预付账款		
252	其他应收款		
271	待处理财产损失		

（四）会计科目使用说明

1. 第 101 号科目"建筑安装工程投资"

本科目应设置"建筑工程投资"和"安装工程投资"两个明细科目，为与项目概（预）算的费用构成保持一致，保证竣工财务决算顺利编制和资产的计量、移交，在二级明细科目下增加概预算中所列的每一单项工程和单位工程，设置三级及以上级次的明细账，同时可按照项目、部门、合同设置辅助核算。

例：南水北调中线干线漕河段工程建筑安装工程概算见表 6-2-2（表中的金额省略）。

表 6-2-2 漕河段工程建筑安装工程概算表

序号	工程项目及名称	建安工程费	设备购置费	独立费用	合计
一	建筑工程				
（一）	吴庄隧洞				
1	进口段工程				
1.1	进口段土石方工程				
1.1.1	黏土夹碎石开挖				
1.1.2	石方开挖				

序号	工程项目及名称	建安工程费	设备购置费	独立费用	合计
1.1.3	土方开挖				
1.2	进口段边坡护砌工程				
	······				
2	隧洞洞身工程				
2.1	土石方工程				
	······				
2.2	混凝土工程				
	······				
3	出口段工程				
	······				
（二）	土渠工程				
	······				
（三）	石渠工程				
	······				
（四）	岗头隧洞				
	······				

南水北调中线干线漕河段工程建筑安装工程会计科目设置见表6-2-3。

表6-2-3　　　　　　　建筑安装工程会计科目设置表

一级科目	二级科目	三级科目	四级科目	五级科目
建筑安装工程投资	建筑工程投资	漕河段工程	吴庄隧洞	进口段工程
				隧洞洞身工程
				出口段工程
			土渠工程	土石方工程
				······
			石渠工程	······
			岗头隧洞	······
			······	······
			······	······
	安装工程投资	机电设备安装	供电工程	
			监控工程	······
			安全监测工程	······
		金属设备安装	吴庄隧洞	······
			土渠工程	······
			岗头隧洞	······

2. 第 102 号科目"设备投资"

本科目应设置"在安装设备""不需要安装设备"和"工具及器具"三个明细科目，并按单项工程的设备、工具、器具的类别、品名、规格等进行明细核算，同时还可按照项目、部门、合同设置辅助核算。

例：南水北调中线干线漕河段工程机电设备和金属结构设备工程概算见表 6－2－4（表中具体金额省略）。

表 6－2－4　　　　　　　漕河段工程机电设备和金属结构设备工程概算表

序号	工程项目及名称	单位	数量	设备单价	设备合价	安装单价	安装合价
一	机电设备及安装工程						
（一）	供电工程						
	低压配电瓶						
	控制箱						
	动力配电箱						
	……						
（二）	监控工程						
	光端机						
	稳压电源						
	通信柜						
	……						
（三）	安全监测工程						
	室外摄像机						
	门禁装置						
	视频切换器						
	……						
二	金属结构设备及安装工程						
（一）	吴庄隧洞						
	闸门						
	电动葫芦						
	……						
（二）	土渠工程						
	启闭机						
	融冰设备						
	……						
（三）	岗头隧洞						
	工作弧形闸门						
	启闭机						
	……						

南水北调中线干线漕河段工程设备投资科目设置见表 6 - 2 - 5。

表 6 - 2 - 5　　　　　　　　漕河段工程设备投资科目设置表

一级科目	二级科目	三级科目	四级科目	五级科目
设备投资	在安装设备	机电设备	供电工程	低压配电瓶
				控制箱
				动力配电箱
				……
			监控工程	光端机
				稳压电源
				通信柜
				……
			安全监测工程	室外摄像机
				门禁装置
				视频切换器
				……
		金属结构设备	吴庄隧洞	闸门
				电动葫芦
				……
			土渠工程	启闭机
				融冰设备
				……
			岗头隧洞	工作弧形闸门
				启闭机
				……
		其他设备	……	……
	不需安装设备	机电设备	……	……
		金属结构设备	……	……
		其他设备	……	……
	工具及器具	……	……	……

3. 第 103 号科目"待摊投资"

本科目应设置以下明细科目：建设单位管理费、土地征用及迁移补偿费、勘察设计费、研究试验费、可行性研究费、临时设施费、设备检验费、延期付款利息、负荷联合试车费、包干节余、坏账损失、借款利息、工程质量监测费、企业债券利息、土地使用税、汇兑损益、施工机构转移费、报废工程损失、耕地占用税、土地复垦及补偿费、投资方向调节税、固定资产损失、器材处理亏损、设备盘亏及毁损、其他待摊投资等，同时还可按照项目、部门、合同设置辅助核算。

（1）对建设单位管理费要进行明细核算，设置以下明细科目：办公费、差旅交通费、业务招待费、交通工具燃料及使用费、会议费、工资、工资附加费、住房公积金、养老保险费、失业保险费、劳动保险费、工伤保险费、劳动保护费、租赁费、邮电通讯费、技术图书资料费、职工教育培训费、物业费、取暖费、零星购置费、固定资产使用费、专家咨询费、维修费等。

向代建单位支付的管理费可单独设置代建单位管理费。

（2）对需要分摊的建设单位管理费，为了能够查询各明细科目历年完整的数据，在年末分摊时，不直接冲减各明细账的借方金额，而是在建设单位管理费下设置三级明细"建设单位管理费分摊"这个过渡科目，将需要冲减的建设单位管理费放在这个过渡科目下，同时在待摊投资下设置二级明细"建设单位管理费分摊"科目，将需要分摊的金额计入相关设计单元工程。

4. 第 104 号科目"其他投资"

本科目应设置"房屋购置""基本畜禽支出""林木支出""办公生活用家具、器具购置""可行性研究固定资产购置""无形资产"和"递延资产"明细科目，并按资产类别进行明细核算。

5. 第 111 号科目"交付使用资产"

本科目应设置"固定资产""流动资产""无形资产"和"递延资产"明细科目，按资产类别和名称进行明细核算。

6. 第 201 号科目"固定资产"

本科目应按固定资产的类别和名称进行明细核算。主要核算建设管理单位的管理用固定资产。

7. 第 202 号科目"累计折旧"

本科目应按固定资产的类别设置相应的明细科目。

8. 第 203 号科目"固定资产清理"

本科目应按被清理的固定资产设置明细账。

9. 第 211 号科目"器材采购"

本科目应设置"设备采购"和"材料采购"两个明细科目，并按设备和材料的类别名称、型号设置采购明细账进行核算，同时可按照项目、部门、合同设置辅助核算。

10. 第 212 号科目"采购保管费"

本科目应设置"设备"和"材料"两个明细科目，并按费用项目进行明细核算，同时可按照项目、部门、合同设置辅助核算。

11. 第 213 号科目"库存设备"

本科目应按设备的存放地点和设备的类别、名称、型号、规格等设置有数量有金额的明细账进行核算，同时可按照项目、部门、合同设置辅助核算。

12. 第 214 号科目"库存材料"

本科目应按材料的存放地点、类别、名称、规格设置有数量有金额的明细账进行核算，同时可按照项目、部门、合同设置辅助核算。

13. 第 232 号科目"银行存款"

建设单位应按存款银行和户名设置"银行存款日记账"。

14. 第 233 号科目"现金"

本科目应设置"现金日记账"。

15. 第 241 号科目"预付备料款"

本科目应按收取备料款的施工企业进行明细核算，可按照项目、部门、合同设置辅助核算。

16. 第 242 号科目"预付工程款"

本科目应按收取工程进度款的施工企业进行明细核算，可按照项目、部门、合同设置辅助核算。

17. 第 252 号科目"其他应收款"

本科目应按单位和个人进行明细核算。

18. 第 261 号科目"拨付所属投资借款"

本科目应按所属建设单位名称设置明细科目进行核算。

19. 第 271 号科目"待处理财产损失"

本科目应设置待处理固定资产损失、待处理设备损失、待处理材料损失明细科目，可按照项目设置辅助核算。

20. 第 301 号科目"基建拨款"

本科目应设置以前年度拨款、本年预算拨款明细科目，根据具体资金来源设置国债专项、中央预算内拨款、南水北调基金、重大水利工程建设基金等三级明细科目。

21. 第 304 号科目"基建投资借款"

本科目应按照借款种类设置明细科目，如银团贷款、临时借款等。

22. 第 305 号科目"上级拨入投资借款"

本科目核算国务院南水北调办拨付的过渡性融资借款。

23. 第 306 号科目"其他借款"

本科目应按借款种类进行明细核算。

24. 第 331 号科目"应付器材款"

本科目应按供应单位名称、合同号设置明细账，同时可按照项目、部门、合同设置辅助核算。

25. 第 332 号科目"应付工程款"

本科目应按承包单位名称进行明细核算，同时可按照项目、部门、合同设置辅助核算。

通过该科目对承包单位的工程进度款结算情况以及应付款情况进行明细核算，借方归集工程进度款月度结算明细，贷方反映工程进度款资金拨付明细。

26. 第 341 号科目"应付工资"

本科目应按职工类别和工资的组成内容进行明细核算，如岗位工资、工龄工资、津贴补贴、外聘人员工资、加班加点工资、业绩工资等。

27. 第 352 号科目"其他应付款"

本科目应按单位和个人进行明细核算。

28. 第 361 号科目"应交税金"

本科目应按税金的种类进行明细核算。如，应交个人所得税、应交印花税、应交房产税、应交增值税等。

29．第 364 号科目"其他应交款"

本科目应按其他应交款的种类设置明细账。

（五）案例说明

下面以南水北调中线干线工程（以下简称"中线干线工程"）为例，对其项目法人—南水北调中线干线工程建设管理局（以下简称"中线建管局"）建立的中线干线工程资金会计科目体系进行介绍。

1．会计科目体系总体设置情况

中线建管局制定了统一的会计科目体系，规范和明确一级、二级、三级会计科目名称和核算内容，四级以下的会计科目可由中线建管局所属单位根据实际需要进行设置。

根据"以具有独立概算的设计单元工程作为工程成本核算对象，对工程成本和费用进行归集核算"的成本核算原则，中线建管局充分利用会计电算化软件的功能，建立了"会计科目＋辅助核算"的会计核算模式，会计科目核算是核算的主干，辅助核算是核算的内涵。辅助核算在会计科目核算的前提下，以设计单元工程的合同管理作为辅助核算的主线，将设计单元工程、合同名称、合同单位（或个人）等作为辅助核算内容，对会计科目核算进行补充和细化。辅助核算类型分为项目（即设计单元工程）核算、部门（即合同单位）核算、客户（即合同名称）核算、个人往来、客户往来等，并根据各会计科目的不同核算要求灵活运用。中线建管局会计科目见表 6-2-6，项目辅助核算明细见表 6-2-7，部门辅助核算明细见表 6-2-8，客户辅助核算明细见表 6-2-9。

表 6-2-6   中线建管局会计科目表

类型	级次	科目编码	科目名称	辅助账类型
占用	1	101	建筑安装工程投资	部门客户项目
占用	2	10101	建筑工程投资	部门客户项目
占用	3	1010101	建筑工程	部门客户项目
占用	3	1010102	施工控制网	部门客户项目
占用	2	10102	安装工程投资	部门客户项目
占用	3	1010201	安装工程	部门客户项目
占用	1	102	设备投资	部门客户项目
占用	2	10201	在安装设备	部门客户项目
占用	3	1020101	机电设备	部门客户项目
占用	3	1020102	金属结构设备	部门客户项目
占用	3	1020103	自动化调度与运行设备	部门客户项目
占用	3	1020104	其他设备	部门客户项目
占用	2	10202	不需要安装设备	部门客户项目
占用	3	1020201	机电设备	部门客户项目

续表

类型	级次	科目编码	科 目 名 称	辅助账类型
占用	3	1020202	金属结构设备	部门客户项目
占用	3	1020203	自动化调度与运行设备	部门客户项目
占用	3	1020204	其他设备	部门客户项目
占用	2	10203	工具及器具	部门客户项目
占用	1	103	待摊投资	
占用	2	10301	建设单位管理费	部门项目
占用	3	1030101	办公费	部门项目
占用	3	1030102	差旅交通费	部门项目
占用	3	1030103	业务招待费	部门项目
占用	3	1030104	交通工具燃料及使用费	部门项目
占用	4	103010401	交通费	部门项目
占用	4	103010402	停车过路费	部门项目
占用	4	103010403	维修费	部门项目
占用	4	103010404	油料费	部门项目
占用	4	103010405	保险费	部门项目
占用	4	103010406	其他	部门项目
占用	3	1030105	会议费	部门项目
占用	3	1030106	工资	部门项目
占用	3	1030107	工资附加费	部门项目
占用	3	1030108	施工现场津贴	部门项目
占用	3	1030109	住房公积金	部门项目
占用	3	1030110	养老保险费	部门项目
占用	3	1030111	失业保险费	部门项目
占用	3	1030112	劳动保险费	部门项目
占用	3	1030113	工伤保险费	部门项目
占用	3	1030114	劳动保护费	部门项目
占用	3	1030115	租赁费	部门项目
占用	3	1030116	邮电通信费	部门项目
占用	3	1030117	技术图书资料费	部门项目
占用	3	1030118	职工教育培训费	部门项目
占用	3	1030119	低值易耗品摊销	部门项目
占用	3	1030120	物业费	部门项目
占用	3	1030121	取暖费	部门项目

类型	级次	科目编码	科 目 名 称	辅助账类型
占用	3	1030122	零星购置费	部门项目
占用	3	1030123	固定资产使用费	部门项目
占用	3	1030124	电费	部门项目
占用	3	1030125	水费	部门项目
占用	3	1030126	专家咨询费	部门项目
占用	3	1030127	印花税	部门项目
占用	3	1030128	竣工验收费	部门项目
占用	3	1030129	维修费	部门项目
占用	3	1030130	企业职工生育保险	部门项目
占用	3	1030131	人才招聘费	部门项目
占用	3	1030132	残疾人就业保障金	部门项目
占用	3	1030133	防汛费	部门项目
占用	3	1030134	无形资产摊销	部门项目
占用	3	1030135	住房补贴	部门项目
占用	3	1030136	代建机构建设管理费	部门客户项目
占用	3	1030137	建设单位管理费结转	部门客户项目
占用	3	1030138	建设单位管理费分摊	部门客户项目
占用	3	1030139	调水管理费	部门项目
占用	2	10302	土地征用及迁移补偿费	部门客户项目
占用	2	10303	勘察设计费	部门客户项目
占用	2	10304	研究实验费	部门客户项目
占用	2	10305	可行性研究费	部门客户项目
占用	2	10306	临时设施费	部门客户项目
占用	2	10307	设备检验费	项目客户
占用	2	10308	延期付款费用	项目客户
占用	2	10309	负荷联合试车费	部门客户项目
占用	2	10310	临时通水费用	部门客户项目
占用	2	10311	坏账损失	项目客户
占用	2	10312	借款利息	项目客户
占用	2	10313	存款利息收入	项目客户
占用	2	10314	合同公证费	项目客户
占用	2	10315	工程质量监督费	部门客户项目
占用	2	10316	工程监理费	部门客户项目

类型	级次	科目编码	科 目 名 称	辅助账类型
占用	2	10317	企业债券利息	项目客户
占用	2	10318	土地使用税	项目客户
占用	2	10319	汇兑损益	项目客户
占用	2	10320	施工机构转移费	项目客户
占用	2	10321	报废工程损失	项目客户
占用	2	10322	耕地占用税	项目客户
占用	2	10323	土地复垦及补偿费	项目客户
占用	2	10324	固定资产损失	项目客户
占用	2	10325	器材处理损失	项目客户
占用	2	10326	设备盘亏及毁损	项目客户
占用	2	10327	工程档案资料费	部门客户项目
占用	2	10328	工程咨询费	部门客户项目
占用	2	10329	车船使用税	部门客户项目
占用	2	10330	工程验收费	部门客户项目
占用	2	10331	设计和概（预）算审查费	部门客户项目
占用	2	10332	工程保险费	部门客户项目
占用	2	10333	工程贷款评估费	部门客户项目
占用	2	10334	安全鉴定费	部门客户项目
占用	2	10335	招标业务费	部门客户项目
占用	2	10336	审计费	部门客户项目
占用	2	10337	水情、气象等监测和报讯费	部门客户项目
占用	2	10338	经济合同仲裁费	部门客户项目
占用	2	10339	诉讼费	部门客户项目
占用	2	10340	律师代理费	部门客户项目
占用	2	10341	业务宣传费	部门客户项目
占用	2	10342	移民监理监测费	部门客户项目
占用	2	10343	生产职工培训费	部门客户项目
占用	2	10344	印花税	部门客户项目
占用	2	10345	保险赔款冲减投资	部门客户项目
占用	2	10346	房产税	项目客户
占用	2	10347	其他待摊投资	部门客户项目
占用	3	1034701	定额编制费	部门客户项目
占用	3	1034702	编外人员生活费	部门客户项目

类型	级次	科目编码	科 目 名 称	辅助账类型
占用	3	1034703	出国考察培训费	部门客户项目
占用	3	1034704	外国设计及技术资料费	部门客户项目
占用	3	1034705	外国技术人员费	部门客户项目
占用	3	1034706	停缓建维护费	部门客户项目
占用	3	1034707	出国联络费	部门客户项目
占用	3	1034708	诉讼执行赔款	部门客户项目
占用	3	1034799	其他待摊投资结转	部门客户项目
占用	2	10348	待运行维修养护费	部门客户项目
占用	2	10349	待摊投资结转	部门客户项目
占用	2	10350	建设单位管理费分摊	部门客户项目
占用	2	10351	公共性待摊投资	部门客户项目
占用	1	104	其他投资	部门客户项目
占用	2	10401	办公生活用家具、器具购置	部门客户项目
占用	2	10402	房屋购置	部门客户项目
占用	2	10403	可行性研究固定资产购置	部门客户项目
占用	2	10404	无形资产	项目客户
占用	3	1040401	土地使用权	项目客户
占用	3	1040402	专利权	项目客户
占用	3	1040403	专有技术	项目客户
占用	4	104040301	管理软件	项目客户
占用	2	10405	递延资产	
占用	3	1040501	生产职工培训费	部门核算
占用	3	1040502	人员调动安置补偿费	部门核算
占用	2	10406	管理用具购置费	项目客户
占用	2	10407	备品备件购置费	项目客户
占用	2	10408	其他投资结转	项目客户
占用	2	10409	其他投资分摊	项目客户
占用	1	111	交付使用资产	
占用	2	11101	固定资产	部门项目
占用	2	11102	流动资产	部门项目
占用	2	11103	无形资产	部门项目
占用	2	11104	递延资产	部门项目
占用	1	112	待核销基建支出	

类型	级次	科目编码	科 目 名 称	辅助账类型
占用	1	113	转出投资	部门项目
占用	1	121	应收生产单位投资借款	部门项目
占用	1	201	固定资产	
占用	2	20101	管理用固定资产	部门核算
占用	2	20102	工程用固定资产	项目客户
占用	2	20103	运行用固定资产	项目客户
占用	1	202	累计折旧	
占用	1	203	固定资产清理	部门项目
占用	2	20301	管理用固定资产	部门项目
占用	1	208	无形资产	部门核算
占用	2	20801	土地使用权	部门核算
占用	2	20802	专利权	部门核算
占用	2	20803	计算机软件	部门核算
占用	1	211	器材采购	部门客户项目
占用	1	212	采购保管费	部门客户项目
占用	1	213	库存设备	部门客户项目
占用	1	214	库存材料	部门客户项目
占用	2	21401	钢材	部门客户项目
占用	1	215	库存物资	
占用	2	21501	备品备件	部门客户项目
占用	1	216	材料采购	部门客户项目
占用	2	21601	钢材	部门客户项目
占用	1	218	材料成本差异	
占用	1	219	委托加工器材	
占用	1	232	银行存款	
占用	1	233	现金	
占用	1	234	零余额账户用款额度	
占用	1	241	预付备料款	部门客户项目
占用	1	242	预付工程款	部门客户项目
占用	1	243	预付账款	部门客户项目
占用	1	244	拨付所属资金	部门核算
占用	1	245	预付器材款	部门客户项目
占用	1	246	预支工程款	部门客户项目

类型	级次	科目编码	科 目 名 称	辅助账类型
占用	1	251	应收有偿调出器材款	部门客户项目
占用	1	252	其他应收款	
占用	2	25201	个人借款	个人往来
占用	2	25202	单位借款	部门核算
占用	1	253	应收票据	部门核算
占用	2	25301	银行承兑汇票	部门核算
占用	2	25302	商业承兑汇票	部门核算
占用	1	254	应收器材款	部门客户项目
占用	1	255	预付材料款	部门客户项目
占用	2	25501	甲供钢材	部门客户项目
占用	1	261	拨付所属投资借款	部门核算
占用	1	271	待处理财产损失	
占用	1	281	有价证券	
占用	2	28101	国库券	
占用	2	28102	企业债券	
占用	1	291	长期投资	
占用	2	29101	长期股权投资	部门核算
占用	2	29102	长期债权投资	部门核算
来源	1	301	基建拨款	
来源	2	30101	以前年度拨款	
来源	3	3010101	国债专项	
来源	3	3010102	中央预算内拨款	
来源	3	3010104	南水北调基金	
来源	3	3010105	国家重大水利工程建设基金	
来源	2	30102	本年预算拨款	
来源	3	3010201	国债专项	
来源	3	3010202	中央预算内拨款	
来源	3	3010203	南水北调基金	
来源	3	3010204	重大水利工程建设基金	
来源	1	304	基建投资借款	
来源	2	30403	银团借款	
来源	2	30404	临时借款	
来源	3	3040401	＊＊银行	

续表

类型	级次	科目编码	科 目 名 称	辅助账类型
来源	3	3040402	＊＊银行	
来源	1	305	上级拨入投资借款	
来源	1	306	其他借款	
来源	1	311	待冲基建支出	
来源	1	321	上级拨入资金	
来源	1	331	应付器材款	部门客户项目
来源	1	332	应付工程款	部门客户项目
来源	1	341	应付工资	
来源	2	34101	岗位工资	
来源	2	34102	工龄工资	
来源	2	34103	津贴补贴	
来源	2	34104	外聘人员工资	部门核算
来源	2	34105	加班加点工资	
来源	2	34106	业绩工资	
来源	2	34107	运行管理人员工资	
来源	1	342	应付福利费	
来源	2	34201	医药卫生防疫支出	
来源	3	3420101	医疗保险费	
来源	3	3420102	职工体检费	
来源	3	3420108	其他	
来源	2	34202	职工困难补助	
来源	2	34203	集体福利补助	
来源	2	34204	集体福利设施支出	
来源	2	34205	计划生育补助	
来源	2	34206	本年计提数	
来源	2	34207	补充医疗保险	
来源	2	34208	其他	
来源	3	3420801	燃气费	
来源	3	3420802	厨房用品	
来源	2	34209	福利费支出结转	
来源	1	351	应付有偿调入器材款	
来源	1	352	其他应付款	
来源	2	35201	质量保证金	部门客户项目

类型	级次	科目编码	科 目 名 称	辅助账类型
来源	2	35202	应付工会经费	部门核算
来源	2	35203	应付养老保险	部门核算
来源	2	35204	应付医疗保险	部门核算
来源	2	35205	应付失业保险	部门核算
来源	2	35206	党费	部门核算
来源	2	35207	保函保证金	部门客户项目
来源	2	35208	应付补充医疗保险	部门核算
来源	3	3520801	单位统筹	部门核算
来源	3	3520802	个人账户	部门核算
来源	2	35209	押金	部门客户项目
来源	2	35210	投标保证金	部门客户项目
来源	2	35211	代扣材料款	部门客户项目
来源	2	35212	保险赔款	部门客户项目
来源	2	35213	其他	部门客户项目
来源	1	353	应付票据	
来源	2	35301	商业承兑汇票	部门核算
来源	2	35302	银行承兑汇票	部门核算
来源	1	361	应交税金	
来源	2	36101	应交增值税	
来源	3	3610101	进项税额	
来源	3	3610102	已交税金	
来源	3	3610103	转出未交正增值税	
来源	3	3610104	减免税款	
来源	3	3610105	销项税额	
来源	3	3610106	进项税额转出	
来源	3	3610107	转出多交增值税	
来源	2	36102	未交增值税	
来源	2	36103	应交营业税	
来源	2	36104	应交消费税	
来源	2	36105	应交资源税	
来源	2	36106	应交企业所得税	
来源	2	36107	应交土地增值税	
来源	2	36108	应交城市建设维护税	

类型	级次	科目编码	科 目 名 称	辅助账类型
来源	2	36109	应交房产税	
来源	2	36110	应交土地使用税	
来源	2	36111	应交车船使用税	
来源	2	36112	应交印花税	
来源	2	36113	应交个人所得税	
来源	1	363	应交基建收入	
来源	2	36301	临时通水管理费	部门客户项目
来源	2	36302	违约金收入	部门客户项目
来源	2	36303	通水管理费退税	部门客户项目
来源	2	36310	其他	部门客户项目
来源	1	364	其他应交款	
来源	2	36401	应交教育费附加	
来源	2	36402	应交住房公积金	
来源	2	36403	应交残疾人就业保障金	
来源	2	36404	应交地方教育税附加	
来源	1	401	留成收入	

表6-2-7　　　　　　　　　　　　　项目辅助核算明细表

序号	项目编号	项目核算设计单元名称	序号	项目编号	项目核算设计单元名称
1	0101	京石段应急供水工程	16	0201	磁县段工程
2	0102	永定河倒虹吸工程	17	0202	邯郸市至邯郸县段工程
3	0103	西四环暗涵工程	18	0203	永年县段工程
4	0104	惠南庄泵站工程	19	0204	洺河渡槽段工程
5	0105	北拒马河暗渠工程	20	0205	沙河市段工程
6	0106	北京市穿五棵松地铁工程	21	0206	南沙河倒虹吸工程
7	0107	北京段铁路交叉工程	22	0207	邢台市段工程
8	0108	北京段其他工程	24	……	……
9	0109	北京段专项设施迁建工程	25	0301	安阳渠段工程
10	0110	北京段工程管理专题	26	0302	潞王坟膨胀土试验段工程
11	0111	北京段永久供电工程	27	0303	温博段工程
12	0112	滹沱河倒虹吸工程	28	0304	沁河渠道倒虹工程
13	0113	唐河倒虹吸工程	29	0305	焦作1段
14	0114	釜山隧洞工程	30	……	……
15	……	……			

表 6-2-8　　　　　　　　　　　　　部门辅助核算明细表

部门分类编码	部门分类	部门编码	部 门 名 称
1	局机关	1	综合管理部
		2	人力资源部
		3	移民环保局
		4	计划合同部
		5	工程建设部
		6	财务与资产管理部
		7	审计部
		8	工程技术部
		9	机电物资部
		10	党群工作部
		11	信息中心
		12	全局性
2	直属项目部	1	漕河项目部
		2	穿黄项目部
		……	……
3	委托制管理单位	1	北京水利建管中心
		2	河北南水北调建管局
		……	……
4	移民机构	1	河北省南水北调办
		2	北京市移民征地机构
		……	……
5	代建制管理机构	1	山西万家寨引黄工程总公司
		……	……

表 6-2-9　　　　　　　　　　　　　客户辅助核算明细表

合同分类编码	合同分类	合同编码	合 同 名 称
1	工程施工合同	10101	漕河段一标
		10102	漕河段二标
		10103	漕河段三标
		……	……
2	勘测设计合同	10116	漕河段初步设计阶段勘测设计合同
		10117	漕河段招标设计、施工图设计阶段勘测设计合同
		……	……

续表

合同分类编码	合同分类	合同编码	合 同 名 称
3	监理检测合同	10120	漕河段工程监理合同
		……	……
4	征地移民合同	10105	漕河段移民合同
		……	……
5	物资及设备采购合同	10108	漕河段液压启闭机设备制造采购合同
		……	……
6	其他合同	……	……
	……	……	……

三、工程建设主要会计事项的核算

基本建设单位会计核算的内容是基本建设的资金运动，也就是基本建设单位进行基本建设活动从取得基建资金开始，到基建项目建成投产、资金退出基本建设单位的基建资金运动的全过程。基建资金的运动不是周而复始的循环运动，而是随着基建项目的建设进度依次通过资金投入、资金使用和建成投产等三个阶段来完成资金运动的全过程。建设资金在这三个阶段的运动过程中所引起的资金增减变化，就是建设单位会计核算和监督的对象。

因此，根据南水北调工程基建资金的运动规律，会计核算事项主要包括以下几方面内容，即，基本建设资金的取得、基本建设资金拨付和工程价款支付、待摊投资归集和分摊、甲供材料核算、购置固定资产、支付各项建设管理费用、交付使用资产、基本建设投资包干节余、基本建设收入、试运行费用等。

（一）基本建设资金的取得

南水北调工程建设资金来源主要包括，中央财政拨款（含中央预算内拨款和国债专项）、南水北调工程基金、重大水利工程建设基金、过渡性资金、银团贷款等。根据资金来源的渠道不同，核算南水北调工程建设资金的会计科目有"基建拨款""基建投资借款""上级拨入投资借款""上级拨入资金"等。"基建拨款"科目下年年初建立新账时，各明细科目做下列结转：将本科目所属"本年预算拨款"各明细科目的上年贷方余额全部转入"以前年度拨款"相应的明细科目的贷方。

1. 基建拨款的核算

（1）收到财政拨款（含中央预算内拨款和国债专项）时

借：银行存款

　　贷：基建拨款—本年预算拨款—中央预算内拨款

　　　　基建拨款—本年预算拨款—国债专项

（2）年初建立新账时，结转预算拨款

借：基建拨款—本年预算拨款—国债专项

　　基建拨款—本年预算拨款—中央预算内拨款

贷：基建拨款—以前年度拨款—国债专项

　　基建拨款—以前年度拨款—中央预算内拨款

2．南水北调工程基金和重大水利工程建设基金的核算

（1）收到南水北调工程基金和重大水利工程建设基金

借：银行存款

　　贷：基建拨款—本年预算拨款—南水北调基金

　　　　基建拨款—本年预算拨款—重大水利基金

（2）年初建立新账时，结转基金拨款

借：基建拨款—本年预算拨款—南水北调基金

　　基建拨款—本年预算拨款—重大水利基金

　　贷：基建拨款—以前年度拨款—南水北调基金

　　　　基建拨款—以前年度拨款—重大水利基金

3．银团借款的核算

（1）收到银团借款时

借：银行存款

　　贷：基建投资借款—银团借款

（2）支付银团借款利息时

借：待摊投资—借款利息

　　贷：银行存款

（3）偿还银团借款时

借：基建投资借款—银团借款

　　贷：银行存款

4．过渡性资金借款的核算

收到过渡性资金时

借：银行存款

　　贷：上级拨入投资借款

（二）建设资金拨付和工程价款支付的会计核算

　　建设资金拨付业务是基建项目会计核算的重要内容之一，通过建设资金拨付的会计核算，能够真实、准确地反映建设项目的资金变化过程。建设资金拨付的各项基础工作，既是工程建设管理单位资金管理的重要内容，也是形成建设资金拨付所必需的会计核算原始凭证的过程，要做好建设资金拨付的会计核算工作，必须做好两方面核算工作。首先，要规范和加强资金拨付业务审批过程中各环节的审批程序和手续，并将这些审批程序和手续以纸质的形式完整地呈现出来，形成能够为会计核算提供支撑依据的原始凭证和记录，如工程价款结算审批单、监理支付证书、工程量计量清单、发票等。其次，根据经过审批过程形成的原始凭证和记录，正确使用规定的会计科目以及辅助核算项目编制会计凭证，并完成会计记账、会计报表等核算工作。

　　南水北调工程具有战线长、标段多、承包单位多、合同种类繁杂、工期长、结算资金量大

等特点，资金拨付管理和支付结算程序是保证建设资金安全、有效办理各项结算支付工作、取得合格原始核算凭证的重要保障，是合理控制工程建设成本、正确核算资金拨付的关键。在南水北调工程建设过程中，项目法人和建设管理单位结合工程建设实际需要和特殊情况，并借鉴其他类似大型工程建设资金拨付管理经验，制定、出台了一系列建设资金拨付管理办法，明确规定了对工程合同价款结算支付管理的原则、部门分工、内容及要求、依据与程序等，使得整个工程的资金拨付工作有章可循。各单位严格遵守既定的拨付程序和合同约定，严格支付各环节的审核，确保取得的支付原始凭证真实完整。

1. 建设资金拨付管理

南水北调工程建设资金包括征地补偿和移民安置资金（以下简称"征地移民资金"）和主体工程建设资金两个部分。其中，主体工程建设资金又分为建设管理费和工程价款两部分。

（1）征地移民资金拨付及核算。征地移民资金实行与征地移民任务相对应的包干使用制度，包干数额按国家核定的初步设计概算确定。根据与相关省级移民征迁主管部门签订的征地移民投资包干协议，项目法人直接将征地移民资金拨付到相应省级移民征迁主管部门，由其负责组织和实施移民征迁具体工作，并根据征地移民进度的兑付资金。

项目法人向省级移民征迁主管部门拨付资金时

借：土地征用及迁移补偿费（部门、客户、项目辅助核算）

　　贷：银行存款

（2）工程价款拨付及核算。主体工程建设资金分为建设管理费和工程价款两部分，建设单位管理费在整个工程投资中所占比重较小，在此不做介绍。重点介绍工程价款资金的拨付以及会计核算。下面以中线建管局为例详细说明工程价款资金拨付及会计核算。

中线干线工程采取直管、代建和委托三种建设管理模式，主体建设资金的拨付方式在三种建管模式下有所不同。直管和代建模式下，工程价款的拨付则需由施工单位根据施工合同和施工进度提出申请，通过严格的审批程序后，由中线建管局直接拨付施工单位。委托建管模式下，中线建管局按照委托合同约定将建设资金直接拨付各委托建管单位，再由委托建管单位对管辖范围内的工程价款进行结算支付。三种建管模式下的资金拨付方式见图6-2-1。

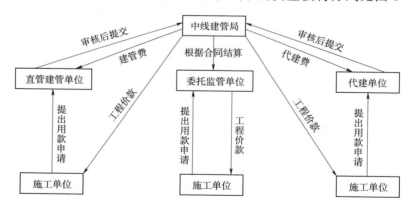

图6-2-1　三种建管模式下的主体工程建设资金拨付

中线干线工程主体建设资金主要以合同价款的形式进行结算，资金拨付实行合同管理制，工程建设过程中的对外经济事项均纳入合同管理范畴。

工程价款严格按照签订的合同进行审核、结算和支付，以单个合同为结算的基本单位，一个合同设置一个价款结算单，合同结算以合同约定及招投标和合同执行阶段产生的文件和指令为依据，结算的依据主要分为三类：第一类是合同约定，包括结算形式、结算价格的认定、已完工作量的认定、预付款的支付与扣抵、质量保证金的扣留和支付、保函或保证金的收取和退还、奖惩及违约责任等；第二类是在招投标过程中形成的往来函件、承诺书、澄清函、谈判记录等；第三类是在合同执行过程中产生的文件和资料，包括设计图纸、变更事项有关资料、监理或现场业务主管单位（部门）对工作量的签证记录、考勤、物资设备验收单、考核评比记录等。这些依据是审核和审批价款结算的基础，也是正确进行会计核算和资金拨付的原始根据。

在审核合同结算资料的前提下，中线建管局规范了各类合同的价款结算手续，明确了各单位、各部门在合同结算审核、审批各环节中的职责分工，制定了统一的合同价款结算审批单、监理支付证书等格式，使会计核算所需的数据准确明了，手续和资料等能够满足结算支付需要。从实际操作来看，以合同为主线，中线建管局将合同管理、资金拨付与会计核算有机结合，贯穿于工程价款拨付和核算的全过程，相辅相成，满足了会计核算的事前、事中控制需要，既促进了对工程合同的有效管理和控制，又保证了会计核算基础资料的真实性和后续核算工作及时性。

2. 会计核算

中线建管局的建设合同分为土建施工合同、设备采购合同、技术服务类合同、勘测设计类合同、监理合同等，结合每类合同对其会计核算进行具体说明。

（1）土建施工合同结算款。土建施工合同结算款包括工程预付款、工程备料款、工程进度款、工程完工结算款、最终付款等。

1）工程预付款及工程备料款。工程预付款及工程备料款结算手续包括工程预付款或工程备料款付款审签单、合法收据、监理单位出具的支付证书、预付款保函复印件（第一次申请预付款时）及其他必要的证明材料，如现场人员名单、设备到场清单、采购材料的订货单、发票清单、质量证明及验收单等。

支付工程预付款或工程备料款时

借：预付工程款或预付备料款（部门、客户、项目辅助核算）

　　　贷：银行存款

2）工程进度款。工程进度款结算手续包括工程进度款付款审签单、金额与结算数额一致的合法税务发票、监理单位出具的月进度款支付证书及相关审核资料（包括工程价款月付款证书、月支付审核汇总表及审核说明、已完工程量审核汇总表等）、工程施工单位上报的月进度付款申请资料及相关证明资料等。

结算每月工程款时

借：建筑安装工程投资—建筑工程投资（部门、客户、项目辅助核算）

　　　　　　　　　　—安装工程投资（部门、客户、项目辅助核算）

　　　设备投资（部门、客户、项目辅助核算）

　　　临时设施费（部门、客户、项目辅助核算）

　　　贷：应付工程款（部门、客户、项目辅助核算）

支付当月工程款时

借：应付工程款（部门、客户、项目辅助核算）

　　贷：其他应付款—质量保证金（部门、客户、项目辅助核算）

　　　　预付备料款（部门、客户、项目辅助核算）

　　　　预付工程款（部门、客户、项目辅助核算）

　　　　银行存款

3）工程完工结算款。合同承包人在取得工程移交证书后合同约定的时间内，可申请完工结算款。完工结算手续包括工程完工结算款付款审签单、金额与结算数额一致的合法税务发票、退还工程质保金收据、监理单位出具的完工结算款支付证书及相关审核资料、工程施工单位上报的完工付款申请资料、工程完工证明材料及其他必要的资料等。会计处理同工程进度款。

4）最终付款。合同承包方在取得工程保修责任终止证书后合同规定的时间内，可申请办理最终付款。最终付款的结算手续包括最终付款审签单、工程结算款合法税务发票、退还工程质保金及履约保函收据、监理单位出具的最终付款支付证书及相关审核资料、结清单副本、工程承包单位最终付款申请资料及其他必要的结算资料等。工程结算款会计处理同工程进度款。

退还质保金时的会计处理：

借：其他应付款—质量保证金（部门、客户、项目辅助核算）

　　贷：银行存款

退还保函保证金时的会计处理：

借：其他应付款—保函保证金（部门、客户、项目辅助核算）

　　贷：银行存款

（2）监理合同结算款。监理合同结算手续包括工程监理或监测费付款审签单、金额与结算数额一致的合法税务发票、监理费支付申请及计算说明。

支付工程监理合同时的会计处理：

借：待摊投资—工程监理费（部门、客户、项目辅助核算）

　　贷：银行存款

支付移民监理检测合同时的会计处理：

借：待摊投资—移民监理监测费（部门、客户、项目辅助核算）

　　贷：银行存款

（3）技术咨询服务、勘察设计及代建单位建设管理合同款。上述合同的结算款结算手续包括：技术服务合同付款审签单、金额与结算数额一致的合法税务发票、结算申请、业务主管部门的支付说明、有验收要求的还需提供合同验收情况说明。

支付勘察设计费的会计处理：

借：待摊投资—勘察设计费（部门、客户、项目辅助核算）

　　贷：银行存款

支付代建单位建设管理费的会计处理：

借：待摊投资—建设单位管理费—代建机构建设管理费（部门、客户、项目辅助核算）

　　贷：银行存款

支付技术咨询服务合同的会计处理：

借：待摊投资（工程咨询费，工程保险费，研究实验费，律师代理费等）（部门、客户、项目辅助核算）

　　贷：银行存款

（4）设备采购合同款。设备采购合同结算款主要有首付款、进度款、设备交付后付款、安装调试及设备运行合格后付款等，其结算手续包括国内设备采购合同付款审签单、合法税务发票、结算款申请（需说明合同进展情况及结算款进度情况）、监理单位出具的支付证书及其他必要的资料等，对涉及多个施工标段的设备采购合同还需要提交分解到各施工标段的合同量清单。

1）支付首付款、进度款会计处理：

借：器材采购（部门、客户、项目辅助核算）

　　贷：银行存款

2）设备交付时会计处理：设备交付时，由于设备卖方向我局开具全额发票，不需安装设备在"设备投资—不需安装设备"反映设备全额价值，需要安装设备因为未开始安装在"器材采购"反映设备全额价值，在设备交付时往往不支付全额给卖方，一般结算到设备价值的60%，未支付的设备款在"应付器材款"科目反映。

借：器材采购（部门、客户、项目辅助核算）

　　设备投资—不需安装设备（部门、客户、项目辅助核算）

　　贷：应付器材款（部门、客户、项目辅助核算）

　　　　银行存款

设备开始安装符合结转设备投资条件

借：设备投资（部门、客户、项目辅助核算）

　　贷：器材采购（部门、客户、项目辅助核算）

3）安装调试及设备运行合格后付款会计处理：

借：应付器材款（部门、客户、项目辅助核算）

　　贷：银行存款

4）扣除质量保证金

借：应付器材款（部门、客户、项目辅助核算）

　　贷：其他应付款—质量保证金（部门、客户、项目辅助核算）

（5）工程质量保证金结算手续要求。合同承包方在满足合同约定的条件后，可向项目法人申请退还工程质量保证金，其结算手续包括工程质量保证金退还审签单、退还工程质保金收据、监理单位出具的支付证书、承包方提交的结算申请、工程质量合格证书复印件或主管业务部门的审核意见说明、其他必要的结算资料。

退还质保金：

借：其他应付款—质量保证金（部门、客户、项目辅助核算）

　　贷：银行存款

（三）待摊投资的会计核算

待摊投资是指建设单位发生的，构成基本建设投资完成额的，按规定应当分摊计入交付使用财产的各项费用支出。待摊投资包括建设单位管理费、土地征用及迁移补偿费、土地复垦及补偿费、勘察设计费、研究试验费、可行性研究费、临时设施费、设备检验费、负荷联合试车费、合同公证及工程质量监理费、（贷款）项目评估费、国外借款手续费及承诺费、银行存款利息收入、社会中介机构审计（查）费、招投标费、经济合同仲裁费、诉讼费、律师代理费、土地使用税、耕地占用税、车船使用税、汇兑损益、报废工程损失、坏账损失、工程保险费、固定资产损失、器材处理亏损、设备盘亏及毁损、调整器材调拨价格折价、企业债券发行费用和其他费用等。

南水北调工程工期长，设计单元工程众多，资产庞大复杂，如何核算和分摊待摊费用，成为准确反映设计单元工程建设成本、核定交付使用资产价值的一项重要工作。下面以中线干线工程为例，说明待摊投资核算方法。

中线干线工程包括 75 个设计单元工程，待摊投资量大、内容多。因此，在进行会计核算时，要对待摊投资的受益成本对象进行区分，可以分清受益的设计单元工程或交付使用资产的待摊费用直接计入该工程或资产的成本；不能分清受益的设计单元工程或交付使用资产的待摊费用作为公共费用要在若干设计单元工程或资产之间进行分摊。基建项目的待摊投资会计核算的难点是对公共费用的分摊。

待摊投资所包含的公共费用是指不能由某一个设计单元工程或某一项交付使用资产成本负担，而是由多个设计单元工程或多个交付使用资产成本共同负担的费用，分为一般性公共费用和银行贷款利息。

中线干线工程公共费用的分摊包括在各受益设计单元工程间的分摊、完工项目与在建项目之间的分摊、各受益资产的分摊、年度预分摊、调整分摊等多个层次。

1. 公共费用在各受益设计单元工程间的分摊

建设过程中，当中线干线工程相关设计单元工程处于在建状态时，为在建的设计单元工程所发生的公共费用应按照一定方法分摊到受益设计单元工程建设成本中，按以下步骤进行核算。

（1）公共费用的归集与汇总。公共费用实际发生时，建设管理单位应在审核费用支出真实、合理、合法的基础上，对公共费用进行分类归集：①划分一般性公共费用和银行贷款利息；②对一般性公共费用进行归集；③将分类汇总后的一般性公共费用和银行贷款利息作为公共费用当年或当期分摊的基础。

一般性公共费用归集，首先是确定一般性公共费用的受益对象。包括两种类型：①由若干个设计单元工程共同受益承担的费用；②由所有设计单元工程共同受益承担的费用，区分清楚后应按照受益对象对发生的公共费用进行归集。比如，确定建设单位管理费的受益对象，如果某个现场建管单位仅负责 4 个设计单元工程的建设，其所发生的建设单位管理费的受益对象就是这 4 个设计单元工程，费用应由这 4 个设计单元工程共同承担；而中线建管局作为项目法人，要对中线干线工程所有设计单元工程进行管理，发生的建设单位管理费的受益对象是所有设计单元工程，费用应由所有设计单元工程共同承担。其次，年末或完（竣）工财务决算日，对当年或当期已归集的一般性公共费用按照受益设计单元工程进行分类和汇总。

（2）分摊公共费用。

1）公共费用分摊采用年度预分摊和完（竣）工决算调整分摊相结合的方法。年末或完工决算日，中线建管局和各建设管理单位要进行公共费用预分摊；竣工财务决算时根据情况对公共费用进行调整分摊，各建设管理单位应以调整分摊到各设计单元工程的费用为基础编制完（竣）工财务决算。

2）公共费用年度预分摊金额的确定。

一般公共费用年度预分摊金额的确定：

$$年度预分摊率 = \frac{某设计单元工程当年完成建安投资额}{在建设计单元工程当年完成建安投资总额} + \frac{该设计单元工程当年完成需安装设备投资额}{在建设计单元工程当年完成需安装设备投资总额} \times 100\%$$

$$某设计单元工程年度预分摊一般公共费用金额 = 当年实际发生的需分摊的一般公共费用 \times 年度预分摊率$$

建设单位管理费分摊时的会计处理：

借：待摊投资—建设单位管理费分摊

　　贷：待摊投资—建设单位管理费—建设单位管理费分摊

"待摊投资—建设单位管理费分摊"科目进行项目的辅助核算，项目是指各受益的设计单元工程，客户是受益的设计单元工程分摊建设单位管理费。

其他待摊投资分摊的会计处理：

借：待摊投资—公共性待摊投资

　　贷：待摊投资—待摊投资结转

"待摊投资—公共性待摊投资"科目进行项目和客户的辅助核算，项目是受益的设计单元工程，客户是受益的设计单元工程分摊公共费用；"待摊投资—待摊投资结转"科目进行项目、客户核算，项目为公共性费用项目分摊，客户为全局性工程项目。

银行贷款利息年度预分摊金额的确定。

$$年度预分摊率 = \frac{某设计单元工程当年完成建安投资额}{在建设计单元工程当年完成建安投资总额} + \frac{该设计单元工程当年需安装设备投资额}{在建设计单元工程当年完成设备投资总额} \times 100\%$$

某设计单元工程年度银行贷款利息分摊额 = 当年实际发生的银行贷款利息 × 年度预分摊率

借款利息分摊的会计处理：

借：待摊投资—公共性待摊投资

　　贷：待摊投资—待摊投资结转

"待摊投资—公共性待摊投资"科目进行项目和客户的辅助核算，项目是指受益的设计单元工程，客户是受益的设计单元工程分摊银行借款利息；"待摊投资—待摊投资结转"科目进行项目客户核算，项目为银行借款利息分摊，客户为全局性工程项目。

3）公共费用完（竣）工决算调整分摊金额的确定。

一般性公共费用决算调整分摊金额的确定：

$$一般公共费用调整分摊总额 = 一般公共费用累计发生额 + 预计未来发生金额 - 已决算设计单元工程已分摊总金额$$

$$待决算某设计单元工程一般公共费用分摊率 = \frac{待决算设计单元工程建安及需安装设备投资额}{总体或单项工程建安及需安装设备投资总额 - 已决算设计单元工程建安及需安装设备投资额} \times 100\%$$

$$\frac{待决算设计单元工程}{应分摊一般公共费用总额} = \frac{一般公共费用调整}{分摊总额} \times \frac{待决算设计单元工程}{一般公共费用分摊率}$$

$$\frac{待决算设计单元工程}{决算应补计一般公共费用额} = \frac{待决算设计单元工程应}{分摊一般公共费用总额} - \frac{该设计单元工程一般}{公共费用累计预分摊额}$$

银行贷款利息完（竣）工决算调整分摊金额的确定：

$$\frac{银行贷款利息}{调整分摊总额} = \frac{银行贷款利息}{累计发生额} \pm \frac{预计未来}{发生金额} - \frac{已决算设计单位工}{程已分摊总金额}$$

$$\frac{待决算设计单元工程}{银行贷款利息分摊率} = \frac{该设计单元工程静态投资总额}{\begin{array}{c}总体或单项工程\\静态投资总额\end{array} - \begin{array}{c}已决算设计单元\\工程静态投资额\end{array}} \times 100\%$$

$$\frac{待决算设计单元工程应}{分摊银行贷款利息总额} = \frac{银行贷款利息}{调整分摊总额} \times \frac{待决算设计单元工程}{银行贷款利息分摊率}$$

$$\frac{待决算设计单元工程决算}{应补计银行贷款利息额} = \frac{待决算设计单元工程应}{分摊银行贷款利息总额} - \frac{该待决算设计单元工程}{银行贷款利息累计预分摊额}$$

4）已进行完工决算的设计单元工程，以后年度不再分摊公共费用。竣工决算时，对公共关费用实际发生额进行最终核定，一次性对公共费用进行适当调整。

2. 在建项目与完工项目之间的公共费用分摊

当中线干线工程部分设计单元工程完工，其他设计单元工程尚在建设的情况下，为完工项目和在建项目发生的公共费用应在上述两类项目之间进行分摊。

中线干线工程包括 76 个设计单元工程，由于开工时间不同，完工时间也不同，完工设计单元工程经过验收后，即由在建项目转变成完工项目进入试运行和看护养护阶段。完工项目所发生的看护养护费用在初步设计概算中未计列，其投资来源要单独追加，因此，完工项目的看护养护费用要单独进行会计核算，必须严格划分完工项目和在建项目发生的费用，公共费用要在完工项目和在建项目之间进行分摊。

完工项目直接费用支出时在"待摊投资—待运行维修养护费"科目核算，根据费用性质设置三级科目，根据合同、承包单位、设计单元工程（或设计单项工程）进行相关辅助核算。

完工项目承担的公共费用主要是建设单位管理费和银行借款利息等。

（1）完工项目应承担的建设单位管理费分摊及会计核算方法。每年年末进行一次性分摊，按照完工项目概算静态投资占所管理工程项目（包括在建项目和完工项目）概算静态投资总和的比例，考虑完工项目移交时间等因素计算完工项目应承担的建设单位管理费，完工项目移交当月不承担建设单位管理费。计算公式如下：

$$某完工项目应承担的建设单位管理费比例 = \frac{某完工项目概算静态投资额}{所管理工程项目概算静态投资总和} \times 100\%$$

$$\frac{某完工项目应承担}{的建设单位管理费} = \frac{\frac{当年实际发生建设}{单位管理费总额} \times \frac{某完工项目应承担的}{建设单位管理费比例}}{12 个月} \times （12 - 该完工项目移交月份）$$

建设单位管理费分摊的会计处理：借记"待摊投资—待运行维修养护费—摊入建设单位管理费"科目（同时进行部门、项目和客户的辅助核算）；贷记"待摊投资—建设单位管理费—建设单位管理费分摊"。

（2）完工项目应承担的银行借款利息。完工项目应承担的银行借款利息每年年末对当年发生的银行借款利息进行一次性分摊，可按某一完工项目投资计划下达银行借款指标累计数占实际已发生银行借款总额的比例分摊当年实际发生的银行借款利息。计算公式如下：

$$某完工项目应承担银行借款利息额 = \frac{某完工项目投资计划下达银行借款指标累计数}{实际已发生银行借款总额} \times 当年实际发生的银行借款利息额$$

分摊银行借款利息的会计处理：借记"待摊投资—临时通水费用—摊入借款利息"科目（如未设置"摊入借款利息"三级科目的，也可设置辅助项目核算）；贷记"待摊投资—借款利息"科目。

3. 在各受益资产之间分摊

待摊投资在各受益资产之间的分摊是指进行设计单元工程竣（完）工财务决算时，将已经归集到应由该设计单元工程承担的待摊投资分摊到相关交付使用资产。

对进行竣（完）工财务决算的设计单元工程，待摊投资中的公共费用经过在受益设计单元工程的年度预分摊和调整分摊后，金额已经确定，进入到在各受益资产间分摊的阶段。竣（完）工设计单元工程的待摊投资应在受益资产间进行分摊，根据实际发生数按比例分摊计入各受益资产价值。需要分摊的对象主要包括房屋、建筑物、动力设备等固定资产，涉及的会计科目包括建筑安装工程投资、设备投资及其他投资。不需要安装设备、工具、器具、家具等固定资产和流动资产的成本以及单独移交使用单位的无形资产和递延资产的成本，不分摊公共费用。

其分摊的基本原则是：能够确定由某项资产负担的待摊投资，直接计入该资产价值；不能确定负担对象的待摊投资，计算公式如下：

$$分配率 = \frac{待分摊的待摊投资合计}{待摊投资分摊对象的实际价值合计} \times 100\%$$

$$某资产应分摊待摊投资 = 该资产实际价值 \times 分配率$$

（四）甲供材料的会计核算

中线干线工程在建设期间曾遇到钢材价格暴涨的情况，作为项目法人，中线建管局为确保工程质量，对钢材采取甲供方式。甲供材料实行分级管理，中线建管局机关负责甲供材料管理的指导和协调工作；中线建管局直管建管部负责甲供材料的采购工作；甲供材料的仓储、保管等服务工作由直管建管部委托相关中介机构负责；项目法人负责甲供材料价款结算单证和成本核算单证的收集与审批，中线建管局财务部门负责资金支付和相关会计处理。

1. 甲供材料成本构成

甲供材料成本由两部分组成：①供货成本（即直接成本），包括购买价款（含税）、运输费、装卸费、保险费以及其他应归属于材料供货成本的费用。供货成本按实际成本核算，发出材料的供货成本按先进先出法确定。②采购保管费（即间接成本）。采购保管费在材料领用出库前不分摊计入材料成本，在材料领用出库后按照领用甲供材料的数量计算各施工标段应分摊的采购保管费，直接计入各施工标段的工程建设成本。采购保管费的分摊原则上每季度进行一次。

2. 购入材料的处理

购入材料时，直管建管部负责材料价款结算审批工作，审批手续完成后由直管建管部将结算单证上报中线建管局财务部门，中线建管局财务部门对结算单证复核无误后办理价款支付和成本核算。直管建管部上报的结算单证应包括以下内容：①直管建管部签章确认的价款结算支付审签单；②材料入库单（记账联）；③结算发票（增值税发票）；④直管建管部出具并盖章确认的支付说明。支付说明的内容主要包括：本次价款结算是否符合合同约定，对材料的产品合格证、质量保证书、出厂检测报告等相关证明材料的查验情况，材料质检和计量验收情况等。

购入材料时的会计处理

借：库存材料—钢材（按项目管理单位设置部门核算）

贷：银行存款

3. 采购保管费的处理

发生采购保管费时，直管建管部负责采购保管费的结算审批工作，审批手续完成后由直管建管部将结算单证上报中线建管局财务部门，中线建管局财务部门对结算单证复核无误后办理价款支付和成本核算。直管建管部上报的结算单证应包括以下内容：①直管建管部签章确认的价款结算支付审签单；②结算发票；③直管建管部出具并盖章确认的支付说明；④其他需要提供的材料。

采购保管费时的会计处理

借：采购保管费（部门客户项目辅助核算）

贷：银行存款

4. 领用材料的处理

施工承包人领用材料后，直管建管部应填制"施工标段领用材料结算表"，连同材料出库单（记账联）一并上报中线建管局财务部门，由中线建管局财务部门进行材料成本核算。"施工标段领用材料结算表"和材料出库单每月集中上报一次。

领用材料时的会计处理

借：预付材料款（部门客户项目辅助核算）

贷：库存材料

5. 工程进度款结算时甲供材料款的扣回处理

（1）施工承包人申报月工程进度款结算时，应在结算单上列明结算当月领用和累计领用甲供材料的数量及结算价格。结算价格按以下公式计算：结算价格＝材料领用数量×施工承包合同约定的甲供材料单价。

（2）办理月工程进度款结算时，应将施工承包人结算当月领用的甲供材料按材料结算价格全额扣回。

（3）施工承包人应按照包含甲供材料结算价格的工程进度款全部金额开具结算发票。

甲供材料款扣回时的会计处理

借：应付工程款

贷：预付备料款

6. 领用材料的结算价格和供货成本之间的差额处理

领用材料的结算价格和供货成本之间的差额直接计入相应施工标段的工程建设成本，结算价格大于供货成本，用红字冲销。

领用材料的结算价格和供货成本之间差额时的会计处理

借：建筑安装工程—建筑工程投资—建筑工程
　　贷：库存材料

（五）固定资产的会计核算

1. 固定资产增加的核算

（1）购买固定资产

借：固定资产
　　贷：银行存款

（2）有偿调入固定资产

借：固定资产（原值）
　　贷：银行存款（调拨价）
　　　　累计折旧（差价）

（3）无偿调入的固定资产，未使用过的固定资产按原值入账

借：固定资产
　　贷：上级拨入资金

无偿调入的固定资产，使用过的固定资产按调出单位的账面原值和已提折旧入账

借：固定资产（原值）
　　贷：上级拨入资金（净值）
　　　　累计折旧（已提折旧）

（4）盘盈固定资产的核算。按固定资产的重置价值和估计折旧入账

借：固定资产（重置价值）
　　贷：待处理财产损失（重置价值减估计折旧）
　　　　累计折旧（估计折旧）

盘盈固定资产按规定程序报经批准后的会计处理

借：待处理财产损失
　　贷：待摊投资—固定资产损失

2. 固定资产减少的核算

（1）调出的固定资产，转销账面原值和已提折旧

借：固定资产清理
　　累计折旧
　　贷：固定资产

支付拆除费用的会计处理

借：固定资产清理
　　贷：银行存款

清理完毕转销固定资产，无偿调出的会计处理

借：上级拨入资金
　　贷：留成收入
　　　　固定资产清理

有偿调出，收回固定资产价款的会计处理

借：银行存款等

　　贷：固定资产清理

将固定资产清理账户的余额进行结转，收入大于支出的会计处理

借：固定资产清理

　　贷：待摊投资—固定资产损失

将固定资产清理账户的余额进行结转，支出大于收入的会计处理

借：待摊投资—固定资产损失

　　贷：固定资产清理

（2）盘亏的固定资产，将盘亏的固定资产转待处理财产损失

借：待处理财产损失

　　累计折旧

　　贷：固定资产

盘亏的固定资产，报经批准后转入待摊投资的会计处理

借：待摊投资—固定资产损失

　　贷：待处理财产损失

（3）毁损和报废的固定资产，转入清理

借：固定资产清理

　　累计折旧

　　贷：固定资产

毁损和报废的固定资产，发生清理费用的会计处理

借：固定资产清理

　　贷：银行存款

收回固定资产价款，收回残料的价值或变卖残值所得收入的会计处理

借：银行存款

　　库存材料

　　贷：固定资产清理

应由保险公司、单位或过失人承担赔偿损失的会计处理

借：其他应收款

　　应付器材款

　　银行存款

　　贷：固定资产清理

清理完毕结转固定资产清理账户的余额，若为借方余额的会计处理

借：待摊投资—固定资产损失

　　贷：固定资产清理

清理完毕结转固定资产清理账户的余额，若为贷方余额的会计处理

借：固定资产清理

　　贷：待摊投资—固定资产损失

（4）固定资产折旧的核算，应按规定的折旧率提取折旧

借：待摊投资——建设单位管理费

　　　采购保管费

　　贷：累计折旧

（六）工资和工资附加费的会计核算

1．工资的支付和分配

（1）支付职工工资

借：应付工资

　　　贷：现金

　　　　　银行存款

（2）从应付工资中扣还或代扣各种款项

借：应付工资

　　　贷：其他应收款

　　　　　其他应付款

（3）月终将本月应付工资进行分配

借：采购保管费

　　待摊投资——建设单位管理

　　　贷：应付工资

2．工资附加费的提取和分配

（1）月终，按规定提取本月职工福利费

借：待摊投资——建设单位管理费（部门、项目辅助核算）

　　　　贷：应付福利费

（2）每月根据工资总额和规定比例，计算工会经费

借：待摊投资——建设单位管理费（部门、项目辅助核算）

　　　　贷：其他应付款

（七）交付使用资产的会计核算

建设单位在办理竣工验收和资产交接手续工作以前，必须根据"建筑安装工程投资""设备投资""其他投资"和"待摊投资"等科目的明细记录，计算交付使用资产的实际成本。

资产交付的会计处理

借：交付使用资产——固定资产（部门、项目辅助核算）

　　　流动资产（部门、项目辅助核算）

　　　无形资产（部门、项目辅助核算）

　　　递延资产（部门、项目辅助核算）

　　　贷：建筑安装工程投资（部门、客户、项目辅助核算）

　　　　　设备投资（部门、客户、项目辅助核算）

　　　　　待摊投资（部门、客户、项目辅助核算）

其他投资（部门、客户、项目辅助核算）

（八）基本建设收入的核算

（1）在建设过程中所得各项基建收入

借：银行存款

  贷：应交基建收入（部门、客户、项目辅助核算）

（2）按照规定比例，上交基建收入

借：应交基建收入（部门、客户、项目辅助核算）

  贷：银行存款

（3）按规定从基建收入中提取留成收入

借：应交基建收入（部门、客户、项目辅助核算）

  贷：留成收入

（九）工程收尾阶段的会计核算

  南水北调工程经过待运行阶段、充水实验阶段后正式通水，由于设计单元工程多、工期长，在通水初期，部分尾工工程需要继续施工建设，同时大部分工程尚处于缺陷责任期，个别小型工程还要安排开工，整个项目建设还在继续。因此，整个工程还不具备工程竣工验收的条件。这些特点决定了工程项目存在从充水实验、待运行完工验收、通水验收、正式通水到工程竣工验收之间的收尾阶段和收尾工程这一客观现实。南水北调工程的项目法人兼具建设管理和运行管理双重职责，收尾阶段会计核算任务很繁重，既要核算工程建设成本，又要核算试运行通水维护成本。

  1. 收尾阶段的会计核算基础工作

  （1）全面清理合同及债权债务，维护合法权益。包括往来账及合同的全面核对、清理、结算，质量保证金以及其他款项的扣还、收回等，以防止在工程收尾阶段出现多支付、超支付和重复支付等问题。

  （2）全面清理盘点财产物资。对工程施工现场和库存材料物资逐项清点核实，做好剩余材料物资的回收，确保各项财产物资安全。做好资产交付使用准备，做到账账、账证、账表相符，实现实物清理盘点与移交并重。

  （3）严格控制投资建设成本。规避尾工工程和因工程结算、工程变更、合同索赔以及遗留问题带来的结算和支付风险。

  （4）全面清理归集建设项目有关资料。包括设计资料、批准文件、标底、合同、预算、计划、财务资料，并正确及时编制竣工财务决算，以顺利办理全部工程竣工验收。

  （5）严格区分基建工程和充水实验阶段、待运行阶段、运行通水阶段的成本费用。

  2. 会计核算

  （1）支付的充水实验费用的会计处理

借：待摊投资—负荷联合试车费

  贷：现金或银行存款

"待摊投资—负荷联合试车费"科目进行项目、部门和客户的辅助核算，项目为充水实验。

如果发生公共费用，在各受益单元间按概算投资数字进行分摊。

（2）支付待运行维修养护费用的会计处理

借：待摊投资—待运行维修养护费

　　贷：现金或银行存款

"待摊投资—待运行维修养护费"进行项目、部门和客户的辅助核算，项目为各受益设计单元工程，如果发生公共费用，在各受益单元间按概算投资数字进行分摊。

（3）支付运行通水费用的会计处理

借：待摊投资—运行通水费

　　贷：现金或银行存款

"待摊投资—运行通水"进行项目、部门和客户的辅助核算，项目为运行通水。

四、工程资金会计报表填报

每年年度终了，按照财政部年度固定资产投资报表的统一要求，项目法人组织所属各单位编制年度固定资产投资报表，报送国务院南水北调办，经国务院南水北调办审查汇总后报送财政部。

年度固定资产投资报表包括会计报表封面、分析报告和编制说明、资金平衡表、投资项目表、资产基本情况表、项目统计分析表等内容。

（一）报表编报前的准备工作

年度决算编报前，项目法人要精心组织决算编制工作，尤其要做好决算前的各项准备工作。要对照国家有关法律、财经法规及单位相关制度，对财务管理、会计核算工作进行全面自查，在年度决算编报前要把发现的问题整改到位，并按照权责发生制将应纳入当期核算的事项进行会计处理，保证年度决算信息的真实和完整。

1. 工程成本核算工作

按照权责发生制原则，如实地反映年内工程投资完成情况。对当年已完成的工程量依据合同约定满足结算条件的及时办理结算，并进行会计处理。

2. 合同价款结算工作

根据已签订合同的执行情况，在对结算审签程序、价款结算手续、资金拨付方式等工作进行认真检查清理的基础上，重点做好以下方面工作。

（1）从工程财务决算编制的需要出发，对会计科目口径核算的工程成本与概（预）算项目对应工作情况进行检查，包括会计科目体系中成本科目的设置、工程价款结算辅助台账登记、成本核算会计科目与概（预）算项目的对应关系和数据等，发现问题，及时改正，以弥补核算上存在的不足。

（2）检查合同执行情况、工程变更、工程索赔等事项，及时了解工程进度、投资变化等情况，及时掌握年度投资动态，开展工程概（预）算与合同执行情况的差异分析工作。

（3）检查履约保证金、工程预付款、工程备料款、工程质保金的日常管理及其台账登记工作，确保工程预付款及工程备料款在规定期限内及时扣回，工程质保金及履约保证金的清退严格按程序办理。

（4）检查施工承包商履约能力，督促施工方及时清欠农民工工资。

3. 资产管理工作

（1）加强工程资产管理措施，做好现场工程资产的管理工作。财务部门应配合相关部门作好现场资产的清查工作，对属于建设管理单位的设备、物资、备用材料等要督促有关单位妥善保管，建立实物账，避免资产流失和浪费。

（2）对各类管理用资产的采购、验收、使用、保管、处置、盘点等进行全面的清理，做到实物与会计账核对无误，保证账实相符。

4. 会计基础工作

（1）对原始凭证和记账凭证进行认真检查，确保相关经济事项合法合规、手续齐全；按时完成记账、结账工作，以核对无误的会计账簿为依据，编制会计决算报表，保证账证相符、账账相符、账表相符。

（2）核实在建项目的基建投资支出，严格划分成本费用界限，准确反映本年度基建项目的投资完成额。

（3）对公共费用进行清查和归集，合理进行年度分摊。

（4）清理债权债务，与往来单位和个人进行对账，在会计核算上做到债权债务关系清晰明了，手续完整。

（5）对建设单位管理费的开支范围、开支标准进行检查，重点对业务招待费、会议费、出国费等"三公经费"的支出进行复查，确保费用支出符合规定。

5. 整改工作情况

对照当年稽查、审计及财政投资评审所提出的问题和建议，逐项检查整改落实情况。

（二）会计报表编制要求

1. 报表封面（表 6-2-10）

报表封面包括单位名称、单位负责人、财务负责人、填表人、单位地址和电话、报送时间等内容。

2. 分析报告和编制说明

（1）单位基本情况。单位基本情况包括单位组建、主要职责、内设机构、人员编制情况、本年度机构、人员变化情况等。

（2）工程概况。工程基本情况简介，包括工期、开工时间、概算投资、招投标情况、工程形象进度等情况。

建设项目投资进展情况，包括本年度计划完成情况、本年及累计资金到位情况、本年及累计基本建设支出情况、结余资金情况等。

（3）决算报表分析。工程成本情况分析，对设计单元工程建设成本组成分别进行分析，包括建筑安装工程投资、设备投资、待摊投资、其他投资的完成情况，尤其对工程预备费使用、工程变更（索赔）情况及待摊投资组成等内容进行重点说明。

资金流量情况分析，包括资金年初结存、当年资金来源、当年资金支出、年末资金结存情况。资金支出是指工程进度款、预付工程款、工程备料款、设备采购款、管理费开支及其他往来资金占用等内容。

固定资产投资 2011 年度决算报表

单位公章

单 位 名 称：＿＿＿＿＿＿＿＿＿＿＿＿＿＿＿＿＿＿＿＿＿＿

单位负责人：＿＿＿＿＿＿＿＿＿＿＿＿＿＿＿＿＿＿＿＿＿＿

财务负责人：＿＿＿＿＿＿＿＿＿＿＿＿＿＿＿＿＿＿＿＿＿＿

填 表 人：＿＿＿＿＿＿＿＿＿＿＿＿＿＿＿＿＿＿＿＿＿＿

电 话 号 码：＿＿＿＿＿＿＿＿＿＿＿＿＿＿＿＿＿＿＿＿＿＿

单 位 地 址：＿＿＿＿＿＿＿＿＿＿＿＿＿＿＿＿＿＿＿＿＿＿

报 送 日 期：＿＿＿＿＿＿＿＿＿＿＿＿＿＿＿＿＿＿＿＿＿＿

单位统一代码（各级技术监督局核发）□□□□□□□□□	单位性质	行政事业单位　　　　　　　□ 国有及国有控股企业　　　□ 非国有单位　　　　　　　　□
隶属关系　□□□□□—□□□ （国家标准：行政隶属关系代码—部门标识代码）	所在地区（国家标准：行政区划代码）□□□□□□	
报表类型　　　　　　0—单户 □	备用码□□□□□□□□□	

中华人民共和国财政部印制

　3. 资金平衡表（表 6－2－11）

　（1）编制目的。本表主要反映建设单位本年年末资金来源和资金占用情况。编制本表的目的：综合反映建设单位各种资金来源和资金占用情况及其增减变动；分析资金构成是否合理；考核、分析资金使用效果。

　（2）填报内容和要求。表中有关科目"年初数"应根据上年末本表"年末数"填列。

　1）基本建设支出合计：反映建设单位年末基本建设支出情况。基本建设支出根据"交付使用资产""待核销基建支出""转出投资"及"在建工程"科目期末余额合计填列。

　2）交付使用资产：反映建设单位期末已经完成购置、建造过程，并经验收合格交付使用单位的各项资产的实际成本总额。根据"交付使用资产"科目的期末余额填列。

　3）固定资产：反映建设单位期末已经完成建造、购置过程，并经验收合格交付使用单位的各项固定资产的实际成本。根据"交付使用资产"科目所属"固定资产"明细科目的期末余额填列。

　4）流动资产：反映建设单位期末已经完成购置并经验收合格交付使用单位的不够固定资产标准的工具、器具、家具等流动资产的实际成本。根据"交付使用资产"科目所属"流动资产"明细科目的期末余额填列。

　5）无形资产：反映建设单位期末已经完成购置过程并经验收合格单独交付使用单位的土地使用权、专利权、专有技术等无形资产的实际成本。根据"交付使用资产"科目所属"无形资产"明细科目的期末余额填列。

表 6 - 2 - 11 　　　　　　　　　　　**资 金 平 衡 表**

编制单位：　　　　　　　　　　　　年　月　日　　　　　　　　　　　　单位：元

资 金 占 用	行次	年初数	年末数	资 金 来 源	行次	年末数
一、基本建设支出合计	1	—		一、基本建设拨款合计	37	
（一）交付使用资产	2			（一）以前年度拨款	38	
1.固定资产	3	—		1.中央财政性资金拨款	39	
2.流动资产	4	—		2.地方财政性资金拨款	40	
3.无形资产	5			3.其他拨款	41	
4.递延资产	6	—		（二）本年拨款	42	
（二）待核销基建支出	7	—		1.中央财政性资金拨款	43	
（三）转出投资	8	—		其中：中央基建拨款	44	
（四）在建工程	9			中央财政专项资金	45	
1.建筑安装工程投资	10			中央政府性基金	46	
2.设备投资	11			国有资本经营预算	47	
3.待摊投资	12			其他	48	
4.其他投资	13			2.地方财政性资金拨款	49	
二、应收生产单位投资借款	14			其中：省级拨款	50	
三、器材	15			地市级拨款	51	
其中：待处理器材损失	16			县及县以下拨款	52	
四、货币资金合计	17	—		3.其他拨款	53	
其中：银行存款	18	—		（三）预收下年度财政性资金拨款	54	
财政应返还额度	19	—		其中：中央财政性资金	55	
现金	20	—		地方财政性资金	56	
有价证券	21	—		（四）本年交回结余资金（均以"一"号表示）	57	
五、预付款合计	22	—		1.交中央财政	58	
1.预付备料款	23	—		2.交地方财政	59	
2.预付工程款	24			3.交主管部门及其他	60	
3.预付设备款	25	—		二、项目资本	61	
六、应收款合计	26	—		其中：中央财政性资金拨入	62	
1.应收有偿调出器材及工程款	27			地方财政性资金拨入	63	
2.应收票据	28	—		三、项目资本公积	64	
3.其他应收款	29	—		其中：中央财政性资金形成	65	
七、固定资产合计	30	—		地方财政性资金形成	66	

资　金　占　用	行次	年初数	年末数	资　金　来　源	行次	年末数
固定资产原价	31	—		四、基建借款	67	
减：累计折旧	32	—		其中：企业债券资金	68	
固定资产净值	33	—		五、待冲基建支出	69	
固定资产清理	34			六、应付款合计	70	
待处理固定资产损失	35	—		（一）应付器材款	71	
				（二）应付工程款	72	
				（三）应付有偿调入器材及工程款	73	
				（四）应付票据	74	
				（五）应付工资及福利费	75	
				（六）其他应付款	75	
				七、未交款合计	75	
				（一）未交税金	78	
				（二）未交基建收入	79	
				（三）其他未交款	80	
				八、留成收入	81	
资金占用合计	36	—		资金来源合计	82	

　　6）递延资产：反映不计入固定资产、流动资产价值的各项递延资产费用（不分摊待摊投资），是建设单位在建设期间发生的并已单独结转使用单位的各种递延资产的实际成本，如生产职工培训费、样品样机购置费、农业开荒费用等。根据"交付使用资产"科目所属"递延资产"（或"长期待摊费用"）明细科目的期末余额填列。

　　7）待核销基建支出：反映非经营性建设项目发生的江河清障、航道清淤、飞播造林、补助群众造林、退耕还林（草）、封山（沙）育林（草）、水土保持、城市绿化、取消项目可行性研究费、项目报废及其他经财政部门认可的不能形成资产部分的投资支出。根据"待核销基建支出"科目的年末余额填列。经营性建设项目不填该项目。

　　8）转出投资：反映为项目配套的专用设施投资。产权不归属本单位的，根据"转出投资"科目的年末余额填列。产权归属本单位的，计入交付使用资产价值，不在此科目反映。

　　9）在建工程：反映建设单位期末各种在建工程成本的余额。在建工程根据"建筑安装工程投资""设备投资""待摊投资""其他投资"科目的期末余额合计数填列。

　　10）建筑安装工程投资：反映期末尚处于建设中的建筑安装工程投资支出，即没有竣工交付使用的工程投资。根据"建筑安装工程投资"科目的期末余额填列。

　　11）设备投资：反映建设单位期末尚处于安装过程中的设备以及尚未交付使用不需要安装的设备和为生产准备的不够固定资产标准的工具、器具的实际成本。根据"设备投资"科目的期末余额填列。

12）待摊投资：反映建设单位发生的期末尚未分配计入交付使用资产成本的费用性投资支出。根据"待摊投资"科目的期末余额填列。

13）其他投资：反映建设单位期末尚未交付使用的房屋、办公及生活用家具、器具等购置投资支出；役畜、基本畜禽、林木的购置、培养、培育等投资支出；为生产企业用基建投资购置的尚未交付的专利权、土地使用权等无形资产以及递延资产等支出。根据"其他投资"科目的期末余额填列。

14）应收生产单位投资借款：反映实行基本建设投资借款的建设单位应向生产单位收取的基建投资借款。根据"应收生产单位投资借款"科目期末余额填列。

15）器材：反映建设单位期末在库、在途和在加工中的设备和材料的实际成本，但不包括在库的不需要安装设备及工具、器具的实际成本（该部分成本应填列设备投资科目）。根据"器材采购""采购保管费""库存材料""库存设备""材料成本差异""委托加工器材""待处理财产损失—待处理设备损失"和"待处理财产损失—待处理材料损失"等科目的期末余额合计填列。

16）待处理器材损失：根据"待处理财产损失"科目的期末余额合计填列。

17）货币资金合计：反映建设单位年末货币资金余额。货币资金包括银行存款、财政应返还额度、现金、有价证券等。

18）银行存款：反映建设单位按规定存在银行自筹资金户、待转自筹资金户、清理资金户、基建资金户和采购用款户等款项，根据"银行存款"科目的期末余额填列。

19）财政应返还额度：反映实行国库集中支付单位到年终注销财政直接支付额度或注销授权支付零余额账户额度时，财政部门已下达预算指标未拨付资金的数额。根据年终"财政直接支付""财政授权支付"的财政应返还额度的合计数填列。

20）现金：反映建设单位期末的库存现金。根据"现金"科目的期末余额填列。

21）有价证券：反映建设单位购入的国库券、企业债券等有价证券。根据"有价证券"科目的期末余额填列。

22）预付款：预付款根据"预付备料款""预付工程款"及"预付设备款"科目的期末余额合计填列。

23）预付备料款：反映按规定预付给施工企业的备料款。根据"预付备料款"科目期末余额填列。

24）预付工程款：反映按规定预付给施工企业的工程款。根据"预付工程款"科目期末余额填列。

25）预付设备款：反映按规定预付给供应单位的设备款。根据"应付器材款"科目所属有关明细科目的借方余额填列。

26）应收款合计：应收款根据"应收有偿调出器材及工程款""应收票据"及"其他应收款"科目的期末余额合计填列。

27）应收有偿调出器材及工程款：反映有偿调出设备、材料及有偿转出未完工程的应收价款。根据"应收有偿调出器材及工程款"科目期末借方余额填列。

28）应收票据：反映建设单位收到的未到期也未向银行贴现的应收票据。根据"应收票据"科目的期末余额填列。

29）其他应收款：反映除上述预付款项和应收款项以外的其他各项应收及预付款项。根据"其他应收款"科目期末余额填列。

30）固定资产合计：固定资产合计是固定资产净值、固定资产清理及待处理固定资产损失之和。

31）固定资产原价：反映建设单位自用的各种固定资产的原价。根据"固定资产"科目的期末余额填列。

32）累计折旧：反映期末固定资产的累计折旧额，根据"累计折旧"科目的期末余额填列。

33）固定资产净值：根据"固定资产原价"科目减"累计折旧"科的余额填列。

34）固定资产清理：反映建设单位毁损、报废等原因转入清理但尚未清理完毕的固定资产净值以及在清理过程中发生的清理费用和变价收入等各项金额的差额。根据"固定资产清理"科目的期末余额填列。如为贷方余额应以负号反映。

35）待处理固定资产损失：反映建设单位在清查财产中发现的尚待批准处理的固定资产盘亏扣除盘盈后的净损失。根据"待处理财产损失"科目所属"待处理固定资产损失"明细科目的期末余额填列。

36）资金占用合计：资金占用根据是基本建设支出合计、应收生产单位投资借款、器材、货币资金合计、预付款合计、应收款合计及固定资产合计加总后的金额填列，与资金来源合计相等。

37）基本建设拨款合计：反映建设单位年末各项基本建设拨款，包括中央和地方财政拨款、主管部门和企业自筹资金拨款、进口设备转账拨款、器材转账拨款等。其他单位、团体或个人无偿捐赠用于基本建设的资金和物资也在本科目核算。投入基本建设的资金如果形成项目资本和资本公积，则不在本科目核算。基本建设拨款根据"以前年度拨款""本年拨款""预收下年度财政性资金拨款"及"本年交回结余资金（负值）"科目的期末余额合计填列。

38）以前年度拨款：反映以前年度拨入的到本年末尚未冲转的财政性资金以及其他拨款。根据"基建拨款"科目所属"以前年度拨款"明细科目的期末余额以及部门和单位自筹资金相关账户期末余额填列。以前年度拨款是（以前年度）中央财政性资金拨款、地方财政性资金拨款及其他拨款的合计。

39）中央财政性资金拨款：反映以前年度由中央财政预算拨入的基本建设资金、财政专项资金、政府性基金、国有资本经营预算等。

40）地方财政性资金拨款：反映以前年度由地方财政预算拨入的基本建设资金、财政专项资金、政府性基金、国有资本经营预算等。

41）其他拨款：反映以前年度由主管部门或企业自筹资金拨款、进口设备转账拨款、器材转账拨款以及其他单位、团体或个人无偿捐赠用于基本建设的资金和物资。

42）本年拨款：反映本年内拨入的财政性资金以及其他拨款。本年拨款是（本年）中央财政性资金拨款、地方财政性资金拨款及其他拨款的合计。

43）中央基建拨款：反映本年内由中央财政预算拨入的基本建设资金，主要是指国家发展改革委、国防科工局掌握和分配的中央基建投资，即由国家发展改革委、国防科工局下达投资计划，财政部下达投资预算的资金。根据"基建拨款"科目所属"本年基建拨款"明细科目的期末余额等填列。

44）中央财政专项资金：反映本年内由中央财政拨入的专项资金，根据"基建拨款"科目所属"本年财政专项拨款"明细科目的期末余额等填列。

45）中央政府性基金：反映本年内由中央财政拨入的中央政府性基金，如三峡工程建设基金、中央农网还贷资金、铁路建设基金、民航基础设施建设基金、民航机场管理建设费、港口建设费、旅游发展基金、文化事业建设费、国家电影事业发展专项资金、新增建设用地土地有偿使用费、育林基金、森林植被恢复费、中央水利建设基金、南水北调工程基金、大中型水库移民后期扶持基金、大中型水库库区基金、三峡水库库区基金、中央特别国债经营基金、彩票公益金、国家重大水利工程建设基金、船舶港务费、贸促会收费、长江口航道维护、核电站乏燃料处理处置基金、铁路资产变现收入等。根据"基建拨款"科目所属相关明细科目的期末余额填列。

46）国有资本经营预算：反映由中央财政拨入的国有资本经营预算。国家以所有者身份通过依法取得国有资本收益，并对所得收益进行分配而发生的各项收支预算。

47）预收下年度财政性资金拨款：反映建设单位本年收到的下年度财政性资金拨款。

48）本年交回结余资金：反映建设单位本年交回财政或主管部门及其他单位的基建结余资金。根据"基建拨款"科目所属"本年交回结余资金"明细科目的期末余额以负号填列。

49）项目资本：反映经营性项目收到投资者投入的项目资本，根据"项目资本"科目的期末余额填列。

50）中央财政性资金拨入：反映中央财政通过基本建设资金、财政专项资金、政府性基金、国有资本经营预算等资金渠道拨入，并作为项目资本的部分。

51）地方财政性资金拨入：反映地方财政通过基本建设资金、财政专项资金、政府性基金、国有资本经营预算等资金渠道拨入，并作为项目资本的部分。

52）项目资本公积：反映经营性项目取得的项目资本公积，包括投资者实际交付的出资额超过其注册资本的差额等，根据"项目资本公积"的期末余额填列。

53）中央财政性资金形成：反映中央财政性资金形成项目资本公积部分。

54）基建借款：反映建设单位借入并偿还的各种基本建设投资借款。建设单位基建借款来源包括由国家预算安排的投资借款、向银行或其他金融机构借入的投资借款、向国外政府、国际金融组织等借入的国外借款以及其他投资借款。

55）待冲基建支出：反映实行投资借款的建设单位当年完成的所有待冲销的交付生产单位使用的资产价值，根据"待冲基建支出"科目的期末余额填列。

56）应付款合计：应付款根据"应付器材款""应付工程款""应付有偿调入器材及工程款""应付票据""应付工资""应付福利费"及"其他应付款"等科目的期末余额合计填列。

57）应付器材款：反映购入器材而应付给供应单位的款项。根据"应付器材款"科目所属有关明细科目的贷方期末余额合计填列。

58）应付工程款：反映已经办理工程价款结算手续但尚未付给施工企业的工程价款。根据"应付工程款"的期末余额填列。

59）应付有偿调入器材及工程款：反映有偿调入设备、材料及有偿转入未完工工程的应付价款。根据"应付有偿调入器材及工程款"的期末余额填列。

60）应付票据：反映建设单位为抵付货款和工程价款等而开出、承兑的尚未到期付款的应付票据。根据"应付票据"科目的期末余额填列。

61）应付工资及福利费：根据"应付工资"和"应付福利费"的期末余额合计填列。

62）其他应付款：反映除上述应付款项以外的其他应付、暂收款项，根据"其他应付款"的期末余额填列。

63）未交款合计：未交款根据未交税金、未交基建收入、其他未交款合计填列。

64）未交税金：反映建设单位应交未交的各种税金。根据"应交税金"的期末余额填列。

65）未交基建收入：反映建设单位应交未交的基建收入。根据"应交基建收入"的期末余额填列。

66）其他未交款：反映建设单位应交未交的除税金、基建收入以外的其他款项，根据"其他应交款"科目的期末余额填列。

67）留成收入：反映建设单位按规定从实现的基建收入中提取的留归建设单位使用的各种收入，根据"留成收入"科目的期末余额填列。

68）资金来源合计：资金来源合计根据基本建设拨款合计、项目资本、项目资本公积、基建借款、待冲基建支出、应付款合计、未交款合计、留成收入合计数填列，与资金占用合计相等。

4．投资项目表（表6-2-12）

（1）编报目的。本表反映建设项目自筹建起至本年年末止资金来源和资金支出累计情况。编制本表的目的：检查项目概算执行情况；考核分析投资效果；为编制竣工决算提供资料；了解项目基本属性及行业分布。

（2）编制内容及要求。主要指标填列方法是，将属于报表统计范围的所有项目按项目名称逐项填列。

1）项目自动编号：本码由四位数字组成，由软件根据项目排序从0001号开始自动生成。

2）建设项目名称：建设项目全称。

3）单位性质：按照"行政事业单位"（含比照事业单位管理的社会团体，不含驻外机构）、"国有及国有控股企业""非国有单位"划分。

4）基建程序进度：按照"在建""资产已交付使用但未办理竣工决算""已办理竣工决算""停缓建"划分。其中：

在建项目：指已立项并安排投资但尚未完工的项目，包括已安排投资未开工项目。

资产已交付使用但未办理竣工决算项目分两种情况：①资产已交付使用，竣工决算未编制；②资产已交付使用，竣工决算已编制，但尚未批复。

已办理竣工决算项目：填报当年批复竣工决算项目。

停缓建项目：根据国民经济宏观调控及其他原因，经有关部门批准不再建设或短期内整个项目停止建设。

5）项目规模：按照大中型、小型划分。

6）项目性质：按照新建、改扩建和其他划分。

单位：元

表 6-2-12

投资项目表

编制单位：　　　　　　　　　　　　　　　　　　　年　月　日

项目自动编号	建设项目名称	单位性质（选择项）	基建程序进度（选择项）	项目规模（选择项）	项目性质（选择项）	项目类型（选择项）	建设管理模式（选择项）	项目行业性质（选择项）	项目所属支出大类（选择项）	开工年份	竣工年份	项目已批概算数	投资资金来源 合计	财政性资金 合计	中央财政性资金 小计	中央基建投资资金	中央财政专项资金	中央政府性基金	国有资本经营预算	其他	地方财政性资金 小计	省级财政性资金	其中：地方债	地市级财政性资金	县及县以下财政性资金	其他资金 合计	银行贷款 小计	其中：地方政府融资平台贷款	利用外资 小计	国际金融组织贷款	外国政府贷款	外商直接投资	自筹资金 小计	其中：企业债	股票融资	其他 小计	其中：社会捐赠	投资资金支出 总计	支付使用资产 小计	固定资产	流动资产	无形资产	递延资产	在建工程	待核销基建支出	转出投资	其中：当年投资支出	竣工项目结余资金（自动生成）	竣工项目超概金额（自动生成）	在建及停缓建项目结转资金（自动生成）	是否使用财政性资金（自动生成）	备注
1	2	3	4	5	6	7	8	9	10	11	12	13	14	15	16	17	18	19	20	21	22	23	24	25	26	27	28	29	30	31	32	33	34	35	36	37	38	39	40	41	42	43	44	45	46	47	48	49	50	51	52	53
*	合计	*	*	*	*	*	*	*	*	*	*																																									

7）项目类型：按照经营性项目、非经营性项目划分。

8）建设管理模式：按照代建制、项目法人模式等划分。

9）项目行业性质：按照项目所属行业类别划分，具体行业包含细类参见《国民经济行业分类与代码》（GB/T 4754—2002）。

10）项目所属支出大类：按照项目所属支出大类划分。

11）开工年份：已开工项目反映实际开始施工的年份；已安排投资未开工项目以及停缓建项目反映立项批复的开工年份。

12）竣工年份：资产已交付使用项目，反映实际竣工验收年份；其他项目反映预计竣工年份。

13）项目已批概算数：经批准的项目概算总投资，概算如有调整，需经批准，否则不能填报调整后的概算数，但可在备注栏内注明。

14）投资资金来源：反映项目资金已筹措情况。总计数等于财政性资金合计加其他资金合计。资金不论是否形成项目资本和资本公积，均按资金来源渠道填列。

15）财政性资金：合计数根据中央财政性资金小计、地方财政性资金小计合计数填列。包括财政性资金拨入作为项目资本和资本公积部分。

16）中央财政性资金：小计数根据中央基建投资、中央财政专项资金、中央政府性基金、国有资本经营预算及其他合计数填列。

17）地方财政性资金：小计数根据省级财政性资金、地市级财政性资金、县及县以下财政性资金合计数填列。

18）其他资金：合计数根据银行贷款、利用外资、自筹资金、其他合计数填列。包括非财政性资金投入作为项目资本和资本公积部分。

19）银行贷款：反映建设单位向各商业银行、政策性银行等借入的各项贷款。

20）投资资金支出：反映自筹建起到本年年末止累计发生的投资支出。总计数根据交付使用资产小计、在建工程、待核销基建支出、转出投资合计数填列。

21）交付使用资产：小计数根据固定资产、流动资产、无形资产、递延资产合计数填列。

22）当年投资支出：反映本年年初到本年年末止累计发生的投资支出。

5. 资产基本情况表（表6-2-13）

（1）填报目的。本表反映本年年末行政事业单位（含比照事业单位管理的社会团体，不含驻外机构）、国有及国有控股企业固定资产和无形资产基本情况。编制本表的目的：了解国有单位资产存量情况；掌握国有单位新增资产情况。

（2）编制内容及要求。主要指标填列方法如下：①本表按单位填报，不按项目填报。单位指作为资产使用方的行政事业单位（含比照事业单位管理的社会团体，不含驻外机构）、国有及国有控股企业。②单位填报数据应与报送财政部其他司局的有关数据一致。具体资产范围参照《固定资产分类及代码》（GB/T 14885—2010）填列。③本表分为"行政事业单位（含比照事业单位管理的社会团体，不含驻外机构）资产基本情况"和"国有及国有控股企业资产基本情况"两类，填报单位根据单位性质选择一类填列。

1）固定资产：反映行政事业单位固定资产原值。

2）土地：反映行政事业单位将"土地"计入"固定资产"部分。

表 6－12－13

资产基本情况表

编制单位：　　　　　　　　　　　　　　　　　　年　月　日　　　　　　　　　　　　　　　　单位：元

行政事业单位资产基本情况	行次	金额	国有及国有控股企业资产基本情况	行次	金额
一 固定资产	1		一、固定资产	13	—
（一）房屋、建筑物	2		（一）固定资产原价	14	
其中：交付使用 10 年以上（不含 10 年）	3		其中：房屋、建筑物	15	
（二）机器设备（单价 200 万元及以上的大型设备）	4		机器设备	16	
其中：交付使用 5 年以上（不含 5 年）	5		交通运输工具	17	
（三）交通运输工具	6		（二）固定资产净值	18	
其中：交付使用 5 年以上（不含 5 年）	7		（三）固定资产净额	19	
（四）其他	8		其中：房屋、建筑物	20	
其中：土地	9		机器设备	21	
二 无形资产	10		交通运输工具	22	
其中：土地	11		二、无形资产	23	
三 当年新增固定资产及无形资产	12		其中：土地	24	
			三、当年新增固定资产及无形资产	25	

3）当年新增固定资产及无形资产：反映行政事业单位自本年年初到本年年末止投入使用的固定资产及无形资产原值。

4）固定资产净额：固定资产净额等于固定资产净值与固定资产减值准备的差。

5）当年新增固定资产及无形资产：反映国有及国有控股企业自本年年初到本年年末止已经完成建造、购置过程，并经验收合格交付使用的固定资产及无形资产原值。

6．项目统计分析表（表6-2-14）

此表由系统根据02表自动分类汇总生成。其中：

（1）生产性投资：具体包括"行业"分类中的（一）至（五）类，即农林牧渔业，采矿业，制造业，电力、燃气及水的生产和供水业，建筑业。

（2）消费性投资：具体包括"行业"分类中的（六）至（十九）类，即交通运输、仓储和邮政业，信息传输、计算机服务和软件业，批发和零售业，住宿和餐饮业，金融业，房地产业，租赁和商务服务业，科学研究、技术服务和地质勘查业，水利、环境和公共设施管理业，居民服务和其他服务业，教育，卫生、社会保障和社会福利业，文化、体育和娱乐业，公共管理和社会组织。

（3）基础设施投资：具体包括"行业"分类中的电力、燃气及水的生产和供水业，交通运输和邮政业，信息传输业，水利、环境和公共设施管理业。

五、南水北调工程建设资金会计核算的经验

总结十多年的会计核算工作，南水北调工程项目法人会计核算体系建设是一个非常艰辛的过程，在充分利用现代电子信息技术的前提下，通过设置"会计科目＋项目、部门、客户等3个辅助核算"的会计科目体系，将建设单位所有在建的设计单元工程全部纳入一个会计核算账套中，采用了"用友U8管理软件＋合同管理台账"相结合的电算化方式进行会计核算，建立以会计科目为核算主干、以设计单元工程为成本核算单位、以合同管理为辅助核算依据的会计核算方式，通过建立独立的工程项目核算系统，即合同管理台账，使合同管理台账既与以"会计科目＋项目、部门、客户等3个辅助核算"账务系统相对应，又与概算项目相对应，形成了完整的会计核算体系。它突破了目前基本建设会计核算固守的"老套路"，创新出了从南水北调工程实际出发，既符合国家宏观经济管理的要求，又满足本单位需要的会计核算体系，给基本建设会计核算引入了新的模式，解决了困扰南水北调工程资金会计核算的一系列问题，满足了会计科目与工程项目、承包单位、合同相衔接，合同金额与工程量相匹配，实际完成投资与概算相对比的会计核算要求，并采取简洁、灵活、高效的会计核算方式，使南水北调设计单元工程多、投资规模大、涉及范围广、建设周期长、会计人员少、建管费低、每个工程项目设计内容和概算各不相同等诸多会计核算难题得以破解，圆满地完成了南水北调工程资金的会计核算任务。

总结南水北调会计核算体系建设的经验，我们的出发点就是一切从实际出发，在当时已有的条件下，在国家政策允许的范围内满足南水北调工程建设的需要。

新的模式不可避免地对旧的习惯、做法或多或少带来了冲击，需要得到各级领导，尤其是稽查审计机构的认可与指导。

项目统计分析表

表6-12-14

本表自动生成数据，数据截至　年　月　日

财建04表

序号	行业	项目数/个				投资数/元			资金来源/元																						
		总计	在建数			已批概算总投资	已累计完成投资	其中当年完成投资	总计	中央财政性资金						地方财政性资金					银行贷款	其中：地方政府融资平台贷款	利用外资				自筹资金				
			资产已交付使用但未办理竣工决算数	当年已办理竣工决算数	停缓建数					中央基建投资	中央财政专项资金	中央政府性基金	其中：国有资本经营预算	其他	省级财政资金	地市级财政资金 其中：地方债	县及县以下财政资金	其他资金				其中：国际金融组织贷款	其中：外国政府贷款	其中：外商直接投资		其中：企业债融资	其中：股票融资	其他	其中：社会捐赠	
一	行业																														
	总　计																														
（一）	农林牧渔业																														
（二）	采矿业																														
（三）	制造业																														
（四）	电力、燃气及水的生产和供水业																														
（五）	建筑业																														
（六）	交通运输、仓储和邮政业																														
（七）	信息传输、计算机服务和软件业																														
（八）	批发和零售业																														
（九）	住宿和餐饮业																														
（十）	金融业																														

序号	行业	项目数/个 总计	在建数 资产已交付使用但未办理竣工决算数	在建数 当年已办理竣工决算数	停缓建数	投资数/元 已批概算总投资	累计完成投资	其中：当年完成投资	资金来源/元 总计	中央财政性资金 中央基建投资	中央财政专项资金	其中：中央政府性基金	国有资本经营预算	其他	地方财政性资金 省级财政资金	其中：地方债	地市级财政资金	县及县以下财政资金	其他资金 银行贷款	其中：地方政府融资平台贷款	利用外资	其中：国际金融组织贷款	外国政府贷款	外商直接投资	自筹资金	其中：企业债	股票融资	其他	其中：社会捐赠
（十一）	房地产业																												
（十二）	租赁和商务服务业																												
（十三）	科学研究、技术服务和地质勘查业																												
（十四）	水利、环境和公共设施管理业																												
（十五）	居民服务和其他服务业																												
（十六）	教育																												
（十七）	卫生、社会保障和社会福利业																												
（十八）	文化、体育和娱乐业																												
（十九）	公共管理和社会组织																												
（二十）	其他																												
二	政府投资结构																												
（一）	三农																												
（二）	保障性安居工程																												

续表

序号	行业	项目数/个				投资数/元			资金来源/元																								
		总计	在建数			已批概算总投资	累计完成投资	其中：当年完成投资	总计	中央财政性资金	中央基建投资	中央财政专项资金	中央政府性基金	国有资本经营预算	其他	地方财政性资金	省级财政资金	其中：地方债	地市级财政资金	县及县以下财政资金	其他资金	银行贷款	利用外资	其中：地方政府融资平台贷款	其中：国际金融组织贷款	其中：外国政府贷款	其中：外商直接投资	自筹资金	其中：企业债	其中：股票融资	其中：其他	其中：社会捐赠
			资产已交付使用但未办理竣工决算数	当年已办理竣工决算数	停缓建数																											
(三)	铁路公路机场等重大基础设施																															
(四)	教科文卫等社会事业																															
(五)	自主创新和结构调整																															
(六)	节能减排和生态建设																															
(七)	灾后恢复重建																															
(八)	其他																															
三	建设管理模式																															
(一)	公私合作关系																															
(二)	代建制																															
(三)	项目法人模式																															
(四)	工程建设领导小组或指挥部模式																															
(五)	基建处/室模式																															
(六)	其他																															

续表

序号	行业分类	项目数/个				投资数/元				资金来源/元																					
		在建数总计	当年已办理竣工决算数	资产已交付使用但未办理竣工决算数	停缓建数	已批准概算总投资	累计完成投资	其中:当年完成投资	总计	总计	中央财政性资金 其中:中央基建投资	中央财政专项资金	中央政府性基金	国有资本经营预算	其他	地方财政性资金 其中:省级财政资金	其中:地方债	地市级财政资金	县及县以下财政资金	其他资金	银行贷款	其中:地方政府融资平台贷款	利用外资	其中:国际金融组织贷款	其中:外国政府贷款	其中:外商直接投资	自筹资金	其中:企业债	其中:股票融资	其中:其他	其中:社会捐赠
四	其他																														
(一)	行政事业单位项目																														
	国有及国有控股企业项目																														
	非国有单位项目																														
(二)	使用财政性资金项目																														
	未使用财政性资金项目																														
(三)	在建项目				—	—	—	—	—																						
	资产已交付使用但未办理竣工决算项目				—	—	—	—	—																						
	当年已办理竣工决算项目				—	—	—	—	—																						
	停缓建项目				—	—	—	—	—																						
(四)	当年新开工项目																														
	以前年度开工项目																														

续表

序号	行业	项目数/个					投资数/元			资金来源/元																				
		总计	在建数	资产已交付使用但未办理竣工决算数	当年已办理竣工决算数	停缓建数	已批概算总投资	累计完成投资	其中：当年完成投资	总计	中央财政性资金						地方财政性资金					其他资金								
											中央基建投资	中央财政专项资金	中央政府性基金	国有资本经营预算	其他		省级财政资金	地市级财政资金	地方债	县及县以下财政资金		银行贷款	其中：地方政府融资平台贷款	利用外资	其中：国际金融组织贷款	其中：外国政府贷款	其中：外商直接投资	自筹资金	其中：企业债	其中：股票融资	其中：社会捐赠
（五）	大中型																													
	小型																													
（六）	新建																													
	改扩建																													
	其他																													
（七）	经营性项目																													
	非经营性项目																													
（八）	中央项目																													
	地方项目																													
（九）	生产性投资																													
	消费性投资																													
（十）	基础设施投资																													

（一）会计核算体系要满足全面反映建设项目资金增减变化的需要

在充分利用现代电子信息技术的前提下，通过设置"会计科目＋项目、部门、客户等3个辅助核算"的会计科目体系，将建设单位所有在建的设计单元工程全部纳入一个会计核算账套中，建立以会计科目为核算主干、以设计单元工程为成本核算单位、以合同管理为辅助核算依据的会计核算方式。在"用友U8管理系统"中，按照国有建设单位会计核算制度的要求设置总账和明细账，同时根据设计单元工程特点，在相关会计科目下按照设计单元工程、合同名称、合同单位分别设置"项目""客户""部门"等辅助核算。通过这种设置，既反映了建设单位任意时点或时段全部建设资金的增减变化情况，也可以对设计单元工程的经济活动按照会计科目、设计单元工程、合同单位、合同名称等不同条件进行多方位地查询，清晰地反映资金拨付、成本费用、债权债务等经济事项，实现了在一个会计账套中全面反映工程建设资金的运动状况，为及时、准确编制会计报表、提供可靠会计信息打下了坚实基础。

（二）会计核算体系要满足建设资金高效统筹使用的需要

在同一个会计账套中对所有建设项目进行资金来源和资金占用的核算，实现了对南水北调工程建设资金的集中统筹，解决了国家对设计单元工程的财政拨款与各设计单元工程的实际建设进度不同步所产生的资金分配问题，最大限度地降低了资金使用成本，提高了资金在整个南水北调工程建设范围内的使用效益，推迟了使用银团贷款的时间，对有效降低建设成本做出了贡献。

（三）会计核算体系要满足会计核算与概算项目有机衔接

南水北调工程采用了"用友U8管理软件＋合同管理台账"相结合的电算化方式进行会计核算，通过建立独立的工程项目核算系统，即合同管理台账，使合同管理台账既与以"会计科目＋项目、部门、客户等3个辅助核算"账务系统相对应，又与概算项目相对应，形成了完整的会计核算体系，满足了会计核算与概算项目衔接对应的要求。为做好合同管理台账，一是要与相关部门和单位做好配合工作，二是要做好合同工程项目的前期准备工作。在合同招标阶段，财务、计划合同、工程技术等部门按照概算项目规范工程量清单，保证了会计核算与概算的事前对应。在合同执行中，通过合同管理台账，将设计单元工程作为合同的归集目标，对设计单元工程范围以内的合同按照施工、监理、设计、设备采购等进行分类管理，将每个合同的招标工程项目清单进行录入，在合同实际发生结算时，将每一次结算的工程量、单价和总价进行逐项登记，财务人员将审核后的工程量清单中的项目与会计核算中的科目一一对应，经过分析汇总后，以工程结算清单作为原始凭证，按经济内容分别归属到不同的会计科目，保证了会计核算与概算的事中对应。相对传统基建会计核算模式，单独设置合同管理台账这种方式，避免了按概算项目直接设置会计科目所带来的科目体系庞大的弊病，同样达到了对概算执行情况进行对应分析和及时跟踪的目的。

（四）会计核算体系要满足精简机构下少花钱多办事的需要

南水北调工程建设单位会计人员少、工作强度大、管理要求高，如果按照传统的核算模式，70 多个设计单元工程的核算量靠不足十个财务人员根本是无法完成的；南水北调工程国家批复的建管费用少，不可能拿出很多经费进行会计信息化的定制开发，所以只有通过优化会计科目体系，充分利用通用的会计软件和已有的电子信息系统，采取"用友 U8 管理软件"与"合同管理台账"相辅相成的核算方式，这样既节约了费用，也使核算工作的重点落在了合同结算工程量清单的经济内容、会计科目及其辅助核算上，财务人员只需将审核后工程量清单中的项目与会计核算中的科目一一对应，经过分析汇总后按经济内容分别归属到不同的会计科目，不必再按概算项目对工程进行明细核算，从而提高了会计核算的工作效率，也大大减轻了会计人员的核算压力，使会计人员能够腾出更多的时间，在完成建设项目会计核算任务的同时，能够集中精力加强财务管理和风险防范工作，对南水北调资金实施监管，确保了南水北调资金的使用安全。

第三节　征地移民资金会计核算

南水北调工程东、中线一期征地补偿和移民安置总投资近 1000 亿元，是南水北调东、中线一期工程总资金的重要组成部分。但征地移民资金与工程建设资金在管理体制、管理方式、管理内容等方面都有较大差别，所以征地移民资金会计核算既要遵循工程建设资金会计核算的基本原则和基本要求，也要结合征地移民的特殊性。为了反映和监督征地移民资金的使用情况，规范南水北调工程征地移民资金的会计核算，迫切需要制定南水北调工程征地移民资金会计制度，以全面、准确、及时反映征地移民资金计划的执行情况，规范征地移民资金的会计核算，监督征地移民资金的使用和管理。国务院南水北调办遵循会计核算的普遍性原则、借鉴其他大型水利工程征地移民资金会计核算的经验、结合南水北调工程征地移民资金管理的实际，组织本系统相关专业人员研究并编制南水北调工程征地移民资金会计核算规范，2004 年 12 月，提请财政部对核算规范进行修改、审定、发布。

2005 年 11 月 11 日，根据《中华人民共和国会计法》《南水北调工程建设管理的若干意见》《南水北调工程建设征地补偿和移民安置暂行办法》及其他有关法规，财政部以财会〔2005〕19 号文印发《南水北调工程征地移民资金会计核算办法》（以下简称《会计核算办法》），作为南水北调工程征地移民资金会计核算的依据。

该办法共分七章二十九条。从会计核算一般原则、会计机构和会计人员、内部控制制度、会计科目、会计报表等方面，对会计核算的原则、方法及涉及核算的必要因素，均进行了详细规定，是南水北调工程征地移民资金依法核算的统领制度。

一、《会计核算办法》的特点

南水北调工程征地移民资金会计核算具有以下特点。

（一）会计核算的层级多

按照"国务院南水北调工程建设委员会领导、省级人民政府负责、县为基础、项目法人参与"的南水北调工程征地移民工作管理体制，国务院南水北调工程建设委员会负责制定征地移民的重大方针、政策、制度，国务院南水北调办负责贯彻落实国务院南水北调工程建设委员会制定征地移民的重大方针、政策、制度，对征地移民工作实施宏观管理、指导和协调；南水北调工程征地移民工作由省（直辖市）人民政府负总责，通过省级征地移民管理机构与南水北调工程项目法人签订南水北调工程征地移民投资和任务双包干协议后，负责管理或实施本省（直辖市）行政区域内征地移民工作；南水北调工程征地移民的具体实施工作由县级人民政府负责。同时，有些专项征地移民工作由南水北调项目法人直接负责实施。根据上述征地移民管理体制和征地移民任务分工，南水北调工程征地移民资金会计核算，既涉及征地移民管理机构，也涉及南水北调工程项目法人；既涉及省、市、县（区）三级征地移民管理机构，也涉及实行报账制的乡（镇）人民政府和行政村等两级组织。

（二）成本按设计单元工程归集

由于南水北调工程属于线型工程，采取分批分期建设的方式，南水北调东、中线一期工程共划分成 155 个设计单元工程，分别批复初步设计报告和概算。据此，南水北调工程在工程建设期间就要分段核算建设成本，征地移民资金同样要按设计单元工程分别计入工程建设成本。因此，各级征地移民管理机构在核算征地移民资金时，要按设计单元工程分别归集成本，分别按设计单元工程核算征地移民成本，跨行政区域的设计单元工程的征地移民成本则再由省级征地移民管理机构统一汇总。省级征地移民管理机构按设计单元工程汇总的征地移民成本分别报送相应的南水北调工程项目法人，再由南水北调项目法人按设计单元工程分别征地移民成本归集到相应设计单元工程的建设成本中。

（三）会计科目按概算项目设置

为直观反映征地移民资金的使用情况，便于征地移民验收和财务决算，征地移民会计核算直接以南水北调工程初步设计概算中征地移民的具体项目的名称作为反映征地移民资金的会计核算科目，概算的明细项目名称作为会计核算科目的二级和三级科目，按事业单位会计规则进行核算，简化会计核算程序但不影响会计核算的深度。体现了立足南水北调征地移民资金会计核算实际，明晰反映投资完成的特点。

（四）有别于工程建设资金会计核算

南水北调工程建设资金，依据财政部制定的《国有建设单位会计制度》进行会计核算。南水北调征地移民资金，以《会计核算办法》作为会计核算的依据。各项目法人与建设管理单位的核算关系是报账制，而各级征地移民管理机构，则通过逐级汇总，核算管理移民资金。

（五）有别于其他工程会计核算

《会计核算办法》规定的会计科目、会计报表适用于所有使用南水北调征地移民资金的单位，包括各级征地移民管理机构和其他涉及南水北调征地移民资金的单位，不同于其他国内大型水利工程。如，三峡工程根据移民资金性质和财务关系，对库区移民管理机构、移民迁建单位、外迁移民管理机构分别独立核算，单独设账，区别会计科目，编报会计报表。

二、征地移民资金会计核算体系

征地移民资金会计核算体系，是指与核算体系相关由各种彼此独立而又互相联系的各角度体系的有机统一整体。主要包括会计核算管理体系、会计科目体系、会计核算方法体系等。

（一）会计核算管理体系

各级征地移民管理机构均按照规定的《会计核算办法》，管理和核算征地移民资金。依据与项目法人签订的包干投资，按照会计核算办法规定的科目、会计报表，进行会计核算。根据征地移民资金流向，逐级建立征地移民资金会计核算体系，即省、市、县（区）、乡（镇）、村的会计核算体系，按概算批复分别设计单元工程进行明细核算。对拨付所属非独立核算单位的征地移民资金实行报账管理，对支付非所属单位的征地移民资金实行合同管理。

各项资金经省、市逐级拨付至县，县是最基础的会计核算单位。乡（镇）、村作为县级会计单位的一部分，对所实施业务向县报账。各级征地移民管理机构按照《会计核算办法》设账核算，涉及征地移民任务的乡镇均开设南水北调资金专户，专户存储、专账核算，并配备专兼职会计人员管理征地移民资金。各级征地移民管理机构按照《会计核算办法》的规定，编制月报表、半年报表和年报表，并逐级上报，由省级征地移民管理机构汇总后报送项目法人及国务院南水北调办。

（二）会计科目体系

结合南水北调工程征地移民任务、征地移民工作的管理体制和征地移民资金包干使用等实际情况，按照既要全面、准确地反映征地移民资金使用的情况，又要有利于及时、高效地核算征地移民资金使用结果，制定了统一而又相对简洁的会计科目。共设置 12 个会计科目，其中：资金占用 8 个，包括拨出征地移民资金（省、市级用）、征地移民资金支出、待摊支出、已完工移民项目、现金、银行存款、应收款、固定资产；资金来源 4 个，包括拨入征地移民资金、其他收入、应付款、固定基金（表 6-3-1）。该会计科目包括两级科目，即总账科目和明细科目。各级征地移民管理机构可根据会计核算和征地移民概算项目自行设置三级明细科目，但不得与总账科目和明细科目相抵触或相矛盾。

表 6-3-1　　　　　　　　　会计科目名称和编号

序号	编号	资 金 占 用 类	
		总 账 科 目	明 细 科 目
1	101	拨出征地移民资金	
2	111	征地移民资金支出	
	11101		农村移民安置支出
	11102		城集镇迁建支出
	11103		工业企业迁建支出
	11104		专业项目复建支出

序号	编号	资 金 占 用 类	
		总 账 科 目	明 细 科 目
2	11105		防护工程支出
	11106		库底清理支出
	11107		地质灾害监测防治支出
	11108		税费支出
	11109		其他费用支出
3	112	待摊支出	
	11201		勘测规划设计科研费
	11202		实施管理费
	11203		实施机构开办费
	11204		技术培训费
	11205		监理监测评估费
	11206		项目技术经济评估审查费
	11207		咨询服务费
	11208		其他
4	121	已完工移民项目	
5	131	现金	
6	132	银行存款	
7	141	应收款	
8	151	固定资产	
9	201	拨入征地移民资金	
10	205	其他收入	
11	241	应付款	
12	251	固定基金	

为了落实《会计核算办法》，满足南水北调工程建设征地移民资金管理的需要，保证移民资金的核算管理工作质量，各级征地移民管理机构陆续制定、出台征地移民资金会计核算操作细则，细化、统一各层面核算要求和操作规范。如，河南省政府移民办下发了《南水北调中线工程河南省征地移民资金会计核算补充规定（试行）》（以下简称《会计核算补充规定》）。河南省在《会计核算办法》二级明细科目基础上，统一增设了分阶段、分市县、分单位、分具体补偿项目三级至七级会计明细科目（表6-3-2），建立了南水北调工程征地移民资金会计科目体系。

1. 拨出征地移民资金（省、市级用科目）

核算上级征地移民管理机构向下级征地移民管理机构拨付的征地移民资金，根据统一管理，分级实施原则分设计单元工程（阶段）、市、县（区），项目设置二级至六级明细科目。

表 6－3－2 　　　　　　　　　　拨出征地移民资金明细科目

二 级	三 级	四 级	五 级	六 级	七 级	八 级
设计单元（阶段）	××市	××县（区）	农村移民安置			
			城集镇迁建			
			工业企业迁建	镇内迁建补偿		
				镇外迁建补偿		
			专业项目复建			
			防护工程			
			库底清理			
			地质灾害监测防治			
			税费			
			其他费用	勘测规划设计科研费		
				实施管理费		
				实施机构开办费		
				技术培训费		
				监理监测评估费		
				项目技术经济评估审查费		
				咨询服务费		
				其他		

拨出征地移民资金明细科目的设置，既满足了与概算项目保持同口径核算，又达到详细反映各级征地移民管理机构资金拨付情况的目的。

2. 征地移民资金支出

根据征地补偿和移民安置投资概算的内容设置下列二级科目。

（1）农村移民安置支出。该科目核算各级征地移民管理机构按南水北调工程移民投资概算实施农村移民安置的各项支出，分设计单元工程或试点、库区等阶段核算。阶段内按照补偿对象的产权关系，划分为补偿个人部分和集体部分分别进行明细核算（表6－3－3）。县级征地移民管理机构根据实际发生，在五级及以下明细按实际发生项目进行增设。如，个人部分在移民搬迁运输费项下增设搬迁运输、车船补助、搬迁损失、误工补助、途中住宿、途中医药及用于移民建房期间临时建房或租房的临时住房补助。集体部分在移民生产安置费项下增设土地补偿费和安置补助费、农田水利设施补偿费、生产安置增补费、农田水利设施规划投资、农副业设施补偿费等。

征地补偿和移民安置资金包括土地补偿费、安置补助费，移民个人财产补偿费（含地上附着物和青苗补偿费）和搬迁运输费等。其中，个人补偿费是直接涉及千千万万移民群众切身利益的敏感资金，是否足额兑付直接影响安置效果和移民工作成果。因此，明细科目的设置就以兑付内容进行明细核算，清晰明了，避免挪用。移民建房完工办理交接入住手续时，应补偿金额及构成通过明细科目反映的一目了然，还群众一个放心和明白。

（2）城集镇迁建支出。该科目核算各级征地移民管理机构按南水北调工程征地补偿和移民安置投资概算实施城集镇迁建的各项支出。按照城集镇迁建实施的具体内容分别设置三、四级科目，也可设置五级科目（表6-3-4）。

表6-3-3

农村移民安置支出明细科目

三　　　级	四　　　级	五　　　级
个人部分	征用土地补偿费和安置补助费	
	房屋及附属建筑物补偿费	
	农副业设施补偿费	
	小型水利水电设施补偿费	
	搬迁运输费	
	过渡期生活补助费	
	双瓮厕所及沼气池补助费	
	移民渔船及渔具补助费	
	零星果木及林木补偿费	
	坟墓迁移费	
	建房困难补助费	
	其他	
集体部分	征用土地补偿费和安置补助费	
	房屋及附属建筑物补偿费	
	农副业设施补偿费	
	小型水利水电设施补偿费	
	学校及医疗网点调整补助	
	搬迁运输费	
	外迁移民专业项目增容费	
	基础设施补偿费	新址征地
		场地平整
		人畜用水
		排水
		街道
		电力设施
		其他
	其他	土地勘界费
		乡村工作配合经费
		其他

表 6-3-4　　　　　　　　　　　　城集镇迁建支出明细科目

三　级	四　级	五　级
新址征地费		
基础设施补偿费	场地平整	
	室外工程	
	道路广场	
	市政公用设施恢复	
	其他	
对外连接设施补偿费		
居民迁移补偿费		
建成区农户迁移补偿费		
农村移民进镇迁移补偿费		
单位迁建补偿费	镇内单位	
	镇外单位	
旧城功能恢复费		
其他补偿费		

（3）工业企业迁建支出。该科目核算各级征地移民管理机构按南水北调工程征地补偿和移民安置投资概算实施工业企业迁建的各项支出。按迁建概算项目进行明细核算（表 6-3-5）。

表 6-3-5　　　　　　　　　　　　工业企业迁建支出明细科目

三　级	四　级
新址征地费	
基础设施补偿费	
搬迁运输费	
房屋及附属建筑物补偿费	
设施及设备补偿费	
流动资产搬迁费	
停产损失费	
其他	

（4）专业项目复建支出。该科目核算各级征地移民管理机构按南水北调工程征地补偿和移民安置投资概算实施专业项目恢复改建的各项支出。按照专业项目恢复改建的概算项目进行明细核算（表 6-3-6）。

表 6-3-6 专业项目复建支出明细科目

三　级	四　级	五　级
交通设施恢复改建费	等级公路	
	桥梁	
	其他	
渡口及码头改建费		
输变电设施恢复改建费		
电信设施恢复改建费		
广播电视设施恢复改建费		
水利水电设施恢复改建费		
文物古迹保护费		
库周交通恢复费		
其他项目补偿费	输水（油）管道	
	水文和水位站	
	库周水准测绘控制网点	
	国防光缆	
	其他	

（5）防护工程支出。该科目核算各级征地移民管理机构按南水北调工程征地补偿和移民安置投资概算实施防护工程建设的各项支出。

（6）库底清理支出。该科目核算各级征地移民管理机构按南水北调工程征地补偿和移民安置投资概算实施库底清理的各项支出。

（7）地质灾害监测防治支出。该科目核算各级征地移民管理机构按南水北调工程征地补偿和移民安置投资概算实施地质灾害监测防治的各项支出。

（8）税费支出。该科目核算各级征地移民管理机构实施南水北调工程征地补偿和移民安置投资计划支付的各项税费支出，包括耕地占用税、耕地开垦费、森林植被恢复费、新菜地开发建设基金等支出，分别列为三级明细科目（表6-3-7）。

表 6-3-7 税费支出明细科目

三　级	四　级
耕地占用税	
耕地开垦费	
森林植被恢复费	
新菜地开发建设基金	

（9）其他费用支出。该科目核算分摊到各设计单元工程的其他费用支出。五级及以下科目参照财政预算支出明细和移民工作实际增设，起到按用途归集费用支出，又满足项目核算要求的作用（表6-3-8）。

表 6 - 3 - 8　　　　　　　　　其他费用支出明细科目

三　级	四　级	五　级
勘测规划设计科研费	勘测规划费	专项规划
		文印资料
		差旅交通
		咨询论证
		查勘测绘
		专项器具购置
		其他费用
	设计费	
	科研费	
实施管理费	人员经费	工资
		补助工资
		其他工资
		福利费
		社会保障费
	办公经费	办公
		水电
		邮电
		交通
		会议
		设备购置
		修缮
	差旅	
	其他	
实施机构开办费		
技术培训费	专项培训	
	项目考察	
	其他培训支出	
监理监测评估费	监理费	
	监测评估费	
项目技术经济评估审查费		
咨询服务费		
其他		

3. 待摊支出

该科目核算各级征地移民管理机构按南水北调工程移民投资概算发生的应分摊计入移民项目的各项支出。三级及以下科目参照财政预算支出明细和移民工作实际增设（表6-3-9）。

表6-3-9　　　　　　　　　　　待摊支出明细科目

二　级	三　级	四　级	五　级
勘测规划设计科研费	勘测规划费	专项规划	
		文印资料	
		差旅交通	
		咨询论证	
		查勘测绘	
		专项器具购置	
		其他费用	
	设计费		
	科研费		
实施管理费	人员经费	工资	
		补助工资	
		其他工资	
		福利费	
		社会保障费	
	办公经费	办公	
		水电	
		邮电	
		交通	
		会议	
		设备购置	
		修缮	
	差旅		
	其他		
实施机构开办费			
技术培训费	专项培训		
	项目考察		
	其他培训支出		
监理监测评估费	监理费		
	监测评估费		
项目技术经济评估审查费			
咨询服务费			
其他			

4. 应收款的明细科目

该科目核算各级征地移民管理机构发生的各种应收及暂时付款项，为区分专项预付和其他暂付设以下明细。

（1）预付项目款。该二级科目专为明确区分预付专项移民资金增设，核算根据计划、合同、工程进度预付给报账单位或工程施工单位、被补偿单位的移民资金，分设计单元工程或试点、库区等阶段核算。阶段内按项目或单位内容设置四级以下明细科目（表6-3-10）。

表6-3-10 预付项目款明细科目

三　级	四　级	五　级
设计单元工程或阶段	预备费（省市用）	＊＊市、县
		＊＊市、县
	＊＊单位	

（2）其他应收款。该二级科目核算移民管理机构发生的除预付项目款核算内容外各种应收及暂付款项，包括应收取的各种赔款、罚金，以及其他有关各种应收、暂付款项。

5. 拨入征地移民资金

该科目核算征地移民管理机构收到上级征地移民管理机构或项目法人支付的征地移民资金。按设计单元工程或试点、库区等阶段及概算项目进行明细核算（表6-3-11）。

表6-3-11 拨入征地移民资金的明细科目

二　级	三　级	四　级	五　级
试点	农村移民安置		
	城集镇迁建		
	工业企业迁建	镇内迁建补偿	
		镇外迁建补偿	
	防护工程		
	库底清理		
	地质灾害监测防治		
	有关税费		
	其他费用	勘测规划设计科研费	
		实施管理费	
		实施机构开办费	
		技术培训费	
		监理监测评估费	
		项目技术经济评估审查费	
		咨询服务费	
		其他	

6. 其他收入

该科目核算各级征地移民管理机构在征地移民补偿和移民安置实施过程中利息收入等。根据工作实际分为银行存款利息收入、其他收入两个二级明细科目，利息收入和按收入种类核算的各种收入。

7. 应付款

该科目核算各级征地移民管理机构发生的各种应付、暂收款项，为区分预收专项资金和其他暂存设以下明细科目。

（1）预收项目款。该二级科目专为明确区分预收专项移民资金增设，核算根据计划预收上级移民管理单位拨来暂未明确具体项目的移民资金，分设计单元工程或试点、库区等阶段核算。阶段内按具体内容设置四级以下明细科目（表6-3-12）。

表6-3-12　　　　　　　　　　预收项目款明细科目

三　　　级	四　　　级	五　　　级
设计单元工程或阶段	预备费（省市用）	＊＊市、县
	价差	＊＊市、县
	无项目	

（2）其他应付款。该科目核算征地移民管理机构发生的除预收项目款核算内容外各种应付及暂存款项，包括应支付的各种质量保证金以及其他有关各种应付、暂存款项。

8. 报账单位会计事项的会计科目（表6-3-13）

表6-3-13　　　　　　　　　　报账单位会计科目名称

序号	资 金 占 用 类	
	总 账 科 目	明 细 科 目
1	待核销支出	与"预收项目款"项目内容相对应
2	其他经费支出	乡村工作配合经费
		银行存款利息
		其他
3	银行存款	
4	库存现金	
5	应收款	
6	预收项目款	与县级"预付项目款"项目内容相对应
7	其他经费收入	乡村工作配合经费
		银行存款利息
		其他
8	应付款	

乡（镇）、村等报账单位的会计核算业务，虽由县（区）移民管理机构负责管理，但对经由报账单位实施的项目资金和其他费用收支，实行独立核算。所以，根据报账单位实施业务范

围及项目种类，统一其核算总账科目及相应明细科目，有利于规范报账单位会计核算，准确反映资金状态，明晰预付款项情况，及时清结核销。报账单位应按照县级移民管理机构下达的资金计划实施，按照规定的会计科目进行核算，严格资金支付手续，及时向县报账。

（三）会计核算方法体系

会计核算方法是对会计对象的经济业务进行完整、连续、系统的记录和计算，为管理者提供必要信息所采用的方法。一般包括设置会计科目、复式记账、填制和审核凭证、登记账簿、编制会计报表等方面。上述方法相互联系、密切配合，构成一个完整的方法体系。

各级征地移民管理机构必须根据实际发生的经济业务事项进行会计核算，填制会计凭证，登记会计账簿，编制财务会计报告，并相互核对，以保证账实相符、账证相符、账账相符和账表相符。

1. 征地移民会计核算的基本流程

当移民资金经济业务发生后，首先对经办人取得的原始票据进行审核，检查其合法性，履行相应审批程序达到符合入账手续后，作为记账依据。然后按照原始凭证的分类编制记账凭证，根据规定的会计科目进行复式记账，登记总账和明细账，以防止差错和便于检查账簿记录的正确性和完整性。最后在保证试算平衡、账实相符的基础上，定期编制会计报表。

2. 投资计划下达流程

征地移民投资计划下达的依据通常有以下三种：年度工作计划、实施规划或设计部门清单、下级单位资金拨付申请。省级南水北调征地移民机构根据国家批准的移民补偿概算按权属对象分解，按照实施规划和移民工作进度要求，分市、县（市）编制移民投资计划，逐级下达，市组织协调落实，由县（市）负责具体实施。具体到一个单位来说，就是计划部门根据移民工作进度制定拨款计划，由部门领导和分管领导对资金项目、标准、金额等，签署核准意见后，由单位主要负责人签发，形成投资计划拨款文件。财务部门依据投资计划文件，逐级拨付资金，在严格完备有关手续后列支。

3. 资金支付流程

以征地移民补偿资金为例，由实施补偿兑付的单位填制移民补偿费领款表（单），由行政村负责人、乡镇办南水北调办公室负责人、乡镇办主管领导和乡镇办负责人审核、签字后转会计工作站，由会计工作站通过银行转账方式兑付。资金支出完毕并且各项手续完备以后，由报账单位填制征地移民资金汇总核销表，到县（市）南水北调财务部门核销资金，凭经过批准后的资金汇总核销表核销预付项目款。

三、征地移民资金主要会计事项核算

（一）会计核算职能

征地移民资金的会计核算，作为征地移民资金管理的具体手段和工具，通过严格执行财经法规、财务制度等，履行着实现资金管理目标的重要责任。所提供的信息，影响着预算编制、计划执行、指标考核、投资控制乃至整个决策管理。

征地移民资金会计核算应遵循下列基本要求。

（1）征地移民资金实行专账核算。各级征地移民管理机构和报账单位应当按照规定对南水北调征地移民资金设立专账进行会计核算，正确、及时、完整地记录、反映征地移民资金活动情况。

（2）征地移民资金的会计核算应当真实可靠、全面完整、相关可比、清晰明了、编报及时。

（3）征地移民资金的会计核算以实际发生的经济业务为依据，如实反映本单位征地移民资金的收支情况，及时提供合法、真实、准确、完整的会计信息。

（4）征地移民资金会计科目的设置和使用，应当符合《会计核算办法》和《会计核算补充规定》的要求。

（5）征地移民资金会计报表分为年报、半年报和月报，各级征地移民管理机构按照《会计核算办法》的规定编制会计报表，由单位领导、会计主管人员审阅并签名或盖章，加盖公章，及时上报上级征地移民主管部门。省移民资金管理部门负责审核、汇总本省所辖会计单位会计报表。报账单位应按时向县级移民机构报送报表。

（6）征地移民资金的会计核算应当保证会计指标口径一致，会计处理方法前后各期一致，不得随意变更。确需变更的，应将变更的情况、变更的原因及其对单位财务状况的影响，在财务决算分析中说明。

（7）县移民管理机构要督促和监督报账单位移民资金的实施和补偿费的兑付。对预付账款要定期进行核对，及时结清核销。报账单位必须严格按照下达的资金计划实施，及时报账。

（8）征地移民资金的会计凭证、会计账簿、会计报表、其他会计资料的内容和要求必须符合《会计核算办法》的规定。不得伪造、变造会计凭证和会计账簿，不得设置账外账，不得报送虚假会计报表。

（二）会计监督职能

南水北调各级征地移民管理机构的会计机构、会计人员在进行会计核算的同时，还兼具对本单位经济活动的合法性、合理性进行审查的职能。即对原始凭证、会计账簿、财产物资、财务收支、财务报告和其他经济活动进行监督。并建立健全会计监督所依据的各项制度，完善对会计核算的监督检查。

履行会计监督的依据：①会计法等国家财经法律、法规、规章和国家统一会计制度；②南水北调工程建设征地补偿和移民安置资金管理办法；③各级征地移民管理机构制定的财务会计管理制度；④各级征地移民管理机构编制的内部财务预算、业务计划等。

会计监督主体及职责如下。

1. 会计监督主体及监督对象

会计机构、会计人员是会计监督的主体，本单位的经济活动是会计监督的对象。单位领导人应当支持和保障会计机构、会计人员行使会计监督职权。

2. 会计监督的职责

会计监督是会计的基本职能之一，是我国经济监督体系的重要组成部分，在维护社会主义市场经济秩序、保障财政经济法律、法规、规章贯彻执行中发挥重要作用。

会计机构、会计人员是财政经济法律、法规、规章的执行者，应当在单位领导的领导下，在参与本单位管理、维护本单位经济利益的同时，承担着保障单位经济活动正常开展、严格执行法律、法规、规章的重要责任。

会计机构、会计人员有责任监督和控制单位内部管理制度以及计划、预算等的执行，指出存在的问题，纠正不符合规定的做法，提出改进意见，保证各项内部制度的实施。

会计机构、会计人员通过对本单位的会计监督，确保本单位会计报告和会计信息真实、准确、完整。

3. 具体会计监督

（1）对原始凭证进行审核和监督。会计机构、会计人员应当对原始凭证进行审核和监督，对不真实、不合法的原始凭证，不予受理。对弄虚作假、严重违法的原始凭证，在不受理的同时，应当予以扣留，并及时向单位负责人报告，请求查明原因、追究当事人的责任。

对记载不准确、不完整的原始凭证，予以退回，要求经办人员更正、补充。

（2）对会计账簿的监督。会计机构、会计人员应当对会计账簿进行监督。对弄虚作假行为，对伪造、变造、故意毁灭会计账簿和账外设账行为，应当制止和纠正；制止和纠正无效的，应当向上级单位报告，请求做出处理。

（3）对财产物资的监督。会计机构、会计人员应当对实物、款项进行监督，督促建立并严格执行财产清查制度。发现账簿记录与实物款项不符时，应当按照国家有关规定进行处理。超出会计机构、会计人员职权范围的，应当立即向本单位负责人报告，请求查明原因，做出处理。

（4）对财务收支的监督。会计机构、会计人员应当对财务收支进行监督：对审批手续不全的财务收支，应当退回，要求补充、更正；对违反规定不纳入单位统一会计核算的财务收支，应当制止和纠正；对与国家统一的财政、财务、会计制度规定不一致的财务收支，不予办理；对违反国家统一的财政、财务、会计制度规定的财务收支，应予制止和纠正；制止和纠正无效的，应向单位负责人提出请求处理的书面意见；单位负责人应当在接到书面意见起 10 个工作日内做出书面决定，并对决定承担责任。对违反国家统一的财政、财务、会计制度规定的财务收支，不予制止和纠正，又不向单位负责人提出书面意见的，会计机构及会计人员应当承担责任；对严重违反国家利益和社会公众利益的财务收支，应向主管单位或者财政、审计、税务机关报告。

（5）对财务报告的监督。会计机构、会计人员应对财务报告进行监督，对弄虚作假行为，对指使、强令编造、篡改财务报告行为，应予制止和纠正，制止纠正无效的，应当向上级主管单位报告，请求处理。

（6）会计机构、会计人员对违反本单位内部会计管理制度的经济活动，应予制止和纠正，制止和纠正无效的，向单位负责人报告，请求处理。

（7）会计机构、会计人员应对单位制定的财务预算、业务计划等的执行情况进行监督。

（8）会计机构、会计人员应当依法对所属单位的经济活动进行会计监督。

在履行会计监督职能的同时，各级征地移民管理机构会计机构、会计人员还应积极配合财政、审计、税务、稽查等国家监督检查机关进行的监督，是加强南水北调征地移民资金管理的重要手段和形式。各单位必须依照法律法规和国家有关规定，接受国家监督检查机关对本级经济活动和内部财务会计制度进行的监督。如实提供会计凭证、会计账簿、会计报表和其他会计资料以及有关情况，不得拒绝、隐匿和谎报，对发现的问题及时纠正。

（三）征地移民资金主要会计事项

征地移民资金的主要会计事项包括：①拨出征地移民资金；②征地移民资金支出；③待摊支出；④应收款；⑤拨入征地移民资金；⑥其他收入；⑦应付款等。各省征地移民管理机构根据《会计核算办法》第五章第十九条原则，按照各自核算和管理工作需要，自行设置了相应明细科目。如，河南省结合其他移民项目管理经验，统一增设三级以下会计明细科目，将移民投资概算下实际发生的明细项目核算口径标准化，达到规范会计核算工作，提高核算精细化程度的目的。

1. 拨出征地移民资金的核算

（1）拨出征地移民资金的核算内容。本科目核算省级和市级征地移民管理机构向下级征地移民管理机构拨付的征地移民资金。期末借方余额反映上级征地移民管理机构累计拨付给下级征地移民管理机构的征地移民资金。

（2）会计分录及凭证主要附件。拨付下属征地移民管理机构征地移民资金的会计处理：借记本科目及相关明细科目，贷记"银行存款"科目。应附的主要附件包括：下达的征地移民资金计划、收据（拨款通知单）、银行付款凭证等。

2. 征地移民资金支出的核算

（1）"征地移民资金支出"的核算内容。本科目核算各级征地移民管理机构执行征地补偿和移民安置投资概算时发生的支出，借方余额反映各级征地移民管理机构累计用于未完工征地移民项目的资金支出数，按设计单元工程或阶段设置明细账。

（2）会计分录及凭证主要附件。

1）会计分录。实际发生各项征地补偿和移民安置支出时会计处理：借记本科目及相关明细科目，贷记"银行存款现金、应收款"等科目；期末，摊入待摊支出时，借记本科目（其他费用支出—××设计单元工程—相关明细科目），贷记"待摊支出"科目。

2）凭证主要附件。个人补偿费：凭个人签收的补偿费领款单列支。通过银行代发的，需附银行转款明细流水单。

集体补偿费：凭村集体经济组织盖章的收据、银行支付手续、计划文件等列支。移民安置用地征用费，由县（区）移民管理机构支付给安置地，凭征地协议、划地相关手续列支；征地后剩余的移民淹没土地补偿补助费凭移民村收据凭证列支。

城（集）镇迁建和工业企业迁建费：凭被补偿单位收款凭证、合同、银行付款手续等列支。

专业项目复建补偿费：自行组织实施的项目，凭计划、合同、财务决算、发票、验收手续和交付使用手续列支，实施监理的工程项目，应附监理审核的付款通知书；委托行业主管部门实施的项目，凭包干协议（合同）及收款收据按工程进度列支。

新村基础设施项目及其他工程类项目：凭发票、合同、验收手续、银行支付手续、决算等手续列支。实施监理的工程项目，应附监理审核的付款通知书。

工业企业单位补偿费：凭补偿企、事业单位盖章的收款收据、合同（协议）、验收手续、银行支付手续、计划文件等列支。

税费：凭计划文件、完税凭证、银行付款手续等列支。

核销报账单位支出：经县级移民管理机构批准的报账单位征地移民资金支出汇总核销表等。

3. 待摊支出的核算

（1）待摊支出的核算内容。本科目核算各级征地移民管理机构按南水北调工程移民投资概算发生的应分摊计入移民项目的各项支出。期末摊入相关的设计单元项目，结转后无余额。四级及以下科目参照预算支出明细增设。

（2）待摊支出的会计处理及凭证主要附件。

1）会计分录。移民管理机构实际发生上述各项支出时，借记本科目及相关明细科目，贷记"银行存款、现金、应收款"等科目。

期末，所有待摊支出应按照合理、有据的方法摊入相关的设计单元项目，借记"征地移民资金支出—其他费用支出—相关明细科目"，贷记本科目及相关明细科目。

2）凭证主要附件。办公费：发票、付款凭证等；批量、大额购买办公用品必须附销售单位盖章的办公用品明细表、本单位相关人员的验收手续等。实行政府采购的应附相关部门审批的采购手续。

会议费、培训费：本单位组织的会议费凭会议通知、会议预算、与会人员签到表、发票、银行付款手续等列支。参加其他单位的会议、培训凭会议通知、发票列支。严格控制会议费支出，必须按照当地会议费标准执行；

差旅费：差旅费审批单、政府采购定点宾馆住宿发票、公务卡 pos 清单、往返公共交通票据等；

招待费：凭支出发票（附明细）、银行转账手续、公函等列支。纪念品、土特产、礼品等不能列支；

值班费等：发放值班费等必须依据当地政府有关部门的规定、相关文件发放，凭个人的签字手续列支；

固定资产：办公设备等固定资产的购买需有政府采购手续、验收单、合同、发票等手续，购买车辆凭当地控购办的审批手续。

4. 应收款的核算

（1）应收款的核算内容。本科目核算各级征地移民管理机构发生的各种应收及暂付款项，包括应收取的各种赔款、罚金、保证金以及其他有关各种应收、暂付款项。期末借方余额反映征地移民管理机构应收未收或暂付款项的余额。按单位和个人设置明细账，进行明细核算。

河南省为明确区分预拨项目资金与其他应收或暂付，统一增设两个明细科目，即预付项目款、其他应收款，并要求在预付项目款项下分别按设计单元工程及相应项目进行明细核算，起到了统一预付口径、期末有效对账、方便对应核销、保证专款专用的作用。

（2）应收款的会计处理及凭证主要附件。

1）会计处理。发生各种应收、暂付款项及拨付报账单位款项时，借记本科目，贷记"银行存款、现金"等科目；

收回应收、暂付款项及报账单位核销时，借记"征地移民资金支出、待核销支出"等科目，贷记本科目。

2）凭证主要附件。拨付报账单位移民资金：下达的资金计划、拨款通知单（收据）、银行付款凭证等；

预付施工单位款项时：合同、施工单位收据、银行付款凭证等，实施监理的工程项目，应附监理审核的付款证书。

预付补偿单位款项时：合同（协议）、补偿单位收据、银行付款凭证等。

报账单位核销时：经县级移民管理机构批准的报账单位征地移民资金支出汇总核销表等。

个人因公借款：经领导审批的个人借据等，报销还款时不能退回，应向借款人开具收据。

5．拨入征地移民资金的核算

（1）拨入征地移民资金的核算内容。本科目核算征地移民管理机构收到上级征地移民管理机构拨入或项目法人支付的征地移民资金。期末贷方余额反映由上级管理机构（或项目法人）累计拨入的征地移民资金。

（2）拨入征地移民资金的会计处理及凭证主要附件。

1）会计处理。省级征地移民管理机构收到项目法人按合同支付的征地移民资金、省级以下征地移民管理机构收到上级征地移民管理机构拨入的征地移民资金时，借记"银行存款"，贷记本科目。

2）凭证主要附件：省级征地移民管理机构（项目法人）下达的资金计划文件、拨款通知单（收据）、银行收款凭证等。

6．其他收入的核算

（1）其他收入的核算内容。本科目核算各级征地移民管理机构在征地补偿和移民安置实施过程中实现的利息收入等，期末贷方余额反映实际收到的其他收入金额。

（2）其他收入的会计处理及凭证主要附件。

1）会计分录：取得利息等其他收入时，借记"银行存款"科目，贷记本科目。

2）凭证主要附件：银行存款利息单等。

7．应付款的核算

（1）应付款的核算内容。本科目核算各级征地移民管理机构应付、暂收其他单位和个人的款项。期末贷方余额反映征地移民管理机构应付未付或暂收款项的余额。按单位和个人设置明细账，进行明细核算。

河南省为明确区分预收项目资金与其他应付或暂收，统一增设两个明细科目，即预收项目款、其他应付款，预收项目款下分别按设计单元工程或阶段进行明细核算，起到统一口径、期末有效对账、保证专款专用的作用。

（2）应付款的明细科目。

1）预收项目款：核算上级主管部门拨来未明确具体项目资金及预备费、价差等。

2）其他应付款：核算移民管理机构发生的除预收项目款核算内容外各种应付及暂收款项，包括应付未付的各种质保金以及其他有关各种应付、暂收款项，分个人或单位进行明细核算。

（3）应付款的会计处理及凭证主要附件。

1）会计处理。发生各种应付、暂收款项及收到上级主管部门拨来款项时，借记"银行存款"等科目，贷记本科目；拨付应付、暂收款项及调整预收项目款时，借记本科目，贷记"拨入征地移民资金、银行存款"等科目。

2）凭证主要附件。收到上级主管部门拨来移民资金：下达的资金计划、拨款通知单（收据）、银行转款凭证等；拨付暂存的质保金：质保金拨付申请、项目验收合格手续、经领导审批的发票等。

8. 报账单位主要会计事项核算

南水北调工程征地移民资金的管理核算主体，除作为政府职能部门的各级移民管理机构外，乡（镇）、行政村两级组织作为报账单位，具有不可或缺的地位。征地移民资金报账单位，是指参加征地移民资金使用的核算业务，非独立核算单位，是县级移民管理机构的组成部分，业务受县级征地移民管理机构指导和监督，会计档案资料最终存放县级征地移民机构。在征地移民资金没有完成核销前，要进行专户专账核算，并严格计划管理和资金支付手续，及时报账。

从会计核算体系上讲，报账单位是县级征地移民机构的一个有机组织部分，所承担的征地移民资金核算任务是县级征地移民机构征地移民资金核算的一部分，所负责完成的会计业务与县级征地移民机构的会计业务不可分割。

因其在会计核算中所起作用，各省级征地移民管理机构均对报账单位征地移民资金的核算提出了明确的要求，制定了相应规定。如，河南省征地移民管理机构在《会计核算补充规定》专设章节规定报账单位的核算管理，统一了报账单位的会计科目、会计报表，规范了报账单位的会计核算。

（1）会计科目的设置。共设置 8 个会计科目，其中：资金占用 5 个，包括待核销支出、其他经费支出、库存现金、银行存款、应收款；资金来源 3 个，包括预收项目款、其他经费收入、应付款。

（2）主要会计科目的使用。

1）待核销支出的核算。待核销支出。本科目核算已支出而尚未经县级征地移民机构审核批准核销的征地移民资金，期末借方余额为已支付但尚未核销征地移民资金，与县级"征地移民资金支出—农村移民安置支出"各明细项核算口径一致（表 6-3-14）。

表 6-3-14 　　　　　　　　　　　**待核销支出明细科目**

二　　级	三　　级	四　　级
个人部分	征用土地补偿费和安置补助费	
	房屋及附属建筑物补偿费	
	农副业设施补偿费	
	小型水利水电设施补偿费	
	搬迁补助费	
	过渡期生活补助费	
	双瓮厕所及沼气池补助费	
	移民渔船及渔具补助费	
	零星果木及林木补偿费	
	坟墓迁移费	
	建房困难补助费	
	其他	

二　　级	三　　级	四　　级
	征用土地补偿费和安置补助费	
	房屋及附属建筑物补偿费	
	农副业设施补偿费	
	小型水利水电设施补偿费	
	学校及医疗网点调整补助	
	搬迁运输费	
	外迁移民专业项目增容费	
集体部分	基础设施补偿费	新址征地
		场地平整
		人畜用水
		排水
		街道
		电力设施
		其他
	乡村工作配合经费（迁安管理补助费）	人员经费
		办公费
		差旅费
		车辆费用
		招待费
		其他
	其他	

待核销支出的会计处理。报账单位实际发生各项支出的会计处理：借记本科目，贷记"银行存款、现金、应收款等"科目。

按规定的程序报县级征地移民机构审核同意核销后的会计处理：借记"预收项目款及相关明细科目"，贷记本科目。

凭证主要附件。个人补偿费支出的附件：凭个人签收的补偿费领款单列支，通过银行代发的还需附银行转款明细流水单。

集体补偿费支出的附件：集体补偿费凭行政村盖章的收据、银行支付手续、计划等。移民安置用地征用费，由县级征地移民机构支付给安置地，凭征地协议、划地相关手续等列支；征地后剩余的移民淹没土地补偿补助费凭移民行政村收据凭证。

基础设施项目及其他工程类项目支出的附件：发票、合同、验收手续、银行支付手续、决算等，实施监理的工程项目，应附监理审核的付款通知书。

办公费支出的附件：发票、付款凭证等；批量、大额购买办公用品必须附销售单位盖章的办公用品明细表，本单位相关人员的验收手续等。

会议费、培训费支出的附件：参加其他单位的会议、培训的，凭会议或培训通知、发票。

差旅费支出的附件：差旅费审批单、公共交通票据、住宿发票、差旅费报销单等。

招待费支出的附件：招待对象提供的公函、发票（附明细）、银行转账手续等。

误工补助等支出的附件：误工人员的签字审批手续。

核销手续：经县级征地移民机构批准的报账单位征地移民资金支出汇总核销表等。

2）预收项目款的核算。预收项目款的核算内容。本科目核算上级移民机构根据计划、工程进度、预拨给报账单位的移民资金。期末贷方余额为预收未支或已支尚未核销数，与县级"应收款—预付项目款—乡（村）"余额一致。

预收项目款的明细科目设置。二级以下明细科目按项目内容设置，与县级"应收款—预付项目款"对应。

预收项目款的会计分录及凭证主要附件。

报账单位收到县级征地移民机构拨入的征地移民资金的会计处理：借记"银行存款"，贷记本科目及相关明细科目。凭证主要附件：县级征地移民机构下达的资金文件、预付项目款通知单（收据）、银行收款凭证等。

按规定的程序报县级征地移民机构审核同意核销后的会计处理：借记本科目，贷记"待核销支出"。凭证主要附件：经县级移民征迁机构批准的报账单位征地移民资金支出汇总核销表等。

（3）报账单位账簿设置。报账单位应设置总账、明细账及相关的明细登记簿。征地移民个人（集体）补偿费明细登记簿、征地移民工程支付情况财务备查登记簿，分别依据淹没补偿费卡片的行政村、组、姓名（单位）、补偿金额等信息内容和按征地移民工程的名称、合同序号、投资控制额度、实际支付结算等情况进行详细登记。登记簿可不受年度限制连续使用，需跨年度核算的，下年度仍可使用老账页，不另立新账。

（4）报账核销的程序和要求。报账单位报账时，须认真填报"报账单位征地移民资金支出汇总核销表"。该表既反映征地移民工程支出、征地移民个人（集体）补偿费支出等情况，又是向县级征地移民机构报送的汇总核销凭证。月终（或按照县级征地移民机构规定的时间）分别根据各有关明细账的本月发生额与原始凭证分类整理核对相符后填列。本表一式两份，县级征地移民机构审核与表列数额相关的单据，结出累计核销数。经县级征地移民机构签章后，退回报账单位一份，据以冲减"预收项目款"及有关科目（表6-3-15）。

表6-3-15　　　　　　　　　　报账单位征地移民资金支出汇总核销表

报账单位：　　　　　　　　　　　　　年　月　　　　　　　　　　　　　　单位：元

项目	待核销支出			核准报销数		
	账面金额	本月	累计支出	县收存单据（张）	金额	累计核销

报账单位负责人：　　　　　　　　　报账人：　　　　　　　　　县级征地移民机构：

9. 征地移民资金会计核算电算化

根据移民资金的使用涉及面广、移民资金收支计划性强和移民机构层级多、核算要求特别严格的特点，为了完成庞大繁杂的南水北调系统移民资金会计核算任务，对南水北调征地移民资金会计核算进行科学化、系统化、信息化管理，成为各省移民机构研究的课题。河南省结合其他大型水利移民项目管理经验，根据南水北调移民工作实际，研发了两套财务软件，即《河南省南水北调移民资金会计核算软件》和《河南省在建水利工程移民资金辅助管理系统软件》，通过在项目资金实施过程中利用计算机技术进行电算化管理的形式，增强了各级移民财会人员适应工作的能力，进一步提高移民资金管理工作效率。

（1）征地移民机构电算化。

1）南水北调移民资金会计核算软件的主要功能和作用。核心模块有：凭证管理、科目汇总、账务管理、报表生成、报表汇总；通过对各设计单元工程阶段基础资料设置、各来源类、占用类科目的定义、总账、明细账科目的定义设置，在进行凭证制单、凭证复核、凭证审核后，可实现月末自动记账、期末结账、自动由账产生报表及自动完成下级报表上报汇总等功能（图6-3-1）。日常核算中，可进行凭证汇总、科目汇总、科目余额查询，预收、预付统计查询，银行往来查询对账、报账单位核销，凭证、总账、明细账、日记账、多栏账的查询打印，月报、半年报、年报表查询；年度决算时，可进行报表计算、审核、打印，汇总，并进行报表分析，极大地提高了征地移民资金信息处理规范程度，提高了各级征地移民管理机构报表填报质量和核算水平。

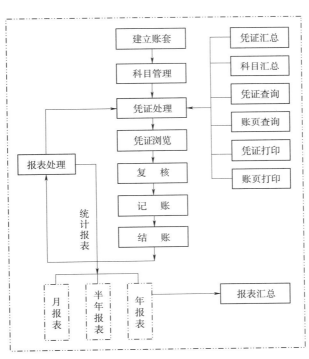

图6-3-1 系统操作流程图

2）移民资金辅助管理系统软件的主要功能和作用。通过组织收集省、市、县各级征地移民管理机构基本的单位项目信息、资金项目信息，形成移民资金管理系统的主要标准化数据。

再对单位项目、资金项目的资金拨入（图6-3-2）、拨出（图6-3-3）、预付（图6-3-4）、列支、核销（图6-3-5）等资金活动主要流程进行统一编程设置和完整的过程化管理，并根据核算管理需要设置自定义报表系统、灵活定义报表公式、绘制报表格式，实现任意年份、任意时段、任意项目、任意单位的移民资金使用情况的查询、统计、汇总，可为各阶层管理者提供准确、高效的过程信息需求，也起到全系统资金收支业务口径规范统一、拨支单据功能齐全，更方便查询、统计、汇总、归档数据资料的作用。

图6-3-2　资金拨入截屏图

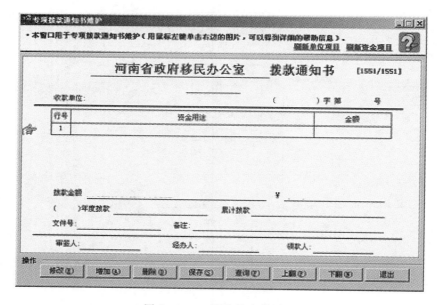

图6-3-3　资金拨出截屏图

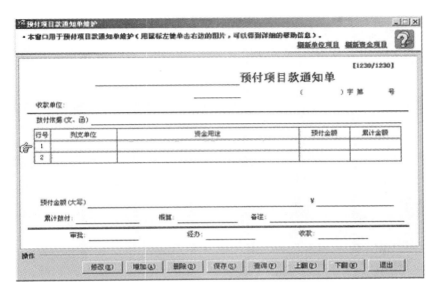

图 6-3-4　资金预付截屏图

图 6-3-5　资金核销截屏图

3）电算化效果。软件产生的多角度多方位财务信息，从技术上改善了原资金业务处理手段落后的状况，满足了管理者的信息需求和移民资金管理所要求的深度。随着征地移民工作的逐步深入，软件还能根据管理思路需要不断开发升级，实现不同管理目标，成为持续助力资金管理，不断提高移民资金管理水平和使用效率的法器之一。

（2）报账单位电算化。许昌市禹州市在禹长段征迁资金管理核算工作中，根据禹长段涉及10个乡镇和48个行政村的工作任务，及征迁资金数额巨大、补偿项目多，要求严，核销环节手续复杂等特点，结合禹州市乡镇及村已实现统一的会计委派制度、并且已实施会计电算化的有利条件，积极与财政局、会计局、人行等职能部门沟通联系，量身定制研发了适合报账单位的财务软件及专用账套、报表，对资金业务流程、处理方法实行模块化、制度化、规范化，在全省南水北调系统开辟了乡级财务管理实现电算化的先例。

1）核算软件组织架构。科目设置及会计处理方式，严格执行《会计核算补充规定》，在报账单位的核算科目之下再设立行政村和具体补偿项目明细，各乡镇报账单位只需要设立一个账户和一套专账就可以对全乡镇涉及的行政村进行完整的核算管理（如张得镇一个专账会计就可以对全镇 15 个村征迁资金进行管理）。实施过程中，各村如需调整项目，在履行相关报批手续后，根据批复调整相应科目，即可调剂使用资金。

2）报账单位资金处理流程。报账单位收到县南水北调办拨付资金后，按照投资计划文件将明细资金项目录入相关村的具体预收项目款科目，兑付时严格依据资金下拨明细支出资金，分阶段到县南水北调办办理核销手续，批准核销后将收支科目一一对冲，分别冲抵待核销支出和预收项目款科目，完成资金收支录入业务。

3）会计电算化的效果。会计电算化的主要效果：①杜绝了报账单位挤占、挪用资金。由于核算软件设置具体、明细，财务电算核算时与下达资金计划口径完全吻合，每村每项目收支显示得一清二楚，实施时必须严格对照项目拨入情况量入为出，没有拨入资金的项目不允许支出。即使项目资金出现结余也必须经报批调整科目才可以使用，拨入—支出—核销这三个环节一一对应、严丝合缝，避免了报账单位对征迁资金的挤占挪用。②提高了报账单位资金管理水平和会计工作质量。由于科目设置到行政村及明细项目，通过查看预收项目款明细余额可以查询某村某项的资金实时拨入状态，通过查询待核销支出明细余额可以查询某村某项的资金实时支出状态，资金使用情况一目了然，可以避免资金使用超支或是兑付不到位，为采取管理措施提供了依据。③激发了乡镇征迁资金的管理人员的工作热情。由于承担南水北调征迁资金核算任务的是各乡镇办财政所会计工作站人员，工作站人数少，且大多身兼数职。财务软件除实现正常核算功能外，还兼具征迁资金计划台账辅助功能，这样就可以把财务人员从繁琐的手工业务中解放出来，方便了基层单位的工作，极大调动了基层财政部门参与南水北调资金管理的积极性，提高了核算水平和工作效率。

四、征地移民资金会计账表

南水北调工程征地移民资金账簿设置，按照国家批复各项目的概算口径，各级征地移民机构和报账单位设置专账进行管理。在各专账下按照设计单元工程设置明细账进行核算。根据具体实施方式不同、核算管理需要，除征地移民资金总分类账、各种明细分类账、现金日记账、银行存款日记账等外，还可增设各类辅助备查台账，如征地移民项目资金预付项目款多栏账、征地移民工程支付情况财务备查登记簿、征地移民个人（集体）补偿费明细登记簿等，分别依据淹没补偿费卡片的村、组、姓名（单位）、补偿金额等信息内容和按征迁工作的名称、合同序号、投资控制额度、实际支付结算等情况进行详细登记。做好征地移民资金会计账簿设置和登记工作，是连接会计凭证和会计报表的重要中间环节，对于加强南水北调工程征地移民资金管理具有十分重要的意义。

为了反映征地移民资金使用情况，财政部统一制定了 6 种报表（表 6-3-16），即资金平衡表、征地移民资金支出总表、农村移民安置支出明细表、城集镇迁建支出明细表、工业企业迁建支出明细表、专业项目复建支出明细表、待摊支出明细表。南水北调工程征地移民资金会计报表提供的资料，不仅是分析考核投资计划和预算执行情况的重要依据，也是进行管理决策和考核奖惩工作必要的参考资料。

表 6 - 3 - 16　　　　　　　　征地移民资金会计报表种类

报表编号	会计报表名称	编报期
南移会 01 表	资金平衡表	月报、季报、年报
南移会 02 表	征地移民资金支出总表	季报、年报
南移会 02 - 1 表	农村移民安置支出明细表	年报
南移会 02 - 2 表	城集镇迁建支出明细表	年报
南移会 02 - 3 表	工业企业迁建支出明细表	年报
南移会 02 - 4 表	专业项目复建支出明细表	年报
南移会 03 表	待摊支出明细表	年报

1. 编制《资金平衡表》

按照财政部统一制定的《资金平衡表》（表 6 - 3 - 17）格式进行编制，反映各级征地移民机构期末全部资金来源和资金占用情况。编制本表是为了综合反映征地移民资金来源和资金占用的增减变动情况及其相互对应关系；考核、分析征地移民资金的拨入及使用情况。

表 6 - 3 - 17　　　　　　　　资金平衡表（南移会 01 表）

编制单位：　　　　　　　　　　　　年　　月　　日　　　　　　　　　　　　单位：元

资金占用	行次	年初数	期末数	资金来源	行次	年初数	期末数
一、拨出征地移民资金	1			一、拨入征地移民资金	18		
二、征地移民资金支出	2			二、其他收入	19		
1. 农村移民安置支出	3			三、应付款	20		
2. 城集镇迁建支出	4			四、固定基金	21		
3. 工业企业迁建支出	5				22		
4. 专业项目复建支出	6				23		
5. 防护工程支出	7				24		
6. 库底清理支出	8				25		
7. 地质灾害监测防治支出	9				26		
8. 税费支出	10				27		
9. 其他费用支出	11				28		
三、已完工移民项目	12				29		
四、现金	13				30		
五、银行存款	14				31		
六、应收款	15				32		
七、固定资产	16				33		
资金占用总计	17			资金来源总计	34		

单位负责人：　　　　　　会计机构负责人：　　　　　　制表人：

编制《资金平衡表》的具体方法如下：

（1）《资金平衡表》的"年初数"栏的数字，应根据上年末本表"期末数"栏的数字填列，保持每年报表的连续性。

（2）《资金平衡表》资金占用方各项的内容及"期末数"栏的填列方法。

1）"拨出征地移民资金"项（第1行），反映上级征地移民机构累计拨付下级征地移民机构的征地移民资金，根据"拨出征地移民资金"科目的期末余额填列。

2）"征地移民资金支出"（第2行），反映征地移民机构累计用于未完工征地移民项目的各项征地移民资金支出数，根据"征地移民资金支出"科目的期末余额填列。其中："农村移民安置支出"（第3行），反映征地移民机构累计支出的用于农村移民安置的款项，根据"农村移民安置支出"明细科目的期末余额填列；"城集镇迁建支出"（第4行），反映征地移民机构累计支出的用于城集镇迁建的款项，根据"城集镇迁建支出"明细科目的期末余额填列；"工业企业迁建支出"（第5行），反映征地移民机构累计支出的用于工业企业迁建的款项，根据"工业企业迁建支出"明细科目的期末余额填列；"专业项目复建支出"（第6行），反映征地移民机构累计支出的用于专业项目恢复和改建的款项，根据"专业项目复建支出"明细科目的期末余额填列；"防护工程支出"（第7行），反映征地移民机构累计支出的用于防护工程的款项，根据"防护工程支出"明细科目的期末余额填列；"库底清理支出"（第8行），反映征地移民机构累计支出的用于库底清理的款项，根据"库底清理支出"明细科目的期末余额填列；"地质灾害监测防治支出"（第9行），反映征地移民机构累计支出的用于地质灾害监测防治的款项，根据"地质灾害监测防治支出"明细科目的期末余额填列；"税费支出"（第10行），反映征地移民机构累计支出的耕地占用税、耕地开垦费、森林植被恢复费和新菜地开发建设基金等税费，根据"税费支出"明细科目的期末余额填列；"其他费用支出"（第11行），反映征地移民机构累计支出的实施管理费等其他费用支出，根据"其他费用支出"明细科目的期末余额填列。

3）"已完工移民项目"（第12行），反映已完工的各项设计单元工程的实际成本，根据"已完工移民项目"科目的期末余额填列。

4）"现金"（第13行），反映征地移民机构期末库存现金余额，根据"现金"科目的期末余额填列。

5）"银行存款"（第14行），反映征地移民机构期末银行存款余额，根据"银行存款"科目的期末余额填列。

6）"应收款"（第15行），反映征地移民机构期末各项暂付及应收款项，根据"应收款"科目的期末余额填列。

7）"固定资产"（第16行），反映征地移民机构在实施管理过程中使用征地移民资金购买的固定资产，根据"固定资产"科目的期末余额填列。

（3）《资金平衡表》资金来源方各项的内容及"期末数"的填列方法。

1）"拨入征地移民资金"（第18行），反映征地移民机构累计收到上级征地移民机构、南水北调工程项目法人拨入的征地移民资金，根据"拨入征地移民资金"科目的期末余额填列。

2）"其他收入"（第19行），反映征地移民机构累计发生的利息收入等，根据"其他收入"科目的期末余额填列。

3）"应付款"（第 20 行），反映征地移民机构应付、暂收其他单位和个人的款项，根据"应付款"科目的期末余额填列。

4）"固定基金"（第 21 行），反映征地移民机构在实施管理过程用于购买固定资产的资金，根据"固定基金"科目的期末余额填列。

（4）《资金平衡表》各项之间应保持以下勾稽关系。

1）第 2 行等于第 3 行至第 11 行之和。

2）第 17 行等于第 1 行加第 2 行再加第 12 行至 16 行之和。

3）第 34 行等于第 18 行至第 21 行之和。

4）第 17 行等于第 34 行。

2. 编制《征地移民资金支出总表》

应根据财政部统一制定的《征地移民资金支出总表》格式进行编制（表 6-3-18），本表全面反映南水北调工程征地移民投资概算、累计计划数、本年计划数、累计支出数和本年支出数等情况。编制本表是为了检查年度投资计划执行情况，考核、分析南水北调工程征地移民工作的进展和投资完成情况，考核征地移民项目的累计计划数、累计支出数与概算的匹配程度。

表 6-3-18　　　　　　　　征地移民资金支出总表（南移会 02 表）

编制单位：　　　　　　　　　　　　　　年　月　　　　　　　　　　　　　　单位：元

项　目	行次	概算投资	计 划 数		支 出 数	
			累计	本年	累计	本年
		1	2	3	4	5
1. 农村移民安置支出	1					
2. 城集镇迁建支出	2					
3. 工矿企业迁建支出	3					
4. 专业项目复建支出	4					
5. 防护工程支出	5					
6. 库底清理支出	6					
7. 地质灾害监测防治支出	7					
8. 税费支出	8					
（1）耕地占用税	9					
（2）耕地开垦费	10					
（3）森林植被恢复费	11					
（4）新菜地开发建设基金	12					
9. 其他费用支出	13					
总　　计	14					

单位负责人：　　　　　会计机构负责人：　　　　　制表人：

编制《征地移民资金支出总表》的具体方法如下：

（1）《征地移民资金支出总表》中的"概算投资"（第1栏），分别反映各类征地移民项目的投资概算数，根据国家核定征地补偿和移民安置投资概算数逐行填列。

（2）《征地移民资金支出总表》中的"计划数—累计"（第2栏），分别反映征地移民机构已经下达各类征地移民项目投资计划的累计数，应根据上级征地移民机构先后下达投资计划的累计数逐行填列。

（3）《征地移民资金支出总表》中的"计划数—本年"（第3栏），分别反映当年征地移民机构下达各类征地移民项目的投资计划数，应根据上级征地移民机构下达的本年计划数逐行填列。

（4）《征地移民资金支出总表》中的"支出数—累计"（第4栏），分别反映征地移民机构累计拨出或支出的各类征地移民项目实际使用的资金，应根据"征地移民资金支出"科目各明细科目的期末余额分别填列。

（5）《征地移民资金支出总表》中的"支出数—本年"（第5栏），分别反映征地移民机构本年实际拨出或支出的各类征地移民项目实际使用的资金，根据"征地移民资金支出"科目各明细科目的本年借方发生额分别填列。

（6）《征地移民资金支出总表》中各项之间应保持以下勾稽关系。

1）第8行应等于第9行至第12行之和。

2）第14行应等于第1行至第8行之和再加第13行。

3. 编制《农村移民安置支出明细表》

应根据财政部统一制定《农村移民安置支出明细表》格式进行编制（表6-3-19），本表全面反映南水北调工程农村移民安置投资概算、累计计划数、本年计划数、累计支出数和本年支出数等情况。编制本表是为了检查农村移民安置年度投资计划执行情况，考核、分析南水北调工程农村移民安置的进展和完成情况，考核农村移民安置各项目的累计计划数、累计支出数与概算的匹配程度。

表6-3-19　　　　　农村移民安置支出明细表（南移会02-1表）

编制单位：　　　　　　　　　　　年　月　　　　　　　　　　　单位：元

项　目	行次	概算投资	计划数		支出数			
			累计	本年	累计		本年	
					合计	其中：个人	合计	其中：个人
		1	2	3	4	5	6	7
1. 征用土地补偿费和安置补助费	1							
2. 房屋及附属建筑物补偿费	2							
3. 农副业设施补偿费	3							
4. 小型水利水电设施补偿费	4							
5. 学校、医疗网点调整补助费	5							
6. 基础设施补偿费	6							

项 目	行次	概算投资	计划数		支出数			
			累计	本年	累计		本年	
					合计	其中：个人	合计	其中：个人
7. 搬迁运输费	7							
8. 过渡期生活补助费	8							
9. 移民双瓮厕所及沼气池补助费	9							
10. 移民渔船及渔具补助费	10							
11. 外迁移民专业项目增容费	11							
12. 其他补偿费	12							
（1）零星果木及林木补偿费	13							
（2）坟墓迁移费	14							
（3）建房困难补助费	15							
（4）临时搬迁道路补助费	16							
（5）其他	17							
总　　计	18							

单位负责人：　　　　　　　　　会计机构负责人：　　　　　　　　　制表人：

编制《农村移民安置支出明细表》的具体方法如下。

（1）本表"概算投资"栏（1栏）所属各项目，分别反映各类农村移民安置资金的投资概算数，根据国家核定的投资概算分别填列。

（2）本表"计划数—累计"栏（2栏）所属各项目，分别反映累计各类农村移民安置资金的计划数，根据上级征地移民管理机构下达的累计计划数逐项填列。

（3）本表"计划数—本年"栏（3栏）所属各项目，分别反映当年各类农村移民安置资金的计划数，根据上级征地移民管理机构下达的本年计划数逐项填列。

（4）本表"支出数—累计（合计）"栏（4栏）所属各项目，分别反映征地移民管理机构累计支出的各类农村移民安置资金，根据"征地移民资金支出—农村移民安置支出"科目各明细科目的期末余额分析填列。

（5）本表"支出数—累计（其中：个人）"栏（5栏）所属各项目，分别反映征地移民管理机构累计支出的各类农村移民安置资金中支付给农村移民个人的金额，根据"征地移民资金支出—农村移民安置支出"科目各明细科目的期末余额分析填列。

（6）本表"支出数—本年（合计）"栏（6栏）所属各项目，分别反映征地移民管理机构本年实际支出的各类农村移民安置资金，根据"征地移民资金支出—农村移民安置支出"科目各明细科目的本年借方发生额分析填列。

（7）本表"支出数—本年（其中：个人）"栏（7栏）所属各项目，分别反映征地移民管理机构本年实际支出的各类农村移民安置资金中支付给农村移民个人的金额，根据"征地移民资金支出—农村移民安置支出"科目各明细科目的本年借方发生额分析填列。

（8）本表各项目之间的关系如下。

1）第 12 行等于第 13 行至第 17 行之和。

2）第 18 行等于第 1 行至第 12 行之和。

4. 编制《城集镇迁建支出明细表》（表 6-3-20）

表 6-3-20 　　　　　　　城集镇迁建支出明细表（南移会 02-2 表）

编制单位：　　　　　　　　　　　　　　年　月　日　　　　　　　　　　　单位：元

项　目	行次	概算投资	计 划 数		支 出 数	
			累计	本年	累计	本年
		1	2	3	4	5
1. 新址征地费	1					
2. 基础设施补偿费	2					
（1）场地平整	3					
（2）室外工程	4					
（3）道路广场	5					
（4）市政公用设施恢复	6					
（5）其他	7					
3. 对外连接设施补偿费	8					
4. 居民迁移补偿费	9					
5. 建成区农户迁移补偿费	10					
6. 农村移民进镇迁移补偿费	11					
7. 单位迁建补偿费	12					
（1）镇内单位	13					
（2）镇外单位	14					
8. 旧城功能恢复费	15					
9. 其他补偿费	16					
总　　计	17					

单位负责人：　　　　　　　　　会计机构负责人：　　　　　　　　　制表人：

编制《城集镇迁建支出明细表》的具体方法如下。

（1）本表全面反映南水北调工程城集镇移民迁建投资概算、累计计划数、本年计划数、累计支出数和本年支出数等情况。编制本表是为了检查城集镇迁建年度投资计划执行情况，考核、分析南水北调工程城集镇迁建的进展和完成情况，考核城集镇迁建各项目的累计计划数、累计支出数与概算的匹配程度。

（2）本表"概算投资"栏（1栏）所属各项目，分别反映各类城集镇迁建资金的投资概算数，根据国家核定的投资概算逐项填列。

（3）本表"计划数—累计"栏（2栏）所属各项目，分别反映累计各类城集镇迁建资金的计划数，根据上级征地移民管理机构下达的累计计划数逐项填列。

（4）本表"计划数—本年"栏（3栏）所属各项目，分别反映当年各类城集镇迁建资金的计划数，根据上级征地移民管理机构下达的本年计划数逐项填列。

（5）本表"支出数—累计"栏（4栏）所属各项目，分别反映征地移民管理机构累计拨出的各类城集镇迁建资金，根据"征地移民资金支出—城集镇迁建支出"科目各明细科目的期末余额分析填列。

（6）本表"支出数—本年"栏（5栏）所属各项目，分别反映征地移民管理机构本年实际支出的各类城集镇迁建资金，根据"征地移民资金支出—城集镇迁建支出"科目各明细科目的本年借方发生额分析填列。

（7）本表各项目之间的关系如下。

1）第2行等于第3行至第7行之和。

2）第12行等于第13行加第14行。

3）第17行等于第1行加第2行加第8行至第12行之和加第15行加第16行。

5.编制《工业企业迁建支出明细表》（表6-3-21）

表6-3-21　　　　　　　工业企业迁建支出明细表（南移会02-3表）

编制单位：　　　　　　　　　　　年　月　　　　　　　　　　　单位：元

项　目	行次	概算投资	计 划 数		支 出 数	
			累计	本年	累计	本年
		1	2	3	4	5
1.新址征地费	1					
2.基础设施补偿费	2					
3.搬迁运输费	3					
4.房屋及附属建筑物补偿费	4					
5.设施及设备补偿费	5					
6.流动资产搬迁费	7					
7.停产损失费	8					
8.其他	9					
总　　计	10					

单位负责人：　　　　　　　会计机构负责人：　　　　　　　制表人：

编制《工业企业迁建支出明细表》的具体方法如下。

（1）本表全面反映南水北调工程工业企业迁建投资概算、累计计划数、本年计划数、累计支出数和本年支出数等情况。编制本表是为了检查工业企业迁建年度投资计划执行情况，考核、分析南水北调工程工业企业迁建的进展和完成情况，考核工业企业迁建各项目的累计计划数、累计支出数与概算的匹配程度。

（2）本表"概算投资"栏（1栏）所属各项目，分别反映各类工业企业迁建资金的投资概算数，根据国家核定的投资概算逐项填列。

（3）本表"计划数—累计"栏（2栏）所属各项目，分别反映累计各类工业企业迁建资金的计划数，根据上级征地移民管理机构下达的累计计划数逐项填列。

（4）本表"计划数—本年"栏（3栏）所属各项目，分别反映当年各类工业企业迁建资金的计划数，根据征地移民上级管理机构下达的本年计划数逐项填列。

（5）本表"支出数—累计"栏（4栏）所属各项目，分别反映征地移民管理机构累计支出的各类工业企业迁建资金，根据"征地移民资金支出—工业企业迁建支出"科目各明细科目的期末余额分析填列。

（6）本表"支出数—本年"栏（5栏）所属各项目，分别反映征地移民管理机构本年实际支出的各类工业企业迁建资金，根据"征地移民资金支出—工业企业迁建支出"科目各明细科目的本年借方发生额分析填列。

（7）本表各项目之间的关系为：第9行等于第1行至第8行之和。

6．编制《专业项目复建支出明细表》（表6-3-22）

表6-3-22　　　　　　　　专业项目复建支出明细表（南移会02-4表）

编制单位：　　　　　　　　　　　　　年　月　　　　　　　　　　　　单位：元

项　目	行次	概算投资	计　划　数		支　出　数	
			累计	本年	累计	本年
		1	2	3	4	5
1．交通设施恢复改建费	1					
（1）等级公路	2					
（2）桥梁	3					
2．渡口及码头改建费	4					
3．输变电设施恢复改建费	5					
4．电信设施恢复改建费	6					
5．广播电视设施恢复改建费	7					
6．水利水电设施恢复改建费	8					
7．文物古迹保护费	9					
8．库周交通恢复费	10					
9．其他项目补偿费	11					
（1）输水管道	12					
（2）水文、水位站	13					
（3）库周水准测绘控制网点	14					
（4）国防光缆	15					
（5）其他	16					
总　　计	17					

单位负责人：　　　　　会计机构负责人：　　　　　制表人：

编制《专业项目复建支出明细表》的具体方法如下。

（1）本表全面反映南水北调工程专业项目复建投资概算、累计计划数、本年计划数、累计支出数和本年支出数等情况。编制本表是为了检查专业项目复建年度投资计划执行情况，考核、分析南水北调工程专业项目复建的进展和完成情况，考核是专业项目复建各项目的累计计划数、累计支出数与概算的匹配程度。

（2）本表"概算投资"栏（1栏）所属各项目，分别反映各类专业项目复建资金的投资概算数，根据国家核定的投资概算逐项填列。

（3）本表"计划数—累计"栏（2栏）所属各项目，分别反映累计各类专业项目复建资金的计划数，根据上级征地移民管理机构下达的累计计划数逐项填列。

（4）本表"计划数—本年"栏（3栏）所属各项目，分别反映当年各类专业项目复建资金的计划数，根据上级征地移民管理机构下达的本年计划数逐项填列。

（5）本表"支出数—累计"栏（4栏）所属各项目，分别反映征地移民管理机构累计支出的各类专业项目复建资金，根据"征地移民资金支出—专业项目复建支出"科目各明细科目的期末余额分析填列。

（6）本表"支出数—本年"栏（5栏）所属各项目，分别反映征地移民管理机构本年实际支出的各类专业项目复建资金，根据"征地移民资金支出—专业项目复建支出"科目各明细科目的本年借方发生额分析填列。

（7）本表各项目之间的关系如下。

1）第1行等于第2行加第3行。

2）第11行等于第12行至第16行之和。

3）第17行等于第1行加第4行至第11行之和。

7．编制《待摊支出明细表》（表6-3-23）

表 6-3-23　　　　　　　　　　待摊支出明细表（南移会03表）

编制单位：　　　　　　　　　　　　　年　月　　　　　　　　　　　单位：元

项　目	行次	概算投资	计　划　数		支　出　数	
			累计	本年	累计	本年
		1	2	3	4	5
1．勘测规划设计科研费	1					
（1）勘测规划费	2					
（2）设计费	3					
（3）科研费	4					
2．实施管理费	5					
（1）人员经费	6					
（2）办公经费	7					
（3）差旅费	8					
（4）其他	9					
3．实施机构开办费	10					
4．技术培训费	11					
5．监理监测评估费	12					
（1）监理费	13					
（2）监测评估费	14					
6．项目技术经济评估审查费	15					
7．咨询服务费	16					
8．其他	17					
总　　　计	18					

单位负责人：　　　　　会计机构负责人：　　　　　制表人：

编制《待摊支出明细表》的具体方法如下。

（1）本表全面反映在南水北调工程移民工作过程中所发生的其他费用的投资概算、累计计划数、本年计划数、累计支出数和本年支出数等情况。编制本表是为了检查其他费用的年度投资计划执行情况和经费支出情况。

（2）本表"概算投资"栏（1栏）所属各项目，分别反映各类其他费用的投资概算数，根据国家核定的投资概算逐项填列。

（3）本表"计划数—累计"栏（2栏）所属各项目，分别反映累计各类其他费用的计划数，根据上级征地移民管理机构下达的累计计划数逐项填列。

（4）本表"计划数—本年"栏（3栏）所属各项目，分别反映当年各类其他费用的计划数，根据上级征地移民管理机构下达的本年计划数逐项填列。

（5）本表"支出数—累计"栏（4栏）所属各项目，分别反映征地移民管理机构累计支出的各类其他费用，根据"待摊支出"科目各明细科目的累计借方发生额分析填列。

（6）本表"支出数—本年"栏（5栏）所属各项目，分别反映征地移民管理机构本年实际支出的各类其他费用，根据"待摊支出"科目各明细科目的本年借方发生额分析填列。

（7）本表各项目之间的关系如下。

1）第1行等于第2行至第4行之和。

2）第5行等于第6行至第9行之和。

3）第12行等于第13行加第14行。

4）第18行等于第1行加第5行加第10行至第12行之和加第15行至第17行之和。

8. 编制《报账单位会计报表》

报账单位对预收县级征地移民机构拨付并由其具体实施的项目资金，必须按照所规定的报账单位会计科目设置账簿并按时向县级征地移民机构报送报表。报账单位填报《报账单位征地移民资金平衡表》（表6-3-24）、《报账单位征地移民资金收支情况表》（表6-3-25）。

表6-3-24　　　　　　　　报账单位征地移民资金平衡表

编制单位：　　　　　　　　　　　年　月　日　　　　　　　　　　单位：元

资金占用	行次	年初数	期末数	资金来源	行次	年初数	期末数
一、待核销支出	1			一、预收项目款	10		
1. 农村移民安置支出	2						
其中：个人部分	3						
集体部分	4						
二、其他经费支出	5			二、其他经费收入	11		
三、银行存款	6			1. 乡村工作经费	12		
四、现金	7			2. 银行存款利息	13		
五、应收款	8			3. 其他	14		
				三、应付款	15		
资金占用总计	9			资金来源总计	16		

单位负责人：　　　　会计机构负责人：　　　　制表人：

表 6-3-25　　　　　　　　　　报账单位征地移民资金收支情况表

编制单位：　　　　　　　　　　　　　年　月　日　　　　　　　　　　　　单位：元

项　　目	预收项目款			核销			余额		
	累计数	年初数	本年数	累计数	年初数	本年数	小计	待核	资金
一、补偿资金									
二、规划资金									

注　"项目"栏由县级移民管理机构按照报账单位"征地移民资金支出"所涉及业务，结合工作实际进行具体要求。

《报账单位征地移民资金平衡表》为月报，反映各种资金来源和资金运用情况及其相互对应关系，根据相关科目余额填列；"报账单位征地移民资金收支情况表"为半年和年报，反映自始至终征地移民资金收付的总情况。在满足半年报和年报的基础上，县级征地移民机构可根据管理需要，对报账单位提出不定期填报要求。

表 6-3-24 全面反映各征地移民报账单位期末全部资金来源和资金占用情况。编制本表是为了综合反映征地移民资金来源和资金占用的增减变动情况及其相互对应关系；考核、分析报账单位征地移民资金的到位及使用情况。

编制《资金平衡表》的具体具体方法如下。

（1）《资金平衡表》的"年初数"栏的数字，应根据上年末本表"期末数"栏的数字填列，保持每年报表的连续性。

（2）《资金平衡表》资金占用方各项的内容及"期末数"栏的填列方法如下。

1）"待核销支出"项（第1行），反映报账单位已支出需向县级征地移民机构报账的征地移民资金，根据"待核销支出"科目的期末余额填列。其中："农村移民安置支出"（第2行），反映报账单位累计支出的用于农村移民安置的款项，根据"农村移民安置支出"明细科目的期末余额填列。

2）"其他经费支出"（第2行），反映报账单位累计支出的乡村工作经费等其他经费支出，根据"其他经费支出"明细科目的期末余额填列。

3）"银行存款"（第6行），反映报账单位期末银行存款余额，根据"银行存款"科目的期末余额填列。

4）"现金"（第7行），反映报账单位期末库存现金余额，根据"现金"科目的期末余额填列。

5）"应收款"（第8行），反映报账单位期末各项暂付及应收款项，根据"应收款"科目的期末余额填列。

（3）《资金平衡表》资金来源方各项的内容及"期末数"的填列方法如下。

1）"预收项目款"（第10行），反映报账单位累计收到县级征地移民机构拨入的征地移民资金，根据"预收项目款"科目的期末余额填列。

2）"其他经费收入"（第 11 行），反映报账单位累计收到的乡村工作经费等其他经费及发生的利息收入等，根据"其他经费收入"科目的期末余额填列。

3）"应付款"（第 15 行），反映报账单位应付、暂收其他单位和个人的款项，根据"应付款"科目的期末余额填列。

（4）《资金平衡表》各项之间应保持以下勾稽关系。

1）第 2 行等于第 3 行至第 4 行之和。

2）第 9 行等于第 1 行加第 5 行至第 8 行之和。

3）第 11 行等于第 12 行至第 14 行之和。

4）第 16 行第 10 行加第 11 行再加第 15 行。

表 6-3-25 全面反映报账单位南水北调工程征地移民资金累计拨入数、累计支出数和余额等情况。编制本表是为了检查报账单位征地移民资金投资计划执行情况，考核、分析南水北调工程征地移民工作的进展和投资完成情况，考核征地移民项目的累计到位、累计支出数以及投资完成比率。

编制《报账单位征地移民资金收支情况表》的具体方法如下。

（1）《报账单位征地移民资金收支情况表》中的"预收项目款—累计数"，分别反映报账单位累计到位各类征地移民项目投资数，应根据县级征地移民机构下达投资计划的累计数分补偿类资金和规划类资金逐行据实填列。

（2）《报账单位征地移民资金收支情况表》中的"预收项目款—年初数"，应根据上年末本表"累计数"栏的数字填列，保持每年报表的连续性。

（3）《报账单位征地移民资金收支情况表》中的"预收项目款—本年数"，分别反映报账单位本年度到位各类征地移民项目投资数，应根据县级征地移民机构当年下达投资计划数分补偿类资金和规划类资金逐行据实填列。

（4）《报账单位征地移民资金收支情况表》中的"核销—累计数"，分别反映报账单位累计支出各类征地移民项目投资数，应根据已经县级征地移民机构审核批准的各类征地移民资金的累计数分补偿类资金和规划类资金逐行据实填列。

（5）《报账单位征地移民资金收支情况表》中的"核销—年初数"，应根据上年末本表"累计数"栏的数字填列，保持每年报表的连续性。

（6）《报账单位征地移民资金收支情况表》中的"核销—本年数"，分别反映报账单位当年支出各类征地移民项目投资数，应根据本年度已经县级征地移民机构审核批准的各类征地移民资金数分补偿类资金和规划类资金逐行分类填列。

（7）《报账单位征地移民资金收支情况表》中的"余额—待核"，分别反映报账单位已经支出未向县级征地移民机构报账的各类征地移民项目投资数；"余额—资金"，反映报账单位货币资金余额。

（8）《报账单位征地移民资金收支情况表》中各项之间应保持以下勾稽关系：预收项目款减核销应等于余额。

五、征地移民资金会计核算的主要经验

通过十几年的南水北调资金核算管理，南水北调沿线各省已形成"分级负责、管理有序、

核算规范"的资金管理体系和统一有序的会计核算模式，省、市、县、乡逐级建立了南水北调征地移民资金会计核算体系，理顺了征地移民资金核算关系，较为清晰地反映出南水北调移民征迁任务的实施完成情况，真实地反映征地移民资金管理和使用情况，有效监督了征地移民资金的高效安全运行，促进了南水北调征地移民财会体系的健康发展和良性运转。具体效果体现如下。

（一）保证征地移民资金专款专用

在南水北调征地移民资金会计核算体系运作过程中，各级移民征迁管理机构严格资金支付程序，按计划、合同支付资金，严把征地移民资金支付、兑付、核销手续，对与南水北调征迁工作无关的支出、不合理支出、手续不完善、票据不规范的业务不予办理资金支付和核算，保证了征地移民资金专款专用。

（二）提高了南水北调移民征迁资金会计工作效率

各级征地移民征迁管理机构及乡村报账单位对南水北调征地移民资金实行专户存储、专账核算，根据实际发生的经济业务事项进行会计核算，填制会计凭证，登记会计账簿，编制财务会计报告，全面清晰地反映了南水北调征地移民资金的到位、支付、核销、兑付及资金结存情况，保证了会计工作质量，提高了会计工作效率。

（三）为监督管理提供了依据

南水北调征地移民资金涉及省、市、县（市、区）、乡（镇）、村五级，投资规模大、补偿项目多、涉及面广、管理层次多、要求严、手续复杂，内部监管和外部监督难度大。而南水北调征地移民工作的整个经济活动，自始至终都要通过会计核算反映出来，很多违规违纪和不规范的问题都可以通过会计审核环节加以避免和防止，为接受内部监管和外部监督提供了依据，为单位内部管理和领导决策提供了系统的核算资料和会计信息。

（四）培养了一批高素质、责任心强的财会人员

各级征地移民管理机构及报账单位选拔了一批会计人员从事南水北调征地移民资金会计核算工作，通过培训和不断学习，财务人员业务素质不断提高，培养了一批业务能力强、高度负责的财会队伍，促进了南水北调征地移民财会体系的健康发展和良性运转，保证了移民资金的安全，为南水北调征地移民工作的顺利实施提供了保障。

（五）促进资金管理工作效果

作为征地移民资金管理的具体手段和工具，会计核算工作和资金管理工作互为因果。资金管理目的不断地要求和指导着会计核算的深入，会计核算受资金管理的引导，所提供的信息影响着预算编制、计划执行、指标考核、投资控制乃至资金管理总体目标的实现。南水北调规范有序的会计核算体系，提升了征地移民资金管理水平。

第四节　完　工　财　务　决　算

　　完工财务决算是南水北调系统独创的概念，是依据财政部的规定，结合南水北调工程及其建设管理的特点和实际而创新的一个新概念。开展完工财务决算主要是基于以下原因：①南水北调工程没有总的初步设计。在南水北调工程总体规划批复后，按单项工程批复可行性研究报告，再将单项工程划分为若干个设计单元工程并按设计单元批复初步设计报告，没有总体初步设计报告。②南水北调工程整体建设期与设计单元工程建设期存在较大的差距。先期开工建设的设计单元工程已经完工，有的设计单元还未开工建设，各设计单元工程的建设期同样存在差距，待最后开工建设的设计单元工程完工后再编制财务决算，其他设计单元工程等待时间太长。③南水北调工程投资规模巨大。由国务院南水北调办直接审批和管理的投资就达 2800 多亿元，直接编制竣工财务决算，工作量过度集中，不但会影响财务决算编制效率，也会影响财务决算编制的质量。

　　正是基于上述特殊情况的考虑，将南水北调工程财务决算分为设计单元工程完工财务决算和南水北调工程竣工财务决算两个阶段：第一阶段是以 155 个设计单元工程为单位，分别编制设计单元工程完工财务决算；第二阶段是在 155 个设计单元工程完工财务决算基础上编制竣工财务决算。完工财务决算是编制竣工财务决算的基础，两者没有本质上的区别，只是不同阶段有不同程度的要求而已。

　　为规范南水北调工程竣工完工财务决算，提升财务决算编制效率，保障财务决算编制质量，依据相关法律法规，结合南水北调工程实际，国务院南水北调办制定了《南水北调工程竣工完工财务决算编制规定》。

一、完工财务决算的基本要求

　　凡事预则立，不预则废，明确完工财务决算的基本要求是保质保量完成完工财务决算的基础，所有完工财务决算的编报主体必须严格按照基本要求开展完工财务决算工作。完工财务决算的基本要求包括以下三点。

　　1. 准确理解完工财务决算目的和意义

　　全面准确的理解财务决算有利于更准确的理解财务决算的目的和要求，也有利于提升财务决算的质量。关于财务决算，财政部是这样规定的"项目竣工财务决算是正确核定项目资产价值、反映竣工项目建设成果的文件，是办理资产移交和产权登记的依据，包括竣工财务决算报表、竣工财务决算说明书以及相关材料。"此项定义具体包括四个方面的内容：①财务决算的目的是核定新增固定资产的价值，也就是通过核算工程建设所形成固定资产的建设成本，来确定固定资产的价值。②反映工程建设的成果文件，工程建设成果就是工程建设形成的固定资产，有实物形态，也有货币形态，财务决算还是通过固定资产的货币形态来反映工程建设是否实现了其目标，并且是以文件方式，这里应该包括报送财务决算的文件和审批财务决算的文件。③办理固定资产使用手续的依据，办理固定资产使用要履行相关的程序，办理程序需要有法律依据，财务决算最终以书面文件反映，就是办理相关程序的法律文书。④正确核定固定资产价值，正确是对核定固定资产的要求。

工程建设成果既有实物形态的，也有货币形态的，即价值。既有建设过程中的建设成果，即工程建设形象，如已完成的土石方量、混凝土浇筑量等实物指标和投资完成量、投资完成比例等货币指标；又有工程建成的最终成果，如某某渠道、泵站、水闸及其价值。财务决算最主要是核定南水北调工程建设最终形成的建设成果的价值，通过固定资产的货币形态即固定资产价值来反映工程建设成果。

南水北调工程财务决算通过货币形态反映南水北调工程的建设成果，为交付使用南水北调工程建设形成的固定资产的价值提供直接依据。经财政部审批后的南水北调工程竣工财务决算，既是南水北调工程建设形成固定资产的价值，也是交付南水北调工程建设形成固定资产的法律文件。

2. 财务决算要真实、完整、合法

从前期工作开始到工程竣工之日，南水北调工程建设全过程中会发生各种支出，纳入财务决算范围的支出，必须始终坚持"三性"原则：①真实性。首先是客观上已经发生的支出，不是编造的或弄虚作假的支出；其次是已经履行完价款结算程序和手续的支出，账外支出不得纳入财务决算范围；第三是所发生的支出与该项工程的建设成果存在直接关系，而与工程建设成果没有直接关系的支出，不能纳入财务决算的范围。②合法性。在工程建设过程中，确实会发生各种各样的支出，只有符合法律法规、规章制度和合同约定的支出，才能纳入财务决算范围。不合法、不合规的支出必须剔除，对不合法、不合规支出的行为在账上应当纠正或整改。③完整性。在整个工程建设过程中，各个环节发生的支出都要纳入财务决算范围，确保与工程建设有关联的所有支出的完整，不应遗漏任何环节的支出。所以，财务决算应客观反映工程建设过程中已经发生的实际全部费用，确保所发生的全部支出都纳入财务决算，保证财务决算的真实性和完整性。同时防止不合法、不合规的费用支出纳入财务决算，保证财务决算的合法性。

3. 财务决算应在工程完工后的 3 个月内完成

财政部的规定，在工程竣工后 3 个月内完成竣工财务决算，南水北调设计单元工程完工财务决算也遵循了这一规定。在编制进度方面，凡是具备编制财务决算基本条件的，就应着手组织力量编制，不要等待，不要等到全部条件都成熟再编制，因为编制财务决算本身就是推进其他不成熟条件成熟的手段和措施。国务院南水北调办要求各项目法人都应制定编制财务决算的计划，采取倒逼机制，像抓工程建设进度一样，要倒排编制财务决算的时间。

完工财务决算的编制质量与进度相互影响，编制质量不高或合格率低也是影响编制进度的重要因素。因此，在编制完工财务决算的过程中，要妥善处理好财务决算编制进度与质量的关系。

质量不合格的进度，相当于浪费，有的使审计和核准时间过长，不但浪费了项目法人的资源，也浪费了国务院南水北调办的资源；有的甚至核准的基本条件都不具备，不但浪费了编制财务决算所花的钱物和时间，还浪费国家的审计经费。所以，追求的目标是确保质量符合要求前提下的进度。

二、完工财务决算的基本程序

项目法人是投资计划的执行主体，也是工程建设资金的使用者和管理者，委托制和代建制是建设管理单位依据与项目法人签订合同或协议组织工程建设，因此建设管理单位对其使用和管理的工程建设资金负责；南水北调征地移民实行任务和投资双包干的原则，即由省级征地移民机构与项目法人签订投资包干协议，省级征地移民机构也基本上采取与市、县征地移民机构签订投资包干协议的方式，因此征地移民机构是征地移民投资执行主体。

（一）前期准备

1. 建立组织机构

财务决算工作看似是财务部门的专职任务，而实际上并不然，工程财务决算既涉及本单位相关职能部门，又与参加工程建设各方密切相关，仅依靠财务部门是无法完成的，必须由内部相关部门和各参建单位相互配合才能完成，据此，南水北调系统各单位建立健全了财务决算的领导机构，并根据本单位实际工作需要持续完善。财务决算领导机构成员，原则上由本单位的财务会计、计划统计、合同管理、工程技术、设备物资等内部部门的主要负责人和设计、施工、监理等参建单位的负责人员构成。编制财务决算任务比较重的单位，原则上还应成立编制完工财务决算的临时专门机构，进一步充实力量，增加人员。

2. 建立领导工作机制

还要建立领导机构的工作机制，定期或不定期召开会议，及时研究解决财务决算过程中的问题，全力推进财务决算。其主要职责包括：①研究确定或提出年度完工财务决算的目标任务。②及时协调处理财务决算中内部相关部门之间和参建单位的矛盾，督促各相关方面履行职责，密切配合，形成合力。③研究或提出解决财务决算中具体问题的措施或方式方法。财务部门或财务决算编制部门，在编制财务决算过程中，遇到任何不易处理的问题，应及时向领导机构报告，并负责地提出初步的处理意见，领导机构应及时做出决策或按照规定程序进行处理，但必须有明确解决或处理具体问题的措施或方法，切实防止有问题得不到及时解决，杜绝久拖不决现象的发生。④指导和督促财务决算编制的进度，要关注任务完成的状态，要有时间约束，要见实际成果。⑤组织审查已编制完成的财务决算，把好质量关。财务决算领导机构的作用是否得到充分发挥，关键在负责人，既要统揽全局，又要关注细微，这是由财务决算工作特点决定的，要做到深、细、精。所谓"深"，就是要深入实际，确保财务决算与工程建设和征地移民的实际完全一致。要深入工程一线，了解财务决算对象物的实际状况，不能浮在表面。所谓"细"，财务决算涉及资金运行每个环节，各环节发生的行为时间跨度又比较大，每种行为又很具体，很细小，稍有偏差就有可能出错，甚至出现大错误，所以工作要细心，不能粗枝大叶，特别是财务决算前的清理工作，不能有任何遗漏。所谓"精"，财务决算要做详细的说明，是财务决算不可或缺的内容，但其更为主要的内容仍然是数据，所有数据都要经得起校验，各财务决算报表的数据关系必须正确，要与金库清算一样，差一分钱都要找出原因，否则还不知道有多大的错误。

3. 细化部门责任

虽然财务决算领导机构在财务决算中起关键作用，但毕竟财务决算的相关具体事项必须由具体的有关部门和人员来完成。因此，必须明确内部相关部门的责任，凡是涉及投资计划的业务和问题，由计划统计部门负责解决；涉及合同方面的业务和问题，由合同管理部门负责解决；涉及设备物资采购、管理等方面的业务和问题，由设备物资部门负责解决；涉及财务、会计等方面的业务和问题，由财务部门负责解决。各部门必须履行好自己的职责，要将责任落实到具体的部门和人员。在明确责任和任务的基础上，应建立责任追究机制，对未履行职责或履职不到位的，追究相关部门甚至个人责任，确保责任落实到位，提高财务决算编制的效率和质量。

4. 做好各项清理工作

项目法人、工程建设管理单位、征地移民机构应做好完工财务决算编制前的各项基础工作：收集整理与财务决算编制相关的工程项目资料；进行合同、协议清理，财务清理，以及其他需要清理的内容，概算（项目管理预算）与会计核算口径的对应分析，计列尾工及预留费用等内容。

（二）编制完工财务决算

设计单元工程完工财务决算的编制工作由项目法人负责或由项目法人负责组织建设管理单位进行编制。征地移民完工财务决算由省级征地移民机构组织相关单位进行编制。

1. 项目法人或建设管理单位、征地移民机构自行编制财务决算

通常是在人力资源比较充足的情况下，项目法人或建设管理单位、征地移民机构自行编制完工项目财务决算。项目法人或建设管理单位、征地移民机构对工程建设的全过程和建设资金使用的全过程都非常了解，对南水北调系统完工财务决算的相关制度规定也非常熟悉，因此能够较准确地抓住完工决算编制重点和难点，也能更好协调单位其他职能部门提供相关编制信息，从而有效提高编制质量和编制效率。但是目前南水北调系统由项目法人或建设管理单位、征地移民机构自行编制完工财务决算的不是主流做法，主要原因是人手不够，编制任务较重，编制时间紧迫。

2. 委托中介机构编制财务决算

在专业人员不足的条件下，前阶段大部分单位通常采取购买中介服务的方式，将完工财务决算编制任务委托给中介机构来承担，同时要求中介机构对合同结算进行审核，实现边审边编，一方面解决了决算编制单位专业人手不够，影响编制工作开展的实际情况；另一方面利用中介机构专业水平较强的优点，也加快了完工财务决算的编制进度，提高了决算编制质量。同时，有利于有效控制单位人员规模并降低单位的运转成本。在财务决算编制任务繁重和南水北调系统人力资源不足的条件下，项目法人和省级征地移民机构根据本单位实际情况，采用购买社会服务方式，选择委托具有资质且较优秀的中介机构开展财务决算编制，根据需要建立了控制财务决算编制质量的机制。一是选择具有资质且水平较高的中介机构，不但财务能力要强，在工程造价审核方面也要强，最好还要有合同法执行方面的专家。二是制定了控制编制质量的措施，在委托业务合同中明确保证编制质量的约定，控制质量的约定措施有可操作性。财务决算质量不合格的，对中介机构处罚措施并在合同中予以约定。三是加强财务决算编制过程中的质量控制，监控受托中介机构在结算审核和财务决算编制等过程中的行为，不能完全当甩手掌柜，派专业能力较强的人员对编制过程进行监督，避免中介机构的主观行为或不公正行为。四是建立财务决算编制质量的审核验收机制，确保所委托编制的财务决算，符合《南水北调工程竣工完工财务决算编制规定》各项要求。

（三）报送完工财务决算并接受初步审核

项目法人或省级征地移民机构将编制完成的完工财务决算报送至国务院南水北调办。国务院南水北调办对该决算内容的完整性，基本数据勾稽关系的合理性进行初步审核，通过审核的，安排中介机构进行完工财务决算审计，未通过审核的，由项目法人、省级征地移民机构按照审核意见进行整改，整改落实后，国务院南水北调办再安排中介机构进行完工财务决算审计。

（四）审计完工财务决算

国务院南水北调办从内部审计中介机构备选库中选择会计师事务所，委托事务所对通过初步审核的完工财务决算进行审计。国务院南水北调办与会计师事务所签订《委托审计业务约定书》，将双方的责任、义务及权利进行详细约定。受托会计师事务所按照审计业务约定书要求开展完工财务决算审计，对完工财务决算的真实性、完整性、合法性发表审计意见，对是否符合《南水北调工程竣工完工财务决算编制规定》的要求，是否具备核准条件做出评价与鉴证。

（五）核准完工财务决算

国务院南水北调办依据中介机构的审计结论对完工财务决算给予核准或不核准，对于没有核准的完工财务决算提出整改意见。项目法人按照整改意见对审计提出的问题全部整改到位的，国务院南水北调办将再次安排中介机构对整改后的完工财务决算进行审计，并依据审计结论给予核准。

三、完工财务决算的编制

完工财务决算的编制是完工财务决算的核心环节。完工财务决算能否达到核定资产价值的目的，关键是完工财务决算的编制质量是否过关。完工财务决算的编制分为编制责任、编制依据、编制条件、编制内容、编制程序和要求等五个方面内容。

（一）编制责任

明晰编制单位的责任和任务，是推进财务决算进度和提高财务决算质量的重要举措。根据国务院南水北调工程建设委员会确定的南水北调工程建设管理体制，南水北调工程建设实行项目法人负责制，征地移民资金实行包干使用制，由此决定项目法人和征地移民机构是财务决算编制的责任主体。

1. 项目法人的责任

在财务决算方面，主要包括以下五个方面的具体责任：①按时编制财务决算。财政部的规定，是在工程竣工后3个月内完成竣工财务决算。由于竣工日是一个界定不准确的日期，往往是待竣工财务决算后才能确定，所以很难确定具体的日期。但财政部规定的精神实质是要求抓紧编制财务决算，而不是无限期地拖延。据此，项目法人应增强按时编制财务决算的责任感，采取有效举措，下大力气推进财务决算，切实履行好编制财务决算的职责。②保证财务决算真实性、合法性、完整性。财政部的规定和《南水北调工程竣工完工财务决算编制规定》都明确了项目法人对财务决算真实性、合法性、完整性负责，与《会计法》确定的责任是完全一致的，也就是说"三性"的要求实质上是法律责任，并不会随着财政部审批了竣工财务决算或国务院南水北调办核准了完工财务决算，这一法律责任就转移给审批者或核准者。因为，审批者或核准者是在项目法人已承诺承担此法律责任的基础或前提下，实施这一审批或核准行为。项目法人不能仅仅把是否能获得核准或审批作为自己的工作目标，必须担当确保"三性"落实的责任。真实性就是要反映客观已经发生的实际，不能编造，不能弄虚作假，不能无中生有；合法性就是所有发生行为都符合法律法规和规章制度，在工程建设中绝大多数行为是依法签订的合同或协议履行的，不能违背合同或协议约定要求尤其重要，凡是不合法的行为必须及时纠正或整改到位；完整性就是反映南水北调工程建设的全部内容，不能有遗漏和缺失，但也不能将与工程建设无直接关系的事项和行为编入其中。③审核把关。项目法人对建设管理单位编制的财务决算和征地移民机构编制的财务决算要审核把关，这一责任是由南水北调工程建设管理体制决定的，要依据合同或协议对财务决算进行审核，对不符合规定和要求的，应提出改进意见和措施，不能仅仅成为"二传手"。④纠正和整改问题。审批或核准财务决算实行"先审查、后审批"或"先审计、后核准"原则，在审查或审计过程中发现并揭示的问题，项目法人必须负责纠正或整改到位，特别是审减投资问题的落实，项目法人必须采取有效措施确保施工方等签字确认并收回投资，这是落实合法性法律责任的措施，不能将此责任转嫁给中介机构，更不应将此责任转嫁给完工财务决算审批者。审查或审计过程中发现并揭示的问题，应在 10 个工作日内全部整改到位。⑤报送财务决算。按照《南水北调工程竣工完工财务决算编制规定》，项目法人应报送申请核准的完工财务决算，经国务院南水北调办组织审计后，要将所有审计发现问题纠正或整改到位后再次报送最终定稿的完工财务决算，凡有问题未纠正或整改不到位的，没有必要报送仍然存在问题的完工财务决算。项目法人还要依据规定，按时报送所管辖工程的整个竣工财务决算，在国务院南水北调办确定南水北调工程竣工财务决算基准日时将同时明确竣工财务决算的报送时间。

2. 建设管理单位的责任

直管制建设管理单位的责任由项目法人直接承担或由项目法人自己确定，其在财务决算方面，主要包括以下 5 个方面的责任：①严格履行合同或协议，这是建设管理单位应履行的首要责任，也是法律责任，凡是合同或协议已约定的责任必须全面履行，严格依据合同或协议开展工程建设管理，包括负责编制财务决算；②按时编制完工财务决算，同上述项目法人的责任是一致的，同样需要加快财务决算工作，同时也有利于降低成本，提高自身的效益；③保证完工财务决算的真实性、合法性和完整性，依据与项目法人签订的合同或协议，要对"三性"承担法律责任，具体要求与项目法人在这方面责任的内容和要求相同；④报送完工财务决算，建设管理单位应按照合同约定和项目法人的要求，依据《南水北调工程竣工完工财务决算编制规定》编制完工财务决算并报送项目法人审核；⑤纠正和整改问题，项目法人审核或审计完工财务决算中发现的问题要纠正和整改，国务院南水北调办组织的审计发现和揭示的问题同样要纠正和整改到位。

3. 征地移民机构的责任

征地移民投资是工程建设投资的重要组成部分，也应与工程同时编制财务决算，并编入工程财务决算中。各级征地移民机构在编制征地移民资金财务决算中负有相应责任。

省级征地移民机构在财务决算方面的责任，主要包括以下 6 个方面的责任。①履行征地移民投资包干协议，这是征地移民机构的首要责任，也是法律责任，征地移民机构要全面履行协议中的所有责任，承担管理和使用征地移民资金的职责，完成协议中约定的各项任务。②按时完成征地移民财务决算编制，《南水北调工程竣工完工财务决算编制规定》明确了征地补偿和移民安置竣工财务决算应与工程竣工财务决算同步完成，也就是说在竣工财务决算基准日确定后，征地移民财务决算也必须在规定的时间内完成，否则影响整体竣工财务决算的报送和审批。③确定本省境内完工财务决算的责任主体和范围，本省（直辖市）境内的征地移民资金的完工财务决算由省级征地移民机构组织实施，并要负责审查审核指定责任主体编制的财务决算。特别需要提醒的是，在安排本省境内征地移民财务决算中，必须充分考虑按时完成竣工财务决算的责任，尽可能提前开展工作，考虑征地移民财务决算的复杂性和困难程度，还应留有一定的时间余地。④保证征地移民财务决算真实性、合法性和完整性，同上述项目法人责任的内容是一致的，不再重复，但这一责任十分重要。⑤报送征地移民财务决算，征地移民投资是整体工程投资的组成部分，征地移民机构应向项目法人报送竣工财务决算，以便组成一个完整的财务决算，同时还要抄送国务院南水北调办。《南水北调工程竣工完工财务决算编制规定》中，并没有征地移民完工财务决算核准的专项规定，也就没有明确征地移民完工财务决算核准的程序，但仍然须遵循"完工财务决算由项目法人报国务院南水北调办核准"的规定，省级征地移民机构应将征地移民的完工财务决算报送项目法人，经项目法人审核后由项目法人报国务院南水北调办核准。⑥纠正和整改审批或核准中发现问题，凡在审查、审批或核准过程中，审计发现并揭示的任何问题都必须纠正或整改到位，审减的投资应及时收回，所有的问题都应在 10 个工作日内整改到位，确保财务决算的合法性。相关要求和内容与项目法人责任的内容相同。

省级征地移民机构包括：北京市南水北调办、天津市南水北调办、河北省南水北调办、江苏省南水北调办、山东省南水北调建管局、河南省移民办、湖北省移民局。

（二）编制依据

1. 国家有关法律法规及规章制度

南水北调工程财务决算的编制的法律法规及规章制度依据主要有：《基本建设财务规则》（财政部令第 81 号）、《南水北调工程竣工完工财务决算编制规定》（国调办经财〔2017〕73号）、《南水北调工程项目管理预算编制办法（暂行）》（国调办投计〔2008〕154 号）、《南水北调工程价差报告编制办法（暂行）》（国调办投计〔2008〕155 号）、《南水北调工程初步设计管理办法》（国调办投计〔2006〕60 号）。

2. 经批准的可行性研究报告、初步设计、概算及调整文件

《南水北调中、东线一期工程可行性研究总报告》和各设计单元工程初步设计报告（概算）的批复文件、目管理预算及调整文件、历年下达的年度投资计划、基本建设支出预算、年度价差审批文件等。

3. 招投标文件、项目合同及工程价款结算资料

项目法人或省级移民机构制定的有关投资计划、工程设计、招投标管理、合同管理、工程价款结算等方面的制度文件，工程计量支付单证、施工图纸、招投标文件、合同资料、价款结

算台账、计量单据和审批手续等相关资料。

4. 会计核算及财务管理资料

项目法人或省级移民机构制定的有关财务管理、资产管理、费用报销、投资控制与资金使用等方面的制度文件、设计单元工程投资成本的会计核算记录、会计报表、业务原始单据、征地移民资金兑付记录等相关资料。

5. 其他有关资料

其他与财务决算编制相关的文件和资料。

（三）编制条件

完工财务决算编制工作是在满足一定的条件下开展的。这些条件通常包括"经批准的初步设计、项目任务书所确定的内容已完成，建设资金全部到位，竣工（完工）结算已完成，未完工程投资和预留费用不超过规定比例，涉及法律诉讼、工程质量、征地及移民安置的事项已处理完毕，其他影响竣工（完工）财务决算编制的重大问题已解决"，针对南水北调设计单元工程完工财务决算的编制，除了上述条件以外还需历次审计和稽查提出的问题已经整改到位，各类专项验收已经完成。下面着重从合同结算、专项验收、建设资金全部到位、尾工和预留费用比例等 4 个方面说明编制条件的具体内容。

1. 合同结算已经完成

扎实开展扫尾工程价款结算，是奠定财务决算的基础。这里说的扫尾工程，不是《南水北调工程竣工完工财务决算编制规定》中的尾工，而是指仍在建设过程的项目、仍在处理过程中的变更索赔项目和其他仍未办理完结算手续的项目等。扫尾工程建设管理和价款结算，是开展完工财务决算的基础性条件之一，在扫尾工程价款仍未结算的情况下，无法开展合同验收，进而影响财务决算编制。此外，还有未统计的已付但仍未履行完价款结算程序的资金。上述资金除部分投资节余资金外，其他都是应实施的投资。如果仍需实施的投资规模较大，这就要求各项目法人要高度重视，加快实施进度，扎扎实实地推进扫尾工程建设管理，严格依据合同处理好变更索赔事项，创造条件开展价款结算。凡是具备条件进行合同验收的项目，应尽早开展合同验收，为编制完工财务决算奠定基础。

工程造价核定工作不仅仅涉及财务核算，更多更关键的是与工程变更的认定和工程价款结算紧密相关。工程变更依据的充分性、变更审批程序的合规性、变更工程量计量的准确性、变更组价的准确性等方面，需要具备工程造价审核资质的第三方进行核定和鉴证。如果在工程建设过程中项目法人对施工单位提交的变更索赔处理不及时，会导致在工程建设后期变更索赔累积量较大，需要解决处理的时间较长，而且此时很有可能是施工方已经通过预借工程进度款的方式，拿到了工程款的大部分，没有动力再配合项目法人处理变更索赔事项，变更索赔处理不完，工程造价核定工作没有完成，原则上不具备完工财务决算的编制条件。

从项目法人反映的情况来看，大部分完工财务决算推进缓慢的一个重要原因，就是与施工企业的最终合同价款结算纠缠不清。有的是施工企业不满意变更或索赔结果，其不同意在最终合同结算书上签字确认；有的是施工企业对内部审计提出的审减投资有抵触情绪，不愿意签字确认；还有的是需要施工企业提供资料支持的，却联系不上施工企业相关人员。

如果施工企业不配合，项目法人应采用法律措施和手段。项目法人与施工企业都是合同关系，应依据双方签订的合同处理矛盾。据了解，项目法人采用的合同规范格式，在合同中的工程验收配合和工程最终结算程序等条款都有责任义务的约定。下述三种情况均可依据合同来处理：①施工企业对变更或索赔处理结果不满意的，可以考虑经第三方审计确认后，向施工企业正式发函，明确最终结算结果、签字确认时间和其他需配合事项。如施工企业在最后时限内未有实质性响应的，则可依据合同法相关规定认定其已默认结论，可依据第三方出具的审核结论进行账务处理。②施工企业对审减投资有抵触情形的，可同样将审计审减的依据和结果函告施工企业，并约定复议的最后时限，若其在约定时间内不予配合的，也可认定其默认审计确认的结果，并作账务处理。③施工企业不提供完工财务决算所需资料的，可直接函告施工企业的总部，要求其按合同条款约定给予配合，否则就按合同违约条款追责。

2. 专项验收已经完成

南水北调工程建设严格执行验收制度，未经验收或验收不合格的工程不得交付使用。验收包括环境保护设施、水土保持项目、征地拆迁及移民安置、工程档案等专项验收，完工财务决算是在所有的专项验收完成后再进行编制。各类专项验收是对工程建设各个方面是否达到建设标准的一次审核，通过验收可以促进工程尚未达标的部分尽快改善达标，同时也是各类成本费用收口的时候，只有通过了各类专项验收后，相关的成本费用才能全面完整的纳入工程投资成本中。

3. 投资计划已经全部下达，建设资金已经全部到位

设计单元工程的投资计划已经按批复的投资数全部下达，建设资金按投资计划数全部到位。设计单元工程的投资计划全部下达了，投资就全部收口了，不会再有新增建设内容，从源头上把住了投资规模，相应的设计单元工程的投资成本的上限也就锁定了。按照投资计划的安排，建设资金全部到位，说明不存在因投资缺口导致的工程建设任务不能完成的情形。工程的形象进度与投资完成进度会存在差异，通常是工程形象进度大于投资完成进度，随着工程建设的逐步收尾，投资完成进度会赶上形象进度，最终两者应当全部到达投资计划的100%。

4. 尾工和预留费用不超过规定的比例

按照《南水北调工程竣工完工财务决算编制规定》的要求，设计单元工程尾工和预留费用占该设计单元工程总投资的比例不超过5%。将尾工和预留费用比例严格控制在5%以内，是为了保证工程建设和征地移民已经按照经批准的初步设计、实施规划所确定的内容基本完成。如果尾工和预留费用比例超过5%，说明还有不少的建设内容没有完成，工程和征地移民投资很可能还没有收口，不具备完工决算的条件。

（四）编制内容

完工项目财务决算内容由两部分组成，分别是完工财务决算说明书和完工财务决算报表。

1. 完工财务决算说明书

（1）工程基本情况。工程基本情况应总括反映建设内容、建设过程和建设管理组织体制等。主要包括工程位置及主要任务、主要建设内容，工程规模、标准，科研及概算批复情况，主要工程量情况，建设管理体制及工程建设有关单位，主管部门、项目法人及工程建设管理单位、设计单位、监理单位、施工单位、质量监督单位的工作情况，主要施工过程等内容。

（2）会计账务处理、财产物资清理及债权债务的清偿情况。包括对合同、协议的清理，债权债务的清理，投资结余的清理，应移交的资产的清理以及其他需要清理的内容。

（3）投资计划、基本建设支出预算和资金到位情况。投资计划、基本建设支出预算和资金到位情况按资金性质和来源渠道分年度分别列示。主要包括投资计划下达情况，基本建设支出预算情况，到位资金情况等内容。

（4）概算（项目管理预算）执行情况及分析，主要分析决算与概算（项目管理预算）的差异及原因。为了加强投资控制，提高投资效益，南水北调工程实施了"静态控制，动态管理"的投资管理模式。初步设计概算投资属于静态控制部分。由于初步设计概算是按定额编制的，定额标准比物价低（例如独立费用概算定额严重偏低），南水北调工程在不突破概算总投资的情况下，对概算项目结构进行调整，编制项目管理预算按项目管理预算进行投资控制。

概算（项目管理预算）安排及批复情况，概算（项目管理预算）执行结果及存在的偏差，对概算（项目管理预算）执行差异进行因素分析。概算（项目管理预算）执行情况分析至少要到二级项目，逐项分析执行结果的差异原因，对于差异较大的项目应当重点说明，对产生差异的驱动因素表述清楚。

概算（项目管理预算）执行情况分析涉及概算项目与会计项目进行统一的问题。由于财务是按照施工单位上报的工程量清单及价款结算资料进行核算，施工单位是按照招标文件计列工程量和结算工程款，而招标文件中的工程量清单项目（主要包括技术清单，措施清单，暂列款清单）与概算项目存在差异。如何将会计核算的成本费用按概算项目口径进行归集，不仅需要财务人员的主观判断，更需要概预算人员提供相关信息。

对于一个设计单元工程分成若干个建设管理单位实施的情形，完工财务决算时需要将这些分项实施的完工决算进行调整（主要是基准日调整和项目调整）后汇总。进行投资分析的项目，务必要与设计单元概算（项目管理预算）批复的项目相一致。

（5）招标情况。说明主要标段的招标投标过程及其合同（协议）履行过程中的重要事项。

（6）合同、协议履行情况。说明对合同履行过程控制和管理情况，以及履行合同约定的责任和义务情况。

（7）预备费使用情况。说明重大设计变更及预备费动用的原因、内容和报批等情况。对于重大设计变更的原因和内容，变更依据，以及变更金额和报批情况重点表述；超出预备费额度使用的情况应当重点表述原因和超出的金额以及报批情况。

（8）预留的尾工投资及费用情况。说明预留尾工投资及费用的原因和内容，计算方法和计算过程，占总投资的比重。

（9）历次审计、稽查、财务检查及其整改情况。说明工程实施过程中接受的审计、稽查、财务检查等外部检查下达的结论及对审计、稽查检查揭示的相关问题整改落实情况。

项目法人对于历次审计、稽查、财务检查提出的重大问题应当逐个说明，对于尚未整改到位的问题，应当重点说明原因和下一步可行的整改措施，不得将未整改到位的问题隐瞒或者漏报。

（10）其他需说明的事项。除（1）～（9）项内容以外的需要说明的事项。

（11）编表说明。对决算报表中的指标做说明，帮助报表使用者理解报表数据和相关指标。

2.完工财务决算报表

（1）设计单元工程概况见表6－4－1，应当完整填写工程名称、地址，主要设计、施工单位，占地面积，新增生产能力，工程建设起止时间，概算批准文号，完成的主要工程量，收尾工程，基建支出情况等内容。

表 6-4-1 设计单元工程概况表

设计单元工程名称			建设地址				项 目	概算/元	实际/元	备注
主要设计单位			主要施工企业				建筑安装工程			
占地面积/m²	设计	实际	总投资/万元	设计	实际	基建支出	设备、工具、器具			
							待摊投资			
新增生产能力	能力（效益）名称		设计	实际			其中：建设单位管理费			
建设起止时间	设计	自 年 月 日 至 年 月 日					其他投资			
	实际	自 年 月 日 至 年 月 日					待核销基建支出			
设计概算批准文号							非经营性项目转出投资			
							合计			
完成主要工程量	建设规模				设备（台、套、吨）					
	设 计		实 际		设 计			实 际		
收尾工程	工程项目内容		已完成投资额		尚需投资额			完成时间		
	小 计									

注 1. 概算：按批复投资额合并填写；

2. 收尾工程：工程项目内容包括已批准的概算项目和预留费用（工程验收费、生产准备费等）。

设计单元工程概况表从总体上反映了设计单元工程建设的基本情况以及后续尾工的主要内容。此表的"基建支出"部分与完工财务决算表、投资分析表、交付使用资产表存在相互对应关系："基建支出"的实际完成金额、完工决算表中的"基本建设支出"金额、工程投资分析表中的"实际投资"金额、交付使用资产表中的"资产"总计金额应当一致；"基建支出"的概算金额应当与工程投资分析表中"概（预）算投资"金额相等。

（2）设计单元工程完工财务决算见表 6-4-2。此表是从财务收支的角度，列明工程建设资金来源和资金占用情况。

表 6 – 4 – 2　　　　　　　　　　　设计单元工程完工财务决算表

资金来源	金额/元	资金占用	金额/元
一、基建拨款		一、基本建设支出	
1. 预算拨款		1. 交付使用资产	
2. 基建基金拨款		2. 在建工程	
其中：国债专项资金拨款		3. 待核销基建支出	
3. 专项建设基金拨款		4. 非经营项目转出投资	
4. 进口设备转账拨款		二、应收生产单位投资借款	
5. 器材转账拨款		三、拨付所属投资借款	
6. 煤代油专用基金拨款		四、器材	
7. 自筹资金拨款		其中：待处理器材损失	
8. 其他拨款		五、货币资金	
二、项目资本		六、预付及应收款	
1. 国家资本		七、有价证券	
2. 法人资本		八、固定资产	
3. 个人资本		固定资产原价	
4. 外商资本		减：累计折旧	
三、项目资本公积		固定资产净值	
四、基建借款		固定资产清理	
其中：国债转贷		待处理固定资产损失	
五、上级拨入投资借款			
六、企业债券资金			
七、待冲基建支出			
八、应付款			
九、未交款			
1. 未交税金			
2. 其他未交款			
十、上级拨入资金			
十一、留成收入			
合　　计		合　　计	

补充资料：基建投资借款期末余额：

　　　　应收生产单位投资借款期末数：

南水北调工程建设资金来源主要有基建拨款和基建投资借款，其中"基建拨款"又可细分为"预算拨款"和"专项建设基金拨款"分别反映的是财政预算内安排的投资和南水北调工程基金、国家重大水利工程建设基金安排的投资。"基建投资借款"反映的是项目法人与银行办理的抵押借款。"应付款"反映的是应付未付的各类款项，主要是合同尾款和预留的工程质保金。

资金占用主要反映了工程建设支出和投资成果，"基本建设支出"反映的是投资完成金额也是建设成果的货币表现形态。"货币资金"是该设计单元工程的结存资金主要是银行存款和现金。"固定资产"反映的是设计单元工程建设管理期间购置的固定资产。

（3）设计单元工程投资分析表见表6-4-3。此表记录了实际投资额与概（预）算投资额比较情况，反映了实际投资较概（预）算增加或减少的额度及比例。投资分析至少应当明细到概（预）算的二级子目，对于每个项目的实际发生金额与概（预）算的金额的差异，要计算出差异幅度，差异幅度较大的，应当在完工决算说明书中说明原因。

表6-4-3 　　　　　　　　　　　　　　设计单元工程投资分析表

项目名称	概（预）算投资/元					实际投资/元					实际较概算增减	
	建筑工程	安装工程	设备投资	其他费用	合计	建筑工程	安装工程	设备投资	其他费用	合计	增减额	增减率/%
投资合计												

（4）交付使用资产总表见表6-4-4。此表记录了设计单元工程完工交付的资产，该表按固定资产、流动资产、无形资产、递延资产类别分别列示。在完工财务决算阶段，不存在转出资产的情况下，交付资产的合计金额与完成投资金额相等。

表6-4-4 　　　　　　　　　　　南水北调工程交付使用资产总表 　　　　　　　　　　　单位：元

序号	资产编码	设计单元工程名称	项目名称	总计	固定资产				流动资产	无形资产	递延资产
					合计	建安工程	设备	其他			

交付单位：　　　　　　　负责人：　　　　　　　　接收单位：　　　　　　　负责人：
盖章：　　　　　年 月 日　　　　　　　　盖章：　　　　　年 月 日

交付使用资产总表将设计单元工程的建设成果同时以实物形态和货币形态表示，是完工财务决算最重要的组成部分。此表的填列务必要准确和完整，资产类别划分要符合要求。

（5）交付使用资产明细表。见表6-4-5。此表是在交付使用资产总表的基础上将固定资产、流动资产、无形资产、递延资产细分为独立可辨认的单项资产，逐个列示。其中固定资产按其功能和用途细分为土地房屋及构筑物，通用设备，专用设备，文物和陈列品，图书和档案，家具、用具、装具、动植物等6大类别。

表6-4-5 南水北调工程交付使用资产明细表

资产编码	设计单元工程或标段名称	建筑工程						设备 工具 器具 家具							流动资产		无形资产		递延资产	
		名称	结构形式	坐落位置	单位	数量	价值/元	名称	规格型号	坐落位置	单位	数量	价值/元	设备安装费/元	名称	价值/元	名称	价值/元	名称	价值/元

交付单位： 负责人： 接收单位： 负责人：
盖章： 年 月 日 盖章： 年 月 日

交付使用资产明细表不仅是记录了设计单元工程的建设成果，还是日后工程运行期间资产管理的备查台账，因此交付使用资产明细表的各项资产名称应当清晰可辨，资产规格型号应当合乎规范，资产数量和资产价值应当准确细致。

3. 征地移民完工财务决算说明书

征地补偿和移民安置完工财务决算说明书应当包括下列内容。

（1）征地补偿和移民安置基本情况。

（2）会计账务处理、财产物资清理及债权债务的清偿情况。

（3）包干协议签订、支出预算和资金到位情况。

（4）概算执行情况及分析，主要分析决算与概算的差异及原因。

（5）招标情况。

（6）合同、协议履行情况。

（7）预备费使用情况。

（8）说明投资结余资金形成情况。

（9）尾工及预留费用情况。

（10）财务管理情况及其经验、问题和建议。

（11）历次审计、稽查及其整改情况。

（12）其他需说明的事项。

（13）编表说明。

4. 征地移民完工财务决算报表

征地补偿和移民安置完工财务决算报表由下列报表构成。

（1）征地补偿和移民安置概况表见表6-4-6。此表反映征地补偿和移民安置主要特性、实施过程、完成的实物量等基本情况。

表 6 - 4 - 6   **征地补偿和移民安置概况表**

工程名称		实施管理单位	
工程地址		主要设计单位	
主要监理单位		概算批准文件	

项目主要实施情况				
起始时间	年　　月		完成时间	年　　月
实物量	1. 永久征地/亩			
	其中：耕地/亩			
	林地/亩			
	2. 临时占地/亩			
	3. 迁移人口/人			
	其中：农村人口/人			
	4. 影响人口/人			
	5. 拆迁房屋/m²			
	6. 城集镇迁建/个			
	7. 工矿企业迁建/个			
	8. 专项恢复	—		
	（1）交通			
	（2）电力			
	（3）通信			

（2）资金平衡见表 6 - 4 - 7，此表反映征地补偿和移民安置全部资金来源和资金占用情况。

表 6 - 4 - 7   **资 金 平 衡 表**

资 金 占 用	金额	资 金 来 源	金额
一、拨出征地移民资金		一、拨入征地移民资金	
二、征地移民资金支出		二、其他收入	
1. 农村移民安置支出		三、应付款	
2. 城集镇迁建支出		四、固定基金	
3. 工业企业迁建支出			
4. 专业项目复建支出			
5. 防护工程支出			
6. 库底清理支出			
7. 地质灾害监测防治支出			
8. 税费支出			
9. 其他费用支出			
三、已完工移民项目			
四、现金			
五、银行存款			
六、应收款			
七、固定资产			
资 金 占 用 总 计		资 金 来 源 总 计	

（3）征地移民资金支出总表见表6-4-8。此表反映征地补偿和移民安置投资完成总体情况。

表6-4-8　　　　　　　　　　　　　　　征地移民资金支出总表　　　　　　　　　　　　　单位：元

项　目	概算（计划）投资	实际投资	未完投资
1. 农村移民安置支出			
2. 城集镇迁建支出			
3. 工业企业迁建支出			
4. 专业项目复建支出			
5. 防护工程支出			
6. 库底清理支出			
7. 地质灾害监测防治支出			
8. 税费支出			
（1）耕地占用税			
（2）耕地开垦费			
（3）森林植被恢复费			
（4）新菜地开发建设基金			
9. 其他费用支出			
总　　计			

（4）农村移民安置支出明细见表6-4-9。此表反映征地补偿和移民安置农村移民安置投资完成情况。

表6-4-9　　　　　　　　　　　　　　　农村移民安置支出明细表　　　　　　　　　　　　　单位：元

项　目	概算（计划）投资	实际投资	
		合计	其中：个人
1. 征用土地补偿费和安置补助费			
2. 房屋及附属建筑物补偿费			
3. 农副业设施补偿费			
4. 小型水利水电设施补偿费			
5. 学校及医疗网点调整补助费			
6. 基础设施补偿费			
7. 搬迁运输费			
8. 过渡期生活补助费			
9. 移民双瓮厕所及沼气池补助费			
10. 移民渔船及渔具补助费			
11. 外迁移民专业项目增容费			
12. 其他补助费			
（1）零星果木及林木补偿费			
（2）坟墓迁移费			
（3）建房困难补助费			
（4）临时搬迁道路补助费			
（5）其他			
总　　计			

（5）城集镇迁建支出明细见表6－4－10。此表反映征地补偿和移民安置城集镇移民迁建投资完成情况。

表6－4－10　　　　　　　　　　　　城集镇迁建支出明细表　　　　　　　　　　　单位：元

项　　目	概算（计划）投资	实际投资
1. 新址征地费		
2. 基础设施补偿费		
（1）场地平整		
（2）室外工程		
（3）道路广场		
（4）市政公用设施恢复		
（5）其他		
3. 对外连接设施补偿费		
4. 居民迁移补偿费		
5. 建成区农户迁移补偿费		
6. 农村移民进镇迁移补偿费		
7. 单位迁移补偿费		
（1）镇内单位		
（2）镇外单位		
8. 旧城功能恢复费		
9. 其他补偿费		
总　　计		

（6）工业企业迁建支出明细见表6－4－11。此表反映征地补偿和移民安置工业企业迁建投资完成情况。

表6－4－11　　　　　　　　　　　　工业企业迁建支出明细表　　　　　　　　　　单位：元

项　　目	概算（计划）投资	实际投资
1. 新址征地费		
2. 基础设施补偿费		
3. 搬迁运输费		
4. 房屋及附属建筑物补偿费		
5. 设施及设备补偿费		
6. 流动资产搬迁费		
7. 停产损失费		
8. 其他		
总　　计		

（7）专业项目复建支出明细见表 6 - 4 - 12。此表反映征地补偿和移民安置专业项目复建投资完成情况。

表 6 - 4 - 12　　　　　　　　　　专业项目复建支出明细表　　　　　　　　单位：元

项　　　目	概算（计划）投资	实际投资
1. 交通设施恢复改建费		
（1）等级公路		
（2）桥梁		
2. 渡口及码头改建费		
3. 输变电设施恢复改建费		
4. 电信设施恢复改建费		
5. 广播电视设施恢复改建费		
6. 水利水电设施恢复改建费		
7. 文物古迹保护费		
8. 库周交通恢复费		
9. 其他项目补偿费		
（1）输水管道		
（2）水文和水位站		
（3）库周水准测绘控制网点		
（4）国防光缆		
（5）其他		
总　　　计		

（五）编制程序和要求

1. 制定完工财务决算编制方案

项目法人制定完工财务决算编制方案，具体指导和规范完工财务决算的编制工作。编制方案中明确职责分工，完工财务决算基准日期的确定原则，编制的具体内容，计划进度和工作步骤，以及可能遇到的技术难题和相应的解决方案。

2. 收集整理与完工财务决算相关的项目资料

相关的项目资料包括：会计凭证、账簿和会计报告，内部财务管理制度、初步设计、设计变更、预备费动用相关资料，年度投资计划、预算文件，招投标、政府采购及合同，工程量和材料消耗统计资料，价款结算资料，项目验收、成果及效益资料，审计、稽查、财务检查结论性文件及整改资料。

3. 确定完工财务决算基准日

完工财务决算基准日依据资金到位、投资完成、财务清理完成的情况确定。完工财务决算基准日宜确定为月末。

完工财务决算基准日确定后，与项目建设成本、资产价值相关联的财务清理、未完工程投资和预留费用、分摊待摊投资等会计业务均应在完工财务决算基准日之前入账。

完工财务决算基准日一旦确定，不宜改动，除非在决算基准日之后有重大调整事项，只有在不调整决算基准日将重大影响决算报表真实性、完整性的情况下，才能调整决算基准日。

4. 完工财务清理

《南水北调工程竣工完工财务决算编制规定》中列举财务清理的内容，这是最基本的要求，必须全部做到。因为财务决算是工程建设活动的全面总结，所有合同或协议是否履行完毕，债权债务是否清算，投资是否有结余，资产是否登记造册，与外部单位的经济往来是否完成结算。在编制财务决算中，确实存在前期合同结算清理不彻底的现象，有的是遗漏了相关内容，有的是施工单位已退场找不到相关人员，有的是施工单位不满意合同结算结果不予签字，结果是编制的完工财务决算反映的数据不真实或不全面。财政部规定对前期清理工作提出了明确的要求，要"做到账账、账证、账实、账表相符"。这是财务工作的最基本的要求，也是开展财务决算编制的前提条件，否则就是白费工夫。"各种材料、设备、工具、器具等，要逐项盘点核实，填列清单，妥善保管或按国家规定进行处理，不准任意侵占挪用。"盘点核实工作尤其重要，是防止资产流失的重要手段，凡是处理的资产，必须严格按照相关制度的要求，履行处置的程序，绝对不能随意处置资产，同时要防止资产处置过程中的不规范行为，禁止侵占挪用资产和变相侵占挪用资产。

项目法人单位内部各部门要协力做好前期清理工作。前期清理涉及工程建设管理的各个环节，而且涉及本单位内部各个部门。因此，项目法人内部各相关部门要分工负责、协力配合，共同做好前期清理工作，如投资计划部门要负责投资计划文件和其他前期工作方面的清理和整理、合同管理部门要负责合同管理和结算方面的清理和整理、财务部门要负责财务会计方面的清理和整理等等。

完工财务清理的内容包括合同（协议）清理、债权债务清理、结余资金清理、移交资产清理。

（1）合同（协议）清理。在工程进度款结算的基础上，根据施工过程中的设计变更、现场签证、工程量核定单、索赔等资料办理完工结算。合同（协议）清理的主要指标有合同金额，累计已结算金额，预付款支付、扣回、余额，质量保证金扣留、支付、余额，履约担保、预付款保函等。确认合同（协议）履行结果，落实尚未执行完毕的合同（协议）履行时限和措施。

（2）债权债务清理。债权债务清理是指在工程建设过程中形成的债权和债务，应根据收付款情况，与相关资金往来单位进行核对并结算债权债务，清理已有事实证明发生损失的坏账和确实无法偿付的应付款项。

（3）结余资金清理。逐一盘点核实并填列投产结余资金的实物清单，确定处理方式，办理处置手续。

（4）移交资产清理。按核算资料列示移交资产账面清单。进行实地盘点，根据盘点结果形成移交资产盘点情况。分析比较移交资产账面清单和盘点清单，如有差异，进行调整，形成移交资产清单。

5. 编制完工财务决算报表与决算说明书

在填列报表前应当核实数据的真实性、准确性。在填列报表后应当对报表进行审核，主要审核报表及各项指标填列的完整性、报表数据与账簿记录的一致性、表内的平衡关系、报表之间的勾稽关系、关联指标的逻辑关系。

按上述要求编制完成完工财务决算说明书，应达到反映全面、重点突出、真实可靠的质量水平。

四、完工财务决算的核准

南水北调工程投资中政府投资部分全部通过国务院南水北调办筹集或由国务院南水北调办拨付，其中预算内资金均列入部门预算并通过国务院南水北调办拨付，过渡性资金是经财政部授权由国务院南水北调办筹集并拨付。国务院南水北调办必须向财政部报送所有资金的使用成果和使用管理情况。据此，国务院南水北调办有责任组织、指导、督促系统各项目法人及省级征地移民机构开展完工财务决算，以及核准完工财务决算，并最终向财政部报送南水北调工程竣工财务决算。

（一）完工项目财务决算核准的必要性

155 个设计单元工程完工财务决算是南水北调工程竣工财务决算的基础。竣工财务决算是在 155 个完工财务决算汇总合并的基础上编制的，因此设计单元工程完工财务决算的质量直接决定了南水北调工程竣工财务决算的质量。如果设计单元工程完工财务决算编制不准确，编制内容有遗漏，以此汇总合并的竣工财务决算将不可避免地存在数据不准确，投资成本反映不完整的情况。

为确保项目法人编制完成的完工财务决算的真实性、准确性、全面性，为南水北调工程竣工财务决算打好基础，依据财政部的规定，《南水北调工程竣工完工财务决算编制规定》第十三条明确了"完工财务决算由项目法人报国务院南水北调办核准，国务院南水北调办对完工财务决算实行'先审计、后核准'的办法，先委托中介机构进行完工财务决算审计，再按规定核准"，即先委托中介机构对项目法人申报核准的完工财务决算进行审计，确定审计的内容和要求，协调、指导并解决审计过程中的问题或矛盾，督促申报核准单位及时纠正和整改审计揭示的问题，然后依据审计意见核准完工财务决算。财务决算审计实质上是中介机构受国务院南水北调办委托对财务决算进行全面审核，提供专业性、技术性的支撑，并提出能否核准的理由和依据。

（二）核准要求

受托的中介机构对项目法人报送的完工财务决算执行完审计程序后，完工财务决算符合《南水北调工程竣工完工财务决算编制规定》的，能够真实、完整、准确地反映工程建设成果，即达到核准的要求。凡是中介机构审计后确定并建议核准的，国务院南水北调办按规定核准符合要求的完工财务决算；凡是中介机构审计认定不具备核准条件的完工财务决算，一律不予以核准，并告知不予核准的原因或理由。

按照《南水北调工程竣工完工财务决算编制规定》要求，国务院南水北调办规范了完工财务决算审计报告的内容，同时确定了核准文件的格式，文件格式由正文和两个附件构成，正文的内容主要由核准的依据、意见和相关要求等构成，两个附件分别是申请核准单位编制的完工财务决算和中介机构提交的完工财务决算审计报告。核准文件格式的改变，不仅仅是形式的变化，实质上更加明确了各自责任，核准的完工财务决算仍然是编报单位的，仍由编报单位承担真实性、合法性、完整性责任和其他方面的法律责任；完工财务决算审计报告是明确中介机构的审计责任。这也就是前面所说的，并不因国务院南水北调办的核准而改变编报单位对完工财务决算应承担的责任。

（三）核准程序

按照《南水北调工程竣工完工财务决算编制规定》，设计单元工程的完工财务决算由项目法人或省级征地移民机构报国务院南水北调办核准。国务院南水北调办将委托中介机构进行完工财务决算审计，依据中介机构的审计结论核准完工财务决算。

2013年4月国务院南水北调办通过公开招标的方式，建立了南水北调工程项目内部审计中介机构备选库，共有25家中介机构中标。从2013年4月开始，凡是国务院南水北调办委托的审计项目，全部由备选库里的中介机构负责完成。

受托中介机构对项目法人编制的完工财务决算报告进行审计，重点审核：项目是否按规定程序和权限进行立项、可研和初步设计报批工作；项目建设超标准、超规模、超概算投资等问题审核；完工财务决算金额的正确性审核；完工财务决算资料的完整性审核；项目建设过程中存在主要问题的整改情况审核等。审计中介机构有责任督促和帮助项目法人对存在的问题进行整改，在中介机构出具完工财务决算审计报告时，项目法人或征地移民机构应当将历次稽查和审计发现的问题全部整改到位。

中介机构出具的审计报告内容主要包括：审核设计单元工程的基本情况，并对审核结果进行认定；审核完工财务决算前期准备工作情况，并对审核结果进行认定；审核完工财务决算编制程序履行情况，并对审核结果进行认定；审核完工财务决算编制内容，并对审核结果进行认定；本次审计揭示且整改到位问题的情况说明。

受托中介机构应履行与国务院南水北调办签订委托约定书中的各项责任，在此要强调的主要责任：①依据法律法规、规章制度和《南水北调工程竣工完工财务决算编制规定》等，按照规范的审计程序对完工财务决算进行全面的审计；②督促财务决算编制单位按时纠正和整改审计发现并揭示的任何问题的责任，着力提高审计效率；③依据《南水北调工程竣工完工财务决算编制规定》提出是否核准意见的专项审计报告，确保审计结果的可靠性，并承担相应的法律责任。

五、已核准完工项目的基本情况

截至2016年12月31日，国务院南水北调办已经核准31个完工财务决算，这31个完工财务决算的基本情况如下。

（1）东平湖至济南段输水工程是南水北调东线胶东输水干线渠首工程，途经泰安市的东平县，济南市的平阴县、长清区和槐荫区，至济南市的小清河源头睦里闸，输水线路全长90km。该工程于2002年12月开工，完工财务决算于2009年核准：批复总投资133791万元，实际完成投资133084万元，暂核定资产133084万元，扣除待运行期管理维护费和建设管理费超支部分2844.5万元，核定结余投资5426.5万元，兑现奖励资金1412.95万元。

（2）三阳河潼河和宝应站工程位于江苏省扬州市的高邮市和宝应县境内，是南水北调东线工程第一批开工建设的项目，于 2002 年 12 月开工，2005 年 7 月完工。完工财务决算于 2013 年 9 月核准：批复总投资 96198 万元，实际完成投资 92120.8 万元，暂核定交付使用资产 92120.8 万元，核定结余投资 4077.2 万元，兑现奖励资金 1223.16 万元。

（3）淮阴三站工程位于江苏省淮安市青浦区和平镇内，是南水北调东线工程提水第三梯级的组成部分。该工程于 2005 年 10 月开工，2012 年 10 月通过完工验收，完工财务决算于 2013 年 9 月核准：批复总投资 25722 万元，实际完成投资 21867.45 万元，暂核定交付使用资产 21867.45 万元，核定结余投资 3741.61 万元，兑现奖励资金 1122.48 万元。

（4）淮安四站工程位于洪泽湖下游白马湖地区，与淮安一、二、三站共同组成南水北调东线工程京杭运河输水线的第二梯级泵站。该工程于 2005 年 12 月开工，2012 年 7 月通过完工验收，完工财务决算于 2013 年 9 月核准：批复总投资 17184 万元，实际完成投资 17161.14 万元，暂核定交付使用资产 17161.14 万元，核定结余投资 22.86 万元，兑现奖励资金 6.858 万元。

（5）刘山泵站工程位于徐州市邳州市境内的不牢河上，毗邻刘山复线船闸。该工程于 2006 年 1 月开工，完工财务决算于 2013 年 9 月核准：批复总投资 25988 万元，实际完成投资 24710.9 万元，暂核定交付使用资产 24710.9 万元，核定结余投资 1217.88 万元，兑现奖励资金 361.58 万元。

（6）解台泵站是南水北调东线第一期工程的第八级抽水泵站。该工程于 2004 年 10 月开工，2012 年 12 月完工，完工财务决于 2013 年 9 月核准：批复总投资 20501 万元，实际完成投资 19397.6 万元，暂核定交付使用资产 19397.6 万元，核定结余投资 1041.96 万元，兑现奖励资金 311.03 万元。

（7）万年闸泵站枢纽工程是南水北调东线一期连接骆马湖和南四湖韩庄运河段输水干线的关键控制性工程，是南水北调东线工程的第八级梯级泵站，是山东境内第二级提水泵站。该工程于 2004 年 11 月开工，完工财务决算于 2014 年 1 月核准：批复总投资 26259 万元，实际完成投资 24202.7 万元，暂核定交付使用资产 24202.7 万元，核定结余投资 2462.88 万元，兑现奖励资金 300.98 万元。

（8）淮安四站输水河道工程位于洪泽湖下游白马湖地区，涉及淮安市淮安区、扬州市宝应县及白马湖农场，是南水北调东线工程的重要组成部分。该工程于 2005 年 12 月开工，完工财务决算于 2013 年 9 月核准：批复总投资 29138 万元，实际完成投资 29127.06 万元，暂核定交付使用资产 29127.06 万元，兑现奖励资金 0 元。

（9）江都站改造工程位于江苏省扬州市，是南水北调东线起点工程，建设内容包括江都三、四站、变电所的更新改造，江都西闸的加固和江都东、西闸间河道疏浚等，工程实施后提升江都水利枢纽的基础设施能力。该工程于 2005 年 12 月开工，完工财务决算于 2013 年 12 月核准：批复总投资 26380 万元，实际完成投资 24297.76 万元，暂核定交付使用资产 24297.76 万元，核定结余投资 1932.08 万元，兑现奖励资金 545.73 万元。

（10）京石段（河北段）滹沱河倒虹吸等 7 个设计单元工程主要包括浮沱河倒虹吸、唐河倒虹吸、釜山隧洞、古运河枢纽、漕河段、河北其他段和河北省境内生产桥建设共 7 个设计单元工程，是向北京应急供水优先安排的工程。中线京石段应急供水工程河北段征地补偿和移民安置涉及单位 14 个、企业 30 家；工程永久征地 5.02 万亩，临时用地 6.71 万亩；拆迁房屋面积 21.55 万 m²，迁建输电线路 188.3km，通信线路 114.09km，广播电视线路 3.1km，各类管道 95.8km；生产生活安置人口 4.45 万人。这 7 个设计单元工程征地拆迁项目完工财务决算于 2014 年 9 月核准：7 个设计单元工程征地拆迁项目批复总投资 312932.22 万元，中线建管局在工程投资中解决专项拆迁资金 3290.43 万元，河北省政府补贴 12800 万元，合计总投资 329022.56 万元，实际完成投资 310326.8 万元，核定结余投资 23996.96 万元。

（11）京石段（北京段）北拒马河暗渠等 7 个设计单元工程包括北拒马河暗渠工程、惠南庄泵站工程、永定河倒虹吸工程、西四环暗涵工程和其他工程（惠南庄—大宁段工程、卢沟桥暗涵工程、团城湖明渠工程）、文物保护工程及北京段工程管理专题等共计 7 个。中线干线京石段北京段永久征地面积 1703.59 亩，临时征地 11790.07 亩；拆迁房屋 247315.77m²。这 7 个设计单元工程的征地拆迁项目完工财务决算于 2014 年 10 月核准：7 个设计单元征地拆迁项目批复总投资 209750 万元，实际完成投资 208923.45 万元，核定结余投资 826.55 万元。

（12）皂河二站工程位于江苏省宿迁市皂河镇境内，现皂河一站北侧，是南水北调东线一期工程的第六梯级泵站之一，为皂河一站的备用站，其主要任务是与泗阳泵站、刘老涧泵站一起，通过中运河线向骆马湖输水，与运西徐洪河线共同满足向骆马湖调水的目标，并结合邳洪河地区排涝。主体工程于 2010 年 7 月开工，完工财务决算于 2016 年 4 月核准：工程批复总投资 29268 万元，完成投资 26390.9 万元，投资结余 2877.1 万元。

（13）洪泽湖抬高蓄水位影响处理工程，位于江苏省淮安市、宿迁市境内，分布在洪泽湖周边滞洪区和鲍集圩行洪区，根据南水北调东线一期工程规划，洪泽湖非汛期蓄水位将从 13.0m 抬高到 13.5m。本工程是对受此影响的淮安、宿迁两市境内支流河道、圩区、洼地排涝工程等进行治理。该工程于 2011 年 5 月开工实施，2013 年 12 月底工程全部完成。江苏水源公司负责该工程完工财务决算编制，北京中泽永诚会计师事务所有限公司负责该工程完工财务决算审计。依据该师事务所出具的审计报告，国务院南水北调办于 2016 年 2 月核准：至决算基准日（2015 年 7 月 31 日），工程批复总投资 26003 万元，工程实际支出 23467.45 万元，投资结余 2535.55 万元。

（14）骆南中运河影响处理工程位于宿迁市泗阳县、宿城区、宿豫区和淮安市淮阴区境内，骆南中运河是京杭大运河的一部分，也是南水北调东线工程主要输水干线。本工程的实施，将消除南水北调工程调水期间因水位变化对本段运河沿线的影响，保证中运河沿线引排闸站的正常使用。2010 年 10 月 10 日正式开工建设，2013 年 3 月 8 日通过设计单元通水验收。江苏水源公司负责该工程完工财务决算编制，天职国际会计师事务所（特殊普通合伙）负责该工程完工财务决算审计。依据该事务所出具的审计报告，国务院南水北调办于 2016 年 2 月核准：至决算基准日（2015 年 11 月 30 日），工程批复总投资 12527 万元，工程实际支出 10992 万元，投资结余 1535 万元。

（15）淮安二站改造工程位于江苏省淮安市淮安区南郊，京杭大运河和苏北灌溉总渠交汇处，是淮安水利枢纽的重要组成部分，也是南水北调一期工程的第二级泵站之一。该站与淮安一、三、四站一起，共同满足通过里运河向苏北灌溉总渠输水 300m³/s 的目标，同时具有区域排涝、保障航运等功能。该工程从 2010 年 12 月 28 日开始建设，至 2013 年 6 月 5 日完成。江苏水源公司负责该工程完工财务决算编制，河南诚和会计师事务所有限公司负责该工程完工财务决算审计。依据该事务所出具的审计报告，国务院南水北调办于 2016 年 2 月核准：至决算基准日（2015 年 11 月 30 日），工程批复总投资 5452 万元，工程实际支出 5319.9 万元，投资结余

132.1 万元。

（16）血吸虫病北移扩散防护工程。为防止南水北调东线工程水源区、主要输水河道及相关湖泊工程导致血吸虫病扩散及北移，在高水河整治工程、金宝航道整治工程、金湖泵站和洪泽泵站等工程中列入了江苏专项工程血吸虫病北移扩散防护工程，于 2011 年 10 月开工，2013 年 5 月全部完成。江苏水源公司负责该工程完工财务决算编制，河南诚和会计师事务所有限公司负责该工程完工财务决算审计。依据该事务所出具的审计报告，国务院南水北调办于 2016 年 2 月核准：至决算基准日（2015 年 11 月 30 日），工程批复总投资 4643 万元，工程实际支出 4426.53 万元，投资结余 216.47 万元。

（17）刘老涧二站工程位于江苏省宿迁市东南约 18km 的大运河上，是刘老涧泵站枢纽的重要组成部分，与刘老涧一站、睢宁一站、睢宁二站等工程共同组成南水北调东线第一期工程第五个梯级。工程建成后，与刘老涧一站一起将泗阳站来水抽送至皂河站下，为皂河站送水提供水源，并为刘老涧站至皂河站间中运河沿线城镇生活、工农业生产及航运补充水源。该工程于 2009 年 5 月开工，2012 年 12 月完成通水验收，江苏水源公司负责该工程完工财务决算编制，河南江河会计师事务所有限公司负责该工程完工财务决算审计。依据该事务所出具的审计报告，国务院南水北调办于 2016 年 3 月核准：至决算基准日（2015 年 11 月 30 日），工程批复总投资 22192 万元，工程实际支出 20284.6 万元，投资结余 1907.4 万元。

（18）蔺家坝泵站工程位于江苏省徐州市铜山县境内，主要任务是向南水北调下级湖输水，并结合排涝。该工程于 2006 年 1 月 10 日开工，2009 年 7 月全部完工，2009 年 8 月项目全部移交管理单位，江苏水源公司负责该工程完工财务决算编制，江苏兴光会计师事务所有限公司负责该工程完工财务决算审计。依据该事务所出具的审计报告，国务院南水北调办于 2016 年 3 月核准：至决算基准日（2015 年 5 月 31 日），工程批复总投资 23200 万元，工程实际支出 22438 万元，投资结余 762 万元。

（19）金湖站工程位于江苏省金湖县银集镇境内，三河拦河坝下的金宝航道输水线上。工程任务是与洪泽泵站一起向洪泽湖抽水 150m³/s，与里运河的淮安泵站、淮阴泵站共同满足南水北调一期工程入洪泽湖流量 450m³/s 的目标，保证向苏北地区和山东省供水要求，并结合宝应湖地区的排涝。该工程于 2010 年 11 月 2 日开始正式施工，2013 年 4 月 10 日完成通水验收，江苏水源公司负责该工程完工财务决算编制，致同会计师事务所（特殊普通合伙）负责该工程完工财务决算审计。依据该事务所出具的审计报告，国务院南水北调办于 2016 年 5 月核准：至决算基准日（2016 年 2 月 29 日），工程批复总投资 39954 万元，工程实际支出 37849.26 万元，投资结余 2104.74 万元。

（20）两湖段引黄灌区影响处理工程为南水北调东线一期两湖段七个设计单元工程之一，工程的主要任务是通过调整取水位置、充分利用和扩大现有工程的输水规模、新修渠道和改建建筑物等工程措施，满足受影响灌区的灌溉要求。该工程于 2010 年 4 月开工，2013 年 7 月完工，山东干线公司负责该工程完工财务决算编制，中审国际会计师事务所有限公司负责该工程完工财务决算审计。依据该事务所出具的审计报告，国务院南水北调办于 2016 年 1 月核准：至决算基准日（2015 年 5 月 31 日），工程批复总投资 18659 万元，工程实际支出 18037.22 万元，投资结余 621.78 万元。

（21）台儿庄泵站工程位于山东省枣庄市台儿庄区境内，主要任务是抽引骆马湖来水通过韩庄运河向北输送，以实现南水北调东线工程向北调水的目的，结合排涝并改善韩庄运河的航运条件。该工程于 2005 年 12 月开工建设，2009 年 11 月完成试运行阶段验收，山东干线公司负责该工程完工财务决算编制，北京兴华会计师事务所（特殊普通合伙）负责该工程完工财务决算审计。依据该事务所出具的审计报告，国务院南水北调办于 2015 年 12 月核准：至决算基准日（2015 年 7 月 31 日），工程批复总投资 25980 万元，工程实际支出 25979.14 万元，投资结余 0.86 万元。

（22）潘庄引河闸工程位于南四湖湖东大堤与潘庄引河交汇处附近。其主要任务为：正常情况下参与引水、排涝、泄洪、挡洪，南水北调工程调水期，潘庄引河河口实施测流计量，对南四湖水资源实施有效控制与管理。该工程于 2008 年 12 月正式开工，2009 年 4 月完成项目验收，山东干线公司负责该工程完工财务决算编制，河南诚和会计师事务所有限公司负责该工程完工财务决算审计。依据该事务所出具的审计报告，国务院南水北调办于 2016 年 2 月核准：至决算基准日（2014 年 12 月 31 日），工程批复总投资 1497 万元，工程实际支出 1491.86 万元，投资结余 5.14 万元。

（23）天津干线天津市 1 段工程位于天津境内，始于河北省霸州市与天津市交界武清区王庆坨镇王二淀村西南津保高速路东侧，终点位于天津市西青区道以南奥森物流东侧。该工程于 2008 年 11 月开工，2013 年 8 月完成了通水验收，中线建管局负责该工程完工财务决算编制，北京中永信会计师事务所有限公司负责该工程完工财务决算审计。依据该事务所出具的审计报告，国务院南水北调办于 2016 年 7 月核准：至决算基准日（2016 年 1 月 31 日），工程批复总投资 176515 万元，工程实际支出 165180.19 万元，投资结余 11334.81 万元。

（24）天津干线天津市 2 段工程位于天津市西青区中北镇，起于中北工业园区内的奥森物流公司东侧，沿春光路向南穿过阜盛道至阜锦道，顺阜锦道向东穿过曹庄排干，至外环河西 200m 处到达天津干线终点外环河出口闸。该工程于 2009 年 3 月开工，2012 年 2 月完工，中线建管局负责该工程完工财务决算编制，天津倚天会计师事务所有限公司负责该工程完工财务决算审计。依据该事务所出具的审计报告，国务院南水北调办于 2016 年 7 月核准：至决算基准日（2016 年 1 月 31 日），工程批复总投资 26426 万元，工程实际支出 25463.59 万元，投资结余 962.41 万元。

（25）皂河一站工程位于江苏省宿迁市皂河镇北 5km 处，东临中运河、骆马湖，西接邳洪河、黄墩湖。主要任务是与泗阳泵站、刘老涧泵站一起，通过中运河线向骆马湖输水，与运西徐洪河线共同满足向骆马湖调水的目标，并结合邳洪河和黄墩湖地区排涝。该工程于 2010 年 10 月开工，2012 年 12 月完成通水验收，江苏水源公司负责该工程完工财务决算编制，中天运会计师事务所（特殊普通合伙）负责该工程完工财务决算审计。依据该事务所出具的审计报告，国务院南水北调办于 2016 年 3 月核准：至决算基准日（2016 年 2 月 29 日），工程批复总投资 13248 万元，工程实际支出 10970.8 万元，投资结余 2277.2 万元。

（26）东线穿黄河工程位于山东省东平县和东阿两县境内黄河下游中段，是南水北调东线工程从东平湖到黄河以北输水干渠的一段输水工程，全长 7.87km，是南水北调东线的关键控制性工程。该工程于 2007 年 12 月开工，2013 年 2 月通过技术性验收，山东干线公司负责该工程完工财务决算编制，中兴财光华会计师事务所（特殊普通合伙）负责该工程完工财务决算审计。依据该事务所出具的审计报告，国务院南水北调办于 2016 年 1 月核准：至决算基准日

（2015 年 4 月 30 日），工程批复总投资 70245 万元，工程实际支出 57015.87 万元，投资结余 13229.13 万元。

（27）鲁北段灌区影响处理工程位于德州市夏津县、武城县和聊城市临清市境内，是南水北调东线鲁北段输水工程的重要组成部分，主要任务是通过调整水源、扩挖（新挖）渠道、改建（新建）建筑物等措施，满足因南水北调输水而受影响的灌区的灌溉供水要求。该工程于 2011 年 3 月开工建设，2013 年 3 月完成技术性验收，山东干线公司负责该工程完工财务决算编制，中审华寅五洲会计师事务所（特殊普通合伙）负责该工程完工财务决算审计。依据该事务所出具的审计报告，国务院南水北调办于 2015 年 6 月核准：至决算基准日（2015 年 4 月 30 日），工程批复总投资 35008 万元，完成投资 33514.77 万元，投资结余 1493.23 万元。

（28）沿运闸洞工程位于扬州、淮安、宿迁、徐州、盐城五市境内，是对南水北调东线江苏境内有关输水河道、湖泊周边主要涵闸漏水问题进行加固、维修，减少水资源流失。工程于 2011 年 11 月开工，2013 年 12 月完成全部建设内容，江苏水源公司负责该工程完工财务决算编制，中审亚太会计师事务所（特殊普通合伙）负责该工程完工财务决算审计。依据该事务所出具的审计报告，国务院南水北调办核准：截至财务决算基准日（2016 年 7 月 31 日），工程批复总投资 12252 万元，实际支出 11556.78 万元，投资结余 695.22 万元。

（29）韩庄泵站枢纽工程是南水北调东线一期工程的第九级抽水梯级泵站，在山东境内的第三级抽水梯级泵站。该泵站枢纽位于山东省枣庄市峄城区古邵镇八里沟村西老运河左岸，其主要任务是通过韩庄泵站提水入南四湖的下级湖，以实现南水北调东线第一期工程的梯级调水目标。工程 2007 年 4 月 3 日开工，2012 年 11 月 12 日通过完工验收，山东干线公司负责编制该工程完工财务决算，北京中天恒会计师事务所负责该工程决算审计。国务院南水北调办依据中天恒事务所出具的审计报告，于 2016 年 12 月核准：至决算基准日（2016 年 3 月 31 日），该工程批复总投资 30357 万元，工程实际支出 29280.62 万元，投资结余 1076.38 万元。

（30）南水北调东线一期南四湖—东平湖段输水与航运结合工程湖内疏浚工程，位于南四湖上级湖，途径山东省济宁市任城区、微山县，是对南四湖上级湖醋刘庄东至微山县南阳南段，沿湖内主航道进行疏浚扩挖，以满足输水要求。该工程 2011 年 8 月开工，2012 年 9 月完成初步设计建设内容。山东干线公司负责该工程完工决算编制，中审众环会计师事务所（特殊普通合伙）负责该工程决算审计。国务院南水北调办依据中审众环会计师事务所出具的审计报告，于 2016 年 12 月核准：至决算基准日（2016 年 3 月 31 日），工程批复总投资 23347.77 万元，工程实际支出 24202.57 万元，超批复投资 854.80 万元。

（31）二级坝泵站工程是东线一期工程的第十级抽水梯级泵站，位于南四湖上级湖与下级湖交界处的二级坝上，主要任务是从南四湖下级湖向上级湖提水。该工程 2007 年 3 月 20 日开工建设，2012 年 8 月 28 日完成全部建设内容，山东干线公司负责该工程完工财务决算编制，北京中永信会计师事务所有限公司负责该工程完工财务决算审计。依据该事务所出具的审计报告，国务院南水北调办核准：截至财务决算基准日（2016 年 3 月 31 日），工程批复总投资 31962 万元，实际支出 32033.43 万元，超批复投资 71.43 万元。

第七章 南水北调工程资金监管

本章描述构建符合南水北调工程资金监管的实际，且具有显著特点的南水北调工程资金监管体系。分别介绍南水北调工程项目法人的内部资金监管制度、内部资金监管的做法和经验、内部资金监管取得的成效；分别介绍南水北调工程征地移民机构的内部资金监管制度、内部资金监督的做法和经验、内部资金监管取得的成效；全面介绍南水北调系统内部审计的目标和任务、南水北调系统内部审计的制度、南水北调系统内部审计的主要做法、南水北调系统内部审计取得的成效、南水北调系统内部审计的主要经验；重点介绍审计署对南水北调工程实施的审计、南水北调系统各单位主动配合审计署审计及其他国家机关审计的成效；重点介绍国家发展改革委对南水北调工程实施的稽查和财政部实施的监督检查、南水北调系统各单位主动配合稽查和监督检查、稽查和监督检查取得的主要成效；系统总结了南水北调工程资金监管取得的成效和资金监管的经验。

第一节 构建资金监管体系

从历史上其他大型工程建设资金管理的经验来看，构建立体化与系统化的监管体系，实施全面、有效的资金内部监督与控制，是做到资金安全隐患早防范、早发现、早遏制，确保工程建设资金有效使用和安全运行的关键所在。南水北调工程资金监管体系的构建，符合南水北调工程资金使用和管理的实际，具有显著特点。通过有效且持续运转，充分发挥了资金监管的作用，取得了良好的效果。

一、南水北调工程资金监管体系构建的基本原则

国务院南水北调办在探索构建南水北调工程资金监管体系的过程中，主要遵循了以下 4 个方面的基本原则。

（一）明确资金使用和管理责任主体的原则

国务院南水北调工程建委会以《南水北调工程建设管理的若干意见》确定的南水北调工程

建设管理体制，明确了国务院南水北调办是南水北调主体工程建设资金的主要监督主体，项目法人和征地移民机构始终是南水北调工程资金使用和管理的责任主体，需要接受国务院南水北调办、国家审计部门及其他国家机关的监督和检查。按照权力与责任对称原则，南水北调工程项目法人和征地移民机构也是南水北调工程资金监管的责任主体，有责任将南水北调工程资金管理好、使用好、监管好，其内部监督和控制也是相关法律法规确定的责任，也是确保南水北调工程资金有效和安全运行的关键所在。只有各单位切实履行各自的责任，资金监管体系才能发挥确保资金安全的效果。总体来说，南水北调系统各单位在资金使用和管理中各自的责任包括以下内容。

1. 国务院南水北调办的责任

国务院南水北调办在工程建设资金监督和管理中的主要责任有5个方面。

（1）要依据国家法律、法规和相关规章制度，制定系统性的南水北调建设资金使用和管理的指导及约束性管理制度，明确项目法人和征地移民机构的管理职责，明确南水北调工程资金和征地移民资金使用和管理的程序，建立对各单位资金使用和管理监管责任追究机制。

（2）督促各项目法人和省级征地移民机构建立完善资金使用和管理内部控制制度，指导各单位分析资金管理中可能存在的风险，建立资金运行中关键节点的风险防控措施。

（3）实施有效的监管手段或措施，发现和揭示系统各单位在资金使用和管理中存在的问题，督促各单位切实整改，落实责任追究机制。

（4）配合国家审计机关及其他国家机关做好对系统各单位的资金监管，整改落实审计提出的问题和管理建议。

（5）协调南水北调工程沿线省级政府的审计部门共同加强对征地移民资金的监管，实现监管信息共享。

2. 项目法人的责任

项目法人在工程建设资金的监督和管理中的责任主要有5个方面。

（1）依据国家法律、法规和相关规章制度，以及国务院南水北调办相关规定，结合本单位工程建设实际情况，制定系统、有效的资金内部管理制度和内部制衡控制制度，为单位资金内部监督与管理提供制度依据。

（2）在单位内部设立专门的监督或内部审计机构，切实履行对内部资金监管的职责。

（3）严格执行国家相关财经纪律、南水北调办制定的管理制度，以及本单位制定的内部管理制度，实施本单位内部监督。

（4）严格依据审计意见，组织整改国家审计机关审计、其他国家机关审计、国务院南水北调办审计揭示或提出的问题，切实采取有效措施积极防范和化解资金使用和管理过程中的风险。

（5）采取有效管理机制加强对代建单位和委托建设管理单位，以及现场管理单位的资金使用的监管。

3. 征地移民机构的责任

各级征地移民机构在工程建设资金的监督和管理中的责任主要有4个方面。

（1）省级征地移民机构依据国家法律、法规和相关规章制度，以及国务院南水北调办制定的相关制度，结合省南水北调工程征地移民工作的实际特点，制定南水北调征地移民资金使用和管理的相关内部管理制度，明确征地移民资金使用程序，为规范管理地方各级征地移民机构资金的使用行为奠定制度基础。

（2）各级征地移民机构要严格按照国家法律法规、国务院南水北调办制定的相关制度，以及省级移民机构制定的内部管理制度，实施南水北调征地移民资金内部监督。

（3）省级征地移民机构要采取有效措施，加强对地方各级征地移民机构、乡（镇）政府、行政村的资金使用监督，重点防范虚报、冒领、挤占、挪用等严重违法违纪行为的出现。

（4）严格依据审计意见，组织整改国家审计机关审计、其他国家机关审计、国务院南水北调办审计所揭示或提出的在南水北调征地移民管理方面的问题，落实资金使用和管理的责任追究机制。

4. 建设管理单位的责任

建设管理单位（含委托和代建）在工程建设资金的监督和管理中的责任主要有3个方面。

（1）制定本单位南水北调建设资金的管理和使用内部控制制度，明确资金使用和管理程序。

（2）严格执行相关法律法规，国务院南水北调办制定的相关制度、项目法人和本单位制定的内部管理制度，依法依规管好用好南水北调建设资金。

（3）严格依据审计意见，组织整改国家审计机关审计、其他国家机关审计、国务院南水北调办审计、项目法人审计所揭示或提出的问题，落实资金使用和管理的责任追究机制。

（二）实行全过程监管的原则

工程基本建设程序决定了工程建设资金监管涉及不同的环节，哪一个环节都有可能发生不规范和违纪行为，因此对南水北调工程资金的监管，必须从资金运行的全过程进行监管，包括事前、事中、事后监管。

1. 事前监管

事前监管是财务活动及相关的经济活动实施以前所进行的监督，它是一种积极的、预防性的监督。它可以预防企业决策失误，避免不必要的损失和浪费，防止弊端，防患于未然。南水北调工程建设资金事前监管主要体现在两个方面。

（1）建设资金的管理制度设计，包括办公室层面总体设计的资金管理制度，如《南水北调工程建设资金使用和管理办法》和《南水北调征地补偿和移民安置资金管理暂行办法》，这两个管理制度分别对南水北调工程建设资金和征地移民资金的使用和管理全过程进行了详细规定，是系统内各单位使用和管理南水北调建设资金的主要制度依据。另外系统内各单位建立的内部管理控制制度，从更细、更具体的角度为南水北调资金运行安全提供更有力的制度和程序保障。

（2）工程建设资金的年度预算或年度计划执行。南水北调工程建设期较长，投入的资金量大，如果没有科学的资金使用计划那是不可想象的，资金计划不足，会直接影响工程的建设，如果资金计划过于充足也势必会导致资金浪费，从而也会因为账面结存资金太多而引起资金使用违规的隐患。因此，国务院南水北调办每年都要求各项目法人和省级征地移民机构报送年度资金使用计划，上报的同时需要提供账面结存的资金数量，这样才能比较科学地掌握各单位实际资金需求情况，节约资金成本。

2.事中监管

事中监管是通过对单位或企业组织预算、财务收支计划、费用开支标准等执行过程中的有关财务活动进行事中监督，便于及时发现问题，纠正偏差，保证单位或企业正确执行预算及财务制度，确保各项收支按照预算进行安排，促使单位或企业依法组织收入，节约各项支出，确保资金的安全及节约、有效的使用，从而保证单位或企业承包财务活动健康有序地进行。事中监管贯穿于单位或企业财务活动的始终，涉及财务活动的各个环节、各个方面，是事前监管措施的过程检验和纠错。南水北调工程建设资金事中监管主要体现在两个方面。

（1）开展专项审计。主要是针对工程建设资金管理和使用过程中一些全局性、普遍性、倾向性的特定事项进行系统调查了解，通过综合分析，向单位领导及相关单位反映情况、揭露问题、提出解决问题的建议。

（2）开展资金运行过程中潜在风险排查，要求各单位采取有效措施进行防范和化解。包括要求各单位自行排查，编制风险防控手册；办公室适时组织专项调研，调查了解分析存在风险；年度审计中委托中介机构关注各单位资金运行中的风险等手段。

3.事后监管

事后监管是指单位或企业以事先制定的目标、标准和要求为准绳，利用会计核算取得的相关原始资料，对已进行的经济活动进行的考核和评价。事后监管是资金监管的最后环节，是经济活动或行为的合法合规性检验，主要监管形式为绩效评价、查找问题和责任追究，主要目的是发现问题，堵塞漏洞，预防事故的发生，减少资金损失。南水北调工程建设资金事后监管主要的形式为开展系统年度资金使用和管理情况审计，每年都对各单位当年使用的资金各个环节进行全面审计，查找不规范的问题或行为，督促各单位进行整改，并对违法违纪行为和整改不力的相关责任单位和个人进行责任追究。

（三）全面、系统和持续监管的原则

南水北调工程建设资金监督必须要全面覆盖、系统周密、持续不断，确保监督工作不遗、不漏、不留死角。

1.监管要全面

南水北调资金全面监管主要体现在要对工程建设资金所有涉及的领域进行全面监管，包括项目的招标投标管理、年度资金使用计划、银行账户设立和使用、内部制度的建立、经济合同的签订、征地移民资金兑付、财务支出、工程款的拨付、会计核算等资金运行领域，做到"资金流到哪里，审计监管就到哪里"。

2.监管要系统

南水北调资金系统监管主要体现在要对工程建设资金所有使用对象进行监管，包括南水北调系统内所有项目法人、委托代建建设管理单位本级及现场建设管理单位，南水北调沿线各级征地移民机构及乡（镇）、行政村。各项目法人还要承担对委托和代建单位以及现场管理机构的资金监督；省级征地移民机构还要承担对省以下各级征地移民机构的监管；国务院南水北调办对系统内所有单位和组织进行监督。工程建设过程中，对于资金监管中发现的问题，实行"谁使用资金，谁承担责任"的原则。

3.监管要持续

持续监管是指资金监管行为和效果在时间上要有连续性，不能间断或随机，持续监管对于

一个企业，特别是工程建设项目来说都是确保资金安全的必要条件。南水北调工程资金持续监管主要体现在要从工程项目立项至竣工验收全过程要进行全面监管，只要工程不验收交付使用，资金监管就不会放松。

（四）内部监管与外部监管相结合原则

内部监管主要是指单位和企业内部通过建立内部控制制度和实施内部控制程序，对本单位的经济行为进行监督的措施总称。内部监管在资金管理中的主要作用是风险防范和错误纠偏，通过实施内部监管措施，能有效堵塞资金管理上的漏洞，健全内部管理制度，监管的出发点是健全单位内部管理，保护单位内部利益。外部监管主要是单位和企业以外的审计机关及权力机关实施的资金监管行为，主要是从全局的角度评价资金使用的合法性及有效性，监管的出发点是维护国家和集体利益。

南水北调系统内部监管主要是项目法人内部监督行为和对委托建设管理单位实施的法人监督行为、省级征地移民机构组织实施对省以下各级征地移民机构实施的监督行为，以及各级征地移民机构本级内部监督行为。国务院南水北调办实施的系统内部审计也属于内部监管的范畴。南水北调系统的外部监管主要有国家审计机关和其他国家机关（如财政部）等实施的外部资金监管，各级征地移民机构还同时要接受地方审计和监察部门的监督。

南水北调系统内部监管与国家机关监管是有机的整体，最终的目标都是为了保障工程建设资金的合法有效使用，内部监管配合和支持外部监管，外部监管又有效促进和强化内管监管，充分发挥各方面的资金监管作用，确保了工程建设资金使用安全和有效。

二、南水北调工程资金监管的主要目标和任务

南水北调工程资金监管的目标和任务是由南水北调工程历史使命决定的，作为我国当前最大的跨流域调水水利工程，要把南水北调工程建设成阳光工程、廉洁工程是南水北调工程建设管理者的神圣使命。

（一）资金监管的主要目标

南水北调办党组历来高度重视对资金使用和管理的监管，自工程开工建设以来，办领导就提出了确保"工程安全、资金安全、干部安全"的总体要求，要把南水北调工程建设成阳光工程、廉洁工程。按照总体要求，南水北调工程资金监管的主要目标有以下 3 个方面。

1. 维护资金运行秩序，保障资金安全

维护参与南水北调工程建设各单位能切实按照《招标投标法》及国家其他与招标投标管理相关规章制度履行工程招标投标程序；参与南水北调工程建设各单位能严格依据《合同法》签订经济合同，并严格执行合同条款；工程建设资金实现资金专户存储和专账核算；工程价款结算严格按财政部《建设工程价款结算暂行办法》执行；工程款支付能严格按财政部《基本建设财务规则》（原《基本建设财务规定》）执行；征地移民资金兑付符合相关规定程序；会计核算严格执行《国有建设单位会计制度》和《南水北调征地移民会计核算办法》，规范核算工程建设成本。

2. 防止或减少违法违规行为发生，减少资金损失

各单位制度和程序逐步得到完善，资金管理上的漏洞基本得到堵塞，单位应履行而未履行

公开招标、招标弄虚作假、挤占挪用截留工程建设资金、套取建设资金、私设小金库、个人挪用、贪污建设资金等严重违法违纪行为减少，营造党员干部不敢腐、不敢贪的严肃氛围，形成严格依法使用资金的良好工程建设环境，力争达到工程建设完成不出现大面积倒塌干部的现象。各单位资金管理过程中出现的不规范行为能够得到及时整改，挪用、挤占、截留的资金能及时追回，不合理变更、工程量结算错误、组价不合理等行为造成的多结算工程款能及时追回。

3. 提高资金使用效率

各单位账面资金能够保持在合理水平，资金供应既能满足工程建设和征地移民工作的需求，不出现工程建设现场资金短缺现象，又不形成过多的滞留资金，尽可能降低工程建设资金融资成本，使南水北调工程资金得到有效利用。各项工程建设成本能够合理控制在工程概算之内。

（二）资金监管的主要任务

围绕着资金监管目标，南水北调工程资金监管任务主要包括 5 个方面。

1. 检查资金使用和管理制度是否建立和健全，内部控制制度是否建立并实施

财政部《基本建设财务规则》明确要求项目建设管理单位应当建立健全单位基本建设财务管理制度和内部控制制度，《会计法》也明确要求各单位应当建立健全职责明确、相互制约、程序严格的单位内部会计监督制度。事实证明，健全的资金管理制度和科学的内部控制制度是一个单位或企业最大限度规避资金风险、保障资金安全、提升财务管理水平的重要管理措施。对于像南水北调工程这样一个大型基本建设工程来说，资金管理的风险是始终贯穿于招标管理、合同管理、资金支付、会计核算等资金运行的各个环节，因此从资金运行的各环节建立健全内部管理制度，设计职责明确、相互制衡的内部控制制度是非常必要的。从历史上审计、纪检部门查处的基本建设领域内出现的问题来看，大部分问题出现都是因为内部控制制度设计上存在漏洞，才让意志不坚定的人员有机可乘。

2. 监督各单位设置资金管理机构，配置满足所承担资金管理任务需要的管理人员和相关资源

《会计法》第三十六条明确各单位应当根据会计业务的需要设置会计机构，或者在相关机构中设置会计人员并指定会计主管人员；不具备条件的也应当委托经批准设立的从事会计代理记账业务的中介机构代理记账。事实证明只有专门的财务管理机构、稳定的财务管理和会计核算队伍，才能保证一个单位的财务工作有序进行。南水北调工程建设工期长、使用资金量大，设立专门财务机构、配备专职财务人员是非常必要的。因此在《南水北调工程建设资金管理办法》和《南水北调征地补偿和移民安置资金管理办法》都明确要求各项目法人、建设管理单位和各级征地移民机构设置专门的财务管理机构，配备专职财务人员。

3. 查找不规范和违法违规的资金使用和管理行为

通过实施系统内部审计和专项审计等手段，查找资金运行各环节中存在的问题是资金监管的核心任务，只有查找出不规范的问题或行为并组织整改到位，找到资金管理的薄弱环节和管理漏洞，才能有针对性地去建立健全相关制度，完善相关程序来堵塞管理漏洞，保障资金安全。国务院南水北调办主要是采取政府买服务的方式，委托中介机构来实施资金审计，查找工程招标投标、合同管理、价款结算、价款支付、资金管理、会计核算、征地移民资金管理等方

面不符合现行法律法规、规章制度和各单位内部管理制度的行为。

4. 研究提出纠正或整改不规范和违法违规行为的处理意见

纠正或整改违法违规行为是南水北调工程资金监管的重要任务。纠正或整改南水北调资金运行中的违法违规行为能够取得多重效果。通过纠正程序上的不规范行为可以消除资金管理上的部分安全隐患；通过纠正不规范的行为可以为后期资金管理和会计核算提供经验参照；纠正因管理漏洞造成建设资金流出的不规范行为，能挽回国家资金损失；通过对无法纠正的行为进行责任追究，及对严重违法违纪行为移送的处理可以对那些责任心不强、法制意识薄弱的单位和个人造成震慑。

5. 提出规范资金使用和管理等方面的建议意见

整改具体违法违规行为后，通过组织对每个问题或行为产生的原因进行分析，根据不同的原因提出具体规范管理的建议，要求各单位采取相应的强化措施，举一反三，制定长效的整改机制，确保工程建设资金使用安全和高效。

三、南水北调工程资金监管的主要手段或措施

采取有效的手段和措施是实现管理目标的唯一途径。南水北调工程建设资金监管要实现既定的目标和任务，就必须从南水北调工程建设管理的实际情况出发，抓住资金监管的特点和难点，采取具有针对性、有可行性的管理手段和措施。围绕着南水北调资金监管的主要任务和目标，国务院南水北调办针对南水北调工程建设资金管理和使用特点，采取了"监控各单位账面资金规模，控制资金供应进度""实施内部制衡机制""项目法人和征地移民机构开展内部监督""组织开展南水北调系统内部审计""接受并配合国家机关开展的审计、稽查和监督检查"5个具有明显特点的监管手段和措施，有效地保障了监管目标和任务的实现。前两项措施分别在第四章和第五章作了详细介绍，本章不再单独介绍，其余3项措施具体包括以下内容：

（一）南水北调项目法人和征地移民机构开展内部监督

单位内部监督是指为了保护单位资产的安全、完整，保证其经营活动符合国家法律法规和内部有关管理制度，提高经营管理水平和效率，而在单位内部采取的一系列相互制约、相互监督的制度和方法。在南水北调工程资金监管体系中，各项目法人和省级征地移民机构开展的内部审计是整个资金监管措施中的重要组成部分。各项目法人和省级征地移民机构开展内部监督的主要形式如下。

1. 建立完善本单位内部管理制度

各项目法人和征地移民机构，结合本单位负责工程建设管理和征地移民工作的实际情况，也制定了一系列涵盖招标投标、合同管理、价款结算、账户监控、建管费预算、资产管理、会计核算、财务决算等资金运行各个环节的规定和内部制度。这一系列内部制度的建立，为各单位内部资金监督提供了制度支撑，进一步规范了资金运行各环节中的程序，明确了资金使用和管理的责任的义务。

2. 严格制度的执行和落实

资金监管的重要环节就是监督制度的执行和落实，各单位严格执行招投标管理规定，从源头防止资金运行风险；执行合同约定，把好工程价款结算关；执行专户管理制度，防止资金在

账户外运行；执行征地移民补偿资金公开制度、执行建管费支出预算，控制支出。

3. 组织开展内部审计

南水北调系统各项目法人大部分都设立了专门的内部审计机构或配备了专职内部审计管理人员，建立了定期组织力量对建管机构的资金使用和管理情况进行审计的机制。有的项目法人按工程类别及建管机构情况分别确定审计内容和重点，法人本级、各现场建管机构每年至少接受一次内部审计，对各单位存在的共性问题和个性问题在年度财务决算会议上进行通报。省级征地移民机构也同样组织力量加强对市、县级征地移民机构的资金使用和管理情况进行审计，对内部审计发现的问题要督促各单位及时整改到位，有的省级征地移民机构主动与省审计厅联系，将南水北调工程移民资金审计纳入省审计厅的年度工作业务，按照"资金流向哪里，审计就跟进到哪里"的要求，做到了对资金分配、拨付、使用、管理各环节审计监督的全覆盖，保障了资金安全。

4. 建立多方联合防范廉政风险的机制

配合内部审计监督，各单位还建立了预防腐败的机制。有的省级征地移民机构建立与省纪委、省检察联席会议制度，每年召开党风廉政建设工作会议，实行了工程合同与廉政合同同时签订的制度。有的省级征地移民机构和项目法人与省纪检委、监察厅建立联合监督机制，参与招投标全过程，实行三合同管理，即与施工单位签订施工安全合同、资金安全合同、廉政合同。还有的省级征地移民机构与省纪委、监察厅、预防腐败局联合制定了移民资金使用管理廉政风险防控办法，利用全省移民资金监督网开展了移民资金管理使用廉政防控工作，完成了移民资金管理使用电子监察试点任务。

（二）组织开展南水北调系统内部审计

在各项目法人和省级实施内部制衡和内部监督的基础上，为确保监管措施的深入和深化，国务院南水北调办每年都要依据《中华人民共和国审计法》《审计署关于内部审计工作的规定》等相关规定，对南水北调系统各单位和组织开展系统内部审计，揭示并督促各单位在资金使用管理过程中存的问题，化解资金运行中潜在的风险。

1. 开展资金使用和管理情况审计

每年终了，国务院南水北调办都要对系统内各单位和组织实施全面审计，按照"资金流到哪里，审计就审到哪里"的要求，对上一年度资金使用和管理情况实施审计。主要查找并揭示各单位在内部管理制度建立与执行、招标投标管理、工程监理管理、合同管理、账户管理、支出管理、会计基础工作等方面存在的问题及风险，督促各项目法人和省级征地移民机构依据审计意见整改落实存在的问题，化解资金运行中潜在的风险。同时按照问题违规程度落实审计揭示问题责任追究制度，对整改不力的单位和个人也要进行责任追究，以达到震慑作用。

2. 开展专项审计和检查

围绕着南水北调中心工作，为按照办领导提出的专项目标和专项工作要求，国务院南水北调办都会适时开展不同的专项审计或检查，主要查处资金运行环节中各专项领域内存在的问题和风险，如 2013 年，正值工程建设末期，各单位都已进入变更索赔的高峰期，按照办领导的批示，为配合投资计划司开展了对中线建管局部分合同变更索赔的专项审计，采取了抽样检查的方式，委托造价中介机构对中线建管局 2012 年批复的 10 个 1000 万以上的变更索赔项目批复程序的合法性、批复结果的合理性等进行了专项审计，针对审计提出的问题，对中线建管局后阶段变更索赔工作提出了进一步规范的要求和指导性意见。2016年，按照中央要求各单位加强"四风"建设的要求，根据办领导要求，经济与财务司配合办机关纪委，委托中介机构，对办管两个企业中线建管局和东线公司（含本级及直属分公司）、政研中心、设管中心、监督中心等单位进行了"四风"检查专项审计，主要对各单位2014—2016年上半年的会议费、招待费的支出使用情况进行检查，检查了各单位的会议费、招待费内控制度的建立完善情况，内部制度的执行情况，对审计发现的问题及不足，要求各单位及时进行了整改。

3. 开展专项调查

为配合办公室其他司局的专项工作，不定期还开展一些专项调查活动，调查目的主要是为解决专项任务提供决策依据。如2016年配合办公室投资计划司，委托中介机构对中线水源公司成立以来建管费的使用和管理情况做了专项调查，为中线水源公司合理划分建设期管理费用和运行期费用提出了指导意见，同时为中线水源公司解决建设单位管理费不足提出了参考依据。

（三）接受并配合国家机关开展审计、稽查和监督检查

配合国家机关开展的审计、稽查和监督检查也是提高南水北调工程资金监管水平的一个重要举措。截至目前，南水北调工程共接受过国家审计署2次资金审计、3次预算执行情况审计和1次经济责任审计。一是2007年审计署根据国务院领导批示，对南水北调工程前期工作和工程建设情况进行全面审计。二是2012年审计署根据国务院南水北调建委会第六次全体会议精神和审计署工作安排，对南水北调一期工程建设资金使用管理及新增投资测算进行了专项审计。三是2007年、2010年、2017年审计署分别对国务院南水北调办2006年、2009年、2016年预算执行情况进行了专项审计。四是2009年审计署组织了对张基尧主任离任经济责任审计，主要是对张基尧主任任期内工程建设资金使用和管理情况进行审计。几次审计均指出了南水北调工程系统内各单位在资金使用和管理中存在的不规范行为。按照审计意见，国务院南水北调办要求各单位认真对审计发现的问题及时进行整改，涉及程序不规范、多结算工程款能纠正的问题均已责令各单位及时进行纠正，凡涉及应招标未招标、招标程序不规范、挪用资金等无法纠正等不规范问题已责令各单位以追究责任的方式进行整改，同时，还要求各单位认真分析、总结反思审计发现问题的原因，并有针对性地完善了相关制度。整改落实情况，都按审计要求及时、如实反馈。针对审计提出问题的整改情况，国务院南水北调办反复进行核查，确保整改到位、不存在反弹情况。从核实的结果看，历次审计发现问题均得到了整改。通过配合国家机关开展审计、稽查和监督检查，一方面提高了各单位对建设资金使用和管理的水平，另一方面也加深了各单位对南水北调办开展内部审计重要性的认识。

第二节　项目法人的内部监督

一、中线建管局的内部监督

中线建管局设立审计稽察部作为内部审计机构，下设审计处和稽察处两个处室，审计人员

依照部门编制基本配齐，独立承担南水北调中线干线工程建设与运行管理期间的内部审计稽查监督职能。

（一）内部审计制度

为贯彻落实《中华人民共和国审计法》《中华人民共和国审计法实施条例》《审计署关于内部审计工作的规定》、中国内部审计准则和审计人员职业道德规范等审计法律法规，进一步规范内部审计工作，中线建管局自 2004 年成立以来，结合工程建设与运行管理实际，不断建立和完善内部审计稽查规章制度，先后制定并印发执行了《南水北调中线干线工程建设管理局内部审计工作规定》《南水北调中线干线工程建设管理局内部审计质量控制规范》《南水北调中线干线工程建设管理局直属单位负责人经济责任审计暂行办法》《南水北调中线干线工程建设管理局委托社会中介机构审计业务管理办法》《南水北调中线干线工程建设管理局配合政府主管部门审计稽查、财政投资评审管理办法》等一系列规章制度。这些规章制度的建立和完善，克服了内部审计工作的随意性，增强了自身管理水平，使中线建管局内部审计工作不断制度化、规范化；同时，这些规章制度对中线建管局所属职能部门和单位的各项管理工作起到了很好的促进作用，树立了内部审计稽查的权威性和公信力，为顺利开展内部审计稽查工作奠定了坚实基础。

（二）内部审计或监督的做法及其经验

中线建管局审计稽察部认真履行内部审计监督职能，以积极配合外部审计稽查为重点，主动开展合同单位离场审计、管理费开支情况审计、分支机构负责人经济责任审计、运行维护合同履行情况审计、工程建设项目内部稽查、工程建设及运行维护举报事项调查核实等工作，为降低工程建设风险，促进工程建设顺利推进以及运行管理发挥积极作用。中线建管局内部审计稽查的主要做法体现在以下方面。

1. 积极配合外部审计稽查工作

南水北调作为国家重点工程建设项目，自 2003 年年底工程开工建设以来，国家审计署、国家发展改革委、财政部、国务院南水北调办等上级主管部门分别对中线干线工程进行了多次审计、稽查、财政投资评审、年度资金专项审计等监管，共计约 200 多批次，审计稽察部作为中线建管局归口接待外部审计稽查的部门，在历次外部审计稽查中，均很好地组织局内有关部门和所属单位予以了积极配合，协助外部审计单位顺利完成了各次审计稽查任务，并对审计稽查提出的问题牵头组织整改落实工作，先后落实审计稽查发现的问题 3000 多个，审计稽查整改意见及建议 1000 多条。通过配合外部审计稽查工作，借助外部监督力量，促进了中线干线工程建设管理水平的不断提高。

2. 主动开展内部审计稽查工作，有效防范工程建设风险

自工程开工建设以来，中线建管局审计稽察部先后组织开展了 3 次代建单位离场专项审计、4 次管理费用开支情况专项审计、4 次分支机构负责人经济责任审计、6 次合同履行情况专项审计、4 次工程建设项目内部稽查、260 次工程建设举报事项调查核实，对发现的问题，坚决要求彻底整改到位，有力规范了中线干线工程建设与运行管理行为。

3. 注重工程建设资金及运行维护资金使用的过程监督

审计稽察部在开展事后审计稽查的同时，积极参与招标文件审查、招标项目开标评标过程

监督、工程及运行维护变更索赔事项审查、非招标项目采购监督等工程投资及资金使用的过程监督管理，充分发挥内部监督职能。

4. 重视审计稽查成果的运用

审计稽查以内外审计稽查结果为基础，及时组织汇总、归纳审计稽查中获取的大量信息和相关资料，深入研究审计稽查发现的有关问题，对具有普遍性、倾向性的问题进行挖掘，着重从宏观层面分析问题，提出了多项完善机制、健全制度、规范管理的意见建议，为领导决策提供了有力依据，有效促进了工程建设管理。

中线建管局内部审计稽查工作能够全面深入展开，且取得一定的成绩，总结起来主要得益于以下两方面的保障。

(1) 单位领导高度重视内审工作，内审机构不断健全，内审职能不断强化。中线建管局内审部门成立的最初几年，由于内审人员配置尚未到位，国家审计署、国家发展改革委、财政部、国务院南水北调办等外部监督机构对工程建设采取了高频次、大力度的审计、稽查、财政评审等外部监督，迫于当时的形势，内部审计部门重点是配合服务好外部审计稽查工作，自身较少开展内部专项审计和专项稽查工作，内审职能尚未得到有效发挥。自 2011 年工程建设逐渐进入高峰期和关键期以来，中线建管局领导高度重视内部审计职能和内部审计作用，在进一步完善内审部门组织机构的情况下，要求内部审计部门配合外部审计和搞好内部审计"两手都要抓、两手都要硬"，除了继续配合服务好外部审计稽查工作，更要主动开展内部审计稽查工作。局长和分管审计工作的副局长定期或不定期召开内部审计稽查工作会议，组织学习国家审计署、中国内部审计协会以及国务院南水北调办等上级主管部门有关内部审计工作的文件精神，并结合中线干线工程建设管理实际组织制定实施意见；定期听取内部审计稽查工作汇报，而且对审计意见书、审计结论和处理意见以及重大问题的审计报告都亲自审阅；大力支持内部审计人员的选配工作，在审计人员继续教育经费、审计业务经费和办公设备配置上都能得到优先考虑。

(2) 高度注重内部审计队伍建设，审计力量不断增强。自工程开工建设以来，中线建管局内部审计队伍不断增强，内审人员按照部门编制逐步配置到位，全面加强审计队伍建设，努力做到了内审人员"四个强化"：强化政治意识和大局意识，强化服务工程建设的进取意识，强化与时俱进的创新意识，强化求真务实和精益求精的科学意识，使审计人员以饱满的热情和无私奉献的精神完成了各项审计稽查工作任务，内部审计工作从未发生过重大责任事故。另外，高度重视内审人员后续教育和培训学习，一是坚持不懈地把政治思想教育放到首位，用科学发展观思想武装和教育审计人员，采取多种形式，抓好内审人员的政治理论学习和思想政治工作，内审人员没有发生过拿原则作交易的现象，没有参加过影响执行公务的宴请，没有收受过礼品礼金，没有与被审计单位或个人发生过不正当的往来，维护了内部审计工作者的良好形象。二是积极参与内审协会搭起的"服务、管理、宣传、交流"平台，为达到内审经验分享、共同进步的目的，在实际工作中十分重视内审协会对审计队伍建设方面的要求，自觉遵守中国内审协会章程，积极参与内审协会组织选题的审计论文评选活动。积极参加由内审协会组织的内审人员后续教育，参加协会组织的 CIA 考前辅导，审计稽察部现有 2 人取得了国际注册内部审计师资格。三是利用各种形式加强内审人员的业务学习，不断更新业务知识、拓宽视野、提高理论水平、增强综合素质。

（三）取得的主要成效

中线建管局通过深入开展内部审计稽查工作，对完善单位内部管理、降低各类管理风险、促进管理工作不断规范化起到了重要作用，且成效明显，自中线干线工程开工建设以来，中线建管局以及所属单位未发生重大违法违纪案件。以下是几个典型内审项目取得的主要成效：

（1）代建单位离场专项审计，重点审计了代建单位合同履行情况、后续项目建设管理面临的风险、代建单位离场后的主要义务等方面，针对审计发现的问题提出了针对性的管理建议，为代建单位移交离场和接管单位顺利接管划清了责任界限。

（2）管理费用专项审计，查找了中线建管局机关和所属单位费用管理的薄弱环节和问题隐患，重点针对公务车辆管理这一老大难问题进行了深入剖析，提出了操作性强的改进建议和风险防范措施，从整改意见落实及后续管理情况看，局机关和各单位费用核算进一步精细化，风险控制措施更加合理有效，费用管理水平和效率得到很大提高。

（3）所属二级单位负责人任期和离任经济责任审计，全面客观公正评价了被审人员任职期间经济责任履行情况，对所在单位存在的问题隐患和管理薄弱环节提出了中肯的整改意见和改进建议，促进了被审单位管理工作的不断规范化、合理化。

（4）运行维修养护合同履行情况专项审计，对2011年以来京石段维修养护合同履行情况进行了全面审核评价，查找了合同签订、合同履行、合同执行、合同变更、合同结算与支付等各环节存在的大小问题120多个，重点分析了这些问题产生的原因和改进建议，为进一步规范全线通水后的工程维修养护管理指明了方向。

（5）招投标管理专项稽查，重点查明了2011年以来中线干线直管代建项目招投标管理工作中存在的薄弱环节和潜在风险，对某些不合理不合规的做法进行了提醒，提出了具体的风险防范措施和改进建议，进一步规范了后续招标管理工作。

二、中线水源公司的内部监督

为了加强内部监督和审计工作，2004年中线水源公司组建时就建立了履行审计、监察、纪检职能的工作机构审计纪检监察处，配备了专职人员，具体负责审计稽查工作组织、配合上级部门开展的审计、稽查工作，对工程招投标、完工验收、竣工结算、物资采购等方面进行监督审查。成立了由项目法人、工程监理、施工单位共同组成的制止商业贿赂、预防职务犯罪工作领导小组。在各部门、监理、设计、施工单位聘任了特约监督员，明确了特约监督员职责和奖惩条件。与丹江口市检察院制定了预防和惩治职务犯罪联合预案、移民资金监管工作预案。为内部监督和审计工作顺利开展奠定了组织基础。

（一）审计及监督制度的建设情况

"没有健全的制度，权力没有关进制度的笼子里，腐败现象就控制不住。"中线水源公司的内部监督制度建设重点就是易发生权钱交易和产生腐败的重点领域和关键环节，制度建设主要是加强过程控制，强化过程监督，保证了工程建设的顺利进行，主要呈现以下几个特点：①将公司各部门、监理、设计、施工单位统一纳入过程控制中，无论是合同的变更、工程量的审核，还是工程结算，各方都要参与进来，避免了一个或几个人和部门说了就算的情况，如在合同结算管理办法中规定，合同中期结算工程量必须要经过施工单位、监理专责工程师、总监、工程部、计划部、公司领导的层层审批；②招投标、合同结算、工程量审核、合同变更等关键环节均有专门的制度规定，不存在暗箱操作的可能；③制度健全，涵盖了工程建设的方方面面，没有死角，如在合同管理上，制定了合同管理办法、合同立项管理办法、合同结算管理办法、合同验收管理办法等；④实用性强，在制度执行过程中，对发现的不适应工程建设实际情况的部分制度，能够及时进行修订，保证了制度的实用性；⑤加强对制度执行情况的检查。没有得到落实的制度，形同虚设，在做好制度建设的同时，中线水源公司还着重做好了制度的贯彻落实工作，编制了制度汇编，及时修订完善各项规章制度，并由纪检监察部门对整个合同执行过程中制度的贯彻落实情况进行全程监督，保证了制度的有效运行。

为了加强内部监督，实现"工程安全、资金安全、干部安全"的建设目标，中线水源公司针对中线水源工程建设的特点，相继制定了80余项规章制度，内容涉及工程设计、项目立项、招标投标、计划合同、工程质量、安全生产、文明施工、资金管理、档案管理、生态环境保护以及公司内部管理等，并汇编成册。从合同立项、审批、招标投标到施工组织中的合同变更、完工验收、竣工结算的各个环节，都有明确而具体的制度规定，真正做到了用制度管人，用制度来规范和约束各级管理人员的行为，并且根据制度的执行情况和工程实际，及时对规章制度进行修订、补充和完善，形成了科学、规范、有效的制度体系，从而为确保"三个安全"奠定了制度保障，提升了中线水源公司的管理水平。

在监督检查方面，中线水源公司制定了工程建设项目监督管理办法、三重一大实施办法、审计稽查整改责任追究实施意见等专项制度，保障了内部监督检查工作的顺利进行。

（二）内部审计及监督的主要做法

（1）对工程建设管理全过程进行监督，实行纪检监察一票否决制。工程开工建设以来，审计纪检监察处作为内部监督部门，就参与了工程建设管理的全程，从招标文件的编写、审查到招标过程的监督、合同谈判、合同签订；从工程验收、工程变更索赔到合同结算、合同支付；审计纪检监察部门都全过程的进行监督，并实行了审计一票否决制，只要审计纪检监察部门提出了反对意见，就不能够进入下个工作流程。在工程建设领域方面，实行双合同管理，即在签订业务合同的同时，签订廉政合同，廉政合同与业务合同具有同等的效力；在招标过程中，要求投标单位提供其注册地检察机关开具的本单位及其拟派项目经理行贿犯罪档案查询结果。

（2）健全监督制约机制，畅通监督渠道。习近平总书记指出："要健全权力运行制约和监督体系，让人民监督权力，让权力在阳光下运行。健全权力运行制约和监督机制，就是要加强对管人、管事、管钱、管物的人的制约和监督。"中线水源公司在进行内部监督过程中，注重发挥纪检部门监督、财务监控、审计监督、考核监督和舆论监督的作用，把自上而下的监督与自下而上的监督、内部监督与外部监督、专门监督部门的监督与员工的监督有机结合起来，形成监督的整体合力。

注重依靠广大职工群众进行监督，建立和规范了信访、举报制度，畅通信息反馈渠道，在网站上设立了举报邮箱和举报电话，在工地设置了举报牌，在各参建单位都设立了举报箱，聘请了监督员。工程的招标项目都在中国南水北调网站等媒体进行了公开发布，招标结果都进行了公示。对于接到的群众举报，属于公司管辖的，都及时进行了核实；不属于公司管辖的，都转给了相关单位和部门。使各级领导和部门的权力始终处于严密的监督约束之下，最大限度地发挥监督体系的作用。

（3）积极开展专项监督检查。在加强内部监督的同时，积极组织开展专项检查，确保上级部门和公司的各项规章制度落到实处。2006年中线水源公司开展了工程建设项目自查自纠活动，对工程开工以来，工程建设领域内存在的问题进行了自查和整改。2009年开展了工程建设领域突出问题专项整治活动，对工程建设中存在的突出问题和薄弱环节进行了专项治理，内容涵盖了工程质量、安全、资金管理和合同管理。2010年开展了工程建设资金和征地移民资金使用管理情况自查，对内控制度建设及制度执行情况、招投标、合同立项、签订、验收、终止等程序是否合法，合同双方是否严格履行合同，工程价款支付是否符合合同约定，建设管理费使用、移民资金支付等内容进行了自查。2011年开展了会议费专项检查。2012年开展了分包、转包专项检查、工程建设资金和征地移民资金使用管理情况自查自纠工作。2014年开展了小金库专项检查。公司还聘请社会中介机构，于2006年和2011年开展了两次专项审计。通过上述专项检查和审计，进一步规范了建设管理行为，堵塞了管理漏洞。

（4）积极配合上级部门的稽查和审计工作。2006年3月，国务院南水北调办对大坝加高工程建设进行了稽查；2008年5月，国家发展改革委重大项目稽察办、国务院南水北调办监督司联合对大坝加高工程进行了稽查；2009年4月，国家发展改革委重大项目稽察办对丹江口大坝加高工程进行了稽查；2008—2015年期间，国务院南水北调办对水源工程2007—2014年度进行了8次建设资金专项审计；2007年4—6月，审计署对中线水源工程投资、建设、管理、征地补偿及移民安置等情况进行了审计；2012年4—6月，审计署对中线水源工程进行了审计；2014年国务院南水北调办开展了建管费专项检查；2014年水利部开展了对公司原总经理王新友的离任审计。对于上级部门的稽查、审计和专项检查，公司积极配合，每次稽查、审计前，都召开动员会，成立联络员队伍，积极提供备查资料，耐心细致地说明情况，确保了审计、稽查工作的顺利进行。审计或稽查意见下发后，每次都召开专门会议，布置整改落实工作，进行责任分工，明确整改完成时间，确保所有问题在规定的时间内，按照整改意见整改到位。中线水源公司还制定了审计工作流程图，明确了审计每个阶段各部门的职责和工作内容，为做好审计配合提供了工作指南。

（5）建立了审计稽查整改追究制度。为了确保审计稽查发现问题及时整改到位，2011年中线水源公司制定了《审计稽查整改责任追究实施意见》，意见对审计配合、审计沟通、审计整改工作提出了明确要求，特别是建立了严格的责任追究制度，对审计、稽查工作中未及时提供资料的或不配合审计、稽查工作的、在规定时间内为完成整改的、存在未整改到位等问题，进行诫勉谈话和通报批评，并取消部门和个人当年的评先资格，对于虚报假报整改情况的部门，将移交监督检查部门查处。严格落实了责任追究制度，2014年针对国务院南水北调办专项资金审计提出的招投标问题，公司启动了责任追究程序，对计划部及相关人员进行了责任追究，给予计划部通报批评，对相关责任人进行了诫勉谈话。

（6）加强对审计和内部监督人员的培训。为了提高审计人员和相关人员的工作能力，积极组织审计配合人员和监督管理人员，参加上级部门组织的各类审计培训，先后参加了中国内部审计协会、水利部、国务院南水北调办、长江委组织的经济责任审计、工程建设管理过程审计、竣工财务决算审计等各类培训班。每次审计动员会上，公司都对配合审计人员进行培训，提出相关工作要求，提高他们对审计工作重要性的认识。通过培训，大大提升了审计参与人员的素质和能力。

（三）内部审计及监督取得的成效

（1）规范了工程建设管理。通过开展内部监督和审计工作，发现了工程建设管理过程中存在的薄弱环节，堵塞了管理漏洞，使得公司的管理人员深刻地认识到规范工程管理的重要性，在实际工作中更加注意自己的工作是否严格遵守了国家法律法规和公司的规章制度，是否严格执行了工程建设管理程序，是否符合设计和规范的要求。工程管理一切以制度法规为准绳，严格按制度和程序办事，工程管理更加规范有序。特别是在工程前期，通过上级部门的审计稽查和内部监督发现问题的整改，将大大降低违规的风险。丹江口大坝加高工程于 2005 年 9 月 26 日开工建设，2006 年 3 月，国务院南水北调办就组织了对丹江口大坝加高工程的稽查，指出了公司在设计、建设管理、计划下达执行、资金管理和使用、质量安全管理等方面存在的问题，使全体建设管理人员深刻地认识到规范管理工程、依法管理工程的重要性，在实际工作中能够严格遵守法律法规和程序进行工程建设管理。每年国务院南水北调办组织的工程建设资金专项审计不仅关注资金的使用，还关注合同管理、招投标、价款结算、变更索赔、建设管理，几乎涵盖了工程建设的全过程，这些都对建设单位规范工程建设管理起到了极大的促进作用。

（2）严控资金的使用。审计和内部监督的重点是工程资金的规范使用，审计发现的公司在发票管理、建管费使用、会议费支出、合同结算、索赔变更等方面存在的问题，都涉及资金的规范使用，这就促使大家更加关注自己经手的每一张发票、每一份签证单、每一份结算书，审核更加严格，基本杜绝了签"官僚字"的现象。同时，通过审计也大大提高了资金的使用效率，如在国务院南水北调办 2009 年工程建设资金专项审计中发现公司建设管理费超概算的问题，公司采取了对管理费实行预算管理等措施，严格控制建管费的使用。2010 年发现公司存在为施工单位垫付材料款的问题，虽然垫付是为了解决施工单位资金困难，推进工程建设的顺利进行，但是与国家的财务制度不符，公司及时扣回了相应款项。

（3）促进了工程建设。审计和内部监督工作的最终目的是为工程建设服务，并促进工程建设的顺利进行。工程开工以来，公司先后经历了 2 次审计署审计、3 次稽查、8 次国务院南水北调办组织的专项审计、2 次内部审计，这些审计稽查的监督活动不但没有影响工程建设的顺利进行，反而由于内部监督和审计工作的有效开展，保证了工程安全、资金安全、干部安全，中线水源工程开工以来，没有一名干部因为资金、质量等问题而倒下，没有发现干部违法违纪问题，工程建设质量优良，安全受控，进度满足设计要求，资金保障有力，有力地推动了工程建设的顺利进行，保证了丹江口大坝加高工程和库区移民安置工程顺利通过蓄水验收，并于 2014 年 12 月 12 日正式向北方供水。

（4）规避了工程建设管理过程中的风险。近几年来国务院南水北调办专项资金审计中的一个重要内容，就是提出了工程建设管理过程中存在的风险，这些风险点的提出，对建设单位规避工程建设管理规程的风险起到了很好的预警作用，特别是在工程建设管理的后期，随着施工任务的不饱满，结算资金减少，一些风险更加凸显。这种警示有利于建管单位采取有效措施，预防风险的发生。例如国务院南水北调办在 2013 年资金专项审计中提出公司"合同变更和索赔处理处于不确定状态，对资金支出和决算有较大风险"，针对这一问题公司采取了加大变更和索赔处理力度，通过明确任务和时间等措施，大大降低了风险。2014年的资金审计中指出公司在工程款结算中可能出现超付工程款的风险，公司采取了工程量结算到合同工程量90%时暂不再进行进度款结算，剩余工程量待完工验收后一并办理结算的措施，有效地避免了风险发生。

三、江苏水源公司的内部监督

为了强化管理监督体系，促进江苏水源公司各项建设管理制度的落实，进一步提高投资效益，充分发挥内部审计在南水北调江苏境内工程建设管理中的作用，江苏水源公司对内部审计工作一直给予高度重视和支持。公司在财务审计部门中设审计管理科，明确工作职责，配备相应的专业人员，牵头负责公司内部审计工作。逐步完善公司内部审计工作制度和工作指引，建立起以内部审计为主的工程建设资金监管体系。针对南水北调工程建设高峰期资金投资量大、管理要求高、内部审计任务重等特点，公司又专门聘请审计专家全程参与工程建设资金监管和内部审计工作。公司内部审计工作逐步走向程序化、正规化，监督服务职能得到了进一步的加强。做到工程建设资金监管和内部审计严格有序，实现管理规范、资金安全的目标。2014年，江苏水源公司被江苏省内部审计协会授予内部审计工作先进集体称号。

（一）内部审计制度

江苏水源公司能够认真贯彻执行《中华人民共和国审计法》《审计法实施条例》《审计署关于内部审计工作的规定》、中国内部审计准则和职业道德规范等法律、法规、规章和其他规范性文件，制定《江苏水源公司内部审计管理办法》，从内部审计职责、内部审计工作内容、内部审计程序等方面规范具体审计行为，办法明确了公司内部审计机构职责和权限、内部审计工作内容、程序等事项，并对审计责任作出规定。

（1）适用范围。办法适用于公司、所属分公司及所属现场建设管理单位。

（2）内部审计机构和人员。办法明确财务审计部是公司内部审计职能部门，根据工作需要配备适当数量的符合相关要求的内部审计人员。

（3）内部审计机构的职责和职权。财务审计部在组织内部审计工作具有建立健全公司内部审计制度、制定审计工作计划、规范审计程序等职责；在履行内部审计职能时享有召开审计工作会议、获取相关审计资料等相关职权。

（4）内部审计依据和内容。内部审计工作的依据主要是国家相关法律法规、政策，公司及各分公司、现场建设管理单位规章制度、会议纪要和决议，公司年度工作计划、目标等。内部审计工作范围主要包括财务审计、业务审计、管理审计、专项审计、离任或任期经济责任审计。

（5）内部审计的程序和方式。财务审计部根据公司的实际情况与年度工作目标，编制年度内部审计计划，明确审计项目、审计对象、审计时间、审计组织方式。在内部审计工作中，规范工作程序：确定审计事项、编制审计方案、签发内部审计通知书、实施审计、撰写审计报告、征求意见、审计整改、后续审计和整改结果报告。

（6）内部审计报告和审计档案。内部审计项目实施结束后，审计组人员应以经过核实的审计证据为依据，出具审计报告。审计报告应说明审计概况、审计依据、审计结论、审计决定及审计建议，并充分征求被审计单位的意见。审计结束后及时整理审计档案。

（7）内部审计责任。被审计对象和审计人员有违反法律、法规、规章规定的情形时，由公司责令改正，并对其直接负责的主管人员和其他直接责任人员依法给予处理。

（二）内部审计或监督的做法及其经验

在公司的正确领导下，江苏水源公司财务审计部结合南水北调江苏境内工程各设计单元工程特点和进展情况，严格按照内部审计工作计划，加强工程建设过程管控，有重点、分阶段地开展了日常监审和专项审计，内部审计工作得到了各单位的配合与支持，主要审计事项基本按计划完成，所有审计事项均及时出具了审计报告，充分发挥了内部审计的监督、服务职能。通过过程管控，有力保证了南水北调工程建设资金高效规范使用，确保了工程建设资金安全。在历年审计和稽查中，未发现工程建设资金违规使用等现象，江苏水源公司自成立以来，未发生重大经济违法犯罪案件。

（1）制定内部审计工作计划。结合南水北调江苏境内工程建设实际和外部审计任务，研究制定公司年度内部审计工作计划，有序开展外部审计配合和内部审计工作。①明确内部审计范围，主要包括公司本级、公司所属相关建设管理单位、各分公司。②明确内部审计组织方式。在公司统一领导下，财务审计部牵头，相关职能部门配合，组织审计组，依据内部审计工作计划，逐步、逐项组织实施。③明确内部审计重点。对于公司本级，主要审计上年度待摊投资及资金拨付的真实性、合规性、及时性，管理费预算执行情况；对于调水工程，重点围绕国务院南水北调办下达的年度完工财务决算编制计划，抓好已完工程合同结算、造价审核及完工财务决算编制工作。重点做好在建工程的内部审计工作，结合资金安全合同和廉政合同，对有关承建单位开展检查，适时开展工程造价审核工作，促进完工财务决算各项工作的推进。已完成完工财务决算编制的设计单元工程，全力配合国务院南水北调办完工财务决算审计。已通过国务院南水北调办决算核准的工程，要检查预留费用使用及相关往来款项目清理情况，核实预留费用实际使用内容及审批手续和程序；对于各分公司，重点审计财务机构设立情况，财务制度建立及执行情况、待运行期管理费用的使用情况、以前年度维修养护项目决算情况。

（2）加强工程建设过程管控，有重点、分阶段地开展了日常监审和专项审计。①加强合同文件的内部审查工作。加强招标文件等合同文件的审查是降低合同风险，保证工程建设资金安全的重要措施，在招标文件对外发售之前，组织内部审计人员重点对招标文件中有关工程价款的支付、履约担保等商务条款进行认真的审查，以减少财务风险的发生。为促进公司招标文件编制工作进一步规范，还参与公司工程建设监理、泵站工程土建及安装、钢筋水泥采购等招标文件指导文本编制工作。②加强履约担保文件的审核。针对以前年度发现的部分现场管理机构对担保文件审核管理不严，存在一定的风险等问题。公司加强担保文件的审核与管理，由公司财务审计部统一负责各类担保文件的审核和管理。近年来公司财务部门共审核发现不符合招标文件有关要求的有18份，对不符合招标文件要求的担保文件一律退回重开，有效地减少了合同履行风险。③严格工程建设资金支付审查。以工程建设资金支付审查作为资金监管和规范工程价款支付的重要手段之一，对现场机构申报的工程款在合同部门审核后，认真组织复核，以国家相关法律法规为准绳，以签订的合同为依据，重点审查结算手续是否完备、审批程序是否规范、结算凭证是否规范真实。④有序开展内部审计检查。面对江苏境内南水北调工程全面开工的形势和资金监管压力，江苏水源公司严格按照年初制定的内部审计工作计划，有序开展外部审计配合和内部审计工作。按工程类别及单位情况分别确定审计检查的内容和重点，并将检查工作时间安排到每个月，确保公司本级以及各现场建管单位共 28 家单位全年至少一次的内部审计检查。对于审计中发现的问题，要求相关单位进行整改，并对各单位存在的共性问题和个性问题，在年度财务决算会议进行通报，以促进各单位规范管理。通过审计和检查，一方面督促各单位加强对南水北调工程相关财务管理规章制度的学习；另一方面建立健全各项规章制度，加强会计基础工作，强化费用支付程序，规范资金管理，对于规范资金管理使用取得明显效果。

（3）配合完成国家有关审计工作。南水北调工程是解决北方地区缺水的重大战略基础工程，国家对工程建设资金管理要求高，国务院南水北调办每年组织对工程建设资金使用情况开展内部审计，国家审计署也对南水北调工程开展了全面审计。对于国家审计，公司财务审计部能高度重视积极配合。在公司统一领导下，首先是做好审前各项准备工作。开展自查自纠工作，按照内部审计工作计划对自查自纠工作进行部署，要求各建设管理单位开展自查自纠工作，切实把自查自纠工作抓到位，对自查发现的问题及时整改。在自查自纠工作中，组织中介机构和部门骨干力量分头对建设单位、重点参建施工单位及工程管理单位进行全面检查。对审计发现的问题，约谈建设单位负责人，要求限期整改到位。召开审计动员会，对审计工作进行进一步动员部署。同时制定审计配合方案，对公司有关人员进行分工，明确各部门的工作职责。其次做好审计期间的配合工作。历次审计要求提供的资料和表格多，财务人员与公司其他部门人员一道，加班加点，保证了各项资料和表格按时提交。审计过程中加强交流和沟通，做好解释说明，使得审计人员充分了解我省工程建设实际情况，提高审计组审计工作效率。审计分组进点后，要求公司相关配合人员及时报送有关审计情况，对审计取证材料及时收集整理和梳理分析，为公司领导决策提出建议，为准确回复提供依据。对于审计报告征求意见稿，加强研究和分析，在充分沟通的基础上及时提出回复建议。最后是做好审计整改工作，对审计中发现的问题召开由系统内财务人员参加的审计座谈会，会议对审计取证单进行逐一分析，对问题产生的原因进行剖析，提出初步整改意见和措施，同时就如何避免类似问题再次发生以及下一步财务管理工作重点进行研究部署。对审计署专项审计和国务院南水北调办内部审计发现的问题认真整改，审计整改工作通过了国务院南水北调办组织的检查。

（4）加强队伍建设，确保内部审计工作规范开展。根据工程建设要求和部门职责安排，对审计管理科岗位职责进一步明确，为内部审计工作有条不紊地开展提供了必要的组织保证。在此基础上，制定了相关的管理制度、工作流程和工作要求，对部分业务流程进行了控制，提高了审计质量，降低了审计风险，同时也增加了内部审计工作的透明度，保证了审计工作的独立、客观、公正。为进一步提高审计人员的业务素质和管理能力，积极参加江苏省内部审计协会农林水分会组织的各项活动，组织审计人员进行内审工作经验分享及内审知识的学习。选派业务骨干参加审计署上海特派办审计工作，以加强业务知识拓展。按照内部审计准则要求组织内部审计人员参加后续教育。通过系统学习，审计人员开拓了视野，找到了差距，明确了目标，对审计工作、审计质量、审计成果利用都有了更高层次的认识。

四、山东干线公司的内部监督

（一）内部审计制度

为做好南水北调东线一期工程的各项工作，山东省南水北调建管局和南水北调山东干线公司采取定期山东段工程建设管理联合办公的方式。山东省南水北调建管局和南水北调山东干线公司成立时，为适应山东省南水北调工程建设需要，并根据山东省南水北调建管局和南水北调山东干线公司性质、特点，山东省南水北调建管局设立计划财务处，南水北调山东干线公司设立财务部。山东省南水北调建管局计划财务处和南水北调山东干线公司财务部联合办公，依法进行工程建设资金、专项资金和专项经费的会计核算和资金监管。

为充分发挥内部审计作用，确保资金安全，建立山东南水北调系统内部审计工作的长效机制，切实提高工作水平，山东干线公司依据《中华人民共和国审计法》《审计署关于内部审计工作的规定》、国务院南水北调办有关规定和山东省南水北调建管局印发的《山东省南水北调工程建设管理局内部审计管理暂行办法》等法律规定和制度办法为依据来指导内部审计工作。

山东干线公司财务部按照内部审计计划，组织实施内部审计的职责。定期或不定期进行必要的内部审计，并形成审计结论，撰写审计报告，提出整改意见和建议；监督考核制度执行情况；配合各项审计工作，并负责组织整改；负责做好审计资料的收集、整理和建档工作。

（二）内部审计或监督的做法及其经验

1. 内部审计检查和工作程序

（1）内部审计检查。内部审计采取送达或现场审计相结合的方式进行审计检查。通过审查会计凭证、会计账簿、会计报表、查阅与审计事项有关的文件、合同、资料，向有关单位和个人调查等方式进行审计。

（2）审计工作程序。内部审计工作按照方案拟定、准备、实施、处理、实施5个环节进行。

1）审计方案拟定。制定年度内部审计工作计划，上报批准后印发执行。

2）审计准备。被审计单位按要求向审计组报送计划、预算执行情况、决算、会计报表和其他有关文件、资料等。

3）审计实施。审计实施时，审计组提前七天向被审计单位发出书面审计通知，审计组按照审计通知开展审计工作，最终出具审计报告。

4）审计处理。对查出的问题，审计小组向被审计单位主要负责人通报审计情况，被审计单位要按照审计报告的要求组织限期整改，并作出书面整改报告。

5）内部审计的实施：内部审计人员可审查财务凭证、账表、文件、资料，检查现金、实物，向有关部门和人员调查取证等方式开展审计工作。

2. 内部审计的主要工作内容

工程建设资金主要有两个层次、两个重点。两个层次：干线公司本级和委托建管单位。两个重点：建管费和工程价款。具体内部审计重点如下。

（1）单位基本情况及内部控制制度的建立及执行情况。主要审查单位机构设置、工程建设管理、制度建设情况，内部控制是否健全，执行是否有效。

（2）会计基础工作情况。主要审查会计机构是否健全，人员配备是否合理，会计工作是否规范，参照《南水北调工程会计基础工作指南》。

（3）银行账户和资金管理情况。主要审查是否严格按规定只开立一个银行专用账户，严禁多头开户和违规转存资金，工程价款结算是否全部采用转账方式支付，支付对象账户是否备案管理，是否存在违反规定大额使用现金的情况。

（4）建设项目的资金到位和管理使用情况。主要审查资金使用是否按照批准的用途，有无转移、侵占、挪用资金情况，有无乱摊派和乱收费问题，以及是否存在损失浪费问题。

（5）建设项目概算执行情况，主要审查概算执行中存在变更的部分，并对存在较大差异的原因进行重点检查分析，变更手续是否齐全。

（6）建设项目招投标情况。主要审查设计、监理、施工、采购供货等方面的招投标结果是否符合招投标法规定。

（7）对施工合同的审计。主要审查合同执行是否符合国家法律及相关合同当事人是否按照合同条款执行，合同的立项、签订、履行、支付、变更、验收等程序是否符合合同法的规定，重点检查工程是否有转分包情况。

（8）建设项目建设成本核算的情况。包括：工程价款结算是否严格执行合同条款，办理价款支付、预付款项抵扣、质量保证金扣留的手续是否齐全，是否确保每期价款结算的连续性，是否按照概算项目设置会计科目并合理的归集工程成本。

（9）建设管理费支出情况。包括：费用支出是否按规定和开支标准控制管理，是否将应在管理费用中支出的项目挤入其他建设成本来减少管理费，是否有其他单位摊派的各种非法收费，是否存在巧立名目、乱挤乱占管理费用的现象，费用支出审批手续是否齐全，会议费是否实行预算管理，费用支出超概预算的，分析其原因等。

（10）建设项目监理单位工作情况。主要审查是否按照合同约定选派有资格的监理人员派驻现场，是否对工程的关键工序和关键部位采取旁站监理。

（11）建设项目税费情况。主要审查代扣个人所得税、合同印花税是否及时按税法规定缴纳。

（12）建设单位会计报表编制情况。主要审查是否做到账账、账表相符。

（13）历次审计、稽查整改意见的落实情况。

（14）建设单位往来款项情况。主要审查往来款的发生依据是否充分，与往来单位是否定期清理，同时关注往来款余额账龄分析。

（15）固定资产的购置及管理情况。主要审查采购的程序是否合法，是否合理地计提固定资产折旧，是否定期盘点，是否账实相符。

（16）工程建设管理档案收集管理情况。主要审查档案收集是否完整，是否按照《山东省南水北调工程项目档案管理办法》及文书、会计档案管理相关规定管理。

3．内部审计实施情况

（1）2007年度建设资金内部审计实施情况：2007年2月28日至3月15日，为加强南水北调工程资金的监督和管理，确保资金安全，山东干线公司委托中介机构对济平干渠、韩庄运河段工程项目建设资金的使用情况进行了审计，主要审计了山东干线公司及各委托建设单位自工程项目开工建设以来至2007年2月底项目资金的使用管理、会计核算、会计报表、内控制度等情况进行了审计。审计涉及了山东南水北调工程建设指挥部、山东干线公司和淮委工程建设管理局三个单位。审计结束后，山东干线公司立即组织相关单位进行了整改，建立相关内部控制制度，对会计基础不规范的进行了补充和修改，按《国有基本建设单位会计制度》规定规范了会计核算和会计报表等。

（2）2010年度工程建设资金内部审计实施情况：随着山东境内主体工程全面开工建设，2010年11月24日至2011年2月28日，为保证山东南水北调工程建设资金安全高效使用，贯彻落实国调办关于开展自查自纠的通知，山东干线公司委托有关会计师事务所和建设咨询有限公司对山东境内主体工程资金进行了审计，本次内部审计综合性强、覆盖面广、任务集中，社会中介机构尽职尽责，审计结束后，山东干线公司根据各审计组出具的审计报告，向各委托建设管理单位下发了审计整改意见，各委托建设管理单位根据山东干线公司印发的审计整改意见进行了认真整改，在招投标和合同签订、会计基础工作、管理费使用、监理工作、审计稽查整改、概算投资控制等方面进行了规范、补充、完善。全部问题已整改到位。

（3）除上述大规模内部审计外，山东干线公司还下发了《关于加强山东省南水北调工程建设现场奖惩资金管理的通知》等有针对性的加强资金管理的通知。

（三）内部审计取得的工作成效

通过内部审计工作的实施，有力地保证了资金安全、干部安全。在国务院南水北调办、国家发展改革委、国家审计署多次稽查、审计中均给予了积极肯定和较高评价。

1. 资金筹措力度不断加大

为保证工程建设顺利实施，积极协调国务院南水北调办、财政部门及银行，加大资金筹措力度，保证建设资金供应，对国家已经下达的投资计划和支出预算，按照国务院南水北调办要求，落实中央预算内资金；协调省财政部门尽早足额上缴南水北调工程基金，筹集到位南水北调基金和重大水利基金；及时召开银团协调会，根据工程建设资金需要，适时适度提取银行贷款，并及时修改完善银团贷款合同有关条款，签订了银团贷款补充合同；为降低融资成本，确保建设资金及时、足额到位，防止出现因资金供应中断而影响工程建设进度问题，山东干线公司多次召开银团会议，专题研究使用短期贷款事宜，拟定短期贷款提款操作方案，确保了融资渠道畅通。资金的充足供应，保障了工程建设整体进度，顺利实现通水目标。

2. 资金使用效益不断提高，降低建设成本

在建设初期，山东干线公司提出了项目法人可在单项工程内的设计单元工程间进行资金调配的建议。这个建议，在国务院南水北调办召开的资金管理年总结会上讨论通过，从此改变了单一强调资金专款专用的做法，转到了既要专款专用又要合理调配使用并注重资金使用效益的做法上来，2007年开始，年度决算工程项目名称也由原先的按设计单元工程填列改为按单项工程填列，为调配使用资金有了明确规定，这一做法已在南水北调系统内统一应用。调配使用资金不仅动用了暂时闲置资金，提高了资金使用效益，还最大程度地推迟了银行贷款使用时间、减少了银行贷款使用数量，大大降低了工程建设成本，从几年的工程建设实践经验来看，效果非常明显。

3. 财务管理工作逐步规范

从历次审计来看，山东南水北调财务资金管理经历了一个从无到有，逐渐成熟、逐渐规范

的过程。2004年12月底，山东干线公司注册成立，2005年山东干线公司面向社会公开招聘了两批工作人员，至2005年年底，山东干线公司财务人员基本稳定。针对审计调查和内部审计发现的种种不足，在规范、理顺内部和外部财务行为的基础上，财务部门对2003—2005年记账凭证重新进行了审核，对总账、明细账进行了重新设置和登记；对审批手续和所附原始单据不全的报销费用，补齐相关手续；对原始凭证不合规范的进行更换，重新编制了记账凭证，做到了记录清晰、数据准确、账账相符。山东干线公司按照相关会计制度规定建立了会计账簿，登录了会计事项，编制了会计报表，核算工作走上了正轨。

4. 不断加强制度建设

根据国家有关规定，结合山东实际情况，山东干线公司陆续制定了多项针对性、操作性很强的内部财会管理制度和办法。如针对审计提出的固定资产管理不规范的问题，山东干线公司对固定资产分别进行了全面清理，建立了固定资产实物台账和管理卡片。完善了固定资产《验收单》《入库单》《出库单》签字手续；制定了《资产管理制度》和《办公用品使用管理规定》；明确了固定资产管理的相关部门和有关管理人员职责；规范了固定资产的采购、验收、使用、保管、处理、盘点等管理程序，严格落实资产采购、领用登记、保管使用和盘点报废等制度；落实了对实物资产管理的责任，做到了账卡相符、账实相符、账账相符，固定资产管理日趋完善。随着南水北调工程的开工建设，委托建设管理项目也越来越多，且历次审计检查中，委托建设单位的问题较多，针对这一情况，山东干线公司制定了《委托项目建设资金管理暂行办法》，有效规范了委托建设项目的资金管理工作。目前，财务制度框架体系日臻完善，为规范财务管理工作提供了保障。不断加强制度建设，为做好资金管理提供了制度依据，各单位在工作中坚持按制度办事，规范运作，资金管理整体水平不断提高。

5. 人员不断充实

2005年之后，山东境内南水北调工程陆续开工建设，建设任务越来越重，尤其是随着南水北调工程建设进入高峰期和关键期，财务及资金管理管理工作越来越繁重，为适应工作，山东干线公司通过社会公开招聘，招录了部分财务人员。截至2013年2月28日，财务部门共有财务人员10名，均具有大学本科以上学历。其中：研究生2名，7人具有中级以上职称（高级职称3名），3人具有注册会计师、注册税务师两种执业资格（1人具有注册会计师、注册税务师、注册资产评估师、土地估价师四种执业资格）。财务人员整体素质较高，而且专业水平突出，承担了山东境内南水北调主体工程建设资金、截污导流工程建设资金的财务管理与会计核算工作。可以说，高素质的财务人员为作好财务管理打下了坚实的基础。

6. 银行账户管理不断加强，对资金按用途实行集中存储

山东省是全国最早开工建设南水北调工程的省份之一，建设初期由于上级对银行账户开设没有明确规定等原因，导致银行账户开设数量较多。银行账户多不仅造成资金存储分散，增加了资金日常管理难度，也增加了资金管理的成本，更增加了资金管理的潜在风险。为此，山东干线公司下决心清理了银行账户。目前，除按上级规定开设了基本账户和专用账户外，未多开设任何用途重叠的账户，对资金按用途实行了集中存储。

7. 会计核算不断加强，及时实行会计电算化工作

根据工作需要，2008年初我公司及时启动了会计电算化，建立健全了会计电算化岗位责任制度、会计电算化操作管理制度，会计电算化档案管理制度，设置了电算化主管、软件操作、

审核记账、电算维护、会计电算化管理等岗位，对应批复的概算，做好电算化科目设置工作。2008 年 1 月 1 日为正式启用日，按照国家统一的会计制度的规定以及山东干线公司的财务管理和会计核算要求，建立了初始信息。随着开工项目的增加，会计核算工作量日益繁重，会计电算化启动，满足了复杂的会计核算需要，极大地提高了工作效率。

五、湖北省南水北调管理局

汉江中下游治理工程是南水北调中线工程的三大工程之一，包括兴隆水利枢纽、引江济汉、部分闸站改造和局部航道整治等四项工程，由国家全额投资，湖北省南水北调管理局作为项目法人，负责具体建设管理。汉江中下游治理工程建设总体投资 114 亿元，资金流向涉及湖北省 12 个县（市、区）、2 个直管单位和数百家参建单位，资金监督难度非常大。湖北省南水北调管理局自成立以来，以资金安全为目标，以规范管理为主线，认真贯彻执行国家有关法律法规，建立和健全内部监督体系、责任制度和内控机制的工作制度。积极探索和研究湖北省南水北调工程财务管理体制，科学调度工程建设资金，畅通资金筹集的新渠道，为工程建设管理提供保障。制定和完善一系列财务管理制度，为做好各项财务管理提供工作依据。着力加强工程资金监督，建立和完善各项监管措施，有效实施资金三方监管和财务检查制度，确保了工程建设资金运行安全和高效。着力加强会计基础工作，积极创新财务管理方法，不断提高财务工作水平，有效推进各项经济财务工作进展，为工程建设顺利进行提供了优质服务和坚强保障。

（一）内部监督制度

针对汉江中下游四项治理工程资金具有资金总量大、调度任务重，流向渠道多、监管难度大，支（拨）付环节多、管理标准严，合同变更多、调整幅度大，管理责任重、领导要求高等特点，湖北省南水北调管理局建立和健全内部监督体系或制度，包括建立内部监督的工作机制、落实工程建设资金监督主体责任制、设立各级银行专户管理制、建立相互制约岗位制、制定完善各项财务管理制度、开展定期巡查或内部督导检查制等。

1. 建立内部监督工作机制

湖北省政府及机构编制管理部门在确定湖北南水北调工程管理体制时，明确湖北省南水北调管理局既是汉江中下游治理工程的项目法人，又是省南水北调工程领导小组的办事、协调机构。实行两块牌子，一套班子。湖北省南水北调管理局主要职责是负责南水北调工程建设及相关配套工程建设的工作协调、资金筹划、组织施工、质量监督及汉江流域水利综合经济开发工作。

按照南水北调工程资金管理制度和会计核算体系的要求，湖北省南水北调管理局既要执行行政事业单位财务制度，又要执行国有建设单位财务制度。内部监督重点在明确履行职责、建立相互委托关系、分开专用银行账户、分别制定管理制度、分账进行会计核算、分离相关财务岗位及人员等方面，规范了资金内部运作的工作方式，理顺了项目法人和省级主管部门两者之间的内部往来经济关系，建立工程建设资金内部监督的工作机制。

2. 落实内部监督主体责任

湖北省政府批准汉江中下游治理工程建设管理实施意见的通知中明确指出，湖北省南水北调管理局是湖北省南水北调汉江中下游治理工程的项目法人，是工程建设的责任主体。统一负责汉江中下游治理工程资金管理，所以也是内部监督的责任主体。按照汉江中下游治理工程的不同特点和湖北省南水北调工程建设管理的不同模式，对所属兴隆水利枢纽、引江济汉、局部航道整治、部分闸站改造等工程项目分别落实内部监督的责任主体。

（1）兴隆水利枢纽、引江济汉工程。采取自建制的管理模式，湖北省南水北调管理局直接管理。但考虑到工程的不同特点，现场管理机构在具体管理方式和实施监督责任有所不同。兴隆水利枢纽管理局具体实施现场施工单位的内部监督。引江济汉工程跨越荆州、沙洋、潜江、仙桃4个县（市、区），为充分调动地方政府参与工程建设的积极性，营造良好的施工环境，经商地方人民政府和有关单位，由地方政府和湖北省汉江河道管理局分别组建引江济汉工程荆州、沙洋、潜江、仙桃和汉江局建设管理办公室等5个现场管理机构，负责所辖区域内的渠道工程或相关工程的建设管理，引江济汉工程管理局只负责进口段及枢纽建筑物现场建设管理。各现场建设管理具体实施相应施工单位的内部监督。

（2）部分闸站改造工程。结合点多、线长、分散的特点，采取委托的管理模式，其建设资金的内部监督，由湖北省南水北调管理局分别委托襄阳市、荆门市及钟祥市、沙洋县、荆州市及荆州区、潜江市、仙桃市、湖北省汉江河道管理局等地方（单位）南水北调建设办公室负责，各地南水北调建设办公室是辖区内闸站改造工程建设资金内部监督的责任主体。

（3）局部航道整治工程。具有较强的行业技术管理特点，采取全部委托的管理模式，其建设资金内部监督由湖北省南水北调管理局统一委托湖北省交通厅航道管理部门负责，省港航局为局部航道整治资金内部监督的责任主体。

（4）汉江中下游治理工程文物项目。具有较强的专业性特点，为发挥文物行业管理的优势，其文物经费的监管由湖北省南水北调管理局统一委托湖北省文化厅文物管理部门负责，省文物局为为文物项目经费内部监督的责任主体。

3. 设立银行专户

汉江中下游四项治理工程包括4个设计单元，每个设计单元具有独立项目管理预算。为了加强资金管理，简化资金的往来关系，保证资金的拨入支出简单明确，便于监管，根据国务院南水北调办制定的《南水北调工程建设资金管理办法》等规定，湖北省南水北调管理局要求各级管理单位设立银行专户。

本级在建设银行开设一个银行专户，对工程建设资金实行单户管理，4个设计单元建设资金都在同一个银行账户下，专款专用、分项核算。各现场建管单位按规定在当地有关银行设立一个银行专户，单户相关工程建设资金。工程施工（安装）单位，按照合同约定在项目部设置一个现场银行专户，管理工程建设资金，确保施工资金的专款专用。

4. 设置相互监督制约岗位

湖北省南水北调管理局结合自身"一套人马、两块牌子"的管理体制现状，为确保内部监督到位，按照财务会计制度的规定和要求，结合本级财务机构和人员配置情况，设置相互监督和制约的岗位，并做到以下内容。

（1）理顺关系、明确职责。为理顺项目法人和省级主管部门的财务关系，分别设立了工程会计、征地拆迁会计、部门预算会计和相应出纳等岗位，制定了财务处岗位责任制度，每个岗位都明确了岗位职责范围、权力、责任、具体工作内容。

（2）相互制约、有利监督。按照相互制约、有利监督的要求，对关联性强的资金拨付等业务环节进行了分离，增加了监督、审核环节，提高了资金支付的透明度和制约性。

（3）分类核算、合理分工。汉江中下游四项治理工程资金来源全部为中央投资，而湖北省南水北调管理局机关人员及办公经费来源为省级财政预算资金。在人员少、头绪多、事务杂、责任大的情况下，通过交叉分工、AB角互换等方式，实现资金分类核算、多点布控、严格监督的同时，按照分工不分家的要求，强调财务人员相互协作。

5. 逐步完善各项财务管理制度

为了规范各项财务管理工作，湖北省南水北调管理局先后制定一系列财务管理制度，主要包括机关财务报（核）批程序暂行规定，主要包括办公用品等10类开支审核（批）程序、手续和形式；工程价款结算支付暂行办法，包括各方监管职责、合同价款约定与调整、工程价款结算支付程序等内容；机关财务管理规定，实行"一支笔"审批制度；固定资产管理办法，提出采购、验收、领用、维修、盘点、入账、处置等管理规定；湖北省南水北调工程文物保护经费和征地拆迁资金管理办法，规范资金使用、管理、核算和监督；湖北省南水北调工程建设资金管理办法，确立工程建设资金管理基本原则和资金监督与检查等内容。

党的十八大以后，按照国家颁布关于加强经费管理的新要求，湖北省南水北调管理局进一步完善出台了接待费管理办法、公费医疗管理办法、差旅费管理实施细则、接待费管理实施细则、因公短期出国培训经费管理办法等。

6. 开展定期巡查或内部督查

定期巡查和内部督查是资金监督的重要手段。湖北省南水北调管理局在认真接受各级主管部门依法开展的各种审计、检查和稽查的同时，不断加强定期巡查和内部督查的力度，对参建单位和项目法人内部所属单位及有关县（市、区）南水北调建设管理机构财务工作进行监督和检查。

（1）对参建单位定期巡查的重点：有无截留、挤占和挪用建设资金；有无计划外工程和超标准建设；单位财务管理、资金拨付和账户管理等内控制度是否健全并落实到位；是否建立并坚持重大事项报告制度；对基本建设资金是否实行了专账管理、专款专用，是否存在滞留、截留、挤占和挪用建设资金的问题；有无违反规定乱开支现象；施工单位资金流向和使用情况；会计机构和会计人员的设置情况、会计人员持证上岗情况；财务会计报告的规范性、准确性和真实性。

（2）借助外部审计力量强化内部督查工作。对各类外部审计中发现的问题，湖北省南水北调管理局组织专人进行限期督办整改，借助外部力量查找资金监督的漏洞，不断加强内部监督督查，定期或不定期地对项目法人直属单位、地方建管机构资金支出流程流向进行内部督查，做到向财务部门和个人"问责"——向规章制度和措施"问策"，向进度质量和安全"问情"，向建设项目和资金"问效"，发现问题及时纠正，不断强化资金监督，确保了工程资金专款专用和合法、合规。

（二）内部监督做法、措施和经验

内部监督工作主要是监督合理分配、支付、使用和管理工程资金，使之更科学、更规范、更便捷、更有效，在财务管理中发挥着重要作用。按照国务院南水北调办提出"工程安全、资金安全、干部安全"的建设目标，湖北省南水北调管理局紧紧围绕工程价款结算支付、建设管理费使用管理、非招标的采购事项管理、对施工单位资金专款专用等重要方面，扎实开展财务内部监督工作，努力使汉江中下游四项治理工程资金管理在规范化的轨道上平稳运行。

1. 参与工程价款结算支付全过程监督

（1）合同约定价款及结算支付事项。合同条款中涉及工程价款结算支付的约定事项：①工程结算形式；②已完工程量认定方式；③预付款的数额、支付时限及抵扣方式；④进度款的支付方式、数额及时限；⑤工程施工发生变更时，价款的调整方法、索赔方式、时限要求及金额支付方式；⑥发生价款纠纷的处理方法；⑦余款的结算与支付方式、数额及时限；⑧与支付价款相关的担保事项；⑨质量保证（保修）金的数额、预扣方式及时限；⑩安全措施和意外伤害保险费用；⑪有关价款结算奖惩办法。

（2）明确合同价款调整原则。一是工程重大项目变更引起的价款调整，需按基本建设程序报批后方可实施；二是一般工程设计变更涉及工程价款调整，按合同管理的审批程序，需签订补充合同，确定变更合同价款方法和时限。

（3）确定合同结算支付方式及账户管理。工程价款一律通过银行结算，直接支付到合同约定的收款单位银行账户。需要变更收款单位、开户银行及账号，应出具盖有其法人公章、法定代表人签字的书面申请，并经湖北省南水北调管理局认可。

（4）严格审核合同履约保函。合同保函是确定施工单位资质能力，保证资金安全的重要手段。保函审核重点：一是要求保函的开具必须是国有大中型银行；二是对保函通过发询证函、电话验证等多种手段对保函的真实性进行核实。

（5）加强类似合同和变更结算支付管理。工程相关的设备、物质等采购、工程勘测、设计、监理、科研、咨询等合同价款结算办法参照工程价款结算支付办法执行。设计变更价款结算履行完变更审批程序后，再按进度款结算支付程序和要求进行办理。

（6）保证农民工工资兑付。施工单位农民工工资及时兑付，是确保工程建设能够顺利进行、维护社会稳定的重要环节。为此，湖北省南水北调管理局从省级、现场建管单位和施工单位3个层面监管。一是从省级监管层面。在与施工单位签订合同时，在合同中约定每次工程价款结算时扣留1‰的农民工保证金，每年年底对施工单位的农民工工资的兑付情况进行审查，没有发生群体性事件后才给予返回。同时，如果施工单位未及时兑付农民工工资，则使用农民工工资保证金进行垫付，确保农民工的工资能按时兑付。二是直属单位监管层面。引江济汉和兴隆水利枢纽两个现场建管单位财务部门，对管辖的施工单位要求定期提供资金使用计划，报告农民工工资的兑付情况，要求施工单位资金必须优先保证兑付。三是施工单位层面。定期巡视施工单位的农民工资兑付情况，要求施工单位建立农民工工资兑付台账，注明姓名、身份证号、银行账号，防止冒领、漏领，保证农民工权益。

（7）确定完工结算审核重点。合同或项目完成后，施工单位在认真梳理合同履行情况，处理完大部分变更项目的前提下，按照完工结算报告书要求，编制完工结算报监理单位审查，现场建设管理单位对监理单位审查情况进行复核后提交湖北省南水北调管理局进行完工结算审查。同时，引进第三方进行工程造价咨询。对合同实施项目的工程量和相应单价的复核，对变更项目的立项依据、工程管理、工程变更结算等方面进行核查，确保提交完工结算报告的合法、合规性。完工结算审核重点：一是施工项目招标文件、投标文件、合同、补充协议、施工图纸、竣工图、工程联系单、设计通知单、已审批强化措施费、索赔等文件；二是合同项目工程量的计算方法、计算依据和计算结果；三是合同单价和总价项目单价；四是变更项目、变更费用、变更工程量及单价、变更手续；五是价差调整（材料、人工）政策、方法和费用等。

（8）建立合同价款支付监管台账。由于会计核算科目设置和合同并不能完全实现一一对应，现有会计软件又受功能限制，也不能按照实际工作需要提供不同口径的统计数据。为此，湖北省南水北调管理局积极发挥财务人员主观能动性，以 ACCESS 数据库为基础，进行了二次设计，建立了合同价款结算支付监管台账，增加了满足工作需要的功能，包括合同管理信息（可查询合同名称、编号、项目部开户银行、开户账号、合同总金额等合同信息）、每期结算登记（可查询每个结算周期实时结算数据）、结算支付报表（按照年度和不同类型合同等多种口径，提供分项支付情况），全面反映合同价款结算支付过程数据，减少了手工统计数据可能出现的误差，缩短了统计各种数据的时间，确保价款结算支付的准确性。同时，为工程建设管理人员提供结算支付的实时数据，确保审核工作有效和准确。

2. 创新内部监督方式，实行施工资金三方监管

（1）实施背景。2008 年，为做好兴隆水利枢纽开工前的准备工作，湖北省南水北调管理局曾组织考察省内同类工程（崔家营航电枢纽）建设与管理经验，学习和研究了湖北省交通厅与建设银行省分行实行资金监督协议的做法。在 2009 年工程大规模筹集资金阶段应用承兑汇票时，借鉴和试行了资金监督协议的办法，即由项目法人与开户银行和现场管理单位（代表施工各方）签订三方资金监督协议。在实施过程中，由于合同双方对监管施工资金方式的理解不同、监督力度和手段有限等原因，效果不太明显。随着汉江中下游四项治理工程进入全面施工阶段，为了确保工程建设进度和资金保障，2012 年 3 月，项目法人对引江济汉进口段的部分施工单位开展的财务检查中发现，某施工单位将拨付的预付款资金 2000 万元转移到总部，2012 年 6 月的检查发现某施工单位将工程资金 50 万元转至其他项目部用于投标保证金，这种转移挪用工程建设专款的问题，存在工程建设关键时刻资金断裂情况的隐患。为防止这种情况的再次发生，湖北省南水北调管理局总结过去的经验，即由项目法人现场管理单位直接与施工单位项目部以及项目部在当地开户银行签订资金三方监管协议，以切实落实三方监管协议责任，构筑南水北调资金防火墙，确保施工单位项目部资金专款专用，确保资金支付的真实性和合理性。

（2）具体做法：一是制定资金三方监管办法。湖北省南水北调管理局制定了湖北省南水北调工程施工单位建设资金三方监管协议管理办法，要求汉江中下游四项治理工程中标的建筑安装工程施工单位都要签订三方协议，否则项目法人不办理预付款拨付手续。为加强现场监管单位的考核检查，还配套制定了湖北省南水北调工程施工单位三方监管协议执行奖罚暂行办法。二是签订资金三方监管协议。以合同为基础，现场建管机构、施工单位、施工单位开户银行签订三方协议，协议内容包括对施工单位一定金额以上的资金调度、材料和设备的采购，以及民工工资的网上支付权限。施工单位请拨工程款时，必须同步报送用款计划，作为资金支付监管的依据。现场建管机构为提高办事效率，主动与开户行衔接，优化工作流程，使执行过程操作简便易行。三是实施监管考核和奖惩。对现场管理机构财务人员实行定期考核，并将考核结果作为奖罚依据。考核奖罚按季进行，按季兑现。在考评过程中，对资料齐全状况、监管措施到位情况和监管效果进行跟踪问效。通过查阅监管台账、施工账簿、会计凭证和银行对账单，对施工单位限额以上资金调度情况逐笔进行核对。对发生违反三方监管协议，未及时发现和制止，将对建管单位相关人员罚款；对监管资料齐全、措施到位、效果良好的单位，将给予通报表扬并对相关人员进行奖励。同时通过上级对下级检查和同级交叉检查等方法，及时交流现场

财务监管经验，不断改进或指导监管方式或做法，努力提高监管水平，真正将三方监管协议落到实处。

（3）现场建管单位三方监管新举措。

1）汉江兴隆水利枢纽管理局的监管举措。兴隆水利枢纽工程建设期间，与9个施工承包单位签订了施工单位资金监督协议书。在资金监督过程中，严格按照湖北省南水北调管理局提出"施工单位申报，建管单位审批，银行额度控制"的要求，落实资金监督措施，保证建设资金专款专用，推进工程建设进度，取得良好的效果。一是"抓住三个人"。为杜绝建设资金外借、挪用和转移现象，在资金监督上抓住单位一把手、工程科长和合同科长。单位一把手对资金监督负有直接领导责任，除电费、税款由财务科直接审批外，其他款项支付一律由一把手审批。合同科长负责审核工程进度与合同进度情况，保证资金的使用与工程建设进度一致，财务科长审核工程款支付金额和用款计划，确保资金的使用合理合规性。二是搞好三个审核。在合同审核、额度控制、台账建立等常规性监管的基础上，严格审核应付账款，每月底到施工单位看账面应付款数额，做到心中有数；严格审核工程价款结算项目，在施工单位申报本期结算时，将实施情况与工程价款结算单进行比对，看完成的是哪些项目，工作量是多少；严格核实现场施工款项。主要是核实收款方，通过到工地核对收款人、电话询问收款人和把收款人请到办公室等形式进行核实，看是否收到相应款项，保证施工单位的协作队伍能够领到当月工程款。三是实行三个侧重。为最大限度发挥现有资金的作用，在资金监督上侧重正在施工和正在提供材料的单位，确保正在协作的单位能拿到款项，保证工程建设顺利推进；侧重于要款比较急的单位，防止他们采取过激手段追讨欠款；侧重农民工工资兑现，确保社会稳定，防止不良影响发生。四是做到两个加强。加强有关单位化整为零支付工程资金现象的监管，对违规现象采取下调网上银行支付授权额度或者取消了有关施工单位网上银行支付系统；加强对施工单位和开户银行的检查，查看施工单位是否按资金监督要求付款，查看开户行是否违规划拨资金。

2）引江济汉建管局的监管措施。引江济汉工程点多、线长、面广，施工单位复杂，监管难度大。在三方监管的执行中，引江济汉工程管理局优化监管程序和方式，加强巡查力度，建立好监管台账，到达有效监管目的。一是优化资金审核程序。考虑到引江济汉施工单位的线长，每次到建管单位递交资金审批单时间长、成本高，采取了通过传真方式递交审批单的方式，同时通过电话通知银行付款，使审核和施工单位的资金使用可以同步进行。二是坚持资金监督的巡查制度。引江济汉工程管理局每月对施工单位资金使用情况巡查一次，检查是否存在未审批现象和违规挪用资金的情况，同时检查施工单位农民工工资兑付和往来款情况，确保资金供给正常。

3. 加强管理性费用使用的内部监督

（1）工程管理费实行预算管理。汉江中下游治理工程建设管理费的管理方式有三类：第一类是实行年度预算控制。兴隆水利枢纽和引江济汉工程两个建设管理单位编制年度预算，经湖北省南水北调管理局审批后实行预算控制。第二类是实行人员经费定额包干。引江济汉工程沿线地方各建设管理单位通过核定人员编制，按人头经费实行定额包干管理。第三类是实行项目概算控制。部分闸站改造工程和局部航道整治工程，按项目概算确定的建设管理费用额度进行控制。

按照预算支出总量受控、分项占比合理、报销手续齐全、审批程序到位的原则，加强各单位的监督和管理。对照精细化管理要求和标准，定期对各单位预算管理的执行情况开展监督和检查。

（2）非工程招标采购事项纳入省级政府采购程序。为了规范非工程招标的采购工作，确保采购事项公开、透明，湖北省南水北调管理局主动与湖北省财政厅联系，将所采购事项统一纳入省级政府采购范围，严格按照湖北省政府采购相关规定，执行政府采购程序，规范政府采购工作，加强内部监督，确保采购项目合规、合理。

（三）取得的主要成效

在汉江中下游治理工程建设期间，湖北省南水北调管理局采取一系列内部监督的办法，取得明显成效。特别是实行三方监管协议以来，有效地遏制了施工单位挪用资金的行为，确保专款专用，在一定程度上防范了工程转包和违法分包行为，受到了国务院南水北调办和中央有关领导的高度肯定。内部监督成效主要体现在以下几个方面。

（1）规范了结算支付行为。通过建立完善的价款结算支付制度，使财务管理人员熟悉了标准和要求，明确了程序和范围，掌握了界线和尺度，减少了违约索赔现象，严格规范工程价款结算与支付行为，有力地保证了工程价款结算与支付工作从源头上就依法依规进行，保证了资金流通中的公开公正，保证了经济运行活动的安全可靠。

（2）确保资金专款专用。工程建设过程是腐败行为的高危领域，其中一个重要原因就是建设资金使用管理不到位。对施工承包商建设资金进行全过程监管，使工程建设资金流向始终处于监控之中，非招标采购事项纳入省级财政部门的监管，建设管理费实行严格的预算管理制度，大大降低发生挪用资金和腐败行为等违规风险，确保了工程资金专款专用，从而保证了项目建设的顺利实施。

（3）提高经济财务管理水平。湖北省南水北调经济财务管理人员，大部分都是第一次参与南水北调工程建设与管理，对于如何进行南水北调工程建设资金监督并不熟悉，及时研究、制定和实施南水北调工程监管的工作制度，进一步明确内部监督要求、方法和内容，便于管理人员操作，有利于提高和促进经济财务管理水平，避免发生重大工作失误。

六、安徽省南水北调项目办

（一）内部审计制度

安徽省南水北调项目办成立于2010年，内设机构包括综合部、财务部、工程部、环境移民部。财务部内设部长、主办会计、出纳会计等岗位，分别负责资金管理、会计核算、现金和银行存款管理的有关职责，岗位分设，钱、账、审核分开负责，形成良好的内部管理体系。由于人员少，工作内容单一，安徽省南水北调项目办对于内部审计职责没有下文明确，但资金监管职责由财务部负责。实际工作中，国务院南水北调办每年都安排审计中介机构对安徽省项目进行审计，省项目办均交由财务部门牵头，负责协调、配合、联络和有关意见组织落实。

1. 建立资金管理制度

安徽省南水北调项目办非常重视资金管理制度的建立和健全，坚持以制度管理资金和事务。除严格执行国务院南水北调办制定的各项经济财务制度外，还建立了自身一套内部资金监督管理制度，对全省工程财务管理、价款结算、建设管理费使用、财务岗位设置等作出明确规定。2011年12月，下发了《关于印发〈安徽省南水北调东线一期洪泽湖抬高蓄水位影响处理工程财务管理办法〉等四项制度的通知》（皖洪建管办〔2011〕81号），将《安徽省南水北调东线一期洪泽湖抬高蓄水位影响处理工程财务管理办法》《安徽省南水北调东线一期洪泽湖抬高蓄水位影响处理项目工程价款结算管理办法》《安徽省南水北调东线一期洪泽湖抬高蓄水位影响处理工程建设管理费使用管理办法》《安徽省南水北调东线一期洪泽湖抬高蓄水位影响处理工程建设管理办公室财务会计人员岗位管理办法》等四项制度，印发给全省项目建设管理单位，要求遵照执行。这些制度对财务管理任务、财务管理目标、人员岗位职责、收入支出管理、货币资金管理、债券债务管理、工程价款结算、保证金保留金结付等都作出了详细的规定，这些制度是安徽省项目资金使用和监督管理的主要依据。

2. 建立自查自纠制度

安徽省南水北调项目办要求各建管单位加强对工程建设资金和征地移民资金使用管理情况进行经常性自查自纠。2012年3月，安徽省南水北调项目办下文《转发关于开展南水北调工程建设资金和征地移民资金使用管理情况自查自纠工作的通知》（皖洪建管办〔2012〕5号）。对全省资金使用管理自查自纠提出了系统要求。

（1）要求各地高度重视自查自纠工作。开展自查自纠工作是自我查找工程建设资金管理和征地移民资金管理过程中存在问题的重要手段，也是自我完善和提高项目建设管理水平的具体举措，对进一步促进我省工程规范管理，发现和纠正项目管理中存在的问题和不足，不断提升项目建设管理水平有十分重要的意义。各单位负责同志要高度重视，亲自安排，精心组织，指定人员，切实把这项工作抓实抓好。

（2）要求准确把握自查自纠工作的工作重点。自查自纠工作要做到全覆盖，要按照资金流向开展自查自纠，资金使用到哪里，查到哪里。要针对本地实际情况，不放过每一个薄弱环节和疑点，做到查出一个问题，立即纠正一个问题。工程建设资金使用情况检查要涵盖概算管理、招标采购、合同管理、银行账户管理、价款结算、资金支付、账务处理、会计核算等经济活动全过程，要重点关注是否存在超概算建设、违规转包、不按合同规定进行价款结算、挤占挪用项目资金、公款私存、资金未实行专户管理、违规出借资金、违规使用项目建设管理费、乱发津补贴、原始凭证不合规、会计核算不规范等问题。征地移民资金要检查到县（市、区）、乡（镇）、村，必要时进行入户核对，要重点关注是否签订征迁补偿协议、签字领款手续是否健全且与协议一致、补偿标准是否符合规定、是否存在挤占挪用侵吞征地移民资金等问题。

（3）要求切实明确自查自纠工作的具体工作措施。一是要及时明确开展自查自纠工作的时间要求。指定时间内自查自纠工作，对于抽查中新发现的问题和自查已发现但未纠正的问题进行通报，对重大问题将按照国务院南水北调办关于审计责任追究制度的规定，对单位负责人进行约谈或诫勉谈话。二是要求保证人员力量。各单位既要抽调业务熟练的精干力量，组成检查组，对此次确定的检查内容逐一检查到位，又要做好迎接国务院南水北调办内部审计和审计署审计的准备和配合工作，做到两手抓、两不误。三是及时纠正自查中发现的问题。检查人员在检查期间对发现的问题，应逐一记录，并提出明确的纠正意见，形成书面的检查工作底稿，检查结束后整理归档。各单位对自查发现的问题应及时纠正，做到发现一处，纠正一处，不留后遗症。

（4）要求及时报告自查自纠工作情况。对自查发现的贪污、挪用、侵占项目资金，非法转包工程、违规结算价款和违规使用资金等重大问题应及时上报。

3. 建立资金管理风险防控制度

资金管理中风险无时不在，为防范和化解资金管理中存在的风险，安徽省南水北调项目办在 2013 年将国务院南水北调办的有关文件及时进行转发。连续发出《转发关于防范和化解南水北调工程建设资金运行潜在风险的通知》和《转发关于切实防止资金运行过程中不规范行为的通知》，对投资控制和资金安全提出规范要求。

4. 建立征地移民资金结余使用管理制度

为加强安徽省征地移民资金结余的使用管理，2013 年 6 月，省办下文《转发关于加强南水北调工程征地移民资金结余使用管理的通知》。通知在国务院南水北调办规定的基础上，对安徽省征地移民资金结余使用提出了具体要求。实际管理过程中严格执行这些规定。一要进一步规范征地移民资金管理。各级建管单位、各移民征迁机构应严格执行《南水北调工程建设征地补偿和移民安置资金管理办法（试行）》（国调办经财〔2005〕39 号）规定，确保征地移民资金专项用于南水北调工程征地移民工作，严格资金支付程序和内容，严肃财经纪律，任何部门、单位和个人不得截留、挤占、挪用征地移民资金。征地移民资金结余的使用与调剂，由各县（市、区）移民征迁机构提出申请，经市建管单位审核后，由省项目办负责审批。各县（市、区）移民征迁机构在单项、设计单元工程完工后 30 日内，应向该工程项目的建管单位报送该工程项目的征地移民资金财务决算报告。各建管单位应审核所负责建设管理项目的征地移民资金决算报告后，汇总上报省办，省办将汇总全省征地移民资金决算报告上报国务院南水北调办。征地移民资金决算报告内容及报表格式应符合《南水北调工程竣工（完工）财务决算编制规定》的相关要求。需动用征地移民投资预备费的，由各县（市、区）移民征迁机构提出申请，经市建管单位审核后，报省项目办审批或经省项目办转报国务院南水北调办审批。二要加强投资控制。各地应严格执行征地拆迁补偿标准，执行签订的征地移民投资包干协议，要维护征地移民投资计划的严肃性，不得超标准、超规模使用南水北调工程建设征地补偿和移民安置资金。三要加强监督管理。各建管单位和县（市、区）移民征迁机构应当加强内部审计、监督和检查，定期向本级人民政府、上级主管部门报告征地移民资金使用情况，有义务接受审计、监察和财政部门依法对资金进行审计、监察和监督，并按要求及时提供有关资料。对征地移民的调查、补偿、安置、资金兑付情况，应以村或居委会为单位及时张榜公布，接受群众监督，张榜公示资料应作为档案资料予以保存。对监督检查、审计和监察中发现的问题，责任单位要及时整改。

（二）内部审计或监督的做法和经验

（1）以日常监督为重点，加强内部监督。省南水北调项目办和 4 家建设管理单位财务部门和财务人员在日常资金收支、价款结算中，严格按照资金管理制度进行监督和审查。特别是对票据的真实性、准确性、合法性，对审批程序的合规性，对招投标程序、合同条款、中标价格和合同价格的执行等进行严格监督，对不符合要求的支出拒绝办理。由于内部其他岗位人员和结算对象，有时对财务管理制度不了解或故意违反，为此财务内审人员能够坚持原则，偶尔也发生过与有关人员产生直接冲突，但财务人员始终能够坚持原则，履行日常监督职责，为规范资金管理和项目管理提供了有力保障。根据安徽省项目资金和工程建设的实际特点，日常监督的重点主要放在：一是支出审批程序是否得到严格执行。对于工程价款结算审查监督，主要包括承包单位的申报、监理单位审核、现场管理机构的审核、工程技术部门审核、财务部门审核和分管负责人审批。二是是否符合招投标文件和合同规定。对合同制执行情况的监督主要包括，是否履行招投标程序，合同与招标文件和中标文件是否一致，价格和单价是否符合投标文件和合同规定。三是支出是否符合概算和计划，票据是否合规，支出标准是否超标或超概算，审批程序是否符合支出管理制度。

（2）以自查自纠为主要手段，防范和化解资金管理风险。一是明确建管单位每年均需开展自查自纠工作。二是要求保证人员力量。各单位抽调业务熟练的精干力量，组成检查组，对此次确定的检查内容逐一检查到位。三是及时纠正自查中发现的问题。检查人员在检查期间对发现的问题，及时纠正，做到发现一处，纠正一处，同时做到举一反三，防范类似问题，不留后遗症。根据安排，滁州市、蚌埠市每年均开展了内部自查自纠工作，对工程资金管理、征地移民资金使用进行经常性监督。省项目办也根据实际情况开展资金管理安全检查。2015年8月，针对货币资金管理可能出现的风险，省项目办对滁州市及其所辖明光市的工程建设资金、征地移民资金进行了检查。

（3）大力配合国务院南水北调办安排的内部审计，及时整改发现的问题。安徽省项目正式实施以来，国务院南水北调办每年均委托中介事务所对安徽项目进行内部审计。审计内容涉及项目建设管理、工程招投标、价款结算、建设管理费使用、征地移民资金管理等方方面面，非常详细。安徽省项目办高度重视此项工作，把此作为弥补自身内部审计力量不足的重要手段，也作为检验内部建设管理优劣的重要方式，大力支持配合。对内部审计发现的问题，做到边审边改，及时通过召开专题会议、现场督导等方式，组织项目建设管理单位进行整改，并要求各地能够举一反三。

（4）通过公开招标选择了咨询服务机构进行监督。2013年初，安徽省南水北调项目办通过公开招标方式选择了造价咨询和审计咨询机构——安徽九州造价咨询会计师事务所，对工程造价审核、财务收支审计和完工决算编制提供服务。要求咨询单位对工程造价和财务收支的真实性、准确性、合法性进行审核，履行监督职责，在此基础上与协助建设管理单位编制完工财务决算。在咨询服务机构招标文件和合同中，安徽省南水北调项目办同九州造价咨询会计师事务所明确，咨询机构对监督质量负责，若出现重大问题未被发现或指出，九州事务所需承担相关责任。至2016年6月，九州事务所已经完成了概算内容中工程造价审核，同时对安徽省水利水电基本建设管理局、宿州市南水北调工程建设管理处的财务收支审查。至2016年12月，已完成全省工程的造价审核和财务收支审查，并配合建设管理单位完成竣工财务决算编制。2017年4月，国务院南水北调办委托北京致同会计师事务所对安徽省南水北调工程完工财务决算进行审计复核。同年7月，国务院南水北调办核准了安徽省完工财务决算。

（三）取得的主要成效

虽然安徽省南水北调项目办未专门设置内部审计机构，但是内部监督工作并无削弱。该省通过强化财务部门的日常财务监督、建设管理单位自查自纠、支持国务院南水北调办内部审计、委托外部咨询单位对财务决算进行审计监督等方法，工程建设财务管理得到强化，内部监督发挥了系统免疫的作用。通过这些监督，安徽省南水北调工程在历次审计署审计和国务院南水北调办安排的内部审计中，均未发现重大问题，未发现贪腐问题。工程投资得到了有效控制，原概算内容的工程全部建成，且总投资节约了 10％。建成的工程发挥了预期效益，有效地降低了因洪泽湖蓄水位抬高影响的安徽沿湖低洼地的洪涝灾害，受到当地群众的普遍赞扬。

七、淮委建设局

淮委建设局负责实施南水北调中线一期陶岔渠首枢纽工程和东线一期工程苏鲁省际工程。为保证资金安全、规范和高效使用的目标，淮委建设局通过建立健全内控制度，实行财务集中统一管理的模式，强化资金监督管理，规范资金使用，确保资金安全。

（一）内部资金监管制度

内部控制是指单位为实现控制目标，通过制定制度、实施措施和执行程序，对经济活动的风险进行防范和管控。为做好内部资金监管监督管理工作，淮委建设局着力构建科学的资金监管监督制度体系，努力构建一个闭合、关联和科学的内部制度系统，在制度系统中各项制度间既有侧重、互不冲突又相互联系、协调配合，共同发挥作用。首先，按照职责分工与授权批准控制制度的要求，研究确定了相关部门和岗位的职责权限，使得不相容岗位可以相互分离、制约和监督，明确各岗位办理业务和事项的权限范围、审批程序和相关责任，建立重大事项集体决策和会签制度。其次，有针对性地出台了一系列财务管理制度和办法，对工程价款结算程序，建设单位管理费开支的范围、标准和报销程序进行了规定，对资金安全、往来款管理、实物资产管理等进行了规范。第三，在抓好制度建设的同时，注重制度落实，完善制度执行的检查考核工作，提高了制度的执行力。淮委建设局内部资金监管监督制度体系，如图 7-2-1 所示。

（1）财务管理办法。制定财务管理办法是规范南水北调财务管理的客观要求，通过制度建设依法、合理、及时筹集和使用建设资金，有利于做好预算编制、执行、控制、监督和考核工作；规范财务管理行为，有利于控制建设成本，减少资金损失和浪费，以提高南水北调工程投资效益。财务管理办法的主要内容包括：明确财务管理体制，财务管理的基础工作的内容和要求，建立资金筹集的管理制度、资金预算管理制度、资金支付管理、成本管理制度、资产管理制度、财务报告制度和内部财务监督检查制度。

（2）货币资金管理。货币资金是建设单位在基本建设资金活动中停留于货币形态的那一部分资金，包括现金、银行存款和其他货币资金。货币资金流动性最大，极易发生风险，要求办理货币资金业务人员应当具备良好的职业道德，遵纪守法，廉洁奉公，忠于职守。为规范货币资金管理，根据《行政事业单位内部控制规范（试行）》，制定货币资金管理制度，主要内容包括：明确货币资金管理的岗位划分和授权批准；明确现金支付的范围和管理的要求；明确银行存款结算适用范围和结算纪律；明确支票登记、购入、使用和注销管理；明确印鉴章分别管理的原则和要求；明确货币资金监督检查的内容和整改要求。

（3）价款结算管理。建设项目价款结算是建设单位和承包人履行合同权利和义务的主要环节，是双方利益的集中体现，制定工程价款结算办法有利于规范价款结算行为，维护双方的合法权益，有效节约工程建设资金，降低工程建设成本，实现资金安全的目标。主要内容包括：

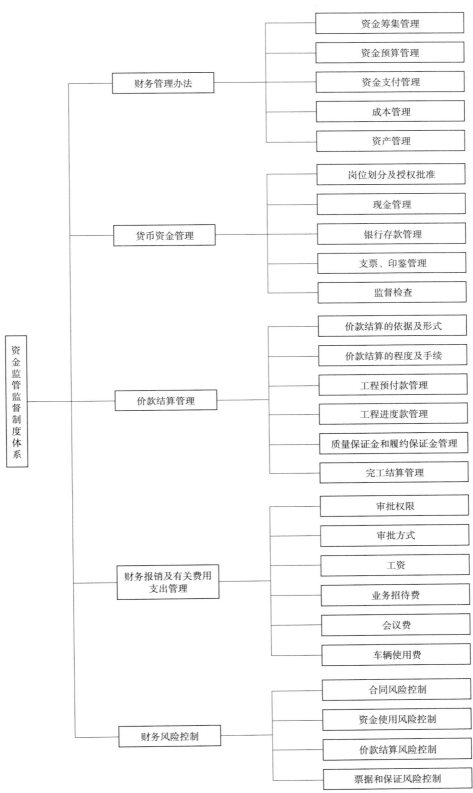

图 7 - 2 - 1　淮委建设局内部资金监管监督制度体系图

　　　　　　　第二节　项目法人的内部监督

工程价款结算的依据和形式，工程价款结算的程序和手续，预付工程款的管理、工程进度款结算、质量保证金、履约保证金管理和完工结算的管理。

（4）财务报销及有关费用支出管理。根据《行政事业单位内部控制规范（试行）》的要求，为规范财务报销程序和手续，贯彻国家落实厉行节约的要求，规范建设单位管理费的支出管理，制定财务报销及有关费用支出管理制度，特别是对"三公"经费支出进行了严格规范，规范支出范围和支出标准。主要内容包括：审批权限、审批方式、工资支出、业务招待费、会议费和车辆使用费的管理。

（5）财务风险控制。财务风险控制是基本建设财务管理的重要内容，是防范资金风险的重要措施。为确保南水北调工程建设资金安全，避免和减少财务风险给建设资金带来损失。淮委建设局从合同管理、价款结算和资产管理等涉及资金的7大类业务中查找出79个关键节点，共排查出122个风险点，提出了266条防控措施。主要内容包括：合同管理风险控制、建设资金使用风险控制、价款结算风险控制、票据和保证风险控制。

（二）内部资金监管的做法及经验

淮委建设局通过实施不相容职务相互分离、内部授权审批控制、归口管理、预算控制、财产保护控制、会计控制、单据控制和信息内部公开等措施和方法，强化工程建设关键环节的控制，确保南水北调工程资金安全。

1. 财务统一管理的做法

实行和完善财务统一管理是适应南水北调工程建设资金管理的要求，规范和加强南水北调建设资金管理，保证资金合理、有效使用，提高投资效益，服务和保障南水北调工程建设健康发展，探索和建设财务风险防控机制的过程。按照财务管理中风险发生的几率或者危害程度，通过对各关键环节的风险点进行总体分析、评估，突出重点，有效防控。淮委建设管理局建立了"六统一"的财务统一管理制度，即：统一资金计划编报及筹集；统一工程价款结算、支付；统一管理现场管理机构日常费用支出；统一核算；统一编报各类报表；统一处理和协调与国务院南水北调办、项目法人和项目参建单位的财务关系等。淮委建设局财务统一管理的推进和完善，促进了南水北调工程财务管理水平的不断提高，建立健全了财务管理行为规范及约束机制，有效防范了财务风险，对保证南水北调工程建设资金安全起到了积极的作用。

2. 工程招标环节控制措施

（1）不相容职务相互分离。淮委建设局将标段的划分与审核，招标文件的编制与审核，标底的编制与审核，政府采购与验收等不相容岗位，进行相互分离。确保工程建设标段划分科学、合理，招标文件的编制符合国家规定。

（2）内部授权审批控制。招标方式经集体研究，禁止个人单独决策或者擅自改变集体决策意见，采用直接委托方式选择施工单位。实行授权审批制度，未经批准不得参与招标工作，参加招标工作人严格保守秘密、限制无关人员接触等必要措施，确保招标编制、评标等工作在严格保密的情况下进行。按照规定的权限和程序从中标候选人中确定中标人，及时向中标人发出中标通知书。合同签订均由法定代表人或授权代理人签订。

（3）根据项目的性质和招标的金额，明确招标范围和要求，规范招标程序。采用招标形式确定设计单位和施工单位，遵循公开、公正、平等竞争的原则，发布招标公告。

（4）组建评标小组负责评标。评标小组应由淮委建设局单位的代表和有关方面的专家组成。评标小组坚持客观、公正地履行职务，遵守职业道德。评标小组应采用招标文件规定的评标标准和方法，对投标文件进行评审和比较，择优选择中标候选人，评标小组对评标过程应进行记录，评标结果应有充分的评标记录作为支撑。

3. 工程建设实施环节控制措施

（1）不相容职务相互分离。因项目实施与价款支付，施工单位与监理单位属于不相容岗位，杜绝建设单位、施工单位和监理单位同体，防止监督不利，并进行利益输送。淮委建设局实行严格的建设项目监理制度，要求项目监理人员应当具备相应的资质和良好的职业操守，深入施工现场，做好建设项目进度和质量的监控，及时发现和纠正建设过程中的问题，客观公正地执行各项监理任务。

（2）内部授权审批控制。淮委建设局建立工程价款支付环节的审批控制制度，对价款支付的条件、方式以及会计核算程序做出明确规定，准确掌握工程进度，根据合同约定，及时、正确地支付工程款。重大设计变更和索赔处理经集体研究。对未经工程监理人员签字，工程物资不得在工程上使用或者安装，不得进行下一道工序施工，不得拨付工程价款。

（3）概预算控制。经批准的投资概算是工程投资的最高限额，淮委建设局按照国务院南水北调办下达的投资计划（预算）专款专用，按规定标准开支。重大设计变更按照国务院南水北调办有关规定执行。因建设项目变更等原因造成价款支付方式及金额发生变动的，均提供完整的书面文件和其他相关资料。如：为了有效控制陶岔渠首枢纽工程建设成本，淮委建设局开展了银行贷款提款额度、贷款利率和提款时间的研究，首先，根据工程建设进度和资金需求，研究编制银行贷款按季分月用款计划，降低资金存量；其次，保证工程建设用款的前提下，延迟提款时间，降低贷款利息支出；第三，按照国家政策政策，在基准利率的基础上下浮银行贷款利率，有效降低了工程投资成本。

（4）财产保护控制。淮委建设局建立资产日常管理制度和定期清查机制，对建设期间购置的自用固定资产采取记录、实物保管、定期盘点、账实核对等措施，确保资产安全完整。加强对建设项目资金筹集与运用，加强物资采购与使用、财产处理与变现等业务的会计核算，真实、完整地反映建设项目成本发生情况、资金流入流出情况及财产物资的增减变动情况。

（5）单据控制。根据《南水北调工程会计基础工作指南》和项目建设的业务流程，淮委建设局在财务管理制度中明确界定项目建设所涉及的表单和票据，要求相关工作人员按照规定填制、审核、归档、保管单据。如：为实现工程结算手续和程序的规范化，淮委建设局结合工程建设管理实际情况，研究制定了《工程价款结算表表样》及编制说明，从技术上有效解决财务管理中遇到的困惑和难题。

1）明确工程价款结算金额、扣款金额与支付金额三者之间的关系，有利于财务部门收集发票和开具转账支票；有效解决项目概算、会计核算和工程量清单三者之间长期以来口径不一致的矛盾关系，有利于财务部门进行会计核算，为编制完工财务决算奠定基础。

2）明确标识招标工程量清单项目、设计变更项目和索赔项目三者之间的关系，有利于清晰区分结算项目构成，便于投资控制分析；采用完工比例法，有利于动态考核合同执行情况。

3）明确了建设单位、监理单位和施工单位在工程价款结算中的权、责关系，即：建设单位对价款结算审定项目和数据负责；监理单位对价款结算审核项目和数据负责；施工单位对申报项目和数据负责。

(6)信息内部公开。建立健全经济活动相关信息内部公开制度，根据国家有关规定和工程建设管理的实际情况，确定信息内部公开的内容、范围、方式和程序。如：在单位内部公开投资计划下达、预算批复、资金到位、建设进度、合同执行和价款结算情况。

4. 完（竣）工财务决算编制控制措施

为保证完（竣）工财务决算编制质量和进度，特制订完（竣）工财务决算编制方案，针对陶岔渠首枢纽工程资金来源有非经营性投资和银行贷款、投资构成有枢纽投资和电站投资，工程效益有供水、灌溉和发电的特点。淮委建设局组织开展完工财务决算编制的技术研究工作。主要内容包括：编制工作方案、确定基准日期、完工财务清理和投资效益分摊等，力图解决完工财务决算编制工作中遇到的有关技术难题。根据研究结果，首先，编制陶岔渠首枢纽工程完工财务总决算；其次，划分枢纽和电站投资相应部分的财务决算；第三，划分后的枢纽投资成本，为南水北调中线工程计算供水、灌溉成本提供依据；最后，电站投资成本确定后，计算确定供电成本，为核定上网电价提供依据。通过完工财务决算编制的控制措施，提高了完工财务决算编制质量和工作效率。陶岔渠首枢纽工程完（竣）工财务决算编制流程如图7-2-2所示。

5. 会计核算的控制措施及方法

按照《南水北调工程会计基础工作指南》的具体要求建立财会工作秩序，使记账、算账和报账等工作符合会计制度的要求。明确会计凭证、会计账簿和财务报告的处理程序与方法，遵循权责发生制原则进行会计核算。如实记载建设项目经济活动的开展情况，妥善保管相关记录、文件和凭证，确保建设过程得到全面反映。财务部门认真审核建设项目相关手续，根据审核无误有关单据，及时归集建设项目成本，并进行账务处理。如：按照国务院南水北调办关于南水北调工程会计核算科目设置的要求，一是所设置会计账簿体系严密，包括总账、明细账和辅助账，其中，待摊投资和建设单位管理费设置多栏明细账，预付工程款、履约保证金和质量保证金设置单位往来辅助明细账。所设置的账簿之间既分工明确，又密切联系，避免重复和遗漏。二是所设置的账簿内容完整，特别是会计科目设置，尽量与概算的明细项目（费用）构成在口径上保持一致。如：根据南水北调中线一期陶岔渠首枢纽工程项目的特点，存在金属结构和电器设备多的特点，为便于竣工决算编制，金属结构和电气设备核算到概算的四级项目，相应设备投资科目设置到四级明细核算科目。保证了会计资料真实、完整，符合《会计基础工作规范》的要求。

6. 认真做好审计整改落实工作

审计监督是规范南水北调建设资金使用和安全的重要措施。先后经历审计署全面审计、国务院南水北调办组织的年度审计和完工决算审计工作。淮委建设局高度重视审计配合，认真落实审计整改工作，规范资金使用，确保资金安全。审计的最终目的是为了提高执行国家财经法规的力度和被审单位的财务管理等多方面的管理水平。淮委建设局对南水北调工程审计提出的问题进行不折不扣的整改。一是认真落实整改措施，对出现的问题进行分类，一类是可以立即整改的，明确整改责任部门及责任人，限期进行整改；另一类是已无法进行纠正的，如招标文件的问题等，需要在今后的工作中加强管理，要求各部门吸取经验教训，举一反三，在今后的工作避免同类错误。二是及时上报审计整改报告，向审计机关或上级主管部门上报审计整改落实结果。

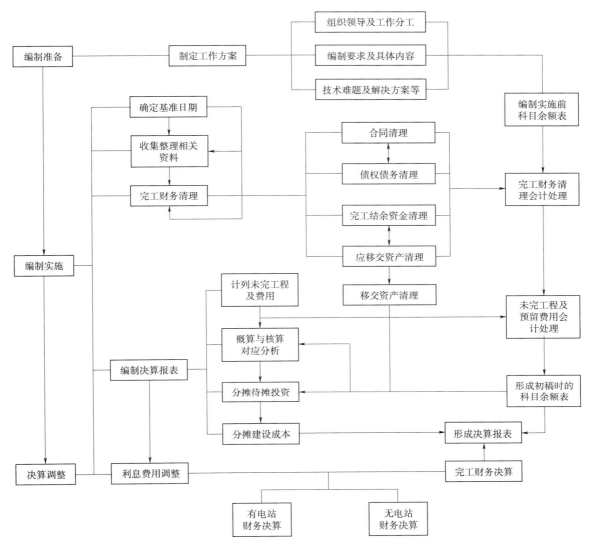

图 7 - 2 - 2   陶岔渠首枢纽工程完（竣）工财务决算流程图

（三）内部资金监管取得的主要成效

淮委建设局采取财务统一管理模式、完善内部控制制度等措施和方法，内部资金监管取得了显著成效。

（1）规范了财务管理工作。淮委建设局通过实行不相容岗位相互分离、授权审批、集体决策等管理措施，制定和完善内部管理制度，明确了资金筹集和使用；合同的签订、履行、变更等程序及责任；工程价款结算的原则、依据、程序和手续，明确了各部门和人员在工程价款中的责任；资产的购置与管理、日常费用支出等方面的程序和责任等。通过一系列的内部控制制度的建立与实施，并在工作中不断修订完善，规范了工作程序，规范了财务管理工作。

（2）降低了工程投资成本。淮委建设局首先通过开展工程建设进度和资金需求分析，研究编制银行贷款按季分月用款计划，在保证工程建设用款的前提下，延迟提款时间，降低资金存量，减少贷款利息支出，有效降低了工程投资成本。

（3）实现了资金安全的目标。实现资金安全是南水北调工程建设的主要目标之一，为了防范资金风险，淮委建设局紧紧围绕南水北调工程建设资金运行流程，查找各工作流程的关键环节，分析财经法律法规和规章制度对关键环节的要求和资金风险点，制定相应的防控措施，健全了资金防控机制，实现了资金的安全。对工程安全、干部安全和生产安全也起到了有效的促进作用。

八、河南省南水北调建管局的内部监管

（一）内部审计制度

河南省南水北调办（建管局）成立以来，根据国家有关法律、法规、国务院南水北调办《南水北调工程建设资金管理办法》等有关规定，结合河南省工程建设实际先后制定并修订完善了《河南省南水北调中线工程建设管理局会计工作规程》《河南省南水北调中线工程建设管理局财务管理办法》《河南省南水北调中线工程建设管理局会计核算办法》《河南省南水北调中线工程建设管理局财务收支审批规定》《河南省南水北调中线工程建设管理局工程价款结算办法》《河南省南水北调中线工程建设管理局建设单位管理费管理办法》和《河南省南水北调中线工程建设管理局资产管理办法》等 10 多项规章制度，树立依法理财的观念，使国家有关法律、法规和单位内部控制制度得到切实有效的贯彻执行。同时，河南省南水北调办设置有监察审计室，制定了《河南省南水北调中线工程建设领导小组办公室内部审计工作规定》《河南省南水北调中线工程建设领导小组办公室内部审计质量控制规范》《河南省南水北调中线工程建设领导小组办公室工程建设项目审计办法》《河南省南水北调中线工程建设领导小组办公室工程建设项目招投标审计办法》《河南省南水北调中线工程建设领导小组办公室工程建设项竣工决算审计暂行办法》《河南省南水北调中线工程建设领导小组办公室直属单位负责人经济责任审计暂行办法》《河南省南水北调中线工程建设领导小组办公室委托社会中介机构审计业务管理办法》等一系列内部审计规章制度。

（二）内部审计或监督的做法及经验

1. 干线工程资金监管

根据南水北调中线干线工程建设管理局《关于开展资金监管工作的通知》（中线局财〔2010〕35 号）要求，结合河南省南水北调工程建设实际，在施工招标文件中约定资金监管条款，明确建设管理单位、施工单位在资金监管工作中的权利、责任和义务，选择配合资金监管的协作银行，签订三方资金监管协议，借助银行资金监管平台，对施工单位的工程预付款、工程进度款的使用实施有效监管，以保证工程预付款专用于本工程，进度款优先满足本工程建设需要，规范和控制施工单位大额现金的提取和使用，避免虚假支付、套取工程资金，防止资金挪用或违规使用。另外，河南省南水北调办监察审计室对 1 万元以上的支出实行票前审核把关；1 万元以下的支出实行票后监督，每季度委托社会中介机构对所发生的经济业务进行一次内部审计，收到了满意的效果。

2. 配套工程资金监管

河南省配套工程建设管理由河南省南水北调工程建管局与相关省辖市南水北调配套工程建

管机构签订委托建设管理协议，委托省辖市南水北调建管机构进行建设管理。建设资金根据各省辖市工程建设进度及资金申请计划核拨。一是完善支付程序，加强支付过程管理控制。南水北调工程建设资金严格按照《基本建设财务管理规定》《南水北调工程建设资金管理办法》的要求，实行专户存储、专账核算。依据财政部、建设部《建设工程价款结算暂行办法》，制定了《河南省南水北调中线工程建设管理局工程价款结算办法》，在工程价款结算办法中明确工程价款结算条件、支付程序和审批要求。资金支付过程中，严格按照基本建设程序、投资计划、施工合同和工程进度"四按"原则核拨资金，做到工程价款支付程序合规、手续完备、数字准确、拨付及时、控制有效。二是加强建管费支出的预算管理，有效控制建管费和"三公经费"支出。重视建设单位管理费的使用和控制，制定了《建设单位管理费管理办法》，明确了建设单位管理费的开支范围与开支标准，同时加强建设单位管理费的预算管理，每年本着从实际出发、节约使用、从严控制的原则，依据概算批复建管费数额，参考以前年度建管费支出实际情况，制定合理的建管费支出控制指标，核定并下达建管费支出预算，有效控制了建管费和"三公经费"开支。三是注重会计基础工作，准确及时提供会计信息。建设资金使用管理严格执行《国有建设单位会计制度》《基本建设财务管理规定》，以实际发生的经济业务为依据，如实记录和反映基本建设财务收支和各项资金的使用情况；合理分布和使用基本建设资金，努力提高资金使用效率；加强会计监督与资金监管，严格支付程序，认真审核原始凭证及工程价款结算，做到"收有凭、支有据"，努力使每一笔经济业务经得起时间的验证和各方的监督检查；及时提供合法、真实、准确、完整的会计信息。四是全面实行会计电算化，管理手段迈入新台阶。基建会计涉及的会计科目虽不多，但对明细核算的深度、精度要求较高，在建账时就考虑到编制竣工（完工）决算的要求，明细核算细化到独立发生作用的建筑物，即概算二级项目。要求各省辖市建管机构全面实行会计电算化，通过电算化软件的辅助核算功能，合理设置账务系统，进行部门、项目多辅助核算，同时利用 Excel 表格设置登记能够综合反映各个标段合同执行及工程价款结算资料的合同台账。合同台账作为会计核算辅助账，可以随时查阅各个施工标段的合同金额、结算金额、工程预付款及保留金的扣回情况、各建筑物的投资完成情况等，便于与监理单位、施工单位及计划部门对账，能够准确及时为主管部门和单位领导提供会计信息，更好地满足编制竣工（完工）决算的需要。五是加强监督检查。配套工程建设资金的使用管理除接受省审计厅等有关部门对配套工程审计外，省南水北调办定期委托社会中介机构对各省辖市的工程建设资金和征迁资金的使用管理开展内部审计，并对审计整改情况进行监督检查，确保审计发现的问题落实整改到位，防患于未然。六是通过健全的财务管理体制、完善的规章制度、严密的工作规则、有效的监督控制体系和依法理财的观念，加强建设资金各环节的管理与控制，有效保证资金安全。

（三）取得主要成效

南水北调工程投资规模大、工程战线长，涉及利益主体多，方方面面关注度高，各级各类审计不断。河南省南水北调办和河南省南水北调建管局成立以来，历经国家审计署审计 2 次，中纪委第 23 检查组检查 1 次，省审计厅审计 3 次，国务院南水北调办专项审计每年 1 次，河南省南水北调办委托事务所内部审计每季度 1 次，还有涉及南水北调工程的延伸审计等。在上述各级各类审计中，河南省南水北调办高度重视、全力配合，及时提交审计所需资料，认真做好服务保障与联络工作，及时协调联络相关处室、相关单位的人员向审计人员解释说明情况，与审计单位充分交换意见，争取理解与支持，使审计机构做出客观公正的评价。审计报告下发后，立即按照职责分工进行整改任务分解，明确责任、限定时间，逐条认真整改，做到事事有结果、件件有落实。同时认真分析、查找产生问题的原因，研究从根本上解决问题和避免审计问题再次发生的具体措施。以审计整改工作为契机，举一反三、防微杜渐，建立和完善科学规范的长效管理机制，进一步提高工程建设管理和资金管理水平。上述历次审计、稽查、检查中，河南省南水北调办（建管局）未出现违法违纪问题。审计署和河南省审计厅都给予了充分肯定。

第三节　征地移民的内部监督

一、北京市南水北调工程征迁的内部监督

（一）内部审计制度

北京市南水北调办自始至终对内部审计工作给予高度重视。中线工程建设伊始，在建设队伍尚未配备完整的时期，即坚持建设与监督并重的理念，由财务部门兼顾开展内部审计工作。随着工程建设的逐步深入开展，干线及配套工程建设项目越来越多，资金投资量越来越大，建设项目和建设资金的监督管理任务越来越重。为适应新形势和满足新需求，北京市南水北调办决定加强内部审计工作力度，成立独立的内部审计部门。2010年12月28日，根据《关于同意为市南水北调办增设审计处及增加人员编制等问题的函》（京编办行〔2010〕146号），审计处正式成立，机构编制4人。审计处由北京市南水北调办主任直接领导，主要职责为：拟定机关及所属单位内部审计工作制度；组织开展对所承建工程项目的审计工作；组织实施机关及所属单位的财务政策执行、财务收支等情况审计监督；承担所属单位领导干部经济责任审计工作；配合有关部门开展专项审计和稽查工作。北京市成为中线工程沿线省市中第一个配备独立内部审计部门的地区，内部审计的独立性、公正性、权威性得到充分发挥。

北京市南水北调办除执行国家有关部委、国务院南水北调办制定的财务审计规章制度外，根据自身实际情况，有针对性地制定了一系列审计及内控制度，包括以下内容。

（1）为了建立北京市南水北调系统内部审计工作的长效机制，促进工程建设的顺利进行，北京市南水北调办在广泛征求各部门各单位意见的基础上，结合南水北调行业特点和机构建设情况制定了《北京市南水北调工程建设委员会办公室内部审计工作暂行规定》，根据法律法规要求对内审机构和人员、职责和权限、工作程序、内审结果利用等方面进行了界定，规范了内部审计业务基本程序，使内部审计工作进一步走向制度化和规范化，并为今后其他内部审计制度规范的出台拟定了纲领性的要求。规定中明确要求内审机构应当做好年度内审工作计划，结合南水北调工程和资金情况对内审项目的必要性和可行性进行研究，避免盲目开展项目，提高审计效率。

（2）为进一步规范经济责任审计工作，北京市南水北调办制定了《北京市南水北调工程建

设委员会办公室经济责任审计联席会议制度》，建立了经济责任审计联席会议工作机制，明确了经济责任审计的决策及沟通程序，与财务、组织人事、纪检监察等部门的共同配合，加强了信息资源共享和统筹协调，在贯彻"项目安全、资金安全、人员安全"的基本原则下持续推进办属单位负责人的任中经济责任轮审工作。

（3）根据财政部以及北京市有关行政事业单位有关内部控制的相关规定，北京市南水北调办对各类经济活动进行了全面梳理，形成了《北京市南水北调工程建设委员会办公室内部控制手册（试行）》，对预算管理、收支管理、采购管理、实物资产管理、基建项目和合同管理等六大业务相关的流程和部门职责进行了明确，提出了重要风险点的控制措施，对涉及的关键岗位职责、人事管理、重大决策、内部监督与评价等单位层面控制进行了整理和完善。通过采取严格的控制措施，把内部控制风险降到最低。同时探索将内控建设与廉政风险防控管理工作结合起来，将内控建设作为实现廉政风险防范的重要手段。

（4）为了进一步完善内部控制的监督与评价体系，北京市南水北调办制定了《北京市南水北调工程建设委员会办公室实施内部控制规范工作风险评估工作办法》《北京市南水北调工程建设委员会办公室内部控制自我评价工作办法》，各单位按照全面性、重要性和客观性的原则，对内部控制设计和运行的恰当性和有效性进行全面的自我评价。同时成立北京市南水北调工程建设委员会办公室风险评估工作小组，对办属单位以及机关处室进行单位层面和业务层面全方位的评估。

（二）内部审计监督的做法及经验

北京市南水北调办自成立审计处独立开展内部审计工作以来，一直围绕"工程安全、资金安全、人员安全"的工作方向积极开展审计服务和审计监督，认真履行内部审计职责。在内部审计工作思路和项目实施方面也形成了自己的特色，主要有以下4点。

（1）规划内部审计工作，做到全面覆盖、重点突出。全面覆盖工程建设及征地拆迁工作各类资金来源；重点审计投资量大、工程复杂的项目及风险较高的关键内控环节；既对单一工程纵向实施全过程审计，也针对某一高风险领域横向实施专项审计调查，使内部审计工作在深度和广度上都得到提升。

（2）创新审计方式，拓展审计业务类型。积极创新审计方式，将财务审计与预算执行审计、经济责任审计、专项审计、内部控制审计、绩效审计、建设项目审计等审计内容相融合，努力实现审计业务的多元化，逐步推进以真实性、合法性为导向的财务审计和以内部控制、风险管理为导向的管理审计同步发展。

（3）优化整合审计资源，创新开拓"1＋1"审计模式。创新开拓了财务收支审计连带经济责任审计结合开展的"1＋1"审计工作模式。通过组建一个审计组，对一个审计对象同步完成财务收支审计和经济责任审计两个审计项目，最大限度利用了现场审计时间，并实现了项目间信息共享，从而节约了审计资源、提高了审计效率。

（4）关注全面经济风险，制定经济责任审计规划。提出了对办属单位负责人开展任中经济责任审计的工作规划，以三年为一周期，定期开展办属单位主要负责人任中经济责任审计工作，结合离任经济责任审计，实现经济责任审计工作常态化开展。一方面突破了审计立项对审计监督范围的制约，更好实现对各办属单位经济工作情况的全面审计监督；另一方面促进审发现问题在负责人任期内及时有效整改，将审计监督环节前置，降低重大问题发生几率且提高审计效率。

（三）内部审计的实施

针对北京南水北调配套工程，主要开展了以下几个类型的内部审计项目。

1. 配套工程征地拆迁跟踪审计

北京市南水北调配套工程拆迁工作涉及工程沿线十余个区（县），拆迁资金数额大，监管、协调难度较大。为了进一步加强对下拨资金的控制和管理，保证征地拆迁工作的有序进行，从2012年起开展对配套工程征地拆迁的周期性全面跟踪审计，检查资金的到位情况，检查征地拆迁执行过程中合法、合规情况。审计内容包括永久占地及补偿、临时占地及补偿、房屋和地上物拆迁、拆除及补偿和树木伐移及补偿等内容。2014年起又对征地拆迁跟踪审计模式进行了优化，从一月一审调整为每季审计一次，通过主动降低审计频次，加大问题的挖掘和整改意见的落实，增强了审计的深度和广度；通过对审计报告主题内容表格化处理，实现对各类问题标准化定性以及整改建议规范化、统一化，审计报告更加直观清晰地体现审计成果。同时建立与北京市南水北调拆迁办、中介机构的定期例会制度，及时沟通工作进展情况，必要时针对审计发现的问题到区（县）拆迁办进行核实，确保征迁资金的安全。截至目前，共审计配套工程征地拆迁资金52亿元，形成审计报告30份。促进了审计工作的顺利开展，赢得相关区（县）的支持配合和广泛好评，使征地拆迁工作整体规范化得到有效推进。

2. 配套工程管理审计

根据北京市南水北调配套工程建设进度，每年度选取一至两个工程项目进行审计，以强化工程资金的管理，提高资金的使用效率。2012年至今，先后审计了南干渠工程、大宁调蓄水库工程、东干渠工程、南水北调来水调入密云水库工程，审计覆盖率达到配套工程建设项目的83%。根据工程项目的不同特点，共抽取15个合约标段，涵盖浅埋暗挖、盾构、PCCP、高低扬程泵站等不同施工工艺，查阅施工、设计、监理、设备采购等工程合同，审计工程资金约22亿元。审计内容涉及前期建设审批程序、合同招投标情况、工程重大设计变更情况、建设资金批复和使用情况以及项目建设内容、规模变化等可能引发的风险。每一次审计现场项目组都会深入工程现场勘查取证，对于发现的问题第一时间与被审计单位进行沟通，边整改边履行审计程序，早发现早解决，及时降低工程建设管理风险。

3. 配套工程专项审计

为实现建设资金审计全面覆盖，审计业务的多元化，在开展建设项目管理审计和征迁资金跟踪审计的同时逐步推进高风险领域的工程专项审计，为工程建设保驾护航。

（1）配套工程监理工作情况专项审计。针对历次工程审计暴露出监理单位在人员配备、合同履职、进度计量、档案管理等方面的诸多问题，2013年聘请有监理管理经验的中介机构对东干渠、南干渠、大宁、团城湖工程12家监理单位开展专项审计，重点审计建设单位监理管理体系的完整性、有效性以及监理单位履职工作的合规性、效益性，审计总资金达到9161万元，审计内容涵盖了监理单位在建设工程生命周期各阶段的全部工作。根据审计结果，基本达到规范和优化建设单位对监理单位的管理监督程序，发现监理单位在合同履职、自我管理等方面存在问题的审计目标。本次审计大大促进了监理单位管理工作的规范性，起到为配套工程保驾护航的作用。

（2）专项设施迁建工程审计。2014年对征地拆迁专项设施迁建工程开展了审计，审计范围涉及团城湖调节池工程、东干渠工程、来水调入密云水库工程三个项目，审计总金额约为3.53亿元。基于专项设施迁建工作的特殊性，审计重点研究了专项设施迁建工程的管理流程、管理制度执行以及工程管理存在的风险点，并对各工程实施了现场踏勘。审计对整体专项设施迁建工作的效率和效果给予了认可，同时从内控角度提出了专项迁建工作应加强前期勘察设计工作充分性和标准化、施工、监理工程资料管理应进一步规范化等合理化建议，推动专项设施迁建工作朝合法合规、合理有效的方向开展。

（3）南干渠管顶上方房屋开裂补偿审计。2014年对南干渠工程管顶上方房屋开裂补偿工作的结算审计工作，审计结算总金额约6900万元。由于该项目以区（县）为实施主体，审计首先立足于发现问题，解决问题，对于发现个别补偿依据不完整，个别评估报告不够准确等方面问题，会同北京市南水北调建管中心、拆迁办及时与大兴区南水北调办进行沟通，坚持在解决存在问题的基础上发表工程结算审计意见，为该项目将来纳入南干渠工程整体竣工决算打下良好基础。

（4）安全生产管理专项审计。结合新颁布的安全生产法，贯彻落实"安全第一，预防为主"的安全生产方针，2015年上半年，组织开展了安全生产管理的专项审计，通过前期开展对施工现场内、外业安全生产的现场检查，安全生产经费的审查和对相关法规制度的建立和执行情况的摸查，查找安全生产管理过程中的风险点，构建了北京市南水北调工程安全管理制度框架体系，完善了安全生产的管理流程，规范了安全生产经费的管理使用，使北京市南水北调办安全生产管理更加规范化、科学化。

4. 经济责任审计

2014年国务院总理李克强在国务院第26次常务会议上提出了审计全覆盖的要求，北京市南水北调办审计部门按照相关要求，根据自身工作实际情况，提出了对办属单位负责人开展任中以及离任经济责任审计的三年工作规划，并经北京市南水北调主任办公会通过。开展经济责任审计，一方面促进审计发现问题和提出建议在负责人任期内及时有效整改，将审计监督环节前置；另一方面为将来干部工作岗位发生变更、审计部门开展离任经济责任审计工作时减少审计工作量，降低重大问题发生概率和提高审计效率。截至目前，已经完成了6位办属单位领导的经济责任审计。

（四）审计取得的成效

近几年来，内部审计工作在办党组的正确领导和关心支持下，坚持落实"工程安全、资金安全、人员安全"总体要求，坚持把强化内部审计工作监督作为提高管理水平，促进南水北调事业科学发展的举措，积极探索内部审计工作方式方法，稳步推进，开拓创新，取得了显著的成效。

几年来，审计人员始终坚持以事实为依据，以制度为准绳开展各项审计工作。审计各类项目24项，审计总资金约为87.4亿元，审减率2.1%，出具审计报告以及管理建议书112份，提出审计建议394条，其中，配套工程基建审计7项，财务收支审计4项，征地拆迁跟踪审计6项，经济责任审计6项。与此同时，配合国家审计署、国务院南水北调办、北京市审计局审计以及根据单位自身发展需要开展的审计项目 9 项。

随着南水北调工程建设和运行管理的深入开展，各单位和部门对内部审计工作重要性的认识不断加深，审计工作也更新观念，转变思想，把内部审计关口前移、从内部控制和风险管理视角参与到工程建设和运行管理具体工作中来，从内部审计角度对工作开展中出现的风险恰当地进行提示。内部审计在南水北调事业发展大潮中已经承担起推动北京市南水北调办内部制度建设、规范管理、防范风险、提高效益的重要职责，在治理单位过程中同样发挥着"谋士、参谋、医生"等积极而重要的作用，并且在内部审计推进工作落实、为事业发展出谋划策方面发挥了更大的作用。

二、天津市南水北调工程征迁的内部监督

（一）内部审计制度

在天津市南水北调工程建设过程中，为加强资金监管，首先从制度上予以规范。就内部审计制度而言，审计部门结合水务工程的审计环境，并参考相关审计法律、法规，制定了《内部审计制度》。该制度对内部审计部门的工作职责、工作范围、内部审计机构和人员的权限与义务、审计工作程序、审计档案管理等内部审计工作做出了具体规定，对审计工作的开展起到了重要的规范和指导作用。

1. 对审计工作权限的规定

《内部审计制度》规定，在审计工作中，内部审计部门具有以下权限：一是对项目法人及委托建设管理单位的经营管理情况、财务收支情况、预决算执行情况、效益情况及其他有关经济活动进行审计。二是对建设项目前期工作情况、招投标情况、合同签订情况、资金使用情况、建设目标完成情况及建成后运营管理情况进行监督与审计。三是对委托项目进行监督与审计。四是根据内部审计工作的需要，要求被审计单位或部门按时报送经营、财务收支计划、预决算执行情况、会计报表和其他有关文件、合同和资料。五是对审计中的有关事项向相关部门（人员）进行调查询问并索取证明材料。六是检查有关生产、经营、财务活动的资料、文件，勘察现场。七是审核会计报表、账簿、凭证、资金及其财产，查阅有关文件和资料。八是对与审计事项有关的问题向有关单位和个人进行调查，并取得证明材料。九是对正在进行的严重违法违规、严重损失浪费行为，作出临时制止决定。十是对审计中所发现的问题提出整改意见。要求被审计单位按照审计意见，进行相应的整改工作，并对整改落实情况进行汇总。

2. 对内部审计工作程序的规定

《内部审计制度》还对内部审计工作的程序做出了规定，要求在对工程项目实施审计时应遵循以下程序：一是审计立项。根据工程项目具体情况，拟定审计方案，报领导批准后实施。二是发出审计通知书。实施审计前，应提前三天书面通知被审计单位或部门（领导临时决定的突击性审计任务除外）。三是实施审计。包括召开审计座谈会、勘察现场、查阅相关财务账务及其他文件资料、收集审计证据等。四是征求被审计单位意见。被审计单位对审计小组提出的审计意见有异议的，应及时以书面形式提出，审计小组认真查证，并将查证结果报告主管领导。五是出具审计报告及意见，报主管领导审批。六是将经批准的审计意见书送达被审计单位。

3. 对内部审计机构和人员的规定

《内部审计制度》还对内部审计机构和人员做出了规定：一是内部审计机构对项目法人的财务收支和经济活动进行内部审计监督。内部审计部门在主管领导的领导下开展审计工作，在工作上应保持独立性，确保能够自由客观的进行审计。二是内部审计人员应按规定参加内审人员后续教育。内部审计人员应不断学习与审计工作相关的专业知识，不断提高审计业务能力。内部审计人员根据公司制度规定行使职权，被审计单位应及时向审计人员提供有关资料，不得拒绝、阻挠、破坏或者打击报复。内部审计人员要坚持实事求是的原则，忠于职守、客观公正、廉洁奉公、保守秘密；不得滥用职权、徇私舞弊、玩忽职守。三是内部审计部门应在每年年末根据上级审计部门意见和审计工作需要，确定审计重点，编制下一年度内部审计工作计划。

4. 对内部审计档案管理的规定

《内部审计制度》对内部审计档案的管理作出了明确规定，指出内部审计部门在审计档案管理工作中应遵循以下规定：一是审计部门档案管理人员应将记录和反映内部审计过程的各种文字、图表、声像等不同形式的记录资料及审计通知书、审计证据、审计报告等归入审计档案。二是审计档案实行定期归档制。当年完成的审计项目应在本年度立卷归档；跨年度的审计项目，在审计立项的年度立卷归档。三是审计档案需在内部借阅的，须由内部审计部门负责人批准；外部单位需要借阅的，须报主管领导审批。

（二）内部审计监督的具体做法

在天津市南水北调工程建设过程中，内部审计部门采取了一系列监督管理办法加强对资金的监管，如项目法人与委托建设管理单位及监管银行签订资金监管协议、加强工程审计监督等，有效地提高了资金使用的安全性和资金使用效率。

1. 签订资金监管协议

南水北调工程的建设实行委托代建制。为加强天津市南水北调工程的投融资管理工作，天津市成立了天津水务投资集团有限公司作为南水北调工程项目法人，主要负责南水北调工程的投融资工作，并负责工程建设资金的监督管理工作。

在天津市南水北调工程建设过程中，天津水务投资集团有限公司（简称"水投集团"）作为项目法人与委托建设管理单位签订《建设管理委托合同》，委托建设管理单位具体负责该工程项目的建设管理工作。在建设资金使用方面，首先由建设管理委托单位向银行申请开立账户。然后建设管理委托单位申请开立账户的银行作为第三方与项目法人和建设管理委托单位签订《资金监管协议》，该银行即为监管银行。在工程项目正式运行后，建设管理委托单位根据工程进度向项目法人提出资金拨付申请，项目法人按照投融资计划安排及实际工程进度对资金申请进行审批，审批完成后，将项目建设资金直接划入建设管理委托单位在银行开立的账户（即监管账户）。建设管理委托单位使用监管账户内的资金时，还需向监管银行提交已加盖项目法人结算专用章的工程价款审批单，监管银行对工程价款审批单进行审核，审核无误后，支付款项给建设管理委托单位，建设管理委托单位方可按要求使用项目建设资金。

该《资金监管协议》的具体规定如下：一是建设管理委托单位使用监管账户内的资金须向项目法人提交工程价款审批单（单笔支付小于5万元的建设单位管理费无需履行监管手续），

项目法人同意建设单位使用的，在工程价款审批单上加盖项目法人结算专用章。二是建设单位使用监管账户内资金，需向监管银行提交已加盖项目法人结算专用章的工程价款审批单（单笔支付小于 5 万元的建设单位管理费无需履行监管手续），否则监管银行有权拒绝办理相关业务并告知项目法人，因监管银行拒绝办理相关业务而发生的一切纠纷及损失由建设单位承担。监管银行要严格按照项目法人工程价款审批单上审定金额支付专用账户资金，不得多支付或少支付。三是建设单位使用监管账户内资金作为建设单位管理费时，应保证符合国家有关制度规定、总额控制在《委托合同》约定的范围内。四是监管银行应严格按照项目法人工程价款审批单上审定金额支付专用账户资金，不得多支付或少支付。监管银行需认真审核项目法人工程价款审批单与项目法人预留的印鉴表面是否相符，如无项目法人工程价款审批单或印鉴不符的，监管银行有权且有义务拒绝支付。五是如遇任何有权机关要求查封、冻结监管账户或对监管账户内资金采取其他强制措施的情形，监管银行有义务将本协议约定的监管账户内资金的来源及专项使用情况告知该有权机关，并在强制执行情形发生之日将相关情形告知项目法人和建设单位（有权要求监管银行保密的除外）。

2. 加强工程内部审计监督

根据《内部审计制度》的规定，内部审计部门按照审计计划定期或者不定期地对南水北调工程建设资金的使用情况进行审计。

（1）建设项目资金来源和到位情况审计。天津市南水北调工程项目建设资金来源主要有两个方面，即市财政局、滨海新区财政局拨付给天津水务投资集团有限公司（简称"水投集团"）的注册资本金和银行贷款。资金来源审计重点关注资金来源是否符合工程相关批复文件的规定，项目资金来源是否纳入年度投资计划。资金到位审计重点关注项目建设资金是否及时、准确到位。

（2）对工程项目招投标情况进行审计。重点审计招投标程序是否公开、透明、公正，中标价格是否合理，是否严格按照招投标程序进行操作，招投标过程中是否存在暗箱操作等。

（3）对合同签订及履行情况进行审查。重点审查合同签订方是否具有履行合同的相关资质，合同条款是否合理，合同履行情况等。

（4）审查资料与勘察现场相结合。一方面，通过审查工程项目资料，了解建设单位资金使用情况及工程进度情况；另一方面，通过到现场勘查，防止出现在施工过程中偷工减料，虚报工程进度等问题。

（三）内部审计或监督的经验

在天津市南水北调工程建设过程中，为保障工程项目的顺利开展，水投集团作为项目法人按照市发改委下达的相关批复文件向银行进行了贷款融资，并根据市发改委下达的投资计划以及工程实际进度及时拨付工程建设资金，保证了建设资金的及时、准确到位。为保障资金安全，提高资金使用效率，水投集团制定了一套完善的资金拨付审批程序，并通过加强对工程资金的审计及与银行合作监管等多项措施加强对工程资金的监管。

1. 完善的内部审计制度能更好地规范和指导内部审计工作

《内部审计制度》对审计部门和审计人员的行为及权限起到很好的指导和规范作用。在对天津市南水北调工程进行审计时，内部审计人员严格按照《内部审计制度》规定的权限和审计程序开展审计工作，并自觉遵守该制度规定的审计人员应该遵守的职业规范，保证了审计工作质量。特别是在审计过程中，审计人员严格按照审计制度规定的内部审计工作应遵循的步骤开展审计工作，使得审计工作更加规范、条理，提高了审计工作效率，更好地发挥了审计在资金监管方面的作用。

2. 签订《资金监管协议》是加强建设资金监管的有效手段

通过项目法人与建设管理委托单位及监管银行签订《资金监管协议》，使得商业银行这一金融机构成为工程建设资金监管的重要一环。监管银行对监管账户内资金的拨付使用进行监管，对进一步规范和加强对工程资金使用的监督和管理，保证资金及时、准确到位，以及对提高资金使用效率，保证资金安全起到了重要作用

3. 加强工程建设资金的审计是资金监管的重要手段

在天津市南水北调工程建设过程中，内部审计部门针对工程建设资金的使用情况，开展了一系列的内部审计工作。通过对工程建设资金的拨付、使用情况进行定期或不定期审计，对工程建设资金的使用起到了重要的监督作用，使得工程建设资金的使用更加安全、合理。

（四）取得的主要成效

在市南水北调工程建设过程中，项目法人严格资金审批程序，并通过签订《资金监管协议》以及加强工程审计监督等方法加强对工程建设资金监管，有效地提高了工程建设资金使用的安全性、合理性，同时，这些做法确保了工程建设资金能够及时、准确到位，有效地提高了资金使用效率，为工程的顺利施工及正常运行提供了强有力的保障。

1. 项目法人制定了一套完善的资金审批程序

通过对投融资计划安排、工程建设进度的要求等对资金的拨付使用进行严格审核，确定合理的拨付金额。这套资金审批程序的建立，确保了资金能够及时、足额到位，同时又保证了资金拨付金额的合理性，有效提高了资金使用效率，并使工程进度与投资计划安排相适应，使工程进度和工程质量得到了更好的保障。

2. 通过签订《资金监管协议》对工程建设资金的拨付和使用进行监管

通过引入第三方监管银行使得资金监管程序更加完善，对工程资金使用的监督和管理更加规范，资金监管效果得到了更好地保障。《资金监管协议》在保证工程建设资金及时到位、促进资金合理使用方面起到了重要作用，有效地提高了资金使用效益。

3. 内部审计部门在工程建设过程中开展的一系列内部审计工作

通过审查工程项目前期工作完成情况、招投标工作开展情况、合同签订及履行情况、工程建设资金使用情况以及建设目标完成情况等，对规范工程建设程序、保证工程进度、确保工程质量均起到了重要的督促作用。这些审计工作的开展，一方面，及时发现了工程建设过程中存在的一些问题，审计部门提出审计意见并积极督促相关单位或部门进行整改，促进了工程建设程序的完善，保证了工程建设质量；另一方面，审计工作本身具有的审计监督职能也是促使工程建设管理单位严格资金使用、保证工程进度和工程质量的重要手段。

4. 通过审计实践有效地锻炼了审计队伍，提高了审计人员业务能力，为天津市其他水务工程项目审计培养了后备军

在对天津市南水北调工程的一系列审计工作中，审计人员积累了丰富的经验，审计能力得

到了锻炼，审计队伍的业务水平得到了普遍提高。审计人员在审计过程中，通过对工程项目的系统把握，以及发现工程建设中存在的问题并积极督促问题的解决等，使自身业务水平得到了提升。相信经过南水北调工程审计实践锻炼的审计人员必能在以后的水务工程审计工作中发挥更大的作用。

三、河北省南水北调工程征迁的内部监督

南水北调工程资金包括工程建设资金和征迁安置资金两大部分，资金的使用、拨付、管理是工程建设的重要工作环节之一。征迁安置资金和工程建设资金的真实、合法、有效使用，关系着工程建设的进度、安全，关系着征迁安置群众的切身利益，更关系到社会的和谐稳定。加强南水北调征迁安置资金和工程建设资金管理，提高资金使用效率，是保障工程建设顺利实施的前提，对保障被征迁安置群众的合法权益、工程质量进度、确保"工程安全、资金安全、干部安全"意义重大。

南水北调工程河北段资金管理工作始于2003年，经过不断的探索和改进，省各级南水北调办事机构在实践中逐步形成了一套比较完善的资金管理模式。

（一）加强会计基础工作，夯实财务管理基石

1. 设立专门机构，配备合格人才

由于南水北调工程资金政策性强、资金量大，对财务会计人员在工作中和纪律方面提出了更高更严格的要求。依照国务院确定的"国务院南水北调工程委员会领导、省级人民政府负责、县为基础、项目法人参与"的南水北调征地移民管理机制，我省在省、市、县各级南水北调办事机构设立了专门的财务管理机构，负责主体工程建设的河北省南水北调工程建设管理局，以及负责省内配套工程建设的河北水务集团也设立了独立的财务管理部门。各级财务部门配备的高素质专职会计人员，均具备相应的任职条件和良好的职业道德记录，会计核算使用财务软件，实现了会计工作电算化。

2. 职责分工明确，不相容岗位分离

按照财政部会计基础规范的要求设置会计岗位，明确记账人员与经济业务事项和会计事项的审批人员、经办人员、财务保管人员的职责权限，相互分离、相互制约。加强票据、印章管理，实行会计、出纳分离。

3. 开立专门账户，确保工程资金安全

严格账户监督管理，要求各级办事机构为工程资金设立专门账户，专户储存，专款专用，省级以下主管部门开设、变更、撤销银行账户要报省级主管部门备案。采取各种措施，全方位确保资金全部用于南水北调工程建设，绝不允许挪作他用。

（二）严格拨款程序，层层落实责任

1. 设立规程，遵章执行

为避免挤占、截留、挪用、超范围使用工程建设资金，各级各部门制定了具体的征迁安置资金兑付流程和工程建设资金拨付流程，建立了资金拨付、日常财务收支、往来款项等重要经济业务的审批制度，明确审批程序和审批权限，从制度上保障资金使用的足额、及时、安

全性。

2. 落实任务，责任到人

按照相关法律法规的要求，对任务和责任进行层层分解，明确责任，落实到人。日常加强培训和教育，努力提高干部职工的认识水平和业务能力，增强法律意识，按程序规范操作，在人为操作上减少随意性，为资金安全提供保障。

（三）完善规章制度，加强审计监督

1. 建立完善的内部财务管理和审计监督管理制度

为严格资金收支程序、严肃财经纪律，各市各部门根据本级具体情况，在财政部《南水北调工程征地移民资金会计核算办法》《南水北调工程建设资金管理办法》《基本建设财务管理规定》《国有建设单位会计制度》等相关规定要求的大框架下，制定了各自的征迁安置资金及工程建设资金内部财务管理办法，建立了完善的财务管理内控制度，以制度管人、管事、管钱，保障了资金使用管理的规范、安全。省级制定了《河北省南水北调工程建设征迁安置管理中心内部财务管理办法》《河北省南水北调配套工程建设资金管理办法》，河北水务集团制定了《河北水务集团财务管理办法》，河北南水北调工程建设管理局制定了《机关财务管理办法》《会计人员岗位管理办法》《管理费管理办法》《工程价款结算支付办法》《财务风险控制办法》《资产管理办法》等。这些管理制度包括了会计管理、岗位责任制、账务处理程序、内部牵制制度、稽核制度、财产清查制度、财务收支审批制度等多个方面，对于控制建设成本，规范资金使用程序，提高建设资金使用效率起到了积极的作用。

2. 切实做好审计监督工作

（1）通过加强内部审计监督进行自查自纠。内部审计监督包括三个层次：第一个层次是由各市南水北调办事机构组织力量对自身及所属下级机构进行日常巡检和技术指导，发现问题及时纠正；第二个层次是由主管部门和项目法人组织省级内部财务人员检查组，对各项目建设资金及征迁安置资金的使用管理情况进行不定期联合检查，提出问题并督促整改；第三个层次是由省南水北调办委托审计中介机构对各项目建设资金和征迁资金的使用管理情况审计，出具正式审计报告，对审计发现问题以正式文件形式要求整改。

（2）充分利用外部审计成果，对发现的问题进行整改。一是通过积极配合国家审计署各特派办的审计工作，充分利用审计成果，认真做好整改工作；二是配合国务院调水办组织的征地移民资金专项审计，督促各部门积极整改并追踪问题整改效果；三是主动申请省审计厅对项目建设和资金使用管理进行全面审计，借助审计力量，加强项目建设管理和资金使用监督，对发现的问题认真进行整改。

通过充分利用外部审计成果和加强内部审计监督，保障了工程建设资金的规范、高效和安全使用，为省南水北调工程顺利建成通水，发挥了支撑和保障作用。

四、河南省南水北调工程征地移民的内部监督

（一）内部审计制度

为加强河南省南水北调移民征迁资金管理，河南省政府移民办结合本省工作实际，制定了

《河南省南水北调工程建设征地补偿和移民安置资金管理办法（试行）》等办法，对内部审计监督工作做出了明确规定：要求各级移民主管部门加强内部审计和检查，建立健全内部审计制度，定期向本级人民政府、上级主管部门报告移民资金使用情况，并接受国务院南水北调办、项目法人、国家审计等部门依法进行的检查监督。对检查、审计、稽查中发现的问题，责任单位应及时整改。对违反规定，截留、贪污、挤占、挪用移民资金的单位，应依法给予严肃处理；对直接负责的主管领导和责任人，应依据相关法律、法规追究其相应责任；构成犯罪的，应依法追究其刑事责任。

各省辖市移民征迁管理机构依据国家和河南省相关法规，结合本地区实际情况，制定和完善了移民征迁资金内部监督管理办法，如：《许昌市南水北调工程项目征地移民资金内部审计管理办法》《平顶山市移民资金管理办法（试行）》《南阳市南水北调丹江口库区移民安置资金管理暂行办法（试行）》《南阳市南水北调中线工程征地补偿和拆迁安置资金管理暂行办法》等，对工程项目审计、移民资金审计、会计基础工作审计及审计方式等都进行了明确规定，为加强南水北调征地移民资金监管提供了依据，实现了以制度管人、用制度管事，用制度来监督重大决策、资金使用和各项行为规范。对强化征地移民资金管理、项目管理，确保移民征迁资金合法合规使用发挥了积极作用。

（二）内部审计或监督的做法及其经验

1. 监管形式

河南省南水北调移民征迁资金监管，从开始就呈现出多层级、全方位、多角度的监管态势，资金监管实行内部审计与外部审计相结合、审计监督与稽查监督相结合，事前、事中与事后监管相结合的一体化监督管理体系。

2. 配合外部监督情况

自南水北调中线工程开工，截至2017年7月，河南省各级移民征迁管理机构先后接受中央各部门检查十九次。其中，中纪委检查一次、国家审计署审计三次、国家发展改革委重大项目稽察办稽查一次、财政部投资评审中心检查两次、国务院南水北调办审计十二次。工作中，各级移民征迁管理机构单位主要领导高度重视，亲自部署，组织相关部门抽调精干力量参与，落实有关工作责任，协调所辖移民征迁管理部门和涉及的财政、设计、国土、住建、信访等部门做好审计（检查）配合工作。根据审计（检查）组要求，本着学习、纠错、提高的态度，全面准备实施规划报告、招投标、合同管理、价款结算、会计核算等各项资料备查，并充分利用国家各部门不同的视角，总结借鉴工程项目管理的好方法、新思路，通过国家监管机关的权威和震慑力，及时改正南水北调工程实施过程中暴露出的问题，更好地推动工作，提升工作水平。

3. 开展内部监督情况

为强化南水北调移民征迁资金监管，在配合好国务院南水北调办组织的年度内部审计的同时，自2005年南水北调工程开工以来，河南省政府移民办结合年度工作重点，以内审、巡查、督导、资金清理、审计整改复查等形式，每年对南水北调系统资金使用管理情况开展监督检查，必要时还委托中介机构共同参与，涉及项目管理、合同管理、资金管理、会计基础工作等各个领域，覆盖移民征迁工作的各个方面，对发现的问题及时督促整改、纠正，对严重的违规违纪问题进行了严肃处理，有效保证了移民资金的安全、合理使用。

2011年2月，为进一步加强南水北调工程征地移民资金管理，促进资金规范使用，切实保证资金安全和使用效果，河南省政府移民办联合省监察厅对南水北调工程2010年度移民征迁资金收支管理情况进行专项效能监察。共检查南阳、平顶山、漯河、许昌、郑州、焦作、新乡、鹤壁、安阳9个省辖市33个县（市、区），抽查了200余个报账单位。专项效能监察印发了《河南省2011年南水北调中线工程移民征迁资金专项效能监察工作实施意见》（豫监发〔2011〕2号），制定了《河南省2011年南水北调中线工程移民征迁资金专项效能监察监督监察阶段工作实施方案》，按照全省统一组织、各地分级实施的工作模式开展专项效能监察工作，经过自查自纠、互督互查和巡查督导三个阶段，形成了各市专项效能监督监察报告。针对提出的问题，河南省政府移民办又联合监察厅对突出问题的整改情况进行巡查督办，并按照有关规定对相关单位和个人进行了责任追究和处理，最后将专项效能监察报告（豫监〔2011〕2号）上报省政府。通过诸如此类形式的监督检查活动，对全省移民征迁资金管理、使用和监督起到了极大的促进作用，进一步提高了各级各相关部门对南水北调移民征迁资金严肃性、规范执行法规制度自觉性的认识，促进了南水北调移民征迁资金安全、高效使用。

各市移民征迁管理机构在配合国家审计、检查及国务院南水北调办、河南省政府移民办组织的内部审计的同时，每年对所辖南水北调移民征迁涉及的县、乡、村三级征地移民资金，采取内部检查、委托当地审计机关或中介机构审计等各种形式加强资金监管。进一步强化了移民征迁资金的监督管理，提高了资金管理和会计核算水平。

4.接受社会监督情况

根据河南省政府移民办制定的《河南省南水北调工程建设征地补偿资金和移民安置资金管理办法（试行）》规定，督促报账单位以村或居委会为单位，根据有关主管部门批准的计划、实施要求和规定，对农村征地移民的补偿、安置、资金兑付等情况，利用村务公开栏、网络等形式及时张榜公布，接受群众监督。也可组织有村民代表参加的理财小组，参与研究和监督集体补偿费的分配和使用。

5.典型做法

河南省政府移民办在开展全省资金监管工作的同时，及时发现市、县资金监管方面的好做法、好经验，并加以宣传和推广，以利各市县相互借鉴学习，充分发挥市县监管作用。通过几年的实施，各地在资金监管中也总结出不少好的措施和办法：

南阳市在丹江口库区移民资金监管方面，建立了督查审计制度、一票否决制度及联席办公制度，筑牢资金监管防线。督查审计制度即南阳市移民指挥部（领导小组）每季度对各县（市、区）移民资金使用情况进行一次全面审计，审计情况通报全市，对每次审计出的问题实行问题清单制、整改台账制，切实引起各级领导重视，督促及时整改。在此基础上，会同审计、财政、纪检监察等部门不定期开展专项财务检查，把问题解决在萌芽状态。对发现的问题，性质严重的，进行责任追究；触犯刑律的，移交司法机关处理。一票否决制度即市政府研究出台了《南阳市南水北调丹江口库区移民安置一票否决制实施办法》，明确规定，对因管理不到位，制度不健全，辖区内发生套取移民身份，或侵占、截留、挪用南水北调丹江口库区移民安置资金和后期扶持资金事件，造成恶劣影响的，实行重点监控。重点监控期限为3个月，监控期满、整改不力的，实行一票否决，在一定时间内取消该地区、单位获得综合性政治荣誉和综合性奖励的资格。取消其主要领导、分管领导和直接责任人获得综合性政治荣誉、综合性奖励和晋职、晋级的资格；联席办公制度即由市移民指挥部（领导小组）常务副指挥长（副组长）、市政府副市长作为召集人，市纪检、检察、组织、审计、公安、建设、移民有关单位作为固定成员单位，不定期组织召开会议，研究查处包括涉及违法违纪使用移民资金案件和有关问题，并对发生一票否决、责任追究的情况进行调查，提出处理意见和建议等，对有关干部涉嫌移民资金犯罪问题及时进行研究处理，起到了较好的警示教育作用。

南阳市南水北调办对征迁资金管理坚持五抓五查，五抓：一是抓制度建设，建章立制，以制度管人理事；二是抓培训工作，加强业务培训，打造干练队伍；三是抓公开办事，注重公开公平，实行阳光操作；四是抓资金兑付，严格执行政策，资金兑付到位；五是抓报账核销，抓好兑付终端，确保万无一失。五查：一是自查，由县（市、区）财务人员定期对本辖区征迁资金运行情况进行自查，并针对发现的问题进行整改，对一时整改不了的，制定措施限期整改到位；二是督查，邀请纪委监察部门和审计部门人员组成效能督察组，对各县（市、区）南水北调征迁资金运行管理情况进行督查，对发现的问题，能整改的积极组织整改，问题严重的一查到底，依法严肃追究责任人的责任，确保征迁资金高效、安全运行；三是抽查，在督查过程中随机抽查一个县（市、区）的1~2个乡（镇），一个乡（镇）的1~2个村，对资金兑付情况进行核实，解剖麻雀，抓点带面，促进工作；四是互查，组织沿线各县（市、区）南水北调财务人员组成检查小组，对征迁资金运行情况进行互查，全市已组织三次互查，起到了互相学习、互相查摆、互相推进的目的；五是审查，坚持把内部审计与廉政建设结合起来，把征迁资金管理工作作为党风廉政建设的重要内容来抓，积极配合纪检监察和审计部门，加大对违法违规使用征迁资金的查处力度，确保征迁资金合理合法使用，最大限度地发挥征迁资金使用效益。

平顶山市移民局对移民征迁资金使用，实行"三总会审"和法人控制资金使用制度。所谓"三总会审"就是总工程师、总会计师、总经济师联合审查大笔资金支出，即：总工程师对拟支付资金总额把关，监督资金是否用在了工程建设最迫切需要的地方；总会计师对资金拨付程序把关，监督是否符合财经纪律，是否存在违法违规现象，发现问题及时纠正；总经济师对资金使用情况把关，监督大额开支是否和年度资金使用计划相符，是否和工程概算、初步设计相符，是否和移民安置、征迁进度、工程建设投资控制相符，指导年初预算制定和年终决算编制。法人代表签字和终审制度，即所有经济事项在经过财务部门负责人审核、业务主管领导核签后，最终由法人代表对经济业务进行签批，报市行政审批中心进行审查入账。

（三）取得的主要成效

河南省南水北调移民征迁资金涉及省、市、县（市、区）、乡（镇）、村五级，数额巨大、补偿项目多、涉及面广、要求严、手续复杂，特别是核销环节的管理等工作，对于基层都是第一次遇到，而部分县（市、区）、乡（镇）、村财务人员人数少，业务量大，专业水平参差不齐，管理中难免会出现一些问题。通过几年来坚持不懈地强化内部监管，多层级、全方位的监督、检查，取得了以下五方面的成效。一是提高了各级移民征迁管理机构对管好用好南水北调移民征迁资金的重要性、严肃性的认识，牢固树立起南水北调移民征迁资金是高压线，必须专款专用的意识，提升了队伍的整体管理水平和工作效率，确保了资金安全、干部安全；二是发现问题及时解决，将问题消灭在萌芽状态，防范化解潜在风险，杜绝违规行为，达到了自诊自治、增强免疫的效果，对规范南水北调征地移民资金管理、项目管理，提高资金使用效益发挥了积极作用；三是高度重视审计整改工作，通过下发整改通知、进行督导检查等手段积极落实审计整改要求，认真梳理移民征迁工作中存在的薄弱环节，检查内部管理措施的可操作性，并举一反三，及时修订和完善内部管理制度，规范资金拨付程序和项目实施办法，最大限度地避免同类问题再次发生，提升了整体管理水平；四是进一步规范了会计基础工作，指导、推动基层会计核算单位和报账单位严格按照《南水北调工程征地移民资金会计核算办法》《南水北调中线工程河南省征地移民资金会计核算补充规定（试行）》的有关规定进行会计核算，促进了河南省南水北调征地移民财会体系的健康发展和良性运转；五是结合审计检查中发现的问题，河南省省、市南水北调移民征迁管理机构采取集中培训、警示教育、经验交流、现场解答疑难问题等多种形式，不断强化人员培训，提高移民管理单位主管和财会人员的政策水平和业务素质，增强法律意识，经过几年的努力，培养了一批业务能力基本能胜任财会工作的财会队伍，建立起一支全心全意为移民服务，忠于职守、勤奋工作、遵纪守法、廉洁奉公的南水北调移民征迁财务管理队伍。

中纪委、审计署、国家发展改革委重大项目稽察办、财政部等组织的检查、审计、稽查、评审工作中，均对河南省资金管理使用情况给予了充分肯定，认为河南省南水北调移民征迁资金得到了有效管理和使用，资金拨付程序严格，会计核算规范，项目实施和资金管理中没有发现大的问题，确保了南水北调工程建设的顺利实施。

五、湖北省南水北调工程移民的内部监督

自南水北调工程建设项目启动以来，湖北省一直把南水北调工程移民资金监管作为重点工作来抓，以审计为抓手，建立健全审计、稽查、监察、监督评估等全方位的监管体系，不断完善监管工作机制。一方面省审计厅坚持每年跟踪审计，另一方面省、市、县移民局设立内审机构，成立专门的审计小组，开展巡回检查，同时积极配合国务院南水北调办安排的内部审计。湖北省高度重视移民资金安全工作，始终坚持以服务工程建设为宗旨，南水北调工程移民资金监管工作从初期以加强制度建设、查处违纪违规财务问题、不断总结补充完善规范管理为主，到目前以审计关口前移、审前自查自纠、审中边审边改、改后及时总结提升管理为主，并积极探索绩效问责审计，先后经历了探索、初建、完善、提高阶段并逐步积累经验，不断丰富审计内容、改进审计手段、完善审计方法的过程。围绕维护南水北调工程移民资金使用管理的真实、安全、规范、有效，通过"审帮促"，充分发挥内部审计监督的建设性作用和"免疫系统"功能，在规范南水北调工程移民资金管理和维护移民合法权益等方面发挥了积极作用。通过多年加强内部审计和监管工作，截至 2017 年 10 月，湖北省未出现大的违规违纪问题，基本做到了专项资金能够专管、专项资金体内循环、专项资金运行安全、专项资金使用合规。

（一）建立健全移民资金监管制度

湖北省是南水北调中线工程的坝区、库区和重要的水源地，按照湖北省委省政府提出的"四年任务两年基本完成，三年扫尾"的总体要求，到 2012 年 9 月，湖北省已全面完成移民安置任务，共动迁人口 18.2 万人。围绕南水北调工程移民"搬得出，稳得住，逐步能致富"的工作目标，湖北省始终把南水北调工程移民搬迁、移民资金管理和审计监督作为年度工作的重中之重，切实加强制度建设，建立健全监督体系，不断强化依法开展移民工作的意识。依据《南

水北调工程建设资金管理办法》（国调办经财〔2008〕135号），湖北省相继出台了《湖北省南水北调中线工程丹江口库区移民资金管理办法（试行）》（鄂移〔2008〕235号）、《湖北省南水北调中线工程丹江口水库移民实施管理费使用管理办法》（鄂移〔2010〕9号）、《湖北省南水北调中线工程丹江口库区移民资金内部审计办法》（丹办发〔2010〕29号）、郧县移民工作指挥部《关于南水北调中线工程移民项目资金内部审计管理办法》（郧移指发〔2011〕12号）、郧县移民工作指挥部《关于进一步加强移民资金内部审计稽察工作的意见》（郧移指发〔2014〕4号）等管理制度，对移民资金计划管理、项目管理、财务管理等做出了明确规定，确保各项移民资金管理工作做到规范化、制度化、程序化。同时，建立健全移民资金管理制度执行情况定期检查、专项检查机制，发现问题及时纠正，切实增强移民资金监管工作的有效性与合规性，增强移民政策法规制度的贯彻执行落实力度。

（二）湖北移民资金监管的主要做法

（1）建立审计基础数据提供保障机制，确保财务数据的连续性、真实性、完整性。针对南水北调工程移民搬迁工作时间紧、任务重、资金量大等特点，湖北省移民局计财处从2005年南水北调工程筹备期开始，就直接参与国务院南水北调办会计制度的制定工作，根据会计制度的科目设置情况，建立了湖北省计划资金台账管理系统和会计报表管理系统，从试点工作开始就形成了规范的数据登录机制，并在操作过程中不断完善，形成了横向方面分年分阶段核对查看，做到了财务部门与业务部门一致，纵向方面分年分阶段与市、县（市、区）核对查看，做到了省级台账与各市、县（市、区）移民机构计划资金台账一致的工作格局。从数据台账上不仅能够查看、分析、判断出全省南水北调工程移民资金的计划下达情况、分类计划的结构情况，大类资金计划调整情况，而且能够查看、分析、判断出资金的拨付情况、资金的运行状况。由于资金管理规范、使用分类清晰、数据真实详实，在为南水北调工作保存完整真实数据的同时，也为审计、检查等工作提供了方便快捷真实的第一手资料，受到了多家审计单位及相关部门的好评。

（2）加强机制创新，建立健全监督体系，明确监管责任。建立健全"两审一查两网四监督"的移民资金监管机制，促进审计监管双融合。管好用好征地移民资金是各级党委政府的重要职责之一，直接关系到党和政府的形象，关系到移民群众的切身利益，关系到库区和安置区经济发展和社会稳定。湖北省委省政府领导高度重视征地移民资金管理工作，与市、县层层签订移民搬迁安置和资金管理责任状，不断强化细化监管措施，确保移民搬迁安置工作稳步推进，确保征地移民资金管理有序。湖北省从南水北调工程外迁移民试点开始，由省政府牵头成立了"两网"，省级建立了"两审一查两网"移民资金监管机制。"两审"即省审计厅外审和省移民局内审。省审计厅每年都将南水北调工程移民资金纳入年度审计计划。省移民局要求并配合省审计厅对南水北调工程库区（含安置区）移民资金使用和管理情况进行审计，并围绕维护南水北调移民资金使用管理的真实、安全、合规、有效性依法加强审计，加强监督，搞好服务，前置审计关口，帮助被审计单位完善制度、强化措施、规范管理，并强化宏观意识，积极建言献策，为决策部门宏观决策、完善政策提供建议。通过"审帮促"，充分发挥审计监督的建设性作用和"免疫系统"功能，在促进南水北调工程移民资金使用、规范资金管理和维护移民合法权益等方面发挥了积极作用。通过发挥审计监督职能作用和"免疫系统"功能，确保了移民资金安全，为南水北调工程充当了"卫士"。省审计厅及库区、安置区各级审计机关在每年的南水北调移民资金审计中，始终把审查被审计单位移民资金管理使用的真实性和完整性、切实维护移民资金的安全作为审计工作的首要目标和头等任务，持之以恒地抓住不放，常抓不懈，切实承担起审计的历史责任，维护了移民资金的安全运行，确保了南水北调工程移民搬迁任务的顺利完成。2010年省移民局由计财处牵头、移民四处和监察处配合，专门成立了南水北调工程移民资金内部审计组，抽调3名专职审计人员，配备专车1辆，深入基层，负责对市、县移民资金管理使用工作进行专项审计和业务指导。针对基层许多地方移民工作机构成立时间短、人员少、业务人员缺乏移民资金管理经验等实际情况，内审人员以审、帮、带的方式，循环奔走在各基层移民部门，通过几年的跟踪审计指导，各地移民部门业务水平逐步提高，出现的问题逐年减少。"一查"即由省政府督察室牵头，成立四个督查组，定期到各移民安置区进行进度、质量、资金检查和督导。"两网"即移民资金监督网、移民工程质量监督网。移民资金监督网是2010年根据省监察厅、省检察院、省审计厅、省移民局、中国建设银行湖北省分行等六家单位联合下发的《关于建立湖北省南水北调中线工程丹江口水库移民资金监督网的通知》（鄂监察发〔2010〕1号）文件精神，由省监察厅牵头，省检察院、省审计厅、省移民局、中国建设银行湖北省分行等单位组成的移民资金监督网，各地也相应成立了移民资金监督网，相继开展了南水北调工程移民资金使用和管理情况的监督检查，对审计、稽查情况进行督促整改，查处有关违纪违规人员，帮助库区研究或剖析一些老大难问题产生的原因，并提出解决问题的办法和建议，充分利用审计成果，积极发挥审计在移民资金监督网中的作用。同时注重依法审计，不断提高审计工作质量和水平，为移民资金监督网的有效开展提供准确的线索和依据。移民工程监督网由省建设厅负责，监督的主要内容包括移民工程征地程序、移民工程质量标准、移民工程建设标准、工程质量监理监测等。通过整合资源，进一步落实省、市、县、乡及相关单位移民资金管理使用工作责任制，实行人民政府领导责任、主管部门管理责任和执法监督机关监督责任的全覆盖、全对接。各级政府部门和有关单位切实履行职责，上下联动，进一步加大督查力度，保证审计、检查、调查发现的问题及时逐项整改到位，并举一反三，堵塞漏洞，确保"权力行使安全、工程建设安全、资金运行安全、干部成长安全"。

（3）积极配合国务院南水北调办开展内部审计工作，跟踪督促全省各级移民部门对内部审计问题进行整改。为了做好配合工作，湖北省按照国务院南水北调办的总体部署和国务院南水北调办领导的指示精神，从2010年开始积极配合国务院南水北调办开展内部审计工作，在审前精心组织，开展自查自纠。每年收到国务院南水北调办自查自纠通知后，湖北省高度重视，及时对自查自纠工作进行全面安排部署，及时将通知转发到各有关市、县（市、区）移民局（办），要求各地强化认识，认真对待，抓紧时间、精心组织开展自查自纠活动，把自查自纠当作加强移民资金管理的良好契机。同时，各地实行"一把手"负责制，成立自查自纠工作专班，按照省移民局的统一安排部署组织开展自查自纠工作。在审前将自查工作报告上报到省移民局，省移民局汇总后报国务院南水北调办。审中及时沟通，在审计过程中，省移民局计财处（2015年3月更名为资金监管处）随时与审计人员联系，及时了解发现的问题，对各地发现的问题不掩不瞒，积极帮助被审计单位查找出现问题的原因，并提出整改要求，被审计单位本着实事求是的态度，积极主动配合审计组工作，主动与审计人员做好沟通。为切实加强审计过程中的整改工作，省移民局坚持不间断地督促被审计单位在规定的时间内进行整改。南水北调工程移民资金审计工作坚持边审边改的操作方式已经成为一种习惯。每年在审计工作结束时，审计出的问题绝大部分都能主动及时整改，确保整改措施落实到位、确保所有问题都能整改到位，有效地保障了每年审计工作的顺利进行和审计成果落实。每年内审工作完成后，省局都会召开审计整改通报会，对个别问题较多的单位进行约谈，并在收集齐整改资料后，省局抽调计财处（资金监管处）、监察室、四处（2015年3月改为南水北调移民处）等处（室）人员组成南水北调移民资金审计整改核查工作专班，深入到全省各地，就南水北调工程移民资金自查自纠、审计整改落实情况进行巡回核查，确保审计整改的真实性、彻底性、长效性。

（4）坚持全面检查和重点检查相结合，加大惩处力度，提高监督效力。2011年9—12月，省移民局、省监察厅针对南水北调工程建设初期为抢工期而出现的移民工程项目建设招投标不规范的问题，开展了南水北调中线工程移民项目建设招投标专项检查，要求按照项目建设流程和资金流向，对已建项目和在建项目进行全面排查，同时，对有问题反映的重点项目展开重点检查、开展专项督办，务求实效，不走过场，认真抓好整改规范工作。各级移民部门负责提出并督促落实整改方案，对存在的问题做到边查边改，落实整改责任，明确整改时限，制定整改措施，确保有关问题在专项检查活动结束时得到整改。同时，举一反三，规范管理，防范类似问题再次发生。强调要严肃查处典型案件，对2010年度南水北调中线工程移民资金审计和专项检查中查找出的招投标方面的问题，各地结合治庸问责工作的开展，逐件进行调查和核实，提出处理意见。对违法违纪事项做到严肃处理，并追究相关人员的责任。对党员领导干部违规插手干预项目建设招投标活动、谋取不正当利益的，做到坚决查处。通过专项检查与及时整改，不仅加强和改进了移民工程项目招投标工作，而且起到了防范违规和警醒作用，促进了招投标工作的规范化。对于审计中发现的移民资金挪用及质保金账外存储的问题，省移民局进行了两次通报，对重复出现同类问题的单位在全省移民工作会议上进行点名批评，对审计发现问题较多、管理工作跟不上、工程管理比较混乱的单位及时进行严肃约谈，限期整改。各市、县（市、区）移民资金监管网在移民资金的管理中发挥了积极的作用，取得了较好的效果，为移民资金的安全运行做出了不懈努力，对贪污、挪用、套取移民资金的行为予以了严防严惩。截至2017年10月，十堰市郧阳区已立案或结案7起，涉案10人，追回违纪所得200余万元。如郧阳区柳陂镇原韩家洲村村干部靳家裕在南水北调中线工程移民外迁中，利用手中职权套取国家移民补偿资金12.65万元，在公示期间被移民举报，检察机关查证属实后被批捕，并被判处有期徒刑七个月。丹江口市共调查处理有关移民资金的群众来信146件，印发督查通报12期，免去1名在实物指标调查中弄虚作假的村党支部书记职务，给予1名在移民补偿资金发放中违规的村文书党纪处分，诫勉谈话8人，收缴弄虚作假套取的移民资金298万元。由于国务院南水北调办、省审计厅不间断地开展审计，省移民局等单位每年都在开展内部审计、检查、督办等惩处和监督工作，各市、县（市、区）审计部门也经常深入用款单位开展定期与不定期就地审计，对审计发现的诸如工程合同签订不规范、监理签字手续不完善、公款私存、大额提现、票据不合规、多头开户、超投资概算等违纪违规现象予以及时纠正、及时处理，自觉接受移民群众监督批评等等，2009—2017年全省260亿元移民资金，没有出现大的违规违纪问题，极大地促进了南水北调中线工程移民搬迁工作的顺利推进，得到了移民群众的信任与支持。

（5）配备专职人员，强化内审人员持证上岗，采取举办专题培训班等措施提高工作人员执法水平。自南水北调工程移民工作开展以来，湖北省各有关单位都制定了各个岗位的工作责任制；按不同职位不同职责相互牵制的内部控制制度要求，会计出纳分设，银行印鉴分管，内审监督检查，形成了会计、出纳、内审岗位"三制约"机制；在费用核销上实行"三签制"，即省局付款由经办人签字，再由处长和分管副局长审核签字，最后由单位主要领导签字；各市、县（市、区）移民局财务报销先由经办人签字，再由总会计师对单据的合法性和列支渠道予以签批，最后由主要领导审批；移民资金管理做到"三分离"，即出纳管钱不管账，会计管账不管钱，领导批钱不越权。移民工作部门只负责规划、计划、资金、质量等管理，不参与具体工程施工等工作。明确移民指挥部、移民局及有关乡（镇）对征地移民资金的管理职责以及投资包干管理、使用管理、监督检查等规定。建立内部监控机制，实行移民资金账、款分置，会计和出纳各负其责，财务印鉴实行专人保管，财务结算由两人以上办理，会计核算使用软件管理。移民资金财务管理除移民大市丹江口市建设高峰期在有关乡（镇）设有报账单位外，其余各市、县（市、区）都实行"县级报账制"，相关乡（镇）建立辅助账，按照规定科目登记，用作备查，做到日清月结、账款相符。为保证移民资金安全管理、规范运作，要求各环节必须配备专职人员，持证上岗。省、市多次举办财务审计培训班，对业务人员进行专业培训，坚持不懈地开展移民干部政治思想、法制教育和业务培训，提高移民干部整体素质，特别是高度重视财会人员道德教育和业务知识培训，不断增强财会人员的责任感和事业心。注重选派综合素质高、爱岗敬业、有业务专长的人员担任审计、会计和出纳岗位，确保移民资金安全。对业绩突出的业务人员在全省决算会议上予以表扬并宣传介绍经验。对管理工作做得好的单位，要求其他单位学习其经验做法。从国家和省、市各级审计、稽查、监察、检查情况来看，全省南水北调工程移民资金运行规范有序。

（三）湖北移民资金监管的主要成效

（1）维护了移民资金运行安全。通过内部审计监管，全面掌握了移民规划实施及移民资金管理使用的真实情况，及时核实了财务收支和移民补偿资金的兑付情况，既规范了移民资金管理工作，也为南水北调移民资金决算提供了准确可靠的依据，为移民资金管理保驾护航。在审计中针对部分移民资金管理单位和用款单位存在制度不健全、管理不规范、财务收支混乱的现象，一方面通过审计揭示移民安置及资金使用管理中存在的问题，及时发现问题纠正问题，重点把握"热点""难点"问题，查出违规违纪违法案件线索；另一方面帮助被审计单位分析存在问题的"症结"，为其出谋划策，提出建议，帮助其完善制度、规范运行，维护了移民资金安全和移民合法权益，促使移民资金发挥了更大效益。

（2）促进了移民资金规范管理。通过内部审计监管摸情况、查问题、找原因、提建议、督整改、树典型、促提升，总结了经验教训，逐步完善了移民资金计划管理、财务管理、监督管理和项目管理。各地在改进移民资金管理和加强移民工作方面取得了一些好的经验和做法，如在控制行管费超支方面所采取的"定额包干、超支不补、节约留用"的办法，在加强移民资金拨付使用方面制定的"三坚持""七不付"和"十不准"制度，在账务管理方面实行的县级报账制度，在项目管理方面实行的"集体决策到项、分工负责到块、一支笔审批到位、按进度拨付到账、跟踪审计到据"等措施，通过内部审计监管工作将这些好的经验和做法及时加以总结和推广，对加强移民资金规范管理、确保移民群众顺利搬迁起到了积极的促进作用，收到了很好的效果。

（3）推动了移民政策逐步完善。通过内部审计监管查找并向上级反映库区及安置区在移民安稳致富方面存在的问题，加强对审计情况的综合分析与信息反馈，积极为党政领导宏观决策提供服务，积极为移民后期扶持建言献策，推动了库区及安置区经济社会科学发展，推动了相关政策制度的逐步完善。具体而言就是审计报告对存在问题的如实反映和认真剖析，成为各级党委政府和有关部门了解移民问题的第一手资料。通过对南水北调工程移民资金坚持不懈地审计监督，"两审一查两网四监督"的移民资金监管机制已经成为湖北省南水北调工程移民资金管理工作的制度化、常态化监督机制，为南水北调工程移民搬迁后的后期扶持政策制定与完善，实现安置区"能发展、可致富"的移民后期管理工作目标，提供了事实依据，打下了良好基础，创造了有利条件。

六、湖北省南水北调工程征迁的内部监督

按照南水北调工程建设征地补偿和移民安置工作实行"国务院南水北调工程建设委员会领导、省级人民政府负责、县为基础、项目法人参与"的管理体制，结合湖北省实行"一套班子、两块牌子"的机构特点，确定了汉江中下游四项治理工程征地补偿与拆迁安置工作的管理体制，即在湖北省南水北调工程建设领导小组领导下，由湖北省南水北调工程领导小组办公室（简称"湖北省南水北调办"）统一协调安排征地拆迁安置工作，县（市、区）政府及南水北调办事机构负责具体实施，湖北省南水北调管理局参与管理。湖北省南水北调办作为湖北省南水北调工程征地拆迁工作的省级主管部门，与湖北省南水北调管理局签订汉江中下游四项治理工程建设征地补偿和拆迁安置投资包干及资金管理协议，统一负责工程征地拆迁资金的拨付、管理与监督。

汉江中下游治理工程征地拆迁投资近 30 亿元，兴隆水利枢纽、引江济汉、部分闸站改造和局部航道整治等四项工程征地拆迁资金内部监督与管理涉及 12 个县（市、区）、2 个直管单位和数家委托单位。湖北省南水北调办成立以来，以资金安全为目标，以规范管理为主线，认真贯彻执行国家有关法律法规，建立和健全内部监督体系、责任制度和内控机制的工作制度。积极探索和研究湖北省南水北调工程征地拆迁财务管理体制，规范请拨征地拆迁资金程序和手续，为工程征地拆迁工作提供保障。及时研究制定针对性强、操作性强的资金管理办法，为做好各项财务管理提供工作依据。不断完善资金监督措施和加强财务检查制度，确保征地拆迁资金运行。规范会计基础工作，不断提高资金管理水平，为工程征地拆迁顺利进行提供优质服务和坚强保障。

（一）内部监督体系

针对汉江中下游治理工程征地拆迁资金具有资金总量大、调度任务重，流向渠道多、监管难度大，拨付环节多、管理标准严，项目变更多、调整幅度大，管理责任重、领导要求高等特点，湖北省南水北调办建立和健全内部监督体系，包括建立资金内部监督工作机制、落实征地拆迁资金内部监督主体责任、严格实施征地拆迁管理办法、建立和完善各项财务管理制度。

1. 建立资金内部监督工作机制

湖北省政府及机构编制管理部门在确定湖北南水北调工程管理体制时，明确湖北省南水北调办既是省南水北调工程领导小组的办事、协调机构，又是汉江中下游治理工程的项目法人。

实行"两块牌子、一套班子"。湖北省南水北调办作为湖北南水北调工程的省级主管部门，主要职责是负责南水北调工程建成后的运行和维护管理；协调省直有关部门做好南水北调工程建设和汉江流域水利综合经济开发工作，承办领导小组交办的其他事项。

为了认真贯彻落实好行政事业单位和国有建设单位资金管理和会计核算的要求，湖北省南水北调办财务管理及内部监督重点在明确部门履行职责、建立相互委托关系、分开专用银行账户、分别制定管理制度、分账进行会计核算、分离相关财务岗位及人员等方面，规范资金内部运作工作方式，理顺了省级主管部门和项目法人两者之间的内部往来经济关系，建立征地拆迁资金内部监督的工作机制。

2. 落实各级政府监督责任主体

（1）省级主管部门。湖北省政府及编制机构明确，湖北省南水北调办是南水北调工程征地拆迁工作的省级主管部门。按照国家南水北调工程财务管理的要求，湖北省南水北调办与湖北省南水北调管理局签订汉江中下游四项治理工程征地补偿和拆迁安置投资包干及资金管理协议，统一负责工程征地拆迁资金的拨付、管理与监督，是湖北省南水北调工程征地拆迁的责任主体。

（2）地方主管部门。各县（市、区）政府相应明确县（市、区）南水北调办是辖区内南水北调工程征地拆迁工作的主管部门。按照省政府与地方政府和省级主管部门与各地南水北调办签订南水北调工程建设征地补偿和拆迁安置投资双包干协议的要求，各县（市、区）南水北调办负责南水北调工程辖区内征地拆迁资金管理与核算，是地方南水北调工程征地拆迁的责任主体。

（3）实施部门。引江济汉征地具有较强的专业性特点，为发挥国土行业管理的优势，加快办理用地手续，其征地工作由湖北省南水北调办统一委托湖北省国土厅负责，湖北省国土厅为引江济汉征地及用地经费监督的责任主体。

（4）实施单位。按照地方各级南水北调办的要求，各乡（镇）及村组以及征地拆迁实施单位征地拆迁机构具体实施辖区内南水北调工程被征地拆迁对象资金兑付，并实行报账制，是汉江中下游治理工程地方征地拆迁实施部门或单位的责任主体。

3. 严格实施征地拆迁管理办法

（1）实行包干制。按照省政府与地方政府和省级主管部门与各地南水北调办签订南水北调工程建设征地补偿和拆迁安置投资双包干协议的要求，各县（市、区）南水北调办负责包干使用、监管南水北调工程辖区内征地拆迁资金。

（2）实行计划管理。结合工程建设进度，湖北省南水北调办按年度编制征地拆迁资金投资计划，并纳入项目法人年度投资计划逐级报批。湖北省南水北调办按照国家下达的年度计划，结合资金包干协议及工作进度，适时向下级征迁机构分解投资计划和拨付资金，把有限资金用到最需要的地方，保证征地拆迁工作进度符合工程建设的需要。

4. 不断完善财务监督制度

（1）明确资金监督依据。汉江中下游四项治理工程征地拆迁资金监督依据主要包括：一是国家正式颁布实施的财务会计法律法规、财经制度；二是国务院南水北调办批复的汉江中下游四项治理工程征地拆迁安置规划及投资概算；三是经省政府批准的汉江中下游四项治理工程征地拆迁实施方案；四是湖北省南水北调办制定的汉江中下游四项治理工程征地拆迁资金管理办法等。

（2）建立财务内部制约岗位制。为理顺财务关系，划清岗位责任，湖北省南水北调办设立了征地拆迁会计、相应出纳的岗位，明确每个岗位职权、责任和具体工作内容，制定岗位责任制度。按照资金监督相互制约，有利监督的要求，对财务、会计关联岗位进行有效分离，确保相互之间的牵制和制约。

（3）实行征地拆迁资金"三专"财务管理。湖北省南水北调办财务部门严格执行专户储存，专账核算，专人管理的财务管理制度，做到任何单位与个人不得截留和挪用资金，保证了征地拆迁资金的核算清楚，资金关系脉络清晰，便于资金的监管和安全。

（4）确定征地拆迁资金使用原则。一是以县（市、区）为基本核算单位。工程项目所涉及的市（县）人民政府对本辖区的征地拆迁安置工作负总责，并成立相应的南水北调办公室，负责辖区内征地补偿与拆迁安置任务的具体实施，管理与核算所属征地拆迁安置资金。村集体财务实行村账镇管，乡（镇）定期向县（市、区）南水北调办公室报账，县（市、区）南水北调办公室依规审查把关，各种财务资料和支付凭证档案由县（市、区）主管单位财务部门集中管理。二是村级集体资金使用经村民代表大会表决通过。对村集体留成的补偿资金及使用等重大决策都召开村民代表大会讨论通过，使征地拆迁安置资金的使用与管理符合大多数群众的意愿，避免出现资金截留和损害群众利益的事情发生。三是补偿资金直达个人账户。对征迁户个人的补偿采取实名登记、包括身份证号码等个人信息，通过银行转账直达个人账户，杜绝打入村会计、出纳等其他个人账户，减少中间环节，防范资金兑付风险。

（二）内部监督做法、措施和经验

内部监督工作主要是监督征地拆迁资金的分配、支付、使用和管理，使之更科学、更规范、更便捷、更有效的经济管理活动，在财务管理中发挥着重要作用。按照国务院南水北调办提出"工程安全、资金安全、干部安全"的建设目标，湖北省南水北调办紧紧围绕严格执行征地拆迁安置实施方案、严格审核资金支付、严把变更项目审核关、加强资金内部监督和检查等重要方面，扎实开展财务内部监督工作，努力使汉江中下游治理工程征地拆迁资金规范使用和安全运行。

1. 严格执行征迁安置实施方案

汉江中下游治理工程征地拆迁安置实施方案是经湖北省政府批准的。在实施过程中，湖北省南水北调办严格按照征地拆迁工作实施方案执行。对方案中变更项目逐级履行报批程序，做到任何单位与个人不得擅自变更项目和概算，保证征地拆迁资金核算科目和概算项目基本对应、资金关系脉络清晰、资金监督安全有效。

2. 严格审核拨付款项

按照《会计法》和国务院南水北调办相关规定，认真做好资金支付的审核工作。

（1）严把资金拨付3个环节。为确保征地拆迁资金专款专用，明确所有的资金支付必须满足3个环节。一是签订补偿协议。实施单位与补偿对象签订协议，明确了补偿标准、数量及金额，做到职责明确，阳光操作。二是履行监理审核程序。监理单位参与协议或合同结算全过程，保证款项支付过程合理合规、真实客观。三是把好补充项目支付关。严格按合同、协议规定的条款支付包干之内各项补偿资金，对包干之外的项目，在审核提供相应变更资料合格后方可办理。

（2）重点审核3个款项。一是农村征地拆迁安置补助款。依据县（市、区）南水北调办联合乡（镇）、村、组与安置户签订的兑现协议，经监理单位审核拆迁户存款账户汇总明细表后，由县（市、区）南水北调办采取一户一卡或存单的方式，在核准的银行帮助办理个人存款账户，并将个人部分及时划入到该银行相应账户上。二是农村集体补偿款。由县（市、区）南水北调办与搬迁或安置乡（镇）、村共同签订包干协议，落实到村集体经济组织。该款首先用于征用生产用地，凭划地相关手续核销。土地征用经费经监理单位审核，凭行政村出具的收款收据，分批支付给安置村核准的银行账户。不需异地征地或征地后剩余补偿费由县（市、区）南水北调办直接与搬迁村办理结清手续后，继续用于恢复和发展生产。用于农村安置点的基础设施等建设，由县（市、区）南水北调办与实施管理单位签订项目合同，实行项目管理。根据年度投资计划、项目合同和工程进度，经监理单位审核，凭实施管理单位出具的收款收据，分批直接支付到实施单位的银行账户。项目完工验收，按项目进行核算，凭有关计划、合同、验收报告和交付使用手续核销。三是地方企事业单位迁建、专用项目复建和库底清理等补偿费。由县（市、区）南水北调办委托专业项目主管单位或者实施管理单位实施，并与实施管理单位签订项目合同，实施项目管理。根据年度投资计划、项目合同和工程进度，经监理单位审核，凭实施管理单位出具的收款收据，分批直接支付进度款。项目完工验收后，支付余款并凭收款凭证核销。

3.严格履行变更审批程序

征地拆迁项目发生变更时，属于包干协议内变更项目和款项，分别按照包干项目和资金支付审核程序由地方和实施单位或部门报省南水北调办履行审批手续，报国务院南水北调办备案。属于包干协议以外，但国务院南水北调办已经授权省级主管部门审批的变更项目及款项，由省南水北调办严格按照上述程序审批。超过授权范围的变更项目及款项，经省南水北调办初步审查后报国务院南水北调办审批。审批变更项目的3个条件：一是提出申请变更报告；二是履行变更程序和签证手续；三是移交资料和数据真实、合理、准确。

4.开展内部监督和检查

为了保证下拨资金规范使用，2009—2015年期间，湖北省南水北调办先后多次组织财务人员对有关县（市、区）南水北调办资金使用情况进行专项检查，包括征地拆迁资金的会计核算、财务管理、资金使用和合同管理等方面。对资金使用中程序不到位、手续不完善、资料不充分的地方，当场指出纠正，并提出书面整改意见发给各单位，督促和帮助对照整改到位。

在接受国家和省级审计稽查过程中，湖北省南水北调办积极指导有关县（市、区）南水北调办认真做好配合工作的同时，加强地方的专项督查。督查重点是征地拆迁安置办事机构履行财务监督职责以及对以前年度审计稽查整改意见的落实等情况，并按照"真实、齐全、快速"的要求，确保各项配合工作顺利完成。

5.明确实施管理费使用管理原则

为加强实施管理费的管理，湖北省南水北调办及时制定了征地拆迁实施管理费管理暂行办法。对于地方主管部门或实施单位实施管理费部分，按国家审批总额的70%实行总量控制，并纳入投资包干协议管理。其实施管理费以县（市、区）南水北调办为基本核算单位，对下级或其他有关单位使用实施管理费原则上实行报账制。实施管理费的使用和管理原则：一是专款专用，严禁挪用和挤占；二是与征地拆迁项目资金分开核算且包干使用；三是各单位不得从征地拆迁项目资金中另提相关管理费，其管理性开支也不得挤占项目经费。

6. 加强指导地方年度财务报表编制工作

为了提高地方政府部门及相关单位征地拆迁资金财务决算分析质量，规范征地拆迁财务报表格式，湖北省南水北调办统一编写了征地拆迁资金财务报表基本格式，并具体指导财务人员完成财务情况说明书，帮助提高县（市、区）南水北调办财务分析水平，更好为本单位运用财务数据提供参谋和服务。

（三）取得的主要成效

在汉江中下游治理工程征地拆迁过程中，通过实施内部监督等措施，不断完善征地拆迁各项财务制度，确保征地拆迁资金专款专用和使用安全，不断改进财务管理方式和工作方法，不断提高财务人员能力和水平，及时纠正不规范的资金使用行为，避免和杜绝单位经济财务管理上出现大的问题，减少或降低资金损失，有效推进征地拆迁工作进程，确保工程建设顺利进行。

（1）不断完善征地拆迁各项财务制度。针对内部监督中发现的问题，湖北省南水北调办在认真抓好整改工作的同时，注重修订和完善多项经济财务的规章制度，全面加强和规范资金运行管理。目前，湖北省南水北调办已经形成比较完善和健全的财务管理制度体系，为加强财务管理提供基础，各级财务管理人员能自觉在制度约束下履行职能，从源头上堵住管理漏洞，促进各项财务工作更加规范运作。

（2）确保征地拆迁资金专款专用和使用安全。为确保南水北调工程征地拆迁资金安全运行，湖北省南水北调办加强对各级征地拆迁资金的专项管理，实行专款专用，保证了征地拆迁资金的使用安全。同时，湖北省南水北调办还加强专项检查和定期巡查的频次，不断强化内部监督力度，为工程征地拆迁顺利进行起到了保驾护航的作用。

（3）不断改进征地拆迁财务管理方式和工作方法。湖北省南水北调办坚持以配合国家各类审计稽查为契机，借助外部力量查找财务管理工作中的漏洞，逐步改进自身监督工作方式和方法。在内部监督过程中基本做到边检查边整改。对确实需要进一步整改的问题，也要求限期整改，确保各项资金严格按照合法合规的程序使用。同时，按照争创"一流"工作的目标，努力把监督寓于服务之中，使每项财务工作细化到每一个人、每一时期、每一个环节，做到令行禁止、贴心服务。

（4）不断提高从事征地拆迁财务人员能力和水平。从事南水北调工程的财务人员，特别是地方南水北调主管财务人员大都是新手，对于有关南水北调工程经济财务政策不熟悉，对相关财经制度理解不统一，执行程度也各不相同，经常发现同类问题不同财务人员处理方法和结果不一样，有的甚至出现问题。为了提高各级财务人员的素质，湖北省南水北调办组织财务人员参加各种财务会计培训的同时，更注重在实际工作中相互学习，通过组织配合检查、交叉检查和轮流检查等内部监督形式，为财务人员相互学习交流创造条件，并针对一些难点问题，还专门邀请有关领导讲授征地拆迁资金监督方法，不断提高财务人员管理意识、政策水平和业务能力。

七、山东省南水北调工程征迁的内部监督

（一）内部审计制度

为严肃财经纪律，规范山东省南水北调工程各种经济财务活动行为，提高资金使用效益，确保

资金安全，塑造山东省南水北调的良好形象，维护山东省南水北调工程的合法权益，同时为审计署审计奠定良好的基础，保障工程建设目标如期实现，根据《中华人民共和国审计法》《审计署关于内部审计工作的规定》和国务院南水北调办有关规定，山东省南水北调建管局于2008年6月20日印发了《山东省南水北调工程建设管理局内部审计管理暂行办法》（鲁调水计财字〔2008〕28号）。

（二）内部审计的主要做法

1. 成立内部审计机构

山东省南水北调建管局成立了内部审计领导小组，领导小组下设办公室，办公室设在计划财务处，负责内部审计工作的具体组织实施工作。内部审计机构的职责有以下几个方面：①在审计领导小组的领导下，按照国家有关法规，拟定山东省南水北调内部审计办法；②监督山东省南水北调建管局各处室、各级南水北调办事机构对各项规章制度的执行情况；③考核、纠正各级南水北调办事机构整体财务行为；④配合政府和上级主管部门独立审计活动，并负责组织整改；⑤按照审计目标收集和整理审计证据，定期或不定期进行必要的内部审计，形成审计结论；⑥负责对所有涉及的审计事项，编写内部审计报告，提出整改意见和建议。审计报告必须事实清楚、数据确实、依法有据、建议恰当；⑦负责做好有关审计资料的收集、整理、建档工作。

2. 确定内部审计组织形式

（1）委托社会中介机构组成审计组。这种形式的审计组一般由10～15人组成，比较适合审计内容较多、综合性强、时间较长、覆盖面较大的审计工作，审计的主要目的是解决共性问题。在这种形式下，山东省南水北调建管局应同时成立配合审计工作组，做好委托审计的协调配合工作。委托社会中介机构时，应选择信誉高、经验丰富、服务质量好、熟悉南水北调工程项目情况的社会中介机构参与审计工作。社会中介机构的执业资格必须符合如下标准：①在我国境内依法设立，具有法人资格和独立承担民事责任的能力，内部机构健全，管理制度完善；②具有良好的职业道德记录和信誉，能够遵守与审计业务有关的职业道德规范；③具有执行该项审计业务必要的素质、专业胜任能力、时间和资源，拥有丰富的水利基本建设投资项目审计经验。

（2）由内部审计领导小组办公室牵头组织成立审计组。在这种形式下，审计组可根据审计内容不同，在山东省南水北调建管局机关、各南水北调办事机构内部抽调专业人员，一般由5～8人组成。这种形式比较适合审计内容单一、专题性强、时间要求较短、覆盖面较小的审计工作，审计的主要目的是解决个性问题。在选择内部审计人员时，应符合如下要求：①内部审计人员应具有较高的政治素质，并具备一定的财务会计、审计、经济和工程技术等专业知识，审计组人员应保持相对的稳定性。②内部审计人员在办理审计事项时，应当严格遵守内部审计人员职业道德规范，忠于职守，做到独立、客观、公正、保密。③内部审计人员应诚实地为组织服务，不做任何违反诚信原则的事情。同时各有关单位和个人应积极配合审计组的工作，不得拒绝、阻碍审计组人员正常开展业务，确保审计工作顺利进行。④内部审计人员在审计报告中应客观地披露所了解的全部重要事项。⑤内部审计人员应具有较强的沟通能力，能妥善处理好与相关部门的关系。⑥内部审计人员应不断接受后续教育，提高工作质量。

3. 确定内部审计的主要工作方式和工作程序

（1）工作方式。内部审计采取送达或现场审计相结合的方式进行审计检查。通过审查会计凭证、会计账簿、会计报表、查阅与审计事项有关的文件、合同、资料，向有关单位和个人调查等方式进行审计。

（2）工作程序。

1）审计方案拟定。内部审计领导小组办公室制定年度内部审计工作计划，报内部审计领导小组批准后印发执行。

2）审计准备。被审计单位按要求向审计组报送计划、预算执行情况、决算、会计报表和其他有关文件、资料等。

3）审计实施。审计实施时，审计组提前7天向被审计单位发出书面审计通知，审计组按照审计通知开展审计工作，最终出具审计报告。

4）审计处理。对查出的问题，审计小组向被审计单位主要负责人通报审计情况。被审计单位要按照审计报告的要求组织限期整改，并作出书面整改报告。

5）内部审计的实施：内部审计人员可采取审查财务凭证、账表、文件、资料、检查现金、实物、向有关部门和人员调查取证等方式开展审计工作。

4．确定内部审计内容

征地移民内部审计主要内容有：市、县级南水北调办事机构设立及履行职责情况；"县为基础"会计核算情况；征地移民实施方案审批程序履行情况；银行账户和现金管理情况；征地移民资金概算、实施方案执行情况；征地移民资金专款专用情况；村集体补偿资金使用情况；专项设施复建补偿资金使用情况；征地移民资金规章制度执行情况；往来款及时核销情况；会计机构、会计人员设置情况；文物保护资金管理使用情况；对以前年度审计、稽查提出整改意见的落实情况；征地移民监理职责落实情况；移民安置监测评估单位职责落实情况；征地移民勘测定界单位职责落实情况。

5．对内部审计提出要求

（1）对被审计单位要求。

1）端正态度，高度重视。被审计单位要高度重视内部审计工作，要加强配合审计的组织领导，成立配合审计工作组，落实责任分工，确保审计工作顺利实施。各单位要端正态度，抓住内部审计的机会，单位主要领导要亲自抓，分管领导要靠上抓，抓出实效。

2）紧密配合审计工作实施。被审计单位要确定配合审计联络员，全程配合审计工作。被审计单位应在自查自纠的基础上，根据审计工作要求准备好相关文件、合同、报表、档案资料、电子数据系统，审计组进点之后，应及时、准确、完整地提供相关资料，不得拒绝、拖延。被审计单位要为审计组提供必要的办公、生活条件，积极配合审计组做好延伸审计工作。

3）认真整改，提高工作水平。对审计工作中发现的情况或问题要及时进行解答、沟通和说明，实事求是汇报业务发生的真实过程，不能隐瞒、干扰审计工作。对审计组提出的合理化、建设性意见，被审计单位应认真研究，积极采纳，有针对性地进行整改，并举一反三，完善制度，堵塞漏洞。

（2）对审计组的要求。

1）制定工作计划，按时完成。审计组要严格按照审计的时间进度要求和审计内容，制定相应的审计计划，集中时间和人员，科学搭配专业人员，认真独立地开展工作，不能超出工作范围给被审单位添麻烦，保质保量地完成审计任务。

2）认真履行职责。审计组要摸清情况，查出问题，坚守职业行为规范，最终要经得起国家审计署的审计。应该延伸审计的，要保证延伸审计到位，尤其对征地移民资金的延伸审计，一定延伸审计到村级，对补偿到村民个人的，要进行抽查。

3）帮助被审计单位整改。审计组应完整准确地反映审计查出的问题，揭示问题分析原因，充分与被审计单位沟通，有针对性地提出从源头上解决和预防问题的意见和建议。对于审计中发现的重大问题，要及时与山东省南水北调建管局内部审计领导小组办公室沟通。

（3）对山东省南水北调建管局机关内设部门的要求。

1）加强内部审计组织领导，做好审计组织协调。内部审计工作由山东省南水北调建管局内部审计领导小组办公室牵头，各处室、部门配合，共同努力、协调好各社会中介机构的审计工作，提供好服务，及时掌握审计工作动态，把握大局，及时处理审计中出现的问题，保证审计工作顺利完成。

2）定期巡查。内部审计领导小组办公室按照审计工作实施方案，组织有关人员对内部审计进行全过程监督，既要保证审计进度又要保证审计效果，审计时间服从质量。

3）完善制度，进一步提高管理水平。要从内部审计中总结经验教训，针对发现的问题继续完善制度，进一步提高各项工作的管理水平。

6. 实施情况

自2008年以来，山东省南水北调建管局先后组织了4次大规模内部审计，累计出具内部审计报告78份。尤其是2011年结合国务院南水北调办的自查自纠工作，对山东省境内主体工程建设资金、征地移民资金的使用管理情况及以前年度审计、稽查提出整改意见的落实情况进行了审计，共审计了9个委托建设管理单位的建设资金使用情况，12个市级南水北调办事机构、94个乡（镇）及737个村级报账单位的征地移民资金使用情况，共出具23份内部审计报告。

除上述大规模内部审计外，山东省南水北调建管局还不定期对委托建设单位、南水北调办事机构和截污导流项目法人进行检查，并根据检查情况，有针对性地下发加强资金管理的通知。例如，《关于加强宁阳县南水北调截污导流工程建设资金管理意见的通知》（鲁调水计财字〔2008〕24号）、《关于加强山东境内南水北调截污导流工程建设资金管理意见的通知》（鲁调水计财字〔2009〕29号）、《关于进一步加强山东境内南水北调截污导流工程建设资金管理的通知》（鲁调水计财字〔2009〕36号）、《关于加强山东省南水北调工程征地区片综合地价省级补助资金管理的通知》（鲁调水计财字〔2010〕30号）、《关于强化南水北调工程征地移民资金支付管理有关事项的通知》（鲁调水计财字〔2010〕45号）和《关于加强山东省南水北调工程建设现场奖惩资金管理的通知》（鲁调水企财字〔2011〕6号）。

通过采取以上措施，有力地保证了资金安全、干部安全、工程安全、生产安全。在国务院南水北调办、国家发展改革委、审计署多次稽查、审计中均给予了积极肯定和较高评价。

（三）内部审计取得的工作成效

内部审计领导小组办公室依法组织实施山东省南水北调系统的内部审计工作，根据内部审计工作计划，公开、公平、公正、独立地开展内部审计工作。通过历次内部审计，严肃了财经纪律，规范了各种经济财务活动行为，加强了内控制度建设，提高了资金使用效益，塑造了山东省南水北调的良好形象，维护了山东省南水北调的合法权益，保障了建设目标的如期实现。

（1）财务管理工作逐步规范，人员不断充实。2005年之后，山东省境内南水北调工程陆续开工建设，建设任务越来越重，尤其是随着南水北调工程建设进入高峰期和关键期，财务及资金管理工作越来越繁重。为适应工作，山东省南水北调建管局通过社会公开招聘，招录了部分财务人员。财务人员整体素质较高，而且专业水平突出，承担了山东省境内南水北调截污导流工程建设资金、征地移民资金的财务管理与会计核算工作。可以说，高素质的财务人员为做好财务管理打下了坚实的基础。

（2）不断加强制度建设。根据国家有关规定，结合山东省实际情况，山东省南水北调建管局陆续制定了20多项针对性、操作性很强的内部财会管理制度和办法。完善的财务制度框架体系，为规范财务管理工作提供了保障。不断加强制度建设，为做好资金管理提供了制度依据，各单位在工作中坚持按制度办事，规范运作，资金管理整体水平不断提高。

（3）会计核算不断加强，及时实行会计电算化工作。根据工作需要，2008年年初，山东省南水北调局及时启动了会计电算化，建立健全了会计电算化岗位责任制度、会计电算化操作管理制度、会计电算化档案管理制度，设置了电算化主管、软件操作、审核记账、电算维护、会计电算化管理等岗位，对应批复的概算，做好电算化科目设置工作。

（4）总结完工财务决算编制工作经验，对后续已完工项目完工财务决算编制提供借鉴。根据济平干渠输水工程完工财务决算编制经验，按照国务院南水北调办下发的《南水北调设计单元工程完工财务决算编制分年度工作计划》的文件规定，对要完成的设计单元工程完工财务决算，进行了研究和梳理，制定了全面的完工财务决算工作实施方案，并分头实施。根据工作进展情况，进行了合同清理、工程完工财务决算和工程造价审核等工作，统筹处理尾工投资及预留费用，真实、准确、全面分析投资完成情况，从而保障完工财务决算按时完成。在工作的同时，还注重经验总结与成果利用，2011年4月，结合济平干渠输水工程完工财务决算编制过程中的主要做法与体会撰写了两篇论文，其中，《山东济平干渠工程完工财务决算的主要做法与体会》在《山东水利科技》发表，《南水北调工程完工财务决算编制应把握的关键环节》在《水利水电财务会计》发表，并被评选为年度优秀论文。此外，山东省南水北调建管局财务人员还曾参与编写了由中国水利水电出版社出版的《南水北调工程征地移民实施与管理》《南水北调工程征地移民政策与技术应用》；参与的《南水北调工程征地移民理论体系与实施管理模式研究》课题，获山东省水利科学技术进步一等奖，获山东省政府科技进步二等奖；参与的《关于南水北调工程建设投融资机制的探讨》课题获山东省水利厅优秀调研成果一等奖。这些经验成果，将对今后进一步做好财会工作起到指导示范作用。

（5）做好本级会计核算的同时，培训各级财务人员，提高山东省整体财务管理水平。对各级征地移民机构征地移民、资金管理进行培训。组织省、市、县级征地移民技术人员进行业务培训，提高了地方办事机构的业务水平；组织各级征地移民机构及报账单位财务人员进行资金管理培训，规范了征地移民资金管理，提高了征地移民财务管理水平。对截污导流工程项目进行资金管理、完工财务决算培训。为加强截污导流工程资金管理工作，对截污导流项目法人财务人员进行资金管理培训；为推动截污导流工程完工财务决算工作，对截污导流项目法人合同、工程及财务人员进行完工财务决算培训。通过培训，提高了财务人员财务管理及编制完工决算水平，至 2012 年 11 月月底，山东省所有截污导流工程项目完工财务决算已全部编制完成。

第四节　系统内部审计

南水北调系统内部审计是指国务院南水北调办为建立对南水北调建设资金全面、全过程进行监管的长效机制，根据《中华人民共和国审计法》《审计署关于内部审计工作的规定》等相关规定统一组织和实施，对南水北调系统各单位和组织上年度工程资金使用和管理情况实施一次全面审计；针对南水北调工程资金使用和管理中的突出问题、重点领域和环节，组织开展专项南水北调系统内部审计。

一、南水北调系统内部审计的组织及制度建设

为规范组织和开展南水北调系统内部审计的行为，提高南水北调系统内部审计质量，国务院南水北调办从成立之日起，着力探索南水北调系统内部审计的组织及制度建设，并取得了良好效果：一是通过公开招标方式择优选择具备相应资质的社会中介机构，建立了南水北调工程内部审计中介机构备选库；二是依据相关法律法规和规章制度，制定了一系列南水北调系统内部审计规范；三是在总结南水北调系统内部审计经验的基础上，探索建立了南水北调系统内部审计约束机制。

（一）建立南水北调工程系统内部审计中介机构备选库

建立中介机构备选库是目前政府购买社会服务为保证服务质量较普遍采用的一种运作方式，国务院南水北调办由于人员编制有限，资金监管任务繁重，监管点多、面散，因此采用委托中介构的方式比较符合其自身特点。

1. 建立中介机构备选库的必要性和可行性

按照国务院南水北调办"三定方案"确定的管理职能，南水北调工程内部审计由经济与财务司具体负责组织实施。由于国务院南水北调办是机构精简后新成立机构，没有设置专门内部审计机构，而且南水北调工程项目战线长、涉及单位多，需要监管的资金量大且分散，内部审计业务量较大，因此开展内部审计的工作方式只能采用政府购买服务方式，委托中介机构来进行。由于目前我国会计师事务所行业管理已日趋完善，行业监管和管理已较为成熟，发挥其专业优势和相对独立性已普遍获得社会认可，国家审计署和财政部等国家部门也经常将其业内任务委托给中介机构实施，从这些年来委托审计结果来看，确实效果良好。

2. 中介机构备选库的招标

根据南水北调工程内部审计任务和工作量，通过公开招标选择 25 家投标单位进入南水北调工程内部审计中介机构备选库。入库中介机构主要从事南水北调工程资金使用和管理审计、完工财务决算审计和经济责任审计。

（1）投标人资格要求。考虑到南水北调工程内部审计的主要任务是财务检查和工程结算审

查，委托审计项目均需要注册会计师和工程造价咨询方面的专业人员。因此，招标确定投标人必须是符合条件的会计师事务所公司和造价咨询公司的联合体，在此基础上确定投标人必备资格要求如下。

1）投标人必须是具备法人资格的符合《中华人民共和国注册会计师法》及有关规定注册的会计师事务所或者会计师事务所公司和造价咨询公司的联合体。

2）造价咨询公司必须具备甲级以上造价咨询资质。

3）拟派出的审计组人员必须熟悉《审计法》《审计法实施条例》和审计准则、基本建设财务相关制度，熟练掌握基本建设审计的各种规定和南水北调工程相关管理制度。

4）必须具有独立完成基本建设项目竣工决算审计的经历，并附合同证明及相关用户评价。

5）没有执业的不良记录。

6）由两个或两个以上的公司组成的联合体，应附上联合体协议，该协议应约定各成员在联合体中共同的和各自的责任。

7）具有投资参股关系的关联企业，或具有直接管理和被管理关系的母子公司，或同一母公司的子公司，或法定代表人为同一人的两个及两个以上的法人单位不得同时对本项目投标，否则均按废标处理。

（2）招标程序。根据国家招投标相关法律法规和财政部《委托会计师事务所审计招标规范》（财会〔2006〕2号）相关要求，招标程序主要包括以下几个环节。

1）招标准备阶段。该阶段主要是确定招标代理机构，拟定招标代理方案，初步确定招标计划，同时根据招标程序相关要求，配合招标代理机构做好需要业主配合的各项工作，包括审查招标公告、审查资格预审文件、审查招标文件，起草《南水北调工程内部审计社会中介机构审计工作要求》等。

2）资格预审阶段。该阶段主要是招标代理机构依法实施资格预审相关程序。

a. 评审要求。评审委员会成员由熟悉相关业务的招标人代表和审计、经济、法律等方面的专家组成。评审委员会共有5人。评审采用综合定量评审法对申请人进行评审，当合格投标人的数量多于45家时，按资格预审评审结果排名择优选择45家投标申请人参加投标。

b. 评审标准和条件。必要合格条件：法律、法规等规定必须满足的必要条件，只进行定性评审，只要有一项不满足，其投标资格将被拒绝，具体要求见表7-4-1和表7-4-2。

表7-4-1　　　　　　　　　　初步评审合格标准

序号	初审条件	合格标准
1	资格预审文件的获取时间	在招标公告规定的资格预审文件时间规定内获取
2	投标资格预审申请文件的递交时间	在资格预审文件规定的提交投标资格预审申请文件截止时间内
3	资格预审申请文件内容真实有效	需提供加盖联合体各方法人公章和法定代表人签字或盖章的证明和递交资格预审申请文件内容真实有效的承诺书
4	资格预审申请文件的密封和装订	密封完整，采用非活页装订方式
5	联合体申请人	提交联合体协议书，并明确联合体牵头人和联合体分工

表 7 - 4 - 2　　　　　　　　　　　　　　资格预审必要合格条件标准

序号	项目内容	合格条件	申请人具备的条件或说明
1	有效营业执照	有	需提供执照复印件并加盖法人公章
2	企业注册资本金	不低于 100 万元	需提供营业执照复印件并加盖法人公章
3	执业证书及资质证书	符合《中华人民共和国注册会计师法》及有关规定注册的会计师事务所及中华人民共和国住房和城乡建设部颁发的工程造价咨询甲级资质	需提供加盖法人公章的执业证书及资质证书复印件
4	企业经营状况	没有处于被责令停业，投标资格被取消，财产被接管、冻结，破产状态	需提供加盖法人公章和法定代表人签字或盖章的承诺书证明
5	履约情况	在最近三年内没有骗取中标和严重违约	需提供加盖法人公章和法定代表人签字或盖章的承诺书证明
6	无行贿犯罪记录	在最近三年内无行贿犯罪记录	需提供检察机关出具的申请人（联合体各方）、申请人（联合体各方）的法定代表人近三年（2014 年 9 月 1 日至 2017 年 8 月 31 日）无行贿犯罪证明复印件并加盖法人公章

　　附加合格条件：招标人根据招标项目特点和自己的要求，切合资格预审的目的设立的附加条件，评审因素实行百分制，具体评审因素的评审标准、量化分值和权重见表 7 - 4 - 3。

　　c. 评审程序。根据招投标法，资格预审的主要程序包括以下 5 个方面的环节：一是资格预审评审准备工作，主要是推举评审委员会主任，资格预审文件和资格预审评审办法的学习，评审表格的准备。二是初步评审，主要审查投标申请人获取资格预审文件和提交资格预审申请文件的时效性，资格预审申请文件的密封的符合性，申请文件包括所附证明资料的完整性、符合性、真实有效性等方面的内容。三是符合性和完整性评审，主要是在初步评审阶段的基础上，确定申请人是否有未按规定时间和方式获取资格预审文件、资格预审申请文件逾期送达或者未送达指定地点、资格预审申请文件的密封和装订不符合资格预审文件规定、资格预审申请文件无投标申请人（联合体各方）盖章并无法定代表人签字或签章的、资格预审申请文件未提交联合体协议书或未明确联合体牵头人和联合体分工等不得进入详细评审的行为。四是详细评审，通过初步评审的投标申请人进入详细评审。详细评审分为两个部分，一部分是必要合格条件部分的评审，即是对投标申请人法定投标资格的评审，主要是审查投标申请人是否符合法律、法规和规章对企业资质规定的资格条件和其他强制性标准等情况，任何一项评审项目不合格即可拒绝其投标申请；另一部分是附加合格条件的评审，即是针对投标申请人的履约能力设立评审项目进行评审，包括投标申请人人力资源状况、审计业绩、不良行为记录等方面。联合体申请人的审查因素的指标考核，首先分别考核联合体各个成员的指标，在此基础上，以联合体协议中约定的各个成员的分工占合同总工作量的比例作为权重，加权折算各个成员的考核结果，作为联合体申请人的考核结果。五是汇总评审结果并完成评审报告（推荐投标候选人）。评审委员会完成评审后应当对评审结果进行汇总、复核评审结果、编制并向招标人提交书面评审报告。

　　　　　　　　　　　　　　　　　　　　第四节　系统内部审计

表 7 - 4 - 3　　资格预审附加合格条件评分标准（会计师事务所/工程造价咨询单位）

序号	评分项目			评分标准	得分
A	人力资源 （50分）	企业组织机构、人员情况 （20分）	组织机构	完善	10
				较完善	5
				不完善	0
			各类注册师人数占总员工数比例	80%（含80%）以上	10
				50%～80%	5
				50%（含50%）以下	0
		大中型项目拟派人员构成情况 （30分）	人员专业配套情况 （10分）	合理	10
				较合理	5
				不合理	0
			项目负责人 （10分）	具备5年以上工作经验、有高级技术职称，担任过大中型国家投资项目主审工作	10
				具备5年以上工作经验、有中级技术职称，担任过大中型国家投资项目主审工作	5
				不具备5年以上工作经验、未担任过大中型建设项目主审工作	0
			注册师所占比例 （10分）	80%以上（含）	10
				50%～80%（含50%）	5
				50%以下	0
B	企业审计业绩 （40分）	近三年类似项目审计经历① （15分）		4个（含4个）以上	15
				3个	12
				2个	9
				1个	6
				无类似审计经历	3
		同类项目审计经历② （15分）		4个（含4个）以上	15
				3个	12
				2个	9
				1个	6
				无同类审计经历	3
		近三年平均合同履约率 （10分）		100%	10
				未达100%	0
C	诉讼和不良行为记录 （10分）	近三年法律诉讼（5分）		无诉讼或无败诉情况	5
				败诉情况1起	0
				败诉情况2起以上（含）	0
		近三年不良行为记录 （5分）		无不良行为记录	5
				有不良行为记录	每记1次扣1分

①　类似项目审计经历指审计过大中型项目概算、预算结算、竣工决算经历（含财务审计）。

②　同类项目审计经历指审计过大中型水利建设项目或征地移民资金项目经历。

3）招标评审阶段。该阶段主要是招标代理机构按照招投标法实施招标评审相关程序。

a. 投标报价设计。因本次招标是国内公开招标，审计工作范围涉及的地区较多，而国家对会计师事务所审计收费标准没有统一规定，各省（直辖市）规定的收费标准高低不平，故投标报价采用固定费率，要求投标人根据市场价竞争性报价的方式。其中南水北调工程资金使用和管理情况审计费用以项目投资 3 亿元为标准计算，分别报出报价及费率；完工财务决算审计费用以项目投资 3 亿元为标准计算，分别报出报价及费率（费率即审计费用占项目投资的比率，单位为千分比，小数点后保留两位）

b. 招标评分方案设计。根据财政部《委托会计师事务所审计招标规范》（财会〔2006〕2号）中要求的评审内容及其权重设计参考表，南水北调工程内部审计中介机构备选库评审内容及其权重设计参考表见表 7-4-4。

表 7-4-4　　　　　　　　　　评审内容及其权重设计参考表

序号	评分项目	标准分	评 分 标 准			
			优	良	一般	差
1	工作方案	20	$15 \leq m \leq 20$	$10 \leq m < 15$	$5 \leq m < 10$	$0 \leq m < 5$
2	人员配备	20	$15 \leq m \leq 20$	$10 \leq m < 15$	$5 \leq m < 10$	$0 \leq m < 5$
3	相关工作经验	25	$20 \leq m \leq 25$	$10 \leq m < 20$	$5 \leq m < 10$	$0 \leq m < 5$
4	职业道德记录和质量控制水平	10	$8 \leq m \leq 10$	$5 \leq m < 8$	$3 \leq m < 5$	$0 \leq m < 3$
5	商务响应程度	5	$4 \leq m \leq 5$	$2 \leq m < 4$	—	$0 \leq m < 2$
6	报价	20	以投标价格与基准价的差异绝对值来确定其得分，差异绝对值越小，得分越高			
7	合计	100				

4）公示签约阶段。该阶段主要是根据评标委员会的评标结果，公示拟中标入库的投标人名单，接受社会公众的监督。在此基础上，于公示期（7 个工作日）结束后，与中标单位签订《入库协议》。

（二）建立南水北调系统内部审计规范

为保障南水北调工程内部审计的有序开展，规范中介机构的审计工作行为，提高审计质量，确保审计的效果，同时为规范被审计单位整改审计揭示问题的行为，国务院南水北调办先后制定了一系列的内部审计规范。

1. 建立南水北调工程内部审计中介机构工作要求

为提高南水北调工程内部审计工作质量，规范中介机构开展南水北调工程内部审计业务，确保南水北调工程内部审计工作的顺利进行，根据《中华人民共和国审计法》及国家其他有关法律、法规的规定，依据国务院南水北调办《关于建立南水北调系统内部审计约束机制的通知》和财政部《委托会计师事务所审计招标规范》的相关要求，制定了南水北调工程内部审计中介机构工作要求。要求主要包括以下几个方面的内容。

（1）明确内部审计工作的任务。明确了工作要求所称南水北调工程内部审计，是指国务院南水北调办委托社会中介机构对南水北调工程内部开展的工程建设资金使用和管理情况审计、完工财务决算审计和经济责任审计等内部审计工作。社会中介机构，是指通过公开招标择优入库具有相应资质的会计师事务所公司和工程造价咨询公司。

（2）明确审计目标和要求。明确了中介机构开展南水北调工程内部审计，要以国务院南水北调办组织开展南水北调工程内部审计的指导思想和主要目标为指导，通过审计促进南水北调项目法人、征地移民机构及建设管理单位切实履行职责，加强管理，保障建设资金安全和使用效益。明确了中介机构开展南水北调工程项目审计时，应严格遵守《审计法》《审计法实施条例》《审计准则》及国家有关法律法规和规章制度，认真履行与国务院南水北调办签订的《委托审计业务约定书》相关约定，加强对现场审计工作的组织和管理，提高审计质量，确保审计目标的实现。明确了中介机构从事南水北调工程项目审计的人员，应具有国家认可的执业证书，2年以上中介机构从业经历，项目负责人应具备中介机构5年以上，且主审过国家大中型建设项目的从业经历。明确社会中介机构在审计工作中，如发现南水北调工程项目建设过程中存在工期、质量、安全、投资控制及资金运用等方面的问题，应如实向国务院南水北调办报告。明确了社会中介机构审计人员在审计中应保持廉洁和独立，对有关南水北调工程审计的一切内容负有保密责任，中介机构不得将受托的南水北调工程内部审计项目转包、分包给其他单位或个人。

（3）明确审计组织与实施。明确了南水北调工程内部审计业务由国务院南水北调办负责组织实施，提出审计要求，委托中介机构审计。明确中介机构接受国务院南水北调办委托后，应当按照投标时的承诺，委派相应具有从业资格的主审人员和专业技术人员；在了解被审单位和工程项目基本情况后，中介机构要根据国务院南水北调办工作要求制定审计实施方案，报送国务院南水北调办，经审核同意后，方可派出审计组实施审计。明确了现场审计应严格按照审计实施方案确定的内容和时间进度要求进行，如有重大情况需调整审计实施方案的，应征得国务院南水北调办同意后实行。审计中发现的情况和问题要如实记录，在取证材料中要列明事实和问题定性依据，同时要收集证明材料，以备存档。明确了为保障南水北调工程内部审计质量，中介机构实施南水北调工程内部审计的审计组人员应相对固定，不得中途擅自更换主审人员和审计人员，现场审计期间，国务院南水北调办将组织人员对中介机构现场审计活动进行巡察，并负责协调解决审计工作中遇到的问题。中介机构有义务接受国务院南水北调办的检查，并按照国务院南水北调办的建议和要求，及时改进工作中存在的问题和不足。

（4）明确审计内容。社会中介机构开展南水北调工程内部审计时，应当检查被审计单位执行国家有关法律、行政法规、方针政策及国务院南水北调办和被审单位内部管理制度的情况；审查项目招标投标、建设进度、工程质量等方面的情况；监督建设资金使用、投资控制、监理及合同管理等方面情况；审核工程结算及决算情况。完工财务决算审计除需对设计单元工程在招标投标、监理执行、合同管理、财务管理、征地移民资金管理方面进行全面审计外，还要对完工财务决算编制的完整性和真实性进行审核认定。

（5）明确审计报告的要求。明确了社会中介机构审计组人员对南水北调工程内部实施必要的审计程序后，以经过核实的证据为依据，分析、评价审计结果，形成审计意见，按照与国务院南水北调办签订的委托审计业务约定书的时间要求出具审计报告。明确审计报告的质量要求、内容和格式要求及其他规范性要求。明确了年度内部审计和完工财务决算审计报告所需要包括的内容。

（6）明确责任追究。明确了中介机构在执行审计任务期间，有违反工作要求的，国务院南水北调办要严格实施责任追究，具体包括扣除审计费用、追究法律责任和从中介机构库中清除等。

2. 建立内部审计报告编制规范

为确保南水北调工程内部审计报告的编制质量，明细审计报告质量评价标准，国务院南水北调办编制了南水北调工程内部审计报告编制要求，并针对要求，制定了资金审计报告和完工财务决算审计报告参考范本。

（1）质量要求。评价内容和揭示问题必须覆盖《委托审计业务约定书》约定的全部审计内容，不得有漏项；报告内容必须真实，不得隐瞒或掩盖被审计单位存在的问题；审计反映的问题必须事实清楚、依据充分、定性准确，所提出的整改建议合理，具有可操作性；行文必须条理清楚、用词恰当、表述准确，文字精练，不得有病句、错字、别字等错误。

（2）内容和格式要求。报告内容应包括审计工作概述、基本情况、审计评价意见、发现的问题及建议、以前年度审计整改意见落实情况和管理性建议六个部分；落款必须由两名注册会计师签字、盖章，并加盖会计师事务所公章；必须加盖骑缝章；上报的审计报告必须为原件正本；报告必须附会计师事务所营业执照副本（复印件）；报告应有封面和目录页，正文采用 A4型纸；标题使用小 2 号宋体加黑；正文使用小 3 号仿宋_GB2312 字体；正文小标题使用小 3 号宋体加黑；正文行距为单倍行距。

（3）其他要求。审计报告中所有审计事项的时间范围均以《委托审计业务约定书》约定时间为统一口径，必要时可以追溯到以前年度；关于被审单位基本情况部分，为减轻工作量，审计过程中无需重复核实，可参考上年度审计报告情况进行说明；审计评价只对审计年度内审计的事项发表评价意见，对审计过程中未涉及、审计证据不充分、评价依据或者标准不明确以及超越审计职责范围的事项，不发表评价意见。评价意见不能与审计发现的问题相矛盾；审计发现的问题应合理归类，按照重要性原则排序。

3. 建立审计整改责任追究制度

2011 年 4 月，为明确和落实审计整改责任，确保审计发现问题及时整改到位，依据国家有关财经制度，国务院南水北调办建立了审计整改责任追究制度，印发给南水北调工程各项目法人和沿线省（直辖市）征地移民机构。该制度主要向单位提出了整改要求，明确了各单位在审计揭示问题整改过程中责任。

（1）审计揭示问题的整改要求。根据系统内部审计约束机制，审计揭示的问题各项目法人、建设管理单位，征地移民机构均需要按南水北调办要求进行整改，具体要求如下。

1）要求南水北调工程各项目法人和沿线省（直辖市）征地移民机构要高度重视审计整改意见落实工作。明确国家审计机关和国务院南水北调办下达的审计整改意见，各单位要逐条逐项进行整改，在规定的时间内整改到位。同时要通过落实审计整改意见，增强严格执行法律法规和规章制度的意识，促进管理规范化和制度化，进一步完善相关管理制度和措施，杜绝同类资金管理问题的再度发生。

2）南水北调工程各项目法人和沿线省（直辖市）征地移民机构对国务院南水北调办下达的审计整改意见有异议的，可在审计整改意见下达后的 20 日内，以书面形式向国务院南水北调办提出复议申请。在规定的时间内未以书面形式提出异议的，不得以有异议为由不落实审计整改意见。

3）依据审计整改意见的要求，项目法人和省级征地移民机构应在规定时间内如实向国务院南水北调办报送落实审计整改意见的书面报告。书面报告中必须说明落实审计整改意见的具体措施、整改结果以及相关证据材料等。

4）实行审计整改责任"一把手"负责制。各单位负责人对落实审计整改意见负责。项目法人不仅要负责本级存在问题的整改，同时要指导、督促和跟踪检查各类建设管理单位落实审计整改意见，并承担相应的责任。项目法人委托建设的项目，相关省（直辖市）南水北调办事机构要指导、督促和跟踪检查本省（直辖市）南水北调工程建设管理单位落实审计整改意见，并承担督办责任。省级征地移民机构不仅要负责本级存在问题的整改，同时要指导、督促和跟踪检查省级以下各级征地移民机构落实整改意见，并承担督办责任。

（2）明确审计整改责任追究。国务院南水北调办建立了审计整改责任追究制度，凡是未履行审计整改责任的均要追究该单位负责人的责任。责任追究的方式包括诫勉谈话和通报批评。诫勉谈话的对象是责任单位负责人和督办单位负责人。通报批评是在南水北调系统一定范围内对责任单位提出批评。

1）凡有下列行为的由国务院南水北调办进行诫勉谈话：在规定的时间内未完成整改的；在规定的时间内未报送落实审计整改意见书面报告的；落实审计整改意见书面报告中仍有未整改事项的；落实审计整改意见书面报告中仍有未整改到位事项的；存在未整改事项或整改不到位事项，且在落实审计整改意见书面报告中未反映的；项目法人未履行或未正确履行对相关建设管理单位落实审计整改意见的督办责任，致使审计提出问题未整改或未整改到位的；省级征地移民机构未履行或未正确履行对省级以下各级征地移民机构落实审计整改意见的督办责任，致使审计提出问题未整改或未整改到位的。

2）诫勉谈话后两个月后仍未采取措施整改到位的，予以通报批评。

3）已被追究审计整改责任的单位，不得参加当年国务院南水北调办先进单位和先进个人的评选；情节严重的，甚至取消以前年度获得的先进单位和先进个人称号。

4）国务院南水北调办将组织开展审计整改意见落实情况专项检查，凡发现假报、虚报落实审计整改意见的单位，要依据问题的性质移交相关监督监察机关查处。

4. 建立审计揭示问题整改规范

2011 年，为制止和纠正南水北调工程建设资金使用和管理中的违规违法行为，维护南水北调工程建设资金管理秩序，依据相关法律法规，国务院南水北调办制定了《南水北调工程建设资金管理违规违法行为处罚规定》，印发给了南水北调工程各项目法人和沿线省（直辖市）征地移民机构。该规定主要是针对资金管理各环节中可能存在的问题，提出了具体的整改和处罚措施。具体来说包括以下 7 个方面。

（1）单位和个人违反国家账户管理规定，有下列行为之一的，责令限期整改，撤销违规账户，追回资金，退还违法所得：多头开户；不按规定设置专款账户；将建设资金存入或拨入个人账户；将建设资金办理定期存款；其他违反账户管理规定的行为。

（2）单位和个人违反国家有关价款支付规定，有下列行为之一的，责令限期整改，收回支付或出借资金：不签订合同支付和预付款项；不按合同约定支付结算款和预付款项；向其他单位出借资金；不按征地拆迁和移民安置实施方案兑付征地移民补偿款；支付款项与合同约定的单位和账户不一致；现金支付合同款项；其他违反价款支付规定的行为。

（3）单位和个人有下列超标准超范围支出行为之一的，责令限期整改：扩大津贴、补贴等开支范围的支出行为；超规模、超标准、超概算建设管理和生活设施的支出行为；超概算标准购买汽车的支出行为；建设概算外项目的支出行为；其他超标准超范围的支出行为。

（4）单位和个人违反有关规定乱摊派，有下列行为之一的，责令限期整改，退回摊派的费用或设施设备，退回违法所得：收取合同外费用；向承包方摊派汽车等设施设备；上级单位向下级单位摊派费用；其他摊派行为。

（5）单位和个人有下列违反国家有关投资建设项目规定的行为之一的，责令限期整改，追回被截留、挪用、骗取的资金，退回违法所得：截留、挪用建设资金；以虚报、冒领、关联交易等手段骗取建设资金；签订虚假合同套取建设资金；在工程价款结算中弄虚作假骗取建设资金；在变更、索赔事项中弄虚作假骗取建设资金；虚列投资完成额；用工程建设资金对外投资；其他违反国家投资建设项目有关规定的行为。

（6）单位和个人有下列违反国家有关治理"小金库"规定行为之一的，责令限期整改，全部退回违法所得：收入不纳入财务统一核算，设置账外账；以会议费、劳务费、培训费和咨询费等名义套取资金设立"小金库"；收受合同乙方资金设立"小金库"；用资产处置、出租收入设立"小金库"；虚列支出转出资金设立"小金库"；以假发票等非法票据骗取资金设立"小金库"；上下级单位之间相互转移资金设立"小金库"；其他设立"小金库"的行为。

（7）单位和个人违反《中华人民共和国担保法》及国家有关规定，擅自提供担保的，责令改正，退回违法所得；单位和个人违反《中华人民共和国会计法》及国家会计基础工作规范方面的问题，各单位需要限期改正。

（三）探索建设南水北调系统内部审计约束机制

为进一步强化南水北调系统内部审计，充分发挥中介机构的作用，提高审计质量和水平，保障南水北调工程资金安全，依据相关法律法规和规章制度，结合南水北调工程建设管理的实际及多年来系统内部审计积累的经验，国务院南水北调办于2016年印发了《关于建立南水北调系统内部审计约束机制的通知》。约束机制以把纪律和制度挺在前面为着力点，按照用纪律和制度规范内部审计行为，用规范促进审计质量和水平提升，明确了与南水北调系统内部审计相关单位的责任和义务，制定了审计质量问题扣费、审计过失的法律责任、中介机构清退、审计揭示问题责任追究、审计揭示问题整改责任追究、审计质量复审责任追究、系统内部审计管理责任追究等7项系统内部审计责任追究制度，为提高内部审计质量和水平奠定了制度基础，具体包括发以下几个方面。

1. 从事南水北调系统内部审计中介机构的责任和义务

国务院南水北调办应通过签订委托审计业务约定书明确中介机构承担以下主要责任和义务。

（1）严格遵守相关法律法规和规章制度。中介机构应按照《中华人民共和国注册会计师法》《中国注册会计师审计准则》《会计师事务所从事基本建设工程预算、结算、决算审核暂行办法》等法律法规、规章制度，以及其他相关制度和委托审计业务约定书的要求，独立开展审计，审计程序要规范。不得将受委托的审计项目转包、分包给其他单位或个人。

（2）配置满足需要的专业力量。中介机构应选派具有相应执业资格的专业技术人员组成审计组，审计组负责人应具备 5 年以上审计从业经历，且主审过国家大中型建设项目，业务熟、懂政策、经验丰富、责任心强。审计组组成人员及其基本情况应报国务院南水北调办备案，除个别审计人员不能履行职责并无法完成该审计任务外，不得擅自调换审计人员，不得调减审计人员。

（3）严格按审计范围和内容实施审计。中介机构应对审计对象（含项目法人、现场建设管理单位，各级征地移民机构及乡镇、行政村，以下同）所有的业务领域进行全面审计，按照"资金流到哪里，审计就审到哪里"的要求，审计南水北调工程建设资金运行的所有环节。主要查找并揭示存在的问题及风险，不得遗漏。

（4）扎实开展现场审计。中介机构的现场审计工作要全面、扎实、细致、深入，对发现的问题要顺着资金流向开展审计，把问题摸清楚，并取得真实的证据或相关资料。但同时不得要求审计对象重复提供内容相同的资料，避免浪费。

（5）提交客观反映审计情况及结论的报告。中介机构提交的审计报告的内容要真实完整、结构合理、观点明确、条理清楚、用词恰当、表述准确，反映的问题做到事实清楚、依据充分、定性准确，整改建议或措施符合法律法规、规章制度的规定，并具有可操作性。

（6）严格遵守保密纪律。中介机构对审计过程中涉及事项承担保密责任，不得对外披露审计计划、审计内容和审计结果等任何与受托审计任务相关的事项。

（7）严格遵守廉洁纪律。中介机构在审计过程中，审计组及其人员必须遵守下列廉洁纪律，包括：不准由审计对象支付或补贴住宿费、餐费；不准使用审计对象的交通工具、通信工具；不准参加审计对象安排的宴请、旅游、娱乐和联欢等活动；不准接受审计对象的任何纪念品、礼品、礼金、消费卡和有价证券；不准向审计对象提出报销任何费用的要求；不准向审计对象推销商品或介绍业务；不准利用审计职权或知晓的审计对象的商业秘密和内部信息，为自己和他人谋利；不准向审计对象提出任何与审计工作无关的要求等 8 个方面。

2. 审计对象在系统内部审计中的主要责任和义务

根据系统内部审计约束机制的要求，审计对象负有主动配合、边审边改，切实按审计意见整改问题的责任和义务。

（1）主动配合系统内部审计。审计对象应及时提供系统内部审计所需要的相关资料，并提供必要的审计工作场所及其相关工作条件。在审计期间，应加强与现场审计组及其人员的沟通和交流，客观反映并说明情况，及时回答审计组提出的问题，做到事事有回应、件件有着落，确保审计工作的顺利展开。

（2）坚持边审边改的原则。凡是在审计期间能够纠正或整改的问题，审计对象应依据中介机构的意见或建议及时进行纠正或整改，并要整改到位。

（3）按时纠正或整改审计揭示问题。凡是已下达审计揭示问题整改意见或决定的，审计对象必须在规定的时间内，依据整改意见或决定纠正或整改到位。

（4）可主动商请省级审计部门开展征地移民资金审计。根据征地移民管理体制，征地移民资金使用和管理的职责主体是各级征地移民机构，各省级征地移民机构商请省级审计部门对本省境内的南水北调工程征地移民资金开展专项审计。省级征地移民机构应将省级审计部门的审计情况转送国务院南水北调办。

3. 国务院南水北调办在系统内部审计中的主要责任和义务

在系统内部审计中，国务院南水北调办主要承担组织中介机构审计、监督审计质量等方面的责任和义务，具体来说，包括以下几个方面。

（1）按时支付审计费用。国务院南水北调办应依据与中介机构签订的审计业务委托约定书，按时、足额支付应支付的审计费用。

（2）开展系统内部审计现场巡察。在现场审计期间，国务院南水北调办将组织人员对中介机构现场审计活动进行巡察，巡察的主要内容包括：一是检查中介机构现场审计情况，包括审计人员是否到位、审计力量与审计任务是否匹配、现场审计是否深入细致等；二是协调处理中介机构与审计对象的关系或矛盾；三是指导中介机构研究解决审计现场发现的问题；四是督促审计对象及时整改已发现的问题。

（3）安排中介机构交叉审计。国务院南水北调办建立中介机构相互交叉审计的制度，采取轮流交替审计的方式，安排中介机构审计不同的审计对象，同一中介机构原则上在3年内不得审计同一审计对象。

（4）实行审计质量复审。国务院南水北调办建立审计质量复审制度，采取随机抽查的方式，每年复审1～2个项目法人或省级征地移民机构。在每年的系统内部审计结束后，从"国务院南水北办经济财务专家库"中选取5名以上不同专业的专家组成审计质量复审组，对中介机构的审计结果进行复审。参照内部审计流程，对审计对象的资金使用和管理情况再次进行审查，重点查找资金运行各环节中是否存在未被揭示的问题和中介机构审计的其他缺失或过失。

（5）实行审计揭示问题整改落实的两次复核。在审计揭示问题整改期限结束后，国务院南水北调办组成审计问题整改落实复核组，对当年南水北调系统各审计对象落实审计揭示问题整改结果进行一次全面的复核。在安排下一年度系统内部审计，将复核审计揭示问题整改落实情况列入审计内容。

（6）实现内部监管信息共享。国务院南水北调办建立内部监管信息共享机制，机关纪检、质量和运行监管、内部审计等部门多渠道获得的信息实现共享，针对共享信息中的资金问题或其他经济问题的线索，要列入系统内部审计的内容并实施审计，或者组织开展专项审计。

4. 系统内部审计责任追究制度

为控制系统内部审计质量，明确了以下几个方面与审计质量有关的工作机制。

（1）扣减审计费用的制度。中介机构在审计过程中，有下列情形之一的，扣减审计费用。一是提交的审计报告存在事实不清、定性不准确、处理建议不合理的，扣减审计费用的5%。二是在审计期间，擅自调换主审人员的，扣减审计费用的5%；擅自调换其他审计人员的，每调换或调减一人，扣减审计费用的1%。三是不能按期提交审计报告的，扣减审计费用的5%。四是提交的审计报告存在语病、有文字错误的，每句语病扣减审计费用200元，每个错字扣减审计费用50元。五是在审计期间，审计人员接受审计对象宴请或物品的，扣减审计费用的5%。

（2）审计过失的法律责任处理。中介机构有下列审计过失情形之一的，依据《中华人民共和国注册会计师法》《中华人民共和国合伙企业法》和最高人民法院《关于审理会计师事务所在审计业务活动中民事侵权赔偿案件的若干规定》的相关规定，应承担相应的法律责任：一是未采取必要的审计程序和方法，遗漏本次审计要求的内容，导致严重资金使用和管理问题未被揭示。二是隐瞒或掩盖审计对象存在的问题和整改结果，出具不真实或虚假的审计报告。三是其他过失行为造成重大问题没有被揭示的。

（3）清退中介机构的制度。凡是中介机构在审计过程中有下列情形之一的，一律从"南水北调工程内部审计中介机构备选库"清退，通报中国注册会计师协会，并在中国南水北调网上通报：一是经审计质量复审并证实中介机构的审计存在重大缺失或过失的。二是经省审计部门审计并证实中介机构的审计存在重大缺失或过失的。三是中介机构派出的审计组及其审计人员有违反审计纪律行为的。四是中介机构已承担审计过失法律责任的。

（4）实行审计揭示问题责任追究制度。审计揭示问题能够纠正且不存在资金使用和管理方面风险的，审计对象应依据相关规定和要求纠正其错误的行为。审计揭示的其他问题，按下列追究责任的方式进行整改：一是审计揭示的问题已无法纠正的，应查明原因、确认责任，追究相关责任主体和责任人的责任。二是审计揭示的问题涉及个人利益的，按规定追回钱物并追究责任人违纪责任。三是审计揭示的问题属于违法违纪行为的，应依据人事管理权限并按相关程序移送相关部门处理；凡具备移送司法机构处理条件的，移送司法机构处理。

（5）审计揭示问题整改责任追究制度。审计揭示问题在规定时间内未整改或未整改到位的，应追究未整改或未整改到位审计对象的责任。

有下列两种情形之一的，应诫勉谈话，并责令其限期报送整改情况或在复核前将未整改到位问题整改到位：一是项目法人和省级征地移民机构在规定时间未报送审计揭示问题整改落实情况的。二是项目法人和省级征地移民机构在规定时间报送的审计揭示问题整改情况中仍有未整改到位问题的。

有下列两种情形之一的，应在南水北调系统内部通报，并责令其在限定时间内将未整改到位的问题整改到位：一是经复核发现项目法人和省级征地移民机构报送的审计揭示问题整改情况中存在漏报或隐瞒未整改审计揭示问题的。二是在复核结束后，仍有审计揭示问题未整改到位的。

（6）审计质量复审责任追究制度。参加审计质量复审的专家有下列行为之一的，一律从"国务院南水北调办经济财务专家库"中清除：一是未履行保密责任，对外泄露与复审任务相关信息且影响复审结论的。二是偏袒中介机构或审计对象且影响复审结论的。三是在复审过程中有不廉洁行为的。

（7）系统内部审计管理责任追究制度。审计对象和中介机构反映或举报国务院南水北调办系统内部审计管理人员有下列行为之一的，由国务院南水北调办纪检机关依据相关规定查处：一是干预中介机构独立审计的。二是接受中介机构或审计对象纪念品、礼品、礼金、消费卡、有价证券的。三是参加中介机构或审计对象组织的旅游、宴请或其他娱乐活动的。

二、南水北调系统内部审计的目标和任务

南水北调系统内部审计是南水北调工程建设资金监管的重要手段，其目的就是通过查找并督促整改项目法人和征地移民机构在资金运行过程中的存在的违法违规行为，规范各单位经济财务管理行为，保障南水北调工程建设资金安全运行；合理评价各单位使用资金的效益和效果，强化资金使用的合理性，提高工程资金使用的效率；重点查处贪污、挤占、挪用、虚报冒

领、违反合同索赔等违规范行为，防止资金流失或损失；关注重点单位和重点环节中经济行为，通过审计手段分析存在的风险，提出化解和防范措施，消除资金安全隐患。

围绕着南水北调系统内部审计的目标，南水北调系统内部审计其任务总体来说就是查找并揭示南水北调系统各单位和组织使用和管理资金过程中存在的问题；研究提出纠正或整改揭示问题的具体措施或意见；研究提出规范南水北调工程资金使用和管理的建议或意见；督促和复核南水北调系统各单位或组织收正或整改问题。通过系统内部审计促进项目法人、征地移民机构及建设单位切实履行职责，加强管理，保障建设资金安全和使用效益。南水北调系统内部审计任务具体来说有以下 5 个方面。

（一）查找并揭示资金管理过程中存在的问题

审计的基本任务就是依据法律规范，通过一定的审计手段查找审计对象存在的违规违法行。因此南水北调系统内部审计的基本任务就是依据国家法律法规和部门规章制度，以及南水北调工程各单位制定的内部管理控制制度，通过实施查阅会计资料、招标投标资料、合同管理资料和台账、监理日志等原始相关资料，进行工程现场勘察和现场盘点等审计程序，审查各项经济财务业务的真实性和合法性，查找并揭示南水北调系统各单位和组织在资金运行的各个环节中经济行为存在的不合法、不合规的行为。

（二）研究提出纠正或整改揭示问题的措施和意见

相对于国家审计机关等外部审计机关实施的审计任务来说，内部审计查找违法和违规的行为的根本目的在于挽回国家资金损失、堵塞资金管理上的漏洞，为此，南水北调系统内部审计核心任务是督促系统各单位纠正和整改审计所发现的违法和违规行为。因此，实施南水北调系统内部审计的中介机构除了要准确、客观地揭示出南水北调系统各单位和组织在资金管理上的违法、违规行为外，还要依法、依规提出具有可操作性的整改措施和建议。整改措施一定要具体、彻底，必须达到挽回损失和化解各单位资金管理上的风险双重标准，不能为了整改而实施整改，不得有形式主义、好人主义等违规做法；更不能因整改行为导致从一种违规行为引发另一种违规行为。凡能够彻底纠正的错误行为，一定要要按彻底纠正错误行为、消除违规影响的角度下达整改建议；凡已无法纠正的行为，也要通过追究责任人责任的方式进行整改，以消除违规违纪行为的影响。

（三）研究提出规范资金使用和管理的建议和意见

通过审计，能够发现被审单位存在的问题，从另一方面说明了该单位在某些环节的管理上还存在薄弱现象和管理漏洞。作为受托中介机构，除了要针对所揭示的问题要提出明确的整改意见和措施，还要从问题产生的原因着手，从管理的角度分析产生问题的根源，向被审单位提出合理化的管理建议或改进措施，要求各单位举一反三，研究加强管理和防范风险的长效机制，以促进被审单位财务管理的进一步规范化。

（四）督促或复核各单位纠正或整改问题的结果

如果揭示的问题得不到整改，提出的整改意见得不到落实，保障资金安全的目标也是一句空话。因此，整改措施和意见提出后，督促南水北调系统各单位和组织落实整改问题也是南水北调系统内部审计的一项重要任务。在审计组现场审计过程中，审计组要求问题涉及单位及时整改，国务院南水北调办也在组织巡察过程中督促各单位边审边改，尽可能把审计揭示的问题在审计期间整改到位。此外，国务院南水北调办还要专项组织对审计揭示问题的整改情况进行复核考核，对于各单位整改情况的真实性和正确性进行复核，并对在规定时间没有按审计意见整改到位的单位和责任人进行责任追究。

（五）合理评价内控制度执行效果，关注资金运行中的风险

南水北调系统内部审计除了查找违法违规行为外，还有一个重要的任务就是合理对南水北调工程项目法人和征地移民机构在内部管理控制制度建立和执行效果进行评价，及时发现各单位在资金运行中存在的管理缺陷和资金运行中的潜在风险，合理提出强化管理和化解风险的建议，切实防范资金风险。

三、南水北调系统内部审计的实施

国务院南水北调办通过委托社会中介机构的方式，每年组织实施一次系统内部审计，对系统内各单位和组织上年度建设资金的使用和管理的真实性和合法性进行全面审计。

（一）南水北调系统内部审计的内容

南水北调系统内部审计的内容主要涉及南水北调系统各单位和组织在资金使用和管理过程中各环节的具体行为，包括内部制度建立和完善、财务会计部门及财务会人员配置、银行账户开设及变更、工程招标投标、合同签订及执行、工程变更索赔、监理履职管理、价款结算、征地移民补偿资金兑付、财务报销和会计核算等。根据资金管理形势和任务变化的需要，还要安排对资金运行过程中的潜在风险进行排查，调查工程价款结算周期、完工财务决算进展情况等与资金管理密切相关方面的内容。具体来说包括以下内容。

（1）内部管理制度建立、执行及效果。主要审查评价审计对象在内部管理制度建立完善和执行等方面的各项行为，重点查找是审计对象是否存在内部管理制度不健全或存在缺陷、是否存在制度执行过程中程序不严等不规范行为。

（2）建设项目招标投标。主要审查评价审计对象在招标投标管理方面的各项行为。重点查找是否存在应招标而未招标，招投标有关程序性文件是否齐全、有效；招标投标程序及其结果的是否合法；邀请招标是否履行审批程序；投标人的资格条件是否符合招标文件的规定；评标过程是否存在人为干预或虚假招投标的情况；中标单位是否按中标价签订合同，是否有违规转包、分包情况等。

（3）工程监理。主要审查评价审计对象在工程监理制执方面的各项行为，包括监理机构组成、现场监理人员资格、数量等情况；监理规划、监理月报和监理日志的编写、落实情况；关键部位进行旁站监理情况；按月计量签认情况；重大质量事故及事后处理情况；工程进度控制情况；工程造价变更控制情况。重点查找审计现场监理人员资格、数量是否与招标文件一致，监理月报和监理日志及内容是否完整；监理是否正确履行价格结算审核职责、审计对象是否严格按合同对履职不到位的监理单位进行责任追究等。

（4）建设项目合同管理。主要审查评价审计对象所管理项目的合同订立、履行、变更、支付、验收、终止等程序的真实性、合法性；工程价款结算的真实性、合法性及工程造价控制的有效性。重点查找是否存在应签订合同而未签订合同；合同条款是否违背法律、法规规定；各类合同内容是否载有质量和工期要求，以及履约担保和违约处罚条款；合同内容是否存在其他关键性缺陷和疏漏事项；是否存在工程价款结算不准确、未按期结算工程款项、合同外支付预付款和未按时扣回预付款及甲供材料款、给施工企业提供借款情况；合同变更程序和手续是否完备；变更依据是否真实、合理，计价是否正确，支付签认手续是否齐全等。

（5）账面资金余额。主要审查账面资金余额情况，结存资金管理是否规范。主要查找是否存在挪用资金、违规存储和拆借资金等违规行为。

（6）账户管理。主要审查审计对象账户设立、账户日常管理和账户变更等行为。重点查找是否存在多头开户，是否存在公款私存，是否存在账户变更未履行备案。

（7）支出管理。主要审查审计对象各项支出的真实性、合法性。重点审计是否存在挤占挪用资金、虚报冒领、虚列成本、超范围使用资金等不规范行为，同时检查是否有其他单位乱收费和乱摊派等现象。对征地移民机构还应审计征地移民实施方案审批及变更审批情况，查找征地移民资金的支付和使用是否符合征地补偿和移民安置补偿协议书，支付手续是否完备；征地补偿费和安置补助费是否足额兑付，村集体的补偿资金使用是否履行村民民主决策程序。

（8）"小金库"。检查审计对象是否存在私设"小金库"的情况。

（9）会计基础工作。主要审查审计对象会计基础工作规范化执行情况，重点查找账簿、凭证、报表等会计资料是否真实、合法、完整；账表勾稽关系是否正确；会计科目是否按规定设置并使用；费用分摊是否合理；费用报销手续是否完备；账务处理是否准确、报销原始凭证是否规范等。

（10）其他应审计的事项。主要是根据当年资金管理形势和任务变化的需要，附加安排的如对资金运行过程中潜在风险进行排查、调查工程价款结算周期、完工财务决算进展情况等方面与资金管理密切相关的内容。

（二）南水北调系统内部审计的组织实施

为规范南水北调系统资金使用和管理情况审计行为，保证审计质量，实现资金监管目标，国务院南水北调办根据相关制度，结合南水北调工程资金管理的实际情况，制定了较为规范的资金使用和管理情况审计程序，都按规范的程序实施系统内部审计。南水北调系统内部审计组织实施主要包括6个环节：一是选择参加南水北调系统内部审计的机构，签订委托审计业务约定书；二是召开南水北调系统内部审计布置会议，明确具体的审计任务和要求；三是受托中介机构组成审计组赴南水北调系统单位实施现场审计，查找并核实被审对象存在的问题；四是中介机构指导、督促被审对象边审边改；五是组织开展审计现场巡察，重点监督检查审计组的审计行为；六是中介机构提交报告。具体来说各个环节的主要工作为以下内容。

1. 选择中介机构，签订委托审计约定书

每年年初，国务院南水北调办经济与财务司按照年度工作计划，结合上年度资金使用量和投资完成量的综合情况，以及上年度中介机构委托情况，拿出具体的审计工作安排方案，选择中介机构报办领导审批。

（1）审计任务确定。系统内部资金审计的审计任务主要有两个方面，一是对审计对象（含项目法人、现场建设管理单位，各级征地移民机构及乡镇、行政村）当年资金使用和管理所涉及的领域进行全面审计，按照"资金流到哪里，审计就审到哪里"的要求，审计资金运行的所有环节，主要查找并揭示存在的问题及风险；二是对上年度内部审计揭示的问题进行复核，并督促整改；三是关注资金运行中的潜在风险，提出防范和化解风险的措施和建议。另外，也会根据当年财务管理工作的其他任务需要，进行一些专项调查，如2014年开展了各单位工程价款结算进展情况，2015年开展了完工财务决算编制前准备情况的调查，2016年开展了变更索赔和征地移民资金核销进展情况调查，2017年开展了完工财务决算进展缓慢原因的专项调查。

（2）中介机构的选择。根据"系统内部审计约束机制"中交叉审计的制度，国务院南水北调办采取轮流交替审计的方式确定当年负责审计各审计对象的中介机构，同一中介机构原则上在3年内不得审计同一审计对象。中介机构从招标入库的25家中选定，为体现公平公正，原则上一个中介机构不能同时承担两个以上审计任务，上年度审计任务被评定不合格的中介机构，当年则没有参与审计的资格。

（3）审计费用测算原则。主要根据《会计师事务所服务收费管理办法》（发改价格〔2010〕196号）中"会计师事务所服务收费实行政府指导价和市场调节价"的要求，参照北京市《关于北京地区会计师事务所收费标准（试行）的通知》（京价收字〔1996〕260号）规定的收费标准，依据年度系统内部审计的任务，按照分段计费的原则来测算审计南水北调系统各单位所需费用，委托审计总经费占审计涉及资金量的比例，不得超过入库中介机构的投标报价平均费率。

（4）审计进度目标的安排。由于南水北调工程建设资金点多、面广的特点，因此全面审计所需时间相对会固定，一般现场审计时间会安排在两个月以内，即一般5月底各中介机构就要提交正式的审计报告。

（5）委托审计业务约定书。为把系统内部审计双方的权利和义务明确下来，国务院南水北调办根据《合同法》和财政部的相关要求，依据"系统内部审计约束机制"和《南水北调工程中介机构工作要求》，制定了较为规范的《委托审计业务约定书》参考范本。约定书主要内容包括4个方面：一是明确当次审计任务和要求；二是明确合同双方的权利和责任；三是明确合同履行时间、费用及支付方式；四是明确合同双方违反合同的责任追究措施。

（6）合同谈判与委托书签订。为体现公平、公开和合理，在获得办领导批准同意系统内部审计工作方案可实施后，经济与财务司会组成谈判小组，分别同方案中拟委托审计业务的中介机构进行谈判，谈判的主要内容一是向他们介绍本次审计的任务和要求；二是向其公开本次审计费用测算标准，并征求他们的意见。对于有异议的中介机构，可无条件放弃权参与本次审计的权利，对于无异议的中介机构，可现场签订《委托审计业务约定书》，代理签订合同的人员必须持有法定代表人的授权书。

2. 召开系统内部审计工作布置会议

为贯彻落实"南水北调系统内部审计约束机制"，提高南水北调系统内部审计质量，确保系统内部审计顺利开展，每年的3月中下旬左右（具体时间要根据当年国务院南水北调办中心工作计划而定），国务院南水北调办都会组织系统内各单位和中介机构召开一次审计工作布置会，安排系统内部审计工作，明确社会中介机构与被审对象各自的职责和任务，提出确保完成审计任务的措施和手段。同时会在布置会上对系统内各单位审计配合和整改工作进行提出要求，并集中对中介机构进行业务培训。

（1）会议主要任务。一是总结上年度系统内审计取得经验和教训，对表现好的中介机构和系统各单位进行口头表扬，对于履职不到位的中介机构和系统内单位提出严厉批评。二是具体分析各中介机构和系统内单位在系统内部审计履职过程中存在的缺陷原因及改进措施。三是对中介机构和系统内各单位分别提出当年审计任务的具体要求。四是对中介机构进行相关业务培训。

（2）会议人员组成。会议一般一是要求全体入库中介机构的负责人、财务主审、工程主审以及其他骨干人员参加；二是要求系统内各单位的分管财务审计的领导、财务负责人、审计负责人参加。

3. 中介机构开展现场审计

受托中介机构成立审计组并到现场进行审计，对其所承担审计任务的所有单位和组织进行审计。中介机构进场审计按照委托审计业务约定书和布置会的要求，中介机构开始组织审前调查，并陆续根据准备情况进场进行审计，这一阶段大约需要一个月至一个半月左右，具体时间会受审计任务轻重影响。

（1）现场审计的依据。审计组行为主要是依据《中华人民共和国注册会计师法》《中国注册会计师审计准则》《会计师事务所从事基本建设工程预算、结算、决算审核暂行办法》等法律法规、规章制度；现场审计主要依据《招标投标法》《合同法》《会计法》《基本建设财务规则》《国有建设单位会计制度》等法律法规和财政部制定的规章制度、国务院南水北调办制定的《南水北调工程建设资金使用和管理办法》《南水北调工程征地补偿和移民安置资金使用和管理暂行办法》等规章制度，以及系统各单位根据实际情况制定的内部管理制度和内部审批程序。

（2）现场审计的主要程序和方法。根据审计准则，中介机构审计组人员实施审计时，主要运用详查、内控测评、抽样审计、计算、分析性复核、询证、监盘以及计算机辅助审计等方法，审查被审计单位银行账户、会计资料，查阅与审计事项有关的文件、资料，检查现金、实物、有价证券，取得审计证据。

（3）现场审计组织与实施。在与国务院南水北调办签订《委托审计业务约定书》后，中介机构开始进行现场审计，并根据现场审计取证的资料出具审计报告并提出整改意见，综合起来中介机构现场具体工作主要有以下几个阶段。

1）审前准备阶段。在委托审计业务约定书签订后，中介机构依据约定书确定的审计范围和审计内容，要进行审前调查和人员配备等相关准备工作。①审前调查，制定审计初步方案。业务约定书签订后，在内部审计布置工作会上，国务院南水北调办会安排被审单位和受托审计中介机构进行对接。对接完成后，中介机构根据委托书的任务内容，开展审前调查，通过初步了解被审计单位的组织结构、承担的工作任务、招标投标项目实施、当年合同签订、变更索赔的实施以及当年工程资金使用和管理基本情况等，进一步细化分解审计任务，并在此基础上制定初步的审计实施方案。方案要初步确定审计时间，包括审计开始的时间、外勤工作时间、审计结束及审计报告的提出时间。②成立审计组，配备与审计任务相匹配的审计力量。根据审前调查的结果，中介机构要着手成立专项审计组，配备审计人员。鉴于不同的审计项目要求审计人员具备不同的知识和技能，根据实际业务的需要，中介机构要安排相匹配的审计人员，指定审计项目负责人。按照南水北调系统内部审计约束机制的要求，受托中介机构必须同时配备财务和工程两个专业的主审人员，并要根据审计任务涉及的资金量大小和难易程度，配备和审计任务相当的专业审计人员。人员确定后，中介构机构需将人员备案表报送国务院南水北调办备案。③确定审计需要背景资料的收集方向。在审计组正式进场审计时，审计组根据审前调查的结果，需要向被审单位收集与当次审计任务相关的背景资料，主要包括审计对象的组织结构、有关的政策法规和预算资料；工程项目的立项、预算资料、合同及相关责任人资料等。如果在以前年度实施过内部审计，则还需要准备以前年度的审计文件和审计整改资料。④正式通知进点。中介机构审计方案确定后，审计组人员持国务院南水北调办下达的审计进点通知文件，通知被审计单位审计组进点的时间、审计目标和范围，并要求被审计单位及时准备与审计任务相关的文件、报表和其他资料，并告知其需要配合的相关事项。

2）初步调查阶段。在完成审前准备所有相关工作后，审计组开展初步调查，主要开展5个方面的工作。①召开审计座谈会。审计组进驻被审单位后，在现场审计正式展开前，审计组人员要与被审计单位负责人、财务负责人、计划合同负责人以及其他相关人员召开审计座谈会。审计组要向被审单位当面表达当次审计任务、审计范围以及需要配合的工作，同时进一步了解被审单位的基本情况、在建项目情况及其他与审计任务相关的情况。座谈会后，正式向被审单位提交本次审计任务所需资料的初步清单。②实地考察。审计组人员根据审计需要，为获得初步感性认识，一般都要首先实地去观察或考察在建项目现场，一方面是了解项目的实际进展情况与形象进度的差异，另一方面是了解现场施工单位的相关基本情况和合同实际结算情况。③研究文件资料。对被审计单位提供的内部管理制度、项目立项、招投标、合同、变更索赔资料、财务报表以及其他与审计任务有关的文件资料进行整理，并进行查阅、研究和分析。④编写初步调查说明书。在上述各项初步调查完成的基础上，审计组人员要编写简要的初步调查说明书，概括被审计单位的基本情况及初步调查的实施情况。

3）分析性程序及符合性测试阶段。在初步调查的基础上，审计组根据调查的情况进行分析性程序及符合性测试，具体包括以下几个环节：①分析性程序（比较、比率和趋势分析）。审计组人员根据财务报表和有关业务（项目）数据计算相关比率、趋势变动，用定量的方法更好地理解被审计单位的经营状况或项目的实施和完成情况。审计人员通过比较和分析各项指标所发现的异常情况，应引起充分关注，从而有针对性地采取更详细的审计程序来审查重点领域。②描述和分析内部控制设计的恰当性。审计人员应采用绘制流程图、文字说明等方式描述被审计单位现有的内部控制制度。审计人员在认真研究、分析被审计单位现有内部控制系统的相关制度、规定等文件的情况下，要对内部控制系统设计的恰当性进行评价。③初步分析和评价内部控制执行的有效性。采用内部控制调查表或询问相关人员等方式获得内部控制执行情况的相关信息；采用对经营活动进行"穿行测试"或小样本测试的方式，初步评价内部控制系统的执行情况；研究信息系统的控制制度、进行信息系统的相关测试；分析重大风险领域，确定重点审计的范围及方法。通过对内部控制系统进行描述和测试后，审计人员应对被审计单位的内部控制情况进行分析并做出初步评价，评估风险，确定控制薄弱环节以及审计的重点。

4）详细审查阶。在分析性测试后，根据确定的审查重点，审计组要进行详细的审查，查找并发现资金运中的问题。这一阶段是现场审计工作的核心，主要包括个以下几个环节：①审计发现。审计组人员通过执行初步调查、符合性测试和详细审查，收集适当的、有用的及相关的审计线索，并通过分析与评价形成审计发现。审计发现应包括事实、标准及期望、原因及结果。事实是指在审计过程中审计人员发现的实际情况、相关问题。标准及期望是指评价这些问题所依据的相关政策、规范、考核目标、预算指标等。原因是审计人员分析的实际情况与相关标准产生差异的原因。结果是指实际情况与标准产生差异造成的影响及相关风险。审计组人员应用书面文字、相关图表等详细阐述相关的审计发现，审计人员成文的审计发现应有相关的审计证据来支持。②审计证据的收集及判断。根据审计发现，审计组人员需要对发现的问题进一步详查，查找相关的会计凭证、合同文本、招投标文件等相关资料，收集充分的、可靠的、相关的和有用的审计证据（包括文件、函证、笔录、复算、询问等）。在此基础上，审计组人员依据法律法规、规章制度、单位内部管理制度，以及合同相关条款等，对审计发现的问题进行审核、分析与研究，从而形成最终的审计判断。③审计发现及证据的复核。审计组项目的负责人应对工程和财务审计组人员的审计工作底稿及收集的相关证明资料进行详细的复核，要检查审计组收集的审计证据是否能充分证明审计发现问题的定性，定性所采用的法律法规等定性依据的条文是否准确，是否存在所引用的制度已过时或引用的制度无法支撑问题定性的情况。

4. 指导、督促被审对象边审边改

内部审计相对于外部审计来说，突出的目的就是查找出问题，及时整改，妥善填补管理漏洞。因此，南水北调系统内部审计约束机制就明确了系统各单位有边审边改的义务，意见交换过程中，凡是在审计期间能够纠正或整改的问题，审计对象应依据中介机构的意见或建议及时进行纠正或整改，并要整改到位，如存在双方意见难以达成一致的情况，审计组需要及时向国务院南水北调办报告。而作为受托中介机构来说，在现场审计期间，除了将潜在问题查找出来，还要根据法律法规和规章的要求，提出合理的整改建议，要充分征求审计对象的意见，共同研究整改的措施，指导审计对象在合法合规的情况下，通过完善程序、补充程序、纠正错误、消除影响等措施，将问题整改到位，消除资金安全隐患。

5. 巡察审计现场

为保证中介机构的审计工作质量，监督现场审计组及其人员的行为，防止中介机构不按审计实施方案安排有力的审计人员，中介机构现场审计期间，国务院南水北调办经济与财务司都会组成审计巡察小组对各受托中介机构的审计工作进展情况和人员配备情况进行巡察，同时解决审计现场工作中存在的或需要协调的问题，现场指导被审单位及时将可以在审计期间整改的问题整改到位。

（1）巡察的主要内容。巡察的主要内容包括：一是检查中介机构现场审计情况，包括审计人员是否到位、审计力量与审计任务是否匹配、现场审计是否深入细致等；二是协调处理中介机构与审计对象的关系或矛盾；三是指导中介机构研究解决审计现场发现的问题；四是督促审计对象及时整改已发现的问题。

（2）巡察的流程。现场计巡察按照以下流程：一是向被审计对象了解各中介机构现场进展情况，各审计组所在具体地点。二是制定巡察实施方案。三是现场巡察各审计组的进展情况，核对中介机构报备审计组人员到位情况，了解审计组需要解决或协调的问题。四是与被审单位座谈，督促边审边改，并了解审计组执行廉洁审计纪律情况。

（3）巡察结果的应用。巡察结束后，巡察结果中的人员到位情况、执行廉洁审计纪律情况等将作为当次审计任务质量考核奖惩的依据。

6. 中介机构提交审计报告

在现场审计取证工作正式完成后，审计组要将根据审计调查和取证的相关情况，形成初步审计报告，在充分征求被审单位意见后，根据委托审计书约定时间和要求，受托中介机构应在约定时间内提正式提交符合要求的审计报告。

（1）整理审计工作底稿并编写意见交换稿。审计外勤工作结束后，审计组人员要对所编制的审计工作底稿及收集的相关文件、报表、记录等证据资料及时整理、归类，要根据统一的标准对审计工作底稿及证据资料编制索引号，以便查阅。在召开审计组退出场会议前，审计项目负责人要编写详细的意见交换稿。意见交换稿应简要说明项目的审计目标、审计范围、实施的审计程序，并对具体的审计发现和初步的审计建议进行详细阐述。

（2）提出审计建议。针对审计意见交换稿，审计组人员还要根据具体的内部控制情况及相关的审计发现提出具体的、适当的审计建议，以利于被审计单位完善内部控制、化解风险。

（3）交换意见。审计意见交换稿形成后，审计组将意见稿以书面的形式递交被审计单位征求意见，并作进一步沟通。沟通的内容主要包括单位和在建项目的基本情况描述、审计发现问题的事实表述、问题的定性及依据、审计建议等方面。沟通过程中，被审单位可针对审计组提出的问题进行进一步解释，可以进一步提供证明材料。沟通过程中必须达到双方意见一致。对于合同变更索赔方面的问题，涉及审减投资方面问题的，沟通过程中还需要涉及的施工单位、建设管理单位和监理单位，有的甚至还需要设计单位到场，这些单位对审计提出的问题共同达成一致意见后，签字确认后才算意见交换完毕。意见交换稿上的相关问题、被审计单位的解释与意见，要详细记录，双方应在意见交换书上签名确认，相关内容将要写入正式审计报告。

（4）编制正式审计报告。外勤工作和取证意见交换结束后，审计项目负责人应及时编制正式的审计报告。正式的审计报告是在意见交换稿的基础上根据与被审计单位沟通的结果，正式编制完成。审计报告需要按照国务院南水北调办系统年度资金审计报告相关要求和参考范本编制，应用简捷、扼要的文字阐述审计目标、审计范围、审计人员执行的审计程序以及审计结论，并适当地表明审计人员的意见。被审计单位对审计结论和建议的看法，也可根据需要包括在审计报告中。

（5）正式提交报告。审计报告经被审计单位确认同意后，中介机构需要按照国务院南水北调办制定的审计报告规范格式进行排版装订，在合同约定的时间内提交国务院南水北调办。

（三）南水北调系统内部审计报告的验收及考评

中介机构提交审计报告后，国务院南水北调办将按照自行制定的考核标准和程序进行报告验收及考评。

1. 验收审计报告的依据和标准

国务院南水北调办按照约定书约定日期，各受托机构需准时或提前将正式审计报告报经济与财务司。报告收到后，经济与财务司组成审计报告验收组。凡是有事实表述不够清楚、定性不够准确、整改建议不具有可操作性的，均要求中介机构反复补充做工作，直到完全达到要求，才能通过验收。验收的主要内容是对照审计报告的编制要求和考评标准，对中介机构提交的审计报告逐一进行审查，涉及审计报告中揭示问题是否表述准确和真实、法律制度依据是否引用得当、整改措施是否可操作，以及报告格式和文字表达等各个方面。

2. 审计报告考评标准

通过多年探索增加中介机构责任和提高内部审计质量的措施和制度，在没有可借鉴的经验和做法的情况下，2015 年在总结以前年度探索经验的基础上，研究制定了《内部审计质量考评标准》，涵盖了审计报告提交时间、报告内容完整性、报告格式、文字表述、揭示问题定性、整改建议提出等方面。该考评标准在审计进点前已印送给了各受托中介机构，起到了较好的激励效果。

评分标准。审计报告验收评分实行零基扣分制，也就是说每个中介机构的审计报告起始分均为零，有扣分项目直接表示为负数。具体评分标准如下。

（1）审计报告提交时间。提交内部审计报告滞后于《委托审计业务约定书》（简称《委托书》）约定日期的，每滞后 1 个自然天扣减 1 分。

（2）审计报告内容完整性。①审计报告缺少或没有准确体现《委托书》约定的审计内容的，每缺少 1 项扣减 5 分，表达内容不完整或不准确的，每项扣减 2.5 分；②审计报告缺少或没有准确体现《委托书》约定的"年度南水北调工程资金审计"内容包含内部管理制度建立、执行及效果、本年度到账资金及上年度结转资金的执行、建设项目招标投标等内容，每缺少 1 项扣减 1 分，表达内容不完整或不准确的，每项扣减 0.5 分。

（3）审计报告格式。审计报告未按照《南水北调工程年度审计报告编制要求》规定的格式编写的，包括行文结构、落款和公章、骑缝章、营业执照复印件、报告封面和目录、纸张规格和排版等要求，每有 1 项不符合要求的扣减 1 分。

（4）审计报告中的病句和错别字。①审计报告中每出现 1 处病句（语法错误或逻辑错误，如语序有误、搭配不当、结构混乱等），扣减 0.5 分；②审计报告中每出现 1 处错别字扣减 0.1 分；③项目法人、征地移民机构或组织（简称"被审对象"）和工程项目等名称表述前后不一致或未注明简称的情况下直接使用简称的，每出现 1 处不一致或直接使用简称扣减 0.1 分。

（5）审计报告揭示的问题。①审计报告揭示的问题中有对违法违规行为表述不清的，包括行为主体、行为对象、行为发生的时间和地点、行为载体、行为事由等基本要素表述不完整或不准确，导致问题未表述清楚的错误，按有此类错误问题数占揭示问题总数的比例扣分，每 1 个百分点扣减 2 分；②审计报告揭示的问题中有对违法违规行为的判定凭主观推测，缺乏客观事实依据，将不构成违法违规的行为定性为问题的错误，按有此类错误问题数占揭示问题总数的比例扣分，每 1 个百分点扣减 2 分；③审计报告揭示的问题中有判定违法违规行为所引用的法律、法规、规章制度以及具有同等法律效力的文件等依据已过时、已废止的错误，按有此类错误问题数占揭示问题总数的比例扣分，每 1 个百分点扣减 1.5 分；④审计报告揭示的问题中有引用的法律、法规、规章制度以及具有同等法律效力的文件等依据与违法违规行为不对称的错误，按有此类错误问题数占揭示问题总数的比例扣分，每 1 个百分点扣减 1.5 分。

（6）揭示问题的整改建议、反馈意见和整改措施。①审计报告中有对审计揭示的问题未表述整改建议的错误，按有此类错误问题数占揭示问题总数的比例扣分，每 1 个百分点扣减 1.5 分；②审计报告中有审计整改建议不完整、不具体、不详细以及不符合客观实际情况，导致被审对象无法整改落实的错误，按有此类错误问题数占揭示问题总数的比例扣分，每 1 个百分点扣减 1 分；③审计报告中有对审计期间未整改到位问题，未表述被审对象的反馈意见，或反馈意见表述不完整、不准确的错误，按有此类错误问题数占揭示问题总数的比例扣分，每1个百分点扣减1分；④审计报告中有对审计期间已整改到位问题，未表述整改措施，或整改措施表述不完整、不准确的错误，按有此类错误问题数占揭示问题总数的比例扣分，每1个百分点扣减1分。

（7）其他。审计报告中有上述情形以外的其他问题的，参照上述相类似或相近的考评标准扣减分值。

3. 审计报告考评验收考评的程序

南水北调系统内部审计报告验收程序主要有以下3个环节。

（1）报告初审。中介机构审计报告提交后，首先要指定专人对审计报告进行初审，初审结果认为报告格式基本符合编制要求、报告内容表述基本清晰的，则可通知中介机构进行会审，否则就要求中介机构重新编写报告，不清晰事项需要补充做外勤工作。经再次初审合适，最终基本符合要求后，才能进入下一个环节。

（2）验收小组会审。中介机构提交的审计报告经初审合格后，即进入验收小组会审环节。该环节中介机构需要根据验收小组提出的质疑要一一作答。凡事实不清楚的，则需要修改报告或补充做现场外勤工作。审计报告验收采用领导小组讨论的方式，经济与财务司会临时组建3～5人组成的验收评定小组，并指定一名主要负责审查的人员。参与验收会的中介机构财务主审人员和工程主审人员必须到场，否则会议将随时取消。验收具体形式采用审计组人员随机询问，被验收中介机构定向解答的形式。讨论过程中审计人员需要针对验收小组成员提出的问题详细解答。

（3）重点审查。验收小组会审验收基本通过后，相关中介机构需要针对验收组提出的问题补充工作并修改。在规定的时间内完成修改后，需再次提交电子文档，经专人重点审查通过后，才可以正式提交。

4. 提出考评意见以及扣考评结果的应用

审计整改意见下达以后，需根据《审计报告质量考评标准》对各中介机构首次提交的审计报告进行质量评定，并根据评定结果，结合委托审计业务约定责任追究内容对各中机构进行责任追究，并支付给中介机构合同尾款。审计报告验收考评结果主要有3个方面的用途：一方面作为当次审计任务的质量考核责任追究的依据，审计意见下达后，国务院南水北调办依据考评结果对相应中介机构扣减审计费用；另一方面是依据考评扣分额度来整体排名评定入库中介机构的审计质量，排名靠后的2名需要暂停下年度审计任务安排；再一方面是根据考评结果对中介机构其他违法事项追究责任。

（四）南水北调系统内部审计揭示问题的整改

国务院南水北调办依据社会中介机构审计报告揭示问题和整改建议，分别下达审计揭示问题的整改意见，责令相关单位或组织在规定的时间内进行整改。

1. 审计整改意见下达

根据最终审查通过的审计报告，依据审计揭示问题和整改建议，国务院南水北调办需要给系统各单位下达整改意见。经济与财务司负责起草审计揭示问题整改意见文本报办领导审批后，正式下达给系统内各单位。

（1）整改意见的主要内容。审计整改意见主要涉及3个方面的内容：一是要求各单位将审计期间尚未整改到位的问题在规定时间内整改到位。项目法人除了负责本级组织整改外，还要督促委托建设管理单位进行整改。省级征地移民机构要督促系统内省以下征地移民机构和组织进行整改。二是要求各单位负责组织对审计期间已经整改到位的问题进行复查。项目法人负责本级和建设管理单位的复核，省级征地移民机构负责本系统的复核。三是要求各单位采取有效措施积极防范审计提出的资金运行过程中潜在的风险点。

（2）下达整改意见程序。年度资金使用和管理情况审计整改意见的下达需要通过以下 4 个环节。

1）审计整改意见的起草。主要是根据受托中介机构出具的正式审计报告，以规范的公文格式，将在审计期间尚未审计整改到位的问题表述清楚，并提出具有可操作性的整改意见，要求在规定时间内整改到位。同时提出要求对已整改到位的问题要进行复核、对审计提示的风险关注点要防范等方面的要求。

2）征求被审单位意见。为体现实事求是、依法办事的原则，审计整改意见起草后，需要将征求意见稿发送被审计单位征求意见，确认无误后，才能进入下一个环节。

3）会签相关专业司。为实现资金监管的联动及信息共享，审计整改意见文稿要送相关司进行会签，涉及有合同变更方面的问题，必须会签投资计划司，涉及有招投标方面和合同管理方面的问题必须会签建设与管理司，涉及征地移民机构的报告一律会签征地移民司，全部整改意见都会签监督司。

4）报办公室领导审核批准。征求被审单位意见和会签相关司后，审计整改意见才报送办领导审批，经批准后，审计整改意见会正式下达给各项目法人和省级征地移民机构。

（3）下达整改意见的要求。审计整改意见必须符合 3 个方面的要求：一是审计揭示的问题必须表述清晰，且要和审计报告意思一致。二是下达的审计揭示问题整改意见必须客观且具有可操作性。三是行文必须符合公文的基本要求，语言简洁、语义清晰。

落实审计整改意见是确保审计效果的重要环节，是执行财经制度的重要组成部分，也是消除资金安全隐患和确保资金安全的重要措施。国务院南水北调办依据中介机构提交的审计报告揭示问题，分别下达审计揭示问题整改意见，责令相关单位或组织在规定的时间内进行整改。

2．审计揭示问题的整改程序
南水北调系统内部审计揭示问题的整改程序主要有以下 4 个环节。

（1）审计整改意见下达。中介机构提交的审计报告经验收合后，国务院南水北调办会分别依据审计报告中中介机构提出的意见和建议，分别对审计揭示的问题下达整改意见和相关要求，并对审计整改时限做出明确要求。

（2）各单位进行整改。各单位接到国务院南水北调办下达的审计整改意见后分别提出整改落实方案并实施，对审计整改意见提出的问题逐项分析和核实，若无异议，项目法人需责成所属建设处和建设管理单位抓紧要整改，省级征地移民单位要负责督导省以下征地移民机构进行整改。同时各单位还需要对审计期间已经整改的问题进行自我复核，对审计提出的风险关注点采取有效的防范和化解措施。

（3）异议沟通。各单位若对国务院南水北调办下达的审计整改意见中相关情况有异议的，可在规定时间内可以书面形式向国务院南水北调办提出复议申请。

（4）上报整改情况报告。各单位整改完成后，需在审计整改意见规定的时间内将整改落实情况上报给国务院南水北调办，逾期不报将会受到国务院南水北调办的责任追究。

（五）南水北调系统内部审计质量复审

根据南水北调系统内部审计质量复审制度，为查找资金运行各环节中未被揭示的问题和中介机构审计的其他缺失或过失，落实对中介机构的审计质量责任追究，促进中介机构提高重视，强化审计质量。国务院南水北调办在中介机构提交正式审计报告后，要组织专家组进行审计质量复审。

1. 确定复审对象

按照"系统内部审计约束机制"中"采取随机抽查的方式，每年复审1~2个项目法人或省级征地移民机构"的规定，从当年被审计的所有项目法人、建设管理单位和征地移民系统中随机抽取1个作为复审对象，抽取时邀请被审单位代表、中介机构代表以及专家库专家代表进行现场监督，以确保抽取程序的公平、公正和公开。

2. 组织成立审计质量复审专家组

依据南水北调系统内部审计约束机制的规定，按随机抽取的顺序从"国务院南水北调办经济财务专家库"中选取5名或5名以上专家（保持奇数）组成复审专家组开展本次复审。复审专家组人员构成按《国务院南水北调办经济财务专家库管理规定》中关于"复审南水北调系统内部审计质量，按5∶3∶1∶1的比例，从专家库的财务会计、工程造价、合同法律、经济综合四类专家中分别抽取专家"的规定确定。鉴于复审专家是与复审对象同时抽取，所需要的复审专家人数暂时无法确定，同时由于经济财务专家有退休人员，也有在职人员，可能存在因故不能参加复审的情况，且无法事先掌握该情况。据此，采取按专家类别依次抽取全部专家，并按抽取顺序排列，届时依据所需参加复审的专家人数，在考虑按规定应回避的情况后，按照抽取顺序与专家联系确定最终能参加复审的专家。考虑到合同法律专家服务特点的特殊性和复审涉及法律事项的不确定性，建议暂不确定本次复审合同法律方面的专家，待复审现场需要时，再按抽签顺序与专家商量后，按程序邀请专家提供相关法律政策和业务咨询。

3. 复审专家组对被复审对象进行复审

复审专家组需要参照内部审计流程，对被复审对象的资金使用和管理情况再次进行审查，重点查找资金运行各环节中是否存在未被中介机构揭示的问题及其他缺失或过失。

4. 复审专家组提出复审结论

根据现场复审的情况和所发现的问题，在充分征求被复审单位的意见的基础上，复审专家组一方面要对实施审计的中介机构的审计质量做出客观公正的评价，另一方面还要对被复审单位当年建设资金的使用和管理情况重新进行整体评价。

5. 复审专家组提出被复审单位存在的问题及相关建议

复审专组除了要提出对中介机构的审计质量评价结论外，还要对被复审单位资金使用和管理中存在的问题要如实披露，并提出合理的整改建议。针对被复审对象在资金管理各环节中存在的管理方面的问题，要及时提出建设性的管理建议。

（六）南水北调系统内部审计揭示问题整改情况的复核

审计整改意见确定的整改期限结束后，国务院南水北调办要组织对系统各单位和组织落实审计整改意见的情况进行核查并考核。审计整改期限一般为3个月，一般都是7月底审计整改意见全部下达完毕，要求10月底全部整改到位。10月底各单位都会陆续将审计整改情况上报给办国务院南水北调，并于11月中旬组织相关中介机构和人员对各单位审计整改情况进行复查，主要是检查各单位有没有按审计整改意见将审计揭示的问题全部整改到位，审计期间已经整改到位的问题是否真的已经整改到位，有没有出现反弹的情形，审计提出的风险点是否已采取措施进行防患和化解。对未纠正或整改不到位的，责令当场进行纠正或整改到位。经查实未纠正或整改到位的，且在复核期间仍未纠正或整改到位的，对该单位或组织及其负责人和责任人进行通报批评，以及更加严重的处罚措施。

1. 复核的组织安排

每年在规定的问题整改期间结束后，国务院南水北调办会组成复核小组对各单位审计发现问题的整改落实情况进行检查和复核。复核小组由经济财务内审人员为基础，另外从专业社会中介机构中聘请一些专家和骨干力量，复核时间一般在每年11月中旬，为期大约7～10天。

2. 整改情况复核的程序

审计揭示问题整改情况复核的程序主要包括以下几个环节。

（1）听取汇报。被复核单位简要汇报本单位或本系统审计提出问题整改和落实情况。

（2）现场核查。检查组成员分工对被复核单位提供的和整改事项相关的手续、资料和相关证明材料。

（3）核实情况。对现场核查过程中对整改情况有疑义的地方当面与被复核单位核实清楚。

（4）形成小组书面材料。各核查小组需要现场核查和有异常情况核实后，在3天之内将核查结果，依据经济与财务司提供的报告格要求，形成小组书面材料报国务院南水北调办经济与财务司。

（5）情况汇总上报。由国务院经济与财务司财务处指定专人对整个审计复核的结果进行汇总，并有需要进行责任追究情况，依据《关于审计整改问题的责任追究管理办法》提出可行的责任追究建议，经司领导审核通过后，将考核情况上报办领导。

（6）责任追究。依据约束机制中的责任追究制度，对未纠正或整改不到位的单位进行责任追究。

3. 复核的内容

主要包括各单位报送的落实审计整改意见报告的内容是否完整，是否存在隐瞒不报的现象；已整改到位的事项（包括审计期间已整改到位问题）的手续、资料和相关证明材料是否齐全；已整改到位事项的手续、资料和相关证明材料是否真实，是否存在弄虚作收现象；审计期间整改问题是否真实；仍在整改过程中的问题是否说明清楚，整改措施是否明确；对审计报告提出资金运行中存在的风险是否采取有效措施予以防范；报送落实审计整改意见报告时间是否在规定限期之内等方面的内容。

4. 复核工作要求

主要包括认真听取被复核单位整改情况的汇报，对每个整改事项的相关资料逐项进行审核；严格保密纪律，不得向第三方透露考核内容，注意工作资料的保密。聘用人员必须将考核过程收集的资料全部交国务院南水北调办（包括纸质和电子版），不得私自保留；严格执行"八项规定"；现场考核工作结束后，各考核组均应在3个工作日内完成考核情况报告。考核情况报告要全面反映考核内容（包括填写考核表），对未履行审计整改责任提出处理建议等。

四、南水北调系统内部审计的主要成效

通过历年对系统内部全面审计和专项审计，有力地促进了南水北调系统的制度建设和完善，规范了南水北调工程建设资金管理，消除了南水北调工程建设资金运行安全隐患，提升了南水北调系统管理人员素质和业务水平，保障了南水北调建设资金安全运行，为工程建设如期建成提供了有力保障。

（一）促进了南水北调系统的制度建设和完善

为加强对南水北调工程建设资金的使用和管理，从工程开工建设初期，各项目法人和省级征地移民机构就着手建立和完善本单位各项内部管理制度和内部控制制度。但毕竟由于南水北调工程建设管理体制与其他水利工程是有所不同的，工程建设资金是采用项目法人负责制，征地移民资金采用沿线地方政府包干制。从这个角度来说，工程建设资金和征地移民资金的使用管理制度环境相应是不同的。同时，由于各项目法人组建形式也不一样，从而导致各项目法人在制度建设内部环境上也有影响和差异，如中线建管局是新组建的项目法人，各项内部制度均是依据国务院南水北调办的规章制度新建的，但山东干线公司和江苏水源公司则是依托当地国资委或水利厅等部门组建的，管理体制上太多地沿袭本省水利部门的管理制度，由于南水北调工程建设实际和特点与其他水利工程有明显差异，导致原有的管理制度不能满足南水北调工程资金使用和管理的实际需求，内部管理制度需要逐步强化完善。

国务院南水北调办在工程开工初期实施的内部审计，审计重点主要是查找系统各单位执行国家法律法规、财政部和国务院南水北调办制定的规章制度，查找各单位内部管理制度的建立完善情况。通过系统内部审计发现各单位在内部管理制度的存在的制度缺失或不健全、内部控制制度未建立或控制机制有缺失等方面的问题，通过督促整改存在问题，促进各单位建立或完善了本单位内部相关制度。如2005年系统内部审计提出：山东南水北调工程建设单位的会计核算工作，仅有财务会计人员3名，《会计法》规定的记账、审核、资金管理等业务规范和牵制原则难以完全履行，建议进一步健全会计机构、充实会计人员；北京水利建管中心制定的内部财务控制制度中的出纳岗位职责规定达不到内部财务控制中的相互监督、相互牵制的要求；江苏水源公司解台建设处建立了财务工作职责、财务人员岗位责任制、财务管理实施细则等，但还缺少会计核算方面的制度和办法，对会计科目的设置及使用、会计账簿的登记、会计报表的编制等还不能完全适应工程建设核算的要求；中线干线工程京石段河北建设管理处未设立固定资产账，将购置的资产全部计入其他投资。2007年审计提出：中线建管局没有制定公共费用方面的分摊管理办法；山东干线公司济平干渠管理处未建立固定资产管理制度。2008年审计提出中线建管局费用开支管理规定，没有明确局领导出差住宿报销限额标准；江苏水源公司资产盘点制度需要进一步完善；山东干线公司部分规章制度尚未建立健全、部分制度沿用山东建管局现行制度与其具体职能要求不相吻合，不能完全满足和适应山东干线公司的内部管理制度的需要。

工程建设初期这些问题的提出，有力地促进了系统各单位建立健全内部控制和管理制度，促进了南水北调系统内部制度建设的完善。一方面有力地促进了国务院南水北调办本级资金管

理制度的完善。根据相关法律法规和规章制度，国务院南水北调办制定了《南水北调工程建设资金管理办法》《南水北调工程建设征地补偿和移民安置资金管理暂行办法》《南水北调工程建设资金管理违规违法行为处罚规定》《南水北调工程竣工（完工）财务决算编制规定》《关于进一步加强南水北调工程征地移民资金管理的通知》等，还协助财政部制定了《南水北调工程投资控制奖惩办法》《南水北调征地移民资金会计核算办法》，对资金运行各环节的行为进行了具体规范。另一方面有力指导和促进了项目法人和征地移民机构建立和完善了资金管理制度。截至目前各项目法人和征地移民机构，已结合本单位负责工程建设管理和征地移民业务的实际情况，制定了一系列涵盖招标投标、合同管理、价款结算、账户监控、建管费预算、资产管理、会计核算、财务决算等资金运行各个环节的规定和制度。这一系列制度的建立，为资金监管提供了制度支撑。同时，各项目法人和征地移民机构还结合工程建设的实际情况制定其他相关有用的政策，不断完善内部制度建设。如中线建管局为加强工程保险管理，建立了"中线干线工程保险管理办法"，中线水源公司与开户银行联合制定了《南水北调中线水源专项资金银行结算风险控制管理暂行办法》，从制度上保证了企业和银行共同对建设资金结算风险的防范；针对南水北调管理模式的复杂性，中线建管局和江苏水源公司还建立了"南水北调工程委托项目管理办法"，明确了双方对投资管理的责任。

（二）规范了南水北调工程建设资金使用和管理

南水北调工程是综合型特大水利工程，从开工建设到工程主体收尾，各项目法人和各级征地移民机构财务资金管理都是一个逐步成熟的过程，通过审计查找资金管理和使用发现问题、督促整改问题，根据整改意见逐步完善制度、规范管理。南水北调工程开工建设初期负责资金管理和使用的主体还是建设处，如中线京石段的滹沱河倒虹吸工程、永定河倒虹吸工程，东线江苏三潼宝工程和山东干线济平干渠工程，国务院南水北调办就开始对这些项目的内控制度和资金使用进行监管和指导，逐步指导和监督各项目法人和征地移民机构逐步建立完善的管理制度、财务核算体系、资金监管体系，规范了南水北调工程建设资金管理。主要体现在 8 个方面。

（1）工程建设采购控制更加规范。绝大多数单位都严格执行了国家招投标管理相关规定，凡属应公开招投标的项目都依法进行了招投标程序，招投标活动都遵循了公平、公正和公开的原则，在招投标过程中，主动杜绝人为干预招标和围标的情况，主动接受国务院南水北调办和有关部门的监督，主动从源头防止资金运行风险。但还有个别单位执行不严，存在侥幸心理，一些应招标而未招标的情况依然存在，凡系统内部审计查出这方面的问题，国务院南水北办一律要求对这些项目进行彻底清理，确保项目资金安全，同时必须对责任单位和责任人进行责任追究。这样做一方面通过内部处理程序有效地防患了外部审计的风险；另一方面对各单位确实起到了震摄和教育作用，工程中后期基本没有发现类似问题。

（2）建管费预算管理更加严格和科学。各单位本着从实际出发、节约使用、从严控制的原则，编制建管费支出预算，明确开支范围和标准，严控"三公"经费支出，定期分析建管费支出情况，研究进一步控制的具体措施。

（3）合同管理更加规范。系统内各单位都实行了合同管理制，工程建设管理过程中的对外经济事项均纳入了合同管理；工程建设合同全部采用了规范性合同范本，确无适用的规范性范本的，也制定了专门的合同文本。合同金额较大的合同项目均组织了有关法律、合同、经济、技术等方面专家严格审查合同；合同的签订均由法定代表人签署或书面授权他人签署；项目法人签订特别重要和金额巨大的项目合同，全部接受了国务院南水北调的派员监督；合同条件发生变化时，均按程序执行或补充执行了合同变更手续或签订了补充合同；各单位均建立了合同台账和合同档案，做到了合同管理台账明晰准确，合同档案完整。

（4）支付管理程序更加严格规范。一方面项目法人都依据工程建设进度及资金支付需要，分次向国务院南水北调办申请建设资金，申请的理由充足，规模合理，没有出现无故滥申请的情况，有效地节约了资金成本。另一方面各单位也严格按照基本建设财务制度和征地移民资金《会计核算办法》的有关规定，规范了工程建设资金支付的程序和手续，严格按本单位建立的资金支付审批程序支付资金，工程价款结算书先由现场建管机构审核，经项目法人或省级建管局内部相关业务部门复核会签，再报项目法人或省建管局负责人审批，保证了工程价款支付程序合规、手续完备、数字准确、拨付及时。各单位均能依据合同约定支付合同价款，合同价款都通过了银行支付给合同对方单位，少数现金支付和未支付给合同约定单位或账号的情况也及时得到了纠正。有效地防范了资金支付过程中的各种风险，提高了资金使用的效益。

（5）专户管理更加规范。按照国务院南水北调办规定，大多数单位都执行了只能在银行开设一个资金账户的规定，实现了所有资金均在一个账户核算，极少数单位多头开户的行为也得到及时的纠正，这既保障了资金安全，又提高了资金使用效率。

（6）征地移民补偿资金公开制度更加规范。各级征地移民机构严格执行各项制度和规范，对直接补偿给移民或居民的资金，在资金兑付前均实行了"三公开"，即公开补偿实物量、补偿标准、补偿金额，接受群众的监督，既能及时纠正不合理现象，防止多补或少补现象的发生，也能及时消除矛盾和纠纷，有利于维护稳定。对补偿村集体的资金实行"村财乡（镇）管"和村民代表大会决议机制，对保障征地移民资金安全和减少上访起了重要作用。

（7）财务会计核算更加规范。通过系统内部审计大大促进了项目法人、建设单位和各级征地移民机构财务会计核算规范化程度，每年系统内部审计发现会计核算不规范问题所占的比重还是比较大，通过审计整改和纠正，各单位会计核算均已趋规范化，基本没有发现同一性质的问题重复发生在同一单位的现象。项目法人和建设管理单位都能严格执行财政部颁发的《基本建设财务管理规定》和《国有建设单位会计制度》，征地移民机构能够严格执行《南水北调征地移民会计核算管理办法》。各单位都能依法设置会计账簿，实施会计监督，正确核算工程建设成本合理分摊费用，按时编制会计报表，及时准确、完整地反映工程建设资金的使用情况；所有的资金收支均纳入财务部门统一核算和管理，没有出现账外账和"小金库"，各项成本和费用支出严格按财政部规定的开支范围执行。

（8）自觉加强和接受外部和系统内部监督与检查。通过历年来的系统内部审计，各单位都已形成了主动接受外部监督和系统内部监督的良好习惯，同时也不断地加强自身内部的监管和监督。

（三）消除了南水北调工程建设资金运行安全隐患

国务院南水北调办每年都对各单位年度资金的使用和管理情况都进行了审计，审计发现的问题督促各单位都全部整改到位。同时考虑到南水北调东、中线工程建设处于决战的关键期，各方面的利益诉求日益增加，项目法人和建管机构与施工单位之间利益博弈日益突出。国务院南水北调一方面要求中介机构在年度审计任务执行中给予风险点关注，同时自行组织多次调研各项目法人和省级征地移民机构资金运行中可能发生的潜在风险进行预判，并及要求各单位采取有效防范措施，最大限度地消除了资金运行安全的隐患，总起来有重点有以下几个方面。

（1）消除了因程序未履行或程序履行不规范无法经受外部审计的风险。历年系统内部审计发现和揭示的问题都是属于程序未履行或程序履行不规范的问题，有的可以通过规范程序来纠正，而有的则需要处理相关责任人责任的方式进行纠正。南水北调工程开工建设以来，通过系统内部审计揭示并纠正了系统内单位程序方面的问题约5000多项，涉及工程招投标、合同管理、投资控制、价款支付结算等很多方面。有些问题错误很明显，不进行处理将会无法经受外部审计，如工程和重大物资采购未履行公开招标方面的问题，这种程序未履行的行为很明显是违反了国家招投标法和相关管理规定，是违法行为，且程序具有不可逆性，即使重新补办和完善程序也只是一种造假行为，是无法经受外部审计的。因此，对待此类问题国务院南水北调办要求涉及单位要对该类问题进行彻底清理，并要对单位负责人和直接责任人进行责任追究；还有些问题程序重新履行了或补齐了，看起来没有什么严重后果，但实际上如果不去补齐相关手续和程序则是很严重的违法行为，如违反合同多预付工程款问题，该类问题主要因解决当时工程建设现场资金短缺引起的，但却与甲乙双方合同约定不一致，实际属于违反合同法行为，但通过系统内部审计提出，并督促全部收回，从程序上弥补回来，也确保了资金没有损失。

（2）消除了资金因管理缺陷而损失的风险。除程序性能整改方面的问题外，历年审计还发现一些非违反程序性制度规定且能纠正的问题，这类问题有的是违反法律法规、规章制度、内部管理制度和合同或协议约定的条款，后期的纠正不是通过完善程序来处理的，而是采取具体措施改变已发生的不规范的事实。这类问题很多都直接影响到资金安全，如截留、挤占和挪用问题，从形成原因来划分共有8种情况：①因地方纪检、审计、法院等单位罚款、强制划扣、摊派形成挤占；②用征地移民资金代付或代垫当地政府、水利局等单位的管理费用；③违反招标文件约定，支付应由施工单位承担的费用；④用征地移民资金支付应由当地同级财政预算承担的费用；⑤实施规划或超实施规划支付征地补偿款；⑥征地补偿款未支付给约定单位；⑦承担应由个人负担的费用；⑧为迁建单位和施工单位垫付资金。这些违规事实整改后全部收回了资金，避免了资金损失。又如合同变更不合规问题，这类问题在工程建设后期每年审计都会发现，主要是因结算工程量计算错误、单价套用错误、组价错误、与招标文件约定不符等方面多结算工程款，还有一些是变更索赔项目承担了应由地方政府承担的投资，这些问题全部通过收回资金的方式进行了整改，为国家挽回很多经济损失。

（3）消除了工程预付款和地方分摊难以回收的风险。在南水北调工程建设赶工关键阶段，为了解决南水北调工程建设现场资金短缺的情况，南水北调工程采取了加大预支付工程款的方式来保证工程进度，违反合同法可能要经受外部审计问责的风险外，最重要的是从项目法人和建设管理单位反映情况来看，部分预付的资金有收不回来的风险。因为目前工程建设已处于尾工阶段，主体工程已经结束，工程结算的频次低且结算款少，预付款只有从最终确定的变更索赔事项价款中扣回，但最终确定的变更索赔事项价款是不是能够抵顶已预付的工程款则需要考证，很容易引发后期因结算金额无法足额抵扣预付款的风险。历年审计国务院南水北调办都高度重视这类问题，必须要求各单位及时足额收回，从而有效地消除难以收回的风险。

地方分摊投资问题，表现最明显的就是中线建设局负责的地方桥梁建设资金问题，涉及资金量大，涉及地方政府多，收回困难重重，历年审计对该问题都重点提示和督促，截至 2016 年，资金已经回收了绝大部分。

（四）提升了南水北调系统管理人员素质和业务水平

从历年来审计发现问题的形成原因来看有 4 个方面：①工程进入关键期，部分单位重进度、轻规范。2012 年上半年开始，由于价差未补偿到位，变更事项处理缓慢，出现部分施工现场资金紧张情况。为保工期，各单位采取缓扣预付款和提高预付款比例等方式，缓解施工单位资金紧张的矛盾，有的在处理变更事项时，还未履行完相关审批程序就先支付了价款。由于上述措施未按合同管理要求履行程序或签订补充合同，从而与原合同约定不一致，造成价款支付不规范。②法制观念淡薄、制度执行不到位。招投标文件和合同或协议是工程建设管理中最重要和最主要的法律依据，各级制定的规章制度是资金运行的规范，有的单位重制度建设轻制度执行，对办公室制定的制度不认真执行，甚至将自己制定的内部制度放在一边或高高挂起。多头开户是明令禁止的，有的单位仍然开两个以上的银行账户，甚至有的还截留、挤占、挪用应专款专用的征地移民资金，都是有制度不执行的结果。③责任心不强、把关不严。绝大多数问题的产生均与责任心不强有关系，若是将工程建设资金当作自家的钱来花，问题将会大幅度减少。有的工程变更事项与招标文件约定明显不符，有的多计投资或多结算工程款，均与各环节审核不严有关。有的签订了内容不规范的合同，有的未履行完审批程序就支出价款。④基层人员业务能力不高。有的未按规定设立账簿，有的使用会计科目有误，有的不收取中标单位履约金或提前退回质保金。

通过历年实施审计和督促问题整改，各单位管理人员素质不断得到提高。①提升了各单位管理人员的依法行政、依法办事的政治素养。工程建设初期，各单位管理单位人员对于内部审计的职能和作用还不是很清楚，对于审计组工作有些抵触情况，把内部审计的作用看作是"找茬""寻不开心"，但通过多年来的内部审计的实施，各单位管理人员就慢慢理解而且充分认识到了内部审计的职能和作用，特别是经受 2012 年审计署审计后，大多问题都消除在内审阶段。工程后期各单位领导都非常重视审计整改，审计组提出的问题也没有出现人为要求消除或回避的情况，管理人员真正认识到依法办事的重要性。②提升了财务管理人员的专业素养。审计提出的管理程序上的问题，有些是责任心的问题，而有些则是专业知识不够，这主要体现在基层移民机构，有些财务人员是兼职的，没有真正学过财务专业，财务专业外的知识更不用说，从而导致了财务管理和工作程序脱节而导致了违规行为出现，通过这些年实施的内部审计对审计问题的核实，一些财务管理人员从中学到了很多专业知识，摆脱了财务管理人员在支付工程款时完全依赖工程资料的情况。③提升了管理人员的责任心。审计发现的一些问题大部分是责任心的问题，通过对违规违纪行为进行处理和责任追究，确实对一些管理人员起到了震慑作用，起到了警钟长鸣的效果。如 2013 年系统年度审计发现湖北移民系统存在小金库的现象，这次行为没有主观意识上的违规，但还是责任心的问题，进行了严肃处理。再如 2014 年度发现中线水源公司违反公司内部管理制度未公开招标签订工程委托项目，都得到了严肃处理。通过这一系列的严厉处罚，系统内管理人员责任心确实有了很大提高。

五、南水北调系统内部审计的主要经验

经过多年不断的实践摸索和经验总结，国务院南水北调办逐渐形成了适合自身工作特点，满足工程建设资金监管需要的内部审计工作流程及规范，工作中总结的经验体会如下。

（一）建设高素质系统内部审计队伍，是组织开展系统内部审计工作的前提

高质量的审计成果取决于一支高素质的审计队伍，建设一支懂政策、会管理、有效率的内部审计队伍是做好内部审计工作的重要前提。由于国务院南水北调办是机构精简后新成立的机构，没有设置专门的内部审计机构，而且南水北调工程战线长、涉及单位多，需要监管的资金量大且分散，内部审计业务量较大，因此开展内部审计的工作方式只能采用政府购买服务方式，委托中介机构进行审计。为充分利用社会中介机构专业优势和相对独立性，发挥系统内部审计工作在南水北调资金监管中的重要作用，国务院南水北调办非常重视系统内部审计队伍的建设。一方面抽调专业骨干力量组成内部审计管理团队。2012年，国务院南水北调办抽调3名人员（其中高级会计师1名，中级审计师1名）组成工作团队，专职内部审计。专职审计人员具备丰富的财务工作经验和审计工作经验，能迅速抓住审计工作重点，制定恰当的审计工作策略，从整体上把控审计风险，为南水北调内部审计工作注入了重要的专业力量。分管领导重视审计队伍建设，时常召集审计人员学习讨论，自查工作不足之处；督促审计人员多学习、勤思考，提高专业素质。另一方面通过公开招标方式，按照公开、公正、公平原则，建立了南水北调系统内部审计中介构备选库，选择了素质高、审计能力强、社会信誉好、投标成绩排名靠前的25家中介机构，从事南水北调工程各项内部审计。从专业角度来说，被选出的中介机构都按招标要求，都具有丰富的基本建设财务和工程结算审计的经历，承诺派出的审计负责人和审计队伍专业结构和人员配备都比较科学，提出的审计实施方案有利于审计结果质量的控制，这些均为南水系统内部审计质量保证提供了专业力量基础。内部审计管理团队和中介机构力量组成合力，形成国务院南水北调办系统内部审计的队伍，为南水北调工程系统内部审计质量保证提供了必要的条件。

（二）明确具体的审计任务和要求，是确保系统内部审计工作顺利开展的基础

审计质量得以顺利实施的基础就是要提出明确的审计任务和要求，任何一项工作或任务，如果没有明确的具体任务要求和方向，再优秀的队伍和团队都无法实现工作目标。在利用中介机构开展系统内部审计工作的前提下，国务院南水北调办与中介机构之间是委托和被委托关系，且应通过委托审计业务约定书的方式，明确双方权力、义务和责任，审计业务约定书中的审计任务越具体、要求越清晰、责任越明确，越有利于审计的实施，也有利于对审计行为的考核和监督，还有利于约定审计任务的完成。为确保南水北调系统内部审计工作顺利开展，国务院南水北调办在多年探索和实践的基础上，建立了有效的工作机制，通过签订"委托审计业务约定书"的方式，明确每一项审计业务的任务和要求，对同类的审计业务均以制度的形式明确其审计任务和要求，针对特殊的任务要求，及时明确要求和工作方向。如资金使用和管理情况审计，每次审计任务时都在委托审计业务约定中详细约定，中介机构的责任和义务。在每次召开的审计工作布置会上，还会总结以前年度审计工作中的经验和不足，对中介机构和系统各单

位分别提出了有针对性的要求，要求中介机构参加审计的人员应全面准确理解审计内容、配备满足完成任务所需要的审计力量、审计方法或方式要得当、揭示问题要表达清楚、问题判断依据要准确、提出的整改建议要有可操作性等；要求系统各单位认真对待审计提出的问题、客观准确反馈自己的意见，做到边审边改。此外，为便于中介机构能准确理解和落实南水北调系统内部审计的要求，更好地落实"南水北调工程项目内部审计中介机构备选库招标文件"的要求，国务院南水北调办参考审计署印发的《内部审计控制规范》中的审计报告格式，结合"委托审计业务约定书"内容，制定了南水北调工程年度审计报告编制要求和年度资金审计报告参考范本，对各中介机构的审计报告的质量、内容和格式都作了详细要求，方便了中介机构的审计报告编制，明确了审计报告质量评价标准，提高了审计报告的可考核性。

由于明确了审计任务和要求，有效解决了实施审计的中介机构因对相同审计任务和要求不同理解而造成的质量影响，大大降低了系统内部审计管理人员的工作量，同时也大大提高了参与中介机构的业务自信，从而集中精力，能按要求有的放矢，提高审计质量。

（三）持续而全面地实施审计，是保证资金安全的重要举措

针对南水北调工程建设期长和资金运行环节多的特点，仅依靠一次性内部审计无法实现保障资金安全的目标，只对某些重要环节或领域进行重点审计也无法消除资金安全隐患。南水北调实践证明，只有对南水北调系统各单位每年实际使用和管理资金的行为实施审计，对资金运行的各个环节和各领域全面实施审计，对使用和管理每笔资金的行为实施审计，同时保持不间断且连续的审计，才能消除资金安全隐患。因此，从工程开工建设以来，国务院南水北调办每年都要对系统内各单位当年建设资金使用和管理情况进行审计，有效实现全面、持续审计。一方面体现在审计内容全面，审计内容覆盖了工程建设资金运行的招标投标、合同管理、监理执行、财务管理等各个环节，实现"资金流到哪里，审计就审到哪里"。另一方面体现在审计范围全面，被审计对象涉及项目法人、现场建设机构、各级征地移民机构以及村组织，最高峰期年度审计涉及的被审对象有 3306 个，包括项目法人、现场建设管理机构、各级征地移民机构和乡（镇）村级组织。再一方面体现在审计时间连续，工程开工建设后，内部审计监督就开始介入，且每年都会安排审计对当年使用的资金进行监督，同时审查当年的资金使用情况时，还会对上年度审计揭示问题进行复查，这样的内部审计行为一直没有间断，保持了资金审计的连续性，有效地防范了可能因时间间断给审计带来的风险。

通过持续而全面地实施审计，既有效督促各单位整改了各阶段、各环节和领域内的不规范行为，促进了各单位资金管理水平，又有效地消除了某些重要环节或领域进资金使用安全隐患，保证了南水北调工程建设资金的安全。

（四）审计报告质量控制制度是确保审计揭示的问题定性准确的重要措施

审计报告是中介机构的审计成果，也是考评审计质量的载体。建立审计报告质量控制制度或措施，并组织审计报告验收和考评，才能有效促进中介机构提交的审计报告符合质量要求，防止证据不充分、依据不对称和定性不准确的问题进入审计报告，保障审计揭示问题的准确性。为强化南水北调系统内部审计，充分发挥中介机构的作用，提高审计质量和水平，保障南水北调工程资金安全，根据相关法律法规和规章制度的规定，结合南水北调工程建设管理的实

际，国务院南水北调办在总结近年来系统内部审计经验的基础上，建立了一套完整的系统内部审计报告质量控制机制，包括：①实行扣减审计费用的制度。按照审计质量综合考评结果，依据合同约定，针对中介机构提交的审计报质量，扣减相应审计费用。②追究审计过失的法律责任。凡中介机构有"未采取必要的审计程序和方法，遗漏本次审计要求的内容，导致严重资金使用和管理问题未被揭示""隐瞒或掩盖审计对象存在的问题和整改结果，出具不真实或虚假的审计报告"以及其他过失行为的，依据合同承担相应的法律责任。③实行清退中介机构的制度。凡是中介机构在审计过程中有"经审计质量复审并证实中介机构的审计存在重大缺失或过失的""经省审计部门审计并证实中介机构的审计存在重大缺失或过失的""中介机构派出的审计组及其审计人员有违反审计纪律行为的""中介机构已承担审计过失法律责任的"情形之一的，一律从"南水北调工程内部审计中介机构备选库"清退，通报中国注册会计师协会，并在中国南水北调网上通报。

审计质量控制措施有效督促中介机构切实履行职责，对提高审计质量起到了很大的推动作用。

（五）建立审计责任追究制度，是防止遗漏甚至隐瞒存在问题的制度措施

虽然国家对中介机构的审计质量有明确的要求，行业管理也已经比较完善，中介机构自律情况绝大部分都较好，但事实上由于在委托中介机构审计过程中，委托方并不直接参与现场审计，面对只有审计结果，从而对于在审计过程中，是否存在因中介机构责任心不强或职业操守差等原因，出现遗漏重要问题或故意隐瞒重要问题的现象，一般是很难保证的。基于这种客观情形，要保证审计质量就要从审计质量控制保证机制上下功夫，即使再高效、再高素质的审计队伍，没有有效的质量控制机制来约束其行为，提高审计质量也将是空谈。

国务院南水北调办根据多年摸索的经验，结合南水北调实际情况，逐步建立了审计责任机制来约束中介机构的行为，通过与中介机构签订的审计委托业务约定书，明确中介机构承担遗漏或隐瞒存在问题的法律责任，凡经认定，中介机构存在遗漏或隐瞒存在问题过错的，不但要承担相应的法律责任，还要及时清退并公开曝光，从而能有效防止中介机构遗漏甚至隐瞒存在的问题。一方面从切断行为利益方面，通过要求中介机构自行解决审计期间的住宿、交通等方面的问题，避免与审计对象产生利益瓜葛，有利于保证审计的独立性。事实证明这一措施确实很有效。另一方面，要求中介机构对所出具的审计报告承担法律责任，如果被复审或其他审计查出有重大遗漏和隐瞒将承担法律责任，并要被清除出库。再一方面就是在审计报告的质量上下功夫，验收不合格的报告要被扣除经费，严重的将被暂停或停止下年度的接受业务委托的资格。

通过这一系列的控制约束机制，确实提高了各中介机构的责任意识，机制实施后，各中介机构加强了人员的配备，制定了落实机制的有效措施。

（六）始终把纠正和整改问题列为审计关键环节，是消除资金安全隐患的重要手段

南水北调系统内部审计最主要的目的是保障资金安全，必须将及时解决和处理内部审计揭示的问题作为重要的环节，并且要在此环节上下功夫，才有可能消除资金安全隐患。在南水北调系统内部审计中，国务院南水北调办建立了审计期间边审边改机制，要求各单位在审计期间

系统应尽可能将内部审计揭示的问题整改到位，提高整改率；建立审计揭示问题整改复核制度，在规定的审计揭示问题整改期限结束后，组织力量对南水北调系统各单位整改情况进行复核，督促相关单位将尚未整改到位的问题整改到位；安排下一年度内部审计对上一年度审计揭示问题整改情况再次复核。通过两次对内部审计揭示问题整改情况的复核，既能够督促相关单位将尚未整改到位的问题继续整改，又防止了已整改问题再次反弹，从而达到审计揭示问题全部得到纠正或整改到位，消除资金安全隐患。

此外，为加大各单位整改的力度，国务院南水北调办建立了审计揭示问题责任追究制度和审计揭示问题整改责任追究制度。通过实施审计揭示问题责任追究制度，对审计揭示问题能够纠正且不存在资金使用和管理方面风险的，明确审计对象应依据相关规定和要求纠正其错误的行为。对审计揭示的问题已无法纠正的问题，要求应查明原因、确认责任，追究相关责任主体和责任人责任；对审计揭示的问题涉及个人利益的，要求按规定追回钱物并追究责任人违纪责任；对审计揭示的问题属于违法违纪行为的，要求依据人事管理权限并按相关程序移送相关部门处理；凡具备移送司法机构处理条件的，移送司法机构处理。

通过实施纠正和整改问题的各项机制，有效地保证了各单位都能按时按审计意见，将审计揭示的问题整改到位。

第五节　审计机关审计

一、审计机关审计的地位

（一）审计机关的法律地位

《中华人民共和国宪法》确立了审计机关的法律地位。1982 年 12 月 4 日，五届全国人大五次会议通过的《中华人民共和国宪法》第九十一条规定"国务院设立审计机关，对国务院各部门和地方各级政府的财政收支，对国家的财政金融机构和企业事业组织的财务收支，进行审计监督。审计机关在国务院总理领导下，依照法律规定独立行使审计监督权，不受其他行政机关、社会团体和个人的干涉。"《宪法》赋予审计机关独立行使审计监督权，明确了国家审计机关的法律地位。国家审计是强制性审计，不管被审计单位愿意与否、是否申请，国家审计机关都有权力对任何有国家财政性资金的单位进行审计。

2012 年 12 月 4 日，习近平总书记在首都各界纪念现行宪法公布施行 30 周年大会上的讲话指出，全面贯彻实施宪法，是建设社会主义法治国家的首要任务和基础性工作。宪法是国家的根本法，是治国安邦的总章程，具有最高的法律地位、法律权威、法律效力，具有根本性、全局性、稳定性、长期性。任何组织或个人，都不得有超越宪法和法律的特权。一切违反宪法和法律的行为，都必须予以追究。

（二）国家审计是依法、独立开展的监督活动

审计监督是行政监督体系的重要组成部分，为了加强国家的审计监督，我国根据宪法，制

定并颁布了《中华人民共和国审计法》，国家实行审计监督制度。国务院和县级以上地方人民政府设立审计机关，开展国家审计，维护国家财政经济秩序，提高财政资金使用效益，促进廉政建设，保障国民经济和社会健康发展。审计机关依照法律规定的职权和程序独立行使审计监督权，对被审计单位进行审计监督，不受其他行政机关、社会团体和个人的干涉，并且作出的审计决定，被审计单位应当执行。

南水北调工程是国家重大基础设施项目，建设资金以中央财政资金为主，审计署依据《中华人民共和国审计法》第十七条"审计署在国务院总理领导下，对中央预算执行情况和其他财政收支情况进行审计监督，向国务院总理提出审计结果报告"的规定，直接负责南水北调工程的审计，监督国务院南水北调办支出预算管理、南水北调工程资金监管和投资控制水平以及南水北调工程建设管理等。遵循法律规定，地方审计机关原则上不对南水北调工程实施审计。

（三）国家审计指导和监督被审计单位的内部审计工作

审计机关在实施审计监督，揭示被审计单位存在的问题，督促整改的同时，能够强化被审计单位内部管理和防范风险意识，促进内部管理科学化水平，规范财政财务收支活动。

中编办批准的国务院南水北调办"三定方案"明确，国务院南水北调办有监督南水北调工程建设资金的管理和使用的职责，组织对南水北调工程及事业单位财务收支及有关经济活动审计。"三定方案"授权国务院南水北调办制定南水北调工程资金管理制度，建立健全南水北调工程资金管理和使用监管体系，指导和督促南水北调系统各单位加强资金管理，提高资金使用效率，针对南水北调工程及事业单位财务收支及有关经济活动开展内部审计，督促各单位纠正和整改审计揭示的问题，消除资金运行中的风险，保障资金安全。国务院南水北调办内部审计工作在国家审计中得到指导、监督和检验。

二、审计机关审计的实施

国务院南水北调办成立及南水北调工程开工建设以来，接受过审计署2次对南水北调工程的审计、3次对国务院南水北调办和直属单位预算执行情况的审计和1次对国务院南水北调办主要负责人经济责任的审计。审计署对国务院南水北调办履行预算管理、工程建设资金监督管理等职责给予肯定，同时也指出管理中存在的问题，促进了国务院南水北调办管理水平的提升。从审计署几次审计看，确定审计事项后组成审计组，发出审计通知书，开展审查、查阅、检查、调查等现场审计活动并取得证明材料，审计组提出审计报告并征求审计对象意见，审计机关审议出具审计报告，下达审计决定等审计程序。

（一）确定审计事项并组成审计组

审计署根据年度审计计划和国务院交办任务确定审计事项，并调查确定审计任务的工作量，组成审计组，实施审计。

1. 确定审计事项

预算执行情况审计属于常规性审计，审计署按照重要性原则，根据形势需要，作出安排。经济责任审计是受中组部委托开展的审计。对南水北调工程的2次审计，均是根据国务院交办任务确定的审计事项。

2. 审前调查，组成审计组

在进点审计前，审计署派出审计人员，按照审计事项的要求，进行审前调查，以确定实现审计目的和任务的具体审计内容、审计范围和工作难度，根据审计限定时间评估审计需要投入力量，并据此制定审计方案。

目前，审计署对国务院南水北调办审计采取过的审前调查方式有两种。一种是要求审计对象开展自查，在审计对象自查自纠的基础上，审计署顺着有关线索，按照审计基本方法和原则实施审计。2007年和2010年，审计署在开展2006年度和2009年度预算执行情况审计前，专门印发文件，要求被审计单位开展预算执行情况自查。另一种是审计署自行开展审前调查，制定详细的审计方案，依据方案实施审计。2007年对南水北调工程审计，这次是自工程开工建设以来第一次进行工程审计，鉴于南水北调工程责任主体多，涉及工程建设、征地移民、治污环保、文物保护等各个方面，审计署进行了3个月的审前调查，调查细致、深入，根据调查情况组织了10个审计署特派办200人参加审计。2012年对南水北调工程审计，针对南水北调工程开工建设近10年、完成投资上千万元、审计涉及主体多等情况，以及审前调查时间短的特殊原因，审前调查工作分成工程、移民、环保3个组分头开展，还专门组织拟参加审计的数百名审计人员集中培训，熟悉南水北调工程情况，先后有400多人参加审计。

（二）实施现场审计

1. 下达审计通知书

审计署在实施审计前，提前3天将审计通知书送达被审计单位，通知书写明审计任务、审计配合的内容（提供有关资料、必要的工作条件）、审计组人员（审计组组长、副组长和成员），通知书后附《审计"八不准"工作纪律》。

被审计单位接到审计通知后，必须按照通知要求，向审计署提供签章回执。

审计"八不准"工作纪律。由于审计工作是依法执法行为，要严格按照法律法规和规章制度对审计对象进行监督检查，为此，审计署非常重视审计人员执法行为，制定了《审计"八不准"工作纪律》，约束审计人员的行为，规范审计人员廉洁执法、文明执法。审计署在印发审计通知时，把《审计"八不准"工作纪律》作为审计进点通知的附件送达被审计单位，审计"八不准"工作纪律的内容是：不准由被审计单位和个人报销或补贴住宿、餐饮、交通、医疗等费用；不准接受被审计单位和个人赠送的礼品礼金、或未经批准通过授课等方式获取报酬；不准参加被审计单位和个人安排的宴请、娱乐、旅游等活动；不准利用审计工作知悉的国家秘密、商业秘密和内部信息谋取利益；不准利用审计职权干预被审计单位依法管理的资金、资产、资源的审批或分配使用；不准向被审计单位推销商品或介绍业务；不准接受被审计单位和个人的请托干预审计工作；不准向被审计单位和个人提出任何与审计工作无关的要求。

2. 召开审计动员会

审计组正式进点审计，一般要召开审计动员会。审计组成员和被审计单位分管领导及相关人员出席，审计组向在会上宣读审计通知，介绍审计任务，工作程序，对配合审计提出要求，同时还要将审计工作纪律向被审计单位宣读，公布举报电话，接受被审计单位和群众的监督，对违反纪律者予以追究，把纪律挺在前头。2012年，审计署对南水北调工程全面审计时的审计动员会是在审计署召开电视电话会议，审计署负责同志和国务院南水北调办负责同志出席主会场的会议，各审计署特派办、各省（直辖市）南水北调办有关人员在分会场参加了会议。

3. 开展审查、查阅、检查、调查和取证

审计人员根据审计方案规划的内容和范围，通过现场查阅被审计单位成立的批复文件、工作总结（含内设机构），以及以前年度巡视、审计、稽查、财政检查揭示问题和整改落实结果等基本材料，审查会计凭证和账本、招投标（政府采购）文件、合同资料，核对会计报表、银行对账单及银行存款余额调节表，询问了解工程建设情况，察看工程施工现场等必要的审计程序和手段，检查建设单位是否按照国家规定对项目进行有效的管理（包括基本建设程序和审批权限的履行、招投标制和工程监理制的执行等），工程量计量是否准确、套用定额是否适当、设备采购是否如实入账、计入成本的利息是否属于建设期的等，资金是否存在转移、挪用、闲置或不到位等情况，财务报表之间、账实之间的关系是否异常等。通过发现的问题线索进行调查，取得证据材料，完成审计任务的现场过程。

（三）审计报告

1. 审计组提出审计报告

按照审计程序，审计组对审计事项实施审计后，应当向审计署提出审计组的审计报告。审计组的审计报告报送审计署之前，应当按照法定程序征求被审计单位的意见。被审计单位应当自接到审计组的审计报告（征求意见稿）之日起 10 日内，将其书面意见送交审计组。审计组将审计报告和被审计单位的书面意见一并报送审计署。

2. 下达审计报告

审计署收到审计组提出的审计报告后，审计署法规司、政研室对审计报告以及被审计单位对审计报告提出的意见一并研究，进行审议，按照规定的程序提出正式审计报告。如果是被审计单位存在违反国家规定的财政收支、财务收支行为，依法应当给予处理、处罚的，审计署还要作出审计决定。

被审计单位接到审计报告和审计决定后，必须在审计报告和审计决定规定的期限内完成整改，并向审计署报送整改情况。

三、审计配合

为保障审计署审计的实施，国务院南水北调办依法做好配合审计的相关工作。

（一）国务院南水北调办高度重视，部署审计配合

（1）召开专题会议，研究配合工作。在每次审计署实施审计前，国务院南水北调办都要召开专题会议，研究布置审计配合，明确机关各司和各直属单位分工。审计配合工作由经济与财务司牵头，其他单位按照各自的职责予以配合，协助审计署做好审前调查工作，为审计人员提供审计所必要的办公和生活条件，及时提供审计需要的有关资料，如实回答相关的问询。

（2）在审计工作由资料收集转入调查取证阶段，国务院南水北调办领导还要召开专题会议，听取经济与财务司关于审计工作进展情况汇报，要求各有关单位要进一步高度重视，切实加强和沟通协调，积极主动配合审计部门做好相关工作。针对把握不准的问题，要及时商；

对取证材料有不同意见的要及时提出，要耐心与审计人员沟通，申诉理由，真诚交流，尽可能达成一致意见。

（二）积极配合，据实提供审计所需文件和资料

（1）国务院南水北调办经济与财务司精心做好审计前的各项准备工作，切实加强审计配合的组织领导，明确工作任务。一是将历次内部审计、稽查、专项检查等提出问题及整改情况整理成专门材料，供审计组参考。二是指导机关各司和直属事业单位以及项目法人、省级征地移民机构等相关单位，认真做好审前准备，特别是一些基础资料的整理。如财务账册、工作总结和国务院南水北调办成立以来制定的规章制度等与审计内容相关的基础材料。

（2）机关各司和直属事业单位确定1名处级领导担任审计联系人，负责日常的审计工作沟通和联络，保证联系通畅，资料提供及时。

（三）加强与审计人员沟通，如实说明情况

（1）及时提供审计材料，耐心说明审计问询。一是审计中，牵头单位会督促有关单位，提供资料要迅速，不要推诿拖延，即便有的材料因客观原因暂时无法提供，也及时说明情况，避免因提供资料、说明情况不及时、不完整引起不必要的误会。二是牵头单位根据审计组询问的要求，及时联系相关业务部门，如实介绍情况，不遮遮掩掩、弄虚作假。针对有的由于客观原因做的不是很规范的事情，说清楚原因，不是刻意违规。三是国务院南水北调办在解释问题时要有耐心，以理服人。对有的审计人员对南水北调工程不了解、提出的问题有偏差的，以真诚的态度耐心解释，以证据说理。

（2）按照分工，落实责任。各单位要对自己业务范围内的事情负责。涉及哪个单位的业务哪个单位就负责解释和说明。对需要签字确认的审计底稿，都要认真审核，严格把关，凡是与事实有出入或定性不准确的，不能签字确认，并向牵头单位反馈意见。

（3）在审计配合中，不仅仅是简单的要什么资料，提供什么资料，有时候还要主动商量探讨有关问题。如：在2012年南水北调工程资金审计中，审计人员既要对南水北调工程已完成的1400亿元投资进行审计，又要对初步设计阶段比总体可研阶段新增的几百亿元投资的合理性进行审核，为国务院决策提供依据。在审计中，国务院南水北调办及时将审计人员设计的各类表格，按照审计要求提供给各项目法人填报，同时，根据增加投资测算的需要，与审计人员沟通交流观点，在新增投资中的建设期贷款利息、价差、待运行期工程管理维护费、征地移民、重大设计变更等方面测算方法和条件不尽相同，分歧较小。国务院南水北调办在审计期间组织编制了增加投资筹措方案《关于报送南水北调工程增加投资及资金筹措建议方案的函》。

（四）征求意见，及时反馈

审计报告征求意见，是出具审计报告前的最后一次沟通，非常重要、十分关键，被审计单位对审计提出的问题和定性或文字表述存在不同意见的，一定要提出充分的理由，及时向审计署反馈。一是国务院南水北调办在历次审计署审计中都能够认真研究分析审计报告征求意见稿，与审计署作进一步沟通，及时反馈修改意见及理由，取得审计署理解。二是国务院南水北

调办针对审计问题涉及部门，及时会商国家发展改革委、财政部、水利部等有关部门，共同形成意见。

（五）纠正和整改问题

审计署审计报告、审计决定下达后，国务院南水北调办本着对党负责、对国家负责、对人民负责、对南水北调事业负责的态度，认真落实审计意见。

（1）认真研究审计意见，按职责划分整改责任。每次收到审计署审计报告、审计决定后，国务院南水北调办党组都是第一时间指示经济与财务司按照审计意见做好落实整改的具体工作，在经济与财务司提出的落实审计意见方案的基础上，召开主任专题办公会议，对照审计意见，逐项研究按照各单位业务权限分解的整改任务，确定整改责任。

（2）部署落实整改工作，切实将整改落到实处。国务院南水北调办经济与财务司根据办党组的要求和部署，负责组织相关单位研究整改措施，督促各单位在规定的时间内落实审计意见。一是针对审计发现的国务院南水北调办本级存在的问题，按照业务分工组织机关各司落实整改，在各司整改的基础上，由经济与财务司汇总并整理出落实审计意见的整改情况报告，经办领导审核批准或主任专题办公研究讨论通过。二是国务院南水北调办根据审计署向南水北调各项目法人下达审计决定和审计报告及向有关省（直辖市）送达的审计调查情况函和南水北调工程存在问题的审计移送处理书，召开有国务院南水北调办机关各司、各省（直辖市）南水北调办事机构、省级移民机构、各项目法人负责同志及有关人员参加的南水北调工程审计整改工作会，审计署固定资产投资司负责同志到会指导，研讨审计发现的共性问题，提出落实审计决定的具体措施。三是为督促和检查南水北调系统各单位落实审计署审计建议或整改意见，国务院南水北调办组织检查组，对照审计提出问题的清单（涉及工程建设、征地移民、治污环保）检查整改结果，能立即整改的是否已全部整改到位；对未整改到位问题是否研究提出了整改措施；未整改或未整改到位的原因及情况说明是否依据合理、充分。检查组织落实审计整改工作的开展情况，包括整改部署、措施和责任制落实情况。切实落实审计意见，把整改工作落到实处。

（六）为审计人员提供必要的工作条件

常言道"兵马未动，粮草先行"，为审计人员提供必要的工作条件，是保障审计顺利开展的重要前提。国务院南水北调办经济与财务司在审计进点前，事先与审计署沟通，了解审计组工作条件需求，根据审计组的需求列出清单，协调综合司，为审计组做好服务保障。

（1）办公场所。根据审计组人数、人员构成和分工及开展工作的要求，结合国务院南水北调办现有的条件，按照就近、方便联系、满足办公需求的原则，为审计组提供办公场所。一般情况下，审计组的主办公场所应安排在与配合审计工作的牵头单位办公地点相对比较近的房间，便于日常沟通和配合，其他各办公场所根据审计业务而定。

（2）办公设施和用品。审计组进点审计，不可能携带复印机、打印机等设备，通常情况被审计单位应当提前做好相应准备工作，一是为审计组配备必要的办公桌椅；二是为审计组办公场所接通电话，方便通信联络；三是提供上网条件，有的时候，因保密需要，审计组不能使用无线上网设备，应根据审计工作需要，提供足够有线网络的上网端口；四是每个办公场所配备一台打印机和传真机；五是在审计组主办公场所，配备复印机，方便材料复印。

（3）后勤服务。一是为审计人员提供用餐条件，一般是安排审计人员同本单位职工在同一就餐地点用餐，如果有条件，可以单独提供房间，供审计人员集中用餐；二是为审计人员提供信件邮寄和接收条件。

四、审计机关审计的作用

（一）推进南水北调工程前期工作进度，为南水北调东、中线一期工程可行性研究总报告批复提供重要的依据

国务院于 2002 年批复了《南水北调工程总体规划》，预计南水北调东线一期工程 2007 年建成，中线一期工程 2010 年建成。2002 年，随着东线一期济平干渠工程、三潼宝工程的开工建设，南水北调工程建设拉开了序幕。2005 年，国家发展改革委批复《南水北调中线一期工程项目建议书》和《南水北调东线一期工程项目建议书》，但是批复文件没有对工程总投资进行核定。时值 2007 年审计署对南水北调工程全面审计时，南水北调东、中线一期工程可行研究总报告尚未得到批准，南水北调工程累计批复概算总投资 321 亿元，设计单元工程 41 项，占 2008 年批复可研总投资 2546 亿元的 12.61%，占设计单元工程的 26.45%。

2007 年，审计署通过对南水北调工程的审计，全面评价了南水北调工程建设管理、资金管理等情况，并对南水北调工程可研阶段的投资规模测算，以及可研阶段较规划阶段投资增加的原因作出客观的分析和评价，审计署对南水北调工程的审计报告，为国务院决策提供参考，为南水北调东、中线一期工程可行性研究总报告批复提供重要的依据。2008 年，国务院批复了南水北调东、中线一期工程可行性研究总报告。同年，南水北调工程建设委员会确定了南水北调东线一期工程 2013 年建成并通水，南水北调中线一期工程 2013 年建成、2014 年汛后通水的建设目标。随后，前期工作进度加快，工程建设进入全面开工的高峰。

（二）推进解决南水北调工程总投资，为核定南水北调东、中线一期工程总投资提供了重大的依据

由于南水北调工程建设时间跨度大、线路长等因素，存在已批复的多数设计单元工程初步设计比可研阶段价格水平年滞后 4～5 年，恰好期间工程建设主材价格上涨幅度非常大；工程征地的亩产值、补偿及临时用地复垦单价提高；技术难题多导致工程技术方案调整等诸多情况，国务院南水北调办按照国务院南水北调工程建设委员会第六次全体会议精神，于 2012 年初提出了增加工程投资测算和资金筹措建议方案。

2012 年 4 月，审计署根据国务院的要求，对南水北调工程进行审计，全面审核了国务院南水北调办组织测算的南水北调工程增加投资方案，调查了南水北调工程的工程量完成情况、工程进度情况、投资使用和完成情况，并根据剩余工程量、工程材料价格指数、人工费用市场变动情况等，重新测算了南水北调工程需增加的投资，审计署的测算方法、条件与国务院南水北调办在部分项目基本一致，也有部分项目存在差异，总的测算结果比较接近。审计署向国务院报送的南水北调工程增加投资测算报告，为国务院核定南水北调东、中线一期工程总投资提供了重大的依据，2014 年，国务院批准南水北调工程新增投资 536 亿元。

（三）维护南水北调工程建设秩序，审计揭示了工程建设过程中出现的问题，提出纠正和整改问题的措施和意见

1. 问题揭示作用

通过审计，能够尽早揭示本单位财政收支、财务收支及工程建设管理和资金使用、投资控制等方面的问题，及时纠正管理不善、工作疏忽或失误产生的问题，避免国有资产流失，查处违法违纪行为，挽回损失，保证资金安全。

2. 风险防控作用

通过审计，发现预算管理、投资控制、资金使用中一些已经出现的倾向性、苗头性问题和各类已经显现的风险，或者发现资金运行过程中的薄弱环节和可能发生的风险，提醒我们对可能出现的风险进行准确的预测和判断，在风险还没有发生的时候就主动采取切实可行的积极措施，预防风险出现，避免问题发生，预防经济损失，有效地维护工程安全、资金安全，促进南水北调事业的发展。

3. 鉴证作用

通过审计，对本单位落实党的方针政策、坚持科学发展，以及财政收支、财务收支等方面的真实性、合法性和效益作出公正、客观的评价，对本单位或本系统工程建设管理、资金使用情况的合法性、合理性作出公正、客观的评价，是对本单位或系统贯彻落实党的方针政策、提高管理水平的鉴证。

4. 指导作用

通过审计，对本单位或本系统管理中存在的薄弱环节和隐患有了清醒的认识，经过整改存在的问题，促进相关人员熟悉和掌握有关法律法规，提高业务水平。

第六节　其他国家机关监督

中央预算执行、基本建设项目投资使用的监督管理，按照资金批准渠道和监督管理职责，涉及财政部、国家发展改革委、审计署等多个部门。如：国务院南水北调办及所属的 3 个事业单位作为全额拨款中央财政预算单位，预算编制、资产管理、财务收支等情况要接受财政部门的监督和检查，财政部门依据《中华人民共和国预算法》《中华人民共和国会计法》，不定期地对国务院南水北调办及所属事业单位进行检查。国务院南水北调办负责建设管理的南水北调工程为国家的重大建设项目，按照《国家重大建设项目稽察办法》，国家发展改革委负有对国家重大建设项目稽查的职责，南水北调工程属于国家发展改革委稽查范围。国家重大政策落实情况，要由国务院组织部门的多家单位联合开展执法检查。本节介绍的是中央预算执行、基本建设项目投资使用情况监督检查中除审计署专项审计以外的其他国家机关监督。

一、其他国家机关监督的地位

虽然其他国家机关监督的重点和角度都有一定的差别，但都会将南水北调工程资金使用和管理作为监督内容。

（一）国家重大建设项目稽查的地位

国家重大建设项目稽查制度，是 1998 年国务院机构改革时建立的，目的是加强对国家重大建设项目的监督，保证工程质量和资金安全，提高投资效益。国家重大建设项目稽察办公室设在国家发展计划委员会（国家发展和改革委员会），任务是监督被稽查单位贯彻执行国家有关法律、行政法规和方针政策的情况，监督被稽查单位有关建设项目的决定是否符合法律、行政法规和规章制度规定的权限、程序；检查建设项目的招标投标、工程质量、进度等情况，跟踪监测建设项目的实施情况；检查被稽查单位的财务会计资料以及与建设项目有关的其他资料，监督其资金使用、概算控制的真实性、合法性；对被稽查单位主要负责人的经营管理行为进行评价，提出奖惩建议。

为了加强对国家重大建设项目的监督，保证工程质量和资金安全，提高投资效益，国家计委制定了《国家重大建设项目稽察办法》，经国务院常务会议讨论通过，以《国务院办公厅关于转发国家发展计划委员会〈国家重大建设项目稽察办法〉的通知》（国办发〔2000〕54 号）印发。《国家重大建设项目稽察办法》对稽查工作的组织管理及应遵循的原则、稽查中发现问题的处理等进行了明确规定，使稽查工作的开展有法可依。

（二）财政监督检查的地位

财政部门实施基建项目预算执行情况核查、预算资产财务检查、拟编入预算的基本建设投资项目专项核查等监督检查，是依据《中华人民共和国预算法》等相关法律法规开展的。《中华人民共和国宪法》第六十二条规定全国人民代表大会行使审查和批准国家的预算和预算执行情况的报告的职权，第八十九条规定国务院行使编制和执行国民经济和社会发展计划和国家预算的职权。《中华人民共和国预算法》依据宪法对预算管理职权、收支范围、编制、预算审查和批准、预算执行、预算调整、决算作出规定，并在第九章监督第八十八条规定"各级政府财政部门负责监督检查本级各部门及其所属各单位预算的编制、执行，并向本级政府和上一级政府财政部门报告预算执行情况"。

财政部的财政监督检查，是强化预算管理的行为，对被检查单位的预算编制、执行政府采购、国有资产配置和使用管理、会计基础工作、账户管理、会计核算以及中央预算内基本建设支出预算编制、预算执行进行规范和指导。

二、其他国家机关监督的实施

自南水北调工程开工建设以来，国家发展改革委共组织开展了 5 次稽查，财政部开展了 2 次专项检查。

（一）国家发展改革委实施稽查的程序和方法

1. 稽查工作的程序

一是制定稽查计划，包括确定项目名单、选择稽查时间、制定稽查提纲。二是成立稽查组，按照稽查计划安排，深入项目现场，实施稽查。三是稽查报告的提交，包括项目建设和管理的基本情况、存在的主要问题、整改意见和建议，稽查报告实行重大项目稽查特派员负责制。四是稽查结果的处理，项目稽查后对存在问题的项目，要根据问题的严重程度，采取相应的措施进行处理。五是稽查整改的落实和复查，项目稽查后对存在问题的项目单位进行通报，责成限期整改，并进行复查，以期达到完善项目建设管理的目标。六是稽查工作的总结。七是稽查材料的归档。

2. 稽查工作方法

（1）稽查工作的基本方法。

1）经常性稽查：从项目可研报告审批之后开始进行，直到项目完成，对项目实行全过程监督。对于纳入经常性稽查的项目，一般每年要去两次现场稽查，其余时间通过建立实时监测系统对项目进行动态监控，必要时分阶段进行动态指标审核。

2）专项性稽查：根据工作需要，对某一个行业或某个省进行稽查。如根据国家重大经济政策需要，开展专项性稽查。

3）关键环节稽查：指对项目建设过程中，招标、投票、项目调整、竣工验收等关键环节，选择其中一个环节组织开展项目稽查。

4）个别性稽查：一般是完成临时交办的稽查任务，或者是从举报项目中选择问题比较严重的项目，进行单独稽查。

（2）现场稽查方法。一是计划分析法，对下达项目投资计划、项目资金与资金实际到位数进行分析比较，为进一步检查提供线索。二是矛盾分析法，有问题的项目不可能天衣无缝，通过比较和矛盾分析，从某一事项在各环节中的变化或者某种现象，找出问题。三是多角度分析法，从多个角度对同一事项进行比较，以判定各方面对最始结果的影响。如：检查工程质量，可从勘察设计、设备采购、参建单位资质、现场管理水平等方面进行考察分析。四是概算对照法，按照合法批准的概算，对照分析工程建设是否存在违规的情况。五是合同对照法，对照签订的合同内容，核对进展情况，从中发现是否有违规情况。六是工程量测算法，根据施工图与会计报表、统计报表对应的工程量、设备材料和资金使用额进行比较，查找有无虚报工程量。

（二）国家发展改革委对南水北调工程稽查

国家发展改革委在 2004—2010 年间共组织开展了 5 次南水北调工程稽查。分别是：2004年 4 月对南水北调东线山东干线有限责任公司负责建设管理的南水北调东线一期东平湖—济南段输水工程进行稽查；2008 年 5 月对南水北调中线水源有限责任公司负责建设管理的南水北调中线丹江口大坝加高工程进行稽查；2008 年 8 月对南水北调东线山东省截污导流工程进行稽查；2010 年 5 月对湖北省南水北调管理局负责建设管理的南水北调中线工程汉江兴隆枢纽进行稽查；2010 年 8 月对南水北调东线江苏省截污导流工程建设进行稽查。

1. 稽查采取方式

一是听取被稽查单位主要负责人有关建设项目的情况汇报，在被稽查单位召开与稽查事项有关的会议，参加被稽查单位与稽查事项有关的会议。二是查阅被稽查单位有关建设项目的财务报告、会计凭证、会计账簿等财务会计资料以及其他有关资料。三是对建设项目现场进行查验，调查、核实建设项目的招标投标、工程质量、进度等情况。四是核查被稽查单位的财务、资金状况，向职工了解情况、听取意见，必要时要求被稽查单位主要负责人作出说明。五是向财政、审计、建设等有关部门及银行调查了解被稽查单位的资金使用、工程质量和经营管理情况。

2. 稽查组织形式

按照《国家重大建设项目稽察办法》中"根据需要，可以组织稽查特派员与财政、审计、建设等有关部门人员联合进行稽查，也可以聘请有关专业技术人员参加稽查工作"的规定。国家发展改革委采取同国务院南水北调办组成联合稽查组对南水北调工程实施稽查。

3. 提交稽查报告

对建设项目进行的稽查工作结束后，稽查组应当主管部门提交稽查报告。稽查报告的内容主要包括：建设项目是否履行了法定审批程序；建设项目资金使用、概算控制的分析评价，招标投标、工程质量、进度等情况的分析评价；被稽查单位主要负责人经营管理业绩的分析评价；建设项目存在的问题及处理建议；其他需要报告的事项。

4. 下达整改通知

依据《国家重大建设项目稽察办法》，稽查中发现被稽查单位存在违反建设项目建设和管理规定的，可以依据职权，根据情节轻重作出处理决定。一是发出整改通知书，责令限期改正。二是通报批评。三是暂停拨付国家建设资金。四是暂停项目建设。五是暂停有关地区、部门同类新项目的审查批准。对涉及国务院其他有关部门和有关地方人民政府职责权限的问题，移交国务院有关部门和地方人民政府处理。对于南水北调工程的 5 次稽查，国家发展改革委和国务院南水北调办依据规定，向有关单位下达了整改意见。

（三）财政部实施财政检查的程序和方法

1. 财政检查的程序

一是制定检查计划，确定检查时间、检查内容、检查范围、工作要求。二是成立监督检查组，向被检查单位下达财政检查通知书，通知书应于财政检查实施前 3 个工作日送达被检查单位。三是实施现场检查，通过审查预算和决算报表，招投标和政府采购程序履行手续等，查阅会计账册、固定资产台账、会计凭证等，检查预算执行、资产管理等情况，察看库存现金、盘点固定资产等现场检查活动。四是现场检查的基础上取得相关结果的证据材料。五是出具监督检查报告并征求被检查对象意见，下达监督检查报告。六是被检查单位按照检查报告要求整改落实。

2. 财政检查的方法

一是实施财政检查时，检查人员可以运用查账、盘点、查询及函证、计算、分析性复核等方法。二是经财政部门负责人批准，检查人员可以向与被检查单位有经济业务往来的单位查询有关情况，可以依法向金融机构查询被检查单位的存款。三是检查人员应当将检查内容与事项予以记录和摘录，编制财政检查工作底稿，并由被检查单位盖章。

（四）财政部的监督检查

国务院南水北调办自 2003 年成立以来，财政部对南水北调系统开展的财务检查共有 2 次，分别是对国务院南水北调办 2009 年中央基建项目预算执行情况专项核查、2011 年对国务院南水北调办预算资产财务检查。

1. 监督检查方式

一是查阅被检查单位财务报告、会计凭证、招投标和政府采购文件、合同资料。二是核对会计报表、银行对账单、银行存款余额。三是盘点现金库存、资产以及必要的检查。四是向有关人员了解情况，听取说明。

2．检查组织形成

财政专项检查，财政部通常是按照属地管理的原则，组织财政监察专员办进行检查。对于评审方面的项目检查，一般是按照政府采购方式，委托中介机构实施。2011年对国务院南水北调办预算资产财务检查是由财政监察专员办实施的，对国务院南水北调办2009年中央基建项目预算执行情况专项核查是财政部委托中介机构实施的。

3．监督检查内容

（1）预算资产财务检查。重点检查了国务院南水北调办本级和所属政研中心、设管中心以及中线建管局中央行政事业单位2010年全年和2011年上半年预算、资产、财务等财政管理事项及2012年预算编制情况，核查2010年度决算账表一致性情况。包括：预算编制、预算执行、政府采购、其他预算管理，国有资产配置、国有资产使用和处置、国有资产基础管理、会计基础工作、银行账户管理、收入核算、支出核算、其他财务管理，报财政部的决算报表与编撰单位的决算报表有关数据的一致性、编制的决算有关数据与会计账簿的相关科目数据的一致性，三公经费控制和违规建楼堂馆所、津补贴政策执行、票据管理。

（2）中央基建项目预算执行情况专项核查。核查了南水北调中线一期漳河北至古运河南段工程和中线一期天津干线工程、沙河南至黄河南段工程2009年中央基建项目预算执行情况。核查的内容包括：项目用款前各项准备工作的进展情况（项目报批手续、土地、环评、节能评估审查等是否完备，招投标是否结束，用款计划是否编制，政府采购是否线束）；项目投资计划安排的合理性（是否安排了当年不具备开工条件的项目，当年安排的投资计划是否与当年项目投资需求或可完成工作量一致；项目实施计划和时间进度是否能够保证项目投资预算可执行）；项目预算执行情况（项目单位2009年预算实际支出情况、结转资金规模及造成预算资金结转的原因分析，结转资金2010年执行情况预计）。

4．监督检查报告

检查结束，检查组形成监督检查报告征求意见稿，在向被检查单位征求意见后，检查组将监督检查报告提交财政部。财政部依据检查报告下达检查结论和处理决定。

三、其他国家机关监督的配合

南水北调系统各单位重视国家机关监督检查，积极配合国家发展改革委稽查和财政部监督检查。

（1）据实提供监督检查所需文件和资料。一是国务院南水北调办和直属单位、有关建设管理单位按照监督检查通知要求，精心做好检查前的各项准备工作。二是各单位根据检查组的提出的清单，据实提供所需文件和资料。三是各单位指定联系人，负责沟通和联络，保证联系通畅，资料提供及时。

（2）被检查单位加强与监督检查人员的沟通。一是根据检查组询问，如实介绍和解释相关事项的实际情况，不遮遮掩掩、弄虚作假。二是在解释和说明情况中，以真诚的态度耐心解释、据理说明。三是认真研究检查报告征求意见稿，及时向检查组沟通情况、反馈意见。

（3）及时整改检查发现问题。被检查单位按照整改意见积极落实整改，国务院南水北调办和直属单位,以及有关省发展改革委、项目法人按照稽查或财政监督检查要求在规定的时限落实整改。

(4)为检查组提供必要的工作条件。被检查单位根据检查组工作需要,及时提供必要的办公场所、就餐条件,为监督检查顺利实施做好后勤保障。

四、其他国家机关监督的作用

维护南水北调工程建设秩序,促进南水北调工程资金使用和管理行为的规范。

(1)强化管理的作用。通过稽查和财政监督检查,及时发现国务院南水北调办预算管理及南水北调工程建设管理使用中存在的薄弱环节或管理缺失的部位和问题,强化支出预算和工程建设资金管理,改进管理方式方法,完善管理体制,提升管理水平和管理质量。

(2)纠正错误的作用。通过稽查和财政监督检查,及时发现和整改预算管理及南水北调工程建设资金管理使用、工程进度、工程监理、投资控制、重大设计变更报批、工程质量管理等方面的问题,确保工程质量、资金安全。

第七节　资金监管取得的成效和经验

通过资金一系列监管措施的实施,南水北调工程资金监管工作取得了较好的成绩,也积累一些有效的管理经验。

一、南水北调工程资金监管取得的主要成效

南水北调工程资金监管取得的成效总体来说有:南水北调系统各单位的账面资金控制在最低限度之内,资金供应满足了工程建设和征地移民工作的需求,既没有形成过多的滞留资金,也没有出现工程建设现场资金短缺现象,南水北调工程资金得到有效利用;没有出现内部制度性缺陷而引发的资金运行风险,资金运行程序规范和运行状况可控且高效;违法违规的资金行为得到了及时纠正和处理,没有引发违法违规违纪案件的发生。具体来说,南水北调系统资金监管取得的主要成效包括以下内容:

(一)南水北调工程资金得到有效利用

南水北调工程自 2003 年开工建设至 2014 年东、中线工程全部完工通水,各个阶段工程建设资金供应保持了良好的结存与需求结构比例,为国家财政节省了很多融资成本,也为项目法人节省了建设期贷款利息成本,同时,较好且持续地控制了各项法人和各级征地移民机构的账面结存资金,减少了资金浪费,大大降低了资金被挪用的风险。南水北调工程建设期间,资金使用单位均没有出现较大的资金挪用等违法违纪行为,最大限度地保证资金的存储安全和使用效益。

(1)工程开工初期,工程建设没有全面启动,工程建设资金的使用量还不大,但征地移民资金兑付和使用占据了该阶段工程建设资金使用的较大比重。由于根据南水北调建委会若干意见,征地移民资金依托沿线省(直辖市)实施包干管理体制,省级征地移民机构为主要管理单

位，实际要依托市县等征地移民机构，涉及资金使用的点多、面广，而且征地移民工作本身具有很强的不确定性，再加上基层征地移民机构存在多报资金盘子的传统习惯。因此，在此阶段，征地移民资金使用管理计划的预测统计就相当难以准确，且对基层各级征地移民机构的存量资金管理风险控制也是难中之难。国务院南水北调办一方面通过强制实施专户存储的制度要求，同时通过实施系统内部审计的方式持续加大对各单位多头开户、违规存储等不规范行为的查处力度，确保资金能够有效使用在征地移民工作上。另一方面通过适当增加各单位资金申请的频次，避免一次性多支付资金与实际使用需求脱钩的情况，尽可能地保证了资金拨付与实际资金需求的合理比例。

（2）2010年后工程建设进入高峰期，工程建设资金支付占据了全年资金量的绝大部分比例，施工单位为赶工通水加快了施工进度，项目法人和建设管理单位的资金支付要求明显增强，有的施工单位反映比较强烈，认为各项法人工程进度款支付缓慢。据此情形，国务院南水北调办组织项目法人同部分施工单位进行了座谈和调研，充分了解各项目法人和建设单位真实的资金需求情况，根据实际情况，加快了对相关项目法人的资金申请审核速度，确保了工程建设资单位的资金使用，同时也针对部分施工单位提出的不真实、纯属起哄的情况，要求项目法人进行合理疏导，既确保工程建设的合理需要，又保证了资金的有效使用。

（3）工程建设进入尾工收口阶段，项目法人和建设管理单位正常的工程进度款基本上已支付完毕，各单位的资金需求主要集中在变更索赔款的支付。征地移民机构的正常征地移民资金也基本兑付到位，主要剩下一些难以解决的问题。因此，该阶段的资金控制的难点，主要集中在存量资金的消化和风险管理。针对此阶段的资金使用特点，国务院南水北调办开展了专项调研，一方面督促各单位加快变更索赔的处理和征地移民支出的核销；另一方面通过内部审计持续查找了各单位存量资金的管理风险，及时要求省级征地移民机构将乡级以下的存量资金统一收回到县级征地移民机构统管，有效地化解或防范了存量资金被挪用的风险。

（二）资金运行程序规范和运行状况可控且高效

通过南水北调工程资金监管各项措施的有效实施，南水北调系统各单位资金管理没有出现内部制度性缺陷而引发资金运行风险，资金运行程序规范和运行状况可控且高效，具体来说有以下3个方面。

（1）国务院南水北调办从开工之日起就着手南水北调工程建设的内部制度建设，建立了涵盖资金计划预算、招标投标、合同管理、财务管理、会计核算、征地移民资金兑付、资金监管等一系列的内部管理制度，并在工程建设过中，根据发现的问题不断加强并完善。同时，项目法人和征地移民机构也依据国务院南水北调办的制度，制定了具体落实的内部管理制度，从制度建设上来说，实现了无缝衔接。截至目前，审计署及其他国家机关的审计，包括国务院南水北调办组织系统内部审计发现各单位存在的问题，都属于制度执行不到位方面的问题，没有发现一例是因内部制度在缺陷性引起的问题，所发现的问题均能纠正或整改，基本不存在给国家造成重大经济损失或对工程建设起到阻碍的情形。

（2）从资金运行程序规范程度来看，总体看来资金运行各个环节的程序都是可控且高效的。在招标投标环节，各项法人、各征地移民机构和建设管单位均认真执行了《招投标法》的相关要求，对于法定需要公开招标的经济合同签订行为，除因南水北调特殊情况，前期设计没有公开招标，以及专业原因电力专项没有公开招标外，其他的均基本依法履行了公开招标程序，历次审计也未发现有重大的程序违规情形。在合同管理环节，各单位均采用了统一制定的合同范本，合同条款符合建设部的要求，合同支付程序严格执行了建设部《基本建设工程价款支付结算程序》的要求，基本没有出现因支付不规范而引发的法律纠纷。财务和会计核算环节，各单位都严格执行了财政部《基本建设财务管理规定》和《国有建设单位会计制度》的要求，征地移民机构执行了财政部专门印发的《南水北调工程征地补偿和移民安置会计核算办法》的要求，财务核算程序规范。征地移民资金兑付环节，各级征地移民机构均认真执行了各省制定的资金兑付程序，基本没有出现虚报、冒领的现象，也没有出现因兑付程序不合理引起的群体上访的现象。

（3）从资金的运行状况来看是可控和高效的，目前各单位均没有发现重大违规使用资金的情况，基本实现了《南水北调工程建设资金管理办法》要求的专款专用；各项目法人承担的工程建设任务均没有出现资金短缺的问题，总体投资也是可控的。

（三）违法违规的资金管理行为得到及时纠正和处理，没有引发违法违规违纪案件

自 2004 年南水北调工程开工建设以来，系统内各项目法人、征地移民机构和建设管理单位每年都要自行进行单位内部审计，同时还接受国务院南水北调办组织的系统内部审计，除此之外，还不定期接受了国家审计署、财政部等国家机关的审计。每次审计均或多或少提出了在资金运行环节中的不规范问题，针对提出的问题，各单位都切实按照《南水北调违法违规行为处罚规定》进行了整改，对于较严重违规和违纪行为以及整改不到位的单位，国务院南水北调办都按《关于落实整改审计提出问题的责任追究的通知》的要求进行了责任追究。从工程建设期接受其他国家机关审计和中央巡视组专项巡视结果来看，审计发现的违法违规金行为都得到了及时纠正和处理，没有引发违法违规违纪案件的发生。

（1）通过纠正错误方式整改了程序不合规范的行为，如合同签订的内容不完善、合同执行不到位、资金支付审批程序不全、账务处理不正确、原始凭证不合规等不规范行为，均可以通过纠正错误的方式来改正，改正后可以达到化解风险的目的，但本质上又不造成资金损失和不良影响。

（2）对程序上不可通过纠正错误方式整改的行为，要求各单位务必查明原因，并要对责任单位和直接责任人进行责任追究，涉及严重违纪线索还将移送纪检和司法部门，这类问题主要涉及工程应招标未招标、不合理决策浪费国家资金、对违规分包转包监管不严等方面的问题，这类问题从程序上已无法补救，造成的损失只能通过责任追究来整改。

（3）违反制度造成资金损失的行为，通过限期收回的方式进行整改，及时挽回了国家损失，如南水北调系统外单位的挤占、挪用资金，不合理变更和索赔多支付参建单位工程款等。这些问题的整改能及时挽回国家的经济损失。

二、南水北调工程资金监管的经验

南水北调工程从开工至完工通水历时 14 年，投入建设资金 2847 亿元，涉及资金使用单位和组织 3142 个，其中，项目法人 6 个，现场建设管理单位 87 个，省级征地移民机构 8 个，省级以下征地移民机构 287 个，乡（镇）876 个，行政材 2176 个。如此大的资金规模，如此分散

的使用单位，资金监管确实存在很大的难度，但南水北调工程开工至完成通水，资金监管取得了良好成效，没有出现其他大型工程资金监管中暴露出来的缺陷，没有出现工程起来而干部倒下去的现象。整个南水北调系统资金管理没有出现系统性风险，确保了工程建设资金的安全和干部安全，同时还提高了资金使用效益，为国家节省了大量筹集资金的成本。南水北调工程资金监管能取得这样的成果，综合起来主要有以下 5 个方面的经验。

（一）建立完善的资金监管体系是实现资金监管的前置条件或基础

构建科学的管理体系是实现管理目标的前置条件和基础，只有符合自身的管理体系，各种具有特色的监管措施和手段才能充分发挥其实施效果。南水北调工程资金监管能够取得卓越成效、达到预期管理目标，主要是国务院南水北调办结合自身特点，创建了内部监管和外部监管相结合、资金使用管理审计和专项审计相结合、审计监督和纪检监督相结合的多维度监管工作机制，建立健全了事前、事中、事后、全面、系统的资金管理制度，构建了科学化、立体化的资金监管体系。

（1）内部监管和外部监管相结合的工作机制保证了监管的立体。由于南水北调工程涉及资金使用单位较多，特别是征地移民资金，涉及省、市、县、乡、村五级管理主体，监管难度很大，仅仅依靠国务院南水北调办的全面监管，难以保证工程建设资金的安全。因此，在资金监管体系的架构时，国务院南水北调办突出体现了项目法人和省级征地移民机构在资金监督管理中的主体地位，在建设资金和征地移民资金管理制度中分别确立了他们的监管责任主体地位，明确要求他们要履行本单位、本系统资金监管的职责。结合国务院南水北调办本级实施的全面监管，以及国家审计机关的审计监督，南水北调系统资金监管就形成了内部监管和外部监管的有机结合的立体式监管模式。

（2）资金使用管理审计和专项审计相结合的工作机制，实现了资金监管的持续、全面，同时形成了资金监管的高压态势。为保持资金监管的持续性和全面性，国务院南水北调办建立了资金使用管理审计工作机制，每年 3—4 月都会委托社会中介机构，对系统内各单位的上年度资金使用和管理情况进行一次全面审计。该类审计的连续实施，有效地保持了资金监管的持续，从时间连续上杜绝了监管盲区。在全面审计的基础，国务院南水北调办还要根据特定目的和任务，不定期组织专项审计，专项查找资金运行过程中特定环节的问题，由于是不定期和不定目的，在心理上又对各单位形成了监管的压力，有利于各单位绷紧资金监管不能放松的弦。

（3）审计监督和纪检监督联动工作机制，保证了资金监管的强化和深入。为推动资金监管的强化和深入，国务院南水北调办建立了内部监管联动机制，充分利用办公室受理的举报、纪检收到的举报、监督司发现的资金问题等多方面信息，有针对性地开展重点审计。

（4）全面和系统的资金管理制度，使资金监管措施的实施有了制度保证。围绕着资金运行的全过程，国务院南水北调办建立了一套覆盖资金运行全过程的资金管理制度，从制度上保证了资金监管措施和手段的有效实施，充分体现了南水北调工程的事前、事中、事后的全面系统监管。

（二）确保监管手段和措施得到有效实施，才能保障监管取得实效

光有机制上的资金监管措施和手段，但实际又没有推动和保障机制来做推手，监管措施和

手段最后只能是走过场。因此，想要保障监管取得实效，充分发挥资金监管的作用，切实实现资金监管的最终目标，还需要有措施推动和保障机制。国务院南水北调办为确保监管手段和措施得到有效实施，采取了一系列推动和保障机制，主要体现在3个方面。

（1）建立了严密的制度保证体系。为使得南水北调工程资金监管做到有法可依，国务院南水北调从工程开工之日起，就开始资金管理和监管方面的制度体系建设，制度建设涉及工程招标投标、合同管理、财务管理、征地移民资金、会计核算、工程价款支付、违规处罚、审计整改责任追究等资金运行中的各个环节。并且在工程建设过程中，根据资金监过程中反映出来管理薄弱环节，不断完善和强化相关制度，以达到制度无死角的效果。这种严密的制度保证体系，使得南水北调工程各种资金监管措施和手段的实施都有了制度作基础，监管中发现的问题都有判断和整改的依据。

（2）建立了有效的约束机制。为使得南水北调工程资金监管措施和手段能够真正起到监管的实效，国务院南水北调办建立了各种有效约束机制，如为控制各单位账面资金余额，建立了资金拨付与账面资金消化直接挂钩的约束机制，严格根据工程建设和征地移民工作进度及需求拨付资金，这种约束机制的实施，有效防止了各单位因资金无法消化而导致的账面资金滞留。又如，为体现南水北调工程内部资金监管的严肃性，国务院南水北调办根据国家相关财经制度制定了《南水北调工程违法违规处罚规定》，对南水北调工程资金管理中可能存在问题的处理和整改方式作了明确规定。同时，为体现题整改的严肃性，出台了《关于落实整改审计提出问题的责任追究的通知》，对审计提出问题的整改责任作了明确规定，提出将对审计整改不力单位明确实施责任追究措施。为强化南水北调系统内部审计，充分发挥中介机构的作用，提高审计质量和水平，保障南水北调工程资金安全，国务院南水北调办研究建立了南水北调系统内部审计约束机制，约束机制以把纪律和制度挺在前面为着力点，按照用纪律和制度规范内部审计行为，用规范促进审计质量和水平提升，明确了与南水北调系统内部审计相关单位的责任和义务，制定了审计质量问题扣费、审计过失的法律责任、中介机构清退等系统内部审计责任追究制度。这些约束机制的建立，客观上对南水北调工程各种资金监管措施和手段的有效实施起到了强大的推动和保障作用。

（3）建立了以高效组织机构和高素质人员为基础的队伍保证机制。资金监管措施和手段的有效实施，首先必须有高效率的组织机构和高素质的管理人员作保障。国务院南水北调办非常重视资金监管的组织机构建设工作，办机关专门设立财务审计室，专项负责系统内部审计工作和配合国家审计工作，并按高标准高要求配备了专职管理人员。同时要求各项目法人和省级征地移民机构，有条件设立内审专设机构的要设立专设机构，并配备高素质专业人才，即使没有条件设立的也要依托现有财务机构，配备高素质的专业人才。组织机构的完善和高素质审计管理队伍的建立为资金监管各项措施和手段的实施提供了有力的保障。

（三）资金监管要有始有终，才能保障资金监管有生命力

内部资金监管的真正生命力在于纠正或整改问题，及时堵塞管理漏洞。审计监督不仅要及时、准确地发现或揭示问题，还要客观公正地对问题产生的原因进行分析，最主要的是要提出纠正和整改问题的措施或方法，同时要监督存在问题的纠正或整改到位的落实。持续不断地开展资金监管，每一次审计、监督检查自始至终都把彻底整改到位作为目标，避免虎头蛇尾。为

此，国务院南水北调办建立了一系列工作机制来保障资金监管的生命力，主要有以下 3 个方面的工作机制。

（1）建立了客观定性问题的工作机制。审计监督过程中，国务院南水北调办要求中介机构必须按法律法规、规章制度的要求进行审计。现场审计工作要全面、扎实、细致、深入，对发现的问题要顺着资金流向开展审计，把问题摸清楚，并取得真实的证据或相关资料。反映的问题要做到事实清楚、依据充分、定性准确，整改建议或措施符合法律法规、规章制度的规定，并具有可操作性。

（2）建立了边审边改、及时整改的审计整改机制。凡是在审计期间能够纠正或整改的问题，审计对象应依据中介机构的意见或建议及时进行纠正或整改，并要整改到位。凡是已下达审计揭示问题整改意见或决定的，审计对象必须在规定的时间内，依据整改意见或决定纠正或整改到位。

（3）建立了审计揭示问题整改落实的两次复核机制。在审计揭示问题整改期限结束后，国务院南水北调办组成审计问题整改落实复核组，对当年南水北调系统各审计对象落实审计揭示问题整改结果进行一次全面的复核。在安排下一年度系统内部审计时，将复核审计揭示问题整改落实情况列入审计内容。

（4）实行了审计揭示问题整改责任追究制度。审计揭示问题在规定时间内未整改或未整改到位的，要追究未整改或未整改到位的审计对象的责任，追究责任的形式有两种，一种是诫勉谈话，并责令其限期报送整改情况或在复核前将未整改到位的问题整改到位。另一种是在南水北调系统内部通报，并责令其在限定时间内将未整改到位的问题整改到位。

（四）保持资金监管的持续实施，才能巩固资金监管的成效

三天打鱼两天晒网是无法保障资金监管成效的，只有持续、不间断地开展资金监管，并且做到无缝衔接和不放过任何时间发生的问题，才能保持资金监管的压力，监管成效就有保障。为此，国务院南水北调办建立了以资金使用管理审计为主、专项审计为补、完工决算审计把住最后关口的持续监管机制，有效地巩固资金监管的成效，具体来说有以下 3 个方面的监管机制。

（1）以资金使用管理审计为主要监管手段。从 2003 年南水北调工程开工以来，国务院南水北调办每年都要委托中介机构对项目法人、建设管理单位以及各省市南水北调征地移民系统当年工程建设资金或征地移民资金的使用和管理情况进行审计，重点查找当年资金使用中存在的问题和财务管理潜在风险。根据审计发现的问题线索，还需适当向以前年度追溯。资金审计过程中，还要对上一年度审计揭示问题的整改落实情况进行复核。该项审计从开工到工程完工通水从来没有间断过，即使在 2012 年需全力配合审计署实施全面审计的时期，都抓抢时间进行了资金审计。资金使用和管理审计的连续开展，从时间持续上来说，已实现了资金监管的无缝衔接，确保了国务院南水北调办对工程建设资金的全过程监管。

（2）以专项审计为辅助，查缺补漏。除了每年实施资金使用管理审计外，国务院南水北调办根据其他司局提供的线索或提出的配合要求，针对资金运行过程中的重点环节或者对重点单位还要进行专项审计，及时查找管理中存在的问题，责令相关单位及时整改，对严重违规的问题严格按规定进行责任追究。在整改问题的基础上，要求相关单位完善制度程序，及时堵塞管

理上的漏洞。国务院南水北调办各种专项审计的实施，从查缺补漏的角度强化了资金监管的效果。由于专项审计目的和时间的不定性，一定程度让各单位绷紧对资金监管的弦，保持了资金监管的压力，对整个南水北调工程资金监管起到了举足轻重的效果。

（3）利用完工决算审计守住最后关口。相对于资金监管来说，工程建设资金监管的最终完成，就是工程竣工决算通过审计署的竣工决算审计。因此，南水北调工程内部资金监管最后一道关就是完工决算审计。南水北调工程 155 个设计单元工程完工后，国务院南水北调办都要委托中介机构对其完工决算进行审计。审计不仅要依据《南水北调工程完工竣工财务决算编制规定》审核完工财务决算的完整性和准确性，还要对设计单元工程招标投标管理、合同管理、财务管理、征地移民资金管理、监理管理等资金运行的各环节，再次进行全面审计，督促各单位组织整改审计发现的问题，同时还要对该设计单元工程以前年度审计揭示问题的整改情况进行复核。完工决算审计的实施从基本建设流程来看，属于资金监管的最后一道关口，如果每个设计单元的完工财务决算审计都把住这一关，整个南水北调工程的资金监管工作才能完美收官，才能给党中央国务院交一份满意答卷。

（五）增强法纪的严肃性，才能保障资金监管的力度

想要保障资金监管的力度，就必须严格依据法律法规、规章制度来判别资金使用和管理行为，一旦存在以人情、关系或主观意志为标准判别资金使用或管理行为的，资金监管就不可能取得实效。为保障资金监管的力度，国务院南水北调办采取一系列保障措施，主要体现在以下3 个方面。

（1）建立保障中介机构独立性的机制。为保障中介机构独立开展审计，国务院南水北调办采取一系列约束措施：一方面要求中介机构在审计过程中，审计组及其人员必须遵守廉洁纪律，不准由审计对象支付或补贴住宿费、餐费；不准使用审计对象的交通工具、通信工具；不准参加审计对象安排的宴请、旅游、娱乐和联欢等活动；不准接受审计对象的任何纪念品、礼品、礼金、消费卡和有价证券；不准向审计对象提出报销任何费用的要求；不准向审计对象推销商品或介绍业务；不准利用审计职权或知晓的审计对象的商业秘密和内部信息，为自己和他人谋利；不准向审计对象提出任何与审计工作无关的要求。另一方面对国务院南水北调办系统内部审计管理人员进行了约束，凡审计对象和中介机构反映或举报有下列行为之一的，由国务院南水北调办纪检机关依据相关规定查处，包括干预中介机构独立审计的；接受中介机构或审计对象纪念品、礼品、礼金、消费卡、有价证券的；参加中介机构或审计对象组织的旅游、宴请或其他娱乐活动的。这些措施的实施有效地保障了中介机构的独立审计。

（2）营造系统内各单位和中介机构要依法、依规办事的氛围。为营造系统内各单位和中介机构要依法、依规办事的氛围，国务院南水北调办财务、纪检、监督等部门以身作则，严格遵纪守法，并通过对系统各单位进行培训、宣传等手段，营造一种依法、依规办事的工作氛围。在与中介机构的签订的合同中，制定了中介机构不依法审计的处罚条款，合同明确对提交的审计报告存在事实不清、定性不准确、处理建议不合理的要扣减审计费用；对于未采取必要的审计程序和方法遗漏审计要求的内容，导致严重资金使用和管理问题未被揭示；隐瞒或掩盖审计对象存在的问题和整改结果，出具不真实或虚假的审计报告等行为要求中介机构承担相应的法律责任。

（3）建立违法必究的问题责任追究机制。审计揭示问题能够纠正且不存在资金使用和管理方面风险的，审计对象应依据相关规定和要求纠正其错误的行为。审计揭示的其他问题，如属于已无法纠正的，应查明原因、确认责任，追究相关责任主体和责任人的责任；凡审计揭示的问题涉及个人利益的，按规定追回钱物并追究责任人的违纪责任；凡审计揭示的问题属于违法违纪行为的，应依据人事管理权限并按相关程序移送相关部门处理；凡具备移送司法机构处理条件的，应移送司法机构处理。

第八章　南水北调工程水价

本章重点介绍在南水北调工程总体规划和工程建设期间，研究南水北调工程水价政策的过程及其形成的成果；全面介绍南水北调工程成本的构成、成本核算的方式、成本测算的成果及其分析；全面介绍南水北调工程水价的影响因素及其分析、制定水价的基本原则、制定南水北调工程水价的程序、制定的南水北调水价总水平；阐述"两部制价格"机制的基本原理、南水北调工程"两部制水价"构建、南水北调工程"两部制水价"政策；重点介绍南水北调工程运行成本核算、定价成本监审，分析受水区水资源市场的变化和定期调整水价的制度；简要介绍河北、河南和山东3省制定配套工程水价的做法。

第一节　南水北调工程前期的水价政策研究

南水北调工程供水价格与南水北调工程的投资结构、工程运行体制、工程受益区的接受程度等因素直接相关，且相互影响，南水北调工程水价也就成为影响是否兴建南水北调工程的重要因素。在南水北调工程总体规划阶段，将工程水价政策问题列为专题研究，经过研究并确定南水北调工程实行"保本、还贷、微利"的定价原则，并同时确定实行"两部制水价"的机制。"保本"就是明确南水北调工程运行管理通过水费收入维持，不对工程运行进行财政补贴；"还贷"就是表示南水北调工程建设资金要通过向金融机构借款，工程建成运行后要通过水费收入来偿还金融机构贷款的本息；"微利"就是表明南水北调工程运行管理单位要有盈利，最少也不应该亏损。"两部制水价"机制就是为了保障南水北调工程建成后能够正常有效运行的经济制度，基本（容量）水费与工程规模（即工程调水能力）直接挂钩，也就是与受水区相关省（直辖市）承诺的用水量直接挂钩，从而抑制南水北调工程受水区相关省（直辖市）虚报用水需求并导致工程规模超过实际的需要。

一、研究目的及意义

（一）研究目的

南水北调工程是缓解我国北方地区水资源短缺、保证我国经济社会可持续发展的重大战略基础设施。从总体上说，南水北调工程的实施只是为实现水资源优化配置提供了前提条件，实施调水后，必然带来水权、产权等经济利益关系的变化，带来受水区水源结构的变化。为了充分发挥调水工程的功能与效益，实现水资源的优化配置，提高用水效率，就必须在国家宏观调控下研究实现水资源优化配置的经济手段，建立科学的政策体系。

在社会主义市场经济体制下，价格既是最重要的市场信号，也是最重要的资源配置手段。水价作为价格体系的重要内容，在优化配置水资源中扮演了重要角色。水价包含着水资源稀缺性、消费者的支付意愿和供水成本等重要信息，直接影响到消费者的消费水平和企业的利润预期，能够引导消费者和生产者调整消费和生产行为，引导水资源的重新配置。如果水价（包括水平和结构）不合理，既不利于节水和治污，也不利于受水区当地水资源和外调水的配置。

为了确保南水北调工程建成后的可持续运行，充分发挥南水北调工程效益，促进受水区相关省（直辖市）当地现有水源和南水北调水的优化调配使用，提高用水效率，有必要根据市场经济客观规律、国家改革的总体方向和要求，结合南水北调工程运行管理需要、受水区相关省（直辖市）的水资源特点和经济社会发展状况，研究建立切合实际的南水北调工程水价形成机制和供水价格政策。

（二）研究意义

开展南水北调工程水价相关问题研究，具有重要的现实意义。

（1）南水北调工程水价问题研究，是南水北调工程规划立项的前置条件之一。任何大型工程建设项目（包括南水北调工程），在规划立项审批阶段，除了要明确具体的工程建设方案外，还要明确工程建设资金筹措及今后的运行管理方案。南水北调工程供水水费是今后工程运行管理经费的主要来源。因此，规划立项阶段，研究提出合理的水价形成机制和供水价格制定原则，不仅是南水北调工程建成后良性运行的重要保障，也是审批工程规划立项的前置条件之一。

（2）南水北调工程水价问题，涉及多方面利益，备受关注。南水北调工程供水实行"谁受益，谁负担"的原则。对于受水区来讲，最直接的体现就是受水区相关省（直辖市）要按照受益水量和相应价格缴纳工程水费，并可能传导至终端用水价格。对于南水北调工程管理单位来讲，水费收入是其开展工程运行维护和偿还贷款本息的主要资金来源。因此，水价政策是否合理，既关乎南水北调工程的可持续运行，也关乎多方面利益。

（3）南水北调工程水价问题极其复杂，需开展专题研究。南水北调工程本身极其复杂，例如经营性和公益性并存，调水与防洪、排涝、航运、生态修复紧密结合，新老工程结合，投资主体多元化，调水线路长、跨几个省（直辖市）、分水口门众多等。同时，南水北调工程投资和贷款规模大，工程运行成本高，还本付息压力大。这些都决定了南水北调工程供水成本核算和水价制定的复杂性，有必要从南水北调工程总体规划阶段起就作为重要内容开展专题研究。

（4）南水北调工程水价问题研究成果具有十分重要的借鉴参考价值。南水北调工程水价问题研究成果，不仅可以为国务院有关部门研究制定南水北调工程通水后的供水价格政策提供参考依据，而且也可为受水区相关省（直辖市）推进当地水价改革提供参考意见。同时，随着经济和社会的发展以及水资源短缺程度的加剧，水资源不足将是我国经济与社会发展的长期制约因素。我国北方许多城市缺水已严重影响到人们的正常生活，实施调水成为北方许多城市解决水危机的重要选择之一。南水北调工程水价分析研究将为今后其他跨地区、跨流域调水工程的决策提供有价值的借鉴经验。

二、研究的主要内容

南水北调工程总体规划阶段，水利部组织对南水北调工程水价问题开展了一系列研究，于2002年1月组织编制完成了《南水北调工程水价分析研究》，作为《南水北调工程总体规划》的12个附件之一。其主要内容包括水价形成机制与分析方法、南水北调东线工程供水水价分析、南水北调中线工程供水水价分析、实现合理水价的措施和政策建议4大部分。

（一）水价形成机制与分析方法

主要是研究提出符合社会主义市场经济体制要求的水价形成机制和南水北调工程供水定价原则；阐明水价分析方法、用水户承受能力分析方法和测算依据的规程规范。

（二）南水北调东线工程供水水价分析

主要是根据国家有关水利工程供水水价的政策法规与南水北调东线工程规划方案，对调水工程的主要环节，包括水源区供水水价（出下级湖水价）、输水工程各省（直辖市）口门水价和与口门水价相对应的配套工程综合水价进行测算；在当时水利工程供水水价、用户水价和规划水平年供水城市的供水水源结构基础上，分析南水北调东线工程通水后对用户水价的影响，并进行用户承受能力分析。

（三）南水北调中线工程供水水价分析

主要是根据国家有关水利工程供水水价的政策法规与南水北调中线工程规划方案，对调水工程的主要环节，包括丹江口水库供水价格、输水总干渠各省（直辖市）平均口门水价和与口门水价相对应的配套工程综合水价进行测算；在当时水利工程水价、用户水价和规划水平年供水城市的供水水源结构基础上，分析南水北调中线工程通水后对用户水价的影响，并进行用户承受能力分析。

（四）实现合理水价的措施和政策建议

主要是通过前述三部分的分析研究，为了保证受水区相关省（直辖市）的原有水资源和南水北调工程调水的合理开发利用和调控，提高用水效率，实现南水北调工程良性运行、企业和居民水费支出合理、水价平稳过渡的目标，从制定合理的投融资政策、制定和实施合理的工程水价政策、加强水资源管理等方面研究提出了措施及政策建议。

三、研究的主要成果

《南水北调工程水价分析研究》是南水北调工程总体规划阶段在工程水价问题研究方面取得的最主要成果。该报告阐明了南水北调工程水价形成机制，明确了南水北调工程供水实行"还贷、保本、微利"的定价原则，并实行"两部制水价"机制，同时指出了工程供水成本费用组成、测算及分摊方法等内容，并根据南水北调工程总体规划阶段匡算的工程投资规模及资金结构，测算了南水北调东、中线工程的供水价格水平，最后也提出了相关政策建议。

需说明的是，由于南水北调工程总体规划阶段的研究是以工程规划与水资源规划为前提，主体工程的投资额、投资结构，特别是配套工程的投资额、投资结构只是总体规划阶段预测的数据，主体工程和配套工程运行费用是根据经验数据推算出的估算值，对工程通水后受水区的供需水结构是以 1999 年为基准年，根据各地发展规划进行预测，与将来的实际情况会有一定出入。《南水北调工程水价分析研究》中测算的工程水价，只是南水北调工程总体规划阶段对南水北调工程供水水价的预测。随着前期工作的不断深入，南水北调工程水价研究需要进一步完善。主要环节的最终水价需要根据南水北调工程供水量和供水成本费用，并考虑当时社会经济发展情况和用水户的承受能力，按照价格管理权限，分别由中央和地方价格管理部门商相关部门制定，经过法定的程序后实施。

因此，本节不重点叙述《南水北调工程水价分析研究》中关于南水北调东、中线工程供水价格水平的相关测算成果，而是重点介绍对今后开展南水北调工程水价问题研究具有重要指导意义的相关研究成果，主要包括：水价分析研究总体思路、水价形成机制、水价制定总原则、水价测算方法、用水户承受能力分析方法、主要结论和政策建议等内容。

（一）南水北调工程水价分析研究的总体思路

南水北调工程供水要通过南水北调主体工程［包括水源工程和水源到各省（直辖市）分水口门的输水工程两部分］、专用配套工程（由主体输水工程分水口门到自来水厂入口的专用输水工程）、城市制水配水环节（城市自来水厂和管网）到达用户。最终用水户的水价由水源工程、主体输水工程、专用配套工程和城市制水配水工程四个环节发生的成本、税金和利润，再加上污水处理费组成。按照价格管理权限和管理体制，水源工程供水水价和主体输水工程口门水价，将由国务院价格主管部门依法制定，并由水源工程管理单位和南水北调主体输水工程管理单位收取水费；配套工程口门水价和城市用水水价由所在省、市价格主管部门依法制定，并由有关单位收取水费。上述 4 个环节水价要分别独立核算。各环节水价根据上一环节水价和水量计算的原水成本，再加上本环节发生的成本、税金和利润，构成本环节水价。

在南水北调工程总体规划阶段，主要测算南水北调工程供水水价，包括水源工程水价和主体输水工程口门水价，根据估算的专用配套工程投资和运行成本预测南水北调工程调水到配套工程出水口水价，并将此水价与当时的水利工程供水水价进行比较，分析南水北调工程供水对用水户水费支出的影响。为了研究需要，南水北调工程总体规划阶段将几种水价作如下定义：一是水源工程供水水价，指东线工程入下级湖的水价和中线工程出丹江口水库陶岔闸的水价；二是南水北调工程供水水价，指南水北调主体输水工程分水口门水价；三是配套工程综合水价，指南水北调工程调水到专用配套工程出水口水价。

根据南水北调工程的实际和总体规划阶段开展水价研究的需要，确定水价研究的总体思路为：一是研究符合社会主义市场经济体制要求的水价形成机制和南水北调工程供水水价定价原则；二是测算水源工程供水水价和南水北调工程供水水价；三是测算配套工程综合水价；四是将配套工程综合水价与当地水利工程供水价格比较，测算对最终用户水价的影响；五是对用水户进行承受能力分析；六是根据用水户的承受能力分析和供水单位的供水成本，兼顾供需双方的利益，提出水价政策建议。

（二）社会主义市场经济体制下的水价形成机制

水资源具有自然属性和商品属性。水既然具有商品属性，就要遵循基本价值规律，调水、用水都要计算成本，调水工程更应有合理的供水价格。只有充分发挥水价对节水的杠杆作用，才能节好水、用好水、管好水。

在社会主义市场经济体制下，水价是配置水资源的重要经济手段，合理的水价不仅可以从空间和时间上配置水资源，缓解水资源时空分布不均的问题，还可以调整用水的水源结构，实现合理用水。通过调整水价来配置水资源，是依靠经济手段调整经济利益关系，使人们自觉地调整用水数量和结构，实现水资源优化配置。合理的水价形成机制对水资源优化配置、提高用水的效率和效益至关重要。

1. 市场经济体制下水价形成机制必须符合价值规律的要求

建立符合市场经济规律的水价形成机制，首先要转变观念，对水资源有一个全面的正确的认识。水资源有两种属性，一种是自然属性，一种是商品属性。水资源包括地表水、地下水，都是自然赋予的，具有自然属性。在商品经济社会，由于水的稀缺性和供水工程建设与运营的成本，水资源又具有商品属性。

正确认识水资源的两种属性，就要求我们自觉遵循自然规律和价值规律。建设水利工程，利用水资源为人类服务，必须按自然规律办事。人类改造自然，首先要认识自然，遵循自然规律，利用自然为人类服务，绝不能违背自然规律。在水资源问题上尊重自然规律的同时，要尊重价值规律。过去只把水作为自然资源，对水的商品属性认识不足，用水往往是无偿或价格太低，因而存在大量的损失浪费现象。供求关系决定商品价格。我国人均水资源少，北方地区就更紧缺。最稀缺的东西价格却最低，这违背了价值规律。只有遵循价值规律的要求，建立符合社会主义市场经济要求的水价形成机制，才能有效解决水资源问题。

2. 合理的水价必须以水资源的价值为基础

根据价值规律的要求，水价要以水的价值为基础，同时要反映供求关系。

（1）合理的水价要反映水资源的全部价值。市政用水、工业用水和除了降雨外的农业用水，都需要经过人类劳动加工处理，水价应该反映凝结在加工过程中的人类劳动，必然要包括生产厂商处理水（包括取水、输送和加工）的成本和产权收益，水价中这个部分称为工程水价。但是，处理水的成本并没有反映用水的全部机会成本，没有反映用水的全部价值。作为自然资源的天然水，虽然没有经过人类劳动加工，但人们要取得天然水资源，也要付出代价。这个代价包括其他用水者减少用水的损失，其他用水类别减少用水的损失。即使个人不付出代价，社会也会为此付出代价，这个代价就是水资源的稀缺价值，水价要体现水资源的稀缺价值，水价中的这个组成部分称为资源水价。如果水价中不包括资源水价，就没有反映用水的全部成本，必然造成用水者实际支付的成本小于用水成本中他必须负担的那一部分，导致水资源的不合理配置和浪费。同时，水具有溶解性，能够溶解许多物质。大量供给的水创造了一种低成本的吸收、稀释、运送废物和污染物的能力。水体由于其吸收能力，是一种重要的财产，而且是一种稀缺的共有或公共财产。向水体排污必须要为使用环境财产付费。由于用水必然会排水，会污染水体，污水要通过处理才能排放，因此消费者用水必须支付环境成本，水价必须反映水资源的环境价值。因此，完整水价应由资源水价、工程水价和环境水价三个部分组成。

（2）资源水价是水资源的稀缺租，是水权在经济上的表现形式。为了分析资源水价，通过考察零污染，即环境成本为零时的供求模型可以发现，在一个均衡市场模型中，水价通常要高于水处理的边际成本。供给曲线是向右上方倾斜的，意味着供水的边际成本随着用水量的增加而增加。进一步假设水处理成本为零，如果水资源没有稀缺性，供给可以无限制扩大，需求量将没有限制，价格会趋于零。但只要水资源是稀缺的，没有足够的水来满足人们无限制的需求，必然会出现价格上升以促进节约用水，价格一直会增长到总供给等于总需求。因此，即使水处理成本为零，在供求均衡时，水价也是正的。水价的这个组成部分就是资源水价。水的有效定价必须包含资源水价。

资源水价取决于水资源的稀缺程度，是对水资源稀缺程度的货币评价。各地水资源分布不均，稀缺程度不一，资源水价不同。稀缺程度高的地区，资源水价高；稀缺程度低的地区，资源水价低。

根据马克思的地租理论，资源水价可以理解为使用自然资源所应缴纳的租金。水资源开发条件是不同的，资源水价是由于稀缺性导致水资源开发中产生的绝对地租和级差地租两部分。地租理论与稀缺理论是一致的。绝对地租和级差地租都是土地稀缺程度在产出效果上的表现。

综合马克思的地租理论和市场经济理论，可以认为，资源水价的本质是水资源的稀缺租。资源水价从根本上体现了资源的稀缺价值。当资源稀缺时，一个人的使用减少了其他人使用的机会，现在较多的使用减少了将来使用的机会，因此，在使用资源的机会成本中要体现这种稀缺价值。

在市场经济体制下，为了合理使用稀缺资源，要规定使用资源的适当关系及破坏这些关系时的处罚，这类制度安排就是产权制度。水权是指水资源的所有权和使用权。《中华人民共和国宪法》第九条规定："水资源属于国家所有，即全民所有。"水资源的所有权有明确的界定。在此前提下，水权的重点在于水资源的使用权。取得水权是用水户利用水资源的前提条件。在水资源稀缺的条件下，取得水权就意味着取得经济利益，也应该支付取得水权的机会成本。《水利产业政策》（国发〔1997〕35号）也规定：国家实行水资源有偿使用制度。因此，要用水，首先要取得水权；要取得水权，就要支付水权的价格。水权作为一种制度安排，是与水资源的稀缺性紧密相关的。正是由于水资源是稀缺的，才有水权体系；反映水资源稀缺价值的资源水价，正是通过为取得水权的支付行为来实现的，从这个意义上看，资源水价是水权在经济上的实现形式。

资源水价的具体表现，可以是税收，如美国洛杉矶地区对开采地下水征收的税；也可以是费，如我国征收的水资源费，澳大利亚向从河流、湖泊中取水者征收的水权费，德国收取的水资源费；或直接作为价格的一部分。不论采取何种形式，其经济本质是资源的稀缺租，是水资源所有权在经济上的实现形式，是用水的社会成本的体现，而不是供水工程的建设管理成本的体现。我国水资源属于国家所有，所以水资源费（税）要由政府来征收、管理和使用，用于解决水资源短缺，以实现水资源优化配置。

3. 合理的水价形成机制必须反映供求关系的变化

供求关系的变化引起价格变动，价格变动又会引起供给和需求的变化，在价格与供求关系的相互联系和波动中，供求趋向一致，价格与价值趋向一致，价值规律的要求得到实现。作为价值规律的作用形式，价格必须随着供求关系的变动而变动。同样，水价也要反映水资源的供求关系。随着用水量的增加，水资源稀缺程度的提高，资源水价要不断提高，以反映增加的稀缺租；工程水价要提高，因为开发难度逐步提高，开发成本逐步上升，同时要增加投资利润，吸引更多社会资本投入开发水资源；环境水价要提高，以反映因环境自净能力下降而增加的治污费用。因此，在水资源稀缺条件下，在同类用水中，用水增加，用水成本也在上升，水价必须实行超额累进加价制度。满足不同类别用水优先次序不同，水价也不同。人们总是先满足基本生活用水，再满足享受型用水，因此高消费行业用水要实行高水价。

4. 社会主义市场经济体制下水价形成机制的基本原则

社会主义市场经济体制下的水价形成机制要符合价值规律的要求，有利于水资源的合理开发和使用，促进节水，提高水的利用效率，有利于防治水污染和改善生态系统，实现水资源的优化配置，以水资源的可持续利用，支撑经济与社会的可持续发展。

同时，水是一种特殊商品，是人们生活的基本必需品，在制定水价和排污收费标准时，也要考虑不同地方和不同消费群体的具体情况，水价的制定要考虑低收入群体的基本生活需要和承受能力，保障基本生活用水。根据前面的理论分析，新的水价形成机制要体现以下几个原则。

（1）以提高水的利用效率为核心的制定水价原则。最终用户水价应该反映用水的全部机会成本，包括资源价值、水处理成本和产权受益、环境价值 3 个部分，不仅要满足供水单位良性运行的要求，还要反映水资源的稀缺性和环境价值。

（2）受益者付费原则。受益者付费是市场经济的基本原则，任何从用水中受益的用户都要根据用水效益支付水费；排污也是一种消费，污水要经过处理才能排放，消费者应当支付污水处理费。

（3）合理负担原则。水价政策不仅关系到水资源配置和用水的效率，而且有收入分配效应。水价不能超过居民和企业的承受能力，维持生命必需的基本用水需求必须得到保证。

（4）同一用户、同质同价原则。对于同一用户、同一水质的水，不论水源是南水北调工程调水、现有地表水，还是地下水，一般应实行统一水价，这是协调不同用水户、不同水源用水，实现水资源优化配置的重要手段和保证措施。

（5）不同行业不同水价原则。不同行业的用水效益是不同的，不同行业的水价承受能力也不同，所以对同一地区不同行业实行不同价格，高消费用水实行高水价。

（6）定额用水、超定额用水累进加价原则。实行用水定额管理，超定额用水累进加价收费，以促进节水。

（7）价格调整原则。要根据供求关系的变化和供水、治污成本的合理变化不断调整水价。

（8）用户参与原则。根据《价格法》规定，水价的制定要增加透明度，扩大用户参与，实行水价听证会制度。水价的调整要接受社会监督，用水户参与有利于促进供水单位加强管理、提高效率，降低成本费用。

（三）南水北调工程水价制定总原则

研究南水北调工程供水水价定价原则，要把社会主义市场经济体制下水价形成机制的一般原则，与工程的实际结合起来。制定南水北调工程供水水价，首先要有利于节水，引导人们调整用水行为、改善用水结构、实现水资源优化配置；其次，要保证工程的良性运行。因此，水价要弥补供水全部成本、满足还贷要求，即做到"保本""还贷"。同时，南水北调工程供水水价不能太高，不能以盈利为目的，要实行"微利"政策。

主要考虑因素有：一是南水北调工程规模宏大，输水线路长，投资巨大，固定成本高，运行费用大，因此南水北调工程供水成本高于当地水源供水成本。工程通水后，形成当地地表水、地下水和南水北调工程调水多种水源供水格局。由于当地水源与调水的工程成本费用差别较大，为避免用水户出于经济利益考虑，不愿用调水，继续超采当地地下水，导致水资源和工程投资的浪费现象发生，同时为实现水价的平稳过渡，水价不能太高。二是对于供水城市，南水北调工程是受水区水源工程的组成部分，最终用户水价还要加上城市制水配水环节水价和污水处理费，水源工程供水水价在用户最终水价中的比例要合适，要为提高污水处理费留出空间。三是南水北调工程是特大型基础设施项目，主要依靠政府投入，不是一般的竞争性项目。

因此，南水北调工程通水后，为了实现：①工程的良性运行；②水价的平稳过渡，不会因为水价的大幅波动引发社会问题；③水源结构的平稳过渡，引导用水户合理使用当地水资源和调水，逐渐减少并最终停止超采地下水，并将挤占的环境和农业用水退还给生态环境和农业等目标，使南水北调工程充分发挥出最大效益，促进北方地区水资源的合理配置和经济社会可持续发展，制定南水北调工程供水水价要遵循以下主要原则。

（1）水价制定必须考虑受水区用水户的承受能力，水价不能超过用水户的承受能力。

（2）水价要保证工程的良性运行，做到补偿成本费用、偿还贷款本息、资本金合理收益、用水户公平负担。水价包括水资源费、供水成本和合理利润。南水北调工程供水水价是中间环节水价，没有排水发生，不考虑污水处理费。

（3）实行两部制水价。为了弥补南水北调工程的固定资产成本，减少运行风险，保证南水北调工程运行时的还本付息要求，要推行两部制水价，实行容量（或基本）水价与计量水价相结合的水价机制。同时实行定额用水、超额用水累进加价。

（4）南水北调工程运行期长，必须建立调价机制，根据水市场的供求关系变化和供水成本的变化情况，适时调整水价。

（5）用水户参与。水价的制定和调整要增加透明度，接受受水区相关省（直辖市）和社会的监督。

（四）南水北调工程水价测算方法

《南水北调工程水价分析研究》中明确了南水北调工程水价的测算方法，是南水北调工程总体规划阶段水价研究取得的重要成果之一，也为后续开展工程水价研究奠定基础。主要包括南水北调工程水价的构成、工程投资和供水成本分摊方法、主体输水工程口门两部制水价计算方法。简要介绍如下。

1．水价构成

按照南水北调工程总体规划阶段的水价法规和政策，水利工程供水水价由供水成本、利润和税金组成。供水成本包括供水生产成本和费用，供水生产成本包括供水生产过程中发生的水资源费、固定资产折旧、燃料动力费、直接工资、其他直接支出和应计入供水生产成本的各项间接费用等。费用是指为供水生产而发生的管理费用、销售费用和财务费用。利润和税金按相关规定计算。南水北调工程水价分析中，水源工程供水水价、南水北调工程供水水价和配套工程综合水价，属于水利工程供水水价，价格构成和取值如下。

（1）供水生产成本组成。供水成本按照国家财政主管部门和水利部的规定设置和计算。

1）原水费：水源工程原水费为需缴纳的水资源费；其他环节原水费根据上一环节的供水水价和供水量计算。南水北调中线和东线工程分别从湖北丹江口水库和长江江苏段取水，供水水价中必须包括水资源费，而且水资源费应由国家规定并收取。

2）固定资产折旧费：按固定资产价值和综合折旧率计算。

年折旧费＝固定资产价值×综合折旧率

固定资产价值＝固定资产投资＋建设期利息－无形资产－递延资产

综合折旧率按财政部规定的资产分类折旧率加权平均求得。

3）工程维护费：包括一般维修费和大修理费。根据不同类型的工程固定资产价值及其维护费率计算。计算工程维护费的固定资产价值不包括移民补偿工程投资、工程占地补偿投资及其建设期利息。

4）动力费：主要为抽水电费。根据电价和用电量计算。

5）工资及福利费：根据《水利建设项目经济评价规范》规定，并参考当时水电建设项目经济评价中对该项成本费用计算的规定，该项成本费用包括直接从事生产经营人员的工资、奖金、津贴、补贴以及福利费。水价测算中的年人均工资福利按有关标准计算，人员编制按规范计算。

6）管理费：供水管理部门为组织和管理生产经营而发生的费用。按工资及福利费的1.5倍计算。

7）财务费用（年利息支出）：包括固定资产贷款在运营期内的年利息支出和流动资金贷款利息支出。固定资产贷款期为25年，流动资金使用银行短期贷款，贷款利率按央行公布的相应期限贷款基准利率测算。

8）其他费用：按不包括折旧费和财务费用的上述各项费用之和的5％计算。

（2）税金。我国当时的水利工程供水基本上没有缴纳增值税，南水北调工程是国家水资源优化配置的战略性基础设施项目，建议免交增值税。所得税根据当时的有关政策，按利润的33％计算。

（3）利润。根据保本微利的原则，还贷期用折旧和利润偿还贷款本金，按照满足还贷要求计算利润，不考虑投资回报。考虑工程具有公益性和经营性双重性质，虽然工程不以盈利为目的，但为具有一定抗风险能力，还贷后按照资本金利润率1％计算利润。

2. 主体工程投资和供水成本分摊方法

由于水源区供水工程和总干渠输水工程的特点不尽相同，其投资和供水成本分摊方法也有区别。下面分别进行介绍。

（1）水源区供水工程投资和供水成本分摊方法。分为东线和中线工程。

1）东线工程在江苏省境内包括新增工程和现有工程（即江苏江水北调工程中为南水北调东线规划所利用的工程）。新增工程的投资和供水成本由南水北调工程供水承担；现有工程供水成本根据受益程度由南水北调工程供水和江水北调工程供水分担。

2）中线工程水源工程包括丹江口大坝加高工程和移民安置项目、汉江中下游相关工程。大坝加高和移民安置投资与供水成本，由供水分担。汉江中下游相关工程由中央投资，将来的运行管理由地方负责。

（2）总干渠投资和供水成本分摊方法。南水北调工程受水区各城市与水源工程的距离不同、需调水量不同，因此受益程度不同。在计算主体输水工程口门水价时，要根据总干渠各口门与水源工程的距离和需调水量，按照受益程度分摊总干渠固定资产投资和供水成本，在此基础上计算口门水价。

1）总干渠及配套设施投资和供水成本分摊原则。根据"谁受益，谁分摊"的原则，只为某一部门、某一地区服务的工程投资和供水成本由该部门、该地区承担；同时为两个或两个以上部门、地区服务的共用工程投资和供水成本由各受益部门、受益地区按其受益的比例分摊。

2）总干渠及配套设施投资和供水成本分摊方法。首先将各段工程分作专用工程和共用工程两部分，专用工程由受益段分摊。共用工程的投资和供水成本在进行各部门效益分摊后，再按照水量均摊法计算调水工程受益各段应分摊额；计算公式为

$$A_i = \left(\sum_{j=1}^{i} \frac{C_j}{\sum_{m=j}^{n} Q_m} \right) \times Q_i \qquad (8-1-1)$$

式中：A_i 为第 i 段应分摊的费用；C_j 为第 j 段参加分摊的总成本费用；Q_i 为第 i 个出水口应分调水工程的净水量；n 为区段划分总数；i 为顺调水方向分摊区段的编号；j 为第一段到第 i 段计算段的编号；$1 \leqslant j \leqslant i \leqslant n$。

说明：各段损失量总量乘以各段应分配水量的权重之和即为各段水量损失。

3. 主体输水工程口门两部制水价计算方法

南水北调工程总体规划阶段，参照 1998 年国家发展计划委员会、建设部发布的《城市供水价格管理办法》（计价格〔1998〕1810 号）规定，考虑到水利工程供水的特殊性，容量水价用于补偿供水的固定资产成本，计量水价用于补偿供水的运营成本。

$$P = P_容 + P_计 \qquad (8-1-2)$$

其中：
$$P_容 = P_{容基} \times Q_分 \qquad (8-1-3)$$

$$P_{容基} = (C_折 + C_利)/Q_分 \qquad (8-1-4)$$

$$P_计 = P_{计基} \times Q_实 \qquad (8-1-5)$$

$$P_{计基} = (C + T + R - C_折 - C_利)/Q_实 \qquad (8-1-6)$$

式中：P 为两部制水价；$P_容$ 为容量水价；$P_计$ 为计量水价；$P_{容基}$ 为容量基价；$Q_分$ 为规划分配水量；$P_{计基}$ 为计量基价；$Q_实$ 为实际取水量；C 为总成本费用；$C_折$ 为年固定资产折旧额；$C_利$ 为年固定资产投资利息；T 为税金；R 为利润。

（五）用水户承受能力分析方法

用水户水价承受能力分析包括居民生活用水水价承受能力分析、工业用水水价承受能力分析和农业用水水价承受能力分析。用水户的水价承受能力分析，要根据最终用户水价测算。南水北调工程供水到最终用户的水价由多个环节组成。由于各类水源的水进入自来水厂后，无法

区分是外调水还是本地水源供水，除了因水质不同带来的制水成本差别外，各类水源供水在制水环节和配水环节的成本费用基本上是一致的，对用水户水费支出的影响也基本一致。为了满足城市供水需要，受水区各城市在"十五"规划和城市水资源规划中都计划扩大自来水厂和管网规模，并对部分水厂和管网进行更新改造，这必然会带来城市制水配水环节供水成本的变化。这种变化主要是由于需水量扩大和对水质要求提高带来的。鉴于当时南水北调主体工程尚处于总体规划阶段，缺乏受水区城市自来水厂和管网改造的相关规划资料，研究单位主要是分析因南水北调工程供水带来的城市原水水价变化和水源结构变化对用户水费支出的影响，为领导决策提供依据。分析的前提是南水北调工程供水主要利用原有的城市自来水厂和管网。同时，南水北调工程供水后因水源工程供水水价变化和水源结构变化而发生的提价幅度要小于城市水价的提价潜力，为城市水厂管网扩建和改造留有调价空间。

南水北调工程供水水价高于当地水利工程供水水价，工程通水后供水城市的原水价格必然提高。水价测算依据的投资和运行费用均按照 2000 年价格水平估算，因此将原水水价提高幅度与当时现状水价的提价潜力进行比较，如果原水水价提高幅度低于当时现状水价的提价潜力，说明南水北调工程供水水价在用水户的承受能力范围之内。为了测算用水户合理水费支出水平，进而分析水价提价潜力，需要确定用水户水价承受能力的标准。

1. 居民生活用水水价承受能力分析标准

居民生活用水承受能力分析标准为居民水费支出占可支配收入的比重。《南水北调工程水价分析研究》中，通过计算居民水费支出占可支配收入的比重，并将此比重与合理水平相比较，来分析居民水价承受能力。同时，对低收入群体进行了专门分析。

根据世界银行和一些国际贷款机构的研究成果，家庭或个人水费支出占家庭收入的比重为 3%～5% 是可行的。1995 年我国建设部《城市缺水问题研究报告》中认为，我国城市居民生活用水水费支出占家庭收入的 2.5%～3% 比较合适。我国的一些调查研究表明，当水费占家庭收入的 1% 时，对居民的心理影响不大；当水费占家庭收入的 2% 时，将引起居民用水的重视，注意节约用水；当水费占家庭收入的 2.5% 时，将对居民用水产生较大的影响，可促使他们合理地节约用水；当水费占家庭收入的 5% 时，将对居民用水产生很大影响。对不同规模的城市，不同收入的用户应采取不同的水费支出水平，特大城市居民生活用水水费支出占家庭收入的比重为 3%，中等城市为 2.5%。因此，从国内外经验看，水费支出占居民可支配收入 2%～2.5% 是可行的。

为了进一步分析居民用水的水价承受能力，还可以对水、电消费作比较分析。水和电都是居民日常必需消费品，从生活的需求上看，水比电对居民生活的影响更大，连续停水会使人难以正常生活，甚至危及人们的生存。随着经济的发展，水资源日益稀缺，而电的供应已相对过剩。根据 1999 年城镇居民人均可支配收入、家庭人均消费性支出的抽样调查数据，测算水费和电费支出情况，测算表明，南水北调工程受水区居民水、电消费占可支配收入和消费性支出的比重大不相同，水费支出比重远远低于电费支出比重。水费支出占居民人均可支配收入的比重小于 0.6%，占消费性支出的比重也小于 0.8%，而电费支出占居民人均可支配收入的比重却为 1.36%～2.07%，占消费性支出的比重为 1.66%～2.71%。如果将居民的水费支出比重提高到与电费支出的比重相同，则水费支出占居民可支配收入的比重应在 2% 左右。这从一个侧面说明，当时水价有较大的调整潜力。

经过分析,《南水北调工程水价分析研究》中认为,水费支出占居民可支配收入的比重为2%左右比较合适,在水资源稀缺地区的北方地区,可以提高到2.5%左右。

2. 工业用水水价承受能力分析标准

工业企业对水价的承受能力主要根据工业用水成本占工业产值的比重来分析。《南水北调工程水价分析研究》中,通过计算工业用水成本占工业产值的比重,分析工业水价承受能力。同时对高耗水企业的用水承受能力进行分析。

根据世界银行和一些国际贷款机构的研究,当水费占工业企业生产总值的3%时,将引起工业企业用水量的重视;达到6.5%时将引起企业对节水的重视,达到8%～10%时,将促使工业企业不仅节约用水、合理用水,并主动开展污水资源化,减污增效。在水资源紧缺地区,适宜的水费支出可以促使工业企业节约用水、合理用水,并采取积极措施,提高用水效率。

考虑我国工业企业的实际,研究单位认为工业水费支出平均占工业总产值3%的标准偏高。根据原国家经贸委和建设部的研究报告,当时我国城市工业取水量545.5亿 m³,其中火力发电业288亿 m³ 的取水量全部来自于自备水源,其他城市工业取水量257.5亿 m³(其中47%来自于自备水源,53%由公共供水企业供给)。据此测算,城市工业用水的水费支出占城市工业总产值的比重约为0.6%,根据《中国统计年鉴2000》中工业企业的产值利润率数据推算,在其他条件不变的前提下,工业用水成本控制在工业产值的1.5%之内,可以保证工业的资本利润率高于银行贷款利率。当然,不同工业行业的取水量和成本结构不一样,不同地区的情况也有所差别,需要具体分析。随着国企改革的深入和经济的发展,工业企业的效率和效益不断提高,水价承受能力会不断提高。同时,我国工业企业用水效率较低,节水潜力很大。与国外先进水平相比,我国工业万元产值取水量是发达国家的5～10倍;工业用水重复利用率不到60%,仅为发达国家70年代的平均水平,与多数发达国家90%以上的现状水平相比差距很大;国内不同地区、不同行业和不同企业用水效率的差异也非常悬殊,说明节水仍有较大潜力。提高水费支出在工业总产值中的比重有利于促进工业企业合理用水,采取节水措施也有利于缺水地区根据水资源承载能力,调整产品结构和产业结构。经过比较分析,《南水北调工程水价分析研究》中选用工业水费支出占工业产值的比重为2%作为分析工业水费支出的标准。

(六) 主要结论和政策建议

1. 主要结论

《南水北调工程水价分析研究》中的研究成果表明以下内容。

(1) 在国家投入大量资金作为南水北调工程资本金的前提下,按照"还本付息、收回投资、保本微利"原则测算出的南水北调工程供水水价在用水户承受能力范围之内。南水北调工程通水后,由于南水北调工程供水带来的原水价格和水源结构变化对最终用户水价的影响远小于当时现状水价的提价空间。

(2) 工程采取45%贷款、55%资本金的投资结构是可行的。南水北调工程作为关系到国家可持续发展的特大型基础设施项目,应该加大政府投入的力度。从水价分析结果看,为降低水价采用水费偿还占工程投资20%的贷款本息是比较合适的。

（3）农业用水难以承受南水北调工程供水成本水价。农业用水可通过节水和将原城市挤占的农业用水退还给农业予以解决。

2. 政策建议

南水北调工程通水后，由于工程投资大、工程路线长等原因，调水水价高于当地水利工程供水水价。如果水价结构不合理，用水户从自身的短期经济利益出发，愿意多用当地水源，这不仅不利于改善水环境、实现可持续发展的目标，而且还会造成南水北调工程投资的浪费。按照"先节水后调水，先治污后通水，先环保后用水"的原则，为了保证受水区内原有水资源和南水北调工程调水的合理开发利用和调控，提高用水效率，实现南水北调工程良性运行、企业和居民合理水费支出，以及水价平稳过渡的目标，要根据社会主义市场经济体制的要求、项目区水资源特点和经济社会发展状况，制定合理的投融资政策，制定并实施合理的水价，用经济手段促进用水户合理使用南水北调工程调水、当地地下水和地表水。同时必须按照水资源统一调度、统一管理的目标改革当时现行的水资源管理体制，用必要的行政和法律手段遏制地下水的超采和地表水的过度开发。《南水北调工程水价分析研究》中提出要采取以下政策建议。

（1）加强宣传教育，提高全社会的水商品意识和节水意识。

（2）按照"还本付息、收回投资、保本微利"的原则制定南水北调工程水价，逐步实行两部制水价。

（3）制定和实施合理的南水北调工程投资政策，保证南水北调工程水价适应受水区经济社会发展状况和居民企业的承受能力。

（4）采取多种措施，降低供水价格。

（5）建立新的水价形成机制。

（6）逐步提高水利工程供水水价和城市自来水水价，保证通水后水价平稳过渡。

（7）合理兼顾农业用水。

（8）加强水资源的统一管理和调度，在受水区城市实行当地水和外调水统一配置。

（9）制定相关政策法规，促进南水北调工程良性运行。

四、研究成果的价值

《南水北调工程水价分析研究》作为南水北调工程总体规划阶段在工程水价研究方面取得的最主要成果，其主要价值包括以下内容。

（1）为党中央、国务院决策兴建南水北调工程提供了重要技术支撑。南水北调工程是社会主义市场经济条件下兴建的重大基础设施项目，规划立项阶段，除了要明确工程建设方案外，还应明确工程建成后的运行管理方案。水价分析研究成果，明确了南水北调工程水价形成机制和定价原则，明确了工程供水水费收入是今后工程运行管理经费的主要来源。水价分析研究成果与其他专题研究成果，一起构成了南水北调工程总体规划立项审批的重要技术支撑。

（2）确立了制定南水北调工程水价的总原则及测算方法。南水北调工程总体规划阶段，明确提出南水北调工程水价实行"保本、还贷、微利"原则和两部制水价机制，特别是在还贷期，水价必须满足还贷要求，避免国家和企业背上包袱。同时，还提出了南水北调工程供水成本核算、分摊和水价测算的具体方法，也提出要根据工程实际运行成本的变化情况，适时调整水价。这是南水北调东、中线一期工程可行性研究阶段开展水价问题研究，以及国务院有关部门研究制定工程通水后实际的水价政策的重要依据及基础。

（3）确立了受水区水价改革的方向。南水北调工程总体规划阶段提出，由于受水区相关省（直辖市）当时存在较大的水价提价空间，应当逐步提高受水区各地方现状的水利工程供水水价和城市自来水水价。要以同区同价为目标，较大幅度提高当地的地下水和地表水的水资源费，缩小不同水源供水的比价关系，合理调整水的配置、供需关系，为南水北调工程通水后实现工程水价与受水区当地水源水价的顺利衔接、过渡指明了改革方向。

第二节　南水北调工程成本

在政府定价过程中，成本是价格的基础因素。在南水北调东、中线一期主体工程建设期间，如何相对准确地确定南水北调工程成本是尤其重要的一项任务。本节主要介绍南水北调工程供水成本的具体构成、测算方式和测算结果。

一、成本构成因素

理论上讲，水利建设项目总成本费用包括项目在一定时期内为生产、运行以及销售产品和提供服务所花费的全部成本和费用。既可以按经济性质分类计算，也按经济用途（会计成本）分类计算。

（一）按经济性质划分

总成本费用包括燃料材料及动力费、人员工资及福利费、工程维护费、固定资产折旧费、摊销费、利息净支出及其他费用等项。

（二）按经济用途（会计成本）划分

总成本费用应包括供水生产成本、销售费用、管理费用、财务费用等项。

1. 供水生产成本

供水生产成本是指正常供水生产过程中发生的直接工资、直接材料、其他直接支出以及固定资产折旧费、修理费、水资源费等制造费用。

（1）直接工资。包括直接从事供水工程运行人员和生产经营人员的工资、奖金、津贴、补贴，以及社会保障支出（包括社会养老保险、社会失业保险、社会医疗保险、社会救济和其他如工伤保险、生育保险、优抚保险、社会福利、职工互助保险等社会保障项目的支出等）。

（2）直接材料。包括供水工程运行和生产经营过程中消耗的原材料、原水、辅助材料、备品备件、材料、动力以及其他直接材料等。

（3）其他直接支出。包括直接从事供水工程的运行人员和经营人员的职工福利费以及供水工程实际发生的工程观测费、临时设施费等。

（4）制造费用。包括供水经营者从事生产经营、服务部门的管理人员工资、职工福利费、固定资产折旧费、租赁费（不包括融资租赁费）、修理费、机物料消耗、水资源费、低值易耗品摊销、运输费、设计制图费、监测费、保险费、办公费、差旅费、水电费、取暖费、劳动保护费、试验检验费、季节性修理期间停工损失以及其他制造费用中应计入供水运行的部分。

2. 销售费用

销售费用是指供水经营者在供水销售过程中发生的各项费用。包括应由供水单位负担的运输费、资料费用、包装费、委托代销手续费、展览费、广告费、租赁费（不含融资租赁费）、销售服务费、代收水费手续费，销售部分人员工资、职工福利费、差旅费、办公费、折旧费、修理费、物料消耗、低值易耗品摊销及其他费用。

3. 管理费用

管理费用是指供水经营者的管理部门为组织和管理供水生产而发生的各项费用。包括供水单位管理机构经费、工会经费、职工教育经费、劳动保险费、待业保险费、咨询费、审计费、诉讼费、绿化费、土地（水域岸线）使用费、土地损失补偿费、技术转让费、技术开发费、无形资产摊销、开办费摊销、业务招待费、坏账损失、存货盘亏、毁损和报废（减盈亏）等。其中供水单位管理机构经费包括管理人员工资、职工福利费、差旅费、办公费、折旧费、修理费、物料消耗、低值易耗品摊销及其他管理经费。

4. 财务费用

财务费用是指供水经营者为筹集资金而发生的费用，包括供水经营者在经营期间发生的利息支出（减利息收入）、汇兑净损失、金融机构手续费以及筹资发生的其他财务费用。

对南水北调东、中线一期主体工程来讲，在南水北调工程竣工财务决算得到最终批复之前，工程的固定资产价值仍然未核定，不具备准确核定工程运行成本的基本条件，工程供水成本只能通过工程投资、管理人员规模、贷款本息支出等来测算工程运行成本。因此，从南水北调工程总体规划阶段开始，南水北调东、中线一期主体工程的供水成本费用均是按经济性质进行划分并进行测算的，即工程供水总成本费用主要分为燃料材料及动力费、人员工资及福利费、工程维护费、固定资产折旧费、摊销费、利息净支出及其他费用等项。

二、成本测算方式

根据 2008 年国务院南水北调工程建设委员会第三次全体会议确定的工程建设目标：东线一期工程 2013 年通水；中线一期工程 2013 年主体工程完工，2014 年汛后通水。据此，按照国务院的要求，国家发展改革委会同财政部、水利部、国务院南水北调办于 2011 年起着手启动南水北调东、中线一期主体工程运行初期供水价格政策的研究制定工作。研究过程中，基本沿用了东、中线一期工程可研阶段确定的工程供水成本费用（包括水资源费、材料燃料及动力费、固定资产折旧费、工程维护费、工资福利及劳保统筹费和住房基金、工程管理费、利息净支出和其他费用）测算方法，同时也根据经济社会发展的实际情况，对部分成本参数取值作了调整。

（一）东线一期工程

1. 成本费用构成及测算方式

南水北调东线一期工程是在原江苏省江水北调工程的基础上扩大规模、向北延伸。国家发展改革委研究制定东线一期工程运行初期供水价格政策时，沿用了东线一期工程可研阶段确定的成本费用项目。

在 2005 年 12 月水利部组织编制完成的《南水北调工程东线第一期工程可行性研究总报告

经济分析》(简称《东线水价分析》)和 2008 年 2 月水利部组织编制完成的《南水北调东线一期工程供水成本及供水水价补充分析》(简称《东线水价补充分析》)中,供水总成本费用均包括新增工程的成本费用(扣除专门为排涝增加项目的成本费用)和现有工程(即原江水北调工程中已有的工程项目,包括河道、泵站等,下同)中为南水北调增供水量服务的成本费用两部分。成本费用构成包括水资源费、固定资产折旧费、工程维护费、管理人员工资福利费、工程管理费、贷款年利息支出、抽水电费和其他费用等。

国家发展改革委研究制定东线一期工程运行初期供水价格政策时,在东线一期工程可研阶段确定的成本费用项目的基础上,根据经济社会发展的实际情况,对人员工资标准、贷款利率、抽水电价等参数取值作了调整。具体成本费用构成及有关参数取值如下。

(1)水资源费:根据国务院批复的《南水北调工程总体规划》,水资源费按国家统一规定收取,在国家未制定统一规定前,暂不计水资源费。工程运行初期供水价格政策研究制定时,根据《水资源费征收使用管理办法》(财综〔2008〕79 号)第六条关于"按照国务院或其授权部门批准的跨省、自治区、直辖市水量分配方案调度的水资源,由调入区域水行政主管部门按照取水审批全线负责征收水资源费"的规定,在实际测算供水成本时并未计列水资源费。

(2)固定资产折旧费:采用直线折旧法计算,由固定资产额乘以综合折旧率测算。按照《水利建设项目经济评价规范》(SL 72—94)对水利固定资产分类折旧年限的规定,折旧年限采取土建 50 年、机电设备 25 年、金属结构 30 年,输变电及其他设施 20 年。综合折旧率为各类固定资产的折旧率加权平均而得,泵站为 2.6%,河道为 2.0%(现有河道的折旧按 1.0% 计算),供电、通信设施和水情水质监测系统为 5.0%。

(3)工程维护费:包括一般维修费和大修理费,根据《水利建设项目经济评价规范》的规定,按固定资产值(扣除占地补偿费和建设期贷款利息)乘以维护费率考虑。泵站、供电、通信设施和水情水质监测系统的维护费率为 2.5%,现有河道维护费每公里 6 万元(供水功能分摊 1/3,每公里 2.0 万元),新开河道维护费率为 1.0%。

(4)管理人员工资福利费:即东线一期工程可研阶段确定的工资福利及劳保统筹费和住房基金,按照管理人员数量乘以年人均工资福利费标准测算。本着实事求是的原则,按照《水利工程供水定价成本监审办法(试行)》(发改价格〔2006〕310 号)中的有关规定,以各省(直辖市)2011 年国有独立核算工业企业平均工资水平为基础,按 CPI 每年上涨 3%,预计了 2013 年(东线工程通水年)的人均年工资标准,其中山东 46116 元、江苏 58903 元。同时,根据受水区有关省(直辖市)企业实际缴纳的平均福利费标准,按工资总额的 62% 计提了企业应缴的福利费、劳保统筹、住房公积金等各项费用。管理人员数量,根据已批复的东线一期工程管理专项初步设计报告确定的人数计算,其中江苏境内工程 2306 人、山东境内工程 1330 人、苏鲁省界(际)工程 308 人,合计 3944 人。

(5)工程管理费:沿用南水北调工程总体规划阶段和东线一期工程可研阶段确定的计算方法,工程管理费按管理人员工资福利费的 1.5 倍考虑。

(6)年利息支出:包括生产经营期内计入成本的固定资产贷款利息和流动资金贷款利息。固定资产贷款利息采用等额还本息法计算。贷款利率按照 2012 年当时的长期贷款基准利率 6.55% 计算,贷款年限根据项目法人银团贷款合同约定共 25 年(2005—2029 年),扣除 2013

年通水前已发生 9 年（2005—2013 年），剩余 16 年作为还贷期。贷款总额 81 亿元，其中江苏水源工程 34.5 亿元、山东干线工程 46.5 亿元。流动资金贷款额，遵照南水北调工程总体规划阶段的计算方法，按照 1.5 个月运行费的 70％计算，流动贷款利率按 2012 年当时 6 个月贷款基准利率 5.6％计算。

（7）抽水电费：按下式计算：

$$E = \alpha \times H \times k \times W \div \eta \tag{8-2-1}$$

式中：E 为抽水电费；α 为换算系数，数值等于 2.722×10^{-3}；H 为抽水平均扬程；k 为电价；η 为泵站综合效率；W 为泵站抽水量。

抽水扬程为设计扬程。效率由装置效率、传动效率和机械效率综合而成，为 54％～62％。考虑到各地电价水平已多次调整，东线一期工程运行初期水价研究过程中，按照 2012 年苏鲁两省的实际电价水平进行计算，其中江苏省普通工业电价每千瓦时 0.852 元（35～110kV）、山东省 0.7874 元（35kV 及以上）。

（8）其他费用：沿用南水北调工程总体规划阶段和东线一期工程可研阶段确定的计算方法，按不包括固定资产折旧费、贷款年利息支出和抽水电费的上述各项费用之和的 5％考虑。

2. 成本分摊原则方法及具体处理方式

国家发展改革委组织开展东线一期主体工程运行初期供水价格政策时，沿用了南水北调工程总体规划阶段和东线一期工程可研阶段确定的供水成本分摊总原则，即"谁受益，谁分摊"。

东线一期工程可研阶段，为使南水北调东线一期工程可研报告尽快通过评估，确保工程建设顺利推进，水利部于 2006 年 8 月组织江苏、山东两省及有关方面，就东线一期工程供水量、水价测算等方面的具体问题进行了广泛的沟通和充分的讨论，并印发了《关于印送南水北调东线一期工程水量和水价问题协调会纪要的通知》（办规计〔2006〕175 号）（以下简称《东线水价会议纪要》）。该会议纪要中，对东线一期工程供水成本及水价测算的原则方法作了明确规定。

2012 年，国家发展改革委组织开展东线一期工程运行初期供水价格政策研究时，基本沿用了《东线水价会议纪要》确定的供水成本测算及分摊总原则，即利用的现有河道只考虑运行维护费用，按功能和调水量（现状规划调水量、新增调水量）分摊；利用的现有泵站考虑其固定资产折旧和运行维护费用，按功能和调水量（现状规划调水量、新增调水量）分摊；新增工程成本费用为调水服务的按新增水量分摊。

对于水费收入偿还贷款的比例，调整为 100％，不再按照南水北调工程总体规划阶段和东线一期工程可研阶段中的水费偿还 45％贷款、南水北调工程基金偿还 55％贷款测算。主要考虑是：自 2005 年开征以来，南水北调工程基金征缴情况一直不大理想（尤其是河北省），用其偿还工程建设贷款本息缺乏保障，国家发展改革委、财政部等部门建议水费偿还贷款本息的比例确定为 100％，工程建设期满后的南水北调工程基金不再上缴中央财政用于偿还贷款本息，留给地方用于南水北调工程配套工程建设，地方也可将南水北调工程基金腾出来的水价空间理顺上下游环节水价。2014 年 9 月，经国务院同意，财政部印发了《关于南水北调工程基金有关问题的通知》（财综〔2014〕68 号），明确已完成基金上缴任务的北京市、天津市、江苏省、山东省、河南省 5 省（直辖市）取消基金，河北省欠缴的基金任务 46.1 亿元分 5 年（2014—2018年）均衡上缴国库。

东线一期工程各单项工程在水价测算中的处理方法如下。

（1）现有工程。南水北调东线一期工程利用的现有工程包括现有河道、泵站和其他工程，其成本费用分摊的基本原则方法一致，即成本费用需进行两层分摊，首先在调水、防洪排涝、航运之间计算出调水功能分摊的成本费用，然后在现状调水和新增调水之间计算出新增调水承担的成本费用，最后将新增调水分摊的现有工程成本再进一步向北分摊。具体处理意见如下。

1）现有河道。南水北调东线一期工程利用的现有河道为：夹江、芒稻河，新通扬运河（江都西闸—宜陵），里运河（江都站—淮安闸），灌溉总渠（淮安闸—淮阴一站），京杭运河（淮安闸—淮阴二站），入江水道（金湖站—洪泽站），二河（二河闸—淮阴闸），骆南中运河（淮阴闸—皂河站），徐洪河（顾勒河口—邳州站），房亭河（邳州站—中运河），骆北中运河（皂河站—苏鲁省界），不牢河（大王庙—蔺家坝），韩庄运河（苏鲁省界—老运河口）等13条。

测算东线工程供水成本费用中，上述现有河道考虑其运行维护费。根据《水利工程管理单位定岗标准（试点）》和《水利工程维修养护定额标准（试点）》测算分析，水价测算中河道维护费按平均6.0万元/km考虑。现有河道一般都具有调水、防洪除涝、航运等综合利用的功能，综合分析后，调水按1/3分摊成本费用。同时，江苏省现状调水也利用这些河道，调水功能分摊的成本费用再按现状调水和新增调水两部分分摊。现有河道的新增调水成本费用的分摊系数按式（8-2-2）计算：

$$K_{河新} = (Q_{河规} - Q_{现规})/Q_{河规} \qquad (8-2-2)$$

式中：$K_{河新}$为现有河道的新增调水成本费用分摊系数；$Q_{河规}$为河道规划输水量；$Q_{现规}$为现状规划输水量。

2）现有泵站。南水北调东线一期工程利用的现有泵站有：江都一、二、三、四站，淮安一、二、三站，淮阴一、二站，泗阳一、二站，刘老涧一站，睢宁一站，皂河一站，刘山一站，解台一站等泵站（其中泗阳一站、刘山一站和解台一站经优化设计，采用与新站合建方案）。测算东线工程供水成本费用中，上述现有泵站考虑其固定资产折旧和运行维护费。现有泵站的固定资产采用重置的方法进行计算，按东线一期工程新建泵站的平均单位流量投资指标[185万元/（m³/s）]估算。对于更新改造的泵站（江都站、淮安二站、皂河一站）需从重置投资中扣除其更新改造投资的贷款，贷款投资按新增工程考虑。现有泵站主要有调水、除涝、航运等方面的功能，调水分摊系数利用江水北调工程1989—1998年实际运行资料分析确定。同时，江苏省现状调水也利用这些泵站，调水功能分摊的成本费用再按现状调水和新增调水两部分分摊。现有泵站的新增调水成本费用分摊系数按式（8-2-3）计算：

$$K_{泵新} = (H_{泵规} - H_{现规})/H_{泵规} \qquad (8-2-3)$$

式中：$K_{泵新}$为现有泵站的新增调水成本费用分摊系数；$H_{泵规}$为泵站规划装机利用小时数；$H_{现规}$为现状规划装机利用小时数。

3）其他现有工程。江苏省利用世界银行贷款建设的大运河监测调度系统工程，测算东线工程供水成本费用中，考虑其固定资产折旧和运行维护费。按调水与航运功能分摊调水成本费用，再按现状调水和新增调水两部分分摊。

现有工程为南水北调东线增供水量服务的分摊系数见表8-2-1。

表 8－2－1 南水北调东线一期工程分摊现有工程费用分摊系数表

项目类别	区段	现有工程名称	调水与防洪除涝、航运分摊系数	新增调水分摊系数	备注
现有泵站工程	长江—洪泽湖	江都站（一、二、三、四站）	0.85	0.292	
		淮安站（一、二、三站）	0.92	0.146	
		淮阴站（一、二站）	0.95	0.000	
	洪泽湖—骆马湖	泗阳站（一、二站）	0.95	0.275	
		刘老涧站、睢宁站	0.95	0.342	
		皂河站	0.95	0.410	
	骆马湖—下级湖	刘山一站	0.95	0.000	
		解台一站	0.95	0.000	
现有河道工程	长江—洪泽湖	夹江等6段河道	1/3	0.252	
	洪泽湖—骆马湖	二河等4段河道	1/3	0.414	
	骆马湖—下级湖	不牢河等3段河道	1/3	0.606	
其他现有工程	长江—洪泽湖	大运河监测调度系统	0.6	0.800	

（2）新建工程。《东线水价会议纪要》中明确，东线一期新建工程成本费用，全部由新增供水量承担，即既不进行多功能分摊，也不在新增调水和现状调水间分摊，并考虑每类工程的差异，给出了具体分摊处理方法。

1）泵站更新改造项目、影响处理工程、骆马湖以北截污导流工程等。贷款还本付息费用全部由新增调水承担，并向北分摊。

2）为排涝增加的项目。属于江苏省专用工程，成本费用计入当段江苏新增调水成本，不向北分摊。

3）拆除老泵站建新泵站项目。固定资产分成两部分，老站规模分摊的投资按现有泵站投资处理；增加规模投资按新建泵站考虑，成本费用全部由新增调水承担。成本费用均按共用工程向北分摊。

4）洪泽湖抬高蓄水位影响处理工程。安徽境内工程由中央出资建设，建成后交安徽省运营管理，不计入供水成本；江苏境内工程为江苏专用工程，成本费用计入江苏当段新增调水成本，不向北分摊。

5）骆马湖以南截污导流工程。骆马湖以南截污导流工程为江苏专用工程，还本付息费用计入当段新增调水成本，不向北分摊。

6）血吸虫病北移扩散防护工程。成本费用不向北分摊，建议作为专项投资，不纳入水价测算。

7）新建泵站、河道、蓄水工程等其余工程。成本费用全部由新增调水承担。均为共用工程，成本费用向北分摊。

东线一期工程各单项工程在水价测算中具体处理意见，详见表 8－2－2。

表 8 - 2 - 2　　　　南水北调东线一期工程各单项工程在水价测算中的具体处理意见

序号	工程名称	工程性质	处 理 意 见
一	长江—洪泽湖段工程		
1	夹江、芒稻河	现有河道	为南水北调增供水量服务的运行维护费计入供水成本，向北分摊
2	新通扬运河（江都西闸—宜陵）	现有河道	为南水北调增供水量服务的运行维护费计入供水成本，向北分摊
3	江都站	现有泵站	重置投资中扣除其更新改造投资的贷款。为南水北调增供水量服务的折旧费和运行维护费计入供水成本，向北分摊
4	江都站更新改造	新增	贷款还本付息费用向北分摊
5	三阳河、潼河	新增	成本费用向北分摊
6	宝应站	新增	成本费用向北分摊
7	金湖站	新增	为排涝增加的成本费用不向北分摊，其余成本费用向北分摊
8	入江水道（金湖站—洪泽站）	现有河道	为南水北调增供水量服务的运行维护费计入供水成本，向北分摊
9	洪泽站	新增	洪金洞投资的成本费用不向北分摊；其他工程投资的成本费用向北分摊
10	高水河整治	新增	成本费用向北分摊
11	金宝航道	新增	成本费用向北分摊
12	里运河（江都站—淮安闸）	现有河道	为南水北调增供水量服务的运行维护费计入供水成本，向北分摊
13	灌溉总渠（淮安闸—淮阴一站）	现有河道	为南水北调增供水量服务的运行维护费计入供水成本，向北分摊
14	京杭运河（淮安闸—淮阴二站）	现有河道	为南水北调增供水量服务的运行维护费计入供水成本，向北分摊
15	淮安一站	现有泵站	为南水北调增供水量服务的折旧费和运行维护费计入供水成本，向北分摊
16	淮安二站	现有泵站	重置投资中扣除其更新改造投资的贷款。为南水北调增供水量服务的折旧费和运行维护费计入供水成本，向北分摊
17	淮安二站改造	新增	贷款还本付息费用向北分摊
18	淮安三站	现有世行泵站	为南水北调增供水量服务的折旧费和运行维护费计入供水成本，向北分摊
19	淮安四站	新增	成本费用向北分摊
20	淮安四站输水河道	新增	成本费用向北分摊

续表

序号	工程名称	工程性质	处　理　意　见
21	淮阴一站	现有泵站	为南水北调增供水量服务的折旧费和运行维护费计入供水成本，向北分摊
22	淮阴二站	现有泵站	为南水北调增供水量服务的折旧费和运行维护费计入供水成本，向北分摊
23	淮阴三站	新增	成本费用向北分摊
24	里下河水源调整工程	新增	贷款还本付息费用计入供水成本，向北分摊；其他成本不纳入水价测算
25	洪泽湖抬高蓄水位影响处理工程	新增	安徽境内影响处理工程由中央出资建设，交安徽管理，不纳入水价测算；江苏境内影响处理工程的成本费用不向北分摊。安徽用水的管理问题下一步研究
26	沿运闸洞漏水处理	新增	贷款还本付息费用向北分摊
27	大运河监测调度系统	现有世行项目	为南水北调增供水量服务的折旧费和运行维护费计入供水成本，向北分摊
28	截污导流工程	新增	贷款还本付息费用不向北分摊；其他费用不纳入水价测算
二	洪泽湖—骆马湖段工程		
1	二河（二河闸—淮阴闸）	现有河道	为南水北调增供水量服务的运行维护费计入供水成本，向北分摊
2	泗洪站	新增	利民河排涝闸投资的成本费用不向北分摊；其他工程投资的成本费用向北分摊
3	睢宁一站	现有世行泵站	为南水北调增供水量服务的折旧费和运行维护费计入供水成本，向北分摊
4	睢宁二站	新增	成本费用向北分摊
5	邳州站	新增	刘集南闸投资的成本费用不向北分摊；其他工程投资的成本费用向北分摊
6	徐洪河（顾勒河口—邳州站）	现有河道	为南水北调增供水量服务的运行维护费计入供水成本，向北分摊
7	徐洪河影响处理工程	新增	贷款还本付息费用向北分摊
8	房亭河（邳州站—中运河）	现有河道	为南水北调增供水量服务的运行维护费计入供水成本，向北分摊
9	泗阳二站	现有世行泵站	为南水北调增供水量服务的折旧费和运行维护费计入供水成本，向北分摊
10	泗阳站（拆除原泗阳一站建新站）	新增	泗阳一站规模（100m³/s）分摊的投资按现有泵站处理 增加规模（70m³/s）的投资的成本费用向北分摊
11	刘老涧一站	现有世行泵站	为南水北调增供水量服务的折旧费和运行维护费计入供水成本，向北分摊

序号	工程名称	工程性质	处 理 意 见
12	刘老涧二站	新增	成本费用向北分摊
13	皂河一站	现有泵站	重置投资中扣除其更新改造的投资的贷款。为南水北调增供水量服务的折旧费和运行维护费计入供水成本,向北分摊
14	皂河一站改造	新增	邳洪河地涵投资的成本费用不向北分摊;其他工程的贷款还本付息费用向北分摊
15	皂河二站	新增	成本费用向北分摊
16	骆南中运河(淮阴闸—皂河闸)	现有河道	为南水北调增供水量服务的运行维护费计入供水成本,向北分摊
17	骆南中运河影响处理工程	新增	贷款还本付息费用向北分摊
18	截污导流工程	新增	贷款还本付息费用不向北分摊;其他成本费用不纳入水价测算
三	骆马湖—下级湖段工程		
1	骆北中运河(皂河站—苏鲁省界)	现有河道	为南水北调增供水量服务的运行维护费计入供水成本,向北分摊
2	刘山泵站(拆除原刘山一站建新站)	新增	刘山一站规模(50m³/s)分摊的投资按现有泵站处理
			增加规模(75m³/s)的投资的成本费用向北分摊
3	解台泵站(拆除原解台一站建新站)	新增	解台一站规模(50m³/s)分摊的投资按现有泵站处理
			增加规模(75m³/s)的投资的成本费用向北分摊
4	蔺家坝泵站	新增	成本费用向北分摊
5	不牢河	现有河道	为南水北调增供水量服务的运行维护费计入供水成本,向北分摊
6	骆马湖水资源控制工程	新增	成本费用向北分摊
7	台儿庄一站	新增	成本费用向北分摊
8	万年闸一站	新增	成本费用向北分摊
9	韩庄一站	新增	成本费用向北分摊
10	韩庄运河(苏鲁省界—老运口)	现有河道	为南水北调增供水量服务的运行维护费计入供水成本,向北分摊
11	韩庄运河支流控制工程	新增	成本费用向北分摊
12	截污导流工程	新增	贷款还本付息费用向北分摊;其他成本费用不纳入水价测算
四	下级湖—上级湖段工程		
1	南四湖疏浚	新增	成本费用向北分摊
2	南四湖下级湖抬高蓄水位影响处理	新增	成本费用向北分摊

序号	工程名称	工程性质	处 理 意 见
3	南四湖水资源监测工程	新增	成本费用向北分摊
4	大沙河闸	新增	成本费用向北分摊
5	姚楼河闸	新增	成本费用向北分摊
6	杨官屯河闸	新增	成本费用向北分摊
7	潘庄引河闸	新增	成本费用向北分摊
8	二级坝泵站	新增	成本费用向北分摊
9	截污导流工程	新增	贷款还本付息费用向北分摊；其他成本费用不纳入水价测算
五	上级湖—东平湖段工程		
1	梁济运河	新增	灌区调整工程只考虑贷款的还本付息费用向北分摊，其他费用不纳入水价计算。其他工程的成本费用向北分摊
2	柳长河	新增	成本费用向北分摊
3	长沟一站	新增	成本费用向北分摊
4	邓楼一站	新增	成本费用向北分摊
5	八里湾一站	新增	成本费用向北分摊
6	东平湖蓄水影响处理工程	新增	成本费用向北分摊
7	截污导流工程	新增	贷款还本付息费用向北分摊；其他成本费用不纳入水价测算
六	鲁北段工程		
1	穿黄工程	新增	成本费用向北分摊
2	小运河	新增	成本费用向北分摊
3	七一·六五河	新增	成本费用向北分摊
4	大屯水库	新增	成本费用向北分摊
5	鲁北段灌区调整投资	新增	贷款还本付息费用向北分摊，运行费用不纳入水价测算
6	截污导流工程	新增	贷款还本付息费用向北分摊；其他成本费用不纳入水价测算
七	胶东段工程		
1	济平干渠工程	新增	成本费用向北分摊
2	胶东济南至引黄济青段	新增	成本费用向北分摊
3	东湖水库	新增	成本费用向北分摊
4	双王城水库	新增	成本费用向北分摊
5	截污导流工程	新增	贷款还本付息费用向北分摊；其他成本费用不纳入水价测算
八	工程管理信息系统	新增	成本费用向北分摊
九	其他专项		
1	沿线文物保护	新增	成本费用向北分摊
2	血防工程	新增	成本费用不向北分摊。建议血防工程作为专项投资，不纳入水价计算

3. 区段间供水成本分摊方法

东线一期工程可研阶段，研究单位以调蓄湖泊为节点，将东线工程全线概划分为长江—洪泽湖、洪泽湖—骆马湖、骆马湖—下级湖、下级湖—上级湖、上级湖—东平湖、临清段、德州段，以及胶东段8大区段。各区段承担的供水成本，等于当段分摊的共用供水成本与当段专用成本之和。区段间的共用供水成本分摊，基本沿用了南水北调工程总体规划阶段确定的水量均摊法。分摊公式见式（8-2-4）。

$$C_n = \sum_{i=1}^{n} \frac{W_n}{\sum_{j=i}^{m} w_j} \times C_i \tag{8-2-4}$$

式中：C_n 为第 n 段应分摊的供水成本（或投资）；C_i 为第 i 段参加分摊的共用供水成本（或投资）；W_n 为第 n 段的折算水量；n 为调水方向分摊区段的编号；m 为区段划分总数。

折算水量，是指各输水区段的增供水量与该区段应分摊的输水损失之和，各区段的输水损失采用净增供水量的比例进行分摊。折算水量的计算公式详见式（8-2-5），输水损失的分摊公式详见式（8-2-6）。

$$W_n = W_{n\text{净水量}} + W_{n\text{分摊损失}} \tag{8-2-5}$$

其中：

$$W_{n\text{分摊损失}} = \sum_{i=1}^{n} \frac{W_{n\text{净水量}}}{\sum_{j=i}^{m} W_{j\text{净水量}}} \times W_{i\text{损失}} \tag{8-2-6}$$

式中：W_n 为第 n 调水区段的折算水量；$W_{n\text{分摊损失}}$ 为第 n 段分摊的输水损失；$W_{i\text{损失}}$ 为第 i 段实际发生的输水损失；$W_{n\text{净水量}}$ 为第 n 段的净增供水量；n 为调水方向分摊区段的编号；m 为区段划分总数。

对于东线一期工程可研阶段的区段划分，有关方面提出这种区段划分方法过于粗略，未体现东线工程双线输水的特殊性，若要进一步细化区段划分并定价（如以泵站、湖泊或口门为节点划分区段），则上述成本分摊方法难以满足细化区段测算并分摊成本的需要。基于此，有关方面提出以单方供水成本为基础进行共用成本分摊的方法及模型，总的思路是利用某个区段的单方共用成本乘以该段北调水量来计算该区段分摊给下一个区段的共用成本。具体分摊计算模型详见式（8-2-7）。

$$D_i = D_{\text{共}i} + D_{\text{专}i} \tag{8-2-7}$$

其中：

$$D_{\text{共}i} = \frac{K_i}{W_i + DW_{\text{末}i}} \quad (i=1) \tag{8-2-8}$$

$$D_{\text{共}i} = \frac{K_i + D_{\text{共}i-1} \times DW_{\text{末}i-1}}{W_i + DW_{\text{末}i}} \quad (i>1) \tag{8-2-9}$$

$$D_{\text{专}i} = \frac{K_{\text{专}i}}{W_i} \tag{8-2-10}$$

式中：D_i 为第 i 段的单方水成本；$D_{\text{共}i}$ 为第 i 段分摊的共用部分单方水成本；$D_{\text{专}i}$ 为第 i 段专用部分的单方水成本；$DW_{\text{末}i}$ 为第 i 区段的段末北调水量；W_i 为第 i 区段的净增供水量；K_i 为第 i 区段参加分摊的供水成本费用；$K_{\text{专}i}$ 为第 i 区段专用的供水成本费用。

当某一个区段存在两个上游相邻区段，则该段分摊上游区段的共用成本为两个上游相邻区段向北分摊的共用成本之和。例如：东线一期工程韩庄运河段和不牢河段工程的输水共同汇入下级湖，则下级湖区段分摊上游区段的共用成本，应是韩庄运河段和不牢河段向北分摊的共用成本之和。

（二）中线一期工程

1. 成本费用构成及测算方式

从中线一期工程可研阶段至国家发展改革委制定工程运行初期水价政策，中线工程（尤其是水源工程）成本费用项目构成的确定，经历了几个阶段调整。

在2005年12月水利部组织编制完成的《南水北调中线一期工程可行性研究总报告　第十三篇　经济分析》（简称《中线水价分析》）中，中线水源工程的成本费用包括材料燃料及动力费、折旧费、工程维护费、工资福利及劳保统筹费和住房基金、库区维护费、移民后期扶持基金、管理费、水资源费、电站发电损失补偿、利息净支出和其他费用。相比南水北调工程总体规划阶段的成本费用项目，《中线水价分析》中，将人员工资福利费分为人员工资、福利费、劳保统筹费和住房基金，新增了材料燃料及动力费、库区维护费、移民后期扶持基金、电站发电损失补偿等4项成本费用，调减了水源区维护费。

后来在国家发展改革委组织的中线一期工程可研报告审查过程中，结合国家相关政策，删除了库区维护费、移民后期扶持基金。因此，在2008年2月水利部组织编制完成的《南水北调中线一期工程可行性研究供水成本及水价补充分析》（简称《中线水价补充分析》）中，中线水源工程的总成本费用项目调整为9项，即包括材料燃料及动力费、固定资产折旧费、工程维护费、水资源费、电站发电损失补偿、工资福利及劳保统筹费和住房基金、管理费、利息净支出和其他费用。

2008年10月底，国家发展改革委在国务院南水北调工程建设委员会第三次会议上作了关于南水北调工程实行两部制水价有关问题的汇报，明确东、中线工程供水成本费用包括水资源费、材料燃料及动力费、固定资产折旧费、工程维护费、工资福利及劳保统筹费和住房基金、工程管理费、利息净支出和其他费用。换句话说，中线一期工程可研阶段最后确定的中线水源工程供水成本费用项目中，删除了电站发电损失补偿。

2012年启动研究制定中线一期工程运行初期水价政策时，国家发展改革委认为在《中线水价补充分析》中线水源工程的材料燃料及动力费主要是工程运行维修养护阶段发生的费用，相应费用应计入工程维护费及其他费用中统筹考虑，不宜单独列项。此外，《中线水价补充分析》中按新增毛水量乘以0.0001元/m³计算材料燃料及动力费支出的依据并不充分，而且测算出的费用规模也非常有限。因此，中线水源工程供水成本中也不宜单列材料燃料及动力费。

对于中线干线工程的总成本费用项目，《中线水价分析》和《中线水价补充分析》中，均明确为水源工程原水费、固定资产折旧费、工程维护费、动力费、工资福利及劳保统筹费和住房基金、工程管理费、利息净支出和其他费用等8项。研究制定中线一期工程运行初期水价政策时，沿用了可研阶段确定的中线干线工程成本费用项目构成。

研究制定中线一期工程运行初期水价政策时，国家发展改革委还根据经济社会发展的实际情况，对人员工资标准、贷款利率、电价等参数取值作了调整。具体成本费用构成及有关参数取值如下。

（1）水资源费（水源工程原水费）：根据国务院批复的《南水北调工程总体规划》，水资源费按国家统一规定收取，在国家未制定统一规定前，暂不计水资源费。工程运行初期供水价格政策研究制定时，根据《水资源费征收使用管理办法》（财综〔2008〕79号）第六条关于"按照国务院或其授权部门批准的跨省、自治区、直辖市水量分配方案调度的水资源，由调入区域水行政主管部门按照取水审批全线负责征收水资源费"的规定，在实际测算中线水源工程供水成本时并未计列水资源费。对于中线干线工程来说，可视为向水源工程购买源水，并相应支付原水费，具体测算时按水源工程供水价格乘以多年平均新增毛水量（出陶岔渠首水量）计算，其中达效期内供水量按毛水量乘以各年供水负荷计算。

（2）固定资产折旧费。采用直线折旧法计算，由固定资产额乘以综合折旧率测算。综合折旧率，沿用南水北调工程总体规划阶段和中线一期工程可研阶段确定的2.14%计算。

（3）工程维护费。按工程固定资产价值（扣除征地移民投资及建设期利息之后）乘以1.5%维护费率计算。

（4）管理人员工资福利费。即管理人员工资福利及劳保统筹费和住房基金，按照管理人员数量乘以年人均工资福利费标准测算。一是管理人员数量。由于初设阶段中线工程未单独批复工程管理专项并确定人数，管理人员数量按可研阶段批复的人员数量计算，其中中线水源140人、陶岔渠首65人、中线干线3452人。二是工资福利费标准。本着实事求是的原则，按照《水利工程供水定价成本监审办法（试行）》（发改价格〔2006〕310号）中的有关规定，以湖北、河南、河北、北京、天津五省（直辖市）2013年统计年鉴公布的全省2012年国有独立核算工业企业平均工资水平为基础，按每年CPI上涨3%的增速，预计中线通水年即2014年人均工资水平，即湖北44536元、河南41740元、河北41563元、北京92616元、天津72386元。同时，根据受水区有关省（直辖市）企业实际缴纳的平均福利费标准，按工资总额的62%计算企业缴纳的福利费、劳保统筹、住房公积金等各项费用。

（5）工程管理费。沿用南水北调工程总体规划阶段和中线一期工程可研阶段确定的计算方法，即按人员工资福利费的1.5倍计算。

（6）利息净支出。包括生产经营期内计入成本的固定资产贷款利息和流动资金贷款利息。结合2014年1月公布施行的东线工程水价政策以及财政部报送国务院审批的建设期满后南水北调工程基金政策（即已完成基金上缴任务的省份取消基金，2014年9月财政部印发了正式通知），水费偿还贷款本息的比例也按100%计算，与东线工程一致。固定资产贷款利息采用等额还本息法计算，贷款利率按照2013年当时的长期贷款基准利率6.55%计算，贷款年限根据银团贷款合同约定共25年（2005—2029年），扣除2014年通水前已发生10年（2005—2014年），剩余15年作为还贷期。固定资产贷款总额407亿元，其中中线水源工程72亿元、中线干线工程335亿元。流动资金贷款额，遵照南水北调工程总体规划阶段的计算方法，按照1.5个月运行费的70%计算，流动贷款利率按当时6个月贷款基准利率5.6%计算。

（7）动力费。指的是中线干线工程北京段加压泵站动力费和干线沿线闸站动力费。一是北京段加压泵站动力费。按惠南庄加压泵站年耗电量乘以北京市当时现行电价计算。2014年北京市电价为0.8475元/（kW·h）〔110kV，电价0.8295元/（kW·h），再加城市公用事业附加费0.018元/（kW·h）〕。二是中线干线闸站动力费。通水后中线干线全线将实行自动化调度管理。受丹江口入库水量变化影响，陶岔渠首水位将一直动态变化，为保障中线总干渠的运行安全和防洪需要，沿线各闸门必须全天候处于带电工作状态，适时调控全线的流量和水位，将消耗较大规模的电量及动力费，应纳入干线工程供水成本。按沿线闸站年耗电量及所在区域当时的现行电价计算。2014 年中线工程沿线各省（直辖市）的电价分别为：河南 0.7582 元/(kW·h)(35kV)；河北南部电网 0.8360 元/(kW·h)(35kV)，河北北部电网 0.7333 元/(kW·h)(35kV)；北京 0.8775 元/(kW·h)[10kV，电价 0.8595 元/(kW·h)，再加城市公用事业附加费 0.018 元/(kW·h)]；天津 0.9003 元/(kW·h)(10kV)。

(8) 其他费用。沿用南水北调工程总体规划和中线一期工程可研阶段确定的计算方法，按不包括固定资产折旧费、动力费和贷款年利息支出的其他各项成本费用之和的 5% 计算。

2. 成本分摊原则、方法及具体处理方式

研究制定中线一期主体工程运行初期供水价格政策时，国家发展改革委沿用了南水北调工程总体规划阶和中线一期工程可研阶段确定的供水成本分摊总原则，即"谁受益，谁分摊"。具体如下。

(1) 中线水源工程成本分摊原则。中线水源工程成本（包括丹江口大坝加高工程投资和征地移民费用）全部由供水功能承担。其内容包括：丹江口水库原有投资形成资产的运行成本由原有的防洪、发电等功能分摊；丹江口大坝加高工程投资及征地移民费用形成资产的成本，由供水功能承担，其他功能（防洪、发电等）不参与分摊。这一成本分摊方法也体现了在多功能之间分摊成本的基本原则，只是采取新、旧资产形成的成本分别进行分摊的方法，即新资产形成的成本仅由新增的供水功能承担，旧资产形成的成本由原有防洪、发电等功能承担。在实际工作和成本测算中更便于操作。中线水源工程是先按成本费用项目计算总成本，然后按多年平均新增供水量（不含刁河灌区原有供水量）计算单位供水成本。该成本分摊原则方法，与南水北调工程总体规划阶段和中线一期工程可研阶段确定的中线水源工程成本分摊原则方法是一致的。

(2) 中线干线工程成本分摊原则。中线干线工程划分为若干区段工程，并按工程的功能及其作用范围界定各区段工程的性质，凡服务于多种功能或多区段的工程界定为共用工程，凡服务于单一功能或单一区段的工程界定为专用工程，这是分摊成本的前提。成本分摊的具体方法是：共用工程的成本先在各功能之间进行分摊（实际上中线干线工程的直接功能只有供水，没有采取此分摊步骤），然后按"水量均摊法"计算该公用工程受益各区段应分摊的成本；专用工程成本由该专用工程受益段承担。该成本分摊原则方法，与南水北调工程总体规划阶段和中线一期工程可研阶段确定的中线干线工程成本分摊原则方法是一致的。

3. 中线干线工程口门成本分摊计算方法

南水北调工程总体规划阶段，根据中线干线工程口门与水源工程的距离和多年平均调水量，明确采用"水量均摊法"来分摊中线干线工程各区段工程的成本，并计算各口门承担的供水成本。口门成本分摊的计算公式见式（8-2-11）。

$$A_i = \sum_{j=1}^{i} \left(\frac{Q_i}{\sum_{m=j}^{n} Q_m} \times C_j \right) \qquad (8-2-11)$$

式中：A_i 为第 i 个口门（或区段）应分摊的供水成本；C_j 为第 j 个口门（或区段）参加分摊的总成本；Q_i 为第 i 个口门（或区段）应分调水工程的净水量；n 为口门（或区段）划分总数；i 为顺调水方向分摊口门（或区段）的编号；j 为第一个口门（或区段）到第 i 个口门（或区段）计算成本段的编号；$1 \leqslant j \leqslant i \leqslant n$。

此外，在计算各口门（或区段）供水成本时，还应考虑水量损失。各口门（或区段）损失水量之和乘以各口门（或区段）应分配水量的权重即为各口门（或区段）分摊的水量损失。

南水北调中线一期工程可研阶段，分摊计算口门（或区段）成本的计算公式与南水北调工程总体规划阶段的表述形式是一致的，但改变了成本分摊方法，即将"水量均摊法"改为"水量比例法"，把各口门（或区段）参与分摊本口门（或区段）成本的水量，由全额水量改为二分之一水量。此外，南水北调工程总体规划阶段使用出水口净水量和另行考虑水量损失；而在南水北调中线一期工程可研阶段，将净水量改为毛供水量，把水量损失计入毛供水量中。

研究制定中线一期工程运行初期水价政策过程中，沿用了中线一期工程可研阶段确定的原则方法。具体测算时，要将中线干线各设计单元工程投资划分至沿线的 97 个分水口门区段，并测算各分水口门成本当段产生的成本。然后再按"水量比例法"进行分摊，各口门参与分摊成本的水量为对应陶岔渠首的毛供水量。

在划分中线干线工程 97 个分水口门区段时，为了尽可能准确、合理地划分各区段投资，分三个步骤：首先将干线工程总投资划分至构成总干渠实体的相关设计单元工程，然后将各设计单元工程投资划分至相关施工标段，最后将各施工标段投资划分至相关口门区段。具体原则如下。

（1）总投资划分至构成总干渠实体的相关设计单元工程。干线工程投资包括三种：一是直接构成总干渠实体的设计单元工程投资，例如渠道、渡槽、暗涵等；二是专项工程投资，例如工程管理、生产桥、永久供电、专项设施迁建、自动化调度与运行管理决策支持系统、调度中心、文物保护等；三是其他新增投资。总投资划分原则如下。

1）直接构成总干渠实体的设计单元工程投资，直接计入该设计单元工程。

2）专项工程投资按以下几种类型，划分至构成总干渠实体的相关设计单元工程：一是工程部分投资（不含价差）、建设期价差和水环保投资，按所归属范围内的相关设计单元工程的工程部分投资（不含价差）比例划分。二是征地移民投资，按所归属范围内的相关设计单元工程的征地移民投资比例划分。三是建设期利息，按所归属范围内的相关设计单元工程的工程部分投资（含价差）、征地移民及水环保投资之和的比例划分。

3）其他新增投资和贷款规模，按构成总干渠实体的全部设计单元工程总投资（不含其他新增投资）比例划分。

（2）设计单元工程投资划分至相关施工标段。设计单元工程往往分成若干个施工标段，各施工标段的投资、长度也不尽相同。根据设计单元工程中的投资构成，分别按不同原则将投资划分至各施工标段。具体原则如下。

1）工程部分投资（不含价差）、建设期价差，按相关施工标段的建安合同金额比例划分。

2）征地移民及水环保投资，按相关施工标段的长度比例划分。

3）建设期利息，按相关施工标段划分的工程部分投资（含价差）、征地移民及水环保投资之和的比例划分。

4）其他新增投资和贷款规模，按相关施工标段划分的总投资（不含其他新增投资）比例划分。

（3）施工标段投资划分至相关分水口门区段。单个施工标段往往跨越一个至三个分水口门区段。若某个标段只归属一个口门区段，则直接将该标段投资计入该口门区段。若某个标段跨越两个或三个口门区段，则按跨越口门区段的长度比例将该标段投资划分至相关口门区段。各口门区段内的相关标段投资汇总后，即为该口门区段划分的总投资。

4. 水费偿还贷款的比例

结合 2014 年 1 月已公布施行的东线一期主体工程运行初期水价政策以及 2014 年 9 月财政部印发的《关于南水北调工程基金有关问题的通知》（财综〔2014〕68 号），明确 2013 年年底已完成基金上缴任务的北京市、天津市、江苏省、山东省、河南省五省（直辖市）取消基金，河北省欠缴基金任务 46.1 亿元分 5 年均衡上缴国库。这意味着，南水北调工程基金取消后，中线工程运行期间的贷款本息将全部通过水费收入偿还，即水费偿还贷款的比例为 100％。不再按南水北调工程总体规划和中线一期工程可研阶段确定的水费偿还 45％贷款、南水北调工程基金偿还 55％贷款测算。

5. 汉江中下游工程及其他项目

按照南水北调工程总体规划阶段确定的原则，汉江中下游工程相关工程投资由中央投入，工程建成后由湖北省负责管理和运行，中线工程供水成本及水价测算时，不考虑这部分工程投资。此外，中线一期工程可研阶段相比南水北调工程总体规划阶段增加的丹江口库区及上游水污染防治和水土保持项目投资，由国家安排专项资金建设，也不纳入中线工程供水成本测算。研究制定中线工程运行初期水价政策过程中，沿用了南水北调工程总体规划阶段和中线一期工程可研阶段确定的这个成本分摊原则方法。

三、供水成本测算成果

国家发展改革委组织研究制定南水北调东、中线一期主体工程运行初期供水价格政策时，以东、中线一期工程总投资规模（初步设计阶段）、可研阶段受水区各省（直辖市）承诺的用水量为基础，按照前述成本分摊原则和计算公式，分别对东线一期工程和中线一期工程的供水成本进行了测算。成本测算成果分别如下。

（一）东线一期工程的供水成本

主要介绍测算东线工程供水成本的基础数据和成本水平。

1. 东线工程供水成本测算的基础数据

主要介绍测算东线工程供水成本所需的工程投资、资金结构、供水量及水量分配等基础数据。

（1）东线工程投资及资金结构。原则上，研究测算东线一期工程运行初期供水成本，应以初设阶段批复的工程总投资及资金结构为依据。由于政策变化、物价上涨、技术方案及工程量变化等原因，初设阶段工程投资规模较可研阶段批复的投资有一定变化。2012 年，国家发展改革委组织研究测算东线一期工程运行初期水价政策时，国务院南水北调办正组织测算南水北调东、中线一期工程初设阶段的总投资规模，因此，当时以最新的东线一期工程总投资测算成果作为测算东线工程供水成本的基础数据，资金来源假设初设阶段较可研阶段增加投资全部通过国家重大水利工程建设基金安排。据此，当时研究测算东线一期主体工程运行初期供水成本依据的东线工程总投资（不含东线治污工程、过渡性资金融资费用）为 376.2 亿元，其中静态投资 320.2 亿元，动态投资 56 亿元。相应的资金筹措方案为：中央预算内资金 60.2 亿元，银行贷款 81 亿元，南水北调工程基金 39.8 亿元，国家重大水利工程建设基金 195.2 亿元（含过渡性资金）。

根据南水北调工程总体规划阶段和东线一期工程可研阶段水利部印发的《东线水价会议纪要》确定的供水成本计算和分摊原则方法，明确东线治污工程和洪泽湖抬高蓄水位安徽境内影响工程投资不纳入水价测算。此外，国家发展改革委研究制定东线一期工程主体工程运行初期水价政策时，还剔除了东线一期主体工程总投资中的过渡性资金融资费用、待运行期管理维护费投资，不纳入水价测算。

过渡性资金融资费用。由于国务院南水北调工程建设委员会第三次全体会议确定的工程建设目标（东线 2013 年通水；中线 2013 年主体工程完工，2014 年汛后通水），与国家重大水利工程建设基金征收期限（2010—2019 年）不同步，经国务院同意，财政部于 2010 年初以《关于南水北调工程过渡性融资有关问题的复函》（财综函〔2010〕1 号）函复国务院南水北调办，明确在南水北调工程建设期间，当国家重大水利工程建设基金不能满足南水北调工程投资需要时，先利用银行贷款等过渡性融资解决，再用以后年度征收的国家重大水利工程建设基金偿还贷款本息；国务院南水北调办作为过渡性资金融资主体，负责过渡性融资和偿还贷款本息等资金统贷统还工作。因此，由于过渡性资金融资贷款本息已明确利用国家重大水利工程建设基金偿还，研究测算东线一期工程和中线一期工程运行初期供水成本时，国家发展改革委认为不宜再计列过渡性资金融资贷款利息。

待运行期管理维护费。该投资主要是由于东线一期工程由众多设计单元工程构成，建设期有长有短，为确保先期完工项目与全线工程同步正常投入运行，在待运行期内需开展必要的管理和维护，所需的相关费用投资计入东线一期主体工程总投资。国家发展改革委认为，待运行期管理维护费属于工程全线运行前发生的管理维护投资，测算东线工程供水成本时应剔除该部分投资。

（2）东线工程供水量及水量分配。以东线一期工程可研阶段确定的工程供水量数据为依据，见表 8-2-3 和表 8-2-4。

表 8-2-3　　　　　　东线一期工程多年平均净增供水量及输水损失　　　　单位：亿 m³

区　段	净增供水量	输水损失	区　段	净增供水量	输水损失
洪泽湖	10.94	1.07	临清段（东平湖—临清）	1.79	0.29
骆马湖	3.91	2.91	德州段（临清—德州）	2	0.33
下级湖	6.91	2.78	胶东段	7.46	1.37
上级湖	3	1	全线合计	36.01	10.38
东平湖	0	0.63			

表 8-2-4　　　　　　东线一期工程多年平均净增供水量构成表　　　　单位：亿 m³

区段	省别	工业	农业	航运	小计
洪泽湖	江苏	3.92	3.79		7.71
	安徽	1.21	2.02		3.23
	小计	5.13	5.81		10.94
骆马湖	江苏	1.31	2.42	0.18	3.91

续表

区段	省别	工业	农业	航运	小计
南四湖	江苏	2.70	4.42	0.51	7.63
	山东	1.95		0.33	2.28
	小计	4.65	4.42	0.84	9.91
胶东		7.46			7.46
鲁北		3.79			3.79
合计	江苏	7.93	10.63	0.69	19.25
	安徽	1.21	2.02	0	3.23
	山东	13.20	0	0.33	13.53
全线合计		22.34	12.65	1.02	36.01

国家发展改革委组织研究测算南水北调东线一期工程运行初期供水成本时，还结合研究细化各口门定价方案的需要，将东线以泵站、湖泊、水库等关键工程为基本节点，综合考虑调水线路走向、取水口的服务范围和行政区划等因素，将东线工程划分为 24 个基础定价区段，并以此为基础拟定最终征求意见的分区段定价方案。对水量数据，依据东线一期工程可研专题报告《工程规模与水量调配》和《经济评价》，按如下原则将净增供水量和输水损失划分至 24 个基础定价区段。

1）净增供水量。各区段的净增供水量为相应区段分摊的工业、农业、航运多年平均净增供水量之和。①工业。以可研报告各区段的分省工业净增供水量为基数，相应细化区段所属的城市取水总量为比例进行分摊。②农业。以可研报告各区段的分省农业净增供水量为基数，相应细化区段所属的农业灌溉面积为比例进行分摊。③航运。以可研报告各区段的分省航运净增供水量为基数，相应细化区段所属的航运河道长度为比例进行分摊。此外，假定安徽用水全部为淮水，取水区段为洪泽湖。

2）输水损失。以可研报告各区段的多年平均输水损失量为基数，相应细化区段所属的河道和湖泊输水损失总量为比例进行分摊。其中：河道输水损失总量按各细化区段所属的河道长度分摊，湖泊输水损失总量按相应湖泊面积分摊。

细化 24 个区段后的东线一期工程水量数据详见表 8-2-5。

2. 东线工程供水成本测算成果

国家发展改革委组织研究测算东线一期主体工程运行初期供水成本时，在南水北调工程总体规划、东线一期主体工程可研总报告以及《东线水价会议纪要》明确的工程供水成本核算、分摊和水价测算基本原则的基础上，根据最新测算的东线一期主体工程初设阶段总投资及资金结构相关成果，剔除东线治污工程及洪泽湖抬高蓄水位安徽境内影响工程投资、过渡性融资费用、待运行期费用等投资，并根据有关情况变化对贷款利率水平、人员工资福利费标准、电价等相关参数做了进一步梳理分析调整。经测算，东线一期主体工程运行初期的年均供水成本总费用为 31.335 亿元，其中：固定资产折旧费 8.057 亿元，工程维护费 3.021 亿元，人员工资福利费 3.424 亿元，工程管理费 5.136 亿元，利息净支出 3.258 亿元，抽水电费 7.860 亿元，其他费用 0.579 亿元。

表 8-2-5

南水北调东线一期工程各区段净增供水量及输水损失表

单位：亿 m³

区段（可研）	区段（细化）	工业用水 可研	工业用水 细化	农业用水 可研	农业用水 细化	航运用水 可研	航运用水 细化	合计 可研	合计 细化	输水损失 可研	输水损失 细化	备注
长江—洪泽湖	长江—宝应站	3.92	0.53	3.79	0.20			7.71	0.74	1.07	0.25	
	宝应站—淮安站		0.37		0.14				0.51		0.18	
	淮安站—淮阴站		1.13		0.27				1.40		0.09	
	宝应站—金湖站		0.00		0.00				0.00		0.00	
	金湖站—洪泽站		0.11		0.09				0.20		0.00	
	洪泽湖 江苏		1.77		3.09				4.87		0.55	
	洪泽湖 安徽（淮阴、洪泽站—泗阳、泗洪站）	1.21	1.21	2.02	2.02			3.23	3.23		0.00	全用淮水
洪泽湖—骆马湖	泗阳站—刘老涧站	1.31	0.13	2.42	0.18	0.18	0.03	3.91	0.34	2.91	0.47	
	刘老涧站—皂河站		0.49		0.39		0.04		0.92		0.71	
	泗洪站—睢宁站		0.06		0.30		0.04		0.40		0.41	
	睢宁站—邳州站		0.07		0.30		0.05		0.43		0.51	
	骆马湖段（皂河、邳州站—大王庙）		0.56		1.24		0.02		1.82		0.81	
下级湖	韩庄运河段[骆马湖（大王庙）—韩庄站]	4.65		4.42		0.84		6.91	0.00	2.78	0.77	
	不牢河段[骆马湖（大王庙）—蔺家坝站]		2.28		1.92		0.27		4.47		1.13	
	下级湖 江苏		0.32		1.53		0.12		1.97		0.17	
	下级湖 山东（韩庄、蔺家坝站—二级坝站）		0.31		0.00		0.17		0.47		0.71	

续表

区段			净增供水量								输水损失		备注
			工业用水		农业用水		航运用水		合计				
可研	细化		可研	细化	可研	细化	可研	细化	可研	细化	可研	细化	
上级湖	上级坝站（二级坝站—上级湖湖口）	江苏		0.10		0.97		0.12		1.19		0.07	
	上级湖湖口—长沟站	山东		1.51				0.17	3.00	1.67	1.00	0.81	
上级湖—东平湖	长沟站—邓楼站			0.14	12.65	0.00	1.02	0.00		0.14	0.63	0.12	
	邓楼站—八里湾站									0.00		0.27	
	八里湾站—东平湖									0.00		0.10	
临清段	穿黄工程—临清邱屯电闸		1.79	1.79					1.79	1.79	0.29	0.29	
德州段	临清邱屯电闸—大屯水库（包括大屯水库）		2.00	2.00					2.00	2.00	0.33	0.33	
胶东段	东平湖—东湖水库		7.46	0.36					7.46	0.36	1.37	0.51	
	东湖水库—双王城水库			3.90						3.90		0.86	
	双王城水库后			3.20						3.20		0.00	
全线合计			22.34	22.34	12.65	12.65	1.02	1.02	36.01	36.01	10.38	10.38	
其中：江苏			22.34	7.93	12.65	10.63	1.02	0.69	36.01	19.25	10.38	5.35	
安徽				1.21		2.02		0.00	36.01	3.23	10.38	0.00	全用淮水
山东				13.20		0.00		0.33		13.53		5.03	

按东线一期主体工程可研阶段确定的规划设计净增供水量（36.01 亿 m³）计算，东线一期主体工程全线各口门平均供水成本为 0.87 元/m³，其中：南四湖以南约 0.373 元/m³，南四湖下级湖约 0.666 元/m³，南四湖上级湖至长沟泵站前约 0.761 元/m³，长沟泵站后至东平湖（含东平湖）约 0.943 元/m³，东平湖至临清邱屯闸约 1.529 元/m³，临清邱屯闸至大屯水库约 2.447 元/m³，东平湖以东约 1.848 元/m³。

此外，按照前述划分的东线一期工程 24 个区段和可研阶段划分的 8 个区段，各区段承担的供水成本测算成果，详见表 8 - 2 - 6。

表 8 - 2 - 6　　　　　　　　东线一期工程运行初期供水成本测算成果表

序号	线路	供水成本/（元/m³）					
		细化 24 个区段		可研 8 区段		7 区段	
1	里运河 三阳河、潼河	长江—宝应站	0.145	长江—洪泽湖	0.226	南四湖以南	0.373
2	里运河	宝应站—淮安站	0.113				
3		淮安站—淮阴站	0.255				
4	入江水道 金宝航道	宝应站—金湖站	0.128				
5		金湖站—洪泽站	0.216				
6	两线合并	洪泽湖	0.242				
7	骆南 中运河	泗阳站—刘老涧站	0.271	洪泽湖—骆马湖	0.411		
8		刘老涧站—皂河站	0.376				
9	徐洪河	泗洪站—睢宁站	0.388				
10		睢宁站—邳州站	0.408				
11	两线合并	骆马湖段	0.461				
12	不牢河	不牢河段	0.595	下级湖	0.620		
13	韩庄运河	韩庄运河段	0.547				
14	两线合并	下级湖	0.666			南四湖下级湖	0.666
15	上级湖	上级湖	0.759	上级湖	0.761	南四湖上级湖 至长沟泵站前	0.761
16	梁济运河	上级湖湖口—长沟站	0.794				
17	梁济运河	长沟站—邓楼站	0.870	上级湖—东平湖	0.943	长沟泵站后至 东平湖 （含东平湖）	0.943
18	柳长河	邓楼站—八里湾站	0.948				
19	东平湖	八里湾站—东平湖	1.012				
20	临清段	穿黄工程—临清邱屯闸	1.529	临清段	1.529	东平湖至 临清邱屯闸	1.529
21	德州段	临清邱屯闸—大屯水库	2.447	德州段	2.447	临清邱屯闸 至大屯水库	2.447
22	胶东段	东平湖—东湖水库	1.169	胶东段	1.848	东平湖以东	1.848
23		东湖水库—双王城水库	1.824				
24		双王城水库后	1.954				

　　　　　　　　　　第二节　南水北调工程成本

（二）中线一期工程的供水成本

主要介绍测算中线工程供水成本的相关基础数以及成本水平。

1. 中线工程供水成本测算的基础数据

主要介绍测算中线工程供水成本所需的工程投资、资金结构、供水量及水量分配等基础数据。

（1）中线工程总投资及资金结构。根据 2013 年国务院南水北调工程建设委员会第七次全体会议审议同意的南水北调东、中线一期工程总投资（初设阶段）及筹资方案，中线一期工程总投资（包括过渡性融资费用）为 2528.82 亿元，资金结构为：中央预算内资金 349.0 亿元，南水北调工程基金 180.2 亿元，银行贷款 407.0 亿元，国家重大水利工程建设基金 1564.62 亿元，地方自筹 28 亿元。

根据前述中线一期工程成本分摊原则，汉江中下游治理工程和丹江口库区及上游水污染防治及水土保持项目投资，不纳入中线工程供水成本测算。此外，国家发展改革委组织研究测算中线一期主体工程供水成本时，还剔除了中线一期工程总投资中计列的中线干线防洪影响处理工程投资、过渡性融资费用、待运行期管理维护费和其他新增投资等投资，其主要考虑以下内容。

1）中线干线防洪影响处理工程投资。虽然该投资计入中线工程总投资，但并不由南水北调中线工程项目法人负责实施，而是由河南省和河北省水利部门分别负责具体实施，相应投资形成的资产将来计入地方水利部门资产，不计入南水北调中线工程项目法人负责管理的资产，因此，测算中线工程供水成本时，国家发展改革委认为应剔除中线干线防洪影响处理工程投资。

2）过渡性融资费用。与东线一期工程一致，鉴于已明确过渡性融资借款本息通过国家重大水利工程建设基金偿还，因此，测算中线工程供水成本时，应剔除过渡性融资费用投资。

3）待运行期管理维护费。该投资主要是由于中线工程由众多设计单元工程构成，建设期有长有短，为确保先期完工项目与全线工程同步正常投入运行，在待运行期内需开展必要的管理和维护，所需的相关费用投资计入中线工程总投资。国家发展改革委认为待运行期管理维护费属于工程全线运行前发生的管理维护投资，测算中线工程供水成本时应予剔除。

4）其他新增投资。主要是指中线工程总投资中计列的特殊预备费、项目验收及风险评估费。国家发展改革委认为这部分投资当时如何实施尚未明确，暂不宜计入南水北调工程项目法人负责实施的投资范围，测算中线工程供水成本时应予剔除。

（2）工程供水量及水量分配。中线一期工程多年平均调水量为 94.93 亿 m^3，扣除河南刁河灌区原有用水 6 亿 m^3，出陶岔渠首新增的供水量为 88.93 亿 m^3，其中河南省 31.70 亿 m^3、河北省 34.71 亿 m^3、北京市 12.37 亿 m^3、天津市 10.15 亿 m^3。具体详见表 8-2-7。

表 8-2-7　　　　　　　　　中线一期工程受水区水量分配表　　　　　　　　单位：亿 m^3

受水省（直辖市）	陶岔渠首毛水量	分水口门净水量	受水省（直辖市）	陶岔渠首毛水量	分水口门净水量
河南	31.70	29.94	天津	10.15	8.63
河北	34.71	30.40	合计	88.93	79.49
北京	12.37	10.52			

注　不含河南刁河灌区原有用水 6 亿 m^3。

根据有关部门批复的中线工程各设计单元工程初步设计报告（含变更报告），最终确定的中线干线工程分水口门共97个，研究测算中线一期工程运行初期供水成本时，是以这97个口门的水量为基础，并作为分水口门之间分摊工程供水成本费用的依据。97个口门的水量数据以有关设计院提供的数据为准，见表8-2-8。

表8-2-8　　　　　　　　　中线干线分水口门设置及水量分配情况表

序号	省（直辖市）	地区	市（县）	口门地点	口门分水量/亿 m³	对应陶岔毛水量/亿 m³
1	河南省	刁河灌区	淅川县	肖楼村	6.000	6.000
2			邓州市	望成岗	1.420	1.424
3				彭家村	0.100	0.100
4			南阳市	谭寨	0.200	0.200
5				姜沟	0.504	0.510
6		南阳市		田洼	0.915	0.930
7				大寨	0.530	0.540
8			方城县	半坡店	0.884	0.900
9				大营	预留口门	
10				十里庙	0.361	0.370
11				辛庄	1.697	1.743
12			鲁山县	澎河	1.317	1.360
13				张村分	0.100	0.100
14		平顶山市		马庄	0.730	0.760
15			宝丰县	高庄	0.253	0.260
16			郏县	赵庄	0.100	0.100
17			禹州市	宴窑	0.110	0.110
18		许昌市		任坡	0.378	0.390
19				孟坡	1.593	1.670
20			长葛市	洼李	0.572	0.600
21			新郑市	李垌	0.500	0.530
22			中牟县	小河刘	1.214	1.283
23			郑州市	刘湾	0.947	1.003
24		郑州市		密垌	预留口门	
25				中原西路	2.005	2.130
26			荥阳市	前蒋寨	0.584	0.621
27				上街	0.150	0.160

序号	省（直辖市）	地区	市（县）	口门地点	口门分水量 /亿 m³	对应陶岔毛水量 /亿 m³
28	河南省	焦作市	温县	北冷	0.300	0.320
29			博爱县	北石涧	0.120	0.130
30			焦作市	府城	0.960	1.030
31				苏蔺	1.158	1.250
32			修武县	白庄	0.152	0.164
33		新乡市	辉县市	郭屯	0.189	0.204
34				路固	0.537	0.580
35			新乡市	老道井	2.760	3.000
36			卫辉市	温寺门	0.430	0.470
37		鹤壁市	淇县	袁庄	0.460	0.500
38				三里屯	2.399	2.620
39			鹤壁市	刘庄	0.479	0.520
40		安阳市	汤阴县	董庄	0.480	0.530
41			安阳县	小营	1.252	1.380
42			安阳市	南流寺	1.100	1.210
43	河北省	邯郸市	磁县	于家店	0.1848	0.205
44				白村	0.709	0.786
45			邯郸市	下庄	0.8875	0.986
46			邯郸县	郭河	1.4004	1.557
47				三陵	0.0217	0.024
48			永年县	吴庄	0.2828	0.315
49		邢台市	沙河市	赞善	1.5216	1.700
50			邢台市	邓家庄	0.3227	0.360
51				南大郭	1.2281	1.377
52			内邱县	刘家庄	0.0929	0.104
53			临城县	北盘石	0.0312	0.035
54				黑沙村	0.2519	0.284
55		石家庄市	高邑县	沛河	0.0719	0.080
56			赞皇县	北马	0.0566	0.064
57			元氏县	赵同	0.3337	0.379
58				万年	0.1448	0.165

序号	省（直辖市）	地区	市（县）	口门地点	口门分水量/亿 m³	对应陶岔毛水量/亿 m³
59	河北省	石家庄市	鹿泉市	上庄	1.0684	1.216
60				新增上庄	0.2900	0.330
61			石家庄市	南新城	0.3032	0.346
62				田庄	10.8277	12.350
63			正定县	永安村	0.4136	0.473
64			新乐市	西名村	0.347	0.398
65		保定市	曲阳县	留营	0.4109	0.473
66				中管头	2.4642	2.836
67			唐县	大寺城涧	0.0826	0.095
68				高昌	0.946	1.094
69			顺平县	塔坡	0.0383	0.044
70			满城县	郑家佐	1.4644	1.700
71				刘庄	0.004	0.005
72			易县	荆柯山	0.1418	0.166
73			涞水县	下车亭	0.4363	0.512
74			涿州市	三岔沟	2.4753	2.911
75	北京市	北京市	房山区	燕化	10.520	12.370
76				房山		
77				良乡		
78				王佐		
79				长辛店		
80			丰台区	南干渠		
81				新开渠		
82			海淀区	永引渠左		
83				永引渠右		
84				水源三厂分水口		
85				北京市末端		
86	河北省（天津干线）	保定市	徐水县	徐水县郎五庄南	1.1525	1.340
87			容城县	容城县北城南		
88			高碑店市	高碑店市白沟		
89			雄县	雄县口头		

序号	省（直辖市）	地区	市（县）	口门地点	口门分水量 /亿 m³	对应陶岔毛水量 /亿 m³
90	河北省 （天津干线）	廊坊市	固安县	固安县王铺头	1.1525	1.340
91			霸州市	霸州市三号渠东		
92			永清县	永清县西辛庄西		
93			霸州市	霸州市信安		
94			安次县	安次区得胜口		
95	天津市 （天津干线）	天津市	天津市	王庆坨连接井	8.630	10.150
96				子牙河北		
97				天津市末端		
合　计					85.50	94.93

注 含刁河灌区原有用水 6 亿 m³。

2. 供水成本测算成果

研究测算中线一期工程运行初期供水成本时，在南水北调工程总体规划阶段和中线一期工程可研阶段明确的工程供水成本核算、分摊和水价测算基本原则及相关研究成果的基础上，根据国务院南水北调工程建设委员会第七次全体会议审议同意的南水北调东、中线一期工程总投资及筹资方案，剔除中线一期工程总投资中的丹江口库区及上游水污染防治和水土保持工程投资、汉江中下游治理工程投资、中线干线防洪影响处理工程投资、待运行期管理维护费、过渡性融资费用和其他新增投资，并根据有关情况变化对银行贷款利率水平、人员工资福利费标准、电价等相关参数做了进一步梳理分析调整。考虑到南水北调中线一期工程的运行管理体制尚未明确，暂时按照中线工程建设管理体制，分别按中线水源工程、陶岔渠首枢纽环节、中线干线工程，具体测算了中线工程运行初期供水成本，具体如下。

（1）中线水源工程供水成本，包括固定资产折旧费、工程维护费、人员工资福利费、工程管理费、利息净支出和其他费用等 6 项，年均供水总成本费用为 15.73 亿元。按中线一期工程可研阶段确定的规划设计出陶岔渠首毛水量计算，中线水源工程单方供水成本约 0.177 元/m³。

（2）陶岔渠首枢纽环节供水成本，包括固定资产折旧费、工程维护费、人员工资福利费、工程管理费、利息净支出和其他费用等 6 项，年均供水总成本费用为 0.50 亿元。按中线一期工程可研阶段确定的规划设计出陶岔渠首毛水量计算，陶岔渠首枢纽环节单方供水成本约 0.006 元/m³。加上中线水源工程单方供水成本，中线一期工程出陶岔渠首单方供水成本约 0.182 元/m³。

（3）中线干线工程供水成本，包括由原水费（暂按水源供水成本计列，未含利润和营业税）、固定资产折旧费、工程维护费、人员工资福利费、工程管理费、利息净支出、动力费和其他费用等 8 项，年均供水总成本费用为 91.502 亿元（见表 8-2-9）。按照中线一期工程可研阶段确定的规划设计净供水量计算，中线干线工程全线各分水口门平均单方水成本约 1.17 元/m³。按水量均摊法分摊计算后，中线工程沿线各省（直辖市）各主要分水口门的单方供水成本分别为：河南省黄河以南平均约 0.40 元/m³，河南省黄河以北平均约 0.74 元/m³，河北省平均约 1.17 元/m³，北京市平均约 2.20 元/m³，天津市平均约 2.04 元/m³（见表 8-2-10）。

表 8-2-9　　　　中线一期工程供水总成本费用测算成果表

序号	成本项	成本费用/亿元			备注
		中线水源	陶岔渠首	中线干线	
1	原水费	—	—	16.221	中线干线
2	固定资产折旧费	11.903	0.145	33.622	
3	工程维护费	0.639	0.053	16.488	
4	人员工资福利费	0.101	0.044	2.842	
5	工程管理费	0.152	0.066	4.263	
6	利息净支出	2.886	0.179	13.364	
7	动力费	—	—	3.522	中线干线含闸站
8	其他费用	0.045	0.008	1.180	
9	合计	15.726	0.495	91.502	

注　中线干线中的原水费是按中线成立总公司体制下未计利润和营业税情况下测算的。若考虑计取利润或营业税及附加，中线干线的原水费将相应增加。

表 8-2-10　　　　中线一期工程单方供水成本测算成果表

序号	项目	口门分水量 /亿 m³	供水成本 /(元/m³)	备注
一	中线水源	88.93	0.177	
二	陶岔枢纽环节	88.93	0.006	
三	出陶岔枢纽	88.93	0.182	
四	中线干线全线平均	79.50	1.163	
1	河南省平均	29.94	0.542	
	其中：南阳段平均（望城岗—十里庙）	6.61	0.276	不含刁河灌区原有用水
	黄河南段平均（辛庄—上街）	10.55	0.475	
	黄河北段平均（北冷—南流寺）	12.78	0.736	
2	河北省平均（于家店—三岔沟）（郎五庄南—得胜口）	30.41	1.166	
3	北京市平均（房山城关—团城湖）	10.52	2.203	
4	天津市平均（王庆坨连接井—曹庄泵站）	8.63	2.038	

注　本表测算成果是按照中线一期工程分设中线水源公司和中线干线公司的管理体制研究测算的。中线水源向中线干线交水时，只计列了营业税及附加，未计列利润。

四、成本分析研究

从上述南水北调东、中线一期主体工程运行初期供水成本测算方式和测算成果可以看出，影响东、中线一期工程供水总成本费用的因素很多，主要包括：工程总投资规模、筹资方案（贷款比例）、计入水费偿还的贷款规模及还贷方式、成本费用项目构成及具体参数取值、成本费用分摊原则方法等，均能不同程度地影响最终的南水北调东、中线一期工程供水成本测算结果。下面以中线一期工程为例，对影响工程供水总成本费用的因素进行分析。

通过上述中线一期工程（包括中线水源、陶岔渠首和中线干线）的供水成本费用测算成果可知，中线一期工程供水总成本费用为91.502亿元，其中：固定资产折旧费45.67亿元（占总成本费用的49.9%，下同），工程维护费17.18亿元（占18.8%），人员工资福利费2.987亿元（占3.3%），工程管理费4.481亿元（占4.9%），利息净支出16.429亿元（占18.0%），动力费3.522亿元（占3.8%），其他费用1.233亿元（占1.3%）。因此，影响中线工程供水总成本费用的因素分析如下。

（1）固定资产折旧费和工程维护费，合计占比达68.7%，这是与中线工程总投资直接相关的成本费用。也就是说，影响中线工程供水总成本费用的最主要因素是工程总投资。当测算供水成本费用的其他参数均不变时，若工程总投资变化（增加或减少）10%，则供水总成本费用将相应增减约6.9%。同时，固定资产折旧率和工程维护费率的取值，对供水总成本费用也将产生一定影响。

（2）利息净支出，占比达18.0%，这是与贷款规模、还贷方式及利率直接相关的成本费用。也就是说，影响中线工程供水总成本费用的第二大因素是贷款。当测算供水成本费用的其他参数均不变时，若计入水费偿还的贷款规模或贷款利率变化（增加或减少）10%，则供水总成本费用将相应增减约1.8%。

（3）管理人员费用支出，包括人员工资福利费和工程管理费，合计占比达8.2%，这是与管理人员数量或人均工资标准直接相关的成本费用。当测算供水成本费用的其他参数均不变时，若管理人员数量或人均工资标准变化（增加或减少）10%，则供水总成本费用将相应增减约0.8%。

（4）动力费，占比约3.8%，这是与耗电量和电价直接相关的费用。当测算供水成本费用的其他参数均不变时，若耗电量或电价变化（增加或减少）10%，则供水总成本费用将相应增减约0.4%。

（5）其他费用，占比仅1.3%。由于其他费用是按不包括固定资产折旧费、利息净支出和动力费在内的其他各项成本费用之和的5%计算，换句话说，即是按工程维护费、人员工资福利费及工程管理费之和的5%计算。因此，影响其他费用的主要因素是工程总投资、管理人员数量及人均工资标准，只是对工程供水总成本费用的影响程度较为有限。

此外，东、中线一期工程运行管理体制对于不同工程管理单位之间的交水成本（或价格）也会产生影响，例如：若东线或中线工程实行一体化管理的体制时，水源工程与输水工程之间的交水，属于工程管理单位内部管理事务，是按工程供水成本费用进行交水或结算；若东线或中线工程不是实行一体化管理体制，则水源工程和输水工程的管理单位分属于不同的独立法人单位，水源工程向干线输水工程交水时还将计列税金（营业税或增值税及附加），甚至按资本金或净资产的一定比例计列利润，则输水工程支付的原水费还将进一步增加，相应增加输水工程的供水成本费用。

测算东线或中线一期工程单方供水成本时，若工程供水总成本费用为既定数，则影响单方供水成本的最主要因素为工程供水量,且成负相关的关系,即工程供水量越大,相应的单方供水成本越小。上述测算单方供水成本采用的水量数据,是东、中线工程可研阶段确定的规划设计供水规模及分配受水区各省(直辖市)的净供水量。此外,中线工程向各省(直辖市)供水的单方成本还与输水距离相关,直观表现为"递远递增",越往北的单方供水成本越高。这是因为根据"谁受益,谁分摊"的原则,各分水口门之间的成本费用分摊采用了"水量均摊法",即只要不是最后一个区段发生的成本费用均作为公用成本,由其下游的所有区段供水量按受益水量进行分摊。也就是说,某个分水口门的单方供水成本均要承担此前所有区段(上游区段)的供水成本费用。

第三节　南水北调工程水价制定

虽然成本是制定价格的主要依据,因价格涉及利益分配,直接影响各方面的经济利益,要确保价格政策公平合理和便于执行,还应充分考虑各方面因素,确定制定水价的基本原则,按照规定的定价程序,制定南水北调东、中线一期工程水价政策。

一、水价影响因素分析

价格是由多方面因素决定的,特别是政府定价要考虑多方面的关联因素。国家发展改革委组织研究制定南水北调东、中线一期工程运行初期水价政策时考虑了很多因素,除了工程供水成本是定价的基础因素以外,还要考虑工程运行初期的特殊性、受水区水价改革进程及经济社会发展水平差异等众多因素。

(一)南水北调工程运行初期的特殊性

虽然南水北调东、中线一期工程建设如期实现了通水目标,但南水北调工程竣工验收前整体上仍然处于建设期运行阶段,诸多影响工程投资和成本的因素难以预料,工程运行初期暴露出的问题需要妥善解决。

(1)工程总投资及资产尚未最终确定。虽然2014年国务院批复了南水北调东、中线一期工程的总投资及筹资方案,但是该投资规模是作为国家进行投资控制的上限把握的,最终的东、中线一期工程总投资应以国家最终批复南水北调工程各项目法人的投资规模为依据,包括批复的静态投资、价差、设计变更增加投资、建设期利息及其他增加的投资等。东、中线一期工程建设最后形成的资产,应是以最终批复的工程竣工财务决算中的相关数据为准。

(2)工程运行成本是预测值。国家发展改革委组织研究制定南水北调东、中线一期主体工程运行初期供水价格政策时,是以国务院批复的东、中线工程总投资为依据,该投资与最终形成工程资产的投资规模是有差距的。将来调整水价政策及测算工程成本时,应以工程竣工财务决算中形成的资产为准。同时,当时测算的东、中线一期工程运行成本是按照可研阶段确定的成本费用计算分摊原则及方法进行测算,成本项目及费用参数均是预测值,与将来工程实际运行的成本相比,必定存在一定差距。南水北调工程管理单位将来实际支出的成本费用,研究制定东、中线工程运行初期供水价格时还难以准确预测。

（3）供水量存在不确定性。虽然南水北调工程总体规划阶段和东、中线一期工程可研阶段，已经确定了受水区各省（直辖市）的分配用水规模，并作为确定工程建设规模的主要依据。但是东、中线一期工程通水后，受水区各省（直辖市）的实际用水量受多方面因素影响，仍存在较大的不确定性。例如，受到配套工程建设进度、地下水压采进展、受水区降水量变化、水资源管理政策等因素影响，受水区实际引用南水北调工程供水量要想达到规划设计的供水规模，需要一个较长的过程，而且受水区各省（直辖市）用水量的达效过程也存在差别。国家发展改革委组织研究制定南水北调东、中线一期主体工程运行初期供水价格政策时，是按规划确定的设计供水规模作为分摊供水成本及测算单方供水成本和价格的依据。将来东、中线工程正常运行后或者需要调整供水价格政策时，是采用工程设计供水规模还是采用实际供水量作为调整水价政策的依据，尚需开展研究。

（二）金融市场变化是客观因素

随着经济社会的发展，国内市场和国际市场在不断变化的过程中，宏观经济环境的变化直接影响金融市场融资成本，进而影响南水北调工程运行管理单位还本付息的支出。

在南水北调东、中线一期工程建设阶段，金融市场融资成本直接表现为工程建设期利息。金融市场紧张或者银根收紧时，贷款利率将提高，南水北调工程项目法人的建设期贷款利息支出也相应增加，进而需要增加工程的总投资或总资产，最终增加工程供水成本费用中的固定资产折旧费。

在南水北调东、中线一期工程运行阶段，金融市场融资成本直接表现为工程供水总成本费用中的利息净支出（或者称为财务费用）。工程建设期的贷款需要南水北调工程项目法人通过水费收入偿还，当贷款利率升高时，工程运行期的利息净支出也相应增加，最终增加工程供水总成本费用。

（三）受水区水资源价格改革力度和进程

南水北调工程受水区是水资源相对短缺地区，甚至是水资源稀缺地区，水价在水资源配置中的决定性作用仍未得到充分发挥，受水区加大水价改革力度是必然的选择或者唯一的选择，其水价改革力度和进程也会影响南水北调工程水价的制定。

南水北调工程总体规划阶段的水价研究成果表明，合理的水价应该反映水资源的价值，或者说反映水资源的稀缺性。但长期以来，我国实行低水价政策，严重背离经济价值规律，没有实现通过价格杠杆促进节水的目标。因此，为了促进黄淮海地区的水资源的合理开发和使用，促进节水，提高包括南水北调工程供水在内的水资源的利用效率，实现水资源的优化配置，南水北调工程总体规划阶段就提出应加快推进受水地区的水价改革进程，逐步提高受水地区的水资源价格和终端用户水价。同时，提高受水区当地的水源价格和终端用户水价，也有利于南水北调工程供水价格与受水地区当地水源价格的平稳过渡与衔接，有利于南水北调工程水价政策的顺利实施。

2002年国务院批复《南水北调工程总体规划》后，南水北调东、中线工程受水区6省（直辖市）的水资源价格改革取得了一定成效，但水价增速却大幅低于本省（直辖市）的经济增长或人均工资收入增长速度。以南水北调中线工程受水区4省（直辖市）的城市居民生活用水价格（含污水处理费）为例，2002—2014 年水价增速约为 3.44％～5.95％，但根据 2002—2014年《中国统计年鉴》中统计的分省（直辖市）国内生产总值及城镇单位就业人员年人均工资，经测算，中线受水区 4 省（直辖市）2001—2013 年的经济增长速度高达 15.91％～20.54％，2001—2013 年城镇单位就业人员年人均工资增长速度也高达 15.19％～15.45％，均大幅高于所在省（直辖市）的水价增长速度。受水区 4 省（直辖市）的有关数据如下。

（1）北京市。2002 年居民生活用水价格为 2.5 元/m³，2014 年为 5.0 元/m³，年均增长约5.95％。2001 年北京市国内生产总值为 2845.65 亿元，2013 年为 19500.56 亿元，年均增长约19.12％。2001 年北京市城镇单位就业人员年人均工资为 19155 元，2014 年为 93006 元，年均增长约 15.45％。

（2）天津市。2002 年居民生活用水价格为 2.6 元/m³，2014 年为 4.9 元/m³，年均增长约5.42％。2001 年天津市国内生产总值为 1840.1 亿元，2013 年为 14370.16 亿元，年均增长约20.54％。2001 年天津市城镇单位就业人员年人均工资为 14308 元，2013 年为 67773 元，年均增长约 15.19％。

（3）河北省。以石家庄市为例。2002 年石家庄市居民生活用水价格为 2 元/m³，2014 年为3.63 元/m³，年均增长约 5.10％。2001 年河北省国内生产总值为 5577.78 亿元，2013 年为28301.41 亿元，年均增长约 15.91％。2001 年河北省城镇单位就业人员年人均工资为 8730 元，2013 年为 41501 元，年均增长约 15.23％。

（4）河南省。以郑州市为例。2002 年郑州市居民生活用水价格为 1.6 元/m³，2014 年为2.4 元/m³，年均增长约 3.44％。2001 年河南省国内生产总值为 5640.11 亿元，2013 年为32155.86 亿元，年均增长约 17.14％。2001 年河南省城镇单位就业人员年人均工资为 7916 元，2013 年为 38301 元，年均增长约 15.41％。

（四）受水区的经济社会发展水平存在较大差距

受水区 6 省（直辖市），既有经济社会发展水平比较高的北京、天津、江苏、山东，也有经济社会发展水平比较低的河北、河南，省辖区内各地市的经济社会发展水平同样存在差距。

根据《2014 年中国统计年鉴》，2013 年中线工程受水区 4 省（直辖市）（北京、天津、河北、河南）的地区生产总值分别为 19500.56 亿元、14370.16 亿元、28301.41 亿元、32155.86亿元，4 省（直辖市）的人均地区生产总值分别为 93213 元、99607 元、38716 元、34174 元，4省（直辖市）的城镇单位就业人员年人均工资分别为 93006 元、67773 元、41501 元、38301元。2013 年东线一期工程受水区苏鲁 2 省（江苏、山东）的地区生产总值分别为 59161.75 亿元、54684.33 亿元，苏鲁 2 省的人均地区生产总值分别为 74607 元、56323 元，苏鲁 2 省的城镇单位就业人员年人均工资分别为 57177 元、46998 元。

通过上述数据可知，东、中线一期工程受水区 6 省（直辖市）中，经济社会发展水平大致可分为三个梯队，其中：第一梯队为北京、天津 2 市，第二梯队为江苏、山东 2 省，第三梯队为河北、河南 2 省。而且第一梯队的经济社会发展水平要明显高于第二梯队，第二梯队与第三梯队的差距不算太大。

（五）适用流转税种及税率

南水北调工程供水作为一种水利工程供水，是适用营业税还是改为适用增值税，对工程供水的水价水平也将产生影响。

长期以来，水利工程水费作为行政事业性收费处理，不缴纳营业税。2007年4月，国家税务总局在给山东省税务局的复函《国家税务总局关于水利工程水费征收流转税问题的批复》（国税函〔2007〕461号）中，提出根据《财政部　国家计委关于将部分行政事业性收费转为经营性收费（价格）的通知》（财综〔2001〕94号）规定，水利工程水费由行政事业性收费转为经营性收费。因此，水利工程单位向用户收取的水利工程水费，属于其向用户提供天然水供应服务取得的收入，按照当时的流转税政策规定，不征收增值税，应按"服务业"税目征收营业税。根据2008年11月颁布的《中华人民共和国营业税暂行条例》（国务院令第540号），"服务业"征收营业税的税率为5％。加上按营业税税额缴纳的城建税及教育费附加10％，营业税及其附加合计占水费收入的5.5％。国家发展改革委组织研究制定南水北调东、中线一期工程运行初期供水价格政策时，南水北调工程供水的水费收入仍适用按"服务业"征收5.5％的流转税政策。

但是，随着国家税收制度改革的不断推进，要逐步将营业税改征增值税（简称"营改增"）。从2012年1月1日起，国家已经在上海开展交通运输业和部分现代服务业"营改增"试点。2013年8月1日，"营改增"范围已推广至全国试行。2014年1月1日起，将铁路运输和邮政服务业纳入"营改增"试点范围。2014年6月1日起，将电信业纳入"营改增"试点范围。下一步，"营改增"将逐步推广扩大到全国范围内的所有行业执行，南水北调工程供水的水费收入也将逐步纳入增值税的征收范围，相应的适用税率有待国家最后确定。如果南水北调工程供水适用现行最高的增值税率17％，则相比征收营业税及附加5.5％的政策，南水北调工程水价还要高些。

此外，如果今后国家给予南水北调工程供水特殊的税收优惠政策，甚至免收营业税或增值税，则南水北调工程水价将有所降低。

二、制定水价的基本原则

虽然南水北调工程总体规划及东、中线一期工程可研阶段已经明确，南水北调工程水价水平要按照"保本、还贷、微利"的原则制定，但是实际制定南水北调东、中线一期主体工程（尤其是工程运行初期）供水价格政策时，仍需考虑工程运行初期的特殊性、受水区水资源价格改革的进程，以及受水区的经济社会发展水平等因素。因此，制定南水北调东、中线工程水价应遵循下列基本原则：

（一）促进水资源合理配置

要充分发挥水价配置水资源中的决定作用，通过水价合理配置水资源，促进水资源节约，提高水资源使用效率。

兴建南水北调工程的目的之一就是促进受水区水资源的优化配置。受水区在进行水资源优化配置时，除了要加大宣传、发挥行政手段等作用外，还应充分利用水价的经济杠杆作用。

发挥水价经济杠杆作用包括两方面：一是受水地区要合理制定当地水源的供水价格，包括当地水利工程供水价格、地下水水资源费及终端用户水价等环节的水价；二是国家有关部门要合理制定包括南水北调工程供水在内的外调水源价格。

通过合理制定当地水源和外调水源的供水价格，引导南水北调工程受水区各级政府及人民群众，自觉节约水资源，提高水资源使用效率，同时避免受水地区（尤其是地下水漏斗地区）继续无序超采地下水，通过南水北调工程供水逐步置换被超采的地下水，从而逐步恢复受水地区水资源的采补平衡，最终达到优化配置水资源（包括当地水源和外调水源）的目标。

（二）保障工程正常运行

南水北调东、中线工程建成后，南水北调工程管理单位开展工程运行维护和偿还贷款本息的唯一资金来源就是水费收入。

影响水费收入的主要因素是水价水平和供水量。一般来讲，从国家有关部门制定水价水平到再次调整水价水平，通常要经过较长的时间，比如 3 年，甚至更长时间。如果国家有关部门制定的水价水平偏低，由于工程达产（即工程供水达到设计供水规模）一般需要较长一段时间，工程运行初期供水量较少，南水北调工程管理单位能够收取的水费也就偏少，将难以满足南水北调工程管理单位开展工程运行维护和偿还贷款本息的需要，无法做到工程自身的良性运行。在这种情况下，为了保障南水北调工程的正常运行需要，要么启动水价调整机制以提高水价水平，要么采取财政补贴等其他措施。

因此，为了保障南水北调工程可持续运行，避免工程成为沉重的财政包袱，国家有关部门研究制定南水北调工程供水价格水平时，除了考虑工程供水量因素外，必须要合理确定测算水价总水平的原则，确保南水北调工程管理单位依据水价和供水量向受水区收取的水费，能够满足工程正常运行和偿还贷款本息所需的资金来源，从而保障南水北调工程正常运行，充分发挥南水北调工程的效益。

（三）充分考虑各水源比价关系

南水北调工程供水作为受水区相关省（直辖市）的重要补充水源之一，从某种意义上来说，将与受水区当地水源形成一种竞争关系。当受水区的用水总量一定时，如果受水区使用的南水北调工程供水量多了，意味着要减少其他水源的使用量。在这种情况下，受水区往往容易忽略兴建南水北调工程的初衷，简单地比较各水源的价格，倾向于使用价格较低的水源，甚至继续超采地下水。

因此，制定南水北调东、中线一期工程水价时，除了要确保南水北调工程正常运行维护与偿还贷款本息外，还要充分考虑南水北调工程水价与受水区当地水源价格的关系，合理处理好受水区多供水来源之间的比价关系。

（四）兼顾受水区的经济社会承受能力

从前文分析可知，受水区 6 省（直辖市）之间的经济发展水平大致可分为三个梯队，北京、天津 2 市要发达一些，江苏、山东 2 省相对处于中等水平，河南、河北 2 省相对欠发达，经济社会承受能力也存在差别。原则上讲，制定南水北调东、中线一期工程水价时，应该对所有受水区采用同一定价原则，不能予以区别对待。但是，国家有关部门制定南水北调工程水价政策，其目的之一就是为了能够得到切实落实或执行到位，从而保障工程正常运行维护与偿还贷款。因此，在制定南水北调东、中线工程水价时，在确保南水北调工程正常运行维护与偿还贷款本息的基础上，必要时可兼顾受水区的经济社会承受能力，考虑受水区相关省（直辖市）的经济发展水平不平衡的现实状况，对经济发展水平相对较低的省份采取过渡性政策，逐步实现南水北调工程总体规划阶段国务院确定的按"保本、还贷、微利"原则制定水价的目标。

三、南水北调工程供水水价制定程序

根据《中华人民共和国价格法》及相关规定，南水北调东、中线工程水价的政府定价程序是：①由南水北调工程运行管理单位负责工程供水成本测算，并将成本测算结果和相关资料提供给国务院价格主管部门；②国务院价格主管部门组成力量对测算的成本进行核实并提出初步的南水北调工程水价方案，通过调查研究和召开会议等方式听取相关方面的意见，形成水价政策征求意见稿并书面征求相关方面意见；③国务院价格主管部门会同国务院相关部门将修改完善后的工程水价政策报国务院审批；④国务院价格主管部门将经国务院同意后的南水北调工程水价正式发布实施。

（一）价格制定权限

根据《中华人民共和国价格法》及相关规定，政府在必要时可以实行政府指导价或者政府定价，主要包括五大类：一是与国民经济发展和人民生活关系重大的极少数商品价格；二是资源稀缺的少数商品价格；三是自然垄断经营的商品价格；四是重要的公用事业价格；五是重要的公益性服务价格。

实行政府定价和政府指导价的具体商品和服务项目，以中央的和地方的定价目录为依据。中央定价目录由国务院价格主管部门制定、修订，报国务院批准后公布，规定国务院价格主管部门和有关部门的定价权限、定价范围、定价方式和定价内容。地方定价目录由各省、自治区、直辖市人民政府价格主管部门根据中央定价目录规定的权限和具体适用范围制定，经本级人民政府批准后，报国务院价格主管部门审定后公布。省、自治区、直辖市人民政府以下的各级人民政府没有制定定价目录的权限，但经省级人民政府授权的市、县人民政府，其价格主管部门可依法制定或者调整实行政府指导价、政府定价的商品和服务价格。

2001年7月，国家发展计划委员会公布的《国家计委和国务院有关部门定价目录》（中华人民共和国国家发展计划委员会令第11号）中，明确国务院价格主管部门以及有关部门定价的商品和服务项目包括13类，其中规定：国家计委负责制定中央直属及跨省水利工程供水的出口（渠首）价格，定价范围包括中央直属及跨省水库、干渠及河道。

2015年10月，国家发展改革委对中央定价目录进行了修订，并公布了新的《中央定价目录》（国家发展和改革委员会令第29号），明确将中央定价种类减少为7类，其中规定：国务院价格主管部门负责制定中央直属及跨省（自治区、直辖市）水利工程供水价格，同时还注明供需双方自愿协商定价的除外。

南水北调东、中线一期主体工程属于中央定价目录中的中央直属及跨省水利工程，目前还难以实现由南水北调工程管理单位和受水区各省（直辖市）人民政府指定的部门或单位（简称"受水单位"）进行协商定价。因此，南水北调东、中线一期主体工程供水价格，仍需由国务院价格主管部门（国家发展改革委）负责制定。

此外，根据现行的价格管理体制，南水北调配套工程水价由地方有关省（直辖市）级物价管理部门负责制定，各地市终端用水户水价由各设区市人民政府负责制定。

（二）南水北调主体工程水价定价程序

根据《中华人民共和国价格法》及相关规定，南水北调东、中线一期主体工程水价的政府定价程序包括五大步骤，具体如下。

（1）供水成本测算。南水北调工程运行管理单位对东、中线一期主体工程投资及相关资料的掌握是最全面的，也最适合作为开展工程供水成本测算工作的责任主体，负责依据有关原则方法开展具体的工程供水成本测算工作。因此，初始的供水成本测算工作一般都是由工程运行管理单位完成。工程供水成本测算完成后，南水北调工程运行管理单位将把工程供水成本测算结果及相关资料，提供给国务院价格主管部门作为研究制定水价方案的基础资料。

（2）拟定水价方案。国务院价格主管部门收到南水北调工程运行管理单位提交的东、中线一期主体工程供水成本测算成果后，将专门组织力量对测算工程供水成本所采用的基础资料、参数取值及测算的成本数值等进行审核，指出其中不符合要求的测算成果，并要求南水北调工程管理单位对工程供水成本测算成果进行修改完善。

经对工程供水成本测算成果进行审核并修改完善后，国务院价格主管部门将依据上述确定的制定水价的基本原则，研究提出初步的东、中线一期工程水价方案（或者针对两条线路分别提出水价方案）。

（3）征求有关方面意见。研究提出初步的东、中线一期主体工程水价方案后，国务院价格主管部门还将采取开展调查研究、召开会议等方式听取相关方面的意见，对初步的水价方案进行修改完善，形成南水北调工程水价政策征求意见稿。然后，国务院价格主管部门将正式书面征求国务院相关部门、受水区相关省（直辖市）人民政府及有关部门、南水北调工程管理单位等相关方面意见。

（4）修改完善水价方案。根据相关方面反馈的意见，国务院价格主管部门会同国务院相关部门组织修改完善水价政策方案。必要时，国务院价格主管部门还将邀请相关方面参加协调会，专门就南水北调工程水价政策研究过程中有关方面提出的不同意见进行协调与沟通，争取尽可能达成一致意见。经过反复征求意见，国务院价格主管部门会同国务院相关部门研究提出最终的南水北调工程水价政策方案，并呈报国务院审批。

（5）公布水价方案。经国务院批准同意后，国务院价格主管部门将正式印发最终的南水北调工程水价政策方案。南水北调工程管理单位和受水区有关省（直辖市）确定的受水单位，将依据国家制定的南水北调工程水价政策及《南水北调工程供用水管理条例》有关规定签订供水合同，并按合同约定由受水单位向工程管理单位缴纳工程水费。

（三）主体工程运行初期水价制定的主要过程

国家发展改革委作为国务院价格主管部门，其在组织研究制定南水北调东、中线一期工程运行初期供水价格政策过程中，于2011年6月成立了由国家发展改革委价格司牵头，财政部、水利部和国务院南水北调办有关司局人员参加的工作组，具体负责组织协调南水北调东、中线一期工程运行初期水价政策研究制定工作。

1. 东线工程水价

考虑到东、中线一期工程的通水目标分别为2013年底和2014年汛后，两者间隔的时间不是太大，国家发展改革委起初准备同步制定东线和中线工程运行初期水价政策。对于东线和中线工程运行初期的供水成本和水价方案测算工作，国家发展改革委考虑到东、中线一期工程可研阶段的水价分析测算工作是由水利部负责组织有关设计院开展的，建议仍然依托水利部承担具体测算工作。

2012年7月，国家发展改革委研究提出了东、中线一期工程运行初期水价政策初步意见，并印发国务院有关部门有关司局、受水区6省（直辖市）有关职能部门、南水北调工程有关项目法人征求意见。

2012年9月，国家发展改革委在山东青岛组织召开南水北调工程供水价格座谈会，当面听取有关方面的具体意见。青岛会议后，考虑到东线和中线工程的供水成本和水价问题存在较大差异，而且研究制定东线水价政策更加紧迫，因此，国家发展改革委决定将东线和中线水价分开制定，先制定东线水价政策，然后制定中线水价政策。

2012年12月，依据有关方面反馈的意见，国家发展改革委对东线一期工程运行初期水价政策方案进行了修改完善，并印发国务院有关部门和江苏、山东2省政府征求意见。

2013年5月，经修改完善后，国家发展改革委向国务院报送了东线一期主体工程运行初期供水价格政策方案请示稿。

2013年8月，根据国务院办公厅的要求，国家发展改革委按照拟设立南水北调东线总公司统一管理东线新建工程的管理体制对东线水价方案进行了调整，并建议待国务院南水北调工程建设委员会批准后，由国家发展改革委会同有关部门在江苏、山东两省平均水价的基础上，细化研究制定各口门的实际执行价格，不再另行请示。

2013年10月，为尽早做好东线一期主体工程运行初期各口门供水价格操作方案的准备工作，国家发展改革委会同有关部门研究提出将东线工程分别划分为24段、8段、4段的三种定价方案，并以书面形式征求了国务院有关部门及江苏、山东两省的意见。考虑到国务院南水北调办此前已就东线工程供水定价区段划分及水价测算问题开展了大量的研究工作，国家发展改革委将东线工程细化定价方案的测算工作交由国务院南水北调办具体承担。

2013年11月18日，国务院南水北调工程建设委员会第七次全体会议审议并原则同意了国家发展改革委呈报的南水北调东线一期主体工程运行初期供水价格政策方案。

2013年12月初，国家发展改革委综合考虑各方意见，特别是与江苏、山东两省相关部门当面沟通形成的意见，国家发展改革委按6段定价方案再次书面征求国务院有关部门、江苏山东两省物价部门及南水北调东线工程有关项目法人（即江苏水源公司和山东干线公司）意见。此后，根据江苏、山东两省反馈意见，尤其是山东省意见，国家发展改革委决定将东线一期主体工程划分为7个区段进行定价。

2014年1月7日，根据国务院南水北调工程建设委员会第七次全体会议原则同意的东线一期主体工程水价方案和有关规定，并商财政部、水利部和国务院南水北调办，国家发展改革委正式印发了《国家发展改革委关于南水北调东线一期主体工程运行初期供水价格政策的通知》（发改价格〔2014〕30号）。

2. 中线工程水价

2014年，国家发展改革委会同国务院有关部门进一步加快推进南水北调中线一期主体工程运行初期供水价格政策研究制定工作。

2014 年初，国家发展改革委对南水北调东线一期主体工程运行初期水价政策研究制定工作经验教训进行了总结。为了避免出现东线工程那样的情况［即测算出受水区各省（直辖市）平均供水价格后，再重新测算并细化分解至各定价区段或分水口门］，在开展南水北调中线一期工程供水成本和水价方案测算时，国家发展改革委决定先把工作做细，即先测算出中线工程各分水口门的供水成本和水价数据，今后再按照最终确定的定价区段划分要求（例如以省、地级市或者县级市为一个区段，或者其他方法划分的区段），根据各分水口门的规划分配水量，加权平均得出各个定价区段的成本和水价方案。

据统计，南水北调中线一期主体工程共分设 97 个分水口门。若以分水口门为单位进行测算，首先需要将中线一期主体工程投资、贷款、管理人员等数据分解至 97 个分水口门，再分别测算各个口门区段（相邻分水口门之间为一个区段）发生的工程供水成本，然后依据各口门的规划分配水量，将工程供水成本在各口门区段之间进行分摊计算，最终测算出每个口门承担的供水成本及水价。因此，按分水口门为单位进行供水成本和水价测算的工作量十分巨大。

此外，为了尽可能准确地测算中线一期工程各个分水口区段发生的工程供水成本费用，需要南水北调工程项目法人对各设计单元工程投资、各分水口门长度、桩号、涉及标段、水量等数据进行详细梳理，再按一定的原则将中线干线工程投资等数据划分至各个分水口门区段，而且该划分测算是整个中线工程供水成本和水价测算的基础，也是工作量最大的测算工作。也就是说，如果完成中线工程各分水口门区段投资划分工作，整个中线工程供水成本测算工作将完成 70%～80%。

因此，对于中线一期工程供水成本和水价（包括中线水源工程、陶岔渠首枢纽工程和中线干线工程）测算工作，国家发展改革委决定将交由国务院南水北调办负责承担，具体由南水北调中线干线工程建设管理局负责测算。

2014 年 5 月，国务院南水北调办组织中线建管局完成了中线工程供水成本及多种水价方案初步测算工作，并将相关测算成果及资料提交国家发展改革委。

2014 年 6 月，国家发展改革委结合此前开展的调研成果，组织力量对国务院南水北调办提交的测算成果进行了审核，研究提出了中线工程水价政策安排意见（征求意见稿），并正式印发国务院有关部门、中线工程受水区 4 省（直辖市）人民政府、南水北调中线工程有关项目法人（即中线建管局和中线水源公司）征求意见。

2014 年 8 月，国家发展改革委在湖北省丹江口市组织召开中线水价政策协调会，听取有关方面意见，就分歧意见进行协调。9 月初，国家发展改革委就有待明确的几个问题再次书面征求有关方面意见。10 月，国家发展改革委再次召集中线工程受水区有关省（直辖市）相关部门及南水北调中线工程相关项目法人进行协调。

2014 年 11 月，在多次调研协调及征求意见的基础上，国家发展改革委会同财政部、水利部和国务院南水北调办正式向国务院报送了中线一期主体工程运行初期水价政策安排意见请示稿。11 月底，国务院批准同意了该请示稿。

2014 年 12 月 26 日，经国务院同意，并商财政部、水利部和国务院南水北调办，国家发展改革委正式印发了《国家发展改革委关于南水北调中线一期主体工程运行初期供水价格政策的通知》（发改价格〔2014〕2959 号）。

四、水价总水平制定

根据测算的南水北调东、中线一期主体工程供水成本和定价原则，国家发展改革委分别确定了南水北调东、中线一期工程运行初期的综合水价总水平。总体上讲，现行东、中线工程供水的水价水平，是在充分考虑了南水北调工程运行维护需要、受水区水价改革进程和经济社会承受能力实际情况的基础上，暂不实行南水北调工程总体规划阶段国务院确定的按"保本、还贷、微利"制定水价的原则，东、中线一期主体工程运行初期实际执行水价低于供水成本定价，南水北调工程管理单位账面存在政策性亏损。而且，东、中线一期主体工程运行初期，由于实际的工程供水量未达到规划设计调水规模，实际执行的单方水价水平更是远低于单方供水成本。

（一）东线水价水平

2014 年 1 月 7 日，经国务院南水北调工程建设委员会第七次全体会议原则同意，并商财政部、水利部、国务院南水北调办，国家发展改革委正式印发了《国家发展改革委关于南水北调东线一期主体工程运行初期供水价格政策的通知》（发改价格〔2014〕30 号），明确东线一期主体工程运行初期供水价格按照保障工程正常运行和满足还贷需要的原则确定，不计利润，并按规定计征营业税及其附加。各口门采取分区段定价的方式，将东线一期主体工程划分为 7 个区段，同一区段内各口门执行同一价格。具体价格如下：南四湖以南各口门 0.36 元/m³（含税，下同），南四湖下级湖各口门 0.63 元/m³，南四湖上级湖（含上级湖）至长沟泵站前各口门 0.73 元/m³，长沟泵站后至东平湖（含东平湖）各口门 0.89 元/m³，东平湖至临清邱屯闸各口门 1.34 元/m³，临清邱屯闸至大屯水库各口门 2.24 元/m³，东平湖以东各口门 1.65 元/m³。具体价格水平见表 8-3-1。此外，该通知还明确东线一期主体工程实行两部制水价（本章第四节中将详细叙述）。

表 8-3-1　　　　　南水北调东线一期主体工程运行初期各口门供水价格表　　　　　单位：元/m³

序号	区段划分	区段内各口门供水综合水价
1	南四湖以南	0.36
2	南四湖下级湖	0.63
3	南四湖上级湖（含上级湖）至长沟泵站前	0.73
4	长沟泵站后至东平湖（含东平湖）	0.89
5	东平湖至临清邱屯闸	1.34
6	临清邱屯闸至大屯水库	2.24
7	东平湖以东	1.65

需说明的是，之所以按照上述定价原则确定南水北调东线一期主体工程运行初期水价水平，是国家发展改革委综合考虑多方面意见的结果。水价确定原则既考虑了保障东线一期主体工程运行初期正常运行和还贷的需要，也充分尊重了东线一期工程受水区苏鲁两省有关部门的意见，兼顾了受水区的水价改革进程和经济社会承受能力实际情况。起初，国家发展改革考虑到东线一期主体工程运行初期的特点，建议暂不实行"保本、还贷、微利"原则，工程运行初

期按照供水成本确定综合水价水平，不计利润。在征求有关方面意见的过程中，东线一期工程受水区两省（尤其是山东省）有关部门提出，考虑到当前受水区实际情况，建议东线一期工程工程运行初期按照保障工程运行维护和还贷的原则定价。两种定价原则的主要差别是水价中计列的固定资产折旧费规模不同，除去固定资产折旧费的其余工程供水成本费用项目均相同。按照工程供水成本定价是计列了全部的固定资产折旧费；按照运行还贷原则定价是只按照偿还贷款本金需要的原则计列了部分固定资产折旧费，并未计列全部固定资产折旧费。据测算，相比按照供水成本定价，按照运行还贷定价的工程供水价格水平减少约10%。考虑到两者价格水平的差距不大，为了使东线一期主体工程运行初期供水价格政策能够尽快顺利出台，国家发展改革委决定尊重东线一期工程受水区苏鲁2省的意见，并据此拟定报送国务院审批的东线一期主体工程运行初期水价政策方案。

对于计征营业税及附加问题。虽然免征营业税及附加，有利于减轻受水区相关省（直辖市）的压力，保障受水区外调水与当地水价的平稳衔接，但从保障我国税收政策的延续性和公平性角度出发，而且考虑到征收营业税并不会大幅提升受水区的压力，经征求多方意见（尤其是财政部的意见），国家发展改革委决定采用财政部意见，维持当时现行水利工程供水计征营业税及附加的税收政策，在东线一期主体工程运行初期水价中计征营业税及附加（合计税率5.5%）。

对于受水区承受能力问题。综合考虑东线一期工程受水区水价改革进程，企业和居民的反映以及国内外相关研究成果，国家发展改革委在组织研究制定东线一期主体工程运行初期水价政策时，建议从低测算受水区的可承受水价，采用的评判标准分别为：居民可承受水费支出占可支配收入的比重不超过1%（国内外研究多数认为不超过2.5%～3%较为合理），工业用水可承受的水费支出占工业产值的比重不超过1.3%（国内外研究多数认为不超过2%～3%较为合理），综合平均可承受水价按照东线一期工程受水区居民用水和工业用水占城市供水总量比重加权平均计算。经测算，即使将东线一期主体工程和配套工程的供水成本及水价全部传导到受水区终端用户水价，根据东线一期工程通水后苏鲁2省的水源结构（包括当地水源和南水北调工程供水）及水价水平进行加权平均计算，东线一期工程受水区2省的综合平均终端水价也大幅低于综合平均可承受水价。换言之，现行按照保障工程正常运行和满足还贷需要的原则（低于供水成本）确定的东线一期主体工程供水水价水平，在经济上是可以承受的。

（二）中线水价水平

2014年12月26日，经国务院同意，并商财政部、水利部、国务院南水北调办，国家发展改革委正式印发了《国家发展改革委关于南水北调中线一期主体工程运行初期供水价格政策的通知》（发改价格〔2014〕2959号），明确中线一期主体工程运行初期实行成本水价，并按规定计征营业税及其附加，其中河南、河北两省暂时实行运行还贷水价，以后分步到位。中线一期主体工程分设水源和干线工程水价，其中干线工程共划分为6个区段，同一区段内各口门执行同一价格。具体价格如下：水源工程0.13元/m³（含税，下同），中线干线河南省南阳段（望城岗—十里庙）各口门0.18元/m³，河南省黄河南段（辛庄—上街）各口门0.34元/m³，河南省黄河北段（北冷—南流寺）各口门0.58元/m³，河北省（于家店—三岔沟，郎五庄南—得胜口）各口门0.97元/m³，天津市（王庆坨连接井—曹庄泵站）各口门2.16元/m³，北京市（房山城关—团城湖）各口门 2.33 元/m³。具体价格水平见表 8-3-2。此外，该通知还明确中线一期主体工程实行两部制水价（本章第四节中将详细叙述），中线工程通水 3 年后，根据工程实际运行情况对水价进行评估、校核。

表 8-3-2　　　　　南水北调中线一期主体工程运行初期各口门供水价格表　　　　单位：元/m³

区段划分		区段内各口门供水价格综合水价
水源工程		0.13
干线工程	河南省南阳段（望城岗—十里庙）	0.18
	河南省黄河南段（辛庄—上街）	0.34
	河南省黄河北段（北冷—南流寺）	0.58
	河北省（于家店—三岔沟，郎五庄南—得胜口）	0.97
	天津市（王庆坨连接井—曹庄泵站）	2.16
	北京市（房山城关—团城湖）	2.33

需要说明的是，研究中线一期工程运行初期水价政策，是在中国共产党的十八届三中全会后开展的。根据《中共中央关于全面深化改革若干重大问题的决定》（2013 年 11 月 12 日）中提出的"加快自然资源及其产品价格改革，全面反映市场供求、资源稀缺程度、生态环节损害成本和修复效益"的要求，研究中线一期主体工程运行初期水价政策，应符合水资源价格改革方向，充分发挥外调水的价格杠杆作用，推动受水区加快推进水价改革，促进受水区水资源节约和高效配置，遏制地下水超采。因此，为了促进中线一期工程受水区节水和保障中线一期工程的良性运行，同时又能兼顾中线一期工程受水区相关省（直辖市）当时的水价偏低，外调水与本地水价的衔接压力较大的实际情况，国家发展改革委起初建议中线一期主体工程运行初期水价按照补偿供水成本的原则确定，不计提利润。在征求意见过程中，河北、河南两省有关部门提出两省的经济发展水平相对较低且社会承受能力相对较弱，建议按照保障工程运行还贷的原则定价。北京、天津两市有关部门提出国家制定中线一期主体工程水价的原则应全线保持一致，也要求按照保障工程运行还贷原则定价。

经多次协调，综合考虑水资源价格改革方向、保障工程良性运行和持久发挥效益，以及受水区 4 省（直辖市）的经济发展水平存在差异等因素，国家发展改革委最终决定中线一期工程运行初期实行成本水价，其中河南、河北两省暂时实行运行还贷水价，以后分步到位，并据此拟定报送国务院审批的中线一期工程运行初期供水价格方案。与东线一期工程一样，按照运行还贷原则定价是只按偿还贷款本金需要的原则计列部分固定资产折旧费，并不计列全部的固定资产折旧费。据测算，若按供水成本定价（含税），中线一期主体工程供河南、河北两省的平均水价分别为每立方米 0.57 元、1.23 元。实行运行还贷水价后，中线一期主体工程供河南、河北两省的平均水价分别降为每立方米 0.41 元、0.97 元，水价降低幅度分别为 28% 和 21%。

对于中线一期主体工程供河南、河北两省的水价分步到位时间，国家发展改革委在综合国务院有关部门、南水北调中线工程项目法人及河南、河北两省意见的基础上，考虑到 3 年后工程运行将逐步进入较为平稳的阶段，工程年度供水量和运行维护费用将基本明朗，在报送国务院审批的中线一期主体工程运行初期供水价格方案中，建议届时根据实际情况对中线一期主体工程运行初期的水价政策和水平进行评估、校核，并研究河北、河南两省水价到位时间。

对于计征营业税及其附加问题，国家发展改革委建议与东线一期主体供水价格政策保持一致，维持当时现行水利工程供水计征营业税及附加的政策，在中线一期工程运行初期水价中计征营业税及附加（合计税率5.5%）。

对于受水区承受能力问题。综合考虑中线一期工程受水区相关省（直辖市）的水价改革进程，企业和居民的反映以及国内外的相关研究成果，国家发展改革委在组织研究中线一期主体工程运行初期水价政策时，建议从低测算中线工程受水区的可承受水价，评判标准分别为：居民可承受水费支出占可支配收入的比重不超过1%（国内外研究多数认为不超过2.5%～3%较为合理），工业用水可承受的水费支出占工业产值的比重不超过1.5%（国内外研究多数认为不超过2%～3%较为合理），综合平均可承受水价按受水区居民用水和工业用水占城市供水总量比重加权平均计算。经测算，即使将中线一期主体工程和配套工程的供水成本及水价全部传导到受水区终端用户水价，根据中线一期工程通水后受水区4省（直辖市）的水源结构（包括当地水源和南水北调工程供水）及水价水平进行加权平均计算，受水区4省（直辖市）的综合平均终端水价均不同程度低于相应的综合平均可承受水价。换言之，实行成本水价（河南、河北暂实行运行还贷水价）的中线一期主体工程运行初期水价水平，在经济上是可以承受的。

第四节　南水北调工程两部制水价

两部制水价是大型水利工程供水方面采用或实行的一项两部制价格制度，其实质是将供水生产成本费用、利润和税金构成的供水价格分成两部分，分别由基本水价和计量水价补偿的一种科学的计价方式。南水北调工程作为具有特定供水对象的特大型供水工程，从南水北调工程总体规划阶段起，国家就将两部制水价作为一种基本制度确立下来。本节主要介绍两部制价格的基本原理、南水北调工程两部制水价的构建，以及目前实行的南水北调工程两部制水价政策。

一、两部制价格的基本原理

两部制价格是合理分担投资和成本风险的机制，国内外大型工程项目均采用或实行两部制价格机制。两部制价格由两部分组成，即基本价格（或容量价格）和计量价格。工程运行成本按照与使用量关系来划分，凡是与使用量没有直接关系，使用量变化不影响成本增减的部分成本，属于固定成本；随着使用量变化而相应增减成本的部分，属于变动成本。基本价格按照固定成本核定，计量价格按照变动成本核定。基本价格不能与实际使用量挂钩，不管工程运行是否能达到设计能力，通过基本价格获得的收入就能维持工程固有的功能，而不至于使工程的功能丧失或被废去。

（一）两部制价格制度的目的

价格的基本目标首先是要补偿成本。成本是价格形成的主要依据，因此，产业特性不同，产品成本结构不同，就可以设计不同的价格结构，使价格结构与成本结构相匹配，从而使价格设计比没有分类时更加经济有效，并能保证生产的持续良性运行。

　　两部制价格制度是一种特殊的计价制度，其实质是根据产品生产成本结构的差异，将收费分为与实际销售（或使用量）无关的固定费用（基本费用或容量费用）和按实际销售量（或使用量）计算的计量费用（商品费用）两部分，并计算价格的计价制度。

　　供水产业虽然是典型的自然垄断产业，其所生产的产品——水并没有其他任何一个行业的产品可以成为它的接近的代用品，但大气降水或者自然蓄水等却是水资源的补给来源，它和地下水一起成为了水利工程供水的替代品。大气降水的不确定性，直接导致了用水户对水利工程供水需求的不确定性。当降水量大时，蓄水多，用水户不需要，储存也受限制；而风调雨顺时，种植业一般又不需大量供水。同时，供水产业的特殊性决定了输水能力不能被储存，同时蓄水输水容量的占用具有地域性和排他性，供水输水机构为满足一定地域范围内的固定用户的合同需求，必须投入大量资金建设用于蓄水的大坝及用于输水的供水网络，为用户预留蓄水输水容量，即使用户不使用，输水容量也不能被储存或转换给别人使用。

　　供水行业投资大、资金密集，要保证工程的正常运行需要大量的成本投入，包括固定成本和可变成本。在工程经济寿命周期内合理地回收成本是工程运行期持续供水的基本要求。供水工程的主要产品就是通过拦、蓄、引、提等水利工程措施销售给用户的未经加工的天然水，回收成本的基本手段就是由用户向供水单位缴纳水费。水费是否足以弥补工程成本，如何弥补工程成本取决于工程水价的设计（包括水平和结构）和供水量。

　　由于供水输水机构为保证蓄水输水能力需要投入大量的资金，形成巨大的沉没成本，当用户不使用或不完全使用蓄水输水容量时，这部分沉没成本将无法通过其产品收入——水费完全得以弥补。因此，有必要寻找一种比单一制价格制度更能合理地弥补生产成本的价格制度，可以对固定用水户的服务收费实行两部制价格制度。

　　图8-4-1为扣除掉固定成本下需求曲线移动对成本弥补的影响曲线图，其中：dd 表示需求曲线，AC 表示平均成本曲线，MC 表示边际成本曲线，P 表示价格，Q 表示产量。从图8-4-1中可以看出，在政府管制的定价模式下，由于原有的需求曲线 dd 是按照用户在一定条件下完全充分地利用蓄水输水能力时而确定的，当用户需求不足时，需求曲线 dd 必然向左移动到 dd'，与平均成本曲线 AC 交于 A'，此时的产量为 Q'。由于平均成本曲线 AC 是在下降，A'高于原均衡点 A，而由于政府管制价格制定的相对稳定性和调整的相对滞后性，此时的价格仍维持在原来的均衡价格 P_A 上，$P_A < A'$，此时，生产者的成本不能全部得到弥补，处于亏损的状态。

　　而由于平均成本 AC 下降的主要原因是因为平均固定成本随着产量的增加而下降，因此，可以考虑将水价设计成复合式或分步式的价格形式，即在按量计费前首先弥补固定成本。

　　为了简明起见，假设变动成本与产量之间存在一元线性关系的话（在这个假定条件下分析生产者的成本变化并不失一般性），扣除掉

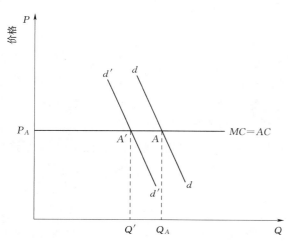

图8-4-1　扣除掉固定成本下需求曲线
移动对成本弥补的影响

固定成本的平均成本曲线 AC 和边际成本曲线 MC 将变成一条水平的直线并重合。如果固定成本通过一个基本费用的方式进行弥补，此时需求曲线的移动将不会影响原来的均衡价格对生产者平均成本的弥补，从而不会影响生产者总成本的弥补。

两部制水价制度，正是在兼顾上述供水的自然特性、经济属性、水利工程的基础性和供需水变动的规律性基础上产生的。两部制水价制度一方面使供水的边际价格能够等于边际成本，另一方面又使供水的价格能够补偿全部的生产成本。

因此，两部制水价制度设计的根本目的，是在政府根据平均成本对生产者进行价格水平管制的前提下，通过合理的价格结构设计让生产者的正常生产成本能够得到更加科学合理的补偿。

（二）两部制价格制度的特点

供水生产成本由固定成本和变动成本组成，可以将收费分为与实际供水量无关的、定期（按月或按年）支付的固定费（基本费或容量费）和按实际供水量计算的计量费（商品费）两部分，通过固定收费补偿固定成本，通过计量收费补偿变动成本。与此相应，价格也由两部分组成：以固定费除以总容量或固定的使用量得出容量水价或基本水价；以计量费除以实际供水量得出计量水价。

因此，两部制定价实际上是定额收费与从量收费的合一。假定某供水工程的用水户有 K 人，再假定工程为每个用水户所提供的供水容量为 M_1，M_2，…，M_K，该产品的固定成本总额为 FC。对于第 n 个用水户来说，首先向他收取 $FC \times M_n / \sum M_i$（$i=1-K$）的款项作为基本费，然后再向该用水户每方用水量收取与边际成本 MC（即平均变动成本 AVC）水平相当的从量费 A。如果该用水户的用水量为 Q，则两部制定价对该用水户的收费总额为

$$Y_n = FC \times M_n / \sum_{i=1-K} M_i + AQ \qquad (8-4-1)$$

式中：Y_n 为按两部制水价向第 n 个用户收取的水费总额；FC 为工程供水的固定成本总额；M_n 和 M_i 分别为工程向第 n 个或第 i 个用户供水的供水容量（设计供水规模）；A 为工程向第 n 个用户收取的从量费（相当于单方计量价格）；Q 为第 n 个用户的实际用水量。

两部制水价的特征包括以下内容。

（1）两部制定价是一种非线性定价方式，它不同于单一制平均成本的固定价格定价和单纯由生产的边际成本定价这两种线性定价方式。

（2）用水户承担的每方水边际成本是不变的，而每方水的固定成本是随着供水的增加而降低的。

（3）供水经营单位的总成本通过分解的固定成本和变动成本得到完全分摊，其中基本费用来补偿由于边际成本定价给企业带来的效益损失。

（三）两部制价格制度的核心

实行两部制价格制度的核心，就是要合理确定供水成本在固定费与计量费之间的分配比例。

将所有的固定成本通过固定费补偿，被认为在经济上是有效率的。但供水成本在固定费与计量费之间分配的不同比例，对生产单位风险、不同用户的负担方面有着不同的效果。一般来

讲，总成本按照成本性质（固定成本和变动成本）在固定费和计量费之间进行不同比例的分配，当固定费分配的成本比例提高时，生产者通过固定费回收的成本比例提高，成本回收保证率将得到提高，财务风险得到降低，而由于低负荷用户的使用量较少，分摊到单位使用量的固定费必然较高，因此其负担成本增加；而当固定费分配的成本比例降低时，则将会带来相反的效果。

通过水费-水量曲线，也可以分析不同比例的成本分配对于生产单位风险及用户负担等方面效果的影响。假设在短期内生产者的总成本保持不变，用户需求曲线也保持不变，固定费与使用量不结合，将不同比例的固定费在纵轴上所示点与生产者的总成本 E 点相连，就形成了不同基本价格下的收入-使用量曲线 TT 和 $T'T'$。在 E 点，不同价格形式下的用户所负担的费用都正好等于生产者的总成本，如图 8-4-2 所示。

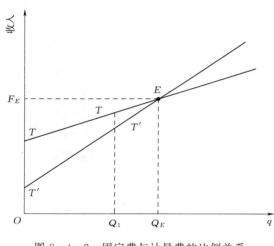

图 8-4-2　固定费与计量费的比例关系

假设在短期内出现了由于大气降水量或者自产水增加等减少用户短期需求的因素，此时用户的使用量由 Q_E 移至 Q_1，可以发现在固定费比较高的价格制度下要比固定费比例比较低的价格制度，生产者的收入降低幅度小，相应的用户所负担的费用减少幅度也要小，低负荷用户成本负担相对较高，而生产者成本回收的保证率则相对要高。因此，固定费与计量费之间的比例关系将直接影响生产者的成本回收保证率以及低负荷用户成本负担的高低。固定费越高，生产者的成本回收保证率越高，低负荷用户成本负担越高；固定费越低，生产者的成本回收保证率越低，而低负荷用户成本负担越低。

出于不同的政策考虑，在两部制定价中，固定成本由固定费补偿的比例并不是一成不变的。一般分为 4 种类型：

（1）固定变量法（fixed variable method）：固定成本 100% 从固定费得到补偿；这是通常所谓的完全意义上的两部制定价。

（2）大西洋海岸公式（the Atlantic seaboard formula），其中 50% 的固定成本由固定费得到补偿。

（3）联合公式（the united formula），其中 25% 的固定成本由固定费补偿。

（4）容量法（valumetric method），所有固定成本由商品计量收费补偿。

（四）两部制价格制度的作用

两部制价格在价格结构上既考虑了产品使用量的因素，又考虑了产品输送容量或负荷率的因素，与产品所在产业性质及成本变动的特点相适应，因而具有许多优点。

（1）在成本弥补方面，两部制价格制度最主要的作用是在既定价格水平下，通过设置固定收费，建立合理、稳定而有效的成本补偿机制，保证其最低收入得以补偿不变成本，从而保证工程的良性运行，使生产者能持续稳定地向用户提供产品或者服务。

价格的基本目标首先是要补偿成本。政府实行价格管制的自然垄断产业一般都具有资金密集的特点，其成本构成中包含了巨大的沉没成本，在单一制价格制度下，如果用户的使用量减少较大，将使工程的成本难以得到有效的补偿，对于大量利用贷款、债券等融资手段建设的工程来说，甚至难以保证其基本的财务安全。因此，在政府已经按照平均成本对价格水平进行管制的前提下实行两部制价格制度，由于有了基本价格或者容量价格的规定，用户只要根据自身需要配置了一定的输送容量或负荷，即使其实际使用量很少，甚至不用时，也得照付费用。这部分固定收费可以保证工程的固定成本得到基本弥补，使生产者的成本弥补方式更加科学合理。稳定、均衡的成本回收机制使供水单位正常的基本运营费用及资本成本的回收得到了基本保证，对保障供水单位的正常运行和工程养护维修创造了基本条件，进而有利于提高工程的供水保证率，有利于工程的良性可持续运行。

（2）在供需双方风险方面，事先和合理的两部制价格设计可以合理确定生产规模，清晰生产者和用户双方之间的风险边界，降低双方风险，增强双方的约束力和责任感。

两部制价格制度设计的核心是自然垄断产业巨大的资本投入从而带来巨大的沉没成本的补偿问题，而资本投入大小的合理性取决于其生产规模确定的合理性。当生产规模过大、超过了用户的需求时，带来的直接问题就是投资过度，按照超额投资成本来确定固定收费，超额的不合理部分将转嫁给用户，从而增加用户的不合理经济负担，而如果核减超额的不合理部分，则工程的超额投资无法得到回收，必然又将增加工程运行的财务风险，导致投资浪费。当生产规模过小、低于用户需求时，生产者不能完全履行供给义务，用户的正常需求不能得到及时有效的满足，则会给用户带来不必要的经济或者生活风险，而如果生产者为了保证用户需求进一步增加投资扩大生产规模，此时投资的边际成本将远远高于以前，从而进一步增加用户的负担，同时带来投资浪费。因此合理的两部制价格制度设计，特别是对于新建产品生产能力来说，在建设前事先的制度设计将能够保证生产能力的合理确定，从而使供用双方的责权利得到清楚的约定，清晰双方风险界限，降低双方风险。

在事先和合理的两部制价格制度设计下，对于用户来说，由于将按需要的输送容量或者负荷容量承诺交纳固定费用，一方面在生产能力建成以前，会尽可能实事求是地测算自身对产品或者服务的合理需求量，避免过大的需求带来不必要的超额负担或者过小的需求不能保证今后的正常使用；另一方面在生产能力建成以后，会尽可能地充分利用输送容量或者提高负荷利用率，从而降低单位产品成本，因为在两部制价格下，用户输送容量或者负荷利用率越高，其平均为每单位产品支付的费用也越少。

而对于生产者来说，一方面会严格按照用户提出的需求来建设生产能力，避免投资过度、浪费投资，增大自身的财务风险；另一方面会积极提高服务水平或产品供给的保证率，增加产品供给能力，促使用户充分利用需要的负荷容量，从而节约投资，降低成本。

（3）在资源优化方面，通过合理的配套制度设计，两部制水价制度能够充分发挥工程的功能作用，规范供水秩序，促进受水区水资源的优化配置，缓解受水区的水资源恶化状况。

在水资源短缺地区，对有多种可利用水源的，必须建立科学的用水次序，在考虑不同水源的赋存条件和承载能力的基础上进行合理开发与利用。通常水资源合理开发利用的原则是"优先利用地表水，积极引用过境水，限制开采地下水，鼓励利用再生水"，对当地地表水、过境水、地下水，甚至调入水应当实行统一调度，合理配置。只有这样，才可以最大限度地发挥水资源的社会效益、经济效益和环境效益，同时保障水资源的可持续利用。

实施长距离调水工程的前提是其受水地区的水资源相对比较匮乏，水资源一般都存在着供给不足、过度开发及环境破坏等各种问题，从而严重影响了这些地区的国民经济和社会的可持续健康发展、人民生活的安全保障以及自然生态的良性循环等。对于长距离调水工程而言，在两部制价格制度设计下，由于用户按照需求容量缴纳了固定费用，而这部分费用与用不用水并无关系，只要调入水资源与自产水资源之间有着合理的比价关系，作为"理性的经济人"的用户必然会尽可能地去使用调入水资源，因此，从制度上起到了鼓励受水区充分发挥调水工程的功能作用，在工程供水容量范围内最大限度地使用调入水资源，尽可能地减少受水区本地资源的不合理甚至掠夺式开发利用，促进其水资源的优化配置，从而缓解水资源日益恶化的状况。

当然，要实现这一目的，单纯依靠调水工程自身的两部制价格制度设计是不现实的，还必须对受水区水资源开发利用有法律、经济等方面的配套措施，如通过立法对受水区水资源的过度开发进行限制，通过调整受水区水资源的开发成本，使本地水资源价格与调水价格之间保持合理的比价关系等。如果配套制度设计不合理，除非将两部制价格的固定收费部分定得非常高，否则一方面将使受水区放弃调水不用，继续过度开发本地水资源，使水资源状况进一步恶化；另一方面导致工程能力不能得到充分发挥，浪费投资。

（4）合理的两部制价格设计可以使不同用户之间、同一用户不同周期间的负担比较合理均衡。

由于产品生产者对每个用户提供产品的生产成本与用户所配置的输送能力或者负荷高低有着很大关系，因而对于不同用户之间费用的负担来说是相对合理的。当然，如果固定费定得过高，对于低负荷用户来说，由于其使用量较小，支付的平均成本较高，相对负担也较高，这就需要价格结构的合理设计。

同时，由于供水工程的供水生产和交换受大气降水随机性的制约，一般用水户在不同季节、不同时段的用水需求变化较大。在实行单一制计价的情况下，这种需求变化必然引起用户在年度间或者同一年内不同季节间的水费负担很不均衡，如果需求增加比较大，用水户的水费负担可能会变得比较重。这种不均衡性不利于用户水费的均衡负担。因此，两部制价格制度对单一制价格制度下，不同周期同一用户需求波动所带来的费用负担波动有着一定的平抑作用，使其在不同周期间的负担较为合理均衡。

（五）固定费与使用量的结合分析

理论上讲，固定费是用水户用不用水都要缴纳的费用，与实际使用量无关。但在具体价格设计时，可以将固定费与一定的基本使用量结合，交纳了固定费后，用水户可以使用一定的基本使用量而无需支付计量费。

1. 固定费与基本使用量相结合的效果分析

同样可以使用收入-使用量曲线来说明这个问题，为便于说明，假设定价原则已经明确，固定费所分摊的成本是相同的，如图 8-4-3 所示。

假设在短期内出现了由于大气降水量或者自产水增加等减少用户短期需求的因素，此时用户的使用量由 Q_E 移至 Q_1，从图中可以看出，当固定费不与使用量结合时，生产者收入的降低幅度要比与基本使用量结合的价格制度小，相应的用户所负担的费用减少幅度也较小，低负荷用户成本负担相对较高，而生产者的成本回收保证率较高，即使用户实际使用量降到基本使用量以下的 Q^* 也是如此。反之，与基本使用量相结合的价格制度，生产者的成本回收保证率较低，低负荷用户成本负担相对较低。

2. 与固定费结合的基本使用量的大小

这是一个相对较为复杂和困难的问题。一般的设计方案，固定费越低，基本使用量也相对较低，固定费越高，基本使用量也相对较高，如图 8-4-4 所示。

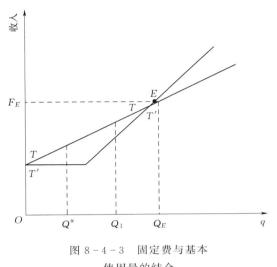

图 8-4-3　固定费与基本
使用量的结合

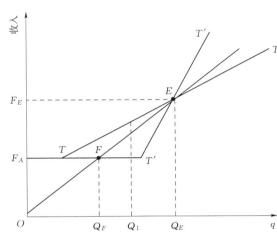

图 8-4-4　与固定费结合的
基本使用量的大小

OFE 是单一制价格制度下的收入-使用量曲线，F_ATT 为基本使用量小于同一费用水平下单一制价格制度下使用量（以下称其为临界使用量 Q_F）的收入-使用量曲线，$F_AT'T'$ 为基本使用量高于临界使用量 Q_F 的收入-使用量曲线。从图中可以看出，当用户使用量从最大 Q_E 减少到 Q_1 时，基本使用量较小的两部制价格，用户负担的费用降低幅度以及生产者收入的减少幅度要小于单一制价格，而单一制价格又小于基本使用量较大的两部制价格。因此，基本使用量较小的两部制价格制度，生产者的成本回收保证率较高，低负荷用户成本负担较高。反之，基本使用量较大的两部制价格制度，生产者的成本回收保证率较低，低负荷用户成本负担较低。

从一般用水户的心理认知角度来讲，在固定费已经确定时，如果能使两部制价格制度下的水费-水量曲线能与单一价格制度下的水费-水量曲线接近甚至重合，即按照固定费和基本使用量折算的相应价格、计量价格以及单一价格制度下的价格三者相接近，将会使用户对于接受两部制价格制度能有更强的心理承受能力，有利于提高两部制价格制度的可操作性。

二、南水北调工程两部制水价的构建

南水北调工程实行两部制水价机制，是在南水北调工程总体规划阶段（决策阶段）确定的，是控制南水北调工程规模和投资规模的有效机制，是受水区各省（直辖市）政府承诺接受并且愿意承担风险的机制。南水北调工程两部制水价政策，没有严格按照两部制价格理论构建，而是运用了其基本原理，只有部分固定成本通过基本水价来补偿，还有部分固定成本是通过计量水价补偿的。基本上是参照城市供水两部制水价原则确定的，基本水价占水价总水平的比例控制在 50% 左右。

从南水北调工程总体规划阶段开始，对南水北调工程通水后实行什么样的两部制水价政策，国务院有关部门开展大量研究，其核心是如何确定固定收费与从量收费的分配比例。该过程大体分为 3 个阶段。

（一）总体规划阶段

南水北调工程是为缓解北方地区水资源短缺形势而兴建的大型基础设施工程，其具有以下几个特点：一是工程供水对象是既定的，如果工程建成后受水区不用水，工程无法向受水区以外的其他地区供水。二是南水北调工程投资规模大，贷款量大，工程基本运行维护费用和偿还贷款本息是相对固定的，而且占工程运行维护总成本费用的比例相对较高，这些费用必须由受水区缴纳固定费用予以保证。三是工程供水与受水区当地水源形成了竞争关系，因受水区当地地表水、地下水供水量的变化影响，受水区实际引用南水北调工程供水具有不确定性。此外，在南水北调工程总体规划阶段拟定工程建设规模时，由于尚未明确受水区相关省（直辖市）需要根据分配水量承担相应的工程投资及运行费用，受水区相关省（直辖市）起初提出的用水需求都相对较大。

在南水北调工程总体规划阶段，有关部门发现国内外大型调水工程和其他类似工程运行一般都实行两部制价格制度，主要是因为调水工程供水对象是既定的，调水规模一旦确定，不论用水多少，工程基本运行维护成本和偿还贷款本息是相对固定的，必须由用水户缴纳基本水费予以保证。否则，当某时段用水户减少用水或不用水时，工程将不能正常运行维护，贷款也无法按期偿还。

而且，南水北调工程总体规划阶段就明确提出南水北调工程供水实行两部制水价制度，至少能起到三大作用。

（1）防止受水区虚估或高估用水需求，控制工程建设规模。由于受水区各省（直辖市）缴纳的基本水费主要是与工程供水规模直接相关，若受水区提出明显超出实际的用水需求，则将来缴纳的基本水费也就越大。反过来，若提出的用水需求偏小，又不能满足当地的经济社会发展需要。因此，出于既能满足用水规模需要，又不至于浪费工程投资（包括今后缴纳基本水费）的考虑，受水区相关省（直辖市）会合理预估用水需求，提出合适的调水规模，从而控制建设总规模。

（2）确保工程建成后可持续运行，合理分担供用水双方风险。水费是南水北调工程运行维护和偿还贷款的唯一来源，执行两部制水价就是要求受水区根据工程供水规模缴纳基本水费，并根据实际用水量缴纳计量水费。因此，合理确定两部制水价政策，能够确保工程建成后拥有适量的运行资金，实现工程的可持续运行。同时，两部制水价也是合理分摊供用水双方风险的有效手段。假定基本水价和计量水价分别占综合水价的 50%，则当受水区实际用水量达到设计供水规模时，受水区缴纳的水费（包括基本水费和计量水费）正好满足工程运行和还贷需要，受水区和工程管理单位均没有风险；但是，当出现极端情况，受水区实际用水量为 0 时，受水区只需缴纳基本水费，工程管理单位也只能收取基本水费，在这种情况下，受水区和南水北调工程管理单位将各承担一半的风险，受水区承担的风险就是白白缴纳了基本水费而不用水，南水北调工程管理单位承担的风险是缺少了计量水费，缺少了 50% 的工程运行和还贷资金来源。

（3）鼓励受水区多用南水北调水，促进工程效益充分发挥。由于基本水费一般是按基本水价乘以工程设计供水规模计算，计量水费是按计量水价乘以实际用水量计算。也就是说，受水区无论是否用水都要缴纳基本水费，当受水区用水量达到设计供水规模时，用水的平均水价最低，这是从制度上鼓励受水区尽可能地多用南水北调水，尽早达到工程设计供水规模，从而促进工程效益的充分发挥。

因此，经报国务院同意，南水北调工程总体规划阶段明确南水北调工程供水实行两部制水价制度。这也是党中央、国务院决策兴建南水北调工程的前置条件之一，受水区各省（直辖市）对实行两部制水价也作出过承诺。此外，南水北调工程总体规划阶段，为控制工程建设规模，国务院还明确建立南水北调工程基金以筹集部分工程建设资金，即通过提高受水区城市水价建立南水北调工程基金以筹集部分工程建设资金，作为地方资本金。

对于实行具体什么样的两部制水价政策，在南水北调工程总体规划阶段，国务院有关部门参照1998年国家发展计划委员会、建设部发布的《城市供水价格管理办法》和2002年国家发展计划委员会、财政部、建设部、水利部、国家环境保护总局联合发布的《关于进一步推进城市供水价格改革工作的通知》，在《南水北调工程总体规划》中确定南水北调工程通水后实行容量水价和计量水价相结合的两部制水价。容量水价用于补偿供水的固定成本，按规划配置的多年平均调水量，确定每年应足额缴纳的容量水费。计量水价用于补偿供水的变动运行成本，每年按实际供水量缴纳计量水费。容量水费和计量水费由受水方向供水方交纳。

容量水价加计量水价的两部制水价计算公式如下：

$$P = P_{容} + P_{计} \tag{8-4-2}$$

其中：
$$P_{容} = P_{容基} \times Q_{分} \tag{8-4-3}$$
$$P_{容基} = (C_{折} + C_{利})/Q_{分} \tag{8-4-4}$$
$$P_{计} = P_{计基} \times Q_{实} \tag{8-4-5}$$
$$P_{计基} = (C + T + R - C_{折} - C_{利})/Q_{实} \tag{8-4-6}$$

式中：P 为两部制水价；$P_{容}$ 为容量水价；$P_{计}$ 为计量水价；$P_{容基}$ 为容量基价；$Q_{分}$ 为规划分配水量；$P_{计基}$ 为计量基价；$Q_{实}$ 为实际取水量；C 为总成本费用；$C_{折}$ 为年固定资产折旧额；$C_{利}$ 为年固定资产投资利息；T 为税金；R 为利润。

（二）可研总报告阶段

南水北调工程东、中线一期工程可行性研究总报告编制阶段，有关设计单位按照2003年7月国家发展改革委、水利部联合印发的《水利工程供水价格管理办法》之规定，对南水北调工程总体规划阶段确定的两部制水价制度进行了调整，即改为实行基本水价和计量水价相结合的两部制水价制度。其中，基本水价按补偿供水直接工资、管理费用和50％的折旧费、修理费的原则核定；计量水价按补偿基本水价以外的水资源费、材料费等其他成本、费用以及计入规定利润和税金的原则核定。

相比南水北调工程总体规划阶段确定的两部制水价，可以看出东、中线一期工程可研总报告中，不仅仅从形式上将"容量水价"改为"基本水价"，而且从实质上改变了核定容量（基本）水价的内容，尤其是"基本水价"未补偿固定资产贷款利息，不符合南水北调工程建设采用大量贷款的实际，不利于保障工程通水后的良性运行。在东、中线一期工程可研总报告审查阶段，就是否沿用南水北调工程总体规划阶段中确定的两部制水价制度，还是采用《水利工程供水价格管理办法》中的两部制水价制度，有关方面产生了较大分歧。

从理论上讲，基础设施的固定成本和可变成本分别通过容量（基本）价格和计量价格来补偿。但对固定成本占总成本比例较高的水利工程来讲，若采用容量（基本）水价补偿水利工程运行的全部固定成本，容量（基本）水价将接近于总水价，这就意味着用水户不论用水与否，每年都要支付接近承诺用水量的水费，工程运行风险基本上由用水户承担。为了体现风险共担原则，在制定两部制水价的实际操作过程中，就需将一部分固定成本纳入计量水价补偿的范围，通过计量收费来补偿。所以，设置两部制水价的核心问题是计入容量（基本）水价和计入计量水价的固定费用如何划分。

综合考虑有关方面提出的意见，国家发展改革委建议在东、中线一期工程可研总报告审查阶段，两部制水价在表述上仍采用"基本水价"和"计量水价"，但对于"基本水价"补偿的内容，建议结合南水北调工程具有大量贷款的实际情况，将"基本水价"按照偿还贷款本息、适当补偿工程基本运行维护费用的原则确定。同时，为了确保南水北调工程的良性运行，促进受水区多用南水北调水，国家发展改革委建议在实行两部制水价基础上设定一定比例的基本用水量，即受水区缴纳的固定费用（基本用水费），包括基本水费（按基本水价乘以分配水量计算）和按基本用水量计算的费用（按计量水价乘以基本用水量为基础计算）。

2008年11月，经国务院同意，国家发展改革委正式分别批复了南水北调东、中线一期工程可行性研究总报告。可研总报告批复文件中，均明确要实行基本水价和计量水价相结合的两部制水价，其中，基本水价按照偿还贷款本息、适当补偿工程基本运行维护费用的原则确定；计量水价按照补偿基本水价以外的其他合理成本费用及计入规定利税的原则的确定。可研总报告批复文件中，仅明确了东、中线一期工程可研阶段测算的综合水价水平，未明确两部制水价中的基本水价和计量水价的价格水平。

可研总报告批复文件中，还明确受水区以省为单位按期向南水北调东、中线工程运行管理单位缴纳基本用水费，基本用水费包括基本水费（按基本水价乘以分配水量计算）和按基本用水量计算的费用（基本用水量为分配水量的一部分，原则上以计量水价乘以基本用水量为基础）。实际用水量超过基本用水量后，超出的部分按计量水价计收计量水费。东线工程的基本用水量，江苏、山东两省均为规划设计分配水量的30%；中线工程的基本用水量，北京、天津为规划设计分配水量的50%，河南、河北为30%。

（三）工程运行初期水价政策制定阶段

根据2008年国务院南水北调工程建设委员会第三次全体会议确定的最新的南水北调工程建设目标，即东线一期工程2013年通水，中线一期工程2013年主体工程完工，2014年汛后通水。为了保障南水北调工程通水目标的顺利实现，国家发展改革委、财政部、水利部及国务院南水北调办等有关部门于2010年起，即着手开展南水北调东、中线一期主体工程运行初期供水价格政策研究的相关准备工作。两部制水价作为工程运行初期价格政策的重要内容，国务院有关部门在研究过程中始终作为研究重点之一。

在研究过程中，有关方面认为若按照国务院批复的东、中线一期工程可研总报告中明确了的两部制水价基本原则（含缴纳基本用水费）执行，虽然可以使南水北调主体工程管理单位收取足额的水费，从而保障工程的良性运行，但是由于基本水价是按照偿还贷款本息、适当补偿工程基本运行维护费用的原则确定的，而且受水区要缴纳包括基本水费（按基本水价乘以分配水量计算）和按基本用水量计算的费用（基本用水量为分配水量的一部分，原则上以计量水价乘以基本用水量为基础）的基本用水费，则基本用水费占综合总水费（综合水价与分配水量的乘积）的比重将非常高，意味着工程运行管理的风险将基本上由受水区相关省（直辖市）承担，背离了设置两部制水价时供水方和受水方合理分担风险的初衷。同时，也有些部门和单位认为，既然国务院已经在东、中线一期工程可研总报告批复文件中明确了两部制水价的具体原则，建议东、中线一期工程运行初期的两部制水价政策仍按此执行，不宜作出调整。

自研究制定东、中线一期主体工程运行初期水价政策伊始，国家发展改革委（价格司）就认为，从确保将来制定的工程运行初期水价政策能够得到切实执行的角度出发，有必要对东、中线一期工程可研阶段批复的两部制水价原则作出适当调整。对于基本水价补偿的成本费用及其比例，建议应结合东、中线一期工程供水成本费用构成及其相应特点合理确定，表述上调整为合理偿还贷款本息、适当补偿工程基本运行维护费用。同时，国家发展改革委（价格司）建议缴纳基本水费时不与水量挂钩，即基本水费只按照基本水价乘以规划设计分配水量确定，不再设置基本用水量及按基本用水量计算的费用。

在后续的东、中线一期主体工程运行初期水价政策研究制定过程中，国家发展改革委（价格司）均是按此思路组织对两部制水价进行研究测算，并征求国务院有关部门、受水区相关省（直辖市）地方政府和南水北调工程有关项目法人的意见。

三、南水北调工程两部制水价政策

2014 年 2 月 16 日，国务院发布了《南水北调工程供用水管理条例》（国务院令第 647 号），其中第十三条规定："南水北调工程供水实行由基本水价和计量水价构成的两部制水价，具体供水价格由国务院价格主管部门会同国务院有关部门制定。水费应当及时、足额缴纳，专项用于南水北调工程运行维护和偿还贷款。"由此，国务院正式通过立法，明确南水北调工程供水实行两部制水价政策。

经国务院同意，国家发展改革委先后于 2014 年 1 月和 12 月公布了南水北调东、中线一期主体工程运行初期供水价格政策，明确实行基本水价和计量水价相结合的两部制水价，南水北调工程水费由基本水费和计量水费两部分组成，基本水费按基本水价乘以南水北调工程规划用水量计收；计量水费按计量水价乘以实际用水量计收。基本水价占水价总水平的比例控制在 50% 左右。

（一）东线一期工程

2014 年 1 月 7 日，经国务院南水北调工程建设委员会第七次全体会议原则同意，并商财政部、水利部、国务院南水北调办，国家发展改革委正式印发了《国家发展改革委关于南水北调东线一期主体工程运行初期供水价格政策的通知》（发改价格〔2014〕30 号），明确东线一期主体工程运行初期供水价格按照保障工程正常运行和满足还贷需要的原则确定，不计利润，并按规定计征营业税及其附加。各口门采取分区段定价的方式，将主体工程划分为 7 个区段，同一区段内各口门执行同一价格。同时明确东线一期主体工程实行两部制水价，基本水价按照合理偿还贷款本息、适当补偿工程基本运行维护费用的原则制定，计量水价按补偿基本水价以外的其他成本费用以及计入规定税金的原则制定。通知还明确该政策从东线一期主体工程正式通水之日（2013年11月15日）起执行。具体价格水平见表8-4-1。

表8-4-1 南水北调东线一期主体工程运行初期两部制水价表 单位：元/m³

序号	区段划分	区段内各口门供水价格		
		综合水价	基本水价	计量水价
1	南四湖以南	0.36	0.16	0.20
2	南四湖下级湖	0.63	0.28	0.35
3	南四湖上级湖（含上级湖）—长沟泵站前	0.73	0.33	0.40
4	长沟泵站后—东平湖（含东平湖）	0.89	0.40	0.49
5	东平湖—临清邱屯闸	1.34	0.69	0.65
6	临清邱屯闸—大屯水库	2.24	1.09	1.15
7	东平湖以东	1.65	0.82	0.83

（二）中线一期工程

2014年12月26日，经国务院同意，并商财政部、水利部、国务院南水北调办，国家发展改革委正式印发了《国家发展改革委关于南水北调中线一期主体工程运行初期供水价格政策的通知》（发改价格〔2014〕2959号），明确中线一期主体工程运行初期供水价格实行成本水价，并按规定计征营业税及其附加。其中河南、河北两省暂实行运行还贷水价，以后分步到位。中线主体工程分设水源和干线工程水价，其中干线工程划分为6个区段，同一区段内各口门执行同一价格。同时明确中线主体工程实行两部制水价，基本水价按照合理偿还贷款本息、适当补偿工程基本运行维护费用的原则制定，计量水价按补偿基本水价以外的其他成本费用以及计入规定税金的原则制定。基本水费按基本水价乘以规划分配的分水口门净水量计算，计量水费按计量水价乘以实际口门用水量计算。通知还明确该政策从中线一期主体工程正式通水之日（2014年12月12日）起执行，中线工程通水3年后，根据工程实际运行情况对供水价格进行评估、校核。具体价格水平见表8-4-2。

表8-4-2 南水北调中线一期主体工程运行初期两部制水价表 单位：元/m³

区段划分		区段内各口门供水价格		
		综合水价	基本水价	计量水价
水源工程		0.13	0.08	0.05
干线工程	河南省南阳段（望城岗—十里庙）	0.18	0.09	0.09
	河南省黄河南段（辛庄—上街）	0.34	0.16	0.18
	河南省黄河北段（北冷—南流寺）	0.58	0.28	0.30
	河北省（于家店—三岔沟）（郎五庄南—得胜口）	0.97	0.47	0.50
	天津市（王庆坨连接井—曹庄泵站）	2.16	1.04	1.12
	北京市（房山城关—团城湖）	2.33	1.12	1.21

以北京市为例，南水北调中线一期主体工程向北京供水的规划分配净水量为 10.52 亿 m^3，主体工程供水综合水价为 2.33 元/m^3，其中基本水价 1.12 元/m^3、计量水价 1.21 元/m^3。若某一年度北京市实际口门用水量为 5 亿 m^3，则该年度北京市应向工程管理单位交纳的水费总额为 17.83 亿元，即 10.52 亿 m^3×1.12 元/m^3＋5 亿 m^3×1.21 元/m^3＝17.83 亿元。

第五节　南水北调工程水价定价机制

　　根据国家发展改革委发布的中线一期主体工程运行初期水价政策（发改价格〔2014〕2959号），"中线工程通水 3 年后，根据工程实际运行情况对供水价格进行评估、校核"，也就是说 2014 年公布的中线一期主体工程水价政策的执行期为 3 年，今后将随着各种影响中线工程水价因素的变化而相应调整水价政策。对于东线一期主体工程，虽然国家发展改革委发布的工程运行初期水价政策（发改价格〔2014〕30号），没有明确现行东线水价政策的执行期限，但是依据一般价格政策规律，现行东线水价水平不可能无限期执行下去，必须根据实际情况变化而相应调整东线水价政策。

　　今后调整南水北调工程水价，主要涉及工程运行成本核算、定价成本监审、水资源市场变化和水价调整机制等几个问题。

一、工程运行成本核算

　　南水北调工程进入运行期后，南水北调工程运行管理单位将按照企业会计制度要求开展工程运行成本核算。

（一）运行成本核算主体

　　根据企业财务管理规定，南水北调东、中线一期主体工程管理单位是工程运行成本核算的责任主体。

　　根据工程运行管理需要，南水北调东、中线一期主体工程管理单位一般内设三级管理机构，其中：一级管理机构中的财务部门具体负责核算自身发生的运行成本，并汇总核算本单位所辖范围内（二级及以下管理机构）发生的所有运行成本。根据工程特点和运行管理需要，南水北调东、中线一期主体工程管理单位将自行决定二级和三级管理机构在运行成本核算方面的具体职责。通常来讲，如果三级管理机构设置单独的财务部门，则其自身发生的成本由三级管理机构财务部门负责核算，二级管理机构负责核算自身发生成本，并汇总三级管理机构发生的成本。如果三级管理机构不单独设置财务管理部门，则二级管理机构不仅负责核算自身发生成本，还要核算三级管理机构的成本，三级管理机构的成本费用一般实行报账制。

（二）运行成本构成

　　从国家规定的财务会计准则和企业制定的财务制度为基础的企业财务成本核算角度，并考虑国家对于水利工程供水定价成本监审中对于定价成本构成的规定，南水北调工程运行成本包括生产成本和期间费用。

1. 生产成本

生产成本指南水北调工程运行生产过程中发生的合理支出，包括职工薪酬、材料、其他直接支出和制造费用。制造费用指南水北调工程运行生产过程中发生的各项间接费用，包括固定资产折旧、维修维护费、水资源费、水质检测费、安全保卫费和其他制造费用。

（1）职工薪酬。指直接从事南水北调工程运行的生产部门职工获得的各种形式的报酬以及其他相关支出，包括工资、奖金、津贴、补贴、职工福利、社会保险费、住房公积金、工会经费、职工教育经费、企业年金、辞退福利、离职后福利、其他长期职工福利等。

（2）材料费。指南水北调工程运行维护过程中实际消耗的原材料、辅助材料、备品备件、燃料动力、原水以及其他直接材料的费用支出。

（3）其他直接支出。指南水北调工程运行维护过程中发生的除职工薪酬、直接材料以外的与供水生产经营活动直接相关的支出。其他直接支出科目的项目包括：①外协运行费，指支付给各外协单位或个人的配合费用；②水文水工观测费，指发生的化验、试验、检测、量测等水文水工检测、观测费用；③临时设施费，工程运行期间防洪、排涝产生的临时设施费；④其他。

（4）制造费用。包括：①固定资产折旧费。指按规定折旧方法计提的供水固定资产的折旧金额。供水固定资产指与供水直接相关的、使用年限在一年以上的资产，包括输水渠道、水工建筑物、房屋及其他建筑物、设备及传导设施、工具以及仪器、防护林及经济林木及其他固定资产。固定资产折旧费的经济含义就是固定资产在使用过程中由于消耗而转移到产品或成本中的那部分价值。②维修维护费。指为维持南水北调工程正常运行、保持系统性能和工作效率所需要发生的日常基本维护费用和大修理费。在维持南水北调工程运行过程中，需要进行常规的维护保养，以保持其性能和工作效率，为基本维修费用，包括水工建筑物维护、渠道（河道）维护、设备设施维护、跨渠（河）桥梁维修养护等。每隔若干年需要进行一次大修，为大修费。以上包括不符合资本化条件的固定资产和工具修理费用、维护费用及其他物料消耗。③水资源费。指按国家规定收取的水资源费。属于国家水资源宏观管理费用，是水资源开发、利用中直接劳动消耗补偿之外的前期基础费用和后期补偿费用。水资源费体现了国家的所有权和使用权，也在一定程度上反映水资源的稀缺性。④水质检测费。指为保证供水质量对水质进行日常或应急性检测分析所发生的费用。规范的水质检测是确保及时、准确掌握南水北调工程调水期间水质状况及变化趋势、提高水质监测快速反应能力、预警预报重大水质污染事故的有力保障。⑤安全保卫费。指为保障南水北调工程运行安全，用于保护调水设施设备、建筑工程、供水安全等的保安保卫费用。⑥调度通信费。指用于调度工作的通信费用，包括有线、无线通信费，租用电路费用等。⑦职工薪酬。指南水北调工程生产部门的管理人员获得的各种形式的报酬以及其他相关支出，包括工资、奖金、津贴、补贴、职工福利、社会保险费、住房公积金、工会经费、职工教育经费、企业年金、辞退福利、离职后福利、其他长期职工福利等。⑧其他制造费用。指南水北调工程运行维护过程中发生的除上述费用之外的其他制造费用。其他制造费用科目的项目包括：租赁费，指生产部门租赁土地、房屋、设备等支付的费用，不包括融资租赁费；办公费，指生产部门发生的办公用品、报刊杂志、图书、资料购置、印刷、邮寄、电话、互联网服务等费用；差旅费，指职工因公出差发生的交通费、住宿费、补助费等；水电费，指生产部门办公所用的水费、电费，以及不属于供水所用的电费；取暖费，指取暖用电、煤、蒸汽、热等支付的费用；会议费，指生产部门召开的应计入生产成本的会议，按规定支付的费用，包括会议租用会场费、伙食补贴费、租用器材费等；存货盘亏及损毁，指扣除残料价值、可以收回的保险赔偿和过失人赔偿后，生产部门属于计量收发差错和管理不善等原因造成的存货短缺的净损失；低值易耗品，指生产部门领用的低值易耗品摊销费用；交通费，指生产部门使用的机动车的修理费、保险费、过路费、油费等；搬运费，指生产部门搬运生产资料等物资所发生的费用；保险费，指生产部门负担的财产保险费，不包括个人和车辆的保险；业务招待费，指为生产经营业务的合理需要，在规定范围内据实列支的招待费用；仓库经费，指材料仓库保管、整理、进出库工作所发生的各种费用；外部劳务费，指委托其他单位进行劳动服务支付的费用；劳动保护费，指按规定发给职工劳保服装、劳保用品、安全防护用品、防暑降温、高温高空有害作业津贴等；物业管理费，指清洁费、排污费、消防费等物业费用；固定资产折旧，指生产部门内非生产用固定资产的折旧；修理费，生产部门内非生产运行的设备、工具的修理费用；其他，指不能归属于上述费用的其他制造费用，如出国经费、团体会费、党团活动经费等。

2. 期间费用

期间费用指南水北调工程管理单位为组织和管理供水运行经营活动而发生的合理的销售费用、管理费用和财务费用。

（1）销售费用。指南水北调工程管理单位在供水销售过程中发生的各项费用。销售费用科目的项目包括：①职工薪酬，指销售部门人员获得的各种形式的报酬以及其他相关支出，包括工资、奖金、津贴、补贴、职工福利、社会保险费、住房公积金、工会经费、职工教育经费、企业年金、辞退福利、离职后福利、其他长期职工福利等；②办公费，指销售部门发生的办公用品、报刊杂志、图书、资料购置、印刷、邮寄、电话、互联网服务等费用；③业务招待费，指为销售经营业务的合理需要，在规定范围内据实列支的招待费用；④宣传费，指用于销售宣传所支出的费用，包括展览费、广告费、包装费、资料费等；⑤会议费，指召开会议所发生的一切合理费用，包括租用会议场所费用、会议资料费、交通费、茶水费、餐费、住宿费等；⑥租赁费（不包括融资租赁费），指销售部门租赁土地、房屋、设备等支付的费用，不包括融资租赁费；⑦销售服务费，委托外单位进行销售所支付的费用；⑧差旅费，指职工因公出差发生的交通费、住宿费、补助费等；⑨固定折旧费，指销售部门按规定折旧方法应分摊的固定资产的折旧费用；⑩修理费，指销售部门所发生的维修维护费用；⑪水电费，指销售部门所发生的水费、电费；⑫取暖费，指销售部门取暖所发生的费用；⑬交通费，指供水销售过程中支付的机动车的修理费、保险费、过路费、油费等；⑭低值易耗品摊销，指销售部门领用的低值易耗品摊销费用；⑮代收水费手续费，指支付给其他帮助代收水费单位的代收费用；⑯保险费，指销售部门负担的财产保险费，不包括个人和车辆的保险；⑰外部劳务费，指委托其他单位进行劳动服务支付的费用；⑱物业管理费，指清洁费、排污费、消防费等物业费用；⑲其他，指不能归属于上述费用的其他销售费用，如出国经费、团体会费、党团活动经费等。

（2）管理费用。指南水北调工程管理单位管理部门为组织和管理供水生产经营所发生的各项费用。管理费用科目的项目包括：①职工薪酬，指管理部门人员的各种形式的报酬以及其他相关支出，包括工资、奖金、津贴、补贴、职工福利、社会保险费、住房公积金、工会经费、职工教育经费、企业年金、辞退福利、离职后福利、其他长期职工福利等；②办公费，指管理部门发生的办公用品、报刊杂志、图书、资料购置、印刷、邮寄、电话、互联网服务、新闻宣传等费用；③业务招待费，指为管理工作的合理需要，在规定范围内据实列支的招待费用；④差旅费，指职工因公出差发生的交通费、住宿费、补助费等；⑤会议费，指召开会议所发生的一切合理费用，包括租用会议场所费用、会议资料费、交通费、茶水费、餐费、住宿费等；⑥固定资产折旧费，指管理部门按规定折旧方法应分摊的固定资产的折旧费用；⑦修理费，指管理部门所发生的维修维护费用；⑧无形资产摊销，指专利权、商标权、非专利技术和其他无形资产的摊销；⑨土地（水域、岸线）使用费，指水管单位的综合经营使用的土地（水域、岸线）而支付的费用；⑩土地损失补偿费，指水管单位在综合经营生产过程中破坏的国家不征用的土地所支付的土地损失补偿费；⑪水权转让费，指用于购买一定水权所支付的费用；⑫交通费，指供水销售过程中支付的机动车的修理费、保险费、过路费、油费等；⑬低值易耗品摊销，指管理部门领用的低值易耗品摊销费用；⑭中介费，指委托中介机构进行招标、审计、评估、咨询、诉讼等支付的费用；⑮物业管理费，指清洁费、排污费、消防费等物业费用；⑯水电费，指管理部门所发生的水费、电费；⑰取暖费，指管理部门取暖所发生的费用；⑱科研经费，指用于研究、开发技术、材料、标准、管理方式等的费用；⑲外部劳务费，指委托其他单位进行劳动服务支付的费用；⑳租赁费，指管理部门租赁土地、房屋、设备等支付的费用，不包括融资租赁费；㉑保险费，指管理部门负担的财产保险费，不包括个人和车辆的保险；㉒税费，指依法缴纳的房产税、土地使用税、印花税、地方基金等相关税费；㉓其他，指不能归属于上述费用的其他管理费用，如出国经费、团体会费、党团活动经费等。

（3）财务费用。指南水北调工程管理单位为筹集资金而发生的费用。财务费用科目的项目包括：①利息支出（减利息收入），指供水运行期间需支付的利息，包括建设期贷款利息和运行期临时借款的利息支出减去存款利息收入；②汇兑净损失，指汇兑损失抵消汇兑收益后的实际损失；③金融机构手续费，指为筹集资金向各金融机构支付的手续费用；④其他财务费用，指不能归属于上述费用的其他财务费用。南水北调工程的运行期间筹资来源于借款的，要依照国家规定的摊销规范计入运行成本得以补偿。

需要说明的是，南水北调东、中线一期工程各级管理机构的生产成本、管理费用、销售费用，根据其职能、任务、管辖范围工程特点等各有不同，但总的涵盖于上文的成本构成项目中，财务费用对于财务独立核算的各级管理机构内容基本一致，二级及以下机构不发生建设期贷款利息支出。

（三）运行成本核算原则

南水北调东、中线一期主体工程管理单位开展工程运行成本核算，必须遵循如下原则。

1. 合法性原则

计入工程运行成本的费用都必须符合法律、法令、制度等的规定，严格执行统一的成本构成项目，不得自行改变成本项目和项目内涵。

2. 真实性原则

工程运行成本核算必须坚持权责发生制原则，准确体现特定期间的真实成本水平；不得以预算成本、估计成本、定额成本代替实际成本，采用预算成本和定额成本核算的，应按照规定的成本计算期，及时调整为实际成本。

3. 合理性原则

按照"统一领导，分级管理"的原则，南水北调工程管理应建立适合市场化运营和内部管理需要的合理成本核算管理体制。

4. 一致性原则

成本核算的分期须与会计年度的分月、分季、分年相一致，不得提前或延后；南水北调工程各级管理机构成本核算的具体方法前后各期必须一致，不得随意变更。如必须变更，应报上级机构批准，并将变更原因和对成本、财务的影响加以说明。

（四）运行成本归集

南水北调工程管理单位在核算工程运行成本时，除了要做好每笔成本费用支出的核算工作，还要做好工程运行成本归集工作。开展工程运行成本归集，其主要作用包括：一是为工程管理单位了解工程运行成本的总体状况提供支撑；二是为工程管理单位依法纳税（包括流转税和所得税）提供支撑，其中缴纳所得税是按利润金额（企业收入减去运行成本所得的差值）和所得税率进行计算的；三是为工程管理单位今后向国务院价格主管部门申请调整工程供水价格积累最基础的材料及数据。

南水北调工程运行成本归集的方式主要有两种，一是按成本项目归集，二是按供水区段归集。

1. 按成本项目归集

按工程运行成本构成项目归集工程运行成本，是最基本的成本归集方式。主要是汇总归集各级管理机构的所有成本费用，并按对应的成本项目进行归集。成本归集后，可清楚地看出南水北调工程各级管理机构发生的生产成本和期间费用各是多少，以及具体的分细项成本费用支出。

2. 按供水区段归集

南水北调工程管理单位各级管理机构发生的成本费用，还应按各分水口门所属的供水区段进行归集，以便为今后调整工程供水价格时开展各区段间的供水成本分摊奠定基础。

成本归集时，首先应根据各分水口门进行供水区段划分。具体的供水区段划分，理论上两个相邻分水口门应作为一个区段。对于中线一期主体工程，最好能按照现有分水口门设置将中线干线工程划分为 97 个区段；亦可考虑以三级管理机构为单位，将可辖区段合并为一个区段，并衔接好跨区段管理范围的划分工作（如西黑山段）。对于东线一期主体工程，由于分水口门众多，结合工程特点，至少应按照本章第二节的做法，将东线一期主体工程划分为 24 个区段。如能进一步细化区段，将更有利于做好东线工程运行成本管理及供水成本的归集工作。

成本归集后，既可以清楚地看出各供水区段自身发生的成本费用及构成（主要是三级管理机构的生产成本及期间费用），也可以看出每个供水区段分摊得到的成本费用及构成（主要是一级和二级管理机构的生产成本及期间费用）。

二、定价成本监审

定价成本监审是指价格主管部门在制定价格过程中，在调查测算、审核经营者成本的基础上，核定定价成本的活动和行为。为使计入南水北调工程供水价格的运行成本真实、有效、合法，国务院价格主管部门将根据相关的制度规定，组织对南水北调工程成本进行监审，为调整南水北调工程水价提供基础依据。

（一）定价成本监审的相关法律法规

现行定价成本监审的法律法规主要有两部：一是《政府制定价格成本监审办法》；二是《水利工程供水定价成本监审办法》。主要内容如下。

1. 《政府制定价格成本监审办法》

2006年1月，国家发展改革委发布了《政府制定价格成本监审办法》（第42号令），该办法是我国现行政府制定价格成本监审制度的最根本的法律依据。主要内容包括：一是定价成本监审和定价成本的含义及定价成本在政府制定价格中的地位；二是定价成本监审工作的实施机构和工作原则；三是定价成本监审实行目录管理；四是成本监审实行制定价格前监审和定期监审相结合的办法；五是定价成本核算的依据，明确了对经营者记录与核算生产经营成本以及向价格主管部门提供成本资料的基本要求；六是定价成本监审的程序；七是价格主管部门、监审工作人员以及经营者的法律责任。

2. 《水利工程供水定价成本监审办法》

对于水利工程供水定价成本监审，依据《政府制定价格成本监审办法》和《水利工程供水价格管理办法》等有关规定，国家发展改革委会同水利部于2006年2月专门制定了《水利工程供水定价成本监审办法（试行）》（发改价格〔2006〕310号）。该办法的主要内容如下：

（1）有关定义。水利工程供水定价成本监审是指政府价格主管部门在调查、测算、审核供水经营者供水成本基础上核定水利工程供水定价成本的行为。水利工程供水定价成本是指一定范围内供水经营者社会平均合理费用支出，是政府价格主管部门制定水利工程供水价格的基本依据。

（2）水利工程供水定价成本监审原则。水利工程供水定价成本监审应当遵循4大基本原则，分别是：一是权责发生制原则。凡是本期成本应负担的费用，不论款项是否支付，均应计入本期成本；凡是不属于本期成本应负担的费用，即使款项已经支付，也不能计入本期成本。二是合法性原则，不符合《中华人民共和国会计法》等有关法律、行政法规和财务会计制度规定的费用不能计入供水成本。三是相关性原则。凡与供水经营无关的费用，一律不能计入供水成本。四是分类核算原则。水利工程供水定价成本按供水对象和供水环节分类核算。供水对象分为农业、工业、自来水厂、水力发电、社会公益等；分环节（或级次）管理的水利工程供水，可按供水所分的环节（或级次）确定供水生产成本、费用核算对象。

（3）水利工程供水定价成本的内容。对于水利工程供水定价成本，该办法明确规定必须以经注册会计师或税务、审计等政府部门审计的年度财务会计报告以及审核无误、手续齐备的原始凭证及账册为基础，做到真实、准确、完整、合理。并明确水利工程供水定价成本由合理的供水生产成本和期间费用构成。

1）供水生产成本。是指水利工程生产过程中发生的合理支出，包括直接工资、直接材料、其他直接支出和制造费用。制造费用指水利工程供水生产过程中发生的各项间接费用，包括固定资产折旧、修理费、水资源费、水质检测费、管理人员工资、职工福利费和其他制造费用等。

2）期间费用。是指供水经营者为组织和管理供水生产经营活动而发生的合理的营业费用、管理费用和财务费用。其中：营业费用是指供水经营者在供水销售过程中发生的各项费用；管理费用是指供水经营者管理部门为组织和管理供水生产经营所发生的各项费用；财务费用是指供水经营者为筹集资金而发生的费用。

（4）成本费用分摊。该办法还明确规定，供水经营者应根据工程运行和生产经营的需要，确定成本核算对象。供水、发电和社会公益支出应分别单独核算。不同供水对象的共用资产和共同费用应综合考虑收入、成本、供水量、供水保证率等因素按照一定方法合理分摊。水产、园林、农业、运输、旅游等综合经营项目，应当按类分别核算成本费用；不能单独核算的，原则上按照综合经营项目收入的一定比例扣减供水总成本。发电结合其他用水的，发电用水成本原则上按照发电水费收入占水费总收入的比例分摊核定。

（5）供水量及计量。水利工程供水一般按产权分界点作为供水和水费结算（收费）计量点；实际水费结算（收费）点与产权分界点不一致的，也可以按照水费结算（收费）点作为供水计量点，但应合理界定不同产权单位的供水成本。水利工程供水的单位定价成本应按年平均供水量计算，其中：非农业用水年平均供水量一般按照最近三年平均实际供水量核定，农业用水年平均供水量一般按照最近五年平均实际供水量核定。如果最近几年连续出现较严重的干旱或洪涝灾害或者用水结构发生重大变化，年平均供水量的计算期可以适当延长。新建水利工程，采用供水计量点的年设计供水量并适当考虑3～5年内预计实际供水量计算。

（6）成本费用参数取值。人员数量应符合国家规定的定员标准，实际人员数量超过定员标准上限的，按定员标准上限核定；实际人员数量小于定员标准下限的，按定员标准的下限核定。人均工资原则上据实核定，但最高不得超过当年统计部门公布的当地独立核算工业企业（国有经济）平均工资水平的1.2倍；实际工资低于劳动工资管理部门批准的工资标准的，按照批准的工资标准确定。人员工资总额按照核定的人员数量和人均工资核定。

职工福利费、工会经费、职工教育经费，分别按照职工工资总额的14%、2%和1.5%核定。养老保险、失业保险、医疗保险、生育保险、工伤保险等社会保障费用按照当地规定的比例和水平核定。

大修理费原则上按照审核后固定资产原值的1.4%核定，也可根据水利工程状况在审核后固定资产原值1%～1.6%的范围内合理确定。日常维护费用据实核定。

固定资产原值按照不同情况分别核算。其中：1994年3月31日以前建成投产的水利工程，已进行过清产核资的，按财政或国有资产管理部门认定的各类固定资产价值确认；1994年3月31日以后的固定资产原值，以竣工财务决算报表为准。未经财政或国有资产管理部门认定或未形成竣工决算报表的，由价格主管部门会同水行政主管部门核定。

固定资产折旧按照各类固定资产原值和财务制度规定的固定资产分类折旧年限分类核算。1994年3月31日以后群众投工投料形成的固定资产，其折旧不计入农业供水定价成本。固定资产提足折旧后，不论能否继续使用，均不再提取折旧；提前报废的固定资产，也不再补提折旧。

业务招待费按照年经营服务收入总额的一定比例核定。年经营服务收入总额在1500万元（不含）以下的，按最高不超过收入总额的5‰核定；年经营服务收入总额在1500万元（含）以上5000万元以下（不含）的，按最高不超过收入总额的3‰核定；年经营服务收入总额在

5000 万元以上（含）但不足 1 亿元的，按最高不超过收入总额的 2‰核定；超过 1 亿元（含）的，按最高不超过收入总额的 1‰核定。

营业费用和管理费用两项合计不得超过审核后供水生产成本的 30％。

贷款利息总额，原则上根据实际贷款额及中国人民银行公布的同期贷款利率核定，并按照经营期计算年平均贷款利息。

其他成本费用项目，按照有关财务制度和政策规定审核，原则上据实核定，但应符合一定范围内社会公允的平均水平。

（二）南水北调工程供水定价成本监审

虽然南水北调东、中线一期主体工程已分别于 2013 年 11 月 15 日和 2014 年 12 月 12 日正式通水，但是还有不少尾工需要建设，价差和变更索赔处理等工作还需要延续较长时间。根据以往一些大型基础设施（如三峡工程和小浪底枢纽工程）的建设管理经验，从工程开始发挥效益（第一台机组发电或工程正式通水）到最后的工程竣工验收，一般需要 5～10 年，甚至更长时间。因此，南水北调东、中线一期主体工程竣工验收的时间，预计最早也得是 2020 年以后。工程竣工验收前，南水北调东、中线一期主体工程将一直处于工程建设和运行初期并存的时期。

下一步，开展南水北调工程供水定价成本监审工作，还应结合南水北调工程运行的实际情况进行研究区分。主要分为以下两个阶段。

1. 工程竣工验收前

在工程竣工验收前的较长一段时期内，南水北调东、中线一期主体工程仍处于工程运行初期，并不属于正常运行时期，并不适合对工程通水后的所有成本费用进行定价成本监审。

根据国家发展改革委 2007 年 6 月公布的《定价成本监审一般技术规范（试行）》（发改价格〔2007〕1219 号）第二十三条规定，"没有正式营业的，成本监审时应当以有权审批单位审查批准的可行性研究报告和相关批文、批件为基础，参考已正式营业的其他企业同类产品或服务的实际成本，并综合考虑各方面情况和意见，合理测算、核定定价成本。"因此，国家发展改革委研究制定南水北调东、中线一期主体工程运行初期供水价格政策时，主要是依据有关规范测算的工程运行成本，并不是工程实际运行成本。

工程竣工验收前，南水北调工程管理单位开展工程运行初期成本核算时，并不是所有的成本费用都能进行据实核算。最主要的是，由于没有完成工程竣工验收，已完成的工程投资尚无法转化为固定资产，一般只能采取预估资产的方式，对固定资产折旧进行初步核算。由于尚处于工程建设与运行并存时期，部分成本费用是作为基建投资还是作为工程运行成本，还需进行研究与分摊、认定。例如：部分从事工程验收的管理人员费用开支应计入工程建设投资，部分尚处于工程质保期且应由施工单位负责维修的投资，应从质保金中扣除，而不应计入工程维护费。

同时，在工程运行初期，南水北调工程管理单位对于工程运行的一般规律尚在探索中，运行管理经验及方案措施也正在逐步完善，工程管理人员也在逐步配备中。相应地，工程运行初期的相关成本费用开支并不稳定，与工程正常运行后的成本费用支出存在一定差别。此外，南水北调工程管理单位开展工程供水成本核算的情况也存在差异，有先有后，提供的相关基础资料能否满足国务院价格主管部门开展定价成本监审工作的要求尚未可知。

因此，若在南水北调东、中线一期主体工程竣工验收前调整工程供水价格，可能无法像工程正常运行时那样开展工程供水定价成本监审工作。需要依据《定价成本监审一般技术规范（试行）》第二十三条规定，结合南水北调工程运行实际情况，综合考虑各方面情况和意见，合理测算、核定工程竣工验收前的定价成本。

南水北调工程管理单位申请调整工程供水价格时，应当按照国务院价格主管部门的要求提交详实的相关资料，至少包括如下几方面：一是当前工程建设和完工验收工作进展情况；二是工程运行初期实际供水情况；三是工程运行初期成本费用核算工作开展情况；四是工程运行初期实际的成本费用支出情况；五是工程运行初期实际水费收入情况（如应收、实收水费情况）；六是预测的今后工程供水及成本费用支出测算报告；七是其他相关资料。

国务院价格主管部门将根据有关规定，对南水北调工程管理单位提交的资料进行审核，并结合工程实际情况，综合考虑国务院有关部门、受水区相关省（直辖市）和南水北调工程管理单位的意见，研究调整南水北调工程供水价格政策。

2. 工程竣工验收后

从工程正式通水到工程正式竣工验收，南水北调东、中线一期主体工程供水应该逐步趋于正常稳定，南水北调工程管理单位的成本费用支出也会相对稳定。因此，南水北调东、中线一期工程竣工验收后调整工程供水价格，应该完全按照政府制定价格成本监审的有关规定开展定价成本监审工作。

（1）南水北调工程管理单位申请调整工程供水价格时，应当根据国务院价格主管部门成本监审的要求提交工程供水的成本资料，并对所提供成本资料的真实性、合法性负责。成本资料包括下列内容：一是按国务院价格主管部门要求和规定表式核算填报的成本报表；二是经注册会计师或税务、审计等政府部门审计的年度财务会计报告。三是其他与成本相关的资料。

（2）由成本调查机构对南水北调工程管理单位报送的成本资料进行初审。成本资料内容不完整的，应当要求南水北调工程管理单位补充提供有关资料。南水北调工程管理单位报送的成本资料经初审合格的，成本调查机构应当按有关规定对工程供水成本进行审核。成本调查机构对工程供水成本核增核减的意见及理由，应当及时书面告知南水北调工程管理单位。南水北调工程管理单位对成本核增核减意见有异议的，可以向成本调查机构提出书面意见及理由。成本调查机构完成单个成本审核工作后，应当按照最终核定的成本数据填列经营者（南水北调工程管理单位）成本核定表。

（3）成本调查机构完成每一项目成本审核工作后，应当根据所有被监审的经营者（南水北调工程管理单位）的成本核定表核算定价成本，向价格主管部门提交成本监审报告。成本监审报告应当包括的主要内容有：成本监审项目、成本监审依据、成本监审程序、成本审核的主要内容、经营者成本核增核减情况及其理由、经营者成本核定表、定价成本、其他需要说明的事项。

（4）国务院价格主管部门依据成本调查机构提交的南水北调东线或中线工程供水成本监审报告，并综合考虑国务院有关部门、受水区相关省（直辖市）和南水北调工程管理单位的意见，研究调整南水北调工程供水价格政策。

三、水资源市场变化

随着社会主义市场经济体制改革的深入，市场在配置资源的决定性作用必然得到进一步体现，南水北调工程受水区水资源市场变化对水价的影响也是决定性的。影响南水北调工程受水区水资源市场的因素主要包括以下几个方面：

（一）受水区地下水压采规划及相关政策落实情况

2013 年 6 月，经国务院同意，水利部、国家发展改革委、财政部和国务院南水北调办联合印发了《南水北调东中线一期工程受水区地下水压采总体方案》（水资源〔2013〕305 号）。南水北调东、中线一期工程受水区 6 省（直辖市）近期（2020 年）、远期（2025 年）分别规划削减地下水开采量 22.1 亿 m^3 和 40.01 亿 m^3，较地下水现状超采量分别压减 29％、53％。按省（直辖市）划分如下：

北京市近期、远期分别规划压采地下水 2.17 亿 m^3 和 4.74 亿 m^3，较地下水现状超采量分别压减 36％、79％。

天津市近期、远期分别规划压采地下水 0.61 亿 m^3 和 1.83 亿 m^3，较地下水现状超采量分别压减 22％、67％。

河北省近期、远期分别规划压采地下水 14.56 亿 m^3 和 23.73 亿 m^3，较地下水现状超采量分别压减 26％、42％。

河南省近期、远期分别规划压采地下水 2.37 亿 m^3 和 5.44 亿 m^3，较地下水现状超采量分别压减 36％、83％。

山东省近期、远期分别规划压采地下水 2.29 亿 m^3 和 4.14 亿 m^3，较地下水现状超采量分别压减 55％、100％。

江苏近期、远期分别规划压采地下水 0.1 亿 m^3 和 0.13 亿 m^3。（江苏省现状不超采）。

如果上述控制超采地下水资源的规划及配套政策全面实现后，将极大减少受水区相关省（直辖市）的水资源供应来源，影响当地水源供应总量，相应减少的水量将主要由外调水（包括南水北调工程供水）替代。

（二）受水区产业结构调整情况

2015 年 10 月党的十八届五中全会通过了《中共中央关于制定国民经济和社会发展第十三个五年规划的建议》，其中提出"要实行最严格的水资源管理制度，以水定产、以水定城，建设节水型社会"。南水北调工程受水区相关省（直辖市）将对产业结构进一步优化调整，鼓励和优先发展低耗水高附加值的产业，逐步淘汰落后的高耗水行业，加快技术革新步伐。依据水资源条件，严格控制城市规模盲目扩张，以水定规模，以水定发展，以水定结构。在农业方面，南水北调工程受水区相关省（直辖市）将加快调整农业种植结构，鼓励发展旱作节水农业，减少高耗水作物的种植比例，遏制农业粗放用水。下一步，随着受水区产业结构的逐步优化，南水北调工程受水区相关省（直辖市）将相应减少对水资源的总需求。

（三）节约用水技术的适用及推广

根据"以水定产、以水定城，建设节水型社会"的要求，全国各行各业将加大节水投入力度，不断推广节约用水的新技术。当前，南水北调工程受水区相关省（直辖市）的农业用水比重很大，农业节水存在较大的潜力。因此，在农业方面，尤其是要积极研发抗旱技术，推广先进的农业节水技术，将其作为落实关于加快农业科技创新指示精神的重要内容。在工业用水方面，南水北调工程受水区相关省（直辖市）在压缩高耗水产业的同时，也将推广节水新技术，提高单方用水的单位产值。随着技术发展和进步，节水技术适用和推广，南水北调工程受水区相关省（直辖市）将相应减少对水资源的总需求。

（四）受水区水价改革进程

长期以来，南水北调工程受水区相关省（直辖市）的水价偏低，未体现水资源的稀缺性，没能充分发挥利用水价的经济杠杆在节约用水方面的引导作用，水资源浪费现象较为普遍。例如，南水北调中线工程受水区相关省（直辖市）普遍存在过度超采地下水现象，已出现地下水漏斗、地面沉降等环境恶化问题。根据"建设节水型社会"的要求，应当更好地发挥水价杠杆在优化水资源配置方面的作用。对此，"十三五"发展规划建议中已提出要"合理制定水价"，将加快水价改革进程作为国家发展战略。下一步，随着南水北调工程受水区相关省（直辖市）水价改革工作的不断推进，提高水价是必然的选择，水价在配置水资源的作用将得到进一步发挥，从而抑制用水需求，减少水资源使用量。

（五）南水北调工程供水的质量和供水保障能力

高品质和稳定供应能力是占领市场的关键性因素。2015年12月，南水北调中线工程正式通水一周年的有关报道表明，北京和天津的引水量较大，两市市民对南水北调工程供水的水质非常满意，最直观的表现是水垢大幅减少，口感也较之前大为好转。对于今后的城市供水水源，北京和天津有关部门都表示已把南水北调工程供水作为重要水源甚至主要水源。可见，只要南水北调工程长期保持高品质供水，并且具备稳定的保障能力，南水北调工程受水区相关省（直辖市）人民对南水北调工程供水是认可的。因此，为了使南水北调工程供水成为受水区各省（直辖市）水资源市场的重要组成部分，提高受水区相关省（直辖市）人民选择多用南水北调水的市场信心，南水北调工程管理单位要始终在保证高品质水方面下功夫，使南水北调水成为受水区相关省（直辖市）居民的首选用水。同时，南水北调工程管理单位要加强工程维护，提高稳定供水保障能力，确保受水区相关省（直辖市）的供水安全。

四、水价调整机制

市场定价商品或服务的价格会随着市场变化适时调整，但政府定价商品或服务价格只有根据成本和市场变化进行定期或不定期调整。水资源是稀缺性商品，特别是南水北调工程受水区相关省（直辖市）的水资源更加稀缺，要充分发挥水价在促进水资源节约利用方面的作用，应建立根据南水北调工程受水区水资源市场的变化定期调整南水北调工程水价的机制。通过建立稳定的调价机制，给受水区相关省（直辖市）用水户和南水北调工程管理单位一个稳定的价格预期，便于利益相关方及时调整其经营和消费行为。

同时，国务院价格主管部门制定的南水北调东、中线一期主体工程运行初期供水价格，是分别依据2013年和2014年的有关费用取值标准和工程设计供水规模研究制定的，水价是低于成本定价，南水北调工程管理单位账面存在政策性亏损。在成本费用支出方面，随着经济社会的不断发展，物价水平将逐步提高，相应地，南水北调工程管理单位开展工程运行维护的费用和管理人员费用支出也将越来越高。同时，由于南水北调工程运行初期供水量较少，达到工程设计供水规模需要一个过程，工程运行初期实际能收取的水费（假定足额收缴水费）达不到按工程设计供水规模供水的水费收入规模，南水北调工程管理单位的账面亏损将增加。因此，从保障南水北调工程正常运行的角度看，也应建立合理的水价调整机制，确保南水北调工程管理单位有足够的水费收入，保障工程运行和还贷的现金流平衡。而且，从长远看，南水北调工程管理单位作为一个企业，按照市场经济和现代企业管理制度的要求，也不能长期处于亏损状态，需要不断调整南水北调工程供水价格，增加水费收入，逐步弥补工程通水以来的账面亏损，从而实现南水北调工程的可持续运行。

对于如何确定合理的水价调整周期，应综合考虑物价上涨、南水北调工程运行管理实际情况和受水区相关省（直辖市）水资源市场的变化情况而定。调价周期不能过长，也不能过短，建议3年左右为宜。在南水北调工程管理单位的工程建设贷款未偿还完毕前，应在工程运行初期水价水平的基础上，按照满足现金流量平衡需要原则（包括还本付息），结合物价指数上涨、工资调整、电价、偿还贷款流程和工程供水量变化等情况，尽可能设计前低后高的水价，争取在还贷期末逐步达到工程管理单位账面没有亏损。在南水北调工程管理单位偿还完工程建设贷款后，工程水价应按照成本加利润方法进行核定，其中利润率应不低于南水北调工程总体规划阶段确定的1%。每3年左右，结合物价指数上涨、工资调整、电价和工程供水量变化等情况，研究调整南水北调工程供水的水价。

在南水北调工程供水价格调整程序上，根据现行政府定价管理的相关规定，由南水北调工程管理单位负责向国务院价格主管部门申请调价，国务院价格主管部门根据有关规定组织审核，拟定调整南水北调工程供水价格方案后，征求国务院有关部门、受水区相关省（直辖市）和南水北调工程管理单位等有关方面意见，修改完善并报国务院审批后公布实施。

此外，根据2015年10月国家发展改革委公布的新《中央定价目录》（国家发展和改革委员会令第29号）有关规定：国务院价格主管部门负责制定中央直属及跨省（自治区、直辖市）水利工程供水价格，同时还注明供需双方自愿协商定价的除外。因此，如果今后南水北调工程管理单位与受水区相关省（直辖市）确定的部门或单位能够做到自愿协商定价，国务院价格主管部门可不再制定南水北调工程供水价格，具体的南水北调工程供水价格，将由南水北调工程管理单位与受水区相关省（直辖市）确定的部门或单位协商确定。

第六节　南水北调工程配套工程水价

虽然南水北调配套工程涉及北京、天津、河北、河南和山东5省（直辖市），但北京、天津两市未单独制定南水北调配套工程的水价；河北、河南两省单独制定了南水北调配套工程水价；山东省采取推进南水北调受水区综合水价改革的方式。

一、河北省南水北调配套工程水价

河北省南水北调中线供水覆盖范围大，供水目标多，配套工程投资大，财政资本金所占比例较小，除向银行贷款外还需社会融资，造成配套工程供水运行管理费用高，单位供水投资和成本高。为尽可能降低供水水价，促进水源切换，河北省南水北调中线工程供水入水厂口门水价按照"补偿贷款本息、社会融资费用和基本运行费用"的原则确定，并实行南水北调中线受水区入水厂口门统一水价的方式。

（一）河北省南水北调配套工程供水价格的制定基本原则

制定配套工程水价遵循以下四条原则：①保障基本运行。水费收入要保障偿还贷款本息和社会投资的合理收益，确保工程运行并持续发挥效益。②确保有效使用。要与当地水源价格相互衔接，确保长江水引得来、供得出，充分发挥工程的经济和社会效益。③促进节约用水。以出台引江水价为契机，推进水价形成机制改革，发挥价格杠杆作用，促进水资源节约和合理配置，遏制地下水超采。④考虑承受能力。充分考虑用水户的实际经济承受能力，对特困户制定优惠政策，确保低收入家庭的基本生活用水。

（二）河北省南水北调配套工程的供水成本构成因素及成本测算

河北省南水北调水厂以上输水配套工程水价，根据《水利建设项目经济评价规范》（SL 72—2013）有关规定，参照南水北调中线干线工程水价的测算原则和方法，结合配套工程实际，按照"保证运行、还本付息"原则进行测算，配套工程总投资采用河北省政府批复初设报告中的 285.34 亿元，其中静态投资 276.46 亿元。干线工程向河北省供水的口门水价为 0.97 元/m³。配套工程供水成本费用构成如下。

（1）基本运行费。包括材料动力费、燃料费、工程维护费、人员工资及福利、工程管理费、工程保险费等，总计 9.42 亿元/年，折合 0.38 元/m³。

（2）上缴国家的原水费。包括向干线工程管理单位交纳的基本水费和计量水费两部分，其中基本水费 14.29 亿元/年，计量水费 13.68 亿元/年，共 27.96 亿元/年，折合 1.14 元/m³。

（3）社会融资财务费用。社会融资 40 亿元资本金，按 8%净回报率计算的融资财务费用为 4.27 亿元/年（含计列 25%的所得税），折合 0.17 元/m³。

（4）还本付息。贷款总额 175 亿元，年贷款利率 7.05%，上浮 10%。按照等额本息方式还款测算，还本付息金额为 22.66 亿元/年，折合 0.92 元/m³。

（5）税金。计列营业税及附加 5.5%，共 3.74 亿元/年，折合 0.15 元/m³。

综合上述因素，核定综合水价 2.76 元/m³，其中，原水费和贷款本息等刚性支出 2.23 元，占 80.8%；运行维护费用等 0.53 元，占 19.2%。该水价是按照国家和河北省有关规定和规范测算的，并且为了降低水价，相关取费均为低限取值，具体测算成果见表 8-6-1。

表 8-6-1　　　　　　　河北省南水北调干线工程口门—城市水厂水价测算表

序号	项目	单位	数量	单价	备　　　注
一	设计引水量	亿 m³	30.40		中线干线河北口门分水量
1	稳定设计引水量	亿 m³	27.36		按年稳定供水量占设计引水量的90%
2	实际供水量	亿 m³	24.62		综合输水损失10%
二	总投资	亿 m³	285.34		初步设计批复投资
三	总成本费用	亿元	64.31	2.61	

续表

序号	项目	单位	数量	单价	备　注
1	材料燃料动力费	亿元	0.98	0.04	泵站及沿线闸阀用电电价 0.7433 元/(kW·h)
2	工程维护费	亿元	2.52	0.10	计费基数为扣除移民投资的固定资产原值（252.13 亿元），取费系数取下限 1.0%（取费标准为 1.0%～1.6%）。
3	工资福利费	亿元	2.32	0.09	可研批复人数 2749 人，按 2013 年河北省职工平均为 4.7335 万元，按 10%增长率，预计到 2015 年工资 5.207 万元/人，福利 62%
4	工程管理费	亿元	2.32	0.09	干线按工资福利费的 1.5 倍，我省配套按工资福利的 1.0 倍
5	其他费用	亿元	1.16	0.05	职工工资额的一半
6	工程保险费	亿元	0.13	0.01	取费基数固定资产原值，费率取下限 0.05%
7	运行费用	亿元	9.42	0.38	运行费用为 1 至 6 之和
8	原水费	亿元	27.96	1.14	原水费＝基本水价 0.47 元/m³×设计供水量 30.4 亿 m³＋计量水价 0.5 元/m³×27.36 亿 m³ 综合水价 0.97 元/m³
9	融资财务费用	亿元	4.27	0.17	40 亿元净回报 8%（2014 年 65 号省长会议纪要），计所得税 25%
10	还贷财务费用	亿元	22.66	0.92	等本息还款，还款期 17 年，场地贷款利率 7.05%，上浮 10%
四	单位成本	元/m³		2.61	
	不含原水费成本	元/m³		1.48	
五	含税入水厂水价	元/m³		2.76	营业税及其附加费率 5.5%

由于原水价和还贷成本所占比例过高，导致水价偏高。分类成本为，原水成本 1.14 元/m³，占 41.09%；还本付息成本 1.09 元/m³，占 39.56%；另有税金 0.152 元/m³，占 5.50%；真正用于配套工程运行维护的成本 0.383 元/m³，仅占水价的 13.85%。

（三）河北省南水北调配套工程的水价政策

1. 实行运行还贷水价

河北省水厂以上配套工程水价由原水费、贷款本息、河北省建投融资费用、工程维护费、工资福利费、管理费及税金构成，按照河北省发展和改革委、河北省财政厅、河北省水利厅联合印发的《关于南水北调中线一期配套工程供水价格的通知》（冀发改价格〔2015〕297 号），确定河北省配套工程供水价格为每立方米 2.76 元，其中，原水费、还本付息、社会融资费用等按实际发生额列支，分别为 1.2 元、0.97 元、0.18 元，分别占总水价的 43.49%、35.23%、6.63%；工程维护费、工资福利费、管理费等，本着从严从低的原则，按低限取值，分别为

0.1 元、0.09 元、0.09 元，分别占总水价的 3.92%、3.61%、3.61%。

2. 实行两部制水价

按照国家确定的定价办法，实行基本水价和计量水价构成的两部制水价。其中，基本水价按照合理偿还贷款本息、适当补偿工程基本运行维护费用核定，为每立方米 1.36 元，按规划设计的年度分配水量征收；计量水价按补偿基本水价外的其他成本费用核定，为每立方米 1.40 元，按实际用水量计收，实际用水量不足分配水量 30% 的，按 30% 水量计收。

3. 实行同区同质同价

按照河北省政府《关于创新水价形成机制利用价格杠杆促进节约用水的意见》（冀政〔2014〕70 号）规定，为实现水资源的优化配置和水价的顺利过渡，有机衔接引江水与本地水价格，鼓励受水区使用引江水，河北省配套工程（水厂以上）全省统一实行同质同价。

4. 运行初期实行过渡水价政策

2015 年 5 月 26 日，河北省政府专题会议（第 70 号）研究了南水北调水价工作，原则同意在工程运行初期实行过渡水价。2015 年免收受水区各市、县引用江水的水费（不包括未消纳水量的干线基本水费）。2016—2019 年，按照用水量逐步递增的原则，以县（市、区）为单位，由河北省南水北调办、河北省水利厅、河北省财政厅、河北省物价局联合下达水量消纳计划，河北省南水北调办与受水区市、省直管县政府分别签订供水协议。2016—2019 年分别计划消纳规划分配水量的 20%、30%、40%、50%。

5. 超额累减水价的政策

河北省配套工程供水实行超额累减水价的政策。

2016 年，以县（市、区）为单位，用水量低于规划分水量 20% 的，按 20% 的分水量和 2.00 元/m³ 的水价计收水费；用水量超过 20%、低于 40% 的部分，按 1.76 元/m³ 计收水费；用水量超过 40% 的部分，按 1.50 元/m³ 计收水费。

2017 年，以县（市、区）为单位，用水量低于规划分水量 30% 的，按 30% 的分水量和 2.15 元/m³ 的水价计收水费；用水量超过 30%、低于 50% 的部分，按 1.76 元/m³ 计收水费；用水量超过 50% 的部分，按 1.50 元/m³ 计收水费。

2018 年，以县（市、区）为单位，用水量低于规划分水量 40% 的，按 40% 的分水量和 2.30 元/m³ 的水价计收水费；用水量超过 40%、低于 60% 的部分，按 1.76 元/m³ 计收水费；用水量超过 60% 的部分，按 1.50 元/m³ 计收水费。

2019 年，执行河北省政府确定的 2.76 元/m³ 水价。以县（市、区）为单位，用水量低于规划分水量 50% 的，按 50% 的分水量计收水费。

为便于相关市、县物价部门核定终端用户水价，2016—2018 年河北省入水厂的配套工程水价统一按 2.15 元/m³ 核定，2019 年起按 2.76 元/m³ 核定，终端用户水价方案报河北省物价局备案。

（四）河北省南水北调配套工程水价与当地水源价格等的比较分析

1. 河北省境内水利工程供水水价现状

河北省受水区地表水工程供水厂的均价为 0.81 元/m³，地下水平均提水成本为 0.60 元/m³，水利工程向非农业供水价格为 0.79 元/m³，其中，工业 1.06 元/m³，供城市水厂 0.65 元/m³。

2. 河北省的自备井水资源费标准

2013年,河北省物价局会同财政厅、水利厅联合发文(冀价经费〔2013〕33号),调整了全省水资源费标准(含南水北调基金),调整到国家确定的2015年目标价格水平(见表8-6-2),比国家整体计划提前了两年实施。调整后的河北省地下水水资源费标准为:设区市2.00元/m³,县级及以下城市1.40元/m³,平均1.52元/m³。地表水水资源费标准为:设区市0.5元/m³,县级及以下城市0.3元/m³,平均0.4元/m³。

表8-6-2　　　　　　　　　　河北省现状城镇水资源费下限标准表　　　　　　　　单位:元/m³

项　目		设区市城市	县级城市及以下	备　注
直取地表水		0.50	0.30	均含南水北调基金(2014年1月实施)
城市供水企业	取用地表水	0.40	0.20	1. 表列水资源费标准为各设区市最低征收标准,高于此标准的,原则上现行水资源费标准不动; 2. 表列水资源费标准不含农村生活、农业生产用水和环境用水; 3. 设区市市级及以上所属企业取水均按"设区市城市"标准执行; 4. 水力发电用水水资源费标准按实际发电量每千瓦时5厘计征
	取用地下水	0.60	0.40	
自备井水		2.00	1.40	
地热水		2.00	1.40	
矿泉水		2.00	1.40	
地温空调		0.60	0.30	此为回用水标准,外排水按自备井水标准执行。封闭型回灌水暂不收费
矿井疏干水		0.60	0.30	此为回用水标准,外排水按自备井水标准执行

3. 河北省的污水处理费标准

河北省南水北调受水区污水处理费平均为0.95元/m³,其中,居民用水0.81元/m³,非居民用水1.02元/m³,特种行业1.79元/m³(详见表8-6-3)。

表8-6-3　　　　　　　　　　河北省受水区城镇污水处理费价格表　　　　　　　　单位:元/m³

名　称	居民生活	非居民	特种行业	综合平均
邯郸市	0.80	1.00	1.50	0.87
邢台市	2.00	2.50	6.00	3.50
石家庄市	0.80	1.00	1.00	0.90
保定市	0.85	1.10	1.10	0.95
廊坊市	0.80	1.00	1.00	0.90
衡水市	0.80	0.90	2.00	0.86
沧州市	0.80	1.30	1.30	1.00
各设区市平均	0.82	1.04	1.90	1.12
邯郸各县	0.80	0.90	1.20	0.87
邢台各县	0.80	1.00	1.92	0.90

名　　称	居民生活	非居民	特种行业	综合平均
石家庄各县	0.80	1.00	0.94	0.91
保定各县	0.81	1.03	1.50	0.23
廊坊各县	0.80	0.95	0.98	0.85
衡水各县	0.77	0.91	1.72	0.83
沧州各县	0.80	1.00	1.00	0.94
各县平均	0.80	0.99	1.49	0.76
受水区平均	0.81	1.02	1.79	0.95

4. 受水区供水水价现状

河北省南水北调受水区 7 个设区市城区的终端用水综合水价平均为 4.78 元/m³（含供水公司水价 3.31 元/m³、污水处理费 0.97 元/m³、水资源费 0.5 元/m³，各市的水价详见表 8-6-4），其中：居民生活 3.78 元/m³（含供水公司水价 2.47 元/m³、污水处理费 0.81 元/m³、水资源费 0.5 元/m³）；非居民生活 5.4 元/m³（含供水公司水价 3.9 元/m³、污水处理费 1.00 元/m³、水资源费 0.5 元/m³）；特种行业 25.72 元/m³（含供水公司水价 23.63 元/m³、污水处理费 1.16 元/m³、水资源费 0.93 元/m³）。

表 8-6-4　　　　　受水区各设区市城区供水价格表（供水公司水价）　　　　　单位：元/m³

城市名称	居民生活	非居民	特种行业	综合平均
石家庄市	2.50	4.00	30.00	3.33
保定市	2.50	4.40	21.70	3.89
邢台市	2.35	4.10	14.10	2.80
衡水市	2.35	4.10	25.00	2.93
廊坊市	2.45	4.45	27.80	3.07
沧州市	2.90	4.20	17.00	3.52
邯郸市	2.35	3.35	15.00	3.02
受水区平均	2.47	3.90	23.63	3.31

5. 用户水价

经模拟测算，若河北省受水区城市供水全部置换为南水北调工程供水，则河北省受水区城市供水价格约为 5.60 元/m³，加上水资源费 0.50 元/m³、污水处理费 0.9 元/m³，终端用户综合水价约为 7 元/m³。现行居民、非居民用水价格分别为 3.78 元/m³ 和 5.40 元/m³，按价格比 1：1.43 测算，终端水价居民为 5.70 元/m³，提高 1.92 元/m³；非居民 8.15 元/m³，提高 2.75 元/m³。

6. 对比分析

按前述模拟测算结果，河北省配套工程入水厂 2.76 元/m³ 的价格对应的用户终端水价为 7.033 元/m³，比现行综合水价 4.78 元/m³ 高 2.22 元/m³（其中，居民终端水价 5.70 元/m³，比现行平均水价 3.78 元/m³ 高 1.92 元/m³；非居民水价 8.15 元/m³，比现行平均水价 5.40 元/m³ 高 2.75 元/m³）。虽然处于国家发展改革委测算的河北省可承受能力之内（居民水价 7.30 元/m³，非居民水价 8.30 元/m³，综合水价 7.80 元/m³），但是若执行，较大的提价幅度会对地方政府和群众心理带来一定影响，接受起来比较困难。

而河北省受水区县城、镇的现行水价远低于设区市城区的水价 4.78 元/m³，若执行受水区统一水价，则此部分终端用水户水价上涨比例将更大，对居民的实际承受能力也将产生更大影响。

（五）河北省南水北调配套工程水价对最终户水价的直接影响

1. 对城镇生活居民的影响

据调查，2012 年河北省城镇居民年人均水费支出占可支配收入的 1%。随着经济的发展和居民生活水平的提高，水费支出也将有所增加。经测算 2015 年河北省南水北调受水区居民人均可支配收入为 21475 元，人均年用水量 43.8m³，如果水价提高到 7.00 元/m³，人均年交水费为 307 元，占可支配收入的 1.43%，一般低于电费、燃料费支出或持平，有正常收入的家庭是能够承受的。虽然经济上能够承受，但居民用户心理承受能力较低。另外，全省最低生活保障户约占 7%，对这一人群应该应执行一定的优惠补贴政策，以保证水价在其承受能力之内。

2. 对工业用水户的影响

工业水价承受能力分析涉及因素较多，目前尚无成熟的方法，河北省从不同角度，用多种方法分别进行分析，最后综合研究判定，河北省南水北调受水区工业企业水价承受能力 2012 年为 6.00 元/m³，2015 年可以提高到 7.50 元/m³。低于国家发展改革委非居民水价承受能力的预测值 8.30 元/m³。如果执行水价 8.15 元，将大大增加工业企业的水费支出，尤其当前面临通货膨胀压力，国家对物价控制较严，工业企业收益保障将受到大的影响。

二、河南省南水北调配套工程水价

（一）定价基本原则

本着与南水北调中线干线工程口门水价形成方式保持一致的原则，河南省南水北调配套工程实行"运行还贷"成本形式，并按南阳、黄河南、黄河北三个区段建设成本计算供水价格。

（二）成本构成因素及成本测算

河南省南水北调工程供水价格，构成因素包括国家已核定的中线干线主体工程口门水价、河南省配套工程运行还贷成本、应纳税金及附加，并执行两部制水价。

（1）税收。按国家当时的营业税及附加 5.5% 计算。根据南水北调供水价格较高的实际和国家对总干渠水价不计利润的办法，河南省南水北调水价暂未考虑利润及资产折旧因素。

（2）两部制水价。按照国家关于水利工程两部制水价计算办法，河南省测算了南水北调供水价格两部制水价。基本水价，按各地规划分配水量收取，计量水价按各地实际使用水量收取。

（3）河南省配套工程"运行还贷"成本，包括：配套工程的贷款本息、职工薪酬、工程维护费、管理费、动力费和其他费用等。经河南省成本物价监审局和河南省水利勘测设计研究有限公司测算，三个区段配套工程"运行还贷"成本每立方米分别为南阳0.27元、黄河南0.36元、黄河北0.23元。

（三）河南省南水北调配套工程水价格水平

综合上述成本费用构成因素，河南省发展改革委会同有关部门公布了《关于我省南水北调工程供水价格的通知》（豫发改价格〔2015〕438号），核定南水北调工程供水价格为：全省平均价格每立方0.75元，其中基本水价0.37元，计量水价0.38元。三个区段水价分别为：南阳0.47元、黄河南0.74元、黄河北0.86元（详见表8-6-5）。

表8-6-5　　　　　　　　河南省南水北调工程供水价格和两部制水价表

序号	地区	供水价格/(元/m³)				两部制水价/(元/m³)		
		合计	主体工程	配套工程	税收	综合水价	基本水价	计量水价
1	南阳市	0.47	0.18	0.27	0.02	0.47	0.23	0.24
2	黄河南	0.74	0.34	0.36	0.04	0.74	0.36	0.38
3	黄河北	0.86	0.58	0.23	0.05	0.86	0.42	0.44

（四）南水北调供水价格与当地水源价格的比较分析

河南省受水城市供水使用南水北调水源后，供水水质有较大改善，但供水成本也有不同程度的增加。

（1）原水成本。经河南省11个受水区省辖市测算，城市供水全部置换为南水北调水源后，原水成本比使用本地水平均成本每立方米增加0.48元。

（2）水厂建设成本。为承接南水北调供水，各省辖市、直管县（市）新建、改建水厂投资约131亿，供水成本每立方米增加约0.35元。

上述两项因素合计受水城市供水成本每立方米增加约0.83元，考虑税收及盈利因素，受水城市终端水价每立方米将提高1元左右。河南省实现水源置换的城市，可按照城市供水价格管理的政策规定，适时调整城市供水价格，解决水源置换引起的成本增加问题。

（五）南水北调工程水价对终端用水户的直接影响

使用南水北调水之前，河南省受水区省辖市简单平均终端水价（含污水处理费、水资源费、公用事业附加等）每立方米为3.2元，其中：居民用水每立方米2.6元，非居民用水每立方米3.7元。水源置换、水价调整后终端水价每立方米平均达到4.2元，若同幅调整，居民用水将达到每立方米3.6元，非居民用水将达到每立方米4.7元。按城镇居民每人每月用水3m³

计算，每人每月增加水费支出 3 元，人均年水费支出占 2013 年城镇居民人均可支配收入的 0.58%。2013 年河南省万元工业增加值用水量 32.5m³，水价调整后工业各类用水（包括使用地表水、地下水、自来水）平均每立方米约 3 元，工业水费支出占增加值的 0.98%。根据国家水价改革设想，居民生活水费支出应占人均可支配收入的 1%，工业水费支出应达到工业增加值的 1.5%。河南省置换南水北调水源后，终端供水价格均低于上述两个指标，尚在在可承受范围内。

三、山东省实行区域综合水价改革

山东省没有单独制定南水北调配套工程的水价，而是采取区域综合水价改革的方式，确保南水北调工程水价与当地水源价格直接衔接。

（一）推行区域综合水价的背景

南水北调东线一期工程山东省配套工程是南水北调东线工程建设的重要组成部分，是北调江水合理高效利用的保证。为了及时把长江水调入缺水地区，最大限度地发挥南水北调工程效益，解决山东供水区居民和工业用水紧张状况，必须同步搞好配套工程建设。山东省南水北调工程全面建成后，与引黄济青、胶东地区引黄调水等工程，构建起了南北贯通、东西互济的山东省跨流域调水工程，工程涉及长江、黄河、淮河、海河四大流域，供水范围覆盖全省 15 个市的 100 多个县（市、区）。这些工程除了主要的调水、供水任务外，相关工程还同时兼有防洪、排涝、灌溉、生态、环保、航运、旅游、养殖等多种功能。随着经济社会的快速发展和工业化、城镇化进程的不断加快，黄河水、长江水将成为山东省水资源开发利用不可或缺的重要组成部分。但是当前，当地水资源供水水价偏低，水资源开发利用程度较高，地下水超采、生态破坏现象依然存在。同时，与当地水比较，调引长江水、黄河水水价相对偏高，严重影响了受水区使用长江水甚至黄河水的积极性。对于终端用水户来说，所用水源根本无法区分，用水价格只能是一种标准，势必应实行区域综合水价改革。《南水北调工程供用水管理条例》（国务院令第 647 号）、《山东省南水北调条例》和山东省政府办公厅《关于加快南水北调配套工程建设的意见》（鲁政办发〔2014〕28 号），均对区域综合水价改革提出明确要求。《国务院关于创新重点领域投融资机制鼓励社会投资的指导意见》（国发〔2014〕60 号）要求对有一定水费收入的项目可以采用市场机制，鼓励和吸引社会投资参与水利工程建设。从目前看，实行区域综合水价改革是政府运用市场经济手段优化配置水资源的根本要求，是解决同一区域不同水源统一调度的长效机制，是建立消纳调引长江水和其他外调水源的良性市场机制；能够通过价格调控手段，促进公平用水与节约水资源。只有核算出统一明确的水价，才能核算出投资预期收益，充分调动社会资本参与水利工程建设的积极性，为政府和社会资本合作（PPP）水利项目的实行提供基础保障。

按照山东省水利厅印发的《山东省区域综合水价改革试点方案》，坚持政府"指导与市场调节兼顾、总量控制与优化配置兼顾、公平与效率兼顾、试点先行与稳步推进兼顾"的原则，充分利用南水北调、胶东调水客水，发挥调水工程的效益，综合考虑试点区外调水、当地水等单一水源供水价格，面向工业和城镇用水，选择合适试点对综合水价改革进行先行先试，制定区域多水源综合水价，为逐步建立面向多水源、多用户的设区市综合水价体系奠定基础，积累经验。

（二）推行区域综合水价的目的

按照《山东省南水北调条例》的有关规定：南水北调工程受水区县级以上人民政府应当统筹考虑本行政区域内南水北调供水价格与当地地表水、地下水等各种水源的水资源费和供水价格，推行区域综合供水价格。

1. 有利于促进水资源优化配置

2014年1月，国家发展改革委以发改价格〔2014〕30号文发布了《关于南水北调东线一期主体工程运行初期供水价格政策的通知》，山东省干线平均水价为 1.54 元/m³，远高于引黄水和受水区当地水利工程供水水价，较高的长江水价已严重影响了受水区的用水计划。为了实现水资源的优化配置，鼓励使用长江水，必须推行区域综合水价，实现受水区长江水、黄河水和当地水供水价格标准统一。

2. 有利于用户公平负担

随着经济社会的发展和工业化、城镇化进程的加快，黄河水、长江水将成为山东省水资源开发利用不可或缺的一部分。但是一方面，当地水资源供水水价偏低、水资源开发利用程度较高，致使地下水超采、生态破坏现象依然存在。另一方面，长江水水价偏高，已严重影响了受水区的使用长江水的积极性，而对终端用户来说，用水水价只能是一种标准，没有谁愿意用高价水。因此，必须将当地水、黄河水和长江水进行统一管理、统一配置，实行区域综合水价，使用户公平负担，促进水资源的优化配置和节约保护。

3. 为 PPP 投资机制奠定基础

为了推进水利投融资体制改革，国家要求对有一定水费收入的项目可以采用市场机制，鼓励和吸引社会投资参与水利工程建设。但是水价偏低势必会影响投资者的合理收益，水价偏高用户难以接受，水量销售困难，受水区不同的水价会对投资者带来一定的风险。因此完善水价制度，推行区域综合水价，对降低投资风险，吸引社会投资起到了一定的推进作用，对企业的合理收益奠定了基础。

（三）区域综合水价流程

跨流域调水工程区域综合水价是指长江水、黄河水以及当地地表水等水利工程供水水源进入供水水厂的综合水价，供水对象主要为工业和城镇生活供水。

对水源工程来说，各水源工程的建设条件和运行条件是不同的，南水北调工程投资大、运行复杂，运行成本高于当地水资源和黄河水的开发利用成本，因此各水源工程的运行成本和供水价格是不同的。

对城镇生活和工业等终端用户来说，无论是当地水、黄河水还是长江水，都要进入当地水厂（水网）统一供给配置，而供给的水量中既有当地水资源，又有黄河水和长江水等客水资源，但是难以分清当地水和客水的分配量，因此用水水价只能采用统一标准，否则都会选择低价水。

对供水中间环节（水厂）来说，更愿意购买低价水源，但是一方面国家制定了最严格的水资源管理制度，对当地水、黄河水以及长江水的指标给予了明确分配，因此在当地水资源开发利用基础上，需要消纳一部分客水资源。另一方面高价购买客水资源（长江水）又会影响自身的利益。因此，既要满足水资源的合理配置，又要保证终端用户的公平公正，必须对水资源进行统一管理、统一配置，推行区域综合水价。

（四）推行区域综合水价要求

1. 严格执行水量分配办法

南水北调工程的目标是实现水资源的优化配置，统筹配置南水北调工程供水和当地水资源，逐步替代超采的地下水和当地水源，逐步退还因缺水挤占的农业用水和生态环境用水。因此要实行区域综合水价，必须执行最严格的水资源管理制度，优化水量分配方案，加强用水管理，对不执行水量分配方案的单位或个人采取惩罚措施，并追究相关责任。

2. 加强政府职能，发挥市场导向

从受水区现状水价调研来看，受地方政府的行政干预，受水区当地水源的供水价格大都低于成本，供水企业属政策性亏损。由于受水区长江水供水价格高于当地水和黄河水，大部分地区对长江水使用积极性不高，为了提高受水区使用长江水的积极性，必须减少政府行政干预，加强政府监管职能，对供水成本进行监督约束，发挥价格杠杆作用，提高当地水源尤其是地下水水资源费价格，补贴长江水价格，缩小受水区水源和长江水价格差距，提高用户对水资源的节约保护意识。

3. 加大政府财政补贴

调水工程具有较强的公益性、基础性和战略性，工程除了供水功能之外，还具有改善区域生态环境的作用，按照公平负担的原则，政府有义务承担部分费用。另外，对用户来说，水价改革应有一个认识和接受的过程，短期内大幅度提高水价难以接受，因此推行区域综合水价尤其是运行初期必须加大政府财政补贴，通过价格补贴，补偿供水单位的维护运行费用，保证工程良性运行。

4. 区域综合水价应逐步推行

选取用水需求量大且现状黄河水和地下水利用率高的市、县，以工业和城镇生活为供水目标进行试点推行，其他受水区在南水北调全面通水前全部实行。

5. 实行水务一体化管理

即对水资源的开发、利用、配置、节约、保护和调度实行全方位、全过程的统一管理，实行最严格的水资源管理制度，严控水量分配。

（五）推行区域综合水价试点工作

2015 年 6 月，山东省水利厅为充分发挥南水北调工程、胶东调水工程区域供水网络的综合效益，实现水资源优化配置及多水源的联合制度，开展了区域综合水价改革试点工作。

1. 区域综合水价改革试点工作指导思想

以党的十八届三中、四中全会精神为指导，全面贯彻落实"节水优先、空间均衡、系统治理、两手发力"的科学治水思路，按照最严格水资源管理制度的要求，根据区域多水源供水格局和不同用户及不同利益相关者的诉求，统筹外调水、当地水及其他非常规水源，探索制定区域科学合理的水价体系。促进区域水资源的优化配置，逐步恢复水生态系统功能，促进经济社会持续健康发展。

2．区域综合水价改革试点工作试点原则

（1）政府指导与市场调节兼顾。综合水价改革涉及水资源的开发利用、配置、节约、保护及生态环境良性发展等各方面，要在政府宏观调控指导下，充分发挥市场调节作用，做到统筹兼顾。

（2）总量控制与优化配置兼顾。在用水总量控制管理目标约束下，合理配置各类水源，实现水资源自然属性、社会属性和经济属性的对立统一。

（3）公平与效率兼顾。综合水价改革要充分考虑各利益相关者的权益，在体现公平与公正的前提下，提高水资源利用效率与效益，促进区域节约用水。

（4）试点先行与稳步推进兼顾。综合水价改革要综合考虑现有水资源禀赋条件、工程条件、管理水平、体制机制等多方面因素，先易后难，逐步推进综合水价改革。

3．区域综合水价改革试点工作目标

充分利用南水北调、胶东调水客水，发挥调水工程的效益，综合考虑试点区外调水、当地水等单一水源供水价格，面向工业和城镇用水，选择合适试点对综合水价改革进行先行先试，制定区域多水源综合水价。为逐步建立面向多水源、多用户的设区市综合水价体系奠定基础，积累经验。

4．区域综合水价改革试点工作试点内容

（1）开展水资源开发利用现状调查。调查试点区水资源状况、供水水源、供水工程、供水单位、供水量、供水价格等水资源开发现状情况；调查各用水单位的取水水源、取水方式、用水需求、计价标准、水费计收方式等水资源利用情况。

（2）严格执行最严格水资源管理制度。①总量控制，明确水权。在区域用水总量控制目标内，进一步细化分解用水总量控制目标，合理配置区域地表水、地下水、黄河水、长江水，统筹协调生活、生产、生态用水，合理确定一、二、三产业用水水权，建立严格的水资源用途管制制度。②制定压采方案，逐步达到采补平衡。认真落实地下水压采、限采、禁采等管理要求，通过节水改造、水源置换、调整结构等方式，严格地下水的管理与保护，逐步压缩超采区地下水开采量，促进地下水采补平衡。③提高水资源费征收标准，强化自备井水源管理。试点区要加快推进水资源费标准调整工作，2015年6月底前将水资源费征收标准调整到位，其中地下水自备水源水资源费标准要与综合水价统筹考虑。对未经批准的和公共供水管网覆盖范围内的自备水井，一律予以关闭。

（3）完善区域供水工程体系。尽快完成南水北调续建配套工程及引黄济青改扩建工程建设；完善试点区域供水管网、水厂等供水工程的建设；加强供水监控能力建设与信息化建设，并逐步实现水质实时在线监控。

（4）建立多水源供水管理平台。理顺管理体制与机制，建立适合本区域特点的供水统一管理平台，统一管理供水市场。组建水行政主管部门管理下的多水源统一管理平台机构，对各种水源进行统一管理、统一配置、统一价格，实现供水、收费、监督管理到位，保证公平、公正地供水。平台下各供水公司负责各类水源的供水经营工作。

（5）制定出台综合水价政策。按照《水利工程供水价格管理办法》《水利工程供水价格核算规范（试行）》《水利工程供水定价成本监审办法（试行）》等有关规定，合理确定供水生产成本、费用、利润和税金，综合考虑水资源稀缺程度及用户承受能力等因素，科学合理测算区域综合水价，按照程序制定出台综合水价政策。具体程序为：由区域综合水价改革实施主体负责测算供水成本；将成本测算报告上报水行政主管部门；水行政主管部门协调物价部门进行成本监审；由政府出台综合水价政策。

5. 资金保障

山东省省级财政安排专项资金，对承担综合水价改革任务的试点县（市、区）进行补助。试点区政府对综合水价改革也提供必要的支持。

第九章　部门财务管理

本章介绍政府部门财务管理制度、部门预算编制的基本原则、主要依据、审查审核、编报和审批和预算公开；全面介绍组织部门预算执行、预算执行动态监控和内部监督、预算执行行为规范、组织开展预算绩效评价和部门决算公开；系统介绍行政机关会计核算应遵循的原则、会计核算的基本要求、设置会计科目体系、主要会计事项核算和日常财务报表；重点介绍部门决算的基本要求、部门决算的主要作用、部门决算的基本程序和部门决算报告；主要介绍固定资产的管理体制、固定资产的范围、分类和计价、固定资产购置、固定资产的日常管理、固定资产处置和固定资产会计核算；主要介绍会计档案的作用及其分类、会计档案收集整理、会计档案移交、会计档案保管和会计档案的鉴定和销毁；主要介绍经济责任审计的重要意义及其作用、经济责任审计的组织、经济责任审计的内容、经济责任审计的实施和经济责任审计成果应用。

第一节　财务管理制度

为规范国务院南水北调办财务管理行为，依据相关法律法规、规章制度，结合机关财务业务实际，研究制定了一系列财务管理的制度。

一、预算管理制度

为规范预算管理，保障国务院南水北调办机关和事业单位的正常运转，完成特定的行政工作任务或事业发展目标的资金需要，保障南水北调工程建设管理所需财政性资金的需要，根据《中华人民共和国预算法》《中央本级基本支出预算管理办法》和《中央本级项目支出预算管理办法》等相关法律、法规和规章，国务院南水北调办于 2007 年 8 月 7 日印发了《国务院南水北调办预算办法》（国调办经财〔2007〕86 号），该办法对编制基本支出、项目支出预算提出具体的要求，明确了预算编制、审核和申报等程序，对预算执行、预算检查监督等提出具体要求。

（一）《国务院南水北调办预算办法》的适用范围和组成

《国务院南水北调办预算办法》适用于办机关及事业单位、南水北调工程项目法人的预算管理。预算由收入预算和支出预算组成。

收入预算含办机关收入预算、事业单位收入预算、项目法人收入预算。办机关收入预算包括：财政拨款收入、预算外资金收入、其他收入和纳入预算管理的政府性基金收入。随着财政预算改革的发展，近几年预算外收入已取消。事业单位收入预算包括：财政拨款收入、事业收入、其他收入、用基金弥补收支差额。项目法人收入预算包括：财政拨付的南水北调工程建设资金和南水北调工程基金、国家重大水利建设基金等。

支出预算包括基本支出预算、项目支出预算。

（二）预算编制的要求

经济与财务司每年根据财政部编制年度预算的要求，组织办机关、事业单位和项目法人编制年度部门预算。办机关、事业单位和项目法人将全部收支纳入部门预算管理，量入为出，合理安排，不得编制赤字预算，并对本单位预算的真实性、合法性、准确性和完整性负责。

（三）预算管理应遵循的基本原则

（1）合理预算原则。支出预算要体现所有资金，当年财政拨款和以前年度结转资金要统筹考虑、合理安排。

（2）优先保障原则。首先保障单位基本支出的合理需要，以保证办机关和事业单位的日常工作正常运转。

（3）科学论证、合理排序的原则。申报的项目应当进行充分的可行性论证和严格审核，分轻重缓急排序后视当年财力状况择优进行安排。

（4）追踪问效的原则。对财政预算资金安排项目的执行过程实施追踪问效，并逐步对项目完成结果进行绩效考评。

（四）基本支出预算

基本支出预算是办机关和事业单位为保障机构正常运转、完成日常工作任务而编制的年度基本支出计划，按其性质分为人员经费和日常公用经费。

（1）人员经费包括政府收支分类的支出经济分类科目中的"工资福利支出"和"对个人和家庭的补助"。具体项目包括：基本工资、津补贴及奖金、社会保障缴费、离退休费、医疗费、助学金、住房补贴和其他人员经费等。

（2）日常公用经费包括政府收支分类的支出经济分类科目中的"商品和服务支出"和"其他资本性支出"中属于基本支出内容的支出。具体项目包括：办公及印刷费、水电费、邮电费、取暖费、物业管理费、交通费、差旅费、日常维修费、会议费、专用材料费、一般购置费（包括一般办公设备购置费、一般专用设备购置费、一般交通工具购置费、一般装备购置费等）、福利费和其他公用经费等。

（3）定员、资产和定额是测算和编制基本支出预算的重要依据。

1）定员，是指国家机构编制主管部门根据办机关和事业单位的性质、职能、业务范围和工作任务所下达的人员配置标准。

2）资产，是指办机关和事业单位占有、使用的，依法确认为国家所有的公共财产。包括国家调拨的资产、用国家财政性资金形成的资产、按照国家规定组织收入形成的资产、以单位名义接受捐赠形成和其他依法确认为国家所有的资产等，其表现形式为办公用房、车辆、专用设备等固定资产。

3）定额，是指财政部根据中央部门机构正常运转和日常工作任务的合理需要，结合财力的可能，对基本支出的各项内容所规定的指标额度。

基本支出预算按人员经费和日常公用经费分别核算管理。人员经费严格按照国家相关政策安排；日常公用经费与本单位占有的资产情况相衔接，未按相关规定报批或超过配置标准购置的实物资产，一律不得安排日常维护经费。

（五）项目支出预算

项目支出预算是指办机关、事业单位、项目法人为完成其特定的行政工作任务或事业发展及工程建设目标，在基本支出之外编制的年度项目支出计划，包括基本建设、有关事业发展专项计划、专项业务费、大型修缮、大型购置、大型会议费等项目支出。为了规范项目支出预算编制，国务院南水北调办还印发了《关于印发〈国务院南水北调办项目支出预算编制程序规定〉的通知》（综经财〔2007〕89号），对办机关和事业单位的项目支出预算编制程序进行了规范。

（1）申报的项目应当同时具备以下条件。

1）符合国家有关方针政策。

2）符合财政资金支持的方向和财政资金供给的范围。

3）属于办机关或事业单位履行行政职能和促进事业发展需要安排的项目。

4）有明确的项目目标、具体的实施内容、组织实施计划、科学合理的项目预算及详细的费用支出预算，并经过充分的研究和论证。

（2）申报项目分为新增项目和延续项目。

1）新增项目，是指本年度新增的需列入预算的项目。

2）延续项目，是指以前年度已批准，并已确定分年度预算，需在本年度及以后年度预算中继续安排的项目。延续项目必须明确项目的起止年限，未经财政部批准，不得自行变更项目名称、内容。

（3）项目按照部门预算编报要求分为国务院已研究确定项目，经常性专项业务费项目、跨年度项目和其他项目四种类别。

1）国务院已研究确定项目，是指国务院已研究确定需由财政预算资金重点保障安排的支出项目。包括党中央、国务院文件中明确规定中央财政预算安排的项目、党中央和国务院领导明确批示需由中央财政予以安排的项目等。

2）经常性专项业务费项目，是指本单位为维持正常运转而发生的大型设施、大型设备、大型专用网络运行费和为完成特定工作任务而持续发生的支出项目。

3）跨年度支出项目，是指除以前年度延续的国务院已研究确定项目和经常性专项业务费项目之外，经财政部批准并已确定分年度预算，需在本年继续安排预算的项目和当年新增的需在本年度及以后年度继续安排预算的支出项目。

4）其他项目，是指除"前三类支出项目"之外，办机关和事业单位为完成其职责需安排的支出项目。

（4）办机关和事业单位要根据履行行政职能的需要、事业发展的总体规划，合理安排新项目的立项，要从立项依据、可行性论证等方面对新项目进行严格审查，申报规模要均衡。

（5）项目申报文本由项目申报书、项目可行性研究报告和项目评审报告组成。填报项目申报文本应满足下列要求。

1）申报当年预算时，应按财政部规定，填写项目申报书并附相关材料。

2）新增项目中预算数额较大或者专业技术复杂的项目，应当填报项目的可行性报告、项目评审报告。

3）延续项目中项目计划及项目预算没有变化的，可以不再填写项目的可行性报告和项目评审报告；延续项目中项目计划及项目预算发生较大变化的，应当重新填写项目可行性报告和项目评审报告。

4）项目申报的内容必须真实、准确、完整。

（6）项目审核的内容主要包括以下内容。

1）项目单位及所申报的项目是否符合规定的申报条件。

2）项目申报书是否符合规定的填报要求，相关材料是否齐全等。

3）项目的申报内容是否真实完整。

4）项目的规模及开支标准是否符合规定。

5）资产购置项目是否已按规定经财政部审批。

6）项目排序是否合理等。

（7）办机关和事业单位申请购置有规定配备标准或限额以上资产的，按照行政、事业单位国有资产有关规定，经南水北调办审核、汇总后报财政部审批。

（8）机动经费实行项目预算管理，可调剂用于基本支出，主要用于编制内增人、增资等支出，不得擅自用于提高人员待遇；机动经费也可调剂用于其他项目支出。

（六）预算申报程序

部门预算实行"二上二下"的申报、批复程序。

（1）"一上"：办机关和事业单位应在规定时间内将编制的基本支出和项目支出预算建议数报国务院南水北调办，在审核、汇总的基础上，由国务院南水北调办编制部门预算建议数并在规定的时间内报送财政部。

（2）"一下"：根据财政部下达的"一下"预算控制数，国务院南水北调办将"一下"预算控制数细化、分解下达办机关和事业单位。

（3）"二上"：根据财政部下达的"一下"基本支出预算控制数，办机关和事业单位依据本单位的实际情况和国家有关政策、制度规定的开支范围及开支标准，在人员经费和日常公用经费各自的支出经济分类款级科目之间，自主调整编制本单位的基本支出预算；根据下达的"一下"项目支出预算控制数编制项目细化支出预算（执行预算）。在规定时间内报国务院南水北调办，经国务院南水北调办审核、汇总后并在规定时间内报送财政部。

（4）"二下"：根据财政部批复的部门预算，国务院南水北调办将部门预算分别批复给办机关和事业单位。

基本建设项目预算按照有关规定编制申报，国务院南水北调办依据财政部批复基本建设项目，分别批复给项目法人、事业单位等预算执行单位。

南水北调工程基金和国家重大水利建设基金收支预算纳入部门预算，按财政部的规定编制、批复、下达。

（七）预算执行

（1）办机关、事业单位和项目法人等预算执行单位要严格执行批复预算。在预算执行过程中，如发生项目变更、终止、调整预算的，应按规定的程序报批，并进行预算调整。

（2）基本支出由本单位的财务部门组织实施，应严格执行规定的开支范围和标准。

（3）项目支出预算实行项目管理责任制，由承担项目的职能部门组织实施。项目的职能部门根据预算批复数编制项目执行预算，并报国务院南水北调办。项目职能部门应严格报告项目计划和项目执行预算，不得随意改变资金用途和扩大使用规模。

基本建设项目，由项目法人、事业单位等预算执行单位负责执行。

项目支出预算执行完毕，项目执行单位要对项目进行总结和验收，并逐步对项目绩效进行考评。国务院南水北调办将项目完成情况和项目绩效考评结果报送财政部。按照财政部结余资金管理的有关规定，加强结余资金管理，将当年预算安排与结余资金情况相结合，统筹安排使用财政资金，提高财政资金使用效益。

（4）编入政府采购预算的支出，应严格执行政府采购制度的有关规定。

（5）实行预算执行和资金使用情况报告制度。预算执行单位应于年中和年度终了向国务院南水北调办书面报告预算执行情况。国务院南水北调办按规定向财政部报送预算执行情况。

（6）预算执行情况检查监督的主要内容包括：预算批复和预算执行情况。重点是检查监督预算执行的范围和标准，项目资金挤占、挪用、预算执行进度等。

在预算编制和年终财务收支决算过程中，各预算执行单位应当接受国务院南水北调办对预算管理和预算执行情况的全面检查监督。在预算执行过程中，还应当接受以不同方式开展的不定期预算执行情况专项检查。

各预算执行单位应主动接受财政部门检查和审计监督，按要求做好检查、审计前的各项准备工作，切实配合好财政、审计部门开展工作。各预算执行单位对预算执行情况检查出的问题，要及时纠正和整改。对违反财经纪律的行为，应依据有关财经法规处理。

二、经费支出管理制度

为规范机关经费支出行为，保证机关工作顺利开展，根据相关规章制度的规定，国务院南水北调办于2003年12月29日印发了《国务院南水北调工程建设委员会办公室机关财务管理暂行办法（试行）》（综经财〔2003〕12号）。试行3年后，结合实际情况，2006年12月30日，印发了《国务院南水北调工程建设委员会办公室机关经费支出管理办法》（综经财〔2006〕109号）。2014年，根据中共中央政治局印发的《关于改进工作作风、密切联系群众的八项规定》，中共中央、国务院印发的《党政机关厉行节约反对浪费条例》，中共中央办公厅、国务院办公厅印发的《党政机关国内公务接待管理规定》，以及财政部、外交部、国家机关事务管理局等部门印发的《因公临时出国经费管理办法》《中央和国家机关会议费管理办法》《中央和国家机关差旅费管理办法》《中央和国家机关培训费管理办法》等规定及相关财务会计制度，结合办公室履行南水北调工程建设管理事务的实际，南水北调办对经费支出管理办法进行了修订。2015年1月7日，为了进一步规范办机关经费支出管理，根据中央党的群众路线教育实践活动领导小组、中共中央组织部、教育部《关于严格规范领导干部参加社会化培训有关事项的通知》（中组发〔2014〕18号）、财政部《关于印发〈中央和国家机关差旅费管理办法有关问题的解答〉的通知》（财办行〔2014〕90号）和国家机关事务管理局、中共中央直属机关事务管理局、财政部、人力资源和社会保障部、住房和城乡建设部《关于在京中央和国家机关职工住宅区物业管理和供暖采暖改革的意见》（国管房改〔2014〕504号）等规定，对办机关经费支出管理办法进行了再次修订，印发了《关于修订〈国务院南水北调办机关经费支出管理办法〉的通知》（综经财〔2015〕3号）。该办法明确了办机关经费支出必须遵循"先有预算，后有支出"的原则，做到量入为出，合理开支。各项经费支出应控制在年度预算范围内，对会议费、差旅费、医药费、外交外事费、办公用品和设备购置、公务接待费、项目经费、其他费用、现金和支票的管理进行了规定。

（一）会议费

办机关召开的会议实行分类管理、分级审批的制度。

（1）会议的分类。一类会议是指以国务院和国务院南水北调工程建设委员会（简称"建委会"）名义召开，要求省（直辖市）人民政府负责人参加的会议。二类会议是指以办公室名义组织召开，要求省（直辖市）南水北调办事机构、征地移民部门、项目法人负责人参加的会议。三类会议是指办公室各司组织召开，要求省（直辖市）南水北调办事机构、征地移民部门、项目法人有关人员参加的会议。四类会议是指除一、二、三类会议以外的其他业务性会议，包括小型研讨会、座谈会、评审会等。

（2）会议审批程序。一类会议由国务院或建委会决定召开，会议经费由国家机关事务管理局负责。二类会议由综合司编制会议计划，经办领导审核后，于每年11月底前将下一年度的会议计划送财政部审核会签，按程序经中共中央办公厅、国务院办公厅审核后报批。原则上每年只能召开一个二类会议。三、四类会议由各主办司负责编制年度会议计划，每年11月15日前将下一年度的会议计划报综合司，经综合司会同经济与财务司审核后，于11月20日前报办公室主任办公会或党组会审批。经主任办公会或党组会审议批准后，由综合司将会议计划印发机关各司执行。没有列入会议计划的会议，一律不得召开。

（3）会议天数。二、三、四类会议的会期一般不得超过2天，传达布置类会议的会期不得超过1天。会议报到和离开时间，二、三类会议合计不得超过2天，四类会议合计不得超过1天。

（4）会议人数。二类会议与会人员一般不得超过200人，工作人员控制在代表人数的15%以内；三类会议与会人员不得超过150人，工作人员控制在代表人数的10%以内；四类会议参会人员视内容而定，一般不得超过50人。

（5）会议地点。二、三、四类会议应在四星以下定点饭店召开。办公室各司召开会议应尽量使用办公室内部会议室。参会代表在50人以内且无外地代表的会议，原则上在办公室内部会议室召开，不安排住宿。不得到党中央、国务院禁止召开会议的风景名胜区等地方召开会议。

（6）会议主办司须事前就会议事项形成签报，并编制会议费细化预算，经综合司、经济与财务司审核会签后，报主管领导审批。

（7）会议费由会议召开单位承担，不得向参会人员收取会议费，不得以任何方式向下属企事业单位和地方单位转嫁或摊派会议费。

（8）会议费开支范围包括会议住宿费、会议室租金、伙食补助费、交通费、文件印刷费、医药费等。会议费实行综合定额控制，各项费用之间可调剂使用，在综合定额控制内据实报销。

（9）机关各司召开会议，应严格执行会议费开支范围和标准，严格控制会议数量、会期、规模，注重会议质量，提高会议效率。严禁借会议之名组织会餐或安排宴请；严禁套取会议费设立"小金库"；严禁在会议费中列支公务接待费。应严格执行会议用房标准，住宿用房以标准间为主，司局级及以下人员不得安排套房；会议用餐安排自助餐，不安排宴请，不上烟酒；会议会场一律不摆花草，不得制作背景板，不提供水果；不得使用会议费购置电脑、复印机、打印机等固定资产以及与会议无关的任何费用；不得组织参会人员旅游和与会议无关的参观；严禁组织高消费娱乐、健身活动；严禁以任何名义发放纪念品；不得额外配发洗漱用品。

（10）会议主办司应在会议结束后10个工作日内办理会议费结算报销手续。会议费报销单应附会议审批文件、会议通知及实际参会人员签到表、定点饭店等会议服务单位提供的费用原始明细单据、电子结算单等凭证。会议费报销单应经主办司负责人签字，经济与财务司审核后报销。超过标准的部分和会议费范围以外的部分费用不予报销。

（11）机关各司应于每年2月底前将上年度会议计划执行情况报经济与财务司，经济与财务司汇总后以办公室名义报财政部，同时抄送国家机关事务管理局。每年4月15日前，经济与财务司会同综合司将机关各司上年度会议计划执行情况在办机关内部公示。

（二）差旅费

差旅费是指工作人员临时到常驻地以外地区公务出差所发生的城市间交通费、住宿费、伙食补助费和市内交通费。

（1）公务出差实行审批制度。副司级以下工作人员出差，须事前填报"国务院南水北调办出差审批单"，并经本司负责人签字批准；正司级工作人员出差填写"南水北调办领导干部出京请示报告表"报办公室领导审批。机关各司应从严控制出差人数和天数；严格差旅费预算管理，控制差旅费支出规模；严禁无实质内容、无明确公务目的的差旅活动，严禁以任何名义和方式变相旅游，严禁异地部门间无实质内容的学习交流和考察调研。

（2）城市间交通费是指工作人员因公到常驻地以外地区出差乘坐火车、轮船、飞机等交通工具所发生的费用。出差人员应按"出差人员乘坐交通工具等级表"规定等级乘坐交通工具。办公室副主任及以上人员出差，因工作需要，随行一人可以乘坐同等级交通工具。出差人员乘坐飞机要从严控制，出差路途较远或出差任务紧急的，经本司负责人批准后方可乘坐飞机。确因特殊情况需超规定标准的，应事前报本司负责人同意，报销时须经本司负责人签署意见。城市间交通费按乘坐交通工具等级凭据报销，订票费、经批准发生的签转或退票费凭据报销。

（3）住宿费是指工作人员因公出差期间入住宾馆发生的房租费用。办公室副主任及以上人员住普通套间，司局级及以下人员住单间或标准间。住宿费限额标准按财政部统一发布的分地区住宿限额标准执行。住宿费在标准限额内凭发票据实报销。

（4）伙食补助费是指工作人员在因公出差期间给予的伙食补助费用。出差人的伙食补助费，按出差自然天数计算，按财政部规定标准包干使用。出差人员应自行用餐，凡由接待单位统一安排用餐的，应当向接待单位交纳伙食费。

（5）市内交通费是指工作人员因公出差期间发生的市内交通费用。市内交通费按出差自然天数计算，往返驻地和机场、火车站、码头的交通费在规定发放的市内交通费内统筹解决，不再另外报销。出差人员由接待单位提供交通工具的，应向接待单位交纳相关费用。

（6）机关各司差旅费开支应控制在预算限额内。出差人员应严格按规定开支差旅费，不得向下级单位、企业或其他单位转嫁。凡超过规定差旅费标准的，超过部分由个人自理。

（7）工作人员因公到远郊区县参加会议、培训的，不报销住宿费、伙食补助费和市内交通费；到远郊区县开展其他公务活动且实际发生住宿、伙食、交通等费用的，比照城市间出差标准报销住宿费、伙食补助费和市内交通费。统一安排伙食、交通工具的，不再报销伙食补助费和市内交通费。

（8）工作人员外出参加会议、培训，举办单位统一安排住宿的，会议、培训期间的食宿费和市内交通费，由会议、培训举办单位按规定统一开支；往返会议、培训地点的差旅费由所在单位按规定报销。工作人员不得向接待单位提出正常公务以外的要求，不得在出差期间接受违反规定用公款支付的宴请、游览和非工作需要的参观，不得接受礼金、礼品和土特产品等。

（9）出差人员一般应在出差回来后 10 个工作日内，办理报销手续。差旅费报销时应提供出差审批单、交通费和住宿费发票等凭证。住宿费和购机票等按规定用公务卡结算。

（三）医药费

（1）工作人员和子女医药费的报销按《国务院南水北调办机关工作人员公费医疗管理办法》和《国务院南水北调工程建设委员会办公室机关职工子女统筹医疗管理办法》执行。

（2）工作人员借支住院费 10000 元（含 10000 元）以下的，由工作人员所在司负责人批准；超过 10000 元，还应报经济与财务司领导批准。出院后按医疗费用凭证，据实抵冲自费金额，多退少补。

（3）工作人员报销医药费时，须持药费发票（或收据）、处方、药费清单并填写费用报销单，经工作人员所在司负责人签批，由经济与财务司财务处审核报销。

（4）计划生育的开支，按全国总工会有关规定执行，开支经综合司负责人批准后报销。

（四）办公用品和设备购置

（1）机关各司按本司实际人数向综合司提出办公用品采购计划，综合司会同经济与财务司审核并报办领导审批后，统一购置，购置费用从各司的预算控制数中列支。

（2）机关各司购置设备应根据本年度设备购置预算和计划办理，当年无购置预算和计划的，不得购置。

（3）设备使用司采购的设备，由综合司负责验收。综合司和设备使用司负责人签字后，设备购置费用由经济与财务司财务处审核报销。

（五）外交外事经费

（1）机关各司于每年年底前向综合司报送下一年度因公临时出国（境）计划申请，综合司汇总后依据年度外事经费预算和出访任务，提出因公临时出国（境）计划，报办公室党组会审批。出国（境）培训计划的申报，除需遵循上述报批程序外，还需报国家外专局审批。

（2）综合司应根据财政部批复的南水北调办部门预算，编制年度外交外事经费项目执行预算。外交外事经费的使用应该首先保证办公室重要团组出访和重要接待任务的需要。

（3）团组出访前，主办司应编制"因公临时出国任务和预算审批意见表"和"出国团经费预算明细表"，报综合司和经济与财务司审核。

（4）外交外事经费开支范围包括：国际旅费、国外城市间交通费、住宿费、伙食费、公杂费和其他费用。

1）国际旅费是指出境口岸至入境口岸旅费。出国人员要选择经济合理的路线，所选航线有中国民航的应按规定乘中国民航班机。按照经济适用原则，通过政府采购方式，选择优惠票价，并尽可能购买往返机票。因公临时出国购买机票，须经本单位外事和财务部门审批同意。机票款由本单位通过公务卡、银行转账方式支付，不得以现金支付。国际旅费据实报销。

出国人员乘坐国际列车，国内段按国内差旅费的有关规定执行；国外段超过 6 小时以上的按自然天数计算，每人每天补助 12 美元。

办公室副主任及以上人员，可乘坐飞机头等舱、轮船一等舱、火车高级软卧包厢或全列软席列车的商务座；司局级人员可乘坐飞机公务舱、轮船二等舱、火车软卧或全列软席列车的一等座；其他人员均乘坐飞机经济舱、轮船三等舱、火车硬卧或全列软席列车的二等座。

2）国外城市间交通费，是指为完成工作任务所必须发生的，在出访国家的城市与城市之间的交通费用。出访任务确需在一个国家城市间往来，应事先在出访计划中列明。出国人员在批准的计划内旅行，其城市间交通费凭有效的城市间原始交通票据实报实销。

3）住宿费是指出国人员在国外发生的住宿费用。出国人员应严格按照规定安排住宿，办公室副主任及以上人员可安排普通套房，住宿费据实报销；司局级及以下人员安排标准间，在规定的住宿费标准之内予以报销。参加大型国际会议或活动的出国人员，原则上应按住宿费预算标准执行，如对方单位要求统一安排，亦应严格把关，通过询价方式从紧安排，超出费用标准的，须事先综合司和经济与财务司批准，经批准住宿费可据实报销。

4）伙食费是指出国人员在国外期间的日常伙食费用。

5）公杂费是指出国人员在国外期间的市内交通、邮电、办公用品、必要的小费等费用。出国人员伙食费、公杂费可按规定的标准发放给个人包干使用。包干天数按离、抵中国国境之日计算。根据工作需要和特点，不宜个人包干的出访团组，其伙食费和公杂费由出访团组统一掌握，包干使用。外方以现金或实物形式提供伙食费和公杂费接待我代表团组的，出国人员不再领取伙食费和公杂费。出访用餐应当勤俭节约，不上高档菜肴和酒水，自助餐要注意节俭。

6）其他费用主要指出国签证费用、必需的保险费用、防疫费用、国际会议注册费用等。这些费用凭有效原始票据据实报销。

（5）出国人员在国外原则上不赠送礼品、不搞宴请。确有必要赠送礼品的，须报综合司和经济与财务司审批，按照厉行节约的原则，选择具有民族特色的纪念品、传统手工艺品和实用物品，朴素大方。确需宴请的，应连同出国活动计划一并报批，宴请标准按照所在国家一人一天的伙食费包干标准掌握。

（6）各出国团（组）回国后，应及时办理报销手续。报销时须持经批准的出国任务批件、护照（包括签证和出入境记录）复印件、因公临时出国任务和预算审批意见表、出国团经费预算明细表、出国日程安排、邀请函、航空运输电子客票行程单、伙食费和公杂费领取单、出访费用发票、其他发票等，经主办司、综合司负责人审核签字后，送经济与财务司财务处审核报销。各种报销凭证需用中文注明开支内容、日期、数量、金额等，并由经办人签字。与出访任务无关的开支一律不予报销。

（六）公务接待费

（1）机关各司应严格控制公务接待费用支出，公务接待费全部纳入各司预算控制数。禁止在接待费中列支应由接待对象承担的差旅、会议、培训等费用；禁止以举办会议、培训为名，列支、转移、隐匿接待费开支；禁止借公务接待名义列支其他支出。

（2）因业务需要安排工作餐的，严格控制陪餐人数，由接待部门负责人审批，费用从各司预算控制数中列支。接待对象在 10 人以内的，陪餐人员不得超过 3 人；超过 10 人的，不得超过接待人数的三分之一。因工作需要安排宴请的，事先应报办公室领导批准。用餐地点尽量安排在办公室机关职工就餐地。

（3）工作餐标准按当地会议用餐标准执行，并严格控制陪餐人数。

（4）机关各司应严格控制接待范围，对能够合并的公务接待统筹安排，无公函的公务活动和来访人员一律不予接待。

（5）公务接待费报销凭证包括财务票据、派出单位公函和国务院南水北调办公务接待清单。接待费支付严格按照国库集中支付制度和公务卡管理有关规定执行，不得以现金方式支付。

（七）项目经费

（1）机关各司根据财政部批复的项目经费预算编制项目执行预算。项目经费开支在预算内的费用，经项目执行司负责人签字后报销。超预算或无预算的项目支出不予报销。

（2）需委托外单位承担的项目应签订委托合同或协议。由项目执行司负责人组织合同或协议的谈判、起草、审核，严格执行《国务院南水北调办机关合同管理办法》等的有关规定。

（3）项目执行单位要建立项目经费支出台账，指定一名经办人员办理报销和登记事宜，并定期与经济与财务司进行核对，加强项目经费开支的监督与控制。

（八）培训费

（1）举办培训应坚持厉行节约、反对浪费的原则，增强针对性和时效性，保证培训质量，节约培训资源，提高培训经费使用效益。

（2）机关各司于每年 11 月 15 日前向综合司报送下一年度培训计划，综合司会同经济与财务司审核后，报主任办公会或党组会审议批准。年度培训计划经批准后，综合司将培训计划通知各司执行。年度培训计划一经批准，原则上不得调整。因工作需要确需临时增加培训及调整预算的，须报办公室领导审批。主办司须事前就培训事项形成签报，并编制培训费支出明细预算，经综合司和经济与财务司审核会签后，报办领导审批。

（3）培训费是指各单位开展培训直接发生的住宿费、伙食费、培训场地费、讲课费、培训资料费、交通费、其他费用。住宿费是指参训人员及工作人员培训期间发生的租住房间的费用。培训住宿不得安排高档套房，不得额外配发洗漱用品。伙食费是指参训人员及工作人员培训期间发生的用餐费用。培训用餐不得上高档菜肴，不得提供烟酒。培训场地费是指用于培训的会议室或教室租金。讲课费是指聘请师资授课所支付的必要报酬。培训资料费是指培训期间必要资料及办公用品费。交通费是指接送以及统一组织的与培训有关的考察、调研等发生的交通支出。其他费用是指现场教学费、文体活动费、医药费以及授课老师交通、食宿费等支出。培训费实行综合定额标准、分项核定、总额控制，综合定额标准是培训费开支的上限，各项费用之间可以调剂使用。15 天以内的培训按照综合定额标准控制；超过 15 天的培训，超过天数按照综合定额的 80% 控制；超过 30 天的培训，超过天数按照综合定额标准的 70% 控制；以上天数含报到撤离时间，报到和撤离时间分别不得超过 1 天。

（4）讲课费执行标准（税后）副高级技术职称专业人员每半天最高不超过 1000 元；正高级技术职称专业人员每半天最高不超过 2000 元；院士、全国知名专家每半天一般不超过 3000 元；其他人员讲课参照上述标准执行。

（5）开展培训应当在开支范围和标准内择优选择党校、行政学院、干部学院、部门行业所属培训机构、高校培训基地以及组织人事部门认可的培训机构承担培训项目。组织培训的工作人员控制在参训人员数量的 5% 以内，最多不超过 10 人。7 日以内的培训不得组织调研、考察、参观。

（6）严禁借培训名义安排宴请、公款旅游、高消费娱乐、健身活动；严禁使用培训费购置电脑、复印机、打印机、传真机等；严禁在培训费中列支公务接待费、会议费；严禁套取培训费设立"小金库"。

（7）主办司须持培训签报、培训费预算审批表、培训通知、实际参训人员签到表、讲课费签收单、培训机构出具的原始明细单据、电子结算单等凭证，经主办司负责人签字并报综合司负责人批准后，送经济与财务司财务处审核报销。对未履行审批程序，以及超范围、超标准开支的费用一律不予报销。讲课费、小额零星开支以外的培训费用，按国库集中支付和公务卡管理的有关制度执行，采用银行转账或公务卡方式结算，不得以现金方式支付。

（8）机关各司应于每年 2 月底前将上年度培训计划执行情况报经济与财务司，经济与财务司汇总后以办公室名义报送中央组织部、国家公务员局、财政部。

（9）工作人员参加短期培训、长期培训和在职学历学位教育，须经所在司负责人同意并经综合司负责人批准。短期培训费用、长期培训费用报销时，须持培训费发票、培训通知等，经所在司负责人签字审核，报综合司负责人签字批准后，到经济与财务司财务处审核报销。在职学历学位教育培训费用全部由个人承担。

（九）其他费用

办公楼发生的物业费用，由综合司负责人签字批准后报销；办公楼发生的修缮费用，由综合司按照批复的预算执行，综合司负责人签字后报销；不再交纳或报销职工的物业服务费和采暖费。办公区发生的市内电话费和长途电话费由综合司办理结算手续，并按实际使用情况分配到各司，报销时由综合司负责人签字；邮寄信件和资料发生的费用由各司根据业务性质列明经费列支渠道，并经本司负责人签字批准后报销。报纸和杂志由综合司按规定统一订阅，发生的费用由综合司办理报销手续，送经济与财务司审核报销。

（十）现金和支票管理

用款额在 500 元以内的支出用现金支付，超过 500 元的支出原则上用支票或公务卡支付。借款应填写借款单，并注明借款用途和金额。需要借用支票时，出示合同、采购计划等批件，填写借款单。不得开出空头支票和空白支票，支票中收款人、金额、用途等内容必须填写完整。因私借款不予办理。

为了规范国务院南水北调工程建设委员会办公室机关报销业务流程，南水北调办于 2006 年 9 月 30 日印发了《国务院南水北调工程建设委员会办公室机关报销业务流程指南（试行）的通知》（综经财〔2006〕81 号）。2014 年 5 月，根据财政部、国家机关事务管理局等部门的相关经费支出规定，南水北调办对文件进行了修订，印发了《国务院南水北调工程建设委员会办公室机关报销业务流程指南》（综经财〔2014〕55 号）。

三、合同管理制度

为规范国务院南水北调办机关对外经济活动，根据《合同法》等相关规定，结合机关对外开展经济活动的实际情况，国务院南水北调办于 2003 年 12 月 29 日印发了《国务院南水北调工程建设委员会办公室机关合同管理办法》（综经财〔2003〕12 号）。为了进一步贯彻执行好《国务院南水北调工程建设委员会办公室机关合同管理办法》，2014 年 3 月 8 日印发了《国务院南水北调工程建设委员会办公室机关合同管理办法补充规定》（综经财〔2004〕18 号），就有关法定代表人授权问题进行了补充规定。2015 年 12 月 4 日，为进一步规范办机关经济合同管理，减少重复审批程序，根据财政部《行政事业单位内部控制规范（试行）》要求进行了部分修订，印发了《关于修订〈国务院南水北调办机关经济合同管理办法〉的通知》（综经财〔2015〕62 号）。该办法明确经济合同的签订、执行、管理遵循《合同法》等相关法律、法规和规章制度，由经济与财务司归口管理，并对合同谈判、起草、会签和审核、签署、印刷和用印与保管、执行和验收等各环节进行明确而具体的规定，规范了经济合同行为，维护了经济合同秩序。

凡以办公室名义对外签订的各种经济合同（含协议）的签订、执行、管理遵循《中华人民共和国合同法》等相关法律、法规和规章制度。办公室各司均不得以司名义或未经授权以办公室名义直接对外签订经济合同。办公室对外经济合同由经济与财务司归口管理，负责对合同登记的管理，定期对合同进行统计、分类和归档，详细登记合同订立、履行和变更情况，实行对经济合同的全过程管理。合同专用章由经济与财务司统一保管和依规使用。

（一）合同谈判

对外经济合同由主办司负责谈判，谈判时要充分考虑项目实施的必要性，要严格依据相关的法律法规开展合同谈判。与其他业务司有关联的经济合同，合同主办司应请相关司派人参加合同谈判。对影响重大、涉及较高专业技术或法律关系复杂的经济合同，应当组织法律、技术、财会等工作人员参与谈判，必要时可聘请外部专家参与相关工作。谈判过程中的重要事项和参与谈判人员的主要意见，应予以记录并妥善保管。

（二）合同起草

合同文本由负责合同谈判或牵头谈判的司起草。凡有国家有关部门统一印制的合同范本的，如咨询、技术服务合同等，可使用范本合同，并按"填写说明"或统一要求填写，其中合同的标的、内容、形式、要求，履行期限、地点、方式，价款或报酬，付款方式，解决争议的方法以及违约条款等应详细、具体。合同书中，凡经双方约定无需填写的条款，均应在空白处填"无"。对没有范本合同的合同起草，也应按《合同法》规定确保内容完整、准确。特别对双方的权利、责任、义务，价款支付方式，违约条款，争议解决条款等应有明确的规定。合同起草完毕后，主办司主要负责人应依据本办法的规定负责对合同文本进行审核。

（三）合同会签和审核

合同主办司须就合同签订的必要性、合同签订的依据、合同谈判基本情况、合同金额及经费来源、合同谈判确定的合同文本等内容形成签报，会签经济与财务司，合同内容涉及其他业务司的，须同时会签相关司。会签司对合同内容、条款等有不同意见时，应与合同起草司进行协商。涉及合同内容修改的，合同主办司应征得合同对方的同意，不能达成一致时，应重新开展合同谈判。合同金额 100 万元以下的，由主办司签报分管的办公室副主任审批；合同金额 100 万元（含 100 万元）以上的，签报办公室主任和分管副主任审批。

（四）合同签署

办公室对外签订经济合同由办公室主任（法定代表人）签署或授权代理人签署。合同金额 100 万元（含 100 万元）以上的，应由办公室主任直接签署，办公室主任也可专项授权代理人签署，办公室主任应出具书面"法人授权委托书"，且一事一授权；合同金额 100 万元以下的，由办公室主任统一委托给合同主办司负责人签署，无需逐项授权。

（五）合同印刷、用印和保管

合同主办司负责合同正式文本的印刷。经济与财务司负责合同专用章加盖工作。合同正式文本经签署后，由主办司持已签署的合同文本、经办公室主任或副主任审批的签报、100 万元以上合同的"法人授权委托书"，到经济与财务司填写"国务院南水北调办经济合同信息登记册"，经济与财务司合同专用章管理人员核实无误后加盖合同专用章。合同文本一般为一式 4 份，合同双方各执 2 份，合同主办司与经济与财务司各执一份。合同持有司应妥善保管，依据合同约定保守秘密，不得以任何形式泄露合同订立与履行过程中涉及的秘密。

（六）合同执行和验收

合同主办司应严格执行合同约定内容、方式、时间等。合同执行过程中，因合同双方或一方原因导致无法按时履行合同的，合同主办司应及时采取措施，在有效时限内与合同对方进行协商谈判，并签订书面补充协议。

合同发生纠纷的，合同主办司应当在规定时效内与对方协商谈判。合同纠纷协商一致的，双方应当签订书面协议；合同纠纷协商无法解决的，合同主办司应向分管的办公室副主任进行报告，并根据合同约定选择仲裁或诉讼方式解决。

合同价款支付时，由合同主办司填写"国务院南水北调办经济合同付款申请单"，并附正式发票、合同副本或合同复印件等相关材料，由合同主办司负责人签字后，交由经济与财务司财务处审核，审核无误后方能办理价款结算和进行账务处理。

合同主办司负责督促合同对方按时完成合同约定的工作，并对合同执行的中间过程进行登记备查。合同执行完毕，应对成果进行验收。委托专题研究成果要组织专家验收，形成验收意见。需要补充做工作的，由合同主办司督促合同对方按期完成。

固定资产采购合同，资产到货并安装后，应按《国务院南水北调固定资产管理办法》组织验收。基本建设工程竣工验收，按国家有关工程竣工验收规程办理。

年度项目预算项目总结时，合同主办司应将合同执行情况和验收情况在年度预算项目总结报告中说明。

（七）合同监督和归档

经济与财务司负责合同执行情况的监督和审查。凡发现合同签订、执行、变更和解除过程中有违反法律、法规和规章制度的行为，经济与财务司一概不予办理合同付款、借款、报销等事宜，并及时向合同主办司负责人提出纠正，必要时向分管的办公室副主任或办公室主任报告。

合同执行期间，合同正本的存档由经济与财务司负责。有关单位需查阅合同正本时，可从经济与财务司登记调阅。合同执行完毕合，经济与财务司负责将合同正本立卷，年终统一交综合司归档。

四、固定资产管理制度

为规范和加强国务院南水北调办机关固定资产管理，维护固定资产的安全完整，合理配置和有效利用固定资产，于 2003 年 12 月 29 日印发了《国务院南水北调工程建设委员会办公室机关固定资产管理办法（试行）》（综经财〔2003〕12 号）。2017 年，为进一步合理配置和有效利用固定资产，根据财政部《行政单位国有资产管理暂行办法》《行政单位会计制度》《行政单位财务规则》和国家机关事务管理局《行政事业单位国有资产管理暂行办法》等有关规定，对固定资产管理办法进行了修订，并以综经财〔2017〕2 号正式印发。该办法明确了机关固定资产应根据需要和使用标准配置，充分利用现有固定资产，节约、有效使用并保证其安全和完整。建立了由综合司归口管理固定资产、经济与财务司负责核算、使用部门负责保管和日常维护的管理体制。该办法从固定资产的范围、分类与计价、购置、日常管理、处置程序等各环节进行了明确具体的规定，规范了固定资产使用和管理行为。

（一）固定资产的范围、分类与计价

（1）固定资产的范围：使用年限一年以上，单位价值 1000 元以上、专用设备单位价值 1500 元以上，并在使用过程中基本保持原有实物形态的资产；单位价值虽不足规定标准，但耐

用时间在一年以上的大批同类物品。

（2）固定资产分为六类：房屋及构筑物；通用设备；专用设备；文物和陈列品；图书和档案；家具用具装具及动植物。

房屋和构筑物是指房屋、构筑物。房屋包括办公用房、业务用房、公共安全用房等；构筑物包括道路、围墙、水塔、雕塑等；附属设施包括房屋、建筑物内的电梯、通信线路、输电线路、水气管道等。

通用设备是指用于业务工作的通用性设备，包括计算机设备及软件、办公设备、车辆。

专用设备是指各种具有专门性能和专门用途的设备，包括各种仪器和机械设备等。

文物和陈列品是指古玩、字画、纪念品、装饰品、展品等。

图书和档案是指图书馆（室）、阅览室、档案馆等贮藏的图书、期刊、资料、档案等。

家具用具装具及动植物是指各种家具、被服装具、特种用途动植物等。

（3）固定资产的计价。

调入、购入的固定资产，按支付的调拨价、买价以及包装费、运杂费、保险费、安置费、车辆购置税等计价入账。

自建的固定资产，按建造过程中所发生的全部支出（包括所消耗的材料、人工及其他费用等）计价入账。

在原有固定资产基础上改建或扩建的固定资产，按改建或扩建发生的支出并减去改建或扩建过程中发生的变价收入后的净增加值计价入账。

接受的捐赠固定资产，按同类固定资产的市场价格或根据对方所提供的有关凭证计价入账，接受捐赠时发生的相关费用也应记入固定资产价值。

无偿调入不能查明价值的固定资产，按估价入账。

盘盈的固定资产，按重置完全价值入账。

已投入使用但尚未办理移交手续的固定资产，可先按估价入账；待确定实际价格后，再作调整。

用外币购置的设备，按当时的汇率折算成人民币金额，加上运费及其他费用（外币应折合成人民币金额），再加上支付的关税、海关手续费等计价入账。

购置固定资产发生的差旅费不记入固定资产价值。固定资产的折旧，依据财政部的相关规定处理。

已经入账的固定资产不得任意变动固定资产账面价值，发生以下情况，由综合司负责办理价值变动手续，经济与财务司据此调整固定资产的账面价值。一是据国家规定对固定资产进行重新估价的；二是增加补充设备或改良装置的；三是将固定资产一部分拆除的；四是根据实际价值调整原来暂估价值的；五是发现原来记录固定资产价值有误的。

（二）固定资产的购置

购置任何固定资产应有预算，纳入政府采购的固定资产应有政府采购预算。凡需购置固定资产的，由使用部门编制固定资产采购计划报送综合司；经综合司审核、汇总后编制办机关固定资产采购计划，由办公室报国管局审批；经济与财务司依据综合司编制的办机关固定资产采购计划编制固定资产采购预算，由办公室报财政部审批。固定资产采购计划和采购预算批复后，综合司与使用部门确认再报办领导批准，由各使用部门按计划实施采购。纳入政府采购范围的固定资产采购应严格执行政府采购的有关法律法规、规章制度和《国务院南水北调办机关合同管理办法》等。

购建或改造的房屋建筑物类固定资产，由综合司负责组织工程建设、管理和竣工验收以及办理交付手续。经济与财务司负责会计核算，并根据验收资料进行固定资产账务处理。

调入、购入的固定资产应由综合司会同经济与财务司、使用部门进行计价和验收工作。综合司填制《固定资产验收单》。

办公室接受捐赠或盘盈的固定资产，应由综合司办理接收和交接手续，并根据固定资产交接单、发票或固定资产盘盈报告等凭证，填制《固定资产验收单》，办理固定资产入库手续。经济与财务司依据《固定资产验收单》办理财务入账手续。

固定资产实行编码管理，由综合司负责编制和制作固定资产编码。编码为固定资产唯一识别码，同一固定资产的实物、资产卡片和账实登记的编码应保持一致。

（三）固定资产的日常管理

固定资产的日常管理是指在日常行政工作或业务活动中对所需及占用的固定资产实施的管理及核算，包括固定资产的保管、领用发出、维修保养、清查盘点、处置、价值变动、录入资产管理信息等各个环节的实物管理和财务核算。

综合司负责对验收入库固定资产的调拨处置、技术鉴定、清查盘点及实物登记核算、资产增减变动等事项。

经济与财务司负责按固定资产的价值分类核算、资产决算和报废固定资产核销等事项。

使用部门负责固定资产的领用发出、日常保管、维修保养等事项。

固定资产实行《固定资产卡》管理制度，综合司对验收入库和投入使用的固定资产应建立《固定资产卡》，记入固定资产明细账，逐件逐项登记反映固定资产的品名、规格、单价或价格、购买或形成日期、用途、使用人等内容，按物登卡，按卡记账。已入库的固定资产，按使用说明和存放要求进行保管，并定期检查。库存固定资产未经综合司同意，不得领用或调换。

固定资产实行领用和交还制度。使用部门对配备给工作人员使用的固定资产或物品，填制《固定资产领用（交还）单》一式三份，经综合司审核后办理固定资产领用（交还）手续。《固定资产领用（交还）单》由综合司、使用部门、固定资产使用人各保存一份。

使用部门建立本部门自查管理辅助台账，并为本部门每位工作人员建立《固定资产清单卡》，记录其资产使用、交还、使用人变更以及处置等情况。工作人员调动时，应按其持有的《固定资产清单卡》办理所有固定资产交还手续后方可办理调动手续。使用部门应指定本部门的资产管理员，负责本部门资产管理工作。资产管理员应履行下列职责：一是贯彻执行办机关各项有关资产配备政策和相关规章制度，熟悉资产管理业务和工作内容。二是负责办理本部门资产购置的具体申请程序，对资产购置提出合理化意见。三是按规定程序及时办理本部门资产领用、移交、调拨、报损、报废处置手续。四是负责本部门固定资产验收单、领用（交还）单、卡片和实物等管理，做好辅助台账登记、张贴标签等工作。五是固定资产使用人发生变化的，应及时办理相关移交手续，并更新本部门资产台账信息。六是负责对本部门固定资产的保管、维修保养、定期清查、统计报告及日常监督检查工作。七是定期对固定资产的实际情况与固定资产台账信息进行核对，确保做到账卡相符、账实相符。八是负责本部门的固定资产盘点，固定资产盘点应经固定资产使用人签字确认。固定资产使用人要爱护所用固定资产，应采取有效的安全防护措施，做好防火、防潮、防尘、防爆、防锈、防蛀、防盗等工作。

综合司、经济与财务司和各使用部门每年对机关的固定资产进行一次全面清查盘点，以 12 月 31 日为盘点时点。使用部门应在 1 月 15 日前将经本部门主要负责人签字的上年度固定资产盘点情况报送综合司。使用部门盘点情况包括：本部门固定资产的实物盘点情况，固定资产的保管、使用、维修等情况，以及存在的问题和原因等的说明。综合司应在 2 月底前，完成与各使用部门固定资产的实有数和账面数的核对汇总，确保账实相符，并汇总机关固定资产清查盘点情况。经济与财务司在 3 月底前，依据综合司汇总的固定资产清查盘点情况，完成与财务账目核对，确保账账相符。编制年度资产决算报告（报表），由办公室报送国管局（财政部）。根据年度资产清查盘盈盘亏情况，由经济与财务司编制固定资产盘盈盘亏表，经办公室审核并报国管局或财政部批准后，调整固定资产账目。

（四）固定资产的处置

固定资产的处置是指对固定资产进行调拨、变卖、盘亏、报废、报损等导致固定资产减少的行为。

（1）处置权限。房屋及建筑物、车辆的处置由综合司负责办理处置相关事项，由办公室报国管局审批。

其他固定资产的处置，需填报《固定资产处置单》并提出处置意见，单价或批量价值在 200 万元（不含）以下的固定资产，由使用部门填报，经综合司审核后报办公室审批；200 万元（含）以上的资产处置，由使用部门会同综合司填报，经办公室审核后报国管局审批；单项固定资产价值在 800 万元以上的，由使用部门会同综合司填报，经办公室审核后报财政部审批。

（2）处置固定资产应根据不同情况提交下列有关文件、证件及资料。

1）申请报告。

2）固定资产处置单。

3）证明固定资产原始价值的有效凭证，包括原始发票或收据、工程竣工决算副本、记账凭证复印件、固定资产卡等。

4）综合司、使用部门和经济与财务司提出的审核意见。

5）涉及调剂的，另须提供调入和调出单位设备及家具存量和需求情况。

6）涉及捐赠的，另须提供受赠方的基本情况和捐赠协议。

7）涉及变卖的，另须提供专业评估机构出具的评估报告。

8）涉及报损的，另须提供具有法律效力的证明材料、专业技术鉴定部门的鉴定报告或社会中介机构出具的经济鉴证证明等。

9）涉及报废的，按《国务院南水北调办机关固定资产报废处理实施细则》要求提供相关资料。固定资产报废流程按《国务院南水北调办机关固定资产报废处理实施细则》规定执行。

（3）非正常损失减少固定资产，由综合司组织技术鉴定，查明原因和责任，按规定的权限处置，并依据有关规定对责任人进行处理。非正常损失是指对固定资产保管不当、维护不善或未按规定使用，造成非正常毁损、报废或者丢失、被盗等情形。对于非正常损失减少固定资产的按照"谁使用，谁保管，谁负责"的原则追究当事人责任并实行经济赔偿。变价出售固定资产的实际交易价格，不得低于核准部门批复的评估底价。经济与财务司根据批复的《固定资产处置单》和批复文件进行账务处理。

（4）办公室机关固定资产处置收入，包括变价出售收入、报废报损残值变价收入等，应全额上交财务，作为办公室机关"其他收入"核算。

（5）使用部门要加强对固定资产的监管，制止资产处置中的违法违纪行为，严禁不按规定报批程序和权限擅自处置固定资产。

五、预算绩效目标管理制度

为提高预算绩效目标管理的科学性、规范性和有效性，根据相关法律法规和规章制度，国务院南水北调办 2016 年 12 月 27 日印发了《关于印发〈国务院南水北调办预算绩效目标管理暂行办法〉的通知》（综经财〔2016〕62 号）。该办法明确了预算绩效目标，并对绩效目标的设定、绩效目标的审核、绩效目标的批复和调整与应用进行了规范。

（一）绩效目标

绩效目标是指财政预算资金计划在一定期限内达到的产出和效果。

（1）按照预算支出的范围和内容划分，包括基本支出绩效目标、项目支出绩效目标和单位整体支出绩效目标。基本支出绩效目标是指预算中安排的基本支出在一定期限内对本单位正常运转的预期保障程度。一般不单独设定，而是纳入单位整体支出绩效目标统筹考虑。项目支出绩效目标是指依据职责和事业发展要求，设立并通过预算安排的项目支出在一定期限内预期达到的产出和效果。单位整体支出绩效目标是指按照确定的职责，利用全部预算资金在一定期限内预期达到的总体产出和效果。

（2）按照时效性划分，包括中长期绩效目标和年度绩效目标。中长期绩效目标是指预算资金在跨度多年的计划期内预期达到的产出和效果。年度绩效目标是指预算资金在一个预算年度内预期达到的产出和效果。

（二）绩效目标管理

绩效目标管理是指以绩效目标的设定、审核、批复等为主要内容所开展的预算管理活动。国务院南水北调办绩效目标管理的对象是纳入国务院南水北调办部门预算管理的全部财政资金。南水北调工程建设资金除外。国务院南水北调办机关各司、各直属事业单位负责所申请预算资金绩效目标的编制；经济与财务司负责审核各单位报送的预算绩效目标；国务院南水北调办批复各单位预算绩效目标。

（三）绩效目标的设定

绩效目标的设定是指各单位按照预算管理和绩效目标管理的要求，编制绩效目标的过程。按照"谁申请资金，谁设定目标"的原则，绩效目标由各单位设定。

（1）绩效目标是预算安排的重要依据。未按要求设定绩效目标的项目支出，不得纳入项目库管理，也不得申请预算资金。

（2）绩效目标应清晰反映预算资金的预期产出和效果，并以相应的绩效指标予以细化、量化描述。主要包括以下内容。

1）预期产出，是指预算资金在一定期限内预期提供的公共产品和服务情况。

2）预期效果，是指上述产出可能对经济、社会、环境等带来的影响情况，以及服务对象或项目受益人对该项产出和影响的满意程度等。

（3）绩效指标是绩效目标的细化和量化描述，主要包括产出指标、效益指标和满意度指标等。

1）产出指标是对预期产出的描述，包括数量指标、质量指标、时效指标、成本指标等。

2）效益指标是对预期效果的描述，包括经济效益指标、社会效益指标、生态效益指标、可持续影响指标等。

3）满意度指标是反映服务对象或项目受益人的认可程度的指标。

（4）绩效标准是设定绩效指标时所依据或参考的标准。一般包括以下内容。

1）历史标准，是指同类指标的历史数据等。

2）行业标准，是指国家公布的行业指标数据等。

3）计划标准，是指预先制定的目标、计划、预算、定额等数据。

4）财政部认可的其他标准。

（5）绩效目标设定的依据包括以下内容。

1）国家相关法律、法规和规章制度，国民经济和社会发展规划。

2）各单位职能、中长期发展规划、年度工作计划或项目规划。

3）财政部中期和年度预算管理要求。

4）相关历史数据、行业标准、计划标准等。

5）符合财政部要求的其他依据。

（6）设定的绩效目标应当符合以下要求。

1）指向明确。绩效目标要符合国民经济和社会发展规划、各单位职能及事业发展规划等要求，并与相应的预算支出内容、范围、方向、效果等紧密相关。

2）细化量化。绩效目标应当从数量、质量、成本、时效以及经济效益、社会效益、生态效益、可持续影响、满意度等方面进行细化，尽量进行定量表述。不能以量化形式表述的，可采用定性表述，但应具有可衡量性。

3）合理可行。设定绩效目标时要经过调查研究和科学论证，符合客观实际，能够在一定期限内如期实现。

4）相应匹配。绩效目标要与计划期内的任务数或计划数相对应，与预算确定的资金量相匹配。

（7）绩效目标设定的方法包括以下内容。

1）项目支出绩效目标的设定。①对项目的功能进行梳理，包括资金性质、预期投入、支出范围、实施内容、工作任务、受益对象等，明确项目的功能特性；②依据项目的功能特性，预计项目实施在一定时期内所要达到的总体产出和效果，确定项目所要实现的总体目标，并以定量和定性相结合的方式进行表述；③对项目支出总体目标进行细化分解，从中概括、提炼出最能反映总体目标预期实现程度的关键性指标，并将其确定为相应的绩效指标；④通过收集相关基准数据，确定绩效标准，并结合项目预期进展、预计投入等情况，确定绩效指标的具体数值。

2）各单位整体支出绩效目标的设定。①各单位对职能进行梳理，确定各项具体工作职责；②各单位结合中长期规划和年度工作计划，明确年度主要工作任务，预计单位在本年度内履职所要达到的总体产出和效果，将其确定为单位总体目标，并以定量和定性相结合的方式进行表述；③各单位依据总体目标，结合各项具体工作职责和工作任务，确定每项工作任务预计要达到的产出和效果，从中概括、提炼出最能反映工作任务预期实现程度的关键性指标，并将其确定为相应的绩效指标；④通过收集相关基准数据，确定绩效标准，并结合年度预算安排等情况，确定绩效指标的具体数值。

（8）各单位设定的绩效目标，机关各司报送经济与财务司，各直属事业单位随同本单位预算报国务院南水北调办。经济与财务司审核、汇总各单位绩效目标，按要求设定一级支出绩效目标，经办领导批准后随同部门预算报财政部。

（四）绩效目标的审核

绩效目标的审核是指对各单位报送的绩效目标进行审查核实并指导修改完善的过程。

（1）经济与财务司对各单位报送的绩效目标进行审核，提出审核意见并反馈给各单位。各单位应根据审核意见对相关绩效目标进行修改完善，重新提交经济与财务司审核，审核通过后报办领导批准。

（2）绩效目标审核的主要内容如下。

1）完整性审核。绩效目标的内容是否完整，绩效目标是否明确、清晰。

2）相关性审核。绩效目标的设定与部门职能、事业发展规划是否相关，是否对申报的绩效目标设定了相关联的绩效指标，绩效指标是否细化、量化。

3）适当性审核。资金规模与绩效目标之间是否匹配，在既定资金规模下，绩效目标是否过高或过低；或者要完成既定绩效目标，资金规模是否过大或过小。

4）可行性审核。绩效目标是否经过充分论证和合理测算；所采取的措施是否切实可行，并能确保绩效目标如期实现。综合考虑成本效益，是否有必要安排财政资金。

（3）对项目支出绩效目标的审核，对一般性项目，采取定性审核的方式；对重点项目，采取定量审核和定性评定相结合的方式。单位整体支出绩效目标的审核，可参考项目支出绩效目标。

（4）项目支出绩效目标审核结果分为"优""良""中""差"4个等级，作为项目预算安排的重要参考因素。审核结果为"优"的，直接进入下一步预算安排流程；审核结果为"良"的，可与预算单位进行协商，直接对其绩效目标进行完善后，进入下一步预算安排流程；审核结果为"中"的，由预算单位对其绩效目标进行修改完善，按程序重新报送审核；审核结果为"差"的，不得进入下一步预算安排流程。

（五）绩效目标的批复、调整与应用

按照"谁批复预算，谁批复目标"的原则，国务院南水北调办在批复办机关、各直属事业单位年度预算或调整预算时，一并批复绩效目标。原则上，在财政部批复国务院南水北调办年度预算以及整体支出绩效目标、纳入绩效评价范围的项目支出绩效目标和一级项目绩效目标后，国务院南水北调办将按时批复办机关、各直属事业单位年度预算和相应绩效目标。

（1）绩效目标确定后，一般不予调整。预算执行中因特殊原因确需调整的，应按照绩效目标管理要求和预算调整流程报批。

（2）各单位按照批复的绩效目标组织预算执行，并根据设定的绩效目标开展绩效监控、绩效自评和绩效评价。

（3）绩效监控。预算执行中，各单位应对资金运行状况和绩效目标预期实现程度开展绩效监控，及时发现并纠正绩效运行中存在的问题，力保绩效目标如期实现。

（4）绩效自评。预算执行结束后，各单位应对照确定的绩效目标开展绩效自评，形成相应的自评结果，作为单位预、决算的组成内容和以后年度预算申请、安排的重要基础。

（5）绩效评价。国务院南水北调办有针对地选择部分重点项目或单位，在资金使用单位绩效自评的基础上，开展项目支出或单位整体支出绩效评价，形成相应的评价结果。

六、项目预算评审制度

为完善预算决策机制，提高预算编制和管理水平，规范项目预算评审行为，依据《中华人民共和国预算法》《中华人民共和国预算法实施条例》和《财政部关于加强中央部门预算评审工作的通知》等相关规定，国务院南水北调办于 2017 年 4 月 27 日印发了《关于印发〈国务院南水北调办项目预算评审办法〉的通知》（综经财〔2017〕21 号）。该办法明确了预算评审的原则、预算评审的内容、预算评审的依据、预算评审的方式、预算评审结果的应用等。

（1）项目预算评审办法的适用范围。适用于国务院南水北调办机关各司和直属事业单位申请纳入部门项目库的项目预算评审。

（2）项目预算评审遵循独立、客观、公正和科学的原则。拟纳入部门项目库的项目原则上应实施预算评审，列入预算评审的项目应逐步增加。专业性强或技术复杂的项目、预算执行中拟申请追加预算的项目、项目内容和绩效目标或支出总规模发生调整的项目，均应实施预算评审。

（3）预算评审的主要内容包括项目的完整性、必要性、可行性和合理性等。

1）完整性是指项目申报的程序是否合规，项目申报的内容填写是否全面，项目申报所需资料是否齐全等。

2）必要性是指项目立项的依据是否充分，与部门职责和宏观政策的衔接是否紧密，是否服务于南水北调中心工作，是否服务于南水北调事业发展规划，与其他项目是否存在重复、交叉等。

3）可行性是指项目立项实施方案设计是否可行，是否具备执行条件等。

4）合理性是指项目支出的内容是否真实、合规，预算需求和绩效目标设置是否科学合理等。

（4）预算评审的主要依据。

1）项目预算管理的相关法律法规、规章制度。

2）经济社会发展规划和南水北调事业发展规划。

3）项目单位的职能。

4）与项目预算相关的费用定额标准或市场价格。

5）相同或相似业务的工作量。

6）其他相关的依据。

（5）预算评审的方式。采取由经济与财务司组织专家评审、政策及技术研究中心评审和委托具有相应资质的社会中介机构评审等3种方式。

1）经济与财务司组织专家评审，应从《国务院南水北调办经济财务专家库》抽取财务会计类和经济综合类专家，组成专家组，指定一名专家担任组长，专家组应独立开展项目评审。

2）国务院南水北调办指定政策及技术研究中心为我办所属预算评审机构，承担项目预算评审业务。政策及技术研究中心可采取组织专业人员或聘请专家方式实施评审。

3）委托有相应资质的社会中介机构的评审，由国务院南水北调办从《国务院南水北调办社会中介机构备选库》或财政部公开招标选取的50家中介机构名单中选择中介机构，中介机构应独立开展评审。

（6）预算评审专家组、社会中介机构和预算评审机构，评审后应出具书面的预算评审报告，对出具的预算评审报告负责。经济与财务司对预算评审专家、社会中介机构和预算评审机构及其预算评审活动进行监督。

（7）在预算评审过程中，项目单位据实介绍编制项目预算的相关情况，提供、补充与项目预算相关的依据或证据和资料，及时整改预算评审发现的问题并修改或完善项目预算文本。

（8）项目预算评审结果的应用。项目预算评审是项目入库的重要依据，按照先评审或审核后入库的原则，经预算评审通过的项目可优先纳入部门项目库。将作为确定项目单位预算规模的重要参考因素。对项目预算申报不实、审减率较高的项目单位，应依据审减的额度直接扣减项目支出预算，并以此作为确定以后年度预算规模的参考依据。把项目预算编报工作列入年终干部考核内容，对项目任务和工作内容不明确，实施方案不落实，经费测算不合规，绩效目标不科学合理且实效性差的项目，追究项目编制单位负责人及相关责任人的责任。

七、机关报销业务流程规范

为强化内部会计监督，提高报销业务效率，2006年9月，国务院南水北调办印发了《关于印发〈国务院南水北调工程建设委员会办公室机关财务报销业务流程指南（试行）〉的通知》（综经财〔2006〕81号）。该指南以图表的形式将机关差旅费、工资及工资性支出、经济合同款、会议费、培训费、固定资产采购费、办公用品采购费、文件资料印刷费、外事经费、公务接待费等报销流程展现出来，方便职工了解报销的程序和审批要求、需提供的材料等规定，促进了机关业务工作的规范化建设。

第二节 部 门 预 算 编 制

为保障国务院南水北调办机关正常运行、事业发展和南水北调工程建设，依据相关法律法规、规章制度和财政部的统一部署和要求，每年都要编制部门预算，自2016年开始还要编制三年滚动财政规划。

一、预算编制的基本原则

为科学、合理地编制部门预算，中央部门在编制部门预算过程中，应遵循以下原则。

（一）合法性原则

部门预算的编制要符合《中华人民共和国预算法》和国家其他法律、法规，充分体现党和国家的方针、政策，并在法律赋予部门的职能范围内编制。收入方面，组织政府性基金收入要符合国家法律、法规的规定；行政事业性收费要按财政部、国家发改委核定的收费项目和标准测算等。支出方面，支出预算要结合本部门的事业发展计划、职责和任务测算；对预算年度收支增减因素的预测要充分体现与国民经济和社会发展计划的一致性，要与经济增长速度相匹配；支出的安排要体现厉行节约、反对浪费、勤俭办事的方针；人员经费支出要严格执行国家工资和社会保障的有关政策、规定及开支标准；日常公用经费支出要按国家、部门或单位规定的支出标准测算；部门预算需求不得超出法律赋予部门的职能。

（二）真实性原则

部门预算收支的预测必须以国家社会经济发展计划和履行部门职能的需要为依据，对每一收支项目的数字指标应认真测算，力求各项收支数据真实准确。机构、编制、人员、资产等基础数据资料要按实际情况填报；各项收入预算要结合近几年实际取得的收入并考虑增收减收因素测算，不能随意夸大或隐瞒收入；支出要按规定的标准，结合近几年实际支出情况测算，不得随意虚增或虚列支出；各项收支要符合部门的实际情况，测算时要有真实可靠的依据，不能凭主观印象或人为提高开支标准编制预算。

（三）完整性原则

部门预算编制要体现综合预算的思想。各部门应将所有收入和支出全部纳入部门预算，全面、准确地反映部门各项收支情况。

（四）科学性原则

预算收入的预测和安排预算支出的方向要科学，要与国民经济社会发展状况相适应，有利于促进国民经济协调健康、可持续发展。预算编制的程序设置要科学，合理安排预算编制每个阶段的时间，既要以充裕的时间保证预算编制的质量，也要注重提高预算编制的效率。预算编制的方法要科学，测算的过程要有理有据。预算的核定要科学，基本支出预算定额要依照科学的方法制定，项目支出预算编制中要对项目进行评审排序。

（五）稳妥性原则

部门预算的编制要做到稳妥可靠，量入为出，收支平衡，不得编制赤字预算。收入预算要留有余地，没有把握的收入项目和数额，不要列入预算，以免收入不能实现时，造成收小于支；预算要先保证基本工资、离退休费和日常办公经费等基本支出，以免预算执行过程中频繁调整。项目预算的编制要量力而行。

（六）重点性原则

部门预算编制要做到合理安排各项资金，本着"统筹兼顾，留有余地"的方针，在兼顾一般的同时，优先保证重点支出。根据重点性原则，要先保证基本支出，后安排项目支出；先重点、急需项目，后一般项目。基本支出是维持部门正常运转所必需的开支，如人员基本工资、国家规定的各种补贴津贴、离退休人员的离退休费、保证机构正常运行所必需的公用经费支出以及完成部门职责任务所必需的其他支出，因此要优先安排预算，不能留有缺口；项目支出根据财力情况，按轻重缓急，优先安排党中央、国务院确定的事项及符合国民经济和社会发展规划的项目。

（七）透明性原则

部门预算要体现公开、透明原则。要通过建立完善科学的预算支出标准体系，实现预算分配的标准化、科学化，减少预算分配中存在的主观随意性，预算分配更加规范、透明。主动接受人大、审计和社会监督，建立健全部门预算信息披露和公开反馈机制，推进部门预算公开。

（八）绩效性原则

树立绩效管理理念，健全绩效管理机制，对预算的编制、执行和完成结果实行全面的追踪问效，不断提高预算资金的使用效益。

二、预算编制的主要依据

部门预算由收入预算和支出预算组成。国务院南水北调办的收入预算包括财政拨款收入、其他收入和纳入预算管理的政府性基金收入，其中，南水北调工程的收入预算包括财政拨付的南水北调工程建设资金、重大水利建设基金和南水北调工程基金等；事业单位收入预算包括财政拨款收入、事业收入、其他收入、用事业基金弥补收支差额等；收入预算主要依据财政部提供相关收入数据编制。

支出预算包括基本支出预算、项目支出预算，其编制预算的依据有所差别。

（1）基本支出预算的编制依据。基本支出预算是办机关和事业单位为保障其机构正常运转、完成日常工作任务而编制的年度基本支出计划，按其性质分为人员经费和日常公用经费。编制基本支出预算应以定员、资产和定额为重要依据，一是编制内的实际到位人员及其职别；二是已经占用的资产；三是人员经费构成因素的具体标准和维护资产使用的费用标准。

（2）项目支出预算的编制依据。项目支出预算是完成其特定的行政工作任务或事业发展等专项事项的支出。编制项目支出预算应遵循综合预算基本原则、科学论证和合理排序、追踪问效的原则，应建立预算项目库管理制度。编制项目支出预算：一是符合预算申报条件；二是项目内容充实、完整；三是项目绩效目标明确且具体；四是测算费用标准符合相关政策和市场价格。

三、预算编制的审查审核

基本支出预算的审查审核依据《中央本级基本支出预算管理办法》（财预〔2007〕37号）

的要求，严格控制基本支出的开支范围和开支标准，按照人员编制、实有人数和有关预算管理的制度规定从严编报基本支出预算。

项目支出预算的审查审核实行多种方式，一是委托具有资质的社会中介机构进行评审；二是组织专家评审；三是内部评审机构进行评审；四是组织人力开展审查审核。

审查审核的内容主要包括：一是预算项目设立的必要性、紧迫性、可行性等；二是预算项目申报文本，重点是项目的目标成果、工作任务、组织实施计划和资金使用进度、绩效目标等；三是各项具体费用支出标准和费用测算明细。

四、部门预算的报送和批准

部门预算编制实行"二上二下"的程序。部门预算内部编制程序，"一上"是先由二级预算单位和内部业务司编制项目预算报预算管理部门（即经济与财务司），由预算管理部门按规定组织评审、审查；再经预算管理部门审核报国务院南水北调办领导审批后上报财政部。"一下"是根据财政部审核下达的预算控制数，分别将预算控制数下达二级预算单位和内部业务司。"二上"是二级预算单位和内部业务司根据"一下"预算控制数，编制"二上"预算并报送预算管理部门，经预算管理部门审核后报国务院南水北调办领导审批并上报财政部。"二下"是根据经按法律程序审批后由财政部下达的部门预算，在规定时限内分别下达二级预算单位和办机关本级。

五、部门预算公开

为提高部门预算的透明度，保障公民的知情权、参与权和监督权，根据相关法律法规，经批复的部门预算应当在政府网站上予以公开。

（一）公开时间

预算法规定，经本级政府财政部门批复的部门预算应当按照财政部门的要求，在规定的公开时间内由国务院南水北调办在政府网站上予以公开。

（二）公开范围

经财政部批复的部门预算，涉及国家秘密的除外。

（三）公开内容

（1）收支总表。公开3张表，包括：《部门收支总表》《部门收入总表》《部门支出总表》。

（2）财政拨款收支表。公开5张表，包括：《财政拨款收支总表》《一般公共预算支出表》《一般公共预算基本支出表》《一般公共预算"三公"经费支出表》《政府性基金预算支出表》。

（四）保密事项处理

1. 健全保密审查机制

应严格依照《中华人民共和国保密法》《中华人民共和国信息公开条例》以及其他法律法

规和国家有关规定对拟公开的中央政府预算和中央部门预算信息进行审查。

2. 妥善处理涉密信息

凡预算中涉及国家秘密的依法不予公开。

第三节 部门预算执行

部门预算执行是预算管理的重要内容，是实现预算绩效目标的过程。

一、组织部门预算执行

（1）明确预算执行的主体责任。预算法规定，各部门、各单位"编制本部门、本单位预算草案""是本部门、本单位的预算执行主体，负责本部门、本单位的预算执行，并对执行结果负责"。各单位应按照预算法和各项预算管理制度要求，认真履行预算编制和执行的主体责任，对本单位预算管理中出现的违法违规问题，要及时予以纠正，并依法依规问责。

（2）提出预算执行的要求。按照批复的预算组织执行，严格控制新增资产配置，规范政府采购行为，推进政府购买服务试点。执行中如需调剂使用预算资金，应按规定程序办理，报财政部审批。要带头过紧日子，特别是要严格控制会议费、培训费、宣传费、咨询费、软课题经费等涉及的经济分类科目支出。认真落实中央八项规定和国务院"约法三章"要求，将"三公"经费支出严格控制在年初预算规模内。

（3）强化预算执行的严肃性。要严格执行按法定程序批复的预算，严禁无预算、超预算执行。基本支出要严格执行国家有关政策规定，不得擅自扩大开支范围或提高标准，严禁超过规定标准、范围发放津贴补贴。项目支出要严格按照批准的用途专款专用，不得自行改变项目内容和资金使用范围。

（4）提升预算执行进度。加快预算执行是提高财政资金使用效益和效率的重要途径。要建立预算执行分析制度，研究分析预算执行中存在的问题，对财政拨款规模较大的重点单位、重点项目进行重点分析。要进一步加大问责力度，对于预算执行不力的单位，应采取通报、调研或约谈等方式，提出加快预算执行的建议，推动项目执行单位查找原因并改进工作。

（5）遵守预算调整规范。在预算执行中，确因特殊情况需调剂使用预算资金的，要充分说明原因和有关情况，按规定程序提出申请，并报财政部批准后才能按调整后的预算执行。关于年度预算追加，除党中央、国务院新定重大增支及管理方式特殊的资金外，不得申请增加预算。对于申请调整或追加预算的，应严格按照预算编报规定的程序，向财政部提出申请。

二、预算执行动态监控和内部监督

各单位要高度重视预算执行动态监控工作，严格执行《财政部关于印发〈中央财政国库动态监控管理暂行办法〉的通知》（财库〔2013〕217号）有关规定，切实增强财经纪律观念、合规用款意识和财务管理水平。要全面履行《预算法》赋予的"负责监督检查所属各单位的预算执行"的法定职责，切实加强对所属各单位预算、资产、财务、内控建设等方面的监督检查，坚决防止和纠正违规违纪行为，切实把财经纪律和各项管理制度落实到位。

三、预算执行行为规范

（1）严格执行支出管理。为了进一步规范经费支出管理，根据国家有关规定和要求，修订了《国务院南水北调办机关经费支出管理办法》（综经财〔2015〕3号，综经财〔2015〕60号），制定了《国务院南水北调办机关会议费支出管理实施细则》（综经财〔2016〕36号）。关于差旅费再次强调，办公室司局级及以下人员出差均需履行出差审批手续，住宿及差旅费补贴严格控制在标准范围内，由各单位负责同志审核出差的真实性及经费列支渠道，再由财务部门审核相关凭证及支出标准后予以报销。另外，关于外事经费、招待费、会议费、培训费等费用支出，要严格按照规定履行审批程序，经费控制在财政部批复的预算范围内。

（2）严格合同管理。为了进一步规范经济合同管理，根据财政部《行政事业单位内部控制规范（试行）》有关规定，修订了《国务院南水北调办机关经济合同管理办法》（综经财〔2015〕1号）。机关各司要按照合同管理办法要求，开展对外经济活动均应签订合同，合同的标的、内容、形式、要求、价款或报酬以及合同文本等均需经办领导批准后，按程序规定签署。各执行单位严格依据合同约定履行相关权利和义务，并依合同约定支付合同款。

（3）严格执行政府采购制度。根据《政府采购法》《政府采购法实施条例》等有关法律法规，按照《财政部关于加强政府采购活动内部控制管理的指导意见》的要求，机关各司要对货物类采购、工程类采购和服务类采购活动风险进行分析，要严格执行《国务院南水北调办机关政府采购内部控制规定》，加强采购计划和预算、采购活动和验收等的流程控制管理，采取切实有效措施，防控政府采购活动风险。

（4）严格资产管理。为加强办机关固定资产内部控制管理，维护固定资产的安全完整，合理配置和有效利用固定资产，修订印发了《国务院南水北调办机关固定资产管理办法》（综经财〔2017〕2号）。机关各司要按照办法要求，切实履行资产管理责任，资产要按规定及时登记入账，做到账实相符和账账相符，并按照规定的权限和程序，进一步加强资产配置、使用、处置的审核和监督管理。

（5）严格公务卡管理。推行公务卡改革，逐步实现使用公务卡办理公务消费支出，是深化预算制度改革、加强公共财政管理的必然要求，是方便预算单位用款、提高财务管理水平的重要举措，是提高政府支出透明度、加强惩防体系建设的制度创新。要严格按照《国务院南水北调办公务卡改革试点工作实施方案》和财政部有关公务卡管理的要求，严格使用公务卡办理公务支出。

（6）强化内部控制和监管。财务管理部门要认真执行《会计法》《会计基础工作规范》等法规制度，严格会计审核，严格执行各项经费开支标准，不得超标准乘坐交通工具、超标准食宿、超标准接待、超标准开会培训；严禁使用不合规的原始凭证进行报销列支；严格实施会计对账，及时纠正财务会计不规范问题。各单位要进一步完善内部财务管理办法，积极开展内部审计，切实提高财务管理能力。

四、组织开展预算绩效评价

财政支出绩效评价是指财政部门和预算部门（单位）根据设定的绩效目标，运用科学、合理的绩效评价指标、评价标准和评价方法，对财政支出的经济性、效率性和效益性进行客观、公正的评价。

（一）基本原则

（1）科学规范原则。绩效评价应当严格执行规定的程序，按照科学可行的要求，采用定量与定性分析相结合的方法。

（2）公正公开原则。绩效评价应当符合真实、客观、公正的要求，依法公开并接受监督。

（3）分级分类原则。绩效评价由各级财政部门、各预算部门根据评价对象的特点分类组织实施。

（4）绩效相关原则。绩效评价应当针对具体支出及其产出绩效进行，评价结果应当清晰反映支出和产出绩效之间的紧密对应关系。

（二）主要依据

（1）国家相关法律、法规和规章制度。

（2）各级政府制定的国民经济与社会发展规划和方针政策。

（3）预算管理制度、资金及财务管理办法、财务会计资料。

（4）预算部门职能职责、中长期发展规划及年度工作计划。

（5）相关行业政策、行业标准及专业技术规范。

（6）申请预算时提出的绩效目标及其他相关材料，财政部门预算批复，财政部门和预算部门年度预算执行情况，年度决算报告。

（7）人大审查结果报告、审计报告及决定、财政监督检查报告。

（三）绩效评价的对象和内容

绩效评价的对象包括纳入政府预算管理的资金和纳入部门预算管理的资金。按照预算级次，可分为本级部门预算管理的资金和上级政府对下级政府的转移支付资金。绩效评价包括基本支出绩效评价、项目支出绩效评价和部门整体支出绩效评价。绩效评价应当以项目支出为重点，重点评价一定金额以上、与本部门职能密切相关、具有明显社会影响和经济影响的项目。有条件的地方可以对部门整体支出进行评价。

绩效评价的基本内容：绩效目标的设定情况；资金投入和使用情况；为实现绩效目标制定的制度、采取的措施等；绩效目标的实现程度及效果；绩效评价的其他内容。

（四）绩效评价指标、评价标准和方法

绩效评价指标是指衡量绩效目标实现程度的考核工具。绩效评价指标的确定应当遵循以下原则：①相关性原则。应当与绩效目标有直接的联系，能够恰当反映目标的实现程度。②重要性原则。应当优先使用最具评价对象代表性、最能反映评价要求的核心指标。③可比性原则。对同类评价对象要设定共性的绩效评价指标，以便于评价结果可以相互比较。④系统性原则。应当将定量指标与定性指标相结合，系统反映财政支出所产生的社会效益、经济效益、环境效益和可持续影响等。⑤经济性原则。应当通俗易懂、简便易行，数据的获得应当考虑现实条件和可操作性，符合成本效益原则。

绩效评价标准是指衡量财政支出绩效目标完成程度的尺度。绩效评价标准具体包括：①计划标准。是指以预先制定的目标、计划、预算、定额等数据作为评价的标准。②行业标准。是指参照国家公布的行业指标数据制定的评价标准。③历史标准。是指参照同类指标的历史数据制定的评价标准。④其他经财政部门确认的标准。

绩效评价方法主要采用成本效益分析法、比较法、因素分析法、最低成本法、公众评判法等。成本效益分析法是指将一定时期内的支出与效益进行对比分析，以评价绩效目标实现程度。比较法是指通过对绩效目标与实施效果、历史与当期情况、不同部门和地区同类支出的比较，综合分析绩效目标实现程度。因素分析法是指通过综合分析影响绩效目标实现、实施效果的内外因素，评价绩效目标实现程度。最低成本法是指对效益确定却不易计量的多个同类对象的实施成本进行比较，评价绩效目标实现程度。公众评判法是指通过专家评估、公众问卷及抽样调查等对财政支出效果进行评判，评价绩效目标实现程度。

（五）绩效评价的工作程序

绩效评价工作一般按照以下程序进行：确定绩效评价对象；下达绩效评价通知；确定绩效评价工作人员；制定绩效评价工作方案；收集绩效评价相关资料；对资料进行审查核实；综合分析并形成评价结论；撰写与提交评价报告；建立绩效评价档案。

（六）绩效报告和绩效评价报告

绩效报告和绩效评价报告应当依据充分、真实完整、数据准确、分析透彻、逻辑清晰、客观公正。预算部门应当对绩效评价报告涉及基础资料的真实性、合法性、完整性负责。

财政资金具体使用单位应当按时提交绩效报告，绩效报告应当包括以下主要内容：一是基本概况，包括预算部门职能、事业发展规划、预决算情况、项目立项依据等；二是绩效目标及其设立依据和调整情况；三是管理措施及组织实施情况；四是总结分析绩效目标完成情况；五是说明未完成绩效目标及其原因；六是下一步改进工作的意见及建议。

绩效评价报告应当包括以下主要内容：一是基本概况；二是绩效评价的组织实施情况；三是绩效评价指标体系、评价标准和评价方法；四是绩效目标的实现程度；五是存在问题及原因分析；六是评价结论及建议；七是其他需要说明的问题。

（七）绩效评价结果及其应用

绩效评价结果应当采取评分与评级相结合的形式，具体分值和等级可根据不同评价内容设定。财政部门和预算部门应当及时整理、归纳、分析、反馈绩效评价结果，并将其作为改进预算管理和安排以后年度预算的重要依据。绩效评价结果较好的，财政部门和预算部门可予以表扬或继续支持。对绩效评价发现问题、达不到绩效目标或评价结果较差的，财政部门和预算部门可予以通报批评，并责令其限期整改。不进行整改或整改不到位的，应当根据情况调整项目或相应调减项目预算，直至取消该项财政支出。绩效评价结果应当按照政府信息公开有关规定在一定范围内公开。

五、部门决算公开

为提高部门决算的透明度，保障公民的知情权、参与权和监督权，根据相关法律法规，经批复的部门决算应当在政府网站上予以公开。

（一）公开主体

中央部门和单位（以下统称中央部门）是部门决算公开主体，负责本部门的决算公开工作。各中央部门应当按照《预算法》有关规定，履行决算公开的责任和义务，保证决算公开的真实性、准确性、完整性和及时性，并做好决算公开后的说明解释工作。

（二）公开范围

使用财政资金的中央部门应当积极稳妥公开本部门决算（涉密信息除外）。依法确定为国家秘密的信息不予公开；涉密信息经法定程序解密并删除涉密内容后，予以公开。

（三）公开时间及形式

中央部门应当在财政部批复部门决算后，按照财政部的要求，在规定的工作时间内公开本单位部门决算。

（四）公开内容

中央部门公开的决算是包括部门本级及所属预算单位在内的汇总决算。主要内容如下：

1. 部门决算表格

中央部门应当公开 8 张部门决算表格，包括以下内容：

（1）收支总表（3 张），即：《收入支出决算总表》《收入决算表》《支出决算表》。

（2）财政拨款收支表（5 张），即：《财政拨款收入支出决算总表》《一般公共预算财政拨款支出决算表》《一般公共预算财政拨款基本支出决算表》《一般公共预算财政拨款"三公"经费支出决算表》和《政府性基金预算财政拨款收入支出决算表》。

2. 文字说明

中央部门应当在公开上述表格的同时，对表格内容进行说明，以便于社会公众理解部门决算信息。

（五）公开内容顺序

公开内容的顺序依次为部门职责、机构设置、部门决算表格、预算执行情况分析、专业名词解释。

（六）公开的职责分工

财政部与中央部门应当按照国务院的要求，明确分工，协调配合，做好决算公开工作。

财政部应当在批复中央部门决算前提出决算公开工作要求，加强对中央部门决算公开业务指导，协调和督促中央部门做好部门决算公开工作。

中央部门应当提前做好部门决算公开的准备工作，按照有关规定和要求整理部门决算公开数据，拟写相关文字说明，履行保密审查程序后，在约定时间内将部门决算公开材料发布到本部门门户网站等，并及时将公开情况反馈财政部。涉密事项多、尚不具备公开条件的部门，应加强研究预判，并在公开前及时与财政部沟通情况。

（七）保密事项处理

（1）建立并完善部门决算信息保密审查机制。中央部门应当严格依照《中华人民共和国保密法》《中华人民共和国政府信息公开条例》以及其他法律法规和国家有关规定，做好涉密事项的定密、解密及信息公开的保密审查工作。

（2）妥善处理部门决算中的涉密信息。凡部门决算中涉及国家秘密的信息，依法不予公开。

（八）舆情应对措施

对于部门决算公开后可能出现的舆情反应，中央部门应当提前制定应对预案，密切关注舆情发展，及时解释说明，回应社会关切。

第四节　会　计　核　算

依据《中华人民共和国会计法》和财政部发布的《行政单位会计制度》《行政单位财务规则》等法章制度，国务院南水北调办对机关经济活动实施会计核算。本节主要介绍会计核算的基本原则和要求。

一、会计核算应遵循的原则

国务院南水北调办是行政机关，在核算其经济活动时应遵循以下基本原则。

（一）一般原则

一般原则是指所有会计核算单位都必须遵循的普遍性或共性的规范。

（1）真实性原则。以实际发生的经济业务或者事项为依据进行会计核算，如实反映各项会计要素的情况和结果，保证会计信息真实可靠。编报会计报告要以核对无误的会计账簿数字为依据，不能以估计数、计划数填报，更不能弄虚作假、篡改和伪造会计数据，也不能由上级单位估计数代编。

（2）全面性原则。将发生的各项经济业务或者事项全部纳入会计核算，确保会计信息能够全面反映行政单位的财务状况和预算执行情况等。按照统一规定的报表种类、格式和内容编报齐全，不能漏报。规定的格式栏次不论是表内项目还是补充资料，应填的项目、内容要填列齐全，不能任意取舍，要成为一套完整的指标体系，以保证会计报表在本部门、本地区以及全国的逐级汇总分析需要。

（3）及时性原则。对于已经发生的经济业务或者事项，及时进行会计核算，不得提前或者延后。应当科学、合理地组织好日常的会计核算工作，加强会计部门内部及会计部门与有关部门的协作和配合，以便尽快地编制出会计报表。

（4）可比性原则。会计核算要确保会计信息具有可比性，不同时期发生的相同或者相似的经济业务或者事项采用一致的会计政策。

（5）便利性原则。会计核算有利于提供的会计信息清晰明了，便于会计信息使用者理解和使用。

（二）法定依据

会计核算必须以合法的会计凭证为依据，记录和反映各项收支活动。会计指标的口径前后要始终保持一致，会计处理方式的前后始终保持一致，不得随意改变。

（三）严格管理

公历 1 月 1 日起至 12 月 31 日为一个会计年度。年度终了时，南水北调工程各单位法人和南水北调系统各级征地移民机构要按规定编制南水北调工程建设资金会计报表和征地移民资金会计报表并报送有关部门。

二、会计核算的基本要求

按照《会计法》《行政单位会计制度》规定建立会计账册，进行会计核算，及时提供合法、真实、准确、完整的会计信息。

（一）会计机构及其人员要求

（1）会计机构和会计人员。根据《会计法》的规定和国务院南水北调办的职能、编制及其会计核算业务相对较少的实际，国务院南水北调办未设立独立的会计机构，明确由经济与财务司承担会计核算任务，经济与财务司的财务处具体负责会计核算业务，配置具有会计从业资格的人员。

（2）会计人员岗位职责。因人员编制少，会计工作岗位采取一人多岗，会计人员除承担会计核算业务，还要承担预算管理、资产管理等其他相关业务，但做到了钱、账分管。出纳人员没有兼任稽核、会计档案保管和收入、支出、费用、债权、债务账目的登记工作。

（3）会计人员纪律。在会计工作中，会计人员应遵守会计职业道德，严守工作纪律，提高工作效率。

（4）会计人员教育培训。根据财政部印发的《会计人员继续教育规定》（财会〔2013〕18号）的有关规定，加强了会计人员的教育培训，遵循教育、考核、使用相结合的原则，鼓励、支持并组织会计人员参加继续教育，保证学习时间，提供必要的学习条件。会计人员参加继续教育采取学分制管理制度，每年参加继续教育取得的学分超过了 24 学分。

（二）会计核算应遵循的要求

会计核算应遵循以下基本要求。

1. 基本要求

会计核算应遵循的基本要求包括以下 18 个方面。

（1）会计年度自公历 1 月 1 日起至 12 月 31 日止。

（2）会计核算以本单位发生的各项经济业务为对象，记录和反映单位本身的各项经济活动。

（3）会计核算以单位持续、正常的经济活动为前提。

（4）会计核算划分会计期间，分期结算账目和编制会计报表。会计期间分为年度、季度和月度。年度、季度和月度均按公历起讫日期确定。

（5）会计核算以人民币为记账本位币。

（6）会计记账采用借贷记账法。

（7）会计记录的文字使用中文。

（8）会计核算以实际发生的经济业务为依据，如实反映本单位财务状况。

（9）会计信息应满足上级主管部门和信息使用者了解本单位财务状况的需要，满足本单位内部管理的需要。

（10）会计核算按照规定的会计处理方法进行，会计指标口径一致、相互可比。

（11）会计处理方法前后各期一致，不得随意变更。如确有必要变更，将变更的情况、变更的原因及其对单位财务状况的影响，在财务报告中说明。

（12）会计记录和会计报表清晰明了，便于理解和利用。

（13）国务院南水北调办会计核算以收付实现制为基础。

（14）收入应与其相关的成本、费用相互配比。

（15）会计核算遵循谨慎原则的要求，合理核算可能发生的损失和费用。

（16）各项财产物资按取得时的实际成本计价。物价变动时，除国家另有规定外，不得调整其账面价值。

（17）财务报告全面反映单位的财务状况。对于重要的经济业务应单独反映。

（18）会计凭证、会计账簿、会计报表、其他会计资料的内容和要求必须符合国家统一会计制度的规定，不得伪造、变造会计凭证和会计账簿，不得设置账外账，不得报送虚假会计报表。

2. 会计凭证填制和审核要求

（1）原始凭证的填制和审核要求。原始凭证是经济业务已经发生的书面证明并用作记账原始依据的一种凭证。该凭证确定了经济活动双方的经济关系，是会计核算重要的基础资料。各单位对发生的每一项经济业务必须取得或填制合法的原始凭证，并及时送交会计机构。

原始凭证应必备以下内容：凭证名称、填制凭证日期、填制凭证单位名称、填制人姓名、经办人员签名或盖章、接受凭证的单位全称和经济业务内容以及数量、单价、金额。

主要业务原始凭证要件包括以下内容。

1）从外单位取得的凭证和对外开具的凭证必须盖有发票专用章或财务印章。

2）从个人取得的原始凭证，必须有填制人员的签名或者盖章。

3）购买实物的原始凭证，必须有验收证明，以保证账实相符。实物验收工作由经管实物的人员负责办理，会计人员通过有关的原始凭证进行监督检查。需要入库的实物，必须填写入库验收单，由实物保管人员验收后在入库单上如实填写实收数额，并签名或者盖章。不需要入库的实物，除经办人员在原始凭证上签章外，必须交给实物保管人员或者使用人进行验收，由实物保管人员或者使用人员在原始凭证上签名或者盖章。

4）支付款项的原始凭证，必须有收款单位和收款人的收款证明，不能仅以支付款项的凭证代替（如银行汇款凭证等）。款项支付后要在原始凭证上加盖现金付讫或银行转讫章，发票必须有税务部门监制印章，收据必须有财政或税务部门监制印章。

5）职工因公借款凭据，必须附在记账凭证之后。收回借款时，应当另开收据或者退还借据副本，不得退还原借款收据。

6）经上级有关部门批准的经济业务，应当将批准文件作为原始凭证附件。如果批准文件需要单独归档的，应当在凭证上注明批准机关名称、日期和文件字号或附批准文件复印件。

7）货物采购要有经批准的采购计划、采购合同、货物验收清单。

8）工程价款支付要有合同或协议、合同结算申报审批书。

9）会议费报销要有举办会议的批准文件、会议通知、经审批的会议费预算、会议结算凭证等。

（2）记账凭证的填制和审核要求。会计人员在制作记账凭证和审核过程中，应遵循下列要求。

1）根据审核无误的原始凭证填制记账凭证。

2）记账凭证的内容必须完备，包括填制凭证的日期、凭证编号、经济业务摘要、会计科目、金额和所附原始凭证张数。填制凭证人员、稽核人员、记账人员、会计主管人员签名或者盖章。收款和付款记账凭证还应当由出纳人员签名或者盖章。

3）填制记账凭证应当对记账凭证进行连续编号。一笔经济业务需要填制两张以上记账凭证的，可以采用分数编号法编号。记账凭证日期应以财会部门受理会计事项的日期为准，应写全年、月、日。

4）记账凭证可以根据每一张原始凭证填制，或者根据若干张同类原始凭证汇总填制，也可以根据原始凭证汇总表填制。但不得将不同内容和类别的原始凭证汇总填制在同一张记账凭证上。即不得将不同经济业务的原始凭证汇总填制多借多贷、对应关系不清的记账凭证。

5）填制记账凭证摘要应简明扼要，说明清楚。一般应符合以下几点要求：①现金和银行存款的收、付款项，应写明收付对象、结算种类、支票号码和款项主要内容。②财产、物资收付事项，应写明物资名称、单位、规格、数量、收付单位。③往来款项，应写明对方单位和款项内容。④财物损溢事项，应写明发生的时间、内容。⑤待处理事项，应写明对象、内容、发生时间。⑥内部转账事项，应写明事项内容。⑦调整账目事项，应写明被调整账目的记账凭证日期、编号及原因。

6）记账凭证所填金额要与原始凭证或原始凭证汇总表的金额一致。

7）附件张数按原始凭证汇总表的张数计算，不涉及汇总的按原始凭证自然张数计算。

8）各单位提取各项税费的记账凭证，应附自制原始凭证，列明合法的计算提取依据及正确的计算过程。

9）记账凭证的内容涉及与其他单位之间的债权债务往来业务，没有直接收付款项，但需要通知对方单位入账的，应当向对方单位出具转账通知，说明该往来结算业务的内容，并加盖本单位财务专用章；也可以直接以记账凭证的副联代作转账通知，但应当在递送的记账凭证上加盖本单位的财务专用章，并注明"副联"或"代作转账通知"字样。

10）除结账和更正错误的记账凭证可以不附原始凭证外，其他记账凭证必须附有原始凭证。如果一张原始凭证涉及几张记账凭证，可以把原始凭证附在一张主要的记账凭证后面，并在其他记账凭证上注明附有该原始凭证的记账凭证的编号或者附原始凭证复印件。

一张原始凭证所列支出需要几个单位共同负担的，应当将其他单位负担的部分，开给对方单位原始凭证分割单并附原始凭证复印件。原始凭证分割单必须具备原始凭证的基本内容：凭证名称、填制凭证日期、填制凭证单位名称或者填制人姓名、经办人的签名或者盖章、接受凭证单位名称、经济业务内容、数量、单价、金额和费用分摊情况等。

11）记账凭证发生差错的，应以情况不同分别按要求进行处理：①填制错误的，应当重新填制。②已经登记入账的记账凭证，会计科目使用错误，在当年内发现的，应用红字填写一张与原来内容相同的记账凭证，在摘要栏注明"注销×月×日×号凭证"；同时再用蓝字重新填制一张正确的记账凭证，在摘要栏注明"订正×月×日×号凭证"。③已经登记入账的记账凭证，会计科目使用没有错误，只是金额错误的，在当年内发现的，应将正确数字与错误数字之间的差额，另填制一张调整的记账凭证，调增金额用蓝字补充登记；调减金额用红字冲销。④发现以前年度记账凭证有错误的，应当用蓝字填制一张更正的记账凭证予以更正。

12）会计凭证的传递和保管。会计凭证的传递和保管应遵循下列要求：①会计凭证应当及时传递，不得积压。②会计凭证登记完毕后，应当按照分类和编号顺序保管，不得散乱丢失。③原始凭证不得外借，其他单位如因特殊原因需要使用原始凭证的，经本单位会计机构负责人批准，可以复制。向外单位提供的原始凭证复制件，应当在专设的登记簿上登记，并由提供人员和收取人员共同签名或者盖章。④从外单位取得的原始凭证如有遗失，应当取得原开出单位盖有公章的证明，并注明原来凭证的号码、金额和内容等，由经办单位会计机构负责人和单位负责人批准后，才能代作原始凭证。如果确实无法取得证明的，如火车、轮船、飞机票等凭证，由当事人写出详细情况，由经办单位会计机构负责人和单位负责人批准后，代作原始凭证。

13）记账凭证的装订。记账凭证的装订应遵循下列要求：①记账凭证应当连同所附的原始凭证或者原始凭证汇总表，按照编号顺序，折叠整齐，按期装订成册，并加具封面，注明单位名称、年度、月份和起讫日期、凭证种类、起讫号码，由装订人在装订线封签外签名或者盖章；对于数量过多的原始凭证，可以单独装订保管，在封面上注明记账凭证日期、编号、种类，同时在记账凭证上注明"附件另订"和原始凭证名称及编号；各种经济合同、存出保证金收据以及涉外文件等重要原始凭证，应当另编目录，单独登记保管，并在有关的记账凭证和原始凭证上相互注明日期和编号。②如原始凭证过大，要折叠成比记账凭证略小的面积，注意装订线处的折留方法，装订后仍能展开查阅。原始凭证过小时，可在记账凭证面积内分开均匀粘平。③要摘掉凭证中的大头针等所有铁器。④会计凭证装订处是凭证的左上角，一般左右宽不超过2cm，上下长不超过2.5cm。⑤装订后要将装订线用纸打个三角封包，并将装订者印章盖于骑缝处，在脊背处注明年、月、日和册数的编号。

14）记账凭证的审核要求。记账凭证是登记账簿的依据，为了保证账簿登记的正确性，记账凭证填制完毕必须进行审核，并按下列要求进行审核：①填制凭证的日期是否正确。②凭证是否编号，编号是否正确。③记账凭证所列金额计算是否准确，书写是否清楚、符合要求。④会计科目的使用是否正确；总账科目和明细科目是否填列齐全。⑤经济业务摘要是否正确地反映了经济业务的基本内容。⑥所附原始凭证的张数与记账凭证上填写的所附原始凭证的张数是否相符。⑦填制凭证人员、稽核人员、记账人员、会计主管人员、会计机构负责人的签名或盖章是否齐全。⑧审核会计凭证核算的内容与所附原始凭证反映的经济内容是否相符,有无弄虚作假现象。

15)记账凭证的复核要求。复核记账凭证要遵循下列两点要求:①凭证输入计算机后要进行复核,复核计算机内的凭证与手工记账凭证是否一致,防止有意或无意的错误。②复核人员和输入人员不允许同为一个人。

(3)会计账簿管理的要求。会计账簿设置、使用和登记应分别遵循下列要求。

1)设置账簿的要求。①按照会计制度的规定和会计业务的需要设置会计账簿。会计账簿包括总账、明细账、日记账和其他辅助性账簿。②现金日记账和银行存款日记账必须采用订本式账簿。不得用银行对账单或者其他方法代替日记账。③启用会计账簿时,应当在账簿封面上写明单位名称和账簿名称。

2)使用账簿的要求。在账簿扉页上应当附启用表,内容包括:启用日期、账簿页数、记账人员和会计机构负责人、会计主管人员姓名,并加盖人名章和单位公章。记账人员或者会计主管人员调动工作时,应当注明交接日期、交接人员或者监交人员姓名,并由交接双方人员签名或者盖章。启用订本式账簿,应当从第一页到最后一页顺序编定页数,不得跳页、缺号。使用活页式账页,应当按账户顺序编号,并须定期装订成册。装订后再按实际使用的账页顺序编定页码。另加目录,记明每个账户的名称和页次。

3)登记账簿的要求。会计人员应当根据审核无误的记账凭证登记会计账簿。登记账簿应遵循下列要求:①登记会计账簿时,应当将记账凭证日期、编号、业务内容摘要、金额和其他有关资料逐项记入账内,做到数字准确、摘要清楚、登记及时、字迹工整。②登记完毕后,要在记账凭证上签名或者盖章,并注明已经登账的符号,表示已经记账。③账簿中书写的文字和数字上面要留有适当空格,不要写满格,一般应占格距的二分之一。④登记账簿要用蓝黑墨水或者碳素墨水书写,不得使用圆珠笔(银行的复写账簿除外)或者铅笔书写。⑤使用红色墨水记账的仅包括:按照红字冲账的记账凭证,冲销错误记录;在不设借贷等栏的多栏式账页中,登记减少数;在三栏式账户的余额栏前,如未印明余额方向的,在余额栏内登记负数余额;根据国家统一会计制度规定可以用红字登记的其他会计记录。⑥各种账簿按页次顺序连续登记,不得跳行、隔页。如果发生跳行、隔页,应当将空行、空页划线注销,或者注明"此行空白""此页空白"字样,并由记账人员签名或者盖章。凡需要结出余额的账户,结出余额后,应当在"借或贷"等栏内写明"借"或者"贷"等字样。没有余额的账户,应当在"借或贷"等栏内写"平"字,并在余额栏内用"0"表示。现金日记账和银行存款日记账必须逐日结出余额。每一账页登记完毕结转下页时,应当结出本页合计数及余额,写在本页最后一行和下页第一行有关栏内,并在摘要栏内注明"过次页"和"承前页"字样;也可以将本页合计数及金额只写在下页第一行有关栏内,并在摘要栏内注明"承前页"字样。对需要结计本月发生额的账户,结计"过次页"的本页合计数应当为自本月初起至本页末止的发生额合计数;对需要结计本年累计发生额的账户,结计"过次页"的本页合计数应当为自年初起至本页末止的累计数;对既不需要结计本月发生额也不需要结计本年累计发生额的账户,可以只将每页末的余额结转次页。⑦账簿记录发生错误,不准涂改、挖补、刮擦或者用药水消除字迹,不准重新抄写,必须按照下列方法进行更正:登记账簿时发生错误,应当将错误的文字或者数字划红线注销,但必须使原有字迹仍可辨认,然后在划线上方填写正确的文字或者数字,并由记账人员在更正处盖章；对于错误的数字，应当全部划红线更正，不得只更正其中的错误数字，对于文字错误，可只划去错误的部分；由于记账凭证错误而使账簿记录发生错误，应当按更正的记账凭证登记账簿。

（4）对账的要求。应当定期对会计账簿记录的有关数字与相关凭证、账簿、库存实物、货币资金、有价证券、往来单位或者个人等进行相互核对，保证账证相符、账账相符、账实相符。每年至少进行一次对账。

1）账证核对。核对会计账簿记录与原始凭证、记账凭证的时间、凭证字号、内容、金额是否一致，记账方向是否相符。

2）账账核对。核对不同会计账簿之间的账簿记录是否相符，包括：总账有关账户的余额核对，总账与明细账核对，总账与日记账核对，会计部门的财产物资明细账与财产物资保管和使用部门的有关明细账核对等。

3）账实核对。核对会计账簿记录与财产等实有数额是否相符。包括：现金日记账账面余额与现金实际库存数相核对；银行存款日记账账面余额定期与银行对账单相核对；各种财产物资明细账账面余额与实存数额相核对；各种应收、应付款明细账账面余额与有关债务、债权单位或者个人核对等。

（5）结账的要求。应当按照规定的要求定期进行结账，结账应遵循下列要求。

1）结账前，必须将本期内所发生的各项经济业务全部登记入账。

2）结账时，应当结出每个账户的期末余额。需要结出当月发生额的，应当在摘要栏内注明"本月合计"字样，并在下面通栏划单红线。需要结出本年累计发生额的，应当在摘要栏内注明"本年累计"字样，并在下面通栏划单红线；12月末的"本年累计"就是全年累计发生额。全年累计发生额下面应当通栏划双红线。年度终了结账时，所有总账账户都应当结出全年发生额和年末余额。

3）年度终了，要把各账户的余额结转到下一会计年度，并在摘要栏注明"结转下年"字样；在下一会计年度新建有关会计账簿的第一行余额栏内填写上年结转的余额，并在摘要栏注明"上年结转"字样。

（6）资产清查的要求。为了正确掌握资产的实际情况，保证会计信息资料的准确、可靠，保护资产的安全和完整，提高资产的使用效益和管理水平，建立健全了资产清查制度。

日常工作中应根据内部管理和会计核算工作的需要确定清查对象，定期进行重点抽查或互查。年度决算前必须进行一次全面资产清查，即对本单位全部财产物资、货币资金、债权债务进行全面彻底的盘点和核对。在单位撤销、合并、改变隶属关系、结业清算、破产，以及清产核资、清仓查库、资产评估时，都应当全面进行资产清查。

资产清查工作由各单位分管财务业务的领导负责组织领导，财务部门牵头，组织有关部门共同进行。对资产清查中发现的盘盈、盘亏、毁损、报废等事项必须按规定的程序及时进行处理，不得长期挂账。

三、会计科目体系

会计科目设置是否科学，是会计核算能否正确反映的前提条件。国务院南水北调办制定会计科目体系主要考虑以下几方面：①为更好地贯彻落实预算法，实施全面规范、公开透明的预算制度，对有关法律、法规允许进行的经济活动，按照《支出经济分类科目改革试行方案》的规定使用会计科目进行核算。②按照《行政单位适用的会计科目》的规定设置和使用会计科目，因没有相关业务不需要使用的总账科目可以不设；根据实际情况自行增设《行政单位适用的会计科目》以外的明细科目或者减少、合并明细科目，不影响会计处理和编报财务报表。③执行《行政单位适用的会计科目》统一规定的会计科目编号，不得随意打乱重编会计科目编号。④对基本建设投资的会计核算按照国家有关基本建设会计核算的规定单独建账、单独核算的同时，将基建账相关数据至少按月并入单位会计"大账"。具体科目体系设置情况如下。

一级会计科目依据财政部 2013 年正式颁布的《行政单位会计制度》，科目代码长度固定为4 位。明细科目在一级会计科目基础上根据本单位会计核算与管理的实际需求自行设计，二级、三级、四级科目代码都固定为 2 位（见表 9-4-1）。

表 9-4-1 行政单位会计科目及编码

科目编码	科目名称	科目编码	科目名称
	一、资产类		三、净资产类
1001	库存现金	3001	财政拨款结转
1002	银行存款	3002	财政拨款结余
1011	零余额账户用款额度	3101	其他资金结转结余
1021	财政应返还额度	3501	资产基金
102101	财政直接支付		
102102	固财政授权支付		
1215	其他应收款		四、收入类
1301	存货	4001	拨入经费
1501	固定资产	4011	其他收入
1502	累计折旧	407	其他收入
1511	在建工程		
1601	无形资产		
1602	累计摊销		
	二、负债类		五、支出类
2001	应缴财政款	5001	经费支出
2101	应交税费	5101	拨出经费
2201	应付职工薪酬		
2302	应付政府补贴款		
2305	其他应付款		
2401	长期应付款		

四、主要会计事项核算

国务院南水北调办一直重视财务管理制度建设和实施，按照财政部最新政策文件规定和《国务院南水北调工程建设委员会办公室机关财务管理办法（试行）》（综经财〔2003〕12号）的具体实施情况，2015年，国务院南水北调办修订完善了《国务院南水北调办机关经费支出管理办法》（综经财〔2015〕3号，综经财〔2015〕60号）。支出程序规范。严格按照制度章程进行会计核算，严肃日常经费支出管理，国务院南水北调办其他各项经费支出管理严格执行财政部的相关规定，将支出控制在预算及标准范围内，着力提升会计核算的执行能力，完善监督措施，确保各项制度落到实处，进一步提高了会计核算质量的真实性、可比性、全面性和及时性，保障了主要会计事项经济活动的资金安全。

（一）会议费

为进一步加强机关会议费管理，强化会议费支出控制，根据《中央和国家机关会议费管理办法》（财行〔2016〕214号）规定，国务院南水北调办制定了《国务院南水北调办机关会议费管理实施细则》（综经财〔2016〕36号）。机关召开的会议实行分类管理（共计分为四类）、分级审批的制度，并且对于不同类别会议的天数、人数、地点、开支范围等作出了严格规定，其中，开支范围具体包括会议住宿费、伙食费、会议场地租金、交通费、文件印刷费、医药费等，严禁在会议费中列支公务接待费。每年会议费支出，均根据批复的预算，提出年度会议计划，经办党组审查同意后，再印发各相关单位执行。在召开会议前，各单位严格按照规定的程序，履行审批程序，详细会议内容及相关事项，严格执行会议计划和预算。通过对会议费的管理，改进会风，提高会议效率，节约会议经费。

会议结束后，应及时结算会议费，不得向下级或地方接待单位转嫁会议费负担。会议费支出进行会计核算时应确保相关文件齐全，包括：会议签报、会议审批计划、会议通知、定点饭店政府采购证明文件、会议签到表、定点饭店政府采购结算单、会议费开支明细（住宿费、餐费、会议租金及其他费用明细）。

会议费主要账务处理如下：

发生会议费支出时，按照审核无误的原始凭证金额，借记"经费支出—会议费"，贷记"零余额账户用款额度""库存现金"或"其他应收款"等科目。

（二）差旅费

根据《国务院南水北调办机关经费支出管理办法》（综经财〔2015〕3号）规定，办机关差旅费是指工作人员临时到常驻地以外地区公务出差所发生的城市间交通费、住宿费、伙食补助费和市内交通费。差旅费支出严格标准及程序。办公室司局级及以下人员出差均需履行出差审批手续，副司级及以下工作人员出差，须事前填报"国务院南水北调办出差审批单"，并经本司负责人签字批准；正司级工作人员出差填写"南水北调办领导干部出京请示报告表"报办公室领导批准；住宿及差旅费补贴严格控制在标准范围内，差旅费支出由各单位负责同志审核出差的真实性及经费列支渠道，再由财务部门审核相关凭证及支出标准后予以报销。

机关差旅费开支应控制在预算限额内，会计核算审核具体要求如下。

（1）出差人员应严格按规定开支差旅费，不得向下级单位、企业或其他单位转嫁。

（2）出差地点需填写完全，行程闭合，出差地点与住宿情况一致。

（3）出差地点较多，需分两页填写报销单的，两页报销单信息都要填写完整，领导签字齐全。

（4）城市间交通费按乘坐交通工具的等级凭据报销，订票费、经批准发生的签转或退票费、交通意外险费凭据报销，如特殊情况需超标准乘坐火车的，需事前报本司负责人同意，报销时需本司负责人在火车票上签字；行程更改产生的飞机、火车签转费及退票费，报销时需本司负责人在退票费单据上签字。

（5）住宿费在标准限额之内凭发票据实报销。

（6）伙食补助费按出差目的地的标准报销，在途期间的伙食补助费按当天最后到达目的地的标准报销。

（7）室内交通费按规定标准报销。

另外，按照《关于加快推进公务卡制度改革的通知》（财库〔2012〕132 号）《财政部关于进一步加强党政机关出差和会议定点管理工作的通知》（财行〔2012〕254 号）的要求，为落实将公务卡制度覆盖到所有基层预算单位，国务院南水北调办规定办机关工作人员出差应到定点饭店住宿，并使用公务卡结算住宿费。针对差旅费报销涉及公务卡结算的情况，国务院南水北调办规定以下报销注意事项：①注明刷卡时间、卡号后 4 位、单笔公务卡支付的金额和姓名；②无 pos 机单据的，附订单截图；③刷卡单据和发票需粘贴在一起，金额需一致；④出差订购火车票需用公务卡支付。

差旅费主要账务处理如下：

发生差旅费支出时，按照审核无误的原始凭证金额，借记"经费支出—差旅费"，贷记"零余额账户用款额度""库存现金"或"其他应付款—公务卡支出应付款"等科目，同时支付差旅补贴，借记"应付职工薪酬—其他个人收入"，贷记"应付职工薪酬—其他个人收入"。

（三）医药费

1. 职工医药费

根据《国务院南水北调办机关工作人员公费医疗管理办法》（综人外〔2013〕153 号）规定，为保证职工的基本医疗，杜绝浪费，有效地利用卫生资源，享受公费医疗的机关在编人员，可在北京市医保定点医疗机构就诊，自行到其他医疗机构就诊的，无特殊情况不予报销医疗费。报销医疗费实行严格的审批手续，职工报销医疗费经单位领导签字后到财务处报销，为了鼓励节约，制止浪费，符合公费医疗管理规定的医疗费用（去除自费部分），3000 元（含）以下部分由职工个人负担 5%，医药费超过 3000 元的部分按 100% 报销，个人自费范围按照国家公费医疗自费范围的规定办理。会计核算审核要求具体如下。

（1）报销医疗费时须持处方和收据。

（2）外购汤药须医院外购处方，中草药每次最多不超过七剂。

（3）职工因公出差、出国、探亲和休假期间在外埠就医的，须单位领导签字审批后方可报销。

（4）职工医药费和子女医药费报销时，应分开报销单。

医药分开综合改革后，在取消挂号费、药品加成、诊疗费的基础上新设立了"医事服务费"，按照北京市人力社保局发文（京人社医〔2017〕66号）通知要求，医事服务费纳入本市城镇职工基本医疗保险和城乡居民基本医疗保险支付范围，据此，国务院南水北调办及时响应新的医事服务费报销标准，司局级以下职工（公费医疗待遇）医事服务费报销标准参照医保患者报销标准，具体情况见表9-4-2。

表9-4-2   北京市医事服务费收费和报销标准   单位：元

项目名称	三级医院			二级医院			一级及以下医疗机构		
	医事服务费	报销金额	自付金额	医事服务费	报销金额	自付金额	医事服务费	报销金额	自付金额
普通门诊	50		10	30	28	2	20	19	1
副主任医师	60	40	20	50		20	40		20
主任医师	80		40	70	30	40	60	20	40
知名专家	100		60	90		60	80		60
急诊	70	60	10	50	48	2	40	39	1
住院	100	按比例报销		60	按比例报销		50	按比例报销	

医药分开综合改革后，根据《国家卫生计委保健局关于中央和国家机关司局级干部医疗待遇有关事项的通知》（国卫保健条管便函〔2017〕36号）有关规定，司局级公费医疗干部医事服务费报销标准如下（见表9-4-3）。

表9-4-3   司局级公费医疗干部门（急）诊个人自付标准

门（急）诊个人自付标准		
项目名称	计量单位	个人自付金额/元
普通门诊	人次	0.5
急诊	人次	1
副主任医师	人次	3
主任医师	人次	5
知名专家	人次	10

职工医疗费主要账务处理如下。

发生医疗费支出时，按照审核无误的原始凭证金额，借记"经费支出—医疗费"，贷记"零余额账户用款额度""库存现金"等科目。

2. 职工子女医药费

按照《国务院南水北调工程建设委员会办公室机关职工子女统筹医疗管理办法》（综人外〔2003〕9号）规定，为保证职工系女基本医疗，结合国务院南水北调办的具体情况，机关在编公务员的子女（18岁以下）可享受统筹医疗待遇，个人自费范围按照国家公费医疗自费范围的规定办理。

会计核算审核要求具体如下。

（1）凡已参加统筹的，报销医疗费用（去除自费部分）的80%。

（2）配偶单位同意分割报销的，可凭分割单报销医疗费的50%。

子女医疗费主要账务处理如下：

发生医药费支出时，按照审核无误的原始凭证金额，借记"经费支出—子女医疗费"，贷记"零余额账户用款额度""库存现金"等科目。

（四）"三公"经费

三公经费是指因公出国（境）经费、公务用车购置及运行经费和公务接待费。按照《中共中央办公厅　国务院办公厅关于党政机关厉行节约若干问题的通知》（中办发〔2009〕11号）要求，国务院南水北调办切实加强对三公经费的管理。2016年，国务院南水北调办"三公"经费支出198.93万元，比预算的248.29万元减少49.36万元，降低19.88%，其中，因公出国（境）费114.91万元，公务用车购置及运行维护费78.24万元，公务接待费5.78万元。具体构成及上下年对比情况见表9-4-4。

表9-4-4　　　　　　　　2015—2016年"三公"经费支出情况　　　　　　单位：万元

序号	项　　目	2016年	2015年	差额
1	一、因公出国（境）费	114.91	77.60	37.31
2	二、公务用车购置及运行维护费	78.24	87.28	−9.04
2.1	其中：公务用车购置费	0.00	0.00	0.00
2.2	公务用车运行维护费	78.24	87.28	−9.04
3	三、公务接待费	5.78	10.03	−4.25
	合　　计	198.93	174.91	24.02

（1）落实出国（境）管理规定，严格控制出国（境）经费支出。国务院南水北调办全面贯彻落实党中央、国务院关于加强因公出国（境）管理工作的指示精神，认真执行财政部等五部门《加强党政干部因公出国（境）经费管理暂行办法》（财行〔2008〕230号）和《财政部关于进一步加强党政干部因公出国（境）经费管理的通知》（财行〔2010〕473号）规定，因公出国（境）经费的支出严格履行审批程序，经费控制在财政部批复的预算范围内。每年年底由各单位提出因公出国（境）计划申请，由外事部门汇总后依据年度外事经费预算和出访任务，提出因公临时出国（境）计划，报办公室党组会审批同意后执行。团组出访前，主办单位编制"因公临时出国任务和预算审批表"和"出国团组经费预算明细表"报外事和财务部门审核。

因公出国（境）费主要账务处理如下：

发生因公出国（境）费支出时，按照审核无误的原始凭证金额，借记"经费支出—因公出国（境）费"，贷记"零余额账户用款额度""库存现金"等科目。

（2）加强车辆定编和更新管理，严格控制公务用车购置和运行经费支出。国务院南水北调办认真落实《党政机关公务用车配备使用管理办法》（中办发〔2011〕2号）文件精神，加强对公务用车配备和使用的管理。①严格公务用车编制管理，不超编制配车；②严格配备标准，不超标准购车；③加强车辆使用管理，严格执行统一保险、定点加油和定点维修制度，严禁公车私用，认真执行公务用车停驶规定，千方百计节省用车费用。

（3）加强公务接待管理，严格控制公务接待费用支出。国务院南水北调办认真执行《党政机关国内公务接待管理规定》（中办发〔2006〕33号）规定，采取措施加强对公务接待活动的管理：①严格控制接待范围，减少公务接待的次数，提倡轻车简从，减少陪同、简化接待；②要严格公务接待费的开支范围，不以任何名义赠送礼金、生活用品等；③严格执行公务接待费开支标准，提倡工作餐，严格用餐标准和陪餐人数，降低公务接待费用支出；④严格执行定点接待、公务接待费公开、公务卡结算等要求，强化公务接待支出管理。据此，国务院南水北调办对无公函的公务活动和来访人员一律不予接待，因业务需要安排工作餐的，严格控制陪餐人数，由接待部门负责人审批，因工作需要安排宴请的，事先需报办领导批准，用餐地点尽量安排在国务院南水北调办机关职工就餐地。公务接待费报销时，要求提供财务票据、派出单位公函及公务接待清单。接待费支付严格按照国库集中支付制度和公务卡管理有关规定执行，不得以现金方式支付。

公务接待费主要账务处理如下：

发生公务接待费支出时，按照审核无误的原始凭证金额，借记"经费支出—公务接待费"，贷记"零余额账户用款额度""其他应付款—公务卡支出应付款"等科目。

（五）培训费

按照《中央和国家机关培训费管理办法》（财行〔2016〕540号）规定，为进一步加强机关培训费管理，强化培训费支出控制。培训费是指国务院南水北调办开展培训直接发生的住宿费、伙食费、培训场地费、讲课费、培训资料费、交通费和其他费用等。培训费实行综合定额标准、分项核定、总额控制，针对培训天数、费用标准都有明确规定。每年培训费支出，均根据批复的预算，提出年度培训计划，经办党组审查同意后，再印发各相关单位执行。在举办培训前，各单位严格按照规定的程序，履行审批程序，详细培训内容及相关事项，严格执行培训计划和预算。通过加强培训费管理，增强培训针对性和时效性，保证培训质量，节约培训资源，提高培训经费使用效益。培训费支出进行会计核算时应确保相关文件齐全，包括：主办司会议签报、培训费预算审批表、培训审批计划、培训通知、讲课费签收单、培训签到表、培训机构出具的原始明细单据、电子结算单等凭证。

培训费主要账务处理如下：

发生培训费支出时，按照审核无误的原始凭证金额，借记"经费支出—培训费"，贷记"零余额账户用款额度""库存现金"或"其他应收款"等科目。

五、财务报表

（一）财务报表构成

财务报表是指以货币为计量单位，用一定的财务指标体系，总括反映一定时期单位预算执行情况、财务结果及其分配情况的报告文件。它是根据单位账簿记录和有关资料加以归类、整理、分析和汇总后编制的。按照2012年新修订的《行政单位财务规则》规定，行政单位财务报表主要包括资产负债表、收入支出表、支出明细表、财政拨款收入支出表、固定资产投资决算报表等主报表和有关附表。

（1）资产负债表是反映行政单位在某一特定日期财务状况的报表。资产负债表应当按照资产、负债和净资产分类、分项列示。

（2）收入支出表是反映行政单位在某一会计期间全部预算收支执行结果的报表。收入支出表应当按照收入、支出的构成和结转结余情况分类、分项列示。

（3）支出明细表是反映行政单位在一定时期预算支出中具体支出项目情况的报表，具体支出项目根据政府预算收支科目中的"支出经济分类科目"确定，包括工资福利支出、商品和服务支出、对个人和家庭的补助、基本建设支出和其他资本性支出等。

（4）财政拨款收入支出表是反映行政单位在某一会计期间财政拨款收入、支出、结转及结余情况的报表。

（5）固定资产投资决算报表是反映行政单位在一定时期建造和购置固定资产投资情况的报表，属于统计报表。

（6）有关附表如基本数字表、人员和机构情况表等，用以反映行政单位人员和机构的数量、组成等情况。

（二）财务报表编报要求

财务报表是反映国务院南水北调办机关一定时期财务状况和预算执行结果的总结性书面文件，年度终了，国务院南水北调办在进行各项基础准备工作后，编制办机关年度报告，报办公室领导审批签字后，按规定的时间报送财政部。财务报告包括财务报表和财务情况说明书。为了充分发挥会计报表的作用，保证会计报表的质量，编制会计报表应做到格式统一、数字真实准确、内容完整、编报及时。

1. 格式统一

编制财务报告，须严格按照统一规定的格式、内容和编制方法，不得随意删改，保持财务报表的统一性和报表数据的可比性。

2. 数字真实准确

编制财务报表必须根据登记完整、核对无误的账簿记录和其他核算资料，各项指标和数据必须计算准确，真实可靠，做到表从账出、账表相符，切忌匡算估计、弄虚作假。

各单位负责人对本单位财务报告的真实性、准确性负有全面责任。任何人不得篡改或者授意、指使、强令他人篡改会计报表的有关数字。

其中，保证会计报表的真实可靠需做如下的准备工作。

（1）编制年度财务会计报表前，应当按照规定，全面清查资产、核实债务。

（2）核对各会计账簿记录与会计凭证的内容、金额等是否一致，记账方向是否相符。

（3）依照规定的结账日进行结账，结出有关会计账簿的余额和发生额，并核对各会计账簿之间的余额。

（4）检查相关的会计核算是否按照国家统一的会计制度的规定进行。

（5）对于国家统一的会计制度没有规定统一核算方法的交易、事项，检查其是否按照会计核算的一般原则进行确认和计量以及相关账务处理是否合理。

（6）检查是否存在因会计差错、会计政策变更等原因需要调整前期或者本期相关项目。在前款规定工作中发现问题的，应当按照国家统一的会计制度的规定进行处理。

3.内容完整

财务报表体系中的各类报表要编制齐全，不得缺表，对各财务报表中包含的每个项目的数据，除未发生者外，都必须填列齐全，不得遗漏，尤其要根据收支统一管理、全面反映行政单位财务各项收支的要求，将有关收支项目全部编入财务报表中，不得放在表外。

各单位必须在国务院南水北调办的统一安排下，组织编制财务报告，按要求报送。对外报送的财务报告按南水北调办规定的统一格式。内部使用的财务报告，其格式和要求由本单位自行规定。对外报送的财务报告，应当依次编写页码，加具封面，装订成册，加盖公章。封面上应当注明：单位名称，单位地址，财务报告所属年度、季度、月度，送出日期，并由单位领导人、总会计师、会计机构负责人、会计主管人员签名或者盖章。

4.编制及时

会计报表时效性强，应在保证质量的前提下，在规定期限内编制完毕并如期报送，以满足报表使用者对会计报表资料的需要，及时了解单位报告期内财务状况和经营成果，采取措施，作出决策。

第五节 部门财务决算

部门决算是各单位经济活动的综合反映，是单位进行经济决策的重要参考，也是编制预算和实施科学收支管理的基本依据。

一、年度决算的基本要求

年度决算是指各单位在年度终了，根据财政部门或主管部门决算编审要求，在日常会计核算的基础上编制的、综合反映一个单位预算执行结果和财务状况的总结性文件，包括会计报表及财务情况说明书。所有使用财政性资金的机关本级、各事业单位、项目法人和各级征地移民机构，均要编报决算报表。各单位负责人对本单位年度决算的真实性、准确性负有全面责任。

（一）真实性要求

年度决算报表必须真实可靠，数字准确，如实反映单位预算执行情况。南水北调系统各单位根据真实的交易、事项以及登记完整、核对无误的会计账簿记录和其他有关资料，按照国家统一的会计制度规定的编制基础、编制依据、编制原则和方法编制年度决算，不能以估计数、计划数填报，更不允许弄虚作假、篡改和伪造会计数据，也不能由上级单位估列代编。为此，各单位必须按期结账，一般不能为赶编报表而提前结账。编制报表前，要认真核对有关账目，切实做到账表相符、账证相符、账账相符和账实相符，保证会计报表的真实性。

（二）完整性要求

年度决算报表必须内容完整，按照统一规定的报表种类、格式和内容编报齐全，不能漏报。规定的格式栏次不论表内项目还是补充资料，应填的项目、内容要填列齐全，不能随意取舍，成为一套完整的指标体系，以保证会计报表在本部门、本地区以及全国的逐级汇总分析需要。会计报表之间、会计报表各项目之间，凡有对应关系的数字，应当相互一致。本期会计报表与上期会计报表之间有关的数字应当相互衔接。如果不同会计年度会计报表中各项目的内容和核算方法有变更的，应当在年度会计报表中加以说明。会计报表和财务情况说明书应按照国家统一的会计制度的规定，对会计报表中需要说明的事项做出真实、完整、清楚的说明，做到项目齐全，内容完整。

（三）及时性要求

年度决算报表必须按照国家或上级机关规定的期限和程序，在保证报表真实、完整的前提下，在规定的期限内报送上级单位。如果一个单位的报表不及时报送，势必影响主管部门、财政部门以至全国的汇总，影响政府部门对会计信息的分析。为此，应当科学、合理地组织好日常会计核算工作，加强会计部门内部及会计部门与有关部门的协作与配合，以便尽快地编制出决算报表，满足预算管理和财务管理的需要。

二、年度决算的主要作用

年度决算所提供的信息主要供各方使用者进行决策使用。年度决算能促进清理收支账目、往来款项；促进全面清查固定资产；促进核对各项资金收付情况；促进检查财经制度执行情况、落实历次审计稽查整改情况；促进切实加快预算执行工作；能实事求是反映工程建设资金管理中存在的问题和困难，提出解决问题的意见和建议，进一步提高单位决算分析和资金管理水平。

（1）各单位利用决算报告及其有关资料，可以分析和检查单位预算的执行情况，发现预算管理和财务管理工作中存在的问题，为领导及管理人员决策提供依据，以便采取有效措施，改进预算管理工作，提高财务管理水平。

（2）主管部门利用下级单位的决算报表，可以考核各单位执行国家有关方针政策的情况，督促各单位认真遵守财经制度和法规，维护财经纪律。主管部门对全系统的会计报表汇总后，还可以分析和检查全系统的预算执行情况，有利于掌握各单位的资金支付情况、资金结存情况和资金管理情况，有利于发现问题、研究解决问题，提高全系统的预算管理工作水平和单位的资金管理水平。

（3）财政机关利用各行政单位、事业单位、企业上报的决算报表，便于掌握各单位的预算执行进度，正确核算预算支出，还可以了解各单位执行预算的情况和存在的问题，指导和帮助各单位做好预算会计工作，提高预算管理质量。通过对决算报表信息进行汇总分析，考核国民经济各部门的运行情况、各种财经法律制度的执行情况，一旦发现问题，即可采取相应措施，通过各种经济杠杆和政策倾斜，发挥市场经济在优化资源配置方面的基础作用。

（4）银行、审计部门利用各单位的年度决算报表，以便银行、审计部门了解南水北调系统各单位财务状况、财经纪律执行情况、银行借款的保证程度等信息，充分发挥银行、财政、审计等部门的经济监督作用。

三、年度决算的基本程序

南水北调系统的年度决算工作由国务院南水北调办经济与财务司统一组织布置。主要包括年度决算工作组织、年度决算编制、年度决算审核、年度决算汇总与报送、决算批复、决算公开、决算分析利用等基本程序。

（一）年度决算工作组织

经济与财务司是南水北调系统年度决算工作的主管部门，主要职责是每年按照财政部关于编制年度部门决算、固定资产投资决算、行政事业单位住房改革支出决算的有关要求以及征地移民资金年度决算编制要求，每年 12 月专门组织举办南水北调系统年度会计决算培训班，布置年度决算工作并对决算软件进行培训；组织各事业单位、项目法人年度决算的收集、审核、汇总和报送工作；负责批复各单位的部门决算；负责南水北调办的部门决算公开工作。各事业单位、项目法人负责本单位（含直管单位、委托建设管理单位、代建单位、省级征地移民机构）的年度决算工作，组织编制、汇总和报送工作，并对本单位决算数据的真实性、完整性负责。

（二）年度决算编制

年度终了，南水北调系统各单位按照经济与财务司的决算工作部署，在规定的时间内编制和报送决算。各单位在全面清理核实收入、支出、资产、负债，并办理年终结账的基础上编制决算：①按照执行的各会计制度及财政部对部门预算的批复文件，及时清理收支账目、往来款项，核对年度预算收支和各项缴拨款项。各项收支按规定要求进行年度结账。②如实反映年度内全部收支，凡属本年的各项收入要及时入账，属于本年的各项支出按规定的支出渠道如实列报。③根据登记完整、核对无误的账簿记录和其他有关会计核算资料编制决算，做到数据真实正确、内容完整，账证相符、账实相符、账表相符、表表相符。

（三）年度决算审核

经济与财务司负责年度决算的审核工作，采用集中会审的形式，每年年初，对办机关、各直属事业单位、各项目法人单位报送的上一年度会计决算报表进行审核和汇总。

审核的主要内容包括：审核编制范围是否完整，是否有漏报和重复编报现象；审核编制方法是否规范，是否符合财务会计制度及财政部决算的编制要求；审核编制内容是否真实、完整、准确，决算报表内、表间勾稽关系是否衔接，报表数据与单位账簿数据是否相符，是否有漏报、重报、错报项目以及虚假和瞒报等现象，决算纸介质数据与电子介质数据、分户数据与汇总数据是否保持一致；审核决算数据年度间变动是否合理，变动较大事项是否附有相关文件依据；审核填报说明和分析报告是否符合决算编制规定。

年度决算审核采取人工审核和计算机审核相结合方式进行，审核方法主要包括政策性审核、规范性审核。政策性审核主要依据部门预算、现行财务会计制度和有关政策规定进行审核，审核决算报表中反映的各项资金收支是否符合政策、制度，有无违反财经纪律的现象。收入方面，着重审查各项收入是否符合政策规定，预算资金的取得是否符合预算，应缴的预算收入是否及时、足额上缴，有无截留挪用等。支出方面，着重审查各项支出是否按预算和计划执行，是否违反国家统一规定的开支范围和开支标准以及其他财务的规定，是否存在预算外项目开支、扩大基本建设规模的问题。规范性审核侧重决算编制的正确性和真实性及勾稽关系等方面的审核。①着重审核上下年度有关数字是否一致，如当年年初数要与上年年末数一致；②着重审核上下级单位之间的上缴、下拨数是否一致，如上级单位拨出经费和下级单位拨入经费是否一致；③着重审核报表中的有关数字和业务部门提供的数字是否一致，如基本数据表中反映定员定额的数字和人事部门提供的统计数字是否一致；④着重审核报表之间的数字是否一致；⑤审核制表、复核、会计主管、单位负责人签章是否齐全。

（四）决算汇总与报送

南水北调系统按照财务管理关系或预算管理关系，采取自下而上的方式，逐级汇总报送。经济与财务司对各事业单位、各项目法人和机关本级决算报表经过认真审核后进行汇总，并对有关收入支出、审计要求调账等事项进行调整，形成南水北调系统的决算报表，在规定的时间内报送财政部。其中，编制的南水北调系统的部门决算经财政部审核后，报国务院审核，由国务院提请全国人民代表大会常务委员会审查和批准。

（五）决算批复

根据财政部的规定，部门决算是需要批复的，固定资产投资报表财政部不批复。财政部在全国人民代表大会常务委员会审查和批准决算后 30 日内，将决算批复南水北调办，南水北调办在接到财政部批复的部门决算后 15 日内，向所属机关、事业单位和项目法人批复决算。各单位决算数据还需要变动的，相关调整事项在下一年度部门决算中反映。另外报送国管局的国有资产决算，国管局是需要批复的，国管局将年度国有资产决算批复南水北调办，南水北调办将国有资产决算批复机关本级和各事业单位。

（六）决算公开

按照《预算法》的规定，部门决算需要公开，南水北调办是本部门决算公开的主体，在财政部批复决算后 20 个工作日内，通过南水北调网站向社会公开决算。在决算公开后，南水北调办向财政部报告本部门决算公开的情况。

（七）决算分析利用

决算分析是对单位经济活动的分析，是以会计核算、业务核算、统计提供的各项资料以及其他信息资料为依据，按照相互联系、相互制约的规律，运用各种分析方法，对单位经济活动过程和结果进行比较、分析和研究的一种方法。

1. 决算分析的任务

（1）深入细致地检查分析财务和预算执行情况。

（2）提供单位决策的重要资料。

（3）控制单位经济活动、财务活动的过程，有力地促进行政和事业单位任务的完成。

（4）挖掘内部潜力，提高办事效率。

（5）促进经济活动合理化，更好地执行国家的方针、政策、财政财务制度和财经纪律。

（6）促进财务工作的改革。

2. 决算分析的形式

（1）按分析的内容划分，可分为全面分析、部分分析和专题分析。全面分析是对单位的年度经济活动进行全面、系统、相互联系的综合分析，借以揭示带有普遍意义的问题。部分分析，是对单位经济活动中的某一部分内容进行的分析。专题分析，是对某一特定问题进行深入具体的分析。

（2）按分析的时间划分，可分为事前分析、事中分析、事后分析、定期分析和不定期分析。事前分析，是指从事经济活动和财务活动之前的预测分析，是以原因预测结果的因果关系分析。事中分析，是对经济活动过程和业务活动过程的控制分析。这种分析是以原因控制结果的因果关系分析。事后分析，是对一定时期的预算、业务、财务计划完成情况的总结分析。定期分析，是按规定的时间进行的分析。一般分月分析、季度分析、半年分析和年度分析。基本上是一种固定时间的全面分析。不定期分析，是一种临时性的分析。是为研究和解决某一阶段问题和某一特定问题而进行的分析。

（3）按分析范围划分，可分为单位分析、部门分析和地区分析。

3. 决算分析的方法

决算分析的方法一般有比较分析法、因素分析法、平衡法、结构法、相关分析法以及量本利分析法、回归分析法等。

（1）比较分析法。又称对比分析法，是以两个或两个以上有关的可比数字进行对比的方法。如以实际完成数与预算计划数比较、本期实际数与历史上同期实际数比较、本单位实际数与其他同类单位相同指标实际数比较。运用比较分析法时，要注意经济指标的可比性，指标的计算口径、时间、计价基础等，应建立在一致的基础上才能进行比较。

（2）因素分析法。①连环替代法。即从数量上确定一个经济指标所包含的各个因素的变动，对该指标影响程度的一种分析方法。因素分析中，把各个因素按照一定顺序逐个替代，故名连环替代法。②差额计算法。差额计算法是连环替代法的简化形式。这种方法是先计算出各因素实际数和预算数、计划数的差额，然后再按照一定的替换程序，依次计算出各因素变动对计划、预算指标完成的影响程度。

（3）平衡法。平衡法是经济活动分析中常用的数量分析法，是对那些具有平衡关系的资金运动进行分析对比的一种方法。

（4）结构法。结构法是用以分析各单位某项经济活动中相互联系的各个因素的结构或比重，从而可以找出各因素的变化规律，评价其结构或成分的合理性，以保证经济活动健康地发展。如分析业务收入中各个细目收入占总收入比重的变化，分析经费支出中各细目支出占总支出的比重变化，分析资产中各明细资产所占比重的变化情况等，通过对各种结构或比重情况的分析，研究其是否符合国家的方针、政策、财政财务制度，是否符合社会发展与经济发展的规律，以便促进单位经济活动的合理化，提高经济效益，更好地完成工作任务。

（5）相关分析法。相关分析就是把两个或两个以上有内在联系的指标结合起来，由浅入深、从现象到本质，分析每个因素与经济指标的关系，以便对经济活动结果取得本质上的认识。

（6）量本利分析法。即具体分析单位业务收入、费用支出和损益结余的关系。

4. 决算分析内容

决算分析内容包括：预算与决算差异分析；收入、支出、结余年度间变动原因分析；财政资金使用效益分析；部门资产、负债规模与结构分析；机构、人员及人均情况对比分析。通过这些分析数据发现预算编制和预算执行中存在的问题，揭示财务管理与会计核算中的问题，规范各单位财务管理和会计核算。

（1）单位预算执行情况分析。分析单位预算完成情况和执行进度。首先，用比较法分析，把收支实际数同本期预算数比较，同全年预算数比较，同上年同期实际数比较，同单位任务完成进度比较。其次，用因素分析法比较，找出差距的客观原因和主观努力的情况，以便进一步研究如何适应客观情况，改进工作。

（2）分析各项收入情况。分析各收入是否有预算，应缴收入是否及时足额地缴入国库，事业收入与相应的支出项目、成本费用项目的关系，通过各种分析，从中找出增收与减支的主客观因素和潜力所在，以便调动积极因素，改进薄弱环节，大力组织收入。

（3）分析各种支出情况。包括分析各种支出是否按预算的用途和数额支付，如有变动，其原因是什么；分析单位预算支出比上年同期增减变化情况的原因；分析单位预算支出与每项工作任务等方面的关系，经费供应的保证程度；分析各项支出是否贯彻勤俭节约的原则，有无铺张浪费、违法乱纪行为；分析经费开支标准和范围、定员定额等执行情况；分析行政编制、事业编制以及实有人员超编的情况。通过各项支出分析，提出改进意见，进一步提高资金使用效果。

（4）分析超支或结余情况。分析单位预算和预算执行结果是结余还是超支，情况是否真实；收入和支出的计算办法是否合理，主观和客观因素是什么。通过对超支或结余的分析，找出关键问题，为今后编制和审核预算、修改定员定额提供基础资料。

（5）分析各项往来款项，查明各种暂存、暂付、预收、预付、借入、借出等款项的数额及未结清的原因，有无长期未收回的呆账等。

（6）分析固定资产的增减变化及其资金来源是否正当、合理。新增固定资产中各类固定资产所占比重为多少，业务急需的固定资产是否给予优先安排；减少固定资产是否合理，有无合法的手续；现有固定资产的利用情况如何，有无长期闲置积压现象等。

四、年度决算报告

南水北调系统各单位年度终了需报送多套决算报表：机关本级和事业单位需要报送财政部部门决算报表、财政部固定资产投资报表、财政部住房改革支出报表、财政部行政事业单位资产报表、国管局国有资产报表、中央国家机关工会联合会工会决算报表，以及财政部要求编制的财政拨款结转结余资金报表等；各项目法人需要报送财政部部门决算报表、财政部固定资产投资报表、征地移民资金年度决算报表、财政部要求编制的财政拨款结转结余资金报表；征地移民机构需要报送征地移民资金年度决算报表。下面主要介绍部门决算报表和固定资产投资报表。

（一）年度部门决算报表

1. 年度部门决算报表的内容

财政部部门决算报表编报范围是列入上一年部门预算编报范围的行政事业单位、企业和企业集团。资金范围包括预算单位的全部收支情况，但不包括偿还性资金，也就是说不包括贷款资金。国务院南水北调办是中央一级预算单位，机关本级和3个事业单位是中央二级预算单位，各项目法人不是国务院南水北调办的二级预算单位，但由于南水北调工程建设项目预算是财政部下达国务院南水北调办执行，由国务院南水北调办再下达至各项目法人，资金拨付也由财政部以直接支付的形式拨付各项目法人，经请示财政部，国务院南水北调办部门决算必须反映这部分预算资金，所以国务院南水北调办编制部门决算的编报范围包括机关本级、3个事业单位和各项目法人。资金范围包括机关本级和事业单位的全部收支，各项目法人财政拨款部分的收支（不含贷款资金的收支）。机关本级、事业单位和各项目法人编制部门决算单户表，各项目法人单户数据汇总后由国务院南水北调办汇总编制经费差额表，与机关本级和事业单位数据汇总后形成国务院南水北调办数据报财政部。

年度部门决算报表包括部门决算报表说明书和决算报表两部分，部门决算报表说明书包括单位主要职责、机构设置及人员编制情况、工程进展情况、预算执行情况（分行政事业经费、基本建设经费两部分）、单位财务管理工作开展情况、预算执行存在问题及有关建议等几方面。南水北调系统各项目法人报送部门决算报表时仅填列财政拨款部分的数据，贷款部分数据是不填列的，因此部门决算报表对各项目法人来说不能全面反映资金的收入使用情况，只是反映财政性资金年度收支情况。

年度部门决算报表包括收入支出决算总表（财决01表）、财政拨款收入支出决算总表（财决01-1表）、收入支出决算表（财决02表）、收入决算表（财决03表）、支出决算表（财决04表）、支出决算明细表（财决05表）、基本支出决算明细表（财决05-1表）、项目支出决算明细表（财决05-2表）、项目收入支出决算表（财决06表）、行政事业类项目收入支出决算表（财决06-1表）、基本建设类项目收入支出决算表（财决06-2表）、一般公共预算财政拨款收入支出决算表（财决07表）、一般公共预算财政拨款支出决算明细表（财决08表）、一般公共预算财政拨款基本支出决算明细表（财决08-1表）、一般公共预算财政拨款项目支出决算明细表（财决08-2表）、政府性基金预算财政拨款收入支出决算表（财决09表）、政府性基金预算财政拨款支出决算表（财决10表）、政府性基金预算财政拨款基本支出决算明细表（财决10-1表）、政府性基金预算财政拨款项目支出决算明细（财决10-2表）、财政专户管理资金收入支出决算表（财决11表）、资产负债简表（财决12表）等21个决算主表。部门决算报表还包括资产情况表（财决附01表）、固定资产收益征缴情况表（财决附02表）、基本数据表（财决附03表）、机构人员情况表（财决附04表）、非税收入征缴情况表（财决附05表）等5个附表。

2. 年度部门决算报表的编制说明

年度部门决算报表填列的科目涉及教育支出、社会保障和就业支出、农林水支出、资源勘探信息等支出和住房保障支出等5类，其中主要是农林水支出类下南水北调款细分为行政运行、一般行政管理事务、南水北调工程建设、政策研究与信息管理、工程稽查、前期工作、环境移民及水资源管理与保护、南水北调工程基金及对应专项债务收入安排支出和国家重大水利工程建设基金及对应专项债务收入安排的支出等9项。主要决算报表的编制说明如下。

（1）收入支出决算总表编制说明。本表反映单位本年度的预、决算收支和年末结转结余情况。年初预算数：填列财政部门批复的年初预算数。调整预算数：填列经调整后的全年预算数，包括年初预算数和预算调增减数。决算数据可自动生成。本年支出合计年初预算数、调整预算数包括使用本年收入、年初结转和结余以及用事业基金弥补收支差额等资金安排的支出。

（2）财政拨款收入支出决算总表编制说明。本表反映单位本年度的财政拨款预、决算收支和年末结转结余情况。财政拨款包括一般公共预算财政拨款和政府性基金预算财政拨款。年初预算数：填列经财政部门批复的财政拨款年初预算数。决算数据可自动生成。本年支出合计年初预算数、调整预算数包括使用本年收入、年初结转和结余安排的支出。

（3）收入支出决算表编制说明。本表反映单位本年度收入、支出、结转和结余及结余分配等情况。根据单位收入支出总账、明细账的发生数，按支出功能分类科目分"类""款""项"分析填列。

1）年初结转和结余：填列单位上年结转本年使用的基本支出结转、项目支出结转和结余和经营结余。不包括事业单位净资产项下的事业基金和专用基金。

基本支出结转：填列单位基本支出收支相抵后结转本年使用的累计余额，包括事业单位未转入事业基金的基本支出结转。

项目支出结转和结余：填列单位从财政部门或上级单位等取得，需要结转下年继续使用的项目支出收支累计余额。

基本建设资金结转和结余：填列单位基本建设类资金中非偿还性资金结转本年使用的累计余额。

经营结余：填列事业单位上年度未进行分配并结转本年使用的经营收入结余，以及按制度规定结转的经营亏损。

2）本年收入：填列本年度取得的全部收入。

3）本年支出：填列单位本年度全部支出。主要根据"经费支出""事业支出""经营支出""对附属单位补助支出""上缴上级支出""其他支出""建筑安装工程投资""设备投资""待摊投资"等科目本年发生额和余额分析填列。

4）结余分配：填列当年结余的分配情况。根据《关于事业单位提取专用基金比例问题的通知》（财教〔2012〕32号）规定，事业单位职工福利基金的提取比例，在单位年度非财政拨款结余的40%以内确定，国家另有规定的从其规定。超过规定比例的单位，应在填报说明中详细说明并附文件依据。

其他：反映单位除交纳所得税、提取职工福利基金、转入事业基金以外的结余分配情况。

5）用事业基金弥补收支差额：填列单位用事业基金弥补当年收支差额的数额。

6）年末结转和结余：填列单位结转下年的基本支出结转、项目支出结转和结余、经营结余。除事业单位经营亏损和事业单位行业会计制度明确可列负结余的情况下，一般不应有负数。本栏数据不包括事业单位净资产项下的事业基金和专用基金。

（4）收入决算表编制说明。本表反映单位本年度取得的全部收入情况。根据单位收入总账、明细账的发生数，按支出功能分类科目分"类""款""项"填列。

1）财政拨款收入：填列单位本年度从本级财政部门取得的财政拨款，包括一般公共预算财政拨款和政府性基金预算财政拨款。主要根据"财政拨款收入""财政补助收入""基建拨款"等科目本年发生额填列。

2）上级补助收入：填列事业单位从主管部门和上级单位取得的非财政补助收入。主要根据"上级补助收入"科目本年发生额填列。

3）事业收入：填列事业单位开展专业业务活动及其辅助活动取得的收入。主要根据"事业收入"科目本年发生额填列。

4）经营收入：填列事业单位在专业业务活动及其辅助活动之外开展非独立核算经营活动取得的收入。

5）附属单位上缴收入：填列事业单位附属独立核算单位按照有关规定上缴的收入。

6）其他收入：填列单位取得的除上述收入以外的各项收入，包括未纳入财政预算或财政专户管理的投资收益、银行存款利息收入、租金收入、捐赠收入、现金盘盈收入、存货盘盈收入等。本单位从本级财政部门以外的同级单位取得的经费，从非本级财政部门取得的经费，以及行政单位收到的财政专户管理资金填列在本项内。

事业单位开展专业业务活动及辅助活动并以合同形式从本级财政部门以外的同级单位取得的经费，不在本项反映，应填列在"事业收入"栏。

（5）支出决算表编制说明。本表反映单位本年度全部支出情况。根据单位支出总账、明细账的发生数，按支出功能分类科目"类""款""项"分析填列。

1）基本支出：填列单位为保障机构正常运转、完成日常工作任务而发生的各项支出。

2）项目支出：填列单位为完成特定的行政工作任务或事业发展目标，在基本支出之外发生的各项支出。

3）上缴上级支出：填列事业单位按照财政部门和主管部门的规定上缴上级单位的支出。

4）经营支出：填列事业单位在专业活动及辅助活动之外开展非独立核算经营活动发生的支出。

5）对附属单位补助支出：填列事业单位用财政补助收入之外的收入对附属单位补助发生的支出。

（6）支出决算明细表编制说明。本表反映单位本年度基本支出、项目支出的明细情况，不包括应在"经营支出""上缴上级支出""对附属单位补助支出"中核算的各项支出。

本表为自动生成表，各项数据从"基本支出决算明细表""项目支出决算明细表"自动提取。

（7）基本支出决算明细表编制说明。本表反映单位本年度基本支出明细情况。根据单位基本支出明细账的发生数，按支出功能分类科目分"类""款""项"填列。

1）本表工资福利支出、商品和服务支出、对个人和家庭的补助、其他资本性支出、对企事业单位的补贴、债务利息支出等支出，按照支出经济分类科目规定的核算内容填列。

因公出国（境）费用：填列单位公务出国（境）的国际旅费、国外城市间交通费、住宿费、伙食费、培训费、公杂费等支出。

公务接待费：填列单位按规定开支的各类公务接待（含外宾接待）费用。

公务用车运行维护费：填列单位公务用车租用费、燃料费、维修费、过桥过路费、保险费、安全奖励费等支出。

其他交通费用：填列单位除公务用车运行维护费以外的其他交通费用。如飞机、船舶等的燃料费、维修费、过桥过路费、保险费、出租车费用等。

公务用车购置：填列单位公务用车车辆购置支出（含车辆购置税）。

其他交通工具购置：填列单位除公务用车外的其他各类交通工具（如船舶、飞机）购置支出（含购置税）。

2）本表支出不包括应在"上缴上级支出""经营支出""对附属单位补助支出"中核算的各项支出。

（8）项目支出决算明细表编制说明。本表反映单位本年度项目支出的明细情况，根据单位项目支出明细账发生数，按支出功能分类科目分"类""款""项"填列。

1）本表中工资福利支出、商品和服务支出、对个人和家庭的补助、基本建设支出、其他资本性支出、对企事业单位的补贴、债务利息支出和其他支出，按照支出经济分类科目规定的核算内容填列。

基本建设支出：填列由本级发展改革部门集中安排的用于购置固定资产、战略性和应急性储备、土地和无形资产，以及购建基础设施、大型修缮所发生的一般公共预算财政拨款支出，不包括政府性基金、财政专户管理资金以及各类拼盘自筹资金等。

其他资本性支出：填列由各级非发展与改革部门集中安排的用于购置固定资产、战略性和应急性储备、土地和无形资产，以及购建基础设施、大型修缮和财政支持企业更新改造所发生的支出。

2）本表支出不包括应在"上缴上级支出""经营支出""对附属单位补助支出"中核算的各项支出。

（9）项目收入支出决算表编制说明。本表反映单位本年度项目资金收入、支出、结转和结余情况。本表自动生成，各项数据从"行政事业类项目收入支出决算表""基本建设类项目收入支出决算表"中提取。

（10）行政事业类项目收入支出决算表编制说明。本表反映单位本年度行政事业类项目收支余情况。根据单位项目资金收支明细账的发生额，按支出功能分类科目分"类""款""项"分项目逐一填列。

1）资金来源：填列单位行政事业类项目支出的资金来源情况。

年初结转和结余：填列单位以前年度安排行政事业类项目的资金结转到本年度使用部分。

财政拨款结转和结余：填列单位以前年度安排行政事业类项目的财政拨款资金结转到本年度使用部分。

财政专户管理资金：填列单位本年度使用财政专户核拨的教育收费等资金安排的行政事业类项目支出。

其他资金：填列单位本年度安排行政事业类项目支出的其他资金。

2）支出数：填列单位本年度行政事业类项目的支出数。对于存在多种资金来源的项目，单位如无法区分财政拨款、财政专户管理资金和其他资金支出数，应按项目资金的构成比例计算填列。

3）结余分配：填列事业单位按照有关财务管理规定进行结余分配的项目支出结余资金。对财政拨款项目支出结余，中央单位按照《财政部关于印发〈中央部门财政拨款结转和结余资金管理办法〉的通知》（财预〔2010〕7号）的规定不能进行分配。对单位自筹项目结余资金，按有关财务管理规定填报。

4）年末结转和结余：填列单位截至年底尚未列支出的行政事业类项目资金。

财政拨款结转和结余：填列单位行政事业类项目截至年底尚未列支出的财政拨款资金。

（11）基本建设类项目收入支出决算表编制说明。本表反映单位本年度用非偿还性资金安排的基本建设类项目收支余情况，根据单位项目资金收支明细账的发生数，按支出功能分类科目分"类""款""项"并分项目逐一填列。

1）资金来源：填列单位基本建设类项目的非偿还性资金来源情况。

年初结转和结余：填列单位以前年度安排基本建设类项目的资金结转到本年度使用部分。

财政拨款结转和结余：填列单位以前年度安排基本建设类项目的财政拨款资金结转到本年度使用部分。

财政拨款：填列单位本年度安排基本建设类项目的财政拨款。

基本建设支出拨款：填列本年度由本级发展与改革部门安排的基本建设类项目的财政拨款。

其他资金：填列单位本年度安排基本建设类项目的其他资金。根据基本建设类项目除财政拨款和财政专户管理资金以外的非偿还性资金来源情况填列。

2）支出数：填列单位本年度基本建设类项目的支出数。

对于存在多种资金来源的项目，单位如无法区分财政拨款、财政专户管理资金和其他资金支出数，应按项目资金的构成比例计算填列。

3）用事业基金弥补收支差额：填列单位动用事业基金安排基本建设类项目的资金。

4）结余分配：填列按照《基本建设财务管理规定》进行结余分配的基本建设项目结余资金，包括单位年末留成收入。对财政拨款项目收支结余，中央单位按照《财政部关于印发〈中央部门财政拨款结转和结余资金管理办法〉的通知》（财预〔2010〕7号）的规定不能进行分配。

5）年末结转和结余：填列单位截至年底尚未列支出的基本建设类项目资金。

财政拨款结转和结余：填列单位基本建设类项目截至年底尚未列支出的财政拨款资金。中央单位按照《财政部关于印发〈中央部门财政拨款结转和结余资金管理办法〉的通知》（财预〔2010〕7号）的规定填报。

（12）一般公共预算财政拨款收入支出决算表编制说明。本表反映单位本年度从本级财政部门取得一般公共预算财政拨款的收入、支出、结转和结余等情况，按支出功能分类科目分"类""款""项"分析填列。

1）年初结转和结余：填列单位上年度一般公共预算财政拨款结余结转本年使用的情况，其中，基本支出结转和项目支出结转和结余单独列示。

2）本年收入：填列单位本年度从本级财政部门取得的一般公共预算财政拨款。

3）本年支出：填列单位本年度一般公共预算财政拨款支出情况。

基本支出：填列单位为保障其机构正常运转、完成日常工作任务而发生的用一般公共预算财政拨款安排的各项支出。

人员经费：填列单位基本支出中用一般公共预算财政拨款安排的"工资福利支出"和"对个人和家庭的补助"。

日常公用经费：填列单位用一般公共预算财政拨款安排的除人员经费以外的基本支出。

项目支出：填列单位按《关于印发〈中央部门财政拨款结转和结余资金管理办法〉的通知》（财预〔2010〕7号）的规定完成特定的工作任务或事业发展目标，在基本支出之外发生的用一般公共预算财政拨款安排的各项支出。

4）年末结转和结余：填列单位年末结转下年使用的一般公共预算财政拨款结转和结余数。

（13）一般公共预算财政拨款支出决算明细表编制说明。本表反映单位从本级财政部门取得的一般公共预算财政拨款本年度列支的基本支出和项目支出的明细情况。本表为自动生成表，各项数据从"一般公共预算财政拨款基本支出决算明细表""一般公共预算财政拨款项目支出决算明细表"自动提取。

（14）一般公共预算财政拨款基本支出决算明细表编制说明。本表反映单位从本级财政部门取得的一般公共预算财政拨款本年度列支的基本支出明细情况。根据单位基本支出明细账中一般公共预算财政拨款支出的发生数，按支出功能分类科目分"类""款""项"填列。

本表中工资福利支出、商品和服务支出、对个人和家庭的补助、其他资本性支出、对企事业单位的补贴、债务利息支出等支出，按照支出经济分类科目规定的核算内容填列。

（15）一般公共预算财政拨款项目支出决算明细表编制说明。本表反映单位从本级财政部门取得的一般公共预算财政拨款本年度列支的项目支出明细情况，按支出功能分类科目分"类""款""项"填列。

本表中工资福利支出、商品和服务支出、对个人和家庭的补助、基本建设支出、其他资本性支出、对企事业单位的补贴、债务利息支出和其他支出，按照支出经济分类科目规定的核算内容填列。

基本建设支出：填列由本级发展与改革部门用一般公共预算财政拨款集中安排的用于购置固定资产、战略性和应急性储备、土地和无形资产，以及购建基础设施、大型修缮所发生的支出。

其他资本性支出：填列由本级非发展与改革部门用一般公共预算财政拨款集中安排的用于购置固定资产、战备性和应急性储备、土地和无形资产，以及购建基础设施、大型修缮和财政支出企业更新改造所发生的支出。

（16）政府性基金预算财政拨款收入支出决算表编制说明。本表反映单位本年度从本级财政部门取得纳入预算管理的政府性基金预算财政拨款收入、支出、结转和结余等情况，按支出功能分类科目分"类""款""项"填列。

1）年初结转和结余：填列单位上年度政府性基金预算财政拨款结余结转本年使用的情况，其中，基本支出结转和项目支出结转和结余单独列示。

基本建设资金结转和结余：填列单位基本建设项目中政府性基金预算财政拨款结转数。

2）本年收入：填列单位本年度从本级财政部门取得的政府性基金预算财政拨款。

基本建设资金收入：填列单位本年度实际收到用于基本建设类项目的政府性基金预算财政拨款。

3）本年支出：填列单位本年度政府性基金预算财政拨款支出情况。

基本支出：填列单位为保障其机构正常运转、完成日常工作任务而发生的用政府性基金预算财政拨款安排的各项支出。

人员经费：填列单位基本支出中用政府性基金预算财政拨款安排的"工资福利支出"和"对个人和家庭的补助"。

日常公用经费：填列单位用政府性基金预算财政拨款安排的除人员经费以外的基本支出。

项目支出：填列单位为完成特定的工作任务或事业发展目标，在基本支出之外发生的用政府性基金预算财政拨款安排的各项支出。

基本建设资金支出：填列单位基本建设类项目中使用政府性基金预算财政拨款的支出数。

4）年末结转和结余：填列单位年末结转下年使用的政府性基金预算财政拨款结转和结余数。

（17）政府性基金预算财政拨款支出决算明细表编制说明。本表反映单位从本级财政部门取得的政府性基金预算财政拨款本年度列支的基本支出和项目支出的明细情况。本表为自动生成表，各项数据从"政府性基金预算财政拨款基本支出决算明细表""政府性基金预算财政拨款项目支出决算明细表"自动提取。

（18）政府性基金预算财政拨款基本支出决算明细表编制说明。本表反映单位从本级财政部门取得的政府性基金预算财政拨款本年度列支的基本支出明细情况。根据单位基本支出明细账中政府性基金预算财政拨款支出的发生数，按支出功能分类科目分"类""款""项"填列。

本表中工资福利支出、商品和服务支出、对个人和家庭的补助、其他资本性支出、对企事业单位的补贴、债务利息等支出，按照支出经济分类科目规定的核算内容填列。

（19）政府性基金预算财政拨款项目支出决算明细表编制说明。本表反映单位从本级财政部门取得的政府性基金预算财政拨款本年度列支的项目支出明细情况，根据单位项目明细账中政府性基金预算财政拨款支出数，按支出功能分类科目分"类""款""项"填列。

本表中工资福利支出、商品和服务支出、对个人和家庭的补助、其他资本性支出、对企事业单位的补贴、债务利息支出和其他支出，按照支出经济分类科目规定的核算内容填列。

（20）财政专户管理资金收入支出决算表编制说明。本表反映单位本年度从本级财政部门取得的财政专户管理的教育收费等资金的收入、支出、结转和结余等情况，按支出功能分类科目分"类""款""项"填列。

（21）资产负债总表编制说明。本表反映单位年初、年末的资产负债等情况。按单位执行会计制度的种类分别对应选择填列，其中："行政单位"反映执行《行政单位会计制度》的单位各项资产、负债及净资产情况（包括行政单位按照制度要求，将单独核算的基本建设投资并入会计"大账"的相关数据）；"事业单位"反映执行《事业单位会计制度》及执行《科学事业单位会计制度》等行业事业单位会计制度的单位各项资产、负债及净资产情况（包括事业单位按照制度要求，将独立核算的基本建设投资并入会计"大账"的相关数据。涉及南水北调系统的只有这两类性质的单位。

1）行政单位。

在建工程：填列行政单位期末除公共基础设施在建工程以外的尚未完工交付使用的在建工程的实际成本。本项目应当根据"在建工程"科目中属于非公共基础设施在建工程的期末余额填列。

政府储备物资：填列行政单位直接储存管理的各项政府应急或救灾储备物资等。

公共基础设施：填列行政单位占有并直接负责维护管理、供社会公众使用的工程性公共基础设施资产，包括城市交通设施、公共照明设施、环保设施、防灾设施、健身设施、广场及公共构筑物等其他公共设施。

财政拨款结转：填列行政单位滚存的财政拨款项目支出结转资金，包括基本支出结转、项目支出结转。

财政拨款结余：填列行政单位期末滚存的财政拨款项目支出结余资金。

资产基金：填列行政单位期末预付账款、存货、固定资产、在建工程、无形资产、政府储备物资、公共基础设施等非货币性资产在净资产中占用的金额。

待偿债净资产：填列行政单位期末因应付账款和长期应付款等负债而相应需在净资产中冲减的金额。本项目应当根据"待偿债净资产"科目的期末借方余额以"－"号填列。

2）事业单位。

短期投资：填列事业单位依法取得的，持有时间不超过1年（含1年）的投资，主要是国债投资。

存货：填列事业单位为开展业务活动及其他活动耗用而储存的各种材料、燃料、包装物、低值易耗品及达不到固定资产标准的用具、装具、动植物等实际成本。

其他流动资产：填列事业单位除上述各项之外的其他流动资产，如将在1年内（含1年）到期的长期债券投资。

累计折旧：填列事业单位按有关财务会计制度规定对固定资产计提折旧的累计折旧数。填列本项的单位需在填报说明中对固定资产计提折旧的制度依据等相关事项进行说明。

累计摊销：填列事业单位按有关财务会计制度规定对无形资产计提摊销的累计摊销数。填列本项的单位需在填报说明中对无形资产计提摊销的制度依据等相关事项进行说明。

待处理资产损溢：填列事业单位年末待处置资产的价值及处置损溢。

其他流动负债：填列事业单位除上述各项之外的其他流动负债，如承担的将于1年内（含1年）偿还的长期负债。

非流动资产基金：填列事业单位长期投资、固定资产、在建工程、无形资产等非流动资产占用的金额。

财政补助结转：填列事业单位滚存的财政补助结转资金，包括基本支出结转和项目支出结转。

财政补助结余：填列事业单位滚存的财政补助项目支出结余资金。

3）资产总计：填列"行政单位""事业单位""企业化管理事业单位""民间非营利组织"的资产合计。

4）负债总计：填列"行政单位""事业单位""企业化管理事业单位""民间非营利组织"的负债合计。

5）净资产合计：填列"行政单位""事业单位""企业化管理事业单位""民间非营利组织"的净资产合计以及"企业化管理事业单位－少数股东权益、所有者权益"的四项之和。

6）国有资产总量：填列单位净资产总计减去少数股东权益。

（22）资产情况表编制说明。本表反映各类资产年初及年末的价值和数量。本表各项资产价值按资产原值填列，单位根据有关明细账和实物台账分析填列。具体填列要求如下。

1）资产总额：填列单位占有或者使用的，能以货币计量的经济资源。包括流动资产、固定资产、无形资产和其他资产等，按价值进行反映。年初数、年末数根据本表内数据自动生成。

2）流动资产：填列单位可以在一年内变现或者耗用的资产，包括库存现金、银行存款、财政应返还额度、应收款项、预付款项、存货等，按价值进行反映。年初数、年末数可从财决

12 表中自动提取生成。

3）固定资产：填列单位价值在规定标准以上，使用期限在一年以上，并且在使用过程中基本保持原有物质形态的资产，按原值进行反映。固定资产项下指标比照国家标准《固定资产分类与代码》（GB/T 14885—2010）分类填报。

房屋：填列单位已进行计量、记录并确认为固定资产的办公用房等，按数量及价值进行反映。业务用房：填列单位用于开展特定业务活动的公务用房，包括行政单位业务用房、公共安全用房、事业单位用房、社会团体用房等行政事业单位业务类用房。其他：填列单位除办公用房、业务用房外的其他房屋及构筑物。

汽车：填列单位已进行计量、记录并确认为固定资产的轿车、越野车、小型载客汽车［包括 16 座（含）以下的商务车、其他乘用车和小型客车、大中型载客汽车等］，按数量及价值进行反映。其他车型：填列单位除轿车、越野车、小型载客汽车、大中型载客汽车以外的车辆（不含摩托车、电动自行车、轮椅车、非机动车辆等）。

单价在 20 万元以上的设备：填列单位已进行计量、记录并确认为固定资产的除汽车、房屋以外的单价在 20 万元以上的设备数量，包括单位通用设备、专用设备、家具用具等。

累计折旧及减值准备：填列单位按有关财务会计制度规定对固定资产计提累计折旧以及减值准备数。

长期投资：填列单位依法取得的，持有时间超过 1 年（含 1 年）的股权和债券性质的投资，按价值进行反映。

无形资产：填列单位持有的、没有实物形态的可辨认非货币性资产，包括专利权、商标权、著作权、土地使用权、非专利技术等，按数量及价值进行反映；无形资产有数量的根据实际情况填列，没有具体价值的暂不填列。

累计摊销：填列单位按有关财务会计制度规定对无形资产计提摊销的累计摊销数。

其他资产：填列单位除上述资产以外的其他资产，按价值进行反映。包括行政单位的待处理财产损溢、政府储备物资、公共基础设施（不含公共基础设施在建工程）以及受托代理资产，事业单位的待处置资产损溢、其他资产，企业化管理事业单位的工程物资、固定资产清理、待处理固定资产净损失、递延税款借项、其他，民间非营利组织的文物文化资产、固定资产清理、受托代理资产、其他。

本年坏账损失金额：填列单位本年度经批准核销的坏账损失金额总数。坏账损失是指单位因暂付款项、应收款项（应收账款、其他应收款、预付款等）无法收回而造成的损失。

年末单位负担费用的供暖面积：填列单位年末实际负担供暖费用的房屋建筑物面积，包括单位租用的办公用房、业务用房和已进行住房制度改革并办理固定资产产权过户手续，但仍负担供暖费用的房屋建筑物面积。

年末单位出租出借房屋面积：填列单位自行或委托其他单位实施的，有偿或无偿出租出借的房屋面积。

年末已确权土地面积：填列单位实际占用的土地面积中已由国土部门进行土地所有权、使用权确权登记并颁发土地使用证的土地面积。

年末单位汽车用途情况。副部（省）级及以上领导用车：填列单位年末用于单位副部（省）级以上领导公务活动的机动车数量。一般公务用车：填列单位年末用于办理公务、机要通信等公务活动的机动车数量。一般执法执勤用车：填列单位年末用于办案、监察、稽查、税务征管等执法执勤公务的普通车辆数量。特种专业技术用车：填列单位年末加装特殊专业设备，用于通信指挥、技术侦查、抢险救灾、检验检疫、环境监测、救护、工程技术等机动车数量。其他用车：填列单位年末除上述四种用车之外的机动车数量。

（23）国有资产收益征缴情况表编制说明。本表反映单位国有资产有偿使用收入、国有资产处置收入的征缴情况。根据单位执行会计制度、国有资产收益的实际征缴情况及有关明细账分析填列。

1）国有资产：指占有、使用的，依法确认为国家所有，能以货币计量的固定资产、流动资产、无形资产、对外投资等各种经济资源。

2）资产有偿使用收入：填列单位利用所占有、使用的国有资产进行出租、出借、举办经济实体、对外投资等取得的收入。

3）资产处置收入：填列单位对国有资产产权进行转移及核销所取得的收入，包括固定资产、流动资产、无形资产、对外投资等各类国有资产的出售、转让、置换差价、报损、报废残值变价等收入。其他资产处置收益：填列行政事业单位除上述收入以外的其他国有资产处置收入。

4）资产收益上缴情况：填列行政事业单位利用国有资产所取得收入的实际征缴情况，根据单位资产收益备查账及相关资料进行填列。

已缴国库：填列按规定已纳入财政预算管理，并已缴入国库的资产收益数。

已缴财政专户：填列已缴入财政专户的资产收益数。

应缴未缴：填列按规定应纳入财政预算管理或财政专户管理，但实际上未上缴的资产收益数。

单位留用：填列经财政部门批准留归单位使用的国有资产收益。

（24）基本数字表编制说明。本表反映单位年末机构、人员情况，按支出功能分类科目分"类""款""项"进行填列，所有指标均不包括编制外长期聘用人员、遗属和临时工。

1）单位同时使用两个以上支出功能分类科目开支人员经费的，机构和人员数不得重复填列。机构数应填列在主要支出功能分类科目下，人员按实际开支基本工资的支出功能分类科目填列，其他科目不再重复反映。合计行为单位年末实际机构和人员数。

2）年末机构数：填列单位年末独立核算的机构数。

3）编制人数：填列经政府编制管理部门核定的人员编制数，包括工勤编制人数。

4）年末实有人数。在职人员：填列在政府编制管理部门核定的编制内、由单位人事部门管理的实有在职人员，工勤编制人员在此反映。

5）一般公共预算财政拨款开支人数：填列单位用一般公共预算财政拨款开支基本工资或离退休费的行政人员及参照公务员法管理的事业单位人员。

6）一般公共预算财政补助开支人数：填列单位用一般公共预算财政补助开支基本工资或离退休人员的事业人员（不含参照公务员管理的事业人员）。

一般公共预算财政拨款、补助开支人数具体包括：①单位用一般公共预算财政拨款、补助开支基本工资或离退休费的人员。②基本工资或离退休费全部或部分由纳入一般公共预算管理的行政事业性收费开支的人员。

以下人员不列入一般公共预算财政拨款开支人数和一般公共预算财政补助开支人员统计范围：①原未列入一般公共预算财政拨款（补助）开支人员范围，由于经费管理和拨付方式转变，用纳入预算管理的政府性基金开支的人员。②编制部门批准为财政补助事业编制，但实际未由一般公共预算财政拨款开支或补助开支基本工资的在职人员。③行政机构和事业单位中用一般公共预算财政拨款开支或补助开支基本工资的编制外长期聘用人员、遗属及临时工作人员。④民政优抚对象、村干部、下岗职工、城镇居民最低生活保障对象等财政进行适当补助的人员。

7）经费自理人数：填列单位用政府性基金、财政专户管理资金以及其他非一般公共预算财政拨款（补助）开支基本工资或离退休费的人员。

8）年末学生人数：填列经国家批准按统一计划招收的各类全日制在校研究生、本专科学生、留学生、中等教育学生、初等教育学生以及干部进修和培训等人数，不包括学前教育（即幼儿园）学生数。

9）已转制为企业的科研机构的离退休人员，在社会保险经办机构领取基本养老金但财政仍有经费补助的，人数统一在转制科研机构科目中反映。

（25）机构人员情况表编制说明。本表反映单位年末机构设置和人员编制及实有情况。

1）人员情况。

在职人员：

——政府机关人员：填列各级政府机关行政人员，不含公安机关、司法行政机关和国家安全机关行政人员。

——群众团体人员：填列行使行政职能的全国性群众团体机关行政人员。

——民主党派人员：填列民主党派机关行政人员、中华全国工商业联合会机关行政人员。

——政法机关人员：填列公安机关、检察院、法院、司法行政机关和国家安全机关行政人员。

——参照公务员法管理人员：填列单位经政府编制管理部门批准参照《中华人民共和国公务员法》管理的人员。

——财政补助人员：填列经政府编制管理部门核定的财政补助编制人员。

——经费自理人员：填列经政府编制管理部门核定的经费自理编制人员，包括经费自理编制人员和企业化管理编制人员。

——工勤人员：填列行政单位编制中由政府编制部门核定的工勤编制人员。事业单位的工勤人员编制含在单位事业编制中，不在此反映。

其他人员：填列由单位人事部门管理的聘用期1年以上的编制外聘用人员，不包括工勤编制人员和临时工。

遗属人员：填列按规定由单位开支抚恤金的烈士遗属和牺牲病故人员遗属。

编制人数：填列经政府编制管理部门核定的人员编制数。

年末实有人数：填列在政府编制管理部门核定的编制内、由单位人事部门管理的实有在职人数以及离退休人数。

——一般公共预算财政拨款（补助）开支人数：填列单位用一般公共预算财政拨款（补助）开支基本工资或离退休费的人员数。

——经费自理人数：填列单位用政府性基金、财政专户管理资金以及其他非一般公共预算财政拨款（补助）开支基本工资或离退休费的人员数。

——财政部门实际供给经费方式与政府编制管理部门核定的经费供给方式不一致的，单位应按财政部门实际供给经费情况对应填列年末实有编制内在职人数及离退休人数。

2）机构情况。

独立编制机构数：填列经政府编制管理部门批准的行政事业机构数。

独立核算机构数：填列经政府编制管理部门批准并实行财务独立核算的行政事业机构数。

纳入部门预算管理、独立编报预算的单位，应按独立核算机构编报本套决算；实行会计集中核算方式的单位，由于其作为预算执行和会计核算的主体地位不变，应作为独立核算机构编报本套决算。

（26）非税收入征缴情况表编制说明。本表反映单位非税收入的征缴情况。单位应按照收入分类科目中"非税收入"类下的"款""项""目"级科目逐一填列。

1）已缴国库、已缴财政专户：填列单位实际缴入国库和财政专户的非税收入。对实行分成体制的非税收入，单位应根据分成比例和缴款凭证的缴款额分别填入"缴入本级国库"和"缴入非本级国库"。

未缴财政专户：填列单位应缴未缴财政专户的非税收入。单位未缴留用的非税收入需在本栏反映，并说明批准留用的部门及相关文件依据。

2）政府性基金收入：填列各级政府及其所属部门根据法律、行政法规以及中共中央、国务院有关文件规定，向公民、法人和其他组织无偿征收的具有专项用途的财政资金（包括基金、资金、附加和专项收费）。

3）专项收入：填列单位根据特定需要由国务院批准或国务院授权有关部门批准设置，具有特定来源，并规定有专门用途，纳入预算管理的财政资金。

4）行政事业性收费收入：填列国务院财政部门会同价格主管部门共同发布的规章或者规定收取的各项收费收入以及省、自治区、直辖市人民政府财政部门会同价格主管部门共同发布的规定所收取的各项收费收入。

5）罚没收入：填列执法机关依法收缴的罚款（罚金）、没收款、赃款，没收物质、赃物变价款收入。

6）国有资源（资产）有偿使用收入：填列有偿转让国有资源（资产）使用费而取得的收入，包括非经营性国有资产出租收入、海域使用金收入、场地和矿区使用费收入、特种矿产品出售收入等。

7）其他收入：填列单位除上述收入外的捐赠收入、主管部门集中收入、乡镇自筹收入等。

（二）年度固定资产投资决算报表

南水北调系统各单位报送的固定资产投资决算报表也就是原来的基本建设资金报表，对各项目法人来说，固定资产投资报表能全面反映建设项目收入支出情况，能使国家全面掌握在建的南水北调工程建设项目总投资规模、投资来源构成、投资完成、资金到位及使用效果等情况。

1. 年度固定资产投资决算报表的内容

年度固定资产投资决算报表包括报表说明书和会计决算报表。

（1）报表说明书。

1）工程基本情况：工程概况、工程概算批复情况。

2）南水北调工程建设管理模式情况。

3）决算报表汇总范围：汇总单位、汇总项目及资金。

4）投资计划下达、资金到位、投资完成及资金结余情况：投资计划下达情况（含累计投资计划下达情况和本年度投资计划下达情况）、资金到位情况（含累计资金到位情况和本年度资金到位情况）、投资完成情况及资金结余情况。

5）工程建设管理基本情况：主体工程建设情况、投资完成情况、每个设计单元在建工程情况、质量安全情况、征迁情况、投资控制情况、反腐倡廉情况、科技保障情况。

6）财务管理情况：财务人员情况、制度建设情况、资金筹集情况、预算执行情况、资金保障情况、培训情况、完工财务决算情况、审计稽查情况、年度决算组织情况。

7）存在的问题及建议：资金筹集问题、资金使用效益问题、资金监管问题、投资控制问题、完工财务决算问题。

8）下年度财务工作要点：会计基础工作、预算执行工作、完工决算编制与投资控制奖惩工作、资金监管工作。

（2）会计决算报表。主要包括资金平衡表、投资项目表和资产基本情况表。

2．年度固定资产投资决算报表的编制说明

（1）资金平衡表编制说明。本表主要根据各单位执行的各会计制度、结合基本建设财务制度规定分析调整填报。本表主要反映截至本年年初、年末，单位年度固定资产项目资金来源和资金占用情况。编制本表的目的是：①综合反映单位年度固定资产投资项目各项投资来源和资金占用情况及增减变动；②分析资金构成是否合理；③分析投资产出。

（2）投资项目表编制说明。本表反映年度固定资产投资项目自筹建起至本年末止资金来源和资金支出累计情况，是资金平衡表的项目明细表。编制本表的目的是：①了解项目基本属性及行业分布；②检查项目概算执行情况；③分析投资产出效率；④为编制竣工财务决算提供资料。

1）投资项目表中的项目名称：各项目法人按境内负责的设计单元工程名称填列。

2）项目已批概算数：填列各设计单元工程已经批复的概算数，根据所有设计单元工程批复概算文件填列。

3）投资资金来源：分别要填列中央基建投资、中央财政专项资金、中央政府性基金、银行贷款，根据所有设计单元工程账面资金到位数填列。

4）投资资金支出：分别要填列设计单元工程的交付资产使用情况和在建工程情况，交付资产使用情况根据已完工项目"交付使用资产"科目余额填列，在建工程根据"建筑安装工程投资""设备投资""待摊投资"和"其他投资"4个科目的期末数合计填列。

5）在建及停缓建项目结转资金：按照在建项目投资资金到位数与实际支出之间的差额填列。

（3）资产基本情况表。本表反映本年末各单位固定资产和无形资产基本情况，包括基建账、财务账、企业会计账中的固定资产和无形资产。编制本表的目的：①了解国有单位资产存量情况；②掌握国有单位新增资产情况。

各项目法人填列资产基本情况表时，现阶段只能填列工程建设期间形成的办公设备、交通运输工具和已完工项目交付使用的固定资产，在建项目由于未编制完工财务决算，未进行完工验收，因此，在建项目中暂时形成的固定资产不填入此表。

第六节 固定资产管理

固定资产作为国务院南水北调办资产的重要组成部分，其管理日益受到重视。完善固定资产管理制度，加强固定资产日常管理，提高固定资产管理人员水平对提升固定资产管理的安全完整性、使用效益及配置的公正性有着重要意义。

一、固定资产管理体制

国务院南水北调办自成立以来，每年年度终了时，综合司和经济与财务司及使用部门共同对办机关固定资产全面清查盘点。根据对固定资产进行全面清查以及清查中存在的问题，国务院南水北调办修订完成了《国务院南水北调办机关固定资产管理办法》（简称《固定资产管理办法》）。《固定资产管理办法》的修订和印发，对进一步规范和加强办机关固定资产管理，维护固定资产的安全完整、合理配置和有效利用固定资产起到了一定成效。

固定资产管理是国务院南水北调办建设的很重要的环节，直接关系到各项工作的质量和进度，关系到各项设施、各种设备的正常使用和运转。因此，固定资产采购工作必须遵守国家的法律法规，遵循市场规律，充分提高资金的使用效益，保证及时、优质、保量的采购和供应建设所需的物资。

国务院南水北调办把固定资产管理作为一项重要的内容列入工作目标，建立各级领导和管理人员责任制，把各项规定落到实处。实行"统一领导、归口管理、分工负责、责任到人"的管理原则，强化各部门的分级管理，明确各部门职责分工，确保严格执行资产管理程序。

（一）统一领导

国务院南水北调办固定资产根据需要和使用标准进行配置，充分利用了现有固定资产，节约、有效使用并保证其安全和完整；并建立了一套完善的管理制度，包括购置、领用发出、维修保养、处置处理等各个环节的规章制度，建立财产清查制度，保证资产的账面与实物相符。

（二）归口管理

建立固定资产管理责任制，机关各司对固定资产管理负有不同责任。综合司负责固定资产的归口管理，经济与财务司负责固定资产的核算，使用固定资产的机关各司（统称使用部门）负责对所使用固定资产的保管和日常维护。

（三）分工负责

综合司的主要职责是：根据机关各部门报送的年度固定资产采购计划和政府采购预算，审核、汇总固定资产采购计划，报国管局审核；根据固定资产采购发票等原始凭证，办理固定资产入库和使用部门领用等手续。建立固定资产卡片以及固定资产账目，负责按实物、价值分类核算；对固定资产的日常管理进行统一指导，根据机关各部门固定资产使用管理状况，进行备案、监督和检查。

机关各司是固定资产的使用部门，其主要职责是：每年年底前，向综合司提交本部门下年度固定资产采购计划和政府采购预算；根据批复的采购预算，实施采购，同时对纳入政府采购范围的固定资产进行备案；根据采购合同，同综合司对货物组织验收，填写《固定资产验收单》后，办理报销手续；负责本部门固定资产的日常保管和领用登记；协助做好本部门的固定资产清查。

（四）责任到人

对各类固定资产的使用、保管落实到人，各级责任人分别负有各自的管理权限，对所管理的固定资产承担全部责任。

各部门的资产管理员负责本部门资产管理工作，包括保管领用发出、维修保养、清查盘点、处置等。固定资产的使用人负责本人领用固定资产的保管与维护，避免丢失、损坏。

统筹安排，合理利用，优化资源配置，充分发挥资产效率，提高资产使用率。国务院南水北调办在对固定资产进行配置时，不但立足现在，更考虑资产发挥的长远效率。针对使用部门资产多占多用，一味追求"全"的现象，严格按照标准对使用部门设施的配置进行核定，从而减少盲目性，减少空置率，全面提高资产的利用率，优化各使用部门内资源配置，实现资源共享。

强化固定资产的监督与管理，防止资产流失。各使用部门建立资产采购、发放监督、验收制度，严格领导审批、经手人签字、申领人签字。

二、固定资产的范围、分类与计价

（一）固定资产的范围

行政事业性固定资产，即由行政事业单位占有并使用，在法律上为国家所用且能够以货币计量各资源价值的固定资产总和。为方便计量和确认，国务院南水北调办固定资产的范围为：使用年限一年以上，单位价值1000元以上、专用设备单位价值1500元以上，并在使用过程中基本保持原有实物形态的资产。同时，单位价值不足上述规定标准，但耐用时间在一年以上的大批同类物品也属于固定资产。

（二）固定资产的分类

按类别来分，固定资产一共分为六类：房屋及构筑物；通用设备；专用设备；文物和陈列品；图书和档案；家具用具装具及动植物。

（1）房屋及构筑物是指房屋、构筑物。房屋包括办公用房、业务用房、公共安全用房等；构筑物包括道路、围墙、水塔、雕塑等；附属设施包括房屋、建筑物内的电梯、通信线路、输电线路、水汽管道等。

（2）通用设备是指用于业务工作的通用性设备，包括计算机设备及软件、办公设备、车辆。

（3）专用设备是指各种具有专门性能和专门用途的设备，包括各种仪器和机械设备等。

（4）文物和陈列品是指古玩、字画、纪念品、装饰品、展品等。

（5）图书和档案是指图书馆（室）、阅览室、档案馆等贮藏的图书、期刊、资料、档案等。

（6）家具用具装具及动植物是指各种家具、被服装具、特种用途动植物等。

（三）固定资产的计价

在采购固定资产流程中，首先需要确认固定资产的价值，以便准确记账，保障资产价值的合理性。国务院南水北调办对固定资产进行计价根据不同的取得方式主要有 8 个计价方法。

（1）对于调入、购入的固定资产，按支付的调拨价、买价以及包装费、运杂费、保险费、安置费、车辆购置税等实际成本计价入账。

（2）对于自建的固定资产，按建造过程中所发生的全部支出（包括所消耗的材料、人工及其他费用等）计价入账。

（3）对于在原有固定资产基础上改建或扩建的固定资产，按改建或扩建发生过的支出并减去改建或扩建过程中发生的变价收入后的净增加值计价入账。

（4）对于接受的捐赠固定资产，按同类固定资产的市场价格或根据对方所提供的有关凭证计价入账，接受捐赠时发生的相关费用也应计入固定资产价值。

（5）对于无偿调入不能查明价值的固定资产，按估价入账。

（6）对于盘盈的固定资产，按重置完全价值入账。

（7）对于已经投入使用但尚未办理移交手续的固定资产，可先按估价入账，待确定实际价格后，再做调整。

（8）对于用外币购置的设备，按当时的汇率折算成人民币金额，加上运费及其他费用（外币应折合成人民币金额），再加上支付的关税、海关手续费等实际成本入账。

三、固定资产购置

固定资产购置过程包括制定固定资产采购计划、填写采购申请、内部审批、发出订单、联系供应商签订采购合同、设备验收、确认无误办理支付、财务核算和完成采购。

（一）固定资产的采购计划

根据财政部相关要求，购置任务固定资产应有预算，纳入政府采购的固定资产应有政府采购预算。凡需购置固定资产的，由使用部门编制固定资产采购计划报送综合司；经综合司审核、汇总后编制办机关固定资产采购计划，由办公室报国管局审批；经济与财务司依据综合司编制的办机关固定资产采购计划编制固定资产采购预算，由办公室报财政部审批。

纳入政府采购范围内的固定资产，需由机关各司（采购单位）提出货物采购需求和预算。由综合司按照需求和规定的配置标准，对采购单位提出的货物需求进行审核，提出货物采购计划。经济与财务司按照综合司提出的货物采购计划审核预算。综合司会同经济与财务司将毫无采购计划和预算报办领导审定后，分别报送国管局审批货物采购计划和财政部审批政府采购预算。综合司会同经济与财务司根据国管局批准的采购计划和财政部批准的采购预算，制定国务院南水北调办货物采购实施计划。综合司会同经济与财务司将货物采购实施计划报办领导批准后执行。

（二）固定资产采购计划实施

固定资产采购计划和采购预算批复后，综合司与使用部门确认再报办领导批准，由各使用部门按计划联系供应商签订合同，实施采购。签订采购合同的固定资产需严格执行《国务院南水北调办机关经济合同管理办法》等制度。

纳入政府采购范围的固定资产采购应严格执行《国务院南水北调办机关政府采购活动内部控制管理规定》及有关法律法规和规章制度。根据办领导批准的货物采购实施计划，采购单位制定具体采购实施方案，主要包括：详细的采购需求，应当包括采购对象需实现的功能或目标，满足项目需要的所有技术、服务、安全等要求，采购对象的数量、交付或实施的时间和地点，采购对象的验收标准等内容。采购单位将采购事项录入财政部采购计划系统，经经济与财务司审核并报财政部审定。财政部审定采购事项后，采购单位按照财政部印发的有关文件确定采购方式并实施采购。采购单位与供应商签订货物采购合同时，应进一步核实采购货物的性能和质量，满足采购要求。采购单位依据货物采购合同、购货发票和采购计划签报，到经济与财务司办理合同款支付。采购单位督促供应商按照货物采购合同约定全面履行合同义务。

（三）固定资产验收入库及财务核算

固定资产购入后，应由综合司会同经济与财务司、使用部门进行计价和验收工作。由综合司填制《固定资产验收单》，填写所收物品或设备的名称、数量、规格型号、出厂日期、供应商、金额、包括附属设备和技术文件等。《固定资产验收单》一式三联，在与采购合同或采购订单核对一致后，由综合司人员、经济与财务司和使用部门分别签字确认，一联留综合司登记台账入库，一联交经济与财务司报销入账，一联交使用部门备查。将验收合格后的固定资产交给使用部门。经济与财务司依据《固定资产验收单》办理财务入账手续，同时根据发票、采购合同或订单等相关票据，完成付款手续。

为保证账实相符，固定资产实行编码管理，由综合司负责编制和制作固定资产编码。编码作为固定资产唯一识别码，同一固定资产的实物、资产卡片和账实登记的编码应保持一致。

四、固定资产日常管理

实施固定资产的有效管理，可以确保固定资产合理、妥善地使用，从而发挥各项资产应有的作用。通过科学的管理，对闲置的固定资产进行及时处理，从而提高资金利用率。加强固定资产管理，保证固定资产的利用率，提高其使用效率。

固定资产的日常管理是指在日常行政工作或业务活动中对所需及占用的固定资产实施的管理及核算，包括固定资产的保管、领用发出、维修保养、清查盘点、处置、价值变动、录入资产管理信息等各个环节的实物管理和财务核算。这是一个长期动态的过程，将固定资产规范化管理贯穿于日常工作，使之经常化、制度化。做到账实、账卡完全相符。使资产管理趋于完善，从而达到提高固定资产的管理水平，向科学化规范化管理迈进。

固定资产的管理需要各使用部门之间相互配合、协调，统一按照单位的固定资产管理制度正确地对各项资产的使用、维护、交接做好记录。只有使用部门之间相互配合和协调，才能使固定资产的使用和管理清晰明确，才能真正提高固定资产的安全性及使用率。

根据机关各司在固定资产管理中的职能，主要从3个方面履行其职责。综合司负责对验收入库固定资产的调拨处置、技术鉴定、清查盘点及实物登记核算、资产增减变动等事项。使用部门负责固定资产的领用发出、日常保管、维修保养等事项。

(一) 固定资产的领用发出及维修保养

综合司是固定资产实行归口管理，对验收入库和投入使用的固定资产建立《固定资产卡》，记入固定资产明细账，逐件逐项登记反应固定资产的品名、规格、单价或价格、购买或形成日期、用途、使用人等内容，按物登卡，按卡记账。使用部门应指定本部门的资产管理员，负责本部门资产管理工作。资产管理员应履行以下职责：贯彻执行办机关各项有关资产配备政策和相关规章制度，熟悉资产管理业务和工作内容；负责办理本部门资产购置的具体申请程序，对资产购置提出合理化意见；按规定程序及时办理本部门资产领用、移交、调拨、报损、报废处置手续；负责本部门固定资产《固定资产验收单》、领用（交还）单、卡片和实物等管理，做好辅助台账登记、张贴标签等工作；固定资产使用人发生变化的，应及时办理相关移交手续，并更新本部门固定资产台账信息；负责对本部门固定资产的保管、维修保养、定期清查、统计报告及日常监督检查工作；定期对固定资产的实际情况与固定资产台账信息进行核对，确保做到账卡相符、账实相符；负责本部门的固定资产盘点，固定资产盘点应经固定资产使用人签字确认。

资产管理员应根据工作需要，将购置的固定资产在综合司登记验收入库后，投入使用。在固定资产使用过程中，为保证其处于正常运行状态，需进行维修保养。维修保养所产生的修理费用，不追加固定资产原值，通过期间费用核算，一般计入到管理费用，体现当期损益。

(二) 固定资产的清查盘点

固定资产盘点管理，是完善固定资产日常管理的基础，即核对固定资产的实际情况和记账情况，达到物、卡、账相符的目的。原则上每年至少应当进行一次全面清查，综合司、经济与财务司和使用部门应每年对机关的固定资产进行一次全面清查盘点，以12月31日为盘点时点。对需要修理的要及时进行修理，达到报废年限的，或者虽未达到报废年限，但实际上已损坏无法修复的要按规定办理报废手续，及时消账。

使用部门应在1月15日前将经本部门主要负责人签字的上年度固定资产盘点情况报送综合司。使用部门盘点情况包括：本部门固定资产的实物盘点情况，固定资产的保管、使用、维修等情况，以及存在的问题和原因等的说明。综合司应在2月底前，完成与各使用部门固定资产的实有数和账面数的核对汇总，确保账实相符，并汇总机关固定资产清查盘点情况。经济与财务司在3月底前，依据综合司汇总的固定资产清查盘点情况，完成与财务账目核对，确保账账相符。编制年度资产决算报告（报表），由办公室报送国管局（财政部）。

(三) 固定资产的处置和价值变动

清查盘点结束后，固定资产实物管理部门及时提交清查盘点报告，对盘盈、盘亏固定资产原因进行认真分析，提出整改措施并会同有关部门对相关责任人提出具体处理意见，及时处理。经济与财务司负责按固定资产的价值分类核算、资产决算和报废固定资产核销等事项。根据年度资产清查盘盈盘亏情况编制固定资产盘盈盘亏表，经办公室审核并报国管局或财政部批准后，调整固定资产账目。

（四）固定资产录入资产管理信息

为保证固定资产的准确统计和高效实用，国务院南水北调办使用行政事业单位资产管理信息系统对固定资产实行信息化管理。行政事业单位资产管理信息系统中主要分为卡片管理、使用管理、处置管理、资产清查核实等 10 个模块。卡片管理包括资产卡片新建、资产卡片作废、资产卡片查看、资产卡片变动；使用管理包括自用管理，对资产领用、资产交回、资产盘点、计提折旧、资产维修维护等进行日常管理；处置管理包括出售、出让、转让、报废报损、置换、无偿调拨（划转）、对外捐赠，货币性资产损失核销；资产清查核实包括资产清查、资产核实。

在完成固定资产购置后，需要在资产卡片新建模块，录入资产编号、资产分类、资产名称、财务入账日期、价值类型、价值、取得方式、取得日期、使用状况、使用部门、品牌、规格型号、会计凭证号等信息，保证及时、准确、全面、完整地反映国务院南水北调办的固定资产情况。

五、固定资产处置

固定资产处置，是指对单位将占有、使用的固定资产进行产权转让及注销产权的一种行为，表示形式有报损报废、无偿调拨、对外捐赠、出售、转让、置换等。

固定资产处置是各类固定资产完成其使命的最后阶段，也是固定资产最容易流失的关键环节，关于固定资产处置管理，国家财政部及各地财政及资产主管部门都相应颁布各种规章制度及管理办法。但在固定资产处理环节，仍有一些部门或个人不遵守国家法律法规，擅自做主，随意进行调拨、变卖、转让、报废、处置收入不交或部分交财务部门，截流为个人或部门小金库，造成固定资产流失。特别在固定资产维修更换设备、零部件，房屋、建筑物改造所拆除旧设备、旧材料等，由于这些残值在固定资产账簿中没有实物记录，形成账外资产；一些临时机构撤并后设备归属等诸多方面，形成固定资产管理薄弱环节，容易引发固定资产变卖转让，低价处置。另外，报废设备不及时处置，占用大量房屋空间，造成资源浪费。同时，报废设备经长期腐蚀，其残值也相应降低，等等。因此，强化固定资产处置工作，完善固定资产处置程序及管理制度是当前固定资产处置工作的一项重要内容。

（一）处置固定资产材料

处置固定资产应根据不同情况提交下列有关文件、证件及资料：申请报告；固定资产处置单；证明固定资产原始价值的有效凭证，包括原始发票或收据、工程竣工决算副本、记账凭证复印件、固定资产卡等；综合司、使用部门和经济与财务司提出的审核意见；涉及调剂的，另须提供调入和调出单位设备及家具存量和存量情况；涉及捐赠的，另须提供受赠方的基本情况和捐赠协议；涉及变卖的，另须提供专业评估机构出具的评估报告；涉及报损的，另须提供具有法律效力的证明材料、专业技术鉴定部门的鉴定报告或社会中介机构出具的经济鉴证证明等；涉及报废的，按《国务院南水北调办机关固定资产报废处理实施细则》要求提供相关资料。

（二）固定资产处置要求

国务院南水北调办需处置的固定资产范围包括：闲置资产；因技术原因并经过科学论证，确需报废、淘汰的资产；因单位分立、撤销、合并、改制、隶属关系改变等原因发生的产权或者使用权转移的资产；盘亏、呆账及非正常损失的资产；已超过使用年限无法使用的资产；依照国家有关规定需要进行资产处置的其他情形。

国务院南水北调办处置固定资产应当严格履行审批手续，未经批准不得处置。资产处置应当由综合司会同经济与财务司、使用部门审核鉴定，提出意见，按审批权限报送审批。国务院南水北调办固定资产处置的审批权限和处置办法，除国家另有规定外，由财政部门根据本办法规定。国务院南水北调办固定资产处置按照公开、公正、公平的原则进行。资产的出售与置换采取拍卖、招投标、协议转让及国家法律、行政法规规定的其他方式进行。国务院南水北调办固定资产处置的变价收入和残值收入，按照政府非税收入管理的规定，实行"收支两条线"管理。国务院南水北调办分立、撤销、合并、改制及隶属关系发生改变时，对其占有、使用的固定资产进行清查登记，编制清册，报送财政部门审核、处置，并及时办理资产转移手续。

（三）固定资产的报废

根据固定资产类别，对固定资产的处置主要分为两类：第一类，房屋及建筑物、车辆的处置由综合司负责办理处置相关事项，由办公室报国管局审批。其他固定资产的处置，需要填报《固定资产处置单》并提出处置意见，单价或批量价在200万元（不含）以下的固定资产，由使用部门填报，经综合司审核后报办公室审批；200万元（含）以上的资产处置，由使用部门会同综合司填报，经办公室审核后报国管局审批；单项固定资产价值在800万元以上的，由使用部门会同综合司填报，经办公室审核后报财政部审批。

（四）固定资产非正常损失

非正常损失减少的固定资产，由综合司组织技术鉴定，查明原因和责任，按规定的权限处置，并依据有关规定对责任人进行处理。非正常损失是指对固定资产保管不当、维护不善或未按规定使用，造成非正常损毁、报废或者丢失、被盗等情形。对于非正常损失减少固定资产的，按照"谁使用，谁保管，谁负责"的原则追究当事人并实行经济赔偿。固定资产损失的赔偿额计算公式如下：

赔偿金额＝固定资产原值/规定使用年限×（规定使用年限－实际使用年限）

（五）固定资产出售

变价出售固定资产的实际交易价格，不得低于核准部门批复的评估底价。同时，经济与财务司根据批复的《固定资产处置单》和批复文件进行账务处理。

使用部门要加强对固定资产的监管，制止资产处置中的违法违纪行为，严禁不按规定报批程序和擅自处置固定资产。

（六）固定资产无偿调拨

无偿调拨（划转）的固定资产包括：长期闲置不用、低效运转、超标准配置的固定资产；因单位撤销、合并、分立而移交的固定资产；隶属关系改变，上划、下划的固定资产；其他需调拨（划转）的固定资产。

固定资产进行无偿调拨，需通过"行政事业单位资产管理信息系统"填报资产处置汇总表、明细表及提交相关说明材料，经办公室审核后报财政部及国管局审批。

六、固定资产核算

为反映和监督行政单位固定资产的增减变动及结存状况，国务院南水北调办设置了"固定资产"和"资产基金"科目。国务院南水北调办的固定资产核算由经济与财务司和综合司进行。

"固定资产"科目用以核算和监督国务院南水北调办占有的一切固定资产的原始价值。该科目的借方登记各种渠道增加的固定资产原值；贷方登记调出、出售、报废固定资产的原值；余额在借方，反映国务院南水北调办期末占用的全部固定资产原值。"资产基金"科目用来核算以不同渠道增加固定资产所形成的固定资金。该科目贷方登记由于增加固定资产而增加的资产基金；借方登记由于减少固定资产而减少的资产基金；余额在贷方，反映期末占用固定资产所形成的资产基金。

（一）固定资产增加的会计核算

1. 固定资产购入时的会计核算

根据现行《行政单位会计制度》的规定，核算的固定资产应当按照以下条件确认：购入、换入、无偿调入、接受捐赠不需安装的固定资产，在固定资产验收合格时确认；购入、换入、无偿调入、接受捐赠需要安装的固定资产，在固定资产安装完成交付使用时确认；自行建造、改建、扩建的固定资产，在建造完成交付使用时确认。对核算的固定资产区分 3 种情况分别确认条件，体现了核算的针对性。购入不需安装的固定资产，按照确定的固定资产成本，对固定资产进行核算。

2. 自行建造固定资产的会计核算

在自行建造固定资产的会计核算中，要先通过"暂付款"账户核算建造过程中出现的全部开支，完工验收后，把暂付款转为相应支出，同时增加固定资产。

3. 接受捐赠和无偿调入的固定资产的会计核算

国务院南水北调办在接受捐赠和无偿调入的固定资产，应当按照同类固定资产的市场价格或者有关凭证记账。

4. 盘盈的固定资产的会计核算

根据固定资产清查结果，盘盈的固定资产按重置完全价值增加固定资产，同时增加资产基金。

（二）固定资产减少的会计核算

1. 无偿调出、有偿调出、变卖固定资产的核算

因国务院南水北调办的固定资产不计提折旧，无偿调出、有偿调出、变卖的固定资产，根

据账面价值销账，对该固定资产进行核销。有偿调出、变卖固定资产收入价款列为其他收入。

2. 盘亏的固定资产的会计核算

国务院南水北调办针对财产清查中发现的盘亏固定资产，一定要先查明原因，属于自然灾害等意外状况导致的固定资产损失，经批准核实后销账；属于过失责任造成的固定资产损失，要对有关责任人予以处罚或责成其赔偿。同时，根据账面原值对该固定资产进行核销。通过调整固定资产账面记录，使固定资产实现账实相符，盘亏的固定资产按固定资产原价，冲减固定资产，同时冲减资产基金。

3. 报废、毁损固定资产的会计核算

报废、毁损的固定资产，根据规定的程序报经批准后，根据固定资产账面原值销账。在冲减固定资产和资产基金的同时，对取得的残料变价收入，应计入专用基金（修购基金），对于发生的清理费用，应冲减专用基金（修购基金）。

七、固定资产管理经验

（一）实行固定资产数据化管理

国务院南水北调办使用行政事业单位资产管理信息系统，对固定资产实行信息化管理。首先对其所拥有的全部固定资产进行一次全面彻底清查，将固定资产信息录入信息管理系统。然后根据清查结果，对盘盈、盘亏、毁损的固定资产，根据行政事业单位资产管理有关规定，依法依规进行处置。并建立固定资产管理信息数据库和资产数据台账，实现本单位固定资产信息化管理，全面提高行政事业单位资产管理工作的效率与水平，使固定资产的管理工作变得轻松、准确、全面。

（二）推进资产管理与预算管理相结合

以存量资产为基础和条件，使经费预算分配和预算管理相协调，互为前提。在购置价值较大的固定资产之前要进行充分的论证和效益评估，坚持固定资产投资的决策、监督、执行三者有机结合，相互制约，以达到合理配置和利用各项资源的目的，杜绝浪费。

固定资产作为国务院南水北调办开展业务和提高工作效率的物质基础，对国务院南水北调办的发展至关重要。国务院南水北调办不断加强对固定资产的管理，必须要严格遵守规章制度，把分级管理与部门管理相结合，充分调动领导、资产管理员、财务人员及广大职工参与管理的积极性和主动性，切实管理好单位的固定资产，不断提高固定资产的使用效率，节约成本，提高单位综合实力，进而促进国务院南水北调办的健康、快速、持续发展。

第七节 会 计 档 案 管 理

会计档案是国务院南水北调办档案的重要组成部分，是各司、党委、团委等部门在经济管理和会计核算活动中形成的具有保存价值的原始会计核算材料，它是对国务院南水北调办经济活动的记录和反映。按照《会计法》规定，"各单位必须加强对会计档案管理工作的领导，建立会计档案的立卷、归档、保管、查阅和销毁等管理制度，保证会计档案妥善保管、有序存放、方便查阅，严防毁损、散失和泄密。"

在《会计档案管理办法》中，对会计档案是这样表述的：会计档案是指会计凭证、会计账簿和财务报告等会计核算专业材料，是记录和反映单位经济业务的重要史料和证据，因此，会计档案管理是每个单位不可或缺的工作。

一、会计档案的作用、特点及分类

首先，原始凭证具有法律效力。原始凭证记载了国务院南水北调办经济活动的原始书面资料，以表、单、台账的形式记录反映单位成立以来的各项经济活动。会计档案中收集的原始凭证，是进行财务核算的重要依据，明确经济责任主体，具有法律效力。若不重视会计档案管理工作，没有做好原始凭证的积累与保管，当查证某些事实时，会因无原始凭证作为依据而影响单位的正当权益。

其次，会计档案作为一种档案资料，也是反映财务活动的信息资源，记录了南水北调历年的财政活动情况和各种财务数据，运用现代化信息技术进行分类整理，综合分析，可以全面了解单位的资产、财政收支、财务计划预算执行情况，同时为每年编制的财政预算、决算提供参考和借鉴，还可以为编写南水北调大事记和年鉴，以及未来的经济管理工作和经济工作研究提供原始素材。

最后，会计档案作为会计检查的主要依据，可以检查单位是否遵守财经纪律，在会计资料中有无弄虚作假、损害国有资产的行为；对违规、违纪行为具有一定的监督、预防作用，有助于保护国家利益。

国务院南水北调办成立以来，财政部、审计署、会计师事务所进行过财经纪律检查、预算执行检查以及负责人离任审计等监督审计工作，通过对会计档案的审查，核实，对会计档案管理工作给予了肯定，并为财务工作提出了宝贵意见，从整体上提高财务工作水平。

会计档案属于专门档案，与一般文书档案、科技档案相比，会计档案有它自身的特点，主要表现在 3 个方面。

（1）形成范围广泛，凡是具备独立会计核算的单位，都要形成会计档案。这些单位有国家机关、社会团体、企业、事业单位以及按规定应当建账的个体工商户和其他组织，一方面会计档案在社会的各领域无处不有，形成普遍；另一方面，会计档案的实体数量也相对其他门类的档案数量更多一些。尤其是在企业、商业、金融、财政、税务等单位，会计档案不仅是反映这些单位的职能活动的重要材料，而且数量也大。

（2）档案类别稳定。社会上会计工作的种类繁多，如有工业会计、商业会计、银行会计、税收会计、总预算会计、单位预算会计等，但是会计核算的方法、工作程序以及所形成的会计核算材料的成分是一致的，即会计凭证、会计账簿、财务报告等。会计档案内容成分的稳定和共性，是其他门类档案无可比拟的，它便于整理分类，有利于管理制度的制定和实际操作的规范、统一。

（3）外在形式多样。会计专业的性质决定了会计档案形式的多样化。会计的账簿，有订本式账、活页式账、卡片式账之分。财务报告由于有文字、表格、数据而出现了 16 开或 8 开的纸张规格以及计算机打印报表等。会计凭证在不同行业，外形更是大小各异，长短参差不齐。会计档案的这个外形多样的特点，要求在会计档案的整理和保管方面，不能照搬照抄其他门类档案的管理方法，而是要从实际出发，防止"一刀切"。

会计档案归档管理的主要内容包括会计凭证、会计账簿、财务决算报告以及其他会计核算资料四部分，见表9-7-1，保管期限见表9-7-2。

1）会计凭证。会计凭证是记录经济业务，明确经济责任的书面证明。它包括自制原始凭证、外来原始凭证、原始凭证汇总表、记账凭证（收款凭证、付款凭证、转账凭证三种）等内容。

2）会计账簿。会计账簿是由一定格式、相互联结的账页组成，以会计凭证为依据，全面、连续、系统地记录各项经济业务的簿籍。它包括按会计科目设置的总分类账、各类明细分类账、现金日记账、银行存款日记账以及辅助登记备查簿等。

3）财务决算报告。财务决算报告，是国家机关、企事业单位及其他经济组织某一年度或某一建设项目预算执行结果的书面总结。它的作用主要是总结一年来的财务收支情况、年度预算执行完成情况，或某一建设项目的进展情况、预算执行情况，以便做到心中有数，为做好下一步工作准备有关资料。

4）其他会计核算资料。其他会计核算资料属于经济业务范畴，与会计核算、会计监督紧密相关，由会计部门负责办理的有关数据资料。如：银行对账单、余额调节表、经济合同、财务数据统计资料、财务清查汇总资料、核定资金定额的数据资料、会计档案移交清册、会计档案保管清册、会计档案销毁清册等。实行会计电算化单位存贮在磁性介质上的会计数据、程序文件及其他会计核算资料均应视同会计档案一并管理。

表 9 - 7 - 1　　　　　　　　　会 计 档 案 的 分 类 表

序号	会计档案分类	名　　　　称
1	会计凭证	原始凭证、记账凭证
2	会计账簿	总分类账、明细账、现金日记账、银行存款日记账等
3	财务报告	会计报表、资产负债表、损益表、财务决算报告等
4	其他	银行余额调节表、经济合同、移交清册、电子数据等

表 9 - 7 - 2　　　　　　　　　会计档案保管期限表

序号	档案名称	保管期限			备　　注
		财政总预算	行政单位事业单位	税收会计	
一	会计凭证				
1	国家金库编送的各种报表及缴库退库凭证	10 年		10 年	
2	各收入机关编送的报表		30 年		
3	行政单位和事业单位的各种会计凭证		30 年		包括：原始凭证、记账凭证和传票汇总表

序号	档案名称	保管期限			备 注
		财政总预算	行政单位事业单位	税收会计	
4	财政总预算拨款凭证和其他会计凭证	30 年			包括：拨款凭证和其他会计凭证
二	会计账簿				
5	日记账		30 年	30 年	
6	总账	30 年	30 年	30 年	
7	税收日记账（总账）			30 年	
8	明细分类、分户账或登记簿	30 年	30 年	30 年	
9	行政单位和事业单位固定资产卡片				固定资产报废清理后保管5 年
三	会计报告				
10	政府综合财务报告	永久			下级财政、本级部门和单位报送的保管 2 年
11	部门财务报告		永久		所属单位报送的保管 2 年
12	财务总决算	永久			下级财政、本级部门和单位报送的保管 2 年
13	部门决算		永久		所属单位报送的保管 2 年
14	税收年报（决算）			永久	
15	国家金库年报（决算）	10 年			
16	基本建设拨、贷款年报（决算）	10 年			
17	行政单位和事业单位会计月、季度报表		10 年		所属单位报送的保管 2 年
18	税收会计报表			10 年	所属税务机关报送的保管 2 年
四	其他				
19	银行存款余额调节表	10 年	10 年		
20	银行对账单	10 年	10 年	10 年	
21	会计档案移交清册	30 年	30 年	30 年	
22	会计档案保管清册	永久	永久	永久	
23	会计档案销毁清册	永久	永久	永久	
24	会计档案鉴定意见书	永久	永久	永久	

国务院南水北调办综合司应参照《中华人民共和国档案法》《中华人民共和国会计法》《会计档案管理办法》（中华人民共和国财政部国家档案局令第 79 号）相关法规标准制定以下 8 个方面的管理制度：①会计档案保密制度；②会计档案归档制度；③会计档案整理制度；④会计档案保管制度；⑤会计档案统计制度；⑥会计档案借阅制度；⑦会计档案移交制度；⑧会计档案鉴定与销毁制度。

会计档案工作流程分为：①收集会计档案；②会计档案分类；③组卷与编目；④装盒移交；⑤统计与保管；⑥会计鉴定与销毁。

二、会计档案的收集与整理

会计档案的收集工作由经济与财务司安排会计人员将各个工作环节中形成的会计档案集中收集、保管，任何机关、团体、企事业单位会计档案都应该也只能由会计、综合或档案部门实行集中统一的收集与管理，这是全部会计档案能够实现集中统一管理的基础，也是会计人员和会计部门、综合档案部门的一项基本职责。根据财政部、国家档案局发布的《会计档案管理办法》要求：会计档案一般在年度终了后，可暂由经济与财务司保管一年，期满之后，由财务人员编制移交清册，移交国务院南水北调办综合司档案室统一保管。

（一）会计档案收集时应注意的事项

（1）实行"集中统一管理"。

（2）遵循会计核算材料形成的规律。

（3）确保会计档案收集的齐全、完整、准确。完整、准确的会计档案，可以充分发挥其凭证、依据、史料等作用，有效地维护国家、集体的经济利益，同时还可以为国家经济建设提供十分可贵的经验和借鉴。

（二）会计档案的收集

在档案学中，对"收集"这个概念的运用有着不同的理解。从对档案本质的理解方面来说，档案是特定的机关或个人在其工作活动中形成的文件有机体，是自然形成的历史记录，不是人们随意搜集的拼凑体。而作为对档案管理一项活动的描述来说，难以完全避免"收集"这个概括性和专指性的习惯通用术语。应该指出的是，所谓档案的收集，就是按照档案形成的规律，把分散的材料接收、征集、集中起来。

会计档案是开展档案管理的物质基础，是档案信息的必要条件。因而，会计档案的收集活动在整个档案管理工作中占有重要的地位，是一个关键性的业务工作环节。做好会计档案的收集工作，必须了解和把握其工作内容、方法和途径，明确其指导思想与要求，处理好该项工作中的质与量、优化等方面的关系。

会计档案的整理必须遵循其形成的自然规律及固有的特点，区分类别和保管期限。按照《会计档案管理办法》中相关规定，结合会计核算材料专业性强的特点，由经济与财务司将零散和需要进一步条理化的会计核算材料，通过科学分类、组卷、装盒、编目、整理立卷，而后移交综合司，既能保持核算材料之间的有机联系，又有利于核算材料的齐全和完整；其次，经济与财务司熟悉核算材料的形成过程和规律，易于判定核算材料的保存价值。

（三）会计核算材料组卷

会计核算材料组卷分为会计凭证组卷、会计账簿组卷、财务报告组卷和其他会计核算材料组卷四大类。

（1）会计凭证组卷。会计凭证组卷对各类凭证认真检查并分类，按时间和顺序号进行排列，每月组卷一册或若干册。装订时，每册都要加编册号，以便查找。不同月份的凭证不能组在同一案卷内。凭证较多的单位，可以把收款、付款、转账凭证分别组卷；凭证附件要齐全、整齐，原始凭证和附件折叠成略小于记账凭证的长宽度；破损的附件要修补贴好，重要内容残缺的，及时补齐资料，无法查明情况的，空白处说明情况，指明责任人；装订前，复查凭证号码，拆除凭证上的金属物，以便装订；装订时，加上封面和封底，装订凭证厚度均匀，以便档案的管理和统计。最后，填写封面内容，封面应记载的事项包括：单位名称、凭证名称、全宗号、目录号、凭证编号、起止时间、分册号、立卷人、会计主管等项目。内容填写齐全，由装订人和财务处负责人加盖印章。

（2）会计账簿组卷。会计账簿组卷以会计凭证为依据，全面、连续、系统地记录各种账簿的总称。会计账簿有固定的格式和明确的分类，整理组卷较为简单，年终结账决算以后，稍加整理，一本账簿就是一个案卷。

（3）财务决算报告组卷。财务决算报告以会计账簿资料为基础，按规定的表格形式，总体反映国家机关、企事业单位及其他经济组织某一年度或某一建设项目预算执行结果的书面总结。

财务决算报告组卷内容包括：财务决算报告封面（印有编号、年度、季度、密级的会计报表，编制单位、单位负责人、审核人、制表人以及上报日期、宗号、目录号、案卷号、保管期限等。其中，单位负责人、审核人、制表人需加盖印章。）、财务决算报告编制说明、财务决算报告必要的文字说明材料和财务决算报告封底。

财务决算报告组卷时按照会计年度结合保管期限组卷，会计报表、报表备注、财务情况说明不得分开，一并组卷；对于不同年度、不同保管期限的要单独组卷。整理组卷时，分析报告在前，会计报表在后，本单位的报表与下级单位的报表分开立卷。本单位的年度决算报告应单独整理组成案卷。

（4）其他会计核算材料组卷。其他会计核算材料按其内容结合保管期限分别组卷。银行对账单、银行存款余额调节表、会计档案移交、保管、销毁清册，应按其保管期限分别立卷。会计电算化的纸质档案按照上述要求整理立卷。

经济与财务司经过收集、整理、分类和组卷，将整理后的会计档案，编制卷内目录，装入相应的档案盒，并填写相应的内容，移交综合司。

（四）会计档案收集工作的意义

（1）会计档案收集工作是档案工作的起点。档案工作的对象是会计档案。有了会计档案，档案室才有进行整理、编目、鉴定、保管、统计和提供利用等各项工作的物质条件。档案室所管理的档案，主要不是由档案室自己产生的，而是依靠长期收集，逐步积累和补充起来的。收集是档案室取得和积累档案的一种手段，没有档案的收集工作，就不可能有完整的档案，档案工作就成了"无米之炊"。因此，要做好档案管理工作，首先必须从会计档案的收集工作做起。

（2）会计档案的收集工作是档案工作各环节的基础，从全部档案业务工作的流程来说，收集工作是档案工作中的第一个环节。收集工作的质量决定和影响着其他环节的质量，收集的会计档案齐全完整，合乎质量要求，就为其他环节创造了良好的条件，可以减少其他工作量，从而可以使档案室集中力量广泛开展档案的利用工作。如果收集不及时，档案材料残缺不全，整理工作就不能顺利进行，就没有完整、系统的档案，并且会给今后的保管、鉴定、统计、利用等各项工作造成困难。因此，要做好档案业务工作，首先必须做好档案收集工作。

三、会计档案的移交

（一）单位人员变动会计档案移交

会计人员因调动或者其他原因长期离职的，需办理会计档案移交手续，具体交接工作如下。

（1）交接前的准备工作。会计人员在办理会计工作交接前，必须做好以下准备工作：①已经受理的经济业务尚未填制会计凭证的应当填制完毕。②尚未登记的账目应当登记完毕，结出余额，并在最后一笔余额后加盖经办人印章。③整理好应该移交的各项资料，对未了事项和遗留问题要写出书面说明材料。④编制移交清册，列明应该移交的会计凭证、会计账簿、财务会计报告、公章、现金、有价证券、支票簿、发票、文件、其他会计资料和物品等内容；实行会计电算化的单位，从事该项工作的移交人员应在移交清册上列明会计软件及密码、会计软件数据盘、磁带等内容。⑤财务处负责人（会计主管人员）移交时，应将财务会计工作、重大财务收支问题和会计人员的情况等向接替人员介绍清楚。

（2）移交点收。移交人员离职前，必须将本人经管的会计工作，在规定的期限内，全部向接管人员移交清楚。接管人员应认真按照移交清册逐项点收。具体要求是：①现金要根据会计账簿记录余额进行当面点交，不得短缺，接替人员发现不一致或"白条抵库"现象时，移交人员在规定期限内负责查清处理。②有价证券的数量要与会计账簿记录一致，有价证券面额与发行价不一致时，按照会计账簿余额交接。③会计凭证、会计账簿、财务会计报告和其他会计资料必须完整无缺，不得遗漏。如有短缺，必须查清原因，并在移交清册中加以说明，由移交人负责。④银行存款账户余额要与银行对账单核对相符，如有未达账项，应编制银行存款余额调节表调节相符；各种财产物资和债权债务的明细账户余额，要与总账有关账户的余额核对相符；对重要实物要实地盘点，对余额较大的往来账户要与往来单位、个人核对。⑤公章、收据、空白支票、发票、科目印章以及其他物品等必须交接清楚。⑥实行会计电算化的单位，交接双方应在电子计算机上对有关数据进行实际操作，确认有关数字正确无误后，方可交接。

（3）专人负责监交。为了明确责任，会计人员办理工作交接时，由财务处负责人或经济与财务司领导在场监交，接替人应根据移交人填写的清册逐一清点核对。通过监交，保证双方都按照国家有关规定认真办理交接手续，防止流于形式，保证会计工作不因人员变动而受影响；保证交接双方处在平等的法律地位上享有权利和承担义务，不允许任何一方以大压小、以强凌弱，或采取非法手段进行威胁。移交清册应当经过监交人员审查和签名、盖章，作为交接双方明确责任的证件。

（4）交接后的有关事宜：①会计工作交接完毕后，交接双方和监交人在移交清册上签名或盖章，并应在移交清册上注明：单位名称，交接日期，交接双方和监交人的职务、姓名，移交清册页数以及需要说明的问题和意见等。②接管人员应继续使用移交前的账簿，不得擅自另立账簿，以保证会计记录前后衔接，内容完整。③移交清册一般应填制一式三份，分别由移交人、接替人和经济与财务司保管。

（二）单位内部会计档案移交归档

根据《会计法》《会计档案管理办法》规定：一个年度终了后，会计档案可暂由经济与财务司保管一年后，移交综合司保管。国务院南水北调办会计档案移交归档范围包含：①存储介质上的会计核算数据；②会计核算软件打印的纸质核算材料；③会计核算软件的全套资料和会计核算软件程序。归档要求：①归档的会计软件符合财政部规定；②归档的会计核算数据按电子文件归档要求存储至耐久性存储介质，一式三套；③对会计电算化核算材料的打印、收集、鉴定、移交及归档实行全过程的管理与监控，确保资料的真实性、完整性；④会计软件打印的纸质核算材料，按《会计档案管理办法》的规定执行；⑤电子设备的会计核算材料必须符合国家统一的会计制度规定。

综合司和经济与财务司交接会计档案时，交接双方应当办理会计档案交接手续。移交会计档案时，应当编制会计档案移交清册，列明应当移交的会计档案名称、卷号、册数、起止年度和档案编号、应保管期限、已保管期限等内容；交接双方应当按照会计档案移交清册所列内容逐项交接，并由综合司和经济与财务司负责人负责监交。交接完毕后，交接双方经办人和负责人应当在会计档案移交清册上签名盖章。

（三）机构变动会计档案移交

单位因重组、撤销、破产或者其他原因终止的，在终止和办理注销登记手续前形成的会计档案，应向终止单位的业务主管部门或财产所有移交会计部门档案。单位分立后原单位存续的，其会计档案应由分立后存续方统一保管；分立后原单位解散的，其会计档案应当经各方协调后，由其中一方代管或移交综合档案馆代管。

会计档案移交归档时要求：①按照会计档案移交目录逐卷逐册清点核对。保证资料齐全、完整，整理符合规范，组卷合理。②检查卷册签章是否完整，内容未填写完整的，原则上退回经济与财务司进行填补。如原财务人员已调出，由现职财务人员核实原相关人员信息，作出说明，附在档案移交清册中。③会计档案移交，保持原卷册的封装。如特殊情况需拆封重新整理的，由综合司和经济与财务司人员共同拆分整理，重新整理封装的案卷，并由双方整理人签字盖章。对于不符合移交条件的会计档案，综合司有权不予接受。④交接双方必须办理会计档案交接手续。交接时，经济与财务司应当编制会计档案移交清册，列明会计档案的名称、卷号、册数、起止年度、保管期限以及已保管期限等内容。综合司按照移交清册目录逐一核对无问题后，双方经办人和监交人在会计档案移交清册上签名盖章，一式三份，经济与财务司、综合司及办机关各存一份。

四、会计档案的保管

（一）会计档案的保管制度

档案存在是一种社会现象，它是以一定的物质形式存在并且其中有一部分要永久保存下去，然而随着社会的发展和时间的推移，一方面档案的数量和成分在日益增加和不断丰富，另一方面档案又处在不断损毁的过程中。

对于不断形成和增加的档案，通过加强档案的收集工作来解决这一矛盾，而对于处于不断损毁的档案，则通过加强档案的保管工作来解决。目前在档案保管工作中的许多问题急待解决。比如：纸张老化、字迹退色模糊，有相当数量的档案，纸张变黄发脆，老化变质，档案虫害也十分猖獗，不仅存在档案较集中的档案馆而且现行机关档案生虫者也不少；档案保管处条件得不到改善，档案室不符合档案保护标准，需要复制的档案数量大，复制档案的手段也比较落后。维护档案的完整与安全，既是整个档案工作中必须始终遵循的基本要求，也是档案工作各项业务环节的共同任务。从一定意义上讲，维护档案的完整与安全，是档案保管工作的中心任务，这是因为档案保管工作这个环节，是实现维护完整、安全的重点环节和主要手段。从实质上来讲，档案保管工作也是人们向一切可能损毁档案的社会、自然等不利因素作斗争的工作过程。按照档案管理四不要求：不散（不使档案分散）、不乱（不使档案互相混乱）、不丢（档案不丢失不泄密）、不坏（不使档案遭到损坏）；档案室应制定以下相关制度：

1. 会计档案库房保管制度

（1）会计档案库房实行专人管理，非工作人员未经许可不得入内。

（2）档案柜按从左到右自上而下的顺序排列编号，并编制存放索引。

（3）对入库的档案认真核对检查，分类排序，科学管理。

（4）从库房提取档案的，逐卷登记；归档时重新核查，注销入库。

（5）每年不定期对库房档案进行一次抽样检查。

（6）做好档案库房的温度、湿度的控制与调节工作。

（7）档案定期消毒除尘，放置除虫剂。

（8）库房严禁火种，禁止携带危害档案的物品。

（9）建立健全库房安全消防责任制。

2. 会计电算化档案保管制度

（1）对电算化会计档案保管做好防磁、防潮、防火、放虫蛀、鼠咬等工作。重要的档案应当备份，存放在两个以上不同地点。

（2）采用磁性存储介质存储档案的，定期检查、复制。防止由于磁性介质损坏造成的会计档案丢失。

（3）严格执行安全和保密制度，《会计档案管理办法》第十三条规定：单位应当严格按照相关制度利用会计档案，在进行会计档案查阅、复制、借出时履行登记手续，严禁篡改和损坏。单位保存的会计档案一般不得对外借出。确因工作需要且根据国家有关规定必须借出的，应当严格按照规定办理相关手续。会计资料未经经济与财务司及综合司领导同意，不得外借。

（4）借阅会计资料，应履行借阅手续，存放存储介质的会计资料借阅归还时，应认真检查，防止病毒入侵。

（二）会计档案的保护措施

（1）档案入库前，做好消毒防尘措施，库房日常定期检查有无虫害、霉变，发现问题及时处理。

（2）档案库消防器材配备齐全，按国家要求定期检查更换消防设备；对电器设备的电器线路定期检查。库内严禁明火装置，严禁使用及存放易燃易爆物品。

（3）档案库房应采用白炽灯做照明光源，严禁阳光直射。

（4）库房温度控制在 14～24℃，湿度控制在 45％～60％。

（5）变质或破损的档案及时进行修复和复印。

五、会计档案的鉴定与销毁

（一）会计档案的鉴定工作

会计档案的鉴定就是按照会计档案鉴定工作原则和标准，研究和甄别会计档案的价值，确定其保管期限，把需要永久、定期保存的会计档案妥善地保管好，把到期后确无保存价值的档案剔除销毁。目前，我国对已满保管期限的会计档案的销毁规定并非强制性。对于没有价值的档案装盒、上架，日常需要档案人员妥善保管，不仅占用有限的档案室空间，同耗费人力、经费。大量该鉴定的销毁档案，却要用心去经营、管理，未能真正体现档案人员价值所在。会计档案的建立与管理的最终目的是为了提供利用。及时准确地提供会计档案信息，是对档案工作者最基本的要求。

因此，真正做好会计档案的定期鉴定，将给档案业务工作的开展奠定坚实的基础。首先，档案鉴定工作使档案得到优化，提出无保存价值的档案，使其玉石分明。其次，通过档案价值鉴定可以有效提高档案质量和工作效率。对于有价值的档案重点整理，反之从简。这样，留存数量相对减少，从利用角度，降低检索工作量，去粗存精，使主要价值的档案得到更好的保护。

根据《会计档案管理办法》的规定对会计档案的保管期限的鉴定；同时对已满保管期限的案卷，再次审核，确定留存还是销毁。这两项鉴定任务由经济与财务司会同综合司共同完成。保管期满的会计档案在履行以下程序后，可以进行销毁工作：①综合司会同经济与财务司提出销毁意见，编制会计档案的销毁清册；②办机关负责人签署意见；③销毁会计档案时，由综合司和经济与财务司共同派员监销，销毁会计档案应到指定的造纸厂。监销人在销毁会计档案前，应按照会计档案销毁清册内容逐一清点核对销毁的会计档案；销毁后，在会计档案销毁清册上签名盖章，并汇报办机关负责人。《会计档案管理办法》第十九条规定：保管期满但未结清的债权债务会计凭证和涉及其他未了事项的会计凭证不得销毁，纸质会计档案应当单独抽出立卷，电子会计档案单独转存，保管到未了事项完结时为止。单独抽出立卷或转存的会计档案，应当在会计档案鉴定意见书、会计档案销毁清册和会计档案保管清册中列明。

档案的鉴定工作是一项基础性工作，有效开展会计档案鉴定会给管理和提供方便，有利于经济与财务司与综合司的协调，同时对国务院南水北调办档案信息工作的发展起到有力推动作用，为档案管理工作的提升起到事半功倍的效果。

（二）会计档案的销毁

《会计档案管理办法》第十八条规定：经鉴定可以销毁的会计档案，应当按照以下程序销毁。

（1）国务院南水北调办综合司编制会计档案销毁清册，列明拟销毁会计档案的名称、卷号、册数、起止年度、档案编号、应保管期限、已保管期限和销毁时间等内容。

（2）国务院南水北调办负责人、综合司负责人、经济与财务司负责人、综合司经办人、经济与财务司经办人在会计档案销毁清册上签署意见。

（3）国务院南水北调办综合司负责组织会计档案销毁工作，并与经济与财务司共同派员监销。监销人在会计档案销毁前，应当按照会计档案销毁清册所列内容进行清点核对；在会计档案销毁后，应当在会计档案销毁清册上签名或盖章。

电子会计档案的销毁还应当符合国家有关电子档案的规定，并由国务院南水北调办综合司、经济与财务司和信息系统管理部门共同派员监销。

第八节 内部经济责任审计

为健全和完善经济责任审计制度，加强对党政主要领导干部和国有企业领导人员的管理监督，增强领导干部依法履行经济责任意识，推进党风廉政建设，中共中央办公厅、国务院办公厅于 2010 年 10 月 12 日印发了《党政主要领导干部和国有企业领导人员经济责任审计规定》（中办发〔2010〕32 号）（简称《经济责任审计规定》）。中纪委、中组部、中央编办、监察部、人力资源社会保障部、审计署、国务院国资委依据《经济责任审计规定》等相关法律法规，联合制定和印发了《党政领导干部和国有企业领导人员经济责任审计规定实施细则》（审经责发〔2014〕102 号）（简称《经济责任审计规定实施细则》）。《经济责任审计规定》和《经济责任审计规定实施细则》的印发，加强了经济责任审计法规制度建设，对经济责任审计行为进行了规范。

国务院南水北调办有 3 个直属事业单位和 2 个直接管理的企业单位，上述 5 个单位均为正局级法人单位。国务院南水北调办根据《经济责任审计规定》，适时开展经济责任审计，目前已经对 6 位事业单位主要责任人和 3 位企业的主要责任人开展了经济责任审计。

一、经济责任审计的重要意义及其作用

（一）增强领导干部依法履行经济责任意识

单位的主要负责人是本单位的带头人，得到组织的信任和重用，应当自觉地把思想和行动统一到党中央的决策部署上来，始终做政治上的"明白人"，业务工作的引领者，带领本单位干部职工贯彻执行党和国家的各项方针政策，落实办党组部署和决定，努力实现本单位科学发展的工作目标，优质高效地完成组织交办的各项任务。但是信任是不能代替监督的，监督管理能够使得组织对领导干部的政策把握水平、工作能力、群众关系处理等情况及时掌握和了解，并且能够规范领导干部的行政行为，是干部使用管理的重要措施。经济责任审计的目的是运用审计监督的手段，提醒领导干部增强依法履行经济责任的意识，促进领导干部更好地履职尽责。审计责任审计的实行，从制度上对领导干部履职行为做出约束和监督，强化了领导干部经济责任意识，进一步规范了领导干部履职行为。

（二）完善领导干部管理和监督机制

加强领导干部的管理监督是党的一贯要求，是党和国家实现长治久安的重要保证，是新形势下建设高素质干部队伍的重要措施。健全和完善领导干部管理监督机制，将干部的管理监督贯穿于干部工作的全过程，能够实现对领导干部的有效地管理和监督。经济责任审计，通过对领导干部任职期间单位经济活动的监督，将对"事"的监督与对"人"的监督有机地结合起来，利用审计这一特殊的手段实现了对领导干部政绩的量化考核，即对领导干部任职期间的经济业绩从财政、财务收支是否合规合法，资产负债是否真实，国有资产管理和使用是否合理有效，经济活动是否严格遵守国家有关财经法规等方面进行审计。通过客观反映出来的"量"和其实际行为是否合法合规来看政绩，继而延伸对其德、能、勤、绩的监督考核，做出实事求是、客观公正的评价，达到看其政治立场、政治方向、政治观点和贯彻执行党的方针路线及决策的政治监督；看其贯彻执行民主集中制、广泛征求和听取各方面意见、按集体决策办事、执行决策是否走形变样的决策监督；看其是否自觉坚持党的干部路线和德才兼备的用人原则、按规定程序和标准任免干部、坚决反对和自觉抵制选人用人上的不正之风的用人监督；看其是否严格执行党政领导干部廉洁自律规定及是否有违规违纪现象，利用职务便利为己、亲属以及身边工作人员谋取利益行为的廉政监督。让领导和组织人事部门真实了解领导干部任职期间的经济活动情况。

（三）促进惩治和预防腐败体系建设

党的十八大首次将经济责任审计写进了报告，推进了健全权力运行制约和监督体系建设，是党中央构建惩治和预防腐败体系建设的重要举措。领导干部的经济责任审计，通过对领导干部任职期间的经济业绩从财政、财务收支是否合规合法，资产负债是否真实，国有资产管理和使用是否合理有效，经济活动是否严格遵守国家有关财经法规等方面的审计，增强"不敢"腐败的威慑力，发挥预警作用，加强法律监督；通过向履职单位职工问卷调查、询问等，加强民主监督和舆论监督，促进权力规范透明运行，让权力在阳光下运行；经济责任审计结果的运用，促进问题的整改，经济责任审计在构建教育、制度、监督并重的惩防体系建设中发挥了积极的推动作用，促进了惩治和预防腐败体系建设。

二、内部经济责任审计的组织

（一）组织人事主管部门提出经济责任审计任务

《经济责任审计规定》第二条明确"党政主要领导干部经济责任审计的对象，包括中央和地方各级党政工作部门、事业单位和人民团体等单位的正职领导干部或者主持工作一年以上的副职领导干部；上级领导干部兼任部门、单位的正职领导干部，且不实际履行经济责任时，实际负责本部门、本单位常务工作的副职领导干部。"第六条规定"领导干部的经济责任审计依照干部管理权限确定。"

据此，国务院南水北调办应对国务院南水北调工程建设委员会办公室政策及技术研究中心、南水北调工程监督管理中心和南水北调工程设计管理中心3个直属事业单位行政正职领导干部，南水北调中线干线工程建设管理局和南水北调东线总公司 2 个直接管理国有企业的法定代表人履行经济责任的情况依法进行审计监督。

国务院南水北调办经济责任审计，是组织人事主管部门根据干部管理监督和办党组人事安排的需要，在领导干部任职期间或不再担任所任职务时，报经办领导批准后提出任中经济责任审计或离任经济责任审计任务。

（二）经济与财务司组织开展审计

（1）按照内设机构职责分工，国务院南水北调办经济与财务司负责经济责任审计的组织实施。经济责任审计任务经组织人事部门提出并经办领导批准后，商经济与财务司组织开展审计。

经济与财务司接到经济责任审计任务，了解分析审计对象履行职责时间、单位性质、履职期间所在单位资产保有量，根据《经济责任审计规定》和《经济责任审计规定实施细则》制定详细的经济责任审计工作方案。由于审计任务专业性强，工作量比较大，审计工作是通过政府购买服务的政府采购方式，委托中介机构具体实施，经济与财务司对经济责任审计全过程进行指导和监督。为此，经济与财务司依据经济责任审计工作方案确定的审计内容草拟委托审计业务约定书。在以上工作的基础上，经济与财务司会同组织人事部门将经济责任审计工作方案和委托审计业务约定报告办领导。待批准后，确定中介机构并实施审计。

（2）中介机构确定和委托。在 2013 年 3 月以前，中介机构确定是从与国务院南水北调办合作过的会计师事务所中选取；2013 年 1 月，国务院南水北调办按照《中华人民共和国政府采购法》的要求，通过公开招标，建立了"国务院南水北调办内部审计中介机构备选库"，此后的实施经济责任审计的中介机构都是从该备选库中选择的。中介机构确定要根据其工作业绩，选择经济责任审计经验丰富，同时平衡当年各入库中介机构审计任务量，通过综合考量，并依据国家发展改革委、财政部联合印发的《会计师事务所服务收费管理办法》（发改价格〔2010〕196 号），与之谈判商定审计费后确定的。然后，经济与财务司中介机构签订"委托审计业务约定书"，约定审计任务、审计责任、廉洁纪律和保密纪律。

（三）审计对象提交任职期间的述职报告

在实施内部经济责任审计前，组织人事部门要通知审计对象提前准备好其任职期间的述职报告，作为内部经济责任审计时检查其履职情况必备的审计材料。述职报告应当有以下内容。

（1）审计对象个人的基本情况以及履职单位的基本情况。

（2）贯彻执行国家方针政策、办党组的决策部署和遵守法律、法规情况。

（3）推动事业（企业）发展以及工作目标责任完成情况。

（4）固定资产投资和对外投资、薪资结构调整、人员招聘和干部任用等涉及事业（企业）发展和职工切身利益的重大决策制定情况。

（5）财务收支及资产管理情况。

（6）廉政建设及个人廉洁自律情况。

三、内部经济责任审计的内容

内部经济责任审计的内容是依据《经济责任审计规定》，结合审计对象履职单位实际拟定，主要包括以下内容。

（一）贯彻执行国家方针政策、办党组的决策部署和法律法规，推动单位事业发展

（1）通过查阅审计对象履职单位年度总结、工作报告、党支部（或党组，中线建管局设党组）会议纪要、办公会议纪要等资料，检查审计对象任职期间贯彻落实科学发展观，以及对建委会、办党组决策部署和法律法规的贯彻执行情况。重点检查审计对象任职期间所制定的规章是否存在与国家制定的方针政策相违背的情况，党中央、国务院有关领导的重要批示和交办的事项是否落实到位。

（2）推动工程建设进展情况。通过了解法律法规和"三定方案"确定的部门职责履行情况，检查审计对象任职期间提出的工作目标或事业发展规划、业务工作思路和采取的具体措施等情况。结合各单位实际，重点检查主要工作目标、工作任务以及核心业务工作的完成情况和效果。

通过检查了解审计对象任职期间在履职单位做的主要工作、取得的主要成绩或发生的重大问题以及造成的不良社会影响等情况，并对单位近年来主要业务指标变化情况进行分析，总结任职期间的主要工作实绩、揭示存在的主要问题，在审计范围内对于审计对象履行经济职责的总体情况作出客观评价。

（二）重大经济决策情况

通过检查审计对象任职期间履职单位重大预算管理事项、重大财务收支事项、重大经济合同、重大建设项目、重大国有资产处置事项和其他重大经济决策事项的管理、制定、执行情况和执行效果，揭示存在的主要问题，对决策制度的完整性、程序的规范性、执行的有效性等情况作出客观评价。重点检查以下内容。

（1）重点检查任职期间主持决策的重大经济事项，是否贯彻和推进依法行政，是否符合国家宏观经济政策和法律法规，是否经过民主、科学的决策程序，是否进行充分的可行性研究，是否坚持重大决策专家咨询、会议讨论和集体决策等制度。

（2）重点检查重大决策的执行情况，是否达到了预期效果，有无存在盲目决策、擅自决策，或因决策失误造成资金损失浪费、国有资产流失、投资项目效益低下、管理严重缺位或其他违法违规问题。

（3）重点检查有关监督管理措施是否健全有效，是否能及时研究决策执行过程中出现的新情况，及时发现并纠正决策失误或违规行为，落实责任追究制。

（三）财务收支及资产管理情况

检查审计对象履职单位的财务收支情况，充分利用已有审计结果，做好以前年度发现问题的责任界定工作，并对财务收支的真实、合法、效益及资产管理情况作出客观评价。重点检查以下内容。

（1）部门预算编报与执行情况。检查预算编报的真实完整性，揭示其中存在的编制虚假项目、重复申报项目、超标准申报套取财政资金等问题；检查预算执行的规范有效性，揭示其中存在的隐瞒截留预算收入、虚列预算支出、预算资金脱离财政监督等问题。

（2）基本建设资金管理使用情况。检查资金管理和使用是否符合规定，揭示是否存在挪用基本建设资金、建设项目没有按期完成、没有达到建设项目的预期效果等问题。

（3）对外投资管理情况。检查对外投资是否符合规定，投资收益是否按照规定实行"收支两条线"管理或纳入单位预算管理，揭示其中存在的投资收入账外私存私放或投资损失等问题。

（4）资产管理情况。检查货币资金和有价证券管理情况，揭示其中存在的挪用财政资金委托理财、为获取高额利息在非银行金融机构存款形成损失等问题；检查固定资产管理、处置情况，揭示其中存在的资产不入账、违规处置资产、资产闲置造成损失浪费等问题。

（5）政府采购事项的管理情况。通过检查采购的范围、规模、方式、程序，揭示其中存在的不按规定纳入政府采购范围、擅自改变采购方式、未按规定办理招标手续等问题。

（四）对单位管理情况

主要检查审计对象在任职期间对本单位的监管情况和实际效果，揭示其中存在的主要问题，并对单位管理情况作出客观评价。重点检查以下内容。

（1）履行监管职责的基本情况。主要检查任职期间对本单位的监管情况。

（2）相关管理制度的建立健全情况。主要检查业务管理、财务管理、资产管理和内部审计监督等制度的建立健全情况，检查有无制度性缺陷和漏洞。

（3）履行管理职责的实际效果。通过抽审部分业务部门、召开座谈会、问卷调查等多种方式了解相关情况，检查有无因制度执行不力或疏于管理和监督，造成单位管理不规范、依法行政不力，或单位管理混乱出现重大违法违规问题。

（4）落实财政检查及审计发现问题的整改情况。核实任职期间落实整改措施，纠正发现问题情况，揭示因未积极采取整改措施或措施落实不到位，造成发现的问题未能及时改正等问题。

（五）廉政建设及个人廉洁自律情况

重点检查单位廉政责任制度的履行情况，并根据相关举报或审计中发现的重要情况，检查核实个人在财政财务收支和有关经济活动中遵守廉政规定情况。

（六）有必要审计的其他情况

四、内部经济责任审计的实施

根据办领导批示及办组织人事部门履行的相关程序，按照《经济责任审计规定》和《经济责任审计规定实施细则》文件要求实施必要的审计程序。

（一）召开进点审计动员会

在实施经济责任审计3日前，国务院南水北调办向被审计单位印送审计通知以及审计需要提供的基本材料清单，并由被审计单位将经济责任审计通知内容告知经济责任审计对象，审计对象按照组织人事部门要求提前准备一份本人任职期间的述职报告。

经济与财务司与被审计单位商定审计进点时间，并同组织人事部门联合召开进点审计动员会议，审计组主要成员、审计对象所在单位有关人员参加会议。会上，经济与财务司人员向被审计单位宣读审计通知书的内容，经济与财务司负责人就经济责任审计的意义和必要性做出进一步的强调；被审计单位及时提供审计需要的相关材料、回应审计问询、做到边审边改、为审计人员提供必要的工作条件等，做好审计配合工作提出要求；就中介机构依法依规开展审计，严格遵守保密纪律、廉洁制度提出要求。组织人事部门负责人强调经济责任审计的依据、目的和作用，要求被审计单位予以重视，做好配合工作。

（二）中介机构按照规定程序实施现场审计

经济责任审计是依据《经济责任审计规定》，以审计对象任职期间所履职单位财政收支、财务收支以及有关经济活动的真实、合法和效益为基础，对其与单位经济、业务活动相关的内部控制制度的建立及执行、资产负债情况、重大经营决策、对外投资和资产处置、财务收支及个人遵守财经法纪情况等重要方面进行审计；审计期间，审计人员查阅与经济责任审计对象履行经济责任有关的所有资料（包括：各年度工作计划和总结、党支部会议记录或党组会议纪要、办公会会议纪要或记录、重大经济合同、招投标资料、审计对象履行经济责任情况的述职报告），审核相关财务预决算报表和说明、会计账簿、会计报表、会计凭证，检查历年审计、检查或稽查的整改落实情况，发放调查问卷，调查了解单位内部控制制度的制定和执行情况、重大经营活动和决策情况，访谈部分员工及部门负责人，全面了解审计对象履职情况，在此基础上形成审计报告。审计组将审计报告书面征求审计对象及被审计单位的意见，审计对象及被审计单位接到审计组的审计报告之日起10日内提出书面意见，经审计组分别与审计对象及被审计单位交换意见取得共识后，审计对象及被审计单位在审计报告交换意见书上签字确认。

（三）中介机构提交经济责任审计报告

中介机构与审计对象及被审计单位就审计报告内容完成必要的确认程序后，向国务院南水北调办经济与财务司提交经济责任审计报告。经济责任审计报告主要应反映以下情况。

（1）审计的依据、审计的重点，审计实施的方式等内容。

（2）被审计领导干部所任职单位的基本情况，包括成立时间、所在地、核定的编制，主要职责、业务管理内容、承担的主要工作，机构设置、人员到位、财务管理等情况以及领导干部本人的基本情况。

（3）审计结果。包括：贯彻执行国家方针政策、办党组决策部署及遵守国家法律法规的情况、单位发展规划的制定和执行情况、有关目标责任制完成情况、制定和执行重大经济决策情况、任职期间预算执行和财务状况以及财务收支情况、国有资产管理情况、内部管理制度建立健全情况、个人收入及廉洁从政相关情况、以往审计发现问题的处理落实情况等。

（4）审计总体评价意见。针对审计内容，通过必要的审计程序，对经济责任审计对象任职期间贯彻执行国家方针政策、办党组决策部署及遵守国家法律法规的情况、目标责任制完成、廉洁从政等方面情况做出客观评价。

（5）审计发现的问题。描述审计发现问题，指出违反的法律法规、规章制度的相关条款。对在审计期间已经整改到位的问题，要说明整改的措施和时间；对在审计期间尚未整改到位的问题，要提出切实可行、能够操作的整改建议。

（6）审计建议。针对被审计单位管理缺陷或不足，提出管理性建议。

审计如发现有关重大事项，中介机构可直接将有关情况报经济与财务司，不在审计报告中反映。

五、经济责任审计成果应用

（一）经济与财务司上报经济责任审计报告

国务院南水北调办经济与财务司对审计报告进行审查验收，在确认审计报告反映的内容符合委托审计业务约定书的要求，审计结论有充分的证据支持，审计查证或者认定的事实描述清楚，所依据的法律法规、国家有关规定和政策准确后，经济与财务司将审计报告再次送给经济责任审计对象征求意见，予以确认。据此，经济与财务司依据审计报告，在法定职权范围内，对被审计领导干部履行经济责任情况作出客观公正、实事求是的描述，并会同人事部门向国务院南水北调办领导报送经济责任审计结果，如有审计期间未整改到位的问题，要对审计揭示问题提出整改意见。

（二）下达经济责任审计报告

根据办领导批准意见，以文件形式将审计报告印送被审计单位，对审计期间未整改到位的问题下达整改意见，限期整改到位。被审计单位在限定期限内书面提交整改落实情况。

将审计结束后形成的文件提交组织人事部门备案。

经 济 财 务 大 事 记

2002 年

12 月 23 日，国务院正式批复《南水北调工程总体规划》。

12 月 27 日，南水北调工程开工典礼在北京人民大会堂和江苏省、山东省施工现场同时举行。国家主席江泽民为工程开工发来贺信。国务院总理朱镕基在人民大会堂主会场宣布工程正式开工，中共中央政治局常委、国务院副总理温家宝发表讲话。会议由中共中央政治局委员、国家计委主任曾培炎主持。

2003 年

2 月 28 日，国务院南水北调办筹备组正式成立，开展筹备工作。

4 月 8 日，国家发展改革委、财政部、水利部和国务院南水北调办筹备组等部门的相关内设机构，组建南水北调工程基金工作小组。

7 月 31 日，国务院决定成立国务院南水北调工程建设委员会。建设委员会由国务院有关领导同志、中央有关部门和有关省（直辖市）主要负责同志组成，国务院总理温家宝任建设委员会主任，国务院副总理曾培炎、回良玉任副主任。

8 月 4 日，国务院批准国务院南水北调办主要职责、内设机构和人员编制，明确国务院南水北调办承担南水北调工程建设期的工程建设行政管理职能，内设综合司、投资计划司、经济与财务司、建设管理司、环境与移民司和监督司 6 个职能机构。

8 月 14 日，国务院南水北调工程建设委员会第一次全体会议在北京召开。中共中央政治局常委、国务院总理、国务院南水北调工程建设委员会主任温家宝主持会议并发表重要讲话。中共中央政治局委员、国务院副总理、国务院南水北调工程建设委员会副主任曾培炎、回良玉出席会议并讲话。国务院南水北调工程建设委员会全体成员出席会议。

9 月 3 日，国家发展改革委副主任刘江主持召开南水北调工程工作会议，研究贯彻落实国务院南水北调工程建设委员会第一次会议精神，明确了其委内各司的职责：2003 年开工项目问题由农经司负责，今年的项目建设资金由投资司负责，提高中央投资比例的意见由投资司牵头负责、农经司和价格司参与，开展南水北调工程基金工作由价格司牵头负责等。

10 月 29 日，国务院南水北调工程建设委员会批准国务院南水北调办提出的《南水北调工程项目法人组建方案》。

11 月 11 日，国家发展改革委、财政部、水利部和国务院南水北调办以明传电报方式印发

"南水北调工程基金筹集和使用管理办法"（征求意见稿），征求北京、天津、河北、河南、江苏、山东等6省（直辖市）意见。

12月28日，国务院南水北调办正式挂牌，正式履行国务院确定"三定"规定赋予的各项职责。

12月30日，南水北调中线京石段应急供水工程——北京境内永定河倒虹吸工程、河北境内滹沱河倒虹吸工程同时开工建设。

2004 年

8月12日，国务院南水北调办召开南水北调工程基金工作会议，北京、天津、河北、河南、江苏、山东等6省（直辖市）南水北调办事机构负责人参加会议。

8月26日，国务院南水北调办主任张基尧主持召开主任专题办公会，审议并通过国务院南水北调办2005年部门预算。

8月27—29日，财政部综合司和国务院南水北调办经济与财务司联合赴天津市、河北省调研南水北调工程基金问题。

9月6日，国务院南水北调办副主任李铁军主持召开主任专题办公会，研究南水北调东线治污工程筹资问题。

9月8日，国务院南水北调办经济与财务司、国家开发银行企业局研究南水北调工程银团贷款相关事宜。

11月12—13日，国家开发银行企业局召开南水北调工程融资工作会议，南水北调工程贷款银团成员行参加会议。

12月2日，国务院办公厅印发了《南水北调工程基金筹集和使用管理办法》，自2005年1月1日起执行。

12月10日，国务院南水北调办在北京召开南水北调主体工程项目法人融资工作会议，中线建管局、中线水源公司、江苏水源公司、山东干线公司负责人参加会议。

12月27日，国家发展改革委、国务院南水北调办在北京召开贯彻落实《南水北调工程基金筹集和使用管理办法》的会议，北京、天津、河北、河南、江苏、山东等6省（直辖市）物价局（发展改革委）、南水北调办事机构负责人参加会议。

2005 年

1月14日，国务院南水北调办召开南水北调工程项目法人融资工作会议，成立南水北调工程项目法人融资工作组。中线建管局、中线水源公司、江苏水源公司、山东干线公司负责人参加。

1月28日，国务院南水北调办副主任李铁军主持召开主任专题办公会，研究"南水北调工程征地移民资金管理办法"制定过程中的问题。

2月2日，国务院南水北调办主任张基尧、副主任李铁军会见来调研的财政部农业司司长丁学东一行，并就有关问题进行了座谈。

2月21—22日，南水北调工程银团贷款合同谈判会议在北京召开。中线建管局、中线水源公司、江苏水源公司、山东干线公司等4个项目法人的负责人参加，南水北调主体工程融资银团成员行负责人参加。

2月21—25日，国家发展改革委、财政部、国务院南水北调办联合组成专题调研组，由国务院南水北调办副主任李铁军带队，先后赴天津、山东、江苏等3省（直辖市）调研南水北调工程基金贯彻落实情况。

3月14日，财政部经济建设司负责人到国务院南水北调办调研南水北调工程建设的经济财务问题。

3月29日，南水北调东、中线一期主体工程银团贷款合同签字仪式在人民大会堂举行。国务院南水北调办主任张基尧、副主任李铁军到会祝贺，国家发展改革委、财政部、水利部、审计署等有关部门负责人出席签字仪式。南水北调主体工程银团成员行与江苏水源公司、山东干线公司、中线水源公司和中线建管局等4个项目法人分别签署了《南水北调东中线一期工程贷款合同》，7家银团成员行签署了《南水北调主体工程银团贷款银行业间合作协议》。

4月7日，河南省人民政府办公厅印发《河南省南水北调工程基金（资金）筹集和使用管理实施办法》（豫政办〔2005〕29号）。

4月29日，国务院召开水价电视电话会议，部署安排全国水价改革的相关事宜。

4月26—29日，国务院南水北调办赴三峡工程调研计划合同管理、资金筹措管理、项目建设管理、人力资源管理等经验。

5月8日，北京市人民政府办公厅印发《北京市南水北调工程基金筹集管理实施办法》（京政办发〔2005〕21号）。

5月10日，国家发展改革委、财政部联合印发《关于南水北调工程受水区对中央直属电厂用水征收水资源费有关问题的通知》（发改价格〔2005〕787号），明确对北京、天津、河北、河南、山东和江苏6省（直辖市）恢复对辖区内中央直属电厂征收水资源费，并按《南水北调工程基金筹集和使用管理办法》有关规定筹集南水北调工程基金，对中央直属电厂与地方所属电厂用水执行统一的水资源费征收政策。

5月16日，河北省人民政府印发《河北省南水北调工程干渠工程基金筹集和使用管理实施办法》（冀政〔2005〕41号）。

5月31日，国务院南水北调办主任张基尧主持召开主任专题办公会，审议并通过了《南水北调工程建设征地补偿和移民安置资金管理办法》。国务院南水北调办副主任孟学农、李铁军、宁远出席，机关各司和直属单位主要负责人参加。

6月21日，财政部、国家发展改革委、国务院南水北调办在北京联合召开贯彻落实南水北调工程基金工作座谈会。

7月3—9日，国务院南水北调办经济与财务司赴江苏、山东两省调研工程建设资金管理问题。

7月16—17日，国务院南水北调办经济与财务司在武汉市召开南水北调工程征地移民资金会计核算制度专家咨询会议。

9月14日，国务院南水北调办委托中介机构开始对在建南水北调工程实施内部审计。

10月15—21日，国家发展改革委价格司、国务院南水北调办经济与财务司联合赴江苏、山东两省专题调研南水北调东线工程水价问题。

10月30日，国家发展改革委价格司在北京召开南水北调工程水价专题会议。国务院南水北调办经济与财务司和南水北调工程项目法人负责人参加。

11月3—4日，国务院南水北调办在北京召开南水北调经济财务工作会议，副主任李铁军到会并讲话。南水北调系统各单位负责人及其财务部门负责人参加。

11月11日，财政部印发《南水北调工程征地移民资金会计核算办法》（财会〔2005〕39号），这是财政部发布的第一个专门的征地移民资金会计核算制度。

12月27日，国务院南水北调办经济与财务司、国家发展改革委价格司在北京联合召开南水北调工程基金工作会议。北京、天津、河北、河南、江苏、山东等省（直辖市）南水北调办事机构负责人参加。

2006 年

1月4日，经国务院批准，财政部、国家发展改革委、国务院南水北调办联合印发了《关于分年度下达南水北调工程基金上缴额度的通知》（财综〔2006〕1号）。

1月25日，天津市人民政府办公厅印发《天津市南水北调工程基金筹集和使用管理实施办法》（津政办发〔2006〕4号）。

2月6日，江苏省人民政府印发《江苏省南水北调工程基金筹集和使用管理实施办法》（苏政办发〔2006〕6号）。

2月9日，国务院南水北调办副主任李铁军主持召开主任专题办公会，研究调整南水北调东线工程治污项目基金管理方式问题。经济与财务司、环境与移民司负责人参加。

3月4—6日和3月19—22日，国务院南水北调办经济与财务司在北京举办两期南水北调会计基础工作业务培训班。南水北调系统各单位80多名财会人员参加了培训。

3月21日，财政部、国家发展改革委、国务院南水北调办联合印发了《关于调整南水北调工程基金上缴额度有关问题的通知》（财综函〔2006〕6号）。

5月18—21日，国务院南水北调办经济与财务司在郑州举办了南水北调工程征地移民资金管理和会计核算业务培训班。南水北调系统征地移民机构财会人员参加了培训。

6月19—22日，国务院南水北调办在北京举办南水北调工程建设合同管理业务培训班。南水北调系统各单位合同管理人员参加培训。

6月29日，国务院南水北调办在北京召开2006年南水北调系统内部审计工作会议，研究布置2006年内部审计工作。南水北调系统各单位和参加2006年内部审计的中介机构负责人参加。会后，各中介机构先后进驻南水北调系统各单位进行审计。

10月11日，财政部国库司负责人调研南水北调工程国库集中支付问题，察看了正在建设中的西四环暗涵工程。国务院南水北调办经济与财务司负责人参加。

10月21—22日，国家发展改革委价格司在北京召开南水北调工程水价形成机制研究专家咨询会议。国务院南水北调办经济与财务司负责人参加。

2007 年

1月8日，国家审计署审计组进驻国务院南水北调办，对办机关及直属事业单位2003—2006年预算执行情况和中线建管局财政资金拨款及本级建设管理费预算执行情况进行审计。

3月2日，国务院南水北调办在北京召开南水北调工程审计动员会议。南水北调系统各单位负责人参加。

3月14日，国务院副总理曾培炎、回良玉，国务院秘书长华建敏听取南水北调工程总体可研阶段比规划阶段增加投资筹资方案的汇报。

3月15日，国务院副秘书长张平主持召开关于建立重大水利工程建设基金及南水北调工程筹资意见征求有关地方政府意见的会议。国务院相关部门、相关省（直辖市）人民政府负责人参加。

3月20日，国务院南水北调办副主任李铁军赴国务院三峡工程建设委员会办公室调研移民资金价差处理问题。

4月11日，国务院南水北调办决定2007年在南水北调系统开展"资金管理年"活动，并印发《关于开展南水北调系统资金管理年活动的通知》。

7月4日，国务院南水北调办在北京召开南水北调工程审计情况通报会。南水北调系统各单位负责人参加。

7月20日，国务院南水北调办主任张基尧主持召开主任专题办公会，审议并通过《国务院南水北调办预算管理办法》。国务院南水北调办副主任孟学农、李铁军、宁远出席，机关各司和各直属单位主要负责人参加。

11月9—11日，国务院南水北调办经济与财务司在济南举办南水北调会计基础工作业务培训班。南水北调系统各单位110名财会人员参加了培训。

11月23—25日，国务院南水北调办经济与财务司在武汉举办南水北调会计基础工作业务培训班。南水北调系统各单位120名财会人员参加了培训。

12月15—16日，国家发展改革委价格司在北京召开南水北调工程水价测算课题验收会。国务院南水北调办经济与财务司负责人参加。

12月27—28日，国务院南水北调办在北京召开南水北调工程审计整改工作座谈会。南水北调系统各单位负责人参加。

2008 年

1月9日，国务院召开第204次常务会议，研究确定南水北调东、中线一期工程可研阶段增加投资的筹资方案，并对南水北调工作提出要求。

2月13日，国家文物局、国务院南水北调办联合印发《南水北调工程建设文物保护资金管理办法》（文物保发〔2008〕8号）。

3月21—25日，国务院南水北调办组织力量对南水北调系统各单位落实内部审计整改意见进行复核。

4月24—27日，财政部农业司、国务院南水北调办经济与财务司赴山东、河南、河北等3省调研南水北调工程临时用地耕地占用税问题。

8月26日，国务院南水北调办主任张基尧主持召开主任专题办公会，审议并通过了《南水北调工程资金使用管理办法》。国务院南水北调办副主任李津成、宁远出席，机关各司和直属单位主要负责人参加。

10月24日，财政部综合司召开重大水利工程建设基金工作小组会议，研究制定重大水利工程建设基金征收管理事项。

11月4—7日，国务院南水北调办在南京召开南水北调工程投资管理工作座谈会。国务院南水北调办副主任宁远出席会议并讲话，南水北调系统各单位负责人参加。

12月1日，国务院南水北调办在北京召开南水北调工程资金管理会议。南水北调系统各单位负责人参加。

2009 年

3月4—8日，财政部国库司、国务院南水北调办经济与财务司赴湖北、河南和北京调研南水北调工程财政性资金国库集中支付问题。

3月23—31日，国务院南水北调办经济与财务司赴江苏、湖北、河南、河北调研南水北调工程资金管理问题。

5月13日，国务院南水北调办治理"小金库"工作领导小组召开全体会议，传达全国"小金库"治理工作电视电话会议精神，审议通过《国务院南水北调办开展"小金库"专项治理工作实施方案》。

6月8日，财政部综合司召开重大水利工程建设基金会议，研究修改国家重大水利工程建设基金征收使用管理暂行办法。

8月21日，国务院南水北调办副主任宁远拜会财政部副部长丁学东，商谈国务院南水北调办部门预算问题。

8月25日，国家发展改革委农经司在北京召开南水北调工程投资会议，研究南水北调工程税费及配套工程建设等问题。

9月8日，国务院南水北调办经济与财务司与中国人民银行金融市场司商谈南水北调工程融资问题。

10月12日，国务院南水北调办经济与财务司与中国保险监督委员会相关司商谈南水北调工程使用保险资金问题。

12月18日，财政部综合司与国务院南水北调办经济与财务司研究并提出了南水北调工程过渡性资金融资管理方式。

12月31日，经国务院同意，财政部、国家发展改革委、水利部联合印发了《国家重大水利工程建设基金征收使用管理暂行办法》（财综〔2009〕90号），明确该项基金是国家为支持南水北调工程建设、解决三峡工程后续问题以及加强中西部地区重大水利工程建设而设立的政府性基金。

2010 年

1月5日，财政部综合司等相关司与国务院南水北调办经济与财务司共同研究南水北调工程过渡性资金融资的相关事项。

1月14日，财政部印发了《关于南水北调工程过渡性融资有关问题的复函》（财综函〔2010〕1号），明确在南水北调工程建设期间，当国家重大水利工程建设基金不能满足南水北调工程投资需要时，先利用银行贷款等过渡性融资解决，再用以后年度征收的重大水利基金偿还贷款本息；国务院南水北调办作为过渡性资金融资主体，负责融资和偿还贷款本息等资金统贷统还工作。

1月14日，国务院南水北调办副主任宁远会见中国太平保险集团公司负责人，商谈南水北调工程使用保险资金的相关事宜。

1月28日，国务院南水北调办副主任宁远会见中国邮政储蓄银行负责人，商谈南水北调工程使用邮政储蓄银行专项资金的相关事项。

4月1日，国务院南水北调办会同财政部、国家发展改革委、审计署联合下发通知，加强南水北调工程基金征缴工作，确保按时完成南水北调工程基金筹集任务。

4月7—8日，国务院南水北调办在江苏省扬州市召开南水北调系统经济财务工作会议。对南水北调系统资金管理先进单位和先进工作者进行表彰。国务院南水北调办主任张基尧讲话，副主任宁远作总结讲话，南水北调系统各单位负责人参加会议。

4月14日，国家发展改革委和国务院南水北调办在郑州市召开了南水北调工程水价工作座谈会。南水北调工程受益区6省（直辖市）发展改革委或物价局、南水北调办负责人参加会议，南水北调工程项目法人负责人参加会议。

6月8—11日，国务院南水北调办赴湖北开展南水北调工程资金供应及其管理专题调研，研究解决工程建设一线的资金供应问题。

7月21—23日，国务院南水北调办赴河南开展南水北调工程征地移民资金支付及其管理专题调研，研究解决征地移民资金支付及其管理中的具体问题。

11月8—18日，国务院南水北调办赴河南、江苏、山东、河北调研南水北调系统各单位账面资金积存问题，研究解决控制南水北调系统各单位账面资金的具体有效措施。

12月1日，国务院南水北调办主任鄂竟平主持召开主任专题办公会，研究控制南水北调系统各单位账面资金积存问题的具体措施。国务院南水北调办副主任蒋旭光出席。

12月7日，国务院南水北调办召开"小金库"治理工作会议，深入学习贯彻贺国强同志重要讲话和批示精神，研究进一步建立"小金库"治理的长效机制。

2011 年

3月20—29日，国务院南水北调办副主任于幼军赴河南、湖北、陕西专题调研南水北调中线工程水资源保护和资金管理问题。

5月12日，国务院南水北调办副主任于幼军与财政部负责人商谈南水北调工程资金筹集、供应等相关事项。

7月11—13日，国家发展改革委、水利部、国务院南水北调办在南京召开南水北调工程水价工作会议。南水北调工程受益的北京、天津、河北、河南、江苏、山东等6省（直辖市）发展改革或物价、水利和南水北调等部门负责人参加会议，南水北调工程项目法人负责人参加会议。

7月27日，国务院南水北调办副主任张野主持召开主任专题办公会，研究南水北调工程投资价差处理问题。

8月9—19日，国务院南水北调办副主任蒋旭光先后赴河南、山东调研南水北调工程征地移民资金使用和管理情况，察看了征地移民工程现场。

11月8日，国务院南水北调办副主任于幼军与财政部负责人商谈南水北调工程资金管理等相关事项。

12月15日，南水北调工程银团召开年度工作会议。国务院南水北调办经济与财务司负责人出席会议，南水北调工程银团成员行、南水北调工程项目法人负责人参加会议。

12月22日，国务院南水北调办与太平资产管理公司在上海举行南水北调工程过渡性资金第三期融资合同签字仪式。国务院南水北调办副主任于幼军出席，中国太平保险集团公司、国务院南水北调办经济与财务司负责人参加。

2012 年

1月9—16日，国务院南水北调办经济与财务司赴河北、河南、湖北等省专题调研南水北调工程征地移民资金账面积存情况。

2月27日，国务院南水北调办在北京召开2012年南水北调系统内部审计工作会议，研究布置2012年内部审计。南水北调系统各单位和参加2012年内部审计中介机构的负责人参加。会后，各中介机构先后进驻南水北调系统各单位进行审计。

3月13—14日，国务院南水北调办副主任于幼军分别听取河北省南水北调办、河南省移民办和湖北省移民局汇报征地移民资金账面积存情况。

3月20日，中共中央政治局常委、国务院副总理、国务院南水北调工程建设委员会主任李克强主持召开国务院南水北调工程建设委员会第六次全体会议并讲话。

3月22—23日，国务院南水北调办组织开展南水北调系统内部审计现场巡察，监督、指导审计中介机构开展现场审计，督促、指导南水北调系统各单位边审边改。

4月10日，审计署和国务院南水北调办在北京召开南水北调工程审计动员电视电话会议。审计署常务副审计长董大胜和国务院南水北调办主任鄂竟平讲话。

8月30日至9月9日，国务院南水北调办副主任蒋旭光考察南水北调西线工程，调研西线工程前期工作。

9月24日，国务院南水北调办主任鄂竟平主持召开主任专题办公会，部署落实审计署审计揭示问题整改工作。国务院南水北调办副主任张野、蒋旭光、于幼军出席，机关各司、各直属单位主要负责人参加。

9月19—21日，国家发展改革委、财政部、水利部和国务院南水北调办在青岛市召开南水北调工程水价工作会议。南水北调工程受益区6省（直辖市）发展改革或物价、财政、水利和南水北调等部门负责人参加会议，南水北调工程项目法人负责人参加会议。

10月25日，国家发展改革委价格司召开南水北调工程水价测算工作会议。水利部、国务院南水北调办相关司和相关南水北调工程项目法人负责人参加。

11月21—26日，国务院南水北调办组织开展南水北调系统各单位落实审计揭示问题整改情况专项检查。

12月4—6日，国务院南水北调办在武汉召开南水北调系统经济财务工作会议，南水北调系统各单位负责人及其财务部门负责人参加会议。

2013 年

1月28日，国务院南水北调办发布《南水北调工程内部审计中介机构备选库投标项目招标公告》，招标选择 25 家中介机构建立南水北调工程项目内部审计中介机构备选库。

1 月 30 日，国家发展改革委价格司召开南水北调东线工程水价会议，分别听取江苏、山东两省的意见。

2 月 19 日，国务院南水北调办主任鄂竟平主持召开主任专题办公会，研究南水北调工程建设进度和资金供应等相关问题。国务院南水北调办副主任张野、蒋旭光、于幼军出席，相关单位负责人参加。

2 月 25 日，国务院南水北调办副主任于幼军主持召开主任专题办公会，研究招标选择参加南水北调系统内部审计中介机构的相关事项。

3 月 4—14 日，国务院南水北调办先后赴北京、武汉、济南等地专题调研南水北调工程征地移民资金结余问题，研究结余资金的政策措施。

4 月 1 日，国务院南水北调办发布《南水北调工程项目内部审计中介机构备选库招标项目中标公告》，25 家中介机构中标并入选南水北调工程内部审计中介机构备选库。

4 月 8—13 日，国务院南水北调办经济与财务司赴江苏、湖北等省专题调研南水北调工程资金运行风险问题。

5 月 20 日，国务院南水北调办在北京召开 2013 年南水北调系统内部审计工作会议，研究布置 2013 年内部审计工作。南水北调系统各单位和参加 2013 年内部审计中介机构的负责人参加。会后，各中介机构先后进驻南水北调系统各单位进行审计。

6 月 18 日，财政部国库司负责人调研南水北调中线工程的惠南庄泵站和漕河渡槽工程。

6 月 27 日，国家发展改革委价格司负责人调研南水北调中线工程的惠南庄泵站和团城湖工程。

8 月 20 日，国务院南水北调办主任鄂竟平主持召开主任专题办公会，研究南水北调东线工程试运行中的经济问题。国务院南水北调办副主任张野、于幼军出席，相关单位负责人参加。

2014 年

1 月 7 日，国家发展改革委印发《关于南水北调东线一期主体工程运行初期供水价格政策的通知》（发改价格〔2014〕30 号），明确东线一期主体工程运行初期各口门供水价格。

3 月 18 日，国务院南水北调办在北京召开 2014 年南水北调系统内部审计工作会议，研究布置 2014 年内部审计工作。南水北调系统各单位和参加 2014 年内部审计中介机构的负责人参加。会后，各中介机构先后进驻南水北调系统各单位进行审计。

4 月 1—3 日，国务院南水北调办组织开展南水北调系统内部审计现场巡察，监督、指导审计中介机构开展审计，督促、指导南水北调系统各单位边审边改。

4 月 14—16 日，国家发展改革委价格司、国务院南水北调办经济与财务司在河南省专题调研南水北调中线工程水价问题。

7 月 25 日，国务院南水北调办主任鄂竟平主持召开主任专题办公会，研究南水北调工程设计变更处理问题。国务院南水北调办副主任张野出席，相关司主要负责人参加。

8 月 27—29 日，国家发展改革委、财政部、水利部和国务院南水北调办在湖北省丹江口市召开了南水北调中线工程水价工作会议。北京、天津、河北、河南等南水北调中线工程受益的 4 省（直辖市）和湖北、陕西两个水源地的发展改革或物价、财政、水利和南水北调等部门负责人参加会议，中线水源公司、中线建管局负责人参加会议。

9月3日，国务院南水北调办主任鄂竟平主持召开主任专题办公会，研究南水北调工程东线水费收缴问题。国务院南水北调办副主任张野、于幼军出席，经济与财务司、东线公司负责人参加。

9月16日，国务院南水北调办主任鄂竟平主持召开主任专题办公会，研究南水北调中线工程水价制定中的相关问题。国务院南水北调办副主任于幼军出席，经济与财务司、中线建管局负责人参加。

10月14—16日，国务院南水北调办副主任于幼军赴南水北调东线工程调研经济财务和水质保护问题。经济与财务司、环境保护司负责人参加。

11月4日，国务院南水北调办主任鄂竟平主持召开主任专题办公会，研究南水北调系统内部审计揭示问题。国务院南水北调办副主任张野、蒋旭光、于幼军出席，相关单位负责人参加。

12月12日，南水北调中线一期工程正式通水。

12月26日，国家发展改革委印发《关于南水北调中线一期主体工程运行初期供水价格政策的通知》（发改价格〔2014〕2959号），明确中线一期主体工程运行初期各口门供水价格。

2015 年

2月25日，国务院南水北调办经济与财务司财务处被中华全国妇女联合会授予"全国三八红旗集体"荣誉称号。

3月20日，国务院南水北调办在北京召开2015年南水北调系统内部审计工作会议，研究布置2015年内部审计工作。南水北调系统各单位和参加2015年内部审计中介机构的负责人参加。会后，各中介机构先后进驻南水北调系统各单位进行审计。

4月24日，国务院南水北调办主任鄂竟平主持召开主任专题办公会，研究南水北调工程水费收缴问题。经济与财务司、中线建管局、东线公司主要负责人参加。

5月18日，国务院南水北调办召开专题办公会，研究南水北调工程水费收缴问题。经济与财务司、中线建管局、东线公司负责人参加。

6月14日，中线建管局与北京市南水北调办签订供水合同补充协议仪式。签订合同仪式由经济与财务司主要负责人主持。

6月24日，国务院南水北调办召开预算改革工作领导小组会议，部署编制2016年预算工作。预算改革工作领导小组成员参加。

6月30日，国务院南水北调办召开预算改革工作领导小组会议，审议国务院南水北调办一级预算项目。预算改革工作领导小组成员参加。

7月9日，中线建管局与天津市南水北调办签订供水合同补充协议仪式。

8月3日，国务院南水北调办主任鄂竟平主持召开党组会议，讨论并审议通过预算改革和2016年预算方案。

8月26日，国务院南水北调办主任鄂竟平赴石家庄与河北省人民政府主要负责人商谈河北用水量和水费缴纳问题。

9月24—25日，国务院南水北调办在江苏省镇江市召开南水北调工程财务决算工作座谈会。南水北调系统各单位负责人参加会议。

9月29日，国务院南水北调办召开专题办公会，研究南水北调工程水费收缴问题。经济与财务司、中线建管局、东线公司主要负责人参加。

12月7日，国务院南水北调办主任鄂竟平主持召开主任专题办公会，审议通过《南水北调工程完工竣工财务决算编制规定》。国务院南水北调办副主任张野、蒋旭光等出席，各单位主要负责人参加。

12月22日，国务院南水北调办主任鄂竟平主持召开会议，传达学习中央经济工作会议和中央城市工作会议精神。

2016 年

1月9日，国务院南水北调办召开经济财务工作务虚会议，研究2016年度南水北调经济财务工作。

2月25日，国务院南水北调办召开预算改革工作领导小组会议，总结2015年预算管理、分析存在的问题、研究部署2016年预算改革相关工作。

3月1日，国务院南水北调办主任鄂竟平听取经济与财务司建立南水北调系统内部审计约束机制的方案，提出了进一步修改完善的指示。

3月23—24日，国务院南水北调办在郑州举办南水北调工程财务业务培训班。南水北调系统各单位负责人及财务、合同管理人员200多人参加培训。

4月6日，国务院南水北调办在北京召开2016年南水北调系统内部审计工作会议，研究布置2016年内部审计工作。南水北调系统各单位和参加2016年内部审计的中介机构的负责人参加。会后，各中介机构先后进驻南水北调系统各单位进行审计。

4月20—28日，国务院南水北调办组织开展南水北调系统内部审计现场巡察，监督、指导审计中介机构开展审计。

5月9日，国务院南水北调办印发了《关于建立南水北调系统内部审计约束机制的通知》。

6月17日，国务院南水北调办印发了《国务院南水北调办经济财务专家库管理规定》，建立了由42位财务会计、工程造价、合同法律和经济综合类专家组成的国务院南水北调办经济财务专家库。

7月6日，国务院南水北调办主任鄂竟平主持召开主任专题办公会，研究南水北调工程水费收缴问题。

7月14日，国务院南水北调办主任鄂竟平主持召开主任专题办公会，研究中线建管局和东线公司经营业绩考核问题。

7月21日，国务院南水北调办主任鄂竟平专门听取2016年南水北调系统内部审计情况，研究提出了内部审计揭示问题整改的意见。

11月18日，国务院南水北调办主任鄂竟平专门听取经济财务工作汇报，指示提早谋划2017年经济财务工作并明确重点工作任务。

2017 年

2月14日，国务院南水北调办主任鄂竟平听取经济与财务司2017年重点工作安排的汇报，研究并明确 2017 年经济财务工作的重点任务。

2 月 23 日，国务院南水北调办副主任陈刚，听取经济与财务司经济财务工作汇报。

3 月 6 日，国务院南水北调办主任鄂竟平召开主任专题办公会，研究五年工作规划。国务院南水北调办副主任陈刚、张野、蒋旭光出席，机关各司和直属单位主要负责人参加。

3 月 9 日，国务院南水北调办副主任陈刚调研设管中心、监管中心经济财务工作。

3 月 28 日，国务院南水北调办召开 2017 年南水北调系统内部审计工作会议，研究布置 2017 年内部审计工作。南水北调系统各单位和参加内部审计的中介机构负责人参加会议。会后，各中介机构先后进驻南水北调系统各单位进行审计。

4 月 10 日，国务院南水北调办副主任陈刚主持召开 2017 年预算改革工作领导小组第一次会议，研究安排 2017 年度预算改革及管理相关事项。预算改革工作领导小组成员参加。

4 月 17—22 日，国务院南水北调办组织开展南水北调系统内部审计现场巡察，监督、指导审计中介机构开展审计，督促、指导南水北调系统各单位边审边改。

5 月 19 日，国务院南水北调办副主任陈刚主持召开主任专题办公会，研究强化南水北调系统基层征地移民资金监管问题。

5 月 25 日，国务院南水北调办主任鄂竟平主持召开主任专题办公会，研究南水北调工程投资控制问题。张野副主任出席会议。

6 月 20 日，国务院南水北调办副主任陈刚主持召开预算改革工作领导小组第二次会议，研究部署 2018—2020 年支出规划和 2018 年预算编制工作。

7 月 13 日，国务院南水北调办副主任陈刚主持召开主任专题办公会，研究水费收缴工作。

7 月 19 日，国务院南水北调办主任鄂竟平主持召开主任专题办公会，研究南水北调工程价差处理问题。张野副主任出席会议。

7 月 21 日，国务院南水北调办副主任陈刚主持召开预算改革工作领导小组第三次会议，审议通过 2018—2020 年支出规划和 2018 年预算。

8 月 28 日，国务院南水北调办副主任陈刚主持召开主任专题办公会，研究南水北调系统内部审计揭示问题整改和水费收缴等事项。

9 月 4 日，国务院南水北调办发布《南水北调工程内部审计中介机构备选库投标资格预审通告（代招标公告）》。招标选择 25 家中介机构建立南水北调工程项目内部审计中介机构备选库。

9 月 14 日，国务院南水北调办副主任陈刚主持召开主任专题办公会，研究办管企业财务管理问题。

9 月 27 日，国务院南水北调办主任鄂竟平主持召开主任专题办公会，研究预算执行审计整改和责任追究问题。国务院南水北调办副主任陈刚、张野、蒋旭光出席会议。

10 月 31 日，国务院南水北调办副主任陈刚主持召开主任专题办公会，研究强化水费收缴的措施。

11 月 8 日，国务院南水北调办副主任陈刚赴天津调研南水北调工程水质保护和水费收缴问题，与天津市人民政府负责人商谈缴纳欠缴的水费。

11 月 9 日，国务院南水北调办主任鄂竟平赴石家庄调研河北省南水北调相关工作，与河北省人民政府主要负责人商谈河北省使用南水北调工程水量、欠纳水费等相关问题。国务院南水北调办总经济师程殿龙参加会议。

11月17日，国务院南水北调办发布《南水北调工程内部审计中介机构备选库招标项目中标结果公告》，25家中介机构联合体中标入选备选库。

12月15日，国务院南水北调办主任鄂竟平主持召开主任专题办公会，听取2017年南水北调系统内部审计工作汇报，部署2018年南水北调系统内部审计工作和配合审计署预算执行审计工作。国务院南水北调办副主任陈刚、张野、蒋旭光出席会议。

12月25日，国务院南水北调办副主任陈刚出席审计署审计国务院南水北调办2017年度预算执行等情况的审计进点会议并讲话。审计组组长、审计署固定资产投资审计司司长许亚讲话，副组长卢华胜、吴旭东分别宣读审计通知、审计"八不准"工作纪律。

附　　录
南水北调经济财务重要文件目录

一、综合

1. 南水北调工程供用水管理条例（中华人民共和国国务院令第 647 号）

2. 国务院关于印发推进财政资金统筹使用方案的通知（国发〔2015〕35 号）

3. 关于印发《南水北调工程建设管理的若干意见》的通知（国调委发〔2004〕5 号）

4. 国务院办公厅关于印发《南水北调工程基金筹集和使用管理办法》的通知（国办发〔2004〕86 号）

5. 财政部 国家发展改革委 水利部关于印发《国家重大水利工程建设基金征收使用管理办法（试行）》的通知（财综〔2009〕90 号）

6. 财政部 国务院南水北调工程建设委员会办公室关于印发《南水北调工程投资控制奖惩办法》的通知（财建〔2006〕1113 号）

7. 财政部关于南水北调工程过渡性融资有关问题的复函（财综函〔2010〕1 号）

8. 关于印发《南水北调工程建设征地补偿和移民安置资金管理办法（试行）》的通知（国调办经财〔2005〕39 号）

9. 关于印发《南水北调工程建设资金管理办法》的通知（国调办经财〔2008〕135 号）

10. 关于修订《南水北调工程建设征地补偿和移民安置资金管理办法（试行）》的通知（综经财函〔2009〕205 号）

11. 基本建设财务规则（财政部令第 81 号）

二、基建财务管理

12. 财政部关于印发《基本建设项目竣工财务决算管理暂行办法》的通知（财建〔2016〕503 号）

13. 财政部关于印发《基本建设项目建设成本管理规定》的通知（财建〔2016〕504 号）

14. 财政部关于印发《南水北调工程征地移民资金会计核算办法》的通知（财会〔2005〕19 号）

15. 会计档案管理办法（财政部国家档案局令第 79 号）

16. 关于南水北调各项目法人申请办理国债专项资金基建拨款财政直接支付有关手续的通知（国调办经财〔2005〕68 号）

17. 关于贯彻执行《中央预算内基建投资项目前期工作经费管理暂行办法》的通知（国调办经财〔2006〕141号）

18. 关于印发《南水北调工程会计基础工作指南》的通知（国调办经财〔2007〕128号）

19. 关于进一步加强合同管理的通知（国调办经财〔2008〕79号）

20. 关于进一步规范南水北调工程建设资金管理有关事项的通知（国调办经财〔2010〕180号）

21. 关于进一步加强南水北调工程征地移民资金管理的通知（国调办经财〔2010〕215号）

22. 关于强化南水北调工程建设资金支付管理有关事项的通知（国调办经财〔2010〕275号）

23. 关于加强南水北调工程征地移民资金银行账户管理有关事项的通知（国调办经财〔2011〕58号）

24. 关于加强南水北调工程建设资金供应管理有关事项的通知（国调办经财〔2011〕226号）

25. 关于转发财政部《基本建设贷款中央财政贴息资金管理办法》的通知（国调办经财〔2012〕60号）

26. 关于进一步加强工程价款结算管理的通知（国调办经财〔2013〕97号）

27. 关于加强南水北调工程征地移民资金结余使用管理的通知（国调办经财〔2013〕122号）

28. 关于印发《南水北调工程竣工完工财务决算编制规定》的通知（国调办经财〔2015〕167号）

29. 关于调整南水北调工程征地移民国控预备费审批事项的通知（国调办征移〔2015〕115号）

30. 关于转发财政部《关于进一步加强中央基本建设项目竣工财务决算工作的通知》的通知（综经财〔2008〕71号）

31. 关于转发《财政部关于加强中央基建投资预算执行管理工作的通知》的通知（综经财〔2010〕22号）

32. 关于印发《南水北调工程会计核算科目与工程概算项目衔接的指导意见》的通知（综经财〔2009〕79号）

33. 关于控制南水北调系统各单位账面资金余额有关事项的通知（综经财〔2011〕170号）

34. 转发财政部关于对基本建设项目结余财政资金收回同级财政的通知（综经财〔2015〕316号）

三、经济管理和价格政策

35. 中共中央国务院关于推进价格机制改革的若干意见（中发〔2015〕28号）

36. 中央定价目录（国家发展改革委令第29号）

37. 政府制定价格成本监审办法（国家发展改革委令第42号）

38. 政府制定价格行为规则（国家发展改革委令第44号）

39. 政府制定价格听证办法（国家发展改革委令第2号）

40. 水利工程供水价格管理办法（国家发展改革委水利部令第4号）

41. 国家发展改革委 财政部关于南水北调工程受水区对中央直属电厂用水征收水资源费有关问题的通知（发改价格〔2005〕787号）

42. 国家发展改革委 水利部关于印发《水利工程供水定价成本监审办法（试行）》的通知（发改价格〔2006〕310号）

43. 国家发展改革委关于印发《定价成本监审一般技术规范（试行）》的通知（发改价格〔2007〕1219号）

44. 国家发展改革委关于南水北调东线一期主体工程运行初期供水价格政策的通知（发改价格〔2014〕30号）

45. 国家发展改革委关于南水北调中线一期主体工程运行初期供水价格政策的通知（发改价格〔2014〕2959号）

46. 财政部 国家发展改革委 国务院南水北调办关于分年度下达南水北调工程基金上缴额度的通知（财综〔2006〕1号）

47. 财政部 国家发展改革委 国务院南水北调办 审计署关于调整南水北调工程基金分年度上缴额度及有关问题的通知（财综〔2009〕21号）

48. 关于加强南水北调工程基金征缴工作的通知（财综〔2010〕21号）

49. 关于征收国家重大水利工程建设基金有关问题的通知（财综〔2010〕97号）

50. 财政部 国家发展改革委 水利部 国务院南水北调办关于南水北调工程基金有关问题的通知（财综〔2014〕68号）

51. 财政部 国家税务总局关于全面推进资源税改革的通知（财税〔2016〕53号）

52. 财政部 国家发展改革委 国务院南水北调办关于调整南水北调工程基金上缴额度有关问题的通知（财综函〔2006〕6号）

53. 财政部关于南水北调工程临时占用耕地返还耕地占用税问题的复函（财税函〔2009〕46号）

54. 关于印送南水北调东线一期工程水量和水价问题协调会纪要的通知（办规计〔2006〕175号）

55. 关于南水北调工程建设临时占地有关事项的通知（国调办经财函〔2009〕38号）

四、预决算管理

56. 国务院关于深化预算管理制度改革的决定（国发〔2014〕45号）

57. 国务院关于实行中期财政规划管理的意见（国发〔2015〕3号）

58. 财政部 国家税务总局 中国人民银行关于做好政府收支分类改革工作的通知（财办〔2006〕7号）

59. 财政部关于将中央单位土地收益纳入预算管理的通知（财综〔2006〕63号）

60. 财政部关于印发《中央部门预算支出绩效考评管理办法（试行）》的通知（财预〔2005〕86号）

61. 财政部关于印发政府收支分类改革方案的通知（财预〔2006〕13号）

62. 财政部关于印发《预算绩效管理工作规划（2012—2015年）》的通知（财预〔2012〕396号）

63. 财政部关于印发《预算绩效评价共性指标体系框架》的通知（财预〔2013〕53号）

64. 财政部关于印发《政府财务报告编制办法（试行）》的通知（财库〔2015〕212号）

65. 财政部关于印发《预算绩效管理工作考核办法》的通知（财预〔2011〕433 号）

66. 财政部关于推进中央部门中期财政规划管理的意见（财预〔2015〕43 号）

67. 财政部关于加强和改进中央部门项目支出预算管理的通知（财预〔2015〕82 号）

68. 财政部关于印发《中央部门预算绩效目标管理办法》的通知（财预〔2015〕88 号）

69. 财政部关于加强中央部门预算评审工作的通知（财预〔2015〕90 号）

70. 财政部关于编制中央部门 2016—2018 年支出规划和 2016 年部门预算的通知（财预〔2015〕91 号）

71. 财政部关于加快推进中央本级项目支出定额标准体系建设的通知（财预〔2015〕132 号）

72. 财政部 中国人民银行关于修订 2016 年政府收支分类科目的通知（财预〔2015〕205 号）

73. 财政部关于印发《中央部门结转和结余资金管理办法》的通知（财预〔2016〕18 号）

74. 财政部关于进一步做实中央部门预算项目库的意见（财预〔2016〕54 号）

75. 财政部关于中央级行政单位财政拨款结转和结余资金会计处理问题的通知（财库〔2010〕18 号）

76. 财政部关于印发《经济建设项目资金预算绩效管理规则》的通知（财建〔2013〕165 号）

77. 关于印发《国务院南水北调办预算管理办法》的通知（国调办经财〔2007〕86 号）

78. 关于转发财政部《中央本级基本支出预算管理办法》和《中央本级项目支出预算管理办法》的通知（综经财〔2007〕42 号）

79. 关于转发财政部《中央固定资产投资项目预算调整管理暂行办法》的通知（综经财〔2007〕65 号）

80. 关于印发《国务院南水北调办项目支出预算编制程序规定》的通知（综经财〔2007〕89 号）

81. 关于转发财政部《关于中央预算单位财政拨款结余资金归集调整及会计核算等有关事项》的通知（综经财〔2008〕87 号）

82. 关于认真贯彻《财政部 国家发展改革委关于进一步加强中央建设投资项目预算管理有关问题的通知》的通知（综经财〔2009〕58 号）

83. 关于转发《财政部关于印发〈投资评审管理规定〉的通知》的通知（综经财〔2009〕74 号）

84. 关于转发《财政部关于进一步做好预算信息公开工作的指导意见》的通知（综经财〔2010〕40 号）

85. 关于转发《财政部关于印发〈财政支出绩效评价管理暂行办法〉的通知》的通知（综经财〔2011〕57 号）

86. 关于转发财政部《部门决算评价指标（试行）》的通知（综经财〔2013〕133 号）

87. 关于转发财政部《部门决算管理制度》的通知（综经财〔2014〕2 号）

五、财政国库集中支付及政府采购

88. 国务院办公厅关于政府向社会力量购买服务的指导意见（国办发〔2013〕96 号）

89. 财政部关于中央预算单位财政授权支付业务的补充通知（财库〔2004〕178 号）

90. 财政部关于印发《中央政府性基金国库集中支付管理暂行办法》的通知（财库〔2007〕112 号）

91. 财政部关于政府采购竞争性磋商采购方式管理暂行办法有关问题的补充通知（财库〔2015〕124 号）

92. 财政部关于做好政府采购信息公开工作的通知（财库〔2015〕135 号）

93. 关于转发财政部《中央单位政府集中采购管理实施办法》的通知（综经财〔2007〕13 号）

94. 关于转发财政部 中国人民银行印发关于《中央财政国库集中支付会计对账办法》的通知（综经财〔2012〕8 号）

95. 转发财政部关于印发《政府采购品目分类目录》的通知（综经财〔2013〕130 号）

96. 转发财政部《中央财政国库动态监控管理暂行办法》的通知（综经财〔2014〕4 号）

97. 关于转发《政府采购竞争性磋商采购方式管理暂行办法》的通知（综经财〔2015〕12 号）

98. 关于转发《中央预算单位变更政府采购方式审批管理办法》的通知（综经财〔2015〕13 号）

99. 转发财政部 民政部 工商总局关于印发《政府购买服务管理办法（暂行）》的通知（综经财〔2015〕15 号）

六、行政事业财务管理

100. 行政单位财务规则（财政部令第 71 号）

101. 事业单位财务规则（财政部令第 68 号）

102. 事业单位会计准则（财政部令第 72 号）

103. 财政部关于印发《行政单位会计制度》的通知（财库〔2013〕218 号）

104. 财政部关于印发《新旧行政单位会计制度有关衔接问题的处理规定》的通知（财库〔2013〕219 号）

105. 财政部 外交部 监察部 审计署 国家预防腐败局关于印发《加强党政干部因公出国（境）经费管理暂行办法》的通知（财行〔2008〕230 号）

106. 财政部关于进一步加强党政干部因公出国（境）经费管理的通知（财行〔2010〕473 号）

107. 关于中央级事业单位 社会团体及企业财政拨款结转和结余资金会计核算有关事项的通知（财会〔2010〕5 号）

108. 财政部 监察部关于清理党政机关及事业单位用公款为个人购买商业保险工作情况的通报（财金〔2005〕36 号）

109. 财政部 监察部关于进一步做好清理党政机关及事业单位用公款为个人购买商业保险和清缴党政领导干部拖欠公款工作的通知（财金〔2005〕82 号）

110. 关于印发《国务院南水北调办公务卡改革试点工作实施方案》的通知（国调办经财〔2008〕40 号）

111. 关于转发财政部 外交部《因公临时出国经费管理办法》的通知（国调办经财〔2014〕17 号）

112. 关于转发《中央和国家机关差旅费管理办法》《中央和国家机关培训费管理办法》《中央和国家机关外宾接待经费管理办法》的通知（国调办经财〔2014〕25 号）

113. 关于转发财政部 国家外国专家局《因公短期出国培训费用管理办法》的通知（国调办经财〔2014〕75 号）

114. 关于规范机关、直属事业单位专家咨询会和咨询费问题的通知（综经财〔2007〕17 号）

115. 关于转发《财政部关于进一步加强和规范财政支农资金监督管理工作的意见》的通知（综经财〔2007〕41 号）

116. 关于转发《关于规范出具住房公积金缴存证明业务有关问题的通知》的通知（综经财〔2007〕76 号）

117. 关于转发《财政部关于住房补贴不宜计提工会经费的复函》的通知（综经财〔2007〕81 号）

118. 关于转发财政部《行政事业单位资金往来结算票据使用管理暂行办法》的通知（综经财〔2010〕21 号）

119. 关于转发《财政部关于中央行政事业单位资金往来结算票据使用管理等有关问题的通知》的通知（综经财〔2010〕32 号）

120. 关于转发《财政部关于印发〈公益事业捐赠票据使用管理暂行办法〉的通知》的通知（综经财〔2010〕127 号）

121. 关于转发《财政部关于行政事业单位资金往来结算票据使用管理有关问题的补充通知》的通知（综经财〔2010〕130 号）

122. 关于转发财政部《国务院南水北调工程建设委员会办公室经常性专项业务费管理办法（试行）》的通知（综经财〔2011〕131 号）

123. 关于印发《国务院南水北调办实施公务卡强制结算目录办法》的通知（综经财〔2012〕3 号）

124. 关于转发财政部《在华举办国际会议费用开支标准和财务管理办法》的通知（综经财〔2012〕15 号）

125. 转发财政部关于事业单位提取专用基金比例问题的通知（综经财〔2012〕54 号）

126. 关于加快推进公务卡制度改革的通知（综经财〔2012〕97 号）

127. 关于进一步加强出差和会议定点管理工作的通知（综经财〔2012〕98 号）

128. 关于转发财政部新旧事业单位会计制度有关衔接问题的处理规定的通知（综经财〔2013〕12 号）

129. 关于转发财政部事业单位会计制度的通知（综经财〔2013〕13 号）

130. 转发财政部关于进一步加强行政事业单位资金往来结算票据使用管理的通知（综经财〔2013〕78 号）

131. 关于转发财政部 国家机关事务管理局 中共中央直属机关事务管理局《中央和国家机关会议费管理办法》的通知（综经财〔2013〕123 号）

七、内部控制与财政、审计监督

（综经财〔2014〕93号）

八、国有资产管理

152. 国务院关于改革和完善国有资产管理体制的若干意见（国发〔2015〕63号）

153. 中央组织部 监察部 财政部 人事部 审计署关于加强中央行政单位国有资产收入管理的通知（财办〔2007〕32号）

154. 财政部关于印发《中央级事业单位国有资产管理暂行办法》的通知（财教〔2008〕13号）

155. 关于印发《中央国家机关办公设备和办公家具配置标准（试行）的通知》（国管资〔2009〕221号）

156. 关于转发《财政部 关于印发〈中央级事业单位国有资产处置管理暂行办法〉的通知》的通知（综经财〔2009〕9号）

157. 关于转发财政部 工商总局《关于加强以非货币财产出资的评估管理若干问题的通知》的通知（综经财〔2009〕30号）

158. 关于转发《财政部关于印发〈中央行政单位国有资产处置收入和出租出借收入管理暂行办法〉的通知》的通知（综经财〔2009〕68号）

159. 关于印发《国务院南水北调办事业单位国有资产管理暂行办法》的通知（综经财〔2009〕70号）

160. 关于印发《国务院南水北调办机关国有资产管理暂行办法》的通知（综经财〔2009〕71号）

161. 关于转发《财政部关于印发〈中央级事业单位国有资产使用管理暂行办法〉的通知》的通知（综经财〔2009〕72号）

162. 关于转发《财政部关于〈中央级事业单位国有资产使用管理暂行办法〉的补充通知》的通知（综经财〔2010〕12号）

163. 关于转发《财政部关于实施〈中央行政单位国有资产处置收入和出租出借收入管理暂行办法〉有关问题的补充通知》的通知（综经财〔2010〕14号）

164. 关于转发国务院机关事务管理局《中央行政事业单位资产管理绩效考评办法（试行）》的通知（综经财〔2012〕82号）

165. 转发财政部关于印发《事业单位及事业单位所办企业国有资产产权登记管理办法》的通知（综经财〔2012〕93号）

九、企业财务

166. 中共中央、国务院关于深化国有企业改革的指导意见（中发〔2015〕22号）

167. 国务院办公厅关于加强和改进企业国有资产监督防止国有资产流失的意见（国办发〔2015〕79号）

168. 企业财务通则（财政部令第41号）

169. 财政部 安全监管总局 人民银行关于印发《企业安全生产风险抵押金管理暂行办法》的通知（财建〔2006〕369号）

170. 关于转发《财政部关于企业收到政府拨给的搬迁补偿款有关财务处理问题的通知》的通知（综经财〔2005〕44 号）

171. 关于转发《财政部关于〈公司法〉施行后有关企业财务处理问题的通知》的通知（综经财〔2006〕26 号）

172. 关于转发财政部关于实施修订后的《企业财务通则》有关问题的通知（综经财〔2007〕37 号）

173. 关于转发《财政部关于企业重组有关职工安置费用财务管理问题的通知》的通知（综经财〔2009〕46 号）

174. 关于转发财政部《关于企业加强职工福利费财务管理的通知》的通知（综经财〔2009〕82 号）

175. 关于转发《财政部关于中央企业重组中退休人员统筹外费用财务管理问题的通知》的通知（综经财〔2010〕58 号）

176. 关于转发财政部关于引导企业科学规范选择会计师事务所的指导意见的通知（综经财〔2011〕66 号）

177. 关于转发《财政部关于规范企业应付工资结余用于企业年金缴费财务管理的通知》的通知（综经财〔2012〕4 号）

178. 关于转发财政部《企业产品成本核算制度（试行)》的通知（综经财〔2013〕122 号）

十、法律法规

179. 中华人民共和国会计法（1999 年修订）（中华人民共和国主席令第 24 号）

180. 中华人民共和国预算法（2014 年修正）（中华人民共和国主席令第 12 号）

181. 中华人民共和国价格法（中华人民共和国主席令第 92 号）

182. 中华人民共和国合同法（中华人民共和国主席令第 15 号）

183. 中华人民共和国公司法（2013 年修订）（中华人民共和国主席令第 8 号）

184. 中华人民共和国招标投标法（中华人民共和国主席令第 21 号）

185. 中华人民共和国政府采购法（中华人民共和国主席令第 68 号）

186. 中华人民共和国审计法（2006 年修订）

187. 中华人民共和国税收征收管理法（2015 年修订）（中华人民共和国主席令第 23 号）

188. 中华人民共和国个人所得税法（2011 年修订）

189. 中华人民共和国企业所得税法（中华人民共和国主席令第 63 号）

190. 中华人民共和国物权法（中华人民共和国主席令第 62 号）

191. 中华人民共和国劳动合同法（2011 年修订）（中华人民共和国主席令第 73 号）

192. 中华人民共和国行政许可法（中华人民共和国主席令第 7 号）

193. 中华人民共和国行政复议法（中华人民共和国主席令第 16 号）

194. 中华人民共和国行政处罚法（中华人民共和国主席令第 63 号）

195. 中华人民共和国国家赔偿法（2012 年修订）（中华人民共和国主席令第 68 号）

196. 中华人民共和国预算法实施条例（国务院令第 186 号）

197. 中华人民共和国招标投标法实施条例（国务院令第 613 号）

198. 中华人民共和国政府采购法实施条例（国务院令第 658 号）

199. 中华人民共和国审计法实施条例（2010 年修订）（国务院令第 571 号）

200. 中华人民共和国税收征收管理法实施细则（2016 年修订）（国务院令第 666 号）

201. 中华人民共和国个人所得税法实施条例（2011 年修订）（国务院令第 600 号）

202. 中华人民共和国企业所得税法实施条例（国务院令第 512 号）

203. 中华人民共和国劳动合同法实施条例（国务院令第 535 号）

204. 中华人民共和国耕地占用税暂行条例（国务院令第 511 号）

205. 中华人民共和国增值税暂行条例（2008 年修订）（国务院令第 538 号）

206. 中华人民共和国营业税暂行条例（2008 年修订）（国务院令第 540 号）

207. 中华人民共和国行政复议法实施条例（国务院令第 499 号）

208. 取水许可和水资源费征收管理条例（国务院令第 460 号）

209. 中华人民共和国耕地占用税暂行条例实施细则（财政部国家税务总局令第 49 号）

210. 中华人民共和国增值税暂行条例实施细则（2011 年修订）（财政部国家税务总局令第 65 号）

211. 中华人民共和国营业税暂行条例实施细则（2011 年修订）（财政部国家税务总局令第 65 号）